T0180209

Dermatologie der Katze

Chiara Noli • Silvia Colombo
Hrsg.

Dermatologie der Katze

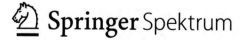
Springer Spektrum

Hrsg.
Chiara Noli
Servizi Dermatologici Veterinari
Peveragno, Italien

Silvia Colombo
Servizi Dermatologici Veterinari
Legnano, Italien

Dieses Buch ist eine Übersetzung des Originals in Englisch „Feline Dermatology" vonNoli, Chiara, publiziert durch Springer Nature Switzerland AG im Jahr 2020. Die Übersetzung erfolgte mit Hilfe von künstlicher Intelligenz (maschinelle Übersetzung durch den Dienst DeepL.com). Eine anschließende Überarbeitung im Satzbetrieb erfolgte vor allem in inhaltlicher Hinsicht, so dass sich das Buch stilistisch anders lesen wird als eine herkömmliche Übersetzung. Springer Nature arbeitet kontinuierlich an der Weiterentwicklung von Werkzeugen für die Produktion von Büchern und an den damit verbundenen Technologien zur Unterstützung der Autoren.

ISBN 978-3-662-65906-9   ISBN 978-3-662-65907-6 (eBook)
https://doi.org/10.1007/978-3-662-65907-6

Die Deutsche Nationalbibliothek verzeichnet diese Publikation in der Deutschen Nationalbibliografie; detaillierte bibliografische Daten sind im Internet über http://dnb.d-nb.de abrufbar.

Planung/Lektorat: Sarah Koch
Springer Spektrum ist ein Imprint der eingetragenen Gesellschaft Springer-Verlag GmbH, DE und ist ein Teil von Springer Nature.
Die Anschrift der Gesellschaft ist: Heidelberger Platz 3, 14197 Berlin, Germany

Vorwort zu *Feline Dermatology*

1980 veröffentlichte Danny Scott (James Law Professor Emeritus, Abteilung für Dermatologie an der Cornell University, New York, USA) im *Journal of the American Animal Hospital Association* eine Monografie mit dem Titel *Feline Dermatology 1900–1978: A Monograph*. Dies war die erste umfassende Übersicht über Hautkrankheiten bei der Hauskatze; zuvor hatte es bereits kleinere beschreibende Artikel und Broschüren gegeben. Es war der erste Versuch, einen Überblick über alles zu geben, was zu dieser Zeit in der Veterinärwissenschaft dazu bekannt war. Seit 1980 sind Katzen und ihre Hautkrankheiten stets Teil der Standardlehrbücher für Veterinärdermatologie und Veterinärwissenschaft; Danny Scott veröffentlichte mehrere weitere Monografien. Im Jahr 1999 veröffentlichte Merial ein Buch mit dem Titel *A Practical Guide to Feline Dermatology*, das Katzen gewidmet ist und von einer großen multinationalen Autorengruppe zusammengestellt wurde.

Obwohl Katzen beliebte Haustiere sind, war es schon immer schwierig, sie zu untersuchen, zu studieren, zu erforschen und zu behandeln. So lassen sie sich beispielsweise nicht ohne Weiteres auf Diätversuche ein oder akzeptieren lange orale Medikamenteneinnahmen; und der Versuch, klinisch bedeutsame Allergene zu identifizieren, hat nach wie vor etwas von einen dunklen Kunst. Sie waren schon immer bemerkenswert eigenständige Wesen, und wir haben sie nie wirklich als Haustiere „besessen". Wir sind nach wie vor von ihnen fasziniert, zum Teil wegen ihrer Unnahbarkeit, aber auch wegen ihrer einnehmenden Persönlichkeiten. In mancher Hinsicht ist das Verständnis für ihre Hautkrankheiten immer hinter dem anderer Haustiere, insbesondere dem Hund, zurückgeblieben (wobei das alte Sprichwort gilt, dass eine Katze kein kleiner Hund ist).

Etwa 20 Jahre nach der Veröffentlichung des Buches *A Practical Guide to Feline Dermatology (Ein praktischer Leitfaden für die Dermatologie der Katze)* liegt nun dieses neue Buch *Feline Dermatology* vor. Die Herausgeber haben den *Leitfaden* zum Vorbild genommen und eine große internationale Gemeinschaft von Autoren zusammengestellt, die ihre Erfahrungen und ihr Fachwissen über die Untersuchung und Pflege von Katzen und ihren Hautkrankheiten einbringen. Das Buch besteht aus drei Abschnitten. Der erste Abschnitt führt in die Struktur und Funktion der Haut ein – die grundlegenden Bausteine, die Studenten und Tierärzten helfen, die Pathogenese von Hautkrankheiten zu verstehen. Es ist schön, dass es ein Kapitel über die Genetik der Fellfarbe gibt – ein Thema, das oft anderen Publikationen überlassen wird und in Lehrbüchern der klinischen Dermatologie nicht enthalten ist.

Der nächste Abschnitt enthält eine Reihe von Kapiteln, in denen die verschiedenen klinischen Erscheinungsformen von Hautkrankheiten bei Katzen erörtert werden, z. B. Hautkrankheiten in Zusammenhang mit Alopezie etc. Da Katzen bei gleicher Ätiologie unterschiedliche Hauterscheinungen aufweisen können, folgt auf diesen Abschnitt der dritte Abschnitt, in dem eine Vielzahl von Hauterkrankungen nach Ätiologie geordnet behandelt wird.

Das Buch ist umfassend und enthält Kapitel, die für Studenten, Tierärzte in der Allgemeinpraxis, Assistenzärzte in der Ausbildung, einschließlich Dermatologie, für Tierärzte, die in Einweisungszentren arbeiten, und vielleicht sogar für einige Katzenbesitzer nützlich sein werden. Es gibt viele Illustrationen und klinische Bilder, die dem Fachgebiet der Veterinärdermatologie angemessen sind, das so sehr auf visuelle Darstellungen angewiesen ist, um klinische Läsionen und die kutanen Reaktionsmuster, die sich zeigen können, zu erkennen und zu verstehen.

Man muss den Herausgebern dazu gratulieren, dass sie eine solche Vielzahl von Kapiteln und Themen zusammengestellt haben, die zeigen, dass unser Wissen und Verständnis der Katzendermatologie seit den ersten Monografien einen weiten Weg zurückgelegt hat. Dies ist das erste größere Buch über Katzendermatologie seit vielen Jahren und dürfte sich für Tierärzte in den kommenden Jahren als nützliches Nachschlagewerk erweisen. Klinische Tierärzte können zwar viel Wissen aus dem Internet beziehen, aber gedruckte Bücher sind bei Verlegern und Tierärzten nach wie vor verbreitet. Dieses Buch sollten Sie in Ihrem Regal stehen haben.

Tierärztliche Hochschule Bristol   Aiden P. Foster
Universität von Bristol
Langford, UK

Vorwort

Die Welt der Veterinärdermatologie wächst Jahr für Jahr rasant, wie unser Wissen über alle Tierkrankheiten. Der Katze wird in der Veterinärmedizin derzeit große Aufmerksamkeit zuteil: In den letzten Jahren wurden viele katzenspezifische Lehrbücher veröffentlicht, es gibt inzwischen katzenspezifische Fachzeitschriften, und es gibt immer mehr „Katzenspezialisten".

Als Veterinärdermatologen mit einem besonderen Interesse an Katzen hatten wir das Bedürfnis nach einem Lehrbuch der Katzendermatologie. Unser Ziel war es, der Haut der Katze und ihren Krankheiten, die sich oft von denen des Hundes unterscheiden, die entsprechende Aufmerksamkeit zu widmen. Seit den beiden früheren Büchern zur Katzendermatologie *A Practical Guide to Feline Dermatology* von Eric Guaguère und Pascal Prélaud und *Skin Diseases of the Cat* von Sue Paterson, die beide 1999 erschienen sind, ist viel Zeit vergangen. Nach 20 Jahren war es an der Zeit für ein neues Lehrbuch der Katzendermatologie, und hier ist es!

Dieses Buch wird hoffentlich sowohl als wesentlicher praktischer Leitfaden für den vielbeschäftigten Praktiker dienen, um schnell und sicher Katzen mit dermatologischen Erkrankungen zu behandeln, als auch als aktuelles und vollständiges Nachschlagewerk für den Katzentierarzt und den Veterinärdermatologen.

Die wichtigsten Hautkrankheiten bei Katzen, wie z. B. Dermatophytose und allergische Erkrankungen, werden in eigenen Kapiteln beschrieben. Wir haben uns entschieden, für die meisten Kapitel unterschiedliche Autoren auszuwählen, um den Lesern die bestmögliche Übersicht zu jedem Thema zu bieten, geschrieben von Experten auf ihrem jeweiligen Gebiet. Jedes Kapitel ist mit vielen schönen Farbbildern angereichert, die für die korrekte Beschreibung einer Hautkrankheit unerlässlich sind.

Wir sind Springer Nature und seinem gesamten Team sehr dankbar, dass sie unser Projekt mit Begeisterung unterstützt haben. Zu guter Letzt möchten wir allen Autoren, die zu diesem Buch beigetragen haben, unseren Dank aussprechen.

Gewidmet Emma, Ada, Luca und all die anderen Katzen unseres Lebens.

Peveragno, Italien
Legnano, Italien

Chiara Noli
Silvia Colombo

Inhaltsverzeichnis

Teil I   Einführungskapitel

Struktur und Funktion der Haut.   3
Keith E. Linder

Genetik der Fellfarbe   23
Maria Cristina Crosta

**Herangehensweise an den Katzenpatienten: Allgemeine und
dermatologische Untersuchung**.   69
Andrew H. Sparkes und Chiara Noli

Teil II   Problemorientierter Ansatz zu …

Alopezie   99
Silvia Colombo

Papeln, Pusteln, Furunkel und Krusten 115
Silvia Colombo

Plaques, Knötchen und eosinophile Granulom-Komplex-Läsionen 131
Silvia Colombo und Alessandra Fondati

Exkoriationen, Erosionen und Geschwüre. 147
Silvia Colombo

Schuppen 159
Silvia Colombo

Juckreiz (Pruritus) 171
Silvia Colombo

Otitis. 187
Tim Nuttall

Teil III   Hautkrankheiten der Katze nach Ätiologie

Bakterielle Erkrankungen 227
Linda Jean Vogelnest

Mykobakterielle Erkrankungen 269
Carolyn O'Brien

Dermatophytose 285
Karen A. Moriello

Tiefe Pilzerkrankungen 321
Julie D. Lemetayer und Jane E. Sykes

Sporothrichose. 355
Hock Siew Han

Malassezia 371
Michelle L. Piccione und Karen A. Moriello

Viruserkrankungen. 387
John S. Munday und Sylvie Wilhelm

Leishmaniose 417
Maria Grazia Pennisi

Ektoparasitäre Erkrankungen 435
Federico Leone und Hock Siew Han

Flohbiologie, Allergie und Bekämpfung 471
Chiara Noli

**Atopisches Syndrom bei Katzen: Epidemiologie und klinische
Präsentation.** 487
Alison Diesel

Atopisches Syndrom bei Katzen: Diagnose 501
Ralf S. Müller

Atopisches Syndrom bei Katzen: Therapie 513
Chiara Noli

Überempfindlichkeit gegenüber Mückenstichen 529
Ken Mason

Autoimmunerkrankungen 537
Petra Bizikova

Immunvermittelte Erkrankungen 555
Frane Banovic

Hormonelle und Stoffwechselerkrankungen 577
Vet Dominique Heripreta und Hans S. Kooistra

Genetische Krankheiten 593
Catherine Outerbridge

Psychogene Erkrankungen 615
C. Siracusa und Gary Landsberg

Neoplastische Erkrankungen.................................... 633
David J. Argyle und Špela Bavčar

Paraneoplastische Erkrankungen............................... 667
Sonya V. Bettenay

Verschiedene idiopathische Krankheiten........................... 683
Linda Jean Vogelnest und Philippa Ann Ravens

Autorinnen und Autoren diese Buches

David J. Argyle The Royal (Dick) School of Veterinary Studies, University of Edinburgh, Easter Bush, Midlothian, UK

Frane Banovic University of Georgia, College of Veterinary Medicine, Department of Small Animal Medicine and Surgery, Athens, USA

Špela Bavčar The Royal (Dick) School of Veterinary Studies, University of Edinburgh, Easter Bush, Midlothian, UK

Sonya V. Bettenay Tierdermatologie Deisenhofen, Deisenhofen, Deutschland

Petra Bizikova North Carolina State University, College of Veterinary Medicine, Raleigh, USA

Silvia Colombo Servizi Dermatologici Veterinari, Legnano, Italien

Maria Cristina Crosta Clinica Veterinaria Gran Sasso, Mailand, Italien

Alison Diesel College of Veterinary Medicine and Biomedical Sciences, Texas A&M University, College Station, USA

Alessandra Fondati Veterinaria Trastevere – Veterinaria Cetego, Rom, Italien
Clinica Veterinaria Colombo, Camaiore, Italien

Vet Dominique Heripreta CHV Fregis, Arcueil, Frankreich
CHV Pommery, Reims, Frankreich

Hans S. Kooistr Department of Clinical Sciences of Companion Animals, Faculty of Veterinary Medicine, Utrecht University, Utrecht, Niederlande

Gary Landsberg CanCog Technologies, Fergus, Kanada

Julie D. Lemetayer Veterinary Medical Teaching Hospital, University of California, Davis, USA

Federico Leone Clinica Veterinaria Adriatica, Senigallia (Ancona), Italien

Keith E. Linder College of Veterinary Medicine, North Carolina State University, Raleigh, USA

Ken Mason Spezialisierter Veterinär-Dermatologe, Animal Allergy & Dermatology Service, Slacks Creek, Australien

Karen A. Moriello School of Veterinary Medicine, University of Wisconsin-Madison, Madison, USA

Ralf S. Müller Zentrum für Klinische Veterinärmedizin, München, Deutschland

John S. Munday Massey University, Palmerston North, Neuseeland

Chiara Noli Servizi Dermatologici Veterinari, Peveragno, Italien

Tim Nuttall Royal (Dick) School of Veterinary Studies, University of Edinburgh, Roslin, UK

Carolyn O'Brien Melbourne Cat Vets, Fitzroy, Australien

Catherine Outerbridge University of Kalifornien, Davis, Davis, USA

Maria Grazia Pennisi Dipartimento di Scienze Veterinarie, Università di Messina, Messina, Italien

Michelle L. Piccione School of Veterinary Medicine, University of Wisconsin-Madison, Madison, USA

Philippa Ann Ravens Small Animal Specialist Hospital, North Ryde, Australien

Hock Siew Han The Animal Clinic, Singapur, Singapur

C. Siracusa Department of Clinical Sciences and Advanced Medicine, School of Veterinary Medicine, University of Pennsylvania, Philadelphia, USA

Andrew H. Sparkes Simply Feline Veterinary Consultancy, Shaftesbury, UK

Jane E. Sykes Veterinary Medical Teaching Hospital, University of Kalifornien, Davis, USA

Linda Jean Vogelnest University of Sydney, Sydney, NSW, Australien
Small Animal Specialist Hospital, North Ryde, Australien

Sylvie Wilhelm Vet Dermatology GmbH, Richterswil, Schweiz

Teil I
Einführungskapitel

Struktur und Funktion der Haut

Keith E. Linder

Zusammenfassung

Die Kenntnis der Anatomie und Funktion der Haut ist von grundlegender Bedeutung für das Verständnis der klinischen Erscheinungsformen und Auswirkungen von Hautkrankheiten. Dies gilt zwar für jedes Organ, besonders aber für die Haut, da Kliniker die Anatomie dieses Organs direkt sehen, berühren und anderweitig abfragen können. Wichtig ist, dass Hautkrankheiten durch schädliche Agenzien oder Prozesse entstehen, die bestimmte anatomische Komponenten der Haut stören und physiologische Reaktionen hervorrufen, welche die Haut verformen und zu Hautläsionen führen. Die Erkennung der Bedeutung von Hautläsionen und damit von Krankheiten basiert auf der Identifizierung von Veränderungen der normalen Hautanatomie, einschließlich der speziellen anatomischen Komponenten, die betroffen sind. Darüber hinaus werden die Auswirkungen von Hautkrankheiten und die Wahl der Behandlung durch die Kenntnis der normalen Hautfunktionen und der Folgen von Funktionsstörungen verständlich. Dieses Kapitel gibt einen Überblick über die grundlegenden Aspekte der Struktur und Funktion der Katzenhaut, mit Zitaten aus der Literatur, sofern vorhanden, und stützt sich stark auf die vergleichenden Informationen, die für Menschen und Hunde verfügbar sind.

Das Organ Haut

Die Haut ist in mehrere diskrete, dünne Schichten gegliedert, die übereinander liegen und ein flächiges Organ bilden, das den gesamten Körper bedeckt [1]. Von außen beginnend, wird die Epidermis von der Dermis und dann vom Panniculus ge-

K. E. Linder (✉)
College of Veterinary Medicine, North Carolina State University, Raleigh, USA
E-Mail: kelinder@ncsu.edu

© Der/die Autor(en), exklusiv lizenziert an Springer-Verlag GmbH, DE, ein Teil
von Springer Nature 2023
C. Noli, S. Colombo (Hrsg.), *Dermatologie der Katze*,
https://doi.org/10.1007/978-3-662-65907-6_1

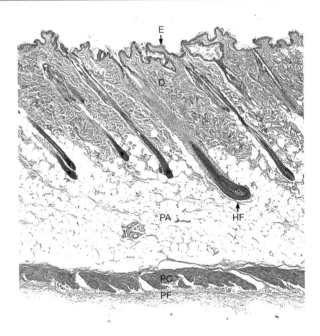

Abb. 1 Dorsale Rückenmitte, Katze. Die Haut ist in blattartigen Gewebeschichten organisiert. Die sehr dünne Epidermis (E) liegt an der Oberfläche und wird darunter von der kollagenen Dermis (D) gestützt. Der Panniculus liegt am tiefsten und besteht aus drei Teilen, und zwar in Körperregionen, in denen alle drei Teile vorhanden sind. Der Panniculus adiposus (PA) besteht aus Fettläppchen, und sein oberflächlichster Teil, das oberflächliche Fettgewebe, ist hier dargestellt. Der kollagene Panniculus fibrosus (PF, oberflächliche Faszie) stützt den Panniculus carnosus (PC), der aus quergestreiften Skelettmuskeln besteht. In diese Schichten sind Adnexe eingelagert, von denen die Haarfollikel (HF) bei dieser Vergrößerung am deutlichsten sichtbar sind. 4-Fache Vergrößerung, Hämatoxylin und Eosin

stützt, der über Faszien mit der darunter liegenden Muskulatur oder dem Periost z. B. an den Extremitäten verbunden ist (Abb. 1). Nerven und sensorische Nervenendigungen durchziehen alle drei Schichten in unterschiedlicher Weise, während Blutgefäße nur in der Dermis und im Panniculus zu finden sind. Die Hautanhangsgebilde (Adnexe) sind „kleine Organe", die während der Entwicklung vielfältig in diese drei Schichten eingefügt werden und zu denen zum Beispiel Haarfollikel, Hautdrüsen und Krallen gehören. Alle drei Hautschichten sind stark modifiziert, um diskrete anatomische Strukturen wie das Planum nasale und die Fußballen zu bilden.

Die Dicke der Haut, die sich aus Dermis und Epidermis zusammensetzt, variiert je nach Körperregion und ist bei der Katze im Allgemeinen nur 0,4–2,0 mm stark, wobei sie am dorsalen Körper und den proximalen Gliedmaßen dicker und am ventralen Körper, den distalen Gliedmaßen und den Ohren dünner ist [2]. Am dicksten sind diese Schichten an den Fußballen und am Planum nasale [2]. Der Panniculus ist je nach Adipositasgrad des Patienten und der anatomischen Region des Körpers sehr unterschiedlich dick, von fehlend bis > 2 cm; er ist im Allgemeinen am Ventrum am dicksten, insbesondere bei adipösen Patienten, am Dorsum dünner und wird zunehmend noch dünner, bis er an den Extremitäten weitgehend fehlt.

Epidermis

Die Epidermis ist bemerkenswert dünn (Abb. 2) und misst in den Rumpfbereichen nur 10–25 µm, ist aber an den Fußballen (Abb. 3) und dem Planum nasale dicker [2, 3]. An den meisten Körperstellen enthält die lebensfähige Epidermis nur drei bis fünf Keratinozytenschichten. Die oberflächliche, nicht lebensfähige Epidermis, das Stratum corneum, enthält zahlreichere Zellschichten, die aus sehr dünnen Zellen, den sogenannten Korneozyten, bestehen, die weniger als 1 µm dick sind (Abb. 2). Behaarte Bereiche haben tendenziell eine dünnere Epidermis als nicht behaarte Bereiche.

Die Epidermis ist ein geschichtetes, verhornendes Epithel, das aus Keratinozyten (85 %) besteht, die morphologisch in vier Schichten angeordnet sind: Stratum basale, Stratum spinosum, Stratum granulosum und Stratum corneum (Abb. 2) [1]. Keratinozyten proliferieren kontinuierlich in der basalen Epidermisschicht, wandern dann ein und differenzieren sich, um die oberen Epidermisschichten zu bilden und sich schließlich von der Hautoberfläche abzuschuppen (zu desquamieren). Die Epidermis enthält auch Langerhans-Zellen, wandernde T-Lymphozyten und seltene neuroendokrine Merkel-Zellen (< 1 %) [1]. Melanozyten sind in der pigmentierten Epidermis vorhanden und fehlen in Bereichen mit weißer Fleckung. Bei der Katze sind Mastzellen in der Epidermis selten, können aber bei entzündlichen Erkrankungen wie allergischen Hautkrankheiten in größerer Zahl in die Epidermis einwandern. Die Nerven reichen bis in die Epidermis, die Blutgefäße jedoch nicht.

Die tiefste Epidermisschicht, das Stratum basale (Stratum germinativum), enthält epidermale Stammzellen mit mitotischer Aktivität und versorgt alle Epidermisschichten kontinuierlich mit neuen Keratinozyten (Abb. 2) [1, 4]. Die Keratinozyten der Basalschicht sind kleiner und quaderförmiger, mit weniger Zytoplasma, und ver-

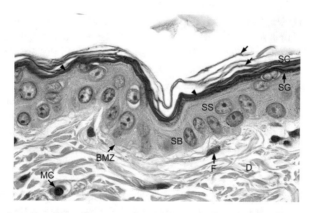

Abb. 2 Gesicht, Katze. Die Epidermis besteht aus vier morphologischen Schichten: Stratum basale (SB), Stratum spinosum (SS), Stratum granulosum (SG) und Stratum corneum (SC). Das tiefe Stratum corneum, das sogenannte Stratum compactum (Pfeilspitzen), ist sehr dünn und wird durch kompakte Orthokeratose gebildet. Das oberflächliche Stratum corneum, das sogenannte Stratum dysjunctum (Pfeile), ist meist durch ein histologisches Artefakt zu einem Korbgeflecht aus Orthokeratose erweitert. Die Basalmembranzone (BMZ; Lage der ultramikroskopischen Basalmembran) verbindet die Epidermis mit der Dermis (D). Fibrozyten (F) und Mastzellen (MC) befinden sich in der Dermis. 100-Fache Vergrößerung, Hämatoxylin und Eosin

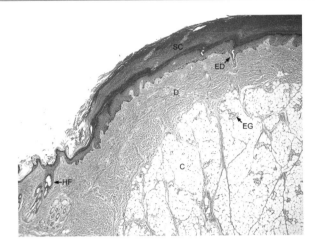

Abb. 3 Karpalfußballen, Katze. Fußballen (einschließlich der digitalen Ballen) haben eine dicke Epidermis mit einem robusten Stratum corneum (SC) und einer dicken Dermis (D). Haarfollikel (HF) und Talgdrüsen sind in den Fußballen nicht vorhanden, wohl aber in der behaarten Haut am Fußballenrand (links im Bild). Fußballenpolster (C) sind diskrete Modifikationen des Panniculus und enthalten kleine Fettläppchen mit robusten faserigen Septen. Ekkrine Drüsen (EG) sind in das Kissen eingebettet, und ekkrine Gänge (ED) treten direkt durch die Dermis und Epidermis aus, um auf die Fußballenoberfläche zu münden. 4-Fache Vergrößerung, Hämatoxylin und Eosin

binden die Epidermis mit ihrer Basalmembran und damit mit der Dermis. Das Stratum spinosum ist nach den stacheligen Fortsätzen benannt, die bei der Paraffinschnitt-Histologie auf den Keratinozytenmembranen zu beobachten sind – ein Artefakt der Gewebeverarbeitung, das die desmosomalen Bindungen zwischen den Zellen hervorhebt. Die Zellen der spinalen Schicht sind aufgrund des reichlich vorhandenen Zytoplasmas größer, polyedrisch und haben mehr sichtbare zytoplasmatische Keratin-Zwischenfilamente. Das Stratum granulosum ist nach den zytoplasmatischen basophilen Keratohyalin-Granula benannt, die bei der Hämatoxylin- und Eosinfärbung (H&E) sichtbar sind und hauptsächlich Proteine, wie Profilaggrin, enthalten, die für die Verhornung benötigt werden [4]. Lamellenkörper, die in der Paraffinhistologie nicht sichtbar sind, bilden sich ebenfalls in dieser Schicht und liefern während der Verhornung Lipide, Enzyme und andere wichtige Komponenten an die extrazelluläre Oberfläche [4]. Das Stratum corneum, die äußerste Schicht der Epidermis, bildet sich durch terminale Differenzierung, die als Verhornung bezeichnet wird und bei der aus den lebensfähigen Keratinozyten der darunter liegenden granularen Schicht nicht lebensfähige Korneozyten entstehen [4]. Während dieses Prozesses verlieren die Keratinozyten den größten Teil ihres Zytoplasmas und ihrer Organellen und flachen zu sehr dünnen (weniger als 1 µm) scheibenförmigen Zellen mit linearen, facettierten (5–6) Rändern ab. Der Zellkern ist ebenfalls verloren gegangen, sodass die Verhornung orthokeratotisch ist. In der Paraffinhistologie sind die tiefen Korneozyten zu einer diskreten Schicht, dem Stratum compactum, verdichtet, während die oberflächlichen Korneozyten aufgrund von Entwicklungsartefakten an ihren Flächen in einer Art offenem Korbflechtmuster in einer Schicht, dem Stratum dysjunctum, getrennt sind (Abb. 2) [5]. Die Korneozyten werden in einem Prozess, der als Abschuppung bezeichnet wird, kontinuierlich vom Körper abgestoßen.

Im Stratum corneum sind die Korneozyten in vielen Schichten gestapelt, etwa 10–15 auf dem Rumpf und mehr als 50 auf den Fußballen und dem Planum nasale, und werden durch interzelluläre Lipide versiegelt [3]. In behaarten Bereichen mit geringer Reibung sind weniger Korneozytenschichten vorhanden, während in Bereichen mit hoher Reibung, wie z. B. an den palmaren und plantaren Fußballenoberflächen, mehr Schichten vorhanden sind. Auf dem Rumpf sind die Korneozyten in gleichmäßigen vertikalen Säulen gestapelt und überlappen sich nur geringfügig an ihren Rändern, während auf den Fußballen die Korneozyten ungleichmäßig gestapelt sind und sich die Zellen weiträumig und variabel überlappen, wodurch ein größerer Oberflächenkontakt zwischen den Zellen entsteht, was vermutlich die Adhäsion erhöht. Die interzellulären Lipide, die von den Lamellenkörpern geliefert werden, sind in hohem Maße in einem Lipidstapel organisiert, der als Lipidhülle bezeichnet wird, die den gesamten extrazellulären Raum abdichtet und die wichtigste Barriere bildet, die den Wasserverlust der Haut nach außen verhindert [4]. Diese Lipide setzen sich aus Ceramiden, Cholesterin und Fettsäuren zusammen. Bestimmte Lipide, wie Linolsäure, sind essenziell und für die Bildung und Funktion der Lipidhülle sehr wichtig. Die Korneozyten werden ständig durch Abschuppung von der Hautoberfläche abgestoßen. Die Abschuppung erfolgt, weil das normale physiochemische Umfeld (pH-Wert, Hydratation usw.) des äußeren Stratum corneum die Aktivierung zahlreicher interzellulärer Enzyme fördert, die Korneodesmosomen spalten und interzelluläre Lipide abbauen, wodurch sich die Korneozyten ablösen können [4].

Klinisch wird ein Aufbau des Stratum corneum auf der Hautoberfläche, der entweder auf eine erhöhte Produktion von Korneozyten oder eine veränderte Abschuppung zurückzuführen ist, als Schuppung bezeichnet. Ein teilweiser Verlust der Epidermis führt zu einer Erosion, die einen Wasserverlust an der Hautoberfläche bewirkt. Die erodierte Epidermis erscheint glatt und leicht feucht, da das Stratum corneum fehlt, das für die normale Oberflächenarchitektur und Barrierefunktion der Epidermis verantwortlich ist. Bei erodierter Epidermis kommt es nicht zu Blutungen, da die Epidermis keine Blutgefäße enthält. Im Gegensatz dazu bedeutet der vollständige Verlust der Epidermis und der Basalmembran ein Geschwür, das feucht bis nass und körnig erscheint (aufgrund der Kollagenexposition und der eingewanderten Leukozyten und Fibrin) und häufig zu Blutungen führt, da die dermalen Blutgefäße freigelegt sind.

Epidermale Basalmembran

Die epidermale Basalmembran (Basallamina) besteht aus zahlreichen filamentösen Proteinen und Proteoglykanen, die sich zu einer ultradünnen, netzartigen Folie verbinden, welche die Basalzellen stützt und die Dermis bedeckt [6]. Die Basalzellen sind durch Hemidesmosomen strukturell mit der Basalmembran verbunden, die ihrerseits durch Verankerungsfibrillen aus Kollagen VII mit der Dermis verbunden ist. In der lichtmikroskopischen Histologie wird der Begriff Basalmembranzone verwendet, um auf diese Struktur zu verweisen, da sie zu dünn ist, um direkt sichtbar gemacht zu werden (Abb. 2).

Die Stärke der Epidermis ergibt sich aus den physischen Verbindungen zwischen Proteinen des Zytoskeletts, zellulären Adhäsionskomplexen (Desmosomen und Hemidesmosomen) und der epidermalen Basalmembran [6]. Die Zytoskelette der einzelnen Keratinozyten sind durch Desmosomen miteinander verbunden, und in den basalen Keratinozyten sind sie durch Hemidesmosomen mit der Basalmembran verbunden. Die Zytoskelette der Keratinozyten enthalten große Mengen von Keratin-Intermediärfilamenten, die wie Seile zu Tonofilamenten mit hoher Zugfestigkeit gebündelt sind. Der Aufbau spezialisierter Keratinfilamente in jeder Epidermisschicht wird als Keratinisierung bezeichnet und ist ein wichtiger Bestandteil der zellulären Differenzierung in der Epidermis. Die Desmosomen des Stratum granulosum werden durch Anwesenheit von Corneodesmosin und durch andere Veränderungen zu Corneodesmosomen im Stratum corneum modifiziert [4]. Viele Erkrankungen mit epidermaler Fragilität, d. h. mechanobullöse Erkrankungen und pustulöse Erkrankungen, verursachen Hautläsionen durch die Störung von Desmosomen, Hemidesmosomen oder der Basalmembran.

Dermis

Die Dermis (Lederhaut) ist eine dicke, diskrete, organisierte Schicht aus extrazellulärer Matrix (Kollagene usw.), die der Haut Struktur, Festigkeit und Flexibilität verleiht und die Epidermis und Adnexe sowie die darin befindlichen Blut- und Lymphgefäße und Nerven unterstützt (Abb. 2) [1]. Die Dermis ist unterteilt in eine dünne oberflächliche Papillenschicht mit lockerer Matrix und feineren Kollagenbündeln und eine dickere, tiefe netzartige Schicht, die dichter mit gröberen Kollagenbündeln gepackt ist. Die Dermis besteht in erster Linie aus Kollagen – hauptsächlich Typ I und III – für die Festigkeit, Elastin für die Elastizität und Proteoglykanen wie Hyaluronsäure für die Hydratisierung und den Turgordruck. Bei Katzen hat die Dermis einen gewellten tiefen Rand (Abb. 1) mit Vorsprüngen, die mit den lobulären Septen des darunter liegenden Panniculus verbunden sind. Die Hautgefäße sind in drei blattartige Geflechte aus Arterien und Venen angeordnet, die sich direkt unter der Epidermis, in der mittleren Dermis und in der tiefen Dermis an der Grenze zum Panniculus befinden [7]. Die Dermis enthält mikroskopisch kleine Bündel glatter Muskeln, die an den Haarfollikeln befestigt sind, die sogenannten Erector-Pili-Muskeln, sowie freie Bündel in der Dermis der Zitzen (Brustwarzen) und des Hodensacks [1, 2]. Auch im Hodensack reicht die Tunica dartos des Hodens bis zum Panniculus, wo sie glatte Muskeln und kollagenes Stroma beisteuert. Kleine Skelettmuskelbündel reichen nur im Gesichts- und Dammbereich bis in die Dermis. Adipozyten sind kein normaler Bestandteil der Katzendermis und gehören zum Panniculus.

Mesenchymzellen halten die dermale Matrix aufrecht und umfassen Fibrozyten (Abb. 2), die einzeln in der Dermis verteilt sind, sowie Perizyten und Schwann-Zellen, die um Blutgefäße bzw. Nerven lokalisiert sind. Eine geringe Anzahl von Immunzellen wie Mastzellen, dermale dendritische Zellen, Lymphozyten und Basophile sind in einer gesunden Dermis zu finden, wo sie in der Regel individualisiert und eher in oberflächlichen perivaskulären und weniger in interstitiellen Bereichen lokalisiert sind. Mastzellen sind in der Dermis von Katzen weit verbreitet, wobei 4–20 Mastzellen pro 400-fach vergrößerndem mikroskopischen Feld in der Histologie sichtbar sind (Abb. 2) [8]. Weder Neutrophile noch Eosinophile finden sich in der normalen Dermis oder Epidermis.

Panniculus

Der Panniculus (Unterhaut, Subkutis) besteht aus diskreten, flächigen Schichten aus Fettgewebe, Muskeln und Faszien (Abb. 1) [1, 2, 9]. Unmittelbar unter der Dermis enthält der Panniculus adiposus (das sogenannte oberflächliche Fettgewebe) Fett, das durch dünne faserige Septen in Läppchen angeordnet ist (Abb. 1) [9]. In der Tiefe ist der Panniculus fibrosus (oberflächliche Faszie) eine dünne, unterschiedlich diskrete Schicht aus faserigem Gewebe, die mit den lobulären Septen des Panniculus adiposus verbunden ist. Innerhalb der Faszie verläuft eine dünne Schicht quergestreifter Muskeln, der sogenannte Panniculus carnosus (kutaner Trunkus) [1, 2]. Der Panniculus carnosus ist dorsal am Rumpf (Abb. 1), am Hals und an den proximalen Gliedmaßen stärker ausgeprägt und verjüngt sich am ventralen Abdomen (Abb. 4) und an den Gliedmaßen, um an den Extremitäten zu verschwinden. Je nach Körperregion, z. B. an den Extremitäten, geht der Panniculus fibrosus in die tiefe Faszie über, die den Skelettmuskel oder das Periost umgibt [8]. In einigen Bereichen, wie z. B. dem ventralen Rumpf, befindet sich jedoch unter dem Panniculus fibrosus eine weitere Schicht lobulären Fettgewebes (das sogenannte tiefe Fettgewebe), die

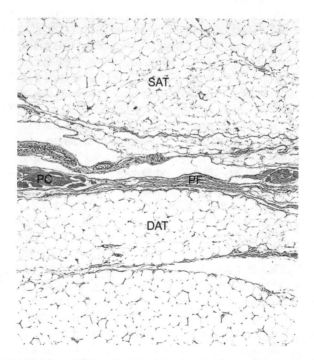

Abb. 4 Ventraler Mittelbauch, Katze. Der Panniculus hat drei Hauptschichten: Panniculus adiposus, Panniculus carnosus und Panniculus fibrosus. Der Panniculus adiposus besteht aus Fettläppchen direkt unter der Dermis, dem sogenannten oberflächlichen Fettgewebe (SAT), und in einigen Körperregionen ist auch eine zweite, tiefer liegende Schicht, das sogenannte tiefe Fettgewebe (DAT), vorhanden. Der Panniculus fibrosus (PF) ist ein Blatt aus faserigem Gewebe (oberflächliche Faszie), das mit den dünnen faserigen Septen des Fettgewebes verbunden ist und den Panniculus carnosus (PC) stützt, der nach ventral hin abnimmt. 40-Fache Vergrößerung. Hämatoxylin und Eosin

einen zusätzlichen tieferen Teil des Panniculus adiposus darstellt (Abb. 4) [9]. Der Panniculus adiposus ist am Rumpf am dicksten, vor allem im Ventrum der Katze, wo er bei fettleibigen Patienten in Zentimetern gemessen werden kann, und er ist an den Extremitäten meist nicht vorhanden. Der Panniculus ist auf die Bildung von Polstern in den Fußballen spezialisiert (Abb. 3), die aus Fettläppchen mit verdickten fibrösen Septen bestehen [1, 2]. Arterien, Venen, Nerven und Lymphgefäße befinden sich im Panniculus und gehen in die darüber liegende Dermis über.

Hautadnexe (Hautanhangsgebilde)

Haarfollikel

Die Haarfollikel produzieren Haare, die fast den gesamten Körper der Katze bedecken, mit Ausnahme kleiner Bereiche wie der Schleimhautübergänge, der äußeren Genitalien, der Zitzen, des Planum nasale und der Fußballen [1, 2]. Die Haardichte der Katze ist mit 25.000 Haaren pro Quadratzentimeter höher als die des Hundes mit 9000 Haaren pro Quadratzentimeter, variiert jedoch je nach Rasse und anatomischer Lage. Die meisten Haarfollikel der Katze sind vom zusammengesetzten Typ, bei dem sich mehrere Haarfollikel eine einzige Follikelöffnung (Follikelostium) teilen, während ein geringerer Teil vom einfachen Typ mit einem Haarfollikel pro Ostium ist. Primäre Haarfollikel sind größer und produzieren größere Haarschäfte (Schutzhaare, Deckhaare), während sekundäre Haarfollikel kleiner sind und kleinere Haarschäfte (Unterhaar) produzieren. Bei Katzen sind die meisten Haarfollikel so gruppiert, dass ein einzelner, einfacher, großer Primärhaarfollikel (zentrales Primärhaar) von zwei bis fünf zusammengesetzten Follikeln umgeben ist, die jeweils ein Primärhaar (seitliche Primärhaare) und 3–12 Sekundärhaare aufweisen, wobei die Anzahl teilweise vom Alter abhängt [1, 2, 10, 11]. Am Schwanz fehlt diese Anordnung, und die Haarfollikel sind größer [2]. Die Primärhaare der Katze sind mit 40–80 μm Durchmesser viel dünner als die des Hundes (80–140 μm), während die Sekundärhaare der Katze 10–20 μm und die des Hundes 20–70 μm stark sind. Die meisten Haarfollikel liegen in der Haut in einem Winkel zur Epidermisoberfläche, sodass ihre Haarschäfte an Kopf und Rumpf nach kaudal und an den Gliedmaßen nach distal zeigen (Abb. 1). In der Dermis ist die ektale Seite (Außenseite) des Haarfollikels näher an der Epidermis (spitzer Winkel) und die entale Seite (Innenseite) ist weiter von der Epidermis entfernt (stumpfer Winkel). Spezialisierte Sinushaarfollikel (Vibrissen oder Schnurrhaare) sind sehr große, einfache Haarfollikel, die von einem Blutsinus umgeben sind und eine komplexe Innervation und taktile Sensorfunktion (langsam adaptierende Mechanorezeptoren) aufweisen (Abb. 5) [1, 2, 8]. Sinusfollikel produzieren Vibrissae, große Tasthaare, die in ihrer Länge stark variieren. Sinushaare finden sich im Gesicht (Schnauze, Augenbrauen, Lippen), an der Handwurzel und in unterschiedlicher Ausprägung am Hals, an den Vorderbeinen und an den Pfoten von Katzen. Sie sind einzeln, in kleinen Büscheln oder in kurzen Reihen in einigen Bereichen des Gesichts angeordnet. Ein zweiter Typ von Tasthaaren, die Tylotrich-Haare, entspringt Follikeln, die etwas größer und besser innerviert sind als die

Abb. 5 Sinus-Haarfollikel (Vibrissae-Follikel), Gesicht, Katze. Der Sinusfollikel ist ein sehr großer, einfacher Haarfollikel, der einen großen Haarschaft (HS) oder Schnurrbart hervorbringt und seinen Namen von einem großen, blutgefüllten Sinus (S) hat, der den Follikel umgibt. Die Talgdrüse (SG) und die dermale Papille (DP) sind mit Anmerkungen versehen. 4-Fache Vergrößerung. Hämatoxylin und Eosin

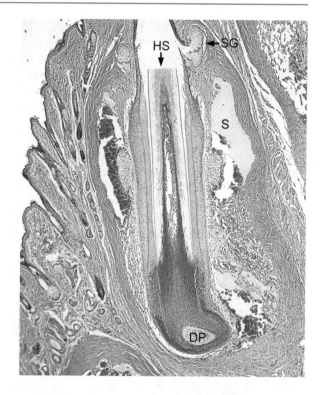

primären Haarfollikel und beim Zusammendrücken ein angrenzendes sensorisches Tylotrich-Pad (Tastdom) berühren [1, 2]. Tylotrich-Haare sind einzeln und in geringer Dichte über den größten Teil der behaarten Haut verstreut.

Haarfollikel bilden sich während der Entwicklung als spezialisierte epitheliale Auswüchse der Epidermis (ektodermaler Ursprung), die mit Anhäufungen spezialisierter mesenchymaler Zellen (mesodermaler Ursprung), den sogenannten dermalen Papillen, interagieren [10]. Ein voll ausgebildeter Haarfollikel ist eine lineare, geschichtete, röhrenförmige Epithelstruktur, die sich oberflächlich am Follikelostium öffnet und an ihrer tiefen Basis eine solide Zwiebel mit einer Einstülpung bildet, die die dermale Papille umgibt (nur in der Anagenphase) [1]. Der Musculus erector pili ist ein glatter Muskel, der in der Dermis von der epidermalen Basalmembran ausgeht und an der entalen Seite des Haarfollikels ansetzt [1]. Dieser Muskel hebt den Haarschaft an der Hautoberfläche an, zum Beispiel bei Verhaltensreaktionen und bei kalten Temperaturen, um mehr isolierende Luft im Haarkleid einzuschließen. Das Haarfollikelepithel ist von einer Basalmembran (der glasigen Membran) umgeben, die von einer dünnen Schicht aus Kollagen und spezialisierten dermalen Fibrozyten, der sogenannten dermalen Wurzelscheide oder Faserscheide, umhüllt ist [1]. Die perifolliküläre Dermis wird reichlich von kleinen Blutgefäßen versorgt, die von allen drei dermalen Plexi abzweigen, am stärksten jedoch vom mittleren dermalen Plexus [7]. Haarfollikel in der Anagenphase können sich bis in den Panniculus adiposus erstrecken (Abb. 1).

Haarfollikel befinden sich in einem ständigen Zyklus, in dem sie Haare produzieren, halten und abwerfen [10, 12]. Die Haarwachstumsphase (Anagen, Abb. 6) geht in eine kurze Rückbildungsphase (Katagen) über und endet dann in einer Ruhephase (Telogen, Abb. 6), in der ein Haar erhalten bleibt, oder im Kenogen, in dem kein Haar erhalten bleibt (auch haarloses Telogen genannt) [12]. Ein ruhender Haarschaft wird aktiv abgeworfen (Exogen), wenn der Zyklus erneut beginnt. Der Haarausfall bei der Katze ist mosaikartig (nicht synchron) [10]. Die Dauer der Phasen variiert je nach Alter, Rasse, Jahreszeit usw. [13]. So hängt beispielsweise die Länge des Haarschafts von der Länge der anagenen Phase ab – längeres Haar ist auf eine längere anagene Phase zurückzuführen.

Der Haarfollikel besteht aus drei Zonen (Segmenten), dem Infundibulum, dem Isthmus und dem unteren Teil [12]. Das Infundibulum ist das oberflächliche, permanente, nicht zyklische Segment, das morphologisch der Epidermis ähnelt und mit ihr verwachsen ist [1]. Der Isthmus und die tieferen inferioren Anteile verändern

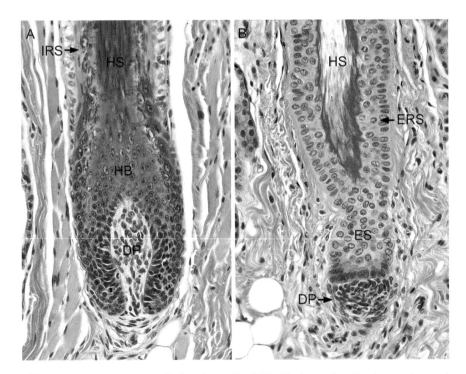

Abb. 6 Rostrales Kinn, Katze. Große primäre Haarfollikel in der wachsenden Anagenphase und in der ruhenden Telogenphase des Haarfollikelzyklus. (**A**) Im voll entwickelten Anagen umschließt die Haarzwiebel (HB) die dermale Papille (DP) und produziert aktiv den Haarschaft (HS) und die innere Wurzelscheide (IRS). (**B**) Im voll entwickelten Telogen fehlen die Haarzwiebel und die innere Wurzelscheide, und die äußere Wurzelscheide (ERS) bildet sich zurück und umgibt den Haarschaft, während die dermale Papille (DP) nur durch einen Epithelstrang (ES) verbunden bleibt. Der Haarschaft hört auf zu wachsen, und sein spitzes Ende (Keulenhaar) ist durch eine helle eosinophile trichilemmale Verhornung verschlossen. 20-Fache Vergrößerung. Hämatoxylin und Eosin

sich morphologisch mit dem Haarfollikelzyklus und bestehen aus fünf Hauptkomponenten, von denen einige nur während der anagenen Phase vorhanden sind (Abb. 6) [1, 12]. Als Erstes umgibt die innere Wurzelscheide das zentrale Follikellumen und hat ihre eigenen drei Schichten, eine innere Kutikula, die Huxley-Schicht und die äußere Henle-Schicht. Die erhabenen, freiliegenden Ränder der sich überlappenden Kutikula-Zellen zeigen nach innen (zur Haarzwiebel) und verzahnen sich mit den gegenüberliegenden Kutikula-Zellen des Haarschafts. Die innere Wurzelscheide ist nur in der Anagenphase vorhanden (Abb. 6), wenn ihre Keratinozyten in Einklang mit dem wachsenden Haarschaft kontinuierlich nach oben wandern, verhornen und in das infundibuläre Lumen abfallen. Als Zweites folgt die Begleitschicht, eine einzelne Zellschicht, die die innere Wurzelscheide von der äußeren Wurzelscheide trennt. Die äußere Wurzelscheide als Drittes ist mehrere Keratinozyten dick, sie umhüllt die innere Wurzelscheide und grenzt an das Infundibulum. Der vierte Teil, die Haarzwiebel, bildet sich während des Anagens und besteht aus Haarmatrixzellen, die in konzentrischen Schichten angeordnet sind und die Schichten der inneren Wurzelscheide, der Begleitschicht und des Haarschafts bilden (Abb. 6). Der vierte Teil schließlich, die Dermapapille (Follikelpapille), wird von einer Einstülpung der Haarzwiebel umschlossen (Abb. 6). Die dermale Papille besteht aus mesenchymalen Spindelzellen, Blutgefäßen und Nerven, und ihre molekulare Kommunikation mit den Haarmatrixzellen steuert teilweise den Follikelzyklus, die Haarschaftbildung und die Pigmentierung des Haarschafts.

Der Haarschaft wird durch Verhornung von Haarzwiebelzellen (Haarmatrixzellen) gebildet, wodurch er starr wird, und enthält drei konzentrische Schichten, die äußere Kutikula, den Kortex und das innere Mark [1]. Die Kutikula des Haarschafts besteht aus einer einzigen Schicht sich überlappender, abgeflachter Zellen, deren freiliegende Zellränder nach außen (von der Haarzwiebel weg) zeigen. Der Kortex ist verdichtet und nicht oder unterschiedlich pigmentiert. Die Markzellen haben eine offene Struktur, die in einigen Follikeln ein leeres Kernprofil hervorhebt – Primärhaare haben ein Mark, Sekundärhaare nicht. Die Medulla kann pigmentiert oder unpigmentiert sein. Das äußere Ende des Haarschafts ist spitz zulaufend, während das innere Ende (Haarwurzel) entweder im Anagen mit der weichen, lebensfähigen Haarzwiebel verbunden ist oder im Telogen durch trichilemmale Verhornung zu einer kurzen, starren, spitzen Verjüngung mit rauer Oberfläche (Keulenhaar) verschlossen wird (Abb. 6).

Klinisch werden die Haarschäfte epiliert und mikroskopisch untersucht (Trichogramm), um das Stadium des Haarfollikelzyklus, den primären oder sekundären Status und etwaige Anomalien am Haarschaft zu ermitteln. Haarzwiebeln in der Anagenphase weisen auf aktives Haarwachstum hin und sind auf dem Trichogramm als weich, biegsam, abgerundet, oft axial abgewinkelt und bei pigmentiertem Haar pigmentiert zu erkennen. Haare in der Telogenphase (Keulenhaare) weisen auf ruhende Haarfollikel hin und haben kurze, spitz zulaufende Enden, die äußerlich rau, starr und nicht axial abgewinkelt sind und bei Tieren mit pigmentiertem oder unpigmentiertem Haar nicht pigmentiert sind.

Hautdrüsen

Bei der Katze sind die Talgdrüsen kleine, einfache oder zusammengesetzte, gelappte Alveolardrüsen, die mit dem unteren Infundibularlumen der Haarfollikel (Haartalgdrüseneinheit, *pilosebaceous unit*) durch einen sehr kurzen, von stratifizierendem und verhornendem Epithel ausgekleideten Gang verbunden sind [1, 2, 14]. Am Rand der Läppchen (periphere Zone) teilt sich eine einzelne dünne Schicht quaderförmiger Reservezellen und differenziert sich zu größeren, polygonalen lipidvakuolierten Zellen, die in der Mitte (Reifungszone) als Sebozyten bezeichnet werden und zur Talgbildung in das Lumen abfallen (holokrine Sekretion). Bei der Katze sind die zytoplasmatischen Vakuolen der Sebozyten sehr klein und sehr einheitlich in ihrer Größe. Größere, oft multilobuläre Talgdrüsen befinden sich im Gesicht, insbesondere am Kinn (Abb. 7; submentales Organ), am Ohransatz, am Rücken, an der anal-rektalen Verbindung, am Carpus palmaris (Handwurzeldrüse) und an der Haut der Interdigitalpfoten. Die Meibom'schen Drüsen (Tarsaldrüsen) sind große Talgdrüsen am Lidrand, insbesondere am Oberlid (Abb. 8) [2]. Talgdrüsen finden sich nicht im Planum nasale oder in den Fußballen.

Apokrine Drüsen (epitrichiale Schweißdrüsen) und ekkrine Drüsen (atrichiale Schweißdrüsen) bei Katzen sind einfache, gewundene, röhrenförmige Drüsen, die über einen Kanal in das tiefe Infundibulum der primären Haarfollikel (epitrichial) (Abb. 7) und an die Fußballenoberfläche (atrichial) (Abb. 3) sezernieren [1, 2, 14]. Die Drüsen sind von quaderförmigen bis niedrigen säulenförmigen Zellen ausgekleidet, die durch die Freisetzung von apikalen Tröpfchen des Zytoplasmas in das

Abb. 7 Rostrales Kinn, Katze. Die Talgdrüsen (SG) im Kinnbereich (submentales Organ) sind sehr groß und multilobuliert, und die Dermis (D) ist erweitert, um die größeren Talgdrüsen zusätzlich zu den apokrinen Drüsen (AG), Haarfollikeln (HF) und der Epidermis (E) zu stützen. 4-Fache Vergrößerung. Hämatoxylin und Eosin

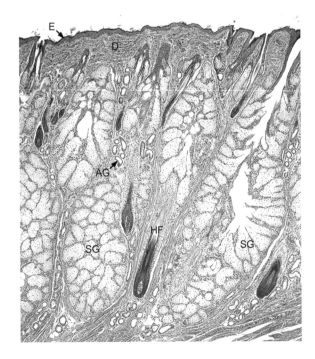

Abb. 8 Oberes Augenlid, Katze. Das Oberlid ist außen von behaarter Haut (HS) und innen von der Schleimhaut (M) der Lidbindehaut (Conjunctiva palpebri) ausgekleidet. Die Meibom'schen Drüsen (MG) sind vergrößerte Talgdrüsen, die in einer einzigen langen Reihe entlang der mukokutanen Grenzfläche angeordnet sind. 4-Fache Vergrößerung. Hämatoxylin und Eosin

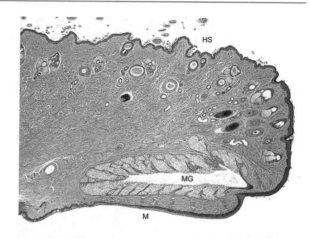

Abb. 9 Proximaler dorsaler Schwanz, Katze. Die dorsale Schwanzdrüse (DTG) der Katze, die auch als supracaudale Drüse bezeichnet wird, ist nicht diskret und besteht aus hepatoiden Drüsen auf Haarfollikeln entlang des größten Teils des dorsalen Schwanzes. Die Erector-Pili-Muskeln (M) sind am proximalen Rückenschwanz am größten, haben ihren Ursprung in der Basalmembran der Epidermis (E) und setzen an Haarfollikeln in der Dermis (D) an. 4-Fache Vergrößerung. Hämatoxylin und Eosin

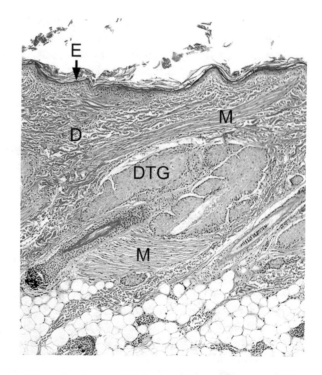

Drüsenlumen und dann in einen dünnen Gang sezernieren, der von einer Doppelschicht aus kurzen quaderförmigen Zellen ausgekleidet ist. Einige wenige myoepitheliale Zellen umgeben die Drüse. Cerumindrüsen sind modifizierte apokrine Drüsen im äußeren Gehörgang (siehe unten). Ekkrine Drüsen sind auf dem Planum nasale nicht zu finden.

Bei der Katze wird die dorsale Schwanzdrüse (Abb. 9, supracaudale Drüse) von hepatoiden Drüsen gebildet, die sich auf Haarfollikeln des dorsalen Schwanzes be-

Abb. 10 Analbeutel und zugehörige Drüsen, Katze. Der Analsack (AS) ist dünnwandig und von geschichtetem Plattenepithel ausgekleidet. Multifokale apokrine Drüsen (AG) und hepatoide Drüsen (HG) entleeren sich in den Analsack. 4-Fache Vergrößerung. Hämatoxylin und Eosin

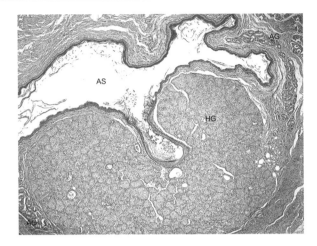

finden, insbesondere proximal [15]. Feline hepatoide Drüsen bilden einen gemischten Lipid- und Proteinsekretionstyp und erscheinen daher in mit Hämatoxylin und Eosin gefärbten histologischen Schnitten sehr blass, eosinophil und mäßig vakuoliert im Vergleich zu den hell eosinophilen und nicht vakuolierten hepatoiden Drüsen (zirkumanale Drüsen) des Hundes, die hauptsächlich Protein produzieren [15]. Dies gilt auch für die hepatoiden Drüsen an den Analsäcken von Katzen.

Analsäcke (perianaler Sinus) sind bei der Katze paarig angelegt und befinden sich beidseitig im subdermalen Gewebe des Perineums (Abb. 10) [1, 2]. Der Analsack und seine kurze, gangartige, schmale Öffnung zur anal-rektalen Hautgrenze sind dünnwandig und von geschichtetem Plattenepithel mit einem orthokeratotischen Verhornungsmuster ausgekleidet, das von einer dünnen Schicht dermaler Matrix gestützt wird. Apokrine Drüsen und große hepatoide Drüsen des Analsacks (Abb. 10) sind in dieser Matrix entlang des Analsackrandes gruppiert und entleeren sich dorthin [2, 14].

Die Brustdrüse ist eine zusammengesetzte tubulo-alveoläre Drüse, die durch Septen in Läppchen und Lappen gegliedert ist, wobei jede Drüse über ein verzweigtes Gangsystem zu einer Zitze (Brustwarze) entleert wird [1]. Die Drüsensekrete gelangen über intralobuläre, interlobuläre und laktiferöse Gänge in einen Zitzensinus (Zitzenzisterne), die alle entweder von einer einfachen Schicht oder einer Doppelschicht aus quaderförmigen Zellen ausgekleidet sind. Bei der Katze entleert sich der Zitzensinus nach außen durch vier bis sieben Papillargänge, die mit geschichtetem Plattenepithel ausgekleidet sind. Die Dermis der Zitzen enthält freie Bündel glatter Muskeln, aber nur wenige andere Adnexe. Bei der Katze sind je vier Milchdrüsen in linearen Brustdrüsenketten auf der rechten und linken Seite des ventralen Abdomens angeordnet.

Krallen

Die Katzenkralle ist eine sehr spezialisierte und komplexe Struktur, die aus einer verhornten Krallenscheide (Krallenhorn, Klaue) besteht, welche von geschichtetem Epithel gebildet und von einer spezialisierten Lederhaut (Corium) getragen wird [16]. Die Kralle der Katze ist ein stark verjüngter (scharf zugespitzter), gekrümmter und ventral abgeflachter Kegel, der dorsal eine abgerundete Wand, ventral einen schmalen Schneidekamm und auf den Gleitflächen abgeflachte Lamellen aufweist. Proximal teilt und differenziert sich ständig ein Band von Krallenmatrixzellen, die Keratinozyten für das Wachstum der Kralle liefern. Weiter distal sorgen die Zellen des Krallenbetts (der Krallenplatte) für eine gleitende Adhäsion, die es den Epithelzellen ermöglicht, sich nach distal zu bewegen und zu einer starren Kralle zu verhornen. Katzen schärfen ihre Klauenspitzen durch wiederholtes Abwerfen einer verhornten Hornkappe, was durch Kratzen gefördert wird [16] – abgeschlagene Hornkappen werden manchmal fälschlicherweise für eine abgeworfene Krallen gehalten. Die Kralle umhüllt die Krallenhaut und den eng anliegenden Dornfortsatz des dritten Fingerglieds. Die harte Verhornung der starren Kralle ist dort, wo sie an die Hautfalte (Krallenfalte) angrenzt, von einer weichen Verhornung begrenzt. Die Krallenfalte ist an den dorsalen und lateralen Rändern der Kralle groß und unten minimal. Unterhalb der Kralle in der Mitte geht eine kleine Sohle zunächst in die schmale Hautfalte über, die in die palmaren oder plantaren Zehenballen übergeht [16]. Die Krallenfalte ist bei der Katze modifiziert und ausgearbeitet (Krallensack usw.), um das Zurückziehen der Krallen zu ermöglichen.

Außenohr (s. auch Kap. „Otitis")

Die Haut der Ohrmuschel und des äußeren Gehörgangs (Meatus acusticus externus) wird von geschichtetem Plattenepithel mit einem orthokeratotischen Verhornungsmuster ausgekleidet, das von einer dünnen Dermis gestützt wird [2, 17]. Hautanhangsgebilde sind auf allen Oberflächen vorhanden, aber in der inneren Ohrmuschel (konkave Ohrmuschel) und vor allem im äußeren Gehörgang sind sie kleiner und weniger dicht angeordnet als in der äußeren Ohrmuschel (konvexe Ohrmuschel) (Abb. 11 und 12). Haarfollikel und Talgdrüsen befinden sich an allen diesen

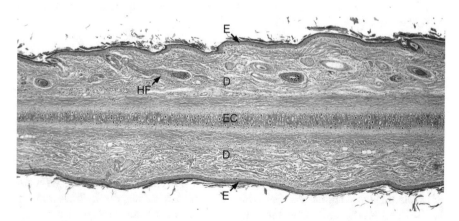

Abb. 11 Äußere Ohrmuschel, Katze. Die äußeren Ohrmuscheln enthalten in der Mitte eine Platte aus elastischem Knorpel (EC), die auf der konvexen (oben im Bild) und konkaven (unten im Bild) Seite von Dermis (D) und Epidermis (E) ausgekleidet ist. Die Adnexe, einschließlich Haarfollikeln (HF), Talgdrüsen und apokrinen Drüsen, sind auf der konvexen Oberfläche zahlreicher und größer als auf der konkaven Oberfläche. 4-Fache Vergrößerung. Hämatoxylin und Eosin

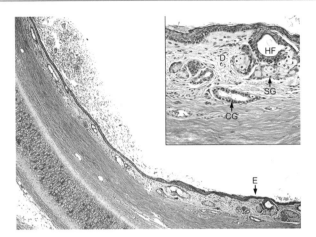

Abb. 12 Horizontaler Gehörgang (Querschnitt), Katze. Der Gehörgang ist von einer dünnen Epidermis (E) und Dermis ausgekleidet. Der Ausschnitt zeigt die kleinen, spärlichen Adnexe des Gehörgangs in der Dermis (D), einschließlich eines Haarfollikels (HF), einer Talgdrüse (SG) und einer Cerumindrüse (CG). 4-Fache Vergrößerung und 20-fache Vergrößerung (Inset). Hämatoxylin und Eosin

Stellen, im äußeren Gehörgang jedoch in geringerer Dichte. Apokrine Drüsen befinden sich an der konvexen und konkaven Ohrmuschel. Modifizierte apokrine Drüsen, sogenannte Cerumindrüsen, befinden sich in dem Teil des äußeren Gehörgangs, der vom Ringknorpel gestützt wird (Abb. 12), und sind im tiefen Drittel des Kanals zahlreicher [17–20]. Diese Drüsen sind mit den spärlichen Follikeln oder direkt mit der Epidermis verbunden [17]. Die Sekrete der Cerumindrüsen vermischen sich mit Talg, Oberflächenlipiden der Epidermis und desquamierten Korneozyten zu einem wachsartigen Schutzmaterial, dem Cerumen. Die zentrifugale epitheliale Migration von Keratinozyten vom äußeren Trommelfell in den äußeren Gehörgang trägt dazu bei, Cerumen von der Oberfläche des Trommelfells zu entfernen, das sich in der Tiefe des Gehörgangs befindet [19].

Pigmentierung der Haut

Die Haut erhält ihre Farbe durch die Pigmentierung (Melaninpigment), das Blut in den Gefäßen (rotes Häm-Pigment), die körpereigenen Reflexionseigenschaften der Epidermis, Dermis und Adnexe sowie durch die Qualität des reflektierten Lichts [8]. Das Melaninpigment setzt sich aus zwei Typen zusammen, dem braunen bis schwarzen Eumelanin und dem roten bis gelben Phäomelanin, die unterschiedlich stark ausgeprägt sind, um eine Farbpalette zu erzeugen. Von der Neuralleiste aus wandern die Melanozyten während der Entwicklung in die Epidermis, die Follikel und die Krallen und produzieren dann Melaninpigment in membrangebundenen zytoplasmatischen Organellen, den Melanosomen. Durch dendritische Prozesse überträgt ein Melanozyt pigmentierte Melanosomen auf eine bestimmte Anzahl lokaler Keratinozyten, die zusammen als epidermale Melanineinheit (oder follikuläre Melanineinheit in der Haarzwiebel) bezeichnet werden. Die Menge und Art des produzierten Melanins und der Grad der Verteilung der Melanosomen auf die Keratinozyten beeinflussen die Pigmentintensität, die von einer blassen bis zu einer sehr dunklen Farbe reicht. Die Melanozyten in der anagenen Haarzwiebel geben kontinuierlich oder episodisch Melanosomen an die wachsenden Haarschäfte ab, und letztere erzeugen Farbstreifen (Agouti usw.), die teilweise von der dermalen Papille gesteuert werden. Viele Variationen der Fellfarbe (s. auch Kap. „Genetik der Fellfarbe") bei Katzen sind auf die Vererbung von Allelen zurückzuführen, die die Verteilung oder das Vorhandensein/Abwesenheit von Melanozyten, die Verteilung der Melanosomen und/oder die Menge und Art des produzierten Melanins verändern. Klinisch gesehen ist der Pigmentverlust (Leukodermie, Leukotrichie) auf eine Störung der epidermalen Melanineinheit und/oder der follikulären Melanineinheit zurückzuführen und kann somit die Folge von Krankheiten sein, die Melanozyten und/oder Keratinozyten verletzen.

Allgemeine Hautfunktionen

Die Haut hat viele wichtige Funktionen, die, wenn sie durch eine Krankheit beeinträchtigt werden, erhebliche Folgen für den Patienten haben [8].

Physikalische Barrierefunktion

Die Haut schützt den Körper vor physiochemischen Schädigungen. Sie verhindert das Eindringen von Fremdkörpern, Parasiten und Infektionserregern und verhindert gleichzeitig den Verlust von Wasser und flüssigen Bestandteilen (Elektrolyten, Makromolekülen usw.) aus dem Körper. Zu diesem Zweck sorgen die Epidermis und die Dermis für die Widerstandsfähigkeit der Haut, und die Haare verringern Reibungsverletzungen. Der Panniculus polstert Verletzungen ab, insbesondere an den Fußsohlen. Hautpigment und Haare blockieren schädliche Sonnenstrahlen. Das Stratum corneum, insbesondere die Lipidhülle, dichtet die Epidermis gegen Wasserverlust ab, während tiefere Epidermisschichten ebenfalls einen Beitrag leisten, z. B. durch enge Verbindungen im Stratum granulosum. Die Korneozyten werden kontinuierlich von der Hautoberfläche abgestoßen, um anhaftende Mikroorganismen zu beseitigen. Krallen dienen sogar der offensiven physischen Verteidigung gegen Angriffe anderer Tiere und als Werkzeuge, die Katzen zum Klettern und zur Handhabung von Beutetieren benötigen.

Immunabwehr

Das Immunsystem der Haut ist mehr als nur eine passive physische Barriere, es identifiziert, blockiert und eliminiert aktiv Krankheitserreger durch Aktionen des angeborenen (Keratinozyten, Mastzellen, Basophile, natürliche Killerzellen, dendritische Zellen, Talg usw.) und erworbenen Immunsystems der Haut (T-Zellen, B-Zellen, dendritische Zellen usw.). Weitere Zellen wie Neutrophile, Eosinophile und Makrophagen werden über die Blutgefäße in die Haut eingeschleust und tragen zur Abwehr und Immunfunktion der Haut bei. Die Bestandteile des Talgs und des Stratum corneum tragen zum pH-Wert der Hautoberfläche bei, und die Fettsäurezusammensetzung begünstigt die Besiedlung der Haut durch nützliche bakterielle Kommensalen und schränkt Krankheitserreger ein. Interessanterweise trägt die Haut zur Aufrechterhaltung der peripheren Immuntoleranz bei, indem sie den Thymus dabei unterstützt, das erworbene Immunsystem auf eigene und fremde Antigene zu trainieren.

Thermoregulation

Die Haut ist ein zentrales Organ der Thermoregulation, das Wärmeverluste verhindert oder bei Bedarf fördert, um die Körperkerntemperatur zu optimieren. Das Haarkleid und das Fettgewebe sind die wichtigsten Wärmeschutzbarrieren, wobei das Haarkleid durch die Musculi erector pili verändert werden kann, die das Haar bewegen und seine Dichte steuern. Die Durchblutung der Haut wird aktiv gefördert, eingeschränkt und/oder umgeleitet, um die Übertragung der Kernwärme auf die Haut zu verändern, insbesondere an den distalen Gliedmaßen und Ohren. Pigmente in Haaren und Epidermis absorbieren Lichtenergie, was zu einer Erwärmung der Haut führt. Schwitzen fördert die Kühlung durch Verdunstung.

Metabolische Funktionen

Die Haut hat zahlreiche Stoffwechselfunktionen; viele halten die Homöostase der Haut aufrecht, während andere auch systemische Funktionen erfüllen. So wird beispielsweise Vitamin D in der Epidermis durch Sonneneinstrahlung aktiviert. Nach einer weiteren Aktivierung in Leber und Niere beeinflusst Vitamin D die epidermale Proliferation und Differenzierung in der Haut und trägt neben vielen anderen Funktionen auch zur Kalziumhomöostase von Blut und Knochen bei, und zwar systemisch. Die Expression von Cytochrom-P450-Enzymen in der Epidermis bedeutet, dass xenobiotische Verbindungen dort verarbeitet werden können. Der Panniculus adiposus steuert einen Großteil der Fähigkeit des Körpers bei, Energie in Form von Lipiden zu speichern. Ebenso ist das dermale Kollagen ein Eiweißspeicher. Die Epidermis, die Haarfollikel und die Hautdrüsen produzieren nützliche Substanzen, scheiden aber auch körpereigene und körperfremde Stoffwechselbestandteile aus, wie z. B. bestimmte Toxine (Blei im Haar).

Kommunikation

Die Hautdrüsen produzieren Duftstoffe, die für die olfaktorische Kommunikation bei Fleischfressern wichtig sind. Erector-pili-Muskeln, insbesondere entlang des

Rückens und des Schwanzes, heben das Haar an und verändern so das Aussehen des Haarkleides, um anderen Tieren visuell den Verhaltensstatus und Warnsignale mitzuteilen und um Pheromone zu verbreiten. Die Pigmentierung der Haut und des Haarkleides, obwohl bei vielen Hauskatzen durch die Selektion durch den Menschen drastisch verändert, dient Fleischfressern als wichtige Tarnung bei der Jagd.

Sinneswahrnehmung

Die Haut ist ein wichtiges Empfindungsorgan, und ihre sensorischen Nervenenden unterscheiden Temperatur (heiß und kalt), Schmerz, Juckreiz, Brennen, Berührung usw.

Literatur

1. Monteiro-Riviere N. Integument. In: Eurell JA, Frappier BL, Herausgeber. Dellmann's textbook of veterinary histology. 6. Aufl. Iowa: Blackwell Publishing Professional; 2006. S. 320–49.
2. Strickland JH, Calhoun ML. The integumentary system of the cat. Am J Vet Res. 1963;24:1018–29.
3. Monteiro-Riviere NA, Bristol DG, Manning TO, et al. Interspecies and interregional analysis of the comparative histologic thickness and laser Doppler blood flow measurements at five cutaneous sites in nine species. J Invest Dermatol. 1990;95:582–6.
4. Matsui T, Amagai M. Dissecting the formation, structure and barrier function of the stratum corneum. Int Immunol. 2015;27:269–80.
5. Bowser PA, White RJ. Isolation, barrier properties and lipid analysis of stratum compactum, a discrete region of the stratum corneum. Br J Dermatol. 1985;112:1–14.
6. Hammers CM, Stanley JR. Mechanisms of disease: pemphigus and bullous pemphigoid. Annu Rev Pathol. 2016;11:175–97.
7. Meyer W, Godynicki S, Tsukise A. Lectin histochemistry of the endothelium of blood vessels in the mammalian integument, with remarks on the endothelial glycocalyx and blood vessel system nomenclature. Ann Anat. 2008;190:264–76.
8. Miller WH, Griffin CE, Campbell K. Muller & Kirk's small animal dermatology. 7. Aufl. St. Louis: Elsevier; 2013. S. 1–56.
9. Stecco C. Subcutaneous tissue and superficial fascia. In: Functional atlas of the human fascia. Philadelphia: Elsevier; 2015. S. 21–30.
10. Meyer W. Hair follicles in domesticated mammals with comparison to laboratory animals and humans. In: Mecklenburg L, Linek M, Tobin D, Herausgeber. Hair loss disorders in domestic animals. Iowa: Wiley-Blackwell; 2009. S. 43–61.
11. Zanna G, Auriemma E, Arrighi S, et al. Dermoscopic evaluation of skin in health cats. Vet Dermatol. 2015;26:14–7.
12. Welle MM, Wiener DJ. The hair follicle: a comparative review of canine hair follicle anatomy and physiology. Toxicol Pathol. 2016;44:564–74.
13. Ryder Ryder ML. Seasonal changes in the coat of the cat. Res Vet Sci. 1976;21:280–3.
14. Jenkinson DM. Sweat and sebaceous glands and their function in domestic animals. In: von Tscharner C, REW H, Herausgeber. Advances in veterinary dermatology, Bd. 1. Philadelphia: Bailliere Tindall; 1990. S. 229.
15. Shabadash SA, Zelikina TI. Detection of hepatoid glands and distinctive features of the hepatoid acinus. Biol Bull. 2002;29:559–67.

16. Homberger DG, Ham K, Ogunbakin T, et al. The structure of the cornified claw sheath in the domesticated cat (Felis catus): implications for the claw-shedding mechanism and the evolution of cornified digital end organs. J Anat. 2009;214:620–43.
17. Strickland JH, Calhoun ML. The microscopic anatomy of the external ear of Felis domesticus. Am J Vet Res. 1960;21:845–50.
18. Fernando SDA. Microscopic anatomy and histochemistry of glands in the external auditory meatus of the cat (Felis domesticus). Am J Vet Res. 1965;26:1157–61.
19. Njaa BL, Cole LK, Tabacca N. Practical otic anatomy and physiology of the dog and cat. Vet Clin North Am Small Anim Pract. 2012;42:1109–26.
20. Tobias K. Anatomy of the canine and feline ear. In: Gotthelf L, Herausgeber. Small animal ear diseases, an illustrated guide. 2. Aufl. St. Louis: Elsevier-Saunders; 2005. S. 1–21.

Genetik der Fellfarbe

Maria Cristina Crosta

Zusammenfassung

Die verschiedenen Katzenrassen unterscheiden sich nicht nur in ihren unterschiedlichen morphologischen Merkmalen, sondern auch in Farbe, Länge, Struktur und Textur ihres Fells erheblich voneinander. Das Katzenfell hat verschiedene Funktionen, wie z. B. ästhetische und mimetische Funktionen, Wärmeregulierung, Wahrnehmung der Körperposition durch Vibrissen und Tylotrich-Polster, soziale und sexuelle Kommunikation, und es dient als Barriere gegen mechanische, physikalische und chemische Einflüsse. Im ersten Teil dieses Kapitels werden die Morphologie und der Zyklus des Haares, einschließlich der Melaninsynthese, kurz vorgestellt. Im zweiten Teil wird die Genetik von Haarlänge, -struktur, -textur, -farbe und -mustern detailliert beschrieben, um eine gute Grundlage für das Verständnis der spezifischen funktionellen Aspekte des Katzenfells zu bieten.

Die verschiedenen Katzenrassen unterscheiden sich nicht nur in ihren morphologischen Merkmalen, sondern auch in Farbe, Länge, Struktur und Beschaffenheit ihres Fells erheblich voneinander.

Das Fell

Organisatoren von Katzenausstellungen unterteilen die Katzenrassen in drei Hauptkategorien:

M. C. Crosta (✉)
Clinica Veterinaria Gran Sasso, Mailand, Italien

- *Langhaarkatzen*, deren Vertreter die Perserkatze (in allen Farbschattierungen und Varianten), die Britisch Langhaar, die Selkirk Rex und die Highland Fold sind
- *Katzen mit mittellangem Haar*, z. B. Norwegische Waldkatze, Maine Coon, Balinese, Birma
- *Kurzhaarkatzen*, z. B. Europäisch, Chartreux, Russisch Blau, Britisch Kurzhaar

Innerhalb dieser Kategorien wird das Fell dann nach Muster, Farbe und Farbverteilung eingeteilt.

Funktion

Das Fell hat verschiedene Funktionen:

- ästhetische und mimetische Funktion
- Wärmeregulierung in Abhängigkeit von der Länge, Dicke und Dichte des Fells sowie von seiner Farbe und seinem Glanz (ein helles Fell reflektiert das Licht besser und ermöglicht es, die Körpertemperatur konstant zu halten)
- Wahrnehmung der Körperposition (Vibrissen, Tylotrich-Polster)
- soziale und sexuelle Kommunikation, sowohl durch den visuellen Effekt als auch als Unterstützung von Pheromonen
- Barriere gegen mechanische, physikalische und chemische Einflüsse

Unabhängig von seiner Länge ist das Fell einer Katze dazu da, das Tier zu schützen und ihm zu helfen, sich an seine Umgebung anzupassen, wie im Fall von Katzen, die in sehr kalten Klimazonen leben. Das Fell dieser Katzen (Maine Coon, Norwegische Waldkatzen) besteht aus langem Primärhaar (Grundhaar) und einer dicken Unterwolle.

Das Haar der Norwegischen Waldkatze ist wasserabweisend. Diese Eigenschaft macht ihr Fell besonders geeignet für die ungünstigen Wetterbedingungen in ihrem Herkunftsland. Bei Ausstellungen beurteilen die Richter diese Eigenschaft manchmal, indem sie etwas Wasser auf das Fell tropfen lassen. Ein weiteres Beispiel ist die Türkisch Van, eine Katze, die im Winter ein sehr dichtes Fell hat, das sie im Sommer auf spektakuläre Weise abwirft. In dieser Jahreszeit verliert sie fast ihr gesamtes Fell, sodass sie wie eine Kurzhaarkatze aussieht. Diese Rasse hat sich an das Klima in Zentralanatolien, ihrer Ursprungsregion, angepasst, wo es große Temperaturunterschiede zwischen Winter ($-20\,°C$) und Sommer ($+40\,°C$) gibt.

Morphologie

Makroskopisch gesehen können Katzenhaare unabhängig von ihrer Länge wie folgt klassifiziert werden:

1. Primärhaar (Schutzhaar)
2. Sekundärhaar (Flaumhaar, Wollhaar)

Wie alle Fleischfresser haben auch Katzen zusammengesetzte Haarfollikel. Das bedeutet, dass sich das Fell aus vielen kleinen Einheiten zusammensetzt. Jede Einheit besteht aus zwei bis fünf größeren Haaren (Primärhaaren), die von Büscheln kleinerer Haare (Sekundärhaaren) umgeben sind. Zu jedem Primärhaar gehören fünf bis zwanzig Sekundärhaare.

Jedes Primärhaar hat eine eigene Talgdrüse, eine Schweißdrüse und einen Arrector-pili-Muskel. Ein Primärhaar tritt durch sein eigenes, unabhängiges Infundibulum aus der Hautoberfläche aus. Sekundärhaare sind nur mit einer Talgdrüse verbunden und treten aus einem gemeinsamen Infundibulum aus.

Man schätzt, dass es bei Katzen auf jedem Quadratzentimeter Haut zwischen 800 und 1600 dieser Einheiten gibt.

Aus funktioneller Sicht kann das Haar auch in folgende Kategorien eingeteilt werden:

1. Schutzhaar: Diese Haare sind gerade und dicker.
2. Zwischenhaar: Diese Haare sind dünner als die Schutzhaare und variabler im Querdurchmesser. Sie wachsen in entgegengesetzter Richtung zum Unterhaar und haben zusammen mit dem Unterhaar eine isolierende und schützende Rolle.
3. Unterhaar: Diese Haare sind kurz und dünn und haben ein gekräuseltes Aussehen, manchmal lockig. Im Winter schließen sie die warme Luft ein und bilden eine regelrechte Isolierbarriere gegen die Kälte, während sie im Sommer die Aufnahme der von außen kommenden Wärme begrenzen.

Die Anteile variieren je nach Rasse:

- *Alle drei Haartypen können vorhanden sein*, sie können aber auch stark verändert sein (z. B. Devon Rex).
- *Ein Typ kann fehlen* (z. B. Schutzhaar im Kornischen).
- *Ein Typ kann stärker ausgeprägt sein als die anderen* (z. B. Unterhaar bei Persern).
- *Ein Typ kann sehr wenig ausgeprägt sein* (z. B. Unterhaar bei der Korat).

Es gibt zwei Arten von Tasthaaren:

- *Vibrissen*: Sie wachsen auf der Schnauze, um die Augen herum, in der Kehlregion und auf der Handfläche der Carpi. Diese Haare sind dick und enthalten spezialisierte Nervenstrukturen.
- *Tylotrich-Haare*: Sie sind über den ganzen Körper verteilt und bestehen aus einem größeren als dem normalen Haarfollikel, der ein einzelnes kurzes Haar enthält und von einer Kapsel aus neurovaskulärem Gewebe auf der Höhe der Talgdrüse umgeben ist. Man nimmt an, dass es sich bei diesen Haaren um langsam adaptierende Mechanorezeptoren handelt.

Der Haarschaft besteht aus drei konzentrischen Strukturen, der Medulla, dem Kortex und der Kutikula.

Die Medulla ist die innere Struktur des Haares und besteht aus Längsreihen von Zellen, die in der Nähe der Wurzel fest sind und sich nach und nach mit Luft und Glykogen füllen, wenn sie zur Spitze hin wachsen.

Der Kortex bildet die mittlere Struktur des Haares und besteht aus harten und langgestreckten Zellen, deren Längsachse parallel zur Haarachse verläuft. Diese Zellen enthalten das Pigment, das dem Haar seine Farbe verleiht.

Die Kutikula ist die äußerste Struktur des Haares und besteht aus Schuppen (beim Menschen sind sie überlappend, wie die Ziegel eines Daches, während sie bei der Katze dreieckig sind, mit einem stacheligen Rand und mit der hakenförmigen freien Kante in Richtung der Haarspitze).

Haarwuchs-Zyklus

Der Haarfollikel ist die Struktur, aus der das Haar wächst. Er besteht aus einem oberen Teil, der „Infundibulum" genannt wird, einem mittleren Teil, der „Isthmus" genannt wird, und einem tiefen Teil, der „Zwiebel" genannt wird. Das Infundibulum und der Isthmus sind die permanenten Teile des Haares, während die Zwiebel nur in der aktiven Wachstumsphase vorhanden ist.

Die Haarzwiebel besteht aus Matrixzellen (die das Haar selbst und die innere Hülle, die die Wurzel enthält, bilden) und aus Pigment produzierenden Zellen, den Melanozyten.

Der Haarfollikel hat eine aktive, zyklische Wachstumsphase, Anagen genannt, und eine Ruhephase, Telogen genannt. Sie werden durch eine Übergangsphase namens Katagen getrennt.

Die Dauer der *Anagenphase* ist erblich bedingt und bestimmt die endgültige Länge des Haares. In dieser Phase ist die dermale Papille sehr gut entwickelt, und die Zellen der Zwiebelmatrix vermehren sich aktiv, um das Haar zu bilden. Die Melanozyten der Zwiebel produzieren aktiv Pigment (Melanin) und verteilen es an die Haarzellen, die nach und nach an die Hautoberfläche wandern.

In der Übergangsphase, dem *Katagen*, wird die Pigmentproduktion vollständig eingestellt, und die Produktion von Zellen durch die Matrix verlangsamt sich allmählich bis zum Stillstand. Die letzten produzierten Zellen sind daher völlig pigmentlos, was erklärt, warum in dieser Phase des Zyklus der der Haut am nächsten liegende Teil des Haares auch der hellste ist.

In der *Telogenphase* ist der Follikel in der Ruhephase auf ein Drittel seiner Länge geschrumpft, und die Hautpapille hat sich in eine kleine Masse undifferenzierter Zellen verwandelt. Der Haarausfall erfolgt nicht gleichzeitig im gesamten Fell, sondern nach einem „Mosaik"-Ausfallmuster. Der Grund dafür ist, dass sich die benachbarten Haarfollikel in unterschiedlichen Wachstumsstadien befinden. Das Haar wächst bis zu einer bestimmten Länge, die je nach Körperregion variieren kann und genetisch festgelegt ist.

Die aktive Wachstumsphase und damit die Geschwindigkeit des Haarwachstums ist im Sommer am höchsten und im Winter am niedrigsten. Man geht davon aus, dass sich im Sommer 50 % der Follikel im Telogen befinden, während dieser Prozentsatz im Winter auf 90 % ansteigt.

Melanin-Synthese

Melanin ist das Pigment, das für die Färbung von Haut und Haaren verantwortlich ist. Dies ist jedoch nicht seine einzige Funktion. Indem es sich im Zytoplasma verteilt, schützt es die Zellen der Epidermis und der tieferen Hautschichten vor ionisierender Strahlung und vor ultraviolettem (UV-)Licht. Melanin beseitigt auch die giftigen freien Radikale, die von den Hautzellen nach Sonneneinstrahlung und im Zuge von Entzündungsprozessen gebildet werden.

Die Melaninsynthese ist genetisch bedingt (Abb. 1). Die Melaninproduktion kann durch verschiedene Faktoren angeregt werden, z. B. durch die Einwirkung ultravioletter Strahlung der Sonne, und sie kann durch ein Ungleichgewicht der Hormone beeinflusst werden. Es gibt verschiedene Arten von Melanin, aber die Grundtypen sind Eumelanin und Phäomelanin. Eumelaninkörnchen sind in Melanosomen enthalten und für die braun-schwärzlich-schwarze Farbe verantwortlich. Die Phäomelanin-Körnchen sind ebenfalls in Melanosomen enthalten und verleihen eine gelb-bräunlich-rote Farbe. Zwischen diesen beiden Typen gibt es viele Zwischenvarianten. Phäomelanin weist im Vergleich zu Eumelanin einen höheren Schwefelgehalt auf. Obwohl sie unterschiedlich sind, haben Eumelanin und Phäomelanin einen gemeinsamen Stoffwechsel. Ein Enzym namens Tyrosinase wandelt in Gegenwart von Spurenelementen wie Kupfer Tyrosin zunächst in DOPA und dann in Dopa-

Abb. 1 Die Synthese von Eumelanin und Phäomelanin

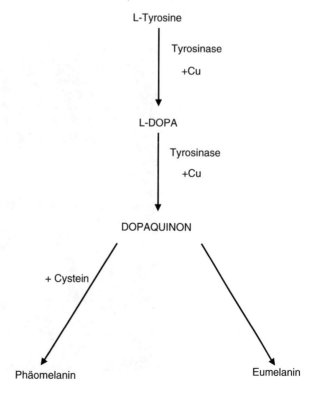

chinon um, und von dort aus über eine Abfolge von Oxidationen in die verschiedenen Arten von Melaninpigmenten. Wie wichtig die Rolle dieses Enzyms bei der Pigmentsynthese ist, beweist die Tatsache, dass die Mutation des Tyrosinase-Strukturgens für viele Formen des Albinismus bei Mensch und Tier verantwortlich ist. Für die Synthese von Eumelanin sind hohe Konzentrationen von Tyrosinase erforderlich, während für die Synthese von Phäomelanin niedrigere Konzentrationen, aber Cystein notwendig sind. Tyrosinase ist hitzeempfindlich, d. h. ihre Konzentration nimmt proportional zum Temperaturanstieg ab. An Körperstellen, an denen die Temperatur niedriger ist (z. B. an den Beinen), kommt es aufgrund der erhöhten Enzymaktivität zu einer stärkeren Ablagerung von Eumelanin-Granulat, wodurch das Fell eine dunklere Färbung erhält. Dies erklärt, warum bei genauer Betrachtung des Fells einer schwarzen Katze im Bereich des Rumpfes eine hellere Färbung am Ansatz zu sehen ist, während im Bereich der Schnauze und an den Beinen (die kältere Bereiche sind) die Farbe dunkler ist.

Die Gene, die Länge, Struktur und Textur der Haare steuern

Obwohl wir aus morphologischer Sicht drei Arten von Katzenfellen – lang, halblang und kurz – unterscheiden, gibt es aus genetischer Sicht, was die Haarlänge betrifft, zwei Arten von Fellen – Kurzhaar und Langhaar (Abb. 2, 3 und 4). Die in diesem Kapitel beschriebenen Gene sind in Tab. 1 zusammengefasst. Eine Definition der genetischen Begriffe findet sich in Kasten 1.

Abb. 2 Langhaarkatze

Abb. 3 Halblanghaarkatze

Abb. 4 Kurzhaarkatze

Tab. 1 Die wichtigsten Gene, die die Fellfarbe bei Katzen kontrollieren

Gene, die die Verteilung der Fellfarbe steuern	
A Agouti	**a** Non-Agouti
Ursprüngliche Wildfarbe, Haare mit abwechselnd hellen und dunklen Streifen	Die Farbstreifen auf den einzelnen Haaren verschwinden, und das Ergebnis erscheint einfarbig
Gene, die die Farbe steuern	
B Schwarz	**b** Braun (oder Schokolade)
	bl Hellbraun (oder Zimt)
o Nicht-orange	**O** Orange – geschlechtsgebunden, da es sich auf dem X-Chromosom befindet
w Normale Farbe	**W** Weiß dominante Epistase
Gene zur Steuerung der Farbintensität	
C Full Colour – gleichmäßige Intensität am ganzen Körper	**cb** Burmesisch
	cs Siamesisch
	ca Albino, blaue Augen
	c Albino, rosa Augen
Gene, die die Farbdichte steuern	
D Dicht – normale Haarfarbdichte	**d** Verdünnung oder Vermälzung
Gene, die die Entwicklung der Haarfarbe steuern	
i Vollständige Entwicklung des Pigments im Haar	**I** Hemmung der Pigmentbildung im Haar
wb (oder **ch**) Keine gefärbten Spitzen	**Wb** (oder **Ch**) gefärbte Spitzen
Gene, die die Verteilung weißer Flecken steuern	
s Normale Farbverteilung im Fell – keine weißen Flecken	**S** Piebald-Weiß-Scheckung – mehr oder weniger ausgedehnte weiße Flecken
G normale Farbverteilung im Fell – keine Handschuhe	**g** „Handschuhe" der Birma
Gene, die Tiger-Tabby-Muster steuern	
T Mackerel Tabby (Wildtyp)	**Ta** Abessinisch gestromt
	tb Gestromt gestromt (oder klassisch gestromt)
Gene, die Länge, Struktur und Beschaffenheit der Haare kontrollieren und verändern	
L Kurzhaar	**l** Langhaar
R Normales Fell	**r** Cornish Rex
Re Normales Fell	**re** Devon Rex
Ro Normales Fell	**ro** Oregon Rex
rd Normales Fell	**Rd** Niederländisch Rex
rs Normales Fell	**Rs** Selkirk Rex
Hr Normales Fell	**hr** Sphynx, Bambino, Elf, Dwelf
hrbd Normales Fell	**Hrbd** Don Sphynx, Peterbald, Levkoy
wh Normales Fell	**Wh** Drahthaar

Kasten 1
- **Homozygot/heterozygot**

Homozygot ist ein Individuum, das zwei identische Allele für ein und dasselbe Merkmal besitzt (das eine stammt von der Mutter, das andere vom Vater). Tatsächlich erhält jedes Individuum für jedes einzelne Merkmal ein Paar „korrespondierender" Gene, die Allele genannt werden, wobei eines von jedem Elternteil vererbt wird. Wenn ein Individuum zwei identische Allele erbt, ist es homozygot für dieses spezifische Merkmal (z. B. BB oder bb). Hat das Individuum dagegen zwei unterschiedliche Allele von seinen Eltern geerbt, so ist es heterozygot (Bb).

- **Dominant und rezessiv**

Wenn sich ein Allel sowohl bei einem homozygoten (**BB**) als auch bei einem heterozygoten Individuum (**Bb** oder **Bbl**) ausprägen kann (phänotypische Ausprägung), wird es als dominant bezeichnet. Wenn sich ein Allel nur im homozygoten Individuum ausprägt, wird es als rezessiv bezeichnet und mit dem Kleinbuchstaben (**b**) gekennzeichnet.

Das dominante Merkmal lässt die Ausprägung des rezessiven Merkmals (**b**) nicht zu. Zwei Katzen, eine **BB** und die andere **Bb**, sollten beide ein schwarzes Fell haben, aber **BB** ist homozygot schwarz, während **Bb** ein schwarzer Träger der Schokoladenfarbe ist, die, da sie rezessiv zu **B** ist, nicht ausgeprägt werden kann. Aus diesem Grund werden in einem Genotyp zwei Buchstaben zur Angabe eines Merkmals verwendet (z. B. **BB**, **Bb**). Wenn stattdessen nur ein Buchstabe, gefolgt von einem Bindestrich, verwendet wird (z. B. **B–**), bedeutet dies, dass wir nicht wissen, ob das Individuum homozygot (**BB**) oder heterozygot (**Bb**) für dieses Merkmal ist. In der Genetik wird das dominante Allel mit einem Großbuchstaben angegeben, der in der Regel der erste Buchstabe des Gens ist, auf das es sich bezieht (z. B. B für Black, D für Dense).

- **Polygene**

Dabei handelt es sich um eine Gruppe von Genen (auch „Modifikatoren" genannt), deren einzelne Wirkung oft nicht quantifizierbar ist, die aber im Zusammenwirken eine kumulative Wirkung haben und die Wirkung des Hauptgens verändern können. Sie wirken sich auf quantitative Merkmale (Größe, Haarlänge usw.) aus, und zwar oft ganz erheblich.

- **Epistase**

Einige Gene haben die Fähigkeit, die Expression anderer Gene zu verhindern. Phäomelanin maskiert zum Beispiel Eumelanin; das Non-Agouti-Gen überdeckt die Tabby-Muster; das **W**-Gen (dominantes Weiß) maskiert die Expression aller anderen Gene, die für die Färbung und die Farbverteilung verantwortlich sind (Abb. 5). Manchmal ist die epistatische Wirkung des **W**-Gens nicht vollständig wirksam. Man sieht oft weiße Kätzchen mit einem Farbfleck (schwarz, blau-cremefarben usw.) auf dem Kopf. Dieser Farbfleck, der im Alter von etwa zehn Monaten vollständig verschwindet, ist nichts anderes als die versteckte Farbe, die das Kätzchen als Erwachsener an seine Nachkommen weitergibt. Alle Katzen, unabhängig von der Farbe, sind genetisch gestromt, d. h. sie besitzen eine Streifung in ihrem Erbgut (Abb. 6). Bei „Self"-Katzen (einfarbig) ist die Streifung zwar vorhanden, aber nicht sichtbar, weil das **a**-Gen (Non-Agouti) die Streifung nicht zum Ausdruck kom-

Abb. 5 Weiße Katze. Das W-Gen (dominantes Weiß) maskiert die Expression aller anderen Gene, die für die Färbung und Farbverteilung verantwortlich sind

Abb. 6 Tabby-Katze. Alle Katzen sind genetisch gestromt und besitzen in ihrem Genotyp eine Streifung

Abb. 7 Orangefarbene Katzen (O-Gen)

men lässt (epistatische Wirkung). Das **O**-Gen (Orange) wandelt Farbpigmente in Phäomelanin um und deaktiviert durch Epistase die Loci, die für die Produktion von Eumelanin kodieren (Abb. 7). Außerdem lässt das **a**-Gen (Non-Agouti) die Streifung nur im Eumelanin-Fell verschwinden (Epistase) und hat keinen Einfluss auf das Phäomelanin-Fell. Aus diesem Grund ist die Streifung bei roten Katzen immer vorhanden. Es ist schwierig, ein gleichmäßig rot gefärbtes Fell mit intensiver roter Färbung zu erhalten (Züchter haben damit eine schwierige Aufgabe zu erfüllen), da häufig Reststreifen an Schnauze, Schwanz und Beinen zu sehen sind. In dem Bestreben, die unerwünschte Streifung zu verringern, werden manchmal Varietäten roter Felle mit übermäßig gebleichter Färbung ausgewählt. Im Gegensatz zu Kurzhaar-

katzen, bei denen die Streifen deutlicher hervortreten, werden diese „Män-
gel" bei der Perserkatze durch die Haarlänge korrigiert. Wie bei den anderen
einfarbigen Fellen muss das rote Fell gleichmäßig sein, d. h. jedes einzelne
Haar muss von der Wurzel bis zur Spitze die gleiche Intensität haben, und
seine Färbung muss so rot wie möglich sein. Neben den einfarbigen Fellen,
die auch als Self bezeichnet werden, wählen Züchter rote Tabbys aus, bei
denen die Streifen tatsächlich hervorgehoben sind, in einem kuriosen Spiel
des Kontrasts zwischen dem roten Hintergrund des Fells und dem intensiven
und auffälligen Rot der Zeichnung.

• Dichte und Verdünnung

Die Farbdichte ist durch das dominante Gen **D** gegeben, das für die dichte
Pigmentierung verantwortlich ist. Die Pigmentkörnchen lagern sich einzeln
und gleichmäßig entlang der Haarrinde und des Haarmarkes ab. Die gesamte
Oberfläche des Granulats reflektiert das Licht und verleiht dem Haar eine
dunklere Färbung. Die Verdünnung der Fellfärbung wird durch das rezessive
d-Gen (oder Malteser-Gen) verursacht, das eine andere räumliche Verteilung
der Pigmentkörnchen bewirkt, ohne ihre Form zu verändern. Diese unterschiedliche Anordnung bewirkt eine geringere Lichtbrechung, sodass die
Farbe heller erscheint.

• Unvollständige Dominanz

Unvollständige Dominanz liegt vor, wenn bei einem Allelpaar ein Allel das
andere nicht vollständig dominiert und das resultierende Individuum interme-
diäre Merkmale aufweist (z. B. Tonkinese).

• Agouti und Non-Agouti

Dies ist ein indianischer Begriff, der ein südamerikanisches Nagetier bezeichnet. In der Genetik wird er verwendet, um die Wildfärbung einiger
Säugetiere zu beschreiben. Das Agouti-Gen codiert für die Mehrfachbände-
rung jedes einzelnen Haares mit gelb-grauen Bändern und einer dunkleren
Haarspitze (Ticking). Agouti ermöglicht es den Tabby-Allelen, zum Vor-
schein zu kommen. Agouti ist die Hintergrundfarbe, vor der man die Streifen eines Tabby-Fells sieht (Abb. 8). Das Non-Agouti-Gen kodiert für die
Maskierung der gelb-grauen Streifen auf jedem einzelnen Haar, sodass es
zwar immer noch gestreift ist, aber dunkel und sehr dunkel. Daher erscheint
das Fell für das Auge in einer einzigen Farbe. Das Gen hat eine epistatische
Wirkung auf Tabby-Allele.

Abb. 8 Tabby-Kätzchen. Agouti ist die Hintergrundfarbe, vor der man die Streifen eines Tabby-Fells sieht

• Eumelanin, Phäomelanin und Tyrosinase

Die Eumelaninkörnchen bestimmen die braune, schwärzliche oder schwarze Färbung (**B, bb, blbl**). Die Phäomelaninkörnchen bestimmen die rote, gelbe oder orange Färbung (**O–**). Eumelanin und Phäomelanin werden ausgehend von der Aminosäure Tyrosin gebildet. Dieser Prozess erfolgt durch die Wirkung des Enzyms Tyrosinase (hitzeempfindlich), das Tyrosin zu verschiedenen Zwischenverbindungen (DOPA, Dopachinon) oxidiert. Das **C**-Gen (Farbintensität) kodiert für die korrekte Struktur des Enzyms, was bedeutet, dass seine Inaktivierung durch hohe Temperaturen viel langsamer ist als seine Produktion, sodass Melanin regelmäßig produziert wird und für eine vollständige Färbung des gesamten Fells sorgen kann. Die Albino-Allele (**cb** und **cs**) bewirken nach und nach eine strukturelle Veränderung der Tyrosinase, die sie besonders hitzeempfindlich macht. In den wärmeren Bereichen des Körpers kommt es aufgrund des geringeren Einflusses der Tyrosinase zu einer geringeren Pigmenteinlagerung (der Körper ist wärmer und die Fellfarbe daher blasser), während in den kühleren Bereichen des Körpers (den Extremitäten) eine stärkere Pigmenteinlagerung und damit eine dunklere Färbung zu beobachten ist. Bei der Birma (**cb**) führt die strukturelle Veränderung des Enzyms dazu, dass sich das Fell von schwarz zu dunkelbraun verändert und die Augen gelb oder bernsteinfarben werden. Bei der Siamkatze macht das **cs**-Gen die Tyrosinase noch hitzeempfindlicher, sodass der Unterschied zwischen der Farbe des Körpers und der Farbe der Spitzen (Extremitäten) viel deutlicher wird und die Augen blau werden (Abb. 9). Die **ca**- und **c**-Gene hingegen bewirken die Zerstörung oder das Fehlen der Produktion des Enzyms, sodass das Fell völlig weiß ist und die Augen blau bzw. rosa sind.

Abb. 9 Siamesische Katze (cs-Gen)

Gene für die Haarlänge

- kurzes Haar: **L** (dominant)
- langes Haar: **l** (rezessiv)

Das ursprüngliche Fell ist kurz und wird durch ein dominantes Gen mit der Bezeichnung **L** gesteuert. Langes Haar entsteht durch das rezessive Allel mit der Bezeichnung l. Das Gen l ist nicht nur für das lange Haar der Perserkatze verantwortlich, sondern auch für das halblange Fell der Maine-Coon-Katze, der Norwegischen Waldkatze, der Sibirischen Katze und der Birmakatze. Die verschiedenen Felllängen sind auf das Vorhandensein von Polygenen oder Modifikatorgenen zurückzuführen. Dabei handelt es sich um kleine Gene, deren einzelne Wirkung zu gering ist, um beobachtet zu werden. Wenn sie jedoch zusammen mit anderen Genen wirken, führen sie zu beobachtbaren Effekten, da sie zusammen in der Lage sind, die Wirkung des Hauptgens variabel zu verändern. Die Haarlänge ist nicht das einzige Merkmal, das berücksichtigt werden muss. Auch die Struktur und die Beschaffenheit des Haarkleides sind wichtige Beurteilungselemente bei der Untersuchung der verschiedenen Fellarten. Das Fell kann mehr oder weniger dicht und üppig sein, und die drei Haartypen (Deckhaar, Zwischenhaar und Unterhaar) können normal und alle gleichzeitig vorhanden sein. Manchmal, wie bei der Devon Rex, gibt es deutliche Veränderungen, oder eine der drei Haararten kann fehlen, wie z. B. das Deckhaar bei der Cornish Rex. Die Haartypen können in unterschiedlichen Anteilen vorhanden sein, wie bei der Korat, die fast kein Unterhaar hat, oder bei der Perserkatze, die im Vergleich zu den vorhandenen Mengen an Deckhaar- und Zwischenhaar reichlich Unterhaar hat.

Struktur und Textur

- **r** (rezessiv) Cornish Rex/Deutsche Rex
- **re** (rezessiv) Devon Rex
- **ro** (rezessiv) Oregon Rex
- **Rd** (dominant) Niederländischer Rex
- **Rs** (dominant) Selkirk Rex
- **Wh** (dominant) American Wirehair
- **hr** (rezessiv) Sphynx/Bambino/Elf/Dwelf
- **Hrbd** (dominant) Don Sphynx/Peterbald/Levkoy

Die wichtigsten Veränderungen in Bezug auf Haarstruktur und -beschaffenheit betreffen die Gene **r, h, Wh** und **Hrbd**.

r-Gene

Cornish Rex

Eine Katze, die für ihr Fell berühmt ist, ist die Cornish Rex. Ihr eigentümliches Fell ist auf das Vorhandensein des **r**-Gens zurückzuführen. Dieses Gen codiert für das Fehlen von Dekchaar und für tiefgreifende Veränderungen im Zwischen- und Unterhaar. Das Fell dieser Katze ist sehr weich, dicht, fühlt sich rau an, ist gewellt und so gelockt, dass es wie ein Schafsfell aussieht. Sogar die Gesichts- und Supraorbitalvibrissae sind gelockt.

Devon Rex

Das Fell dieser Katze ist auf ein rezessives Gen namens **re** zurückzuführen (Abb. 10). Alle drei Haartypen sind vorhanden, aber stark modifiziert. Das Fell ist weniger gewellt und gelockt als das der Cornish-Katze, und im Allgemeinen wirkt das Fell spärlicher. Die Gesichts- und Supraorbitalvibrissen können unterbrochen sein oder sogar fehlen. Die **r**- und **re**-Gene sind rezessive mutierte Gene, die sich auf verschiedenen Loci des Chromosoms befinden, und durch die Kreuzung einer Cornish Rex mit einer Devon Rex kann man Jungtiere mit nicht rexiertem Fell erhalten.

Es gibt noch weitere Modifikationen in Bezug auf die **r**-Gene, insbesondere bei der Oregon Rex, einer Katze mit einem Fell, das auf das Vorhandensein des **ro**-Gens zurückzuführen ist, einem rezessiven mutierten Allel, das das Deckhaar verschwinden lässt. Das Fell der German Rex wird durch das Vorhandensein des **r**-Gens ver-

Abb. 10 Devon-Rex-Katze

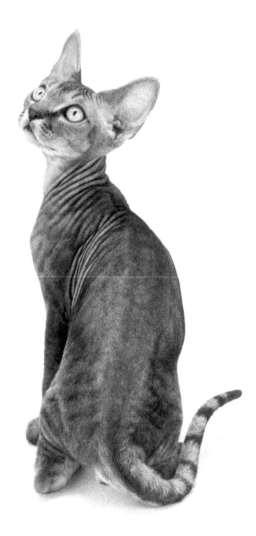

ursacht, das mit dem der Cornish identisch ist. Bei der Dutch Rex und der Selkirk Rex sind die Gene hingegen zwei dominante mutierte Allele: **Rd** bzw. **Rs**. Die Dutch Rex wird derzeit nicht gezüchtet. Die Selkirk Rex hat ein dichtes, plüschiges und lockiges Fell, das kurz oder lang sein kann.

h-Gene

Sphynx/Bambino/Elf/Dwelf

Die Sphynx ist eine Katze, die aufgrund des rezessiven **hr**-Gens keine Schutz- oder Zwischenhaare hat. Das spärliche Unterhaar, das sogar ganz fehlen kann, befindet sich an der Schnauze, am äußeren Ansatz der Ohren, an den Pfoten, am Hodensack und am Schwanz. Die Haut fühlt sich sehr weich an, ähnlich wie Wildleder, und es gibt Falten im Gesicht, zwischen den Ohrmuscheln und an den Schultern. Die Katze ist mittelgroß, muskulös, mit breiter Brust und gerundetem Bauch. Aus der Kreuzung der Sphynx mit anderen Rassen sind die Rassen Bambino, Elf und Dwelf entstanden. Die Bambino-Katze ist das Ergebnis der Kreuzung zwischen der Sphynx und der Munchkin („Wurstkatze"), einer kurzbeinigen Katze. Die Bambino ist eine kleinere Version der Sphynx, hat kein Haar, eine lange Brust und einen abgerundeten Bauch. Die Hinterbeine sind länger als die Vorderbeine, die Schnauze ist dreieckig mit breiten und hohen Ohrmuscheln. Die Kreuzung zwischen der Sphynx und der American Curl hat die Rasse Elf hervorgebracht, eine nackte, große und muskulöse Katze mit ausgeprägten Wangenknochen, wie die Sphynx-Katze. Diese Katze hat auch gewellte Ohrmuscheln, wie die American-Curl-Rasse. Aus der Kreuzung der Elf mit der Munchkin/Bambino ist die Rasse Dwelf entstanden (der Name ist eine Mischung aus engl. *dwarf*, Zwerg, und „Elf", dem Fabelwesen mit spitzen Ohren). Diese Katze ist klein, nackt, kurzbeinig und hat gewellte Ohrmuscheln wie die Elfenkatze.

Hrbd-Gene

Donskoy/Peterbald/Levkoy

Zu dieser Gruppe gehören die Donskoy (Don Sphynx), die Peterbald und die Levkoy. Das für diese Rassen verantwortliche Gen ist **Hrbd**, ein dominantes Gen, das sich auf einem anderen Lokus als das **hr**-Gen befindet. Die Donskoy ist eine mittelgroße Katze mit keilförmigem Kopf, breiten Ohren mit abgerundeten Spitzen, die hoch am Kopf sitzen, und mittellangen bis langen Beinen. Die Donskoy-Katze ist vorzugsweise nackt; sie kann jedoch gelegentlich Haare haben, die „Flock" genannt werden, wenn sie weniger als zwei Millimeter lang sind, und „Pinsel", wenn sie mehr als zwei Millimeter lang sind. Das Haar ist spärlich und hart am ganzen Körper, mit nackten Stellen am Kopf, am oberen Hals oder auf dem Rücken. Diese Katzen mit Resthaar können nicht an Katzenausstellungen teilnehmen, werden aber erfolgreich zur Fortpflanzung eingesetzt. Die Peterbald stammt von der Kreuzung der Don Sphynx mit der Siam/Orientalisch Kurzhaar ab. Sie hat alle morphologischen Merkmale der Siam/

Orientalisch Kurzhaar (langer, eleganter und schlanker Körper mit langen Beinen), trägt aber alle Hautmerkmale der Donskoy, mit Falten im Gesicht, zwischen den Ohren und auf den Schultern. Wie bei der Donskoy werden die Nacktkatzen bevorzugt, aber auch „behaarte" Katzen können zur Vermehrung verwendet werden. Die Levkoy stammt aus einer Kreuzung zwischen der Donskoy und der Scottish Fold. Die Levkoy kann nackt sein oder Resthaar haben, und ihre Ohrmuscheln sind wie bei der Scottish Fold nach vorne gefaltet. Auch hier werden die nackten Katzen bevorzugt, aber Kätzchen und jüngere Katzen können manchmal etwas Resthaar aufweisen. Kreuzungen zwischen diesen Rassen und der Sphynx sind nicht erlaubt.

Wh-Gene

Drahthaar

Zu dieser Gruppe gehört eine Katzenrasse, die ein ganz besonderes Fell hat, die American Wirehair, sie verdankt ihr Fell dem dominanten mutierten Gen **Wh**. Alle drei Haartypen sind vorhanden, aber sie erscheinen modifiziert und gelockt, wodurch sich das Fell der Drahthaar hart und rau anfühlt.

Die Gene, die Fellfärbung und Musterung steuern

Tabby

Die Vererbung von Katzenfellfarben folgt genauen genetischen Regeln entsprechend den Mendel'schen Gesetzen. Während bei der Haarlänge die Kurzhaarkatze das ursprüngliche Fell besitzt, stammen bei den Farbmustern alle Katzenfelle von der Tabby-Katze ab. Das gestromte Fell ist in der Natur am häufigsten anzutreffen, da es sehr mimetisch ist. Tabby ist in der Tat das ursprüngliche Wildfell, die ursprüngliche Färbung, von der alle anderen Fellfarben durch Mutation abstammen. Der Name „Tabby" leitet sich von „Attabi" ab, dem typischen Stadtteil von Bagdad, der für die Herstellung des kostbaren gestreiften Seidenstoffs „Taffetà" bekannt ist. Dieser Name, der später zu „Tabby" verkürzt wurde, wurde dann verwendet, um das gestreifte Fell von Katzen zu beschreiben. Bei Tabby-Katzen scheinen die Streifen vor dem Hintergrund des Fells gezeichnet zu sein, der gemeinhin als Agouti bezeichnet wird.

Agouti und Non-Agouti

Agouti ist ein indianisches Wort, das ein in den Regenwäldern Mittel- und Südamerikas lebendes Nagetier bezeichnet und später in der Genetik zur Beschreibung der Wildfärbung von Hasen und Kaninchen verwendet wurde. Agouti (**A**) im Genotyp bestimmt eine „gestreifte" oder „gebänderte" Färbung des Fells über ein Pigmentsynthesesystem, das „On-Off" genannt wird. Dunklere Farbstreifen, die in der On-Phase entstehen, wechseln sich mit helleren Farbstreifen ab, die in der Off-Phase entstehen. Auf diese Weise ist jedes einzelne Haar nicht einfarbig, sondern durch

Abb. 11 Agouti-
Haarkleid

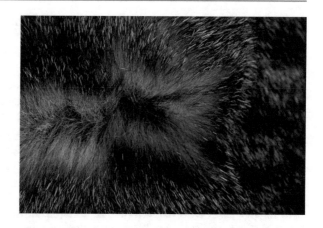

abwechselnd dunkle und helle Farbbänder gekennzeichnet und hat eine dunkel gefärbte Spitze (Abb. 11). Das rezessive Mutationsallel Non-Agouti, dargestellt durch
das Symbol a, unterdrückt die helle Bänderung, sie wird durch eine dunkle Bänderung ersetzt, die sich von der ersteren unterscheidet. Das Haar erscheint dem Auge
als einfarbig (durchgefärbt), da die Bänder nicht unterschieden werden können. Der
Unterschied zwischen einem gestromten Fell und einem „einfarbigen" Fell wird
durch das Fell des Leoparden und des schwarzen Panthers gut dargestellt. Wie viele
wissen, sind der Leopard und der schwarze Panther ein und dasselbe Tier. Allerdings sind beim Leoparden die schwarzen Flecken auf dem gelben Fell gut sichtbar,
während beim schwarzen Panther die Flecken schwarz auf schwarzem Grund sind
und daher nicht erkannt werden können. Das Non-Agouti-Gen lässt die hellen
Farbstreifen nur bei eumelanischen Farben verschwinden, hat aber keine Auswirkungen auf phäomelanische Farben (in der Praxis hat eine rote Non-Agouti-Katze
ein gestreiftes Fell). Agouti ermöglicht das Auftreten des gestreiften Fells, was bedeutet, dass das, was man bei einem gestreiften Fell sieht, eine komplexe Färbung
ist, die sich aus zwei Farbkomponenten ergibt und von zwei verschiedenen Gen-
gruppen gesteuert wird: **Agouti + Tabby**. Das Gen **A** beeinflusst nicht nur die Fellfärbung, sondern auch die der Haut und der Nase. Bei eumelanischen Katzen ist das
Nasenleder nicht einfarbig, wie bei einfarbigen Katzen, sondern eher ziegelrot/rosa/
altrosa, umrandet von der Grundfarbe des Fells.

Muster

Agouti ist die Grundfarbe, d. h. der Hintergrund, auf dem das Muster gezeichnet zu
sein scheint. Es gibt vier Hauptmuster, die mit den drei Tabby-Genen verbunden sind:

- geticktes Tabby oder Abessinier
- getupftes Tabby
- getigertes Tabby (Mackerel Tabby)
- gestromtes Tabby (Classic/Blotched Tabby)

Die Tabby-Gene sind **T**, **Ta** und **tb**, und sind autosomal (drei verschiedene Allele auf demselben Lokus). Sie sind in der Lage, gestreifte Fellmuster zu erzeugen, die als „Markierungen" bezeichnet werden:

- **Ta** ist verantwortlich für das getickte Tabby-Fell (oder Abessinier-Fell).
- **T** ist für das getigerte und das getupfte Tabby-Fell verantwortlich.
- **tbtb** ist für das gestromte oder klassische Tabby-Fell verantwortlich.
- **Ta** gilt als dominant gegenüber **T**, **T** ist dominant gegenüber **tb**, und **tb** ist rezessiv gegenüber beiden. Diese Felle sind bei heterozygoten Exemplaren (wie **Ttb** oder **TaT**) nicht so gut definiert und präzise wie homozygote Felle (**TaTa** oder **TT**).

T ist sowohl für das getigerte als auch für das getupfte Tabby-Muster verantwortlich. Es gibt viele Theorien, um dies zu erklären. Einige behaupten, dass das getupfte Fell auf eine polygene Wirkung zurückzuführen ist; andere behaupten, dass es auf das Vorhandensein anderer Gene zurückzuführen ist, die die Streifen des getigerten Fells aufbrechen und abrunden können.

Ticked Tabby oder Abessinier (Ta-Gene)

Bei diesem Fell ist das Agouti über das gesamte Fell verteilt, weshalb das gesamte Fell gleichmäßig „getickt" erscheint. Jedes Haar hat regelmäßig abwechselnd verschiedenfarbige Bänder (Abb. 12). Die Wurzel ist apricotfarben, während die Spitze die sogenannte Grundfarbe hat, die schwarz, schokoladenfarben, blau, zimtfarben oder rehbraun sein kann. Je mehr Bänder auf dem Haar sind, desto mehr wird das Fell geschätzt. Diese Farbe ist am häufigsten bei Savannenkatzen und bei Wildkatzen, die in Trocken- und Wüstengebieten leben, während sie bei ausgewählten Rassen typisch für die Abessinier-, die Singapura- und die Ceylonkatze ist. Bei einigen Rassen wird das Vorhandensein von Streifen an den Beinen, am Hals, an der Schnauze und am Schwanz als Defekt angesehen, wie bei der Abessinierkatze, während sie bei anderen Rassen unerlässlich sind, wie bei der Singapura.

Abb. 12 Abessinierkatze

Mackerel Tabby (T-Gen)

Mackerel (*Makrele*) ist die Bezeichnung für das gestromte Fell mit nicht unterbrochenen vertikalen Linien (Abb. 13). Die Makrele ist ein Fisch mit dünnen parallelen Streifen, die vom Rücken bis zur Mittellinie verlaufen. Das Fell der Katze hat eine gerade und ununterbrochene schwarze Linie entlang der Wirbelsäule, die vom Hinterkopf bis zum Schwanzansatz verläuft. An den Seiten, den Schultern und den Oberschenkeln sind deutliche schmale, durchgehende und parallele Streifen zu sehen. Die Beine, der Schwanz und der Hals sind gut gebändert. Diese Katzen haben ein „M" auf der Stirn und zwei oder drei Linien, die dem Profil der Wangen folgen. Sie haben viele kleine Flecken an ihrer Unterseite, von der Kehle bis zum Bauch. Das „M" auf der Stirn hat einige Legenden inspiriert. Eine erzählt, dass das Jesuskind in der Krippe zitterte, obwohl es in Decken eingewickelt war. Maria rief alle Tiere herbei, um ihn zu wärmen, aber Jesus zitterte immer noch. Da erschien eine getigerte Katze und schmiegte sich an ihn in der Krippe, bedeckte ihn mit ihrem Körper und wärmte ihn. Als Zeichen ihrer Dankbarkeit zeichnete Maria ein M auf ihre Stirn. Eine andere Legende besagt, dass eine Schlange in den Ärmel des Gewandes des Propheten Mohammed kroch, und eine getigerte Katze sie sofort tötete. Von diesem Moment an wurden alle getigerten Katzen mit einem M auf der Stirn geboren, um alle daran zu erinnern, dass diese Katzen Respekt verdienen.

Gefleckte Tabby (T-Gen)

Diese Katze mit getupftem Fell hat viele kleine runde oder ovale Flecken auf ihrem Fell, die voneinander getrennt und gleichmäßig verteilt sind (Abb. 14). Eine dünne, gerade und nicht unterbrochene schwarze Linie kann vom Hinterkopf bis zum Schwanzansatz vorhanden sein. Auf der Stirn ist ein M gezeichnet, und zwei oder drei Linien folgen dem Profil der Wangen. Der Hals weist zwei nicht unterbrochene

Abb. 13 Mackerel
Tabby-Katze

Streifen auf, während die Beine und der Schwanz gebändert sind. Die Katzen haben viele kleine Punkte an ihrer Unterseite, vom Hals bis zum Bauch. Dieses Fell wird auch als „makellos" bezeichnet und ist typisch für die Ägyptische Mau und die Ocicat. Das „Zurücksetzen" auf dem Fell der Bengalen kann als ein modifiziertes getupftes Merkmal betrachtet werden.

Gestromte Tabby (tb Gen)

Auch bekannt als Blotched oder Classic Tabby. Dies ist das auffälligste und spektakulärste Fell, da der Agouti-Hintergrund durch ein schmetterlingsförmiges Muster gekennzeichnet ist, dessen obere und untere Flügel deutlich an den Flanken und Schultern der Katze zu sehen sind (Abb. 15). Entlang der Wirbelsäule, vom Hinterkopf bis zum Schwanzansatz, befinden sich drei große Streifen, ein zentraler Streifen wird flankiert von zwei weiteren, die deutlich voneinander getrennt sind und parallel zum ersten verlaufen. Auf der Stirn befindet sich ein M, und zwei oder drei Linien folgen dem Profil der Wangen. Der Hals ist mit zwei nicht unterbrochenen Streifen verziert, während die Beine und der Schwanz gebändert sind. Gestromte

Abb. 15 Gestromte
Tabby-Katze

Tabbys haben viele kleine Flecken auf ihrem Bauch, vom Hals abwärts. Das Fell der Marbled Bengalen gilt als klassisch gestromt.

Unterschiede zwischen Tabby und einfarbig

- **Nase:** Bei einfarbigen Katzen ist die Farbe der Nase einfarbig. Bei Tabby-Katzen ist die Nasenfarbe ziegelrot, rosa, altrosa und in der Grundfarbe des Fells umrandet.
- **Kinn:** Bei Tabby-Katzen ist die Farbe des Kinns heller als bei einfarbigen Katzen.
- **Augen:** Die Augen von Tabby-Katzen sind in der Grundfarbe des Fells umrandet (manchmal auch die Lefzen) und haben unmittelbar um das Auge herum eine hellere Farbe.
- **Ohren:** Bei einfarbigen Katzen ist das gesamte Ohr gleichmäßig gefärbt, während bei Tabby und insbesondere bei Tabby Points ein „Daumenabdruck" (oder *Pouce)* vorhanden ist, d. h. ein hellerer Farbbereich an der äußeren Basis des Ohrs.

Einfarbig oder durchgefärbt

Die ursprüngliche Farbe ist das Tabby-Fell, das auf die Verbindung des Agouti-Gens mit den Tabby-Allelen zurückzuführen ist. Alles, was nötig war, war die Mutation des Agouti-Gens (**A**) in Non-Agouti (**a**), um die grau-gelblichen Streifen auf jedem einzelnen Haar verschwinden zu lassen und das einfarbige Fell zu erzeugen. Non-Tabby-Katzen, die gewöhnlich als einfarbig bezeichnet werden, haben ein einfarbiges Fell mit gleichmäßig gefärbten Haaren von der Wurzel bis zur Spitze. Die Farbe jedes einzelnen Haares wird durch die Farbgene bestimmt. Gen **B** ist das farbkodierende Gen, das es den Melanosomen ermöglicht, Eumelanin-Granula zu produzieren, die dem Haar eine dunkle Färbung verleihen. Das Gen **B** sorgt für die schwarze Pigmentierung des Haares.

Das Gen **B** hat zwei rezessive Mutationsallele, die **b** (braun oder schokoladenfarben) und **bl** (hellbraun oder zimtfarben) genannt werden. Bei diesen Mutationen werden die Pigmentkörnchen verformt, bis sie eine ovale (**b**) oder noch länglichere (**bl**) Form annehmen. Die auf diese Weise verformten Körnchen reflektieren das Licht und verleihen dem Haar eine hellere Farbe: **b** ergibt die Farbe Schokolade, **bl** die Farbe Zimt. Schwarz, **B**, ist die dominante Form, während **b** und **bl** beide rezessiv gegenüber Gen **B** sind und **bl** rezessiv gegenüber **b** (**B > b > bl**).

Verdünnung (Dilution)

Diese Farben liegen in aufgehellter Form („diluted") vor. Dank der Wirkung des Verdünnungsgens, das auch als Malteser-Gen (**d**) bekannt ist, bilden die Pigmentkörnchen im Cortex Klümpchen und nehmen eine andere Verteilung an. Dadurch reflektieren sie das Licht, und das Fell erscheint in einer helleren Farbe, sodass Schwarz zu Blau, Schokolade zu Lila und Zimt zu Rehbraun werden kann. Einfarbige Fellfarben gibt es also sechs:

Unverdünnt	Verwässert
Schwarz	Blau
Schokolade	Flieder (Lilac)
Zimt	Fawn

Schwarz

Das Haar sollte von der Wurzel an schwarz sein und keine Spuren von Braun, weißen Haaren oder grauem Unterhaar aufweisen. Oft neigen die Haarspitzen, wenn sie der Sonne ausgesetzt sind, oder der Kragen, der leicht durch Futter und Wasser verschmutzt wird, zu einer rötlichen oder braunen Färbung. Nasenleder und Pfotenballen sind schwarz (Abb. 16).

Abb. 16 Schwarzes und blaues Kätzchen

Blau

Ein Fell, das von einem sehr hellen Grau bis zu Schiefergrau reicht, wird als blau bezeichnet. Am begehrtesten ist die hellere Farbe, möglichst gleichmäßig, von der Spitze bis zum Ansatz, ohne schwarze Spitzen oder weiße Haare. Nasenleder und Pfotenballen sollten blau sein. Es ist eine Verdünnung von Schwarz (Abb. 16).

Schokolade

Das Fell ist milchschokoladenfarben mit einer warmen und gleichmäßigen Tönung von der Spitze bis zum Haaransatz, ohne Streifen oder andersfarbige Haare. Das Nasenleder ist milchschokoladenfarben, während die Pfotenballen von milchschokoladenfarben bis zimtrosa reichen. Schokolade ist eine Mutation von Schwarz (Abb. 17).

Flieder (Lilac)

Flieder, auch Lavendel oder Frost genannt, ist eine Verdünnung von Schokolade. Das Fell erscheint gleichmäßig rosa-hellgrau ohne jede Art von Streifenbildung (Abb. 18). Nasenleder und Pfotenballen sind rosa-lavendelfarben.

Abb. 17 Schokoladekatze

Abb. 18 Fliederfarbene
Katze

Abb. 19 Zimtkatze

Zimt

Das braune Fell ist sehr hell: Es handelt sich um eine Mutation von Schwarz (Abb. 19). Bei der Abessinier und der Somali wird diese Farbe Sorrel genannt.

Fawn

Es handelt sich um eine Verdünnung von Zimt (Abb. 20).

Rot und Schildpatt

Das Gen **O** wandelt Farbpigmente in Phäomelanin um und deaktiviert die Eumelanin-Produktionsloki. Phäomelanine sind Körnchen, die eine rot/orange Farbe erzeugen. Das Gen für Orange befindet sich auf dem X-Chromosom und wird daher als „geschlechtsgebunden" bezeichnet. Bei den Phäomelanin-Farben treten nicht alle Farbtonveränderungen der Eumelanin-Farben auf, sondern nur die Farben Rot und Creme. Der cremefarbene Ton wird durch den Eingriff von Verdünnungsgenen erreicht.

Es gibt eine ganz besondere Fellfarbe, die als „Schildpatt" bekannt ist. Bei dieser Fellfarbe sind die Farben Rot und Schwarz perfekt gemischt oder als klar getrennte und abgegrenzte Farbflecken vorhanden. Katzen, die diese Färbung aufweisen, sind in der Regel weiblich. Wie wir wissen, hat die Katze 38 Chromosomen: 36 autoso-

Abb. 20 Fawnfarbene
Katze

male und zwei Geschlechtschromosomen. Das männliche Tier besitzt **xy** und das weibliche **xx**. Nur das Chromosom **x** trägt die Farbe, **y** nicht. Das bedeutet, dass der Kater **xOy** – rot oder **xoy** – nicht rot (d. h. schwarz) sein kann. Das Weibchen kann sein:

* **xOxO** rot (wenn beide **x** orange tragen)
* **xOxo** schildpatt (wenn ein **x** orange trägt und das andere **x** nicht)
* **xoxo** schwarz (wenn beide **x** nicht orange tragen)

Die Kombination **xOxo** ist der einzige Fall (wegen des Doppel-**x**), in dem Schwarz und Rot zusammen auftreten können.

Weibliche Katzen mit Schildpatt können schwarz (oder eine andere eumelanische Farbe) und rot sein oder beides zusammen mit Weiß auftreten (Abb. 21). Wenn das Weiß vorhanden ist, sind das Rot und das Schwarz in klar abgegrenzte und getrennte Farbflecken eingegrenzt. Die weiblichen Tiere mit dieser besonderen Färbung werden als „tricolour" oder „kaliko" bezeichnet, die nordamerikanische Bezeichnung. Bei Vorhandensein des Verdünnungsgens wird Schwarz zu Blau und Rot zu Creme, wodurch das blau-cremefarbene Fell und, wenn Weiß vorhanden ist, verdünnter Schildpatt und Weiß oder verdünntes Kaliko entsteht. Bei Vorhandensein von Agouti (**A**) erscheint in den eumelanischen Bereichen das Tabby-Muster. Der Begriff „Kaliko" leitet sich von der indischen Stadt Calicut in der Region Kerala ab, die im 16. Jahrhundert dank des florierenden Handels zwischen Europa und Indien ein berühmter Hafen war. In dieser Stadt wurde auch ein Rohbaumwollstoff namens Kaliko (Kattun) hergestellt, der gebleicht und dann in leuchtenden Farben gefärbt wurde. Dieser Begriff wurde später in den Vereinigten Staaten verwendet, um mehrfarbige Gegenstände zu bezeichnen. Die Verteilung und der prozentuale Anteil der Farben werden in der Entwicklungsphase des Embryos festgelegt. Felle mit grauem

Abb. 21 Verdünntes
schildpattfarbenes
Kätzchen mit Weiß

oder weißem Unterhaar oder mit Tabby-Streifen auf der Schnauze oder in den roten
Flecken sind nicht erlaubt. Neben der klassischen schwarz-roten Kombination gibt
es auch die schokoladen-zimtfarbene mit Rot. Alle diese Varianten sind mit Tabby-
Abzeichen (Streifen) zugelassen. In den Vereinigten Staaten wird die schildpatt-
oder blau-creme-gestromte Katze auch „patched tabby" oder „torbie" genannt.
Schildpattkatzen sind nur weiblich. Sollte dieses Fell bei einem männlichen Exem-
plar auftreten, ist die Katze fast immer steril.

Rot
Als Rot ist ein Fell definiert, das eine prächtige gold-rote, warme, reine Färbung
aufweist, die gleichmäßig vom Haaransatz bis zur Spitze verteilt ist (Abb. 22). Der
Standard definiert es ohne jegliche Tabby-Abzeichen (Streifen) oder hellere Flecken. Die perfekte rote Durchfärbung (Einfarbigkeit) ist schwer zu erreichen, weil
das Non-Agouti-Gen (**a**), das die Streifen verdeckt, bei den phäomelanischen
Farben nicht so sauber wirkt wie bei den eumelanischen Farben. Aus diesem Grund
sind manchmal Restmarkierungen am Kopf und an den Beinen sichtbar, oder man
erhält beim Versuch, die Streifen zu eliminieren, ein viel zu helles oder verwasche-
nes Rot. Einfarbig rote Katzen ohne Streifen erhält man nur durch eine sehr sorgfältige Auswahl. Nasenleder und Pfotenballen sollten ziegelrot sein.

Abb. 22 Rot und cremefarben gestromte Katzen

Creme

In Gegenwart von Verdünnungsgenen wird Rot zu einem sehr weichen und zarten Pastellcreme (Abb. 22). Die Farbe ist vom Haaransatz bis zur Spitze gleichmäßig verteilt und sollte so hell und homogen wie möglich sein, ohne Tabby-Abzeichen (Streifen), Schattierungen, helles Unterhaar oder dunklere, spitze Bereiche.

Blau-Creme

Bei dieser schildpattfarbenen Katze verwässern die Verdünnungsgene Schwarz zu Blau und Rot zu Creme (Abb. 21). Die Farben sind perfekt gemischt und gut verteilt, sogar an den Extremitäten, und schaffen eine sehr helle Mischung mit Pastelltönen. Wie die schildpattfarbene Katze ist auch die blau-cremefarbene Katze stets weiblich.

Siamesisches Muster

In der Genetik spricht man bei den Siamesen von farbigen Abzeichen. In der Tat findet sich diese besondere Färbung der Extremitäten bei vielen Rassen: Siam, Thai, Perser (Colourpoint, Abb. 23), Heilige Katze der Birma, Ragdoll, Devon Rex und Cornish Rex (Si-rex). Das betroffene Gen ist dasjenige, das die Intensität der Körperfarbe reguliert, d. h. das Gen C und seine mutierten Allele, die Albino-Allele genannt werden.

Diese Allele werden alle mit dem Buchstaben c bezeichnet, weil sie auf demselben Locus zu finden sind (klein geschrieben, weil c rezessiv gegenüber C ist, dem Gen, das für die Intensität der Fellfarbe verantwortlich ist). Sie haben alle unterschiedliche Suffixe, die die Initialen der Rassen sind, bei denen ihre Wirkung eine Hauptrolle spielt.

- **C** Vollfarbe
- **cb** Burmese
- **cs** Siamese
- **ca** Blauäugiger Albino
- **c** Rosaäugiger Albino

Abb. 23 Colourpoint-
Katze

Alle Allele dieser Gruppe sind rezessiv gegen **C**, aber nicht untereinander; zwischen
cb (Burmesen) und **cs** (Siamesen) gibt es sogar ein unvollständiges Dominanzphä-
nomen. Kreuzt man einen Siamesen (mit hellem Körper und dunklen Spitzen) mit
einem Burmesen (mit Farbschatten, dunkler an den Beinen und heller am Körper),
erhält man einen Tonkinesen (Abb. 24). Die Tonkinesen zeigen Zwischenmerk-
male: intensiv gefärbte Spitzen und Körperhaare, die dunkler sind als bei den Siamesen, aber heller als bei den Burmesen. Beide (Allele **cb** und **cs**) sind jedoch dominant gegenüber **ca** (verantwortlich für den blauäugigen Albino), das wiederum
dominant gegenüber **c** (rosaäugiger Albino) ist (**C** > **cs** und **cb cs** > **ca** > **c**).

cb Burmese
Albino-Allele wirken, indem sie die Pigmentierung von Augen und Haaren schrittweise verringern. Bei den Burmesen wird aufgrund des **cb**-Gens das Schwarz (**C**)
zu Seal (Zobel oder dunkles Sepia) und die Augen, die durch das Gen teilweise de-
pigmentiert sind, tendieren zu Gelb (Abb. 25).

cs Siamese
Bei der Siamkatze führt das Gen **cs** dazu, dass die Seal-Farbe nur auf die Extremitäten (Maske, Ohren, Beine, Füße und Schwanz) beschränkt ist, während der Rest
des Körpers von beige bis magnolienweiß gefärbt ist. Die Augen sind tiefblau.

Abb. 24 Tonkinesenkatze

Abb. 25 Birma-Katze

ca Blauäugiger Albino

Bei einem Albino mit blauen Augen führt die fehlende Pigmentierung zu weißem Haar und sehr blassen blauen Augen.

c Rosaäugiger Albino

Beim Albino mit rosa Augen, die durch das Vorhandensein des **c**-Gens verursacht werden, sind die Augen nicht nur völlig pigmentlos, sondern auch rosa, weil die Iris durchsichtig ist und die Blutgefäße der Netzhaut sichtbar werden.

Das Siam-Gen verursacht eine Mutation des Strukturgens des Enzyms Tyrosinase, wodurch es besonders temperaturempfindlich wird. Ein Temperaturanstieg deaktiviert das Enzym, weshalb die Pigmentierung am Körper, der wärmer ist, abnimmt (und das Fell daher blasser ist). An den Extremitäten, die kühler sind, gibt es eine größere Pigmentablagerung, die den dunkleren „Point"-Effekt erzeugt. Point-Kätzchen werden weiß geboren, weil in der Gebärmutter eine höhere und konstantere Temperatur herrscht (38,5 °C), und ihre Farbpunkte zeigen sich erst einige Tage nach der Geburt. Auch Klimaveränderungen können die Fellfärbung beeinflussen. Tatsächlich sind Katzen, die in warmen Klimazonen leben, heller gefärbt als Katzen, die in kalten Klimazonen leben. Die Colourpoints bei Siamkatzen bestimmen die Farbe ihres Körperfells: Je dunkler die Points, desto dunkler ist das übrige Fell (ein Seal Point hat ein dunkleres Fell als ein Red Point). Außerdem wird das Fell mit dem Alter dunkler. Aus diesem Grund haben Siamkatzen eine eher kurze Ausstellungskarriere, denn die Richter bevorzugen kontrastreichere Felle.

Das Siam-Muster kann auch bei anderen Katzenrassen auftreten, z. B. bei der Heiligen Katze der Birma, der Devon Rex, der Cornish Rex und anderen.

Weiße Flecken

Ein Fell mit weißen Flecken ist in der Natur durchaus üblich. Die weißen Flecken auf dem Fell einer Katze sind genetisch durch das **S**-Gen (*white spotting*) bestimmt und werden als eigenständige Einheiten vererbt. Dies erklärt, warum weiße Flecken mit jeder Grundfarbe des Fells assoziiert werden können. Katzen mit Weißscheckung werden als „bicolour" und „tricolour" bezeichnet, und es ist üblich, dem Farbnamen der Katze „und weiß" hinzuzufügen. Auf diese Weise wird eine schwarze Katze mit weißen Flecken zu „schwarz-weiß", eine rot gestromte Katze zu „rot gestromt und weiß", während die schildpatt-weiße Katze einfach „tricolour" oder „kaliko" genannt wird. Das **S**-Gen verhindert die Fellfärbung, weil es die Melaninkörnchen nicht in den Follikeln, aus denen die Haare wachsen, ansiedeln lässt. Wie das **W**-Gen (das für die vollständige Depigmentierung des Haares verantwortlich ist) ist **S** ein dominantes epistatisches Gen, aber im Gegensatz zu **W** betrifft **S** nicht das gesamte Fell, sondern nur einige Flecken, und seine Expression wird durch Modifier-Polygene verstärkt, die seine Wirkung verstärken können. Die weißen Flecken treten bei homozygoter Ausprägung von **S** (**SS**) intensiver hervor als bei heterozygoter Ausprägung (**Ss**). Aus diesem Grund sieht man häufig Katzen mit nur wenigen weißen Haarbüscheln auf der Brust und am Bauch oder, in extremem Gegensatz dazu, Katzen, bei denen das Fell fast vollständig weiß ist und sich die Farbe auf einige wenige Stellen an Kopf, Rücken und Schwanz beschränkt. Aufgrund der Variabilität dieser Felle geht man davon aus, dass es verschiedene Gene (oder Polygene) gibt, die die Ausprägung des **S**-Gens bestimmen. Durch die Bildung ausgedehnterer weißer Bereiche wird die Farbe auf deutlichere und sichtbare Flecken begrenzt. Bei dreifarbigen Fellen sind die roten und schwarzen Flecken größer, wenn der Anteil an Weiß höher ist. Wie das **W**-Gen scheint auch das **S**-Gen mit angeborener Taubheit in Verbindung zu stehen. Es ist möglich, dass eine weiß getupfte Katze eine Taubheit auf dem Ohr über dem blauen Auge hat. Weiß getupftes Fell wird nach dem Weißanteil klassifiziert.

Mitted

Der geringe Anteil an Weiß (ein Viertel) ist auf die vier Pfoten beschränkt. Ein weißer Fleck wird auf der Nase und/oder zwischen den Augen bevorzugt, während eine weiße Linie am unteren Teil des Körpers vorhanden sein sollte, die an der Kehle beginnt und am Schwanzansatz endet. Dieses Fell ist typisch für die Ragdoll.

Zweifarbig

Diese Kategorie umfasst Felle, die ein Verhältnis von zwei Drittel Farbe zu einem Drittel Weiß aufweisen. Die Farbe sollte an der Schnauze (wo ein nach oben gebogenes „V" erwünscht ist), an der Wirbelsäule, am Kopf, am Schwanz und an der Außenseite der Beine vorhanden sein. Weiß ist erwünscht an der Brust, am Bauch und an der Innenseite der Läufe (Abb. 26). Ein weißer Fleck auf dem Rücken ist ebenfalls erwünscht, sein Fehlen stellt jedoch keinen Nachteil dar. In dieser Kategorie ist ein Fell erlaubt, das bis zu 50 % weiß und 50 % farbig ist. Besonders geschätzt werden Exemplare mit einer weißen „Flamme" auf der Schnauze.

Abb. 26 Zweifarbige Katze

Harlekin

Dieses Fell hat einen viel höheren Grad an weißen Flecken im Vergleich zur Farbe. Die Vollfarbe bedeckt nur ein Sechstel des Haarkleides und ist auf die Oberseite des Kopfes, des Schwanzes und der Beine beschränkt. Auf dem Rücken sind drei oder vier klar abgegrenzte und separate Farbflecken erwünscht (Abb. 27). Die Farbflecken sind willkürlich, aber wenn sie sich auf dem Rücken befinden, dürfen es keinesfalls weniger als vier Flecken sein. Eine weiße Flamme auf der Schnauze ist sehr erwünscht.

Van

Zu dieser Kategorie gehören Felle mit farbigen Abzeichen an Kopf und Schwanz. Am Kopf beschränkt sich die Farbe vorzugsweise auf zwei große Flecken, die durch eine weiße Linie zwischen den Ohren getrennt sind, während der Schwanz bis zum Ansatz gleichmäßig gefärbt sein sollte. Es sind nicht mehr als drei Farbflecken auf dem Körper zulässig. Felle mit mehr als drei Farbflecken gelten als Harlekin. Der Rest des Körpers ist ganz weiß. Der Name wurde von der Türkisch Van abgeleitet, der Katzenrasse, die dieses Fell aufweist.

Abb. 27 Harlekin-Katze

Heilige Katze der Birma

Das Fell dieser Katze ist langhaarig, Colourpoint und hat weiße „Handschuhe". Die weiß behandschuhten Pfoten sind das Erkennungsmerkmal der Rasse, obwohl diese besondere Verteilung regelmäßiger und symmetrischer weißer Flecken auf den vier Pfoten Genetiker und Gelehrte gespalten hat. Einige Autoren behaupten, dass ihr Genotyp dem der Colourpoint-Katze (**cscsll**) ähnelt, jedoch mit dem Zusatz des **S**-Gens (Piebald-Weiß-Scheckung-Gen). Ihnen zufolge wird die Ausprägung von **S** durch Modifier-Polygene bedingt, die eine genaue Verteilung der weißen Flecken auf den vier Pfoten ermöglichen. Andere Autoren beschreiben stattdessen das Vorhandensein von **g** (Handschuhe), einem rezessiven autosomalen Gen, das in doppelter Dosis in der Lage ist, die weißen Flecken auf die Extremitäten zu beschränken. Die letztgenannte Hypothese scheint heute die glaubwürdigste zu sein, obwohl nicht genau geklärt ist, ob **g** als ein zweites, von **S** völlig unterschiedliches und unabhängiges Gen betrachtet werden kann, das jedoch die Ausprägung des letzteren verändern kann (in diesem Fall scheint es wahrscheinlich, dass es einen **Ssgg**-Genotyp gibt, bei dem **S** für die Fleckenbildung und **g** für die Positionierung der weißen Flecken auf den Füßen kodiert), oder ob es sich um ein Allel handelt, das auf demselben Locus wie **S** gefunden wird.

Dominantes Weiß

Weiß ist keine Farbe, sondern eine Abwesenheit von Farbe, kodiert durch das dominante, epistatische Gen **W**. Dieses Gen ist für die vollständige Depigmentierung der Haare verantwortlich (Abb. 28). Es maskiert die Ausprägung aller anderen Farben (Epistase), einschließlich der weißen Tupfen und des siamesischen Colourpoint, was bedeutet, dass eine weiße Katze als eine weiß gefärbte Katze jeder Farbe definiert werden kann. Die Nachkommen einer homozygoten weißen Katze sind vollständig weiß; im Gegensatz dazu kann eine heterozygote weiße Katze, die mit einer nicht weißen Katze gekreuzt wird, auch farbige Jungtiere hervorbringen. Wenn man die nicht weißen Nachkommen einer solchen Katze untersucht, kann man ihre versteckte Farbe entdecken. Wenn man zum Beispiel einen weißen Kater mit einer roten Katze kreuzt und aus dieser Kreuzung ein schildpattfarbenes Kätzchen hervorgeht, dann ist die versteckte Farbe des Katers schwarz.

Manchmal ist die epistatische Wirkung dieses Gens nicht absolut. Oft bleibt ein kleiner Fleck auf dem Kopf der weißen Kätzchen sichtbar, der aber im Erwachsenenalter wieder verschwindet. Das **W**-Gen wird leider häufig mit Taubheit in Verbindung gebracht, da es für eine Degeneration der Cochlea im Ohr und eine Atrophie des Corti-Organs kodiert. Dieser Gendefekt ist angeboren und irreversibel. Die weiße Orientalin, auch Foreign White genannt, hat das **cs**-Gen (Siam) und das **W**-Gen (weiß) und ist daher eine Siam mit dem **W**-Gen (**cscsW-**) und keine Albino-Siam, von der sie sich sowohl vom Genotyp als auch vom Phänotyp her unterscheidet.

Abb. 28 Weiße Katze

Silberne Felle

Katzen mit silbernem Fell (*smoke*, *shaded*, Chinchilla und *silver tabby*) sind vielleicht die auffälligsten und faszinierendsten von allen. Bei all diesen Fellarten ist nur die Haarspitze gefärbt, während der Haaransatz weiß ist. Alle diese Katzen haben das „Farbinhibitor"-Gen **I**, das die Entwicklung von Pigmenten im Haar verhindert und seine gelb-graue Bänderung unterdrückt, was zu einem silbernen Färbungseffekt führt. Jedes einzelne Haar dieser Katzen ist in unterschiedlichem Maße nur an der Spitze gefärbt, die jede beliebige Farbe haben kann: Schwarz, Blau, Rot, Schildpatt und so weiter, während der Ansatz, der der Haut am nächsten liegt, weiß ist. Auch die Haut bleibt normal pigmentiert. Es gibt viele Theorien über die Entstehung des Silberfells. Bis vor Kurzem basierte die am weitesten akzeptierte Theorie auf einem einzigen Gen, das für diese „Nichtpigmentierung" verantwortlich ist, nämlich einer Mutation des Farbinhibitor-Gens **I**, eines dominanten autosomalen Gens, das die Pigmententwicklung im Haar verhindert (nicht zu verwechseln mit den Albino-Allelen), indem es wahrscheinlich die Menge des Pigments für das wachsende Haar begrenzt. Das **I**-Gen unterdrückt die gelb-grauen Streifen des Tabby-Haars und kodiert gleichzeitig für eine blasse Silberfarbe am Haaransatz. Um zwischen silber gestromt, Chinchilla und *silver shaded* zu unterscheiden, sah diese Theorie das Eingreifen von Modifikator-Polygenen vor, die die Intensität des **I**-Gens und damit die unterschiedlichen Proportionen zwischen der Menge an gefärbten Haaren und silbernen Haaren regulieren können.

Andere Autoren haben das Vorhandensein eines weiteren Gens, **Ch**, vorgeschlagen, das von **I** verschieden und unabhängig ist. Diese Theorie, die so genannte „Zwei-Gene-Theorie", beruht auf der Annahme, dass das **I**-Gen die gelb-grauen Streifen auslöscht und das **Ch**-Gen, das dominant, aber unabhängig von **I** ist, das Ticking unterdrückt und an die Spitze des Haarschafts verlegt (Tipping).

Die jüngste Theorie schlägt eine weitere Lösung vor, um die vielen Fragen zu erklären, die sich bei der Analyse der verschiedenen Felle stellen. Das Vorhandensein des Gens **I** – Farbinhibitor – wird in Bezug auf die Depigmentierung und die Silberfärbung des Haaransatzes bestätigt, während zur Begründung der verschiedenen Breiten des Unterhaars mehrere Polygene, die sogenannten „Widebanding"-Gene **Wb** (Unterhaarbreiten-Gene), ins Spiel gebracht wurden. Die Polygene sind in der Lage, die Breite des Bandes in der Nähe des Ansatzes zu regulieren und wirken in unterschiedlichem Maße (niedrig, mittel, hoch), was die Verbreiterung des hellen Bandes im Agouti-Fell bewirkt. Um die Spitzenfärbung (Ticking) des Chinchilla-Fells zu erklären, wird angenommen, dass ein weiteres rezessives Gen, das Superbreitband-Gen (**swb**), mit **I** und mit **Wb** kombiniert ist.

Dies ist derzeit die am weitesten akzeptierte Theorie, aber aufgrund der Komplexität der Materie und der vielen noch zu klärenden Fragen wird weiterhin eine Klassifizierung der Silberhaare auf der Grundlage des unterschiedlichen Verhältnisses zwischen Silber und farbigem Haar vorgenommen. Dementsprechend werden anhand der Breite des farbigen Teils des Haarschafts, dem sogenannten **Tipping,** die folgenden Felle unterschieden.

Smoke (Rauchfarben)

Die Smoke ist auch als „Kontrastkatze" bekannt, weil sie nur ein sehr schmales weißes Band am Haaransatz hat, das im Kontrast zu dem sehr breiten Band des farbigen Tipping steht. Der silberne Ansatz sollte gleichmäßig über den ganzen Körper verteilt sein, einschließlich Kopf, Beine und Schwanz (Abb. 29). Das Tipping (von der Spitze bis zur Mitte des Haarschafts) ist normalerweise schwarz, kann aber auch blau, rot oder schildpatt sein. Bei Langhaarkatzen ist der Kontrast noch deutlicher. Eine Smoke-Perserkatze zum Beispiel sieht ganz schwarz aus, aber der Kontrast wird deutlich sichtbar, sobald sie sich bewegt oder gestreichelt wird.

Schattiert

Dieser Felltyp hat Tipping (gefärbte Teile des Haarschafts) auf etwa einem Drittel des Haares (Abb. 30). Das Tipping kann sich auf die Schnauze, die Beine und die Ferse ausdehnen und führt zu einer insgesamt etwas dunkleren Färbung im Vergleich zum Chinchilla. Das Fell sollte keine Tabby-Abzeichen, dunklen Flecken oder cremefarbenen Schattierungen aufweisen. Das Nasenleder ist ziegelrot und mit

Abb. 29 Smoke-Fell

Abb. 30 Schattierte Katze

einer dünnen schwarzen Linie umrandet. Die Spitzen können verschiedene Farben haben, die häufigste ist Schwarz, aber auch die Varianten Blau, Schokolade, Lilac und Schildpatt sind zugelassen.

Chinchilla

Das Erscheinungsbild der Chinchilla (auch „Shell" genannt) ist das einer Katze mit nur leicht silbernem Tipping und einem weißen Unterhaar. Die Behaarung umfasst etwa ein Achtel des Haares (Abb. 31). Das Kinn, die Brust, der Bauch, die Innenseite der Oberschenkel, die Unterseite des Schwanzes und das Sprunggelenk sollten rein weiß sein. Der Kopf, die Ohren, der Rücken, die Flanken, die Beine und der Schwanz sind aufgrund des Tippings leicht schattiert. Silver-Shaded- und Chinchilla-Felle sind genetisch identisch und können zusammen in einem Wurf vorkommen. Wenn die Polygene eine intensive Wirkung haben, ist das Ergebnis ein Chinchilla, und wenn die Wirkung schwach ist, ist das Ergebnis ein Silver-Shaded. Manchmal ist es nicht leicht, sie zu unterscheiden. Im Zweifelsfall gibt die Farbe der Fersen die Antwort: Silberne Fersen bedeuten Silver Shaded (Abb. 32), rein weiße Fersen bedeuten Chinchilla (Abb. 33).

Abb. 31 Chinchillakatze

Abb. 32 Fersen einer
Chinchilla-Katze
(hellere Farbe)

Abb. 33 Fersen einer
silber-schattierten Katze
(dunklere Farbe)

Silver Tabby

Hierbei handelt es sich einfach um eine gestromte Katze, bei der das **I**-Gen die gelb-grauen Bänder ausgelöscht hat, sodass die weiß-silbernen Haare einen auffälligen Kontrast zu der darüber liegenden Streifung bilden (Abb. 34).

Cameo

Die Basis des Fells ist silbern und das Tipping ist rot. Aufgrund der Länge des Tippings werden die Katzenfelle als Smoke Cameo, Shaded Cameo und Shell Cameo definiert.

Golden

Es handelt sich um eine besondere Färbung des Fells mit einem warmen apricotfarbenen Unterhaar und schwarzem Tipping. Die Golden zeigt das Agouti- (**A-**)Gen, das **I**-Gen fehlt (es ist **ii**) und das gleichzeitige Vorhandensein von Breitband-Polygenen **Wb**. Die in diesem Kapitel beschriebenen Gene sind in Tab. 1 zusammengefasst.

Abb. 34 Silber
gestromte Katze

Die Vibrissae

Die Vibrissae, die gemeinhin als „Schnurrhaare" bezeichnet werden, sind ganz besonders Haare (Abb. 35). Sie sind fast dreimal so groß und steifer als normale Haare und liegen dreimal so tief in der Dermis. Sie haben eine Hülle aus Bindegewebe, die reich an elastischen Fasern ist, und werden von einer Vielzahl von Nerven und Blutgefäßen versorgt. Sie befinden sich nicht nur auf den Wangen der Katze an den Seiten des Mundes (zwölf auf jeder Seite, in geordneten Reihen), sondern auch oberhalb der Augenhöhlen sowie an den Beinen in Höhe der Handwurzel. Die Schnurrhaare sind ständig in Bewegung und stimulieren die Rezeptoren der Nervenenden. Aus diesem Grund stellen sie ein leistungsfähiges Informationssystem zur Überwachung der unmittelbaren Umgebung der Katze dar. Diese hochspezialisierten Rezeptoren leiten über afferente Neuronen Signale an das Ganglion des Trigeminus und von dort an den Teil der Großhirnrinde weiter, der für die Wahrnehmung der somatisch-sensorischen Reize, das heißt der minimalen und kaum wahrnehmbaren Veränderungen der stimulierten Vibrissen sowie aller hochpräzisen Informationen über Ausmaß, Richtung und Dauer dieser Zustandsveränderung zuständig ist.

Die Position der Vibrissen ändert sich je nach Aktivität und Stimmung des Tieres: Wenn die Katze angreift oder sich verteidigt, richtet sie die Vibrissen nach hinten. Die wachsame Katze, die sich darauf konzentriert, jedes einzelne Signal wahrzunehmen, richtet sie nach vorne. Wenn sie stattdessen nach vorne gebogen sind und nach unten auf den Boden zeigen, dienen sie der Erkennung des Bodens und sind bereit, Gruben oder andere Unebenheiten zu erkennen.

Die nach vorne gerichteten Vibrissen, die das erbeutete Opfer fast umarmen, dienen dazu, die genaue Position der Beute und die Richtung ihres Fells oder ihrer Federn anzugeben, damit die Katze weiß, von welchem Ende aus sie sie verschlingen muss. Die Vibrissen spielen auch eine wichtige Rolle bei der Verteidigung der Augen einer Katze, da sie wie Wimpern funktionieren. Es genügt, sie leicht zu berühren, und die Augenlider schließen sich sofort. Dies erweist sich bei der Jagd als äußerst nützlich, da die Katze in ihrem Raubtierzustand auf die Beute konzentriert

Abb. 35 Vibrissae

ist, ihre Pupillen durch das Adrenalin völlig erweitert sind und es ihr daher schwer fällt, sich auf Objekte zu konzentrieren, die sich in unmittelbarer Nähe befinden, wie kleine Äste, Büsche, Gras oder andere Hindernisse. Da sie gerade über das Gesicht hinausragen, berühren die Vibrissen diese Hindernisse als Erstes und veranlassen die Augenlider, sich zu schließen und die Augen zu schützen.

Die taktilen Funktionen der Vibissae sind vielfach untersucht und diskutiert worden. Die Vibrissen können als Luftstromsensoren fungieren. Sie sind angeblich in der Lage, kleinste Luftwirbel, die von den Objekten, auf die sie trifft, zurückgeworfen werden, oder schwächere Luftströme, die beim Auftreffen auf ein Hindernis entstehen, zu erkennen und die Katze darüber zu informieren. Auf diese Weise kann sich die Katze in der Dunkelheit der Nacht leicht bewegen und ihre Position verändern, ohne an Gegenstände zu stoßen. Nur ein solch präziser und perfekter Mechanismus kann die unglaubliche Geschicklichkeit und Präzision der Katze bei der nächtlichen Jagd erklären: Mit ihren Vibrissen kann die Katze ihre Beute sofort und präzise wahrnehmen und ergreifen. Dies geschieht auch bei blinden Katzen. Eine blinde oder seh-behinderte Katze bewegt ihren Kopf von einer Seite zur anderen, um mit ihren Vi-brissen die Unebenheiten des Bodens und eventuelle Hindernisse wahrzunehmen. Die blinde Katze, der die Vibrissen fehlen, ist in dieser Hinsicht sehr eingeschränkt.

Weiterführende Literatur

1. Adalsteinnson S. Establishment of equilibrium for the dominant lethal gene for Manx tail-lessness in cats. Theor Appl Genet. 1980;58:49–53.
2. Affections héréditaires et congénitales des carnivores domestiques, Le point vétérinaire vol 28 N° spécial 1996.
3. Alhaidari Z, Von Tscharner C. Anatomie et physiologie du follicule, pileux chez les carni-vores domestique. Prat Med Chir Anim Comp. 1997;32:181.
4. Alhaidari Z, Olivry T, Ortonne J. Melanocytogenesis and melanogenesis: genetic regulation and comparative clinical diseases. Vet Dermatol. 1999;7:10.
5. Anderson RE et al. Plasma lipid abnormalities in the Abyssinian cat with a hereditary rod-cone degeneration. Exp Eye Res. 1991;53(3):415–7.
6. Baker HJ, Lindsey JR. Feline GM1 gangliosidosis. Am J Pathol. 1974;74:649–52.
7. Barnett KC, Gurger IH. Autosomal dominant progressive retinal atrophy in Abissinian cats. J Hered. 1985;76:168–70.
8. Bellhorn RW, Fischer CA. Feline central retinal degeneration. J Am Vet Med Assoc. 1970;157:842–9.
9. Bergsma DR, Brown KS. White fur, blue eyes and deafness in the domestic cat. J Hered. 1971;62:171–85.
10. Biller DS et al. Polycystic kidney disease in a family of Persian cats. J Am Vet Med Assoc. 1990;196:1288–90.
11. Bistner ST. Hereditary corneal dystrophy in the Manx cat: a preliminary report. Investig Ophthalmol. 1976;15:15–26.
12. Bland van den Berg P et al. A suspected lysosomal storage disease in Abyssinian cats. Ge-netic and clinical pathological aspects. J S Afr Vet Assoc. 1977;48:195–9.
13. Blaxter A et al. Periodic muscle weakness in Burmese kittens. Vet Rec. 1986;118(22):619–20.
14. Bosher SK, Hallpike CS. Observations of the histopathological features, development and pathogenesis of the inner ear degeneration of deaf white cats. Proc R Soc Lond B Biol Sci. 1965;162:147–70.
15. Bosher SK, Hallpike CS. Observations of the histogenesis of the inner ear degeneration of the deaf white cat. J Laryngol Otol. 1966;80:222–35.
16. Bourdeau P et al. Alopecie hereditaire generalisee feline. Rec Med Vet. 1988;164:17.
17. Boyce JT et al. Familial renal amyloidosis in Abyssinian cats. Vet Pathol. 1984;21(1):33–8.
18. Boyce JT et al. Familial renal amyloidosis in Abyssinian cats. Vet Pathol. 1984;21:33–8.
19. Bridle KH et al. Tail tip necrosis in two litters of Birman kittens. J Small Anim Pract. 1998;39(2):88–9.
20. Burditt LJ et al. Biochemical studies on a case of feline mannosidosis. Biochem J. 1980;189:467–73.
21. Carlisle JL. Feline retinal atrophy. Vet Rec. 1981;108:311.
22. Casal M et al. Congenital hypotrichosis with thymic aplasia in nine Birman kittens. ACVIM abstracts N°68, Washington, DC; 1993.
23. Centerwall WR, Benirschke K. Male tortoiseshell and calico cats. J Hered. 1973;64:272–8.
24. Chapman VA, Zeiner FN. The anatomy of polydactylism in cats with observations on genetic control. Anat Rec. 1961;141:205–17.

25. Chew DJ et al. Renal amyloidosis in related Abyssinian cats. J Am Vet Med Assoc. 1982;181:140–2.
26. Clark RD. Medical, genetic and behavioral aspects of purebred cats. Fairway: Forum Publications Inc; 1992.
27. Collier LL et al. Ocular manifestations of the Chédiak-Higashi syndrome in four species of animals. J Am Vet Med Assoc. 1979;175:587–90.
28. Collier LL et al. A clinical description of dermatosparaxis in a Himalayan cat. Feline Pract. 1980;10(5):25–36.
29. Cooper ML, Pettigrew JD. The retinothalamic pathways in Siamese cats. J Comp Neurol. 1979;187:313–48.
30. Cooper ML, Blasdel GG. Regional variation in the representation of the visual field in the visual cortex of the Siamese cat. J Comp Neurol. 1980;193:237–53.
31. Cork LC et al. The pathology of feline GM2 gangliosidosis. Am J Pathol. 1978;90:723–34.
32. Cork LC et al. GM2 ganglioside lysosomal storage disease in cats. Science. 1977;196:1014–7.
33. Cotter SM et al. Hemophilia A in three unrelated cats. J Am Vet Med Assoc. 1978;172:166–8.
34. Counts DF et al. Dermatosparaxis in a Himalayan cat. Biochemical studies of dermal collagen. J Invest Dermatol. 1980;74:96–9.
35. Creel D et al. Abnormal retinal projections in cats with Chédiak-Higashi syndrome. Invest Ophthalmol Vis Sci. 1982;23:798–801.
36. Crowell WA et al. Polycystic renal disease in related cats. J Am Vet Med Assoc. 1979;175:286–28.
37. Danforth CH. Hereditary of polydactyly in the cat. J Hered. 1947;38:107–12.
38. Davies M, Gill I. Congenital patellar luxation in the cat. Vet Rec. 1987;121:474–5.
39. De Maria R et al. Beta-galactosidase deficiency in a Korat cat: a new form of feline GM1-gangliosidosis. Acta Neuropathol. 1998;96(3):307–14.
40. DeForest ME, Basrur PK. Malformations and the Manx syndrome in cats. Can Vet J. 1979;20:304–14.
41. Desnick RJ et al. In: Desnick RJ et al., Herausgeber. Animal models of inherited metabolic diseases. New York: Liss; 1982. S. 27–65.
42. Di Bartola SP et al. Pedigree analysis of Abyssinian cats with familial amyloidosis. Am J Vet Res. 1986;47:2666–8.
43. Donovan A. Postnatal development of the cat retina. Exp Eye Res. 1966;5:249–54.
44. Ehinger B et al. Photoreceptor degeneration and loss of immunoreactive GABA in the Abyssinian cat retina. Exp Eye Res. 1991;52(1):17–25.
45. Elverland HH, Mair IWS. Heredity deafness in the cat. An electron microscopic study of the spiral ganglion. Acta Otolaryngol. 1980;90:360–9.
46. Farrell DF et al. Feline GM1 gangliosidosis: biochemical and ultrastructural comparisons with the disease in man. J Neuropathol Exp Neurol. 1973;32:1–18.
47. Flecknell PA, Gruffydd-Jones TJ. Congenital luxation of the patellae in the cat. Feline Pract. 1979;9(3):18–9.
48. Fraser AS. A note on the growth of the rex and angora cats. J Genet. 1953;51:237–42.
49. Freeman LJ. Ehlers-Danlos syndrome in dogs and cats. Semin Vet Med Surg. 1987;2:221.
50. French TW et al. A bleeding disorder (von Willebrand's disease) in a Himalayan cat. J Am Vet Med Assoc. 1987;190:437–9.
51. Gorin MB et al. Sequence analysis and exclusion of phosducin as the gene for the recessive retinal degeneration of the Abyssinian cat. Biochim Biophys Acta. 1995;1260(3):323–7.
52. Harpster NK. Cardiovascular diseases of the domestic cat. Adv Vet Sci Comp Med. 1977;21:39–74.
53. Haskins ME, et al. In: Desnick RH, Herausgeber. Animal models of inherited metabolic diseases. New York: Liss; 1982. S. 177–201.
54. Hearing JV. Biochemical control of melanogens and melanosomal organization. J Investig Dermatol Symp Proc. 1999;4:24–8.
55. Hendy-Ibbs PM. Hairless cats in Great Britain. J Hered. 1984;75:506–7.
56. Hendy-Ibbs PM. Familial feline epibulbar dermoids. Vet Rec. 1985;116:13–4.

57. Hirsch VM, Cunningham JA. Hereditary anomaly of neutrophil granulation in Birman cats. Am J Vet Res. 1984;45:2170–4.
58. Holbrook KA. Dermatosparaxis in a Himalayan cat. Ultrastructural studies of dermal collagen. J Invest Dermatol. 1980;74:100–4.
59. Hoskins JD. Congenital defects of the cat. In: Ettinger SJ, Feldman EC, Herausgeber. Textbook of veterinary internal medicine. Philadelphia: Saunders; 1995.
60. Howell JM, Siegel PB. Morphologic effects of the Manx factor in cats. J Hered. 1966;57:100–4.
61. Jackson OF. Congenital bone lesions in cats with fold-ears. Bull Feline Advis Bur. 1975;14(4):2–4.
62. Jacobson SG et al. Rhodopsin levels and rod-mediated function in Abyssinian cats with hereditary retinal degeneration. Exp Eye Res. 1989;49(5):843–52.
63. James CC et al. Congenital anomalies of the lower spine and spinal cord in Manx cats. J Pathol. 1969;97:269–76.
64. Jezyk PF et al. Alpha-mannosidosis in a Persian cat. J Am Vet Med Assoc. 1986;189:1483–5.
65. Jones BR et al. Preliminary studies on congenital hypothyroidism in a family of Abyssinian cats. Vet Rec. 1992;131(7):145–8.
66. Johnson CW. The shaded American Shorthair, Cat Fanciers' Association yearbook. Reno: CFA Inc; 1999.
67. Koch H, Walder E. A hereditary junctional mechanobullous disease in the cat. Proc World Congr Vet Dermatol. 1992;2:111.
68. Kramer JW et al. The Chédiak-Higashi syndrome of cats. Lab Investig. 1977;36:554–62.
69. "La guide des chats" Selections du Reader's Digest, 1992.
70. Leipold HW. Congenital defects of the caudal vertebral column and spinal cord in Manx cats. J Am Vet Med Assoc. 1974;164:520–3.
71. Loxton H. The noble cat, aristocrat of the animal world. New York: Portland House; 1990.
72. Liu S-K. Pathology of feline heart disease. Vet Clin North Am. 1977;7(2):323–39.
73. Livingston ML. A possible hereditary influence in feline urolithiasis. Vet Med Small Anim Clin. 1965;60:705.
74. Loevy HT. Cytogenic analysis of Siamese cats with cleft palate. J Dent Res. 1974;53:453–6.
75. Loevy HT, Fenyes VL. Spontaneous cleft palate in a family of Siamese cats. Cleft Palate J. 1968;5:57–60.
76. Lomax TD et al. Tabby pattern alleles of the domestic cat. J Hered. 1988;79(1):21–3.
77. Malik R. Osteochondrodysplasia in Scottish fold cats. Aust Vet J. 1999;77(2):85–92.
78. Martin AH. A congenital defect in the spinal cord of the Manx cat. Vet Pathol. 1971;8:232–9.
79. Mason K. A hereditary disease in the Burmese cats manifested as an episodic weakness with head nodding and neck ventroflexion. J Am Anim Hosp Assoc. 1988;24:147–51.
80. Muldoon LL et al. Characterization of the molecular defect in a feline model for type-II GM2-gangliosidosis (Sandhoff's disease). Am J Pathol. 1994;144(5):1109–18.
81. Narfstrom K. Hereditary progressive retinal atrophy in the Abyssinian cat. J Hered. 1983;74:273–6.
82. Narfstrom K et al. Retinal sensitivity in hereditary retinal degeneration in Abyssinian cats: electrophysiological similarities between man and cat. Br J Ophthalmol. 1989;73(7):516–21.
83. Neuwelt EA et al. Characterization of a new model of GM2 gangliosidosis (Sandhoff's disease) in Korat cats. J Clin Invest. 1985;76(2):482–90.
84. Noden DM et al. Inherited homeotic midfacial malformations in Burmese cats. J Craniofac Genet Dev Biol Suppl. 1986;2:249–66.
85. Paasch H, Zook BC. The pathogenesis of endocardial fibroelastosis in Burmese cats. Lab Investig. 1980;42:197–204.
86. Paradis M, Scott DW. Hereditary primary seborrhea oleosa in Persian cats. Feline Pract. 1990;19:17.
87. Patterson DF, Minor RR. Hereditary fragility and hyperextensibility of the skin of cats. Lab Investig. 1977;37:170–9.

88. Pearson H et al. Pyloric stenosis and oesophageal dysfunction in the cat. J Small Anim Pract. 1974;15:487–501.
89. Pedersen NC. Feline husbandry. Goleta: American Veterinary Publications Inc; 1991.
90. Prieur DJ, Collier LL. Morphologic basis of inherited coat color dilutions of cats. J Hered. 1981;72:178–82.
91. Prior JE. Luxating patellae in Devon rex cats. Vet Rec. 1985;117(7):154–5.
92. Robinson R. Devon rex: a third rexoid coat mutant in the cat. Genetica. 1969;40:597–9.
93. Robinson R. Expressivity of the Manx gene in cats. J Hered. 1993;84(3):170–2.
94. Robinson R. Genetics for cat breeders. 2. Aufl. Oxford: Pergamon Press Ltd; 1987.
95. Robinson R. German rex: a rexoid coat mutant in the cat. Genetica. 1968;39:351–2.
96. Robinson R. The Canadian hairless or Sphinx cat. J Hered. 1973;64:47–8.
97. Robinson R. Oregon rex: a fourth rexoid coat mutant in the cat. Genetica. 1972;43:236–8.
98. Robinson R. The rex mutants of the domestic cat. Genetica. 1971;42:466–8.
99. Rubin LF. Hereditary cataract in Himalayan cats. Feline Pract. 1986;16(4):14–5.
100. Scott DW. Cutaneous asthenia in a cat. Vet Med (SAC). 1974;69:1256.
101. Searle AG, Jude AC. The rex type of coat in the domestic cat. J Genet. 1956;54:506–12.
102. Silson M, Robinson R. Hereditary hydrocephalus in the cat. Vet Rec. 1969;84:477.
103. Sponenberg DP, Graf-Webster E. Hereditary meningoencephalocele in Burmese cats. J Hered. 1986;77:60.
104. Stebbins KE. Polycystic disease of the kidney and liver in an adult Persian cat. J Comp Pathol. 1989;100(3):327–30.
105. Stephen G. Legacy of the cat. San Francisco: Chronicle Books; 1990.
106. Turner P, Robinson R. Melanin inhibitor. A dominant gene in the domestic cat. J Hered. 1980;71:427–8.
107. der Linde V, Sipman JS, et al. Generalized AA-amyloidosis in Siamese and oriental cats. Vet Immunol Immunopathol. 1997;56(1–2):1–10.
108. Wilkinson GT, Kristensen TS. A hair abnormality in Abyssinian cats. J Small Anim Pract. 1989;30:27.
109. Wright M, Walter S. le livre du chat. Paris: Septimus editios; 1982.
110. Zook BC. The comparative pathology of primary endocardial fibroelastosis in Burmese cats. Virchow Arch (Pathol Anat). 1981;390:211–27.
111. Zook BC et al. Encephalocele and other congenital craniofacial anomalies in Burmese cats. Vet Med (SAC). 1983;78:695–701.

Herangehensweise an den Katzenpatienten: Allgemeine und dermatologische Untersuchung

Andrew H. Sparkes und Chiara Noli

Zusammenfassung

Da Katzen von Natur aus Einzelgänger sind, die ein ausgeprägtes Territorialverhalten haben und nicht von Natur aus sozial sind, können Tierarztbesuche für die Katze und den Katzenbesitzer eine große Herausforderung darstellen. Die Tatsache, dass die Katze aus ihrem angestammten Revier (in dem sie sich sicher fühlt) entfernt und in die Klinik (eine unbekannte Umgebung) gebracht wurde, bedeutet, dass jede Katze während des Besuchs Angst, Furcht und Stress empfindet. Aus diesen Gründen ist es wichtig, dass jeder Tierarztbesuch nach „katzenfreundlichen" Prinzipien abläuft, damit der Stress so gering wie möglich gehalten wird. Dies trägt dazu bei, das Ausmaß der stressbedingten Veränderungen der Laborparameter zu verringern, erleichtert die klinische Untersuchung und sorgt dafür, dass die Besitzer bereit sind, ihre Katze bei Bedarf wieder in die Klinik zu bringen. Dieses Kapitel befasst sich mit der Durchführung einer allgemeinen und einer dermatologischen Untersuchung, einschließlich der Beschreibung von Hautläsionen und diagnostischen Verfahren, bei Katzenpatienten.

Einführung

Da Katzen von Natur aus Einzelgänger sind, die ein ausgeprägtes Territorialverhalten haben und nicht von Natur aus sozial sind, können Tierarztbesuche für die Katze und den Katzenbesitzer eine große Herausforderung darstellen. Die Tatsache, dass

A. H. Sparkes (✉)
Simply Feline Veterinary Consultancy, Shaftesbury, Großbritannien

C. Noli
Servizi Dermatologici Veterinari, Peveragno, Italien

© Der/die Autor(en), exklusiv lizenziert an Springer-Verlag GmbH, DE, ein Teil von Springer Nature 2023
C. Noli, S. Colombo (Hrsg.), *Dermatologie der Katze*,
https://doi.org/10.1007/978-3-662-65907-6_3

die Katze aus ihrem angestammten Revier (in dem sie sich sicher fühlt) entfernt und in die Klinik (eine unbekannte Umgebung) gebracht wurde, bedeutet, dass jede Katze während des Besuchs Angst, Furcht und Stress empfinden wird. Aus diesen Gründen ist es wichtig, dass jeder Tierarztbesuch nach „katzenfreundlichen" Prinzipien abläuft, damit der Stress minimiert und Ängste abgebaut und nicht verstärkt werden.

Die Anwendung katzenfreundlicher Prinzipien zur Minimierung von Stress hat zahlreiche Vorteile. Sie verbessern nicht nur das Wohlergehen des Katzenpatienten, sondern tragen auch dazu bei, das Ausmaß stressbedingter Veränderungen von Laborparametern zu verringern, erleichtern die klinische Untersuchung, verringern das Risiko menschlicher Verletzungen durch angstbedingte Katzenaggression und tragen dazu bei, dass die Besitzer bereit sind, ihre Katze bei Bedarf wieder in die Klinik zu bringen.

Eine ausführlichere Erörterung der Grundsätze der Katzenfreundlichkeit finden Sie auf der Website „Cat Friendly Clinic" von International Cat Care (siehe www. catfriendlyclinic.org), aber einige der wichtigsten Punkte werden hier behandelt.

Bevor die Katze ankommt

Für viele Besitzer ist es höchst traumatisch, eine Katze in die Klinik zu bringen. Sie müssen die Katze einfangen, sie in einen Korb sperren, sie aus ihrer natürlichen Umgebung herausnehmen, oftmals sie in einem Auto transportieren und in die Klinik bringen. Wenn man versteht, welche Auswirkungen Tierarztbesuche für Katzenbesitzer haben und was getan werden muss, um die negativen Folgen zu verringern, ist das eine enorme Hilfe.

Die Beratung der Besitzer, wie sie ihre Katze am besten in die Klinik bringen können, und ihre Unterstützung, damit sie ruhig und entspannt bleiben, wirken sich sehr positiv aus, sowohl auf den Besitzer als auch auf die Katze. Die Katze wird vielen Stressfaktoren ausgesetzt sein, wie z. B.:

- ein seltsamer Katzenkorb
- eine ungewohnte Autofahrt
- eine ungewohnte Umgebung in der Klinik
- seltsame Gerüche, Anblicke und Geräusche auf der Reise und in der Klinik
- unbekannte Menschen und Tiere, die sehr bedrohlich sein können
- von fremden Personen angefasst und untersucht werden

Geeignete Katzentransportkörbe sollten stabil und ausbruchsicher sein und sowohl der Katze als auch dem Besitzer und dem Klinikpersonal einen leichten Zugang ermöglichen. Transportboxen mit einer großen oberen Öffnung werden in der Regel bevorzugt, da sie ein einfaches und sanftes Heben der Katze in die Box und aus ihr heraus ermöglichen. Die Transportbox sollte der Katze nach Möglichkeit die Möglichkeit geben, sich zu verstecken. Ist sie jedoch an allen Seiten offen (z. B. kunststoffbeschichtete Drahtkörbe), ist es hilfreich, eine Decke über die Box zu legen, damit sich die Katze verstecken kann. Kunststofftragetaschen, bei denen die obere Hälfte vollständig abgenommen werden kann, können nützlich sein, da sich manche Katzen während einer Konsultation sicherer fühlen, wenn sie in der Tasche bleiben, und der größte Teil der klinischen Untersuchung kann mit der Katze in der Tasche durchgeführt werden, wenn die obere Hälfte abgenommen ist.

Idealerweise sollte die Transportbox als „Teil des Mobiliars" in die häusliche Umgebung der Katze integriert werden. Wenn sie ein Ort ist, an dem die Katze gelegentlich ruht und schläft, oder wenn es ein Ort ist, an dem sie häufig gefüttert wird, wird die Katze sie als Teil ihres Territoriums betrachten und nicht als Hinweis darauf, dass eine stressige Reise bevorsteht, wenn die Box nur für Tierarztbesuche herauskommt. Wird für die Katze während des Besuchs in der Transportbox ihre gewohnte Einstreu verwendet, wirkt dies ebenfalls beruhigend auf sie, da dies die Gerüche enthält, die die Katze mit ihrem Revier verbindet. Darüber hinaus kann die Verwendung von synthetischem Gesichts-Pheromonspray oder -tüchern in der Transportbox und/oder auf der Einstreu hilfreich sein. Den Besitzer zu bitten, zusätzliches Streu mitzubringen, ist ebenfalls eine gute Idee, falls die Katze den Korb mit Kot oder Urin verschmutzt.

Bei einer Autofahrt ist es wichtig, dass der Transportkorb sicher befestigt ist (z. B. in einem Fußraum) und sich während der Fahrt nicht bewegt. Eine ruhige Fahrweise ist hilfreich. Decken Sie den Korb bei Bedarf mit einer Decke ab, damit sich die Katze verstecken kann.

Bei Katzen, von denen bekannt ist, dass sie während eines Tierarztbesuchs und während der Fahrt in die Klinik wiederholt hochgradig ängstlich und erregt waren, kann der Einsatz von Anxiolytika wie Gabapentin in Betracht gezogen werden [1, 2]. Obwohl dies nicht für den routinemäßigen Einsatz empfohlen wird, gibt es zweifellos einige Katzen, die von einem solchen Ansatz profitieren.

Der Warteraum

Ein gut gestalteter Warteraum mit katzenfreundlichem Personal ist wichtig. Ziel sollte es sein, eine ruhige und nicht bedrohliche Umgebung für die Katze zu schaffen, in der sie warten kann, damit Ängste abgebaut und nicht noch verstärkt werden. Eine Atmosphäre, die den Besitzern die Gewissheit gibt, dass in der Klinik Menschen arbeiten, die sich sowohl um sie als auch um ihre Katzen kümmern, trägt ebenfalls dazu bei, einen positiven Eindruck zu hinterlassen.

Das Wartezimmer sollte so gestaltet und genutzt werden, dass die Bedrohung, die Katzen möglicherweise empfinden (visuell, auditiv, olfaktorisch usw.), möglichst gering ist. Im Idealfall verfügt eine Klinik über einen separaten Warteraum für Katzen. Ist dies jedoch nicht möglich, sollte eine physische Trennung des Warteraums in zwei verschiedene Bereiche für Hunde und Katzen in Betracht gezogen werden. Durch geeignete Wände oder Barrieren sollte sichergestellt werden, dass Sichtkontakt zwischen Hunden und Katzen vermieden wird (Abb. 1), und es sollten Maßnahmen ergriffen werden, um bellende oder laute Hunde im Wartezimmer zu vermeiden (z. B. indem laute Hunde nach draußen verbannt werden).

Abb. 1 Ein separater Wartebereich für Katzen und Katzenbesitzer, der ruhig ist und in dem Katzen keine Hunde sehen können, trägt dazu bei, Stress bei Tierarztbesuchen zu reduzieren

Lage und Größe des Wartebereichs für Katzen sollten der Klinik angemessen sein, und es sollte berücksichtigt werden, welchen Weg die Katzen dorthin und wieder hinaus nehmen. Die Katzen sollten im Wartebereich möglichst wenig mit Menschen und Tieren in Kontakt kommen. Der Wert eines reinen Katzenwartebereichs wird stark beeinträchtigt, wenn die Katzen einen lauten Bereich durchqueren oder an Hunden vorbeigehen müssen, um in den Behandlungsraum zu gelangen. Ein Wartebereich für Katzen, der an ein Sprechzimmer für Katzen angrenzt, kann helfen, einige dieser Probleme zu lösen.

Weitere wichtige Überlegungen für den Wartebereich für Katzen sind:

- Ein niedriger Empfangstresen oder ein breites Regal vor dem Empfangstresen, auf das die Besitzer Katzenkörbe stellen können (oberhalb der Kopfhöhe der meisten Hunde). Dies trägt dazu bei, Ängste abzubauen, da Katzen sich eher bedroht fühlen, wenn sie auf Bodenhöhe sind.
- Verhindern oder reduzieren Sie, dass Geräusche aus den Sprechzimmern in den Wartebereich gelangen.
- Achten Sie darauf, dass Hunde von Katzentransportboxen ferngehalten werden, und fordern Sie die Hundekunden auf, im Wartebereich Rücksicht auf Katzen zu nehmen.
- Achten Sie darauf, dass die Katzen nicht zu lange im Wartezimmer warten müssen, sondern so schnell wie möglich in den Behandlungsraum gehen können.
- Auch der direkte Sichtkontakt mit anderen Katzen kann sehr bedrohlich sein. Diesem Problem kann auf vielerlei Weise begegnet werden, z. B. durch das Aufstellen kleiner Trennwände zwischen den Sitzen, um die Katzen im Wartebereich zu separieren, oder durch das Bereitstellen von sauberen Decken oder Handtüchern, um den Transportkorb der Katze abzudecken.

Abb. 2 Erhöhte Tische oder Regale, auf die die Besitzer den Katzenkorb stellen können, während sie sich im Wartezimmer aufhalten, sind eine weitere gute Möglichkeit, um die Katzen zu beruhigen und ihnen die Angst zu nehmen

- Katzen fühlen sich unsicher, wenn sie sich dem Boden befinden – Regale, Tische oder Stühle, auf denen die Katzentransportboxen erhöht aufgestellt werden können, sind sehr nützlich (Abb. 2). Diese sollten idealerweise etwa 1,20 m vom Boden entfernt sein und über Trennwände verfügen (oder Abdeckungen bereithalten), damit die Katzen nicht miteinander konfrontiert werden;
- Auch die Verwendung eines synthetischen Pheromondiffusors für Katzen (z. B. Feliway, Ceva Animal Health) kann für die Umgebung von Vorteil sein.

Das Konsultationszimmer

Wenn möglich, sollte eine Klinik ein spezielles Behandlungszimmer für Katzen nutzen, das frei von Hunde- und anderen Tiergerüchen ist. Für dermatologische Untersuchungen sollte der Raum gut beleuchtet sein, aber bei Bedarf verdunkelt werden können (z. B. für die Untersuchung mit einer Wood-Lampe). Es sollte auch Zugang zu einer beleuchteten medizinischen Lupe vorhanden sein.

Es sollte darauf geachtet werden, dass sich die Katze im Sprechzimmer frei bewegen kann, wenn sie das möchte. Daher ist es wichtig, dass es im Zimmer keine Schränke oder Möbel gibt, unter denen sich die Katze verstecken könnte, oder kleine Lücken, die es schwierig machen würden, die Katze zurückzuholen. Der Tisch im Sprechzimmer sollte außerdem eine saubere, rutschfeste Oberfläche haben, damit die Katze sich gut festhalten kann – dies kann mit einer Gummimatte oder vielleicht einem sauberen, dicken Handtuch oder einer Decke erreicht werden.

Die Verwendung von synthetischen Gesichts-Pheromonsprays und -diffusoren im Sprechzimmer kann dazu beitragen, eine entspanntere Atmosphäre zu schaffen, ist aber kein Ersatz für eine gute einfühlsame Behandlungstechnik.

Der Konsultationsprozess

Ziel der Konsultation sollte es sein, eine vollständige Anamnese zu erheben, eine umfassende körperliche Untersuchung vorzunehmen und gemeinsam mit dem Besitzer zu überlegen, welche weiteren Maßnahmen oder Untersuchungen erforderlich sind, während gleichzeitig sichergestellt wird, dass die Katze so stressfrei wie möglich bleibt. Unabhängig von der vermuteten Ursache der Hauterkrankung sollten eine ausführliche Anamnese und eine vollständige klinische Untersuchung nie vernachlässigt werden, da eine gleichzeitige Erkrankung und/oder eine systemische Ursache für den Hautzustand vorliegen kann. Eine ordnungsgemäß durchgeführte dermatologische Konsultation, einschließlich der begleitenden Untersuchungen, dauert in der Regel 45–60 min. Etwa 20 min werden für die Erhebung und Aufzeichnung der Anzeichen und der Anamnese benötigt, die Untersuchung des Patienten dauert etwa 10 min, und für die zusätzlichen Tests und die Gespräche mit dem Besitzer werden jeweils etwa 15 min benötigt. Die Zeiten sind nur Richtwerte und variieren je nach Art des Problems und der Kommunikationsfähigkeit des Besitzers.

Die Grundsätze des katzenfreundlichen Umgangs sollten stets beachtet werden – siehe AAFP/ISFM-Leitlinien zum katzenfreundlichen Umgang [3] –, und der Katze sollte Zeit gegeben werden, sich an die ungewohnte Umgebung zu gewöhnen.

Erhaben der Vorgeschichte

Das Sammeln und Überprüfen von Informationen über die medizinische und chirurgische Vorgeschichte der Katze ist Teil der routinemäßigen Gesundheitsuntersuchung. Die Anamnese sollte so weit wie möglich systematisch erhoben werden – die Verwendung eines Anamnesebogens ist eine wertvolle Möglichkeit, um standardisierte Daten für alle Patienten zu erhalten (Abb. 3, 4 und 5).

Fragebögen zur klinischen Anamnese und/oder zum Gesundheitszustand (z. B. zu Verhalten, Mobilität, routinemäßiger prophylaktischer Therapie und allgemeinem Gesundheitszustand) können den Besitzern ausgehändigt werden, damit sie sie möglichst ausfüllen, bevor sie ihre Katze in die Klinik bringen oder während sie vor der Konsultation im Wartezimmer sitzen. Die Unterstützung durch einen Mitarbeiter oder ein Mitglied des Hilfspersonals kann wertvoll sein, aber das Sammeln solcher Informationen vor der Konsultation selbst hilft, den Prozess zu straffen und alle relevanten Informationen zu sammeln.

Insbesondere bei der dermatologischen Konsultation ist es sehr wünschenswert, alle gesammelten Daten in einem speziellen dermatologischen klinischen Erfassungsbogen festzuhalten. Dieses Formular sollte in Abschnitte für die Beschwerden, die Anamnese, die klinische Untersuchung, die Liste der Differenzialdiagnosen, die Zusatztests, die endgültige Diagnose, die Therapie und die Nachsorge unterteilt sein (Abb. 6).

Clinical History

Date:	Cat's name:	Owner:	Clinician:

Background

Age: Sex: Breed: Time with owner:

Acquired from: ☐ Breeder ☐ Rescue centre ☐ Friend ☐ Other:

Other cats: ☐ No ☐ Yes ...... How many?: Any problems?:

Habitat

Environment: ☐ Indoor ☐ Indoor/Outdoor ☐ Restricted outdoors ☐ In at night ☐ Oudoor only

Litter tray? ☐ No ☐ Yes .... Type of litter?:

Contact with other cats?: ☐ No ☐ Yes .... Describe:

Cat fights? ☐ No ☐ Yes .... Describe:

Hunting? ☐ No ☐ Yes .... Describe:

Access to poisons: ☐ No ☐ Yes .... Describe:

Nutrition

Diet type: ☐ Dry food ☐ Wet food ☐ Both ☐ Other:

Type/brand usually fed:

Time last fed:

Routine Preventive Healthcare

Vaccination: ☐ FPV ☐ FCV/FHV ☐ Rabies ☐ FeLV ☐ Chlamydia ☐ Other:

Last vaccine given: ☐ <12m ☐ <36m ☐ >36m ☐ Never ☐ Unknown

Flea/tick treatment (what and when):

Worming (what and when):

Heartworm (what and when):

Retrovirus status: ☐ Unknown ☐ FelV+ ☐ FelV- ☐ FIV+ ☐ FIV- When tested:

Previous problems

Current problems

CatCare for Life

from **international cat care** www.icatcare.org in partnership with **IDEXX** LABORATORIES **ROYAL CANIN** **Boehringer Ingelheim**

A lifelong partnership of care for the health and wellbeing of your cat • www.catcare4life.org

Abb. 3 Beispiel für ein Formular zur klinischen Anamnese von Katzen. Kopien dieses Formulars sind kostenlos erhältlich unter www.catcare4life.org

Nutritional Assessment Form

Date:	Cats name:	Owner:
Age:	Sex:	Breed:

How do you feed your cat:
☐ Bowl ☐ Puzzle feeder ☐ Floor ☐ Other _____

What do you currently feed your cat - please list all the things you offer including commercial foods, raw foods, and home prepared foods

Type of food offered List manufacturer, brand and flavour for commercial foods, and list type for any others	Form of food offered Dry, canned or sachet for commercial foods. Raw or cooked for others	How often do you give this (number of times offered daily or weekly)	Approximately how long have you fed this food	Approximately how much do you feed each time

Please list all the treats and snacks you feed your cat, including commercial treats, human foods, table scraps and any other treats.

Type of treat offered List manufacturer, brand and flavour for commercial foods, and list type for any others	Form of treat offered Dry, canned or sachet for commercial treats. Raw or cooked for others	How often do you give this (number of times offered daily or weekly)	Approximately how long have you fed this as a treat	Approximately how much do you give each time

What do you offer your cat to drink?:
☐ Water: ☐ Cow's Milk ☐ Commercial cat milk ☐ Other _____

Does your cat do any hinting (catch and eat wild animals), if so what?
☐No ☐ Yes .... If yes: ☐ Mice ☐ Rats ☐ Voles ☐ Birds ☐ Other _____

Have you noticed any recent change in:
1. Appetite: ☐ No change   ☐ Increased   ☐ Decreased
2. Weight   ☐ No change   ☐ Increased   ☐ Decreased
3. Thirst   ☐ No change   ☐ Increased   ☐ Decreased

CatCare for Life — from international cat care www.icatcare.org — in partnership with IDEXX LABORATORIES — ROYAL CANIN — Boehringer Ingelheim

A lifelong partnership of care for the health and wellbeing of your cat • www.catcare4life.org

Abb. 4 Beispiel eines Formulars für die Ernährungsanamnese von Katzen. Kopien dieses Formulars sind kostenlos erhältlich unter www.catcare4life.org

Physical Examination

Date: Cat's name: Owner: Clinician:

1. TPR, weight & condition
Temperature: Weight (kg):
Respiratory rate: BCS:
Pulse: MCS:

2. Attitude
☐ Bright & alert ☐ Quiet ☐ Lethargic ☐ Dull
☐ Hyperactive ☐ Other:

3. Hydration
☐ Normal ☐ Other:

4. Face
☐ Normal ☐ Other:

5. Eyes
☐ Normal ☐ Other:

6. Ears
☐ Normal ☐ Other:

7. Nose
☐ Normal ☐ Other:

8. Mouth & pharynx
☐ Normal ☐ Other:
Calculus: ☐ Mild ☐ Moderate ☐ Severe
Gingivitis: ☐ Mild ☐ Moderate ☐ Severe
Stomatitis: ☐ Mild ☐ Moderate ☐ Severe

9. Mucous membranes
☐ Normal ☐ Pale ☐ Iceteric ☐ Other:

10. Musculoskeletal system
☐ Normal ☐ Other:

11. Rib spring
☐ Normal ☐ Other:

12. Heart
☐ Normal
☐ Murmur   Grade: __/VI ☐ Gallop
☐ Dysrrhythmia ☐ Pulse deficit CRT: ___

13. Lungs and breathing
Breathing: ☐ Normal ☐ Other:
Auscultation: ☐ Normal ☐ Other:
Percussion: ☐ Normal ☐ Other:

14. Abdomen
☐ Normal ☐ Other:

15. Gastrointestinal tract
☐ Normal ☐ Other:

16. Urogenital system
☐ Normal ☐ Other:

17. Lymph nodes / tonsils
☐ Normal ☐ Other:

18. Thyroid goitre
☐ None ☐ Left side ☐ Right side ☐ Bilateral

19. Nervous system
☐ Normal ☐ Other:

20. Coat and skin
☐ Normal ☐ Other:

21. Pain assessment
☐ Absent ☐ Unsure ☐ Mild ☐ Moderate ☐ Severe

Additional observations and plan:

CatCare for Life   from   international cat care www.icatcare.org   in partnership with   IDEXX LABORATORIES   ROYAL CANIN   Boehringer Ingelheim
A lifelong partnership of care for the health and wellbeing of your cat • www.catcare4life.org

Abb. 5 Beispiel eines Formulars für die körperliche Untersuchung von Katzen. Kopien dieses Formulars sind kostenlos erhältlich unter www.catcare4life.org

Vorliegende Beschwerde: _____

Vorgeschichte: Im Besitz seit/Herkunft _____

Frühere Krankheiten:
_____

_____

Jüngere Geschichte: Ernährung:

_____

Umwelt: innerhalb   außerhalb   jagt und isst betet?

Andere Tiere im Haushalt _____

Appetit _____ Wasseraufnahme _____ Urinieren _____ Fäkalien _____

Vorbeugende Therapie: Impfungen _____ Anthelminthika _____

Flohbekämpfung   _____

Hautproblem: Alter des Auftretens: _____

Ursprüngliche Lokalisierung und _____
Art der Läsion
_____

Aktuelle Lokalisierung und Art der Läsion _____

_____

Juckreiz: abwesend   mäßig   schwer   Saison _____

Lokalisierung   _____

Läsionen bei anderen Tieren oder Menschen: _____

Vorherige Therapie:
Droge   Datum und Dauer   Wirkung

_____ _____ _____

_____ _____ _____

_____ _____ _____

_____ _____ _____

_____ _____ _____

Abb. 6 Beispiel für ein Formular zur dermatologischen Untersuchung von Katzen

Lokalisierung der Läsionen (zeichnen):

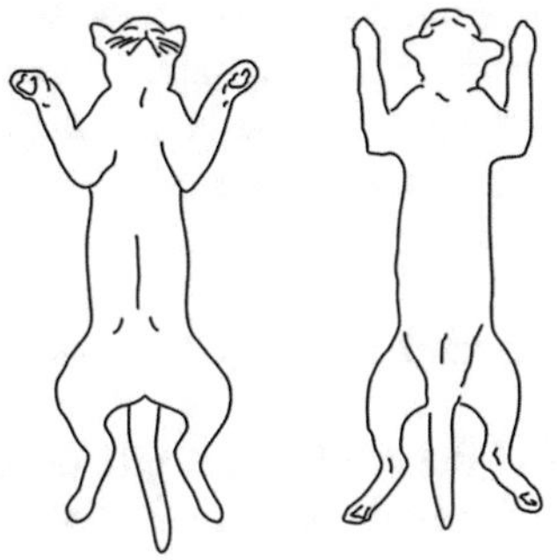

Beschreibung der Läsionen (einkreisen):

Makula   Papel   Pustel

Bläschen/Bulla   Collarette   Quaddel   Plakette

Alopezie   Skala   Kruste/Erhitzung

eschar   Geschwür   Hyperkeratose

Komedonen   nodu le   Cellulitis

andere_____

Nägel und Nagelbetten: _____ **Mantel:** _____ **andere:** _____

Beschreibung des Krankheitsbildes: _____

_____

_____

Liste der Probleme und Differentialdiagnosen: _____

_____

_____

    Ergänzende Tests und Ergebnisse:
    Ausschabung/Trichoskopie _____

Zytologie _____

Biopsie _____

Blut/Urin _____

Kultur _____

Andere _____

Die Diagnose: _____

Behandlung: _____

_____

Nächste Ernennung: _____

Abb. 3.6 (Fortsetzung)

Viele der Probleme sind offensichtlich und können Teil der vorhandenen Krankenakte sein, wenn die Katze bereits seit Langem Patient in der Klinik ist. Es ist jedoch wichtig, daran zu denken, dass manche Besitzer ihre Katze zu mehr als einer Tierklinik bringen, sodass andere relevante Probleme, an denen die Katze möglicherweise gelitten hat, nicht übersehen werden sollten. Auch wenn eine genaue Krankengeschichte bekannt ist, ist es wichtig, dies zu berücksichtigen:

- alle aktuellen Medikamente (von der Klinik verschrieben oder anderweitig bezogen)
- alle nicht verschreibungspflichtigen Medikamente, die der Besitzer gibt (z. B. Nahrungsergänzungsmittel, Parasitenbekämpfungsmittel, alternative Medikamente usw.)
- Lebensstil (drinnen, draußen, andere Tiere im Haus, usw.)

Insbesondere sollten Fragen zu der Hautkrankheit, wegen der die Katze vorgestellt wird, gestellt werden:

- Zeitpunkt des ersten Auftretens/Dauer des Problems
- Saisonalität
- Ausgangsort und Läsionstyp sowie deren Veränderung im Verlauf der Krankheit
- Schweregrad und Lokalisation des Juckreizes, sofern vorhanden (Tab. 1 und 2)

Die Überprüfung der Krankengeschichte während der klinischen Untersuchung ist eine ideale Gelegenheit, die Katzentransportbox zu öffnen und der Katze Zeit zu geben, freiwillig herauszukommen und den Raum zu erkunden. Dies trägt dazu bei, die Katze an die Umgebung zu gewöhnen und den Stress während der anschließenden Untersuchung zu verringern.

Tab. 1 Hauterkrankungen bei Katzen und möglicher Schweregrad des Juckreizes

Potential severity of pruritus
Absent
Non-inflammatory alopecia
Demodicosis (*D. cati*, uncomplicated)
Dermatophytosis (uncomplicated)
Moderate
Feline atopic syndrome (uncomplicated)
Adverse reaction to food (moderate severity)
Bacterial infection
Malassezia infection
Demodicosis by *D. gatoi* or by *D. cati*
Cheyletiellosis
Severe
Severe food allergy
Severe *Malassezia* infection
Notoedric mange

Tab. 2 Hauterkrankungen bei Katzen und häufigste Lokalisation des Juckreizes	Most frequent localization of pruritus
	Dorsum
	Flea bite allergy
	Cheyletiellosis
	Psychogenic (licking)
	Other allergies
	Head
	Otodectic mange
	Adverse reaction to food
	Notoedric mange
	Neck
	Flea bite allergy
	Adverse reaction to food
	Idiopathic neck lesion (consider welfare issues)
	Abdomen (self-induced alopecia in cats from licking)
	Feline atopic syndrome
	Flea bite allergy
	Adverse reaction to food
	Flea infestation
	Cheyletiellosis
	Psychogenic

Bei der Aufnahme der Geschichte sollten immer auch offene Fragen gestellt werden, z. B:

- „Wie ist es Fluffy seit dem letzten Besuch ergangen?"
- „Ist Ihnen in letzter Zeit eine Veränderung seines Appetits aufgefallen?"
- „Hat sich die Konsistenz von Fluffys Stuhl verändert?"

Diese sind immer besser als Suggestivfragen wie:

- „Haben Sie Durchfall gesehen?"
- „Hat er in letzter Zeit mehr gegessen?"

Wichtig ist, dass eine vollständige Anamnese auch eine gute Ernährungsbeurteilung (Abb. 4) umfasst, bei der die Ernährung der Katze, ihr Lebensstil, ihre Fressgewohnheiten usw. bewertet werden. Es ist wichtig, dass dies so umfassend wie möglich erfolgt und alles umfasst, zu dem die Katze Zugang hat.

Das Verhalten der Katze und ihre Umgebung sollten nicht außer Acht gelassen werden. Dazu gehört, ob die Katze freien Zugang nach draußen hat, mit welchen anderen Tieren sie regelmäßig in Kontakt kommt und ob die Katze dafür bekannt ist, zu jagen. Es ist auch wichtig, das mögliche Zusammenspiel zwischen vielen medizinischen und verhaltensbezogenen Problemen, einschließlich Dermatosen (z. B. psychogenen Dermatosen), zu berücksichtigen.

Körperliche Untersuchung

Geduld, Sanftmut und Einfühlungsvermögen sind bei Katzen im Sprechzimmer unerlässlich. Selbst in der besten Umgebung und mit der besten Herangehensweise bleiben manche Katzen sehr ängstlich, und eine vollständige körperliche Untersuchung
ist möglicherweise nicht immer beim ersten Versuch möglich. Seien Sie darauf vorbe-
reitet, sich bei Bedarf mehr Zeit zu nehmen, und erwägen Sie in manchen Fällen,
einen weiteren Termin zu vereinbaren oder die Katze notfalls zu hospitalisieren.

Wie bei der Anamnese ist die Verwendung eines standardisierten Formulars für
die körperliche Untersuchung und zusätzlicher Formulare für spezielle Untersuchungen, wie z. B. dermatologische Untersuchungen, von großem Nutzen (Abb. 5
und 6). Die Verwendung eines standardisierten Formulars stellt sicher, dass die körperliche Untersuchung systematisch durchgeführt wird und nichts übersehen wird.
Dies kann bei Katzen besonders wichtig sein, da der Ablauf der Untersuchung unter
Umständen flexibel gestaltet und an die Bedürfnisse der einzelnen Katze angepasst
werden muss (siehe unten).

Zu den wichtigen Aspekten der körperlichen Untersuchung gehören:

- Bei der Untersuchung einer Katze sollten Sie sich nie hetzen lassen – wenn Sie
  sich etwas mehr Zeit nehmen, um die Dinge langsam und im Tempo der Katze
  zu erledigen, ist das viel lohnender und weniger stressig.
- Versuchen Sie immer, die Katze von selbst aus der Transportbox kommen zu
  lassen.
- Seien Sie flexibel und lassen Sie der Katze die Wahl – der Katze ein gewisses
  Maß an Kontrolle zu überlassen, ist eine wichtige Methode, um Ängste abzubauen. Der Schlüssel liegt darin, herauszufinden und zu verstehen, was die Katze
  entspannter macht, und die körperliche Untersuchung an die individuelle Katze
  anzupassen. Manche Katzen fühlen sich auf dem Schoß ihres Besitzers wohler,
  andere auf dem Boden. Manche schauen gerne aus dem Fenster, andere bleiben
  lieber in ihrer Transportbox sitzen oder verstecken sich sogar unter einer Decke.
  Versuchen Sie, sich so anpassungsfähig wie möglich zu zeigen, seien Sie behut-
  sam und nehmen Sie sich Zeit.
- Geben Sie der Katze viel Streicheleinheiten und Aufmerksamkeit, wenn sie das
  mag, sprechen Sie sanft mit ihr und versuchen Sie, den größten Teil der körperlichen Untersuchung durchzuführen, ohne dass die Katze merkt, dass Sie mehr
  tun, als sie nur zu streicheln.
- Auch Leckerlis können helfen, die Katze abzulenken, wenn sie sie fressen will.
- Oft hilft es, sich mit der Katze auf den Boden zu setzen, was die Handhabung erheblich erleichtert.
- Manche Katzen bevorzugen es, sich hinzulegen, während andere lieber stehen –
  versuchen Sie, so viel wie möglich mit der Katze in ihrer bevorzugten Position
  zu durchzuführen.
- Schränken Sie die Katze immer nur so weit wie nötig ein – *jede* Form von offen-
  sichtlichem oder starkem Zwang signalisiert der Katze Gefahr und verstärkt die
  Angstzustände.

- Teilen Sie die Untersuchung gegebenenfalls in kurze Abschnitte auf und lassen Sie die Katze zwischendurch ausruhen, die Position wechseln oder im Raum umherwandern – gönnen Sie der Katze eine kurze Pause, sobald sie unruhig zu werden beginnt.
- Da anhaltender Blickkontakt mit einer Katze von dieser als bedrohlich empfunden werden kann, sollten Sie den direkten Blickkontakt nach Möglichkeit vermeiden und die Untersuchung so weit wie möglich so durchführen, dass das Gesicht der Katze von Ihnen abgewandt ist (Abb. 7).
- Beachten Sie, dass ältere Katzen häufig an Arthrose leiden, was die Handhabung unangenehm oder schmerzhaft machen kann.
- Führen Sie erst zuletzt invasivere Untersuchungen durch (z. B. Fiebermessen der Katze, falls erforderlich).

Bei einer dermatologischen Untersuchung sollten vor jeder Manipulation insbesondere die folgenden Punkte bewertet werden:

- Ernährungszustand
- Fellglanz
- Dicke des Fells
- alle Gerüche
- Lokalisierung von offensichtlichen Läsionen

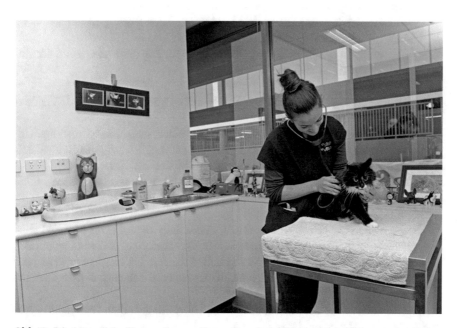

Abb. 7 Die körperliche Untersuchung sollte sanft und einfühlsam durchgeführt werden. Indem man einen Großteil der Untersuchung von hinten durchführt, vermeidet man direkten Augenkontakt, den Katzen oft als bedrohlich empfinden

Wenn möglich, sollten Fell und Haut systematisch inspiziert werden. Die Autoren folgen in der Regel einer genauen Reihenfolge, um keinen Körperteil zu vergessen.

1. Hinterteil des Tieres
   - Untersucht wird der Bereich am Schwanzansatz und entlang des Dorsums nach vorn bis zum Hals ausgedehnt.
   - Die Bereiche unter dem Schwanz, der Anus und die perianale und perivulväre (weibliche) Haut werden inspiziert.
   - Die Hinterbeine werden untersucht und auf lineare Granulome untersucht.
   - Die Hinterpfoten werden untersucht, wobei alle Zehenzwischenräume von unten und oben inspiziert werden. Die Nagelbetten werden untersucht und alle Nägel werden freigelegt und kontrolliert.
2. Im Liegen
   - Die mediale Seite der Hintergliedmaßen sowie die Leisten- und die Bauchgegend werden untersucht. Die äußeren Genitalien werden inspiziert, einschließlich der Exteriorisierung des Penis und der Öffnung der Vulva.
   - Untersucht werden der Sternumbereich, die Achselhöhlen und die mediale Seite der vorderen Gliedmaßen.
3. Seite des Tieres
   - Der seitliche Thorax und der Hals werden untersucht, dann das Vorderbein und der Fuß.
   - Untersuchung von Aussehen und Geruch der Ohrmuschel.
   - Wiederholen Sie die Untersuchung auf der anderen Seite.
4. Schließlich wird der Patient von vorne untersucht
   - Der Kopf wird inspiziert, einschließlich der Öffnung des Mundes und der Untersuchung der Bindehäute.

Der gesamte Vorgang sollte sanft und schnell durchgeführt werden, um den Patienten nicht zu belasten.

In Ausnahmefällen sind manche Katzen so ängstlich, dass eine vollständige Untersuchung selbst bei geduldigster Behandlung nicht möglich ist. Dies ist zwar selten, aber eine starke Fixierung (z. B. durch Festbinden der Katze auf dem Tisch) verschlimmert das Erlebnis für die Katze nur noch mehr. In solchen Fällen sollten Sie den Einsatz chemischer Mittel in Betracht ziehen, um die Untersuchung zu erleichtern.

Katzen sollten bei jedem Klinikbesuch, mindestens aber ein- bis zweimal jährlich, gewogen werden. Die prozentuale Gewichtsveränderung sollte bei jedem Besuch berechnet und die Entwicklung festgehalten werden. Für eine optimale Genauigkeit sollten nach Möglichkeit humanpädiatrische oder katzenspezifische genaue elektronische Waagen verwendet werden.

Hautläsionen sowie deren Lokalisation und Verteilung sollten für spätere Zwecke aufgezeichnet werden. Dazu gehören:

Makula

Ein nicht erhabener Bereich mit einer anderen Farbe als die umgebende Haut. Hyperpigmentierte Flecken auf der Haut und den Schleimhäuten von orangefarbenen Katzen stellen Lentigo simplex dar (Abb. 8). Erythematöse Flecken können auf eine periphere Vasodilatation (wie sie bei vielen entzündlichen Hauterkrankungen auftritt) oder auf Blutungen (Petecchien) zurückzuführen sein. Ein großflächiges Erythem wird als Erythrodermie bezeichnet. Depigmentierte Flecken sind typisch für Vitiligo bei Siamkatzen.

Papel

Es handelt sich um eine kleine, erhabene, erythematöse Läsion, die eine Ansammlung von Entzündungszellen in der Haut darstellt. Papeln sind z. B. typisch für die Anfangsphase von eosinophilen Granulomen. Papeln sind auch ein Merkmal parasitärer Hauterkrankungen (Mückenstich-Überempfindlichkeit, Abb. 9) und von Xanthomen.

Pustel

Eine Ansammlung von Entzündungszellen (Eiter) innerhalb oder direkt unter der Epidermis. Bei Katzen sind Pusteln sehr selten und treten am häufigsten bei Pemphigus foliaceus auf (Abb. 10).

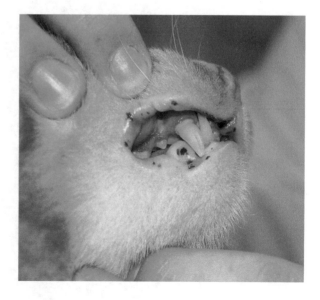

Abb. 8 Braune Flecken (Lentigo simplex) auf den Mundschleimhäuten einer roten Katze

Abb. 9 Kleine Papeln und
Erosionen an der
Ohrmuschel einer Katze
mit Mückenstich-
Überempfindlichkeit

Abb. 10 Eine Pustel auf
dem Fußballen einer Katze
mit Pemphigus foliaceus

Vesikel
Eine Ansammlung von klarer oder hämorrhagischer Flüssigkeit in oder direkt unter der Epidermis, eine seltene Läsion, die häufig durch Autoimmunerkrankungen der Haut verursacht wird.

Zysten
Nicht neoplastische, gut umschriebene Ansammlungen von Flüssigkeit oder Keratin. Multiple apokrine Zysten, die klare Flüssigkeit enthalten, werden bei Perserkatzen beobachtet (Abb. 11).

Knötchen
Eine erhabene Ausstülpung, die durch die Infiltration oder Proliferation von Zellen und/oder übermäßiges Bindegewebsstroma verursacht wird. Knötchen werden bei bakteriellen Erkrankungen (z. B. Abszess), Pilzinfektionen (z. B. tiefe Mykose oder Dermatophytenmyzetom), sterilen Reaktionen (Granulome an der Injektionsstelle, progressive feline Histiozytose, Abb. 12) oder Neoplasien beobachtet.

Plaques
Ein fester, erhabener Bereich mit einer abgeflachten Oberfläche, z. B. eine eosinophile Plaque (Abb. 13).

Quaddel
Erhabene, gut umschriebene Läsion, die aus einem Ödem der oberflächlichen Dermis besteht. Quaddeln treten akut auf (einige Stunden) und klingen in der Regel schnell wieder ab (innerhalb weniger Stunden oder eines Tages). Quaddeln sind eine Manifestation einer Überempfindlichkeitsreaktion vom Typ 1 (sofortige oder anaphylaktische Reaktion) und werden als Reaktion auf intradermale Allergentests beobachtet. Bei Angioödemen handelt es sich um Ödeme, die sich auf das tiefer liegende Gewebe ausdehnen und einen größeren Bereich des Körpers betreffen (vor allem den Kopf, Abb. 14).

Abb. 11 Apokrine Zysten an der Schnauze einer Perserkatze

Abb. 12 Zahlreiche Knötchen am Kopf einer Katze mit feliner progressiver Histiozytose

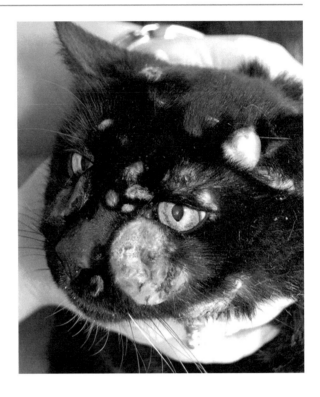

Abb. 13 Typisches Aussehen einer eosinophilen Plaque bei einer allergischen Katze

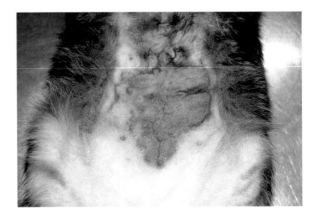

Komedonen

Sie werden gemeinhin als „Mitesser" bezeichnet und stellen eine Ansammlung von Keratin im Infundibulum des Haarfollikels dar. Komedonen bei Katzen treten bei Katzenakne am Kinn auf (Abb. 15).

Abb. 14 Angioödem am
Kopf einer Katze

Abb. 15 Komedonen und
Furunkulose am Kinn einer
an Akne erkrankten Katze

Kruste

Eine Ansammlung von getrocknetem Exsudat (Abb. 16) oder Blut. Die Farbe hängt
von dem Material ab, aus dem sie entstanden sind (Blut = braun, Eiter = gelb). Der
Schorf (Abb. 17) ist eine besondere Art von Kruste, die dermale Kollagenfasern enthält und daher fest mit dem Körper verankert ist (d. h. sie kann nicht leicht abgezo-
gen werden). Schorf tritt bei Katzen typischerweise bei der idiopathischen ulzerativen Halsläsion und der felinen perforierenden Dermatitis auf.

Schuppen

Trockene Ansammlungen von Schichten des *Stratum corneum* werden allgemein
als Schuppen bezeichnet (Abb. 18). Das Vorhandensein von Schuppen bei Katzen
ist in der Regel mit Dermatophytose, Talgdrüsenadenitis oder paraneoplastischen
Erkrankungen (feline exfoliative Dermatitis aufgrund eines Thymoms) verbunden.

Abb. 16 Mehrere gelbe
Krusten (trockener Eiter)
auf der Ohrmuschel einer
an Pemphigus foliaceus
erkrankten Katze

Abb. 17 Ein Schorf am
Hals einer Katze mit
feliner idiopathischer
ulzerativer Dermatitis

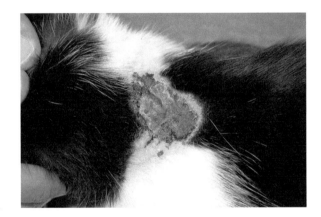

Exkoriation

Eine selbst verursachte Läsion mit Geschwüren und Krusten, die durch Kratzen und/oder Beißen entsteht (Abb. 19).

Erosion

Ein Verlust der Epidermis bis hinunter zur Basalmembran, wobei die Dermis intakt bleibt. Erosionen treten bei einigen Autoimmunkrankheiten (z. B. Pemphigus-Komplex und Krankheiten, die zu einer dermo-epidermalen Trennung führen) und bei frühen Fällen von eosinophiler Plaque (aufgrund der abrasiven Wirkung der Katzenzunge) auf.

Geschwür

Gewebeverlust, der die Epidermis und das darunter liegende Gewebe (Dermis, seltener die Subkutis) betrifft. Beispiele für Geschwüre bei Katzen sind tiefe bakterielle (z. B. atypische Mykobakterien) oder Pilzinfektionen (z. B. Sporotrichose), Plattenepithelkarzinome, idiopathische Halsgeschwüre und (indolente) Lippengeschwüre (Abb. 20).

Abb. 18 Trockene, großflächige Schuppen bei einer Katze mit paraneoplastischer Thymom-assoziierter exfoliativer Dermatitis

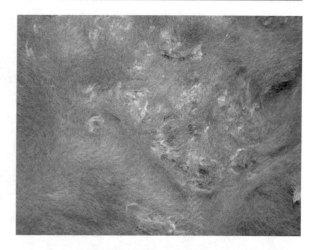

Abb. 19 Selbst herbeigeführte Exkoriationen und Ulzerationen bei einer Katze mit unerwünschten Nahrungsmittelreaktionen

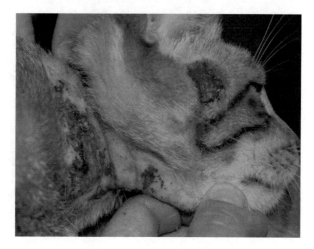

Entwässerungstrakt

Eine Öffnung im Gewebe, aus der Exsudat austritt, das durch einen tiefer liegenden Entzündungsprozess (Dermis oder Subkutis) entstanden ist. Die Fistelbildung von Abszessen oder anderen Entzündungsherden (sterile Pannikulitis, Fremdkörpergranulom usw.) ermöglicht den Abfluss von Eiter und die eventuelle Ausscheidung von ätiologischen Erregern, Fremdkörpern oder nekrotischem Material.

Alopezie

Der Begriff Alopezie kann sowohl für den vollständigen Verlust von Haaren an einer oder mehreren Körperstellen als auch für Hypotrichose, d. h. die Ausdünnung des Haarkleides, verwendet werden. Es ist wichtig, zwischen Alopezie, bei der das Haar mitsamt der Wurzel ausfällt, und dem Verlust nur eines Teils des Haarschafts zu unterscheiden. Beim Verlust der Haarwurzel, z. B. bei endokriner oder paraneoplastischer Alopezie, können die Haare am Rande der Läsion leicht durch Zug epi-

Abb. 20 Läsion der
Lippe, (indolentes)
Geschwür

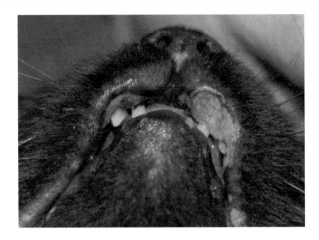

Abb. 21 Selbst
herbeigeführte Alopezie
am Bauch durch Belecken

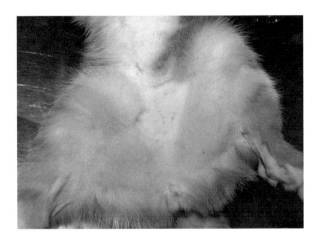

liert werden. Bei abgebrochenen Haaren (z. B. bei selbstinduzierter Alopezie,
Abb. 21) können die kleinen verbleibenden Haarspitzen ertastet oder mit einer Lupe
betrachtet werden, wenn sie die Follikelostien verlassen. Das die Alopezie umgebende Haar widersteht der Epilation.

Diagnostische Untersuchungen

Es gibt eine Reihe von diagnostischen Tests, die, obwohl sie meist sehr einfach sind,
für die Diagnose verschiedener Dermatosen äußerst wertvoll sind. Auch hier ist es
wichtig, die Katze mit geeigneten chemischen Mitteln (Sedierung) zu behandeln,
um diese Tests zu erleichtern, wo immer dies notwendig ist. Es ist weitaus weniger
stressig, eine Katze mit geeigneten chemischen Mitteln ruhig zu stellen, als sich mit
der körperlichen Fixierung einer ängstlichen Katze abzumühen.

Trichogramm

Ein Trichogramm umfasst die mikroskopische Untersuchung von Haaren (Spitze, Schaft und Wurzel) – idealerweise werden etwa 20–30 Haare gezupft und dann untersucht. Das bevorzugte Instrument zum Entfernen der Haare ist eine Moskito-Gefäßklemme, deren Enden mit einem kleinen Gummi- oder Kunststoffschlauch überzogen sind (um einen gleichmäßigen Druck zu erzielen und Artefakte durch Beschädigung der Haare zu vermeiden). Auf diese Weise erhält man Proben aus allen Stadien des Wachstumszyklus und nicht nur Haare aus der Ruhephase. Die Haare sollten in Richtung des Haarwachstums gezupft werden, um zu vermeiden, dass sie an der Basis brechen. Die Haare können auf einem Objektträger fixiert werden, indem man sie entweder in Mineralöl einlegt und ein Deckglas auflegt oder Acetatklebeband verwendet. Die Untersuchung wird unter 40- und 100-facher Vergrößerung durchgeführt.

Die Haarspitzen können untersucht werden, um festzustellen, ob es sich um Pruritus (traumatische Epilation) oder spontane Epilation handelt. Bei traumatischem Haarausfall sind die Haarspitzen abgebrochen und die üblichen schlanken, spitz zulaufenden Spitzen nicht mehr vorhanden.

Die Haarwurzeln können untersucht werden, um festzustellen, ob sich die Haare in Anagen oder Telogen befinden und ob ein normaler Haarwechsel stattfindet. Die meisten Haare sollten sich im Telogen befinden (raue, speerförmige Haarzwiebel), weniger im Anagen (erweiterte Haarzwiebel, kann fransig erscheinen, oft pigmentiert, kann keulenförmig erscheinen). Bei Kurzhaarkatzen befinden sich etwa 90 % der Haare in der Telogenphase.

Die Haarschäfte sollten auch auf Anomalien untersucht werden, einschließlich der Anwesenheit von Ektoparasiten (*Demodex cati*), Ektoparasiteneiern (*Felicola subrostratus, Chyeletiella* spp.) und/oder Dermatophyten. Große Anhaftungen von Keratin an den Haarschäften, sogenannte Follikelstiche, sind bei der Talgdrüsenadenitis zu beobachten.

Hautausschabung

Falls erforderlich, wird ein kleines Hautfenster abgeschnitten. Zur Erleichterung des Abschabens der Haut kann eine kleine Menge Mineralöl auf die Hautoberfläche aufgetragen werden. Eine stumpfe Skalpellklinge oder ein Volkmann-Löffel (Durchmesser 5–6 mm) wird senkrecht zur Hautoberfläche gehalten, die mit mäßigem Druck in Richtung des Haarwuchses abgeschabt wird.

Bei oberflächlichen Parasiten wie *Notoedres cati* und *Demodex gatoi* sollte das Kratzen nicht so tief erfolgen, dass Blut aus den Kapillaren austritt. Das gesammelte Material kann zur Untersuchung auf einen Objektträger gestrichen werden.

Bei der tiefen Hautausschabung wird wiederholt an der gleichen Stelle gekratzt, bis Blut aus den Kapillaren austritt. Ein Zwicken der Haut vor dem Ausschaben, um den Inhalt aus den Follikeln „herauszudrücken", kann die Sammlung von Follikelmaterial und follikulären *Demodex*-Milben ebenfalls erleichtern. Bei unbehandelten Patienten mit Demodikose ist die Zahl der nachgewiesenen Milben in der Regel sehr hoch, sodass selten mehr als zwei oder drei Proben entnommen werden müssen und die Trichoskopie den Hautabschabungen vorzuziehen ist. Bei der Überwachung des Therapieerfolgs ist die Milbenzahl gering, und es sind zahlreiche tiefe Hautausschabungen erforderlich.

Die Untersuchung von Hautabschabungen erfolgt unter 40- bis 400-facher Vergrößerung, wobei die erste Untersuchung immer unter 40-facher Vergrößerung stattfinden sollte. Bei starken Keratinablagerungen kann die Entnahme von „trockenen" Hautabschnitten und die Suspendierung des gesammelten Materials in 10–20 %igem Kaliumhydroxid, das dann vor der Untersuchung unter einem Deckglas 20–30 min stehen gelassen wird, die Sichtbarkeit durch „Reinigung" der Keratinablagerungen verbessern.

Klebeband-Streifentest („Scotch-Tape-" oder „Acetat-Tape-Test")

Mit diesem Test können oberflächliche Hautparasiten, Haare und Hefen gesammelt werden. Ein 5–8 cm langer Streifen eines durchsichtigen Klebebands wird wiederholt auf die interessierende Läsion oder Hautpartie geklebt. Falls erforderlich, kann die Haut vor der Durchführung des Tests abgeschnitten werden. Der Klebestreifen wird dann auf einen Objektträger geklebt. Die freien Enden können um den Objektträger gewickelt werden, um ihn zu verankern.

Das Präparat kann bei Bedarf angefärbt werden (z. B. für die Suche nach *Malassezia*), indem vor dem Aufkleben des Klebestreifens ein Tropfen einer geeigneten Färbung (z. B. die „blaue" Diff-Quik-Färbung) auf den Objektträger gegeben wird. Der Objektträger wird unter 40- bis 400-facher Vergrößerung untersucht.

Fellausstriche

Das Bürsten des Fells ist besonders hilfreich bei der Suche nach Flöhen, kann aber auch Hinweise auf andere oberflächliche Parasiten liefern. Die Katze wird auf ein großes weißes Blatt Papier gelegt und kräftig mit und gegen den Haarwuchs gebürstet. Schuppen und Ablagerungen werden gesammelt, makroskopisch untersucht und können auf einen Objektträger gelegt und in Mineralöl oder einer Färbung wie Lactophenol-Baumwollblau untersucht werden. Auch das Kämmen mit einem Flohkamm kann ein nützlicher Teil des Verfahrens sein.

Beleuchtung mit der Wood-Lampe

Mit der Wood-Lampe wird das Haarkleid (oder die gesammelten Haare) unter ultraviolettem Licht untersucht, um nach spontaner Fluoreszenz zu suchen, die oft mit einer *Microsporum-canis*-Infektion einhergeht. Um optimale Ergebnisse zu erzielen, ist es wichtig, die Wood-Lampe in einem dunklen Raum zu verwenden und den Augen 30–60 min Zeit zu geben, um sich an die schwachen Lichtverhältnisse zu gewöhnen. Weitere Informationen zu dieser Technik finden Sie im Kap. „Dermatophytose".

Zytologie

Zur Gewinnung von Material für eine zytologische Untersuchung wurden verschiedene Techniken entwickelt.

Feinnadel-Aspiration

Diese Technik wird bei erhabenen Läsionen, Knötchen oder zugänglichen Lymphknoten angewendet. Eine 21G-Nadel (grau) wird in die Mitte des Knotens eingeführt und an eine 5- oder 10-ml-Spritze angeschlossen. Während sich die Nadel in der Masse befindet, werden etwa 1–2 ml aspiriert, wobei die Nadelposition (Winkel) verändert wird, ohne die Nadel aus der Läsion zu ziehen. Vor dem Zurückzie-hen der Nadel wird der Sog vollständig aufgehoben. Wenn dies korrekt durchge-führt wurde, sollte der Kolben auf 0 ml zurückgehen, und die Zellen befinden sich im Kanülenlumen. Geht der Kolben nicht auf null zurück, ist Luft in die Spritze ge-langt und der Vorgang muss wiederholt werden, da sich die Zellen im Konus der Spritze befinden und nur schwer zu entfernen sind.

Die Nadel wird dann aus dem Konus entfernt, die Spritze mit Luft gefüllt, wieder an die Nadel angeschlossen und die Zellen auf einen Objektträger „gespritzt". Han-delt es sich um eine flüssige Probe, wird ein Abstrich gemacht, ähnlich dem, der bei Blut verwendet wird. Handelt es sich um ein festes Material, wird das Material mit einem zweiten leichten Druck auf die Probe verteilt.

Einsetzen einer feinen Nadel
Eine 24G-Nadel wird in die Masse eingeführt und ihr Winkel verändert, ohne dass eine Spritze angeschlossen wird. Die Nadel wird dann aus der Läsion entfernt, an eine mit Luft gefüllte Spritze angeschlossen und die Proben werden auf einen Ob-jektträger gesprüht und wie oben beschrieben verteilt. Diese Technik eignet sich be-sonders für Lymphknoten, für sehr kleine Läsionen oder wenn bei der Aspiration zu viel Blut gewonnen wird.

Abklatschprobe
Abklatschpräparate werden für exsudative Läsionen, oberflächliche ölige Ansamm-lungen, Pusteln, Krusten oder halbierte Biopsiepräparate verwendet. Der Objektträ-ger wird mehrmals leicht auf die Läsion oder den öligen Bereich aufgesetzt. Zur Entnahme einer Pustel- oder Krustenprobe wird die Läsion mit einer 24G-Nadel ge-öffnet und der Objektträger auf den austretenden Eitertropfen aufgelegt. Abklatsch-proben haben den Vorteil, dass die Zellen nicht deformiert werden, führen aber oft zu einer zu dicken Probe. Suchen Sie in solchen Fällen an den Rändern des Objekt-trägers nach einer einlagigen Zellschicht.

Oberflächliche Hautausschabungen
Wie bereits beschrieben, lassen sich Malassezien mit einer sehr oberflächlichen Hautabschabung seborrhoischer Haut unter Verwendung einer Skalpellklinge Num-mer 10 oder 20 nachweisen. Das Material wird mit der Klinge auf einen Objektträ-ger gestrichen, mit einer Flamme fixiert und mit einer Standardfärbung angefärbt.

Probenahme mit einem Wattestäbchen
Diese Technik eignet sich für die Entnahme von Proben aus den Drainagekanälen, den Interdigitalräumen, den Klauenfalten und den äußeren Gehörgängen. Die Probe wird durch sanftes Rollen des Wattestäbchens auf einen Objektträger aufgebracht.

Hautbiopsie
Zur Untersuchung und Diagnose von Dermatosen sind manchmal Hautbiopsien er-forderlich.

Wenn es der Zustand des Patienten zulässt, ist es besser, die Biopsie nach 1–2 Wo-chen Antibiotikatherapie durchzuführen. Dadurch werden Sekundärinfektionen vermieden, die die Auswertung der Biopsie erschweren können. Zu den bevorzugten Antibiotika gehören Cephalexin (20–30 mg/kg zweimal täglich oral), Cephadroxil (20–30 mg zweimal täglich oral) oder Amoxicillin-Clavulanat (20–25 mg zweimal täglich oral). Um Sekundärinfektionen und Narbenbildung zu vermeiden, kann das Antibiotikum nach der Biopsie noch eine Woche lang eingenommen werden. Wenn der Patient eine Glukocorticoid-Therapie erhalten hat und der Zustand des Patienten dies zulässt, sollte die Biopsie erst 15–20 Tage nach Absetzen der Behandlung erfolgen oder länger, wenn langwirksame Depo-Injektionen verwendet wurden.

Eine Lokalanästhesie wäre vorzuziehen, da der Eingriff geringfügig und schnell ist und nur ein oder zwei Nähte erfordert. Bei Katzen ist dies jedoch nur möglich, wenn sie extrem ruhig sind und wenn die Biopsien am Rumpf entnommen werden. Bei lokaler Anästhesie sollte man daran denken, dass bei Katzen nicht mehr als 1 ml 2 %iges Lidocain injiziert werden sollte, da das Risiko einer kardialen Toxizität besteht. Wenn mehrere Biopsien erforderlich sind, kann Lidocain 1:1 mit Kochsalzlösung verdünnt werden, sodass 2 ml 1 %iges Lidocain gewonnen werden, das für bis zu vier Biopsien verwendet werden kann. In der Mehrzahl der Fälle wird jedoch eine Vollnarkose durchgeführt.

Im Allgemeinen wird die Diagnose durch die Entnahme mehrerer Biopsien von repräsentativen Läsionen erleichtert. Wann immer möglich, sollten frühe Läsionen wie Papeln und Pusteln biopsiert werden. Spätere Formen wie Geschwüre und Krusten sollten vermieden werden; bei einer Reihe von Läsionen ist es jedoch ratsam, alle zu biopsieren.

Vor der Biopsie können die Läsionen vorsichtig abgeschnitten werden, aber es ist besser, die Haut nicht zu reinigen, da dadurch wertvolles diagnostisches Material entfernt werden kann. Einweg-Stanzbiopsien sind in der Regel die bevorzugte Methode der Biopsieentnahme. Biopsien vom Rand der Läsionen, einschließlich der angrenzenden, scheinbar normal aussehenden Haut, sollten mit der elliptischen Exzisionsbiopsietechnik entnommen werden.

Die Probe sollte in 10 % frisches Formalin eingelegt werden und eine vollständige klinische Anamnese enthalten. Der Pathologe sollte über die Merkmale (Alter und Rasse), die klinischen Anzeichen, die Beschreibung und den Ort der Läsionen sowie die Dauer und den Verlauf der Krankheit informiert werden. Jede Behandlung/Medikation, ihre Dauer und der Zeitraum, in dem sie ausgesetzt wurde, sollten angegeben werden. Biopsien von verschiedenen Stellen sind in separaten, nummerierten Behältern einzureichen, wobei in der Anamnese die Stelle und die Art der Läsion für jede Biopsie anzugeben sind.

Literatur

1. Pankratz KE, Ferris KK, Griffith EH, et al. Use of single-dose oral gabapentin to attenuate fear responses in cage-trap confined community cats: a double-blind, placebo-controlled field trial. J Feline Med Surg. 2018;20:535–43.
2. Van Haaften KA, Eichstadt Forsythe LR, Stelow EA, Bain MJ. Effects of a single pre-appointment dose of gabapentin on signs of stress in cats during transportation and veterinary examination. J Am Vet Med Assoc. 2017;251:1175–81.
3. Rodin I, Sundhal E, Carney H, et al. AAFP and ISFM feline-friendly handling guidelines. J Feline Med Surg. 2011;13:364–75.

Teil II

Problemorientierter Ansatz zu …

Alopezie

Silvia Colombo

Zusammenfassung

Alopezie, entweder spontan oder selbst herbeigeführt, ist ein häufiges Symptom bei Katzen. Zu Beginn dieses Kapitels werden die Begriffe Alopezie und Hypotrichose sowie die klinischen Merkmale der Alopezie definiert, gefolgt von der Pathogenese der verschiedenen Arten von Alopezie. Die klinischen Erscheinungsformen der Alopezie und ihre bevorzugte Lokalisation bei ausgewählten Katzenkrankheiten werden beschrieben, zusammen mit nützlichen diagnostischen Hinweisen, die sich aus den Anzeichen und der Vorgeschichte ergeben. Der diagnostische Ansatz bei Alopezie setzt die korrekte Unterscheidung der pathogenetischen Mechanismen voraus, die den klinischen Anzeichen zugrunde liegen, was durch die Erhebung der Krankengeschichte, die Untersuchung der Katze und die mikroskopische Untersuchung der Haare erreicht werden kann. Dies ist bei Katzen ein sehr wichtiger diagnostischer Test, der immer zu Beginn der Konsultation durchgeführt werden sollte, um spontane von selbst verursachter Alopezie zu unterscheiden. Dermatophytose kommt bei Katzen sehr häufig vor, und in allen Fällen, in denen Alopezie auftritt, sollten diagnostische Tests durchgeführt werden, um diese Krankheit zu diagnostizieren oder auszuschließen.

Definitionen

Alopezie bedeutet einfach Haarausfall. Das Wort Alopezie leitet sich von dem altgriechischen Wort ἀλώπηξ (alópēx) ab, das Fuchs bedeutet. Damals wurde der Begriff „Alopezie" für die Fuchsräude verwendet.

S. Colombo (✉)
Servizi Dermatologici Veterinari, Legnano, Italien

Hypotrichose bedeutet, dass weniger als die normale Menge an Haaren vorhanden ist (von den altgriechischen Worten υπο, unten, und θριξ, Haar), und dieser Begriff wird manchmal als Synonym für partielle Alopezie verwendet. Obwohl die genaue Bedeutung dieser beiden Begriffe sehr ähnlich, wenn nicht sogar identisch ist, wird in der human- und veterinärdermatologischen Literatur der Begriff Hypotrichose bevorzugt, wenn ein angeborener Mangel an Haaren vorliegt (Abb. 1) [1]. Streng genommen sollte Hypotrichose als Synonym für angeborene Alopezie verwendet werden.

Alopezie kann je nach Schweregrad (partiell oder vollständig), Verteilung (fokal, multifokal, generalisiert, symmetrisch), Lokalisierung und Pathogenese klassifiziert werden. Partielle Alopezie bedeutet, dass weniger als die normale Menge an Haaren vorhanden ist, während vollständige Alopezie das Fehlen von Haaren beschreibt. Fokale Alopezie, gelegentlich auch als lokalisierte Alopezie bezeichnet, bezieht sich auf einen einzelnen Fleck mit Alopezie an einer beliebigen Stelle des Körpers (Abb. 2). Wenn mehrere Flecken vorhanden sind, wird die Alopezie als multifokal definiert. Fokale oder multifokale Alopezie bei Katzen ist ein klinisches Erscheinungsbild, das häufig bei Dermatophytose beobachtet wird (Abb. 3). Wenn eine ganze Körperregion betroffen ist, wird die Alopezie als diffus oder generalisiert bezeichnet. Diffuse Alopezie kann symmetrisch sein, wenn beide Seiten des Körpers gleichermaßen betroffen sind. Generalisierte Alopezie ist bei hypotrichotischen Rassen, wie z. B. der Sphynx-Katze, normal [2].

Abb. 1 Kongenitale Hypotrichose bei einem kurzhaarigen Hauskätzchen

Abb. 2 Fokale Alopezie
an der vorderen Gliedmaße
bei einem von
Dermatophytose
betroffenen Kätzchen

Abb. 3 Multifokale
Alopezie bei einem von
Dermatophytose
betroffenen Kätzchen

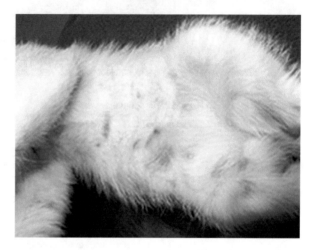

Pathogenese

Bei Katzen ist die Klassifizierung der Alopezie nach der Pathogenese aus diagnostischer Sicht am sinnvollsten. Alopezie kann spontan auftreten, wenn das Haar ausfällt, oder selbst verursacht werden, wenn die Katze das Haar aktiv durch ständiges Belecken entfernt.

Spontan auftretende Alopezie ist die Folge zweier pathogenetischer Hauptmechanismen. Wenn eine Entzündung oder Infektion den Haarfollikel und/oder den Haarschaft angreift, wird letzterer geschädigt und fällt aus (Abb. 4). Das Fehlen von Haaren kann auch darauf zurückzuführen sein, dass der Haarfollikel dysplastisch oder atrophisch und somit nicht in der Lage ist, einen normalen Haarschaft zu produzieren (Tab. 1).

Selbst verursachte Alopezie wird von der Katze selbst durch übermäßiges Belecken und, seltener, durch Kauen, Ausreißen von Haaren oder Kratzen verursacht (Abb. 5). Bei Katzen ist das Belecken ein wichtiger Bestandteil der Fellpflege, einem normalen, genetisch programmierten Verhalten der Katze. Katzen putzen sich, um tote Haare, Ektoparasiten und Schmutz zu entfernen und die Körpertemperatur zu regulieren. Einer Studie zufolge putzt sich eine gesunde Katze etwa eine Stunde pro Tag [3]. Eine erhöhte Häufigkeit und/oder Intensität dieses Verhaltens wird als Overgrooming bezeichnet und kann Ausdruck von Juckreiz,

Abb. 4 Spontane
Alopezie nach einer
ungünstigen Reaktion auf
ein Flohhalsband bei einer
erwachsenen Katze

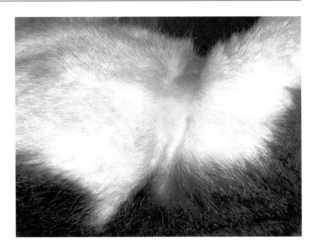

Tab. 1 Ausgewählte Ursachen für spontane Alopezie

Entzündung/Infektion des Haarfollikels	Pyodermie
	Dermatophytose
	Demodikose (*Demodex cati*)
	Pemphigus foliaceus
	Pseudopelade
	Lymphozytäre murale Follikulitis
	Adenitis der Talgdrüsen
Dysplasie/Atrophie des Haarfollikels	Topische/injizierbare Glukocorticoid-Verabreichung
	Topische/systemische unerwünschte Arzneimittelwirkungen
	Telogenes Effluvium
	Spontaner/iatrogener Hyperadrenocortizismus
	Paraneoplastische Alopezie
	Posttraumatische Alopezie
	Alopezische Rassen/kongenitale Hypotrichosen
	Pili torti
	Vernarbte Alopezie (Narbe)

Schmerzen oder Verhaltensproblemen sein (Tab. 2). Da es sich um die verstärkte Ausprägung eines physiologischen Verhaltens handelt, wird Overgrooming vom Besitzer oft nicht erkannt oder nicht als Zeichen von Juckreiz oder Schmerzen interpretiert. Darüber hinaus neigen Katzen dazu, ihr Unbehagen auszudrücken, indem sie sich vor ihren Besitzern verstecken, die sich des Overgrooming ihres Haustiers möglicherweise nicht bewusst sind.

Schließlich ist zu bedenken, dass einige Krankheiten sowohl spontane Alopezie aufgrund einer Schädigung des Haarfollikels als auch selbst verursachte Alopezie aufgrund von Juckreiz verursachen können. Zum Beispiel können einige Fälle von Dermatophytose oder Demodikose mit Juckreiz einhergehen.

Abb. 5 Selbst
herbeigeführte Alopezie
bei einer
allergischen Katze

Diagnostischer Ansatz

Anzeichen und Vorgeschichte

Infektions- und Ektoparasitenerkrankungen wie Dermatophytose, Demodikose, Flohbefall oder Cheyletiellose werden häufig bei Jungtieren oder in Umgebungen mit hohem Menschenaufkommen wie Zuchtkolonien oder Tierhandlungen beobachtet. Paraneoplastische Syndrome und Neoplasien treten typischerweise bei älteren Katzen auf. Die Rasse kann bei der Diagnosestellung eine wichtige Rolle spielen: Perserkatzen sind prädisponiert für Dermatophytose (Abb. 6); über kongenitale Hypotrichose wurde kürzlich bei Birmakatzen berichtet [1]. Eine gute Kenntnis des Katzenphänotyps ist wichtig, insbesondere bei Rassen wie der Devon-Rex-Katze, die eine extrem variable Haarmenge am Rumpf aufweisen kann und physiologisch gesehen am seitlichen und ventralen Hals alopezisch ist.

Auch die Anamnese ist für die Diagnose sehr wichtig. Eine Narbe kann anhand der Vorgeschichte leicht diagnostiziert werden, während ein früheres Trauma durch

Tab. 2 Ausgewählte Ursachen für selbst verursachte Alopezie

Juckreiz	Pyodermie
	Dermatophytose
	Malassezia-Überwucherung
	Flohbefall
	Cheyletiellose
	Räude durch *Otodectes* (sprunghaft)
	Demodikose (*Demodex gatoi*)
	Befall mit *Lynxacarus*
	Flohbiss-Überempfindlichkeit
	Unerwünschte Reaktion auf Lebensmittel
	Atopisches Syndrom bei Katzen
	Allergische Kontaktdermatitis
	Lymphozytose bei Katzen
Schmerz/ Neurologie	Hyperästhesie-Syndrom bei Katzen
	Irritierende Kontaktdermatitis
	Idiopathische Zystitis bei Katzen
	Trauma
Verhaltenstipps	Psychogen bedingte Alopezie

Abb. 6 Alopezie und Schuppenbildung am Schwanz einer Perserkatze mit Dermatophytose

einen Autounfall oder einen Sturz auf eine posttraumatische Alopezie hindeuten kann [4]. Eine detaillierte pharmakologische Anamnese ist wichtig, wenn der Verdacht auf eine unerwünschte Arzneimittelwirkung besteht. Das plötzliche Auftreten von Alopezie bei einer Wöchnerin, die gerade entbunden hat, kann auf telogenes Effluvium hindeuten. Die Saisonalität der selbst herbeigeführten Alopezie kann auf eine atopische Dermatitis bei Katzen hindeuten. Bei gleichzeitig auftretenden systemischen klinischen Anzeichen wie Polyurie und Polydipsie bei einer alten, diabetischen Katze, die spontane Alopezie entwickelt, sollte auf Hyperadrenocortizismus untersucht werden (Abb. 7), während selbst verursachte Alopezie am Bauch und in der Leistengegend durch eine idiopathische Katzenzystitis verursacht werden kann [5].

Klinische Präsentation

Spontane Alopezie kann partiell oder vollständig sein, und im Allgemeinen können die Haare leicht aus dem gesamten alopezischen Bereich, aus dem Zentrum der Läsion oder aus der Peripherie epiliert werden. Die Haut sieht kahl und glatt aus, und bei bestimmten Krankheiten wie der Dermatophytose können einige kurze Haarfragmente aus den Ostien der Follikel austreten.

Die selbst verursachte Alopezie ist durch das Vorhandensein sehr kurzer Haarfragmente gekennzeichnet, die bei genauer Betrachtung der Haut oder mithilfe eines Vergrößerungsglases beobachtet werden können (Abb. 8). Die Haare können

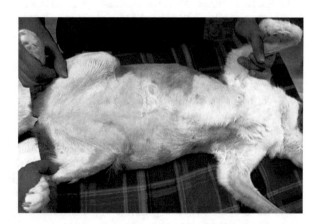

Abb. 7 Spontane Alopezie bei einer alten Katze mit Hyperadrenocortizismus und Demodikose

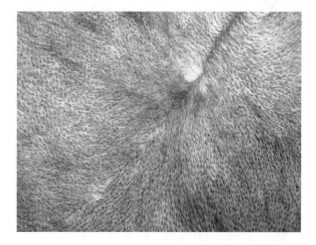

Abb. 8 Nahaufnahme der Bauchhaut einer Katze mit selbst herbeigeführter Alopezie

nicht einfach epiliert werden. Die selbst herbeigeführte Alopezie ist oft vollständig und kann symmetrisch sein. Der alopezische Bereich hat in der Regel sehr gut abgegrenzte Ränder, die abrupt in normales Haar übergehen.

Sowohl spontane als auch selbst verursachte Alopezie bei Katzen kann fokal, multifokal oder generalisiert sein und mit anderen Hautläsionen einhergehen. Das Vorhandensein bzw. Nichtvorhandensein und die Art der Läsion, die die Alopezie begleitet, ist für die Diagnose äußerst nützlich (Tab. 3).

Fokale Alopezie und eine Verdickung der betroffenen Haut sowie eine Vorgeschichte früherer Traumata können den Arzt auf eine Narbe schließen lassen. Die Haut kann auch hypo- oder hyperpigmentiert sein. Leichte Erytheme und Exfoliationen in Verbindung mit fokaler oder multifokaler Alopezie bei Katzen können auf Dermatophytose hindeuten. Juckreiz kann von abwesend bis mäßig ausgeprägt sein, weshalb die Dermatophytose ebenfalls in die Liste der Differenzialdiagnosen für selbst verursachte Alopezie aufgenommen werden sollte. Ein fokaler Bereich nicht entzündlicher Alopezie mit sehr dünner Haut, sichtbaren Blutgefäßen und Blutergüssen deutet auf eine Reaktion auf eine oder mehrere Glukocorticoidinjektionen an dieser Stelle hin (Abb. 9). Generalisierte, vorwiegend ventrale Alopezie mit glänzender Haut bei einer alten Katze deutet auf paraneoplastische Alopezie hin (Abb. 10) [6].

Fokale oder multifokale Alopezie und Erythem, leichte Schuppung und gelegentlich Komedonen in Verbindung mit leichtem oder ohne Juckreiz können auf eine Demodikose durch *Demodex cati* hinweisen, eine follikuläre Milbe, die in der Regel Krankheiten bei immungeschwächten Tieren verursacht. Starker Juckreiz und selbst verursachte Alopezie mit Erythem und Schuppung lassen den Verdacht auf eine Demodikose durch *Demodex gatoi* aufkommen, eine ansteckende, kurzlebige Milbe, die im Stratum corneum lebt. Demodikose ist bei der Katze ungewöhnlich [7]. Starke Schuppung und selbst herbeigeführte Alopezie, oft mit dorsaler Verteilung, können auf Cheyletiellose hinweisen. Selbst verursachte Alopezie, insbesondere wenn gleichzeitig eine miliare Dermatitis und/oder eosinophile Plaques beobachtet werden, kann ein Hinweis auf eine allergische Erkrankung sein.

Zusammen mit der korrekten Unterscheidung zwischen spontaner und selbst herbeigeführter Alopezie und der Identifizierung gleichzeitiger Läsionen kann die bevorzugte Lokalisierung der klinischen Zeichen bei der Auflistung der Differentialdiagnosen helfen (Tab. 4).

Diagnostischer Algorithmus

Dieser Abschnitt ist in Abb. 11 dargestellt. Die roten Quadrate mit Nummern stellen die Schritte des Diagnoseprozesses dar, die im Folgenden erläutert werden.

Tab. 3 Beispiele für Läsionen, die bei Hauterkrankungen von Katzen gleichzeitig mit Alopezie beobachtet werden

	Läsionen	Krankheit
Spontane Alopezie	Erythem, Schuppung, Follikelbildung	Dermatophytose
	Erythem, Schuppung, Komedonen, Follikelbildung	Demodikose
	Papeln, Krustenbildung, Schuppung	Oberflächliche Pyodermie
	Pusteln, gelbe Krustenbildung	Pemphigus foliaceus
	Onychomadese, Onychorrhexis	Pseudopelade
	Schuppenbildung, Hyperpigmentierung	Lymphozytäre murale Follikulitis
	Schuppung, Krustenbildung, Follikelbildung	Adenitis der Talgdrüsen
	Fokale Ausdünnung, sichtbare Blutgefäße, Blutergüsse	Topische/systemische Glukocorticoid-Verabreichung
	Keine	Telogenes Effluvium
	Dünne Haut, Blutergüsse, Risse, Schuppung, Komedonen	Spontaner/iatrogener Hyperadrenocortizismus
	Glänzende Haut	Paraneoplastische Alopezie
	Rötungen, glänzende Haut, Erosionen/Geschwüre	Posttraumatische Alopezie
	Fehlen von Schnurrhaaren, Krallen und Zungenpapillen	Angeborene Hypotrichose
	Verdickung, Hypo-/ Hyperpigmentierung	Narbe
Selbst herbeigeführte Alopezie	Schuppung	Cheyletiellose
	Ceruminöse Otitis externa	Räude durch *Otodectes* (sprunghaft)
	Miliare Dermatitis, eosinophile Plaque	Allergische Erkrankungen
	Papeln, Krustenbildung, Schuppung	Oberflächliche Pyodermie
	Rötung, Schuppung, Otitis externa, Paronychie, Kinnakne	*Malassezia*-Überwucherung
	Erytheme, Erosionen/Geschwüre, Plaques	Lymphozytose bei Katzen
	Rolling Skin (extreme körperliche Überempfindlichkeit bei versch. Reizen)	Hyperästhesie-Syndrom bei Katzen
	Erosionen/Geschwüre	Trauma
	Keine	Idiopathische Zystitis bei Katzen
	Keine	Psychogen bedingte Alopezie

Abb. 9 Spontane, fokale
Alopezie bei einer Katze,
die mit wiederholten
Injektionen eines
Glukocorticoids
behandelt wurde

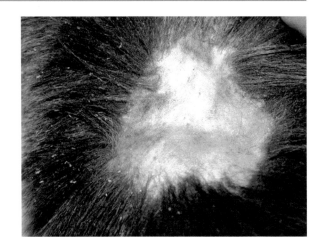

Abb. 10 Diffuse Alopezie
und glänzende Haut am
Bauch einer Katze mit
paraneoplastischer
Alopezie

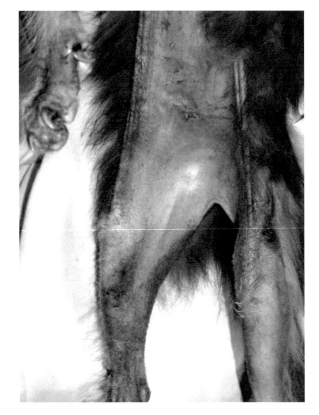

Tab. 4 Häufige Lokalisationen von Alopezie bei ausgewählten Hauterkrankungen bei Katzen

Spontane Alopezie	
Verteilung	Krankheit
Kopf, Ohrmuscheln, Pfoten, Schwanz, generalisiert	Dermatophytose
Kopf, Hals, Gehörgang, generalisiert	Demodikose
Kopf, Ohrmuscheln, Krallenfalten, Hinterleib	Pemphigus foliaceus
Kopf, Unterleib, Beine, Pfoten	Pseudopelade
Kopf, Ohrmuscheln, Hals, generalisiert	Adenitis der Talgdrüsen
Ort der Anwendung/Injektion	Topische/systemische Glukocorticoid-Verabreichung
Rumpf	Spontaner/iatrogener Hyperadrenocortizismus
Abdomen, ventraler Rumpf, mediale Beine	Paraneoplastische Alopezie
Steißbein	Posttraumatische Alopezie
Generalisiert	Alopezische Rassen/kongenitale Hypotrichosen
Ort eines früheren Traumas	Vernarbte Alopezie (Narbe)
Selbst herbeigeführte Alopezie	
Steißbein	Flohbefall
Dorsum	Cheyletiellose
Hals, Bürzel, Schwanz, Gehörgang	Räude durch *Otodectes* (wahllos)
Brustkorb, Unterleib	Demodikose
Steißbein	Flohbiss-Überempfindlichkeit
Bauch, mittlere Oberschenkel, Kopf, Hals	Andere allergische Erkrankungen
Kinn, Krallenfalten, Gesicht, Gehörgang, generalisiert	*Malassezia*-Überwucherung
Thorax, Beine, Ohrmuscheln, Hals	Lymphozytose bei Katzen
Dorsum	Hyperästhesie-Syndrom bei Katzen
Unterleib, Leistengegend	Idiopathische Zystitis bei Katzen
Ort eines früheren Traumas	Posttraumatische Alopezie

1 Mikroskopische Haaruntersuchung durchführen

Die mikroskopische Untersuchung der Haarschäfte ist die erste Untersuchung, die bei einer Alopezie bei Katzen durchgeführt werden sollte, da sie nützliche Informationen liefern kann, die über die Unterscheidung zwischen spontaner und selbst verursachter Alopezie hinausgehen.

Zunächst müssen die Haarspitzen beurteilt werden: Abgebrochene Spitzen deuten auf selbst verursachte Alopezie hin, während intakte Spitzen auf spontanen Haarausfall hindeuten können, mit Ausnahme von Dermatophytose. Zweitens sollte der Haarschaft in seiner gesamten Länge sorgfältig untersucht werden. Bei angeborenen Anomalien, wie z. B. Pili torti, sind die Haarschäfte abgeflacht und drehen sich in unregelmäßigen Abständen 180 Grad um ihre eigene Achse (Abb. 12) [8]. In Richtung der Haarwurzel können Sporen von Dermatophyten, die um den Haarschaft herum angeordnet sind, oder *Demodex*-Milben, die frei oder eingebettet in Keratin vorliegen, nachgewiesen werden. Ein negatives Ergebnis der Haaruntersuchung schließt jedoch eine Dermatophytose und Demodikose nicht aus.

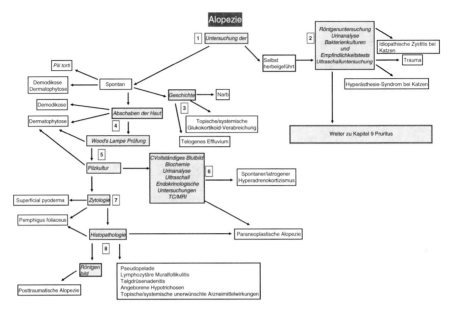

Abb. 11 Diagnostischer Algorithmus für Alopezie

Abb. 12 Mikroskopische Untersuchung des Haarschafts einer Katze mit Pili torti (10-fache Vergrößerung)

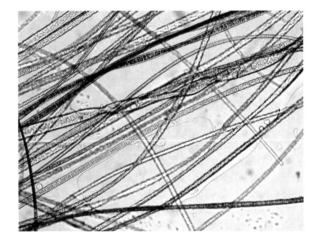

[2] **Ausschluss nicht dermatologischer Ursachen für selbst verursachte Alopezie**
Wenn die mikroskopische Untersuchung der Haarschäfte auf selbst verursachte Alopezie hinweist, müssen nicht dermatologische Ursachen sorgfältig in Betracht gezogen werden, und bei der Anamnese sollte speziell nach gleichzeitigen nicht dermatologischen Anzeichen gesucht werden. Tritt der Haarausfall nur am Bauch und in der Leistengegend auf, sollten eine Urinanalyse und ein Empfindlichkeitstest durchgeführt sowie eine Bakterienkultur angelegt werden, um eine feline idiopathische Zystitis, Urolithiasis und/oder Infektionen der unteren Harn-

wege zu untersuchen. Eine Ultraschalluntersuchung kann helfen, andere Ursachen für Bauchschmerzen zu ermitteln. Wenn die Alopezie fokal ist und sich z. B. an einer einzelnen Gliedmaße oder an der Wirbelsäule befindet, kann eine Röntgenuntersuchung ein früheres Trauma aufzeigen, das das ständige Lecken der Katze an dieser Stelle erklären könnte. Wenn der Besitzer über häufiges anormales Verhalten wie Kräuseln oder Rollen der Haut entlang der Lendenwirbelsäule berichtet, sollte eine neurologische Untersuchung empfohlen werden [9].

Wenn alle diese möglichen Ursachen für Alopezie nicht mit der Vorgeschichte und dem klinischen Bild übereinstimmen oder ausgeschlossen wurden, sollte die selbst verursachte Alopezie gemäß dem diagnostischen Ansatz für Pruritus (Kap. „Juckreiz (Pruritus)") weiter untersucht werden.

3 **Berücksichtigen Sie die Krankengeschichte des Patienten**
Spontane fokale Alopezie in Verbindung mit Veränderungen der Hautdicke und einer Wunde in der Vorgeschichte an dieser Stelle deutet auf eine Narbe hin. Wenn an der Stelle, an der sich Alopezie entwickelt hat, ein topisches Glukocorticoid aufgetragen oder eine Glukocorticoidinjektion verabreicht wurde und die Haut dünn erscheint, mit Blutergüssen und sichtbaren Gefäßen, ist die Diagnose eindeutig und kann durch die Beobachtung von überwiegend telogenen Haarwurzeln bei der mikroskopischen Untersuchung unterstützt werden. Das plötzliche Auftreten von diffusem Haarausfall bei einer Wöchnerin kann beispielsweise auf telogenes Effluvium hindeuten. In diesem Fall lassen sich die verbleibenden Haare leicht epilieren, und die mikroskopische Untersuchung der Haare zeigt nur telogene Wurzeln.

4 **Hautabschabungen durchführen**
Hautausschabungen sind diagnostisch für Demodikose und können zusammen mit der mikroskopischen Untersuchung von Haaren einen starken Hinweis auf Dermatophytose liefern. Tatsächlich kann die korrekte Identifizierung von Dermatophytensporen, die den Haarschaft umgeben, bei Hautausschabungen einfacher sein als bei der mikroskopischen Untersuchung des Haarschafts, da beim Ausschaben der Oberfläche des alopezischen Bereichs wahrscheinlich mehr gebrochene, infizierte Haare gesammelt werden [10].

5 **Untersuchung mit der Wood-Lampe und Pilzkultur durchführen**
Diese beiden Diagnosetests sind zusammengenommen diagnostisch für Dermatophytose oder, bei negativen Ergebnissen, hilfreich, um sie auszuschließen. Da Dermatophytose die häufigste Ursache für Alopezie bei Katzen ist, ist eine Pilzkultur in allen Fällen mit Alopezie angebracht.

6 **Nicht dermatologische klinische Anzeichen berücksichtigen**
Bei einer alten Katze, die Alopezie und systemische Anzeichen wie Polyurie/Polydipsie, Polyphagie, Erbrechen oder Gewichtsverlust aufweist, muss die Möglichkeit in Betracht gezogen werden, dass die Alopezie durch eine systemische Erkrankung verursacht wird. Wenn die alopezische Haut dünn erscheint und sich nach minimalem Zug Blutergüsse und/oder Risse bilden, sollte die Katze auf Hyperadrenocortizismus untersucht werden. Die Vorgeschichte kann auf einen iatrogenen Hyperadrenocortizismus hindeuten, wenn über einen langen Zeit-

raum Glukocorticoide verabreicht wurden, oder auf einen spontanen Hyperadrenocortizismus, wenn in der Vorgeschichte keine Glukocorticoide verabreicht wurden oder die Katze Diabetikerin ist. Ventral verteilte Alopezie mit glänzender Haut bei einer Katze, die gleichzeitig mit Gewichtsverlust, Depression, Erbrechen und/oder Durchfall auftritt, kann auf die Diagnose einer paraneoplastischen Alopezie hindeuten und sollte Anlass für eine Ultraschalluntersuchung des Abdomens sein.

7 Zytologie durchführen

Eine zytologische Untersuchung sollte durchgeführt werden, wenn andere Läsionen wie Pusteln, Krusten oder Erosionen/Ulzera zusammen mit Alopezie vorhanden sind. Die Beobachtung einer großen Anzahl degenerierter Neutrophiler mit intrazellulären und extrazellulären Bakterien weist auf eine oberflächliche Pyodermie hin. Wenn die Neutrophilen „gesund" erscheinen und viele akantholytische Keratinozyten zu sehen sind, deuten die Ergebnisse der zytologischen Untersuchung auf einen Pemphigus foliaceus hin. Wenn eine große Anzahl von Eosinophilen zu sehen ist, ist es wahrscheinlicher, dass die Katze Juckreiz hat, und die Alopezie sollte gemäß dem diagnostischen Ansatz für Juckreiz weiter untersucht werden (Kap. „Juckreiz (Pruritus)").

8 Entnahme von Biopsien für die histopathologische Untersuchung

Eine histopathologische Untersuchung kann zur Bestätigung einer paraneoplastischen Alopezie nützlich sein und sollte immer durchgeführt werden, wenn ein Verdacht auf Pemphigus foliaceus besteht. Einige Krankheiten, die mit Alopezie einhergehen, können nur durch eine histopathologische Untersuchung diagnostiziert werden; Beispiele hierfür sind Pseudopelade, Talgdrüsenadenitis, kongenitale Hypotrichose und unerwünschte Arzneimittelwirkungen. Wenn die histopathologische Untersuchung auf eine posttraumatische Alopezie hinweist, sollte eine radiologische Untersuchung des Beckens durchgeführt werden, um die Diagnose zu bestätigen.

Literatur

1. Abitbol M, Bossé P, Thomas A, Tiret L. A deletion in FOXN1 is associated with a syndrome characterized by congenital hypotrichosis and short life expectancy in Birman cats. PLoS One. 2015;10:1–12.
2. Genovese DW, Johnson TL, Lamb KE, Gram WD. Histological and dermatoscopic description of sphynx cat skin. Vet Dermatol. 2014;25:523–e90.
3. Eckstein RA, Hart BL. The organization and control of grooming in cats. Appl Anim Behav Sci. 2000;68:131–40.
4. Declerq J. Alopecia and dermatopathy of the lower back following pelvic fractures in three cats. Vet Dermatol. 2004;15:42–6.
5. Amat M, Camps T, Manteca X. Stress in owned cats: behavioural changes and welfare implications. J Feline Med Surg. 2016;18:1–10.
6. Turek MM. Cutaneous paraneoplastic syndromes in dogs and cats: a review of the literature. Vet Dermatol. 2003;14:279–96.

7. Beale K. Feline demodicosis. A consideration in the itchy or overgrooming cat. J Feline Med Surg. 2012;14:209–13.
8. Maina E, Colombo S, Abramo F, Pasquinelli G. A case of pili torti in a young adult domestic short-haired cat. Vet Dermatol. 2013;24:289–e68.
9. Ciribassi J. Feline hyperesthesia syndrome. Compend Contin Educ Vet. 2009;31:116–22.
10. Colombo S, Cornegliani L, Beccati M, Albanese F. Comparison of two sampling methods for microscopic examination of hair shafts in feline and canine dermatophytosis. Vet Dermatol. 2008;19(Suppl. 1):36.

Weiterführende Literatur

Merriam-Webster Medical Dictionary (Anm.: für Definitionen). http://merriam-webster.com. Zugegriffen am 10.05.2018.
Albanese F. Canine and feline skin cytology. Cham: Springer International Publishing; 2017.
Goldsmith LA, Katz SI, Gilchrest BA, Paller AS, Leffell DJ, Wolff K. Fitzpatrick's dermatology in general medicine. 8. Aufl. New York: The McGraw-Hill Companies; 2012.
Mecklenburg L. An overview on congenital alopecia in domestic animals. Vet Dermatol. 2006;17:393–410.
Miller WH, Griffin CE, Campbell KL. Muller & Kirk's small animal dermatology. 7. Aufl. St. Louis: Elsevier; 2013.
Noli C, Toma S. Dermatologia del cane e del gatto. 2. Aufl. Vermezzo: Poletto Editore; 2011.

Papeln, Pusteln, Furunkel und Krusten

Silvia Colombo

Zusammenfassung

Papeln, Pusteln, Furunkel, Abszesse und Krusten sind häufige Läsionen bei Katzen. Mit Ausnahme von Abszessen werden sie oft in Kombinationen beobachtet und stellen verschiedene Stadien derselben Krankheit dar, die ineinander übergehen. Im Allgemeinen sind diese Läsionen Ausdruck einer entzündlichen Erkrankung mit infektiöser, parasitärer, allergischer oder autoimmuner Pathogenese. Es werden die klinischen Erscheinungsformen von Papeln, Pusteln, Furunkeln, Abszessen und Krusten und ihre bevorzugte Lokalisation bei ausgewählten Katzenkrankheiten beschrieben, zusammen mit nützlichen diagnostischen Hinweisen, die sich aus der Symptomatik und der Anamnese ergeben. Eine katzenspezifische klinische Präsentation, die sogenannte miliare Dermatitis, ist durch multiple, kleine verkrustete Papeln und Juckreiz gekennzeichnet. Der diagnostische Ansatz für Papeln, Pusteln, Furunkel, Abszesse und Krusten erfordert eine systematische Durchführung der diagnostischen Tests. Dermatophytose kommt bei Katzen sehr häufig vor, und in allen Fällen, in denen Papeln, Pusteln, Krusten oder eine miliare Dermatitis auftreten, sollten diagnostische Tests durchgeführt werden, um diese Krankheit zu diagnostizieren oder auszuschließen.

S. Colombo (✉)
Servizi Dermatologici Veterinari, Legnano, Italien

© Der/die Autor(en), exklusiv lizenziert an Springer-Verlag GmbH, DE, ein Teil
von Springer Nature 2023
C. Noli, S. Colombo (Hrsg.), *Dermatologie der Katze*,
https://doi.org/10.1007/978-3-662-65907-6_5

Definitionen

Eine Papel ist eine feste, erythematöse, erhabene Hautläsion von weniger als 1 cm Durchmesser [1]. Viele Papeln, die nahe beieinander liegen, können zu einer Plaque zusammenwachsen (Kap. „Plaques, Knötchen und eosinophile Granulom-Komplex-Läsionen").

Eine Pustel ist eine erhabene, umschriebene, hohle Läsion, die Eiter enthält und von Epidermis bedeckt ist. Sie kann um einen Haarfollikel zentriert sein oder interfollikulär liegen. Pusteln enthalten in der Regel neutrophile Granulozyten mit oder ohne Bakterien oder seltener Eosinophile. Es handelt sich um zerbrechliche und oft vorübergehende Läsionen, die bei Katzen nur selten beobachtet werden.

Ein Furunkel ähnelt einer Pustel, ist aber größer und tiefer gelegen, da es durch die vollständige Zerstörung des Haarfollikels entsteht. Die Wand eines Furunkels ist dicker als das Dach einer Pustel, und sein Inhalt besteht aus Eiter, Blut (in diesem Fall wird er auch hämorrhagische Bulla genannt) oder einer Mischung. Es handelt sich in der Regel um eine stark entzündete und schmerzhafte Läsion, die sich um einen Haarfollikel herum befindet. Der Furunkel kann sich öffnen und Eiter, Blut oder ein hämopurulentes Exsudat absondern.

Ein Abszess ist eine umschriebene, fluktuierende, dermale oder subkutane Eiteransammlung. Er kann sich öffnen und an der Hautoberfläche abfließen und einen Abflusskanal bilden.

Eine Kruste ist eine Ansammlung von getrocknetem Exsudat. Die Kruste ist gelblich, wenn es sich bei dem getrockneten Material um Eiter handelt, oder bräunlich, wenn getrocknetes Blut ihr Hauptbestandteil ist (hämorrhagische Kruste). Sie kann auch Mikroorganismen und Epidermiszellen wie akantholytische Keratinozyten oder Korneozyten enthalten, und wenn die Kruste ein Haarbüschel umschließt, führt ihre Entfernung zu fokaler Alopezie.

Pathogenese

Papeln, Pusteln und Krusten sind Ansammlungen von Entzündungszellen in der Epidermis (Pustel), der Dermis (Papel) oder an der Hautoberfläche (Kruste) als abgestorbene Überreste dieser Zellen. Die Entzündungszellen werden durch Infektionserreger, Parasiten oder Allergene in die oberflächlichen Hautschichten gelockt oder können Ausdruck einer Autoimmunerkrankung wie Pemphigus foliaceus sein (Abb. 1).

Der Furunkel ist eine tiefere Läsion, die durch die vollständige Zerstörung des Haarfollikels entsteht. Der Haarfollikel wird durch eine schwere Entzündung zerstört, die bei Katzen am häufigsten durch eine bakterielle Infektion ausgelöst wird, wie bei komplizierter Kinnakne (Abb. 2) [2]. Der Haarschaft kann zusammen mit Bakterien und anderen Ablagerungen in der Dermis freiliegen und zieht weitere Entzündungszellen an, die sich wie ein Fremdkörper verhalten.

Abb. 1 Starke
Verkrustung durch
Trocknen von eitrigem
Exsudat auf der
Ohrmuschel einer Katze
mit Pemphigus foliaceus

Abb. 2 Furunkel am Kinn
einer Katze mit
komplizierter Kinnakne

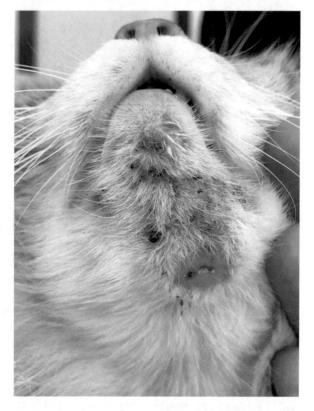

Der Abszess entsteht in der Regel nach Biss- oder Krallenwunden, wobei sich die Bakterien in der tiefen Dermis und Subkutis einnisten. Das Vorhandensein von Bakterien zieht eine große Anzahl von Neutrophilen und anderen Entzündungszellen an der Infektionsstelle an, bis sich eine große Eiteransammlung bildet (Abb. 3).

Abb. 3 Retroaurikulärer
Abszess bei einer
streunenden Katze

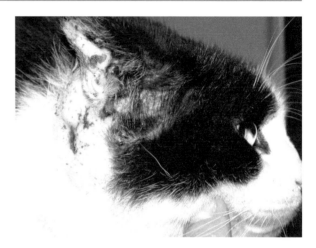

Abb. 4 Hämorrhagische
Kruste über einer Erosion/
einem Geschwür an der
Nase einer Katze mit
Herpesvirusinfektion

Papeln, Pusteln, Furunkel und Krusten können verschiedene Stadien ein und derselben Krankheit darstellen und sich ineinander weiterentwickeln. Eine Papel kann
sich zu einer Pustel entwickeln, die aufbricht und zu einer kleinen Kruste wird. Sehr
selten kann sich bei der Katze ein kreisförmiger Rand aus Schuppen bilden, wenn
sich die Kruste ablöst: Diese Läsion wird epidermale Collerette genannt. Eine Pustel kann zu einem Furunkel werden, wenn sich die Infektion vertieft und ausweitet,
um den gesamten Haarfollikel zu befallen und zu zerstören. Wenn sich der Furunkel
öffnet und Exsudat abfließt, kann sich eine Kruste bilden. Wenn sich die Kruste ablöst, ist ein Bereich mit fokaler Alopezie das Endergebnis. Krusten können auch
andere Läsionen, wie Erosionen und Geschwüre, überdecken (Kap. „Exkoriationen,
Erosionen und Geschwüre") (Abb. 4). Dies ist bei der Untersuchung des Tieres zu
beachten, denn es kann sein, dass wir verschiedene Läsionen erkennen können, die
Entwicklungsstadien der Krankheit darstellen, oder dass wir nur das Endergebnis
dieses Prozesses, die Kruste, finden. In Tab. 1 sind ausgewählte Ursachen für Papeln, Pusteln, Abszesse, Krusten und Furunkel bei Katzen aufgeführt.

Tab. 1 Ausgewählte Ursachen von Papeln, Pusteln, Furunkeln, Abszessen und Krusten

Papeln	Räude durch *Notoedres*
	Dermatophytose
	Überempfindlichkeit gegen Mückenstiche
	Allergische Erkrankungen
	Urtikaria-pigmentosa-ähnliche Dermatitis
	Xanthome
	Mastzelltumor
Pusteln	Pemphigus foliaceus
Furunkel	Komplizierte Kinnakne
Abszess	Bakterielle Infektionen
Krusten	Trauma (einschließlich selbst zugefügter Verletzungen)
	Pyodermie
	Räude durch *Notoedres*
	Dermatophytose
	Subkutane und systemische Pilzinfektionen
	Herpesvirus-Dermatitis
	Pockenvirus-Infektion
	Allergische Erkrankungen
	Überempfindlichkeit gegen Mückenstiche
	Unerwünschte Arzneimittelwirkungen
	Pemphigus foliaceus
	Komplizierte Kinnakne
	Perforierende Dermatitis
	Idiopathische Gesichtsdermatitis bei Perserkatzen und Himalayakatzen
	Plattenepithelkarzinom
	Idiopathische/verhaltensbedingte ulzerative Dermatitis

Diagnostischer Ansatz

Anzeichen und Vorgeschichte

Ansteckende Krankheiten wie die von *Notoedres* verursachte Räude und Dermatophytose werden am häufigsten bei Jungtieren beobachtet, während Neoplasien typischerweise bei älteren Katzen auftreten. Kutane Abszesse sind häufiger bei intakten Katern zu sehen, als Folge von Kämpfen. Die Rasse kann bei der Diagnosestellung eine wichtige Rolle spielen: Perserkatzen sind prädisponiert für Dermatophytose und idiopathische Gesichtsdermatitis [3]. Eine Dermatitis ähnlich der Urtikaria pigmentosa wurde bei Devon-Rex- und Sphynx-Katzen beschrieben [1, 4].

Die Anamnese ist natürlich von größter Bedeutung für die Diagnose, wenn bei einer Katze, die auf eine krustige Läsion untersucht wird, ein früheres (auch selbst verursachtes) Trauma vermutet wird. Vor allem bei Jungtieren müssen immer detaillierte Informationen darüber eingeholt werden, wo das Tier erworben wurde. Das Auffinden als Streuner oder die Adoption aus einem Zwinger kann ein prädisponierender Faktor für Dermatophytose, Räude durch *Notoedres* und Herpesvirus-Dermatitis sein. Auch der Lebensstil spielt eine Rolle, da Katzen, die im Freien leben, häufiger von einer Überempfindlichkeit gegen Mückenstiche und der Entwicklung von Abszessen betroffen sein können als Katzen, die im Haus leben. Die regelmäßige Jagd auf Mäuse und Wühlmäuse ist ein prädisponierender Faktor für eine Pockenvirus-Infektion. Bei Ansteckung von Haustieren oder Menschen, die mit der Katze in Kontakt gekommen sind, sollte eine Untersuchung auf Dermatophyten und Ektoparasiten erfolgen.

Nicht zuletzt ist eine sehr wichtige Frage bei der Anamneseerhebung, ob die Katze Juckreiz hat oder nicht, und ob der Juckreiz ständig vorhanden ist oder nur zu einer bestimmten Zeit im Jahr auftritt. Die von *Notoedres* verursachte Räude ist eine stark juckende Krankheit, und saisonaler Pruritus kann auf eine Überempfindlichkeit gegen Floh- oder Mückenstiche sowie auf ein atopisches Syndrom bei Katzen hinweisen.

Klinische Präsentation

Papeln und Pusteln sind in den meisten Fällen multiple Läsionen, die manchmal gruppiert auftreten. Bei der felinen Urtikaria-pigmentosa-ähnlichen Dermatitis können die Papeln eine lineare Konfiguration aufweisen [1]. Bei der Kinnakne können einzelne oder viele Furunkel beobachtet werden. Die Verteilung von Papeln, Pusteln, Furunkeln und Krusten kann lokalisiert oder generalisiert sein. Der Abszess ist in der Regel eine einzelne Läsion.

Papeln und Pusteln sind primäre Hautläsionen; bei den meisten Krankheiten stellen sie jedoch nur eine Stufe in einem pathologischen *Kontinuum* von Läsionen dar. Obwohl Papeln die primären Läsionen bei der Räude sind, sind sie möglicherweise nicht sichtbar, da sie von sehr dicken Krusten bedeckt sind. Multiple, erythematöse kleine Papeln, die von Krusten bedeckt sind, insbesondere auf dem Rücken, können sich entwickeln und stellen ein katzenspezifisches klinisches Bild dar, das als miliare Dermatitis bezeichnet wird [5, 6] (siehe unten) (Abb. 5). Die Lokalisation der Läsionen auf dem Körper der Katze kann bei der Erstellung einer korrekten Liste von Differenzialdiagnosen hilfreich sein (Tab. 2).

Ein erythematöser bis hyperpigmentierter papulöser Hautausschlag, der sich linear auf der ventrolateralen Brust und dem Bauch ausbreiten kann, häufig Juckreiz auslöst und bei Devon-Rex- oder Sphynx-Katzen auftritt, steht im Einklang mit einer Urtikaria-pigmentosa-ähnlichen Dermatitis (Abb. 6) [1, 4]. Kleine, erythematöse und verkrustete Papeln können auf eine Überempfindlichkeit gegen Mückenstiche hindeuten, wenn sie auf der dorsalen Nase, den Ohrmuscheln und den Fußballen verteilt sind (Abb. 7) [7]. Pusteln können schwer zu beobachten sein, da es sich um flüchtige, fragile Läsionen handelt, aber wenn sie im Gesicht, an den inneren Ohrmuscheln und am Bauch, in der Nähe der Brustwarzen und an den Fußsohlen beobachtet werden, sollte eine Untersuchung auf Pemphigus foliaceus erfolgen (Abb. 8) [8].

Abb. 5 Miliare Dermatitis
bei einer
allergischen Katze

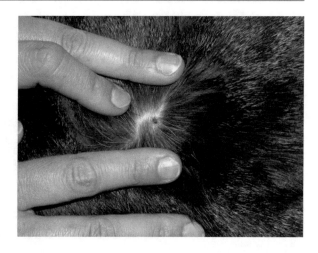

Tab. 2 Häufige Lokalisationen von Papeln, Pusteln, Abszessen, Krusten und Furunkeln bei ausgewählten Hauterkrankungen der Katze

Verteilung	Krankheit
Papeln	
Kopf, Ohrmuscheln, Hals, Pfoten, Perineum	Räude durch *Notoedres*
Kopf, Ohrmuscheln, Pfoten, Schwanz, generalisiert	Dermatophytose
Kopf, Ohrmuscheln, Pfoten	Überempfindlichkeit gegen Mückenstiche
Steißbein	Flohbiss-Überempfindlichkeit
Kopf, Pfoten, knöcherne Vorsprünge	Xanthome
Pusteln	
Kopf, Ohrmuscheln, Krallenfalten, Hinterleib	Pemphigus foliaceus
Furunkel	
Kinn	Komplizierte Kinnakne
Abszesse	
Nacken, Schultern, Schwanzansatz	Bakterielle Infektionen
Krusten	
Ort eines früheren Traumas	Trauma
Gesicht	Herpesvirus-Dermatitis
Gesicht, Ohrkanäle	Idiopathische Gesichtsdermatitis bei Perserkatzen und Himalayakatzen
Kopf, Ohrmuscheln	Plattenepithelkarzinom

Furunkel werden bei Katzen in der Regel am Kinn beobachtet, wo sie sich entwickeln, wenn die Kinnakne durch eine bakterielle Sekundärinfektion kompliziert wird. Eine weiche, schwankende Schwellung im Gesicht, am Hals oder am Schwanzansatz, gelegentlich mit einer Drainage, aus der eitriges Exsudat austritt, stellt höchstwahrscheinlich einen Abszess dar.

Abb. 6 Multiple
erythematöse Papeln bei
einer Devon-Rex-Katze
mit Urtikaria-pigmentosa-
ähnlicher Dermatitis

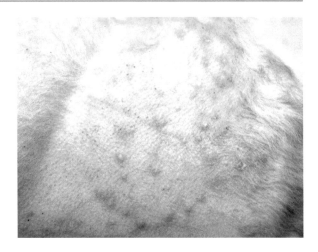

Krusten sind äußerst häufige Läsionen, da sie das Endergebnis des in diesem
Kapitel beschriebenen pathologischen *Kontinuums* von Läsionen sowie von traumatischen Läsionen sind. Ein hilfreicher klinischer Hinweis, wenn Krusten beobachtet
werden, ist ihre Farbe. Wenn die Krusten dunkelbraun sind, bestehen sie aus getrocknetem Blut, und die Läsion wurde höchstwahrscheinlich durch eine tiefe Hauterkrankung (Ulkus) oder ein (Selbst-)Trauma verursacht. Wenn sie gelb sind, handelt es sich um getrocknetes eitriges Material, und es sollte sorgfältig nach intakten
Pusteln gesucht werden. Sehr dicke und trockene, hell gefärbte Krusten am Kopf, an
den Rändern der Ohrmuscheln, am Hals, an den Pfoten und am Damm, verbunden
mit starkem Juckreiz, sind die am häufigsten beobachteten Läsionen bei durch
Notoedres verursachter Räude. Multiple kegelförmige, sehr trockene und dicke verkrustete Läsionen (Schorf), die sich an Stellen früherer Traumata entwickeln, können auf eine seltene Katzenkrankheit hinweisen, die als erworbene reaktive perforierende Kollagenose oder perforierende Dermatitis bezeichnet wird (Abb. 9) [9].
Diese Läsionen sind schwer zu entfernen und bedecken in der Regel einen ulzerierten, hämorrhagischen Bereich. Juckreiz und anhaftendes schwarzes, unterschiedlich getrocknetes Exsudat, das Bereiche mit Erythem oder Erosionen um Augen,
Mund und Kinn bedeckt, sind typisch für die idiopathische Gesichtsdermatitis der
Perser- und Himalayakatze, die auch als Dirty Face Disease bezeichnet wird [3].

Miliare Dermatitis

Die miliare Dermatitis ist eine besondere klinische Erscheinung, die nur bei der
Katze beobachtet wird. Sie ist gekennzeichnet durch kleine, verkrustete Papeln, die
Hirsekörnern ähneln (daher der Name) und die durch das Haarkleid hindurch leich-
ter zu ertasten als zu sehen sind. Die miliare Dermatitis betrifft hauptsächlich den
Rumpf und den Nacken und geht häufig mit Juckreiz und selbst verursachter Alope-
zie einher (Abb. 10) [5, 6]. Die Differenzialdiagnosen der miliaren Dermatitis sind

Abb. 7 Papeln an der
Ohrmuschel einer Katze
mit Mückenstich-
Überempfindlichkeit

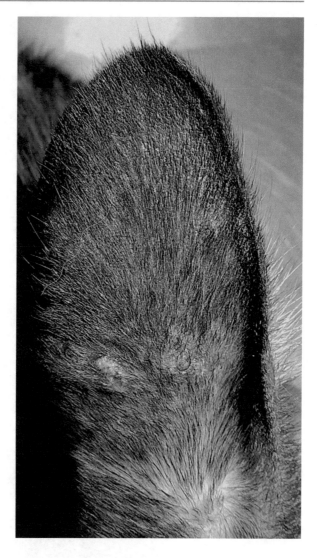

in Tab. 3 aufgeführt. Eine miliare Dermatitis sollte in Anlehnung an das diagnostische Vorgehen bei Juckreiz untersucht werden (Kap. „Juckreiz (Pruritus)").

Diagnostischer Algorithmus

Dieser Abschnitt ist in Abb. 11 dargestellt. Die roten Quadrate mit Nummern stellen
die Schritte des Diagnoseprozesses dar, die im Folgenden erläutert werden.

Abb. 8 Pusteln und
Krustenbildung an der
inneren Ohrmuschel einer
Katze mit Pemphigus
foliaceus

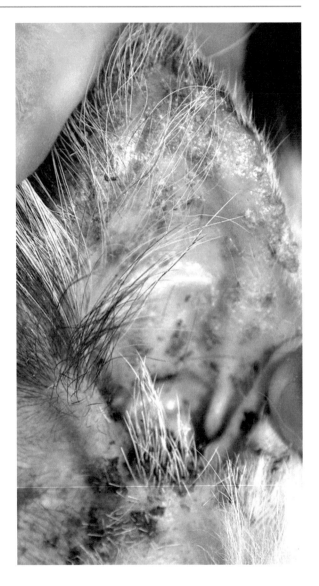

Abb. 8 Pusteln und Krustenbildung an der inneren Ohrmuschel einer Katze mit Pemphigus foliaceus

1 **Anzeichen, Vorgeschichte und körperliche Untersuchung berücksichtigen**
Anzeichen, Vorgeschichte und körperliche Untersuchung können dem Arzt äußerst
nützliche Informationen für den Diagnoseprozess liefern. Bei einem intakten
Kater, der sich hauptsächlich im Freien aufhält und eine schwankende Masse am
Nacken aufweist, ist die wahrscheinlichste Diagnose ein Abszess. Wenn die
Hauptanzeichen Furunkel am Kinn einer Katze sind, die an Kinnakne leidet, ist
es sehr wahrscheinlich, dass die Akne durch eine bakterielle Infektion sekundär
verkompliziert wurde. Wenn bei der körperlichen Untersuchung Papeln, Pusteln

Abb. 9 Trockene, dicke, anhaftende gelbe Kruste auf der inneren Ohrmuschel einer jungen Katze mit perforierender Dermatitis

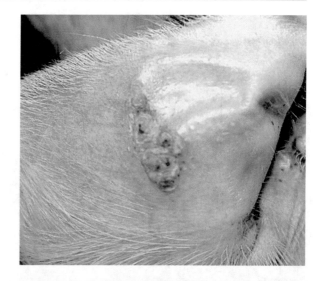

Abb. 10 Alopezie und miliare Dermatitis auf dem Rücken einer Katze mit Flohbiss-Überempfindlichkeit

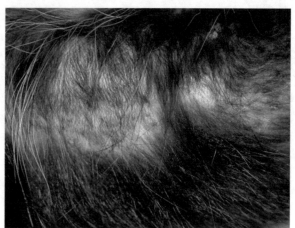

Tab. 3 Differenzial-diagnosen der miliaren Dermatitis

Miliare Dermatitis	Cheyletiellose
	Andere Ektoparasiten (*Lynxacarus radowski*)
	Dermatophytose
	Flohbiss-Überempfindlichkeit
	Unerwünschte Reaktion auf Lebensmittel
	Atopisches Syndrom bei Katzen
	Unerwünschte Arzneimittelwirkungen
	Pemphigus foliaceus

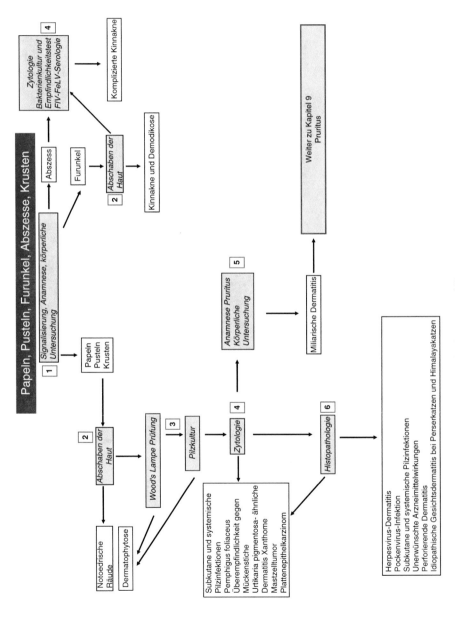

Abb. 11 Diagnostischer Algorithmus für Papeln, Pusteln, Furunkel, Abszesse und Krusten

oder Krusten festgestellt werden, ist in der Regel eine standardisierte Abfolge von diagnostischen Tests erforderlich, um die Diagnose zu stellen.

2 Hautabschabungen durchführen

Hautabschabungen müssen immer dann vorgenommen werden, wenn Papeln, Pusteln, Krusten oder Furunkel beobachtet werden. Hautabschabungen sind diagnostisch für die *Notoedres*-Räude und können bei Kinnfurunkulose *Demodex-cati*-Milben identifizieren [10].

3 Untersuchung mit der Wood-Lampe und Pilzkultur durchführen

Diese beiden diagnostischen Tests sind zusammengenommen diagnostisch für Dermatophytose oder, wenn sie negativ ausfallen, hilfreich, um sie auszuschließen. Da die Dermatophytose bei Katzen mit Papeln, Pusteln, miliarer Dermatitis und Krusten auftreten kann, ist eine Pilzkultur in allen Fällen angebracht, in denen diese Läsionen auftreten (Abb. 12).

4 Zytologie durchführen

Wenn die körperliche Untersuchung das Vorhandensein eines Abszesses ergibt, sollte immer eine zytologische Untersuchung des eitrigen Exsudats durchgeführt werden, um die diagnostische Hypothese zu untermauern. In der Regel ist eine große Anzahl degenerierter Neutrophiler zu sehen, vermischt mit Bakterien und einer variablen Anzahl von Makrophagen, Lymphozyten und Plasmazellen. Zur Identifizierung der den Abszess verursachenden Bakterienart sollten eine Bakterienkultur angelegt und ein Empfindlichkeitstest durchgeführt werden. Es ist außerdem ratsam, Katzen mit Abszessen auf FIV (felines Immundefizienzvirus) und FeLV (felines Leukämievirus) zu testen. Die zytologische Untersuchung von Exsudat, das aus Furunkeln am Kinn austritt, zeigt in der Regel eine pyogranulomatöse Entzündung mit Bakterien. Bakterienkulturen und Empfindlichkeitstests für Aerobier und Anaerobier können erforderlich sein, um den verursachenden Mikroorganismus zu identifizieren und gegebenenfalls das wirksamste Antibiotikum für die Behandlung auszuwählen [2].

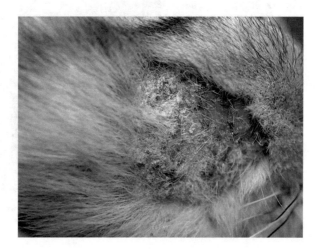

Abb. 12 Alopezie und Krustenbildung im Gesicht einer Katze mit Dermatophytose

Papeln, Pusteln und Krusten sollten immer durch eine zytologische Untersuchung abgeklärt werden, ein einfacher Test, der oft sehr nützliche Informationen liefert. Die Beobachtung einer großen Anzahl von nicht entarteten Neutrophilen, die mit vielen akantholytischen Keratinozyten vermischt sind, deutet auf einen Pemphigus foliaceus hin. Eosinophile Entzündungen sind bei Katzen sehr häufig. Wenn Eosinophile in großer Zahl innerhalb eines gemischten entzündlichen Infiltrats in Proben von verkrusteten, papulösen Läsionen auf dem Nasenrücken vorhanden sind, ist eine Überempfindlichkeit gegen Mückenstiche eine wahrscheinliche Diagnose [7]. Neutrophile, eosinophile und gelegentlich Mastzellen, die in Proben von erythematösen, hyperpigmentierten Papeln auf der Haut einer Devon-Rex- oder Sphynx-Katze beobachtet werden, deuten auf eine Urtikaria-pigmentosa-ähnliche Dermatitis hin [4]. Schließlich kann die zytologische Untersuchung bei Mastzelltumoren eine monomorphe Population gut differenzierter Mastzellen, bei Plattenepithelkarzinomen Epithelzellen in kleinen Aggregaten oder als Einzelzellen mit Aspekten einer Plattenepithel-Differenzierung, oft vermischt mit Neutrophilen und anderen Entzündungszellen, zeigen (Abb. 13). Zytologische Befunde von krustigen, papulösen oder pustulösen Läsionen müssen immer durch Biopsie und histopathologische Untersuchung bestätigt werden.

5 **Vorgeschichte, Juckreiz und körperliche Untersuchung berücksichtigen**

Wenn Hautabschabungen, Wood-Lampen-Untersuchung und Pilzkulturen negative Ergebnisse liefern und die zytologischen Befunde unspezifisch sind (z. B. neutrophile Entzündung), müssen die Anamnese und der klinische Befund sorgfältig überdacht werden. Bei einer Katze mit ständigem oder saisonalem Juckreiz, die sich mit verkrusteten Papeln auf dem Rücken oder, seltener, mit einer generalisierten Verteilung präsentiert, sollte auf eine miliare Dermatitis gemäß dem diagnostischen Ansatz für Juckreiz weiter untersucht werden (Kap. „Juckreiz (Pruritus)").

Abb. 13 Hämorrhagische Krustenbildung an der Nase einer Katze mit Plattenepithelkarzinom

6 Entnahme von Biopsien für die histopathologische Untersuchung

Eine histopathologische Untersuchung sollte immer dann durchgeführt werden, wenn aufgrund der zytologischen Befunde der Verdacht auf Pemphigus foliaceus, Mückenstichüberempfindlichkeit, Urtikaria-pigmentosa-ähnliche Dermatitis oder infektiöse, metabolische und neoplastische Erkrankungen besteht. Andere Krankheiten mit unspezifischen zytologischen Befunden, die eine histopathologische Untersuchung zur Diagnose erfordern, sind z. B. Viruserkrankungen, perforierende Dermatitis, idiopathische Gesichtsdermatitis bei Perserkatzen und Himalayakatzen sowie unerwünschte Arzneimittelwirkungen.

Literatur

1. Vitale C, Ihrke PJ, Olivry T, Stannard AA. Feline urticaria pigmentosa in three related Sphinx cats. Vet Dermatol. 1996;7:227–33.
2. Jazic E, Coyner KS, Loeffler DG, Lewis TP. An evaluation of the clinical, cytological, infectious and histopathological features of feline acne. Vet Dermatol. 2006;17:134–40.
3. Bond R, Curtis CF, Ferguson EA, Mason IS, Rest J. An idiopathic facial dermatitis of Persian cats. Vet Dermatol. 2000;11:35–41.
4. Noli C, Colombo S, Abramo F, Scarampella F. Papular eosinophilic/mastocytic dermatitis (feline urticaria pigmentosa) in Devon rex cats: a distinct disease entity or a histopathological reaction pattern? Vet Dermatol. 2004;15:253–9.
5. Hobi S, Linek M, Marignac G, Olivry T, Beco L, Nett C, et al. Clinical characteristics and causes of pruritus in cats: a multicentre study on feline hypersensitivity-associated dermatoses. Vet Dermatol. 2011;22:406–13.
6. Diesel A. Cutaneous hypersensitivity dermatoses in the feline patient: a review of allergic skin disease in cats. Vet Sci. 2017;25. https://doi.org/10.3390/vetsci4020025.
7. Nagata M, Ishida T. Cutaneous reactivity to mosquito bites and its antigens in cats. Vet Dermatol. 1997;8:19–26.
8. Olivry T. A review of autoimmune skin diseases in domestic animals: I – superficial pemphigus. Vet Dermatol. 2006;17:291–305.
9. Albanese F, Tieghi C, De Rosa L, Colombo S, Abramo F. Feline perforating dermatitis resembling human reactive perforating collagenosis: clinicopathological findings and outcome in four cases. Vet Dermatol. 2009;20:273–80.
10. Beale K. Feline demodicosis: a consideration in the itchy or overgrooming cat. J Feline Med Surg. 2012;14:209–13.

Weiterführende Literatur

Merriam-Webster Medical Dictionary (Anm.: für Definitionen). http://merriam-webster.com. Zugegriffen am 10.05.2018.

Albanese F. Canine and feline skin cytology. Cham: Springer International Publishing; 2017.

Goldsmith LA, Katz SI, Gilchrest BA, Paller AS, Leffell DJ, Wolff K. Fitzpatrick's dermatology in general medicine. 8. Aufl. New York: The McGraw-Hill Companies; 2012.

Miller WH, Griffin CE, Muller CKL. Kirk's small animal dermatology. 7. Aufl. St. Louis: Elsevier; 2013.

Noli C, Foster A, Rosenkrantz W. Veterinary allergy. Chichester: Wiley Blackwell; 2014.

Noli C, Toma S. Dermatologia del cane e del gatto. 2. Aufl. Vermezzo: Poletto Editore; 2011.

Plaques, Knötchen und eosinophile Granulom-Komplex-Läsionen

Silvia Colombo und Alessandra Fondati

Zusammenfassung

Plaques und Knötchen, einschließlich der zum eosinophilen Granulom-Komplex (EGC) gehörenden Läsionen, sind bei Katzen häufig. Plaques und Knötchen werden in den meisten Fällen durch infektiöse, allergische, metabolische oder neoplastische Erkrankungen verursacht. Das klinische Erscheinungsbild von Plaques und Knötchen und ihre bevorzugte Lokalisation bei ausgewählten Katzenkrankheiten werden beschrieben, zusammen mit nützlichen Hinweisen aus der Symptomatik und Vorgeschichte. Eine katzenspezifische Gruppe von Plaques oder Knötchen, bekannt als EGC, und ihre spezifischen Merkmale werden in diesem Kapitel ebenfalls behandelt. EGC umfasst traditionell eosinophile Plaques (EP), eosinophile Granulome (EG) und (indolente) Lippengeschwüre (LU). Der diagnostische Ansatz für Plaques und Knötchen beginnt mit der zytologischen Untersuchung, die dem Kliniker helfen kann, zwischen dem neoplastischen und dem entzündlichen Charakter der Läsion zu unterscheiden. Eine histopathologische Untersuchung ist erforderlich, um die Diagnose zu stellen oder zu bestätigen, und weitere Tests ergeben sich in der Regel durch die histopathologische Diagnose.

S. Colombo (✉)
Servizi Dermatologici Veterinari, Legnano, Italy

A. Fondati
Veterinaria Trastevere – Veterinaria Cetego, Rom, Italien

Clinica Veterinaria Colombo, Camaiore, Italien

Definitionen

Eine Plaque ist eine flache Hauterhebung mit einem Durchmesser von mehr als 1 cm, und diese Größe ist per Definition größer als ihre Höhe. Plaques entstehen oft aus einer Papel, die sich vergrößert, oder durch das Zusammenwachsen mehrerer Papeln.

Ein Knötchen ist eine feste, tastbare und umschriebene Hautläsion mit einem Durchmesser von mehr als 1 cm. Knötchen können durch ihre Tiefe als epidermale, dermale oder subkutane Knötchen weiter charakterisiert werden. Die Knötchen können sich zur Hautoberfläche hin öffnen, und es kann sich ein Drainagekanal entwickeln, aus dem Exsudat unterschiedlichen Aussehens und unterschiedlicher Konsistenz aus der Läsion austritt. Eine besondere Art von Knötchen ist die Zyste, bei der es sich um einen Hohlraum handelt, der flüssiges oder halbfestes Material enthält und von einer Epithelwand ausgekleidet ist.

Sowohl Knötchen als auch Plaques können durch weitere Merkmale wie Anzahl, Größe, Form, Farbe, Konsistenz (z. B. hart oder weich), Oberflächenveränderungen (z. B. alopezisch, erodiert, ulzeriert) und Beziehung zum umgebenden Gewebe (z. B. fest, beweglich) beschrieben werden. Ein weiches, fluktuierendes, umschriebenes Knötchen, das eine Eiteransammlung enthält, wird als Abszess bezeichnet und im Kap. „Papeln, Pusteln, Furunkel und Krusten" beschrieben. Weitere relevante Kennzeichen sind, ob die Läsion Juckreiz auslöst oder nicht und ob sie schmerzhaft oder schmerzlos ist.

Plaques und Knötchen sind bei Katzen weit verbreitet und stellen die primären Läsionen von zwei der klinischen Erscheinungsformen des eosinophilen Granulom-Komplexes (EGC) dar. Der EGC umfasst traditionell eosinophile Plaques (EP), eosinophile Granulome (EG) und (indolente) Lippengeschwüre (LU). Diese Läsionen betreffen die Haut, die Lippen und die Mundhöhle von Katzen und wurden ursprünglich zusammengefasst, weil sie gleichzeitig bei derselben Katze beobachtet wurden, was auf eine gemeinsame Ursache hindeutet. Der EGC kann in der Tat in jeder Hinsicht als „Komplex" betrachtet werden, da EP, EG und LU gemeinsame klinische und histopathologische Aspekte und eine gemeinsame Ätiopathogenese aufweisen, bei der Eosinophile eine zentrale Rolle spielen.

Pathogenese

Eine Plaque ist eine flache, feste Läsion, die durch die Infiltration von Entzündungs- oder neoplastischen Zellen in der Haut entsteht. Bei Katzen tritt sie am häufigsten in Zusammenhang mit allergischen oder neoplastischen Erkrankungen auf. Sie kann sich entwickeln, wenn eine Papel an Größe zunimmt oder wenn viele Papeln zusammenwachsen. In der Katzendermatologie wird der Begriff Plaque am häufigsten zur Beschreibung der EP verwendet, einer spezifischen Läsion, die zum EGC gehört (Abb. 1).

EGC ist keine definitive Diagnose. Sie sollte vielmehr als ein kutanes Reaktionsmuster betrachtet werden, das höchstwahrscheinlich durch allergische Ursachen

Abb. 1 Eosinophile
Plaque bei einer
Flohallergikerin

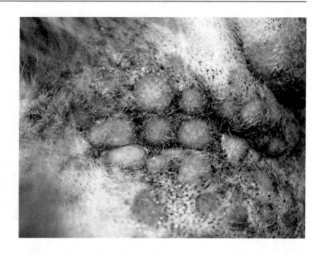

ausgelöst wird, einschließlich Überempfindlichkeitsreaktionen auf Flöhe und, seltener, auf Umwelt- und Nahrungsmittelallergene. Gelegentlich können auch Stiche oder Bisse von anderen Arthropoden als Flöhen als auslösende Faktoren für die kutane Eosinophilenrekrutierung angesehen werden. In einigen Fällen können jedoch keine externen Auslöser identifiziert werden, und die EGC-Läsionen bleiben idiopathisch. Es muss jedoch berücksichtigt werden, dass die Zuverlässigkeit der derzeit verfügbaren Diagnoseverfahren es nicht immer erlaubt, Überempfindlichkeitsreaktionen auf Umweltallergene bei der Katze eindeutig zu bestätigen oder auszuschließen.

Aufgrund der Beobachtung von EGC bei familiär verwandten Katzen wurde angenommen, dass eine genetische, vererbbare „Dysregulation" der eosinophilen Reaktion für die Entwicklung von EGC prädisponiert, wenn keine erkennbaren Ursachen vorliegen, insbesondere bei Jungtieren.

Es wurde auch eine kombinierte genetische und allergische Ätiopathogenese für EGC vorgeschlagen [1]. Eine genetische Prädisposition für die Entwicklung intensiver eosinophiler Reaktionen könnte erklären, warum nur wenige Katzen EGC-Läsionen entwickeln, während die vermuteten zugrunde liegenden allergischen Stimuli so breit gestreut sind und häufiger mit verschiedenen Reaktionsmustern einhergehen, wie z. B. Juckreiz an Kopf und Hals, selbst induzierte Alopezie oder miliare Dermatitis. Andererseits würde eine genetisch bedingte „anormale" Eosinophilenreaktion nicht zu der Häufung von Fällen bei nicht verwandten Kontaktkatzen oder zu der fehlenden Prädisposition für die Entwicklung extrakutaner eosinophiler Erkrankungen bei Katzen mit EGC passen.

Knötchen entstehen auch durch die Infiltration von Entzündungs- oder neoplastischen Zellen, allerdings sind sie in der Regel nicht flach und können tiefer in die Dermis und das subkutane Gewebe reichen. Nicht neoplastische Knötchen können durch infektiöse Erreger wie Bakterien oder Pilze verursacht werden oder steril sein, wie dies bei der EG oder der sterilen nodulären Pannikulitis der Fall ist. Ungewöhnliche Ursachen für Knötchen oder, selten, Plaques bei Katzen sind Fremdkörper und Ablagerungen von Kalzium oder Lipiden in der Haut (Abb. 2) [2].

Abb. 2 Knötchen einer Calcinosis cutis am Kinn einer Katze mit chronischer Nierenerkrankung

Abb. 3 Multiple Zysten an der Schnauze einer Perserkatze mit feliner Zystomatose. (Mit freundlicher Genehmigung von Dr. Stefano Borio)

Zysten können durch angeborene Entwicklungsstörungen verschiedener Hautbestandteile oder durch die Obstruktion eines Talgdrüsen-/Apokringanges verursacht werden (Abb. 3) [3]. In Tab. 1 sind die häufigsten Ursachen für Plaques und Knötchen bei Katzen aufgeführt.

Diagnostischer Ansatz

Anzeichen und Vorgeschichte

Plaques und Knötchen werden in der Regel bei erwachsenen oder älteren Katzen beobachtet und sind in der Mehrzahl der Fälle auf infektiöse, allergische, metabolische oder neoplastische Erkrankungen zurückzuführen. Zu den knotigen Läsionen mit rassespezifischer Prädisposition gehören das dermatophytische Myzetom (Abb. 4) und die apokrine Zystomatose, die häufiger bei Perserkatzen auftreten, sowie der Mastzelltumor, der häufiger bei Siamkatzen diagnostiziert wird [4].

Tab. 1 Ausgewählte Ursachen von Plaques und Knötchen

Plaques	Eosinophile Plaque/Granulom
	Lippengeschwür
	Papillomavirus-Infektionen
	Xanthome
	Bowenoides In-situ-Karzinom (Bowen'sche Erkrankung)
	Kutane Lymphozytose
	Mastzelltumor
	Progressive feline Histiozytose
Knötchen	Botryomykose
	Lepra
	Schnell sich ausbreitende mykobakterielle Infektionen
	Nocardiose
	Dermatophytisches Myzetom
	Eumykotische Myketome
	Phäohyphomykose
	Sporotrichose
	Kryptokokkose
	Leishmaniose
	Eosinophiles Granulom
	Kutane Kalzinose
	Xanthome
	Steriles Granulom/ Pyogranulom-Syndrom
	Feline progressive Histiozytose
	Sterile noduläre Pannikulitis
	Plasmazell-Pododermatitis
	Plattenepithelkarzinom
	Basalzelltumor
	Follikulärer Tumor
	Hämangiosarkom
	Lymphangiosarkom
	Mastzelltumor
	Sarkoid
	Fibrosarkom an der Impfstelle
	Epitheliotropes/nicht epitheliotropes kutanes Lymphom
	Melanozytom/Melanom
	Ceruminöse Zystomatose

Bei der Anamnese sollte die Lebensweise der Katze erfragt werden, da die meisten bakteriellen und Pilzinfektionen, die Knötchen begleiten, eine durchdringende Wunde benötigen, um sich zu entwickeln. Aus diesem Grund treten diese Krankheiten eher bei Katzen auf, die sich im Freien aufhalten. Insbesondere wird bei der Kryptokokkose der Kontakt mit Taubenkot und bei der Sporotrichose der Kontakt

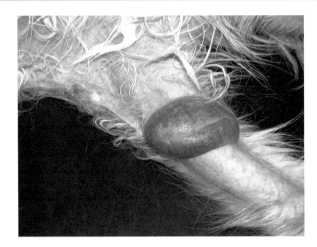

Abb. 4 Großes Knötchen am Bein einer Perserkatze mit dermatophytischem Myzetom

Abb. 5 Rezidiv eines
Fibrosarkoms an der
Impfstelle bei einer Katze

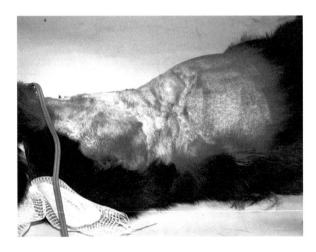

mit verrottendem Pflanzenmaterial vermutet, während das Lepra-Syndrom in der
Regel bei Jagd- oder Kampfkatzen auftritt [5, 6]. Eine Reise- oder Wohngeschichte
in endemischen Gebieten kann auf Krankheiten wie die Leishmaniose hindeuten,
die an bestimmten geografischen Orten auftritt [7].

Wenn eine Katze mit einer knotigen Läsion vorgestellt wird, sollten neoplastische Erkrankungen immer in die Liste der Differenzialdiagnosen aufgenommen
werden. Nützliche Informationen lassen sich durch Erfragen des Alters und des
Zeitpunkts der Entwicklung der Läsion, der Veränderungen ihres Aussehens und
ihrer Größe sowie der gleichzeitigen systemischen Symptome der Katze gewinnen.
Die Impfanamnese ist ebenfalls sehr wichtig, da Katzen prädisponiert sind, ein Fibrosarkom an der Impfstelle zu entwickeln (Abb. 5) [8]. Ein längerer Aufenthalt an
der Sonne kann bei einer weißen Katze auf ein Plattenepithelkarzinom hindeuten
(Abb. 6).

Abb. 6 Große Knötchen auf dem Rücken einer kongenital alopezischen Katze, die als Plattenepithelkarzinom diagnostiziert wurden

EGC-Läsionen können bei Katzen jeder Rasse, jeden Geschlechts und jeden Alters beobachtet werden; sie treten jedoch häufig bei jungen Katzen und gelegentlich auch bei wenige Monate alten Kätzchen auf. Der Beginn der Läsionen variiert von akut (einige Tage) bei EP bis langsam bei LU und EG. Der Juckreiz variiert von intensiv bei EP bis variabel bei EG und fehlend bei LU. Wenn kein Juckreiz vorhanden ist und die Läsionen nicht deutlich sichtbar sind, wie in ausgewählten Fällen von linearem EG an den kaudalen Oberschenkeln, werden die Läsionen in der Regel vom Besitzer beim Berühren der Katze erkannt (Abb. 7). Normalerweise sind EGC-Läsionen chronisch persistierend oder rezidivierend, aber insbesondere bei Jungtieren kann sich EG spontan und ohne weitere Rückfälle zurückbilden.

Klinische Präsentation

Plaques sind in den meisten Fällen Läsionen, die zum EGC gehören und einzeln oder häufiger mehrfach auftreten können. Die klinischen Merkmale der EGC, einschließlich EP, EG und LU, sind gut beschrieben und gelten als recht charakteristisch [9]. Die EP tritt als stark juckende, nässende, erodierte, feste, zusammenwachsende Papeln und Plaques auf, die an Stellen auftreten, die abgeleckt werden können, wie z. B. der ventrale Bauch und die Innenseiten der Oberschenkel. Sekundäre bakterielle Infektionen und regionale Lymphadenopathie sind häufig [10].

EG tritt klassischerweise als feste gelbliche, unterschiedlich juckende, alopezische, erythematöse und krustierende Papeln und Plaques auf, die bei Befall des kaudalen Oberschenkels eine auffällige lineare Konfiguration aufweisen. EG kann auch als einzelne gelbliche papulo-noduläre Läsionen auftreten, die überall am Körper zu finden sind, einschließlich der Pfoten, der mittleren Unterlippe/des Kinns, der Lippenwurzel und der Mundhöhle. EG-Läsionen an den Pfoten sind häufig ulzeriert und verkrustet, während Läsionen an den Schleimhäuten als unregelmäßige gelbliche Knötchen erscheinen, die sich häufig auf der Zunge und am Gaumen befinden.

Abb. 7 Lineares
Granulom an der
Hintergliedmaße
einer Katze

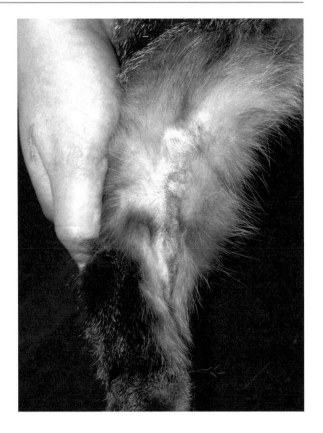

LU bezieht sich auf ein scheinbar nicht juckendes und nicht schmerzhaftes, rötlich-braunes bis gelbliches, glitzerndes, nicht blutendes, gut umschriebenes, häufig konkaves Ulkus mit erhabenen Rändern und dem Aspekt einer ulzerierten Plaque statt eines echten Ulkus. Die LU tritt am häufigsten in der Mittellinie der Oberlippe, am Philtrum oder in der Nähe des oberen Eckzahns auf, mono- oder bilateral (Abb. 8).

EGC-Läsionen mit sich überschneidenden Merkmalen von mehr als einer Form werden häufig beobachtet, und die Definition der Läsionen kann schwierig sein, wie im Fall von solitären oder linear gruppierten ulzerierten EG, die LU oder EP ähneln. Die Läsionen können daher als Papeln, Plaques und Knötchen beschrieben werden, die zum EGC gehören, ohne dass eine weitere klinische Unterscheidung möglich ist. Diese Beobachtung wirft die Frage nach der Angemessenheit der derzeit verwendeten Nomenklatur auf, die eine Mischung aus klinischen (Plaque und Ulkus) und histologischen (eosinophil und granulomatös) Begriffen darstellt.

In Anbetracht der Tatsache, dass der auffällige klinische Phänotyp von EGC aus festen, erhabenen Papeln, Plaques und Knötchen sowie aus scharf abgegrenzten Geschwüren besteht, gehören zu den wichtigsten klinischen Differenzialdiagnosen tiefe bakterielle, einschließlich mykobakterielle oder Pilzinfektionen und Neoplasien. Die wichtigsten zu berücksichtigenden Differenzialdiagnosen sind Plattenepi-

Abb. 8 Beidseitiges Ulkus an der Oberlippe

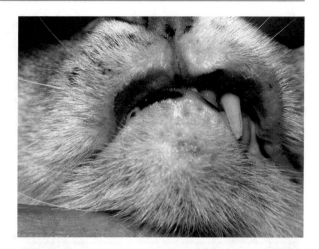

Abb. 9 Einzelnes, erythematöses und exfoliatives Knötchen an der vorderen Extremität einer Katze mit epitheliotropem kutanem Lymphom

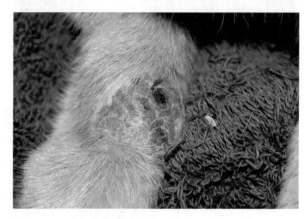

thelkarzinom bei LU und Mastzelltumor, kutane Lymphozytose und kutane Infiltration eines Adenokarzinoms der Milchdrüse bei EP.

Bei Xanthomen können die Plaques weißlich-gelb gefärbt und gelegentlich ulzeriert sein und an Kopf und Extremitäten auftreten, während sie bei Papillomen oder Bowenoiden In-situ-Karzinomen hyperkeratotisch und hyperpigmentiert sein können [2, 11]. Erythematöse, erodierte runde Plaques oder Knötchen, die klinisch nicht von eosinophilen Plaques zu unterscheiden sind, können bei kutaner Lymphozytose oder epitheliotropem kutanem Lymphom beobachtet werden (Abb. 9) [12, 13].

Es können einzelne oder mehrere Knötchen auftreten. Die für die Diagnose relevanten klinischen Merkmale der Knötchen sind Lage (Tab. 2), Konsistenz und Vorhandensein oder Fehlen von Drainagekanälen. Weiche, fluktuierende Knötchen, die am Rumpf Exsudat absondern, können eine sterile noduläre Pannikulitis oder eine mykobakterielle Infektion darstellen (Abb. 10). Ein Knötchen, das den Nasenrücken befällt und das Profil der Katze verformt (Römische Nase), kann auf eine Kryptokokkose oder ein Nasenlymphom hindeuten. Die Schwellung eines oder mehrerer Fußballen kann auf eine Plasmazell-Pododermatitis hinweisen (Abb. 11)

Tab. 2 Häufige Lokalisationen von Plaques und Knötchen bei ausgewählten Hauterkrankungen der Katze

Verteilung	Krankheit
Plaques	
Kopf, Extremitäten	Xanthome
Bauch, Leiste, Achselhöhlen	Eosinophile Plaque
Knötchen	
Unterleib, Leiste, Rumpf	Schnell wachsende mykobakterielle Infektionen
Unterleib	Nocardiose
Kopf, Gliedmaßen, Schwanzansatz	Sporotrichose
Dorsale Nase	Kryptokokkose
Schwanzoberschenkel, Kinn, Mundhöhle, Pfoten	Eosinophiles Granulom
Pfoten	Kutane Kalzinose
Fußabdrücke	Plasmazell-Pododermatitis
Rumpf	Sterile noduläre Pannikulitis
Ohrmuscheln, Augenlider, Nasenplanum	Plattenepithelkarzinom
Unterleib	Lymphangiosarkom
Interskapulär, Rumpf	Fibrosarkom an der Impfstelle
Gehörgänge, Ohrmuscheln	Ceruminöse Zystomatose

Abb. 10 Fluktuierende Knötchen mit kleinen Geschwüren und Drainagetrakt an Flanke und Rumpf aufgrund einer Mykobakterieninfektion (*M. smegmatis*)

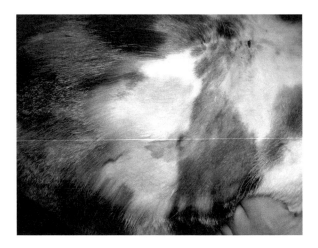

[14]. Gelegentlich kann aus den Knötchen ein Exsudat austreten, das makroskopisch sichtbare Körnchen enthält. Die Körner sind in der Regel weiß bei bakterieller Botryomykose, gelb bei dermatophytischen Myzetomen und von unterschiedlicher Farbe bei eumykotischen Myzetomen [5]. Ein Knoten in der interskapulären Region oder im dorsolateralen Thorax sollte den Verdacht auf ein Fibrosarkom an der Impfstelle lenken [8]. Multiple, grau-bläuliche Knötchen, die das Gesicht und/oder die Gehörgänge und die Innenseite der Ohrmuscheln befallen, können auf eine ceruminöse Zystomatose hinweisen, insbesondere bei Perserkatzen [3].

Abb. 11 Plasmazell-
Pododermatitis mit
Ulzeration des zentralen
Mittelfußballens

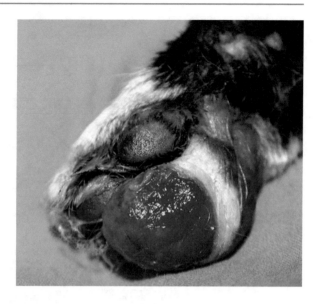

Diagnostischer Algorithmus

Dieser Abschnitt ist in den Abb. 12a und b dargestellt. Die roten Quadrate mit den
Zahlen stehen für die Schritte des Diagnoseverfahrens, die im Folgenden erläutert werden.

1 Zytologie durchführen

Handelt es sich bei der Läsion um einen Knoten oder eine Plaque, ist die zytologische Untersuchung der erste diagnostische Test, der während der Konsultation
durchgeführt wird. Nützliche Techniken zur Gewinnung von Proben für die zytologische Untersuchung dieser Läsionen sind die Feinnadelpunktion oder Aspiration und Abdruckabstriche, wenn der Knoten ulzeriert oder ein Drainagetrakt
vorhanden ist. Abklatschpräparate können jedoch bei „offenen" Läsionen aufgrund einer möglichen Kontamination der Probe schwierig zu interpretieren
sein. Mithilfe der Zytologie kann der Kliniker in den meisten Fällen zwischen
entzündlichen und neoplastischen Infiltraten unterscheiden und die am besten
geeigneten diagnostischen Tests auswählen, die anschließend durchgeführt werden. Wenn eine monomorphe Zellpopulation mit wenigen oder gar keinen Entzündungszellen beobachtet wird, sollte eine Neoplasie vermutet werden. Eine
zytologische Untersuchung ermöglicht eine weitere Charakterisierung der Zellpopulation als epitheliale, mesenchymale oder runde Zellen und kann in einigen
Fällen die Diagnose einer spezifischen Neoplasie (z. B. eines gut differenzierten
Mastzelltumors) stellen. In den meisten Fällen muss die Läsion jedoch biopsiert
oder exzidiert werden, um eine histopathologische Untersuchung durchzuführen
und den Tumor richtig zu „benennen".

Eine gemischte Zellpopulation in der Zytologie weist auf eine Entzündung
hin. Zu den am häufigsten identifizierten Entzündungszellen gehören Neutro-

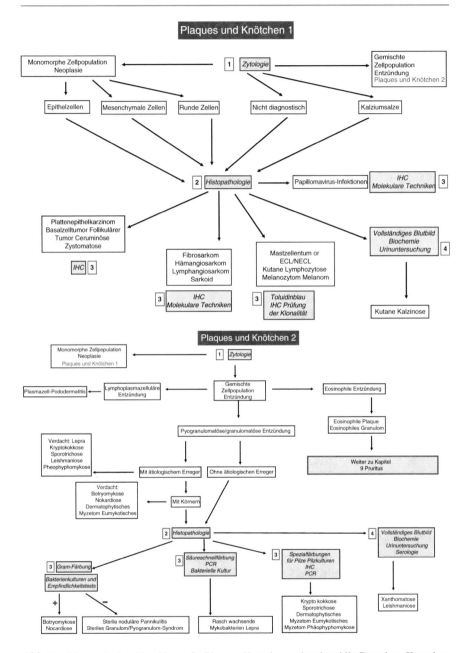

Abb. 12 Diagnostischer Algorithmus für Plaques, Knötchen und eosinophile Granulom-Komplexe

phile, Eosinophile, Makrophagen, Lymphozyten, Plasmazellen und Mastzellen, oft begleitet von einer variablen Menge an roten Blutkörperchen. Der relative Anteil eines Zelltyps im Verhältnis zu anderen Entzündungszellen wird in der Zytologie verwendet, um die verschiedenen Arten von Entzündungen zu definieren, z. B. pyogranulomatöse (Neutrophile und Makrophagen in unterschiedlichen Anteilen, epitheloide Makrophagen und histiozytäre Riesenzellen), granulomatöse (wie zuvor, mit sehr wenigen oder keinen Neutrophilen), eosinophile und lymphoplasmazelluläre Entzündungen. Auslösende Erreger wie Bakterien, Pilze und Parasiten können ebenfalls nachgewiesen werden, ebenso wie Kalziumsalze bei Calcinosis cutis aufgrund einer chronischen Nierenerkrankung. Je nach Art der Entzündung und des/der beobachteten Mikroorganismen kann in einigen Fällen eine Diagnose gestellt werden. So weisen beispielsweise Amastigoten der Gattung *Leishmania* im Zytoplasma von Makrophagen auf eine Leishmaniose hin, oder Hefepilze der Gattung *Cryptococcus* im Rahmen einer pyogranulomatösen Entzündung lassen auf eine Kryptokokkose schließen. Wenn die gleiche Art von Entzündung mit ungefärbten, stäbchenförmigen Bakterien in den Makrophagen beobachtet wird, sollten mykobakterielle Erkrankungen vermutet werden. Wenn das Exsudat Körner enthält, kann die Zytologie eines zerquetschten Korns nützlich sein: Fadenförmige Bakterien können auf eine Nocardiose hindeuten, während Kokken oder Stäbchen auf eine bakterielle Botryomykose hinweisen können. Wenn die Körner amorph erscheinen und am Rande eines Korns Hyphen nachgewiesen werden, sind ein dermatophytisches Myzetom oder ein eumykotisches Myzetom wahrscheinliche Diagnosen. Alle diese Diagnosen sollten durch histopathologische Untersuchungen und Kulturen aus Biopsieproben bestätigt werden. Histopathologie und Kultur sind auch in all den Fällen obligatorisch, in denen die Zytologie eine granulomatöse oder pyogranulomatöse Entzündung ohne Hinweis auf auslösende Erreger ergibt. Eine überwiegend eosinophile Entzündung in Verbindung mit charakteristischen klinischen Befunden deutet auf eine Läsion des EGC hin, während eine lymphoplasmazelluläre Entzündung auf eine Plasmazell-Pododermatitis schließen lässt. Bei EGC-Läsionen ist die diagnostische Abklärung unabhängig von der klinischen Form, der Verteilung der Läsionen und dem Vorhandensein oder Fehlen von Juckreiz (Abb. 9b). Zur Bestätigung der Diagnose kann eine histopathologische Untersuchung durchgeführt werden.

Die zytologische Untersuchung kann auch nicht diagnostisch sein, weil zu wenige Zellen gewonnen werden oder die Probe stark mit Blut verunreinigt ist. Bei der ceruminösen Zystomatose beispielsweise kann eine klare Flüssigkeit gewonnen werden, die eine unterschiedliche Anzahl von Makrophagen enthält. In diesen Fällen muss eine histopathologische Untersuchung durchgeführt werden.

2 | **Biopsien für die histopathologische Untersuchung entnehmen**
Eine histopathologische Untersuchung ist obligatorisch, wenn der Verdacht auf eine neoplastische Erkrankung besteht. Aber auch ein nicht neoplastisches Knötchen oder eine nicht neoplastische Plaque erfordert in den meisten Fällen eine histopathologische Untersuchung, um die Diagnose zu stellen oder zu bestätigen und weitere diagnostische Tests nahezulegen. Es ist zu bedenken, dass das histologische Erscheinungsbild von EGC-Läsionen nicht immer die klinische Form widerspiegelt und dass die Dichte des eosinophilen Infiltrats recht unterschiedlich ist. LU wird beispielsweise häufig als neutrophile fibrosierende Dermatitis und nicht als eosinophile Dermatitis beschrieben. Bei der LU der Oberlippe wurde eine Progression der histologischen Läsionen von einem der-

malen eosinophilen Infiltrat zu Fibrose und neutrophilen Ulzerationen innerhalb weniger Monate beschrieben. Diese Befunde könnten erklären, warum LU in seltenen Fällen als Eosinophilen-reiche Dermatitis beschrieben wird. Da Kliniker nur ungern eine Biopsie der Katzenlippe vornehmen, kann die Mehrzahl der LU-Läsionen zum Zeitpunkt der histologischen Untersuchung bereits seit Monaten bestehen. Tatsächlich werden LU meist biopsiert, um eine Neoplasie auszuschließen, und nicht, um die Diagnose einer EGC zu bestätigen. Bei der Entnahme von Biopsieproben sollte etwas frisches Gewebe, vorzugsweise aus dem tiefen Teil der Proben, in einem sterilen Röhrchen aufbewahrt und für mögliche mikrobielle Kulturen, molekulare Studien oder beides eingefroren werden.

3 Die histopathologische Untersuchung kann eine Neoplasie diagnostizieren, oder in schwierigen Fällen können zusätzliche Tests erforderlich sein. Je nach Art des bei der histopathologischen Untersuchung festgestellten oder vermuteten Tumors kann der Pathologe spezielle Färbungen (z. B. Toluidinblau oder Giemsa bei Mastzelltumoren), Immunhistochemie oder Klonalitätstests (zur Unterscheidung zwischen kutaner Lymphozytose und epitheliotropem kutanem Lymphom) vorschlagen, um die Diagnose zu stellen.

Spezielle Färbungen, Immunhistochemie und molekulare Techniken wie die Polymerase-Kettenreaktion (PCR) können ebenfalls nützlich sein, um Infektionserreger zu identifizieren oder zu charakterisieren, die in der „Standard"-Histopathologie nur schwer zu erkennen oder in Kulturen zu vermehren sind. Gram-Färbung ist nützlich, um Bakterien zu identifizieren, während säurefeste Färbungen wie Ziehl-Neelsen erforderlich sein können, um Mykobakterien sichtbar zu machen. Die PAS-Färbung (Periodsäure-Schiff-Färbung) wird üblicherweise zum Nachweis von Pilzen im Gewebe verwendet. Immunhistochemie, PCR und/oder andere molekulare Verfahren können zur Diagnose von Papillomavirusinfektionen, Mykobakterienerkrankungen und einigen seltenen Pilzinfektionen (Phäohyphomykose) eingesetzt werden. Besteht der Verdacht auf eine tiefe bakterielle oder Pilzinfektion, werden Gewebekulturen empfohlen, um die verursachenden Mikroorganismen zu identifizieren. Die Kulturen sollten vorzugsweise von spezialisierten Veterinärlabors angelegt werden, und die Kliniker sollten diese über den klinischen Verdacht informieren. In ausgewählten Fällen können Empfindlichkeitstests helfen, die richtige antimikrobielle Behandlung zu wählen. Ein negatives Ergebnis, zusammen mit kompatiblen klinischen und histopathologischen Befunden, bestätigt die Diagnose bei sterilen Erkrankungen wie der sterilen nodulären Pannikulitis und dem sterilen Granulom/Pyogranulom-Syndrom.

4 **Vollständiges Blutbild, Biochemie, Urinanalyse und Serologie erfassen**
Ein komplettes Blutbild, eine biochemische Untersuchung und eine Urinanalyse sind sinnvoll, wenn aufgrund der Ergebnisse der histopathologischen Untersuchung der Verdacht auf eine Stoffwechselerkrankung wie Xanthom oder Calcinosis cutis aufgrund von Nierenversagen besteht. Wenn die Ergebnisse der zytologischen und/oder histopathologischen Untersuchung die Diagnose einer Leishmaniose nahelegen, sollte auch eine serologische Untersuchung vorgenommen werden. Eine FIV- und FeLV-Serologie sollte ebenfalls durchgeführt werden, insbesondere bei Katzen, die von Infektionskrankheiten betroffen sind.

Literatur

1. Colombini S, Clay Hodgin E, Foil CS, Hosgood G, Foil LD. Induction of feline flea allergy dermatitis and the incidence and histopathological characteristics of concurrent lip ulcers. Vet Dermatol. 2001;12:155–61.
2. Vogelnest LJ. Skin as a marker of general feline health: cutaneous manifestations of systemic disease. J Feline Med Surg. 2017;19:948–60.
3. Chaitman J, Van der Voerdt A, Bartick TE. Multiple eyelid cysts resembling apocrine hidrocystomas in three Persian cats and one Himalayan cat. Vet Pathol. 1999;36:474–6.
4. Moriello KA, Coyner K, Paterson S, Mignon B. Diagnosis and treatment of dermatophytosis in dogs and cats. Clinical consensus guidelines of the world association for veterinary dermatology. Vet Dermatol. 2017;28:266–e68.
5. Backel K, Cain C. Skin as a marker of general feline health: cutaneous manifestations of infectious disease. J Feline Med Surg. 2017;19:1149–65.
6. Gremiao IDF, Menezes RC, Schubach TMP, Figueiredo ABF, Cavalcanti MCH, Pereira SA. Feline sporotrichosis: epidemiological and clinical aspects. Med Mycol. 2015;53:15–21.
7. Pennisi MG, Cardoso L, Baneth G, Bourdeau P, Koutinas A, Mirò G, Oliva G, Solano-Gallego L. LeishVet update and recommendations on feline leishmaniosis. Parasit Vectors. 2015;8:302–20.
8. Hartmann K, Day MJ, Thiry E, Lloret A, Frymus T, Addie D, Boucraut-Baralon C, Egberink H, Gruffydd-Jones T, Horzinek MC, Hosie MJ, Lutz H, Marsilio F, Pennisi MG, Radford AD, Truyen U, Möstl K. Feline injection-site sarcoma: ABCD guidelines on prevention and management. J Feline Med Surg. 2015;17:606–13.
9. Buckley L, Nuttall T. Feline eosinophilic granuloma complex(ities) some clinical clarification. J Feline Med Surg. 2012;14:471–81.
10. Wildermuth BE, Griffin CE, Rosenkrantz WS. Response of feline eosinophilic plaques and lip ulcers to amoxicillin trihydrate – clavulanate potassium therapy: a randomized, double-blind placebo-controlled prospective study. Vet Dermatol. 2011;23:110–e25.
11. Munday JS. Papillomaviruses in felids. Vet J. 2014;199:340–7.
12. Gilbert S, Affolter VK, Gross TL, Moore PF, Ihrke PJ. Clinical, morphological and immunohistochemical characterization of cutaneous lymphocytosis in 23 cats. Vet Dermatol. 2004;15:3–12.
13. Fontaine J, Heimann M, Day MJ. Cutaneous epitheliotropic T-cell lymphoma in the cat: a review of the literature and five new cases. Vet Dermatol. 2011;22:454–61.
14. Dias Pereira P, Faustino AMR. Feline plasma cell pododermatitis: a study of 8 cases. Vet Dermatol. 2003;14:333–7.

Weiterführende Literatur

Merriam-Webster Medical Dictionary (Anm.: Begriffe plaque, nodule). http://merriam-webster.com. Zugegriffen am 31.01.2018.
Albanese F. Canine and feline skin cytology. Cham: Springer International Publishing; 2017.
Goldsmith LA, Katz SI, Gilchrest BA, Paller AS, Leffell DJ, Wolff K. Fitzpatrick's dermatology in general medicine. 8. Aufl. New York: The McGraw-Hill Companies; 2012.
Gross TL, Ihrke PJ, Walder EJ, Affolter VK. Skin diseases of the dog and cat. Clinical and histopathologic diagnosis. 2. Aufl. Oxford: Blackwell Publishing; 2005.
Miller WH, Griffin CE, Muller CKL. Kirk's small animal dermatology. 7. Aufl. St. Louis: Elsevier; 2013.
Noli C, Toma S. Dermatologia del cane e del gatto. 2. Aufl. Vermezzo: Poletto Editore; 2011.

Exkoriationen, Erosionen und Geschwüre

Silvia Colombo

Zusammenfassung

Exkoriationen, Erosionen und Ulzerationen sind relativ häufige Läsionen bei der Katze, die im Allgemeinen recht unspezifisch sind. Exkoriationen sind per Definition selbst verursachte Läsionen, die durch Kratzen entstehen, während Erosionen und Ulzera spontan entstehen. Wunden über die gesamte Dicke der Haut sind je nach Alter der Katze ein deutlicher Hinweis auf eine kutane Asthenie oder ein erworbenes Hautbrüchigkeitssyndrom. Erosionen und Geschwüre sind häufig sekundär infiziert und können aufgrund des infektionsbedingten Juckreizes schwerwiegender erscheinen. Eine besondere klinische Erscheinung bei Katzen, die häufig bei allergischen Erkrankungen auftritt, ist der „Kopf- und Nackenjuckreiz", bei dem Exkoriationen und Geschwüre selbst verursacht werden. Dieses Krankheitsbild wird in der Regel entsprechend dem diagnostischen Ansatz für Juckreiz untersucht. Das wichtigste klinische Merkmal von Erosionen und Ulzerationen ist ihre Lokalisation, die für die Diagnose hilfreich sein kann. Im Allgemeinen ist die Histopathologie der wichtigste diagnostische Test, um eine spezifische Diagnose bei erosiven/ulzerativen Hauterkrankungen bei Katzen zu stellen.

Definitionen

Eine Exkoriation ist eine oberflächliche Abschürfung der Epidermis, die durch Kratzen oder, seltener, durch Belecken oder Beißen entsteht. Es handelt sich um eine selbst verursachte Läsion, die ein lineares Muster aufweisen kann, das ihre Pathogenese direkt widerspiegelt.

S. Colombo (✉)
Servizi Dermatologici Veterinari, Legnano, Italien

© Der/die Autor(en), exklusiv lizenziert an Springer-Verlag GmbH, DE, ein Teil von Springer Nature 2023
C. Noli, S. Colombo (Hrsg.), *Dermatologie der Katze*,
https://doi.org/10.1007/978-3-662-65907-6_7

147

Eine Erosion ist eine oberflächliche, feuchte, umschriebene Läsion, die durch den Verlust eines Teils oder der gesamten Epidermis entsteht und die Dermis nicht mit einbezieht. Eine Erosion blutet nicht und heilt ohne Narbenbildung ab.

Ein Geschwür ist ein umschriebener Hautdefekt, bei dem die Epidermis und zumindest die oberflächliche Dermis verloren gegangen sind und der tiefer als die Erosion liegt. Das Geschwür betrifft auch die Adnexe und kann mit Narbenbildung abheilen. Weitere Merkmale, die zur Beschreibung eines Geschwürs herangezogen werden, beziehen sich auf seine Ränder, seine Oberfläche und das Vorhandensein von Exsudat, das schließlich seinen Boden bedeckt. Die Ränder können zum Beispiel verdickt, regelmäßig oder unregelmäßig sein, und der Boden kann sauber, hämorrhagisch oder nekrotisch sein. Es kann eine Kruste oder eitriges Exsudat vorhanden sein, das den ulzerierten Bereich bedeckt.

Erosion und Ulkus sind klinisch schwer zu unterscheiden, da die Tiefe eines Hautdefekts nur durch eine histopathologische Untersuchung mit Sicherheit bestimmt werden kann. Aus diesem Grund werden bei der Beschreibung einer typischen Läsion oder einer Krankheit die Begriffe erosiv und ulzerativ immer zusammen verwendet.

Pathogenese

Die pathogenetischen Mechanismen, die der Entstehung von Erosionen und Geschwüren zugrunde liegen, reichen von externen Traumata über angeborene Defekte, die zu einer verminderten Widerstandsfähigkeit der Haut führen, bis hin zu direkten infektiösen oder autoimmunen Schädigungen der Haut. Erosionen und Ulzerationen werden in der überwiegenden Mehrzahl der Fälle durch selbst verursachte Traumata aufgrund von Juckreiz und/oder durch Sekundärinfektionen kompliziert. Das klinische Erscheinungsbild jeder erosiven und ulzerativen Erkrankung kann sich daher weiterentwickeln, und die Läsionen können tiefer und schwerer werden.

Eine besondere klinische Erscheinung bei Katzen, die häufig bei allergischen Erkrankungen auftritt, ist die Ulzeration aufgrund von „Kopf- und Halsjucken" (Abb. 1) [1]. Katzen kratzen sich mit ihren Hinterpfoten und Krallen und können an diesen Stellen schwere und ausgedehnte Ulzerationen verursachen.

Trotz ihres Namens handelt es sich bei der katzenspezifischen Läsion, die als „indolentes Ulkus" oder „Lippenulkus" (Abb. 2) bezeichnet wird, um eine ulzerierte Plaque, die im Kap. „Plaques, Knötchen und eosinophile Granulom-Komplex-Läsionen" beschrieben wird [2].

Bei Erkrankungen wie der kutanen Asthenie oder dem erworbenen Hautfragilitätssyndrom kommt es nach leichten Traumata zu Risswunden und Hautablösungen, die besser als Wunden bezeichnet werden sollten. In Tab. 1 sind ausgewählte Ursachen für Exkoriationen, Erosionen und Geschwüre bei Katzen aufgeführt.

Abb. 1 Juckreiz an Kopf
und Hals bei einer
allergischen Katze

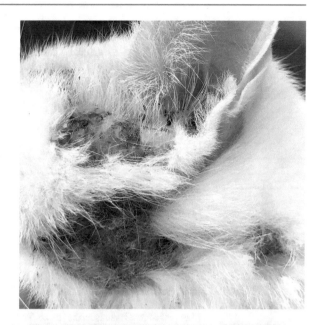

Abb. 2 Schweres,
beidseitiges indolentes
Ulkus mit nekrotischem
Material in der Mitte

Diagnostischer Ansatz

Anzeichen und Vorgeschichte

Erosive/ulzerative Hauterkrankungen wie kutane Asthenie und dystrophe oder
junktionale Epidermolysis bullosa sind angeboren und treten bei der Geburt oder
kurz danach auf [3, 4]. In anderen Fällen beginnt die Krankheit erst später, zeigt sich
aber klinisch bei jungen erwachsenen Katzen bestimmter Rassen (idiopathische

Tab. 1 Ausgewählte Ursachen von Exkoriationen, Erosionen und Geschwüren

Exkoriationen/ Erosionen/ Geschwüre	Selbsttrauma
	Herpesvirus-Dermatitis
	Lepra
	Schnell wachsende mykobakterielle Infektionen
	Subkutane Pilzinfektionen
	Systemische Pilzinfektionen
	Myiasis
	Leishmaniose
	Juckreiz an Kopf und Hals[a] (Tab. 3)
	Unerwünschte Arzneimittelwirkungen
	Pemphigus foliaceus
	Pemphigus vulgaris
	Vesikuläre Erkrankungen der dermo-epidermalen Grenzfläche
	Erythema multiforme
	Toxische epidermale Nekrolyse
	Vaskulitis
	Hyperadrenocortizismus/erworbenes Hautbrüchigkeitssyndrom
	Idiopathische Gesichtsdermatitis bei Perserkatzen und Himalayakatzen
	Ulzerative nasale Dermatitis bei Bengalkatzen
	Junktionale/dystrophe Epidermolysis bullosa
	Kutane Asthenie
	Trauma
	Indolentes Geschwür[b]
	Idiopathische/verhaltensbedingte ulzerative Dermatitis
	Plasmazell-Pododermatitis
	Plattenepithelkarzinom

[a]Kap. „Juckreiz"
[b]Kap. „Plaques, Knötchen und eosinophile Granulom-Komplex-Läsionen"

Gesichtsdermatitis bei Perser- und Himalayakatzen, ulzerative Nasaldermatitis bei Bengalkatzen) [5, 6]. Bei älteren bis geriatrischen Katzen mit erworbenem Hautfragilitätssyndrom, das durch Hyperadrenocortizismus (Abb. 3) oder andere Krankheiten verursacht werden kann, können Wunden über die volle Hautdicke nach kleineren Traumata auftreten [7, 8]. Traumatische Exkoriationen oder Wunden treten häufiger bei Katern auf, während neoplastische Erkrankungen häufiger bei älteren Katzen vorkommen.

Die Vorgeschichte ist für die Diagnose von erosiven/ulzerativen Erkrankungen bei Katzen sehr wichtig. Frühere oder gleichzeitige klinische Symptome der Atemwege können auf eine Herpesvirus-Dermatitis hindeuten, während ein Lebensstil im Freien die Katze für Traumata, tiefe bakterielle, mykobakterielle oder Pilzinfektionen oder, bei weißen Katzen, für Plattenepithelkarzinome prädisponieren kann (Abb. 4) [9, 10]. Eine vorangegangene oder gleichzeitige Verabreichung von Medikamenten sollte den Arzt veranlassen, unerwünschte Arzneimittelwirkungen und toxische epidermale Nekrolyse zu den Differenzialdiagnosen zu zählen, insbesondere wenn die Läsionen plötzlich auftreten [11]. Schließlich kann das Vorhanden-

Abb. 3 Hautwunde
über die volle Hautdicke
bei einer geriatrischen
Katze mit
Hyperadrenocortizismus

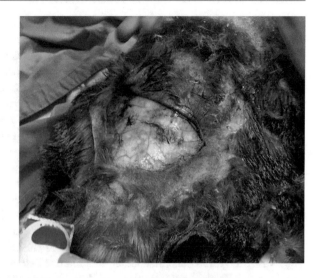

Abb. 4 Plattenepithelkarzinom am unteren Augenlid und an der Nase einer weißen Katze

sein von Juckreiz eine relevante Information sein, da er typisch für einige Krankheiten wie die idiopathische/verhaltensbedingte ulzerative Dermatitis und für das als „Kopf- und Nackenjuckreiz" beschriebene klinische Muster sein kann [1, 12]. Es ist jedoch zu bedenken, dass Pruritus auch auf Sekundärinfektionen der Erosion/des Ulkus zurückzuführen sein kann.

Klinische Präsentation

Erosionen und Ulzera sind relativ häufige Läsionen bei der Katze und recht unspezifisch. Begleitende primäre oder sekundäre Läsionen sind ungewöhnlich, mit Ausnahme von Krusten, die die Erosionen/Ulzera bedecken. Knötchen und Plaques können eine erodierte oder ulzerierte Oberfläche aufweisen, wie dies bei indolenten Ulzera und eosinophilen Plaques der Fall ist. Andererseits sind vollflächige Wunden sehr spezifisch, sobald eine traumatische Ätiologie ausgeschlossen wurde. Hautrisse mit minimalen oder keinen Blutungen, die nach einer leichten Traktion auftreten, deuten auf eine kutane Asthenie oder ein erworbenes Hautfragilitätssyndrom hin, je nach Alter des Patienten [3, 7, 8, 13]. Das gleichzeitige Vorhandensein einer Hyperextensibilität der Haut ist ein Merkmal der kutanen Asthenie, während dünne, unregelmäßige Narben aufgelöste Läsionen darstellen und bei beiden Erkrankungen beobachtet werden können.

Die nützlichsten klinischen Merkmale von Erosionen/Ulzerationen sind die Lokalisation der Läsionen (Tab. 2) und das Vorhandensein oder Fehlen von Juckreiz. Das Gesicht ist die häufigste Stelle für Erosionen/Ulzera aufgrund von Herpesvirus- (Abb. 5) oder Calicivirus-Infektionen, gelegentlich mit Beteiligung der Mundhöhle [9, 10]. Idiopathische Gesichtsdermatitis bei Perser- und Himalayakatzen ist zunächst durch eine Ansammlung von anhaftendem schwarzem Material um Augen, Nase und Mund gekennzeichnet, und mit der Zeit entwickeln sich entzündete, erodierte/ulzerierte Hautläsionen unter dem Exsudat [5]. Diese Läsionen können stark juckend sein, und Sekundärinfektionen sind häufig. Multiple, mit Krusten

Tab. 2 Häufige Lokalisationen von Erosionen/Geschwüren bei ausgewählten Hauterkrankungen bei Katzen

Verteilung	Krankheit
Mundhöhle	Herpesvirus-Dermatitis
	Pemphigus vulgaris
	Vesikuläre Erkrankungen der dermo-epidermalen Grenzfläche
Unterleib, Leistengegend	Schnell wachsende mykobakterielle Infektionen
	Eosinophile Plaques
Oberlippe	Indolentes Geschwür
Dorsaler Hals	Unerwünschte Arzneimittelwirkungen (Spot-on, Injektion)
	Idiopathische/verhaltensbedingte ulzerative Dermatitis
	„Juckreiz an Kopf und Hals"
Fußabdrücke	Plasmazell-Pododermatitis
Rumpf	Hyperadrenocortizismus
	Erworbenes Syndrom der Hautbrüchigkeit
Nasenplanum	Ulzerative nasale Dermatitis bei Bengalkatzen
	Plattenepithelkarzinom
	Pemphigus foliaceus
Schnauze	Idiopathische Gesichtsdermatitis bei Perserkatzen und Himalayakatzen
	Pemphigus foliaceus
	Herpesvirus-Dermatitis
	„Juckreiz an Kopf und Hals"
Ohrmuscheln	Plattenepithelkarzinom
	Pemphigus foliaceus
Augenlider	Plattenepithelkarzinom
	Pemphigus vulgaris
	Vesikuläre Erkrankungen der dermo-epidermalen Grenzfläche

Abb. 5 Große Erosionen/
Ulzera an der Schnauze
einer Katze mit
Herpesvirusinfektion

bedeckte Erosionen/Ulzera an den Spitzen der Ohrmuscheln, den Augenlidern und/oder dem Nasenplanum einer weißen Katze sollten den Kliniker veranlassen, auf ein Plattenepithelkarzinom zu untersuchen. Es wurde über ein hyperkeratotisches, schuppiges, gelegentlich ulzeriertes Nasalplanum bei Bengalkatzen berichtet, und man nimmt an, dass es sich um eine angeborene Erkrankung handelt [6]. Die Anwendung von Spot-on-Präparaten zur Verhinderung von Ektoparasiten kann Erosionen/Geschwüre am dorsalen Nacken verursachen. Ulzerative Läsionen und ableitende Trakte mit Exsudat am Bauch können bei schnell wachsenden Mykobakterieninfektionen beobachtet werden [10]. Stark geschwollene, ulzerierte metakarpale und/oder metatarsale Fußballen deuten auf eine Plasmazell-Pododermatitis hin [14]. Beim Erythema multiforme treten makulopapulöse Läsionen auf, die sich zu Erosionen/Ulzerationen und Krusten entwickeln und in der Regel generalisiert sind [11].

Juckreiz an Kopf und Hals

Juckreiz und selbst herbeigeführte Erosionen/Geschwüre an Kopf, Ohrmuscheln und Hals werden häufig beobachtet und stellen eine besondere klinische Erscheinung bei Katzen dar [1]. Erosionen und Geschwüre unterschiedlicher Größe werden durch das Kratzen der Katze mit den Hinterpfoten verursacht, und der Besitzer ist sich des Juckreizes der Katze in der Regel sehr bewusst. Diese Läsionen können sehr schwerwiegend sein, häufig treten Sekundärinfektionen auf, und ihre Tiefe kann die Unterhaut erreichen (Abb. 6). Andere für juckende Hautkrankheiten typische Erscheinungsformen bei Katzen, wie z. B. miliare Dermatitis und selbst verursachte Alopezie, können gleichzeitig beobachtet werden. Die Differenzialdiagnosen

Abb. 6 Sehr schwere
Erosionen/Geschwüre bei
einer Katze mit
Nahrungsmittelallergie

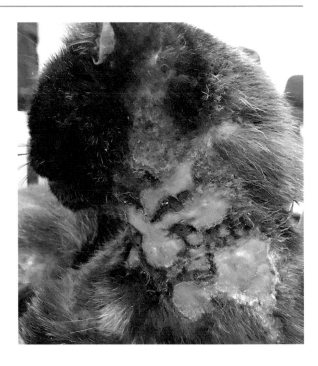

Tab. 3 Differenzial-
diagnosen bei Juckreiz im
Kopf- und Halsbereich

Krankheit
Herpesvirus-Dermatitis
Dermatophytose
Räude durch *Notoedres*
Räude durch *Otodectes*
Demodikose (*Demodex gatoi*)
Trombikulose
Befall mit *Lynxacarus*
Flohbiss-Überempfindlichkeit
Unerwünschte Reaktion auf Lebensmittel
Atopisches Syndrom bei Katzen
Überempfindlichkeit gegen Mückenstiche
Unerwünschte Arzneimittelwirkungen
Pemphigus foliaceus
Idiopathische Gesichtsdermatitis bei Perserkatzen und Himalayakatzen
Idiopathische/verhaltensbedingte ulzerative Dermatitis

für Kopf- und Halspruritus sind in Tab. 3 aufgeführt. Pruritus im Kopf- und Nacken-
bereich sollte entsprechend dem diagnostischen Ansatz für Pruritus (Kap. „Juckreiz")
untersucht werden.

Abb. 7 Idiopathische/
verhaltensbedingte
ulzerative Dermatitis am
dorsalen Hals

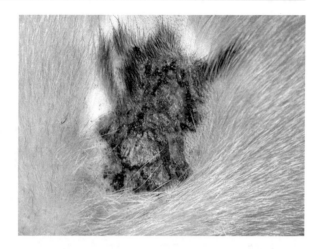

Die idiopathische/verhaltensbedingte ulzerative Dermatitis (Abb. 7), die sich als sehr schwere und extrem juckende, meist einfach verkrustete Ulzeration am dorsalen Nacken präsentiert, verdient einen besonderen Kommentar, da ihre Ätiopathogenese umstritten ist. Als Ursachen der idiopathischen ulzerativen Dermatitis werden allergische Erkrankungen, Sekundärinfektionen, neurologische Erkrankungen und eine Verhaltensstörung vermutet, obwohl die meisten Fälle, wie der Name schon sagt, idiopathisch sind [12].

Diagnostischer Algorithmus

Dieser Abschnitt ist in Abb. 8 dargestellt. Die roten Quadrate mit Nummern stellen die Schritte des Diagnoseprozesses dar, die im Folgenden erläutert werden.

1 Vorgeschichte und klinische Untersuchung berücksichtigen

Bei der Untersuchung einer Katze mit Erosionen/Ulzerationen ist der erste Schritt, diese Läsionen von Wunden über die ganze Hautdicke oder Hautrissen nach einem leichten Trauma, z. B. einem manuellen Zug, zu unterscheiden. Extreme Brüchigkeit der Haut kommt bei Katzen nur in zwei Fällen vor. Der erste Fall ist die kutane Asthenie, die klinisch bei Jungtieren oder jungen Katzen auftritt, während der zweite bei älteren Katzen auftritt und verschiedene Krankheiten unter dem Namen „erworbenes Hautbrüchigkeitssyndrom" zusammenfasst [3, 7, 8, 13]. Anhand der Vorgeschichte lässt sich in den meisten Fällen auch feststellen, ob die Wunde nach einem schweren Trauma wie einem Autounfall entstanden ist. Das Vorhandensein von Insektenlarven in der Wunde weist auf Myiasis hin. Wenn es die Katze an Kopf und Hals juckt oder die Hauptläsion ein „indolentes" Lippengeschwür oder eine erodierte Plaque ist (Kap. „Plaques, Knötchen und eosinophile Granulom-Komplex-Läsionen"), insbesondere wenn dies mit selbst verursachter Alopezie einhergeht, sollte man dem diagnostischen Ansatz für Pruritus folgen, der in Kap. „Juckreiz" beschrieben wird.

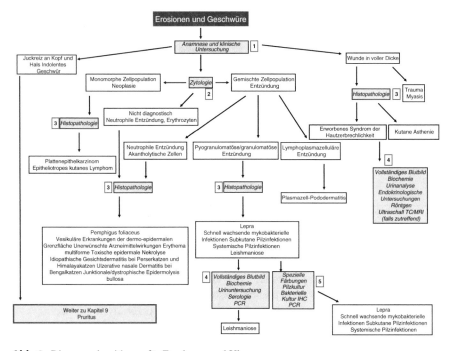

Abb. 8 Diagnosealgorithmus für Erosionen und Ulzera

[2] **Zytologie durchführen**

Die zytologische Untersuchung von Erosionen/Ulzera ist oft enttäuschend, da in den meisten Fällen nur unspezifische Befunde wie rote Blutkörperchen und Neutrophile zu sehen sind. Wenn Neutrophile in Mischung mit akantholytischen Zellen vorhanden sind, besteht der klinische Hauptverdacht auf Pemphigus foliaceus (Abb. 9). Wenn eine gemischte Zellpopulation mit einer großen Anzahl von Plasmazellen und Lymphozyten beobachtet wird und die zytologische Probe von einem Fußballen stammt, lautet die Diagnose Plasmazell-Pododermatitis [14]. Eosinophile können in Proben beobachtet werden, die von den winzigen Erosionen unter den Krusten bei miliarer Dermatitis oder von der erodierten Oberfläche einer eosinophilen Plaque stammen. Eine pyogranulomatöse Entzündung ist ebenfalls ein unspezifisches zytologisches Bild; sie wird jedoch häufiger bei Infektionskrankheiten wie Mykobakterien- oder Pilzinfektionen und Leishmaniose beobachtet. Gelegentlich findet sich in der Zytologie eine monomorphe Zellpopulation, die auf eine neoplastische Erkrankung hindeuten kann.

[3] **Histopathologie abklären**

Die Histopathologie ist bei erosiven/ulzerativen Hauterkrankungen bei Katzen von größter Bedeutung. In erster Linie kann sie die Diagnose von Neoplasien und erworbenen Hautfragilitätssyndromen bestätigen. Bei kutaner Asthenie kann ein histopathologischer Vergleich mit einer Hautprobe erforderlich sein, die von einer Katze gleichen Alters und an der gleichen Stelle entnommen wurde, sowie spezielle Färbungen und Elektronenmikroskopie. Die meisten autoimmunen, immunvermittelten und idiopathischen erosiven/ulzerativen

Abb. 9 Pemphigus foliaceus bei einer kurzhaarigen Hauskatze

Hautkrankheiten können durch Histopathologie diagnostiziert werden. Bei Infektionskrankheiten ist eine histopathologische Standarduntersuchung (Hämatoxylin-Eosin, H&E-Färbung) in den meisten Fällen nur indikativ, da es schwierig ist, den ätiologischen Erreger ohne weitere diagnostische Verfahren wie Spezialfärbungen oder Immunhistochemie zu identifizieren.

4 **Bluttests, Serologie, Urinanalyse und diagnostische Bildgebung veranlassen** Bei einer alten Katze mit vollflächigen Wunden und der histopathologischen Diagnose eines erworbenen Hautfragilitätssyndroms muss die ursächliche Erkrankung ermittelt werden, um eine Behandlung zu versuchen. Das Hautbrüchigkeitssyndrom wird häufig durch Hyperadrenocortizismus verursacht; es wurde jedoch auch über schwere Kachexie, Diabetes mellitus, hepatische Lipidose oder entzündliche und neoplastische Erkrankungen der Leber, Nephrose und einige Infektionskrankheiten berichtet [8, 13]. Wenn Anamnese, klinische Untersuchung und Histopathologie auf eine Leishmaniose hindeuten, sollte der diagnostische Prozess durch ein komplettes Blutbild, Biochemie, Urinanalyse, Serologie und/oder PCR ergänzt werden [10].

5 Wie bereits erwähnt, kann die Standardhistopathologie (H&E-Färbung) in einigen Fällen auf eine Infektionskrankheit hindeuten, ohne eine spezifische Diagnose zu bestätigen. In diesen Fällen sind weitere Untersuchungen obligatorisch, und es sollten je nach Fall spezielle Färbungen (PAS für Pilze, Ziehl-Neelsen für säurefeste Bakterien, Immunhistochemie für Leishmanien und Viren), Kulturen und PCR angefordert werden.

Literatur

1. Hobi S, Linek M, Marignac G, Olivry T, et al. Clinical characteristics and causes of pruritus in cats: a multicentre study on feline hypersensitivity-associated dermatoses. Vet Dermatol. 2011;22:406–13.
2. Buckley L, Nuttall T. Feline Eosinophilic Granuloma Complex(ITIES): some clinical clarification. J Feline Med Surg. 2012;14:471–81.

3. Hansen N, Foster SF, Burrows AK, Mackie J, Malik R. Cutaneous asthenia (Ehlers–Danlos-like syndrome) of Burmese cats. J Feline Med Surg. 2015;17:954–63.
4. Medeiros GX, Riet-Correa F. Epidermolysis bullosa in animals: a review. Vet Dermatol. 2015;26:3–e2.
5. Bond R, Curtis CF, Ferguson EA, Mason IS, Rest J. An idiopathic facial dermatitis of Persian cats. Vet Dermatol. 2000;11:35–41.
6. Bergvall K. A novel ulcerative nasal dermatitis of Bengal cats. Vet Dermatol. 2004;15:28.
7. Boland LA, Barrs VR. Peculiarities of feline hyperadrenocorticism: update on diagnosis and treatment. J Feline Med Surg. 2017;19:933–47.
8. Furiani N, Porcellato I, Brachelente C. Reversible and cachexia-associated feline skin fragility syndrome in three cats. Vet Dermatol. 2017;28:508–e121.
9. Hargis AM, Ginn PE. Feline herpesvirus 1-associated facial and nasal dermatitis and stomatitis in domestic cats. Vet Clin North Am Small Anim Pract. 1999;29(6):1281–90.
10. Backel K, Cain C. Skin as a marker of general feline health: cutaneous manifestations of infectious disease. J Feline Med Surg. 2017;19:1149–65.
11. Yager JA. Erythema multiforme, Stevens–Johnson syndrome and toxic epidermal necrolysis: a comparative review. Vet Dermatol. 2014;25:406–e64.
12. Titeux E, Gilbert C, Briand A, Cochet-Faivre N. From feline idiopathic ulcerative dermatitis to feline behavioural ulcerative dermatitis: grooming repetitive behaviors indicators of poor welfare in cats. Front Vet Sci. 2018. https://doi.org/10.3389/fvets.2018.00081.
13. Vogelnest LJ. Skin as a marker of general feline health: cutaneous manifestations of systemic disease. J Feline Med Surg. 2017;19:948–60.
14. Dias Pereira P, Faustino AMR. Feline plasma cell pododermatitis: a study of 8 cases. Vet Dermatol. 2003;14:333–7.

Weiterführende Literatur

Merriam-Webster Medical Dictionary (Anm.: für Definitionen). http://merriam-webster.com. Zugegriffen am 10.05.2018.
Albanese F. Canine and feline skin cytology. Cham: Springer International Publishing; 2017.
Goldsmith LA, Katz SI, Gilchrest BA, Paller AS, Leffell DJ, Wolff K. Fitzpatrick's dermatology in general medicine. 8. Aufl. New York: The McGraw-Hill Companies; 2012.
Miller WH, Griffin CE, Campbell KL. Muller & Kirk's small animal dermatology. 7. Aufl. St. Louis: Elsevier; 2013.
Noli C, Toma S. Dermatologia del cane e del gatto. 2. Aufl. Vermezzo: Poletto Editore; 2011.

Schuppen

Silvia Colombo

Zusammenfassung

Exfoliative Erkrankungen bei Katzen sind klinisch durch trockene oder fettige Schuppung und seltener durch Follikelbildung gekennzeichnet. In normaler Haut findet ein ständiger Zellwechsel statt, wobei neue Keratinozyten in der Basalschicht gebildet werden und nach oben wandern, um im Stratum corneum zu kernlosen Korneozyten zu werden. Die Korneozyten werden mit der Umwelt ausgeschieden und sind mit dem bloßen Auge nicht sichtbar. Wenn dieser Prozess gestört ist, werden die Schuppen makroskopisch sichtbar. Die häufigste Ursache für Schuppenbildung bei Katzen ist schlechte Pflege, die in der Regel mit höherem Alter, Fettleibigkeit oder gleichzeitigen systemischen Erkrankungen einhergeht. Fettige Schuppung wird häufig mit einer Überwucherung durch *Malassezia* in Verbindung gebracht, während Follikelabdrücke bei Katzen selten sind. Der diagnostische Ansatz umfasst den Ausschluss von ektoparasitären Erkrankungen und Dermatophytose, die zytologische Bewertung des Vorhandenseins oder Fehlens von *Malassezia* spp. sowie die Beurteilung des allgemeinen Gesundheitszustands der Katze, insbesondere bei älteren Patienten. Für die Diagnose der meisten exfoliativen Dermatosen ist in der Regel eine histopathologische Untersuchung erforderlich.

Definitionen

Eine Schuppe ist ein kleines, dünnes, trockenes Stück einer verhornten Schicht, das sich von der Haut ablöst, und Schuppenbildung ist der Prozess des Ablösens von Schuppen. Im Englischen sind *scale* und *squame* sowie *scaling*, *desquamation* und

S. Colombo (✉)
Servizi Dermatologici Veterinari, Legnano, Italien

exfoliation Synonyme und werden unterschiedslos verwendet. Unter normalen Bedingungen erfolgt die Abschuppung kontinuierlich, ohne dass sich sichtbare Schuppen bilden. Die Abschuppung wird sichtbar, wenn sie in erhöhtem Maße auftritt, weil die epidermale Differenzierung anormal ist.

Schuppen können als trocken oder fettig bezeichnet werden, und ihre Farbe kann weiß, silbern, gelb, braun oder grau sein, je nach der verursachenden Krankheit. Trockene Schuppen sind bei Katzen weit verbreitet, während fettige Schuppen nur bei einigen wenigen Hautkrankheiten zu beobachten sind. Schuppen werden oft auch als pityriasiform bezeichnet, was bedeutet, dass sie klein, dünn, weißlich und ähnlich wie Haferkleie sind, oder als psoriasiform, was größere, dickere und oft silbrige Schuppen beschreibt. Kreisförmig angeordnete Schuppen werden als epidermale Colleretten bezeichnet und sind bei Katzen selten zu beobachten. Die epidermale Collerette ist das letzte Entwicklungsstadium einer Papel oder Pustel (Kap. „Papeln, Pusteln, Furunkel und Krusten").

Follikelablagerungen sind Ansammlungen von Keratin und Follikelinhalt, die am Haarschaft haften und aus dem Follikelostium herausragen. Dieses Material klebt oft ein Haarbüschel zusammen oder kann sich um einen einzelnen Haarschaft ansammeln. Follikuläre Ablagerungen ist bei Katzen sehr selten, kann aber einen nützlichen klinischen Hinweis für die Diagnose darstellen.

Pathogenese

In der normalen Haut findet ein ständiger Zellwechsel statt, wobei in der Basalschicht neue Keratinozyten produziert werden, die in der Stachelschicht reifen und in der Hornschicht zu Hornzellen absterben. Die Korneozyten werden in die Umwelt abgeworfen und sind mit bloßem Auge nicht sichtbar. In anormalen Situationen wird die Schuppung deutlich, weil sich die Hornzellen in größeren Gruppen ablösen. Dies kann auf eine vermehrte Produktion oder eine verminderte Ablösung der Hornschicht oder auf Anomalien des oberflächlichen Lipidfilms, der die Hautoberfläche bedeckt und schützt, zurückzuführen sein. Eine verstärkte Produktion der Hornschicht kann bei angeborenen Krankheiten wie Ichthyose oder primärer Seborrhoe auftreten; diese Erkrankungen sind bei Katzen jedoch äußerst selten [1]. Häufiger ist die erhöhte Dicke der Hornschicht eine Reaktion auf einen äußeren Reiz, wie z. B. die Schädigung durch Sonnenstrahlen bei der Sonnendermatitis (Abb. 1), die sich zu aktinischer Keratose und Plattenepithelkarzinom entwickeln kann, oder auf Ektoparasiten, die sich bei der Cheyletiellose von der Hautoberfläche ernähren. Ein weiterer pathogenetischer Mechanismus, der schuppenden Dermatosen zugrunde liegt, ist die Infiltration von entzündlichen oder neoplastischen Zellen in die Haut, wie sie bei Erythema multiforme (Abb. 2), exfoliativer Dermatitis mit/ohne Thymom oder epitheliotropem kutanem Lymphom auftritt [2–4].

Bei Katzen ist eine verminderte Hornschichtbildung in der Regel auf eine schlechte Pflege zurückzuführen, sie ist häufiger bei älteren oder übergewichtigen Katzen oder bei Katzen mit systemischen Erkrankungen wie Diabetes mellitus oder Schilddrüsenüberfunktion. Der Lipidfilm, der die Haut schützt, wird zumindest zum Teil von den Talgdrüsen produziert. Krankheiten, die diese Drüsen angreifen und zerstören, wie z. B. Talgdrüsenadenitis oder Leishmaniose, können sich durch Schuppenbildung bemerkbar machen [3, 5].

Abb. 1 Schuppung,
Rötung und leichte
Krustenbildung auf der
Ohrmuschel einer weißen
Katze mit
Sonnendermatitis

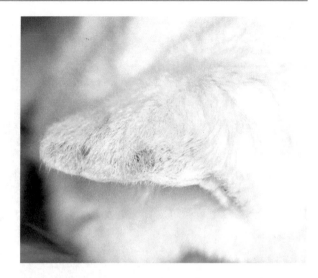

Abb. 2 Schuppenbildung
an den Fußballen einer
Katze mit Erythema
multiforme

Obwohl dies sehr selten vorkommt, kann die Schuppung bei Katzen auch fettig sein. Dies kann durch eine übermäßige Produktion von Drüsensekreten bei primärer Seborrhoe, einer sehr seltenen Erkrankung bei Katzen, und bei der häufigeren Schwanzdrüsenhyperplasie, auch bekannt als Stummelschwanz, auftreten (Abb. 3). Eine *Malassezia*-Überwucherung kann mit einer Talgdrüsenhyperplasie und Anomalien des oberflächlichen Lipidfilms zusammenhängen und führt zu einer fettigen Schuppung [6, 7].

Follikuläre Ablagerungen sind bei Katzen ungewöhnlich. Er kann der klinische Ausdruck einer Follikelschädigung sein, wie bei Demodikose und Dermatophytose, oder einer Zerstörung der Talgdrüsen bei Talgdrüsenadenitis [3]. Eine seltene, erst kürzlich gemeldete angeborene Erkrankung, die Talgdrüsendysplasie, tritt bei Jungtieren auf und ist klinisch durch generalisierte Hypotrichose, Schuppung und Follikelbildung gekennzeichnet [8]. Ausgewählte Katzenkrankheiten, die mit Schuppenbildung einhergehen, sind in Tab. 1 aufgeführt.

Abb. 3 Fettige Seborrhoe
auf dem dorsalen Schwanz
einer Perserkatze mit
Schwanzdrüsenhyperplasie

Tab. 1 Ausgewählte Krankheiten, die bei Katzen mit trockener oder fettiger Schuppung und follikulären Ablagerungen einhergehen

Schlechte Pflege aufgrund von Fettleibigkeit oder systemischen Erkrankungen
Cheyletiellose
Demodikose
Dermatophytose
Malassezia-Überwucherung
Leishmaniose
Unerwünschte Arzneimittelwirkungen
Erythema multiforme
Talgdrüsen-Dysplasie
Primäre Seborrhöe
Adenitis der Talgdrüsen
Plasmazell-Pododermatitis
Sonnendermatitis
Hyperplasie der Schwanzdrüse
Exfoliative Dermatitis (Thymom-assoziiert oder nicht)
Epitheliotropes kutanes Lymphom

Diagnostischer Ansatz

Anzeichen und Vorgeschichte

Exfoliative Erkrankungen wie Dermatophytose (Abb. 4) oder Cheyletiellose werden häufig bei Jungtieren oder in Umgebungen mit hohem Menschenaufkommen, wie z. B. in Zuchtkolonien oder Tierhandlungen, beobachtet. Angeborene Krankheiten, die mit trockener oder fettiger Schuppung und/oder follikulären Ablagerungen einhergehen, werden bei Kätzchen beobachtet, obwohl primäre Seborrhoe und Talgdrüsendysplasie extrem seltene Krankheiten sind [2, 9]. Die häufigste Ursache für trockene Schuppung bei älteren und geriatrischen Katzen ist eine schlechte Fellpflege, die auf Übergewicht (Abb. 5) oder gleichzeitige systemische Erkrankungen wie chronische Niereninsuffizienz, Hyperthyreose oder Diabetes mellitus zurückzuführen sein kann. Seltener können ältere Katzen von neoplastischen Erkrankungen oder paraneoplastischen Syndromen betroffen sein [4, 9]. Bei einer Perserkatze mit Schuppenbildung und Alopezie sollte immer an eine Dermatophytose gedacht werden, unabhängig von Alter und Lebensstil (Abb. 6). Weiße Katzen und Katzen mit weißen Ohren und/oder weißer Schnauze sind prädisponiert für eine Sonnendermatitis, wenn sie sich im Freien aufhalten und gerne in der Sonne liegen.

Bei erwachsenen bis älteren Katzen sollte die Anamnese immer auch gleichzeitig oder früher verabreichte Medikamente umfassen, die unerwünschte Arzneimittelwirkungen verursachen können. Schließlich sollte bei einer Katze, die mit Schuppenbildung vorgestellt wird, der FIV- und FeLV-Status untersucht werden. Es wurde berichtet, dass eine FeLV-assoziierte Riesenzelldermatose eine generalisierte, schwere Abschuppung verursacht, und beide Virusinfektionen können die Katze für andere Infektionskrankheiten prädisponieren [10].

Abb. 4 Schuppung und Erythem am Rand der Ohrmuschel eines von Dermatophytose betroffenen Kätzchens

Abb. 5 Leichte
generalisierte Schuppung
bei einer geriatrischen und
fettleibigen Katze

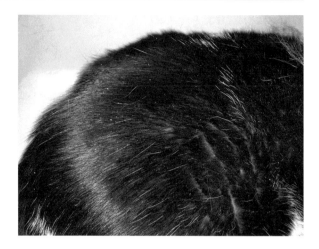

Abb. 6 Fokale Alopezie
und Schuppenbildung bei
einer Perserkatze mit
Dermatophytose

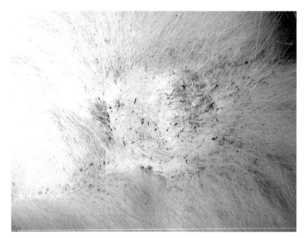

Klinische Präsentation

Trockene Schuppung unterschiedlichen Schweregrades ist bei Katzen häufig, und
weitere klinische Merkmale sollten bei der Auflistung der Differenzialdiagnosen
berücksichtigt werden. Generalisierte oder dorsal verteilte pityriasiforme Schuppung bei einer älteren Katze kann einfach auf schlechte Pflege zurückzuführen sein,
während sie bei einem kürzlich erworbenen Kätzchen auf Cheyletiellose hindeuten
kann, insbesondere, wenn auch von Juckreiz berichtet wird. Exfoliative Erythrodermie, eine klinische Erscheinung, die durch Schuppung, Erythem und häufig Alopezie gekennzeichnet ist, wurde bei älteren oder geriatrischen Katzen mit epitheliotropem kutanem Lymphom beobachtet, obwohl die Krankheit bei der Katze selten ist
[4]. Exfoliative Dermatosen bei Katzen sind häufig generalisiert, mit wenigen Aus-
nahmen. Wenn die Schuppung mit fokaler oder multifokaler Alopezie einhergeht,

ist Dermatophytose eine mögliche Diagnose. Eine milde Schuppung und ein Erythem auf den Ohrmuscheln einer weißen Katze sollten den Kliniker dazu veranlassen, eine Sonnendermatitis in die Differentialdiagnose einzubeziehen.

Psoriasiforme Schuppung ist bei Katzen ungewöhnlich. Bei Katzen mittleren bis höheren Alters kann eine nicht juckende, schwere, generalisierte, psoriasiforme Schuppung mit einer Vorgeschichte, die an Kopf und Hals beginnt und mit Alopezie und Erythem einhergeht, auf ein Thymom oder eine nicht Thymom-assoziierte exfoliative Dermatitis hinweisen (Abb. 7) [9, 11]. In Thymom-assoziierten Fällen werden nach den Hautläsionen in der Regel Husten, Dyspnoe, Depression, Anorexie und Gewichtsverlust beobachtet. Psoriasiforme Schuppung, follikuläre Ablagerungen und Alopezie mit einer generalisierten Verteilung, verbunden mit der Ablagerung von dunkel gefärbten Ablagerungen auf den Augenlidern, können mit einer Talgdrüsenadenitis übereinstimmen (Abb. 8), einer extrem seltenen Erkrankung bei der Katze [3]. Eine auf die Fußballen begrenzte Schuppung kann ein klinisches Merkmal der Plasmazell-Pododermatitis sein (Abb. 9) [12].

Lokalisierte oder generalisierte fettige Schuppung, Erythem, Juckreiz und ranziger Geruch können auf eine Überwucherung mit *Malassezia* hinweisen (Abb. 10). Diese Erkrankung kann sowohl bei jungen allergischen Katzen als auch bei älteren Katzen mit schweren systemischen Erkrankungen, Neoplasien oder paraneoplastischen Syndromen beobachtet werden [6, 7]. Eine fettige Schuppung auf der dorsalen Seite des Schwanzes ist das klinische Erscheinungsbild einer Schwanzdrüsenhyperplasie, auch bekannt als Stummelschwanz.

Diagnostischer Algorithmus

Dieser Abschnitt ist in Abb. 11 dargestellt. Die roten Quadrate mit Nummern stellen die Schritte des Diagnoseprozesses dar, die im Folgenden erläutert werden.

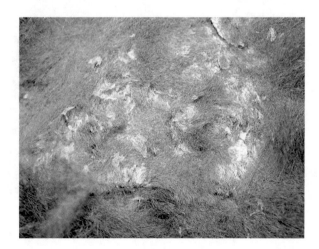

Abb. 7 Starke psoriasiforme Schuppung bei Thymom-assoziierter exfoliativer Dermatitis

Abb. 8 Starke
Schuppenbildung und
Alopezie am ventralen
Rumpf einer Katze mit
Talgdrüsenadenitis

Abb. 9 Schuppenbildung
an den Fußsohlen bei
einem leichten Fall von
Plasmazell-Pododermatitis

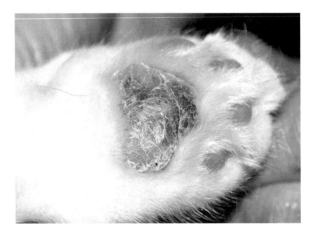

Abb. 10 Fettige, braune
Schuppung in den
Zehenzwischenräumen
einer allergischen
Devon-Rex-Katze mit
Malassezia-
Überwucherung

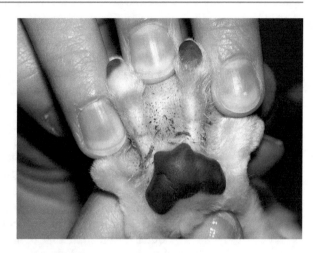

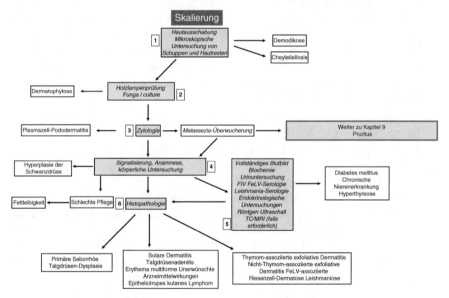

Abb. 11 Diagnostischer Algorithmus für die Schuppenbildung bei Katzen

1 **Hautabschabungen vornehmen und mikroskopische Untersuchungen von Schuppen und Hautresten durchführen**.
Der diagnostische Ansatz bei der Schuppenbildung bei Katzen beginnt mit einfachen Tests, um Ektoparasiten zu diagnostizieren oder auszuschließen. Mehrere Hautabschabungen sollten durchgeführt werden, um Demodikose zu diagnostizieren oder auszuschließen, und bei Dermatophytose können auch Pilzsporen gesehen werden, die Fragmente von Haarschäften umgeben und in

diese eindringen. Cheyletiellose kann auch anhand von Hautabschabungen diagnostiziert werden, obwohl der am häufigsten verwendete Test die mikroskopische Untersuchung von Acetatklebebandstreifen ist, nachdem Schuppen direkt aus dem Fell der Katze oder aus Material, das nach kräftigem Streicheln des Fells auf dem Untersuchungstisch gesammelt wurde, entnommen wurden.

2. **Mit der Wood-Lampe untersuchen und Pilzkulturen anlegen.**
Diese beiden diagnostischen Tests sind zusammengenommen diagnostisch für Dermatophytose oder, wenn sie negativ ausfallen, hilfreich, um sie auszuschließen. Da Dermatophytose bei Katzen häufig vorkommt, ist eine Pilzkultur in allen Fällen angebracht, in denen eine Schuppung auftritt.

3. **Zytologie durchführen.**
Die Zytologie ist besonders nützlich, wenn eine fettige Schuppung als Symptom vorliegt. Proben können durch ein Abstrich mit einem Wattestäbchen oder einem Stück Acetatband entnommen werden, um nach *Malassezia*-Hefen zu suchen. Da diese Hefen sowohl bei jungen allergischen Katzen als auch bei älteren Katzen mit systemischen Erkrankungen, Neoplasien oder paraneoplastischen Syndromen nachgewiesen werden können, sollten weitere Untersuchungen immer auf der Grundlage von Merkmalen, Vorgeschichte und klinischer Untersuchung durchgeführt werden. Wenn ein schuppiger Fußballen bei Verdacht auf Plasmazell-Pododermatitis beprobt werden muss, sind Feinnadelkapillarsaugen und Aspiration die bevorzugten Techniken.

4. **Die Merkmale des Patienten, seine Vorgeschichte und die körperliche Untersuchung berücksichtigen.**
Bei einer jungen bis erwachsenen Katze mit fettiger Schuppung am Rückenschwanz ist die Diagnose einer Schwanzdrüsenhyperplasie nach Ausschluss ektoparasitärer und pilzbedingter Erkrankungen einfach zu stellen. Handelt es sich bei dem Patienten um eine ältere oder geriatrische Katze, die sich mit allgemeiner trockener Schuppung präsentiert, ist eine schlechte Fellpflege eine wichtige Differenzialdiagnose. Eine ältere Katze kann Schwierigkeiten bei der Fellpflege haben, weil sie übergewichtig ist oder an einer Stoffwechselerkrankung leidet. Je nach anderen klinischen Anzeichen, die bei der allgemeinen körperlichen Untersuchung festgestellt werden, kann eine Reihe von diagnostischen Tests angebracht sein.

5. **Bluttests, Urinanalysen und diagnostische Bildgebung veranlassen.**
Bei älteren Katzen sollten immer grundlegende Informationen durch die Entnahme einer Blut- und einer Urinprobe für ein vollständiges Blutbild, Biochemie, Urinanalyse und Serum-Gesamtthyroxin- (T4-)Konzentration gewonnen werden. Dies ist auch dann sinnvoll, wenn für die Biopsien eine Sedierung oder Vollnarkose geplant ist. Die FIV- und FeLV-Serologie muss durchgeführt werden, wenn der Verdacht auf eine mit einem dieser Viren in Verbindung stehende Hauterkrankung besteht, auch wenn diese möglicherweise erst nach der histopathologischen Untersuchung offensichtlich wird. Dasselbe gilt für die Serologie auf Leishmaniose, eine seltene Erkrankung bei Katzen. Eine Röntgenaufnahme des Brustkorbs und/oder eine CT/MRT-Untersuchung kann die Diagnose eines Thymoms liefern, das häufig mit einer exfoliativen Dermatitis einhergeht.

Biopsien für die histopathologische Untersuchung entnehmen.
Die histopathologische Untersuchung bestätigt in der Regel die Diagnose, unabhängig davon, ob es sich um eine angeborene oder eine erworbene Erkrankung handelt. Abb. 11 fasst die wichtigsten exfoliativen Erkrankungen zusammen, die eine Biopsie zur Diagnose erfordern.

Literatur

1. Paradis M, Scott DW. Hereditary primary seborrhea oleosa in Persian cats. Feline Pract. 1990;18:17–20.
2. Yager JA. Erythema multiforme, Stevens-Johnson syndrome and toxic epidermal necrolysis: a comparative review. Vet Dermatol. 2014;25:406–e64.
3. Noli C, Toma S. Case report three cases of immune-mediated adnexal skin disease treated with cyclosporin. Vet Dermatol. 2006;17(1):85–92.
4. Fontaine J, Heimann M, Day MJ. Cutaneous epitheliotropic T-cell lymphoma in the cat: a review of the literature and five new cases. Vet Dermatol. 2011;22(5):454–61.
5. Pennisi MG, Cardoso L, Baneth G, Bourdeau P, Koutinas A, Miró G, et al. LeishVet update and recommendations on feline leishmaniosis. Parasit Vectors. 2015;8:1–18.
6. Mauldin EA, Morris DO, Goldschmidt MH. Retrospective study: the presence of Malassezia in feline skin biopsies. A clinicopathological study. Vet Dermatol. 2002;13:7–14.
7. Ordeix L, Galeotti F, Scarampella F, Dedola C, Bardagi M, Romano E, Fondati A, Malassezia spp. overgrowth in allergic cats. Vet Dermatol. 2007;18:316–23.
8. Yager JA, Gross TL, Shearer D, Rothstein E, Power H, Sinke JD, Kraus H, Gram D, Cowper E, Foster A, Welle M. Abnormal sebaceous gland differentiation in 10 kittens ('sebaceous gland dysplasia') associated with generalized hypotrichosis and scaling. Vet Dermatol. 2012;23:136–e30.
9. Turek MM. Cutaneous paraneoplastic syndromes in dogs and cats: a review of the literature. Vet Dermatol. 2003;14:279–96.
10. Gross TL, Clark EG, Hargis AM, Head LL, Hainesh DM. Giant cell dermatosis in FeLV-positive cats. Vet Dermatol. 1993;4:117–22.
11. Brachelente C, von Tscharner C, Favrot C, Linek M, Silvia R, Wilhelm S, et al. Non thymoma-associated exfoliative dermatitis in 18 cats. Vet Dermatol. 2015;26:40–e13.
12. Dias Pereira P, Faustino AMR. Feline plasma cell pododermatitis: a study of 8 cases. Vet Dermatol. 2003;14:333–7.

Weiterführende Literatur

Für Definitionen: Merriam-Webster Medical Dictionary (Anm.: für Definitionen). http://merriam-webster.com. Zugegriffen am 10.05.2018.
Albanese F. Canine and feline skin cytology. Cham: Springer International Publishing; 2017.
Goldsmith LA, Katz SI, Gilchrest BA, Paller AS, Leffell DJ, Wolff K. Fitzpatrick's dermatology in general medicine. 8. Aufl. New York: The McGraw-Hill Companies; 2012.
Gross TL, Ihrke PJ, Walder EJ, Affolter VK. Skin diseases of the dog and cat. Clinical and histopathologic diagnosis. 2. Aufl. Oxford: Blackwell Publishing; 2005.
Miller WH, Griffin CE, Campbell KL. Muller & Kirk's small animal dermatology. 7. Aufl. St. Louis: Elsevier; 2013.
Noli C, Toma S. Dermatologia del cane e del gatto. 2. Aufl. Vermezzo: Poletto Editore; 2011.

Juckreiz (Pruritus)

Silvia Colombo

Zusammenfassung

Pruritus, auch Juckreiz genannt, ist ein irritierendes Gefühl auf der Hautoberfläche, das vermutlich durch die Stimulation von sensorischen Nervenenden entsteht. Pruritus ist bei Katzen weit verbreitet und kann anhand seiner Verteilung (lokalisiert oder generalisiert), der betroffenen Stelle am Körper des Tieres und des Schweregrads (leicht, mittel oder schwer) klassifiziert werden. Aus klinischer Sicht wird Pruritus bei Katzen am häufigsten durch ektoparasitäre, allergische, infektiöse oder immunvermittelte Krankheiten verursacht. Katzen zeigen Pruritus durch übermäßiges Putzen, was es besonders schwierig macht, ihn zu erkennen und zu bewerten und von Schmerzen oder einem Verhaltensproblem zu unterscheiden. Bei einer sehr jungen Katze sind Ektoparasiten und Dermatophytose häufig, während bei einer erwachsenen Katze auch allergische und immunvermittelte Hauterkrankungen in Betracht gezogen werden sollten. Die Anamnese ist wichtig für die gleichzeitige Verabreichung von Medikamenten oder bei systemischen Erkrankungen sowie für die Schwere und den jahreszeitlichen Verlauf des Juckreizes. Die meisten Katzen mit Juckreiz weisen eines (oder mehrere) von vier klinischen Mustern auf, nämlich Kopf- und Nackenjucken, miliare Dermatitis, selbst induzierte Alopezie und den eosinophilen Granulom-Komplex. Der diagnostische Ansatz für Pruritus sollte immer sorgfältig in allen seinen Schritten verfolgt werden, um eine korrekte Diagnose zu stellen.

S. Colombo (✉)
Servizi Dermatologici Veterinari, Legnano, Italien

C. Noli, S. Colombo (Hrsg.), *Dermatologie der Katze*,
https://doi.org/10.1007/978-3-662-65907-6_9

Definitionen

Pruritus, auch Juckreiz genannt, ist definiert als ein unangenehmes Gefühl, das den Wunsch auslöst, sich zu kratzen. In der überwiegenden Mehrzahl der Fälle entsteht das irritierende Gefühl in der Haut und wird vermutlich durch die Stimulation sensorischer Nervenenden hervorgerufen. In seltenen Fällen kann der Juckreiz seinen Ursprung im zentralen Nervensystem haben. Pruritus ist in der Veterinärdermatologie sehr häufig und kann auf eine Vielzahl von Krankheiten zurückzuführen sein. Bei Hunden ist er ein offensichtliches klinisches Zeichen, während er bei Katzen sehr subtil vorkommen kann, weil er sich als übermäßiges Putzen äußern kann, was ein normales Katzenverhalten ist, oder weil Katzen sich oft vor ihren Besitzern verstecken, wenn sie den Wunsch verspüren, sich zu kratzen. Juckreiz wird nach seiner Verteilung (lokalisiert oder generalisiert), nach der Stelle am Körper des Tieres und nach dem Schweregrad (leicht, mittel oder schwer) eingeteilt.

Pathogenese

Die überwiegende Mehrheit der Informationen über Mechanismen, Übertragungswege und Mediatoren von Pruritus stammt aus Studien am Menschen oder an Labortieren und wurde an anderer Stelle zusammengefasst [1, 2]. Aus klinischer Sicht wird Juckreiz bei Katzen in der Regel durch ektoparasitäre, allergische, infektiöse oder immunvermittelte Erkrankungen verursacht und kann durch gleichzeitige Faktoren wie Stress, Langeweile, trockene Haut oder hohe Umgebungstemperatur verschlimmert werden (Tab. 1). Obwohl Pruritus in einigen Fällen als Abwehrmechanismus interpretiert werden kann (Kratzen oder Belecken zur Entfernung von Ektoparasiten), treten Hautläsionen häufig als Folge von Verhaltensweisen auf, die die Katze zur Linderung des Juckreizes ausführt.

Katzen zeigen Juckreiz durch übermäßiges Putzen, d. h. durch Steigerung der Häufigkeit und Intensität eines normalen, programmierten Katzenverhaltens. Katzen putzen sich, um ihre Haut und ihr Haarkleid sauber und gesund zu halten, um Ektoparasiten und Schmutz zu entfernen, um ihre Körpertemperatur zu kontrollieren und um Spannungen oder Stress abzubauen [3, 4]. Die Fellpflege bei Katzen umfasst die orale Fellpflege, bei der die Zunge durch das Fell gestrichen und mit den Schneidezähnen geknabbert wird, und die Kratzpflege, bei der mit den Hinterpfoten gekratzt wird [5]. Einer Studie zufolge verbringen erwachsene, ektoparasitenfreie Hauskatzen 50 % ihrer Zeit mit Schlafen oder Ruhen. Von der Zeit, die sie wach verbringen, entfällt etwa eine Stunde pro Tag auf die Mundpflege und etwa eine Minute pro Tag auf die Kratzpflege. Bei der oralen Pflege beziehen sich 91 % auf mehrere Körperregionen, während die Kratzpflege immer nur auf einzelne Regionen gerichtet ist [5].

Da es sich um die verstärkte Ausprägung eines physiologischen Verhaltens handelt, wird Overgrooming vom Besitzer oft nicht erkannt oder nicht als Zeichen von Juckreiz, Schmerz oder Stress interpretiert. Außerdem neigen Katzen dazu, ihr Unbehagen auszudrücken, indem sie sich vor ihren Besitzern verstecken, die das Over-

Tab. 1 Ausgewählte Ursachen für Juckreiz bei Katzen

Juckreiz	
	Herpesvirus-Infektion
	Oberflächliche Pyodermie
	Komplizierte Kinnakne
	Flohbefall
	Cheyletiellose
	Räude durch *Notoedres*
	Räude durch *Otodectes*
	Demodikose (*Demodex gatoi*)
	Trombikulose
	Dermatophytose
	Malassezia-Überwucherung
	Flohbiss-Überempfindlichkeit
	Unerwünschte Reaktion auf Lebensmittel
	Atopisches Syndrom bei Katzen
	Überempfindlichkeit gegen Mückenstiche
	Allergische/reizende Kontaktdermatitis
	Unerwünschte Arzneimittelwirkungen
	Hyperthyreose
	Pemphigus foliaceus
	Lymphozytäre murale Follikulitis
	Familiäre eosinophile Dermatose der Fußsohlen
	Urtikaria-pigmentosa-ähnliche Dermatitis
	Idiopathische Gesichtsdermatitis bei Perserkatzen und Himalayakatzen

grooming ihres Tieres möglicherweise nicht bemerken. Aus all diesen Gründen kann es bei Katzen besonders schwierig sein, Pruritus zu erkennen und zu bewerten und ihn von Schmerzen (z. B. Lecken des Bauches aufgrund einer Blasenentzündung) oder einem Verhaltensproblem (Lecken, Kratzen oder Ziehen an den Haaren) zu unterscheiden.

Bei der idiopathischen ulzerativen Dermatitis handelt es sich um eine sehr schwere und extrem juckende, in der Regel einzelne verkrustete Ulzeration am dorsalen Nacken (Abb. 1), bei der Juckreiz, neuropathischer Juckreiz und Verhaltensstörungen in der Pathogenese der Krankheit als relevant angesehen werden. Die Diagnose der idiopathischen ulzerativen Dermatitis erfolgt durch den Ausschluss von Krankheiten, die Juckreiz am dorsalen Nacken auslösen können, wie z. B. Allergien und Ektoparasiten. In einem kürzlich veröffentlichten Fallbericht wurde vorgeschlagen, dass es sich bei der idiopathischen ulzerativen Dermatitis um ein neuropathisches Juckreizsyndrom handeln könnte, und die Katze sprach vollständig auf Topiramat, ein Antiepileptikum, an [6]. Die gleiche Krankheit wurde jedoch auch unter Verhaltensgesichtspunkten untersucht. Bei 13 betroffenen Katzen führten in einer offenen, unkontrollierten Studie die Verbesserung der Umgebung und des allgemeinen Wohlbefindens zum Verschwinden der Hautläsionen, und nur in einem Fall wurden Psychopharmaka eingesetzt. Die Autoren dieser Studie schlugen

Abb. 1 Idiopathische/
verhaltensbedingte
ulzerative Dermatitis am
dorsalen Hals

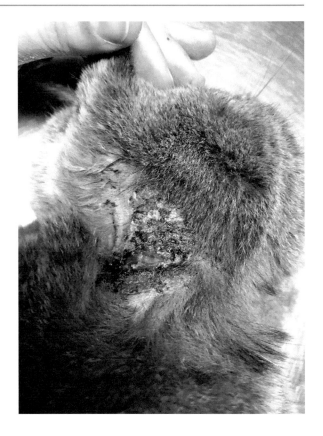

vor, den Namen der Krankheit in *feline behavioral ulcerative dermatitis* (verhaltensbedingte ulzerative Dermatitis bei Katzen) zu ändern [7].

Schließlich wurde bei Katzen auch ein orofaziales Schmerzsyndrom festgestellt.
Dieses Syndrom tritt häufiger, wenn auch nicht ausschließlich, bei Burmakatzen auf
und ist klinisch durch Selbstverletzungen des Gesichts und der Mundhöhle und gelegentlich durch Verstümmelung der Zunge gekennzeichnet. Die Erkrankung kann
mit dem Zahndurchbruch, Zahnerkrankungen und Stress in Verbindung gebracht
werden. Es wird vermutet, dass es sich um eine neuropathische Störung handelt, die
bei Katzen mit schweren Exkoriationen oder Geschwüren im Gesicht in Betracht
gezogen werden sollte [8].

Abschließend lässt sich sagen, dass Overgrooming, zu dem auch exzessives Belecken und Kratzen gehört, Ausdruck nicht dermatologischer Erkrankungen sein
kann, die bei der Auflistung der Differenzialdiagnosen in einem scheinbar „dermatologischen" Fall mit „Pruritus" immer in Betracht gezogen werden sollten
(Tab. 2).

Tab. 2 Beispiele für nicht dermatologische Krankheiten, die von pruriginösen Hautkrankheiten zu unterscheiden sind

Idiopathische Zystitis bei Katzen
Psychogen bedingte Alopezie
Idiopathische/verhaltensbedingte ulzerative Dermatitis bei Katzen
Orofaziales Schmerzsyndrom bei Katzen
Hyperästhesie-Syndrom bei Katzen
Lokalisierte Neuropathien

Diagnostischer Ansatz

Anzeichen und Vorgeschichte

Je nach Alter der Katze sind einige Krankheiten wahrscheinlicher als andere. Bei sehr jungen Katzen sind Ektoparasiten und Dermatophytose häufig, vor allem, wenn das Kätzchen als Streuner aufgefunden oder aus einem Zwinger adoptiert wurde, wo auch die Überfüllung eine wichtige Rolle spielt. Einige Krankheiten wie Dermatophytose, Cheyletiellose und Räude sind sehr ansteckend. Diese Krankheiten können sowohl Kontakttiere als auch Menschen befallen, und Fragen zum Vorhandensein von Hautläsionen bei anderen Haustieren oder Familienmitgliedern sind obligatorisch. Bei einer erwachsenen Katze sollten auch allergische und immunvermittelte Hauterkrankungen in Betracht gezogen werden, während bei einer älteren Katze eine Schilddrüsenüberfunktion auftreten kann, die das übermäßige Putzen erklärt. Bei älteren Katzen kann Juckreiz aufgrund einer *Malassezia*-Überwucherung vorkommen, die auf eine systemische Grunderkrankung oder ein paraneoplastisches Syndrom hinweisen kann (Abb. 2) [9].

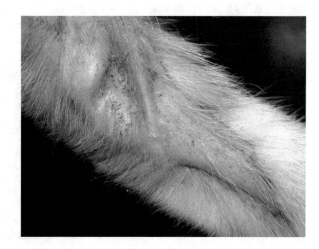

Abb. 2 Alopezie und braunes schmieriges Material, typisch für *Malassezia*-Überwucherung bei einer alten Katze mit paraneoplastischer Alopezie der Bauchspeicheldrüse

Bei der Anamnese sollten auch die zur Behandlung anderer Krankheiten verabreichten Medikamente, die unerwünschte Arzneimittelwirkungen hervorrufen können, sowie die Ektoparasitenprophylaxe berücksichtigt werden. Eine immunsuppressive Therapie oder eine systemische Erkrankung kann die Katze für eine Dermatophytose prädisponieren, wenn sie exponiert ist, z. B., weil der Besitzer ein neues Kätzchen adoptiert hat. Eine eventuelle Saisonalität des Juckreizes kann helfen, die Liste der Differenzialdiagnosen einzuschränken: Ektoparasiten und das saisonale feline atopische Syndrom sind bei einer Katze, die sich im Frühjahr und Sommer kratzt, wahrscheinlicher (Abb. 3). Auch der Schweregrad des Juckreizes sollte eingehend analysiert werden, da einige Krankheiten durch extrem starken Juckreiz gekennzeichnet sind (Räude durch *Notoedres*), während der Juckreiz bei anderen sehr mild sein kann (Cheyletiellose, Dermatophytose).

Perserkatzen jeden Alters sind prädisponiert für Dermatophytose. Eine ältere Perserkatze kann von Dermatophytose betroffen sein, wenn sie ein asymptomatischer Träger ist, ohne dass ein Kontakt mit einem erkrankten Tier erforderlich ist [10].

Klinische Präsentation

Bei Katzen äußert sich der Juckreiz durch übermäßiges Kratzen; allerdings ist nur das vermehrte Kratzen für den Besitzer leicht erkennbar. Da sie sich mit ihren Hinterpfoten kratzen, betreffen die Exkoriationen in der Regel Bereiche, die die Katze erreichen kann, wie Gesicht, Ohren, Kopf und Hals. Der sogenannte „Kopf- und Nackenpruritus" ist ein häufiges klinisches Bild bei Katzen mit Juckreiz (Abb. 4) [11]. Die unterschiedlich großen Exkoriationen, Erosionen und Ulzerationen an diesen Stellen können sehr schwer und tief sein und sind oft sekundär infiziert. Dieses klinische Erscheinungsbild wird im Kap. „Exkoriationen, Erosionen und Geschwüre" speziell behandelt.

Weniger offensichtlich ist, dass Alopezie durch eine übermäßig putzende Katze mit Juckreiz selbst verursacht werden kann [11]. Selbst verursachte Alopezie ist durch das Vorhandensein sehr kurzer Haarfragmente gekennzeichnet, die bei genauer Betrachtung der Haut oder mithilfe einer Lupe beobachtet werden können.

Abb. 3 Alopezie und Exkoriationen an Kopf und Ohrmuscheln einer Katze mit saisonalem felinem Atopiesyndrom

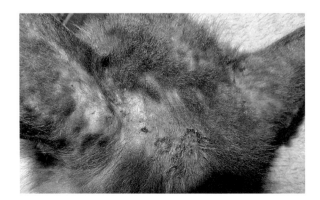

Die Haare können nicht einfach epiliert werden. Der alopezische Bereich ist in der Regel sehr gut abgegrenzt, geht abrupt in normales Haar über und betrifft Körperteile, die mit der Zunge erreicht werden können (Abb. 5). Selbst herbeigeführte Alopezie wird im Kap. „Alopezie" beschrieben.

Die miliare Dermatitis ist eine besondere klinische Erscheinung bei Katzen, die ebenfalls mit Juckreiz einhergeht [11]. Sie zeichnet sich durch kleine, verkrustete Papeln aus, die Hirsekörnern ähneln (daher der Name) und die durch das Haarkleid

Abb. 4 Exkoriationen am Kopf einer allergischen Katze

Abb. 5 Selbst herbeigeführte Alopezie am Bauch einer Katze mit Flohbiss-Überempfindlichkeit

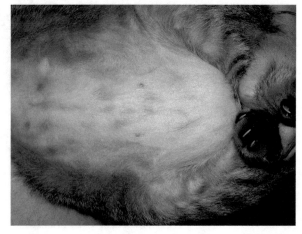

hindurch leichter zu ertasten als zu sehen sind (Abb. 6). Die miliare Dermatitis ist häufig mit selbst verursachter Alopezie verbunden und wird im Kap. „Papeln, Pusteln, Furunkel und Krusten" behandelt.

Ein weiteres klinisches Muster, das mit Pruritus einhergeht, ist eine Gruppe von Läsionen, die als eosinophile Granulom-Komplexe oder eosinophile Dermatitiden bezeichnet werden (Abb. 7 und 8) [12]. Diese Zustände oder klinischen Präsentationen werden häufig durch allergische Erkrankungen verursacht und werden im Kap. „Plaques, Knötchen und eosinophile Granulom-Komplex-Läsionen" behandelt.

Viele juckende Erkrankungen bei Katzen können mit einem oder mehreren der vier zuvor beschriebenen klinischen Muster und/oder mit rezidivierenden Mittelohrentzündungen einhergehen (Kap. „Otitis"). Jede Krankheit hat jedoch ihre eigene bevorzugte Verteilung von Juckreiz und Läsionen am Körper des Tieres (Tab. 3).

Abb. 6 Kleine, verkrustete Papeln, typisch für die miliare Dermatitis

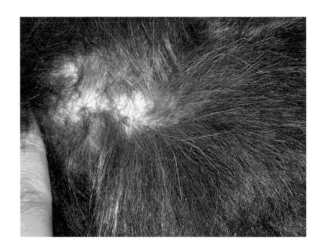

Abb. 7 Eosinophile Plaques auf dem Abdomen

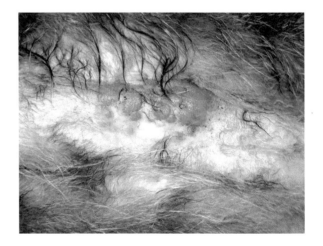

Abb. 8 Beidseitiges
indolentes Geschwür bei
einer kurzhaarigen
Hauskatze

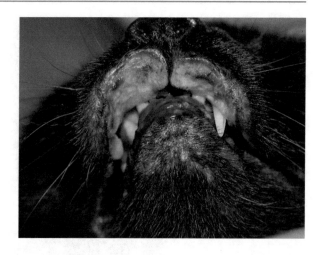

Tab. 3 Häufige Lokalisationen ausgewählter Hauterkrankungen bei Katzen, die mit Juckreiz
einhergehen

Lokalisation	Krankheit
Gesicht	Herpesvirus-Infektion
Kinn	Komplizierte Kinnakne
Rumpf	Flohbefall
Brustkorb, Unterleib	Demodikose (*Demodex gatoi*)
Dorsum	Cheyletiellose
Gehörgang	Räude durch *Otodectes*
Ohrmuscheln, Pfoten, Unterleib	Trombikulose
Ohrmuscheln, Gesicht, Hals, Pfoten, Perineum	Räude durch *Notoedres*
Kopf, Ohrmuscheln, Pfoten, Schwanz, generalisiert	Dermatophytose
Kinn, Krallenfalten, Gesicht, Gehörgang, generalisiert	*Malassezia*-Überwucherung
Rumpf	Flohbiss-Überempfindlichkeit
Dorsale Nase, Ohrmuscheln, Pfoten	Überempfindlichkeit gegen Mückenstiche
Bauch, mittlere Oberschenkel, Kopf, Hals	Andere allergische Erkrankungen
Kopf, Ohrmuscheln, Krallenfalten, Unterleib	Pemphigus foliaceus
Pfoten	Familiäre eosinophile Dermatose der Fußsohlen
Gesicht	Idiopathische Gesichtsdermatitis bei Perserkatzen und Himalayakatzen

Einige andere ungewöhnliche Erscheinungsformen sind ebenfalls mit Juckreiz verbunden und können zumindest in einigen Fällen durch Überempfindlichkeitsreaktionen auf Nahrungsmittel oder Umweltallergene verursacht werden. Die lymphozytäre murale Follikulitis ist beispielsweise ein histopathologisches Reaktionsmuster,
das gelegentlich bei allergischen Katzen mit lokalem oder generalisiertem Juckreiz,
teilweiser oder vollständiger Alopezie und Schuppung auftritt (Abb. 9) [13]. Urtika-

Abb. 9 Alopezie, Schuppung und Hyperpigmentierung auf dem Kopf einer Katze mit lymphozytärer muraler Follikulitis

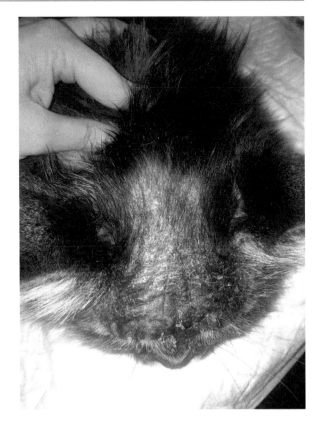

ria-pigmentosa-ähnliche Dermatitis kommt bei Devon-Rex- oder Sphynx-Katzen vor und ist klinisch durch eine erythematöse bis hyperpigmentierte papulöse Eruption gekennzeichnet, die häufig juckt (Abb. 10) [14, 15].

Pruritische und nicht pruritische Dermatosen können sekundär mit Bakterien oder Hefen infiziert sein. Obwohl dies bei Katzen viel seltener vorkommt als bei Hunden, sollte man diese Krankheiten bei der Untersuchung einer Katze mit Juckreiz immer in Betracht ziehen und diagnostizieren/ausschließen [9, 16].

Diagnostischer Algorithmus

Dieser Abschnitt ist in Abb. 11 dargestellt. Die roten Quadrate mit Nummern stellen die Schritte des Diagnoseprozesses dar, die im Folgenden erläutert werden.

1 **Hautabschabungen vornehmen und mikroskopische Untersuchungen von Haaren, Hautresten und/oder Ohrenschmalz durchführen**.

Bei der Diagnose von Pruritus ist es unerlässlich, mit einfachen Tests zu beginnen, um Ektoparasiten zu diagnostizieren oder auszuschließen. Mehrere Hautabschabungen sind für die Diagnose von Räude durch *Notoedres* und Demodikose

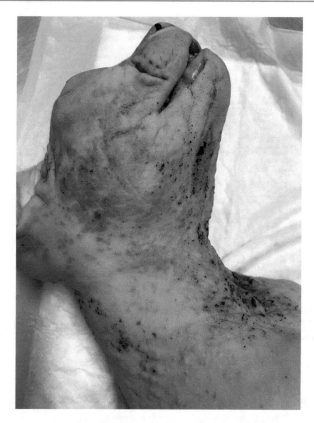

Abb. 10 Zusammenwachsende, verkrustete und nicht verkrustete Papeln bei einer Sphynx-Katze mit Urtikaria-pigmentosa-ähnlicher Dermatitis

nützlich, und bei der Dermatophytose kann man Pilzsporen sehen, die Fragmente von Haarschäften umgeben und in diese eindringen. Cheyletiellose und Trombikulose können durch mikroskopische Untersuchung von Acetatklebebandstreifen diagnostiziert werden, nachdem Proben direkt aus dem Fell der Katze entnommen wurden, oder, bei *Cheyletiella* spp., aus dem Material, das nach kräftigem Streicheln des Fells auf dem Untersuchungstisch gesammelt wurde. Die letztgenannte Art der Probenentnahme kann zusammen mit dem Kämmen des Fells auch zum Auffinden von Flohschmutz verwendet werden. Wenn der Juckreiz hauptsächlich die Ohren betrifft, ist eine mikroskopische Untersuchung des Ohrenschmalzes erforderlich, um Räude durch *Otodectes* zu diagnostizieren.

2 **Mit der Wood-Lampe untersuchen und Pilzkultur anlegen**.
Der zweite Schritt besteht darin, eine Dermatophytose auszuschließen oder zu diagnostizieren, die möglicherweise bereits nach der mikroskopischen Untersuchung der Haarschäfte vermutet wurde. Die Untersuchung mit der Wood-Lampe kann die diagnostische Hypothese stützen, und zur Bestätigung der Dermatophytose ist eine Pilzkultur erforderlich. Bei negativen Ergebnissen sind diese Tests hilfreich, um die Dermatophytose auszuschließen. Da Dermatophytose bei

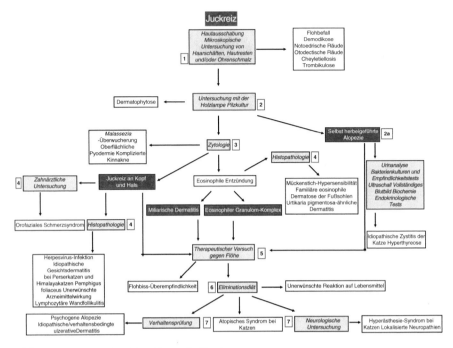

Abb. 11 Diagnostischer Algorithmus für Pruritus

Katzen häufig vorkommt, ist eine Pilzkultur in allen Fällen angebracht, auch wenn der Juckreiz unterschiedlich stark ausgeprägt sein kann.

2a Wenn es sich bei der klinischen Präsentation um eine selbst herbeigeführte Alopezie handelt, die die Leistengegend und den Bauchraum betrifft, sollten eine Urinanalyse, eine Bakterienkultur und eine Empfindlichkeitsprüfung sowie eine Ultraschalluntersuchung des Abdomens veranlasst werden, um eine idiopathische Zystitis bei Katzen oder andere Harnwegserkrankungen zu untersuchen. Selbst verursachte Alopezie bei einer alten Katze kann auch durch eine Schilddrüsenüberfunktion verursacht werden, und in dieser speziellen Situation sollten hämatologische, biochemische und endokrine Tests durchgeführt werden.

3 **Zytologie durchführen**.

Die zytologische Untersuchung ist der einfachste und schnellste diagnostische Test, um den klinischen Verdacht auf Krankheiten zu erhärten, die durch eine eosinophile Entzündung gekennzeichnet sind und die bei Katzen zahlreich und sehr häufig vorkommen. Eosinophile Plaques und Granulome sowie miliare Dermatitis sind häufig klinische Muster einer Allergie, die durch eine eosinophile Entzündung gekennzeichnet sind, und der diagnostische Prozess sollte fortgesetzt werden, um die primäre Erkrankung zu identifizieren. Andererseits zeigen die familiäre eosinophile Fußdermatose, die Mückenstichüberempfindlichkeit und die Urtikaria-pigmentosa-ähnliche Dermatitis in der Zytologie eine eosinophile Entzündung und sind spezifische Erkrankungen, die durch eine histopathologische Untersuchung bestätigt werden sollten. Die Zytologie ist auch deshalb wichtig, weil sekundäre bakterielle oder Hefeinfektionen die Primärerkrankung komplizieren und den Schweregrad des Juckreizes erhöhen können, obwohl dies bei Katzen im Vergleich zu Hunden weniger häufig vorkommt. Proben können durch einen Abstrich mit einem Wattestäbchen oder einem Stück Acetatklebeband entnommen werden, um nach *Malassezia*-Hefen, Bakterien und Entzündungszellen zu suchen. Schließlich kann der Nachweis von akantholytischen Zellen, die mit Neutrophilen vermischt sind, auf Pemphigus foliaceus hindeuten.

4 **Histopathologische Untersuchung durchführen.**

Wie erwartet, ist die Histopathologie der diagnostische Bestätigungstest für viele Katzenkrankheiten, die zytologisch durch eosinophile Entzündungen gekennzeichnet sind. Wenn der Juckreiz hauptsächlich das Gesicht betrifft, ist eine histopathologische Untersuchung erforderlich, um eine idiopathische Gesichtsdermatitis bei Perserkatzen und Himalayakatzen und eine Herpesvirusinfektion zu diagnostizieren, wobei bei der letztgenannten Krankheit eine immunhistochemische Untersuchung zur Bestätigung der Ätiologie erforderlich sein kann. In Fällen mit klinischen Manifestationen von schweren Selbstverletzungen im Gesicht und in der Mundhöhle kann eine zahnärztliche Untersuchung erforderlich sein, um das orofaziale Schmerzsyndrom zu untersuchen. Eine histopathologische Untersuchung ist nützlich, um Pemphigus foliaceus zu diagnostizieren und, zusammen mit der Anamnese, unerwünschte Arzneimittelwirkungen festzustellen.

5 **Einen Therapieversuch gegen Flöhe durchführen.**

In den meisten Fällen, in denen Juckreiz auftritt, können Ektoparasiten und Dermatophytose zu Beginn der Diagnostik ausgeschlossen werden, und die zytologische Untersuchung zeigt nur Sekundärinfektionen oder eosinophile Entzündungen, was weder spezifisch noch besonders nützlich ist. Diese Fälle weisen in der Regel eines der vier für Pruritus typischen klinischen Muster auf und sollten systematisch untersucht werden. Der erste Schritt ist ein Therapieversuch gegen Flöhe, die bei den ersten Untersuchungen auf Ektoparasiten möglicherweise nicht identifiziert wurden. Eine positive Reaktion auf den Versuch deutet auf eine Flohbiss-Überempfindlichkeit hin.

6 **Eine Eliminationsdiät durchführen.**

Bleibt der therapeutische Versuch gegen Flöhe erfolglos, wird in einem zweiten Schritt eine Eliminationsdiät mit neuen Proteinquellen oder einem hydrolysierten Futter verordnet, die mindestens acht Wochen lang durchgeführt werden muss. Wenn die Katze die Diät besser verträgt, ist eine Überprüfung mit dem vorherigen Futter erforderlich, um eine unerwünschte Reaktion auf das Futter zu diagnostizieren.

7 Nachdem Nahrung als Ursache für den Juckreiz ausgeschlossen wurde, bleibt dem Arzt nur noch die mögliche Diagnose eines atopischen Syndroms bei Katzen. Es gibt verschiedene Behandlungsmöglichkeiten für Umweltallergien bei Katzen, und die Diagnose wird durch das Ansprechen auf die Behandlung bestätigt.

Je nach Anamnese und klinischer Präsentation kann in einigen Fällen ein Verhaltensproblem vermutet werden, insbesondere, wenn die Katze eine selbst herbeigeführte Alopezie oder eine ulzerative Dermatitis am dorsalen Hals aufweist. In anderen Fällen kann ein neurologisches Problem wie das feline Hyperästhesie-Syndrom in Betracht gezogen werden und muss untersucht werden. Diese Erkrankungen werden in der Regel nur behandelt, wenn alle anderen Differenzialdiagnosen ausgeschlossen wurden und die Katze nicht auf die Behandlung des felinen atopischen Syndroms anspricht.

Literatur

1. Metz M, Grundmann S, Stander S. Pruritus: an overview of current concepts. Vet Dermatol. 2011;22:121–31.
2. Gnirs K, Prelaud P. Cutaneous manifestations of neurological diseases: review of neuropathophysiology and diseases causing pruritus. Vet Dermatol. 2005;16:137–46.
3. Beaver BV. Feline behavior. A guide for veterinarians. 2. Aufl. St. Louis: WB Saunders; 2003.
4. Bowen J, Heath S. Behaviour problems in small animals. Practical advice for the veterinary team. Philadelphia: Elsevier Saunders; 2005.
5. Eckstein RA, Hart BL. The organization and control of grooming in cats. Appl Anim Behav Sci. 2000;68:131–40.
6. Grant D, Rusbridge C. Topiramate in the management of feline idiopathic ulcerative dermatitis in a two-year-old cat. Vet Dermatol. 2014;25:226–e60.
7. Titeux E, Gilbert C, Briand A, Cochet-Faivre N. From feline idiopathic ulcerative dermatitis to feline behavioral ulcerative dermatitis: grooming repetitive behavior indicators of poor welfare in cats. Front Vet Sci. 2018. https://doi.org/10.3389/fvets.2018.00081.
8. Rusbridge C, Heath S, Gunn-Moore D, Knowler SP, Johnston N, McFadyen AK. Feline orofacial pain syndrome (FOPS): a retrospective study of 113 cases. J Feline Med Surg. 2010; 12:498–508.
9. Mauldin EA, Morris DO, Goldschmidt MH. Retrospective study: the presence of *Malassezia* in feline skin biopsies. A clinicopathological study. Vet Dermatol. 2002;13:7–14.
10. Moriello KA, Coyner K, Paterson S, Mignon B. Diagnosis and treatment of dermatophytosis in dogs and cats.: clinical consensus guidelines of the world Association for Veterinary Dermatology. Vet Dermatol. 2017;28(3):266–8.
11. Hobi S, Linek M, Marignac G, et al. Clinical characteristics and causes of pruritus in cats: a multicentre study on feline hypersensitivity-associated dermatoses. Vet Dermatol. 2011; 22:406–13.
12. Buckley L, Nuttall T. Feline eosinophilic granuloma complex(ITIES): some clinical clarification. J Feline Med Surg. 2012;14:471–81.
13. Rosenberg AS, Scott DW, Erb HN, McDonough SP. Infiltrative lymphocytic mural folliculitis: a histopathological reaction pattern in skin-biopsy specimens from cats with allergic skin disease. J Feline Med Surg. 2010;12:80–5.
14. Noli C, Colombo S, Abramo F, Scarampella F. Papular eosinophilic/mastocytic dermatitis (feline urticaria pigmentosa) in Devon rex cats: a distinct disease entity or a histopathological reaction pattern? Vet Dermatol. 2004;15:253–9.
15. Ngo J, Morren MA, Bodemer C, Heimann M, Fontaine J. Feline maculopapular cutaneous mastocytosis: a retrospective study of 13 cases and proposal for a new classification. J Feline Med Surg. https://doi.org/10.1177/1098612X18776141.
16. Yu HW, Vogelnest L. Feline superficial pyoderma: a retrospective study of 52 cases (2001–2011). Vet Dermatol. 2012;23:448–e86.

Weiterführende Literatur

Merriam-Webster Medical Dictionary (Anm.: für Definitionen). http://merriam-webster.com. Zugegriffen am 10.05.2018.

Albanese F. Canine and feline skin cytology. Cham: Springer International Publishing; 2017.

Goldsmith LA, Katz SI, Gilchrest BA, Paller AS, Leffell DJ, Wolff K. Fitzpatrick's dermatology in general medicine. 8. Aufl. New York: The McGraw-Hill Companies; 2012.

Miller WH, Griffin CE, Muller CKL. Kirk's small animal dermatology. 7. Aufl. St. Louis: Elsevier; 2013.

Noli C, Toma S. Dermatologia del cane e del gatto. 2. Aufl. Vermezzo: Poletto Editore; 2011.

Otitis

Tim Nuttall

Zusammenfassung

Otitis externa und Otitis media treten bei Katzen häufig auf, obwohl fast alle Infektionen sekundär sind. Die zugrunde liegenden Erkrankungen müssen diagnostiziert und behandelt werden, damit sie abklingen. Die Behandlung der Otitis bei Katzen unterscheidet sich von derjenigen bei Hunden. Es gibt große Unterschiede in der Anatomie des Ohres von Hunden und Katzen, obwohl es bei Katzen weniger Rassenunterschiede gibt. Die Rolle der primären, sekundären, prädisponierenden und perpetuierenden (PSPP-)Faktoren ist bei der Katzen-Otitis weniger klar, da es weniger prädisponierende und perpetuierende Probleme gibt. Die primäre Ätiologie der Otitis unterscheidet sich von der des Hundes, wobei Hypersensitivitätsdermatosen eine geringere Rolle spielen. Es gibt eine Vielzahl von katzenspezifischen Erkrankungen, darunter entzündliche Polypen, Zystoadenomatose sowie proliferative und nekrotisierende Otitis. Dieses Kapitel beschreibt die Anatomie und Physiologie der Ohren von Katzen, die Druchführung der klinischen Untersuchung, der Zytologie, der Kultur und der Bildgebung bei der Diagnose, die Ohrreinigung, die Behandlung der Otitis externa und der Otitis media sowie die Diagnose und Behandlung spezifischer Ohrenerkrankungen bei Katzen.

Einführung

Die Otitis bei Katzen erfordert einen anderen Ansatz für Diagnose und Behandlung als die Otitis bei Hunden. Die Ätiologie ist anders, und viele Bedingungen sind spezifisch für Katzen. Otitis ist bei Katzen weniger häufig und weniger mit häufigen

T. Nuttall (✉)
Royal (Dick) School of Veterinary Studies, Universität von Edinburgh, Roslin, UK
E-Mail: tim.nuttall@ed.ac.uk

Hauterkrankungen assoziiert als bei Hunden. So wurde beispielsweise bei 16 % [1] bis 20 % [2] der Katzen mit Hypersensitivitätsdermatitis eine Otitis festgestellt. Im Gegensatz dazu können bis zu 80 % der Hunde mit atopischer Dermatitis an einer rezidivierenden Otitis externa leiden [3]. Darüber hinaus ist der PSPP-Ansatz (primär, sekundär, prädisponierend und perpetuierend) bei Katzen im Vergleich zu Hunden weniger sinnvoll. Es stimmt zwar, dass Infektionen des Ohres immer sekundär sind und dass es eine Reihe definierter primärer Ursachen für Otitis bei Katzen gibt, aber die Rolle prädisponierender Faktoren und anhaltender Probleme bei der Entstehung der Otitis und dem Fortschreiten der chronischen Erkrankung ist weniger klar. Schließlich können Katzen empfindlicher auf Ototoxizität reagieren als Hunde, und topische Behandlungen und Ohrreiniger müssen mit Vorsicht ausgewählt und verwendet werden.

Es ist sehr wichtig zu erkennen, dass Katzen mit wiederkehrenden Ohrinfektionen ein zugrunde liegendes Problem haben – sie leiden nicht an einem Mangel an antimikrobiellen Mitteln! Ein übermäßiger Einsatz von antimikrobiellen Mitteln kann die Grunderkrankung verschleiern (die sich verschlimmern und schwieriger zu behandeln sein kann) und zu einer Resistenz gegen diese Mittel führen (was die künftige Behandlung erschweren kann). Eine erfolgreiche Behandlung erfordert die Diagnose und angemessene Behandlung der Hauptursache.

Anatomie und Physiologie

Die Anatomie des Gehörgangs der Katze ähnelt der des Hundes, wobei die Unterschiede zwischen den einzelnen Rassen und Individuen wesentlich geringer sind [4, 5] (Kap. Struktur und Funktion der Haut).

Die Ohrmuscheln

Mit Ausnahme einiger Rassen wie der Scottish Fold haben Katzen eine aufrechte Ohrmuschel. Die Haut der Ohrmuscheln und der Gehörgänge ist durchgehend mit der Haut des übrigen Körpers verbunden. Die Rückseite ist mit dicht behaarter Haut bedeckt, die lose mit dem darunter liegenden Knorpel verbunden ist. Die Haut auf der Ventralseite ist fest mit dem Knorpel verbunden. Die Haare, die am rostralen Rand der Ohrmuschel entstehen, falten sich über die Innenfläche und die Ohrkanalöffnung zurück und begrenzen wahrscheinlich das Eindringen von Fremdkörpern (Abb. 1). Die Berührung dieser Haare kann das Anlegen der Ohren oder Kopfschütteln auslösen. Bei langhaarigen Rassen können sie ausgedehnt sein. Die ventrale Oberfläche der Ohrmuschel ist ansonsten unbehaart. An der Basis der Ohrmuschel befindet sich eine komplexe Anordnung von Knorpelfalten. Die wichtigste davon ist der Tragus (Abb. 1), der den seitlichen Rand des vertikalen Gehörgangs bildet. Die Öffnung zum vertikalen Gehörgang befindet sich hinter dem Tragus.

Abb. 1 Die Innenfläche
der Ohrmuschel (rostral
links unten, kaudal rechts
oben). Blauer Pfeil –
Haare, die vom rostralen
Ohrmuschelrand ausgehen
und sich nach kaudal über
die Ohrmuschel erstrecken;
schwarzer Pfeil –
der Tragus

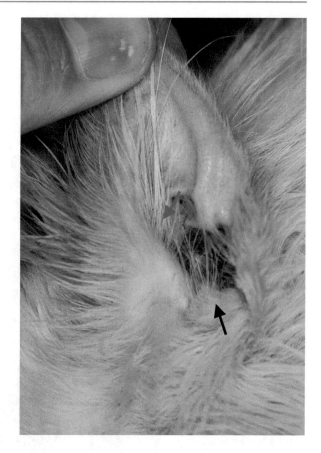

Gehörgänge und Cerumen

Die Haut der Gehörgänge ist durchgehend mit der der ventralen Ohrmuschel verbunden. Sie ist dünn, unbehaart und liegt eng an den darunter liegenden Gehör-
gangsknorpeln an. Der Ohrmuschelknorpel schließt an die Ohrmuschel an und bildet den vertikalen Gehörgang (Abb. 2). Er ist locker in Bindegewebe eingebettet
und einigermaßen beweglich. Der Ohrknorpel ist mit dem Ringknorpel durch Fasergewebe verbunden, das für eine gewisse Flexibilität und Beweglichkeit sorgt. Die
Verbindung ist als dorsale Kante sichtbar, die in das Gehörgangslumen hineinragt
(Abb. 3). Der Ringknorpel bildet den kurzen horizontalen Gehörgang aus und ist
durch Fasergewebe mit dem knöchernen äußeren Gehörgang verbunden. Dies verleiht ihm eine gewisse Flexibilität, aber der horizontale Gehörgang ist viel weniger
beweglich als der vertikale Gehörgang und die Ohrmuschel. Der horizontale Gehörgang hat in der Regel einen Durchmesser von 6–9 mm, was den Zugang für Otos-
kopkonen einschränken kann.

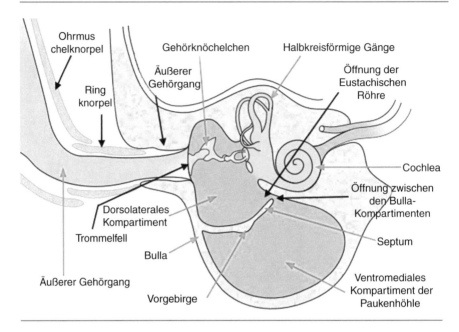

Abb. 2 Schematische Darstellung der äußeren Gehörgänge, des Mittelohrs und des Innenohrs

Abb. 3 Blick auf die Basis des vertikalen Gehörgangs. Der Pfeil zeigt den Grat oder die Kante an, die sich an der Verbindung zwischen dem vertikalen und dem horizontalen Gehörgang bildet

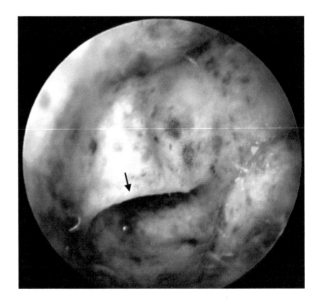

Cerumen ist in gesunden Katzenohren typischerweise spärlich und hat im Vergleich zu Hunden eine filmartige, cremige Konsistenz. Durch die seitliche Wanderung des Stratum corneum nach außen werden Cerumen, abgeschilferte Zellen und Ablagerungen zur Öffnung der Gehörgänge transportiert. Hier trocknet das Cerumen, löst sich ab und wird durch die normale Fellpflege entfernt.

Trommelfell

Das Trommelfell (Abb. 4) trennt die äußeren Ohrkanäle vom Mittelohr. Es befindet sich innerhalb des knöchernen äußeren Gehörgangs (Abb. 2) und ist horizontal in einem Winkel von dorso-lateral nach ventro-medial ausgerichtet, obwohl es bei einigen Katzen nahezu vertikal verlaufen kann. Die dorsale Pars flaccida ist schmal und viel weniger ausgeprägt als bei Hunden. Die Pars tensa bildet eine dünne, grauweiße, durchscheinende Membran mit ausgeprägten Streifen, die vom Manubrium des Malleus ausgehen. Der Malleus bildet eine weiße gerade oder leicht gebogene Struktur, die vom rostro-dorsalen Rand des Trommelfells nach ventral verläuft. Die Konkavität der Krümmung ist nach rostral gerichtet, aber weniger ausgeprägt als beim Hund. Der Malleus ist von einem Ring aus Blutgefäßen umgeben.

Mittelohr

Das Mittelohr (Abb. 2) ist durch einen knöchernen Schelf in ein ventro-mediales (Pars endotympanica) und ein dorso-laterales (Pars tympanica) Kompartiment unterteilt. Das dorso-laterale Kompartiment wird lateral durch das Trommelfell, dorsal durch die Aussparung des Epitympanicus und medial durch die Seitenwand der Cochlea begrenzt. Im Recessus epitympanicus befinden sich die Gehörknöchelchen und die Öffnungen zum Cochlea- (Hörfenster) und zum Vestibularis-System (Vestibularisfenster). Die Eustachische Röhre mündet in der medialen Wand des

Abb. 4 Normales Trommelfell bei einer gesunden Katze. A – Ansatz des Malleus; B – Pars flaccida; C – Pars tensa

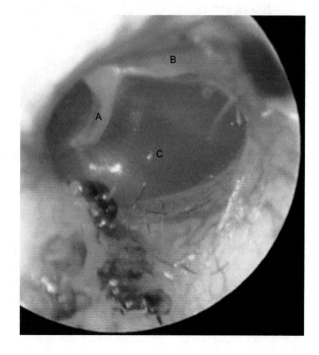

Mittelohrs in der Nähe des Ursprungs des knöchernen Schelfs und verbindet das Mittelohr mit dem Rachenraum. Ein sympathischer Nervenstamm verläuft in der Nähe der Öffnung der Eustachischen Röhre. Er ist bei Katzen recht oberflächlich und bei der Entfernung von Polypen, der Spülung des Mittelohrs und/oder der Behandlung einer Mittelohrentzündung (die zum Horner-Syndrom führen kann) verwundbar. Das Mittelohr ist mit einem Schleimhautepithel ausgekleidet, das mit dem der Eustachischen Röhre und des Rachens verbunden ist. Die Eustachische Röhre sorgt dafür, dass sich der Luftdruck über dem Trommelfell ausgleicht und der Schleim aus dem Mittelohr in den Rachen abfließen kann. Durch eine kleine Öffnung in der knöchernen Platte kann Schleim aus dem ventralen Bulla-Kompartiment durch die Eustachische Röhre abfließen.

Allgemeiner Ansatz bei Otitis

1. Die Infektion identifizieren und behandeln.
   - Identifizieren Sie über eine zytologische Untersuchung *Malassezia*, Bakterien und Entzündungszellen.
   - Legen Sie, falls erforderlich, eine Kultur an, um die Mikroorganismen und ihre Empfindlichkeit gegenüber antimikrobiellen Wirkstoffen zu analysieren.
2. Die Hauptursache identifizieren und behandeln.
   - Führen Sie eine gründliche Anamnese und eine umfassende klinische Untersuchung durch.
   - Untersuchen Sie die Gehörgänge auf klinische Läsionen, die Art des Ausflusses, Milben, Fremdkörper, entzündliche Polypen und Tumoren.
   - Untersuchen Sie das Trommelfell auf Anzeichen einer Ruptur und Otitis media.
3. Alle prädisponierenden und perpetuierenden Ursachen identifizieren und behandeln.
   - Klinische Bewertung des Ausmaßes und der Schwere der chronischen entzündlichen Veränderungen.
   - Ziehen Sie Röntgenaufnahmen, CT-Scans oder MRT-Scans in Betracht.

Diagnostische Verfahren

Untersuchung des Ohrs

Die Ohren sollten sorgfältig auf Anomalien untersucht werden. Bestimmte klinische Anzeichen sind oft sehr spezifisch für primäre Erkrankungen bei Ohrentzündungen von Katzen (siehe unten). Gesunde Ohren sollten frei beweglich, biegsam, nicht schmerzhaft und ohne Juckreiz sein und wenig bis keinen Ausfluss haben. Sehr feste, unbewegliche Gehörgänge sind oft irreversibel fibrosiert und/oder mineralisiert. Die Haut sollte blass, dünn und glatt sein. Die Gehörgänge sollten offen sein, mit einer dünnen, glatten und blassen Auskleidung, wenig bis keinem Ausfluss und einem normalen Trommelfell. Der geringe Durchmesser der Ohrkanäle von Katzen kann jedoch die otoskopische Untersuchung des horizontalen Gehörgangs erschweren. Bei erkrankten Ohren ist das Trommelfell möglicherweise nicht gut sichtbar. Dies sollte eine Behandlung nicht ausschließen, obwohl die Möglichkeit eines gerissenen Trommelfells in Betracht gezogen werden sollte. Eine vollständige Untersuchung kann daher eine Sedierung, Narkose, die Entfernung von Ausfluss und/oder eine Behandlung zur Öffnung des Gehörgangslumens erfordern. Trotzdem kann eine sorgfältige Untersuchung bei einer Katze bei Bewusstsein helfen, die Ursache der Otitis sowie das Ausmaß und den Schweregrad sekundärer Veränderungen ohne otoskopische Untersuchung festzustellen. Die Art des Ausflusses kann auf das wahrscheinliche Problem und/oder die Infektion hinweisen, aber das Aussehen des getrockneten Ausflusses an der Ohrmuschelöffnung kann irreführend sein, und frisches Material aus den Gehörgängen sollte untersucht werden.

Zytologie

Die zytologische Untersuchung ist in allen Fällen von Otitis obligatorisch, da sie die wahrscheinlichsten verursachenden Organismen identifizieren kann. Dies ist besonders nützlich bei Mischinfektionen, bei denen die Kultur mehrere Organismen mit unterschiedlichen Empfindlichkeitsmustern nachweisen kann. Die Proben sollten mit Tupfern oder Küretten aus dem Gehörgang entnommen werden. Milben lassen sich in dem in Mineralöl gesammelten Material unter 40-facher Vergrößerung nachweisen. Luftgetrocknetes oder hitzefixiertes Material, das mit einer modifizierten Wright-Giemsa-Färbung gefärbt wurde, kann unter starker Vergrößerung (400- oder 1000-fach, Ölimmersion) untersucht werden, um Zellen und Mikroorganismen zu erkennen.

Es ist wichtig, Biofilme zu erkennen, die dicke, dunkle und schleimige Exsudate bilden. Sie erscheinen in der Zytologie als unterschiedlich dickes, schleierartiges Material (Abb. 5a, b), das Bakterien und Zellen verdecken kann. Biofilme treten bei Mittelohrentzündungen immer häufiger auf. Viele Mikroorganismen können Biofilme bilden, die das Anhaften an der Epidermis des Gehörgangs, der Mittelohrschleimhaut und den umliegenden Haaren erleichtern. Sie hemmen auch antimikrobielle Wirkstoffe, indem sie einen physischen Schutz bieten und die Stoffwechselaktivität verändern. Das Ergebnis ist, dass viel höhere antimikrobielle Konzentrationen erforderlich sind, die durch In-vitro-Tests vorhergesagt werden – die minimale Hemmkonzentration (MHK, engl. *minimum inhibitory concentration*, MIC) wird also erhöht. Spezifische Anti-Biofilm-Maßnahmen (siehe unten) sollten in allen Fällen angewendet werden, in denen sie angetroffen werden.

Die Anzahl der Hefen, Kokken, Stäbchen, Neutrophilen und Epithelzellen sollte ermittelt werden. Staphylokokken (Abb. 5b) und *Malassezia* spp. (Abb. 6) sind leicht zu identifizieren, und eine gute Einschätzung ihrer wahrscheinlichen Empfind-

Abb. 5 a Das typische
dunkle, dicke und
schleimige Aussehen von
Biofilmen aus den
Gehörgängen; **b** eine
Biofilm-assoziierte
Staphylokokkeninfektion
mit kokkoiden Bakterien,
die in eine schleierartige
Matrix eingebettet sind
(Rapi-Diff II®-Färbung;
400-fache Vergrößerung).
Staphylokokken bilden
typischerweise Paare,
4er-Gruppen und
unregelmäßige Klumpen

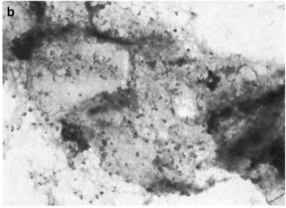

Abb. 6 *Malassezia*-Otitis
mit einer großen Anzahl
von knospenden Hefen
(Rapi-Diff II®-Färbung;
400-fache Vergrößerung)

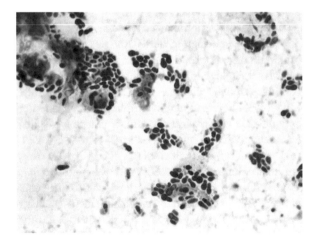

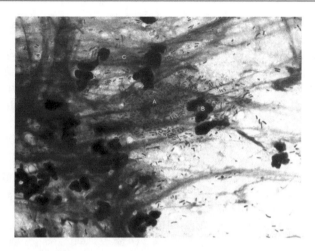

Abb. 7 *Pseudomonas*-Otitis mit einer großen Anzahl von Stäbchenbakterien (A) und Neutrophilen (B), eingebettet in eine schleimige Matrix (C), die einem Biofilm entspricht. Alle Bakterien, die mit modifizierten Wright-Giemsa-Färbungen versetzt werden, färben sich dunkelblau – ihre gramnegative Identität kann nur vermutet werden (Rapi-Diff II®-Färbung; 400-fache Vergrößerung)

lichkeit kann auf der Grundlage von Kenntnissen zu lokalen Resistenzmustern und früheren Behandlungen vorgenommen werden. Gramnegative Bakterien (Abb. 7) hingegen sind allein anhand der Zytologie schwieriger zu unterscheiden.

Bakterienkulturen und Empfindlichkeitstests gegenüber antimikrobiellen Wirkstoffen

Bakterienkulturen und Empfindlichkeitstests sind in den meisten Fällen von Otitis externa nicht erforderlich, wenn eine topische Therapie durchgeführt wird, da die Antibiotikakonzentration in diesen Produkten die minimale Hemmkonzentration (MHK) für die Bakterien bei Weitem übersteigt.

Bei der Interpretation der Ergebnisse zur Antibiotikaempfindlichkeit und -resistenz ist große Vorsicht geboten, da die Anhaltspunkte für Empfindlichkeit und Resistenz auf den Konzentrationen im Gewebe nach systemischer Behandlung beruhen. Dies bedeutet nicht zwangsläufig, dass die Bakterien gegen das Antibiotikum resistent sind, da ausreichend hohe Antibiotikakonzentrationen, wie sie bei der topischen Therapie erreicht werden, immer noch die MHK überschreiten können. Empfindlichkeitsdaten sind daher sehr wenig aussagekräftig für das Ansprechen auf topische Medikamente, da die Konzentrationen im Gehörgang viel höher sind. Das Ansprechen auf die Behandlung lässt sich am besten anhand der klinischen Symptome und der zytologischen Untersuchung beurteilen.

Bakterienkulturen können helfen, die an der Infektion beteiligten Bakterien zu identifizieren. Dies kann bei weniger häufigen Organismen nützlich sein, die in der Zytologie schwer zu differenzieren sind und/oder deren Empfindlichkeitsmuster gegenüber antimikrobiellen Wirkstoffen weniger vorhersehbar sind.

Daten zur Empfindlichkeit gegenüber Antibiotika sollten zur Vorhersage der Wirksamkeit systemischer Medikamente herangezogen werden, falls diese eingesetzt werden (z. B. bei Otitis media), obwohl die Konzentration im Ohrgewebe niedrig sein kann und hohe Dosen erforderlich sind. Darüber hinaus erhöhen Biofilme, die die antimikrobielle Penetration und Wirksamkeit hemmen, effektiv die In-vivo-MHK, was bedeutet, dass In-vitro-Tests die antimikrobielle Empfindlichkeit überbewerten.

Diagnostische Bildgebung

Zu den bildgebenden Diagnoseverfahren gehören Röntgen, CT und MRT. Die Röntgenaufnahme (Abb. 8) ist das am weitesten verbreitete, aber das am wenigsten empfindliche. Eine vollständige Serie sollte dorso-ventrale, laterale, rechts- und linksseitige Schrägaufnahmen und, falls erforderlich, rostro-kaudale Aufnahmen mit offenem Mund umfassen [6]. CT-Scans (Abb. 9) sind weniger weit verbreitet, aber sie sind schnell, können unter Sedierung durchgeführt werden und sind sehr exakt für knöcherne und Weichteilveränderungen. Die Nachkontrastauswertung von knochen- und weichteilgewichteten Aufnahmen kann das Ausmaß und den Schweregrad der Entzündung aufzeigen und die Gewebedichte (z. B. festes Gewebe, Fett und Flüssigkeit) differenzieren. Die MRT eignet sich am besten für die Beurteilung der Weichteile und Nerven um die Ohren herum, bildet aber knöcherne Strukturen nicht ausreichend ab.

Abb. 8 Rostro-kaudales Röntgenbild einer Katze mit einseitiger Otitis media. Die linken Mittelohrkompartimente haben ein normales dunkles, luftgefülltes Aussehen. Das rechte Mittelohr ist mit undurchsichtigem Material gefüllt, das mit Weichteilgewebe oder Flüssigkeit übereinstimmt

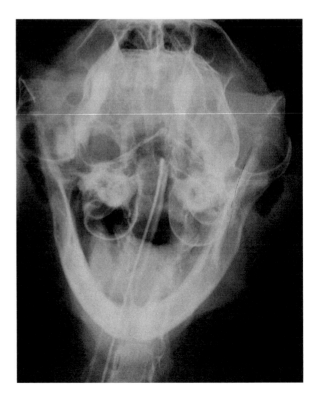

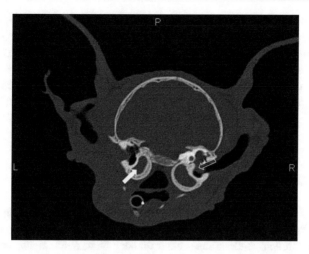

Abb. 9 CT-Scan einer Katze mit bilateraler Otitis media. Es ist eine Verdickung der Bulla tympanica zu erkennen, die auf eine chronische Entzündung hindeutet (vgl. die Bulla-Wände in Abb. 8). Die ventralen Kompartimente sind mit Weichgewebe gefüllt, das sich bei der Dichteanalyse als Flüssigkeit herausstellte. Das rechte dorsale Kompartiment ist ebenfalls mit weichem Gewebe gefüllt, das sich als fest erwies. Die Katze hatte einen entzündlichen Polypen im rechten Ohr und eine mukoide Stauung in den ventralen Bullae in beiden Ohren

Ohrreinigung und Ohrspülung

Durch die Ohrreinigung werden Ablagerungen und Mikroben aus dem Gehörgang entfernt [4, 5, 7]. Einige Ohrreiniger haben ein breites Spektrum an antimikrobieller Aktivität [8]. Sehr wachshaltige oder exsudative Ohren sollten während der Behandlung täglich gereinigt werden, was jedoch nicht notwendig ist, wenn weniger Ablagerungen vorhanden sind. Es ist wichtig, den Besitzern wirksame Ohrreinigungstechniken zu zeigen.

Ohrreiniger

Ceruminolytische (Ablagerungen von der Epidermis lösende) und ceruminosolvente (Cerumen aufweichende) Reinigungsmittel (z. B. Propylenglykol, Lanolin, Glycerin, Squalan, butyliertes Hydroxytoluol, Cocamidopropylbetain und Mineralöle) sind nützlich, um trockene wachsartige Ablagerungen und/oder Wachsablagerungen aufzuweichen und zu entfernen. Ohrreiniger auf der Basis von Tensiden (z. B. Docusat-Natrium, Calciumsulfosuccinat und ähnliche Detergenzien) sind bei seborrhoischen und eitrigen Ohren besser geeignet. Tris-EDTA hat nur eine sehr geringe ceruminolytische oder reinigende Wirkung, wirkt aber bei eitrigen Ohren mit Geschwüren lindernd und ist sicherer, wenn das Trommelfell gerissen ist. Adstringenzien (z. B. Isopropylalkohol, Borsäure, Benzoesäure, Salicylsäure, Schwefel, Aluminiumacetat, Essigsäure und Siliciumdioxid) können dazu beitragen, die

Mazeration der Epithelauskleidung des Gehörgangs zu verhindern. Antimikrobielle
Mittel (z. B. *p*-Chlormaxylenol [PCMX], Chlorhexidin und Ketoconazol) können
zur Behandlung und Vorbeugung von Infektionen beitragen. Tris-EDTA hat an sich
nur eine geringe antimikrobielle Wirkung, hohe Konzentrationen können jedoch die
Wirkung von Antibiotika und Chlorhexidin verstärken [9, 10]. Ohrreiniger sollten
bei Katzen mit einer gewissen Vorsicht verwendet werden, da einige Inhaltsstoffe
(z. B. Detergenzien, Säuren und Alkohole) die Ohren reizen und/oder ototoxisch
sein können.

Ohrspülung

Eine gründliche Ohrspülung unter Vollnarkose ist die einzige Möglichkeit, den tieferen
Gehörgang und das Mittelohr zu reinigen [4, 5, 7]. Ein Katerkatheter, ein Harnkatheter
oder eine Ernährungssonde können unter direkter Sicht durch einen Operationskopf
oder vorzugsweise ein Video-Otoskop in die Gehörgänge und, falls erforderlich, in das
Mittelohr eingeführt werden. Die größere Länge, der geringere Durchmesser, die Vergrößerung und die visuelle Klarheit eines Video-Otoskops machen das Verfahren viel
einfacher, genauer und sicherer. Die Ohrspülung sollte mit Kochsalzlösung oder Wasser durchgeführt werden, um das Risiko einer Ototoxizität oder eines Horner-Syndroms zu minimieren. Diese wird in die Gehörgänge und/oder das Mittelohr gespült
und aspiriert, bis es sauber ist. Es kann notwendig sein, anfangs ein Ceruminolytikum
zu verwenden, um hartnäckige Ablagerungen aufzuweichen und zu lösen, aber dieses
sollte anschließend sorgfältig und gründlich ausgespült werden.

Myringotomie

Eine Myringotomie (absichtliche Ruptur des Trommelfells) sollte in Betracht gezogen werden, wenn das Trommelfell intakt ist, aber Anzeichen einer Mittelohr-
erkrankung vorliegen (z. B. klinische Anzeichen, anormales Trommelfell und/oder
bildgebende Befunde) [4, 5, 7]. Mit einem Katheter, einem Stilett, einer Spinalnadel
oder einer Kürette kann der ventro-laterale Teil des Trommelfells punktiert werden
(Abb. 4). Dadurch werden die wichtigen Strukturen in der Aussparung des Epi-
tympanons umgangen. Der Zugang zur dorso-lateralen Bulla tympanica ist nur über
das Trommelfell möglich, da die knöcherne Platte (die zwar eine gewisse Kommunikation zulässt) einen direkten Zugang zum ventro-medialen Kompartiment verhindert.

Krankheiten der Ohrmuschel

Erkrankungen der Ohrmuschel (Tab. 1) sind bei Katzen relativ häufig. Sie sind
normalerweise mit allgemeineren Hauterkrankungen verbunden, die an anderer Stelle
in diesem Buch ausführlich behandelt werden. Im Gegensatz zu den spezifischeren
Ursachen der Otitis media betreffen diese Erkrankungen selten die Gehörgänge.

Tab. 1 Erkrankungen der Ohrmuschel

Alopezie	Hyperadrenocortizismus
	Hypothyreose (sehr selten)
	Dermatophytose
	Demodex spp. (selten)
	Follikuläre Dysplasie (Devon-Rex-Katzen)
	Lymphozytäre und andere murale Follikulitis
	Alopecia mucinosa
Pruritische und eosinophile Dermatitis	Überempfindlichkeit gegen Mückenstiche
	Andere Stechinsekten (einschließlich Kaninchenflöhe)
	Dermatitis an Kopf und Hals
	Eosinophiler Granulom-Komplex
	Notoedres cati und *Sarcoptes scabiei* (selten)
Pusteln und Krustenbildung	Pemphigus foliaceus
Nekrose und Geschwürbildung	Reaktionen auf Medikamente
	Vaskulitis
	Kälteagglutinin-Krankheit
	Frostbeulen
Verdickung, Schuppung und Pigmentierung (mit oder ohne Verzerrung)	Aktinische Keratose
	Horn der Haut
	Multizentrisches Plattenepithelkarzinom *in situ* (Bowen'sche Krankheit)
	Chondritis der Ohrmuscheln
Knötchen und Geschwüre	Plattenepithelkarzinom
Knötchen, Geschwüre und Sinustrakte	Abszess oder Zellulitis durch Katzenbiss
	Auralhämatom (selten)
	Cryptococcus spp. und andere tiefe Pilzinfektionen
	Tiefe bakterielle Infektionen (z. B. *Actinomyces* und *Nocardia* spp.)
	Mykobakterielle Infektionen

Otitis externa

Klinische Anzeichen

Zu den klinischen Anzeichen einer Otitis externa gehören Juckreiz, Kopfschütteln, Entzündung und Ausfluss. Die Einteilung in erythroceruminöse und eitrige Otitis ist weniger eindeutig als bei Hunden. Wachsartiger ceruminöser bis seborrhoischer Ausfluss kann steril sein oder *Malassezia* oder (seltener) eine bakterielle Überwucherung beinhalten (d. h., es gibt keine Neutrophilen oder andere entzündliche Exsudate). Die eitrige Otitis ist relativ häufiger als bei Hunden (wo die erythrozeruminöse Otitis überwiegt). Eine schwere ulzerative Pseudomonas-Otitis ist bei Katzen jedoch ungewöhnlich.

Eine akute, einseitige Otitis externa kann bei Fremdkörpern auftreten, während eine chronische, einseitige Otitis auf eine Neoplasie oder einen entzündlichen Polypen hinweist. Eine bilaterale Otitis externa bei Katzen wird am häufigsten mit der otodiktischen Räude in Verbindung gebracht, chronische Fälle können jedoch auch mit unerwünschten Nahrungsmittelreaktionen oder anderen Überempfindlichkeitserkrankungen einhergehen.

Der PSPP-Ansatz

Ohrinfektionen sind fast immer sekundär auf primäre, prädisponierende und perpetuierende Faktoren zurückzuführen (PSPP-Ansatz, Tab. 2) [4, 5]. Die primäre Ursache der Otitis muss diagnostiziert und behandelt werden. Prädisponierende Faktoren lassen sich vielleicht nicht so leicht bekämpfen oder behandeln, sollten den Kliniker aber auf Tiere aufmerksam machen, bei denen die Wahrscheinlichkeit einer wiederkehrenden Otitis größer ist als bei anderen. Mit Ausnahme von übermäßiger Reinigung oder Medikation sind diese Faktoren bei Katzen jedoch weniger wichtig als bei Hunden. Werden nicht alle Ursachen einer Otitis externa behandelt, kommt es häufig zu einer rezidivierenden chronischen Otitis. Die Ursachen können sich im Laufe der chronischen Otitis verändern und schließlich zu irreversiblen Veränderungen führen, die eine vollständige Abtragung des Gehörgangs erfordern.

Bakterielle und Malassezia-Infektionen

Am häufigsten sind Staphylokokken (z. B. *Staphylococcus pseudintermedius* und *S. felis*), aber auch andere Organismen wie Streptokokken, *Pasteurella multocida*,

Tab. 2 Primäre, prädisponierende und perpetuierende Faktoren bei Otitis externa

Primär (die eigentliche Ursache der Ohrerkrankung)	*Otodectes cynotis* *Demodex* spp. (selten) Fremdkörper (selten) Unerwünschte Reaktionen auf Lebensmittel Atopisches Syndrom bei Katzen (atopische Dermatitis bei Katzen) Entzündete Polypen Zystoadenomatose Proliferative und nekrotisierende Otitis Neoplasie der Cerumen-Drüse Seborrhoische Otitis
Prädisponierend (macht eine Mittelohrentzündung wahrscheinlicher oder wahrscheinlicher, dass sie schwer ist)	Körperbau (z. B. hängende, haarige, schmale Ohren und Ohrmuscheln; selten bei Katzen) Schwimmen (sehr selten bei Katzen) Mazeration oder Reizung des Kanalepithels durch Reinigung oder Medikamente
Perpetuierend (Auflösung verhindernd)	Chronische pathologische Veränderungen (z. B. verminderte Epithelmigration, Talg- und Cerumenhyperplasie, vermehrter Ausfluss, Ödeme, Fibrose, Verdickung und Stenose sowie Verkalkung) Mittelohrentzündung

E. coli, Klebsiella pneumoniae und/oder *Proteus, Pseudomonas, Corynebakterien* und *Actinomyces* spp. können auftreten [4, 5]. Bakterielle Mischinfektionen werden häufig beobachtet. Viele Staphylokokken und gramnegative Stämme können Biofilme bilden [11]. Diese hemmen die Reinigung, verhindern das Eindringen und die Wirkung von antimikrobiellen Mitteln (was die MHK effektiv erhöht) und bilden ein geschütztes Bakterienreservoir (Abb. 5 und 7). Sie können auch die Entwicklung einer antimikrobiellen Resistenz fördern, insbesondere bei gramnegativen Bakterien, die schrittweise Resistenzmutationen gegen konzentrationsabhängige Antibiotika erwerben.

Antimikrobielle Behandlung der ersten Wahl

Im Allgemeinen sind topische antimikrobielle Wirkstoffe zur Behebung einer Otitis externa wirksamer als orale Antibiotika (Tab. 3). Hohe Konzentrationen des Wirkstoffs (in der Regel im Bereich Milligramm/Milliliter) können eine offensichtliche Antibiotikaresistenz überwinden. Es ist wichtig, eine angemessene Menge zu verwenden, um in die Gehörgänge einzudringen – 0,5–1 ml ist für die meisten Katzen ausreichend, bei sehr kleinen Tieren kann dies jedoch zu viel sein.

Die Wirksamkeit von konzentrationsabhängigen Wirkstoffen (z. B. Fluorchinolone und Aminoglykoside) hängt davon ab, dass einmal täglich Konzentrationen von mindestens dem 10-Fachen der MHK erreicht werden. Zeitabhängige Arzneimittel (Penicilline und Cephalosporine) erfordern Konzentrationen über der MHK während mindestens 70 % des Dosierungsintervalls. Dies lässt sich mit

Tab. 3 Topische antimikrobielle Mittel der ersten Wahl

Fusidinsäure	Nur grampositive Wirksam gegen MRSA und MRSP Synergistisch mit Framycetin gegen grampositive Bakterien
Florfenicol	Breites Wirkungsspektrum, aber nicht wirksam gegen *Pseudomonas* spp.
Polymyxin B	Breites Wirkungsspektrum und wirksam gegen *Pseudomonas* spp. Wird durch organische Verunreinigungen inaktiviert und benötigt einen sauberen Gehörgang Synergistisch mit Miconazol gegen gramnegative Bakterien
Gentamicin	Breites Wirkungsspektrum und wirksam gegen *Pseudomonas* spp.
Neomycin	Breites Wirkungsspektrum, aber begrenzte Wirksamkeit gegen *Pseudomonas* spp.
Fluorchinolone	Breites Wirkungsspektrum und wirksam gegen *Pseudomonas* spp. Additive Aktivität mit Silbersulfadiazin gegen *Pseudomonas* spp.
Nystatin Terbinafin Clotrimazol Miconazol Posaconazol	Breitspektrum-Antimykotika

MRSA Methicillin-resistenter *Staphylococcus aureus*, *MRSP* Methicillin-resistenter *S. pseudintermedius*

einer topischen Therapie leicht erreichen, bei der hohe lokale Konzentrationen erreicht werden, die wahrscheinlich auch bei fehlendem systemischen Stoffwechsel bestehen bleiben. Die meisten topischen Medikamente dürften bei einmal täglicher Verabreichung wirksam sein, obwohl einige für die zweimal tägliche Verabreichung zugelassen sind. Produkte, die für die Anwendung bei Hunden zugelassen sind, sollten bei Katzen mit Vorsicht eingesetzt werden, da eine Ototoxizität möglich ist.

Topische Antibiotikabehandlung von multiresistenten Bakterien

Wenn die Bakterien in der zytologischen Untersuchung trotz ein- bis zweiwöchiger angemessener Behandlung fortbestehen, sollte eine Antibiotikaresistenz vermutet werden. Weitere Gründe für ein Scheitern der Behandlung sind Polypen, Neoplasien, Fremdkörper und andere Grunderkrankungen, Ablagerungen, Biofilme und eine unzureichende Reinigung der Ohren, Stenosen, Otitis media und andere Faktoren, die die Behandlung behindern, sowie eine schlechte Compliance. *Pseudomonas* sind von Natur aus gegen viele Antibiotika resistent und entwickeln leicht weitere Resistenzen, wenn die Behandlung unwirksam ist. Es gibt eine Reihe von Ansätzen zur Behandlung multiresistenter Infektionen (Tab. 4), von denen jedoch keiner für Katzen zugelassen ist und die mit Vorsicht eingesetzt werden müssen.

Tab. 4 Antibiotika, die bei multiresistenten Infektionen nützlich sind

Antibiotikum	Behandlungsregime
Ciprofloxacin	0,2 % Sol. 0,15–0,3 ml/Ohr alle 24 h
Enrofloxacin	2,5 %ige injizierbare Sol. 1:4 mit TrizEDTA, Kochsalzlösung oder Epi-Otic® topisch alle 24 h verdünnt; 22,7 mg/ml Sol. 0,15–0,3 ml/Ohr alle 24 h
Marbofloxacin	1 %ige, injizierbare Sol., 1:4 mit Kochsalzlösung oder TrizEDTA verdünnt, topisch alle 24 h; 2 mg/ml in TrizEDTA topisch alle 24 h; 20 mg/ml Sol. 0,15–0,3 ml/Ohr alle 24 h
Clavulanat-Ticarcillin[a]	16 mg/ml in TrizEDTA topisch alle 24 h; rekonstituierte injizierbare Sol. 0,15–0,3 ml/Ohr alle 12 h; 160 mg/ml Sol. 0,15–0,3 ml/Ohr alle 12 h; potenziell ototoxisch
Ceftazidim[a]	10 mg/ml in TrizEDTA topisch alle 24 h; 100 mg/ml 0,15–0,3 ml/Ohr alle 12 h
Silbersulfadiazin	Verdünnung auf 0,1–0,5 % in Kochsalzlösung; additive Wirkung mit Gentamicin und Fluorchinolonen
Amikacin	2 mg/ml in TrizEDTA topisch alle 24 h; 50 mg/ml 0,15–0,3 ml/Ohr alle 24 h; bei Resistenz gegen andere Aminoglykoside bleibt die Empfindlichkeit erhalten; potenziell ototoxisch
Gentamicin	3,2 mg/ml in TrizEDTA topisch alle 24; Ototoxizität möglich, aber unüblich

[a]Rekonstituierte Sol. bis zu 7 Tage bei 4 °C oder 1 Monat gefroren haltbar

Tris-EDTA

Tris-EDTA schädigt die bakteriellen Zellwände und erhöht die Wirksamkeit des Antibiotikums, wodurch eine partielle Resistenz überwunden werden kann. Es wird am besten 20–30 min vor dem Antibiotikum verabreicht, kann aber auch gleichzeitig verabreicht werden. Es ist gut verträglich und nicht ototoxisch. Tris-EDTA zeigt eine additive Wirkung mit Chlorhexidin, Gentamicin und Fluorchinolonen in hohen Konzentrationen [9, 10, 12].

Behandlung von Biofilmen und Schleim

Biofilme können durch gründliches Spülen und Absaugen physisch aufgebrochen und entfernt werden. Topisches Tris-EDTA und *N*-Acetylcystein (NAC) können Biofilme aufbrechen, ihre Entfernung erleichtern und die Penetration von antimikrobiellen Mitteln verbessern. NAC ist jedoch potenziell reizend (insbesondere in Konzentrationen über 2 %). Systemisches NAC (600 mg zweimal täglich oral) kann dazu beitragen, Biofilme im Mittelohr aufzulösen. Systemisches NAC und Bromhexin (1–2 mg/kg oral alle 12 h) können den Schleim verflüssigen und so die Drainage bei Otitis media aufgrund chronischer Schleimhautentzündungen durch entzündliche Polypen (siehe unten) erleichtern.

Systemische antimikrobielle Therapie

Eine systemische Therapie kann bei Otitis externa weniger wirksam sein, da sich die Bakterien nur im äußeren Gehörgang und im Cerumen befinden, kein entzündlicher Ausfluss vorhanden ist und das Eindringen in das Lumen schlecht ist. Eine systemische Behandlung ist angezeigt, wenn der Gehörgang nicht topisch behandelt werden kann (z. B. bei Stenose oder Compliance-Problemen, oder wenn der Verdacht auf topische Nebenwirkungen besteht) und bei Otitis media. Hohe Dosen von Wirkstoffen mit guter Gewebepenetration (z. B. Clindamycin oder Fluorchinolone) sollten in Betracht gezogen werden. Orales Itraconazol (5 mg/kg einmal täglich) kann verabreicht werden, wenn eine systemische antimykotische Therapie angezeigt ist.

Otitis media

Ätiologie und Pathogenese

Otitis media kann primär oder sekundär sein. Entzündliche Polypen (siehe unten) sind die häufigste Ursache einer primären Otitis media bei Katzen. Eine chronische Otitis externa kann zu einer Mazeration und Ruptur des Trommelfells führen

(Abb. 10), insbesondere bei einer Verengung des horizontalen Gehörgangs und gramnegativen bakteriellen Infektionen. Chronische Infektionen der oberen Atemwege führen zu Entzündungen und einer verstärkten bakteriellen Besiedlung des Nasen-Rachen-Raums, die bis in die Eustachische Röhre aufsteigen kann. Seltener können Infektionen von retrobulbären oder paraauralen Abszessen oder anderen schweren lokalen oder systemischen Infektionen auf das Mittelohr übergreifen. Mittelohrinfektionen können durch das Trommelfell in den Gehörgang eindringen oder sich auf das paraaurale Gewebe und/oder das zentrale Nervensystem ausbreiten.

Klinische Anzeichen

Die klinischen Anzeichen einer Mittelohrentzündung können chronisch, mild und vage sein, bis sich neurologische Defizite zeigen (Tab. 5; Abb. 11 und 12).

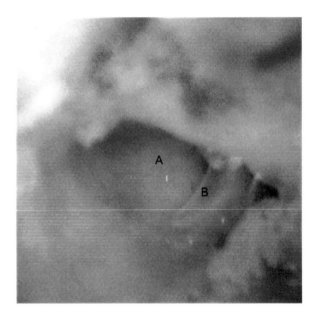

Abb. 10 Gerissenes Trommelfell bei einer Katze mit chronischen Infektionen der oberen Atemwege und des Mittelohrs. Die Mittelohrschleimhaut (A) ist hinter dem Malleus (B) sichtbar

Tab. 5 Klinische Anzeichen in Zusammenhang mit Otitis media bei Katzen

Mittelohrentzündung	Neurologische Defizite
Kopfschütteln, Reiben oder Kratzen Dumpfheit und Schmerzen; vermeidet möglicherweise harte Speisen und den Umgang mit dem Kopf Verminderte Fähigkeit, Geräusche zu lokalisieren (unilateral) Taubheit (beidseitig)	Horner-Syndrom (Miosis, partielle Ptosis und scheinbarer Enophthalmus); Truncus sympathicus Ataxie und Nystagmus; peripheres vestibuläres Syndrom Fazialisparese; Nervus facialis

Abb. 11 Kopfneigung bei einer Katze mit Otitis media in Verbindung mit einer Pasteurella-Infektion

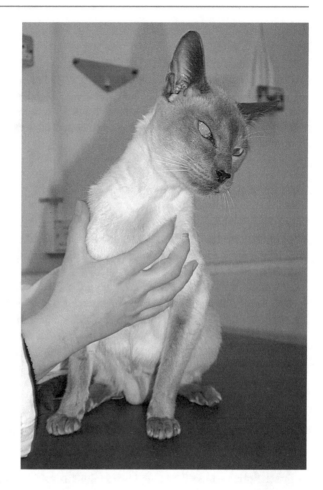

Abb. 12 Horner-Syndrom bei einer Katze mit Otitis media aufgrund eines entzündlichen Polypen

Diagnose

Die Diagnostik erfolgt durch Otoskopie und Myringotomie, um ein anormales Trommelfell und/oder Flüssigkeit oder Ablagerungen im Trommelfell nachzuweisen. Bildgebende Verfahren wie Röntgen, CT oder MRT sind nützlich, wenn eine Stenose die otoskopische Untersuchung einschränkt, und zeigen das Ausmaß der Otitis media sowie lytische, proliferative und/oder expansive Veränderungen im Trommelfell.

Behandlung

Viele Fälle von Otitis media lassen sich mit medikamentöser Therapie beheben, aber in den meisten Fällen ist auch eine Spülung des Mittelohrs erforderlich. Wenn das Trommelfell intakt ist, ist eine Myringotomie erforderlich.

Systemische Antibiotika sollten auf der Grundlage von Bakterienkulturen aus dem Mittelohr ausgewählt werden, wobei die Fähigkeit des Antibiotikums, in das Mittelohr einzudringen, zu berücksichtigen ist. Die Penetration von Antibiotika in chronisch entzündete Ohren könnte schlecht sein, und hohe Dosen von Medikamenten mit einem hohen Verteilungsvolumen (z. B. Fluorchinolone) sollten in Betracht gezogen werden [13]. Die systemische Therapie kann eine Herausforderung darstellen, wenn die Empfindlichkeit gegenüber topischen und/oder parenteralen Medikamenten beschränkt ist. Topische Antibiotika und Glukocorticoide in Kochsalzlösung oder Tris-EDTA können direkt in das Mittelohr verabreicht werden; Gentamicin, Fluorchinolone, Ceftazidim und Dexamethason scheinen nicht spezifisch ototoxisch zu sein, wenn sie auf diese Weise verabreicht werden [5, 14]. Es ist unklar, wie lange diese Medikamente im Mittelohr verbleiben, aber da es sich im Wesentlichen um einen Sack mit blindem Ende handelt, sind die Medikamente wahrscheinlich einige Tage lang im Mittelohr aktiv. Die wiederholte Instillation von mg/ml-Lösungen alle 5–7 Tage könnte daher bei multiresistenten Infektionen, die auf eine orale Behandlung nicht ansprechen, nützlich sein. Die Behandlung sollte bis zur klinischen Besserung fortgesetzt werden, was in schweren Fällen 6–8 Wochen dauern kann. In geeigneten Fällen sollten auch orale oder topische Glukocorticoide und/oder Mukolytika verabreicht werden. Das Trommelfell heilt in der Regel innerhalb von zwei bis drei Wochen, wenn Infektion und Entzündung unter Kontrolle sind.

Chronische Otitis media, Osteomyelitis der Bulla tympanica, Cholesteatom und paraaurale Abszesse können auf eine medikamentöse Behandlung nicht ansprechen. In diesen Fällen ist eine vollständige Abtragung des Gehörgangs/eine laterale Bulla-Osteotomie erforderlich.

Fremdkörper

Klinische Anzeichen

Mögliche Fremdkörper sind Grashalme, Haare und andere organische Reste, Watte, Wattestäbchen und (gelegentlich) Bruchstücke von Kathetern oder Zangen. Diese verursachen unterschiedliche, akute und manchmal extreme Schmerzen und Juckreiz. In einigen Fällen kann es zu einer chronischen Otitis externa kommen, die nur schlecht auf eine Behandlung anspricht. Die meisten Fälle sind einseitig, aber es können auch bilaterale Fremdkörper auftreten. Fremdkörper können das Trommelfell durchdringen und eine Otitis media verursachen.

Diagnose

Bei der otoskopischen Untersuchung werden unterschiedliche Mengen an Entzündungen und Exsudaten festgestellt. Die Art des Exsudats hängt von der Sekundärinfektion ab. Große Fremdkörper sind in der Regel sichtbar, aber die Katze muss möglicherweise sediert oder betäubt werden, damit das Ohr gereinigt und der Gehörgang vollständig sichtbar gemacht werden kann. Zur Erkennung eines Fremdkörpers, der vollständig in das Mittelohr eingedrungen ist, kann eine erweiterte Bildgebung erforderlich sein.

Behandlung

Der Fremdkörper muss mit einer Pinzette und/oder einer Ohrenspülung entfernt werden. Es sollte darauf geachtet werden, dass er vollständig entfernt wird – winzige Fragmente, die zurückbleiben, können ausreichen, um das Problem aufrechtzuerhalten. Die Entzündung und die Sekundärinfektion müssen entsprechend behandelt werden (siehe oben), klingen aber in der Regel schnell ab, sobald der Fremdkörper entfernt ist.

Entzündete Polypen

Ätiologie und Pathogenese

Entzündliche Polypen sind eine häufige Ursache für Otitis media und externa bei Katzen [15]. Sie treten am häufigsten bei jungen Katzen auf, können aber auch bei älteren Tieren vorkommen. Sie sind meist einseitig, können aber auch beidseitig auftreten. Ihre Ätiologie ist nicht bekannt, es könnte sich jedoch um eine anormale Entzündungsreaktion auf die kommensale nasopharyngeale Mikroflora oder auf Virusinfektionen der Atemwege handeln (obwohl die Virusisolierung negativ war) [16].

Klinische Anzeichen

Die Polypen entstehen in der Regel in oder nahe der Öffnung der Eustachischen Röhre [15]. Sie können sich durch die Eustachische Röhre bis in den Nasenrachenraum ausbreiten und Schnarchen, eine veränderte Stimme, Niesen, Husten, Würgen und/oder Würgen verursachen. Polypen im Ohr führen in der Regel zu einer Otitis media (wenn das Trommelfell intakt ist; Abb. 12) und/oder einer Otitis externa (wenn das Trommelfell gerissen ist und der Polyp in die Gehörgänge hineinragt). Dies geht in der Regel mit einer bakteriellen Sekundärinfektion und einem eitrigen Ausfluss in den Gehörgängen einher (Abb. 13). Es ist ungewöhnlich, dass sich der Polyp in das ventro-mediale Kompartiment des Trommelfells ausdehnt. Dieses ist jedoch häufig mit Schleim gefüllt, der durch die Obstruktion der Eustachischen Röhre und des ableitenden Foramens durch den Polypen und die entzündete Schleimhaut entsteht (Abb. 9). Dieser kann stagnieren, inspiziert und/oder infiziert werden.

Diagnose

Eine Vorgeschichte mit einseitiger Otitis, eitrigem Ausfluss, Horner-Syndrom und/oder Otitis media deutet stark auf einen entzündlichen Polypen hin [15]. Der Polyp kann im Gehörgang (nach Reinigung des Ausflusses; Abb. 14) oder im Nasenrachenraum sichtbar sein (was in der Regel eine Sedierung und das Ziehen des weichen Gaumens nach rechts erfordert). Die diagnostische Bildgebung kann zur Bestätigung des Ausmaßes und der Schwere des Polypen und der Sekundärinfektion eingesetzt werden. Die Computertomografie (CT) hat eine wesentlich bessere

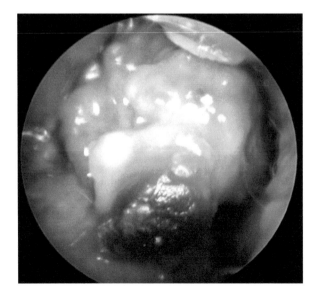

Abb. 13 Wachsartige und eitrige Ablagerungen im Gehörgang einer Katze mit einem entzündlichen Polypen. Der Polyp war erst zu sehen, als die Ablagerungen weggespült wurden. Wiederholte Antibiotikabehandlungen hatten zu einer MRSA-Infektion geführt

Abb. 14 Entzündeter
Polyp im horizontalen
Gehörgang

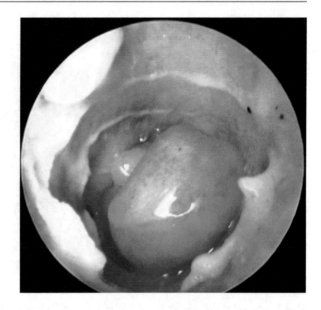

Sensitivität und Spezifität als die Röntgenaufnahme. Die Dichteanalyse der nach Knochen- und Weichteilgewebe gewichteten Vor- und Nachkontrast-CT-Bilder ermöglicht die Unterscheidung zwischen festem Polypengewebe und Flüssigkeit (Schleim und/oder Eiter) und zeigt Bereiche mit aktiver Entzündung oder Infektion (Abb. 9). Dies ermöglicht eine genaue Beurteilung des Ausmaßes des Polypen; während Röntgenaufnahmen beispielsweise den Eindruck erwecken können, dass alle Bereiche des Mittelohrs betroffen sind, kann eine CT-Untersuchung das tatsächliche Ausmaß des festen Polypen, der Schleimansammlung und der Beteiligung der Eustachischen Röhre zeigen. CT-Scans ermöglichen auch eine genauere Beurteilung von Veränderungen der knöchernen Strukturen des Paukenröhrchens und des Mittelohrs (z. B. Osteomyelitis, Sklerose, Proliferation und/oder Lyse). Dies kann für die Behandlungsplanung von entscheidender Bedeutung sein; so zeigen CT-Scans in den meisten Fällen, dass solide Polypen nicht in das ventrale Kompartiment hineinragen, was eine ventrale Bulla-Osteotomie unnötig macht. Wenn sich bei älteren Katzen eine polypenartige Masse entwickelt, sollten andere Tumorarten vermutet werden, und die Diagnose kann durch eine histopathologische Untersuchung bestätigt werden.

Behandlung

Polypen im Nasopharynx, im dorsolateralen Mittelohr und im äußeren Gehörgang können durch Zug mit einer Zange unter Narkose entfernt werden [17, 18]. Der Polyp wird mit einer Zange fest gegriffen und durch allmählichen, kontinuierlichen Zug aus dem Mittelohr herausgezogen. In der Regel können Polypen in einem Stück entfernt werden, manchmal sind jedoch mehrere Versuche erforderlich (Abb. 15).

Abb. 15 Entzündeter
Polyp (siehe Abb. 14) nach
Entfernung durch Traktion.
Der intakte Stiel zeigt an,
dass er erfolgreich und
intakt entfernt wurde

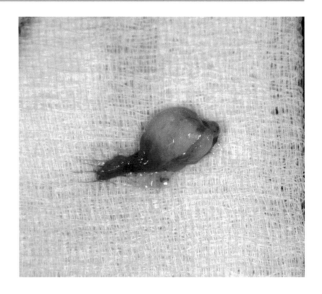

Das Drehen des Polypenstiels vor oder während des Zugs kann helfen, die Blutung zu begrenzen. Kleine Polypen im horizontalen Gehörgang können mit einer Alligatorenzange durch einen Operationskopf oder ein Video-Otoskop entfernt werden. Flachere Knötchen, die sich mit der Zange nur schwer fassen lassen, können mit einem Laser abgetragen werden (Abb. 16). Feste Polypen im ventro-medialen Bulla-Kompartiment müssen über eine ventrale Bulla-Osteotomie entfernt werden, was jedoch selten vorkommt.

Häufig liegen Otitis externa und media vor, und es sollte Material aus den Gehörgängen und dem Mittelohr für die Zytologie und Kultur gesammelt werden. Die Polypen selbst sind ausnahmslos steril. Die Gehörgänge und das Mittelohr sollten gespült und entsprechend behandelt werden (siehe Behandlung von Otitis externa und Otitis media oben).

Systemische Glukocorticoide (z. B. 2 mg/kg Prednisolon oder 0,2 mg/kg Dexamethason täglich bis zur Auflösung und dann langsam ausschleichend) reduzieren die Entzündung nach der Traktion, helfen bei der Öffnung des Bullaforamens und der Eustachischen Röhre und können dazu beitragen, die Rezidivrate zu verringern [19]. *N*-Acetylcystein (600 mg oral alle 12 h) oder Bromhexin (2 mg/kg alle 12 h) können helfen, den Schleim zu verflüssigen und die Drainage aus dem Mittelohr zu erleichtern.

Zu den möglichen Komplikationen gehören das Horner-Syndrom, das vestibuläre Syndrom und die Lähmung des Gesichtsnervs. Das Horner-Syndrom tritt besonders häufig auf, da sich ein sympathischer Nervenstamm in unmittelbarer Nähe des häufigsten Ursprungs von Polypen in der Nähe der Öffnung der Eustachischen Röhre befindet (Abb. 12). Diese Probleme sind in der Regel vorübergehend, und dauerhafte Defizite sind selten.

Abb. 16 **a** Sessile entzündliche Polypen im horizontalen Gehörgang; **b** der horizontale Gehörgang nach Laserabtragung der Polypen und Ohrspülung

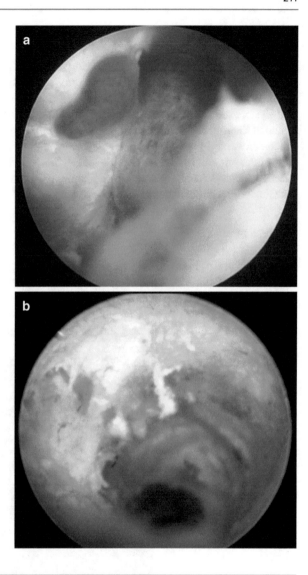

Zystoadenomatose (Zystomatose)

Ätiologie und Pathogenese

Die Zystoadenomatose führt zu multiplen, pigmentierten cerumenartigen Papeln, Knötchen und Zysten in der ventralen Ohrmuschel und im äußeren Gehörgang [4, 5, 20]. Die Ursache ist nicht bekannt, es könnte sich jedoch um eine genetische Veranlagung und entzündliche Auslöser handeln. Perserkatzen können prädisponiert sein. Die Zysten verstopfen schließlich den Gehörgang, was zu Otitis externa und Sekundärinfektionen führt.

Klinische Anzeichen

Das klinische Erscheinungsbild ist sehr suggestiv. In frühen Fällen treten mehrere blauschwarze Komedonen und Papeln um die Öffnung des Gehörgangs auf (Abb. 17). Diese nehmen allmählich an Zahl und Größe zu und bilden Knötchen und Zysten, die sich auf die Ohrmuschel und in den vertikalen und (seltener) horizontalen Gehörgang ausbreiten können (Abb. 18). Rupturierte Zysten setzen eine braun-schwarze Flüssigkeit frei. Die Zystoadenomatose ist in der Regel nicht juckend oder schmerzhaft, es sei denn, es liegen Sekundärinfektionen vor. Ceruminöse Adenome und Adenokarzinome treten häufiger bei älteren Tieren auf und bilden einzelne oder wenige diskrete Tumoren.

Diagnose

Das klinische Erscheinungsbild ist weitgehend pathognomonisch. Erforderlichenfalls kann durch eine histopathologische Untersuchung zwischen Adenokarzinom, Adenom und Zystoadenomatose unterschieden werden. Mithilfe der Ohrzytologie lassen sich sekundäre *Malassezia*- und/oder bakterielle Infektionen feststellen. Bei Verdacht auf eine Otitis media kann eine erweiterte Bildgebung durchgeführt werden.

Abb. 17 Multiple blau-schwarze Komedonen und Zysten an der Ohrmuschel einer Katze mit Zystoadenomatose

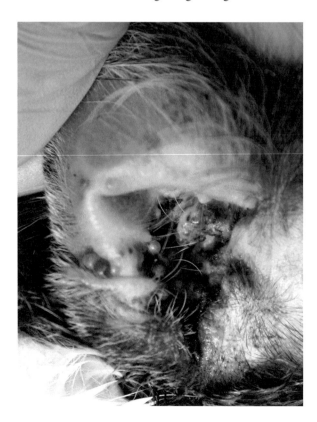

Abb. 18 Mehrere Zysten, die die Gehörgänge bei einer Katze mit Zystoadenomatose verstopfen

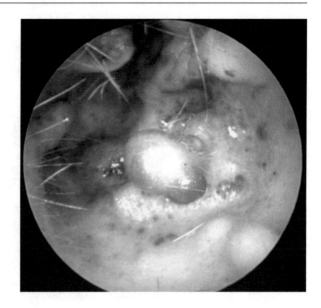

Behandlung

Die medizinische Behandlung ist für frühe und/oder leichte Fälle geeignet. Jede sekundäre Otitis sollte angemessen behandelt werden. Systemische und/oder topische Steroide können die Schwellung und Cerumenhyperplasie in den Ohren verringern. Eine regelmäßige Erhaltungstherapie mit topischen Steroiden kann zur Aufrechterhaltung der Remission eingesetzt werden.

Größere Knötchen und Zysten können mit einem CO_2-, Dioden- oder anderen Laser oder Elektrokauter abgetragen werden (Abb. 19). Postoperativ sollten topische Antibiotika/Steroid-Kombinationen verwendet werden, um die Entzündung zu reduzieren und Infektionen zu verhindern. Die Laserablation ist sehr wirksam und führt zu einer lang anhaltenden Remission. Regelmäßige topische Steroide können die Rezidivrate verringern.

Eine vollständige Abtragung des Gehörgangs mit lateraler Bulla-Osteotomie ist in Fällen erforderlich, in denen eine medikamentöse Therapie oder eine Laserabtragung nicht geeignet oder verfügbar ist. Ein chirurgischer Eingriff ist heilend, wenn auch auf Kosten des Ohrs.

Otodectes und andere Parasiten

Ätiologie und Pathogenese

Otodectes-cynotis-Milben sind die häufigste Ursache für parasitäre Otitis, aber auch Trombiculidae-Milben (vor allem auf den Ohrmuscheln), *Demodex*-Arten (vor allem auf den Ohrmuscheln und nur selten in den Gehörgängen) und *Otobius megnini* (die spindelförmige Ohrzecke; bei Katzen sehr selten) können auftreten. *Otod-*

Abb. 19 Dieselbe Katze
wie in Abb. 18; hier
wurden die Zysten mit
einem Laser abgetragen

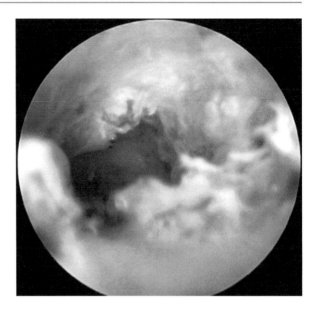

ectes sind zwischen Katzen und anderen Tierarten hochgradig ansteckend und treten häufig bei Mehrkatzenhaltung auf (insbesondere bei Jungtieren und/oder bei
hoher Fluktuation). Die meisten *Demodex*-Arten sind nicht ansteckend, obwohl
Demodex gatoi zwischen Katzen in einem Haushalt ansteckend sein kann.

Klinische Anzeichen

Der Befall mit *Otodectes cynotis* ist durch große Mengen trockener, brauner, wachsartiger Ablagerungen mit unterschiedlichem Erythem und Juckreiz gekennzeichnet
(Abb. 20). Der Juckreiz kann schwerwiegend sein und sich auf Kopf und Hals ausdehnen, sodass *Otodectes* eine Differenzialdiagnose bei Kopf- und Halsdermatitis
darstellt. Katzen können Überempfindlichkeitsreaktionen auf *Otodectes* entwickeln,
und auch eine geringe Anzahl von Milben kann mit klinischen Symptomen einhergehen. Einige Katzen sind offenbar asymptomatische Träger von *Otodectes*. *Demodex*-Arten verursachen ähnliche klinische Symptome. *Otobius* kann zu einer unterschiedlich schweren entzündlichen und schmerzhaften Otitis externa führen.

Diagnose

Die Vorgeschichte und die klinischen Anzeichen deuten stark auf *Otodectes* hin. Bei
einer sorgfältigen otoskopischen Untersuchung werden die Milben oft sichtbar,
wenn sie sich bewegen (Abb. 21). *Otodectes* und *Demodex* können bei der mikroskopischen Untersuchung der in flüssigem Paraffin aufgebrochenen wachsartigen
Ablagerungen nachgewiesen werden (Abb. 22). Behandlungsversuche gegen *Otod-*

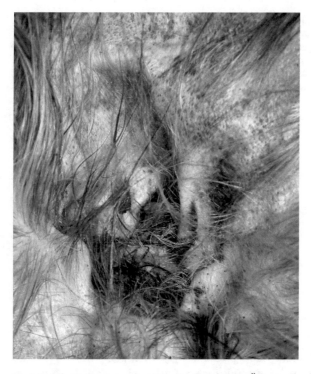

Abb. 20 Charakteristischer trockener, wachsartiger Ausfluss an der Öffnung des Ohrkanals bei einer Perserkatze mit *Otodectes*

Abb. 21 *Otodectes* im Gehörgang, mit einem Video-Otoskop gesehen

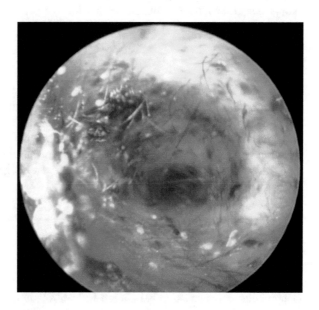

Abb. 22 Adulte
Otodectes-Milbe, gefunden
durch Auffangen des
Ausflusses aus dem
Gehörgang in flüssigem
Paraffin (100-fache
Vergrößerung)

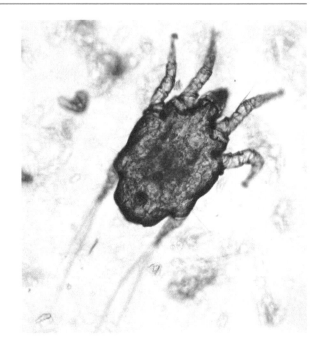

ectes (siehe unten) sind gerechtfertigt, wenn keine Milben gefunden werden, da
kleine Mengen bei sensibilisierten Katzen übersehen werden können. *Demodex*
kann auf Haarentnahmen, Klebestreifen oder Hautabschabungen der Ohrmuscheln
oder an anderen Stellen gefunden werden. *Otobius*-Zecken sollten bei einer otoskopischen Untersuchung offensichtlich sein.

Behandlung

Die meisten Anti-Milben-Produkte sind gegen *Otodectes* wirksam, einschließlich
topischem Fipronil, Selamectin und Imidacloprid/Moxidectin. Isoxazolin-Präparate
scheinen sehr wirksam gegen *Otodectes* und *Demodex zu* sein. Alle potenziell ex-
ponierten Katzen und Hunde sollten behandelt werden. *Otobius*-Zecken können mit
einem geeigneten Mittel abgetötet werden, bevor sie vorsichtig mit einer Zange
entfernt werden. Sekundäre Mittelohrentzündungen klingen in der Regel rasch ab,
können aber bei Bedarf behandelt werden.

Neoplasie

Ätiologie und Pathogenese

Gehörgangsneoplasien sind bei älteren Katzen relativ häufig. Bei den meisten Tumoren handelt es sich um Cerumen-Adenome, aber bösartige Adenokarzinome ma-

chen bis zu 50 % der Cerumen-Tumoren aus [4, 5, 20]. Andere Tumoren in den Gehörgängen sind selten. Die Obstruktion führt in der Regel zu einer sekundären Otitis externa. Bösartige Tumoren können zu einer lokalen Zerstörung und Invasion führen und sich möglicherweise auf lokale Lymphknoten und distale Organe ausbreiten. Tumoren, die aus externen Geweben stammen, können gelegentlich in das Mittelohr und/oder die Gehörgänge eindringen.

Klinische Anzeichen

Die meisten Tumoren entstehen an der Basis der Ohrmuschel und im oberen vertikalen Gehörgang, obwohl sie in jeder Tiefe der Gehörgänge vorkommen können. Bei einer Sekundärinfektion können die Knötchen durch Ausfluss verdeckt sein. Eine Schwellung des umliegenden Gewebes und/oder der lokalen Lymphknoten deutet auf eine lokale Ausbreitung und/oder Metastasierung hin.

Diagnose

Das klinische Bild ist in der Regel eindeutig, obwohl einzelne Läsionen tiefer im Gehörgang von entzündlichen Polypen und multiple Tumoren von Zystoadenomatose unterschieden werden sollten. Die Zytologie und/oder Histopathologie kann helfen, Neoplasien von Polypen und gutartige von bösartigen Tumoren zu unterscheiden (Abb. 23). Bei Verdacht auf Bösartigkeit oder Ausbreitung sollten Aspirate aus lokalen Lymphknoten entnommen werden. Mit bildgebenden Verfahren (insbesondere CT-Scans) lassen sich Ausmaß und Schweregrad der lokalen Invasion, der Lymphknotenbefall und die Metastasierung in innere Organe wie die Lunge feststellen.

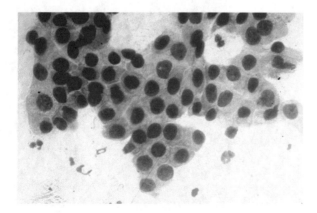

Abb. 23 Feinnadelaspirationszytologie eines Cerumenadenoms; zahlreiche Epithelzellen bilden eine gut abgegrenzte und differenzierte Schicht mit minimaler Pleomorphie

Behandlung

Gut zugängliche gutartige Tumoren können chirurgisch entfernt werden. Laser können zur Entfernung und Abtragung von Tumoren eingesetzt werden, die sich tiefer im Gehörgang befinden, wo eine chirurgische Entfernung nicht möglich ist. Die vertikale Gehörgangschirurgie oder die vollständige Abtragung des Gehörgangs kann zur Entfernung von Tumoren eingesetzt werden, wenn kein Laser zur Verfügung steht oder breitere chirurgische Ränder erforderlich sind (Abb. 24). Die Prognose ist gut, es sei denn, es haben sich Metastasen gebildet.

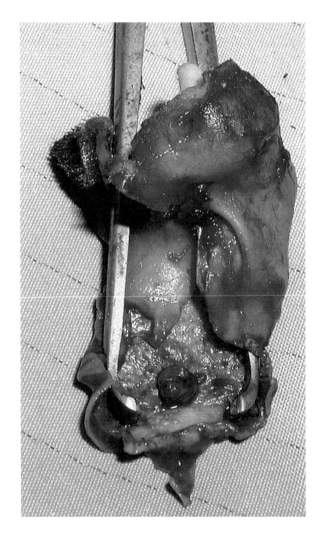

Abb. 24 Gutartiges Cerumenadenom im horizontalen Gehörgang einer Katze nach einer totalen Gehörgangsentfernung. Mit einem Laser hätte man den Tumor *in situ* abtragen und den Gehörgang erhalten können

Seborrhoische Otitis

Die seborrhoische Otitis ist ein häufiges Problem mit unklarer Ätiologie und klinischer Bedeutung [4, 5]. Dunkle, wachsartige bis fettige Schuppen bilden sich auf der Innenseite der Ohrmuschel und um die Öffnung des Gehörgangs (Abb. 25). Die unteren vertikalen und horizontalen Gehörgänge sind normalerweise normal. Die Katzen zeigen möglicherweise keine anderen klinischen Anzeichen, können aber den Kopf schütteln, mit den Ohren schnippen oder sich an den Ohren kratzen.

Dies kann sekundär zu einer Entzündung sein, und die betroffenen Katzen sollten sorgfältig auf andere klinische Anzeichen untersucht werden, die mit primären Ursachen einer Otitis übereinstimmen und entsprechend behandelt werden sollten. Seborrhoische Otitis kann bei Perserkatzen und verwandten Katzen mit idiopathischer Gesichtsdermatitis auftreten. Sphynx- und Devon-Rex-Katzen können eine asymptomatische Ansammlung von Cerumen an den inneren Ohrmuscheln aufweisen. Eine zytologische Untersuchung sollte durchgeführt werden, um festzustellen, ob eine bakterielle oder eine *Malassezia*-Infektion vorliegt. Bei der wachsartigen Ablagerung kann es sich jedoch auch einfach um Material handeln, das sich nach epidermaler Migration aus dem Gehörgang auf der Ohrmuschel ansammelt. Wenn es keine anderen klinischen Anzeichen gibt, müssen die Katzen nicht behandelt werden. Falls erforderlich, kann ein sanftes Abwischen mit einem Cerumen aufweichenden/lösenden Ohrreiniger die Ablagerungen reduzieren.

Abb. 25 Anhäufung von talgartigem/ cerumenartigem Material im vertikalen Gehörgang. Die fokale Ansammlung des Materials deutet auf eine Drüsenhyperplasie oder -hypersekretion hin

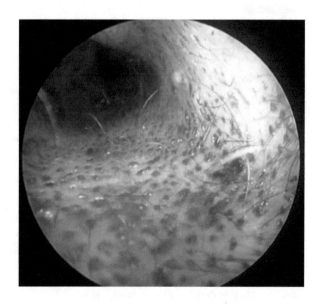

Proliferative und nekrotisierende Otitis

Ätiologie und Pathogenese

Die Ätiologie dieser Erkrankung ist unbekannt, aber wahrscheinlich ist sie immunvermittelt [21, 22]. Die Läsionen zeigen eine T-Zell-vermittelte Apoptose der Keratinozyten, ähnlich wie bei Erythema multiforme [22]. Die Krankheit wurde erstmals bei Kätzchen festgestellt, ist aber inzwischen auch bei erwachsenen und älteren Katzen aufgetreten, obwohl die meisten Fälle bei Katzen unter vier Jahren beobachtet werden [4, 5].

Klinische Anzeichen

Die klinischen Anzeichen sind sehr aussagekräftig. Die Läsionen sind in der Regel symmetrisch und betreffen am häufigsten die Basis der Ohrmuschel, die Öffnung der Ohren und den vertikalen Gehörgang. Gelegentlich können auch die Lippen, das Gesicht, die periokulare Haut oder entfernte Stellen betroffen sein. Betroffene Katzen entwickeln erythematöse und hyperkeratotische Plaques mit fest haftenden Krusten. In schwereren Fällen kann es zu Erosionen, Ulzerationen und Blutungen kommen (Abb. 26). Sekundäre bakterielle oder *Malassezia*-Ohrinfektionen können die klinischen Läsionen verdecken.

Diagnose

Die Diagnose basiert in der Regel auf der Anamnese und den klinischen Symptomen. Die Zytologie sollte zur Identifizierung einer Sekundärinfektion verwendet werden, die entsprechend behandelt werden sollte [21]. Falls erforderlich, können Zytologie und Histopathologie zur Bestätigung der Diagnose und zum Ausschluss von Differentialdiagnosen herangezogen werden, die die Ohrmuschel und die Gehörgänge betreffen, wie z. B. Pemphigus foliaceus, eosinophiles Granulomsyndrom und Thiamazol-assoziierte Arzneimittelreaktionen.

Behandlung

Die Prognose ist im Allgemeinen gut [21]. Viele Fälle, insbesondere bei Jungtieren oder jungen Katzen, können spontan abklingen. In der Regel ist ein gutes Ansprechen auf topisches 0,1 %iges Tacrolimus oder systemisches Cyclosporin zu verzeichnen. Bei einigen Katzen ist nach Abklingen der Erkrankung keine weitere Behandlung erforderlich, bei anderen hingegen kann eine Langzeittherapie notwendig sein, um die Remission aufrechtzuerhalten.

Abb. 26 Proliferative und
nekrotisierende Otitis bei
einer Katze mit
erythematösen Plaques,
Erosionen und Krusten

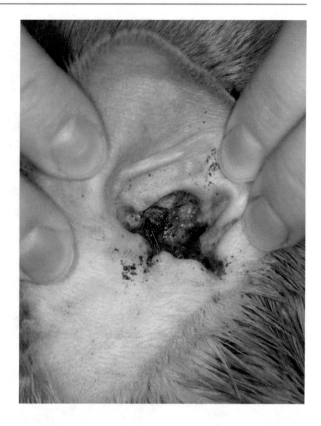

Paraaurale Abszesse

Paraaurale Abszesse sind bei Katzen eher ungewöhnlich. Zu den Ursachen gehören
eine schwer infizierte Otitis externa und/oder media, die sich in die umliegenden
Weichteile ausbreitet, Bisswunden, tiefe bakterielle, mykobakterielle und/oder Pilzinfektionen, Komplikationen bei Operationen am Gehörgang und/oder Mittelohr
sowie eine traumatische Abtrennung des Gehörgangs (meist nach einem Verkehrs-
unfall) (Abb. 27). Moderne bildgebende Verfahren (insbesondere kontrastverstärkte
CT-Scans) können das Ausmaß und den Schweregrad der Infektion und Entzündung
aufzeigen, einschließlich der Ausbreitung der Sinuswege in benachbarte Strukturen
und Gewebe (einschließlich des zentralen Nervensystems). Von den betroffenen Geweben sollten Proben für Zytologie und Kultur entnommen werden (Abb. 28), da
bakterielle Sekundärinfektionen an der Oberfläche die verursachenden Organismen
verschleiern können. Dies kann eine chirurgische Exploration erfordern.

Die Behandlung hängt von der primären Ursache ab und kann eine chirurgische
Exploration, ein Débridement und eine Spülung, eine vertikale Gehörgangschirurgie
oder eine vollständige Abtragung des Gehörgangs/eine laterale Bulla-Osteotomie
umfassen. Operationsstellen, Sinustrakte und debridiertes Gewebe sollten gründlich
gespült werden. Bei tiefen Abszessen oder Sinustrakten kann eine Drainage

Abb. 27 Ausgedehnte paraaurale Abszesse, Geschwüre und Sinustrakte bei einer Katze mit einer *Actinomyces*-Infektion nach einer Bisswunde

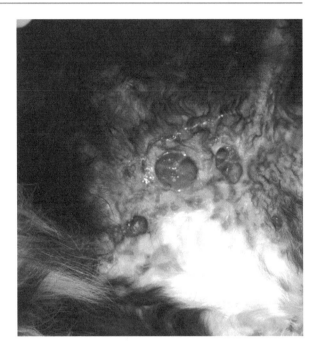

Abb. 28 Zytologie des tiefen Gewebes der Katze aus Abb. 27. Es besteht eine pyogranulomatöse Entzündung mit einer prominenten vielkernigen Riesenzelle. Diese weist mehrere wulstige, fadenförmige Organismen auf, die charakteristisch sind für *Actinomyces*

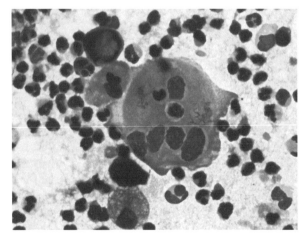

erforderlich sein. Antimikrobielle Mittel sollten anhand von Kulturen ausgewählt und bis zur klinischen Heilung verabreicht werden. Der Verlauf der Behandlung hängt vom Ausmaß und der Schwere der Infektion und Entzündung ab. Bei tiefen Infektionen (insbesondere bei langsam wachsenden Organismen wie *Nocardia*, *Actinomyces*, Mykobakterien und Pilzen) sind jedoch längere Behandlungen (4–6 Wochen oder länger) erforderlich.

Literatur

1. Ravens PA, Xu BJ, Vogelnest LJ. Feline atopic dermatitis: a retrospective study of 45 cases (2001–2012). Vet Dermatol. 2014;25:95.
2. Hobi S, Linek M, Marignac G, Olivry T, Beco L, Nett C, et al. Clinical characteristics and causes of pruritus in cats: a multicentre study on feline hypersensitivity-associated dermatoses. Vet Dermatol. 2011;22:406–13.
3. Hensel P, Santoro D, Favrot C, Hill P, Griffin C. Canine atopic dermatitis: detailed guidelines for diagnosis and allergen identification. BMC Vet Res. 2015;11:196.
4. Miller WH, Griffin CE, Campbell KL. Diseases of eyelids, claws, anal sacs, and ears. In: Muller and Kirk's small animal dermatology. 7. Aufl. St Louis: Elsevier-Mosby; 2013. S. 723–73.
5. Harvey RG, Paterson S. Otitis externa: an essential guide to diagnosis and treatment. Boca Raton: CRC Press; 2014.
6. Hammond GJC, Sullivan M, Weinrauch S, King AM. A comparison of the rostrocaudal open mouth and rostro 10 degrees ventro-caudodorsal oblique radiographic views for imaging fluid in the feline tympanic bulla. Vet Radiol Ultrasound. 2005;46:205–9.
7. Nuttall TJ, Cole LK. Ear cleaning: the UK and US perspective. Vet Dermatol. 2004;15:127–36.
8. Swinney A, Fazakerley J, McEwan N, Nuttall T. Comparative *in vitro* antimicrobial efficacy of commercial ear cleaners. Vet Dermatol. 2008;19:373–9.
9. Buckley LM, McEwan NA, Nuttall T. Tris-EDTA significantly enhances antibiotic efficacy against multidrug-resistant *Pseudomonas aeruginosa in vitro*. Vet Dermatol. 2013;24:519.
10. Clark SM, Loeffler A, Schmidt VM, Chang Y-M, Wilson A, Timofte D, et al. Interaction of chlorhexidine with trisEDTA or miconazole *in vitro* against canine meticillin-resistant and -susceptible *Staphylococcus pseudintermedius* isolates from two UK regions. Vet Dermatol. 2016;27:340–e84.
11. Pye CC, Yu AA, Weese JS. Evaluation of biofilm production by *Pseudomonas aeruginosa* from canine ears and the impact of biofilm on antimicrobial susceptibility *in vitro*. Vet Dermatol. 2013;24:446–E99.
12. Pye CC, Singh A, Weese JS. Evaluation of the impact of tromethamine edetate disodium dihydrate on antimicrobial susceptibility of *Pseudomonas aeruginosa* in biofilm *in vitro*. Vet Dermatol. 2014;25:120.
13. Cole LK, Papich MG, Kwochka KW, Hillier A, Smeak DD, Lehman AM. Plasma and ear tissue concentrations of enrofloxacin and its metabolite ciprofloxacin in dogs with chronic end-stage otitis externa after intravenous administration of enrofloxacin. Vet Dermatol. 2009;20:51–9.
14. Paterson S. Brainstem auditory evoked responses in 37 dogs with otitis media before and after topical therapy. J Small Anim Pract. 2018;59:10–5.
15. Greci V, Mortellaro CM. Management of Otic and Nasopharyngeal, and nasal polyps in cats and dogs. Vet Clin North Am Small Anim Pract. 2016;46:643.
16. Veir JK, Lappin MR, Foley JE, Getzy DM. Feline inflammatory polyps: historical, clinical, and PCR findings for feline calici virus and feline herpes virus-1 in 28 cases. J Feline Med Surg. 2002;4:195–9.
17. Greci V, Vernia E, Mortellaro CM. Per-endoscopic trans-tympanic traction for the management of feline aural inflammatory polyps: a case review of 37 cats. J Feline Med Surg. 2014;16:645–50.
18. Janssens SDS, Haagsman AN, Ter Haar G. Middle ear polyps: results of traction avulsion after a lateral approach to the ear canal in 62 cats (2004–2014). J Feline Med Surg. 2017;19:803–8.
19. Anderson DM, Robinson RK, White RAS. Management of inflammatory polyps in 37 cats. Vet Rec. 2000;147:684–7.

20. Sula MJM. Tumors and tumorlike lesions of dog and cat ears. Vet Clin North Am Small Anim Pract. 2012;42:1161.
21. Mauldin EA, Ness TA, Goldschmidt MH. Proliferative and necrotizing otitis externa in four cats. Vet Dermatol. 2007;18:370–7.
22. Videmont E, Pin D. Proliferative and necrotising otitis in a kitten: first demonstration of T-cell-mediated apoptosis. J Small Anim Pract. 2010;51:599–603.

Teil III

Hautkrankheiten der Katze nach Ätiologie

Bakterielle Erkrankungen

Linda Jean Vogelnest

Zusammenfassung

Die genaue Diagnose von bakteriellen Hauterkrankungen bei Katzen ist sowohl für das Wohlbefinden der Patienten als auch für den angemessenen Einsatz von Antibiotika in Zeiten zunehmender Antibiotikaresistenz wichtig. Dieses Kapitel gibt einen Überblick über das Wissen über klinische Läsionen und historische Befunde in Zusammenhang mit bakteriellen Infektionen bei Katzen, über die Hautdiagnostik, die für eine effiziente und genaue Diagnose wichtig ist, sowie über aktuelle Behandlungsempfehlungen. Tiefe Infektionen, einschließlich Nokardiose und Mykobakteriose (Kap. „Mykobakterielle Erkrankungen"), sind weit verbreitet, und obwohl eine genaue Diagnose wichtig ist und die Behandlung langwierig und schwierig sein kann, treten sie nur selten auf. Im Gegensatz dazu ist die oberflächliche bakterielle Pyodermie (engl. *superficial bacterial pyoderma*, SBP) ein häufigeres Erscheinungsbild bei Katzen, das unter Umständen unterschätzt wird. Sie tritt meist als Komplikation einer zugrunde liegenden allergischen Hauterkrankung auf, kann aber auch mit einer Reihe von Grunderkrankungen und Faktoren in Verbindung gebracht werden. Die SBP wird in diesem Kapitel zusammen mit tieferen Infektionen wie tiefer bakterieller Pyodermie, Zellulitis und Wundabszessen, Dermatophilose, nekrotisierender Fasziitis und umweltbedingten saprophytischen bakteriellen Infektionen einschließlich Nokardiose behandelt. Der Nachweis einer bakteriellen Hauterkrankung bei Katzen ist in der Allgemeinpraxis leicht zu erbringen. Die Zytologie ist oft das wertvollste Instrument, das in Verbindung mit Hinweisen aus der Anamnese und

L. J. Vogelnest (✉)
University of Sydney, Sydney, Australien

Small Animal Specialist Hospital, North Ryde, Australien
E-Mail: lvogelnest@sashvets.com

der körperlichen Untersuchung verwendet und bei Bedarf durch eine Hautoberflächen- oder Gewebekultur und/oder Histopathologie ergänzt wird. Die für bakterielle Infektionen bei der Katze relevanten zytologischen Methoden werden in
diesem Kapitel ausführlich beschrieben. Es werden auch Behandlungsgrundsätze erörtert, einschließlich der möglichen Rolle von Methicillin-resistenten
Staphylokokken bei Katzenpyodermie, wobei der Schwerpunkt auf den aktuellen weltweiten Empfehlungen liegt, die einige veraltete Klinikprotokolle ersetzen können.

Einführung

Bakterielle Dermatosen bei der Katze treten in zwei verschiedenen Formen auf, die
sich nach der Tiefe der Hautinvasion richten. Oberflächliche Infektionen, die die
Epidermis und das Follikelepithel betreffen, sind am häufigsten und in erster Linie
mit der Vermehrung der in der Haut ansässigen Mikrobiota verbunden, die auf eine
verminderte lokale und/oder systemische Wirtsabwehr zurückzuführen ist. Tiefe
bakterielle Infektionen, die die Dermis und/oder das subkutane Gewebe betreffen,
können sich aus einer oberflächlichen Infektion entwickeln oder mit einer traumatischen Implantation einer Reihe von Bakterienarten aus der Umwelt oder von Kommensalen zusammenhängen. Einige seltene, aber lebensbedrohliche tiefe bakterielle Infektionen neigen zur Ausbreitung im Körper.

Normale bakterielle Mikrobiota der Haut und Schleimhäute von Katzen

Es gibt nur begrenzte Kenntnisse über normale kommensale Bakterien bei Katzen,
wobei die meisten Studien auf Kulturen basieren und sich auf Staphylokokkenisolate
late konzentrieren. Das Maul, gefolgt vom Perineum, scheint der häufigste Übertragungsort von Staphylokokken zu sein [1]. Fünfzehn Staphylokokkenarten wurden durch MALDI-TOF-Tests von Isolaten aus dem Oropharynx gesunder Katzen
in Brasilien identifiziert, wobei *S. aureus* die einzige Koagulase-positive Staphylokokkenart (CoPS) war, bei einer Reihe von Koagulase-negativen Staphylokokken
(CoNS) [2]. Allerdings wurden α-hämolytische Streptokokken häufiger als
Staphylokokken aus gesunden Mäulern von freilaufenden Katzen in Spanien isoliert, gefolgt von zwei Proteobakterienarten (*Neisseria* spp. und *Pasteurella*
spp.) [3].

   Auch Staphylokokken wurden bei normalen Katzen weniger häufig als residente
Hautbakterien identifiziert, wobei *Micrococcus* spp., *Acinetobacter* spp. und
Streptococcus spp. am häufigsten vorkommen [4]. Von den isolierten Staphylokokken waren CoNS, einschließlich *S. felis*, *S. xylosus* und *S. simulans,* häufiger als
CoPS [4–6], wobei *S. felis* in einigen Studien möglicherweise fälschlicherweise als
S. simulans identifiziert wurde [5, 7]. Als häufigere CoPS-Isolate werden entweder
S. intermedius (im Jahr 2005 als *S. pseudintermedius* neu klassifiziert) [1, 8] oder

S. aureus [5, 9, 10] angegeben. *Escherichia coli, Proteus mirabilis, Pseudomonas* spp., *Alcaligenes* spp. und *Bacillus* spp. wurden weniger häufig aus normaler Katzenhaut isoliert [4, 5].

Neuere genomische DNA-Studien an gesunden Katzen (*n* = 11) ergaben eine größere Vielfalt und Anzahl von Bakterien auf normaler Katzenhaut als kulturbasierte Studien. Die behaarte Haut wies die größte Artenvielfalt auf, der präaurale Raum den größten Artenreichtum und die größte Gleichmäßigkeit, und die Schleimhautoberflächen (Nasenloch, Bindehaut, Fortpflanzungsorgane) und der Gehörgang (im Gegensatz zu Hunden) die geringste Artenvielfalt. Wie bei kulturbasierten Studien dominierten nicht *Staphylococcus* spp., sondern Proteobakterien (*Pasteurellaceae, Pseudomonadaceae, Moraxellaceae* [z. B. *Acinetobacter* spp.]) waren am häufigsten, gefolgt von Bacteroides (*Porphyromonadaceae*), Firmicutes (*Alicyclobacillaceae, Staphylococcaceae, Streptococcaceae*), Actinobacteria (*Corynebacteriaceae, Micrococcus* spp.) und Fusobacteria. Es wird eingeräumt, dass einige Arten, einschließlich *Propionibacterium* spp., in dieser Studie möglicherweise nicht ausreichend erfasst wurden [11].

Die bakterielle Besiedlung variiert von Individuum zu Individuum [4, 11] und kann auch zwischen gesundem und krankem Zustand variieren. Es ist bekannt, dass die Übertragung von Staphylokokken bei Menschen und Hunden mit atopischer Dermatitis zunimmt. In ähnlicher Weise wurden *Staphylococcus* spp. bei allergischen Katzen (*n* = 10) im Vergleich zu gesunden Katzen häufiger nachgewiesen, wobei sie an einigen anatomischen Stellen (z. B. im Gehörgang) dominierten [11]. Auch waren *Staphylococcus* spp. in erkrankten Mäulern häufiger anzutreffen als in normalen Mäulern [3]. Im Gegensatz dazu gab es in einer anderen Studie (*n* = 98) keinen statistischen Unterschied bei der Isolierung von *Staphylococcus* spp. aus gesunder Haut im Vergleich zu entzündeter Haut [9].

Zusammenfassend lässt sich sagen, dass die bisherigen Studien bei Katzen im Gegensatz zu Hunden darauf hindeuten, dass Proteobakterien einschließlich *Acinetobacter* spp., *Pasteurella* spp. und *Pseudomonas* spp. auf normaler Katzenhaut häufiger vorkommen als *Staphylokokken* spp. und dass unter den Staphylokokken CoNS zu dominieren scheinen. Es ist unklar, ob sich Staphylokokken im Allgemeinen und CoPS oder CoNS im Besonderen leichter auf kranker Haut vermehren.

Oberflächliche bakterielle Pyodermie

Die oberflächliche bakterielle Katzenpyodermie (SBP) wird zunehmend erkannt und bei 10–20 % der Katzen, die an die Dermatologie überwiesen werden, festgestellt [12–14]. Wie bei anderen Spezies ist die SBP bei Katzen eine sekundäre Erkrankung, die am häufigsten in Verbindung mit Überempfindlichkeiten auftritt [12–14]; bei 10 % der Katzen, die in den USA [14] und bei 60 % der Katzen, die in Australien eingewiesen wurden, wurde eine zugrunde liegende Allergie festgestellt, meist eine atopische Dermatitis [13]. Auch über rezidivierende Pyodermie wird häufig berichtet [13, 15].

Bakterielle Spezies

Obwohl *Staphylococcus* spp. als wahrscheinliche Erreger gelten [1, 2, 9, 12], wurde eine schwächere Adhärenz von *S. pseudintermedius* und *S. aureus* an normalen Korneozyten bei Katzen im Gegensatz zu Korneozyten bei Hunden und Menschen dokumentiert [16], und die zufälligen Bakterienarten bei SBP bei Katzen wurden nur bei einer kleinen Anzahl von Katzen bestätigt. *S. aureus* wurde in Reinkultur aus Papeln und Krusten einer Katze isoliert, die gleichzeitig neutrophile Granulozyten in der Hautzytologie aufwies und deren Läsionen nach zehn Tagen Antibiotikatherapie vollständig verschwunden waren [17]. *S. felis* wurde aus den Nasenlöchern und Hautläsionen (Exkoriationen) einer anderen Katze isoliert, bei der eine Flohbissüberempfindlichkeit vermutet wurde, wobei gleichzeitig neutrophile Granulozyten und intrazelluläre Kokken in der Zytologie nachgewiesen wurden und die Läsionen nach 14 Tagen Antibiotikatherapie und Flohbekämpfung vollständig abklangen [5]. Eosinophile Granulom-Komplex-Läsionen können auch durch sekundäre Pyodermie kompliziert werden, und die häufigsten Isolate aus Oberflächenabstrichen und/oder Gewebebiopsien von eosinophilen Plaques oder Lippengeschwüren (*n* = 9) mit gleichzeitigen Neutrophilen und intrazellulären Kokken in der Zytologie waren *S. pseudintermedius* und *S. aureus*. Weitere in dieser Studie nachgewiesene Isolate waren CoNS, *Pasteurella multocida*, *Streptococcus canis* und *Pseudomonas aeruginosa* [12].

Eine Reihe anderer bakterieller Kulturstudien, überwiegend an Laborisolaten aus einer Reihe von Hautläsionen, bei denen eine Pyodermie nicht bestätigt werden konnte, konzentrierte sich auf Staphylokokken; ob die Isolate pathogen oder zufällig waren, ist ungewiss, und über Nicht-Staphylokokken-Isolate wird selten berichtet [4, 7, 9, 17–19]. CoNS sind in einer Reihe von Studien die häufigsten Isolate, die 96 % der Isolate aus „entzündeter Haut" (*n* = 24) [9], das zweithäufigste Isolat (*S. simulans*) aus Abszessen, miliarer Dermatitis, Exkoriationen, exfoliativer Dermatitis oder eosinophilen Plaques (*n* = 45) [17] und die häufigsten Isolate (*S. felis* gefolgt von *S. epidermidis*) aus nicht spezifizierter „Dermatitis" [7] ausmachen. Zu den selteneren CoNS-Isolaten gehören *S. hyicus*, *S. xylosus* und *S. schleiferi* subsp. *schleiferi* [9, 17].

In einigen Studien über kranke Katzenhaut [4] waren CoPS häufiger anzutreffen, wobei *S. aureus* (*n* = 69) [9, 17] oder *S. intermedius* (*n* = 9 [5]; *n* = 30 [20]) die häufigsten Isolate waren und auch *Streptococcus* spp. (10 %), *Proteus* spp. (10 %), *Pasteurella* spp. und *Bacillus* spp. (10 %) gemeldet wurden [20].

Die relative Bedeutung von Staphylokokken im Allgemeinen und von CoNS und CoPS im Besonderen für die Katzenpyodermie und die Antwort auf die die Frage, ob es eine vorherrschende kausale Spezies wie bei der bakteriellen Pyodermie beim Menschen (*S. aureus*) und beim Hund (*S. pseudintermedius*) gibt, sind derzeit ungewiss.

Klinische Präsentation

Der Medianwert für das Auftreten von SBP bei Katzen liegt bei zwei Jahren, obwohl eine große Bandbreite berichtet wird (sechs Monate bis 16,5 Jahre), wobei auch ältere Katzen häufig betroffen sind (Erstvorstellung im Alter von über neun Jahren bei 23 % der Katzen) [13]. Juckreiz ist häufig, insbesondere bei zugrunde liegender Überempfindlichkeit, und wird in Australien bei 92 % der Katzen mit SBP berichtet, oft in schwerem Ausmaß (56 %) [13]. Läsionen in Zusammenhang mit SBP bei Katzen spiegeln häufig Selbstverletzungen wider und bestehen meist aus multifokalen, verkrusteten, alopezischen, exkorierten und erosiven bis ulzerativen Läsionen (Abb. 1, 2, 3 und 4). Es wird auch über erodierte Papeln, eosinophile

Abb. 1 Sekundäre bakterielle Pyodermie der Katze (SBP): exsudative Erosionen und Krustenbildung

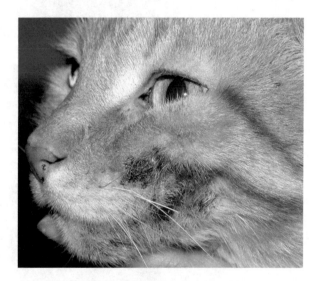

Abb. 2 SBP bei Katzen: Alopezie, Erythem und fokale Krustenbildung

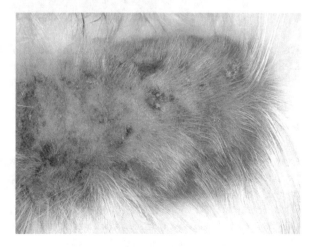

Abb. 3 SBP bei Katzen: erythematöse erodierte Plaques

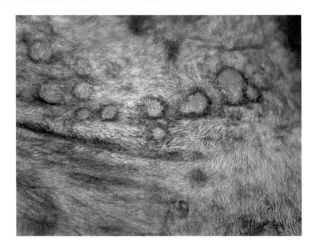

Abb. 4 SBP bei Katzen: gut abgegrenzte Alopezie und Erythem mit fokaler Krustenbildung

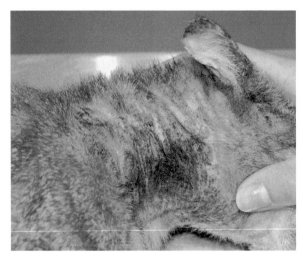

Plaques, eosinophile Granulome und seltene Pusteln berichtet. Die häufigsten Läsionsstellen sind das Gesicht, der Hals, die Gliedmaßen und das ventrale Abdomen [12, 13, 21].

Diagnose

Obwohl einige klinische Läsionen als nützliche diagnostische Anhaltspunkte für bakterielle Pyodermie bei Hunden anerkannt sind [22, 23], sind SBP-Läsionen bei Katzen weniger charakteristisch und weisen viele unspezifische Erscheinungsformen auf (z. B. Erosionen, Krustenbildung). Diagnostische Tests sind daher wichtig, um die Diagnose einer Katzenpyodermie zu bestätigen (siehe späterer Abschn. „Zytologie", Tab. 1), und werden dringend empfohlen, bevor eine Behandlung mit systemischen antimikrobiellen Wirkstoffen in Betracht gezogen wird [22–24].

Tab. 1 Differenzialdiagnosen und hilfreiche Diagnoseinstrumente für Hautläsionen in Zusammenhang mit bakteriellen Infektionen bei Katzen

Läsion	Häufige Differenzialdiagnosen	Weniger häufige Differenzialdiagnosen für die Läsion	Diagnoseinstrumente
Papeln	SBP, Allergie[a] Dermatophytose	Ektoparasiten (*Otodectes*, Zeckenlarven, Trombiculiden); Pemphigus foliaceus	Vorgeschichte (Parasitizide, Exposition/Ansteckung), Zytologie (Klebebandabdruck), Biopsie (Histo)
Alopezie, Erythem, Schuppung, Krustenbildung	SBP, Dermatophytose, Allergie[a], aktinische Keratosen (nicht pigmentierte Haut)	Demodikose (*D. gatoi, D. cati*), Pemphigus foliaceus, Ektoparasiten (*Cheyletiella*, Läuse)	Vorgeschichte (mögliche Exposition/Ansteckung, früherer Juckreiz oder Läsionen), Zytologie (Abklatsch), Biopsie (Histo)
Erosion, Geschwürbildung, Verkrustung	SBP, Allergie[a], SCC (nicht pigmentierte Haut)	Herpes-Virus-Dermatitis, SCC in situ, kutane Vaskulitis	Vorgeschichte (Grad des Juckreizes, rezidivierend/saisonal), Zytologie (Tape- oder Objektträgerabdruck), Biopsie (Histo)
Erythematöse Plaques	SBP, Allergie[a]	Kutanes Xanthom	Zytologie (Band- oder Objektträgerabdruck), Biopsie (Histo)
Knötchen (Lippe, Kinn, linear)	SBP, DBP, Allergie[a]	Myzetom, Neoplasie (SCC)	Zytologie (FNA), Biopsie (Histo)
Knötchen (schlecht abgegrenzt)	Bakterielle Zellulitis/Abszesse	Mykobakterien, Nokardien, sterile Pannikulitis	Zytologie (FNA), Biopsie (Histo, C&S)
Knötchen (diskret)	Neoplasie (Sorte), eosinophiles Granulom	Pseudomyzetom (bakteriell, Dermatophyt), Mycetom, Histiozytose, steriles Pyogranulom	Zytologie (FNA), Biopsie (Histo, C&S)
Pusteln (selten)	SBP, Pemphigus foliaceus	Dermatophytose	Zytologie (Abdruck nach Ruptur), Biopsie (Histo)

[a]Atopische Dermatitis, unerwünschte Nahrungsmittelreaktionen und/oder Überempfindlichkeit gegen Flohbisse

C&S Kultur und Antibiotika-Empfindlichkeitstest, *DBP* tiefe bakterielle Pyodermie, *FNA* Feinnadelaspirate, *Histo* Histopathologie, *SBP* oberflächliche bakterielle Pyodermie, *SCC* Plattenepithelkarzinom

Die **Zytologie** gilt als der nützlichste Einzeltest, wobei das Vorhandensein von Neutrophilen und intrazellulären oder assoziierten Bakterien diagnostisch ist (Abb. 11a) [12, 13, 22, 25]. Bei der Hundepyodermie wird die zytologische Untersuchung als obligatorisch angesehen, wenn typische Läsionen (Pusteln) nicht oder nur in geringem Umfang vorhanden sind, und sie ist auch unerlässlich, um eine gleichzeitige oder alternierende *Malassezia*-Dermatitis zu erkennen [23]. Die Morphologie der Bakterien in der Zytologie (Kokken und/oder Stäbchen) ist ebenfalls ausschlaggebend für die Wahl der richtigen empirischen Behandlung und/oder die Notwendigkeit einer Bakterienkultur. Abdrücke von Klebebändern eignen sich für alle oberflächlichen Hautläsionen, insbesondere für trockene Läsionen und begrenzte Körperstellen, während Abdrücke von Glasträgern für erosive bis ulzerative Läsionen geeignet sind [22]. Bei der SBP des Hundes wurde berichtet, dass Entzündungszellen und Bakterien bei gleichzeitiger Immunsuppression durch Krankheit oder Medikamente fehlen oder kaum vorhanden sind [23].

Die **Histopathologie** wird im Zusammenhang mit der Diagnose von SBP selten diskutiert; sie kann jedoch eine weitere diagnostische Bestätigung liefern, insbesondere wenn Proben ohne vorherige Reinigung oder Desinfektion der Hautoberfläche entnommen werden, da in den Krusten häufig Bakterienkolonien zu finden sind (Abb. 5) (siehe späterer Abschnitt über Histopathologie). Die Histopathologie ist auch wertvoll für den Ausschluss anderer Differenzialdiagnosen bei atypischen Präsentationen oder wenn die Diagnose unsicher ist [22].

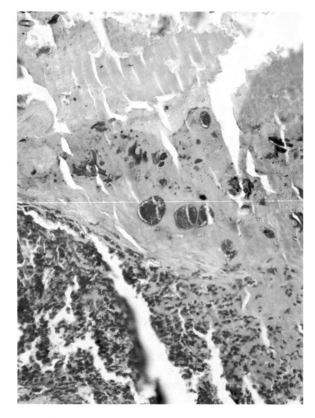

Abb. 5 Bakterienkolonien, in der Regel Kokken, werden häufig in Biopsien von Hautläsionen bei Katzen mit bakterieller Sekundärinfektion beobachtet (H&E, 400-fache Vergrößerung). (Mit freundlicher Genehmigung von Dr. Chiara Noli)

Eine **Bakterienkultur** ist für die Diagnose von SBP nicht hilfreich, insbesondere wenn sie unabhängig von der Zytologie beurteilt wird, da die Isolierung möglicherweise nur normale Kommensalen widerspiegelt, die nicht an der Krankheit beteiligt sind (siehe späterer Abschnitt über Bakterienkulturen) [6]. Eine starke Reinkultur nur einer Bakterienspezies ist wahrscheinlicher mit einem Erreger assoziiert als ein Präparat gemischter Spezies, aber eine gleichzeitige zytologische Analyse bleibt unerlässlich [1]. Der Koagulase-Status der isolierten Staphylokokken ist bei Katzenpyodermie weniger hilfreich, da sowohl CoNS als auch CoPS potenziell pathogen sind. Trotz ihrer begrenzten diagnostischen Rolle können Kulturen und Antibiotika-Empfindlichkeitstests (C&S) wichtig sein, um eine angemessene Antibiotikatherapie zu finden, insbesondere wenn eine Resistenz gegen antimikrobielle Mittel wahrscheinlich ist.

Behandlung

Es gibt nur wenige Studien zur Behandlung von SBP bei Katzen, und die meisten Empfehlungen sind anekdotischer Natur. In den jüngsten Leitlinien wird jedoch betont, wie wichtig es ist, die Diagnose einer SBP zu bestätigen, bevor eine systemische antibakterielle Therapie in Betracht gezogen wird (siehe Abschnitt über Antibiotic Stewardship, Kasten 1) [1, 22, 23]. Der übermäßige Einsatz von Antibiotika ohne Bestätigung der Diagnose ist bekannt, und von der gängigen Praxis, Antibiotika „für alle Fälle" zu verschreiben, wird dringend abgeraten [22–24, 26]. Eine topische antiseptische Therapie ist eine validere „Nur-für-den-Fall"-Wahl; eine vorherige Zytologie wird jedoch immer empfohlen [1].

Kasten 1: Wichtige Grundsätze der Behandlung von bakteriellen Hautinfektionen bei Katzen im Sinne einer guten antimikrobiellen Kontrolle (Antimicrobial Stewardship)

- Sammeln Sie ausreichende Beweise zur Bestätigung der Diagnose einer bakteriellen Infektion, bevor eine Behandlung eingeleitet wird (es sei denn, sie ist schwer und lebensbedrohlich): Vermeiden Sie eine „Nur-für-den Fall"-Verwendung.
  - Eine zytologische Untersuchung ist unerlässlich; eine Bakterienkultur aus einem Abstrich der Hautoberfläche bestätigt die Infektion nicht.
- Wählen Sie Antibiotika mit Bedacht und entsprechend den empfohlenen Behandlungsrichtlinien:
  - Verwenden Sie Antibiotika der ersten Wahl zur empirischen Anwendung, vorausgesetzt, es gibt entsprechende Optionen für die bestätigte Infektion.
  - Verwenden Sie Antibiotika der zweiten Wahl nur, wenn unerwünschte Ereignisse die Verwendung der Antibiotika der ersten Wahl einschränken und wenn Kultur- und Empfindlichkeitstests (C&S) die Wirksamkeit bestätigen.

– Verwenden Sie keine Antibiotika der dritten Wahl (z. B. Cefovecin, Fluorchinolone), es sei denn, C&S weisen darauf hin, dass es keine anderen Alternativen der ersten und zweiten Wahl gibt: Vermeiden Sie eine Rechtfertigung als „einfach anzuwenden", ohne aktiv orale Alternativen der ersten Wahl zu diskutieren.

• Ordnen Sie die richtige Dosis und Dauer der Behandlung an:
– Dosieren Sie am oberen Ende des Dosisbereichs, da die Durchblutung der Haut vergleichsweise schlecht ist, und wiegen Sie die Patienten: Geben Sie eher eine leichte Über- als eine Unterdosis.
– Befolgen Sie die Leitlinien für die Dauer der bestätigten Infektion und bewerten Sie das klinische und zytologische Ansprechen vor der Beendigung der Therapie erneut.

Topische Therapie

Obwohl Katzen oft als weniger tolerant gegenüber topischen Therapien gelten und selbst bei Hunden die topische Therapie als nicht ausreichend genutzt angesehen wird [23], wird die topische Therapie als optimale alleinige antibakterielle Behandlung für oberflächliche Infektionen empfohlen, wann immer dies für das Tier und den Besitzer möglich ist, insbesondere bei lokalisierten oder leichten Läsionen. Sie wird auch als beste Option für Pyodermie in Verbindung mit Methicillin-resistenten Staphylokokken (MRS) empfohlen [1]. Die topische Therapie hat den Vorteil, dass die Läsionen schneller abklingen, die Dauer der systemischen Antibiotikabehandlung verkürzt wird, Bakterien und Ablagerungen physisch von der Hautoberfläche entfernt werden und die Auswirkung auf unbeteiligte Kommensalen reduziert wird [1, 23]. Das Ansprechen bei Hunden mit SBP auf tägliches Sprayen mit Chlorhexidin (4 %) über vier Wochen in Verbindung mit zweimal wöchentlichem Baden mit Chlorhexidinshampoo war vergleichbar mit der oralen Einnahme von Amoxicillin-Clavulansäure (Amoxiclav) [27]. Andere kleine Studien haben ebenfalls gezeigt, dass eine alleinige topische Therapie wirksam ist [1].

Obwohl eine Reihe von topischen Formulierungen für die Anwendung bei Hunden diskutiert wird, gibt es nur begrenzt Belege für die Wirksamkeit und Sicherheit, die eine optimale Auswahl und Protokolle ermöglichen [23]. Bei Katzen gibt es sogar noch weniger Nachweise. Die Autorin hat jedoch festgestellt, dass eine Reihe von topischen Antiseptika und Antibiotika bei der Behandlung von SBP bei einigen Katzen hilfreich sind, insbesondere bei lokalisierten Läsionen. Chlorhexidinlösung (2–3 %, ein- oder zweimal täglich), Silbersulfadiazin-Creme (1 %) oder Mupirocin-Salbe (2 %) (zweimal täglich) sind offenbar wirksam und sicher [12, 13], und Fusidinsäure (1 %) in Form von viskosen Augentropfen (Conoptal®; zweimal täglich) kann ebenfalls nützlich sein, insbesondere bei Läsionen im Gesicht und unter den Augen. Es wurden Bedenken geäußert, dass die Verwendung von Mupirocin und Fusidinsäure bei Tierpatienten die Resistenz der beim Menschen ansässigen Staphylokokken fördern könnte, und es wurde empfohlen, diese Mittel nur in Fällen zu verwenden, in denen es keine anderen praktikablen Möglichkeiten gibt [1, 23]. Eine ein- bis zweimal wöchentlich durchgeführte Shampoo-Therapie (Chlorhexidin oder Pirocton-Olamin) kann zur Behandlung oder zur Verhinderung eines erneuten Auftretens von SBP beitragen, wird jedoch von vielen Katzen schlecht vertragen.

Übermäßiges Putzen und verschlimmerte Selbstverletzungen als Reaktion auf topische Therapien bei Katzen, insbesondere auf Salben oder Cremes, können deren Einsatz manchmal einschränken. Körperanzüge oder anliegende Verbände können hilfreich sein, insbesondere bei Katzen mit starkem Juckreiz. Trotz der weit verbreiteten Befürchtung der Besitzer, dass durch das Belecken die topischen Medikamente entfernt werden, gibt es keine Belege dafür, dass das Belecken die Wirksamkeit der topischen Therapie merklich verringert, da lipophile Medikamente nach dem Auftragen schnell absorbiert werden.

Systemische Therapie

Es besteht kein Konsens über die am besten geeigneten systemischen Antibiotika für die Behandlung von SPB, und die Empfehlungen variieren je nach geografischer Region [23, 28]. Antibiotika der ersten Wahl gelten als geeignete Wahl für die empirische Therapie, vorausgesetzt, die Diagnose ist bestätigt (z. B. intrazelluläre Kokken in der Zytologie). Kultur- und Antibiotika-Empfindlichkeitstests (C&S) sind wichtig für Fälle, die schlecht auf eine angemessene empirische Therapie ansprechen, oder wenn ein höheres Risiko für MRS besteht (wiederholte Antibiotikagaben, andere Haustierträger, bestimmte geografische Regionen) [1, 12].

Amoxiclav und Cephalexin gelten im Allgemeinen als Mittel der ersten Wahl bei feliner SBP (siehe späterer Abschn. „Antimikrobielle Resistenz und Stewardship") [12, 13]. Amoxiclav war wirksam bei eosinophilen Plaques und teilweise wirksam bei Lippengeschwüren mit gleichzeitiger bakterieller Infektion [25]. Doxycyclin wird in einigen Ländern für die Therapie der ersten Wahl von SBP eingesetzt, aber Resistenzen in einigen geografischen Regionen [29] und der potenzielle Wert für MRS und multiresistente Staphylokokken in anderen [10] deuten darauf hin, dass es für die Therapie der ersten Wahl weniger geeignet sein könnte. Es gibt auch eine Debatte über die Verwendung von Cefovecin als Therapie der ersten Wahl bei feliner SBP, und obwohl es häufig eingesetzt wird, gelten Cephalosporine der dritten Generation in der Humanmedizin als kritische Antibiotika, die lebensbedrohlichen Krankheiten vorbehalten sind [26, 30–32]. Es wurde daher empfohlen, Cefovecin nicht als Behandlung der ersten Wahl für SBP bei Katzen einzusetzen, es sei denn, eine andere Behandlung ist aufgrund von Compliance-Problemen nicht möglich.

Antibiotika der zweiten Wahl können in Betracht gezogen werden, wenn Antibiotika der ersten Wahl nicht wirksam sind oder schwerwiegende Nebenwirkungen (tatsächliche oder potenzielle aufgrund der Vorgeschichte) den Einsatz von Antibiotika der ersten Wahl einschränken. Die wichtigsten Antibiotika der zweiten Wahl für feline SBP sind Clindamycin oder Doxycyclin, wobei eine vorausgehende C&S

optimal ist, da die Wirksamkeit weniger vorhersehbar ist als bei den Antibiotika der ersten Wahl (siehe späterer Abschn. „Antimikrobielle Resistenz und Stewardship"). Eine geringere Empfindlichkeit von Staphylokokkenisolaten gegenüber Clindamycin im Vergleich zu Amoxiclav und Cephalexin wurde in Südafrika [8] und gegenüber Erythromycin in Malaysia [29] dokumentiert. Cefovecin ist ein weiterer potenzieller Wirkstoff der zweiten Wahl, wenn alle Möglichkeiten der oralen Verabreichung von Mitteln der ersten und zweiten Wahl ausgeschöpft sind. Fluorchinolone (FQ) der zweiten Generation (Enrofloxacin, Marbofloxacin) sind eine letzte Möglichkeit, die jedoch auf Fälle beschränkt werden sollte, in denen es keine anderen Alternativen auf der Grundlage von C&S gibt. Die einfache Verabreichung von FQ und das geringe Auftreten von Nebenwirkungen sind keine Rechtfertigung für ihre Verwendung als Option der ersten oder frühen zweiten Wahl.

Antibiotika der dritten Wahl sind bei SBP bei Katzen nur selten indiziert, wobei topische Therapien, die gegebenenfalls sogar einen Krankenhausaufenthalt und/oder eine Sedierung erfordern, vorzuziehen sind. Dazu gehören FQ der dritten Generation (Orbifloxacin, Pradofloxacin), Aminoglykoside (Amikacin, Gentamicin) und Rifampicin. Kritische Antibiotika, die lebensbedrohlichen Infektionen beim Menschen vorbehalten sind und von deren Einsatz in der Tiermedizin abgeraten wird, kommen für die Behandlung von SBP bei keiner Tierart in Frage (siehe späterer Abschn. „Antimikrobielle Resistenz und Stewardship").

Dauer der Therapie

Obwohl es keine wissenschaftlichen Belege für eine optimale Therapiedauer der SBP bei Hunden oder Katzen gibt, wird in aktuellen Expertenmeinungen eine dreiwöchige Therapie als am besten geeignet empfohlen [1, 26]. Kürzere Behandlungzeiten können in Betracht gezogen werden, bis die klinischen Läsionen und mikrobiologischen Nachweise der Infektion abgeklungen sind; für diese Abwägung ist jedoch eine erneute Beurteilung der Patienten unerlässlich [1, 28].

Behandlung der Grunderkrankung

Es ist allgemein anerkannt, dass die zugrunde liegende primäre Ursache der SBP behandelt werden muss, um ein erneutes Auftreten zu verhindern. Es ist jedoch weniger klar, ob die Behandlung der SBP und der Grunderkrankung gleichzeitig oder nacheinander erfolgen muss. Da eine immunsuppressive Therapie bei der Behandlung von Infektionskrankheiten kontraindiziert ist, wird in der Regel empfohlen, die Behandlung der SBP abzuschließen, bevor eine anhaltende Glukocorticoidtherapie (z. B. bei einer primären Allergie) eingeleitet wird. In einigen Fällen einer sehr aktiven Grunderkrankung kann es sein, dass die SBP-Behandlung erst dann abgeschlossen werden kann, wenn die Grunderkrankung besser kontrolliert ist. Insbesondere die Behandlung der primären atopischen Dermatitis kann bei einigen Katzen, die zu sekundären bakteriellen Infektionen neigen, sehr schwierig sein [13]. Eine Cyclosporin-Therapie kann in diesem Fall eine bessere Wahl für die Allergiebehandlung sein als Glukocorticoide, da sie die angeborenen Immunreaktionen (Neutrophile, Makrophagen) schont, wenn auch mit einem langsameren Wirkungseintritt.

Tiefe bakterielle Infektionen

Knotige Schwellung am Kinn: sekundäre tiefe bakterielle Pyodermie

Die Kinnakne der Katze äußert sich typischerweise durch braune bis schwarze Komedonen und Haarbüschel auf dem ventralen Kinn und gelegentlich an den Rändern der Unter- oder Oberlippe (Kap. „Verschiedene idiopathische Erkrankungen"). Ein Teil der betroffenen Katzen entwickelt deutliche Schwellungen mit Drainagekanälen, die häufig auf eine sekundäre tiefe bakterielle Infektion zurückzuführen sind. Von den Katzen mit Katzenakne, die in den USA in ein Krankenhaus eingeliefert wurden, wiesen 42 % eine tiefe bakterielle Infektion auf ($n = 72$) [33], und bei 45 % wurden Bakterien aus Gewebekulturen isoliert ($n = 22$), einschließlich aller Katzen mit histopathologischen Anzeichen von Follikulitis und Furunkulose. Die am häufigsten isolierten Bakterien, typischerweise in Reinkultur, waren CoPS, gefolgt von α-hämolytischen Streptokokken, *Micrococcus* sp., *E. coli* und *Bacillus cereus*. Bemerkenswert ist, dass *Pseudomonas aeruginosa* in starkem Wachstum aus der Gewebebiopsie einer gesunden Kontrollkatze isoliert wurde [34].

Klinische Präsentation
Die tiefe Pyodermie zeigt sich typischerweise mit großen Papeln bis hin zu knotigen Schwellungen mit Drainagekanälen (Abb. 6) und seltener mit diffusen Schwellungen. Die Läsionen können pruriginös und/oder schmerzhaft sein, und es kann zu einer regionalen Lymphknotenvergrößerung kommen [3, 33, 34].

Diagnose
Die **Zytologie** von Feinnadelaspiraten (FNA) oder ausgedrücktem Ausfluss nach der ersten Oberflächenreinigung kann intrazelluläre Bakterien in Neutrophilen und/oder Makrophagen zeigen. Eine sorgfältige Untersuchung kann erforderlich sein, da Bakterien in Proben von knotigen Läsionen trotz ausgeprägter Entzündung spärlich sein können.

Abb. 6 Kinnakne bei Katzen: knotige Schwellungen und Abflusskanäle als Folge einer tiefen bakteriellen Infektion. (Mit freundlicher Genehmigung von Dr. Chiara Noli)

Die **Histopathologie** zeigt typischerweise Follikulitis, Furunkulose und perifollikuläre bis knotige pyogranulomatöse Entzündungen (Abb. 7); Bakterien in den Follikelostien oder -lumina bestätigen in diesem Fall zumindest fokal die Diagnose. Katzenakne geht mit einem Spektrum von histopathologischen Veränderungen einher, wobei periglanduläre und/oder perifollikuläre Entzündungen in der Regel dominieren. Es wird auch über eine Erweiterung der Talgdrüsenausführungsgänge und eine pyogranulomatöse Entzündung der Talgdrüsen berichtet [34]. Das Vorhandensein von Follikulitis und Furunkulose ohne ursächliche Bakterien deutet auf eine sekundäre bakterielle Pyodermie hin, doch ist der Ausschluss anderer Ursachen, einschließlich Dermatophytose, wichtig, und es sind spezielle Färbungen erforderlich.

Bakterienkulturen aus sterilen Gewebebiopsien oder FNA aus den betroffenen Regionen sind erforderlich, um die verursachenden Arten zu identifizieren und die Empfindlichkeit gegenüber Antibiotika zu testen.

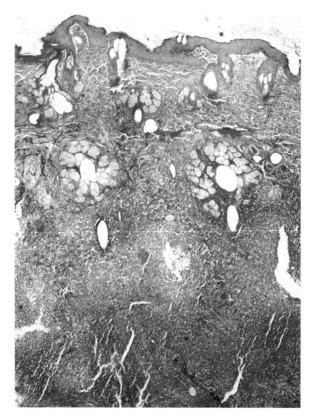

Abb. 7 Histopathologischer Schnitt von Kinnakne bei der Katze (H&E, 40-fache Vergrößerung): multifokale, knotige, pyogranulomatöse Entzündung in der mittleren und tiefen Dermis, die sich meist auf die Haarfollikel konzentriert, die vollständig zerstört erscheinen. Es kommt zu Blutungen, die sich klinisch durch hämopurulentes Exsudat zeigen. (Mit freundlicher Genehmigung von Dr. Chiara Noli)

Behandlung

Systemische Antibiotika sind angezeigt; wenn in der Zytologie intrazelluläre Kokken nachgewiesen werden, wird eine empirische Behandlung mit Cephalexin oder Amoxiclav oft als geeignet angesehen. Wenn in der zytologischen Untersuchung bakterielle Stäbchen vorhanden sind oder MRSP in der Region häufiger vorkommt, wird C&S empfohlen, am besten aus Gewebebiopsien. Die optimale Therapiedauer bei tiefer Pyodermie ist nicht festgelegt; häufig wird jedoch eine Mindestdauer von 4–6 Wochen empfohlen, die mindestens zwei Wochen über das Abklingen oder die Stase der Läsionen hinaus fortgesetzt werden sollte [1, 26]. Bei Katzenakne persistieren die Komedonen in der Regel auch nach Abklingen der bakteriellen Infektion, sodass eine weitere Behandlung der zugrunde liegenden Pathologie wichtig ist, um eine erneute Infektion zu verhindern (Kap. „Verschiedene idiopathische Erkrankungen") [33].

Diskrete Knötchen: Bakterielles Pseudomyzetom

Einige Bakterien verursachen seltene lokalisierte, diskrete, tiefe Infektionen, die Hautknötchen bilden, die pilzartige oder neoplastische Ursachen imitieren. Infektionen treten vermutlich nach traumatischer Implantation von Bakterien auf, bei denen es sich meist um *Staphylococcus* spp. handelt, aber auch um *Streptococcus* spp., *Pseudomonas* spp., *Proteus* spp. oder *Actinobacillus*-Arten.

Klinische Präsentation

Typisch sind einzelne oder mehrere entzündliche Knötchen mit oder ohne Drainagekanäle. Der Ausfluss kann kleine weiße Körner oder Granulate enthalten, die aus kompakten Bakterienkolonien bestehen [35]. Ein einziger Fall mit weniger typischer überlagernder dicker Kruste wurde bei einer FIV-positiven Katze mit gleichzeitiger SBP berichtet, die durch zytologische Befunde bestätigt wurde [36].

Diagnose

Die Zytologie von FNA aus intakten Knötchen oder Abklatschpräparaten von frisch exprimiertem Exsudat sollte zahlreiche Bakterien zeigen, in der Regel Kokken, aber abhängig von der verursachenden Art. Die Histopathologie zeigt eine knotige bis diffuse pyogranulomatöse Dermatitis und/oder Pannikulitis mit zahlreichen Makrophagen, vielkernigen Riesenzellen und zentralen Bakterienaggregaten, oft mit einer hell eosinophilen amorphen Peripherie (Splendore-Hoeppli-Phänomen) (Abb. 8 und 9) [35, 36].

Behandlung

Die chirurgische Exzision/Drainage ist wichtig für die Heilung, da systemische Antibiotika oft nicht in die zentral abgekapselten Bakterien eindringen können.

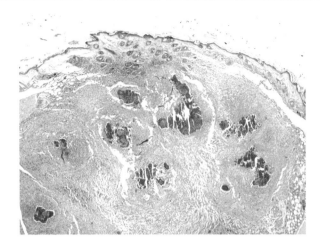

Abb. 8 Histopathologischer Schnitt durch eine Läsion eines bakteriellen Pseudomyzetoms (H&E 40-fache Vergrößerung). Es handelt sich um eine multifokale, knotige, pyogranulomatöse Entzündung mit großen Bakterienkolonien, die von hellrotem, proteinartigem Material bedeckt sind, das klinisch als weiße Granula im Exsudat erscheint. (Mit freundlicher Genehmigung von Dr. Chiara Noli)

Abb. 9 Eine
Bakterienkolonie
(dunkelblau in der Mitte,
ist von amorphem
eosinophilem Material
umgeben (Splendore-
Hoeppli-Phänomen)
(H&E, 400-fache
Vergrößerung). (Mit
freundlicher Genehmigung
von Dr. Chiara Noli)

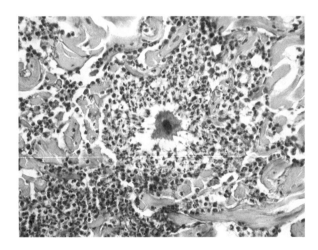

Subkutane knotige Schwellungen mit Abszessbildung: anaerobe Bakterien

Schmerzhafte, rasch fortschreitende subkutane Schwellungen sind bei Katzen häufig auf die Einnistung anaerober Bakterien zurückzuführen. Sie treten meist in Zusammenhang mit Kampfwunden auf, seltener jedoch bei anderen Hauttraumata wie chirurgischen Wunden oder Katheterisierung. Bei den verursachenden Bakterien handelt es sich häufig um anaerobe oder fakultativ anaerobe orale Kommensalen, darunter *Pasteurella multocida*, *Fusobacterium* spp., *Peptostreptococcus* spp., *Porphyromonas* spp. und gasproduzierende Arten wie *Clostridium* spp. und *Bacteroides*-Arten [37].

Klinische Präsentation

Typisch sind schlecht abgegrenzte Ödeme und Schwellungen, die zu einer Abszedierung (Abb. 10) und manchmal zu einer darüber liegenden Hautnekrose führen. Die Läsionen sind oft einzeln, können aber auch multipel sein und sind in der Regel schmerzhaft. Häufig kommt es zu Fieber und Unwohlsein, insbesondere bei größeren Läsionen oder wenn die Bakterien Toxine produzieren. Der eitrige Abszessinhalt hat oft einen fauligen Geruch, und es kann ein Gewebekrepitus auftreten.

Diagnose

Das klinische Bild ist in der Regel diagnostisch. Die Zytologie des Abszessinhalts oder die FNA aus ödematösen Bereichen bei frühen Läsionen sollte eine starke neutrophile Entzündung zeigen, wobei bakterielle Stäbchen und/oder Kokken oft leicht erkennbar sind. Mischinfektionen sind nicht ungewöhnlich. Eine Kultur ist in der Regel nicht erforderlich, aber eine anaerobe Probenahme wäre wichtig, um die meisten ursächlichen Bakterien genau zu identifizieren.

Behandlung

Frühe Läsionen lassen sich in der Regel erfolgreich mit systemischen Antibiotika behandeln, wobei die meisten Organismen gegen Amoxiclav oder Metronidazol empfindlich sind. *Bacteroides* spp. können gegen Ampicillin und Clindamycin resistent sein [30]. Die chirurgische Drainage von Abszessen mit Belüftung und Reinigung des infizierten Gewebes ist für die Heilung wichtig.

Subkutane knotige Schwellungen mit Ulzerationen und ableitenden Kanälen: *Nocardia*, *Rhodococcus* und *Streptomyces*

Eine Reihe von Bakterienarten, von denen viele in der Umwelt ubiquitär vorkommen, sind seltene Ursachen für schlecht abgegrenzte knotige Schwellungen mit fokalen Ulzerationen und ableitenden Kanälen bei Katzen. Die Infektionen sind oft lokal invasiv, und einige Arten neigen zur Dissemination, insbesondere bei immun-

Abb. 10 Schwellung, Ulzeration, Fistelbildung und Nekrose der Bauchhaut einer Katze aufgrund einer Infektion mit anaeroben Bakterien. (Mit freundlicher Genehmigung von Dr. Chiara Noli)

geschwächten Katzen. Die meisten Infektionen treten vermutlich nach einer trau-matischen Implantation auf.

Diagnostische Tests sind unerlässlich, um die Ursache dieses Krankheitsbildes genau zu bestimmen. Neben mehreren möglichen Bakterien gehören zu den Differenzialdiagnosen Mykobakterien (Kap. „Mykobakterielle Erkrankungen"), saprophytische Pilze (Kap. „Tiefe Pilzerkrankungen") und sterile Pannikulitis (Kap. „Verschiedene idiopathische Erkrankungen").

Die **zytologische Analyse** von FNA aus ödematösem Gewebe oder Flüssigkeits-taschen oder von Abstrichen aus Drainagekanälen (nach anfänglicher Reinigung der Hautoberfläche) zeigt in der Regel Neutrophile und epithelioide Makrophagen, manchmal mit mehrkernigen Riesenzellen, unabhängig vom verursachenden Organismus. Die Organismen werden häufiger innerhalb der Makrophagen nach-gewiesen, wobei die Morphologie je nach Erregerart variiert.

Die **Histopathologie** von Gewebebiopsien zeigt eine knotige bis diffuse pyogra-nulomatöse Dermatitis und/oder Pannikulitis. Spezielle Färbungen helfen, die wahrscheinlich verursachenden Bakterien zu identifizieren [38].

Eine **Bakterienkultur** aus sterilen Flüssigkeitsaspiraten oder Gewebebiopsien kann erforderlich sein, um die ursächliche Spezies zu bestätigen, und ist optimal, um die Empfindlichkeit gegenüber antimikrobiellen Mitteln zu bestimmen. Es ist wichtig, das Labor auf die Möglichkeit ungewöhnlicher Bakterienarten mit be-sonderen Kulturanforderungen hinzuweisen.

PCR-Tests können für die retrospektive Identifizierung von Krankheitserregern aus formalinfixierten Gewebeproben nützlich sein, wenn keine frischen Proben für eine Bakterienkultur zur Verfügung stehen [39].

Nokardiose

Nokardien sind allgegenwärtige Saprophyten im Boden und in verrottender Vegeta-tion, die bei Katzen seltene, aber potenziell schwerwiegende Infektionen ver-ursachen können, typischerweise nach der Einnistung in Hautwunden. Die Infek-tion tritt bei Katzen häufiger auf als bei Hunden und kann lokal begrenzt und indolent bleiben oder fulminant verlaufen und sich weit ausbreiten; Letzteres ist bei immungeschwächten Wirten wahrscheinlicher. *N. nova* ist die am häufigsten identi-fizierte Erregerart, aber auch Infektionen mit *N. farcinica* oder *N. cyriacigeorgica* kommen vor. Am häufigsten sind Hautinfektionen, gelegentlich beschränken sich die Fälle auf Lungen- oder Bauchinfektionen [40].

Klinische Präsentation

Typisch sind fortschreitende unregelmäßige Knötchen und punktförmige, drainie-rende Nebenhöhlen (Abb. 11), oft mit gleichzeitigem Unwohlsein und Atemwegs-beschwerden. Die Hautinfektion kann mit diskreten Abszessen beginnen, die sich allmählich zu auslaufenden, nicht heilenden Wunden ausweiten. Die Extremitäten, das ventrale Abdomen und die Leistengegend sind häufiger betroffen, und eine Lymphadenopathie ist häufig. Der Ausfluss kann körniges Granulat (bakterielle Mikrokolonien) enthalten [40].

Abb. 11 Lokale Schwellungen, Ulzerationen und ein Drainagetrakt bei einer Katze mit kutaner Nokardiose. (Mit freundlicher Genehmigung von Dr. Carolyn O'Brien)

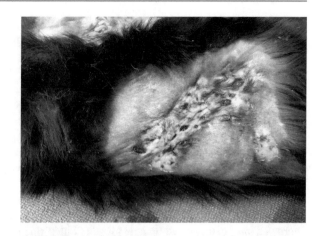

Abb. 12 Zytologie der Nokardiose: Mehrere Bakteriengruppen (Körner) und schlanke und fadenförmige *Nocardia-asteroides*-Mikroorganismen sind erkennbar (MGG 1000-fache Vergrößerung). (Mit freundlicher Genehmigung von Dr. Nicola Colombo)

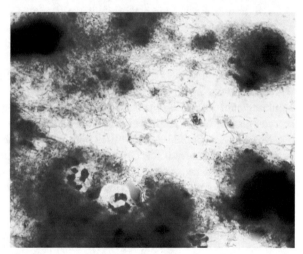

Diagnose

Fadenförmige Bakterien, die sich zumindest teilweise mit säurefesten Färbemitteln anfärben lassen, sind typischerweise in der Zytologie und Histopathologie zu finden und erscheinen verzweigt oder wulstig (Abb. 12). Die Organismen können sich in klaren Lipidvakuolen befinden [40]. Die Bakterienkultur wächst langsam; es ist wichtig, die Labore bei potenziellen Fällen vorzuwarnen.

Behandlung

Eine frühzeitige Behandlung akuter Läsionen, selbst bei immungeschwächten Patienten, kann zu guten Ergebnissen führen. Ein chirurgisches Débridement und eine Drainage zur Reduzierung von Restorganismen sind optimal, und eine aggressive frühe Exzision mit möglicher späterer Korrekturoperation ist angezeigt. C&S ist wichtig, um den Behandlungserfolg zu maximieren. *N. nova* ist tendenziell weniger resistent als andere Arten und häufig empfindlich gegenüber Sulfonamiden, Tetrazyklinen (Minocyclin, Doxycyclin), Clarithromycin und Ampicillin/Amoxicillin, aber paradoxerweise nicht gegenüber Amoxiclav (Clavulansäure induziert bei diesen Arten die Produktion von β-Laktamase) und FQ. Amoxicillin (20 mg/kg zweimal täglich) in Kombination mit Clarithromycin (62,5–125 mg/Tier zweimal täglich) und/oder Doxycyclin (5–10 mg/kg zweimal täglich) wird gegenüber Sulfonamiden empfohlen. Im Allgemeinen ist eine Langzeittherapie erforderlich (3–6 Monate), und bei kürzerer Behandlung kommt es häufig zu einem Rückfall. *N. farcinica* wird seltener identifiziert, ist jedoch häufig multiresistent und hochpathogen. Eine initiale parenterale Therapie mit Amikacin und/oder Imipenem in Kombination mit Trimethoprim-Sulfonamiden ist zu erwägen [40].

Rhodokokkose

Rhodococcus equi ist ein ubiquitäres, im Boden vorkommendes Bakterium, das bei Pferden häufig pathogen ist und bei jungen Fohlen eine pyogranulomatöse Pneumonie und Enteritis mit hoher Mortalität verursacht. Die Infektion wird auch zunehmend bei Menschen mit geschwächtem Immunsystem dokumentiert und bei einer kleinen Anzahl von Katzen berichtet, wobei die Haut (Knötchen mit fokalen Ulzerationen und Drainagekanälen, am häufigsten an den Extremitäten), die Bauch- oder Brusthöhle und/oder die Atemwege betroffen sind [41–43]. In einem Bericht wurden bei einer 2-jährigen weiblichen Hauskatze eine pyogranulomatöse Hauterkrankung und Zellulitis (Abb. 13) beschrieben, die sich von den üblichen Erscheinungsformen bei Katzen unterscheiden [43]. Es wird über eine Infektion lokaler Lymphknoten berichtet, vermutlich über lymphatische Ausbreitung [41–43]. Es wird vermutet, dass sich die Organismen über Hautwunden einnisten, wobei das Risiko bei Katzen mit Kontakt zu Pferden am höchsten ist; infizierte Fohlen scheiden über den Kot reichlich Bakterien in die Umwelt aus [41].

Diagnose

Bei der Zytologie von FNA-Proben und/oder der Histopathologie lassen sich in der Regel grampositive Kokken bis Kokkobazillen in Makrophagen nachweisen (Abb. 14) [42, 43]. Eine Bakterienkultur ist zur Bestätigung der Diagnose unerläss-

Abb. 13 Kutane *Rhodococcus-equi-* Infektion bei einer Katze: pyogranulomatöse Dermatitis und Zellulitis mit oberflächlichen Ulzerationen. (Mit freundlicher Genehmigung von Dr. Anita Patel)

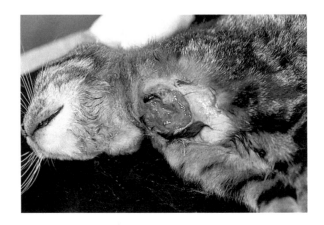

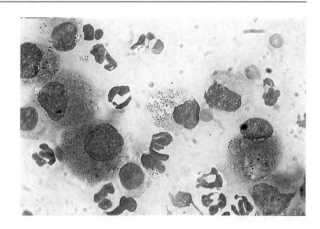

lich; die Bakterien wachsen in einer aeroben Kultur innerhalb von 48 Stunden, aber die Organismen können in Makrophagen in Flüssigkeitsproben geschützt sein, sodass Gewebeproben optimal sein können [42].

Behandlung

C&S ist wichtig, um eine mögliche Therapie zu bestimmen. *R.-equi*-Infektionen sind bei Pferden häufig refraktär gegenüber konventionellen Therapien, und obwohl eine Kombination aus Rifampicin und Erythromycin empfohlen wurde, wird eine zunehmende Resistenz festgestellt [28]. In einem bestätigten Fall bei einer Katze mit einer chronischen Gliedmaßenläsion zeigte *R. equi* eine mittlere Empfindlichkeit gegenüber Amoxiclav, Rifampicin und Erythromycin sowie eine Empfindlichkeit gegenüber Cephalexin und Gentamicin, doch verschlechterte sich der Zustand der Katze trotz anfänglicher Behandlung mit Cephalexin und späterem chirurgischen Débridement und Gentamicin-Therapie, sodass sie eingeschläfert werden musste [42]. In einem anderen Fall mit einer gemeldeten Empfindlichkeit gegenüber Doxycyclin, Enrofloxacin und Cefuroxim war das Ansprechen auf Enrofloxacin und später auf Doxycyclin gering [43]. Allerdings wurde berichtet, dass Doxycyclin bei drei Kätzchen mit *R.-equi*-Pneumonie aus zwei Würfen in einem australischen Katzenheim, bei denen die Infektionsquelle unklar war, wirksam war [41].

Streptomykose

Streptomyces spp. sind in der Umwelt allgegenwärtige Bakterien, die sehr selten unregelmäßige knotige Läsionen mit Drainagekanälen und dunklen Gewebekörnern an den Gliedmaßen und am Bauch von Katzen verursachen. Eine Katze ohne Hautläsionen hatte eine Mesenterial- und Lymphknoteninfektion. Zwei Katzen waren FIV- und/oder FeLV-positiv und zwei Katzen hatten einen unbekannten Virenstatus [38].

Diagnose
Grampositive Stäbchen bis Kokkobazillen wurden in der Zytologie und Histopathologie nachgewiesen, und die Bakterien wurden durch PCR-Tests identifiziert [38].

Behandlung
Alle vier Katzen sprachen nicht auf eine chirurgische und/oder mehrfache antibiotische Therapie an und wurden nach 6–18 Monaten Krankheit eingeschläfert [38].

Dermatophilose
Die Dermatophilose ist eine ansteckende und potenziell zoonotische Krankheit, die durch *Dermatophilus congolensis* verursacht wird und am häufigsten Rinder, Schafe und Pferde in tropischen und subtropischen Klimazonen befällt. Der Organismus überlebt in der Umwelt nicht ohne Weiteres, und infizierte oder übertragende Tiere sind die Hauptquelle. Eine Infektion bei Katzen wird sehr selten berichtet. Zwei Verdachtsfälle wiesen knotige Schwellungen und Drainagekanäle auf, die über den infizierten Lymphknoten lagen und mit einer Krustenbildung an der Hautoberfläche einhergingen. Bei der histopathologischen Untersuchung wurden charakteristische grampositive, sich verzweigende, fadenförmige Bakterien festgestellt, und beide Katzen lebten auf Farmen im tropischen Norden Australiens. Eine Katze konnte durch chirurgische Entfernung geheilt werden, während die andere Katze vor der Diagnose eingeschläfert wurde [44]. *Dermatophilus congolensis* wurde in Reinkultur aus Krusten einer anderen Katze isoliert, die Infektion trat mit Krustenbildung und Exsudation an den ventrolateralen Lippenrändern auf; es wurde als empfindlich gegenüber Oxytetracyclin und Penicillin, aber resistent gegenüber Ampicillin, Amoxicillin, Gentamicin und Cefoperazon beschrieben [45]. Charakteristische fadenförmige, verzweigte Bakterien (Abb. 15) wurden bei der zytologischen Analyse einer vierten Katze mit Drainagekanälen an zwei unteren Gliedmaßen gefunden; die Bakterienkultur war negativ, aber die Katze sprach vollständig auf eine zehn Tage lange Amoxicillin-Therapie an [46].

Abb. 15 Zytologie von *Dermatophilus congolensis*: charakteristisch sind lange Kolonien, die wie Eisenbahnschienen aussehen (Diff-Quik®-Färbung, 1000-fache Vergrößerung)

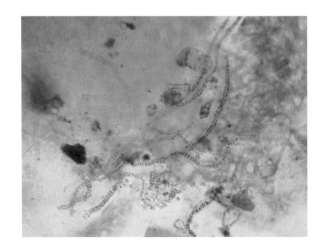

Streptokokken-Infektion

In einem Fall wurde über eine ausgedehnte ödematöse Schwellung mit multifokalen Ulzerationen und Drainagekanälen an der Hintergliedmaße einer Katze berichtet, die mit zahlreichen Clustern und Ketten grampositiver Kokken in der Haut und dem darunter liegenden Knochen einherging, die mittels Gewebe-PCR als *Streptococcus* spp. identifiziert wurden. Bei der histopathologischen Untersuchung wurden Bakteriencluster festgestellt, die von eosinophilem amorphem Material umgeben waren (Splendore-Hoeppli-Phänomen) [39].

Aktinomykose

Actinomyces spp. sind orale Saprophyten bei einer Vielzahl von Tieren einschließlich Hunden und Katzen, die am häufigsten mit Weichteil- und Knocheninfektionen im Kiefer von Rindern in Verbindung gebracht werden. Bei Hunden werden seltene Hautinfektionen berichtet, die durch knotige Schwellungen mit Ausfluss, typischerweise an den Extremitäten, gekennzeichnet sind. Obwohl bei einer Katze eine abdominale Infektion mit *Actinomyces* spp. dokumentiert ist und über die Isolierung von *Actinomyces* spp. gleichzeitig mit anderen Bakterienarten oder aus Läsionen ohne gleichzeitige histopathologische Bestätigung berichtet wird, gibt es keine bestätigten Berichte über *Actinomyces* spp., die kutane Infektionen bei Katzen verursachen [47, 48].

Schnell fortschreitende ödematöse Schwellung bis zur Nekrose und septischem Schock: nekrotisierende Fasziitis

Die nekrotisierende Fasziitis ist ein rasch fortschreitendes und häufig tödliches Syndrom, das durch eine schwere bakterielle Infektion des Unterhautgewebes (Faszie) und der angrenzenden Haut verursacht wird und in der Regel mit einem septischen Schock einhergeht. *Streptococcus canis* ist eine anerkannte Ursache für fulminante Erkrankungen bei Menschen und Hunden und wurde auch mit einem Ausbruch von tödlicher nekrotisierender Fasziitis in Tierheimkatzen in Südkalifornien in Verbindung gebracht. Es wurden klonale Bakterien identifiziert, und es wird angenommen, dass sie sich durch engen Körperkontakt verbreiten. *S. canis* ist ein normaler Bewohner des Harn-, Fortpflanzungs- und Magen-Darm-Trakts von Hunden und Katzen, und obwohl Infektionen selten sind und in der Regel mit einer Schwächung des Immunsystems einhergehen, kann nekrotisierende Fasziitis auch bei immunkompetenten Wirten auftreten. Im Gegensatz zu Hunden, bei denen *S. canis* hauptsächlich mit Hautinfektionen in Verbindung gebracht wird, sind Infektionen des Respirationstrakts bei Katzen typischer [49]. Es wurde auch über einen Fall berichtet, in dem *S. canis* bei einer einzelnen Katze nach einem leichten Gliedmaßentrauma auftrat [50].

Eine andere Form der nekrotisierenden Fasziitis bei Menschen, die nach einem leichten Hauttrauma (Katheterisierung, Krankenhausaufenthalt) auftritt, wurde mit mehreren gleichzeitig auftretenden Bakterien in Verbindung gebracht, darunter *Staphylococcus* spp., *Streptococcus* spp., *Pseudomonas* spp. und *E. coli*. Einzelne

Fälle bei Katzen wurden aufgrund von *Acinetobacter baumannii* [51] und mehreren Bakterienarten (*E. coli*, *Enterococcus* sp. und *S. haemolyticus*; *E. coli*, *Enterococcus faecium* und *S. epidermidis*) beschrieben [52, 53].

Klinische Präsentation

Typisch sind schlecht abgegrenzte schmerzhafte Ödem- und Rötungsbereiche, die mit der raschen Entwicklung von Anzeichen eines septischen Schocks (Pyrexie, starkes Unwohlsein, Kollaps) einhergehen. Die Hautläsionen entwickeln sich zu großflächigen Hautnekrosen (Abb. 16).

Diagnose

Die FNA der betroffenen Regionen zeigt eine neutrophile Entzündung, und die verursachenden Bakterien sind in der Regel intrazellulär in den Neutrophilen zu finden. Eine Bakterienkultur aus steril entnommenen Flüssigkeits- oder Gewebeproben ist erforderlich, um die verursachende Spezies zu bestätigen. Es ist wichtig, die Kulturergebnisse in Verbindung mit der bakteriellen Morphologie aus der Zytologie und/

Abb. 16 Großflächige Nekrosen und Ulzerationen bei einer Katze mit nekrotisierender Fasziitis. (Mit freundlicher Genehmigung von Dr. Susan McMillan)

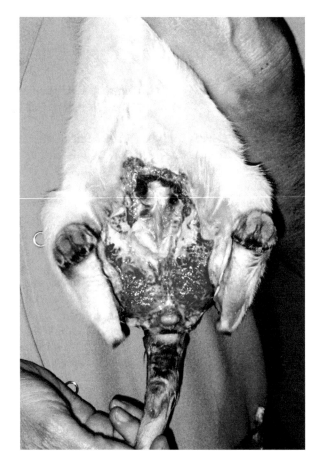

oder Histopathologie zu interpretieren, da kontaminierende Arten aus exsudativen Läsionen kultiviert werden können.

Behandlung

Die meisten bei Katzen gemeldeten Fälle verliefen tödlich. Ein rasches umfassendes chirurgisches Débridement mit Entfernung des bakteriellen Nidus und des gesamten nekrotischen Gewebes, um die weitere Ausbreitung entlang der Faszien zu begrenzen, gilt als entscheidend für Verdachtsfälle, bevor diagnostische Testergebnisse vorliegen, zusammen mit einer intravenösen antimikrobiellen Behandlung mit breitem Spektrum und kritischer Pflege. Nach der Genesung kann eine rekonstruktive Operation erforderlich sein [50].

Diagnoseinstrumente für bakterielle Hautinfektionen bei Katzen

Klinische Läsionen und historische Merkmale

Bevor man zu diagnostischen Tests greift, kann eine sorgfältige klinische Untersuchung und Erhebung der Vorgeschichte die diagnostischen Möglichkeiten eingrenzen und die Auswahl der am besten geeigneten Tests vorgeben. Die Kenntnis der wahrscheinlichsten Differenzialdiagnosen für bestimmte Hautläsionen und der wichtigsten Differenzialdiagnosen bei bakteriellen Infektionen ist hilfreich (siehe Tab. 1).

Zytologie

Die Zytologie ist häufig die nützlichste Erstuntersuchung bei bakteriellen Dermatosen und kann eine Diagnose bestätigen. Welches Verfahren am besten geeignet ist, hängt von den klinischen Läsionen ab (siehe Tab. 1).

Klebebandabdrücke eignen sich für alle oberflächlichen Hautläsionen, einschließlich Alopezie, Schuppung, Krustenbildung, Exkoriationen, Ulzerationen und Papeln. Stärker exsudierende Läsionen können vor der Probenahme vorsichtig mit einem trockenen Mulltupfer abgetupft werden. Qualitativ hochwertiges Klebeband (klar, transparent, stark haftend; 18–20 mm Breite) ist optimal für die Verwendung auf Standard-Glasobjektträgern. Die Klebebandstreifen (≈ 5–6 cm lang) werden fest auf die läsionale Haut gedrückt, wobei sie auf intakten Papeln oder Plaques leicht zusammengedrückt und wiederholt neu positioniert werden, bis die Klebrigkeit nachlässt. Die Klebestreifen werden mit einer Romanowsky-Färbung (z. B. Diff-Quik®) ohne anfängliche Fixierung angefärbt (löst den Klebstoff auf und verringert die Klarheit). Die Verwendung der roten Färbung ist bei Katzen nützlich, um die Identifizierung von Eosinophilen zu erleichtern. Die Klebebänder können wie Glasobjektträger in Färbetöpfe getaucht werden (Abb. 17).

Objektträgerabdrücke eignen sich für feuchte Läsionen, einschließlich Erosionen und Ulzera, und für die Entnahme von Pusteln nach dem Aufreißen mit einer sterilen Nadel. Die Objektträger werden mit einer Romanowsky-Färbung gefärbt, die auch das Fixiermittel enthält. Eine Hitzefixierung ist nicht erforderlich.

Abb. 17 Färbung eines Klebebandabdrucks: **a** Nach der Probenentnahme wird das Klebeband an einem Ende mit der Klebeseite nach unten fest auf einen Objektträger gedrückt und zu einem leicht versetzten Zylinder aufgerollt; **b** das Klebeband wird in die rote Färbung von Diff-Quik® getaucht (6 × 1 s Tauchzeit); **c** das Klebeband wird in die blaue Färbung von Diff-Quik® getaucht (6 × 1 s Tauchzeit); **d** Die Färbung wird unter leichtem Wasserstrahl vom Klebeband abgespült; **e** Das Klebeband wird durch Ergreifen der freien Kante mit einer Pinzette entrollt und flach auf den Objektträger gelegt; **f** Das Klebeband wird getrocknet und durch Abwischen der Oberfläche mit einem Papiertuch fest auf dem Objektträger geglättet

Feinnadelaspirate eignen sich für tiefere Läsionen, einschließlich größerer Papeln und Knötchen. Die Hautoberfläche sollte vor der Probenahme vorsichtig mit Alkohol desinfiziert werden. Die entnommenen Proben werden mit einer luftgefüllten Spritze schnell von der Nadelspitze auf Glasobjektträger gespritzt. Die Objektträger werden an der Luft getrocknet, bevor sie routinemäßig mit einer Romanowsky-Färbung oder mit gram- und/oder säurefesten Färbungen zur Identifizierung seltener Bakterienarten angefärbt werden.

Auswertung von Zytologie-Proben

Bakterien sind in einem Ölimmersionsfeld (OIF, 1000-fache Vergrößerung) sehr spärlich. Die Ölimmersion ist für die genaue Erkennung von Bakterien auf normalen Hautoberflächenproben erforderlich, obwohl sie sich leicht aus Hautoberflächenabstrichen kultivieren lassen (die Tausende von OIF-Proben enthalten). Das Vorhandensein einer größeren Anzahl von Bakterien, die sich auf Keratinozyten ansammeln (kolonisieren), bedeutet eine bakterielle Überwucherung (Abb. 18), während Bakterien, die intrazellulär oder in enger Verbindung mit Neutrophilen (Abb. 19 und 20) und/oder Makrophagen vorhanden sind, eine Infektion bestätigen. Bei tieferen Proben (z. B. FNA) sollten keine Bakterien vorhanden sein, wenn die sterile Technik erfolgreich angewendet wurde; das Vorhandensein von Bakterien ist anormal. Klebebandabdrücke erfordern eine gewisse Erfahrung für eine effiziente und genaue Untersuchung. Typischerweise dominieren Keratinozyten, die hell- bis mittelblau gefärbt sind und von Platten flacher polyedrischer Zellen bis zu einzel-

Abb. 18 Zahlreiche Kokken auf Keratinozyten auf einem Klebebandabdruck bestätigen eine bakterielle Überwucherung, während Kokken intrazellulär in einem intakten Neutrophilen (mehrlappiger Kern) auf eine gleichzeitige fokale bakterielle Infektion hindeuten (100×-Objektiv, Ölimmersion, gefärbt mit Diff-Quik® wie in Abb. 17)

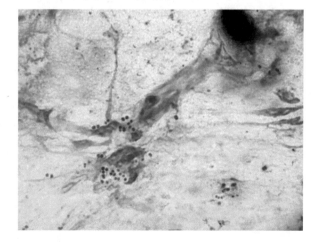

Abb. 19 Intrazelluläre Kokken und assoziiert mit degenerierten neutrophilen Resten und nukleärem Streaming auf einem Klebebandabdruck bestätigen eine bakterielle Infektion (100×-Objektiv, Ölimmersion; gefärbt mit Diff-Quik® wie in Abb. 17)

Abb. 20 Keratinozyten, die einzeln und schichtweise auf einem Klebebandabdruck verteilt sind, mit einem zentralen Neutrophilencluster (4×-Objektiv; gefärbt mit Diff-Quik® wie in Abb. 17)

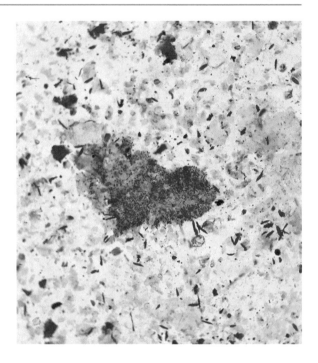

nen oder gebündelten Splittern (Follikelzellen) reichen. Entzündungszellen färben sich violett, wobei Neutrophile am häufigsten vorkommen; sie können in kleinen Clustern auftreten oder periphere Ränder um Keratinozytenblätter bilden. Auch Eosinophile können vorhanden sein, vor allem in Fällen mit einer zugrunde liegenden Überempfindlichkeit. Neutrophile sollten in erosiven oder ulzerativen Proben reichlich vorhanden sein, können aber in trockeneren Läsionen relativ spärlich sein. Neutrophile degenerieren schnell auf der Hautoberfläche und erscheinen oft als verlängerte Stränge von Kernmaterial (*nuclear streaming*). Die Bänder sollten mit einer schwachen Vergrößerung (4-Fach-Objektiv) auf Bereiche mit dichten Zellen oder Neutrophilenansammlungen untersucht werden, die wiederum mit stärkerer Vergrößerung analysiert werden (siehe Abb. 20). Zur Untersuchung unter OIF wird Mikroskopöl direkt auf die Oberfläche des Klebebandes gegeben.

Bakterielle Kultur

Bei bakteriellen Infektionen, die durch Arten mit unklaren antimikrobiellen Empfindlichkeitsprofilen verursacht werden, wie z. B. Stäbchen und viele der Umweltbakterien, die sporadisch tiefe Infektionen verursachen, sind Kultur- und Antibiotika-Empfindlichkeitstests (C&S) unerlässlich. Im Gegensatz dazu wird eine empirische Therapie auf der Grundlage der Zytologie für viele Fälle von SBP als angemessen angesehen [22]. C&S ist indiziert bei schweren, lebensbedrohlichen Infektionen, wenn stäbchenförmige Bakterien in der Zytologie nachweisbar sind (wo die Empfindlichkeit weniger vorhersehbar ist), wenn die empirische Therapie die Läsionen nicht beseitigt oder wenn eine Antibiotikaresistenz in dieser geografischen Region oder bei diesem Patienten wahrscheinlicher ist [1, 22]. Es gibt derzeit keine Belege für einen negativen Einfluss der Antibiotikatherapie auf die Isolierung der verursachenden Bakterien; ein Absetzen der systemischen oder topischen Antibiotika wird daher als unnötig erachtet [23].

Oberflächliche Hautprobenentnahme
Die Entnahme von Kulturproben aus primären Läsionen ist optimal, wenn die Pusteln aufgerissen und die Papeln vor der Entnahme von Kulturproben mit einem Tupfer ohne vorherige Hautdesinfektion mit einer Nadel eingeritzt werden [22, 23]. Eine sterile Gewebebiopsie kann bei Papeln zuverlässiger sein [23]. Bei Hunden mit SBP waren trockene Kulturtupfer bei der Entnahme von Proben aus einer Reihe von oberflächlichen Läsionen, einschließlich Papeln, ebenso wirksam wie feuchte Tupfer oder leichte Abstriche. Die Tupfer wurden ohne vorherige Hautdesinfektion 5–10 sec lang kräftig über repräsentative Läsionen gerieben, die zytologisch als SBP bestätigt wurden [54]. Kulturabstriche von der Hautoberfläche wurden auch für zahlreiche Hautkulturstudien bei Katzen verwendet, bei denen eine Reihe von Hautläsionen untersucht wurden [5, 7, 9, 17, 19]. Die Abstriche sollten sofort in ein Transportmedium eingelegt und vor dem Transport optimalerweise gekühlt werden, um das Überwachsen von Kontaminanten zu begrenzen, insbesondere in warmen Klimazonen.

Kürzlich wurden bei einzelnen Läsionen von SBP bei Hunden mehrere Stämme von *S. pseudintermedius* mit unterschiedlichen Resistenzprofilen gegen antimikrobielle Mittel nachgewiesen, wobei Pusteln und in geringerem Maße Papeln mit einer geringeren Arten- und Stammdiversität verbunden waren als Colleretten und Krusten. Pusteln und Papeln wurden nach dem Anschneiden mit der Spitze einer sterilen Nadel abgetupft. Krusten und Colleretten wurden durch Berühren der Ränder der Läsionen mit einem Kulturtupfer beprobt [55]. Diese Ergebnisse unterstreichen den Wert der Entnahme von Proben von Primärläsionen, wann immer dies möglich ist, und verdeutlichen die potenzielle Bedeutung der Entnahme mehrerer Proben von einer Reihe von Primärläsionen, um die Identifizierung aller potenziellen Erreger zu unterstützen, die gemeinsam zur Infektion eines Patienten beitragen.

Tiefergehende Hautprobenentnahme
Für die Anzucht von Bakterienkulturen aus knotigen Läsionen eignen sich steril entnommene FNA- oder Gewebebiopsien, wobei Gewebeproben am zuverlässigsten sind. Die Oberflächenepidermis kann nach der Probenentnahme entfernt werden, um die Isolierung von Kontaminanten zu vermeiden. Abstriche von Ausflusswegen sind nicht geeignet, da eine Reihe von kontaminierenden Bakterien leicht isoliert werden kann [22]. Wenn eine infektiöse Ursache unklar bleibt und eine Reihe von Infektionserregern mit unterschiedlichen Kulturanforderungen differenziert werden kann, können Gewebekulturproben in einem sterilen Behälter auf einem sterilen, mit Kochsalzlösung befeuchteten Tupfer gekühlt aufbewahrt werden, bis die histopathologische Analyse durchgeführt wird.

Kulturtechniken

Die mikrobiologische Mindestauswertung sollte eine vollständige Speziation der Staphylokokken, unabhängig vom Tuben-Koagulasestatus, und ein Antibiogramm für alle kultivierten Isolate umfassen [1]. Eigene Kulturen können klinisch irreführend sein und zu fehlerhaften und unwirksamen Behandlungen führen und werden nicht empfohlen, insbesondere bei oberflächlichen Hautproben [28].

Auswertung der Kulturen

Kulturergebnisse sollten immer im Lichte der gleichzeitigen zytologischen Befunde und der wahrscheinlichen Krankheitserreger an diesem Ort interpretiert werden. Das Wachstum von Bakterien im Labor allein ist kein Beweis für eine pathogene Rolle. Die Morphologie der kultivierten Isolate muss mit der Morphologie der in der Zytologie nachgewiesenen Bakterien übereinstimmen, damit die Isolate relevant sind. Selbst Bakterien mit alarmierenden Multiresistenzprofilen können unbeabsichtigte Verunreinigungen oder zufällige Kommensalen sein, die keine Rolle bei der aktuellen Hauterkrankung spielen [1, 22]. Es ist jedoch nicht immer einfach, die Relevanz von kultivierten Isolaten richtig einzuschätzen; obwohl CoPS als Hauptpathogene der Haut vorgeschlagen werden, können kommensale CoNS und eine Vielzahl von Umwelt-Saprophyten manchmal pathogen sein, insbesondere bei gleichzeitiger Immunsuppression [1, 22].

Histopathologie

Hautbiopsien zur histopathologischen Untersuchung sind bei vielen tiefen knotigen Läsionen zur Bestätigung der Diagnose unerlässlich. Optimal sind mehrere Exzisionsbiopsien, bei denen neben großen Läsionen auch kleinere periphere Läsionen entnommen werden und zentrale Bereiche großer Läsionen, die nekrotisch sein können, vermieden werden. Größere Läsionen sollten geschnitten werden, um eine ausreichende Formalinpenetration zu gewährleisten. Biopsien für die Histopathologie sollten unmittelbar nach der Entnahme in Formalin eingelegt werden. Die Biopsieproben können auch eingefroren aufbewahrt werden, um sie möglicherweise für PCR- oder andere molekulare Tests zu verwenden.

Die Histopathologie ist bei oberflächlichen Infektionen seltener indiziert, kann aber wichtig sein, wenn die Ergebnisse der Zytologie nicht schlüssig sind oder das Erscheinungsbild atypisch für SBP ist. Stanzbiopsien eignen sich für kleine Läsionen (Pusteln, Papeln) oder gleichförmige Läsionen (Plaques, Erytheme, Krusten). Elliptische Proben sind am nützlichsten für Übergangsbereiche und Ränder von ulzerativen Läsionen.

PCR-Tests

PCR-Tests können hilfreich sein, um Arten zu identifizieren, die im Labor nicht ohne Weiteres kultiviert werden können. Sie werden idealerweise an frischen, steril entnommenen Gewebeproben durchgeführt, können aber auch an in formalinfixierten Proben durchgeführt werden, vorausgesetzt, die Fixierung in Formalin dauerte weniger als 24 Stunden. Der PCR-Nachweis aus Abstrichproben bestätigt nicht die Rolle von Umweltbakterien (z. B. *Nocardia* spp.) als Erreger, da der Nachweis lediglich Hautkontaminationen widerspiegeln kann.

Behandlungsgrundsätze für bakterielle Hautinfektionen bei Katzen und Antimicrobial Stewardship

Antimikrobielle Resistenz und Stewardship

Die zunehmende Entwicklung der Resistenz gegen antimikrobielle Mittel gibt in den letzten Jahren Anlass zu großer Besorgnis und hat deutliche Auswirkungen auf die Gesundheit von Mensch und Tier und die damit verbundene Ökonomie. Es ist unbestreitbar, dass die Verwendung antimikrobieller Mittel zu einer antimikrobiellen Resistenz bei der behandelten Tierart führen kann und dass einige resistente Erreger oder Resistenzmechanismen bidirektional zwischen Tier und Mensch übertragen werden können [1, 28, 56].

Die Methicillin-Resistenz von *Staphylococcus* spp., die für die Veterinärmedizin von Bedeutung ist, wurde seit Ende der 1990er-Jahre weltweit als ernstes Problem erkannt, wobei die Häufigkeit geografisch variiert, die Zahl resistenter *S.-pseudintermedius*- (MRSP), *S.-aureus*- (MRSA) und *S.-schleiferi*-Spezies jedoch rasch zunimmt. Der Erwerb einer Methicillin-Resistenz führt zu einer Resistenz gegen alle β-Laktam-Antibiotika, einschließlich Cephalosporinen. MRSA-Isolate erwerben häufig auch eine Co-Resistenz gegen andere Antibiotikaklassen, insbesondere gegen FQ und Makrolide [18, 19]. Besonders MRSP ist nicht selten multiresistent (Resistenz gegen mindestens sechs Antibiotikaklassen). Da *S. pseudintermedius* ein wichtiger Erreger bei Hunden und ein bekannter Erreger bei Katzen ist, hat dies zu erheblichen neuen Herausforderungen für die Tiermedizin geführt [1].

Der unsachgemäße Einsatz von Antibiotika im Veterinärbereich gilt als wichtiger Faktor, der das Fortschreiten der Resistenz fördert [1, 28, 56].

- **Cefovecin:** Obwohl es in neueren Studien als das am häufigsten gewählte Antibiotikum für den Einsatz bei Katzen angegeben wurde und insbesondere bei Hautinfektionen oder Abszessen am meisten verwendet wird, handelt es sich um ein Cephalosporin der dritten Generation, das in der Humanmedizin als „antimikrobielles Mittel höchster Priorität/kritisch wichtig" gilt und lebensbedrohlichen Infektionen vorbehalten ist oder wenn Kultur- und Empfindlichkeitstests keine alternativen Antibiotika ergeben [26, 31]. Die gemeldete Verwendung erfolgt häufig „nur für den Fall", ohne dass klinische und/oder zytologische Beweise vorliegen, die eine Rolle für eine bakterielle Infektion bestätigen [31]. Erschreckenderweise wurden nur bei 0,4 % der Verschreibungen für mehr als 1000 Katzen C&S-Tests zum Zeitpunkt der Anwendung durchgeführt, und bei keiner einzigen vor der Anwendung. Darüber hinaus wurde bei fast 23 % eine gleichzeitige Behandlung mit Glukocorticoiden durchgeführt, wobei in 38 % der Fälle langwirksame Methyl-Prednisolon-Acetat-Injektionen verabreicht wurden, obwohl diese Medikamente bei aktiven Infektionen kontraindiziert sind [31]. Die Verschreibung von Cefovecin aufgrund der Einfachheit der Verabreichung ist keine Rechtfertigung für eine zulässige Anwendung.
- **Fluorchinolone:** Es gibt Hinweise darauf, dass eine FQ-Therapie die Besiedlung mit Bakterien, die mehr Resistenzgene tragen, fördern kann. Eine FQ-Therapie

war ein signifikanter Risikofaktor für die Isolierung von MRS, multiresistenten Staphylokokken und FQ-resistenten Staphylokokken aus Schleimhautproben bei Hunden in einer kürzlich in England durchgeführten Studie [56]. Die Therapie mit Clindamycin und Amoxiclav war nicht signifikant mit dem Nachweis von Antibiotikaresistenzen verbunden, wohl aber mit Cephalexin, was möglicherweise auf die im Gegensatz zu Amoxiclav übliche längere Behandlungsdauer zurückzuführen ist. Bei FQ hielt dieser Effekt bis einen Monat nach der Behandlung an, bei Cephalexin bis mindestens drei Monate nach der Behandlung [56]. FQ sollte nicht als Behandlung der ersten Wahl eingesetzt werden.

MRS-Infektionen bei Katzen

Es gibt zunehmend Berichte über MRSP- und MRSA-Hautisolate von Katzen mit Hautläsionen aus verschiedenen Regionen der Welt, wenn auch selten mit bestätigter Pyodermie [6, 8, 10, 57]. Es wurde eine variable Co-Resistenz von Isolaten dokumentiert, darunter MRSA mit FQ-Resistenz (11,8 %) in Australien [10], MRSP mit Multiresistenz in Thailand [57] und MRSP, die auch gegen TMS (30,8 %), Chloramphenicol (7,7 %) oder Clindamycin (7,7 %) resistent sind, in Australien [10]. MRSP-Isolate von Katzen sind in der Regel empfindlich gegenüber Rifampicin, FQ (der zweiten oder dritten Generation) und Amikacin. CoNS, die häufiger bei Katzen isoliert werden, sind oft auch Methicillin-resistent und multiresistent [6].

Risikofaktoren, die die Wahrscheinlichkeit einer MRS-Infektion bei Katzen erhöhen, sind derzeit nicht bekannt. Zu den bei Hunden festgestellten Risikofaktoren gehören eine frühere Antibiotikatherapie, das Fressen von Tierkot und der Kontakt mit Tierkliniken. Trotz des bestätigten Austauschs von Staphylokokkenisolaten, einschließlich MRSP, zwischen Haustieren scheinen Hunde aus Mehrhundehaushalten seltener an MRS zu erkranken [56].

Antimikrobielles Verantwortungsbewusstsein

Der angemessene Einsatz antimikrobieller Wirkstoffe zur Verringerung der Förderung einer weiteren Resistenz gegen antimikrobielle Verbindungen ist ein wichtiges Konzept, das als antimikrobielle Verantwortung (engl. *antimicrobial stewardship*) bezeichnet wird. Der erste wichtige Grundsatz des angemessenen Einsatzes von Antibiotika besteht darin, Antibiotika nur Patienten zu verschreiben, bei denen die Diagnose einer bakteriellen Infektion hinreichend gesichert ist. Vom Einsatz von Antibiotika „für den Fall der Fälle", insbesondere ohne vorherige Diagnostik oder wenn die Diagnostik eine bakterielle Infektion nicht bestätigen kann, wird dringend abgeraten [23, 24, 26, 30, 31].

Der zweite wichtige Grundsatz des angemessenen Antibiotikaeinsatzes ist die kluge Wahl des Antibiotikums auf der Grundlage der wahrscheinlich ursächlichen Bakterien und ihrer wahrscheinlichen Empfindlichkeitsprofile. Eine empirische Auswahl ist bei Krankheiten angebracht, bei denen die ursächlichen Erreger ziemlich vorhersehbar sind und ziemlich vorhersehbare Antibiotika-Empfindlichkeitsprofile aufweisen, sodass Antibiotika der ersten Wahl (siehe unten) geeignet sind. Die Verwendung von Antibiotika, die für einige resistente Bakterien von größerem Wert sind (Antibiotika der zweiten und dritten Wahl), ist nicht angezeigt, wenn nicht durch C&S nachgewiesen wurde, dass sie geeignet sind und die Antibiotika der ersten Wahl nicht geeignet sind, es sei denn, es besteht Lebensgefahr.

Der letzte wichtige Grundsatz für den angemessenen Einsatz von Antibiotika besteht darin, die richtige Dosis und Einsatzdauer des gewählten Antibiotikums zu verwenden, wobei darauf zu achten ist, dass die Patienten vor der Therapie genau gewogen werden und die Dosen aufgerundet und nicht unterdosiert werden (siehe Tab. 2). Obwohl es keine gesicherten Erkenntnisse gibt, wird im Allgemeinen empfohlen, die Behandlung oberflächlicher Infektionen drei Wochen lang und die Behandlung tiefer Infektionen mindestens vier Wochen lang fortzusetzen (und bei schwierigen Erregern manchmal mehrere Monate). Weitere Leitlinien finden Sie unter den einzelnen Krankheiten.

Antibiotika-Auswahl

Antibiotikaklassen werden auf der Grundlage ihres unterschiedlichen Wirkungsspektrums in Generationen eingeteilt [30], und sie können auch auf der Grundlage aktueller Verschreibungsrichtlinien in Gruppen unterteilt werden. Es gibt keinen eindeutigen Konsens über die optimale Antibiotikawahl bei bakteriellen Infektionen bei Hunden oder Katzen [1, 26, 28, 30, 31, 58], und es mangelt allgemein an wissenschaftlichen Erkenntnissen, die Klarheit schaffen. Die folgenden Empfehlungen für bakterielle Hautinfektionen bei Katzen basieren auf einer Zusammenstellung aktueller Expertenmeinungen aus der Veterinär- und Humanmedizin.

Antibiotika der ersten Wahl gelten als am besten geeignet für die empirische Therapie diagnostizierter Infektionen, da sie im Allgemeinen gut verträglich sind und eine hohe Wirksamkeit gegen die erwarteten ursächlichen Bakterien aufweisen [26]. Die empirische Therapie scheint für die Behandlung von Katzenpyodermie geeignet zu sein. Als Therapie der ersten Wahl für Katzenpyodermie kommen die folgenden Medikamente infrage:

- *Amoxiclav oder Cephalexin* – beide weisen eine hohe Empfindlichkeit gegenüber isolierten *Staphylococcus* spp. Auf [8]. Selbst in Regionen, in denen MRS bei der SBP des Hundes häufig vorkommen, scheinen MRS-Infektionen bei Katzen sehr selten zu sein, und die meisten Berichte beziehen sich auf Laborisolate [18, 19].

Antibiotika der zweiten Wahl sollten nur dann eingesetzt werden, wenn es durch Kulturen Hinweise darauf gibt, dass Medikamente der ersten Wahl nicht wirksam sind, oder als anfängliche empirische Therapie bei schweren Infektionen, während man auf die Ergebnisse von C&S wartet, wenn eine Resistenz gegen Medikamente der ersten Wahl wahrscheinlich ist. Zu dieser Klassifizierung gehören auch neuere Breitbandantibiotika, die für die Gesundheit von Mensch und Tier wichtig sind, sodass es ratsam ist, ihren Einsatz auf notwendige Fälle zu beschränken. Nicht alle Antibiotika der zweiten Wahl sind gleichwertig, und es wird eine hierarchische Betrachtung empfohlen, die sich an regionalen Daten orientiert [30]. Zu den für die

Tab. 2 Systemische Antibiotikaauswahl bei bakteriellen Infektionen bei Katzen gemäß den Leitlinien für den Umgang mit antimikrobiellen Mitteln* [26, 28, 30, 31, 58]

Diagnose	Erstlinie: mögliche empirische Therapie (Dosis mg/kg, Häufigkeit)				Zweitlinientherapie: nur, wenn C&S den Einsatz unterstützt und die Erstlinientherapie nicht geeignet ist; oder solange C&S aussteht, wenn Resistenz wahrscheinlich ist (Dosis mg/kg, Häufigkeit)				Drittlinie: nur wenn C&S den Einsatz unterstützt und keine anderen Möglichkeiten bestehen (Dosis mg/kg, Häufigkeit)			Kritisch: (keine tierärztliche Verwendung)
	AMC (20–25 GEBOT)	CX (20–25 BID)	DXYa (5 BID)	METR (10 BID)	CLI (5,5–11 BID)	FQ 2nd Marbo (2,7–5,5 SID), Enro (5 SID)	CHL (50 BID)	TMS (15 BID)	CFVe (8 q 14d)	FQ 3rd Prado (7,5 SID) Orbi (2,5–7,5 SID)	GNT, AMK, RIF	VAN, TEI, TEL, LIN
SBP/DBP	Sb,c	Sb	M	A (DBP nur)	Einige MSSP/MSSA Einige MRSP/MRSA				MSSP/MSSA nur	Einige MRSP/MRSA	MRSP/MRSA	
Abszess/Zellulitis	S	M	M	S	Sd	R						
Nocardia	R	R	M	R		R		M		R		
Rhodococcus	R	R	M	R				M			M	
Unsicher	Keine Antibiotika „Für den Fall der Fälle" wird von der Verwendung dringend abgeraten[24, 56]											
Nebenwirkungen	GIT (mild)	GIT (mehr)	Ösophagusstriktur (Wasserschlucken)	GIT (leicht)		Netzhautdegeneration (enro, höhere Dosen)	Myelosuppression; aplastische Anämie bei Menschen, die mit	Blutdyskrasie		Netzhautdegeneration (orbi, höhere Dosen)	Schweres Risiko: nieren-, leber- und ototoxisch	

*Gewisse regionale Unterschiede sind akzeptabel: Der vernünftige Einsatz von Antibiotika erfordert die Berücksichtigung der lokalen Verfügbarkeit, der tierärztlichen Zulassung, der Empfehlungen für den Einsatz beim Menschen und der regionalen Daten zur Empfindlichkeit gegenüber antimikrobiellen Mitteln [1]

Antibiotika-Abkürzungen: *AMC* Amoxicillin-Clavulansäure, *AMK* Amikacin, *CFV* Cefovecin, *CHL* Chloramphenicol, *CLI* Clindamycin, *CX* Cephalexin, Cefadroxil; *d* Tag (*day*), *DXY* Doxycyclin, *Enro* Enrofloxacin, *FQ* 2nd Generation, *FQ* 3rd Fluorochinolon der 2. Generation, *GNT* Gentamicin, *LIN* Linezolid, *Marbo* Marbofloxacin, *Orbi* Orbifloxacin, *Prado* Pradofloxacin, *q* alle, *RIF* Rifampicin, *TEI* Teicoplanin, *TEL* Telavancin, *TMS* Trimethoprim-Sulfonamid, *VAN* Vancomycin

Allgemeine Abkürzungen: Nur ein potenzieller Zusatznutzen: nicht als alleinige Behandlung, *C&S* Kultur und Antibiotika-Empfindlichkeitstest, *DBP* tiefe bakterielle Pyodermie, *GIT* Magen-Darm-Trakt, *M* einige resistente Isolate, zumindest in einigen geografischen Regionen, *MSSP* Methicillin-empfindlicher *Staphylococcus pseudintermedius*, *MRSP* Methicillin-resistenter *Staphylococcus pseudintermedius*, *MSSA* Methicillin-empfindlicher *Staphylococcus aureus*, *MRSA* Methicillin-resistenter *Staphylococcus aureus*, *MSSA* Methicillin-empfindlicher *Staphylococcus aureus*, *R* hohe Resistenzwerte für häufige ursächliche Bakterien, *S* typischerweise hohe Empfindlichkeitswerte für ursächliche Bakterien, *SBP* oberflächliche bakterielle Pyodermie

a) Kann am besten als 2. Wahl betrachtet werden, insbesondere in Regionen, in denen MRSP-Isolate häufiger für Doxycyclin empfindlich sind; Minocyclin 8 mg/kg einmal täglich kann verwendet werden, wenn Doxycyclin nicht verfügbar/teuer ist

b) Unter der Annahme, dass intrazelluläre Kokken in der Zytologie vorhanden sind

c) Kann die erste Wahl sein, wenn Kokken und Stäbchen in der Zytologie vorhanden sind; C&S ist angezeigt, wenn ausschließlich Stäbchen in der Zytologie vorhanden sind

d) Resistenz tritt bei einigen *Bacteroides* spp. und den meisten gramnegativen Bakterien auf

e) Häufig als Therapie der zweiten – oder sogar ersten Wahl angesehen; in der Humanmedizin gelten Cephalosporine der dritten Generation jedoch als Therapie der dritten Wahl

Behandlung von Hautinfektionen bei Katzen relevanten Antibiotika der zweiten Wahl gehören die folgenden:

- *Clindamycin* – in vielen Ländern für die Behandlung von Haut- und Weichteil-infektionen zugelassen. Obwohl es in der Veterinärmedizin eine gewisse Debatte darüber gibt, sind Makrolid-Antibiotika in der Humanmedizin keine Mittel der ersten Wahl [30]. Clindamycin hat sich in einigen Studien auch als weniger empfindlich gegenüber Staphylokokkenisolaten erwiesen, und es wird empfohlen, vor seiner Anwendung eine Bakterienkultur anzulegen und die Empfindlichkeit zu testen [8].
- *Doxycyclin* – gilt in einigen Regionen als Mittel der ersten Wahl. Es könnte jedoch generell weniger geeignet sein, wenn man bedenkt, dass in einigen Regionen hohe Resistenzraten bei Staphylokokkenisolaten dokumentiert sind [10, 29], auch wenn die Resistenz in anderen Regionen geringer ist [8]. Minocyclin hat ein ähnliches Wirkungsspektrum wie Doxycyclin und ist in einigen Ländern preiswerter und besser verfügbar, kann aber mit stärkeren gastrointestinalen Reizungen verbunden sein [30].
- *Cefovecin* – wirksam gegen einige gramnegative und anaerobe Bakterien sowie gegen grampositive Bakterien und bietet ein breiteres Wirkungsspektrum als Cephalosporine der zweiten Generation wie Cephalexin. Die Aktivität gegen *Pseudomonas* spp. und Enterokokken ist im Allgemeinen gering. Obwohl Cephalosporine der dritten Generation in der Veterinärmedizin in der Regel als Antibiotika erster oder zweiter Wahl gelten, werden sie in der Humanmedizin als kritisch wichtige Antibiotika betrachtet, die lebensbedrohlichen Krankheiten vorbehalten sind (Antibiotika dritter Wahl), sodass die Einstufung als Antibiotika zweiter Wahl infrage gestellt wird [30].
- *FQ der zweiten Generation (Enrofloxacin, Difloxacin, Marbofloxacin, Ciprofloxacin)* – richten sich in erster Linie gegen gramnegative Bakterien, die seltener zu den Hauterregern gehören.
- *Trimethoprim-Sulfonamide* – ein größeres Risiko von Nebenwirkungen bei Katzen und eine geringere Empfindlichkeit vieler Bakterien im Vergleich zu anderen Möglichkeiten verringern die Eignung dieser Option; kann bei einigen MRS wirksam sein.

Antibiotika der dritten Generation sind für die Gesundheit von Mensch und Tier sehr wichtig, insbesondere für die Behandlung multiresistenter Bakterien, und ihr Einsatz sollte nur in Betracht gezogen werden, wenn C&S darauf hinweisen, dass es keine anderen Behandlungsmöglichkeiten gibt. Viele von ihnen sind nicht für die Verwendung in der Tiermedizin zugelassen [26, 30]. Von ihrem Einsatz bei oberflächlichen Infektionen wird dringend abgeraten. Zu den Möglichkeiten der dritten Wahl für Katzen mit schweren bakteriellen Hautinfektionen gehören die folgenden:

- *FQ der dritten Generation (Pradofloxacin und Orbifloxacin)* – haben im Vergleich zu FQ der zweiten Generation ein breiteres Spektrum an grampositiven und anaeroben Erregern und decken auch gramnegative Erreger gut ab; es gilt als unwahrscheinlich, dass sie bei *Nocardia* spp. wirksam sind [30].

- *Aminoglykoside (Gentamicin, Amikacin)* – kommen nur bei lebensbedrohlichen Hautinfektionen infrage, bergen jedoch ein erhebliches Risiko schwerer Nierennebenwirkungen, die eine sorgfältige Überwachung, gleichzeitige Flüssigkeitstherapie und eine kurz Dauer der Therapie erfordern.
- *Andere neue und alte Antibiotika (Chloramphenicol, Clarithromycin, Rifampicin, Imipenem, Piperacillin)* – möglicher Einsatz bei MRS und multiresistenten Bakterien, aber erhebliches Potenzial für mäßige bis schwere Nebenwirkungen.
- *Antibiotika der neuesten Generation* (z. B. *Vancomycin, Teicoplanin, Telavancin, Linezolid*), sind für die menschliche Gesundheit von entscheidender Bedeutung und werden für die Verwendung in der Tiermedizin nicht empfohlen bzw. sind nicht verfügbar [1, 26].

Behandlung von Tierpatienten mit MRS-Infektion

Die Übertragung von MRS zwischen Menschen und verschiedenen Tierarten einschließlich Katzen ist dokumentiert [1, 28]. MRSA und Methicillin-resistente CoNS, einschließlich *S. haemolyticus, S. epidermidis* und *S. fleurettii*, wurden auf einem Bauernhof in Europa von mehreren Katzen, Pferden und Menschen gemeinsam isoliert, wobei die Isolate die gleichen Merkmale aufwiesen [59]. Es ist daher besorgniserregend, wenn MRS-Infektionen bei Tierarten dokumentiert werden, bei denen eine größere Anzahl von Bakterien wahrscheinlich das Risiko einer Übertragung erhöht.

Derzeit wird empfohlen, dass Haustiere mit MRS-Infektionen nur begrenzten Kontakt zu anderen Haustieren oder Menschen haben, bis ihre Infektionen unter Kontrolle sind, und dass im häuslichen Umfeld eine gute Handhygiene und verstärkte Reinigungsprotokolle angewandt werden, um eine mögliche Übertragung zu verringern. Tierkliniken gelten ebenfalls als potenzielle MRS-Übertragungsquellen, und die Einhaltung einer strengen Händehygiene (ordnungsgemäßes Waschen/Trocknen und Verwendung von alkoholhaltigen Handdesinfektionsmitteln) zwischen dem Umgang mit allen Patienten sowie regelmäßige Reinigungs- und Desinfektionsprotokolle verringern das Übertragungsrisiko, da MRS für die gängigen Desinfektionsmittel empfindlich sind. Für Krankenhauspatienten mit bekannten MRS-Infektionen werden Barrierepflegeprotokolle empfohlen [1, 56].

Trotz der Bedenken hinsichtlich der potenziellen Herausforderungen bei der Behandlung einer MRS-Infektion sind resistente Isolate nicht virulenter oder infektionsauslösender als nichtresistente Isolate. Es gibt derzeit keine Anhaltspunkte für eine versuchte Dekolonisierung von Patienten, die mit MRS kolonisiert sind, und daher wird ein Screening klinisch unauffälliger Tiere auf MRS-Infektionen derzeit nicht empfohlen [1].

Schlussfolgerung

Bakterielle Hautinfektionen bei Katzen reichen von häufigen Sekundärinfektionen bis hin zu seltenen, aber potenziell lebensbedrohlichen tiefen und disseminierten Infektionen. Zu den ursächlichen Erregern gehören normale Haut- und Schleimhautbesiedler sowie eine Reihe von Saprophyten aus der Umwelt. Die Entwicklung von Antibiotikaresistenzen, insbesondere von Methicillin-Resistenzen bei Staphylokokken, stellt die Tiermedizin vor zunehmende Herausforderungen. Eine genaue und effiziente Diagnose ist wichtig, um eine angemessene Behandlung zu beschleunigen und die weitere Ausbreitung der Antibiotikaresistenz zu begrenzen, indem der Einsatz von Antibiotika auf Patienten mit bestätigter Krankheit beschränkt wird.

Literatur

1. Morris DO, Loeffler A, Davis MF, Guardabassi L, Weese JS. Recommendations for approaches to methicillin-resistant staphylococcal infections of small animals: diagnosis, therapeutic considerations and preventative measures: clinical consensus guidelines of the world association for veterinary dermatology. Vet Dermatol. 2017;28:304–30.
2. Rossi CC, da Silva DI, Mansur Muniz I, Lilenbaum W, Giambiagi-deMarval M. The oral microbiota of domestic cats harbors a wide variety of *Staphylococcus* species with zoonotic potential. Vet Microbiol. 2017;201:136–40.
3. Weese JS. The canine and feline skin microbiome in health and disease. Vet Dermatol. 2013;24:137–45.
4. Patel A, Lloyd DH, Lamport AI. Antimicrobial resistance of feline staphylococci in South-Eastern England. Vet Dermatol. 1999;10:257–61.
5. Patel A, Lloyd DH, Howell SA, Noble WC. Investigation into the potential pathogenicity of *Staphylococcus felis* in a cat. Vet Rec. 2002;150:668–9.
6. Muniz IM, Penna B, Lilenbaum W. Methicillin-resistant commensal staphylococci in the oral cavity of healthy cats: a reservoir of methicillin resistance. Vet Rec. 2013;173:502.2. https://doi.org/10.1136/vr.101971.
7. Igimi SI, Atobe H, Tohya Y, Inoue A, Takahashi E, Knoishi S. Characterization of the most frequently encountered Staphylococcus sp. in cats. Vet Microbiol. 1994;39:255–60.
8. Qekwana DN, Sebola D, Oguttu JW, Odoi A. Antimicrobial resistance patterns of *Staphylococcus* species isolated from cats presented at a veterinary academic hospital in South Africa. BMC Vet Res. 2017;13:286. https://doi.org/10.1186/s12917-017-1204-3.
9. Abraham JK, Morris DO, Griffeth GC, Shofer FS, Rankin SC. Surveillance of healthy cats and cats with inflammatory skin disease for colonization of the skin by methicillin-resistant coagulase-positive staphylococci and *Staphylococcus schleiferi* ssp. *schleiferi*. Vet Dermatol. 2007;18:252–9.
10. Saputra S, Jordan D, Worthing KA, Norris JM, Wong HS, Abraham R, et al. Antimicrobial resistance in coagulase-positive staphylococci isolated from companion animals in Australia: a one year study. PLoS One. 2017;12:e0176379. https://doi.org/10.1371/0176379.
11. Older CE, Diesel A, Patterson AP, Meason-Smith C, Johnson TJ, Mansell J, Suchodolski J, Hoffmann AR. The feline skin microbiota: the bacteria inhabiting the skin of healthy and allergic cats. PLoS One. 2017;12:e0178555. https://doi.org/10.1371/vr.0178555.
12. Wildermuth BE, Griffin CE, Rosenkrantz WS. Feline pyoderma therapy. Clin Tech Small Anim Pract. 2006;21:150–6.

13. Scott DW, Miller WH, Erb HN. Feline dermatology at Cornell University: 1407 cases (1988–2003). J Fel Med Surg. 2013;15:307–16.
14. Yu HW, Vogelnest LJ. Feline superficial pyoderma: a retrospective study of 52 cases (2001–2011). Vet Dermatol. 2012;23:448–55.
15. Whyte A, Gracia A, Bonastre C, Tejedor MT, Whyte J, Monteagudo LV, Simon C. Oral disease and microbiota in free-roaming cats. Top Companion Anim Med. 2017;32:91–5.
16. Wooley KL, Kelly RF, Fazakerley J, Williams NJ, Nuttal TJ, McEwan NA. Reduced in vitro adherence of Staphylococcus spp. to feline corneocytes compared to canine and human corneocytes. Vet Dermatol. 2006;19:1–6.
17. Medleau L, Blue JL. Frequency and antimicrobial susceptibility of *Staphylococcus* spp isolated from feline skin lesions. J Am Vet Med Assoc. 1988;193:1080–1.
18. Morris DO, Rook KA, Shofer FS, Rankin SC. Screening of *Staphylococcus aureus, Staphylococcus intermedius*, and *Staphylococcus schleiferi* isolates obtained from small companion animals for antimicrobial resistance: a retrospective review of 749 isolates (2003–04). Vet Dermatol. 2006;17:332–7.
19. Morris DO, Maudlin EA, O'Shea K, Shofer FS, Rankin SC. Clinical, microbiological, and molecular characterization of methicillin-resistant Staphylococcus aureus infections of cats. Am J Vet Res. 2006;67:1421–5.
20. Selvaraj P, Senthil KK. Feline Pyoderma – a study of microbial population and its antibiogram. Intas Polivet. 2013;14(11):405–6.
21. White SD. Pyoderma in five cats. J Am Anim Hosp Assoc. 1991;27:141–6.
22. Beco L, Guaguere E, Lorente Mendez C, Noli C, Nuttall T, Vroom M. Suggested guidelines for using systemic antimicrobials in bacterial skin infections (1): diagnosis based on clinical presentation, cytology and culture. Vet Rec. 2013;172:72–8.
23. Hillier A, Lloyd DH, Weese JS, Blondeau JM, Boothe D, Breitschwerdt E, et al. Guidelines for the diagnosis and antimicrobial therapy of canine superficial bacterial folliculitis (Antimicrobial Guidelines Working Group of the International Society for Companion Animal Infectious Diseases). Vet Dermatol. 2014;25:163–74.
24. Singleton DA, Sanchez-Vizcaino F, Dawson S, Jones PH, Noble PJ, Pinchbeck GL, et al. Patterns of antimicrobial agent prescription in a sentinel population of canine and feline veterinary practices in the United Kingdom. The Vet J. 2017;224:18–24.
25. Wildermuth BE, Griffin CE, Rosenkrantz WS. Response of feline eosinophilic plaques and lip ulcers to amoxicillin trihydrate – clavulanate potassium therapy: a randomized, double-blind placebo-controlled prospective study. Vet Dermatol. 2011;23:110–8.
26. Beco L, Guaguere E, Lorente Mendez C, Noli C, Nuttall T, Vroom M. Suggested guidelines for using systemic antimicrobials in bacterial skin infections (2): antimicrobial choice, treatment regimens and compliance. Vet Rec. 2013;172:156–60.
27. Borio S, Colombo S, La Rosa G, De Lucia M, Dombord P, Guardabassi L. Effectiveness of a combined (4 % chlorhexidine digluconate shampoo and solution) protocol in MRS and non-MRS canine superficial pyoderma: a randomized, blinded, antibiotic-controlled study. Vet Dermatol. 2015;26:339–44.
28. Weese JS, Giguere S, Guardabassi L, Morley PS, Papich M, Ricciuto DR, et al. ACVIM consensus statement on therapeutic antimicrobial use in animals and antimicrobial resistance. J Vet Intern Med. 2015;29:487–98.
29. Mohamed MA, Abdul-Aziz S, Dhaliwal GK, Bejo SK, Goni MD, Bitrus AA, et al. Antibiotic resistance profiles of *Staphylococcus pseudintermedius* isolated from dogs and cats. Malays J Microbiol. 2017;13:180–6.
30. Whitehouse W, Viviano K. Update in feline therapeutics: clinical use of 10 emerging therapies. J Feline Med Surg. 2015;17:220–34.
31. Burke S, Black V, Sanchez-Vizcaino F, Radford A, Hibbert A, Tasker S. Use of cefovecin in a UK population of cats attending first-opinion practices as recorded in electronic health records. J Feline Med Surg. 2017;19:687–92.

32. Hardefeldt LY, Holloway S, Trott DJ, Shipstone M, Barrs VR, Malik R, et al. Antimicrobial prescribing in dogs and cats in Australia: results of the Australasian Infectious Disease Advisory Panel Survey. J Vet Intern Med. 2017;31:1100–7.
33. Scott DW, Miller WH. Feline acne: a retrospective study of 74 cases (1988–2003). Jpn J Vet Dermatol. 2010;16:203–9.
34. Jazic E, Coyner KS, Loeffler DG, Lewis TP. An evaluation of the clinical, cytological, infectious and histopathological features of feline acne. Vet Dermatol. 2006;17:134–40.
35. Walton DK, Scott DW, Manning TO. Cutaneous bacterial granuloma (botryomycosis) in a dog and cat. J Am Anim Hosp Assoc. 1983;183(19):537–41.
36. Murai T, Yasuno K, Shirota K. Bacterial pseudomycetoma (Botryomycosis) in an FIV-positive cat. Jap J Vet Dermatol. 2010;16:61–5.
37. Norris JM, Love DN. The isolation and enumeration of three feline oral *Porphyromonas* species from subcutaneous abscessed in cats. Vet Microbiol. 1999;65:115–22.
38. Traslavina RP, Reilly CM, Vasireddy R, Samitz EM, Stepnik CT, Outerbridge C, et al. Laser capture microdissection of feline *Streptomyces spp* pyogranulomatous dermatitis and cellulitis. Vet Pathol. 2015;205(52):1172–5.
39. De Araujo FS, Braga JF, Moreira MV, Silva VC, Souza EF, Pereira LC, et al. Splendore-Hoeppli phenomenon in a cat with osteomyelitis caused by *Streptococcus* species. J Feline Med Surg. 2014;16:189–93.
40. Malik R, Krockenberger MB, O'Brien CR, White JD, Foster D, Tisdall PL, et al. Nocardia infections in cats: a retrospective multi-institutional study of 17 cases. Aust Vet J. 2006;84:235–45.
41. Gunew MN. *Rhodococcus equi* infection in cats. Aust Vet Practit. 2002;32:2–5.
42. Farias MR, Takai S, Ribeiro MG, Fabris VE, Franco SR. Cutaneous pyogranuloma in a cat caused by virulent *Rhodococcus equi* containing an 87 kb type I plasmid. Aust Vet J. 2007;85:29–31.
43. Patel A. Pyogranulomatous skin disease and cellulitis in a cat caused by *Rhodococcus equi*. J Small Anim Pract. 2002;43:129–32.
44. Miller RI, Ladds PW, Mudie A, Hayes DP, Trueman KF. Probable dermatophilosis in 2 cats. Aust Vet J. 1983;60:155–6.
45. Kaya O, Kirkan S, Unal B. Isolation of *Dermatophilus congolensis* from a cat. J Veterinary Med Ser B. 2000;47:155–7.
46. Carakostas MC. Subcutaneous dermatophilosis in a cat. J Am Vet Med Assoc. 1984;185:675–6.
47. Sharman MJ, Goh CS, Kuipers RG, Hodgson JL. Intra-abdominal actinomycetoma in a cat. J Feline Med Surg. 2009;11:701–5.
48. Koenhemsi L, Sigirci BD, Bayrakal A, Metiner K, Gonul R, Ozgur NY. *Actinomyces viscosus* isolation from the skin of a cat. Isr J Vet Med. 2014;69:239–42.
49. Kruger EF, Byrne BA, Pesavento P, Hurley KF, Lindsay LL, Sykes JE. Relationship between clinical manifestations and pulsed-field gel profiles of *Streptococcus canis* isolates from dogs and cats. Vet Microbiol. 2010;146:167–71.
50. Nolff MC, Meyer-Lindenberg A. Necrotising fasciitis in a domestic shorthair cat – negative pressure wound therapy assisted debridement and reconstruction. J Small Anim Pract. 2015;56:281–4.
51. Brachelente C, Wiener D, Malik Y, Huessy D. A case of necrotizing fasciitis with septic shock in a cat caused by *Acinetobacter baumannii*. Vet Dermatol. 2007;18:432–8.
52. Plavec T, Zdovc I, Juntes P, Svara T, Ambrozic-Avgustin I, Suhadolc-Scholten S. Necrotising fasciitis, a potential threat following conservative treatment of a leucopenic cat: a case report. Vet Med (Praha). 2015;8:460–7.
53. Berube DE, Whelan MF, Tater KC, Bracker KE. Fournier's gangrene in a cat. J Vet Emerg Crit Care. 2010;20:148–4.
54. Ravens PA, Vogelnest LJ, Ewen E, Bosward KL, Norris JM. Canine superficial bacterial pyoderma: evaluation of skin surface sampling methods and antimicrobial susceptibility of causal *Staphylococcus* isolates. Aust Vet J. 2014;92:149–55.

55. Larsen RF, Boysen L, Jessen LR, Guardabassi L, Damborg P. Diversity of *Staphylococcus pseudintermedius* in carriage sites and skin lesions of dogs with superficial bacterial folliculitis: potential implications for diagnostic testing and therapy. Vet Dermatol. 2018;29:291–5.
56. Schmidt VM, Pinchbeck G, Nuttall T, Shaw S, McIntyre KM, McEwan N, et al. Impact of systemic antimicrobial therapy on mucosal staphylococci in a population of dogs in Northwest England. Vet Dermatol. 2018;29:192–202.
57. Kadlec K, Weiß S, Wendlandt S, Schwarz S, Tonpitak W. Characterization of canine and feline methicillin-resistant *Staphylococcus pseudintermedius* (MRSP) from Thailand. Vet Microbiol. 2016;194:93–7.
58. Lappin MR, Bondeau J, Boothe D, Breitschwerdt FB, Guardabassi L, Lloyd DH, et al. Antimicrobial use guidelines for treatment of respiratory tract disease in dogs and cats: Antimicrobial Guidelines Working Group of the International Society for Companion Animal Infectious Diseases. J Vet Intern Med. 2017;31:279–94.
59. Loncaric I, Kunzel F, Klang A, Wagner R, Licka T, Grunert T, et al. Carriage of methicillin-resistant staphylococci between humans and animals on a small farm. Vet Dermatol. 2016;27:191–4.

Mykobakterielle Erkrankungen

Carolyn O'Brien

Zusammenfassung

Katzen können mit einer Vielzahl von schnell und langsam wachsenden Mykobakterienarten infiziert sein, die eine Vielzahl von klinischen Syndromen verursachen, welche von lokalisierten Hauterkrankungen bis hin zu disseminierten und potenziell tödlichen Infektionen reichen. Bei allen Erregerspezies ist die Hauterkrankung die häufigste Manifestation; bei einigen Spezies kann es jedoch auch zu einer inneren Beteiligung kommen, wobei jedes Organsystem, jede Skelett- oder Weichteilstruktur potenziell infiziert sein kann. Infektionen durch schnell wachsende Mykobakterien führen in der Regel zu einer fistulierenden Pannikulitis in der Leistengegend oder seltener in den Achselhöhlen, an den Flanken oder am Rücken, während bei Infektionen, die durch Angehörige der langsam wachsenden Taxa verursacht werden, typischerweise solitäre oder multiple knotige Hautläsionen und/oder lokale Lymphadenopathie auftreten, insbesondere an Kopf, Hals und/oder Gliedmaßen. Die meisten betroffenen Katzen scheinen keine immunsuppressive Grunderkrankung zu haben, und es wurde kein Zusammenhang mit einem positiven retroviralen Status festgestellt. Die meisten Fälle treten bei erwachsenen Katzen mit uneingeschränktem Zugang zu Freigelände auf. Abhängig von der verursachenden Spezies und dem Ausmaß der Erkrankung bei der Erstdiagnose können diese Infektionen schwierig zu behandeln sein. Im Allgemeinen haben lokalisierte Hautinfektionen, die durch alle Spezies verursacht werden, eine relativ günstige Prognose, wenn sie mit einer geeigneten Kombination von Medikamenten und, falls erforderlich, mit einer Operation behandelt werden. Wenn die Katze von einer systemischen Infektion betroffen ist, verschlechtert sich die Prognose erheblich. Die Zusage des Be-

C. O'Brien (✉)
Melbourne Cats Vets, Fitzroy, Australien
E-Mail: cob@catvet.net.au

sitzers zur Durchführung einer potenziell teuren und zeitaufwendigen multi-
medikamentösen Therapie über viele Monate hinweg kann das Ergebnis ebenfalls beeinflussen. Das zoonotische Potenzial dieser Organismen ist im
Allgemeinen gering, es wurde jedoch über die Übertragung von *Mycobacterium
bovis* von der Katze auf den Menschen berichtet.

Mykobakterien sind aerobe unbewegliche, grampositive, nicht sporenbildende Bazillen aus dem Stamm der *Actinobacteria*. Von den mehr als 180 identifizierten
Mykobakterienarten [1] sind fast alle Saprophyten der Umwelt. Einige wenige, wie
die *Mycobacterium-tuberculosis*-Gruppe (MTB), *M. leprae* und seine Verwandten,
Mitglieder der *M.-avium*-Gruppe (MAC), wie *M. avium* subsp. *paratuberculosis*
und *M. lepraemurium*, scheinen sich jedoch zu obligaten Krankheitserregern entwickelt zu haben.

Mykobakterienarten lassen sich genetisch und phänotypisch in zwei Haupt-
gruppen einteilen: schnell wachsende (engl. *rapidly growing mycobacteria*, RGM)
und langsam wachsende Mykobakterien (engl. *slowly growing mycobacteria*,
SGM). Die RGM sind die Vorfahren der SGM, wobei letztere einen eigenen genetischen Unterzweig bilden, der auf der Analyse von Housekeeping-Genen und neuer-
dings auf der Analyse des gesamten Genoms beruht [2]. Die *M. abscessus/chelonae*-
Gruppe scheint die genetisch älteste identifizierte Gruppe zu sein, wobei *M. triviale*
und auch die eng verwandte *M.-terrae*-Gruppe die wahrscheinlichen evolutionären
Verbindungen zwischen den RGM und den SGM darstellen [2].

Mykobakterielle Infektionen verursachen bei Katzen eine Vielzahl von klinischen Syndromen, die von geringfügigen lokalisierten Hauterkrankungen bis hin zu
potenziell tödlichen disseminierten Infektionen reichen. Bei allen Erregerspezies ist
die Hauterkrankung die häufigste Manifestation; bei einigen Spezies, insbesondere
bei MTB und MAC, können jedoch alle Organsysteme, Skelett- oder Weichteil-
strukturen potenziell infiziert sein.

Nur wenige Studien haben größere Kohorten von Katzen mit Mykobakteriose
untersucht, und nur in einigen Fällen konnte die verursachende Mykobakterienart
durch genetische Analyse definitiv identifiziert werden. Diese Studien beschränken sich in der Regel auf Tiere aus einer bestimmten geografischen Region
und sind möglicherweise nicht repräsentativ für die Krankheit bei Katzen, die
anderswo beheimatet sind, insbesondere im Hinblick auf Inzidenz und verursachende Spezies.

Typischerweise scheint bei Katzen mit Mykobakterieninfektionen keine
Immunsuppression vorzuliegen, und es wurde kein Zusammenhang mit einem
positiven retroviralen Status hergestellt, im Gegensatz zu MAC-Infektionen bei
Menschen mit humanem Immundefizienzvirus/erworbenem Immundefizienz-
syndrom. Unabhängig von der verursachenden Spezies treten die meisten Fälle
bei erwachsenen Katzen mit uneingeschränktem Zugang ins Freie auf, obwohl
MAC-Infektionen gelegentlich auch bei ausschließlich im Haus lebenden Katzen
gemeldet wurden.

Rasch wachsende Mykobakterien

Ätiologie und Epidemiologie

Die RGM sind Umwelt-Saprophyten, die als freilebende Organismen sowohl in terrestrischen als auch in aquatischen Biomen weit verbreitet sind. Die RGM werden so genannt, weil sie auf synthetischen Nährböden innerhalb von sieben Tagen bei 24–45 °C (75–113 °F) wachsen können.

RGM haben eine geringe inhärente Pathogenität und neigen im Allgemeinen dazu, opportunistische Infektionen bei Katzen zu verursachen, meist durch Verletzungen des Integuments, z. B. durch Katzenkratzwunden. Sie neigen kaum dazu, systemische Krankheiten zu verursachen, es sei denn, der Wirt ist immungeschwächt, obwohl gelegentlich das Einatmen von Organismen bei scheinbar immunkompetenten Individuen zu einer Lungenentzündung führen kann. Die Krankheit manifestiert sich bei Katzen in erster Linie als ventrale Bauchfellentzündung und wird in der Regel durch die Gruppen *M. smegmatis*, *M. margaritense*, *M. fortuitum* und *M. chelonae-abscessus* verursacht.

Fälle werden aus Nord- und Südamerika (Brasilien, Südosten und Südwesten der Vereinigten Staaten, Kanada), Ozeanien (Australien und Neuseeland) und Europa (Finnland, Niederlande, Deutschland und Vereinigtes Königreich) gemeldet. Die Inzidenz bestimmter Erreger ist je nach geografischer Region unterschiedlich. *M. smegmatis* und *M. margaritense*, gefolgt von *M.-fortuitum*-Gruppen, verursachen die meisten Infektionen bei Katzen im Osten Australiens, während im Südwesten der Vereinigten Staaten Infektionen mit der *M.-fortuitum*-Gruppe, gefolgt von *M. chelonae,* häufiger zu sein scheinen.

Katzen mit einem ausgeprägten ventralen Bauchfettpolster scheinen eine Prädisposition für eine RGM-Infektion zu haben. Dies ist wahrscheinlich auf die Vorliebe der Organismen für lipidreiches Gewebe zurückzuführen, das Triglyceride für das Wachstum und möglicherweise Schutz vor der Immunreaktion des Wirts bietet. Bei Katzen, die nicht über eine signifikante Menge an subkutanem Fett verfügen, scheint die Fähigkeit, experimentelle Infektionen zu etablieren, begrenzt zu sein [3].

Klinische Merkmale

Typischerweise befinden sich die durch RGM verursachten Läsionen in der Leistengegend oder, seltener, in den Achselhöhlen, an den Flanken oder auf dem Rücken. Zunächst erscheint die Infektion als umschriebene Plaque oder Knötchen in der Haut und Unterhaut. Im weiteren Verlauf entwickelt die betroffene Katze alopezische Bereiche mit dünner Epidermis, die das erkrankte Unterhautgewebe überlagert und daran haftet; dies führt zu einem charakteristischen „Pfefferstreuer"-Erscheinungsbild (Abb. 1). Die charakteristischen violetten Vertiefungen in der Haut brechen auf und werden zu Fisteln, aus denen ein wässriger Ausfluss austritt, der bei einer Sekundärinfektion eitrig werden kann. Die Läsionen können schließlich das gesamte ventrale Abdomen, die Flanken, das Perineum und gelegentlich auch die

Abb. 1 Das typische
Erscheinungsbild einer
Dermatitis/Pannikulitis, die
durch eine schnell
wachsende
Mykobakterienart,
Mycobacterium smegmatis,
verursacht wird. (Mit
freundlicher Genehmigung
von Nicola Colombo)

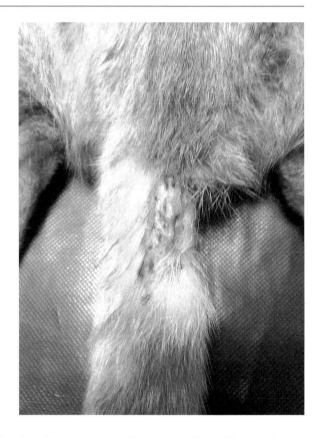

Gliedmaßen befallen. Eine Beteiligung innerer Organe oder Lymphknoten ist unwahrscheinlich; die Bauchdecke ist jedoch selten betroffen.

Die meisten Katzen zeigen keine Anzeichen einer systemischen Erkrankung, es sei denn, die Hautläsionen werden sekundär mit *Staphylococcus* und *Streptococcus* spp. infiziert; in diesem Fall kann der Patient Lethargie, Pyrexie, Anorexie, Gewichtsverlust und Bewegungsunlust zeigen.

Diagnose

Feinnadelaspiration und Zytologie können das Vorhandensein einer pyogranulomatösen Entzündung nachweisen, und mit dieser Technik kann subkutanes Exsudat gewonnen werden, um eine Kultur des Organismus zu ermöglichen und so die Diagnose zu sichern.

RGM sind in der Regel weder auf Romanowsky-gefärbten zytologischen Proben noch auf Hämatoxylin- und Eosin-gefärbten histopathologischen Schnitten von Biopsiegewebe sichtbar. Stattdessen werden sie mit säurefesten Färbungen wie Ziehl-Neelsen (ZN) oder Fite sichtbar gemacht.

RGM können in geringer Zahl vorhanden und in säurefest gefärbtem zytologischem Material schwer zu erkennen sein. Die Diagnose ist nicht ausgeschlossen, wenn die Organismen nicht sichtbar sind. Die Organismen können bei der Verarbeitung von zytologischen und histopathologischen Proben verloren gehen, da sie dazu neigen, extrazellulär in Fettvakuolen im Gewebe zu existieren. Gelegentlich können positive Ergebnisse mit Mykobakterienkulturen oder molekularen Methoden wie der Polymerase-Kettenreaktion (PCR) bei Proben erzielt werden, die bei der zytologischen oder histopathologischen Auswertung „säurefeste Bazillen (engl. *acid-fast bacilli*, AFB) negativ" sind.

Stanzbiopsien der Haut sind in der Regel unzureichend, um repräsentative Gewebeproben zu erhalten, und eine tiefe subkutane Gewebebiopsie vom Rand der Läsion ist vorzuziehen. Zu den histopathologischen Merkmalen der RGM-Dermatitis/Pannikulitis gehört eine ulzerierte oder akanthotische Dermis, die von einer multifokalen bis diffusen pyogranulomatösen Entzündung überlagert wird, welche sich in der Regel bis weit in die Subkutis hinein erstreckt. In den Pyogranulomen umgibt ein Rand aus Neutrophilen oft eine klare innere Zone aus degenerierten Adipozyten, die wenig AFB mit einer äußeren Ansammlung von epitheloiden Makrophagen enthalten können (Abb. 2). Zwischen den Pyogranulomen findet sich eine gemischte Entzündungsreaktion, die vor allem Neutrophile und Makrophagen, aber auch Lymphozyten und Plasmazellen enthält. AFB können gelegentlich auch innerhalb von Makrophagen sichtbar gemacht werden, sind aber in Gewebeschnitten nur sehr schwer zu finden.

Für den Versuch, Mykobakterien aus Pannikulitis-Läsionen zu kultivieren, enthält Material, das direkt von kutanen Drainage-Sinustrakten abgetupft wurde, in der Regel eine hohe Anzahl kontaminierender Hautbakterien, die das RGM auf Nährböden verdrängen. Daher sind Feinnadelproben aus intakter, mit 70 %igem Ethanol dekontaminierter Haut oder chirurgisch entnommene subkutane Gewebebiopsien

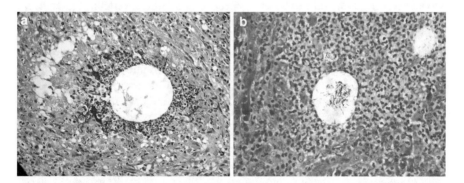

Abb. 2 a Histopathologischer Aspekt einer schnell wachsenden Mykobakterieninfektion: pyogranulomatöse Entzündung mit einem Rand aus Neutrophilen, die eine klare, innere Zone aus degenerierten Adipozyten umgeben, welche säurefeste Bakterien enthalten (H&E, 400-fache Vergrößerung); **b** Ziehl-Neelsen-Färbung derselben Probe: stäbchenförmige Bakterien sind rot gefärbt und leicht zu erkennen (400-fache Vergrößerung). (Mit freundlicher Genehmigung von Dr. Chiara Noli)

vorzuziehen. Unkontaminierte RGM-Proben wachsen problemlos auf Routine-medien wie Blut [4] und MacConkey-Agar (ohne Kristallviolett), sodass der Arzt in der Regel keine Kultur auf „Mykobakterienmedien" speziell für diese Organismen anfordern muss.

Behandlung und Prognose

Je nach Erregerspezies und Ausmaß der Erkrankung bei der Erstdiagnose können diese Infektionen schwierig zu behandeln sein. Sie haben oft eine hohe Rezidivrate, erfordern häufig langwierige Therapien und können eine erhebliche Inzidenz inhä-renter und/oder erworbener Arzneimittelresistenz aufweisen.

Daten zur Suszeptibilität sind besonders nützlich bei Organismen, die von Natur aus eine variable Medikamentenempfindlichkeit aufweisen, wie z. B. *M. fortuitum*, oder bei rezidivierenden oder chronisch persistierenden RGM-Infektionen, ins-besondere, wenn die Katze zuvor antibiotisch behandelt wurde, was zu einer er-worbenen Medikamentenresistenz geführt haben kann. Idealerweise sollte die Be-handlung mit einem oder zwei oralen antimikrobiellen Mitteln (Doxycyclin, einem Fluorchinolon und/oder Clarithromycin) beginnen. Diese werden in der Regel zu-nächst empirisch ausgewählt, bis die Ergebnisse von Kulturen und Empfindlich-keiten bekannt sind. In Australien sind Doxycyclin und/oder ein Fluorchinolon – vorzugsweise Pradofloxacin – am besten geeignet, während in den Vereinigten Staaten zunächst Clarithromycin das Mittel der Wahl ist. Die *M.-smegmatis*-Gruppe neigt dazu, von Natur aus resistent gegen Clarithromycin zu sein, und einige Isolate können gegen Enrofloxacin oder Ciprofloxacin resistent sein, was jedoch eine Empfindlichkeit gegenüber Pradofloxacin nicht ausschließt [5]. Mitglieder der *M.-fortuitum*-Gruppe sind in der Regel empfindlich gegenüber Fluorchinolonen, wei-sen jedoch eine variable Expression des Erythromycin-induzierbaren Methyla-se-Gens (*erm*) auf, das eine Resistenz gegenüber Makroliden verleiht [6]. Ungefähr 50 % der *M.-fortuitum*-Isolate sind empfindlich gegenüber Doxycyclin [7]. Isolate der *M.-chelonae-abscessus*-Gruppe sind in der Regel gegen alle für die orale Ver-abreichung verfügbaren Arzneimittel resistent, mit Ausnahme von Clarithromycin und Linezolid. Wenn die Daten zur Medikamentensuszeptibilität dies nahelegen, können refraktäre Fälle mit Clofazimin, Amikacin, Cefoxitin oder Linezolid be-handelt werden. Es wird empfohlen, die Behandlung mit der Standarddosis zu be-ginnen und diese langsam bis zum oberen Ende des Dosisbereichs zu steigern, es sei denn, es werden unerwünschte Wirkungen beobachtet.

Die Behandlungsdauer ist variabel, es wird jedoch empfohlen, die Therapie nach Abklingen aller klinischen Anzeichen noch 1–2 Monate fortzusetzen. Einige Tiere mit rezidivierenden Läsionen profitieren von einer En-bloc-Resektion isolierter Infektionsbereiche, die häufig eine rekonstruktive Operation [8] oder einen vakuum-unterstützten Wundverschluss [9, 10] erforderlich machen.

Risiken für die öffentliche Gesundheit

Eine zoonotische Übertragung von RGM-Organismen von infizierten Tieren auf den Menschen ist sehr unwahrscheinlich. Es gibt einen Bericht über eine *M.-fortuitum*-Infektion bei einer ansonsten gesunden Frau mittleren Alters nach einem Katzenbiss in den Unterarm [11].

Langsam wachsende Mykobakterien

Das SGM-Taxon umfasst eine große Anzahl opportunistischer Spezies aus der Umwelt: die obligaten Krankheitserreger *M. leprae* und *M. lepromatosis* sowie die Mitglieder der *M.-tuberculosis*-Gruppe. Es gibt auch eine Reihe anspruchsvoller Spezies, die traditionell als Erreger der „Katzenlepra" eingestuft werden und die nicht in axenischen Kulturen wachsen können; daher ist ihre epidemiologische Nische unklar.

Tuberkulöse Mykobakterien

Katzen sind von Natur aus resistent gegen *M. tuberculosis*, aber es wird über gelegentliche Infektionen berichtet, die wahrscheinlich direkt vom Menschen übertragen werden [12]. Die Erkrankung bei Katzen wird am häufigsten durch *M. bovis* und *M. microti* verursacht [13]. *M. bovis* ist weltweit endemisch. Ein Großteil Kontinentaleuropas, Teile der Karibik und Australiens sind jedoch frei von der Krankheit, was auf die weit verbreitete Überwachung, die Schlachtung von testpositiven Rindern, die Pasteurisierung von Milch und das Fehlen eines Wildtierwirts zurückzuführen ist. *M. microti* ist in Europa und im Vereinigten Königreich (UK) endemisch. Sein Hauptreservoir scheinen Wühlmäuse, Spitzmäuse, Waldmäuse und andere kleine Nagetiere zu sein [14].

Der genaue Weg der Übertragung dieser MTB-Spezies auf Katzen ist unklar. Zahlreiche potenzielle Beutetierarten von Nagetieren, die in Gebieten im Südwesten Englands gesammelt wurden, waren mit *M. bovis* infiziert [15]. Es wurde über eine mutmaßliche nosokomiale Kontamination von Operationswunden berichtet [16].

MAC und andere langsam wachsende Saprophyten

Krankheiten bei Katzen werden durch verschiedene saprophytische, langsam wachsende Mykobakterienarten verursacht, die meist zu den MAC gehören und weltweit in Wasserquellen und im Boden vorkommen. Bestimmte langsam wachsende Arten sind in einigen Umweltnischen oder bestimmten geografischen Gebieten häufiger anzutreffen, z. B. *M. malmoense* oder Biofilme mit *M. intracellulare* im Vereinigten

Königreich und in Schweden. Einige haben stark eingeschränkte Endemiegebiete, z. B. *M.-ulcerans*-Infektionen.

Wie beim MTB-Komplex wird das klinische Bild durch den Infektionsweg bestimmt. Katzen erwerben Hautläsionen wahrscheinlich durch transkutane Inokulation von kontaminiertem Umweltmaterial. Die meisten Katzen mit langsam wachsenden Mykobakterieninfektionen haben ungehinderten Zugang zu Freigelände, und fast alle dieser Fälle wiesen keine offenkundigen prädisponierenden Bedingungen auf.

Anspruchsvolle Mykobakterien

Die „Katzenlepra" wurde in Neuseeland, Australien, Westkanada, dem Vereinigten Königreich, dem Südwesten der Vereinigten Staaten, Kontinentaleuropa, Neukaledonien, den griechischen Inseln und Japan diagnostiziert. In der Vergangenheit haben Neuseeland und Australien die meisten Fälle weltweit gemeldet.

Genetische Studien haben ergeben, dass mehrere „nicht kultivierbare" Mykobakterienarten beteiligt sind: *M. lepraemurium*, *Candidatus M. tarwinense* [17, 18], *Candidatus M. lepraefelis* [19] und *M. visibilis*, obwohl über Letztere seit vielen Jahren nicht mehr berichtet wurde [20]. *M. lepraemurium* infiziert in der Regel junge männlichen Katzen, während *Candidatus M. tarwinense* und *Candidatus M. lepraefelis* eher bei Katzen mittleren bis höheren Alters zu Erkrankungen führen. Bei der Infektion mit *Candidatus M. tarwinense* gibt es keine geschlechtsspezifische Prävalenz, während *Candidatus M. lepraefelis* mit etwas höherer Wahrscheinlichkeit eine Erkrankung bei Katern verursacht.

Klinische Merkmale

Die meisten Katzen mit einer SGM-Infektion haben einzelne oder mehrere knotige Hautläsionen und/oder lokale Lymphadenopathie, insbesondere an Kopf, Hals und/oder Gliedmaßen (Abb. 3). Es können Ulzerationen der Hautläsionen und der über den befallenen Lymphknoten liegenden Haut beobachtet werden, und die Infektion kann gelegentlich auch angrenzende Muskeln und Knochen betreffen, was bei MTB-Komplex-Spezies häufiger der Fall ist als bei anderen Erregern. In einigen Fällen können die Hautläsionen weit verbreitet sein und viele Hautstellen befallen. Wirtsfaktoren (Alter, gleichzeitige Erkrankung, Immunstatus), die Erregerspezies oder der Weg und die Größe des Inokulums können die Art der Erkrankung beeinflussen.

Wird eine systemische Erkrankung festgestellt, so sind die häufigsten Erreger entweder Mykobakterien des MTB-Komplexes (insbesondere im Vereinigten Königreich und in Neuseeland) oder Mitglieder des MAC. In seltenen Fällen wurden systemische Infektionen durch andere Mykobakterienarten, einschließlich anderer langsam wachsender Saprophyten und *Candidatus M. lepraefelis*, dokumentiert.

Abb. 3 Große, ulzerierte Knötchen am seitlichen Oberschenkel eines jungen Katers mit *Mycobacterium-lepraemurium*-Infektion. Trotz der ausgedehnten Hautläsionen wurde diese Katze mit einer Multimedikationstherapie aus Rifampicin und Clofazimin geheilt. (Mit freundlicher Genehmigung von Dr. Mei Sae Zhong)

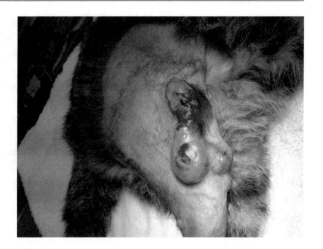

Diagnose

Zu den Differenzialdiagnosen knotiger Haut- und Subkutanläsionen gehören *Nocardia* und *Rhodococcus* spp. (die auch säurefest sein können), Pilz- oder Algeninfektionen sowie primäre oder metastatische Neoplasien. Es gibt keine pathognomonischen klinischen Merkmale, die mykobakterielle Infektionen von anderen Ätiologien unterscheiden, und für die Diagnose ist die Entnahme repräsentativer Gewebeproben für die Zytologie oder Histopathologie und Mikrobiologie erforderlich.

In Gebieten, in denen die MTB-Gruppe endemisch ist, ist es von entscheidender Bedeutung, dass die Diagnose nicht nur auf zytologischen oder histopathologischen Befunden beruht. In jedem Fall sollte versucht werden, den Erreger zu identifizieren, idealerweise über ein Mykobakterien-Referenzlabor oder ein gleichwertiges Labor, insbesondere dort, wo die Meldepflicht für solche Fälle zu einer obligatorischen Euthanasie führen kann.

Die Diagnose von Hautinfektionen, die durch SGM verursacht werden, ist oft relativ einfach, vorausgesetzt, es besteht ein hohe Anzahl von Verdachtshinweisen. Persönliche Schutzausrüstung sollte bei jedem Verfahren getragen werden, das den Umgang mit austretenden oder ulzerierten Läsionen und/oder chirurgischem oder seziertem Gewebe beinhaltet, wenn Mitglieder der MTB-Gruppe eine mögliche Krankheitsursache darstellen.

Idealerweise sollte bei der Biopsieentnahme für die Histopathologie ein Stück frisches Gewebe entnommen werden, das in sterile, mit Kochsalzlösung befeuchtete Mulltupfer eingewickelt und in einen sterilen Behälter gelegt wird, falls eine mikrobiologische Aufbereitung erforderlich ist. Das Pathologielabor sollte idealerweise vor der Einreichung benachrichtigt werden, da die Kultivierung und Identifizierung von SGM spezielle Fachkenntnisse erfordert.

Romanowsky-gefärbte zytologische Proben von Hautknötchen zeigen eine granulomatöse bis pyogranulomatöse Entzündung, und Mykobakterien sind an ihrer charakteristischen „Negativfärbung" zu erkennen (Abb. 4), die in der Regel in Makrophagen zu finden ist. Wie die RGM sind auch die SGM in der Regel nicht auf Romanowsky-gefärbten zytologischen oder Hämatoxylin- und Eosin-gefärbten histopathologischen Schnitten sichtbar, mit Ausnahme von *M. visibile* und *Candidatus M. lepraefelis*. Stattdessen ist eine Ziehl-Neelsen- (ZN)-Färbung (Abb. 5) oder eine ähnliche Färbung (z. B. nach Fite) erforderlich. Je nach Mykobakterienart und Immunreaktion des Wirts kann die Anzahl der Bakterien unterschiedlich sein.

Organismen der MTB-Gruppe bilden charakteristische solitäre bis zusammenwachsende Granulome („Tuberkel"). Das Granulationsgewebe umgibt eine Schicht aus gemischten Entzündungszellen, bestehend aus Makrophagen, Neutrophilen, Lymphozyten und Plasmazellen. Das Zentrum des Granuloms enthält epitheloide Makrophagen und einige Neutrophile mit einer variablen, aber in der Regel geringen Anzahl von AFB, mit oder ohne nekrotisches Gewebe.

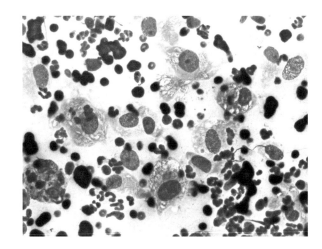

Abb. 4 Zahlreiche Makrophagen mit Zytoplasma, das mit vielen achromatischen stäbchenförmigen Bereichen gefüllt ist (Diff-Quik®-Färbung, 1000-fache Vergrößerung). (Mit freundlicher Genehmigung von Dr. Francesco Albanese)

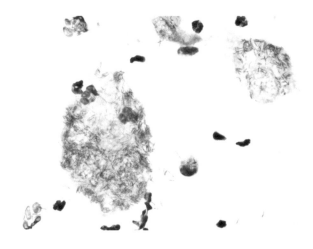

Abb. 5 Viele leuchtend rote und stäbchenförmige Mykobakterien sind mit der Ziehl-Neelsen-Färbung gut zu erkennen (1000-fache Vergrößerung). (Mit freundlicher Genehmigung von Dr. Francesco Albanese)

Kutane MAC-Infektionen verursachen pyogranulomatöse oder granulomatöse Entzündungen mit einer variablen fibroblastischen Reaktion. Die fibroblastische Reaktion kann gelegentlich so ausgeprägt sein, dass es schwierig ist, die Erkrankung von einem entzündeten Fibrosarkom zu unterscheiden (sogenannter „mykobakterieller Pseudotumor") [21]. AFB, die sowohl in Makrophagen als auch in Spindelzellen gefunden werden, weisen in diesen Fällen auf die zugrunde liegende Ätiologie hin (Abb. 6). Fehlt eine ausgeprägte fibroblastische Reaktion, können die Läsionen der lepromatösen Lepra ähneln.

Das pathologische Bild der Katzenlepra wird in eine multibazilläre (lepromatöse) und eine paucibazilläre (tuberkuloide) Form unterteilt [22]. Es wird angenommen, dass die „multibazilläre" Lepra mit einer schwachen zellvermittelten Immunreaktion (CMI) einhergeht. Typischerweise werden viele schaumige oder vielkernige Makrophagen beobachtet, die eine große Anzahl von Mykobakterien enthalten. Es gibt keine Nekrose, und die Läsionen enthalten praktisch keine Lymphozyten und Plasmazellen. Man geht davon aus, dass die „pauci-bazilläre" Lepra, bei der mäßige bis wenige erkennbare AFB in einer pyogranulomatösen, von epithelioiden Histiozyten dominierten Entzündung gefunden werden, mit einer wirksameren CMI-Reaktion einhergeht. Es wird auch eine mäßige Anzahl von Lymphozyten und Plasmazellen beobachtet, mit multifokaler bis zusammenfließender Nekrose. Eine Beteiligung der peripheren Nerven, ein Merkmal der menschlichen Lepra, ist bei Katzen nicht zu beobachten.

Außer in Fällen, in denen die Proben mit Mykobakterien aus der Umwelt kontaminiert sind, können molekulare Methoden wie PCR und Sequenzierung bei frischem oder gefrorenem Gewebe, Formalin-fixierten, in Paraffin eingebetteten Gewebeschnitten und Romanowsky-gefärbten zytologischen Objektträgern eine sehr

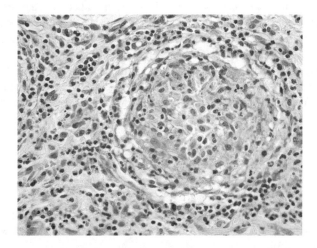

Abb. 6 Histopathologisches Erscheinungsbild einer Infektion mit der MTB-Gruppe: Granulome, die aus Makrophagen, Neutrophilen, Lymphozyten und Plasmazellen bestehen. Das Zentrum des Granuloms enthält epithelioide Makrophagen (H&E, 400-fache Vergrößerung). (Mit freundlicher Genehmigung von Dr. Chiara Noli)

genaue Diagnose liefern [23]. Es ist zu bedenken, dass bei Proben, in denen mikroskopisch keine AFB sichtbar sind, eine mykobakterielle Infektion mit einem negativen PCR-Ergebnis nicht ausgeschlossen werden kann.

Ein IFN-γ-ELISPOT-Test für Katzen ist derzeit im Handel erhältlich [24]. Dieser Test verwendet sowohl Rindertuberkulin als auch ESTAT6/CFP10 zur Identifizierung von Katzen, die entweder mit *M. bovis* oder *M. microti* infiziert sind, und ist in der Lage, die beiden Mykobakterien zu unterscheiden. Der Test hat eine Sensitivität von 90 % für den Nachweis von *M.-bovis*-Infektionen bei Katzen, eine Sensitivität von 83,3 % für den Nachweis von *M.-microti*-Infektionen bei Katzen und eine Spezifität von 100 % für beide.

Serum-Antikörpertests (Multi-Antigen Print Immun-Assay [MAPIA], TB STAT-PAK und Rapid DPP VetTB) wurden bei Katzen mit Tuberkulose evaluiert [25]. Die Gesamtsensitivität betrug 90 % für den Nachweis einer *M.-bovis*-Infektion und mehr als 40 % für *M. microti*, bei einer Spezifität von 100 %.

Es ist wichtig, daran zu denken, dass diese Tests nicht ausdrücklich zwischen aktiver und latenter Infektion oder früherer Exposition unterscheiden. Die Kultur von Organismen aus klinischen Proben, die von Katzen mit entsprechenden Symptomen und diagnostischen Befunden entnommen wurden, ist nach wie vor der Goldstandard für die Diagnose von aktiver TB.

Behandlung

Kontrollierte Studien zur Behandlung der Mykobakteriose bei Katzen fehlen, und die vorhandene Literatur besteht aus einigen retrospektiven Beobachtungsreihen und Fallberichten. Gelegentlich wurde über eine spontane Heilung einer *M.-lepraemurium*-Infektion berichtet [26, 27], doch die überwiegende Mehrheit der SGM-Infektionen erfordert eine Behandlung, um eine Heilung zu erreichen. In Tab. 1 sind die Medikamente und Dosierungen aufgeführt, die üblicherweise zur Behandlung der Mykobakteriose bei Katzen eingesetzt werden.

Die Einleitung einer empirischen Behandlung ist in fast allen Fällen einer SGM-Infektion erforderlich, da die Identifizierung des verursachenden Mykobakteriums Wochen bis Monate dauern kann (oder möglicherweise überhaupt nicht möglich ist). Die Wahl der Erstbehandlung hängt ab von

- dem vermuteten ätiologischen Erreger,
- Faktoren, die den Besitzer betreffen, wie z. B. den finanziellen Mitteln und der Fähigkeit/Willigkeit, die Katze über einen längeren Zeitraum oral zu behandeln, und
- dem Vorhandensein von Begleiterkrankungen, die die Verwendung bestimmter Medikamente einschränken können, z. B. Lebererkrankungen bei Verwendung von Rifampicin.

Die Therapie sollte mindestens Rifampicin, Clarithromycin (oder Azithromycin) und/oder Pradofloxacin (oder Moxifloxacin) umfassen. In Gebieten, in denen Infek-

Tab. 1 Typische Medikamente zur Behandlung von Mykobakterieninfektionen bei Katzen

Wirkstoff	Dosis	Nebenwirkungen/Kommentare
Clofazimin	25 mg/Katze PO alle 24 h oder 50 mg/Katze alle 48 h	Verfärbung von Haut und Körperflüssigkeiten (rosa-braun), Photosensibilisierung, Lochfraß auf der Hornhaut, Übelkeit, Erbrechen und Bauchschmerzen Mögliche Hepatotoxizität Überwachung der Leberenzyme im Serum[a]
Clarithromycin	62,5 mg/Katze PO alle 12 h	Hautrötung und -ödem, Hepatotoxizität, Diarrhöe und/oder Erbrechen, Neutropenie, Thrombozytopenie
Azithromycin	5–15 mg/kg PO alle 24 h	Erbrechen, Durchfall, Unterleibsschmerzen, Hepatotoxizität
Rifampicin	10 mg/kg PO alle 24 h	Hepatotoxizität und/oder Inappetenz, Hauterythem/Pruritus, Anaphylaxie Überwachung der Leberenzyme im Serum[a]
Doxycyclin	5–10 mg/kg PO alle 12 h	Hydrochlorid- oder Hyclat-Formulierungen können Reizungen der Speiseröhre und möglicherweise eine Striktur verursachen
Enrofloxacin Marbofloxacin Orbifloxacin	5 mg/kg PO alle 24 h 2 mg/kg PO alle 24 h 7,5 mg/kg PO alle 24 h	Enrofloxacin kann bei Katzen eine Netzhauttoxizität verursachen; Marbofloxacin oder Orbifloxacin sind vorzuziehen, wenn verfügbar Die meisten Organismen der *M.-avium*-Gruppe sind resistent gegen Fluorchinolone der zweiten Generation
Pradofloxazin	7,5 mg/kg PO alle 24 h	Ohne Nahrung verabreichen, sofern keine gastrointestinalen Nebenwirkungen auftreten
Moxifloxacin	10 mg/kg PO alle 24 h	Erbrechen und Appetitlosigkeit; die Dosis kann 12-stündlich geteilt und/oder mit Nahrung verabreicht werden

[a]Alanintransferase und alkalische Phosphatase

tionen mit anspruchsvollen Organismen häufig sind, wäre auch Clofazimin, sofern verfügbar, eine sinnvolle Wahl. Ethambutol und Isoniazid wurden zur Behandlung von Tuberkulose bei Katzen eingesetzt, obwohl die Toxizität ihre Verwendung eher einschränkt. Sie werden in der Regel nur verschrieben, wenn eine Resistenz gegen die üblicherweise verwendeten Wirkstoffe besteht. Wenn die Infektion auf eine lokale Hautstelle beschränkt ist, kann eine chirurgische Entfernung eine sinnvolle Ergänzung zur Antibiotikatherapie sein.

Die medikamentöse Behandlung kann in Abhängigkeit von der Identifizierung der beteiligten Mykobakterienarten, dem Ansprechen auf die Behandlung und/oder, falls verfügbar, den Ergebnissen der Empfindlichkeitstests auf Arzneimittel, angepasst werden. Die Therapie sollte mindestens zwei Monate nach der chirurgischen Resektion oder über das Verschwinden der klinischen Symptome hinaus andauern. Sofern keine Infektion mit der MTB-Gruppe diagnostiziert wird, ist eine Quarantäne der Katze nicht erforderlich. Einige der Medikamente, insbesondere Clofazimin, lösen eine Lichtempfindlichkeit aus; es wird empfohlen, dass die Besitzer die Katze in den Sommermonaten im Haus halten.

Prognose

Lokalisierte Hautinfektionen, die durch alle langsam wachsenden Arten verursacht werden, haben eine gute Prognose, wenn sie umgehend mit einer Kombination aus geeigneten Antibiotika und, wenn möglich, einer chirurgischen Resektion behandelt werden. Wenn die kutane Erkrankung zu einer systemischen Infektion fortschreitet, verschlechtert sich die Prognose erheblich. Die Behandlung ist potenziell teuer und zeitaufwendig. Die Behandlung von Katzen ist bekanntermaßen schwierig, und eine monatelange Behandlung mit mehreren Medikamenten kann sich ebenfalls auf das Ergebnis auswirken.

Risiken für die öffentliche Gesundheit

Der einzige SGM, bei dem ein eindeutiges Risiko einer Übertragung von der Katze auf den Menschen zu bestehen scheint, ist *M. bovis*, obwohl dieses Risiko gering zu sein scheint. In einem Bericht aus dem Vereinigten Königreich wird die Infektion von vier Personen (zwei klinisch und zwei subklinisch Erkrankte) in Zusammenhang mit einer infizierten Hauskatze beschrieben [28]. Ein Labormitarbeiter wurde serokonvertiert, nachdem er mit Forschungskatzen in Kontakt gekommen war, die nach der versehentlichen Verfütterung von infiziertem Fleisch infiziert waren [29]. Bislang sind keine Fälle von *M.-microti*-Infektionen von Katzen auf Menschen bekannt.

Es gibt einen Bericht über eine Person, die sich durch den Kratzer einer Katze mit *M. marinum* infiziert hat [30]. Dabei handelte es sich jedoch wahrscheinlich um eine mechanische Inokulation und nicht um eine echte zoonotische Übertragung. Ebenso scheint für den Menschen kaum ein Risiko zu bestehen, sich bei Katzen mit einem der anspruchsvollen Organismen zu infizieren; da jedoch die Ökologie und Übertragung dieser Mykobakterienarten nicht bekannt ist, ist es schwierig, ihr Potenzial für eine zoonotische Übertragung vollständig zu bestimmen.

Das Advisory Board on Cat Diseases (mit Sitz in Europa) empfiehlt, dass alle Personen, die mit einer infizierten Katze in Kontakt kommen, auf das potenzielle, aber geringe Risiko einer zoonotischen Übertragung der Katzenmykobakteriose hingewiesen werden sollten [31]. Als minimale Vorsichtsmaßnahme wird die Verwendung von Handschuhen bei der Behandlung dieser Tiere empfohlen. Dies ist besonders wichtig für alle Personen, die mit der Katze in Kontakt kommen und deren Immunsystem geschwächt ist. Das tierärztliche Personal sollte beim Umgang mit Katzen mit Hautläsionen, bei der Entnahme von Biopsien oder bei der Durchführung von Nekropsie-Untersuchungen eine persönliche Schutzausrüstung verwenden.

Literatur

1. Gupta RS, Lo B, Son J. Phylogenomics and comparative genomic studies robustly support division of the genus Mycobacterium into an emended genus Mycobacterium and four novel genera. Front Microbiol. 2018;9:67.
2. Fedrizzi T, Meehan CJ, Grottola A, Giacobazzi E, Serpini GF, Tagliazucchi S, et al. Genomic characterization of nontuberculous mycobacteria. Sci Rep. 2017;7:45258.
3. Lewis DT, Hodgin EC, Foil S, Cox HU, Roy AF, Lewis DD. Experimental reproduction of feline Mycobacterium fortuitum panniculitis. Vet Dermatol. 1994;5(4):189–95.
4. Drancourt M, Raoult D. Cost-effectiveness of blood agar for isolation of mycobacteria. PLoS Negl Trop Dis. 2007;1(2):e83.
5. Govendir M, Hansen T, Kimble B, Norris JM, Baral RM, Wigney DI, et al. Susceptibility of rapidly growing mycobacteria isolated from cats and dogs, to ciprofloxacin, enrofloxacin and moxifloxacin. Vet Microbiol. 2011;147(1–2):113–8.
6. Nash KA, Andini N, Zhang Y, Brown-Elliott BA, Wallace RJ. Intrinsic macrolide resistance in rapidly growing mycobacteria. Antimicrob Agents Chemother. 2006;50(10):3476–8.
7. Brown-Elliott B, Philley J. Rapidly growing mycobacteria. Microbiol Spectr. 2017;5: TNMI7-0027-2016.
8. Malik R, Wigney DI, Dawson D, Martin P, Hunt GB, Love DN. Infection of the subcutis and skin of cats with rapidly growing mycobacteria: a review of microbiological and clinical findings. J Feline Med Surg. 2000;2(1):35–48.
9. Guille AE, Tseng LW, Orsher RJ. Use of vacuum-assisted closure for management of a large skin wound in a cat. J Am Vet Med Assoc. 2007;230(11):1669–73.
10. Vishkautsan P, Reagan KL, Keel MK, Sykes JE. Mycobacterial panniculitis caused by Mycobacterium thermoresistibile in a cat. JFMS Open Rep. 2016;2(2):2055116916672786.
11. Ngan N, Morris A, de Chalain T. Mycobacterium fortuitum infection caused by a cat bite. N Z Med J. 2005;118(1211):U1354.
12. Alves DM, da Motta SP, Zamboni R, Marcolongo-Pereira C, Bonel J, Raffi MB, et al. Tuberculosis in domestic cats (Felis catus) in southern Rio Grande do Sul. Pesqui Vet Bras. 2017;37(7):725–8.
13. Gunn-Moore DA, McFarland SE, Brewer JI, Crawshaw TR, Clifton-Hadley RS, Kovalik M, et al. Mycobacterial disease in cats in Great Britain: I. Culture results, geographical distribution and clinical presentation of 339 cases. J Feline Med Surg. 2011;13(12):934–44.
14. Cavanagh R, Begon M, Bennett M, Ergon T, Graham IM, De Haas PE, et al. Mycobacterium microti infection (vole tuberculosis) in wild rodent populations. J Clin Microbiol. 2002;40(9):3281–5.
15. Delahay RJ, Smith GC, Barlow AM, Walker N, Harris A, Clifton-Hadley RS, et al. Bovine tuberculosis infection in wild mammals in the south-west region of England: a survey of prevalence and a semi-quantitative assessment of the relative risks to cattle. Vet J. 2007; 173(2):287–301.
16. Murray A, Dineen A, Kelly P, McGoey K, Madigan G, NiGhallchoir E, et al. Nosocomial spread of mycobacterium bovis in domestic cats. J Feline Med Surg. 2015;17(2):173–80.
17. Fyfe JA, McCowan C, O'Brien CR, Globan M, Birch C, Revill P, et al. Molecular characterization of a novel fastidious mycobacterium causing lepromatous lesions of the skin, subcutis, cornea, and conjunctiva of cats living in Victoria, Australia. J Clin Microbiol. 2008;46(2):618–26.
18. O'Brien CR, Malik R, Globan M, Reppas G, McCowan C, Fyfe JA. Feline leprosy due to Candidatus 'Mycobacterium tarwinense' further clinical and molecular characterisation of 15 previously reported cases and an additional 27 cases. J Feline Med Surg. 2017;19(5):498–512.
19. O'Brien CR, Malik R, Globan M, Reppas G, McCowan C, Fyfe JA. Feline leprosy due to Candidatus 'Mycobacterium lepraefelis': further clinical and molecular characterisation of eight previously reported cases and an additional 30 cases. J Feline Med Surg. 2017; 19(9):919–32.

20. Appleyard GD, Clark EG. Histologic and genotypic characterization of a novel *Mycobacterium* species found in three cats. J Clin Microbiol. 2002;40(7):2425–30.
21. Miller MA, Fales WH, McCracken WS, O'Bryan MA, Jarnagin JJ, Payeur JB. Inflammatory pseudotumor in a cat with cutaneous mycobacteriosis. Vet Pathol. 1999;36(2):161–3.
22. Malik R, Hughes MS, James G, Martin P, Wigney DI, Canfield PJ, et al. Feline leprosy: two different clinical syndromes. J Feline Med Surg. 2002;4(1):43–59.
23. Reppas G, Fyfe J, Foster S, Smits B, Martin P, Jardine J, et al. Detection and identification of mycobacteria in fixed stained smears and formalin-fixed paraffin-embedded tissues using PCR. J Small Anim Pract. 2013;54(12):638–46.
24. Rhodes SG, Gruffydd-Jones T, Gunn-Moore D, Jahans K. Adaptation of IFN-gamma ELISA and ELISPOT tests for feline tuberculosis. Vet Immunol Immunopathol. 2008;124(3–4):379–84.
25. Rhodes SG, Gunn-Mooore D, Boschiroli ML, Schiller I, Esfandiari J, Greenwald R, et al. Comparative study of IFNgamma and antibody tests for feline tuberculosis. Vet Immunol Immunopathol. 2011;144(1–2):129–34.
26. O'Brien CR, Malik R, Globan M, Reppas G, Fyfe JA. Feline leprosy due to *Mycobacterium lepraemurium*: further clinical and molecular characterization of 23 previously reported cases and an additional 42 cases. J Feline Med Surg. 2017;19(7):737–46.
27. Roccabianca P, Caniatti M, Scanziani E, Penati V. Feline leprosy: spontaneous remission in a cat. J Am Anim Hosp Assoc. 1996;32(3):189–93.
28. England PH. Cases of TB in domestic cats and cat-to-human transmission: risk to public very low. 2014. https://www.gov.uk/government/news/cases-of-tb-in-domestic-cats-and-cat-to-human-transmission-risk-to-public-very-low. Zugriff: 14.06.2023.
29. Isaac J, Whitehead J, Adams JW, Barton MD, Coloe P. An outbreak of Mycobacterium bovis infection in cats in an animal house. Aust Vet J. 1983;60(8):243–5.
30. Phan TA, Relic J. Sporotrichoid Mycobacterium marinum infection of the face following a cat scratch. Australas J Dermatol. 2010;51(1):45–8.
31. Lloret A, Hartmann K, Pennisi MG, Gruffydd-Jones T, Addie D, Belak S, et al. Mycobacteriosis in cats: ABCD guidelines on prevention and management. J Feline Med Surg. 2013;15(7):591–7.

Dermatophytose

Karen A. Moriello

Zusammenfassung

Die feline Dermatophytose ist eine oberflächliche Pilzerkrankung der Haut von
Katzen. Die Übertragung erfolgt in erster Linie durch direkten Kontakt oder
durch traumatische Infektion mit Pilzsporen. *Microsporum canis* ist der primäre
Erreger bei Katzen, obwohl sich Freigängerkatzen auch mit *Trichophyton* spp.
infizieren können. Die Diagnose basiert auf der Anwendung sich ergänzender
diagnostischer Tests. Aus evidenzbasierten Studien wurde geschlossen, dass es
keinen einzigen „Goldstandard-Diagnosetest" gibt. Entgegen der landläufigen
Meinung haben evidenzbasierte Studien ergeben, dass Untersuchungen mit der
Wood-Lampe bei mehr als 91 % der unbehandelten Katzen positiv ausfallen, was
diesen Test in Kombination mit der direkten Untersuchung von Haaren und
Schuppen zu einem äußerst nützlichen diagnostischen Point-of-Care-Test macht.
Die PCR-Analyse von infektiösem Material ist ebenfalls diagnostisch. Zur
Identifizierung der Pilzart ist eine Pilzkultur erforderlich. Eine topische antimykotische Therapie ist notwendig, um die Haare zu desinfizieren, die Krankheitsübertragung zu minimieren und eine Kontamination der Umwelt zu verhindern. Durch eine systemische antimykotische Therapie wird die Krankheit im
Haarfollikel ausgerottet. Evidenzbasierte Studien haben gezeigt, dass eine Desinfektion der Umgebung durch die kontinuierliche Entfernung von Katzenhaaren
und -resten leicht möglich ist. Die Sporen vermehren sich nicht in der Umwelt
und dringen auch nicht in Wohnungen ein; sie lassen sich durch Waschen mit
einem Reinigungsmittel leicht von weichen und harten Oberflächen entfernen.
Freiverkäufliche Desinfektionsmittel für den Hausgebrauch (z. B. Badreiniger),
die als wirksam gegen *Trichophyton* spp. gekennzeichnet sind, werden anstelle

K. A. Moriello (✉)
School of Veterinary Medicine, University of Wisconsin-Madison, Madison, USA
E-Mail: Karen.moriello@wisc.edu

C. Noli, S. Colombo (Hrsg.), *Dermatologie der Katze*,
https://doi.org/10.1007/978-3-662-65907-6_13

von Haushaltsbleichmitteln empfohlen, die eine Gefahr für die Gesundheit von Mensch und Tier darstellen können. Es handelt sich um eine geringgradige zoonotische Hauterkrankung, die oberflächliche Hautläsionen verursachen kann, welche beim Menschen behandelbar und heilbar sind.

Einführung

Dermatophytose ist eine ansteckende, oberflächliche Pilzerkrankung der Haut, Haare, Schuppen und Krallen. Sie ist nicht lebensbedrohlich, ist behandelbar und heilbar und gehört zu den niedriggradigen Zoonosen, d. h., sie führt nicht zum Tod und ist leicht zu behandeln. Bei ansonsten gesunden Tieren heilt die Krankheit ohne Behandlung aus. Eine Behandlung wird empfohlen, um den Verlauf der Infektion zu verkürzen und das Risiko der Übertragung auf andere empfängliche Wirte zu begrenzen. Die beiden Hauptziele dieses Kapitels bestehen darin, (1) die wichtigsten Aspekte dieser Krankheit aus neueren, evidenzbasierten Studien zusammenzufassen und (2) Beweise zu liefern, um viele „Internet"-Mythen rund um diese Krankheit zu widerlegen, die zu einer ungenügenden Behandlung, ungerechtfertigten Sorgen der Halter und im schlimmsten Fall zur Euthanasie von Katzen und Kätzchen führen.

Wichtige Krankheitserreger und neue Klassifikationen

Dermatophyten sind aerobe Pilze, die in keratinisierte Haut, Haare, Schuppen und Nägel eindringen und diese infizieren. Diese Organismen werden nach ihrer Wirtspräferenz klassifiziert: anthropophil (Menschen), zoophil (Tiere) und geophil (Boden).

Dermatophyten werden unter verschiedenen Namen klassifiziert, je nachdem, ob sie sich in einem ungeschlechtlichen (anamorphen) oder in einem geschlechtlichen (teleomorphen) Zustand befinden [1, 2]. *Microsporum canis* zum Beispiel ist eine anamorphe Art, die zum teleomorphen *Arthroderma-otae*-Komplex (*M. canis*, *M. ferrugineum*, *M. audouinii*) gehört [3]. Die Benennung von Anamorphen basiert auf Makro- und Mikromerkmalen der Pilzkultur. Kürzlich haben molekulare Tests ergeben, dass viele Arten ein und dieselbe sind. Im Jahr 2011 wurde die Amsterdamer Erklärung zur Nomenklatur von Pilzen (ein Pilz = ein Name) verabschiedet, und derzeit wird eine Neuklassifizierung vorgenommen [4]. *Trichophyton* und *Microsporum* werden in die Gattung *Arthroderma* umklassifiziert. Kliniker müssen sich dessen bewusst sein, da in klinischen Manuskripten zunehmend die neue Nomenklatur verwendet wird. In diesem Kapitel werden die traditionellen Namen verwendet.

Der wichtigste Erreger bei Katzen ist *Microsporum canis*. Seltener können Katzen mit *Trichophyton* spp. und *M. gypseum* infiziert sein. Sowohl durch traditionelle als auch durch molekulare Tests ist erwiesen, dass Dermatophyten nicht Teil der normalen Pilzflora von Katzen sind [5–7].

Prävalenz

Die tatsächliche Prävalenz der Krankheit ist unbekannt, da sie nicht meldepflichtig ist. Eine kürzlich durchgeführte Überprüfung von 73 Veröffentlichungen aus 29 Ländern ergab, dass die Prävalenzdaten stark verzerrt waren, je nachdem, woher die Katzen stammten, ob es sich um prospektive oder retrospektive Studien handelte, ob die Daten vor oder nach der Erkennung der fomitären Übertragung erhoben und interpretiert wurden und welche anderen Einschlusskriterien galten [2].

Die hilfreichsten Daten zur Prävalenz stammen aus Studien, in denen eine echte Erkrankung bestätigt wurde. Diese Studien ergaben durchweg eine insgesamt niedrige Prävalenz (< 3 %) in der klinischen Praxis und in Tierheimen (Kasten 1). In einer Studie aus den Vereinigten Staaten ($n = 1407$ Katzen) lag die Gesamtprävalenz der bestätigten Erkrankung bei 2,4 % [8], während sie in einer kanadischen Studie ($n = 111$ Katzen) 3,6 % betrug [9]. In einer Studie aus dem Vereinigten Königreich ($n = 154$ Katzen) lag sie bei 1,3 % [10]. Noch interessanter ist, dass Dermatophytose in einer anderen Studie aus dem Vereinigten Königreich in medizinischen Unterlagen von 142.576 Katzen nicht einmal als verbreitete Hauterkrankung aufgeführt wurden, obwohl 10,4 % der Katzen wegen einer Hauterkrankung vorgestellt wurden [11]. In einer Studie, die sich mit chronisch von Juckreiz geplagten Katzen befasste ($n = 502$), wurde die Krankheit nur bei 2,1 % der Katzen diagnostiziert [12]. In einer retrospektiven Studie über Katzen, die in ein offenes Tierheim aufgenommen wurden ($n = 5644$), betrug die Krankheitsprävalenz 1,6 % über einen Zeitraum von 24 Monaten [13].

Kasten 1: Wichtige Punkte zur Prävalenz von Krankheiten
- Dermatophytose ist eine seltene Ursache für Hautläsionen bei Katzen (< 3 %).
- Es ist nicht wahr, dass es sich um Ringelflechte handelt, bis das Gegenteil bewiesen ist!
- Es handelt sich um eine häufige Hauterkrankung bei Kätzchen.

Risikofaktoren

Zu den Risikofaktoren für Dermatophytose gehören eine warme, feuchte Umgebung, ein geringes Alter und Gruppenhaltung (z. B. in Tierheimen oder Zwingern) [14–21]. Anekdotische Berichte, wonach „alte" oder „ältere Katzen" mit altersbedingten Grunderkrankungen für Dermatophytose prädisponiert seien, wurden nicht durch Beweise gestützt [2]. Bei seropositiven FeLV- oder FIV-Katzen konnte kein erhöhtes Infektionsrisiko nachgewiesen werden [22]. Die Entwicklung von Dermatophytose bei Katzen, die eine immunsuppressive Behandlung gegen Pemphigus foliaceus erhalten, wurde in zwei großen Studien nicht berichtet [23, 24]. Angesichts des weit verbreiteten Einsatzes von Cyclosporin bei Katzen wurde nur von einer Katze berichtet, die während der Behandlung mit diesem Medikament erkrankt ist [25]. Was die Rassenprädisposition betrifft, so werden Perserkatzen häufig als „prädisponiert" aufgeführt; diese Rasse ist jedoch in Prävalenz- und Behandlungsstudien überrepräsentiert. Subkutane Dermatophyteninfektionen sind zwar selten, werden aber fast ausschließlich bei langhaarigen Rassen berichtet.

Schlüsselaspekte der Pathogenese, Übertragung und Immunantwort auf Infektionen

Pathogenese der Infektion

Die infektiöse Form der Dermatophyten ist eine Arthrospore, die durch Fragmentierung der Pilzhyphen in kleinere infektiöse Einheiten gebildet wird. Es gibt drei Stadien einer Dermatophyteninfektion [2]. Zunächst haften die Arthrokonidien an den Korneozyten, was innerhalb von 2–6 h nach der Exposition geschehen kann [26–28]. Anschließend beginnen die Pilze zu keimen, wobei Keimschläuche aus den Arthrokonidien austreten, gefolgt von einer Penetration des Stratum corneum. Schließlich kommt es zu einer Invasion keratinisierter Strukturen; Dermatophytenhyphen dringen ein und wachsen in verschiedene Richtungen, einschließlich der Haarfollikeleinheit. Die Hyphen können innerhalb von sieben Tagen beginnen, Arthrokonidien zu bilden. Offensichtliche klinische Läsionen treten in der Regel innerhalb von 7–21 Tagen auf.

Übertragung

Die Entwicklung von *M.-canis*-Läsionen wurde in direkten Infektionsmodellen und in Experimenten mit natürlicher Exposition von Mitbewohnern untersucht und bietet praktische Erkenntnisse über die Krankheitsübertragung [29–35]. In Modellen mit direkter Anwendung war es äußerst schwierig, Infektionen zu verursachen, wenn keine kritische Masse infektiöser Sporen vorhanden war (> 10^4 Sporen pro Stelle). Eine erfolgreiche Infektion erforderte ein Mikrotrauma und eine Okklusion der Stelle. Es war nicht möglich, Katzen/Kätzchen zu infizieren, denen es möglich war, das infektiöse Inokulum durch Putzen zu entfernen. Eine positive Wood-Lampen-Fluoreszenz war bei 100 % der experimentell infizierten Katzen vorhanden und wurde bereits fünf bis sieben Tage nach der Infektion festgestellt. In Modellen mit Artgenossen wurde eine hochsoziale infizierte Katze zu einer Gruppe gesunder Katzen hinzugefügt, und die Entwicklung der Läsionen folgte einem klaren Muster. Die Läsionen entwickelten sich im Laufe der Zeit bei allen Katzen, beginnend mit den sozialsten Katzen. Alle Läsionen begannen im Gesicht und an den Ohren und breiteten sich dann aus. In Studien, in denen gesunde Katzen in kontaminierte Umgebungen gebracht waren, aber kein Mikrotrauma der Haut erlitten, wurden die Katzen kulturpositiv, entwickelten aber keine Läsionen. Die Katzen wurden kulturnegativ, nachdem sie gewaschen oder einfach in einen sauberen Raum gebracht wurden, wo sie sich putzen konnten.

Es ist inzwischen erwiesen, dass die Krankheit in erster Linie durch den direkten Kontakt mit einem anderen infizierten Tier übertragen wird. Die Fellpflege ist ein wichtiger angeborener Schutzmechanismus gegen die Krankheitsübertragung.

Mikrotraumata sind eine wichtige Voraussetzung für eine erfolgreiche Infektion. Eine erhöhte Anzahl von Mikrotraumata der Haut durch Juckreiz oder Selbstverletzungen, Feuchtigkeit und Ektoparasiten trägt zu optimalen Bedingungen für die Krankheitsentwicklung bei. Die Übertragung durch kontaminierte Gegenstände *ist* ein Risikofaktor, wenn diese ein Mikrotrauma verursachen (z. B. Putzzeug) oder wenn sich die Katze in einer kontaminierten Umgebung aufhält und sich selbst traumatisiert (z. B. durch Ektoparasiten Juckreiz erfährt). *Die Übertragung aus kontaminierten Umgebungen ist kein effizienter Übertragungsweg, wenn kein Mikrotrauma und keine Feuchtigkeit vorhanden sind.*

Immunität und Erholung von einer Infektion

Katzen entwickeln sowohl eine zellvermittelte als auch eine humorale Immunantwort auf Dermatophyteninfektionen [35–37]. Intradermale und In-vitro-Studien zeigen, dass die Erholung von einer Infektion von der Entwicklung einer starken zellvermittelten Immunantwort abhängt. Die zellvermittelte Immunität ist wichtig für den Schutz vor Reinfektionen. Studien haben gezeigt, dass eine Reinfektion von infizierten, aber geheilten Katzen möglich war, aber eine größere Anzahl von Sporen, eine stärkere Okklusion oder beides erforderte. Die nachfolgenden Infektionen verliefen milder und klangen viel schneller ab.

Klinische Befunde

Es gibt keine „pathognomonischen" klinischen Anzeichen der felinen Dermatophytose. Die klinischen Anzeichen der Dermatophytose spiegeln die Pathogenese der Krankheit wider: das Eindringen in keratinisierte Strukturen der Haut. Die klinischen Anzeichen werden auch durch das Alter und den allgemeinen physiologischen Gesundheitszustand beeinflusst. So besteht beispielsweise bei Kätzchen mit begrenzten Infektionen das Risiko, dass sich die Läsionen weiter ausbreiten, wenn sie an Infektionen der oberen Atemwege oder Magen-Darm-Erkrankungen leiden.

Praktische Herangehensweise an „klinische Anzeichen"

Der Schweregrad der Dermatophytose spiegelt den allgemeinen Gesundheitszustand einer Katze wider. Unter diesem Gesichtspunkt gibt es verschiedene klinische Erscheinungsformen der Dermatophytose: einfache Infektionen, komplizierte Infektionen und kulturpositive läsionsfreie Katzen. Einfache Infektionen sind alle Erkrankungen, die bei einer ansonsten gesunden Katze auftreten. Der Schweregrad der Läsionen ist in der Regel gering, und diese Katzen sprechen gut auf die Behandlung an. Es ist wahrscheinlich, dass viele Kätzchen begrenzte Dermatophytose-Läsionen entwickeln, die sich von selbst zurückbilden und nie diagnostiziert werden. Komplizierte Infektionen sind schwieriger zu behandeln, da die Läsionen in der Regel schwerwiegender sind und die Katze/das Kätzchen gleichzeitig an einer medizinischen Erkrankung leidet, kurz nach der Diagnose eine weitere Erkrankung entwickelt, die den Schweregrad der Hauterkrankung erklärt, und/oder einen anderen komplizierenden Faktor aufweist, der die Behandlung erschwert (z. B. die Notwendigkeit von Verbänden, die die Möglichkeiten der topischen Therapie einschränken). Bei kulturpositiven Katzen ohne Läsionen handelt es sich entweder um Katzen, die Infektionsüberträger sind, oder um Katzen mit subtilen Läsionen, die bei der Erstuntersuchung übersehen wurden. Wenn läsionsfreie, kulturpositive Katzen identifiziert werden, untersuchen Sie die Katze erneut mit einer Wood-Lampe und suchen Sie nach Läsionen. Die Übertragung von Erregern lässt sich leicht feststellen, indem man einfach die Katze wäscht, sie in eine saubere Umgebung bringt und die Kultur wiederholt. Echte Infektionsüberträger sind kulturnegativ; ein einziges Bad entfernt bei echter Infektion keine infektiösen Sporen aus dem Haarkleid.

Häufige Befunde

Die Läsionen neigen dazu, asymmetrisch zu liegen. Wie bereits erwähnt, haben Beobachtungsstudien an Modellen für Infektionen von Mitbewohnern gezeigt, dass die Läsionen in der Regel im Gesicht, an den Ohren und an der Schnauze beginnen und dann auf die Pfoten und den Schwanz übergehen (Abb. 1, 2 und 3) [34, 38]. Die Läsionen können fokal oder multifokal sein. Der Haarausfall kann geringfügig sein, doch manchmal ist der übermäßige Haarausfall das Hauptanliegen des Halters. Einige Katzen haben in der Vergangenheit Haarballen erbrochen oder hatten Verstopfung. Schuppenbildung ist häufig und kann manchmal ausgeprägt sein (Abb. 4 und 5). In schweren Fällen kann es zu einer exsudativen Paronychie kommen. Die Entzündungsreaktion kann von leicht bis stark ausgeprägt sein, und es kann ein

Abb. 1 Gesichtsläsionen bei einer jungen Katze mit Dermatophytose. (Mit freundlicher Genehmigung von Dr. Rebecca Rodgers)

Abb. 2 Alopezie und Schuppenbildung an der Ohrmuschel einer Perserkatze mit Dermatophytose. (Mit freundlicher Genehmigung von Dr. Chiara Noli)

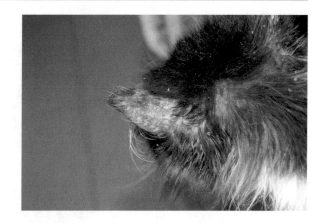

Abb. 3 Alopezie auf dem Rücken und am Schwanz bei einem fortgeschrittenen Fall von Dermatophytose bei einer Perserkatze. (Mit freundlicher Genehmigung von Dr. Chiara Noli)

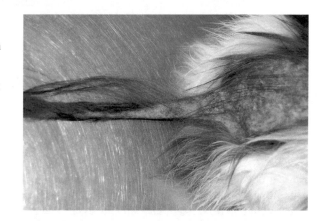

Abb. 4 Dieselbe Katze wie in Abb. 2: ein Fleck mit Alopezie und sehr leichter Schuppung. (Mit freundlicher Genehmigung von Dr. Chiara Noli)

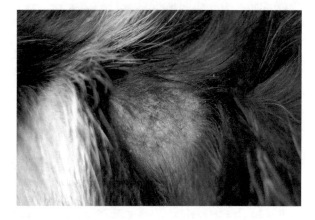

Abb. 5 Kurzhaarkatze mit Dermatophytose, die einen fokalen Fleck mit Alopezie und dicken Schuppen aufweist. (Mit freundlicher Genehmigung von Dr. Chiara Noli)

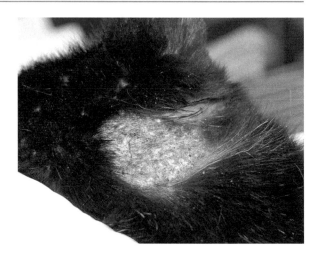

diffuses Erythem vorhanden sein. Follikelverstopfung und Hyperpigmentierung sind bei Katzen eher selten, treten aber am ehesten bei Katzen mit Dermatophytose auf. *Microsporum canis* kann bei jungen Katzen komedonartige Läsionen verursachen. Der Juckreiz ist variabel und kann intensiv sein und Bereiche einer eosinophilen pyotraumatischen Dermatitis nachahmen.

Ungewöhnliche Präsentationen

Zu den ungewöhnlichen klinischen Präsentationen bei Katzen gehören Fälle, die klinisch mit Pemphigus foliaceus identisch sind, einschließlich symmetrischer Krustenbildung im Gesicht und am Ohr sowie exsudativer Paronychie. Einseitiger oder beidseitiger Juckreiz an den Ohrmuscheln ist eine weitere eindeutige klinische Erscheinung. Die infizierten Haare befinden sich an den Ohrrändern oder in der „Glocke" des Ohrs. Selten wurden diffuse, multifokale Bereiche mit wachsartiger Hyperpigmentierung beobachtet. Die noduläre Dermatophytose wurde am häufigsten bei Perserkatzen beobachtet (Abb. 6). In der Regel, aber nicht immer, gibt es eine Vorgeschichte der Dermatophytose. Diese können ulzerieren und abfließen, müssen es aber nicht.

Diagnose

Dermatophytose kann nicht anhand klinischer Anzeichen diagnostiziert werden. Eine kürzlich durchgeführte evidenzbasierte Untersuchung kam zu dem Schluss, dass kein einziger Test als „Goldstandard" bezeichnet werden kann. Derzeit wird empfohlen, mehrere sich ergänzende Diagnosemethoden anzuwenden [2]. Die Diagnostik der Dermatophytose wird in zwei Hauptkategorien unterteilt: Point-of-Care-Tests (POC) und Tests im Referenzlabor (RL). Ein komplettes Blutbild,

Abb. 6 Ulzeriertes Knötchen aufgrund eines dermatophytischen Myzetoms. (Mit freundlicher Genehmigung von Dr. Andrea Peano)

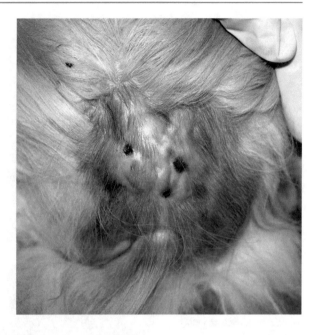

serumchemische Untersuchungen, eine Urinanalyse und diagnostische Bildgebung sind nicht hilfreich, um das Vorhandensein oder Nichtvorhandensein einer Dermatophytose zu bestätigen. Diese Tests sind hilfreich, wenn eine Katze mit einer komplizierten Infektion untersucht werden soll.

Point-of-Care-Diagnostik

Es gibt drei wichtige ergänzende POC-Diagnosetests und -instrumente: Dermatoskopie, Wood-Lampen-Untersuchung und direkte Untersuchung von Haaren/Schuppen. Die Dermatoskopie und die Wood-Lampen-Untersuchung sind Hilfsmittel, um verdächtige Haare für die direkte Untersuchung zu finden. Wenn die Infektion durch die direkte Untersuchung der Haarschäfte und Schuppen bestätigt werden kann, kann die Behandlung zum Zeitpunkt der Vorstellung eingeleitet werden.

Dermatoskopie

Die Dermatoskopie (Abb. 7 und 8) ist ein nichtinvasives POC-Instrument, das eine Vergrößerung und Beleuchtung der Haut ermöglicht. *Die Dermatoskopie dient in erster Linie dazu, Haare für eine direkte Untersuchung zu finden.* Dieses Verfahren kann mit oder ohne Wood-Lampen-Untersuchung verwendet werden. In zwei Studien wurde festgestellt, dass mit *M. canis* infizierte Haare ein einzigartiges Aussehen haben [39, 40]. Infizierte Haare sind undurchsichtig, leicht gebogen oder gebrochen und von gleichmäßiger Dicke (Abb. 9). Die Haare sind bei hellen Katzen leichter zu finden als bei dunkel gefärbten Katzen. Das größte Hindernis bei der Anwendung dieses Tests ist die Mitarbeit des Patienten.

Abb. 7 Tragbares
Dermatoskop. (Mit
freundlicher Genehmigung
von Dr. Fabia Scarampella)

Abb. 8 Katze bei der
Untersuchung mit einem
Dermatoskop. (Mit
freundlicher Genehmigung
von Dr. Fabia Scarampella)

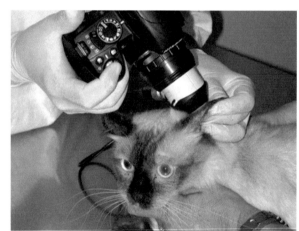

Abb. 9 Infizierte Haare,
dargestellt mit einem
Dermatoskop. (Mit
freundlicher Genehmigung
von Dr. Fabia Scarampella)

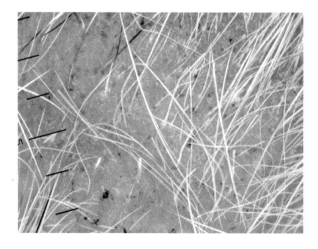

Prüfung mit der Wood-Lampe

Eine Wood-Lampe ist ein *POC-Diagnoseinstrument, das in erster Linie zum Auffinden von Haaren für direkte Untersuchungen oder zur Auflösung von Läsionen bei mit M. canis infizierten Katzen verwendet wird.* Eine Wood-Lampe ist eine Plug-in-Lampe mit einem ultravioletten Lichtspektrum von 320–400 nm Wellenlänge [41]. In der Veterinärdermatologie ist der einzige Pilzerreger von Bedeutung, der fluoresziert, *M. canis*. Die charakteristische grüne Fluoreszenz von mit *M. canis* infizierten Haaren ist auf ein wasserlösliches Pigment zurückzuführen, das sich im Kortex oder in der Medulla des Haares befindet [42–44]. Die Fluoreszenz ist das Ergebnis einer chemischen Wechselwirkung, die als Folge der Infektion auftritt und nicht mit Sporen oder infektiösem Material in Verbindung steht.

Eine evidenzbasierte Überprüfung der Literatur hat ergeben, dass viele allgemein verbreitete Ansichten über den Nutzen der Untersuchung mit der Wood-Lampe, die Prävalenz positiver Fluoreszenz und die allgemeine Nützlichkeit als Point-of-Care-„Test" falsch sind; *dies ist ein Werkzeug und das kann nicht genug betont werden.* Aussagen wie „weniger als 50 % der Stämme fluoreszieren" beruhen auf retrospektiven Studien von diagnostischen Zufallsproben [15, 45–47]. Bei der Untersuchung von Daten aus 30 experimentellen Infektionsstudien und Studien über spontane Erkrankungen fielen die Ergebnisse überraschend unterschiedlich aus [2]. Bei Katzen mit experimentellen Infektionen lag die Fluoreszenz bei 100 %, bei Studien mit spontanen Erkrankungen bei unbehandelten Tieren bei > 91 %. Nicht unerwartet war die positive Fluoreszenz bei behandelten Katzen weniger häufig. Fluoreszierende „Spitzen" sind ein häufiger Befund bei Katzen, die behandelt und geheilt wurden. Dabei handelt es sich einfach um Pigmentreste, die von der Infektion im Haarfollikel übrig geblieben sind (Abb. 10).

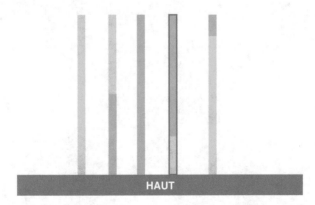

Abb. 10 Schematische Darstellung von Wood-Lampe-positiven Haaren (von links nach rechts). Positive Fluoreszenz findet sich nur an den Haarschäften. Nicht infizierte Haare zeigen keine Fluoreszenz. Haare am Beginn der Infektion zeigen Fluoreszenz im proximalen Teil des Haares. Wenn die Infektion fortschreitet, fluoresziert der gesamte Haarschaft. Wenn die Infektion im Haarfollikel getilgt ist, fluoresziert der proximale Teil des Haarschafts nicht mehr (siehe Haar mit blauem Umriss). Dies ist ein Anzeichen für ein gutes Ansprechen auf die Behandlung. Geheilte Katzen haben oft noch einige „leuchtende Spitzen", weil das Pigment im Mark oder in der Rinde verbleibt (gelb = nicht infiziert; grün = fluoreszierend, also infiziert). Haare mit leuchtenden Spitzen können kulturpositiv sein, müssen es aber nicht

Nach den Erfahrungen der Autorin ist die Verwendung einer Wood-Lampe nicht anders als die Probennahme für die Haut-/Ohrenzytologie und die Verwendung eines Mikroskops (siehe Kasten 2 für hilfreiche Hinweise zur Verwendung einer Wood-Lampe). Es kann nicht genug betont werden, dass diese Fähigkeit erlernt werden kann. Mit der „richtigen" Wood-Lampe und etwas Übung ist dies ein hilfreiches Instrument zum Auffinden verdächtiger Haare (Abb. 11a, b). Es ist immens hilfreich beim Auffinden von Läsionen, die sonst bei Raumlicht übersehen werden (Abb. 12). Fluoreszierende Haare finden sich häufig bei unbehandelten Infektionen; bei behandelten Tieren kann die Fluoreszenz schwieriger zu finden sein. Falschpositive und falsch-negative Ergebnisse sind häufig auf unzureichende Ausrüstung, fehlende Vergrößerung, mangelnde Compliance des Patienten, schlechte Technik oder fehlende Schulung zurückzuführen. Mit der Wood-Lampe lassen sich Katzen mit hohem Risiko schnell identifizieren. In einem Tierheim wurden beispielsweise in einem Zeitraum von sieben Monaten 1226 Katzen abgegeben [19]. Von diesen Katzen waren 273 (22,3 %) kulturpositiv, aber nur 60 von 273 waren läsional, Wood-Lampe-positiv und bei der direkten Untersuchung positiv. Die übrigen 213 kulturpositiven Katzen waren nicht läsional und Wood-Lampe-negativ und wurden als Infektionsüberträger eingestuft. Die Verwendung der Wood-Lampe bei der Aufnahme ermöglichte eine schnelle Identifizierung der infizierten Katzen (50 von 60 waren Jungtiere).

Abb. 11 Kätzchen mit Dermatophytose: **a** leichte Läsionen um die Augen herum; **b** deutliche Fluoreszenz an denselben Stellen bei der Wood-Lampe-Untersuchung. (Mit freundlicher Genehmigung von Dr. Laura Mullen)

Abb. 12 Mit der Wood-Lampe positiv nachgewiesene Haare im Interdigitalraum. Diese Läsion wurde bei der Untersuchung im Zimmerlicht nicht bemerkt

Kasten 2: Praxistipps zur Wood-Lampe
- Verwenden Sie eine Lampe medizinischer Qualität mit einem UV-Spektrum von 320–400 nm Wellenlänge.
- Verwenden Sie keine batteriebetriebenen Handlampen.
- Verwenden Sie eine Lampe mit eingebauter Vergrößerung.
- Die Lampen müssen nicht „aufgewärmt" werden.
- Erlauben Sie Ihren Augen, sich an die Dunkelheit zu gewöhnen.
- *Verwenden Sie einen Objektträger zur Positivkontrolle.*
- *Lampe nahe an die Haut halten (2–4 cm); dies minimiert falsche Fluoreszenz.*
- Beginnen Sie am Kopf und untersuchen Sie langsam die *Haarschäfte.*
- Krusten abheben und nach apfelgrün fluoreszierenden Haarschäften suchen.
- Frisch infizierte Haare sind sehr kurz.
- Sie befürchten falsche Fluoreszenz? Untersuchen Sie die Haarzwiebel.

Direkte Untersuchung von Schuppen und Haaren

Die direkte Untersuchung ist ein POC-Diagnosetest, der das Vorhandensein einer Dermatophyteninfektion zum Zeitpunkt der Erstvorstellung bestätigen kann. Material kann mithilfe eines Dermatoskops und einer Wood-Lampe oder durch eine Kombination aus Abschaben der Haut und Auszupfen von Haaren gewonnen werden. Eine kürzlich durchgeführte Studie hat gezeigt, dass die beste Methode zur Entnahme von Proben sowohl das oberflächliche Abschaben der Haut als auch das Auszupfen von Haaren aus den Läsionen ist. Bei Katzen konnte die Diagnose in 87,5 % der Fälle durch kombiniertes Auszupfen der Haare und Abschaben der Hautränder bestätigt werden [48]. In dieser Studie wurde keine Wood-Lampe verwendet, und wenn dies der Fall gewesen wäre, wären die positiven Diagnosen möglicherweise höher ausgefallen. Die Autoren verwendeten Mineralöl zum Einbetten der

Proben und kein Reinigungsmittel; Reinigungsmittel zerstören die Fluoreszenz, verursachen Artefakte und beschädigen die Mikroskoplinse. Die Autorin bettet die Proben routinemäßig in Mineralöl ein. Dies ist ein zeit- und kosteneffizienter Test, da er die mikroskopische Untersuchung auf Milben mit derselben Probe ermöglicht. Die hilfreichste Unterstützung beim Erlernen dieser Technik sind Bilder, die normale und anormale Haare vergleichen (Abb. 13, 14 und 15). Tipps zur direkten Untersuchung sind in Kasten 3 zusammengefasst.

Abb. 13 Direkte Untersuchung eines infizierten Haares (Originalvergrößerung 4-fach). Beachten Sie, dass infizierte Haare blass und breiter sind als normale Haare, die im Vergleich dazu wie „Fäden" erscheinen

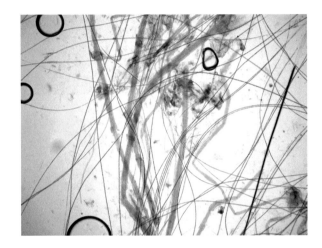

Abb. 14 Direkte Untersuchung von befallenen (kurzer dicker Pfeil) und nicht befallenen Haaren (langer dünner Pfeil)

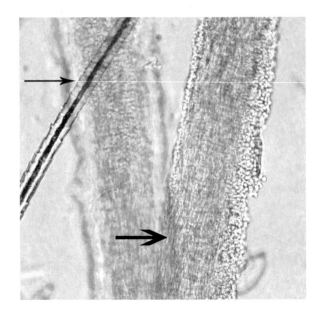

Abb. 15 Direkte
Untersuchung von
infiziertem Haar in
Mineralöl und
Lactophenol-
Baumwollblau
nach 15 min

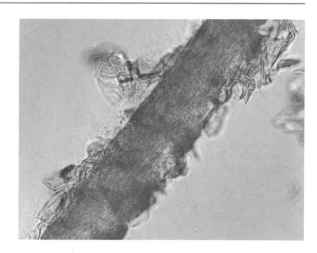

Kasten 3: Tipps für die direkte Prüfung
- Verwenden Sie eine Wood-Lampe oder ein Dermatoskop, um verdächtige Haare zu identifizieren.
- Entnehmen Sie Proben durch Auszupfen und Ausschaben der Läsion.
- Verwenden Sie einen Hautspatel, um die Ränder der Läsionen abzukratzen.
- Legen Sie die Proben in Mineralöl ein; kein Reinigungsmittel verwenden.
- Glasdeckgläser verwenden.
- Anormale Haare sind bei 4-facher und 10-facher Vergrößerung gut sichtbar.
- Befallene Haarschäfte sind breiter, blasser und oft zurückziehbar im Vergleich zu normalen Haaren.

Tipps zum Finden von Haaren
- Verwenden Sie einen Bildleitfaden, der anormale und normale Haare zeigt.
- Halten Sie eine Wood-Lampe (2–3 cm) über den Objektträger, um die Haare zu finden.
- Geben Sie Lactophenol-Baumwollblau oder frisches Methylenblau in das Mineralöl; lassen Sie die Probe vor der Untersuchung 10–15 min lang aushärten; infizierte Haare sind dann blau gefärbt.

Zytologie der Haut
Makrokonidien sind bei der zytologischen Untersuchung der Haut nie zu sehen. Allerdings können *M.-canis*-Arthrosporen bei Katzen mit schweren Infektionen beobachtet werden (Abb. 16).

Pilzkultur
Pilzkulturen können ein POC- oder RL-Diagnosetest sein (siehe Kasten 5). Wird die Infektion durch direkte Untersuchung von Haaren und Schuppen bestätigt, wird die

Abb. 16 Hautzytologie einer Katze mit Dermatophytose. Zahlreiche Arthrokonidien sind auf der Oberfläche der Korneozyten zu sehen

Pilzkultur zur Bestätigung der Dermatophytenart verwendet. Die Pilzkultur kann zur Bestätigung der Diagnose verwendet werden, wenn die POC-Diagnose nicht ausreicht. Eine kürzlich durchgeführte Studie ergab eine gute Korrelation zwischen Point-of-Care-Kulturen und Referenzlabors, wenn sowohl die grobe Koloniebildung als auch mikroskopische Merkmale zur Identifizierung der Kolonien verwendet wurden [49]. Bei der alleinigen Verwendung der Farbveränderung lag die Fehlerquote jedoch bei fast 20 %.

Das am häufigsten verwendete POC-Pilzkulturmedium ist das Dermatophyten-Testmedium (DTM), das aus einem Nährmedium plus Hemmstoffen für bakterielles und saprophytisches Wachstum und Phenolrot als pH-Indikator besteht. Es sind mehrere Varianten erhältlich, von denen einige angeben, das Wachstum der Kultur zu beschleunigen, aber eine Studie ergab, dass sie alle ähnlich wirken [50]. Aus praktischer Sicht sollte eine POC-Platte mit einem großen Volumen an Medium verwendet werden; sie lässt sich leicht mit einer Zahnbürste oder Haaren beimpfen und kann für die mikroskopische Untersuchung leicht entnommen werden. Die Autorin rät von der Verwendung von DTM-Glasfläschchen ab, da sie schwer zu beimpfen und zu beproben sind. Fläschchen, die ihren diagnostischen Wert auf eine „positive Farbveränderung" stützen, werden nicht empfohlen. Die Platten sollten in einzelnen Plastikbeuteln aufbewahrt werden, um Kreuzkontaminationen zu vermeiden und sie vor Austrocknung und Milbenbefall zu schützen. Die Autorin lagert die Proben in einem Plastikbehälter und überwacht die Temperatur mit einem preiswerten Digitalthermometer für Fischbecken. Dermatophytenkolonien können bereits 5–7 Tage nach der Inokulation erscheinen. Die Platten sollten täglich auf Wachstum überprüft werden, indem die Platte gegen das Licht gehalten wird, um das Wachstum der Kolonien zu beobachten (Abb. 17). Um das Wachstum von Verunreinigungen zu minimieren, sollten die Platten erst dann geöffnet werden, wenn ein ausreichendes Wachstum zur Beprobung vorhanden ist. Üblicherweise wird ein frühes Koloniewachstum mit dieser Gegenlichttechnik mehrere Tage vor dem Auftreten eines roten Farbwechsels um die Kolonie herum beobachtet. Die Rotfärbung wird durch

Abb. 17 DTM-Platte mit anfänglichem Wachstum von *M. canis*. Um die kleinen weißen, watteartigen Kolonien herum hat sich das Nährmedium rot gefärbt. Hinweis: Beim Umgang mit Pilzkulturplatten sollten Handschuhe getragen werden. (Mit freundlicher Genehmigung von Dr. Chiara Noli)

Abb. 18 Mikroskopisches Beispiel von *M. canis* aus einem klaren Acetatklebeband-Präparat. Die Probe wurde vor der Untersuchung 15 min lang stehen gelassen, wodurch die Makrokonidien besser sichtbar wurden. Man beachte die spitz zulaufenden Enden, die raue Oberfläche und die dicken Wände

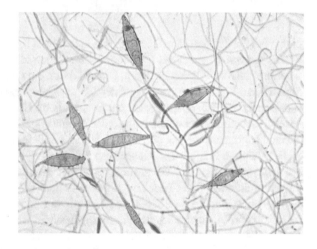

eine Veränderung des pH-Werts des Mediums verursacht und ist nicht diagnostisch: Sie dient lediglich der Identifizierung der Kolonien für die mikroskopische Probenahme (Abb. 17). Die Farbveränderung tritt in der Regel zu dem Zeitpunkt auf, zu dem die Kolonie zum ersten Mal sichtbar wird, kann sich aber auch innerhalb von 12–24 h *nach* dem sichtbaren Pilzwachstum entwickeln. Bei allen Pilzarten, auch bei nicht pathogenen, kommt es schließlich zu einem Farbwechsel des roten Mediums, nachdem die Kolonie mehrere Tage bis eine Woche lang gewachsen ist. Dermatophytenkolonien sind niemals grün, grau, braun oder schwarz. Krankheitserreger sind blass oder gelbbraun und haben ein pudriges bis watteartiges Myzelwachstum. Alle verdächtigen Kolonien sollten mikroskopisch untersucht werden (Abb. 18 und 19).

Sofern kein Fehler bei der Probenahme vorliegt, wie z. B. das Auszupfen von nur wenigen Haaren anstelle der Verwendung einer Zahnbürste zur Entnahme von Läsionen, erscheint eine große Anzahl von Kolonien des Dermatophyten auf der Platte, wenn das Tier wirklich infiziert ist. Die Zahl der Kolonien nimmt ab, wenn die Infektion spontan oder durch eine Behandlung abklingt. Eines der häufigsten Pro-

Abb. 19 Makrokonidien von *M. canis* in hoher Auflösung (100-fache Vergrößerung). Man beachte die dicken Wände als das einheitlichste Merkmal

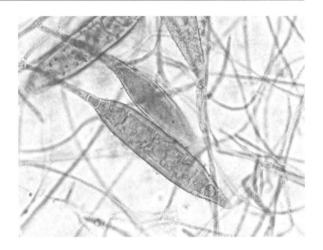

bleme bei der Inhouse-Kultivierung ist die fehlende Sporulation oder das fehlende Wachstum von *M. canis* auf DTM oder beides. Eine häufige Ursache hierfür ist die Überimpfung der Pilzkulturplatten. Dies ist durch ein schnelles Ausschwärmen von flauschigem Koloniewachstum auf der Platte gekennzeichnet, aber bei der mikroskopischen Untersuchung werden nur unsporulierte Hyphen festgestellt. Dies kann vermieden werden, indem die Anzahl der Zahnbürstenstiche auf der Platte auf sechs bis acht begrenzt wird; die einzelnen Abdrücke sollten deutlich sichtbar sein.

Eine häufige Frage ist, wie lange man Pilzkulturplatten aufbewahren sollte. Neuere Untersuchungen haben gezeigt, dass bei Kulturen menschlicher Dermatophyteninfektionen 98,5 % der Pilzkulturen vor dem 17. Tag positiv waren [51]. Eine retrospektive Studie von 2876 *M.-canis*-positiven Pilzkulturen ergab, dass 98,2 % innerhalb von 14 Tagen nach der Bebrütung bestätigt wurden [52]. Die überarbeitete Empfehlung lautet, eine Pilzkultur als negativ zu betrachten, wenn bis zum 14. Tag weder Wachstum noch Pathogen nachgewiesen werden kann.

Referenzlabor-Diagnostik

PCR

Das Interesse an und die Verwendung von PCR bei Tieren zur Diagnose von Dermatophytose nehmen zu. Dies ist darauf zurückzuführen, dass die PCR üblicherweise zur Diagnose von Dermatophytose der Nägel beim Menschen eingesetzt wird, da die Isolierung der Erreger über Pilzkulturen schwierig ist. Routinemäßiges Baden und die Verwendung rezeptfreier topischer Antimykotika erschweren die Isolierung von Trichophyton-Infektionen beim Menschen mittels Pilzkulturen. Wenn das Referenzlabor über ein entsprechendes Protokoll verfügt, kann die PCR an Gewebe zur Unterstützung der Diagnose von tiefen Dermatophyteninfektionen bei Katzen verwendet werden [53, 54].

Kommerzielle Referenzlaboratorien bieten zunehmend die PCR als diagnostischen Test an. Der größte Vorteil dieses Tests gegenüber der Pilzkultur ist die schnelle Durchlaufzeit. Es ist wichtig zu wissen, dass die PCR sehr empfindlich ist und sowohl lebensfähige als auch nicht lebensfähige Pilz-DNA nachweisen kann. Darüber hinaus kann die PCR, wie auch die Zahnbürstenkulturen, nicht zwischen Pilzbefall und echter Krankheit unterscheiden. Feldstudien, bei denen ein kommerzieller PCR-Test bei Katzen aus Tierheimen eingesetzt wurde, ergaben, dass der Test eine hohe Sensitivität und Spezifität aufweist [55, 56]. Proben können mit der Zahnbürstentechnik entnommen werden, doch ist es wichtig, nur die Zielläsion zu beproben, um sicherzustellen, dass eine ausreichende Menge an Follikelhaaren für die Analyse gesammelt wird. Alternativ können auch abgerissene Krusten mit Haarschäften und Haarzwiebeln entnommen und zur Untersuchung eingereicht werden. In einer Feldstudie erwies sich der qPCR-Test für *Microsporum* spp. als nützlicher für die anfängliche Bestätigung der Krankheit, während der qPCR-Test für *M. canis* nützlicher für die Bestimmung der mykologischen Heilung war [56]. Wenn dieser Test zur Überwachung der mykologischen Heilung verwendet wird, kann es hilfreich sein, das Haarkleid der Katze vor der Probenahme zu baden und zu trocknen, um einen positiven PCR-Test aufgrund des Nachweises nicht lebensfähiger DNA zu minimieren.

Histopathologie

Es gibt zwei klinische Präsentationen, bei denen eine histologische Untersuchung von Gewebe hilfreich ist, um eine Dermatophytose zu diagnostizieren. Die erste ist, wenn Katzen ungewöhnliche Hautläsionen aufweisen und die Routinediagnostik vor Ort keine Ursache erkennen lässt. Einige Katzen mit Dermatophytose entwickeln Läsionen, die klinisch ähnlich wie Pemphigus foliaceus aussehen. Die zweite Möglichkeit ist die Untersuchung von nicht heilenden Wunden oder Knötchen, die durch Dermatophytose (dermatophytisches Myzetom oder Pseudomyzetom) verursacht werden. Es ist wichtig, einen möglichst großen Gewebeschnitt einzureichen, da die Verarbeitung zu einer deutlichen Schrumpfung der Probe führen kann [57]. Die Autorin entnimmt Knoten routinemäßig durch Exzisionsbiopsie oder mit einer 6–8 mm großen Hautbiopsiestanze. Es ist wichtig, dem Pathologielabor mitzuteilen, dass der Verdacht auf Dermatophytose besteht, da Routinefärbungen (z. B. Hämatoxylin und Eosin) für den Nachweis von Pilzelementen im Gewebe nicht so empfindlich sind wie Periodsäure-Schiff-Färbung (PAS) oder Grocott/Gomoris-Methenamin-Silber (GMS). Darüber hinaus sollte das Gewebe (4–6-mm-Stanze oder -Keil) einem Referenzlabor für eine Pilzkultur vorgelegt werden.

Behandlung

Die Dermatophytose ist bei ansonsten gesunden Tieren eine selbstlimitierende Krankheit. Eine Behandlung wird empfohlen, um den Verlauf der Infektion zu verkürzen, da sie infektiös und ansteckend ist. Die Behandlung ist in Tab. 1 zusammengefasst.

Tab. 1 Kurze Zusammenfassung der Behandlungsempfehlungen

Einsperren
Beschränken Sie die Unterbringung auf einen leicht zu reinigenden Raum. Das Kätzchen/die Katze muss rund um die Uhr Zugang zu freier Bewegung und Auslauf haben.
Menschliche Interaktion und Sozialisierung müssen möglich sein.
Topische Therapie
Zweimal wöchentliche Ganzkörpertherapie mit Kalkschwefel- oder Enilconazolspülungen oder Shampoobehandlung mit einem Miconazol-Ketoconazol-Climbazol/Chlorhexidin-Shampoo.
Täglich fokale Miconazol 2 % Vaginalcreme für Läsionen im Gesicht.
Tägliche Medikamente, die keine Antibiotika enthalten, für Läsionen in/an den Ohren.
Systemische Therapie
Itraconazol 5 mg/kg oral einmal täglich im Abstand von einer Woche: *Verwenden Sie kein zusammengesetztes oder umformuliertes Itraconazol.*
Terbinafin 30 bis 40 mg/kg oral einmal täglich ist eine Option, wenn Itraconazol nicht verfügbar ist.
Verwenden Sie kein Lufenuron, Griseofulvin oder Fluconazol.
Reinigung
„Sauber, als käme zweimal wöchentlich Besuch".
Halten Sie Katzenhaare auf einem Minimum und verwenden Sie zwischen den „Reinigungen" desinfizierende Tücher.
Harte Oberflächen
Konzentrieren Sie sich auf die Entfernung von Katzenhaaren und Verunreinigungen, waschen Sie mit einem Reinigungsmittel, bis alles sichtbar sauber ist, spülen Sie ab und entfernen Sie überschüssiges Wasser, und verwenden Sie gebrauchsfertige Desinfektionsmittel, die als wirksam gegen *Trichophyton* spp. gekennzeichnet sind (z. B. Badreiniger).
Bleichmittel wird nicht mehr empfohlen.
Weiche Oberflächen
Waschen Sie die Wäsche zweimal, um sie zu desinfizieren; füllen Sie die Waschmaschine nicht zu voll und verwenden Sie den längsten verfügbaren Waschgang.
Teppiche absaugen, um Katzenhaare zu entfernen; desinfizieren durch Dampfreinigung oder zweimaliges Waschen mit einem Teppichshampoonierer mit Schlagbürste.
Kontrolle
Beginnen Sie mit der Kontrolle, wenn die Katze/das Kätzchen frei von Läsionen ist und keine fluoreszierenden Haarschäfte mehr vorhanden sind.
Eine Pilzkultur ist bei den meisten Katzen mit einer mykologischen Heilung vereinbar, in komplizierten Fällen können zwei Kulturen erforderlich sein; PCR kann verwendet werden, kann aber zu falsch-positiven Ergebnissen führen.

Überlegungen zum Einsperren

Die Unterbringung muss bei der Behandlung dieser Krankheit neu überdacht werden. In den jüngsten Konsensleitlinien für die Behandlung heißt es: „Das Einsperren muss mit Vorsicht und so kurz wie möglich erfolgen". Dermatophytose ist eine heilbare Krankheit, aber Verhaltens- und Sozialisierungsprobleme können lebenslang auftreten, wenn junge oder neu aufgenommene Tiere nicht richtig sozialisiert werden. [2] Diese Krankheit tritt am häufigsten bei Jungtieren auf, zu einer Zeit, die für die Sozialisierung und Bindung von entscheidender Bedeutung ist. Tierärzte müssen das Wohlergehen der Tiere und die Lebensqualität berücksichtigen, wenn sie eine Empfehlung für das Einsperren aussprechen. Der Zweck der des Einsperrens besteht darin, den Arbeitsaufwand für die routinemäßige Reinigung zu begrenzen. Der Lebensraum sollte rund um die Uhr Bewegung, normales Verhalten (z. B. Spielen und Springen), Schlafen, Fressen und Sozialisierung ermöglichen. Es ist wichtig, daran zu denken, dass die Krankheitsübertragung durch die gleichzeitige Anwendung einer systemischen antimykotischen Therapie und vor allem durch eine topische Therapie begrenzt wird. Die Infektion durch kontaminierte Umgebungen ist ein ineffizienter und seltener Übertragungsweg. Die Infektion wird durch direkten Kontakt mit Sporen auf dem Haarkleid übertragen. Eine topische Therapie und ein einfacher Barriereschutz (d. h. Handschuhe und lange Hemdärmel) sowie ein vernünftiges menschliches Verhalten (d. h. kein „Herumtragen des Kätzchens/der Katze") minimieren das Risiko einer Übertragung auf den Menschen.

Scheren des Haarkleides

Es gibt keine kontrollierten Studien, in denen die Anzahl der Tage bis zur Heilung bei geschorenen und nicht geschorenen Katzen verglichen wird. Auf der Grundlage von Behandlungsergebnissen in speziellen Dermatophyten-Behandlungsprogrammen in den Vereinigten Staaten hat die Autorin die Erfahrung gemacht, dass ein routinemäßiges Scheren des Haarkleides nicht notwendig ist. Das Scheren des Haarkleides erfordert eine Sedierung und kann zu thermischen Verbrennungen führen, die sich möglicherweise erst Wochen später klinisch bemerkbar machen. Ausgehend von experimentellen Behandlungsstudien kann das Scheren des Haarkleides die Läsionen vorübergehend verschlimmern und/oder zur Entwicklung von Satellitenläsionen führen [30, 31]. Wenn Läsionen oder Haarmatten entfernt werden müssen, verwenden Sie eine Metallschere mit runder Spitze für Kinder. Legen Sie die Katze auf Zeitungspapier, damit das infektiöse Material leicht entsorgt werden kann. Wenn langhaarige Katzen nur langsam ausheilen und/oder der Besitzer das Haarkleid nicht gründlich einweichen kann, kann ein Scheren der Haare hilfreich sein, um das Eindringen der topischen antimykotischen Behandlung zu erleichtern. Hilfreich ist es, das Haarkleid vor der Anwendung der topischen Therapie zu bürsten, um abgebrochene und leicht abfallende Haare zu entfernen. Flohkämme aus Kunststoff sind für diesen Zweck ideal.

Topische Therapie

Die topische Therapie ist ebenso wichtig wie die systemische antimykotische Therapie bei der Behandlung von Dermatophytose bei Katzen. Die systemische antimykotische Therapie tötet die Infektion im Haarfollikel ab, nicht aber die infektiösen Sporen am oder im Haarschaft oder auf dem Haarkleid. Die topische Therapie schützt vor der Übertragung der Krankheit. Die topische Therapie minimiert die Ausscheidung infektiöser Sporen in die Umwelt, was die Möglichkeit positiver

Pilzkulturen aufgrund von Fomitenkontaminationen stark verringert, wenn nicht
sogar verhindert [58, 59]. Die gleichzeitige topische Therapie verkürzt die Gesamt-
dauer der Behandlung. Es ist wichtig, daran zu denken, dass das Haarkleid immer
wieder mit infektiösen Sporen besiedelt wird, bis die Infektion im Haarfollikel getilgt ist.

Für die Dauer der Behandlung werden zweimal wöchentlich Ganzkörper-
spülungen oder -shampoos empfohlen. Exponierte, nicht infizierte Katzen und
Hunde sollten mit einer antimykotischen Ganzkörperspülung oder einem Shampoo
behandelt werden, um das Übertragungsrisiko zu minimieren. Die in In-vivo-Stu-
dien am besten wirksamen Antimykotika sind Kalkschwefel-, Enilconazol- oder
Miconazol/Chlorhexidin-Shampoos [59–65]. Diese Produkte sind fungizid. Die
Autorin hat auch erfolgreich kombinierte Miconazol/Chlorhexidin- und Climbazol/
Chlorhexidin-Formulierungen als Mousse zum Auftragen bei Katzen verwendet,
die nicht nass gemacht werden konnten (z. B. Katzen mit Verbänden, Infektionen
der oberen Atemwege). In-vitro-Studien haben gezeigt, dass antimykotische Sham-
poos, die Miconazol, Ketoconazol, Climbazol oder Wasserstoffperoxid (*accelera-
ted hydrogen peroxide*) enthalten, antimykotisch wirken, wenn sie mit einer
Kontaktzeit von mindestens 3 min angewendet werden [66]. Die antimykotische
Wirkung von Zubereitungen aus ätherischen Ölen ist durch In-vitro- und In-vivo-
Studien gut belegt [58, 67, 68].

Auf Grundlage der Behandlung von Katzen in Dermatophyten-Behandlungs-
zentren ist der häufigste Grund für das Ausbleiben der Heilung das Vorhandensein
von infektiösen Haaren in schwer zu behandelnden Bereichen. Viele Menschen zö-
gern, antimykotische Spülungen oder Shampoos im Gesicht und in/neben den
Ohren von Katzen anzuwenden. Leider sind dies die Stellen, an denen infektiöse
Haare zu finden sind, wenn „unheilbar kranke" Katzen mit einer Wood-Lampe
untersucht werden. Die Autorin empfiehlt die tägliche Anwendung von Miconazol
2 % Vaginalcreme im Gesicht und im periokularen Bereich, wenn Läsionen gefunden werden. Dieses spezielle Produkt wird zur Behandlung von Pilzkeratitis verwendet und ist sicher [69]. Bei infektiösen Haaren in den Ohren können antimykotische Otika (Chlorhexidin/Miconazol oder Chlorhexidin/Ketoconazol oder
Clotrimazol) täglich angewendet werden.

Systemische Antimykotika-Therapie

Die systemische antimykotische Therapie tötet die Infektion im Haarfollikel ab und
wird mit einer gleichzeitigen topischen Therapie eingesetzt. Sofern keine Kontra-
indikation vorliegt, ist sie bei allen Katzen mit Dermatophytose angezeigt.

Das Antimykotikum der Wahl für Katzen ist Itraconazol (Itrafungol, Elanco Animal Health). Es ist für eine orale Verabreichung von 5 mg/kg einmal täglich im
Wechsel von einer Woche mit und einer Woche ohne Behandlung zugelassen. Es
wird ein anfängliches Behandlungsschema von drei Zyklen empfohlen, aber bei
einigen Katzen, die nach sechs Wochen noch keine mykologische Heilung erreicht
haben, können zusätzliche Zyklen erforderlich sein [70]. Itraconazol reichert sich

nach der Verabreichung über Wochen im Fettgewebe, in den Talgdrüsen und im Haar an und eignet sich daher für Impulstherapieprotokolle [71].

Für Itraconazol gibt es keine Alters- oder Gewichtsbeschränkungen. Kätzchen im Alter von zehn Tagen wurden vier aufeinanderfolgende Wochen lang mit 5 mg/kg oral behandelt, und es wurden keine behandlungsbedingten Nebenwirkungen berichtet [71]. Das Medikament ist gut verträglich, und in keiner Behandlungsstudie wurde über Todesfälle oder unerwünschte Wirkungen berichtet, die ein Absetzen des Medikaments erforderlich machten, wenn es in den zur Behandlung von Dermatophytose bei Katzen verwendeten Dosen eingesetzt wurde [2]. Nebenwirkungen waren selten und umfassten Speichelfluss, leichte Anorexie und Erbrechen [2, 70]. Todesfälle in Zusammenhang mit der Anwendung wurden nicht berichtet. In Studien zur Sicherheit von behandelten Tieren, in denen Katzen 17 Wochen lang abwechselnd 5, 15 und 25 mg/kg Itraconazol für sieben Tage mit einer 8-wöchigen Erholungsphase verabreicht wurde, wurden dosisabhängige Hypersalivation, Erbrechen und loser Stuhl festgestellt, die leicht bis mittelschwer waren und von selbst endeten [72]. Erhöhungen der Leberenzymwerte über den Ausgangswert hinaus waren sporadisch, dosisabhängig und lagen selten über den Labor-Normalbereichen. In einer umfassenden Literaturübersicht wurden Berichte über schwere unerwünschte Wirkungen von Itraconazol bei Katzen alle auf Studien oder Fallserien zurückgeführt, in denen Katzen über lange Zeiträume mit hohen Dosen behandelt wurden [2].

Der Autorin sind viele anekdotische Berichte über „Itraconazol-Resistenz" bekannt, und wenn untersucht, wurde zusammengesetztes Itraconazol verwendet. In einer neueren Arbeit wurden die Referenzkapsel, die Referenzlösung, die zusammengesetzte Kapsel und die zusammengesetzte Suspension in einer randomisierten Cross-over-Studie verglichen [73]. Die Ergebnisse zeigten, dass die zusammengesetzten Formulierungen schlecht und uneinheitlich absorbiert wurden. *Zusammengesetztes Itraconazol sollte nicht verwendet werden.*

Terbinafin wurde erfolgreich zur Behandlung der *M.-canis*-Dermatophytose eingesetzt [2]. Studien haben gezeigt, dass Terbinafin nach 14-tägiger kontinuierlicher Verabreichung im Haarkleid von Katzen hoch konzentriert ist und sich für eine Pulstherapie eignet [74]. Die in der Literatur angegebenen Dosen reichen von 5–40 mg/kg pro Tag; höhere Dosen von 30–40 mg haben sich jedoch als klinisch wirksamer erwiesen. Die häufigsten Nebenwirkungen sind Erbrechen, Durchfall und weiche Stühle.

Griseofulvin war das erste orale Antimykotikum, das zur Behandlung der Dermatophytose bei Katzen eingesetzt wurde, es wird aber angesichts der besseren Wirksamkeit von Itraconazol und Terbinafin nicht mehr empfohlen. Es ist außerdem ein bekanntes Teratogen und kann dosisunabhängig eine idiosynkratische Knochenmarksuppression verursachen. Ketoconazol ist wirksam gegen Dermatophyten, wird aber von Katzen schlecht vertragen und sollte nicht verwendet werden. Fluconazol hat eine geringe Wirksamkeit gegen Dermatophyten und sollte nicht verwendet werden. Zahlreiche gut kontrollierte Studien haben gezeigt, dass Lufenuron nicht wirksam ist und nicht zur Behandlung der Dermatophytose eingesetzt werden sollte [32, 33, 75].

Impfstoffe gegen Pilze

Antimykotische Impfstoffe gegen *M. canis* haben sich nicht als wirksam erwiesen, können aber als adjuvante Therapie nützlich sein. Kommerzielle Impfstoffe sind nur in begrenztem Umfang verfügbar [2].

Desinfektion der Umwelt

Der Hauptgrund für die Desinfektion der Umgebung ist die Minimierung der Kontamination des Haarkleides mit Infektionsüberträgern, die die Feststellung einer mykologischen Heilung erschweren würde. Die Kontamination mit Infektionsüberträgern kann zu einer Überbehandlung von Katzen, zu übermäßigem Einsperren, zu hohen Kosten und in einigen Fällen zur Euthanasie führen. Eine Überprüfung der Literatur ergab, dass der Kontakt mit einer kontaminierten Umgebung allein, *ohne gleichzeitiges Mikrotrauma,* eine seltene Infektionsquelle für Menschen und Katzen darstellt [2]. *Stark* kontaminierte Umgebungen, z. B. in Horten, sind ein Risikofaktor für Katzen, die unter starkem physiologischem Stress stehen oder für Mikrotraumata der Haut (z. B. Flohbefall) prädisponiert sind.

Evidenzbasierte Studien zur Umweltdekontamination haben nun gezeigt, dass es viel einfacher ist, eine Umgebung zu dekontaminieren, als die bisherige Literatur suggeriert und/oder als die Tierhalter aus Internetquellen schließen können. Dermatophytensporen können nur in Keratin leben und sich vermehren; sie vermehren sich nicht und dringen nicht in die Umwelt ein, wie viele Halter glauben. Es ist wichtig, den Haltern gegenüber zu betonen, dass Dermatophytensporen nicht wie Mehltau oder Schimmelpilze sind, die nach Wasserschäden in Häusern wuchern. Halter berichten, sie hätten gelesen, dass „Ringelflechte" bis zu 24 Monate in der Umwelt überlebt. Diese Aussage stammt aus einer Laborstudie, bei der Proben (insgesamt $n = 25$) gelagert und zu verschiedenen Zeitpunkten entnommen wurden. In dieser Studie waren drei von sechs Proben, die zwischen 13 und 24 Monaten gelagert wurden, auf Pilzkulturmedium lebensfähig [76]. In dieser Studie wurde nicht dokumentiert, dass gelagerte Proben Krankheiten verursachen können. In einer anderen Studie waren gelagerte Proben nur 13 Monate lang lebensfähig, und es war nicht möglich, eine Infektion bei Kätzchen auszulösen [77]. Nach den Erfahrungen der Autorin mit 25 Jahre lang gelagerten Proben verlieren die Isolate ihre Lebensfähigkeit und werden innerhalb weniger Monate kulturnegativ. In einem Versuch waren 30 % (45 von 150 Proben) innerhalb von fünf Monaten kulturnegativ, und alle waren nach neun Monaten kulturnegativ. Schließlich sind die Sporen in den infektiösen Haaren und Schuppen sehr feuchtigkeitsempfindlich: 100 Exemplare waren kulturnegativ, nachdem sie drei Tage lang hoher Luftfeuchtigkeit ausgesetzt waren.

In Kasten 4 sind die Empfehlungen für die Umweltreinigung zusammengefasst. Der Schwerpunkt der Umgebungsreinigung muss auf der mechanischen Reinigung und der Entfernung von Verunreinigungen liegen, verbunden mit dem Waschen der Zielfläche, bis sie sichtbar sauber ist. Die Oberfläche muss von Reinigungsmitteln befreit werden, da diese viele Desinfektionsmittel inaktivieren. Außerdem muss die

Oberfläche frei von überschüssigem Wasser sein, da dieses die Desinfektionsmittel verdünnt. Eine kürzlich durchgeführte Studie hat gezeigt, dass Haushaltsbadreiniger, die als wirksam gegen *Trichophyton* spp. gekennzeichnet sind, auch gegen die natürlich infektiöse Form von *M. canis* und *Trichophyton* spp. wirksam sind [78] Den Tierhaltern sollte dringend von der Verwendung von Haushaltsbleichmitteln als Desinfektionsmittel abgeraten werden, da diese keine Detergens-Wirkung haben, nicht in organisches Material eindringen können und ein Gesundheitsrisiko für Mensch und Tier darstellen.

Kasten 4: Zusammenfassung der Desinfektionsempfehlungen
Die wichtigsten Punkte sind: Sporen vermehren sich nicht in der Umwelt, Sporen dringen nicht in Oberflächen ein wie Mehltau oder Schwarzschimmel, Sporen lassen sich durch Reinigung leicht entfernen, und Sporen sind feuchtigkeitsempfindlich, d. h. sie sterben nach der Exposition schnell ab.
Die wichtigsten Punkte zur Reinigung: „Wenn man es waschen kann, kann man es auch dekontaminieren" und „Reinigen, als ob Besuch kommt".
Besonderheiten der Reinigung:

- Wäsche: Zweimal in der Waschmaschine mit heißem oder kaltem Wasser waschen; Bleichmittel ist nicht erforderlich.
- Teppiche: Halten Sie Haustiere von Teppichen fern und/oder saugen Sie täglich. Können mit „Dampfreinigung" desinfiziert oder zweimal mit einem Teppichschrubber mit Schlagbürste gewaschen werden.
- Halten Sie Haustiere in leicht zu reinigenden Räumen, aber sperren Sie sie nicht zu sehr ein. Schließen Sie Schränke und Schubladen und entfernen Sie Schnickschnack. Entfernen Sie täglich Schmutz und Tierhaare mit Staubtüchern oder 3M-Easy-Trap Staubtüchern (das sind klebrige „Swiffer") und wischen Sie dann die Böden mit einem flachen Mopp. Wiederholen Sie diesen Vorgang zwei- bis dreimal wöchentlich.
- Desinfektionsmittel können die mechanische Reinigung und das Waschen nicht ersetzen; Sporen sind wie Staub und lassen sich durch mechanische Reinigung leicht entfernen.
- Am wichtigsten ist die mechanische Reinigung: Schmutz entfernen, mit einem Reinigungsmittel waschen, abspülen und überschüssiges Wasser entfernen. Dies allein kann die Oberfläche dekontaminieren.
- Für Sporen, die durch die Reinigung nicht entfernt werden, sind Desinfektionsmittel erforderlich. Zur Sicherheit nur gebrauchsfertige, handelsübliche Desinfektionsmittel verwenden, die als wirksam gegen *Trichophyton* spp. gekennzeichnet sind, nicht poröse Zielflächen gründlich benetzen und trocknen lassen.
- Achten Sie auf Transportkäfige.
- Die Entnahme von Umweltproben ist NICHT kosteneffektiv und wird nicht empfohlen, es sei denn, es besteht die Besorgnis einer Kontamination mit Infektionsträgern.

Tierhalter fragen oft, was sie zusätzlich zur Reinigung tun können, um die Kontamination der Umwelt zu minimieren. Neben der systemischen antimykotischen Therapie ist es am wichtigsten, eine topische antimykotische Therapie anzuwenden, um das Haarkleid zu desinfizieren. In einer kürzlich durchgeführten Studie führte eine ordnungsgemäße Reinigung in Kombination mit einer topischen Therapie dazu, dass die Wohnungen innerhalb einer Woche nach Beginn der Behandlung frei von infektiösem Material waren und dies während der gesamten Studie so blieb [68]. In einer Studie mit 70 Wohnungen, die mit *M. canis* infiziert waren, benötigten nur drei von 69 Wohnungen mehr als eine Reinigung zur vollständigen Dekontamination. Eine Wohnung wurde nie dekontaminiert, weil der Besitzer die Vorschriften nicht einhielt [79].

Kontrolle und Endpunkt der Behandlung

Mykologische Heilung

Der Begriff „mykologische Heilung" wurde 1959 in die veterinärmedizinische Literatur eingeführt und als zwei negative Pilzkulturen im Abstand von zwei Wochen in einer Studie definiert, in der Griseofulvin zur Behandlung langhaariger Katzen mit feliner *M.-canis*-Dermatophytose eingesetzt wurde [80]. Da es sich um eine ansteckende und infektiöse Krankheit handelt, *M. canis* nicht zur normalen Pilzflora von Katzen gehört und die Krankheit von zoonotischer Bedeutung ist, ist es sinnvoll, Katzen so lange zu behandeln, bis der Infektionserreger nicht mehr mittels Pilzkultur (bevorzugt) oder PCR nachweisbar ist. Eine kürzlich durchgeführte Studie hat ergeben, dass die erste negative Pilzkultur bei mehr als 90 % der ansonsten gesunden Katzen, bei denen die Reinigung sowie die topische und systemische Behandlung gut eingehalten wurde, für eine mykologische Heilung prädiktiv war [81].

Dauer der Behandlung

Eine häufige Frage von Besitzern lautet: „Wie lange dauert es, bis die Katze geheilt ist"? Die Antwort „so lange, wie es dauert" oder „bis zur mykologischen Heilung" ist zwar richtig, aber für die Besitzer irritierend. In einer kürzlich durchgeführten placebokontrollierten Studie, in der Itraconazol gemäß den aktuellen Empfehlungen auf dem Etikett verwendet wurde, wurden neun Wochen lang eine Auflösung der Läsionen, Untersuchungen mit der Wood-Lampe und wöchentliche Pilzkulturen vorgenommen [70]. In dieser Studie erhielten die Katzen keine topische Therapie. Eine mykologische Heilung wurde bereits in der vierten Behandlungswoche dokumentiert. In der neunten Woche waren bei 39 von 40 (97,5 %) Katzen die Untersuchungen mit der Wood-Lampe negativ. Am Ende von neun Wochen hatten 36 von 40 (90 %) Katzen mindestens eine negative Pilzkultur, und 24 von 40 hatten zwei negative Pilzkulturen. Diese Katzen erhielten keine topische Therapie. In einer Tierheimstudie mit 21 Tagen konsekutiver Itraconazol-Behandlung und gleichzeitiger zweimal wöchentlicher topischer Behandlung mit Kalkschwefel betrug die durchschnittliche Anzahl der Tage bis zur mykologischen Heilung 18 (Bereich 10–49) in einer Gruppe von 90 ansonsten gesunden Katzen [61]. In einer späteren Studie, an der zufällig ausgewählte Katzen mit einer Vielzahl von gleichzeitigen Erkrankungen teilnahmen, betrug die durchschnittliche Anzahl der Tage bis zur Heilung 37 (Spanne 10–93) [82]. Auf der Grundlage dieser Studien lässt sich die Frage wie folgt beantworten: Bei ansonsten gesunden Katzen, die mit Itraconazol und einer topischen Therapie behandelt werden, kann eine mykologische Heilung innerhalb von vier bis acht Wochen erwartet werden. Wenn die Katze gleichzeitig erkrankt ist, z. B. an einer Infektion der oberen Atemwege oder an schlechter Ernährung, wird die Behandlung länger dauern.

Empfohlene Kontrollen

Klinische Heilung

Es ist allgemein bekannt, dass die klinische Heilung der mykologischen Heilung vorausgeht. Die klinischen Symptome sollten verschwinden, und die Patienten sind in der Regel in der Lage, diese Beobachtungen zu machen. Ein Ausbleiben der Heilung und/oder die Entwicklung neuer Läsionen deuten auf ein Behandlungsproblem oder eine Fehldiagnose hin. Nach den Erfahrungen der Autorin zeigen Katzen, die mit Itraconazol behandelt werden, ein schnelles Abklingen der klinischen Symptome.

Prüfung mit der Wood-Lampe

Es ist inzwischen bekannt, dass Untersuchungen mit der Wood-Lampe sowohl für den Nachweis von mit *M. canis* infizierten Haaren als auch für die Überwachung von Infektionen sehr nützlich sind. Dieses Instrument wird für die Überwachung von Infektionen dringend empfohlen, vorausgesetzt, der Benutzer verfügt über eine geeignete Wood-Lampe, kann mit Katzen umgehen und der Raum ist abgedunkelt. Wenn die Infektion im Haarfollikel getilgt ist, verschwindet die Fluoreszenz im proximalen Teil des Haarschafts (d. h. im intrafollikulären Teil). Wenn ein neues, gesundes Haar wächst, ist immer weniger Fluoreszenz am Haarschaft vorhanden. Restfluoreszenz an den Haarspitzen ist bei Katzen, die sich von einer Dermatophytose erholt haben, üblich und spiegelt das Restpigment wider, das zum Zeitpunkt der Erstinfektion im Haarschaft abgelagert wurde.

PCR-Tests

Kommerzielle PCR-Tests für die mykologische Heilung können verwendet werden, sofern ein hohes Vertrauen in das Referenzlabor besteht, das den Test durchführt. Es ist wichtig, daran zu denken, dass die PCR sowohl lebensfähige als auch nicht lebensfähige Pilz-DNA nachweisen kann. Spüllösungen, die auf dem Haar verbleiben, töten die Pilzsporen ab, aber da diese nicht aus dem Haarkleid „ausgespült" werden, kann nicht lebensfähige Pilz-DNA vorhanden sein. Pilz-PCR-Tests sollten erst dann in Betracht gezogen werden, wenn eine klinische Heilung eingetreten ist und unter der Wood-Lampe keine Fluoreszenz des Haarschafts vorliegt, wenn eine routinemäßige Reinigung erfolgt ist und wenn eine topische Therapie gleichzeitig mit einer systemischen antimykotischen Therapie durchgeführt wurde. Wenn ein Leave-on-Antimykotikum für die topische Therapie verwendet wurde, muss die Katze gewaschen werden, um alle Reste von Pilz-DNA zu entfernen. Der *M.-canis*-Test über qPCR erwies sich als nützlicher für den Nachweis der mykologischen Heilung als der qPCR-*Microsporum*-Test [56]. Die Verwendung von Zyklusschwellenwerten erwies sich für die Bestimmung der mykologischen Heilung als nicht hilfreich [83].

Pilzkultur

Der am häufigsten verwendete diagnostische Test zur Bestimmung der mykologischen Heilung bei Katzen ist eine Zahnbürsten-Pilzkultur. Es gibt keine etablierte „Best Practice" dafür, wann damit begonnen werden soll, das Ansprechen auf die Behandlung mit Zahnbürsten-Pilzkulturen zu überwachen. Wichtig ist, dass es nicht mehr akzeptabel ist, Pilzkulturergebnisse als „positiv" oder „negativ" anzugeben. Die Anzahl der dermatophytischen koloniebildenden Einheiten (KBE oder cfu) pro Platte liefert wertvolle Informationen (Kasten 5 und 6). Die klinische Untersuchung, die Ergebnisse der Pilzkultur und die Untersuchung mit der Wood-Lampe werden verwendet, um festzustellen, ob eine Katze infiziert oder geheilt ist.

- Führen Sie wöchentlich Pilzkulturen durch, sobald die Entscheidung getroffen wurde, eine mykologische Heilung zu prüfen.
- Pilzkulturplatten brauchen nicht länger als 14 Tage aufbewahrt zu werden; nach 14 Tagen kulturnegative Platten sind als negativ zu betrachten.
- Führen Sie hauseigene Kulturen durch oder wenden Sie sich an ein Referenzlabor, das mit der Zahnbürsten-Inokulationstechnik vertraut ist und wöchentliche Aktualisierungen der KBE pro Platte liefert.
- Zur Verwendung von KBE pro Platte und die Praxis siehe Kasten 6.
- Setzen Sie die topische Therapie fort, bis die Katze mykologisch geheilt ist (negative PCR oder mindestens eine negative Zahnbürstenpilzkultur).

Kasten 5: Praxistipps für Pilzkulturen und Verwendung von koloniebildenden Einheiten
Pilzkulturplatten

- Verwenden Sie großvolumige, leicht zu öffnende Platten.
- Platten nicht überimpfen; darauf achten, dass die Borsten ein Muster auf der Oberfläche zeigen.
- Im Haus in einem Plastikbeutel inkubieren, um Kreuzkontaminationen zu vermeiden und die Austrocknung zu minimieren.

- Bei 25 °C bis 30 °C bebrüten.
- Täglich auf Wachstum prüfen; Gegenlichttechnik verwenden.
- Nach 14 Tagen können keine Wachstumsscheiben mehr gebildet werden; es ist nicht notwendig, die Platten 21 Tage lang zu halten.

Zweimal wöchentlich Wachstum aufzeichnen

- NG (*no growth*) – kein Wachstum.
- C (*contamination*) – Verunreinigungswachstum durch Bakterien oder Pilze.
- S (*suspicion*) – verdächtiges Wachstum (frühes Wachstum einer blassen Kolonie oder frühes Wachstum einer blassen Kolonie mit einem roten Farbwechsel).
- Erreger – muss mikroskopisch identifiziert werden. Bei behandelten Tieren kann die Rotfärbung hinter dem Wachstum der blassen Kolonie zurückbleiben, insbesondere wenn sich das Tier der Heilung nähert.

Zählen Sie koloniebildende Einheiten (nur mit Zahnbürstenkultur-Technik)

- Die Anzahl der koloniebildenden Einheiten pro Platte kann zur Überwachung des Ansprechens auf die Therapie verwendet werden. P oder „*pathogen score*" ist der Spitzname für dieses System.
    - P3 ≥ 10 KBE/Platte (oft zu viele zum Zählen!) – deutet auf eine Hochrisikokatze und eine aktive Infektion hin.
    - P2 5–9/KBE/Platte – zeigt an, dass die Behandlung fortgesetzt werden muss.
    - P1 1–4 KBE/Platte – am ehesten vereinbar mit Exposition gegenüber Infektionsträgern oder Exposition gegenüber einem anderen infizierten Tier; Fortsetzung der topischen Therapie; verbesserte Reinigung der Umgebung; Prüfung, ob eine Exposition gegenüber einem infizierten Tier vorliegt.

Hinweis: Dieses System erleichtert die Überwachung der Kulturergebnisse und bietet eine visuelle Aufzeichnung der Reaktion des Tieres auf die Behandlung. In den meisten Fällen haben Tiere mit schweren Infektionen zu Beginn einen Kulturwert von P3. Mit fortschreitender Behandlung wird der P-Wert immer niedriger. Geheilte Tiere haben Kulturen ohne Wachstum oder nur Verunreinigungen auf der Kultur. Das Punktesystem ist auch sehr hilfreich bei der Identifizierung von Haustieren, die sich in Behandlung befinden und die einer Kontamination durch Ansteckungsstoffe ausgesetzt sind. Bei diesen Tieren schwanken die Kulturen in der Regel zwischen negativ und P1. Wenn dieses Muster erkannt wird, kann der Besitzer angewiesen werden, die Hygiene im Haus zu verbessern. Wenn die Pilzkontamination beseitigt ist, werden die Pilzkulturen negativ. Neben der

Identifizierung der Pilzexposition macht dieses System den Arzt auch schnell auf Tiere aufmerksam, bei denen die Therapie versagt oder die aus dem einen oder anderen Grund einen Rückfall erleiden. Das Nichtansprechen auf die Therapie wird durch einen anhaltend hohen P-Wert angezeigt. Ein Rückfall wird durch einen plötzlichen Anstieg der koloniebildenden Einheiten angezeigt.

Kasten 6: Interpretation von P-Score, Läsionen und Wood-Lampe-Befunden bei der Diagnose und Behandlung von *M.-canis*-Infektionen∗

P-Wert	Prüfung	Untersuchung der Haarschäfte mit der Wood-Lampe	Wood-Lampen-Untersuchung von Haarspitzen	Auslegung	Plan	Kommentare
P3 (> 10 KBE/ Platte)	Mit/ ohne Läsionen	Positiv/ negativ	Positiv/ negativ	Hohes Risiko/ nicht geheilt	Behandlung oder Fortsetzung der Behandlung	Ein einziges infiziertes Haar kann eine P3-Kultur hervorbringen, sorgfältig untersuchen
P2 (5–9 KBE/ Platte)	Mit Läsionen	Positiv/ negativ	Positiv/ negativ	Hohes Risiko/ nicht geheilt	Behandlung oder Fortsetzung der Behandlung	
	Ohne Läsionen	Positiv	Positiv/ negativ	Hohes Risiko/ nicht geheilt	Behandlung oder Fortsetzung der Behandlung	
	Ohne Läsionen	Negativ	Positiv/ negativ	Geheilt/ geringes Risiko	Erneute Untersuchung, Ganzkörper-Antimykotika-Behandlung, dann Wiederholung der Kultur nach dem Trocknen	Wahrscheinlich handelt es sich um ein „Staubmopp"-Szenario
P1 (1–4 KBE/ Platte)	Mit Läsionen	Positiv/ negativ	Positiv/ negativ	Hohes Risiko/ nicht geheilt	Behandlung oder Fortsetzung der Behandlung	

Ohne Läsionen	Positiv	Positiv/ negativ	Hohes Risiko/ nicht geheilt	Behandlung oder Fortsetzung der Behandlung	
Ohne Läsionen	Negativ	Positiv/ negativ (fluoreszierende Spitzen sind bei geheilten Tieren üblich)	Geheilt/ geringes Risiko	Erneute Untersuchung, Ganzkörper-Antimykotika-Behandlung, dann Wiederholung der Kultur nach dem Trocknen	Wenn „Staubmopp"-Katze, wird die Wiederholungskultur negativ sein

Hinweis
KBE koloniebildende Einheit; „Staubmopp" bezieht sich auf eine Katze, die Sporen aus der Umweltkontamination mechanisch transportiert.
∗Angelehnt an die Behandlungs- und Überwachungsverfahren, die im Feline In Treatment Program der Dane County Humane Society, Madison, Wisconsin, USA, eingesetzt werden.
Nachdruck mit Genehmigung von [2]

Aspekte der öffentlichen Gesundheit

Dermatophytose war eine Krankheit, die lange für die öffentliche Gesundheit von großer Bedeutung war, da es bis vor relativ kurzer Zeit keine wirksame und sichere antimykotische Behandlung gab. Infektionen in Zusammenhang mit Tieren waren weit verbreitet, da die Menschen eng mit der Landwirtschaft verbunden waren und es keine tierärztliche Versorgung für Hautkrankheiten bei Haustieren gab. Die Entwicklung von oral einzusetzendem Griseofulvin zur Anwendung bei Menschen und Kleintieren in den späten 1950er-Jahren war ein großer therapeutischer Fortschritt für Mensch und Tier. Die Entwicklung von Ketoconazol, Itraconazol, Terbinafin und einer breiten Palette von topischen Antimykotika waren weitere wichtige Fortschritte.

Die Katzendermatophytose ist eine mit Haustieren assoziierte Zoonose, und es liegt in der Verantwortung des Tierarztes, die Halter der Tiere über dieses Risiko zu informieren und genaue Informationen über die Krankheit bereitzustellen. Für eine ausführliche Diskussion wird der Leser auf die Literatur verwiesen [2]. Die wichtigsten Aspekte, die den Tierhaltern mitgeteilt werden müssen, sind die folgenden:

- Dermatophytose tritt sowohl bei Tieren als auch bei Menschen auf. Beim Menschen wird sie gemeinhin als „Zehennagelpilz" oder Fußpilz bezeichnet.
- Es handelt sich um die gleiche Krankheit, nur um einen anderen Erreger. Der primäre Krankheitserreger des Menschen ist *Trichophyton*.

- Die Krankheit verursacht Hautläsionen und ist behandelbar und heilbar.
- Bei Katzen wird die Krankheit durch direkten Kontakt mit Haaren oder Hautläsionen übertragen, und deshalb ist die topische Therapie so wichtig. Die topische Therapie senkt das Risiko einer Krankheitsübertragung.
- Verwenden Sie einen angemessenen Barriereschutz, z. B. wie beim Umgang mit einem Tier mit infektiösem Durchfall.
- Das Risiko, sich über die Umwelt mit der Krankheit anzustecken, ist gering.
- Dermatophytose ist eine häufige Hauterkrankung bei immungeschwächten Menschen; eine Literaturübersicht ergab jedoch, dass es sich bei diesen Infektionen um Wiederaufflammen bereits bestehender menschlicher Dermatophyteninfektionen handelt [84]. Eine mit Tieren assoziierte Dermatophytose war selten.
- Die häufigste Komplikation einer *M.-canis*-Infektion bei immungeschwächten Menschen war eine verlängerte Behandlungsdauer [85].

Literatur

1. Weitzman I, Summerbell RC. The dermatophytes. Clin Microbiol Rev. 1995;8:240–59.
2. Moriello KA, Coyner K, Paterson S, et al. Diagnosis and treatment of dermatophytosis in dogs and cats.: Clinical Consensus Guidelines of the World Association for Veterinary Dermatology. Vet Dermatol. 2017;28:266–e68.
3. Graser Y, Kuijpers AF, El Fari M, et al. Molecular and conventional taxonomy of the Microsporum canis complex. Med Mycol. 2000;38:143–53.
4. Hawksworth DL, Crous PW, Redhead SA, et al. The Amsterdam declaration on fungal nomenclature. IMA Fungus. 2011;2:105–12.
5. Moriello KA, DeBoer DJ. Fungal flora of the coat of pet cats. Am J Vet Res. 1991;52:602–6.
6. Moriello KA, Deboer DJ. Fungal flora of the haircoat of cats with and without dermatophytosis. J Med Vet Mycol. 1991;29:285–92.
7. Meason-Smith C, Diesel A, Patterson AP, et al. Characterization of the cutaneous mycobiota in healthy and allergic cats using next generation sequencing. Vet Dermatol. 2017;28:71–e17.
8. Scott DW, Miller WH, Erb HN. Feline dermatology at Cornell University: 1407 cases (1988–2003). J Feline Med Surg. 2013;15:307–16.
9. Scott DW, Paradis M. A survey of canine and feline skin disorders seen in a university practice: Small Animal Clinic, University of Montreal, Saint-Hyacinthe, Quebec (1987–1988). Can Vet J. 1990;31:830.
10. Hill P, Lo A, Can Eden S, et al. Survey of the prevalence, diagnosis and treatment of dermatological conditions in small animal general practice. Vet Rec. 2006;158:533–9.
11. O'Neill D, Church D, McGreevy P, et al. Prevalence of disorders recorded in cats attending primary-care veterinary practices in England. Vet J. 2014;202:286–91.
12. Hobi S, Linek M, Marignac G, et al. Clinical characteristics and causes of pruritus in cats: a multicentre study on feline hypersensitivity-associated dermatoses. Vet Dermatol. 2011;22:406–13.
13. Moriello K. Feline dermatophytosis: aspects pertinent to disease management in single and multiple cat situations. J Feline Med Surg. 2014;16:419–31.
14. Lewis DT, Foil CS, Hosgood G. Epidemiology and clinical features of dermatophytosis in dogs and cats at Louisiana State University: 1981–1990. Vet Dermatol. 1991;2:53–8.
15. Cafarchia C, Romito D, Sasanelli M, et al. The epidemiology of canine and feline dermatophytoses in southern Italy. Mycoses. 2004;47:508–13.

16. Mancianti F, Nardoni S, Cecchi S, et al. Dermatophytes isolated from symptomatic dogs and cats in Tuscany, Italy during a 15-year-period. Mycopathologia. 2002;156:13–8.
17. Debnath C, Mitra T, Kumar A, et al. Detection of dermatophytes in healthy companion dogs and cats in eastern India. Iran J Vet Res. 2016;17:20.
18. Seker E, Dogan N. Isolation of dermatophytes from dogs and cats with suspected dermatophytosis in Western Turkey. Prev Vet Med. 2011;98:46–51.
19. Newbury S, Moriello K, Coyner K, et al. Management of endemic *Microsporum canis* dermatophytosis in an open admission shelter: a field study. J Feline Med Surg. 2015;17:342–7.
20. Polak K, Levy J, Crawford P, et al. Infectious diseases in large-scale cat hoarding investigations. Vet J. 2014;201:189–95.
21. Moriello KA, Kunkle G, DeBoer DJ. Isolation of dermatophytes from the haircoats of stray cats from selected animal shelters in two different geographic regions in the United States. Vet Dermatol. 1994;5:57–62.
22. Sierra P, Guillot J, Jacob H, et al. Fungal flora on cutaneous and mucosal surfaces of cats infected with feline immunodeficiency virus or feline leukemia virus. Am J Vet Res. 2000;61:158–61.
23. Irwin KE, Beale KM, Fadok VA. Use of modified ciclosporin in the management of feline pemphigus foliaceus: a retrospective analysis. Vet Dermatol. 2012;23:403–e76.
24. Preziosi DE, Goldschmidt MH, Greek JS, et al. Feline pemphigus foliaceus: a retrospective analysis of 57 cases. Vet Dermatol. 2003;14:313–21.
25. Olivry T, Power H, Woo J, et al. Anti-isthmus autoimmunity in a novel feline acquired alopecia resembling pseudopelade of humans. Vet Dermatol. 2000;11:261–70.
26. Zurita J, Hay RJ. Adherence of dermatophyte microconidia and arthroconidia to human keratinocytes in vitro. J Invest Dermatol. 1987;89:529–34.
27. Vermout S, Tabart J, Baldo A, et al. Pathogenesis of dermatophytosis. Mycopathologia. 2008;166:267–75.
28. Baldo A, Monod M, Mathy A, et al. Mechanisms of skin adherence and invasion by dermatophytes. Mycoses. 2012;55:218–23.
29. DeBoer DJ, Moriello KA. Development of an experimental model of *Microsporum canis* infection in cats. Vet Microbiol. 1994;42:289–95.
30. DeBoer D, Moriello K. Inability of two topical treatments to influence the course of experimentally induced dermatophytosis in cats. J Am Vet Med Assoc. 1995;207:52–7.
31. Moriello KA, DeBoer DJ. Efficacy of griseofulvin and itraconazole in the treatment of experimentally induced dermatophytosis in cats. J Am Vet Med Assoc. 1995;207:439–44.
32. Moriello KA, Deboer DJ, Schenker R, et al. Efficacy of pre-treatment with lufenuron for the prevention of *Microsporum canis* infection in a feline direct topical challenge model. Vet Dermatol. 2004;15:357–62.
33. DeBoer DJ, Moriello KA, Blum JL, et al. Effects of lufenuron treatment in cats on the establishment and course of *Microsporum canis* infection following exposure to infected cats. J Am Vet Med Assoc. 2003;222:1216–20.
34. DeBoer DJ, Moriello KA. Investigations of a killed dermatophyte cell-wall vaccine against infection with *Microsporum canis* in cats. Res Vet Sci. 1995;59:110–3.
35. Sparkes AH, Gruffydd-Jones TJ, Stokes CR. Acquired immunity in experimental feline *Microsporum canis* infection. Res Vet Sci. 1996;61:165–8.
36. DeBoer DJ, Moriello KA. Humoral and cellular immune responses to *Microsporum canis* in naturally occurring feline dermatophytosis. J Med Vet Mycol. 1993;31:121–32.
37. Moriello KA, DeBoer DJ, Greek J, et al. The prevalence of immediate and delayed type hypersensitivity reactions to *Microsporum canis* antigens in cats. J Feline Med Surg. 2003;5:161–6.
38. Frymus T, Gruffydd-Jones T, Pennisi MG, et al. Dermatophytosis in cats: ABCD guidelines on prevention and management. J Feline Med Surg. 2013;15:598–604.
39. Scarampella F, Zanna G, Peano A, et al. Dermoscopic features in 12 cats with dermatophytosis and in 12 cats with self-induced alopecia due to other causes: an observational descriptive study. Vet Dermatol. 2015;26:282–e63.

40. Dong C, Angus J, Scarampella F, et al. Evaluation of dermoscopy in the diagnosis of naturally occurring dermatophytosis in cats. Vet Dermatol. 2016;27:275–e65.
41. Asawanonda P, Taylor CR. Wood's light in dermatology. Int J Dermatol. 1999;38:801–7.
42. Wolf FT. Chemical nature of the fluorescent pigment produced in *Microsporum*-infected hair. Nature. 1957;180:860–1.
43. Wolf FT, Jones EA, Nathan HA. Fluorescent pigment of Microsporum. Nature. 1958;182:475–6.
44. Foresman A, Blank F. The location of the fluorescent matter in microsporon infected hair. Mycopathol Mycol Appl. 1967;31:314–8.
45. Sparkes A, Gruffydd-Jones T, Shaw S, et al. Epidemiological and diagnostic features of canine and feline dermatophytosis in the United Kingdom from 1956 to 1991. Vet Rec. 1993;133:57–61.
46. Wright A. Ringworm in dogs and cats. J Small Anim Pract. 1989;30:242–9.
47. Kaplan W, Georg LK, Ajello L. Recent developments in animal ringworm and their public health implications. Ann N Y Acad Sci. 1958;70:636–49.
48. Colombo S, Cornegliani L, Beccati M, et al. Comparison of two sampling methods for microscopic examination of hair shafts in feline and canine dermatophytosis. Vet (Cremona). 2010;24:27–33.
49. Kaufmann R, Blum SE, Elad D, et al. Comparison between point-of-care dermatophyte test medium and mycology laboratory culture for diagnosis of dermatophytosis in dogs and cats. Vet Dermatol. 2016;27:284–e68.
50. Moriello KA, Verbrugge MJ, Kesting RA. Effects of temperature variations and light exposure on the time to growth of dermatophytes using six different fungal culture media inoculated with laboratory strains and samples obtained from infected cats. J Feline Med Surg. 2010;12:988–90.
51. Rezusta A, Gilaberte Y, Vidal-García M, et al. Evaluation of incubation time for dermatophytes cultures. Mycoses. 2016;59:416–8.
52. Stuntebeck R, Moriello KA, Verbrugge M. Evaluation of incubation time for Microsporum canis dermatophyte cultures. J Feline Med Surg. 2018;20:997–1000.
53. Bernhardt A, von Bomhard W, Antweiler E, et al. Molecular identification of fungal pathogens in nodular skin lesions of cats. Med Mycol. 2015;53:132–44.
54. Nardoni S, Franceschi A, Mancianti F. Identification of *Microsporum canis* from dermatophytic pseudomycetoma in paraffin-embedded veterinary specimens using a common PCR protocol. Mycoses. 2007;50:215–7.
55. Jacobson LS, McIntyre L, Mykusz J. Comparison of real-time PCR with fungal culture for the diagnosis of Microsporum canis dermatophytosis in shelter cats: a field study. J Feline Med Surg. 2018;20:103–7.
56. Moriello KA, Leutenegger CM. Use of a commercial qPCR assay in 52 high risk shelter cats for disease identification of dermatophytosis and mycological cure. Vet Dermatol. 2018;29:66.
57. Reimer SB, Séguin B, DeCock HE, et al. Evaluation of the effect of routine histologic processing on the size of skin samples obtained from dogs. Am J Vet Res. 2005;66:500–5.
58. Nardoni S, Giovanelli S, Pistelli L, et al. In vitro activity of twenty commercially available, plant-derived essential oils against selected dermatophyte species. Nat Prod Commun. 2015;10:1473–8.
59. Paterson S. Miconazole/chlorhexidine shampoo as an adjunct to systemic therapy in controlling dermatophytosis in cats. J Small Anim Pract. 1999;40:163–6.
60. Moriello K, Coyner K, Trimmer A, et al. Treatment of shelter cats with oral terbinafine and concurrent lime sulphur rinses. Vet Dermatol. 2013;24:618–e150.
61. Newbury S, Moriello K, Verbrugge M, et al. Use of lime sulphur and itraconazole to treat shelter cats naturally infected with *Microsporum canis* in an annex facility: an open field trial. Vet Dermatol. 2007;18:324–31.
62. Carlotti DN, Guinot P, Meissonnier E, et al. Eradication of feline dermatophytosis in a shelter: a field study. Vet Dermatol. 2010;21:259–66.
63. Jaham CD, Page N, Lambert A, et al. Enilconazole emulsion in the treatment of dermatophytosis in Persian cats: tolerance and suitability. In: Kwochka KW, Willemse T, Von Tscharner C,

Herausgeber. Advances in veterinary dermatology. Oxford: Butterworth Heinemann; 1998. S. 299–307.

64. Hnilica KA, Medleau L. Evaluation of topically applied enilconazole for the treatment of dermatophytosis in a Persian cattery. Vet Dermatol. 2002;13:23–8.

65. Guillot J, Malandain E, Jankowski F, et al. Evaluation of the efficacy of oral lufenuron combined with topical enilconazole for the management of dermatophytosis in catteries. Vet Rec. 2002;150:714–8.

66. Moriello KA. In vitro efficacy of shampoos containing miconazole, ketoconazole, climbazole or accelerated hydrogen peroxide against *Microsporum canis* and *Trichophyton* species. J Feline Med Surg. 2017;19:370–4.

67. Mugnaini L, Nardoni S, Pinto L, et al. In vitro and in vivo antifungal activity of some essential oils against feline isolates of *Microsporum canis*. J Mycol Med. 2012;22:179–84.

68. Nardoni S, Costanzo AG, Mugnaini L, et al. Open-field study comparing an essential oil-based shampoo with miconazole/chlorhexidine for haircoat disinfection in cats with spontaneous microsporiasis. J Feline Med Surg. 2017;19:697–701.

69. Gyanfosu L, Koffuor GA, Kyei S, et al. Efficacy and safety of extemporaneously prepared miconazole eye drops in Candida albicans-induced keratomycosis. Int Ophthalmol. 2018;38:2089–210.

70. Puls C, Johnson A, Young K, et al. Efficacy of itraconazole oral solution using an alternating-week pulse therapy regimen for treatment of cats with experimental Microsporum canis infection. J Feline Med Surg. 2018;20:869–74.

71. Vlaminck K, Engelen M. An overview of pharmacokinetic and pharmacodynamic studies in the development of itraconazole for feline *Microsporum canis* dermatophytosis. Adv Vet Dermatol. 2005;5:130–6.

72. Elanco US I. Itrafungol itraconazole oral solution in cats. Freedom of Information Summary NADA 141–474, November 2016.

73. Mawby DI, Whittemore JC, Fowler LE, et al. Comparison of absorption characteristics of oral reference and compounded itraconazole formulations in healthy cats. J Am Vet Med Assoc. 2018;252:195–200.

74. Foust AL, Marsella R, Akucewich LH, et al. Evaluation of persistence of terbinafine in the hair of normal cats after 14 days of daily therapy. Vet Dermatol. 2007;18:246–51.

75. DeBoer D, Moriello K, Volk L, et al. Lufenuron does not augment effectiveness of terbinafine for treatment of *Microsporum canis* infections in a feline model. Adv Vet Dermatol. 2005;5:123–9.

76. Sparkes AH, Werrett G, Stokes CR, et al. *Microsporum canis*: inapparent carriage by cats and the viability of arthrospores. J Small Anim Pract. 1994;35:397–401.

77. Keep JM. The viability of *Microsporum canis* on isolated cat hair. Aust Vet J. 1960;36:277–8.

78. Moriello KA, Kunder D, Hondzo H. Efficacy of eight commercial disinfectants against Microsporum canis and Trichophyton spp. infective spores on an experimentally contaminated textile surface. Vet Dermatol. 2013;24:621–e152.

79. Moriello KA. Decontamination of 70 foster family homes exposed to Microsporum canis infected cats: a retrospective study. Vet Dermatol. 2019;30:178–e55. https://doi.org/10.1111/vde.12722.

80. Kaplan W, Ajello L. Oral treatment of spontaneous ringworm in cats with griseofulvin. J Amer Vet Med Assoc. 1959;135:253–61.

81. Stuntebeck RL, Moriello KA. One vs two negative fungal cultures to confirm mycological cure in shelter cats treated for Microsporum canis dermatophytosis: a retrospective study. J Feline Med Surg. 2019. https://doi.org/10.1177/1098612X19858791.

82. Newbury S, Moriello KA, Kwochka KW, et al. Use of itraconazole and either lime sulphur or Malaseb Concentrate Rinse (R) to treat shelter cats naturally infected with *Microsporum canis*: an open field trial. Vet Dermatol. 2011;22:75–9.

83. Jacobson LS, McIntyre L, Mykusz J. Assessment of real-time PCR cycle threshold values in Microsporum canis culture-positive and culture-negative cats in an animal shelter: a field study. J Feline Med Surg. 2018;20:108–13.
84. Rouzaud C, Hay R, Chosidow O, et al. Severe dermatophytosis and acquired or innate immunodeficiency: a review. J Fungi. 2015;2:4.
85. Elad D. Immunocompromised patients and their pets: still best friends? Vet J. 2013;197:662–9.

Tiefe Pilzerkrankungen

Julie D. Lemetayer und Jane E. Sykes

Zusammenfassung

Tiefe mykotische Infektionen sind bei Katzen selten. In endemischen Regionen treten Kryptokokkose, Sporotrichose und Histoplasmose jedoch regelmäßig bei immunkompetenten Katzen auf. Kryptokokkose und Sporotrichose treten bei Katzen häufiger auf als bei Hunden, und Histoplasmose ist bei Katzen genauso häufig oder möglicherweise etwas häufiger als bei Hunden. Blastomykose und Kokzidioidomykose sind bei Katzen selten, selbst in stark endemischen Gebieten. Auch die sino-nasale und sino-orbitale Aspergillose sind weltweit selten, aber interessanterweise scheinen brachycephale Katzen prädisponiert zu sein. Schließlich sind Infektionen mit saprophytischen opportunistischen Pilzen in der Regel auf eine versehentliche kutane Inokulation bei ansonsten immunkompetenten Katzen zurückzuführen und verursachen lokal begrenzte Symptome. Gelegentlich können jedoch auch disseminierte Infektionen auftreten. Katzen mit systemischer Mykose weisen häufig kutane Manifestationen auf. Zu den gemeldeten Hauterscheinungen gehören u. a. multifokale ulzerierte oder nicht ulzerierte kutane Massen, subkutane Massen und drainierende Abszesse. Die kutanen Anzeichen sind häufig mit systemischen Krankheitszeichen und/oder einer Beteiligung anderer Organe verbunden, was den Verdacht auf eine Pilzinfektion wecken sollte. Das vorliegende Kapitel befasst sich mit der Epidemiologie, den klinischen Symptomen, einschließlich der Hauterscheinungen, den diagnostischen Tests und der Behandlung von klinisch wichtigen systemischen Pilzinfektionen bei Katzen. Darüber hinaus werden die derzeit für die Behandlung dieser Infektionen verfügbaren Antimykotika vorgestellt.

J. D. Lemetayer (✉) · J. E. Sykes
Veterinary Medical Teaching Hospital, Universität von Kalifornien, Davis, USA
E-Mail: jesykes@ucdavis.edu

Einführung

Tiefe mykotische Infektionen sind bei Katzen weltweit unüblich bis selten. In einer Studie aus dem Jahr 1996 wurde die Prävalenz auf sieben tiefen mykotischen Infektionen pro 10.000 Katzen in den USA geschätzt [1]. Tatsächlich sind Katzen relativ resistent gegen Pilzinfektionen, und die Prävalenz der meisten Pilzinfektionen ist bei Katzen geringer als bei Hunden, mit Ausnahme der Kryptokokkose und der Sporotrichose. Katzen können auch etwas anfälliger für Histoplasmose sein als Hunde [2]. Dieses Kapitel befasst sich mit der Epidemiologie, den klinischen Symptomen, den diagnostischen Tests und der Behandlung von klinisch wichtigen systemischen Pilzinfektionen bei Katzen.

Kasten 1: Dimorphe Pilze
- Die Kryptokokkose, die durch *C. gattii* und *C. neoformans* verursacht wird, ist weltweit die häufigste Pilzerkrankung bei Katzen.
- Histoplasmose tritt in endemischen Regionen bei Katzen genauso häufig oder etwas häufiger auf als bei Hunden.
- Katzen sind auch anfälliger für Sporotrichose.
- Blastomykose und Kokzidioidomykose kommen bei Katzen nur selten vor.
- Die meisten Katzen sind immunkompetent.
- Bei diesen dimorphen Pilzerkrankungen treten häufig kutane Symptome auf.
- Fluconazol ist die Erstbehandlung für die meisten Fälle von Kryptokokkose, und Itraconazol wird für resistente Fälle von Kryptokokkose (meist *C.-gattii*-Infektionen) und Infektionen mit anderen dimorphen Pilzorganismen eingesetzt.
- In schweren Fällen wird eine Kombination mit Amphotericin B empfohlen.
- Eine kurzzeitige entzündungshemmende Gabe von Glukocorticoiden wird für ZNS-Fälle und Tiere mit schwerer Lungenerkrankung empfohlen.

Kryptokokkose

Epidemiologie

Die häufigste Pilzinfektion bei Katzen ist die Kryptokokkose [1]. *Cryptococcus* spp. sind dimorphe basidiomyzetische Pilze (s. Kasten 1). Zwei Hauptarten verursachen die Kryptokokkose bei Katzen: *Cryptococcus neoformans* und *Cryptococcus gattii*. In seltenen Fällen wurden auch andere Arten in Betracht gezogen. *Cryptococcus magnus* wurde bei einer Katze mit Otitis externa in Japan [3] und bei einer Katze mit einer tiefen Gliedmaßeninfektion in Deutschland isoliert [4]. *Cryptococcus albidus* wurde aus einer Katze mit disseminierter Kryptokokkose in Japan isoliert [5]. Zwei dieser drei Katzen wurden auf das Feline Immundefizienz-Virus (FIV) und das Feline Leukämie-Virus (FeLV) getestet und waren negativ [4, 5], und bei den drei Katzen wurde keine andere offensichtliche zugrunde liegende Immunsuppression festgestellt.

Cryptococcus neoformans ist die weltweit am häufigsten isolierte *Cryptococcus*-Art und umfasst zwei Varianten: *C. neoformans* var. *neoformans* und *C. neoformans* var. *grubii*. *Cryptococcus neoformans* var. *grubii ist* für die Mehrzahl der Fälle in Australien verantwortlich [6].

Cryptococcus gattii kommt hauptsächlich an der Westküste der Vereinigten Staaten und in British Columbia, Kanada, in Südamerika, Südostasien (Neuguinea, Thailand) und in Teilen Afrikas und Australiens vor. Während *C. neoformans* in Australien häufiger vorkommt als *C. gattii*, scheinen Katzen in ländlichen Gebieten Australiens und Katzen aus Westaustralien häufiger mit *C. gattii* als mit *C. neoformans* infiziert zu sein [6, 7].

Cryptococcus neoformans findet sich im Guano von Vögeln, insbesondere im Taubenkot, aber auch in anderen Quellen wie Milch, gärenden Fruchtsäften, Luft, Staub und verrottender Vegetation [6]. *C. gattii* wird häufig in den Höhlen von Bäumen, insbesondere Eukalyptusbäumen, in Australien gefunden, wurde aber auch mit anderen Laubbaumarten an anderen geografischen Standorten in Verbindung gebracht.

Cryptococcus spp. wurden in molekulare Typen eingeteilt. Isolate von *Cryptococcus neoformans* var. *grubii* gehören zu den Molekulartypen VNI und VNII, während Isolate von *C. neoformans* var. *neoformans* zum Molekulartyp VNIV gehören [7]. Eine Hybridvarietät des Serotyps AD wurde als Molekulartyp VNIII klassifiziert. *C.-gattii*-Isolate werden als VGI, VGII, VGIII und VGIV klassifiziert. Es gibt einen Vorschlag zur Umbenennung der molekularen *Cryptococcus*-Typen in separate *Cryptococcus*-Arten, der jedoch umstritten bleibt.

Klinische Merkmale bei Katzen

Die Rassen Siam, Birma, Ragdoll, Abessinier und Himalaya scheinen in Studien, in denen Katzen mit Kryptokokkose untersucht wurden, überrepräsentiert zu sein [1, 6, 8–10], obwohl dies in einer Studie aus Kalifornien nicht festgestellt wurde [11]. Eine Prädisposition für Kater wurde in einigen wenigen Studien festgestellt [10, 12], in anderen jedoch nicht [6, 9, 11]. Der Zugang zu Freigelände ist wahrscheinlich ebenfalls ein Risikofaktor, aber auch Katzen, die ausschließlich im Haus gehalten werden, können betroffen sein [8]. Katzen jeden Alters sind betroffen, und der FIV- oder FeLV-Status scheint kein Risikofaktor zu sein [6].

Die Inkubationszeit ist variabel und kann bei Tieren, die die Krankheit ursprünglich unter Kontrolle hatten, von Monaten bis zu vielen Jahren reichen [13]. Nach der Inhalation des Pilzes kommt es bei vielen Katzen zu einer Beteiligung der oberen Atemwege mit chronischem Niesen, Nasenausfluss und Verformungen der Nase und/oder der an die Nasenhöhlen angrenzenden Strukturen wie den Nasennebenhöhlen (Abb. 1). Eine Beteiligung der Nasenhöhle wurde in 43–90 % der Fälle berichtet [1, 6, 12]. Infektionen betreffen auch die Netzhaut, ableitende Lymphknoten und das zentrale Nervensystem (ZNS). Zu den klinischen Symptomen gehören vergrößerte Unterkieferlymphknoten, Blindheit, erweiterte und starre Pupillen, langsame Pupillen-Lichtreflexe, Lethargie, Ataxie, Verhaltensänderungen und Desorientierung. Einzelne oder multifokale ulzerierte oder nicht ulzerierte kutane Massen

Abb. 1 Katze mit nasaler
Kryptokokkose, verursacht
durch *Cryptococcus gattii*

wurden in zwei Studien in 31 % und 41 % der Fälle beobachtet [1, 12]. Die Massen
können fest oder fluktuierend, erhaben, kuppelförmig und erythematös sein. Sie
ulzerieren häufig und können ein gräuliches, gallertartiges Exsudat absondern [1].
Andere kutane Läsionen sind Plaques, miliare Papeln, feste, kuppelförmige, alopezische und erythematöse Papeln oder Knötchen [14]. Kutane Läsionen sind in der
Regel eine Erweiterung einer sino-nasalen Pathologie. Der Befall von Haut und
Unterhaut an mehreren Stellen deutet auf eine Ausbreitung der Infektion hin. Weitere seltene Lokalisationen sind die Lunge (2–12 % der Fälle) [1, 6, 15], Gingiva
[15], Speicheldrüsen [6], Mittelohr [16], Nieren, periartikuläres subkutanes Gewebe, Fußsohlen und Knochen [6].

Diagnostische Tests

Die Veränderungen im Blutbild, der Serumbiochemie und der Urinanalyse sind leicht
und unspezifisch. [17] Eine spezifische Diagnose der Kryptokokkose kann durch
Antigennachweis mittels Latex-Agglutinationstest im Serum gestellt werden. Der
Test kann auch an Pleura- oder Peritonealergüssen, Urin und Liquor cerebrospinalis
(CSF) durchgeführt werden. Die klinische Sensitivität des Serumtests bei Katzen
liegt zwischen 90 % und 100 % und die Spezifität zwischen 97 % und 100 % [18].

Bei Hunden scheint die Sensitivität geringer zu sein. Wenn der Antigentest negativ ist und eine Kryptokokkose immer noch in Frage kommt, sollten Gewebeproben zur Zytologie, Histologie und Kultur eingesandt werden [11]. Bei Titern von unter 1:200 werden Bestätigungstests dringend empfohlen. *Enzyme-linked Immunosorbent Assays* (ELISAs) werden ebenfalls vorgenommen, doch liegen derzeit keine Daten vor.

Zytologisch gesehen sind Kryptokokkenhefen eingekapselte, kugelförmige bis ovale Hefen mit einer Größe von 4–10 μm und schmalen Knospen. Die dicke Mukopolysaccharidkapsel ist ein wichtiger Virulenzfaktor für den Erreger, da sie es dem Organismus ermöglicht, sich vor dem Immunsystem des Wirts zu verstecken. Sie erscheint in gefärbten Ausstrichen als klarer Lichthof und kann mit Tusche-Negativfärbungen sichtbar gemacht werden (Abb. 2) [19]. Die Größe der Kapsel kann jedoch variieren, und bei manchen Patienten kann die Kapsel dünn sein [20], was die Diagnose manchmal erschwert. In diesen Fällen kann es bei der Zytologie zu morphologischen Überschneidungen zwischen *Histoplasma* und *Kryptokokken* kommen [20].

In der Histopathologie können Hefepilze mit gut geordneten Granulomen oder Pyogranulomen assoziiert sein, manchmal mit einem Hintergrund aus einigen Eosinophilen, Lymphozyten und Plasmazellen. Die Läsionen können auch eine große Anzahl von Hefepilzen und nur ein geringes Maß an Entzündung aufweisen. Dies führt zu einem „Seifenblasen"-Erscheinungsbild bei der Hämatoxylin- und Eosinfärbung (H&E) [14] aufgrund der dicken, nicht färbenden Kapsel des Organismus. Makroskopisch betrachtet sind diese Läsionen gallertartige Massen (Kryptokokken).

In Hautbiopsien finden sich häufig zahlreiche Organismen in der Dermis, dem Panniculus und der Subkutis [14], aber gelegentlich können auch weniger typische Läsionen die Diagnose erschweren. In einer Fallserie von vier Katzen mit kutaner Kryptokokkose wurden beispielsweise schwere granulomatöse bis pyogranulomatöse Hautläsionen mit einer großen Anzahl von Eosinophilen berichtet, aber bei

Abb. 2 Tusche-Negativfärbung zur Hervorhebung der *Cryptococcus*-Polysaccharidkapsel

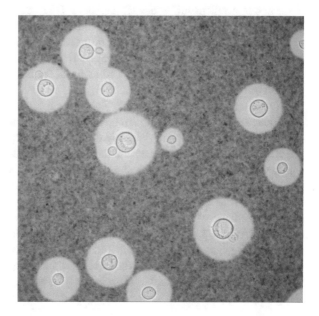

drei der vier Katzen konnten mit der H&E-Färbung keine Organismen nachgewiesen werden, und die Organismen waren kapselarm [14].

Wenn Hefepilze mit der H&E-Färbung nicht zu erkennen sind, können spezielle Färbungen wie Grocott/Gomoris-Methenamin-Silber- (GMS), Periodsäure-Schiff-(PAS), Fontana-Masson-Färbung, Ziehl-Neelsen-Färbung oder Mayers Mucicarmin-Färbung helfen, Organismen zu entdecken. Polymerasekettenreaktion-Tests (PCR) können auch an frischen Biopsien oder formalinfixierten, in Paraffin eingebetteten Geweben durchgeführt werden [14]. Falsch-positive PCR-Ergebnisse können bei Nasengeweben auftreten, da eine subklinische Besiedlung der Nasenhöhle vorkommen kann, und daher sollten positive Ergebnisse immer mit dem übrigen klinischen Bild abgeglichen werden [17].

Frisches Gewebe kann auch zur Pilzkultur eingesandt werden. *Cryptococcus* spp. wachsen auf den meisten Labormedien in 2–10 Tagen. Da die Organismen in der Kultur als Hefe und nicht als Schimmelpilz wachsen, stellen sie auf den üblichen Pilzmedien weniger wahrscheinlich eine Gefahr für das Labor dar als Organismen, die als Schimmelpilze wachsen [17].

Behandlung und Prognose

Triazole sind die Therapie der ersten Wahl bei der Behandlung der Kryptokokkose und können als Monotherapie bei leichten bis mittelschweren Kryptokokkeninfektionen eingesetzt werden. Fluconazol wird häufig gegenüber Itraconazol bevorzugt, da es gut in das Gehirn, das Auge und die Harnwege eindringt, kostengünstiger ist und nur minimale unerwünschte Wirkungen hat. Es wurde jedoch über die Entwicklung einer Fluconazol-Resistenz während der Behandlung berichtet [21, 22]. Die Resistenz gegen Fluconazol kann auf eine Überexpression oder eine Veränderung der Kopienzahl von ERG11, dem Gen, das für das Zielenzym 14α-Demethylase kodiert, zurückzuführen sein [21, 22]. Der Austransport von Triazol-Medikamenten über ABC-Transportproteine (AFR1 für *C. neoformans* und PDR11 für *C. gattii* VGIII) wurde ebenfalls festgestellt. Isolate, die gegen Fluconazol resistent sind, bleiben gegenüber Itraconazol empfindlich, können aber eine moderate Voriconazol-Resistenz aufweisen [23].

In schweren Fällen, z. B. bei einer ZNS-Beteiligung, wird empfohlen, zusätzlich zu Fluconazol oder Itraconazol Amphotericin B zu verabreichen [24]. Auch wenn die Penetration von Amphotericin B in das ZNS und den Glaskörper schlecht ist, ist die Blut-Hirn- bzw. Blut-Augen-Schranke zu Beginn der Behandlung beeinträchtigt, sodass ein klinisches Ansprechen noch möglich ist. Flucytosin kann wegen der Synergie zwischen den beiden Antimykotika und wegen der guten Penetration von Flucytosin in das ZNS auch in Kombination mit Amphotericin B eingesetzt werden, ist aber möglicherweise zu teuer. Weitere Informationen zu Antimykotika bei Katzen sind den Tab. 1 und 2 zu entnehmen. Eine kurze Behandlung mit Prednisolon kann das Ergebnis bei Katzen mit ZNS-Infektionen verbessern, da es die ZNS-Entzündung zu Beginn der antimykotischen Behandlung verringert und dazu beitragen kann, die neurologische Verschlechterung zu begrenzen [40].

Tab. 1 Azol-Antimykotika, die bei Katzen eingesetzt werden

	Ketoconazol	Fluconazol	Itraconazol	Voriconazol	Posaconazol
Mechanismus der Wirkung	Hemmung der 14α-Demethylase, eines CYT-P450-abhängigen Pilzenzyms = Anhäufung von 14α-Methylsterolen und Störung der Pilzzellmembran				
Dosis	50 mg/Katze PO alle 12–24 h	25–50 mg/Katze PO oder IV alle 12–24 h	5 mg/kg PO alle 12–24 h, 100 mg Kapsel alle 48 h [25] oder 3 mg/kg alle 12–24 h mit oraler Lösung. Keine zusammengesetzten Lösungen verwenden [26]	Nicht verfügbar Mögliche Dosis: 12,5 mg/Katze PO alle 72 h (mit äußerster Vorsicht, da möglicherweise mit schwerer Toxizität verbunden) [27]	Suspension zum Einnehmen: 30 mg/kg einmalig, dann 15 mg/kg alle 48 h, oder 15 mg/kg einmalig, dann 5–7,5 mg/kg alle 24 h [28–30]
Klinische Anwendung	*Malassezia* spp., dimorphe Pilze	*Candida* spp., *Malassezia* spp., *Coccidioides* spp., *Cryptococcus* spp., *Histoplasma* spp.	Dimorphe Pilze, *Aspergillus* spp. und einige andere Schimmelpilze	Hefen, dimorphe Pilze, die meisten Schimmelpilze, insbesondere *Aspergillus* spp.	Hefen, dimorphe Pilze, die meisten Schimmelpilze, einschließlich Zygomykose
Verminderte antimykotische Aktivität	Geringe Aktivität gegen viele Schimmelpilze, einschließlich *Aspergillus* spp. *Histoplasma*: Entwicklung von Resistenzen während der Behandlung	*Aspergillus* spp. intrinsisch resistent, geringe Aktivität gegen viele Schimmelpilze		*Sporothrix schenckii*, Zygomykose	

(Fortsetzung)

Tab. 1 (Fortsetzung)

	Ketoconazol	Fluconazol	Itraconazol	Voriconazol	Posaconazol
Mechanismus der Wirkung	Hemmung der 14α-Demethylase, eines CYT-P450-abhängigen Pilzenzyms = Anhäufung von 14α-Methylsterolen und Störung der Pilzzellmembran				
Verteilung im Gewebe	Gutes Eindringen in die meisten Gewebe, aber nicht in das ZNS	Weit verbreitet, einschließlich Augen, ZNS und Nieren/Urin [31]	Gute Verteilung in Haut, Knochen und Lunge. Begrenztes Eindringen in das ZNS, die Augen und die Nieren/den Urin	Weit verbreitet, einschließlich Augen, ZNS und Nieren/Urin	Weit verbreitet, aber wahrscheinlich nicht im Urin
Unerwünschte Wirkungen	Häufig: gastrointestinale Symptome, Hepatotoxizität	Gut verträglich. Gastrointestinale Symptome, Hepatotoxizität ungewöhnlich	In 25 % der Fälle berichtet [32]. Gastrointestinale Symptome, Hepatotoxizität und Lethargie	Visuelle Veränderungen (Miosis), Ataxie, Lähmungen, Hypersalivation, Hypokaliämie und Arrhythmien [27]	Gastrointestinale Anzeichen und erhöhte Leberenzymaktivitäten
Zusätzliche Kommentare	Starker CYT-P450-Induktor: viele Arzneimittelwechselwirkungen	Sehr gute orale Absorption	Für die Kapseln: mit dem Fressen verabreichen und säurehemmende Medikamente vermeiden. Therapeutische Arzneimittelüberwachung im Steady-State (14–21 d) [33] empfohlen	Geben Sie ohne Fressen. Therapeutische Arzneimittelüberwachung empfohlen (Trogkonzentration). Starker CYT-P450-Induktor: viele Arzneimittelwechselwirkungen	Mit dem Fressen verabreichen und Antisäuremittel vermeiden. Geringe orale Resorption. Therapeutische Arzneimittelüberwachung empfohlen (Trogkonzentration)

ZNS Zentralnervensystem, CYT P450 Cytochrom P450, PO per os, h Stunden, d Tage

Tab. 2 Andere klinisch wichtige Antimykotika bei Katzen

	Amphotericin B	Terbinafin	Caspofungin	Flucytosin
Mechanismus der Wirkung	Bildung von Poren in der Pilzellmembran durch Bindung an Sterole = Austritt von Ionen	Hemmung der Squalen-Epoxidase = Verringerung der Ergosterolproduktion in der Pilzmembran	Hemmung der β-1,3-D-Glucane = Störung der Integrität der Pilzzellwand	Deaminierung von Fluorocytosin zu 5-Fluorouracil = Beeinträchtigung der DNA-Replikation und der Proteinsynthese
Dosen	Desoxycholat AmB: 0,25 mg/kg IV oder 0,5 mg/kg SC AmB-Lipidkomplex und liposomales AmB: 1 mg/kg IV 3 Mal wöchentlich (bis zu 12 Behandlungen)	30–40 mg/kg PO alle 24 h	1 mg/kg einmalig intravenös, dann 0,75 mg/kg alle 24 h [34]	25–50 mg/kg PO alle 6–8 h
Klinische Anwendung	Hefen, dimorphe Pilze und die meisten Schimmelpilze	Dermatophyten, möglicherweise nützlich in Kombination mit anderen Antimykotika bei verschiedenen Schimmelpilzinfektionen	Invasive Aspergillose, die auf andere antimykotische Therapien nicht anspricht, invasive Candidose. Gewisse Aktivität gegen *Histoplasma* spp. und *Coccidioides* spp. Variable Aktivität gegen andere filamentöse Pilze	*Cryptococcus* spp. und *Candida* spp.
Verminderte antimykotische Aktivität	Einige *Aspergillus* spp. Geringe Wirksamkeit gegen *Pythium insidiosum*	Gemeldete Resistenz bei einigen Dermatophyten [35] und *Aspergillus* spp. [36]	*Cryptococcus* spp., *Fusarium* spp., *Rhizopus* spp. und *Mucor* spp. sind resistent [37].	Niemals als alleiniges Mittel verwendet, da sich schnell eine Resistenz entwickelt

(Fortsetzung)

Tab. 2 (Fortsetzung)

	Amphotericin B	Terbinafin	Caspofungin	Flucytosin
Verteilung des Gewebes	Schlechte Durchdringung des ZNS und der Augen. Liposomale und Lipidkomplex-Formulierungen haben eine bessere ZNS-Penetration und weniger Nephrotoxizität	Konzentriert sich in Haut, Nägeln und Haaren	Weit verbreitet. Geringes Eindringen in das ZNS und die Augen	Weit verbreitet, einschließlich Augen, ZNS
Unerwünschte Wirkungen	Kumulative Nephrotoxizität (meist AmB-Desoxycholat), selten hämolytische Anämie [38]. Sterile Injektionsstellenabszesse bei SC-Injektionen	Gut verträglich. Selten GI-Toxizität und Pruritus im Gesicht	Mögliche anaphylaktische Reaktion. Vorübergehendes Fieber und Diarrhöe berichtet [34].	Myelosuppression und gastrointestinale Symptome
Zusätzliche Kommentare	Liposomale und Lipidkomplex-Formulierungen zeigen eine bessere ZNS-Penetration und weniger Nephrotoxizität	Geringe orale Absorption [39]		Nicht bei Tieren mit Nierenversagen anwenden

AmB Amphotericin B, *ZNS* Zentralnervensystem, *GI* Magen-Darm, *IV* intravenös, *PO* per os, *SC* subkutan

In der Regel ist eine mindestens 6- bis 8-monatige Behandlung erforderlich, und oft muss die Behandlung über Jahre fortgesetzt werden [17]. Das Ansprechen auf die Behandlung sollte durch serielle Überwachung des Serumantigentiters beurteilt werden, da ein Rückgang des Titers mit der Eliminierung der Organismen korreliert [12]. Die Behandlung sollte so lange fortgesetzt werden, bis der Titer null ist. Leider kann es auch nach erfolgreicher Behandlung und negativen Titern zu Rückfällen kommen, manchmal bis zu zehn Jahre nach Absetzen der Therapie [24].

Die Prognose ist im Allgemeinen gut, mit der möglichen Ausnahme von Katzen mit ZNS-Infektion [24, 40]. Die Prognose kann auch von der *Cryptococcus*-Spezies und dem Molekulartyp abhängen. So haben die Autoren die Erfahrung gemacht, dass Infektionen mit *C. gattii* VGIII tendenziell seltener geheilt werden als solche mit VGII. Während sich FeLV wahrscheinlich negativ auf das Ansprechen auf die Behandlung auswirkt, ist die Auswirkung des FIV-Status auf das Ergebnis nicht eindeutig. Trotz eines positiven FIV-Status wird häufig ein gutes Ansprechen auf die Behandlung beobachtet, aber diese Katzen haben möglicherweise eine schwerere Erkrankung und/oder sprechen langsamer auf die Behandlung an [9, 10, 41].

Histoplasmose

Epidemiologie

Histoplasma capsulatum ist ein dimorpher, bodenbürtiger Pilz, der in den USA (insbesondere in den mittleren und östlichen Bundesstaaten, aber auch in Kalifornien und Colorado), Mittel- und Südamerika, Afrika, Indien und Südostasien endemisch ist [42, 43]. Er kommt weltweit bei verschiedenen Säugetierarten vor, aber neben Fällen in diesen endemischen Gebieten sind Fälle von Histoplasmose bei Katzen nur in Ontario, Kanada [44], Thailand [45] und Europa (Italien, Schweiz) beschrieben worden [43, 46]. In einer Studie aus dem Jahr 1996 war die Histoplasmose die zweithäufigste Pilzerkrankung bei Katzen in den USA mit einer Inzidenz von 0,01 % der gesamten Katzenkrankenhauspopulation in der veterinärmedizinischen Datenbank [1].

Histoplasma capsulatum wurde durch Multi-Locus-Sequenztypisierung in acht bis neun geografische Kladen unterteilt: Nordamerika-1, mit einem möglicherweise verwandten, phylogenetisch unterschiedlichen Stamm, der aus nicht endemischen amerikanischen Gebieten isoliert wurde; Nordamerika-2; lateinamerikanische Gruppe A; lateinamerikanische Gruppe B; australische Gruppe; niederländische Gruppe (indonesischen Ursprungs); eurasische Gruppe; afrikanische Gruppe [47].

Das Hauptreservoir von *H. capsulatum* ist der Darmtrakt und Guano von Fledermäusen. Er kann auch in verrottendem Vogel-Guano gefunden werden (vor allem in der Nähe von Amsel- oder Starenhöhlen und Hühnerställen). Nach dem Einatmen oder Verschlucken verwandelt sich der Pilz im Körper der Katze in eine Hefephase und wird von phagozytischen Zellen, vor allem Makrophagen, aufgenommen. Durch die Verschleppung dieser Zellen werden die Hefen über das Blut und die Lymphgefäße aus der Lunge und dem Magen-Darm-Trakt in die Organe des mononukleären Phagozytensystems (Lymphknoten, Leber, Milz und Knochenmark) sowie in andere Gewebe verbreitet. Hefen haben einen Durchmesser von 2–4 μm, sind von einer 4 μm dicken Wand umgeben und befinden sich in mononukleären Phagozyten [48].

Klinische Merkmale bei Katzen

Katzen jeden Alters können betroffen sein, wobei das Durchschnittsalter in zwei Studien bei vier und neun Jahren lag [1, 49]. Perserkatzen können leicht überrepräsentiert sein [1]. Eine geschlechtsspezifische Prädisposition wurde nicht eindeutig festgestellt, aber in einer Fallserie waren weibliche Katzen überrepräsentiert [49]. Die meisten Katzen sind nicht gleichzeitig mit FeLV oder FIV infiziert. Die Krankheit scheint häufiger in den Monaten Januar bis April diagnostiziert zu werden [1] und kann auch Katzen betreffen, die ausschließlich in Innenräumen gehalten werden [50]. Die gemeldete Dauer der klinischen Symptome vor der Diagnose der Histoplasmose lag zwischen zwei Wochen und drei Monaten. [1]

Wenn Katzen klinisch an Histoplasmose erkranken, ist die disseminierte Erkrankung das am häufigsten berichtete klinische Bild [51]. Die klinischen Symptome von Katzen mit disseminierter Erkrankung sind meist unspezifisch und umfassen Lethargie, Gewichtsverlust, Fieber, Anämie, Dehydratation, Schwäche und Anorexie [1, 49]. Atemwegsanzeichen wie Dyspnoe und Tachypnoe sind häufig, Husten ist jedoch selten. Weitere häufige klinische Anzeichen sind Hepatomegalie, Ikterus, Lymphadenopathie und Splenomegalie [51, 52], okuläre Anzeichen (Chorioretinitis, anteriore Uveitis oder Netzhautablösungen) [1, 44, 53] und eine Beteiligung des Skeletts (Lahmheit oder Schwellung einer oder mehrerer Gliedmaßen) [1, 53, 54]. Klinische Anzeichen für eine Beteiligung des Magen-Darm-Trakts wie Erbrechen, Durchfall, Melaena oder Hämatochezie sind weniger häufig als bei Hunden [2]. Zu den weniger häufigen Infektionsorten gehören die Haut [43, 53, 55, 56], das ZNS [57], die Mundschleimhaut [58] und die Harnblase [59].

Die kutanen Anzeichen bestehen in der Regel aus multiplen Papeln und Knötchen, die ulzeriert sein können und serosanguinöse Flüssigkeit ausscheiden. Es wurde auch ein Fall von kutaner Fragilität als Folge einer disseminierten Histoplasmose beschrieben [56]. Die Katze hatte einen großen Hautriss, der sich über der dorsalen Halsregion entwickelte, mit epidermaler Atrophie, dermaler Kollagentrennung und Infiltration in der Dermis und Subkutis mit Makrophagen und intravaskulären Monozyten, die laut histologischer Untersuchung *Histoplasma*-Hefen enthielten.

Diagnostische Tests

Im Blutbild findet sich eine Anämie, die häufig normozytär und normochrom und nicht regenerativ ist [10, 49]. Es wird auch über Thrombozytopenie, Leukozytose und Leukopenie berichtet. Gelegentlich kann *H. capsulatum* in phagozytären Zellen auf peripheren Blutausstrichen von Hunden und Katzen nachgewiesen werden [1]. In der Serumbiochemie ist eine Hypoalbuminämie ein häufiger Befund. Bei Katzen mit Leberbeteiligung können eine erhöhte Leberenzymaktivität und Hyperbilirubinämie auftreten. Hyperglobulinämie und Azotämie werden bei einigen wenigen Katzen ebenfalls berichtet [48], ebenso wie Hyperkalzämie [60].

Abnormitäten auf Thoraxröntgenbildern sind häufig und können subklinisch sein [1, 59]. Zu den röntgenologischen Mustern bei Katzen mit pulmonaler Histoplasmose gehören feine, diffuse oder lineare interstitielle Muster, bronchointerstitielle Muster, diffuse miliare oder noduläre interstitielle Muster, alveoläre Muster und/ oder Bereiche mit pulmonaler Konsolidierung [48]. Es wird auch über Lymphadenopathie des Sternums berichtet [61]. Knochenläsionen auf Röntgenbildern sind typischerweise osteolytisch, aber es können auch periostale und endostale proliferative Läsionen auftreten, die meist in den appendikulären Knochen zu finden sind, mit einer Vorliebe für die Ellenbogen- und Kniegelenke [54].

Eine definitive Diagnose der Histoplasmose wird durch den zytologischen oder histopathologischen Nachweis von *H. capsulatum* in Geweben gestellt (Abb. 3). Die Organismen werden in der Regel intrazellulär in Makrophagen nachgewiesen, können aber manchmal auch frei in nekrotischen Exsudaten gefunden werden und mit *Cryptococcus* spp. verwechselt werden [20] Wie bei *Cryptococcus*-Infektionen können die Hefepilze mit einer Reihe von Färbemitteln nachgewiesen werden, z. B. mit Diff-Quik- und Wright-Färbungen für die Zytologie und mit GMS- oder PAS-Färbungen für die Histologie.

Die Hefen können in der Zytologie von Lymphknoten, Lunge, Leber, Milz, Haut oder Knochenmark nachgewiesen werden. Serum-Antikörpertests sind verfügbar, ihr klinischer Nutzen ist jedoch aufgrund der geringen Sensitivität und Spezifität begrenzt [62]. Ein Antigen-ELISA-Test wurde für die Diagnose und Überwachung der Histoplasmose bei Katzen in Serum- und Urinproben untersucht [61, 62]. In

Abb. 3 Zytologie mit intrazellulären Histoplasma-Hefeorganismen

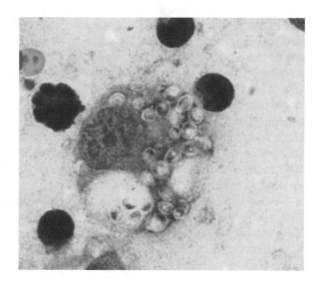

zwei Studien wurde für Urin eine Sensitivität von 93–94 % berichtet, während die Sensitivität für Serum nur 73 % betrug [61, 62]. Eine Spezifität von 100 % wurde in einer dieser beiden Studien festgestellt, die 20 Katzen mit anderen, nicht pilzbedingten Erkrankungen einschloss [62]. Ausgehend von der Literatur zum Menschen wird jedoch eine serologische Kreuzreaktivität mit anderen Pilzerregern wie *Blastomyces* spp. erwartet [62]. Die Antigenkonzentrationen nehmen mit einer wirksamen antimykotischen Behandlung ab und steigen in Fällen, die nicht gut kontrolliert wurden, oder nach einem Rückfall an [61]. Allerdings ging die Antigeneliminierung manchmal einer klinischen Remission voraus, und vier Katzen wiesen zum Zeitpunkt der Remission noch messbare Antigenkonzentrationen auf.

Pilzkulturen und PCR können ebenfalls zur Bestätigung einer Histoplasmose-Diagnose verwendet werden. Pilzkulturen stellen jedoch eine Gefahr für das Laborpersonal dar und sollten daher nur bei Bedarf durchgeführt werden, und das Labor sollte vor der Möglichkeit einer dimorphen Pilzinfektion gewarnt werden, damit entsprechende Vorsichtsmaßnahmen getroffen werden. Obwohl die meisten Kulturen innerhalb von zwei oder drei Wochen positiv sind, kann das Wachstum bis zu sechs Wochen Inkubationszeit erfordern. Die PCR wird derzeit nicht routinemäßig zur Diagnose verwendet, wurde aber in einigen wenigen Fällen zur Bestätigung der Diagnose in nicht endemischen Gebieten eingesetzt [42, 43, 45, 63]. Sie kann auch eingesetzt werden, wenn die Identität des histopathologisch festgestellten Pilzes zweifelhaft ist.

Behandlung und Prognose

Itraconazol ist die Behandlung der Wahl bei Histoplasmose [60]. Die Behandlung wird für mindestens vier bis sechs Monate empfohlen und sollte mindestens zwei Monate nach Abklingen der klinischen Symptome und möglicherweise bis zum negativen Ergebnis der Antigentests fortgesetzt werden. Die Verwendung von Itraconazol kann für einige Patienten zu kostspielig sein, und unerwünschte Wirkungen sind häufiger als bei Fluconazol, insbesondere Hepatotoxizität [50]. Eine retrospektive Studie, in der die Ergebnisse von 17 mit Fluconazol behandelten Katzen mit denen von 13 mit Itraconazol behandelten Katzen verglichen wurden, ergab keinen Unterschied in der Sterblichkeit und Rückfallrate zwischen den beiden Gruppen, was darauf hindeutet, dass Fluconazol eine geeignete Alternative sein könnte [50]. Allerdings wurde eine geringere Wirksamkeit von Fluconazol im Vergleich zu Itraconazol und die Entwicklung einer Fluconazolresistenz während der Behandlung bei Menschen [64] und bei einer Katze [65] beschrieben. Die fluconazolresistenten Isolate wiesen auch erhöhte MHKs für Voriconazol, nicht aber für Itraconazol oder Posaconazol auf.

Desoxycholat oder Lipid-komplexiertes Amphotericin B kann anfänglich zur Behandlung von Katzen mit schwerer akuter Lungen-, akuter disseminierter oder ZNS-Erkrankung eingesetzt werden. Danach sollte die Behandlung entweder mit Itraconazol oder Fluconazol fortgesetzt werden. Weitere mögliche Behandlungsoptionen sind Posaconazol bei Katzen, die Itraconazol nicht vertragen oder die auf

Fluconazol nicht ansprechen. Eine kurze Behandlung mit entzündungshemmenden Glukocorticoiden kann bei Katzen mit schweren Lungen- oder ZNS-Erkrankungen zu Beginn der Behandlung sinnvoll sein.

Die Prognose hängt vom Ausmaß der Erkrankung ab, wobei die berichteten Überlebensraten zwischen 66 % und 100 % liegen [50, 60].

Blastomykose

Epidemiologie

Blastomyces dermatitidis ist ebenfalls ein dimorpher Pilz. Er kommt als Myzel in der Umwelt und als dickwandige, knospende Hefe in Geweben vor [66]. Blastomykose ist eine seltene Erkrankung bei Katzen, und die meisten Infektionen bei Katzen werden bei der Nekropsie festgestellt. In einer Studie aus dem Jahr 1996 wurden 41 Fälle über einen Zeitraum von 30 Jahren festgehalten, und die Blastomykose machte 0,005 % aller Fälle von Katzen in der veterinärmedizinischen Datenbank aus [1]. In Nordamerika treten Blastomykose-Fälle vor allem im Osten und Süden der USA auf, insbesondere in den Ohio- und Mississippi-Flusstälern und in der Region der Großen Seen, sowie in Kanada, insbesondere in Quebec, Ontario, Manitoba und Saskatchewan [1, 67–69]. Blastomykose ist auch in Afrika und Indien endemisch [66]. Über Blastomykose wurde auch bei einer Katze aus Thailand berichtet [70].

In endemischen Regionen ist *B. dermatitidis* in örtlich begrenzten Regionen zu finden, in denen die Böden feucht und sauer sind und verrottende Pflanzen oder tierische Ausscheidungen enthalten [67]. Der primäre Infektionsweg ist die Inhalation von Konidien, die aus der Myzelphase im Boden oder in verrottenden Materialien gebildet werden [66]. Eine direkte Inokulation des Organismus über Stichwunden der Haut kommt selten vor.

Von der Lunge aus kann sich der Organismus über das Gefäß- oder Lymphsystem ausbreiten, was zu einer granulomatösen oder pyogranulomatösen Entzündungsreaktion in zahlreichen Organen führt, insbesondere in den Lymphknoten, Augen, der Haut, den Knochen und dem Gehirn.

Klinische Merkmale bei Katzen

In einer Studie wurde eine Prädisposition von Katern für Blastomykose festgestellt, und Katzen im Alter von weniger als vier Jahren scheinen prädisponiert zu sein [1, 68, 71]. In einer anderen Fallserie mit acht Katzen waren die meisten Fälle jedoch weiblich und über sieben Jahre alt [67]. Darüber hinaus können Siam-, Abessinier- und Havanna-Brown-Katzen prädisponiert sein [1]. Eine Immunsuppression scheint bei der Prädisposition für die Krankheit keine Rolle zu spielen [67], und auch Katzen, die ausschließlich in Innenräumen gehalten werden, können betroffen sein [67, 72, 73].

Abb. 4 Seitliches
Thoraxröntgenbild einer
Katze mit pulmonaler
Blastomykose. Mit
freundlicher Genehmigung
der University of
California, Davis Veterinary
Medical Teaching Hospital
Diagnostic Imaging Service

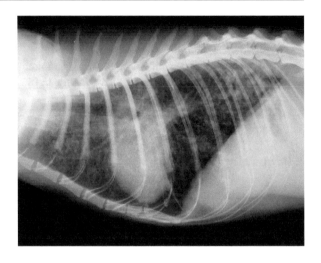

Die Krankheitsdauer zum Zeitpunkt der Diagnose reicht von weniger als einer Woche bis zu sieben Monaten, und zu den klinischen Symptomen gehören Dyspnoe, Husten, Anorexie, Lethargie, Gewichtsverlust, periphere Lymphadenopathie, Lahmheit, Zellulitis der Gliedmaßen, ZNS sowie kutane und okuläre Symptome (Abb. 4) [1, 66]. Eine kutane Beteiligung trat bei 23 % von 22 betroffenen Katzen [1], bei 63 % von acht Katzen in einer anderen Fallserie [67] und bei sechs weiteren Katzen [72, 74] auf. Zu den kutanen Anzeichen gehören nicht ulzerierte dermale Massen, ulzerative Hautläsionen, drainierende Abszesse oder Zellulitis [1, 67, 74].

Diagnostische Tests

Die Blutbefunde bei Katzen mit Blastomykose sind unspezifisch und deuten auf einen Entzündungsprozess hin, wie z. B. eine leichte nicht regenerative Anämie [67]. Es wurde auch über Hyperkalzämie und eine erhöhte Calcitriol-Konzentration berichtet [74]. Eine spezifische Diagnose der Blastomykose wird in der Regel durch eine zytologische Untersuchung von Abklatschpräparaten, Lavageproben oder Aspiraten (Haut, Lymphknoten oder Lunge) gestellt. Die Zytologie war in zwei Studien in vier von sechs Fällen diagnostisch bzw. in vier von fünf Fällen [68, 72]. *Blastomyces*-Hefen sind rund bis oval, haben einen Durchmesser von 10–20 μm, ein basophiles Zytoplasma, dicke und doppelt konturierte Wände und zeigen eine breit angelegte Knospung [66]. Typisch ist eine pyogranulomatöse Entzündungsreaktion, gelegentlich überwiegt jedoch eine eitrige Reaktion. Spezielle Färbungen wie PAS, Gridley's Pilzfärbung und GMS können beim Nachweis der Hefen helfen. Auch die Histologie von Gewebe- oder Knochenbiopsien, Pilzkulturen oder PCR können zur Diagnose einer Blastomykose herangezogen werden. Eine Kultur ist jedoch zeitaufwendig und stellt eine Gefahr für das Laborpersonal dar. Bisher wurden PCR-Tests hauptsächlich zu Forschungszwecken eingesetzt [75, 76], aber in einem Bericht wurde die PCR zur Bestätigung einer Blastomykosediagnose bei einer Katze aus einem nicht endemischen Land verwendet [70]. Die Serologie ist bei Katzen nicht gut ausgewertet worden. In einer Studie wurde nur eine von vier Katzen mit Blastomykose im Agargel-Immundiffusionstest (AGID) unter Verwendung von Blastomyces-Ganzzellantigen positiv getestet [1].

Behandlung und Prognose

Katzen mit Blastomykose werden in der Regel mit Itraconazol behandelt. Fluconazol scheint weniger wirksam zu sein als Itraconazol, könnte aber bei Infektionen der Harnwege, der Prostata und des ZNS aufgrund der besseren Penetration dieser Organe die geeignetere Behandlungsoption sein. Die zusätzliche Gabe von Amphotericin B bei Katzen mit schwerer Erkrankung, wie z. B. ZNS oder schwerer disseminierter Erkrankung, kann ebenfalls sinnvoll sein [71, 77]. Allerdings sprachen zwei Katzen mit schwerer Erkrankung, die mit Amphotericin B behandelt wurden, nicht gut auf die Behandlung an [78]. Neuere Triazole, darunter Voriconazol, Posaconazol und Isavuconazol, sind gegen *B. dermatitidis* wirksam. Sowohl Voriconazol als auch Posaconazol wurden erfolgreich zur Behandlung schwerer Blastomykosen beim Menschen eingesetzt, insbesondere bei Fällen mit ZNS-Beteiligung [79], doch sollte Voriconazol bei Katzen aufgrund ihrer Anfälligkeit für Voriconazol-Toxizität generell vermieden werden. Klinische Symptome und röntgenologische Läsionen können sich in den ersten Tagen der Behandlung als Folge der Entzündungsreaktion auf absterbende Organismen verschlechtern. Bei Patienten mit ZNS-Beteiligung und schwerer Atemwegserkrankung sollte eine kurzzeitige Gabe von Glukocorticoiden in entzündungshemmender Dosierung in Erwägung gezogen werden, obwohl nicht bekannt ist, ob dies letztlich das Ergebnis verbessert.

In einer Studie sprachen vier von acht Katzen positiv auf Itraconazol oder Fluconazol an [67], und in einer anderen Studie sprachen vier von sieben Katzen positiv auf eine chirurgische Resektion der Hautläsionen und die Verabreichung von Ketoconazol und Kaliumiodid an [1]. In einer anderen Studie überlebte jedoch nur eine von vier Katzen unter Itraconazol-Behandlung [72].

Kokzidioidomykose

Epidemiologie

Die Kokzidioidomykose ist auch bei Katzen weltweit eine seltene Erkrankung. Die größte Fallserie (48 Katzen) wurde aus Arizona gemeldet, wobei 41 Fälle über einen Zeitraum von drei Jahren diagnostiziert wurden [80]. Die Kokzidioidomykose ist endemisch in den semiariden Wüstenregionen im Südwesten der USA, im südlichen und zentralen Kalifornien, im südlichen Arizona, im südlichen New Mexico, im westlichen Texas, im südlichen Nevada und Utah sowie im nördlichen Mexiko und in Teilen Mittel- und Südamerikas [81].

Die Kokzidioidomykose wird durch *Coccidioides immitis* und *Coccidioides posadasii* verursacht. *Coccidioides immitis* kommt hauptsächlich in Kalifornien vor, während *C. posadasii* auch anderswo zu finden ist [82]. Es wurden keine signifikanten Unterschiede in der Morphologie oder im Krankheitsverlauf zwischen den beiden Organismen festgestellt [83]. Allerdings ist die Kokzidioidomykose in Kalifornien extrem selten, was darauf hindeutet, dass Katzen weniger empfänglich für *C.-immitis*-Infektionen sind oder dass Katzen in Gebieten, in denen *C. posadasii* vorkommt, in größerem Umfang exponiert sind [82].

Coccidioides spp. ist im Boden als Myzel vorhanden, das keimt und Arthrokonidien bildet, die freigesetzt und verbreitet werden, wenn der Boden aufgewühlt wird. Die Infektion erfolgt durch Einatmen dieser Arthrosporen, seltener auch durch direkte Inokulation der Organismen in die Haut. Die Verbreitung erfolgt, wenn das Immunsystem nicht in der Lage ist, die Vermehrung des Organismus in der Lunge einzudämmen.

Klinische Merkmale bei Katzen

Das Durchschnittsalter der betroffenen Katzen bei der Diagnose lag in einer Studie bei 6,2 Jahren [1] und in einer anderen bei neun Jahren [83], wobei das Alter zwischen drei und 17 Jahren lag. In einer Studie waren weibliche Katzen überrepräsentiert: 12 von 17 Fällen waren weiblich [83]. Es wurde keine Rassenprädilektion berichtet, und Immunsuppression scheint bei der Entwicklung der Krankheit keine Rolle zu spielen [83]. Obwohl der Zugang zu Auslauf wahrscheinlich ein Risikofaktor ist, können auch Katzen, die ausschließlich im Haus gehalten werden, an Kokzidioidomykose erkranken [83, 84]. Die gemeldete Dauer der klinischen Symptome vor der Diagnose der Kokzidioidomykose bei Katzen reichte von weniger als einer Woche bis zu einem Jahr, wobei bis zu 86 % der Tiere vor der Diagnose weniger als einen Monat lang klinische Symptome aufwiesen [1, 80, 83].

Bei Katzen wird die Diagnose meist erst gestellt, wenn sich die Krankheit ausgebreitet hat, und dermatologische Symptome sind die häufigsten Beschwerden bei Katzen mit ausgebreiteter Krankheit. Dermatologische Anzeichen wurden bei 56 % von 48 Katzen beobachtet [80]. Zu den kutanen Läsionen gehören plaqueartige Knötchen, Knötchen mit Drainagekanälen, Alopezie, Narbenbildung und Verhärtungen mit Drainagekanälen, Papeln, Pusteln und Zungenulzerationen [80, 83, 85]. Auch eine regionale Lymphadenopathie kann vorhanden sein. Mehr als die Hälfte der Katzen mit dermatologischen Symptomen wies auch klinische Anzeichen einer systemischen Erkrankung wie Fieber, Lethargie, Gewichtsverlust, Anorexie, Lahmheit oder Husten auf [83].

Respiratorische Symptome wie Husten oder Tachypnoe wurden nur bei 25 % der Katzen mit Kokzidioidomykose festgestellt [80]. Eine Lungenbeteiligung ist jedoch wahrscheinlich häufiger, da bei vielen Katzen dieser Studie keine Thoraxröntgenaufnahmen gemacht wurden und in einer anderen Studie bei der Nekropsie in fast allen Fällen eine Lungeninfektion festgestellt wurde [81]. Auf den Thoraxröntgenbildern finden sich Lymphadenopathie, interstitielle oder gemischte interstitielle und bronchointerstitielle Lungenmuster und selten eine Pleuraverdickung oder ein Pleuraerguss [80]. Zu den weiteren berichteten klinischen Symptomen gehören okuläre Anzeichen wie Chorioretinitis, anteriore Uveitis, Netzhautablösung, Panophthalmitis, ZNS-Anzeichen (mit intrakraniellen oder Rückenmarksläsionen) wie Krampfanfälle, Hyperästhesie, Verhaltensänderungen, Schwäche der Beckengliedmaßen und Ataxie sowie muskuloskelettale Anzeichen wie Lahmheit [80, 81, 84, 86, 87].

Restriktive Perikarditis, Perikarderguss und rechtsseitige Herzinsuffizienz werden bei Hunden mit Kokzidioidomykose berichtet, sind aber bei Katzen nicht beschrieben worden [81]. Allerdings wurde bei der Nekropsie bei 26 % der Katzen mit Kokzidioidomykose eine Perikardbeteiligung festgestellt, obwohl bei allen Katzen der Studie keine klinischen Anzeichen für eine Herzerkrankung vorlagen [81].

Diagnostische Tests

Bei Katzen mit Kokzidioidomykose gehören zu den Laboranomalien nicht regenerative Anämie, Leukozytose, Leukopenie, Hypoalbuminämie und Hyperglobulinämie [80, 87]. Im Gegensatz zum Menschen wurde bei Katzen mit Kokzidioidomykose keine Eosinophilie festgestellt [88]. Die Sensitivität und Spezifität der Serologie für die Diagnose der Kokzidioidomykose bei Katzen ist unbekannt. Die meisten kommerziellen Labors führen AGID-Tests für Immunglobulin-G- (IgG) und Immunglobulin-M- (IgM) Antikörper durch. Bei 39 Katzen mit Kokzidioidomykose waren alle Tiere zu irgendeinem Zeitpunkt während ihrer Erkrankung seropositiv [80]. Zum Zeitpunkt der Diagnose waren 29 Katzen positiv für IgM-Antikörper (Tubenpräzipitin) und sechs Katzen waren negativ für IgM, aber positiv für IgG-Antikörper (Komplementfixierung). Die Titer der IgG-Antikörper reichten von 1:2 bis 1:128, wobei 31 Katzen Titer $\geq$ 1:16 aufwiesen.

Eine zytologische Bestätigung kann durch die Auswertung von Aspiraten befallener Lymphknoten, Hautläsionen, Lungen, Pleuraergüssen sowie bronchoalveolärer Lavage erfolgen, ist jedoch im Vergleich zu anderen tiefen Mykosen relativ unempfindlich für die Diagnose einer Kokzidioidomykose [82]. In der Zytologie zeigt sich häufig eine granulomatöse oder pyogranulomatöse Entzündung, manchmal mit seltenen vielkernigen Riesenzellen, wenigen Eosinophilen und/oder reaktiven Lymphozyten. Gelegentlich überwiegt eine eitrige Entzündungsreaktion. Wenn der Organismus zu sehen ist, erscheint er als große (10–80 µm) runde, tief basophile, doppelwandige Sphäre, die Endosporen enthalten kann. Die Endosporen haben einen Durchmesser von 2–5 µm, sind von einem dünnen, nicht färbenden Halo umgeben und haben kleine, runde bis ovale, dicht aggregierte exzentrische Kerne. Diff-Quik- und Wright-Färbungen können zur besseren Visualisierung verwendet werden.

Ebenso müssen unter Umständen mehrere Biopsieproben untersucht werden, um den Organismus histologisch zu identifizieren. Die Verwendung spezieller Färbemittel wie PAS- oder GMS-Färbungen kann erforderlich sein.

Strukturen von *Coccidioides* spp. wurden in der Zytologie oder Histologie von Exsudaten oder Gewebeproben nur bei 56 % von 48 Katzen gefunden [80]. In Kulturen von Exsudaten oder Geweben wuchsen *Coccidioides* nur bei 23 % dieser Katzen, sodass eine negative Kultur die Diagnose einer Coccidioidomykose nicht ausschließt. *Coccidioides* spp. können auf routinemäßigen Pilzmedien isoliert werden, aber das Wachstum in Kulturen stellt ein ernstes Gesundheitsrisiko für das Laborpersonal dar und sollte nur bei Bedarf und in entsprechend ausgestatteten Labors durchgeführt werden.

Über die Verwendung von PCR-Tests zur Unterstützung der Diagnose von Kokzidioidomykose wurde bei Katzen noch nicht berichtet.

Behandlung und Prognose

Itraconazol oder Fluconazol werden in der Regel zur Behandlung der felinen Kokzidioidomykose eingesetzt, aber auch Ketoconazol wurde in der Vergangenheit verwendet. Von 53 Katzen, bei denen eine Kokzidioidomykose diagnostiziert und überwiegend mit Ketoconazol behandelt wurde, überlebten 67 % die Behandlung [1]. Die durchschnittliche Behandlungsdauer betrug zehn Monate.

Fluconazol kann bei Patienten mit Augen- und ZNS-Beteiligung verwendet werden, da es besser in die Augen und das ZNS eindringt [86, 87]. Itraconazol wird bei Tieren mit Knochenbefall bevorzugt und für Tiere empfohlen, die auf eine Behandlung mit Fluconazol nicht ansprechen. Bei Menschen wurde bei nicht meningealen Fällen eine Tendenz zu einer etwas größeren Wirksamkeit von Itraconazol gegenüber Fluconazol festgestellt, die jedoch statistisch nicht signifikant war [89]. Darüber hinaus wird für die Behandlung von menschlichen Patienten mit sehr schwerer und/oder schnell fortschreitender akuter pulmonaler oder disseminierter Kokzidioidomykose die Anwendung von Amphotericin B empfohlen, gefolgt von Fluconazol, sobald sich die Patienten stabilisiert haben [90].

Bei menschlichen Patienten, bei denen die Standardtherapie versagt, wurde über eine Behandlung mit Posaconazol oder Voriconazol berichtet, die zu etwa 70 % zu einer Besserung führte, wobei Posaconazol im Vergleich zu Voriconazol etwas bessere Ergebnisse erzielte [87, 91]. Auch der Einsatz von Echinocandinen in Kombination mit Voriconazol bei refraktären Patienten wurde als erfolgreich bezeichnet [92]. Allerdings sollte Voriconazol bei Katzen aufgrund ihrer Anfälligkeit für schwere Voriconazol-Toxizität vermieden werden.

> **Kasten 2: Schimmelpilzinfektionen**
> - Schimmelpilzinfektionen kommen bei Katzen weniger häufig vor als bei Hunden.
> - Kutane Symptome sind bei Aspergillose bei Katzen selten. *Aspergillus* spp. verursachen sino-nasale Aspergillose und sino-orbitale Aspergillose bei Katzen mit einer Prädisposition für brachyzephale Katzen. Sie verursachen auch selten eine disseminierte Erkrankung, die in der Regel bei immunschwachen Katzen auftritt.

- Hyalohyphomykose und Phäohyphomykose sind kutane und subkutane Infektionen, die in der Regel durch traumatische Implantation von Pilzen aus der Umwelt erworben werden. Die meisten Katzen sind immunkompetent.
- Die Zygomykose wird durch Einatmen, Verschlucken oder Kontamination von Wunden erworben. Eine gleichzeitige Immunsuppression ist häufig.
- Die Pythiose wird durch das Eindringen erworbener beweglicher Zoosporen von Biflagellaten aus dem aquatischen Milieu durch beschädigte Haut oder Magen-Darm-Schleimhäute verursacht. Sie äußert sich bei Katzen meist als kutane und subkutane Läsionen.
- Die vollständige chirurgische Entfernung des befallenen Gewebes mit breiten Rändern ist die Behandlung der Wahl bei Hyalohyphomykose, Phäohyphomykose, Zygomykose und Pythiose, da die Behandlung mit Anti-Pilz-Mitteln in der Regel nicht heilend wirkt.

Aspergillose

Epidemiologie

Aspergillus-Arten sind ubiquitäre saprophytische Schimmelpilze, die weltweit im Boden und in verrottender Vegetation vorkommen [93]. Arten, die Katzen befallen, werden in der Regel zum *A.-fumigatus*-Komplex gezählt (*Aspergillus fumigatus, Neosartorya* spp., *Aspergillus lentulus* und *Aspergillus udagawae*) [94]. Die Mitglieder des *A.-fumigatus*-Komplexes können durch phänotypische Tests allein nicht zuverlässig identifiziert werden und benötigen zur Identifizierung molekulare Techniken [94]. *Aspergillus flavus, Aspergillus nidulans, Aspergillus niger, Aspergillus terreus, Aspergillus udagawae* und *Aspergillus felis* wurden ebenfalls in einigen wenigen Fällen nachgewiesen (s. auch Kasten 2) [93, 95, 96].

Klinische Merkmale bei Katzen

Die häufigsten Formen der Aspergillose bei Katzen sind die sino-nasale Aspergillose (SNA) und die sino-orbitale Aspergillose (SOA). Die Entwicklung einer lokalisierten sino-nasalen oder sino-orbitalen Infektion lässt auf Defekte der lokalen Abwehrmechanismen schließen. Unter normalen Bedingungen werden Infektionen durch physikalische Barrieren wie die mukoziliäre Clearance und das lokale angeborene Immunsystem (Makrophagen und Neutrophile) verhindert [97]. Brachycephale Rassen, insbesondere Perserkatzen und Himalayakatzen, sind prädisponiert [93]. Es wurde vermutet, dass dies auf eine verminderte mukoziliäre Clearance zurückzuführen ist [93]. Weitere mögliche Risikofaktoren sind frühere virale Infektionen der oberen Atemwege, entzündliche Rhinitis und die Einnahme von Glukocorticoiden oder – weniger wahrscheinlich – eine frühere Antibiotikabehandlung [95, 97]. Es wurde kein Zusammenhang zwischen Aspergillose und felinen Retrovirus-Infektionen berichtet [94]. Das Alter der betroffenen Katzen liegt zwischen 1,5 und 13 Jahren (Median 5 Jahre), wobei es keine eindeutige Geschlechtsprädisposition gibt [94]. Die Dauer der klinischen Symptome vor der Diagnose reichte von weniger als fünf Tagen bis zu mehr als sechs Wochen in einer Studie [1].

Zu den klinischen Anzeichen der SNA gehören Niesen, ein- oder beidseitiger seröser bis mukopurulenter Nasenausfluss, manchmal Epistaxis und seltener stertorische Atmung, Granulombildung, aus den Nasenlöchern ragende Weichteilmassen und Knochenlyse. Die SOA ist eine invasivere Form der SNA mit Beteiligung des Retrobulbärraums. Zu den klinischen Anzeichen gehören einseitiger Exophthalmus, Vorfall des dritten Augenlids, Hyperämie der Bindehaut und Keratitis. Bei schwerem retrobulbärem Befall kann eine Masse im kaudalen Bereich der Mundhöhle beobachtet werden (Abb. 5). ZNS-Beteiligung, regionale Lymphadenopathie und Fieber sind ebenfalls beschrieben worden.

Eine systemische Aspergillose bei Katzen ist selten und geht meist mit einer Immunschwäche einher. Bei zwei Katzen mit Diabetes mellitus wurde über eine *Aspergillus-niger*-Pneumonie berichtet [98], bei 38 Katzen über eine disseminierte Aspergillose, wobei bei mehr als der Hälfte dieser Katzen gleichzeitig eine immunsupprimierende Erkrankung vorlag (hauptsächlich Panleukopenie, FeLV und infektiöse Katzenperitonitis) [1, 99].

Eine kutane Erkrankung ist ebenfalls eine sehr seltene Manifestation der Aspergillose bei Katzen. Bei einer Katze mit naso-sinusaler Aspergillose wurde über eine kutane Beteiligung der naso-okulären Region berichtet [100], und bei einer anderen Katze wurde *Aspergillus vitricola* aus einer aurikulären Läsion kultiviert [101].

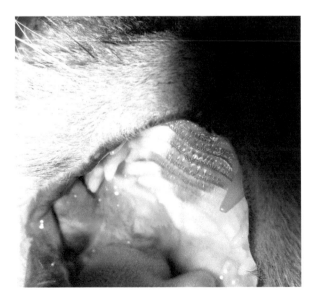

Abb. 5 Masse an der kaudalen Seite der Mundhöhle einer Katze mit sino-orbitaler Aspergillose

Diagnostische Tests

Die Diagnose von SNA und SOA erfordert eine Kombination von Tests wie bildgebende Untersuchungen, Rhinoskopie, Zytologie und/oder Histologie und Pilzkulturen. Bildgebende Verfahren wie die Computertomographie (CT) oder die Magnetresonanztomographie (MRT) des Kopfes können eingesetzt werden, um die Zerstörung der Nasenmuscheln, der Nasenscheidewand und der cribriformen Platte sowie die Beteiligung der Nasennebenhöhlen und des retrobulbären Raums zu untersuchen. Bei der Rhinoskopie können eine Zerstörung der Nasenmuscheln und weiß-graue Plaques zu sehen sein [102].

Die zytologische Untersuchung von blind oder rhinoskopisch entnommenen Schleimhautabstrichen, Bürstenproben aus der Nasenhöhle, Nasenbiopsien von Katzen mit SNA oder die zytologische Untersuchung von ultraschall- oder CT-gesteuerten Aspiraten retrobulbärer Massen von Katzen mit SOA zeigen häufig eine gemischte, überwiegend pyogranulomatöse Entzündung. Manchmal werden *Aspergillus*-Hyphen gesehen, aber falsch-negative Ergebnisse sind häufig.

Aspergillus fumigatus kann in der Regel innerhalb weniger Tage bis Wochen auf Routinemedien wachsen und stellt keine nennenswerte Gefahr für das Laborpersonal dar. Liegen keine unterstützenden rhinoskopischen, zytologischen oder histopathologischen Befunde vor, müssen positive Kulturen aus der Nasenhöhle vorsichtig interpretiert werden, da *Aspergillus* spp. ubiquitär sind und daher falsch-positive Ergebnisse keine Seltenheit sind. Wann immer es möglich ist, sollten Pilzkulturen von Proben vorgelegt werden, die nach rhinoskopischer Anleitung entnommen wurden, um die Sensitivität zu erhöhen [103]. Das Wachstum von *Aspergillus* aus Aspiraten oder Biopsieproben von einer normalerweise sterilen Stelle, wie z. B. einer retrobulbären Masse, deutet stark auf die Diagnose einer SOA hin. In einer Studie waren Pilzkulturen bei 22 von 23 Katzen mit SNA oder SOA positiv [94], aber in einer anderen Studie war die Sensitivität der Kultur geringer. [104] Die Verwendung serologischer Tests (Antikörper- und Antigentests) zur Diagnose von Aspergillose bei Katzen hat sich als unzuverlässig erwiesen [93, 94, 96, 102, 104].

Behandlung und Prognose

Die Behandlung von SNA bei Katzen ist ähnlich wie bei Hunden. Die intranasale Infusion von Clotrimazol über eine Stunde wurde bei drei Katzen mit guten Ergebnissen beschrieben [97, 102]. Die Behandlung von SOA und disseminierter Aspergillose erfordert eine systemische antimykotische Behandlung (Monotherapie oder eine Kombination aus zwei antimykotischen Behandlungen), aber die Prognose ist vorsichtig bis schlecht. Zu den antimykotischen Medikamenten, die für die Behandlung der SOA und der disseminierten Aspergillose eingesetzt werden, gehören Itraconazol, Amphotericin B, Posaconazol, Voriconazol, Terbinafin, Caspofungin und Micafungin [28, 94, 105, 106]. Voriconazol wird wegen des Potenzials für schwere Toxizität bei Katzen nicht empfohlen. Fluconazol und Flucytosin werden nicht empfohlen, da *Aspergillus*-Spezies von Natur aus resistent gegen diese Antimykotika sind [107]. Darüber hinaus sind hohe minimale Hemmkonzentrationen (MHK) für Ketoconazol bei *Aspergillus*-Spezies üblich.

In einer australischen Studie aus dem Jahr 2015, in der die Resistenz gegen Fungizide von *Aspergillus-fumigatus*-Isolaten bei Hunden und Katzen untersucht wurde, wies die große Mehrheit der Isolate niedrige MHKs für Itraconazol, Voriconazol, Posaconazol, Clotrimazol und Enilconazol auf [107]. Interessanterweise wiesen sieben Isolate hohe MHKs für Amphotericin B auf.

Aspergillus felis weist hohe MHKs für viele Anti-Pilz-Wirkstoffe auf [108]. Es wurden hohe MHKs von *A.-felis*-Isolaten für mindestens eines der Triazole und Kreuzresistenzen zwischen mehreren Triazolen beobachtet. Darüber hinaus wurde für ein Isolat eine hohe MHK für Caspofungin beschrieben.

Andere Schimmelpilzarten

Hyalohyphomykose

Die Hyalohyphomykose wird durch nicht dematiforme (hyaline, nicht pigmentierte) Schimmelpilze verursacht. Eine retrospektive Studie aus dem Vereinigten Königreich, in der 77 Katzen mit knotigen granulomatösen Hautläsionen durch Pilze untersucht wurden, ergab, dass die häufigsten Erreger Hyalohyphomyceten waren [109]. Zu den berichteten Arten, die mit Krankheiten bei Katzen in Verbindung gebracht werden, gehören u. a. *Fusarium*, *Acremonium*, *Paecilomyces* spp. und *Metarhizium* spp. [109–115].

Es handelt sich um fadenförmige Pilze, die im Boden und auf Pflanzen vorkommen und weltweit verbreitet sind.

Hyalohyphomykose wurde bei Katzen mit kutanen Knötchen, Rhinosinusitis, Pneumonie, Pododermatitis und Keratitis diagnostiziert.

Die Diagnose wird durch Zytologie, Histologie und Pilzkultur gestellt. Die zytologische und histologische Untersuchung zeigt in der Regel eine pyogranulomatöse Entzündung in Verbindung mit nicht pigmentierten, häufig septierten, verzweigten Hyphen, die oft pleomorph sind. Es wird empfohlen, eine Kultur anzulegen und den Erreger ordnungsgemäß zu identifizieren, um die Wahl der Anti-Pilz-Behandlung zu erleichtern, da einige Arten vorhersehbar weniger empfindlich auf herkömmliche Anti-Pilz-Wirkstoffe reagieren. Da es sich bei diesen Pilzen jedoch um häufige Laborkontaminanten handelt und sie manchmal auch von der Haut oder den Haaren gesunder Tiere isoliert werden können, sollten positive Kulturen von nicht sterilen Stellen im Hinblick auf das klinische Bild in Betracht gezogen werden.

Wann immer möglich, ist die vollständige chirurgische Entfernung des betroffenen Gewebes mit breiten Rändern die Behandlung der Wahl, gefolgt von einer Anti-Pilz-Therapie für 3–6 Monate.

Zu den am häufigsten verwendeten Medikamenten zur Behandlung der Hyalohyphomykose bei Kleintieren gehören Itraconazol und Amphotericin B, aber die verschiedenen Pilzarten sind unterschiedlich empfindlich gegenüber Antipilzmitteln. Posaconazol und die Echinocandine, wie Caspofungin, können gegen diese Pilze wirksamer sein als Itraconazol. *Fusarium* spp. sind von Natur aus resistent gegen Glukansynthesehemmer wie Caspofungin; in Kombination mit Amphotericin B können diese jedoch eine synergistische Wirkung haben [112].

Phaeohyphomykose

Phaeohyphomyceten sind filamentöse Pilze, die ein melaninähnliches Pigment in den Wänden der Hyphen enthalten und gelegentlich opportunistische Infektionen bei Katzen verursachen. Das Pigment spielt eine wichtige Rolle bei der Virulenz und Pathogenität dieser Erreger, da es den Pilzen hilft, der Immunantwort des Wirts zu entgehen, indem es den hydrolytischen enzymatischen Angriff und das Abfangen freier Radikale verhindert, die von phagozytischen Zellen während des oxidativen Ausbruchs freigesetzt werden [116]. Zu den Arten, die bei Katzen Krankheiten verursacht haben, gehören *Exophiala* spp., *Alternaria* spp., *Cladosporium* spp., *Phialophora* spp., *Cladophialophora* spp., *Ulocladium* spp., *Microsphaeropsis* spp., *Fonsecae* spp., *Moniliella* spp. und *Aureobasidium* spp., neben anderen [101, 112, 116–129]. *Cladosporium* spp. verbreiten sich möglicherweise eher bei immunkompetenten Katzen. Darüber hinaus zeigt *Cladophialophora bantiana* aus der Gattung *Cladophialophora* im Vergleich zu anderen Pilzen einen ausgeprägten Neurotropismus [123, 129, 130].

Phaeohyphomyceten sind weltweit im Boden, in Holz und in sich zersetzenden Pflanzenresten zu finden. Infektionen erfolgen in der Regel durch kutane Inokulation, was zu kutanen und subkutanen Infektionen führt (Abb. 6). Die meisten Läsionen bei Katzen treten am Kopf oder an den Extremitäten auf, und in der Regel ist ein einzelnes Knötchen vorhanden. Systemische Krankheitsanzeichen sind in der Regel nicht vorhanden. In seltenen Fällen kann es auch zu einer Ingestion oder Inhalation von Sporen kommen, die eine tiefe Infektion verursachen [123].

Zu den Faktoren, die Katzen für Phäohyphomykosen prädisponieren, gehören die Behandlung mit immunsuppressiven Mitteln, gleichzeitige Erkrankungen oder

Abb. 6 Subkutane Phäohyphomykose in Verbindung mit einer Schwellung der distalen Gliedmaßen einer Katze

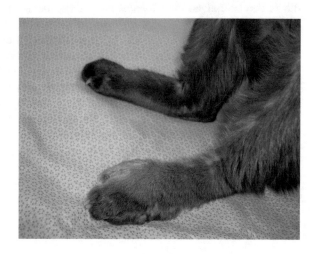

ein altersbedingter unspezifischer Verlust der Immunität. In den meisten Fällen wird jedoch keine offensichtliche Immunsuppression festgestellt [117], obwohl die Mehrheit der Katzen in den Berichten nicht auf FIV und FeLV getestet wurde.

Die Diagnose wird durch Zytologie, Histologie und Pilzkultur gestellt. Die Zytologie des Exsudats zeigt in der Regel eine pyogranulomatöse Entzündung, die pigmentierte Pilzhyphen, Pseudohyphen und/oder hefeartige Zellen enthalten kann. Eine Pilzkultur wird für die richtige Diagnose empfohlen. Für den Nachweis von Anti-Alternaria-IgG-Antikörpern im Serum von Hauskatzen wurde ein indirekter ELISA entwickelt. Katzen mit einer durch *Alternaria* verursachten Erkrankung wiesen jedoch keine signifikant höheren Antikörperkonzentrationen auf als gesunde Katzen oder Katzen mit anderen Erkrankungen [131].

Die vollständige chirurgische Entfernung des befallenen Gewebes mit breiten Rändern ist, wann immer möglich, die Behandlung der Wahl, gefolgt von einer Anti-Pilz-Therapie für 3–6 Monate. Wenn eine vollständige chirurgische Entfernung nicht möglich ist, ist die Prognose verhalten. Phäohyphomykosen haben nämlich häufig rezidivierende klinische Verläufe und sind gegenüber vielen Antimykotika refraktär. Bei disseminierter oder zerebraler Infektion ist die Behandlung selten erfolgreich, und die Prognose ist schlecht. Ketoconazol, Itraconazol, Amphotericin B, Flucytosin und Terbinafin wurden mit unterschiedlichen Ergebnissen zur Behandlung der Phäohyphomykose bei Katzen eingesetzt [125, 127]. Es wurde eine Kombinationstherapie mit Terbinafin und einem Azol-Antimykotikum wie Itraconazol oder Posaconazol vorgeschlagen [128]. Wenn eine Besserung eintritt, wird eine Langzeitbehandlung (6–12 Monate) empfohlen, um ein Wiederauftreten der Läsionen zu verhindern.

Zygomykose

Zygomyzeten sind opportunistische Organismen, die im Boden, im Wasser, in sich zersetzendem Material und Fäkalien vorkommen. Zu ihnen gehören Organismen, die zu den Gattungen *Basidiobolus* und *Conidiobolus* in der Ordnung Entomophthorales und zu den Gattungen *Rhizopus*, *Absidia*, *Mucor*, *Saksenaea* und anderen in der Ordnung Mucorales gehören [132]. Es wird angenommen, dass die Infektion durch Einatmen, Verschlucken oder Kontamination von Wunden erworben wird. Es gibt seltene Berichte über Infektionen mit *Mucor* spp. bei Katzen, darunter ein Fall von Hirnmykose, subkutaner Infektion und Duodenalperforation, verursacht durch *Rhizomucor* spp. [29, 133, 134]. Darüber hinaus wurden in einer Nekropsiestudie zwölf Fälle mit Verdacht auf Mukormykose gemeldet, die histologisch diagnostiziert wurden [99]. Die Läsionen bei den meisten dieser Katzen betrafen den Magen-Darm-Trakt oder die Lunge, und sechs der zwölf Katzen litten möglicherweise an einer Immunsuppression.

Eine *Conidiobolus*-Infektion wurde bei einer 3-jährigen Katze mit einer ulzerativen Läsion des harten Gaumens vermutet [132].

Die endgültige Diagnose einer Zygomykose wird auf der Grundlage einer zytologischen oder histopathologischen Untersuchung in Kombination mit einer Pilzkultur gestellt. Zytologische und histologische Befunde umfassen pyogranulo-matöse, eitrige oder eosinophile Entzündungen. Manchmal werden breite (> 8 µm), schlecht septierte Hyphen mit dicken, hervorstehenden eosinophilen Hülsen beob-achtet. Bei der mikroskopischen Untersuchung von mazeriertem Gewebe, das in 10 %igem Kaliumhydroxid aufgeschlossen wurde, lassen sich die Hyphenelemente mit größerer Wahrscheinlichkeit erkennen. Die Färbung histopathologischer Proben mit GMS- und PAS-Färbemitteln kann ebenfalls zur Sichtbarmachung von Hyphen-elementen beitragen.

Bei Zygomykose wird eine umfassende chirurgische Exzision (wann immer möglich) in Kombination mit einer langfristigen medizinischen Behandlung empfohlen. Zygomyzeten sind unterschiedlich empfindlich gegenüber Anti-Pilz-Medikamenten. Posaconazol und Amphotericin B gelten als die wirksamsten An-timykotika für Mukor-Infektionen beim Menschen [29]. In einigen Fällen von Zygomykose beim Menschen führte die Behandlung mit Itraconazol ebenfalls zu einem guten Ergebnis [135, 136].

Pythiose

Die Pythiose wird durch den aquatischen Oomyceten *Pythium insidiosum* verur-sacht. Oomyceten sind Boden- und Wasserorganismen, die phylogenetisch weit von den Pilzen entfernt und enger mit den Algen verwandt sind [132]. Chitin, ein wesentlicher Bestandteil der Zellwand von Pilzen, fehlt in der Regel in der Zell-wand von Oomyceten, die stattdessen überwiegend Cellulose und β-Glukan enthält [132]. Auch Ergosterol ist im Gegensatz zu Pilzorganismen kein Hauptsterol in der Oomyceten-Zellmembran.

Bei der infektiösen Form von *P. insidiosum* handelt es sich um eine bewegliche biflagellate Zoospore, die in Gewässer freigesetzt wird und eine Infektion verursacht, indem sie beschädigte Haut oder Magen-Darm-Schleimhaut durchdringt. Die Py-thiose tritt am häufigsten in tropischen und subtropischen Klimazonen auf; es wurde jedoch auch über Infektionen bei Tieren aus gemäßigten Zonen berichtet [137]. Sie ist in den USA endemisch (vor allem in den Golfküstenstaaten), und Fälle treten auch in Südostasien, an der Ostküste Australiens, in Neuseeland und Südamerika auf [132].

Pythiose ist bei Katzen extrem selten und manifestiert sich in der Regel als sub-kutane Läsionen (einschließlich in der Leisten-, Schwanzkopf- oder periorbitalen Region), drainierende knotige Läsionen oder ulzerierte plaqueartige Läsionen an den Extremitäten [132]. Es wurde auch über eine Katze mit nasaler und retrobulbä-rer Masse [138], eine Katze mit einer sublingualen Masse [139] und zwei Katzen mit gastrointestinaler Pythiose [137] berichtet. Spezifische Rassen- und Geschlechts-präferenzen wurden nicht beobachtet, aber junge Katzen könnten prädisponiert sein. Von zehn Katzen mit kutanen Läsionen, die durch *P. insidiosum* verursacht wurden, waren fünf jünger als zehn Monate, mit einer Altersspanne von vier Mona-ten bis neun Jahren [132].

Zytologische und histologische Untersuchungen zeigen eosinophile und granu-lomatöse Entzündungen mit ausgeprägter Fibrose und Nekrose [137]. Erschwerend kommt hinzu, dass *P. insidiosum* in der Regel keine H&E-Färbung zeigt und nur in geringer Zahl vorhanden sein kann. Die Hyphen erscheinen in nekrotischen Bereichen und Granulomen als klare runde oder ovale bis längliche Strukturen, die durch einen schmalen Rand aus eosinophilem Material abgegrenzt sind. Sie färben auch schlecht mit PAS, können aber mit der GMS-Färbung beobachtet werden. Die Hyphen sind selten septiert, verzweigen sich und haben einen Durchmesser von 2,5–8,9 mm mit dicken Wänden im Vergleich zu den Septen und mit fast parallelen Seiten [137]. Eine Unterscheidung zwischen Pythiose, Lagidiose und Zygomykose auf der Grundlage einer routinemäßigen histologischen Untersuchung ist in der Regel nicht möglich, da die Unterschiede in den histologischen Merkmalen subtil sind, obwohl sich *Mucor* spp. mit H&E-, PAS- und GMS-Färbungen gleich gut färben lassen.

Eine Gewebekultur oder die Verwendung von Immunhistochemie, PCR und/ oder Serologie können bei der Diagnose helfen [137]. Die Kultur von Exsudaten ist in der Regel erfolglos, und die Kultur von Geweben erfordert eine spezielle Handhabung der Proben (ungekühlte, feucht gehaltene Gewebe) und Kulturtechniken. Die Identität der in der Kultur isolierten Organismen kann durch PCR-Sequenzierung bestätigt werden [140].

Darüber hinaus wurden Immunoblot-Serologie und ELISA-Techniken erfolgreich eingesetzt, um die Diagnose der Pythiose bei einigen wenigen Katzen zu unterstützen [137, 138, 141].

Die Behandlung der Wahl bei Pythiose ist eine aggressive chirurgische Resektion des infizierten Gewebes mit Rändern von 3–4 cm, wann immer möglich. Eine alleinige medikamentöse Therapie der Pythiose ist in der Regel nicht erfolgreich. Dies liegt wahrscheinlich daran, dass Ergosterol, das Ziel der meisten Anti-Pilz-Medikamente, in der Regel in der Zellmembran der Oomyceten fehlt. Bei Hunden kann eine Kombination aus Itraconazol und Terbinafin zur Beseitigung unvollständig resezierter oder nicht resezierbarer Läsionen wirksam sein. Auch Ketoconazol wurde bereits eingesetzt [138]. Der kurzfristige Einsatz von Prednison wird bei Hunden mit gastrointestinaler Pythiose zur Verbesserung der klinischen Symptome (Erbrechen, verminderter Appetit) empfohlen [140].

Literatur

1. Davies C, Troy GC. Deep mycotic infections in cats. J Am Anim Hosp Assoc. 1996;32:380–91.
2. Sykes JE, Taboada J. Histoplasmosis. In: Sykes JE, Herausgeber. Canine and feline infectious diseases. St Louis: Elsevier Saunders; 2014. S. 587–98.
3. Kano R, Hosaka S, Hasegawa A. First isolation of *Cryptococcus magnus* from a cat. Mycopathologia. 2004;157:263–4.
4. Poth T, Seibold M, Werckenthin C, Hermanns W. First report of a *Cryptococcus magnus* infection in a cat. Med Mycol. 2010;48:1000–4.
5. Kano R, Kitagawat M, Oota S, Oosumi T, Murakami Y, Tokuriki M, et al. First case of feline systemic *Cryptococcus albidus* infection. Med Mycol. 2008;46:75–7.
6. O'Brien CR, Krockenberger MB, Wigney DI, Martin P, Malik R. Retrospective study of feline and canine cryptococcosis in Australia from 1981 to 2001: 195 cases. Med Mycol. 2004;42:449–60.

7. Lester SJ, Malik R, Bartlett KH, Duncan CG. Cryptococcosis: update and emergence of Cryptococcus gattii. Vet Clin Pathol. 2011;40:4–17.
8. Pennisi MG, Hartmann K, Lloret A, Ferrer L, Addie D, Belak S, et al. Cryptococcosis in cats: ABCD guidelines on prevention and management. J Feline Med Surg. 2013;15:611–8.
9. McGill S, Malik R, Saul N, Beetson S, Secombe C, Robertson I, et al. Cryptococcosis in domestic animals in Western Australia: a retrospective study from 1995–2006. Med Mycol. 2009;47:625–39.
10. Malik R, Wigney DI, Muir DB, Gregory DJ, Love DN. Cryptococcosis in cats: clinical and mycological assessment of 29 cases and evaluation of treatment using orally administered fluconazole. J Med Vet Mycol. 1992;30:133–44.
11. Trivedi SR, Sykes JE, Cannon MS, Wisner ER, Meyer W, Sturges BK, et al. Clinical features and epidemiology of cryptococcosis in cats and dogs in California: 93 cases (1988–2010). J Am Vet Med Assoc. 2011;239:357–69.
12. Jacobs GJ, Medleau L, Calvert C, Brown J. Cryptococcal infection in cats: factors influencing treatment outcome, and results of sequential serum antigen titers in 35 cats. J Vet Intern Med. 1997;11:1–4.
13. Castrodale LJ, Gerlach RF, Preziosi DE, Frederickson P, Lockhart SR. Prolonged incubation period for *Cryptococcus gattii* infection in cat, Alaska, USA. Emerg Infect Dis. 2013;19:1034–5.
14. Myers A, Meason-Smith C, Mansell J, Krockenberger M, Peters-Kennedy J, Ross Payne H, et al. Atypical cutaneous cryptococcosis in four cats in the USA. Vet Dermatol. 2017;28: 405–e97.
15. Odom T, Anderson JG. Proliferative gingival lesion in a cat with disseminated cryptococcosis. J Vet Dent. 2000;17:177–81.
16. Siak MK, Paul A, Drees R, Arthur I, Burrows AK, Tebb AJ, et al. Otogenic meningoencephalomyelitis due to *Cryptococcus gattii* (VGII) infection in a cat from Western Australia. JFMS Open Rep. 2015;1:2055116915585022.
17. Sykes JE, Malik R. Cryptococcosis. In: Sykes JE, Herausgeber. Canine and feline infectious diseases. St Louis: Elsevier Saunders; 2014. S. 599–612.
18. Trivedi SR, Malik R, Meyer W, Sykes JE. Feline cryptococcosis: impact of current research on clinical management. J Feline Med Surg. 2011;13:163–72.
19. Guess T, Lai H, Smith SE, Sircy L, Cunningham K, Nelson DE, et al. Size matters: measurement of capsule diameter in *Cryptococcus neoformans*. J Vis Exp. 2018;132:1–10.
20. Ranjan R, Jain D, Singh L, Iyer VK, Sharma MC, Mathur SR. Differentiation of histoplasma and cryptococcus in cytology smears: a diagnostic dilemma in severely necrotic cases. Cytopathology. 2015;26:244–9.
21. Sykes JE, Hodge G, Singapuri A, Yang ML, Gelli A, Thompson GR 3rd. In vivo development of fluconazole resistance in serial *Cryptococcus gattii isolates* from a cat. Med Mycol. 2017;55:396–401.
22. Kano R, Okubo M, Yanai T, Hasegawa A, Kamata H. First isolation of azole-resistant *Cryptococcus neoformans* from feline cryptococcosis. Mycopathologia. 2015;180:427–33.
23. Mondon P, Petter R, Amalfitano G, Luzzati R, Concia E, Polacheck I, et al. Heteroresistance to fluconazole and voriconazole in *Cryptococcus neoformans*. Antimicrob Agents Chemother. 1999;43:1856–61.
24. O'Brien CR, Krockenberger MB, Martin P, Wigney DI, Malik R. Long-term outcome of therapy for 59 cats and 11 dogs with cryptococcosis. Aust Vet J. 2006;84:384–92.
25. Middleton SM, Kubier A, Dirikolu L, Papich MG, Mitchell MA, Rubin SI. Alternate-day dosing of itraconazole in healthy adult cats. J Vet Pharmacol Ther. 2016;39:27–31.
26. Mawby DI, Whittemore JC, Fowler LE, Papich MG. Comparison of absorption characteristics of oral reference and compounded itraconazole formulations in healthy cats. J Am Vet Med Assoc. 2018;252:195–200.
27. Vishkautsan P, Papich MG, Thompson GR 3rd, Sykes JE. Pharmacokinetics of voriconazole after intravenous and oral administration to healthy cats. Am J Vet Res. 2016;77:931–9.

28. McLellan GJ, Aquino SM, Mason DR, Kinyon JM, Myers RK. Use of posaconazole in the management of invasive orbital aspergillosis in a cat. J Am Anim Hosp Assoc. 2006;42:302–7.
29. Wray JD, Sparkes AH, Johnson EM. Infection of the subcutis of the nose in a cat caused by *Mucor* species: successful treatment using posaconazole. J Feline Med Surg. 2008;10:523–7.
30. Mawby DI, Whittemore JC, Fowler LE, Papich MG. Posaconazole pharmacokinetics in healthy cats after oral and intravenous administration. J Vet Intern Med. 2016;30:1703–7.
31. Vaden SL, Heit MC, Hawkins EC, Manaugh C, Riviere JE. Fluconazole in cats: pharmacokinetics following intravenous and oral administration and penetration into cerebrospinal fluid, aqueous humour and pulmonary epithelial lining fluid. J Vet Pharmacol Ther. 1997;20:181–6.
32. Medleau L, Jacobs GJ, Marks MA. Itraconazole for the treatment of cryptococcosis in cats. J Vet Intern Med. 1995;9:39–42.
33. Boothe DM, Herring I, Calvin J, Way N, Dvorak J. Itraconazole disposition after single oral and intravenous and multiple oral dosing in healthy cats. Am J Vet Res. 1997;58:872–7.
34. Leshinsky J, McLachlan A, Foster DJR, Norris R, Barrs VR. Pharmacokinetics of caspofungin acetate to guide optimal dosing in cats. PLoS One. 2017;12:e0178783.
35. Ghannoum MA. Antifungal resistance: monitoring for terbinafine resistance among clinical dermatophyte isolates. Mycoses. 2013;56:38.
36. Rocha EMF, Gardiner RE, Park S, Martinez-Rossi NM, Perlin DS. A Phe389Leu substitution in ErgA confers terbinafine resistance in *Aspergillus fumigatus*. Antimicrob Agents Chemother. 2006;50:2533–6.
37. Diekema DJ, Messer SA, Hollis RJ, Jones RN, Pfaller MA. Activities of caspofungin, itraconazole, posaconazole, ravuconazole, voriconazole, and amphotericin B against 448 recent clinical isolates of filamentous fungi. J Clin Microbiol. 2003;41:3623–6.
38. Ndiritu CG, Enos LR. Adverse reactions to drugs in a veterinary hospital. J Am Vet Med Assoc. 1977;171:335–9.
39. Wang A, Ding HZ, Liu YM, Gao Y, Zeng ZL. Single dose pharmacokinetics of terbinafine in cats. J Feline Med Surg. 2012;14:540–4.
40. Sykes JE, Sturges BK, Cannon MS, Gericota B, Higgins RJ, Trivedi SR, et al. Clinical signs, imaging features, neuropathology, and outcome in cats and dogs with central nervous system cryptococcosis from California. J Vet Intern Med. 2010;24:1427–38.
41. Barrs VR, Martin P, Nicoll RG, Beatty JA, Malik R. Pulmonary cryptococcosis and *Capillaria aerophila* infection in an FIV-positive cat. Aust Vet J. 2000;78:154–8.
42. Balajee SA, Hurst SF, Chang LS, Miles M, Beeler E, Hale C, et al. Multilocus sequence typing of *Histoplasma capsulatum* in formalin-fixed paraffin-embedded tissues from cats living in non-endemic regions reveals a new phylogenetic clade. Med Mycol. 2013;51:345–51.
43. Fischer NM, Favrot C, Monod M, Grest P, Rech K, Wilhelm S. A case in Europe of feline histoplasmosis apparently limited to the skin. Vet Dermatol. 2013;24:635–8.
44. Percy DH. Feline histoplasmosis with ocular involvement. Vet Pathol. 1981;18:163–9.
45. Larsuprom L, Duangkaew L, Kasorndorkbua C, Chen C, Chindamporn A, Worasilchai N. Feline cutaneous histoplasmosis: the first case report from Thailand. Med Mycol Case Rep. 2017;18:28–30.
46. Mavropoulou A, Grandi G, Calvi L, Passeri B, Volta A, Kramer LH, et al. Disseminated histoplasmosis in a cat in Europe. J Small Anim Pract. 2010;51:176–80.
47. Kasuga T, White TJ, Koenig G, McEwen J, Restrepo A, Castaneda E, et al. Phylogeography of the fungal pathogen *Histoplasma capsulatum*. Mol Ecol. 2003;12:3383–401.
48. Bromel C, Sykes JE. Histoplasmosis in dogs and cats. Clin Tech Small Anim Pract. 2005;20:227–32.
49. Aulakh HK, Aulakh KS, Troy GC. Feline histoplasmosis: a retrospective study of 22 cases (1986–2009). J Am Anim Hosp Assoc. 2012;48:182–7.
50. Reinhart JM, KuKanich KS, Jackson T, Harkin KR. Feline histoplasmosis: fluconazole therapy and identification of potential sources of Histoplasma species exposure. J Feline Med Surg. 2012;14:841–8.
51. Atiee G, Kvitko-White H, Spaulding K, Johnson M. Ultrasonographic appearance of histoplasmosis identified in the spleen in 15 cats. Vet Radiol Ultrasoun. 2014;55:310–4.

52. Gingerich K, Guptill L. Canine and feline histoplasmosis: a review of a widespread fungus. Vet Med. 2008;103:248–64.
53. Clinkenbeard KD, Cowell RL, Tyler RD. Disseminated histoplasmosis in cats: 12 cases (1981–1986). J Am Vet Med Assoc. 1987;190:1445–8.
54. Wolf AM. *Histoplasma capsulatum* osteomyelitis in the cat. J Vet Intern Med. 1987;1:158–62.
55. Carneiro RA, Lavalle GE, Araujo RB. Cutaneous histoplasmosis in cat: a case report. Arq Bras Med Vet Zoo. 2005;57:158–61.
56. Tamulevicus AM, Harkin K, Janardhan K, Debey BM. Disseminated histoplasmosis accompanied by cutaneous fragility in a cat. J Am Anim Hosp Assoc. 2011;47:E36–41.
57. Vinayak A, Kerwin SC, Pool RR. Treatment of thoracolumbar spinal cord compression associated with *Histoplasma capsulatum* infection in a cat. J Am Vet Med Assoc. 2007;230:1018–23.
58. Lamm CG, Rizzi TE, Campbell GA, Brunker JD. Pathology in practice. *Histoplasma capsulatum* infections. J Am Vet Med Assoc. 2009;235:155–7.
59. Taylor AR, Barr JW, Hokamp JA, Johnson MC, Young BD. Cytologic diagnosis of disseminated histoplasmosis in the wall of the urinary bladder of a cat. J Am Anim Hosp Assoc. 2012;48:203–8.
60. Hodges RD, Legendre AM, Adams LG, Willard MD, Pitts RP, Monce K, et al. Itraconazole for the treatment of histoplasmosis in cats. J Vet Intern Med. 1994;8:409–13.
61. Hanzlicek AS, Meinkoth JH, Renschler JS, Goad C, Wheat LJ. Antigen concentrations as an indicator of clinical remission and disease relapse in cats with histoplasmosis. J Vet Intern Med. 2016;30:1065–73.
62. Cook AK, Cunningham LY, Cowell AK, Wheat LJ. Clinical evaluation of urine *Histoplasma capsulatum* antigen measurement in cats with suspected disseminated histoplasmosis. J Feline Med Surg. 2012;14:512–5.
63. Klang A, Loncaric I, Spergser J, Eigelsreiter S, Weissenbock H. Disseminated histoplasmosis in a domestic cat imported from the USA to Austria. Med Mycol Case Rep. 2013;2:108–12.
64. Spec A, Connoly P, Montejano R, Wheat LJ. In vitro activity of isavuconazole against fluconazole-resistant isolates of *Histoplasma capsulatum*. Med Mycol. 2018;56:834–7.
65. Renschler JS, Norsworthy GD, Rakian RA, Rakian AI, Wheat LJ, Hanzlicek AS. Reduced susceptibility to fluconazole in a cat with histoplasmosis. JFMS Open Rep. 2017;3:2055116917743364.
66. Bromel C, Sykes JE. Epidemiology, diagnosis, and treatment of blastomycosis in dogs and cats. Clin Tech Small Anim Pract. 2005;20:233–9.
67. Gilor C, Graves TK, Barger AM, O'Dell-Anderson K. Clinical aspects of natural infection with *Blastomyces dermatitidis* in cats: 8 cases (1991–2005). J Am Vet Med Assoc. 2006;229:96–9.
68. Davies JL, Epp T, Burgess HJ. Prevalence and geographic distribution of canine and feline blastomycosis in the Canadian prairies. Can Vet J. 2013;54:753–60.
69. Easton KL. Cutaneous North American blastomycosis in a Siamese cat. Can Vet J. 1961;2:350–1.
70. Duangkaew L, Larsuprom L, Kasondorkbua C, Chen C, Chindamporn A. Cutaneous blastomycosis and dermatophytic pseudomycetoma in a Persian cat from Bangkok, Thailand. Med Mycol Case Rep. 2017;15:12–5.
71. Miller PE, Miller LM, Schoster JV. Feline blastomycosis – a report of 3 cases and literature-review (1961 to 1988). J Am Anim Hosp Assoc. 1990;26:417–24.
72. Blondin N, Baumgardner DJ, Moore GE, Glickman LT. Blastomycosis in indoor cats: suburban Chicago, Illinois, USA. Mycopathologia. 2007;163:59–66.
73. Houseright RA, Webb JL, Claus KN. Pathology in practice. Blastomycosis in an indoor-only cat. J Am Vet Med Assoc. 2015;247:357–9.
74. Stern JA, Chew DJ, Schissler JR, Green EM. Cutaneous and systemic blastomycosis, hypercalcemia, and excess synthesis of calcitriol in a domestic shorthair cat. J Am Anim Hosp Assoc. 2011;47:e116–20.
75. Meece JK, Anderson JL, Klein BS, Sullivan TD, Foley SL, Baumgardner DJ, et al. Genetic diversity in *Blastomyces dermatitidis*: implications for PCR detection in clinical and environmental samples. Med Mycol. 2010;48:285–90.

76. Sidamonidze K, Peck MK, Perez M, Baumgardner D, Smith G, Chaturvedi V, et al. Real-time PCR assay for identification of *Blastomyces dermatitidis* in culture and in tissue. J Clin Microbiol. 2012;50:1783–6.
77. Smith JR, Legendre AM, Thomas WB, LeBlanc CJ, Lamkin C, Avenell JS, et al. Cerebral *Blastomyces dermatitidis* infection in a cat. J Am Vet Med Assoc. 2007;231:1210–4.
78. Breider MA, Walker TL, Legendre AM, VanEe RT. Blastomycosis in cats: five cases (1979–1986). J Am Vet Med Assoc. 1988;193:570–2.
79. McBride JA, Gauthier GM, Klein BS. Clinical manifestations and treatment of blastomycosis. Clin Chest Med. 2017;38:435–49.
80. Greene RT, Troy GC. Coccidioidomycosis in 48 cats – a retrospective study (1984–1993). J Vet Intern Med. 1995;9:86–91.
81. Graupmann-Kuzma A, Valentine BA, Shubitz LF, Dial SM, Watrous B, Tornquist SJ. Coccidioidomycosis in dogs and cats: a review. J Am Anim Hosp Assoc. 2008;44:226–35.
82. Sykes JE. Coccidioidomycosis. In: Sykes JE, Herausgeber. Canine and feline infectious diseases. St Louis: Elsevier Saunders; 2014. S. 613–23.
83. Simoes DM, Dial SM, Coyner KS, Schick AE, Lewis TP. Retrospective analysis of cutaneous lesions in 23 canine and 17 feline cases of coccidiodomycosis seen in Arizona, USA (2009–2015). Vet Dermatol. 2016;27:346.
84. Foureman P, Longshore R, Plummer SB. Spinal cord granuloma due to *Coccidioides immitis* in a cat. J Vet Intern Med. 2005;19:373–6.
85. Amorim I, Colimao MJ, Cortez PP, Dias PP. Coccidioidomycosis in a cat imported from the USA to Portugal. Vet Rec. 2011;169:232a.
86. Bentley RT, Heng HG, Thompson C, Lee CS, Kroll RA, Roy ME, et al. Magnetic resonance imaging features and outcome for solitary central nervous system *Coccidioides* granulomas in 11 dogs and cats. Vet Radiol Ultrasoun. 2015;56:520–30.
87. Tofflemire K, Betbeze C. Three cases of feline ocular coccidioidomycosis: presentation, clinical features, diagnosis, and treatment. Vet Ophthalmol. 2010;13:166–72.
88. Alzoubaidi MSS, Knox KS, Wolk DM, Nesbit LA, Jahan K, Luraschi-Monjagatta C. Eosinophilia in coccidioidomycosis. Am J Resp Crit Care. 2013;187:A5573.
89. Galgiani JN, Catanzaro A, Cloud GA, Johnson RH, Williams PL, Mirels LF, et al. Comparison of oral fluconazole and itraconazole for progressive, nonmeningeal coccidioidomycosis. A randomized, double-blind trial. Mycoses Study Group. Ann Intern Med. 2000;133:676–86.
90. Galgiani JN, Ampel NM, Blair JE, Catanzaro A, Geertsma F, Hoover SE, et al. 2016 Infectious Diseases Society of America (IDSA) Clinical Practice Guideline for the treatment of coccidioidomycosis. Clin Infect Dis. 2016;63:E112–E46.
91. Kim MM, Vikram HR, Kusne S, Seville MT, Blair JE. Treatment of refractory coccidioidomycosis with voriconazole or posaconazole. Clin Infect Dis. 2011;53:1060–6.
92. Levy ER, McCarty JM, Shane AL, Weintrub PS. Treatment of pediatric refractory coccidioidomycosis with combination voriconazole and caspofungin: a retrospective case series. Clin Infect Dis. 2013;56:1573–8.
93. Hartmann K, Lloret A, Pennisi MG, Ferrer L, Addie D, Belak S, et al. Aspergillosis in cats: ABCD guidelines on prevention and management. J Feline Med Surg. 2013;15:605–10.
94. Barrs VR, Halliday C, Martin P, Wilson B, Krockenberger M, Gunew M, et al. Sinonasal and sino-orbital aspergillosis in 23 cats: aetiology, clinicopathological features and treatment outcomes. Vet J. 2012;191:58–64.
95. Barachetti L, Mortellaro CM, Di Giancamillo M, Giudice C, Martino P, Travetti O, et al. Bilateral orbital and nasal aspergillosis in a cat. Vet Ophthalmol. 2009;12:176–82.
96. Whitney BL, Broussard J, Stefanacci JD. Four cats with fungal rhinitis. J Feline Med Surg. 2005;7:53–8.
97. Tomsa K, Glaus TA, Zimmer C, Greene CE. Fungal rhinitis and sinusitis in three cats. J Am Vet Med Assoc. 2003;222:1380–4.
98. Leite RV, Fredo G, Lupion CG, Spanamberg A, Carvalho G, Ferreiro L, et al. Chronic invasive pulmonary aspergillosis in two cats with diabetes mellitus. J Comp Pathol. 2016;155:141–4.

99. Ossent P. Systemic aspergillosis and mucormycosis in 23 cats. Vet Rec. 1987;120:330–3.
100. Malik R, Vogelnest L, O'Brien CR, White J, Hawke C, Wigney DI, et al. Infections and some other conditions affecting the skin and subcutis of the naso-ocular region of cats—clinical experience 1987–2003. J Feline Med Surg. 2004;6:383–90.
101. Bernhardt A, von Bomhard W, Antweiler E, Tintelnot K. Molecular identification of fungal pathogens in nodular skin lesions of cats. Med Mycol. 2015;53:132–44.
102. Furrow E, Groman RP. Intranasal infusion of clotrimazole for the treatment of nasal aspergillosis in two cats. J Am Vet Med Assoc. 2009;235:1188–93.
103. Sykes JE. Aspergillosis. In: Sykes JE, Herausgeber. Canine and feline infectious diseases. St Louis: Elsevier Saunders; 2014. S. 633–59.
104. Goodall SA, Lane JG, Warnock DW. The diagnosis and treatment of a case of nasal aspergillosis in a cat. J Small Anim Pract. 1984;25:627–33.
105. Smith LN, Hoffman SB. A case series of unilateral orbital aspergillosis in three cats and treatment with voriconazole. Vet Ophthalmol. 2010;13:190–203.
106. Kano R, Itamoto K, Okuda M, Inokuma H, Hasegawa A, Balajee SA. Isolation of *Aspergillus udagawae* from a fatal case of feline orbital aspergillosis. Mycoses. 2008;51:360–1.
107. Talbot JJ, Kidd SE, Martin P, Beatty JA, Barrs VR. Azole resistance in canine and feline isolates of *Aspergillus fumigatus*. Comp Immunol Microbiol Infect Dis. 2015;42:37–41.
108. Barrs VR, van Doorn TM, Houbraken J, Kidd SE, Martin P, Pinheiro MD, et al. *Aspergillus felis* sp nov., an emerging agent of invasive aspergillosis in humans, cats, and dogs. PLoS One. 2013;8:e64871.
109. Miller RI. Nodular granulomatous fungal skin diseases of cats in the United Kingdom: a retrospective review. Vet Dermatol. 2010;21:130–5.
110. Leperlier D, Vallefuoco R, Laloy E, Debeaupuits J, Thibaud PD, Crespeau FL, et al. Fungal rhinosinusitis caused by *Scedosporium apiospermum* in a cat. J Feline Med Surg. 2010; 12:967–71.
111. Pawloski DR, Brunker JD, Singh K, Sutton DA. Pulmonary *Paecilomyces lilacinus* infection in a cat. J Am Anim Hosp Assoc. 2010;46:197–202.
112. Kluger EK, Della Torre PK, Martin P, Krockenberger MB, Malik R. Concurrent *Fusarium chlamydosporum* and *Microsphaeropsis arundinis* infections in a cat. J Feline Med Surg. 2004;6:271–7.
113. Sugahara G, Kiuchi A, Usui R, Usui R, Mineshige T, Kamiie J, et al. Granulomatous pododermatitis in the digits caused by *Fusarium proliferatum* in a cat. J Vet Med Sci. 2014;76:435–8.
114. Binder DR, Sugrue JE, Herring IP. *Acremonium* keratomycosis in a cat. Vet Ophthalmol. 2011;14(Suppl 1):111–6.
115. Muir D, Martin P, Kendall K, Malik R. Invasive hyphomycotic rhinitis in a cat due to *Metarhizium anisopliae*. Med Mycol. 1998;36:51–4.
116. Overy DP, Martin C, Muckle A, Lund L, Wood J, Hanna P. Cutaneous Phaeohyphomycosis caused by *Exophiala attenuata* in a domestic cat. Mycopathologia. 2015;180:281–7.
117. Tennant K, Patterson-Kane J, Boag AK, Rycroft AN. Nasal mycosis in two cats caused by *Alternaria* species. Vet Rec. 2004;155:368–70.
118. Bostock DE, Coloe PJ, Castellani A. Phaeohyphomycosis caused by *Exophiala jeanselmei* in a domestic cat. J Comp Pathol. 1982;92:479.
119. Dion WM, Pukay BP, Bundza A. Feline Cutaneous phaeohyphomycosis caused by *Phialophora verrucosa*. Can Vet J. 1982;23:48–9.
120. Sisk DB, Chandler FW. Phaeohyphomycosis and cryptococcosis in a cat. Vet Pathol. 1982; 19:554–6.
121. Kettlewell P, McGinnis MR, Wilkinson GT. Phaeohyphomycosis caused by *Exophiala spinifera* in two cats. J Med Vet Mycol. 1989;27:257–64.
122. Nuttal W, Woodgyer A, Butler S. Phaeohyphomycosis caused by *Exophiala jeanselmei* in a domestic cat. N Z Vet J. 1990;38:123.
123. Abramo F, Bastelli F, Nardoni S, Mancianti F. Feline cutaneous phaeohyphomycosis due to *Cladophyalophora bantiana*. J Feline Med Surg. 2002;4:157–63.

124. Beccati M, Vercelli A, Peano A, Gallo MG. Phaeohyphomycosis by *Phialophora verrucosa*: first European case in a cat. Vet Rec. 2005;157:93–4.
125. Knights CB, Lee K, Rycroft AN, Patterson-Kane JC, Baines SJ. Phaeohyphomycosis caused by *Ulocladium species* in a cat. Vet Rec. 2008;162:415–6.
126. McKenzie RA, Connole MD, McGinnis MR, Lepelaar R. Subcutaneous phaeohyphomycosis caused by *Moniliella suaveolens* in two cats. Vet Pathol. 1984;21:582–6.
127. Fondati A, Gallo MG, Romano E, Fondevila D. A case of feline phaeohyphomycosis due to *Fonsecaea pedrosoi*. Vet Dermatol. 2001;12:297–301.
128. Evans N, Gunew M, Marshall R, Martin P, Barrs V. Focal pulmonary granuloma caused by *Cladophialophora bantiana* in a domestic short haired cat. Med Mycol. 2011;49:194–7.
129. Bouljihad M, Lindeman CJ, Hayden DW. Pyogranulomatous meningoencephalitis associated with dematiaceous fungal (*Cladophialophora bantiana*) infection in a domestic cat. J Vet Diagn Investig. 2002;14:70–2.
130. Lavely J, Lipsitz D. Fungal infections of the central nervous system in the dog and cat. Clin Tech Small Anim Pract. 2005;20:212–9.
131. Dye C, Peters I, Tasker S, Caney SMA, Dye S, Gruffydd-Jones TJ, et al. Preliminary study using an indirect ELISA for the detection of serum antibodies to *Alternaria* in domestic cats. Vet Rec. 2005;156:633–5.
132. Grooters AM. Pythiosis, lagenidiosis, and zygomycosis in small animals. Vet Clin North Am Small Anim Pract. 2003;33:695–720. v.
133. Ravisse P, Fromentin H, Destombes P, Mariat F. Cerebral mucormycosis in the cat caused by *Mucor pusillus*. Sabouraudia. 1978;16:291–8.
134. Cunha SC, Aguero C, Damico CB, Corgozinho KB, Souza HJ, Pimenta AL, et al. Duodenal perforation caused by *Rhizomucor* species in a cat. J Feline Med Surg. 2011;13:205–7.
135. Mahamaytakit N, Singalavanija S, Limpongsanurak W. Subcutaneous zygomycosis in children: 2 case reports. J Med Assoc Thail. 2014;97(Suppl 6):S248–53.
136. Eisen DP, Robson J. Complete resolution of pulmonary *Rhizopus oryzae* infection with itraconazole treatment: more evidence of the utility of azoles for zygomycosis. Mycoses. 2004;47:159–62.
137. Rakich PM, Grooters AM, Tang KN. Gastrointestinal pythiosis in two cats. J Vet Diagn Investig. 2005;17:262–9.
138. Bissonnette KW, Sharp NJ, Dykstra MH, Robertson IR, Davis B, Padhye AA, et al. Nasal and retrobulbar mass in a cat caused by *Pythium insidiosum*. J Med Vet Mycol. 1991;29:39–44.
139. Fortin JS, Calcutt MJ, Kim DY. Sublingual pythiosis in a cat. Acta Vet Scand. 2017;59.
140. Grooters AM. Pythiosis, lagenidiosis, and zygomycosis. In: Sykes JE, Herausgeber. Canine and feline infectious diseases. St Louis: Elsevier Saunders; 2014. S. 668–78.
141. Thomas RC, Lewis DT. Pythiosis in dogs and cats. Comp Cont Educ Pract. 1998;20:63.

Sporothrichose

Hock Siew Han

Zusammenfassung

Sporothrix schenckii ist derzeit als ein Artenkomplex anerkannt, der aus *Sporothrix brasiliensis, Sporothrix schenckii* sensu stricto, *Sporothrix globosa* und *Sporothrix luriei* besteht. Aufgrund divergierender evolutionärer Prozesse besitzt jede Art ein anderes Virulenzprofil, das es ihr ermöglicht, in ihrer Nische zu überleben und zu gedeihen. Gegenwärtig wird die Sporotrichose bei Katzen in erster Linie durch *S. brasiliensis, S. schenckii* sensu stricto und *S. globosa* verursacht, wobei Katzenkämpfe und die direkte Inokulation des Erregers in die Haut den Hauptübertragungsweg darstellen. Die Expression mutmaßlicher Virulenzfaktoren, wie Adhäsine, Ergosterolperoxid, Melanin, Proteasen, extrazelluläre Vesikel und Thermotoleranz, bestimmt die klinische Manifestation bei Katzenpatienten, wobei der thermotolerante *S. brasiliensis* die höchste Pathogenität aufweist, gefolgt von *S. schenckii* sensu stricto und *S. globosa*. Ihre Fähigkeit zur Bildung von Biofilmen ist dokumentiert, aber ihre klinische Bedeutung muss noch geklärt werden. Trotz umfassender Beschreibungen der Pathogenität des Erregers und der Krankheit bleibt die Prognose aufgrund der Kosten, des langwierigen Behandlungsverlaufs, des zoonotischen Potenzials und der geringen Empfindlichkeit einiger Stämme gegenüber Antimykotika zurückhaltend bis schlecht.

H. S. Han (✉)
The Animal Clinic, Singapur, Singapur

Einführung

Der *Sporothrix-schenckii*-Komplex (auch *S. schenckii* sensu lato genannt) verursacht eine chronische granulomatöse, kutane oder subkutane Infektion, die hauptsächlich bei Menschen und Katzen auftritt. Der Pilz ist seit seiner Beschreibung durch Dr. Benjamin Schenk im Jahr 1896 [1] als eine wichtige Ursache für zoonotische subkutane Mykosen anerkannt. Als thermisch dimorpher Pilz lebt *Sporothrix schenckii* sensu lato in seiner ungeschlechtlichen, fadenförmigen Form als Saprophyt in Pflanzenresten oder verrottendem organischem Bodenmaterial (25–30 °C). Bei günstiger Temperatur und Umgebung (35–37 °C) geht er in seine Hefeform über, und bei 40 °C wird eine vollständige Wachstumshemmung erreicht, wobei bisher keine sexuelle Vermehrung beobachtet wurde [2]. Diese Eigenschaft untermauert die Epidemiologie der klinischen Sporotrichose, deren häufigster Infektionsweg in der Vergangenheit die Inokulation von Konidien in verletzte Hautstellen über kontaminierte Erde bei gärtnerischen Tätigkeiten gewesen sein soll. Erst in jüngster Zeit wurden Katzen als wichtiger Risikofaktor und Krankheitsüberträger erkannt [3–7].

Ätiologischer Wirkstoff

Sporothrix schenckii ist derzeit als ein Artenkomplex anerkannt, der – basierend auf DNA-Sequenzierung – aus *Sporothrix brasiliensis*, *Sporothrix schenckii* sensu stricto, *Sporothrix globosa* und *Sporothrix luriei* (klinische Klade) besteht, wobei jede Art ihr eigenes Virulenzprofil und ihre geografische Verbreitung hat [8, 9]. *S. brasiliensis*, *S. s.* sensu stricto und *S. globosa* sind – in der Reihenfolge ihrer Virulenz – die wichtigsten Arten, die bei Katzen Pathologien verursachen [9]. *S. brasiliensis*, derzeit regional auf Brasilien beschränkt, zeichnet sich durch seine inhärente Thermotoleranz aus, die für die systemische Ausbreitung verantwortlich ist. Diese Art wurde neben *S. s.* sensu stricto und *S. globosa* als Hauptverursacher von Sporotrichose-Epidemien in Rio de Janeiro und Sao Paolo identifiziert [10–12]. *S. s.* sensu stricto ist die zweithäufigste pathogene Spezies mit einer weltweiten Verbreitung, insbesondere in tropischen oder subtropischen Regionen, mit Berichten aus Amerika, Afrika, Australien und Asien. Zhou und Kollegen wiesen die genetische Vielfalt innerhalb dieser einzigen Art nach, indem sie *S. s.* sensu stricto auf der Grundlage des internen transkribierten Spacers (ITS) in die klinischen Kladen C (am häufigsten aus Amerika und Asien isoliert) und D (am häufigsten aus Amerika und Afrika isoliert) unterteilten [13]. Die jüngste Identifizierung eines einzigen klonalen Stammes von *S. s.* sensu stricto der klinischen Gruppe D aus Malaysia (anstelle der in Asien am häufigsten isolierten klinischen Gruppe C) deutet darauf hin, dass sich diese Art ständig weiterentwickelt und je nach lokalem Umwelt- oder Wirtsselektionsdruck einen Selektionsprozess und eine anschließende Populationsexpansion durchlaufen kann [14, 15]. *S. globosa* wird im Allgemeinen als die für die Sporotrichose verantwortliche Spezies identifiziert, vor allem in Asien und Europa, während sie in Amerika und Afrika nur selten vorkommt [11, 13, 16–20]. Mit Ausnahme von *S. pallida* wurde zum Zeitpunkt der Abfassung dieses Berichts nicht berichtet, dass *Sporothrix*-Spezies, die mit der Umweltklade assoziiert sind, wie *S. brunneoviolacea, S. lignivora, S. chilensis* und *S. mexicana (Sporothrix-pallida-*Komplex), eine Erkrankung bei Katzenpatienten verursachen [21]. Diese Arten sind seltene Erreger der Sporotrichose und verursachen normalerweise opportunistische Infektionen mit geringer Virulenz durch traumatische Inokulation des Pilzes aus dem Boden in das Gewebe des Wirts. Dies steht im Gegensatz zu *Sporothrix*-Arten innerhalb der klinischen Klade, die von Tieren übertragen werden.

Pathogenese

Nach der Inokulation bestimmt die Expression mutmaßlicher Virulenzfaktoren wie Adhäsine, Ergosterolperoxid, Melanin, Proteasen, extrazelluläre Vesikel (EV) und Thermotoleranz die Pathogenität und das klinische Erscheinungsbild der Sporotrichose beim Katzenpatienten [22, 23]. Die Expression von Adhäsinen und eines 70-kDa-Glykoproteins (Gp70) an der Zellwand vermitteln die Adhäsion des Pilzes an Fibronektin, Typ-II-Kollagen und Laminin im Wirt [24]. Nach der Invasion ermöglicht die Pilzzellwand, die aus Glukanen, Galaktomannanen, Rhamnomannanen, Chitin, Glykoproteinen, Glykolipiden und Melanin besteht, das Überleben im Wirtsgewebe und hilft, der angeborenen Immunantwort des Wirts zu entgehen [25–27]. Die Melaninproduktion sowohl im Myzel als auch in der Hefe bildet einen Schutzschild gegen ein breites Spektrum an toxischen Einflüssen. Melanin verringert die Anfälligkeit für Antimykotika und enzymatischen Abbau und bietet Schutz vor freien Sauerstoff/Stickstoff-Radikalen, makrophagischer und neutrophiler Phagozytose [28]. Der Pilz produziert leicht Ergosterolperoxid und Proteinasen (Proteinase 1 und 2), die es ihm ermöglichen, der Phagozytose und der Immunantwort des Wirts zu entgehen [29, 30]. EV (Exosomen, Mikrovesikel und apoptotische Körper) sind aus Lipiddoppelschichten bestehende Membrankompartimente, die von allen lebenden Zellen in das extrazelluläre Medium abgegeben werden und Lipide (neutrale Glykolipide, Sterole und Phospholipide), Polysaccharide (Glukuronoxylomannan, alpha-Galaktosyl-Epitope), Proteine (Lipasen, Proteasen, Urease, Phosphatase) und Nukleinsäuren (RNA) enthalten [31]. Diese Beladungen stellen Virulenzfaktoren dar, die zur Arzneimittelresistenz beitragen, die Zellinvasion erleichtern und schließlich vom angeborenen Immunsystem erkannt werden. Der Beitrag von EV zur Virulenz von Pilzen wurde bei *Cryptococcus neoformans, Histoplasma capsulatum, Paracoccidioides brasiliensis, Malassezia sympodialis, Candida albicans* und kürzlich auch bei *Sporothrix brasiliensis* beschrieben [32–39]. Insbesondere die EV-Beladungen von *Sporothrix brasiliensis,* wie Zellwand-Glukanase und Hitzeschockproteine, erhöhen nachweislich die Phagozytose, nicht aber die Pathogenelimination, stimulieren die Zytokinproduktion (IL-12p40 und TNF-α) und begünstigen die Etablierung des Pilzes in der Haut [38, 40, 41]. Aktuelle proteomische Analysen ergaben, dass 27 % der EV-Proteine in *S. brasiliensis* und 35 % in *S. schenckii* noch charakterisiert werden müssen, einschließlich der Identifizierung der ihnen zugeordneten biologischen Prozesse [38].

Thermotoleranz, d. h. die Fähigkeit eines Pilzes, bei 37 °C zu wachsen, ist ein weiterer wichtiger Virulenzfaktor, der bei *Sporothrix* spp. identifiziert wurde. Isolate, die beim Menschen bei 35 °C, aber nicht bei 37 °C wachsen können, verursachen fixe Hautläsionen, während diejenigen, die bei 37 °C wachsen (was in etwa der Körperkerntemperatur von Mensch und Tier entspricht), verbreitete und extrakutane Läsionen verursachen. Pathogene thermotolerante Arten wie *S. brasiliensis* sind in der Lage, verbreitete Krankheiten hervorzurufen, im Gegensatz zu nicht thermotoleranten, weniger pathogenen Arten wie *S. globosa*. *S. s.* sensu stricto weist eine variable Thermotoleranz auf [14].

Die Fähigkeit des *Sporothrix-schenckii*-Komplexes zur Bildung von Biofilmen wurde kürzlich dokumentiert, und ein früher Bericht deutet darauf hin, dass die Produktion von Biofilm die Empfindlichkeit des Pilzes gegenüber Antimykotika verändert; das volle Ausmaß seiner klinischen Bedeutung muss jedoch noch geklärt werden [42].

Sowohl angeborene als auch adaptive Immunreaktionen spielen eine wichtige Rolle bei der Verhinderung des Fortschreitens der Krankheit. Der erste Kontakt zwischen pilzassoziierten molekularen Mustern (PAMPs) und Wirtsrezeptoren zur Mustererkennung (PPRs) wird durch die Toll-like-Rezeptoren TLR-4 und TLR-2 vermittelt [43, 44]. Während der Initiierung der Infektion erkennen diese Rezeptoren Lipidextrakte aus Hefezellen, die zu einer erhöhten Produktion von Tumornekrosefaktor alpha (TNF-α), Interleukin IL-10 und Stickstoffmonoxid (NO) führen. Während NO in vitro eine antimykotische Wirkung zeigt, wird es in vivo mit einer Immunsuppression während der Anfangs- und Endphase der Infektion in Verbindung gebracht, da es die Apoptose von Immunzellen erhöhen kann [45]. Die Rolle von NO bei der Infektion wurde auch bei der Histoplasmose durch *Histoplasma capsulatum* und der Parakokzidioidomykose durch *Paracoccidioides brasiliensis* dokumentiert [46, 47].

Hefezellen sind auch in der Lage, die antikörperabhängigen klassischen und alternativen Komplementwege zu aktivieren [48, 49]. Das Hauptantigen, das von Antikörpern erkannt wird, ist ein 70-kDa-Glykoprotein der Zellwand namens Gp70 [50]. Dieses Protein spielt eine entscheidende Rolle bei der Opsonisierung von Pilzen, die den Makrophagen die Phagozytose und die Produktion von proinflammatorischen Zytokinen ermöglicht [51]. Der Grundstein für eine wirksame Pilzeradikation liegt jedoch in einer effektiv koordinierten angeborenen und adaptiven (humoralen und zellvermittelten) Immunantwort [52]. Kürzlich wurde gezeigt, dass das NLRP3-Inflammasom (engl. für *NOD-like-receptor (NLR) family pyrin domain containing 3*) eine entscheidende Rolle bei der Verknüpfung der angeborenen Immunantwort mit dem adaptiven Zweig spielt und durch die Förderung der Produktion von pro-IL1β zu einem wirksamen Schutz gegen diese Infektion beiträgt [53]. Die Interaktion von Pilzen mit dendritischen Zellen löst eine gemischte Th1/Th17-Immunantwort aus, die Makrophagen, Neutrophile und CD4+-T-Zellen aktiviert, die IFN-γ, IL-12 und TNF-α freisetzen, was letztlich zur Verringerung der Pathogenlast führt [54, 55].

Klinische Anzeichen

Die Sporotrichose der Katze tritt am häufigsten bei jungen erwachsenen, frei-laufenden, intakten Katern auf und wird mit Kämpfen in Verbindung gebracht, wobei keine rassebedingte Prädisposition bekannt ist [4]. Bei menschlichen Patienten können die klinischen Symptome der Sporotrichose in drei Formen eingeteilt werden: fixe kutane, lympho-kutane und disseminierte Formen, abhängig von der Pathogenität der Pilzart und dem Status der Wirtsimmunität (Abb. 1). Eine solche klare und eindeutige Kategorisierung der klinischen Formen gilt nicht für Katzen und wird daher nur selten verwendet.

Bei Katzen finden sich chronische, nicht heilende Läsionen wie Knötchen, Geschwüre und Krusten häufig am Kopf, insbesondere am Nasenrücken (Abb. 2), an den distalen Gliedmaßen und im Bereich des Schwanzansatzes (Abb. 3) sowie an den Ohrmuscheln (Abb. 4). Die meisten Läsionen treten in kühleren Regionen des

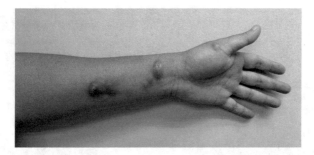

Abb. 1 Ein menschlicher Patient mit lymphokutaner Sporotrichose, nachdem er von einer Katze mit Sporotrichose gebissen wurde (Knötchen an der Daumenwurzel). Aufgrund der mangelnden Thermotoleranz des Erregers breitete sich die Läsion nicht über den Arm hinaus aus

Abb. 2 Klassisches Erscheinungsbild der felinen Sporotrichose: chronische, nicht heilende Wunden auf dem Nasenrücken

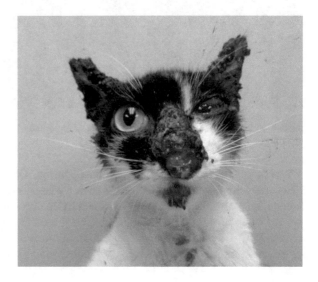

Abb. 3 Chronische, nicht
heilende Wunden an den
Pfoten und am Schwanz

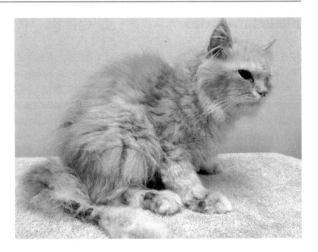

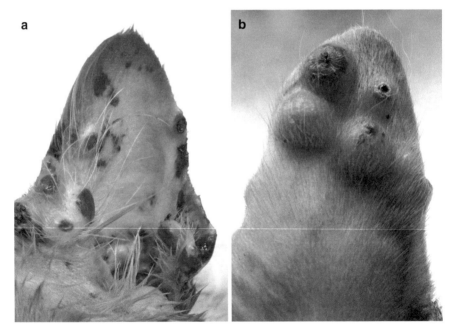

Abb. 4 a, b Konkave bzw. konvexe Aspekte der Ohrmuschel einer Katze mit Sporotrichose und
zahlreichen ulzerierten Knötchen

Wirtskörpers auf, z. B. an den Nasenkanälen und Ohrspitzen. Sind die Nasen-
gänge betroffen, werden neben den kutanen Manifestationen häufig auch extrakutane Symptome wie Niesen, Dyspnoe und Atembeschwerden berichtet [5]. Vor
Kurzem wurde über eine kutane Schneckenmyiasis als Sekundärinfektion berichtet [56]. Die tödlich verlaufende disseminierte Form der Krankheit ist mit
einer Infektion mit *S. brasiliensis* verbunden. Eine Koinfektion mit dem Felinen

Immundefizienz-Virus (FIV) oder dem Felinen Leukämie-Virus (FeLV) hat keinen signifikanten Einfluss auf die klinischen Manifestationen oder die Prognose der Krankheit [57].

Diagnose

Eine definitive Diagnose der Sporotrichose bei Katzen erfordert die Isolierung und Identifizierung des Erregers in einer Kultur. Die Identifizierung der Spezies kann durch morphologische Untersuchungen und physiologische Phänotypisierung sowie durch Polymerasekettenreaktion (PCR) auf das Calmodulin-Gen erfolgen [5]. Bei 25–30 °C liegt der Pilz in seiner myzelialen Form vor und ist als kleine, weiße oder blassorange bis orange-graue Kolonie ohne watteartige Lufthyphen zu sehen. Später wird die Kolonie schwarz, feucht, faltig, lederartig oder samtig mit schmalen weißen Rändern (Abb. 5). Einige Kolonien sind jedoch von Anfang an schwarz. Bei 35–37 °C sind die Hefekolonien cremefarben oder hellbraun, glatt und hefeartig [2].

Zytologisch sind Hefen in Abstrichen von Hautabdrücken reichlich vorhanden. Sie befinden sich intra- und extrazellulär und haben pleomorphe Formen, die von der klassischen Zigarrenform bis hin zu runden oder ovalen Körpern mit einem Durchmesser von 3–5 µm und einem dünnen, klaren Halo um ein blassblaues Zytoplasma reichen (Abb. 6) [58]. Die Sensitivität der Zytologie zum Nachweis von *Sporothrix*-Hefen bei Katzenpatienten wird auf 79 % bis 84,9 % geschätzt [59, 60].

In der Histologie zeigt sich eine diffuse pyogranulomatöse Entzündung mit großen Nekroseherden in der gesamten oberflächlichen und tiefen Dermis, die manchmal bis in die Subkutis reicht. Es gibt reichlich runde bis zigarrenförmige Organismen von 3–10 µm Länge und 1–2 µm Durchmesser, die sowohl frei als auch innerhalb von Makrophagen zu sehen sind. Häufig bilden die Organismen im Zytoplasma der Makrophagen große, durchsichtige Taschen voller Hefe, da die Hefe-

Abb. 5 In seiner reifen Myzelform ist der Pilz schwarz, feucht, faltig, lederartig oder samtig mit schmalen weißen Rändern

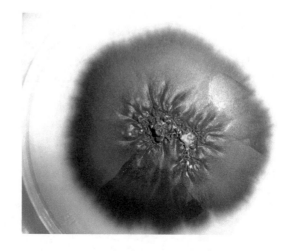

Abb. 6 Zytologisch sind die Hefen intra- und extrazellulär reichlich vorhanden und weisen pleomorphe Formen auf, die von der klassischen Zigarrenform bis hin zu runden oder ovalen Formen reichen und einen Durchmesser von 3–5 μm mit einem dünnen, klaren Halo um ein blassblaues Zytoplasma aufweisen (Diff-Quik-Färbung, 1000-fache Vergrößerung)

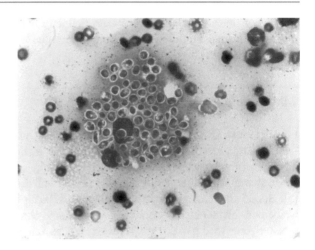

Abb. 7 In der Histologie sind reichlich runde bis zigarrenförmige Organismen mit einer Länge von 3–10 μm und einem Durchmesser von 1–2 μm sowohl frei als auch in Makrophagen zu sehen. Organismen im Zytoplasma von Makrophagen bilden aufgrund der schlecht sichtbaren Hefezellwand große klare Taschen voller Hefen

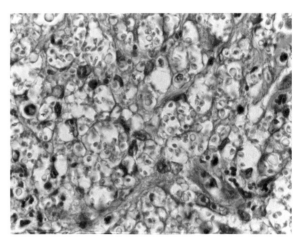

zellwand schlecht sichtbar ist (Abb. 7) [61]. Die PAS-Färbung (Periodsäure-Schiff-Färbung) kann ebenfalls verwendet werden, um Hefen als magentafarbene Organismen auf histologischen Präparaten sichtbar zu machen. Andere diagnostische Verfahren wie die Serologie (*Enzyme-linked Immunosorbent Assay*, ELISA) und die Polymerase-Kettenreaktion (PCR) können ebenfalls für die Diagnose verwendet werden [62, 63].

Behandlung

Die Behandlung der Sporotrichose bei Katzen dauert mehrere Monate und muss mindestens einen Monat lang über die klinische Heilung hinaus fortgesetzt werden. Glücklicherweise entwickelt der Pilz trotz der langwierigen Behandlung nach heutigem Kenntnisstand während der Behandlung keine Resistenz [14].

Aufgrund der hohen Behandlungskosten, des hohen Risikos therapeutischer Nebenwirkungen und einer Zoonose sowie der Existenz wenig empfänglicher Stämme hat die Sporotrichose bei Katzen eine zurückhaltende bis schlechte Prognose. Derzeit sind Kaliumjodid, azolische Antimykotika (Ketoconazol, Itraconazol), Amphotericin B, Terbinafin, lokale Wärmetherapie, Kryochirurgie und chirurgische Resektion als Behandlungsmöglichkeiten für Katzen dokumentiert. Kaliumjodid ist traditionell die Behandlung der Wahl, entweder in seiner gesättigten Form (gesättigte Kaliumjodidlösung) oder in seiner Pulverform, die in Kapseln verpackt ist. Die Dosierungen reichen von 10–20 mg/kg alle 24 h [64, 65]. Die Pulverform, die in Kapseln verpackt ist, wird bei Katzen gegenüber der Lösung bevorzugt, da Letzteres zu Hypersalivation führen kann. In einem Bericht über 48 Katzen, die mit Kaliumjodid behandelt wurden, erreichten 23 (47,9 %) Patienten eine klinische Heilung, während die Behandlung bei 18 Katzen (37,5 %) versagte, zwei Katzen (4,2 %) starben. Die Behandlungsdauer betrug im Durchschnitt 4–5 Monate. Die am häufigsten beobachteten Nebenwirkungen waren Hyporexie, Lethargie, Gewichtsverlust, Erbrechen, Durchfall sowie ein Anstieg des Leberenzyms Alanin-Transaminase. In dieser Studie wurden weder Anzeichen von Jodismus (Tränenfluss, Speichelfluss, Husten, Schwellungen im Gesicht, Tachykardie) noch Schilddrüsenhormonanomalien beobachtet [64]. Aufgrund seiner geringen Kosten wird Kaliumjodid immer noch häufig entweder allein oder in Verbindung mit Azol-Antimykotika zur Behandlung der Sporotrichose bei Katzen eingesetzt [65].

Imidazole wie Ketoconazol und Itraconazol bilden derzeit den Eckpfeiler der Therapie der Sporotrichose bei Katzen. Itraconazol wird gegenüber Ketoconazol bevorzugt, da Letzteres in der Regel mit einer höheren Rate an Nebenwirkungen wie Erbrechen, Leberfunktionsstörungen und einem veränderten Cortisolstoffwechsel verbunden ist. Itraconazol in einer Dosierung von 5–10 mg/kg wurde erfolgreich zur Behandlung der Sporotrichose bei Katzen eingesetzt, wobei eine maximale Plasmakonzentration von $0,7 \pm 0,14$ mg/L nach einer oralen Dosierung von 5 mg/kg erreicht wurde [66]. Die minimale Hemmkonzentration (MHK) von Antimykotika gegen *S. brasiliensis, S. s* sensu stricto und *S. globosa* ist auf der Grundlage der aktualisierten Referenzmethode des Clinical and Laboratory Standards Institute (CLSI) für die Prüfung der Pilzanfälligkeit von Fadenpilzen in Brüheverdünnung (Dokument M38-A2) in Tab. 1 aufgeführt [14, 19, 20, 67, 68]. Itraconazol könnte die Behandlung der Wahl sein, aber es gibt Isolate mit einer MHK von über 4 mg/L, dem mutmaßlichen Grenzwert für dieses Antimykotikum. Diese Variabilität der MHK-Werte spiegelt möglicherweise den umfangreichen divergenten Evolutionsprozess innerhalb des *Sporotrix*-Komplexes wider, bei dem jede Spezies ihr eigenes Repertoire an Virulenzfaktoren entwickelt hat, die das Gedeihen und Überleben in ihrer Nische ermöglichen. Klinisch spiegelt sich dies in der Tatsache wider, dass einige Fälle von Sporotrichose bei Katzen therapierefraktär sind. Daher wurden Protokolle erarbeitet, die auf höheren Itraconazol-Dosierungen und/oder der Kombination mit anderen Antimykotika basieren, um diese therapierefraktären Fälle zu behandeln [65, 69]. *Sporothrix schenckii* sensu lato zeigt im Allgemeinen eine geringe Empfindlichkeit gegenüber Fluconazol und weist eine speziesabhängige Empfindlichkeit gegenüber Terbinafin und Amphotericin B auf

Tab. 1 Minimale Hemmkonzentration (MHK) von Antimykotika. Alle Ergebnisse sind in mg/L ausgedrückt und basieren auf der Referenzmethode des Clinical and Laboratory Standards Institute (CLSI) für die Prüfung der Pilzanfälligkeit von filamentösen Pilzen in Brüheverdünnung, Dokument M38-A2 (2008), in der Myzelphase

	Herkunft	n	Itraconazol	Fluconazol	Amphotericin B	Terbinafin	Referenzen
S. globosa	Japan Untergruppe I	29	0,5–4	> 128	1–4	Nicht getestet	[20]
	Japan Untergruppe II	9	0,25–2	> 128	2–4	Nicht getestet	[20]
	Brasilien	4	0,83 (0,06–16)	53,8 (16–128)	1 (0,2–4)	0,03 (0,01–0,06)	[67]
	Iran	4	8 (1–> 16)	> 64 32–> 64	5,66 (4–8)	1,68 (1–2)	[19]
S. s. sensu stricto	Malaysia	40	1,3 (0,5–4)	> 256	Nicht getestet	2,85 (1–8)	[14]
	Japan	9	0,5–1	> 128	2	Nicht getestet	[20]
	Brasilien	61	0,42 (0,03–16)	57,7 (8–128)	1,06 (0,03–2)	0,05 (0,01–0,50)	[67]
	Iran	5	0,76 (0,25–2)	> 64	3,03 (1–8)	0,38 (0,13–1)	[19]
S. brasiliensis	Brasilien	32	2	Nicht getestet	1,2	0,1	[68]
	Brasilien	23	0,36 (0,06–2)	56,7 (16–128)	1,03 (0,2–4)	0,06 (0,01–0,50)	[67]

(Tab. 1). Obwohl über eine erfolgreiche Behandlung der Sporotrichose beim Menschen mit Terbinafin berichtet wurde, sind die Ergebnisse für Katzen noch nicht schlüssig [70, 71]. Die kürzlich beschriebene schützende Wirkung von Pyomelanin und Eumelanin, die von *S. brasiliensis* und *S. s.* sensu stricto synthetisiert werden, gegen das Antimykotikum Terbinafin könnte teilweise erklären, warum die In-vitro-Ergebnisse nicht immer mit den In-vivo-Antworten korrelieren, wenn Patienten mit diesem Medikament behandelt werden [72]. Die Verabreichung von Amphotericin B ist mit Toxizität, hohen Kosten und Nebenwirkungen wie der Bildung lokaler steriler Abszesse bei intraläsionalen Injektionen verbunden [5]. Interessant ist, dass *Sporothrix* spp. eine variable Empfindlichkeit gegenüber in der Tiermedizin selten verwendeten Antimykotika wie Micafungin, 5-Fluorcytosin und sogar Posaconazol aufweist, was die Bedeutung von Empfindlichkeitstests unterstreicht [14, 20, 68]. Sich auflösende Granulome sind unter normaler Raumbeleuchtung visuell und taktil nicht von normaler, angrenzender gesunder Haut zu unterscheiden und können besser sichtbar gemacht werden, wenn sie gegen eine helle Lichtquelle gehalten werden (Abb. 8). Die Behandlung sollte über das Abklingen aller Granulome hinaus einen Monat lang fortgesetzt werden. Die örtliche Wärmetherapie beruht auf der

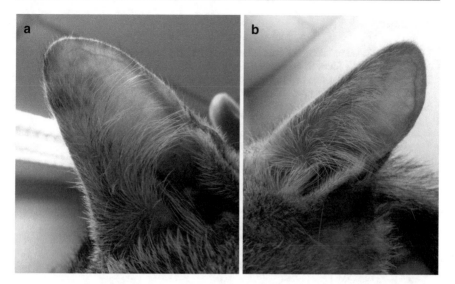

Abb. 8 Der Autor verwendet eine helle Lichtquelle zur Beurteilung und Feststellung der Heilung. **a** Eine sich auflösende granulomatöse Reaktion an der linken Ohrspitze, die taktil und visuell nicht von angrenzendem Normalgewebe zu unterscheiden ist, aber mit einer hellen Lichtquelle sichtbar gemacht werden kann. **b** Derselbe Patient nach der Heilung mit vollständiger Auflösung des Granuloms

Tatsache, dass der Pilz bei Temperaturen über 40 °C nicht wächst. Diese Behandlungsmethode ist jedoch mit Problemen der Praktikabilität und möglicherweise mit Tierschutzbedenken bei der Anwendung bei Tieren verbunden und wurde nicht als praktikable Behandlungsoption für Katzen verfolgt. Mit der Kryochirurgie in Verbindung mit Itraconazol konnten elf von 13 Katzen mit Sporotrichose erfolgreich behandelt und geheilt werden, wobei die Behandlungsdauer 3–16 Monate betrug und der Median bei acht Monaten lag [73]. Eine chirurgische Resektion ist bei lokalisierten, singulären Läsionen möglich, bei generalisierten, disseminierten Formen jedoch nicht praktikabel.

Schlussfolgerung

Die Prognose der Sporotrichose bei Katzen ist aufgrund der Kosten, des langwierigen Behandlungsverlaufs, des Zoonoserisikos und der geringen Empfindlichkeit einiger Stämme nach wie vor verhalten bis schlecht. Obwohl Antimykotika-Empfindlichkeitstests wichtige Anhaltspunkte für die Behandlung liefern, ist der Mangel an kommerzieller Verfügbarkeit und validierten Dosispunkten nach wie vor ein Stolperstein bei der Behandlung dieser Krankheit. Leider ist das derzeitige Repertoire an veterinärmedizinischen Antimykotika unzureichend, um das Problem der geringen Suszeptibilität der Pilze zu lösen.

Literatur

1. Schenck BR. On refractory subcutaneous abscess caused by a fungus possibly related to the Sporotricha. Bull Johns Hopkins Hosp. 1898;9:286–90.
2. Larone DH. Identification of fungi in culture. In: Medically important fungi: a guide to identification. 5. Aufl. Washington, DC: ASM Press; 2011. S. 166–7.
3. Schubach A, Schubach TM, Barros MB, Wanke B. Cat-transmitted sporotrichosis, Rio de Janeiro, Brazil. Emerg Infect Dis. 2005;11(1):1952–4.
4. Rodrigues AM, de Hoog GS, de Camargo ZP. Sporothrix species causing outbreaks in animals and humans driven by animal – animal transmission. PLoS Pathog. 2016;12:e1005638. https://doi.org/10.1371/journal.ppat.100.
5. Gremião ID, Menezes RC, Schubach TM, Figueiredo AB, Cavalcanti MC, Pereira SA. Feline sporotrichosis: epidemiological and clinical aspects. Med Mycol. 2015;53(1):15–21.
6. Gremião IDF, Miranda LHM, Reis EG, Rodrigues AM, Pereira AS. Zoonotic epidemic of sporotrichosis: cat to human transmission. PLoS Pathog. 2017;13(1):1–7.
7. Tang MM, Tang JJ, Gill P, Chang CC, Baba R. Cutaneous sporotrichosis: a six-year review of 19 cases in a tertiary referral center in Malaysia. Int J Dermatol. 2012;51:702–8.
8. Marimon R, Cano J, Gene J, Sutton DA, Kawasaki M, Guarro J. *Sporothrix brasiliensis, S. globosa,* and *S. mexicana,* three new *Sporothrix* species of clinical interest. J Clin Microbiol. 2007;45:3198–206.
9. Arrillaga-Moncrieff CJ, Mayayo E, Marimon R, Marine M, Gene J, et al. Different virulence levels of the species of Sporothrix in a murine model. Clin Microbiol Infect. 2009;15:651–5.
10. Rodrigues AM, de Melo TM, de Hoog GS, TMP S, Pereira SA, Fernandes GF, et al. Phylogenetic analysis reveals a high prevalence of *Sporothrix brasiliensis* in feline sporotrichosis outbreaks. PLoS Negl Trop Dis. 2013;7(6):e2281.
11. Oliveira MME, Almeida-Paes R, Muniz MM, Barros MBL, Gutierrez-Galhardo MC, Zancope-Oliveira RM. Sporotrichosis caused by *Sporothrix globosa* in Rio de Janeiro, Brazil: case report. Mycopathologia. 2010;169:359–63.
12. Oliveira MME, Almeida-Paes R, Muniz MM, Gutierrez-Galhardo MC, Zancope-Oliveira RM. Phenotypic and molecular identification of Sporothrix isolates from an epidemic area of sporotrichosis in Brazil. Mycopathologia. 2011;172(4):257–67.
13. Zhou X, Rodrigues A, Feng P, Hoog GS. Global ITS diversity in the Sporothrix schenckii complex. Fungal Divers. 2014;66:153–166.
14. Han HS, Kano R, Chen C, Noli C. Comparisons of two in vitro antifungal sensitivity tests and monitoring during therapy of *Sporothrix schenckii sensu stricto* in Malaysian cats. Vet Dermatol. 2017;28:156–e32.
15. Kano R, Okubo M, Siew HH, Kamata H, Hasegawa A. Molecular typing of *Sporothrix schenckii* isolates from cats in Malaysia. Mycoses. 2015;58:220–4.
16. Watanabe M, Hayama K, Fujita H, Yagoshi M, Yarita K, Kamei K, et al. A case of Sporotrichosis caused by *Sporothrix globosa* in Japan. Ann Dermatol. 2016;28:251–2.
17. Yu X, Wan Z, Zhang Z, Li F, Li R, Liu X. Phenotypic and molecular identification of Sporothrix isolates of clinical origin in Northeast China. Mycopathologia. 2013;176:67–74.
18. Madrid H, Cano J, Gene J, Bonifaz A, Toriello C, Guarro J. *Sporothrix globosa,* a pathogenic fungus with widespread geographical distribution. Rev Iberoam Micol. 2009;26(3):218–22.
19. Mahmoudi S, Zaini F, Kordbacheh P, Safara M, Heidari M. Sporothrix schenckii complex in Iran: molecular identification and antifungal susceptibility. Med Mycol. 2016;54:593–9.
20. Suzuki R, Yikelamu A, Tanaka R, Igawa K, Yokodeki H, Yaguchi T. Studies in phylogeny, development of rapid identification methods, antifungal susceptibility and growth rates of clinical strains of Sporothrix schenckii complex in Japan. Med Mycol J. 2016;57E:E47–57.
21. Thomson J, Trott DJ, Malik R, Galgut B, McAllister MM, Nimmo J, et al. An atypical cause of sporotrichosis in a cat. Med Mycol Case Rep. 2019;23:72–6.
22. Barros MB, Paes RA, Schubach AO. *Sporothrix schenckii* and Sporotrichosis. Clin Microbiol Rev. 2011;24:633–54.

23. Rossato L, Moreno F, Jamalian A, Stielow B, Almeida R, de Hoog S, et al. Proteins potentially involved in immune evasion strategies in *Sporothrix brasiliensis* elucidated by high resolution mass spectrometry. mSphere. 2018;13:e00514–7.

24. Teixeira PA, de Castro RA, Nascimento RC, Tronchin G, Torres AP, Lazéra M, et al. Cell surface expression of adhesins for fibronectin correlates with virulence in *Sporothrix schenckii*. Microbiology. 2009;155:3730–8.

25. López-Esparza A, Álvarez-Vargas A, Mora-Montes HM, Hernández-Cervantes A, Del Carmen C-CM, Flores-Carreón A. Isolation of *Sporothrix schenckii* GDA1 and functional characterization of the encoded guanosine diphosphatase activity. Arch Microbiol. 2013;195:499–506.

26. Morris-Jones R, Youngchim S, Gomez BL, Aisen P, Hay RJ, Nosanchuk JD, et al. Synthesis of melanin-like pigments by *Sporothrix schenckii* in vitro and during mammalian infection. Infect Immun. 2003;71:4026–33.

27. Teixeira PA, De Castro RA, Ferreira FR, Cunha MM, Torres AP, Penha CV, et al. L-DOPA accessibility in culture medium increases melanin expression and virulence of *Sporothrix schenckii* yeast cells. Med Mycol. 2010;48:687–95.

28. Nosanchuk JD, Casadevall A. Impact of melanin on microbial virulence and clinical resistance to antimicrobial compounds. Antimicrob Agents Chemother. 2006;50:3519–28.

29. Sgarbi DB, da Silva AJ, Carlos IZ, Silva CL, Angluster J, Alviano CS. Isolation of ergosterol peroxide and its reversion to ergosterol in the pathogenic fungus *Sporothrix schenckii*. Mycopathologia. 1997;139:9–14.

30. Lei PC, Yoshiike T, Ogawa H. Effects of proteinase inhibitors on cutaneous lesion of *Sporothrix schenckii* inoculated hairless mice. Mycopathologia. 1993;123:81–5.

31. Joffe LS, Nimrichter L, Rodrigues ML, Del Poeta M. Potential roles of fungal extracellular vesicles during infection. mSphere. 2016;1:e00099–16.

32. Rodrigues ML, Nimrichter L, Oliveira DL, Frases S, Miranda K, Zaragoza O, et al. Vesicular polysaccharide export in *Cryptococcus neoformans* is a eukaryotic solution to the problem of fungal trans-cell wall transport. Eukaryot Cell. 2007;6:48–59.

33. Rodrigues ML, Nimrichter L, Oliveira DL, Nosanchuk JD, Casadevall A. Vesicular trans-cell wall transport in fungi: a mechanism for the delivery of virulence-associated macromolecules? Lipid Insights. 2008;2:27–40.

34. Albuquerque PC, Nakayasu ES, Rodrigues ML, Frases S, Casadevall A, Zancope-Oliveira RM, et al. Vesicular transport in *Histoplasma capsulatum*: an effective mechanism for trans-cell wall transfer of proteins and lipids in ascomycetes. Cell Microbiol. 2008;10:1695–710.

35. Vallejo MC, Matsuo AL, Ganiko L, Medeiros LC, Miranda K, Silva LS, et al. The pathogenic fungus *Paracoccidioides brasiliensis* exports extracellular vesicles containing highly immunogenic-galactosyl epitopes. Eukaryot Cell. 2011;10:343–51.

36. Vargas G, Rocha JD, Oliveira DL, Albuquerque PC, Frases S, Santos SS, et al. Compositional and immunobiological analyses of extracellular vesicles released by *Candida albicans*. Cell Microbiol. 2015;17:389–407.

37. Rayner S, Bruhn S, Vallhov H, Anderson A, Billmyre RB, Scheynius A. Identification of small RNAs in extracellular vesicles from the commensal yeast *Malassezia sympodialis*. Sci Rep. 2017;7:39742.

38. Ikeda MAK, de Almeida JRF, Jannuzzi GP, Cronemberger-Andrade A, Torrecilhas ACT, Moretti NS, et al. Extracellular vesicles from *Sporothrix brasiliensis* are an important virulence factor that induce an increase in fungal burden in experimental sporotrichosis. Front Microbiol. 2018;9:2286.

39. Huang SH, Wu CH, Chang YC, Kwon-Chung KJ, Brown RJ, Jong A. *Cryptococcus neoformans*-derived microvesicles enhance the pathogenesis of fungal brain infection. PLoS One. 2012;7:e48570.

40. Rossato L, Moreno F, Jamalian A, Stielow B, Almeida R, de Hoog S, et al. Proteins potentially involved in immune evasion strategies in *Sporothrix brasiliensis* elucidated by ultra-high-resolution mass spectrometry. mSphere. 2018;3:e00514–7.

41. Nimrichter L, de Souza MM, Del Poeta M, Nosanchuk JD, Joffe L, Tavares PM, Rodrigues ML. Extracellular vesicle-associated transitory cell wall components and their impact on the interaction of fungi with host cells. Front Microbiol. 2016;7:1034.
42. Brilhante RSN, de Aguiar FRM, da Silva MLQ, de Oliveira JS, de Camargo ZP, Rodgrigues AM, et al. Antifungal susceptibility of *Sporothrix schenckii* complex biofilms. Med Mycol. 2018;56:297–306.
43. Carlos IZ, Sassá MF, da Graca Sgarbi DB, MCP P, DCG M. Current research on the immune response to experimental sporotrichosis. Mycopathologia. 2009;168:1–10.
44. Negrini Tde C, Ferreira LS, Alegranci P, Arthur RA, Sundfeld PP, Maia DC, et al. Role of TLR-2 and fungal surface antigen on innate immune response against *Sporothrix schenckii*. Immunol Investig. 2013;42:36–48.
45. Fernandes KS, Neto EH, Brito MM, Silva JS, Cunha FQ, Barja-Fidalgo C. Detrimental role of endogenous nitric oxide in host defense againsts *Sporothrix schenckii*. Immunology. 2008;123:469–79.
46. Brummer E, Division DA. Antifungal mechanism of activated murine bronchoalveolar or peritoneal macrophages for *Histoplasma capsulatum*. Clin Exp Immunol. 1995;102:65–70.
47. Bocca L, Hayashi EE, Pinheiro G, Furlanetto B, Campanelli P, Cunha FQ, et al. Treatment of *Paracoccidioides brasiliensis*-infected mice with a nitric oxide inhibitor prevents the failure of cell-mediated immune response. J Immunol. 1998;161:3056–63.
48. Torinuki W, Tagami H. Complement activation by Sporothrix schenckii. Arch Dermatol Res. 1985;277:332–3.
49. de Lima FD, Nascimento RC, Ferreira KS, Almeida SR. Antibodies against Sporothrix schenckii enhance TNF-alpha production and killing by macrophages. Scand J Immunol. 2012;75:142–6.
50. Ruiz-Baca E, Toreillo C, Perez-Torres A, Sabanero-López M, Villagómez-Castro JC, López-Romero E. Isolation and some properties of a glycoprotein of 70 kDa (Gp70) from the cell wall of Sporothrix shcenckii cell wall. Mem Inst Oswaldo Cruz. 2009;47:185–96.
51. Maia DC, Sassá MF, Placeres MC, Carlos IZ. Influence of Th1/Th2 cytokines and nitric oxide in murine systemic infection induced by Sporothrix schenckii. Mycopathologia. 2006;161:11–9.
52. Plouffe JF, Silva J, Fekety R, Reinhalter E, Browne R. Cell-mediated immune responses III sporotrichosis. J Infect Dis. 1979;139:152–7.
53. Goncalves AC, Ferreira LS, Manente FA, de Faria CMQG, Polesi MC, de Andrade CR, et al. The NLRP3 inflammasome contributes to host protection during *Sporothrix schenckii* infection. Immunology. 2017;151:154–66.
54. Tachibana T, Matsuyama T, Mitsuyama M. Involvement of CD4+ T cells and macrophages in acquired protection against infection with *Sporothrix schenckii* in mice. Med Mycol. 1999;37:397–404.
55. Flores-García A, Velarde-Félix JS, Garibaldi-Becerra V, Rangel-Villalobos H, Torres-Bugarín O, Zepeda-Carrillo EA, et al. Recombinant murine IL-12 promotes a protective TH1/cellular response in Mongolian gerbils infected with *Sporothrix schenckii*. J Chemother. 2015;27:87–93.
56. Han HS, Toh PY, Yoong HB, Loh HM, Tan LL, Ng YY. Canine and feline cutaneous screwworm myiasis in Malaysia: clinical aspects in 76 cases. Vet Dermatol. 2018;29:442–e148.
57. Schubach TM, Schubach A, Okamoto T, Barros MB, Figueiredo FB, Cuzzi T, et al. Evaluation of an epidemic of sporotrichosis in cats: 347 cases (1998–2001). J Am Vet Med Assoc. 2004;224(10):623–9.
58. Raskin RE, Meyer DJ. Skin and subcutaneous tissue. In: Canine and feline cytology. 2. Aufl. St. Louis: Saunders Elsevier; 2010. S. 41–4.
59. Pereira SA, Menezes RC, Gremião ID, Silva JN, Honse Cde O, Figueiredo FB, et al. Sensitivity of cytopathological examination in the diagnosis of feline sporotrichosis. J Feline Med Surg. 2011;13:220–3.
60. Jessica N, Sonia RL, Rodrigo C, Isabella DF, Tânia MP, Jeferson C, et al. Diagnostic accuracy assessment of cytopathological examination of feline sporotrichosis. Med Mycol. 2015;53(8):880–4.

61. Gross TL, Ihrke PJ, Walder EJ, et al. Infectious nodular and diffuse granulomatous and pyogranulomatous diseases of the dermis. In: Skin disease of the dog and cat. 2. Aufl. Oxford: Blackwell Science; 2005. S. 298–301.
62. Fernandes GF, Lopes-Bezerra LM, Bernardes-Engemann AR, Schubach TM, Dias MA, Pereira SA, et al. Serodiagnosis of sporotrichosis infection in cats by enzyme-linked immunosorbent assay using a specific antigen, SsCBF, and crude exoantigens. Vet Microbiol. 2011;147:445–9.
63. Kano R, Watanabe K, Murakami M, Yanai T, Hasegawa A. Molecular diagnosis of feline sporotrichosis. Vet Rec. 2005;156:484–5.
64. Reis EG, Gremião ID, Kitada AA, Rocha RF, Castro VP, Barros ML, et al. Potassium iodide capsule treatment of feline sporotrichosis. J Feline Med Surg. 2012;14:399–404.
65. Reis ÉG, Schubach TM, Pereira SA, Silva JN, Carvalho BW, Quintana MB, et al. Association of itraconazole and potassium iodide in the treatment of feline sporotrichosis: a prospective study. Med Mycol. 2016;54:684–90.
66. Liang C, Shan Q, Zhang J, Li W, Zhang X, Wang J, et al. Pharmacokinetics and bioavailability of itraconazole oral solution in cats. J Feline Med Surg. 2016;18:310–4.
67. Ottonelli Stopiglia CD, Magagnin CM, Castrillón MR, Mendes SD, Heidrich D, Valente P, et al. Antifungal susceptibility and identification of Sporothrix schenckii complex isolated in Brazil. Med Mycol. 2014;52:56–64.
68. Borba-Santos LP, Rodrigues AM, Gagini TB, Fernandes GF, Castro R, de Camargo ZP, et al. Susceptibility of Sporothrix brasiliensis isolates to amphotericin B, azoles, and terbinafine. Med Mycol. 2015;53:178–88.
69. Han HS. The current status of feline sporotrichosis in Malaysia. Med Mycol J. 2017; 58E:E107–13.
70. Francesconi G, Valle AC, Passos S, Reis R, Galhardo MC. Terbinafine (250 mg/day): an effective and safe treatment of cutaneous sporotrichosis. J Eur Acad Dermatol Venereol. 2009;23:1273–6.
71. Vettorato R, Heidrich D, Fraga F, Ribeiro AC, Pagani DM, Timotheo C, et al. Sporotrichosis by Sporothrix schenckii sensu stricto with itraconazole resistance and terbinafine sensitivity observed in vitro and in vivo: case report. Med Mycol Case Rep. 2018;19:18–20.
72. Almeida-Paes R, Figueiredo-Carvalho MHG, Brito-Santos F, Almeida-Silva F, Oliveira MME, Zancopé-Oliveira RM. Melanins protect Sporothrix brasiliensis and Sporothrix schenckii from the antifungal effects of terbinafine. PLoS One. 2016;11:e0152796. https://doi.org/10.1371/journal.pone.0152796.
73. De Souza CP, Lucas R, Ramadinha RH, Pires TB. Cryosurgery in association with itraconazole for the treatment of feline sporotrichosis. J Feline Med Surg. 2016;18:137–43.

Malassezia

Michelle L. Piccione und Karen A. Moriello

Zusammenfassung

Die *Malassezia*-Dermatitis/Überwucherung ist eine oberflächliche Pilz-(Hefe-) Hauterkrankung bei Katzen. Sie wird am häufigsten in Verbindung mit zugrunde liegenden überempfindlichen Hauterkrankungen, Stoffwechselerkrankungen, Neoplasien und paraneoplastischen Syndromen beobachtet. Zu den häufigen klinischen Anzeichen gehören dunkle, wachsartige Ablagerungen in Verbindung mit Otitis externa, Schuppung, schwarze, wachsartige Nagelbettablagerungen (Paronychie), variabler Juckreiz, Erythem und exsudative Dermatitis, insbesondere, wenn sie durch bakterielle Pyodermie kompliziert wird. Die Krankheit wird in den meisten Fällen durch eine zytologische Untersuchung der Haut diagnostiziert. *Malassezia pachydermatis* ist die primäre Spezies, die von Katzen isoliert wird; es können jedoch auch andere lipidabhängige Arten isoliert werden. Itraconazol ist die Behandlung der Wahl, zusammen mit einer topischen antimykotischen Shampoo-Therapie oder antimykotischen Leave-on-Produkten. Wiederkehrende *Malassezia*-Dermatitis ist ein klinisches Zeichen für einen zugrunde liegenden Auslöser, der in den meisten Fällen nicht lebensbedrohlich ist. Bei Katzen mit schwerer, weit verbreiteter Erkrankung, insbesondere bei Katzen mit Erythem, Alopezie und/oder ausgeprägter Schuppung, könnte eine Überwucherung mit *Malassezia*-Spezies ein klinisches Zeichen für eine systemische Erkrankung sein, das eine gründliche systemische Untersuchung rechtfertigt.

M. L. Piccione (✉) · K. A. Moriello
School of Veterinary Medicine, University of Wisconsin-Madison, Madison, USA
E-Mail: mpiccione@wisc.edu; karen.moriello@wisc.edu

C. Noli, S. Colombo (Hrsg.), *Dermatologie der Katze*,
https://doi.org/10.1007/978-3-662-65907-6_16

Einführung

Malassezia sind Hefeorganismen und gehören zur normalen Mikroflora der Haut von Menschen und Tieren, einschließlich Katzen [1]. Zum Zeitpunkt der Erstellung dieses Berichts waren mindestens 16 verschiedene menschliche und tierische Arten isoliert. Eine Durchsicht der Literatur ergab ein breites Spektrum von Arten, die von Katzen isoliert wurden, aber die Molekulardiagnostik klassifiziert einige dieser Arten neu [2]. Mehrere neuere Studien haben bestätigt, dass die am häufigsten bei Katzen isolierten Arten *M. pachydermatis*, *M. furfur*, *M. nana* und *M. sympodialis* sind [3–6].

Für die Zwecke dieses Kapitels sind die Begriffe „*Malassezia*-Dermatitis" und „*Malassezia*-Überwucherung" synonym, und der Einfachheit halber wird der erstere verwendet. Dermatitis durch *Malassezia* spp. wird zunehmend als komplizierender Faktor bei vielen Hauterkrankungen bei Katzen erkannt, oft in Verbindung mit einer bakteriellen Überwucherung. Ziel dieses Kapitels ist es, einen Überblick über die wissenschaftliche Literatur zur *Malassezia*-Dermatitis bei Katzen zu geben und die wichtigsten Aspekte der klinischen Symptome, Diagnose und Behandlung zusammenzufassen.

Ätiologie und Pathogenese von *Malassezia* bei Katzen

Biologische Merkmale

Bei der Gattung *Malassezia* handelt es sich um lipophile Hefen, die Teil der Hautmikroflora von Warmblütern sind und dazu neigen, talgdrüsenreiche Haut zu besiedeln. *Malassezia* gehören zu den basidiomyzetischen Hefen. Sie zeichnen sich durch eine mehrschichtige Zellwand aus und vermehren sich durch einseitige Knospung [7]. Die flaschenförmigen Hefen können kugelförmig, eiförmig oder zylindrisch sein. Die Knospen bilden sich an einer schmalen oder breiten Basis [7]. Derzeit umfasst die Gattung *Malassezia* 16 Arten, von denen 15 lipidabhängig sind und am häufigsten bei Menschen, Wiederkäuern und Pferden nachgewiesen werden (*Malassezia furfur*, *M. globosa*, *M. obtusa*, *M. restricta*, *M. slooffiae*, *M. sympodialis*, *M. dermatis*, *M. nana*, *M. japonica*, *M. yamatoensis*, *M. equina*, *M. caprae* und *M. cuniculi*, *M. brasiliensis*, *M. psittaci*) [8]. Die einzige nicht lipidabhängige Art, *M. pachydermatis*, wird häufig bei Katzen und Hunden gefunden [8]. Mit Ausnahme von *M. pachydermatis* benötigen die lipophilen Hefen einen Zusatz von langkettigen Fettsäuren im Kulturmedium; die Nutzung der Lipide ist eine Kohlenstoffquelle für das Überleben [8].

Pathogenese

M. pachydermatis gilt als nichtpathogener, kommensaler Organismus, der zu einem opportunistischen Pathogen werden kann, wenn die Umweltfaktoren geeignet sind und/oder die Abwehrmechanismen des Wirts versagen. Zu den Faktoren, die an der Aufrechterhaltung des Gleichgewichts der Hautmikroflora beteiligt sind, gehören Temperatur, Hydratation, chemische Bestandteile (Schweiß, Talg und Speichel) und pH-Wert [9]. Wenn diese Faktoren verändert werden, kann *Malassezia* die Haut von Katzen überwuchern, als Krankheitserreger wirken und eine Entzündungsreaktion auslösen. *M. pachydermatis* haftet nachweislich an menschlichen Keratinozyten, und die Keratinozyten reagieren mit der Freisetzung von entzündungsfördernden Mediatoren als Abwehrmechanismus [10]. Humorale und zellvermittelte Reaktionen auf *Malassezia* sind dokumentiert, und alles, was diese Reaktionen stört oder abschwächt, kann zu einer Überwucherung führen [11].

Prävalenz

Es gibt zahlreiche Studien, in denen die Übertragung von Malassezien bei gesunden Katzen, bei Katzen mit Hauterkrankungen, bei bestimmten Katzenrassen, an verschiedenen Hautstellen und in Verbindung mit anderen Krankheiten untersucht wurde. Dabei ist zu beachten, dass in den gemeldeten Studien unterschiedliche Methoden verwendet wurden (d. h. Kultur, Zytologie, Kombination aus Kultur und Zytologie), was einen direkten Vergleich erschwert.

In einer Studie, in der zehn kurzhaarige Hauskatzen (engl. *domestic short-haired*, DSH) ohne Hautkrankheiten in der Vorgeschichte (Kontrollen) mit 32 Sphynx-Katzen verglichen wurden, wurde *Malassezia* nicht von der Haut der Kontrollkatzen isoliert [12]. Bei Sphynx-Katzen wurde Malassezia von 26 von 32 Katzen isoliert, von denen fünf eine fettige Haut aufwiesen (Abb. 1). Es wurden 73 *Malassezia*-Iso-

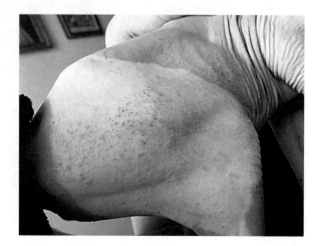

Abb. 1 Sphynx-Katze mit seborrhoischer Dermatitis und Hefeüberwucherung. Diese Katze hatte starken Juckreiz, und bei der Zytologie der abgebildeten papulösen Eruption wurden Hefepilzorganismen gefunden. Bei der Katze wurde eine Umweltallergie diagnostiziert

late gefunden, von denen 69 *M. pachydermatis* waren. Interessanterweise wurden bei keiner der 32 Katzen *Malassezia* aus den Ohren isoliert. In einer anderen Studie wurde die Übertragung zwischen verschiedenen Katzengruppen verglichen: zehn normale DSH-Katzen, 33 Cornish-Rex-Katzen (fünf normal, 28 mit seborrhoischer Hauterkrankung) und 30 Devon-Rex-Katzen (21 normal und neun mit seborrhoischer Hauterkrankung) [13]. *Malassezia* wurde bei fünf von zehn normalen Katzen, fünf von 15 Cornish-Rex-Katzen und 27 von 30 Devon-Rex-Katzen isoliert. Bei der Zusammenführung der Daten normaler und kranker Katzen wurde *M. pachydermatis* bei 70 % der Katzen mit seborrhoischer Hauterkrankung und nur bei 17 % der Katzen mit normaler Haut isoliert. In dieser Studie waren 121 von 141 Isolaten *M. pachydermatis*.

Die Prävalenz von *Malassezia* im Gehörgang von Katzen ist von Interesse, da Otitis ein häufiges Problem bei Katzen ist (s. Kap. Otitis) (Abb. 2). In einer Studie wurden *Malassezia*-Arten aus dem Gehörgang von 63 von 99 (63,6 %) Katzen mit Otitis und zwölf von 52 (23 %) normalen Katzen isoliert [14]. In dieser Studie waren *M. pachydermatis, M. globosa und M. furfur* die häufigsten Isolate. In einer anderen Studie wurden *Malassezia* bei neun von 17 Katzen mit Otitis externa und bei 16 von 51 Katzen ohne Otitis isoliert [15]. Auch hier waren *M. pachydermatis*, *M. globosa* und *M. furfur* die am häufigsten vorkommenden Isolate. In einer weiteren Studie mit normalen und betroffenen Katzen wurden *Malassezia* bei sieben von 25 und 15 von 20 Katzen isoliert [16]. Auch hier waren *M. pachydermatis* und *M. sympodialis* die am häufigsten vorkommenden Isolate.

Eine weitere interessante Stelle, die bei Katzen untersucht wurde, ist der Nagelfalz (Abb. 3). In einer Studie wurden Hefepilze aus dem Krallenfalz von 26 von 29 Devon-Rex-Katzen isoliert [17]. In einer anderen Studie wurden *Malassezia* in 28 von 46 Proben aus dem Nagelfalz von Katzen gefunden [3]. Hefepilze wurden bei

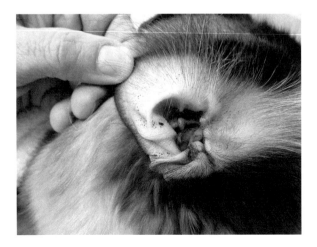

Abb. 2 Ohr einer Katze mit Hefe-Otitis. Dies ist die Ohrmuschel einer Katze mit Hypersensitivitätsdermatitis. Die Katze hatte extremen Juckreiz an den Ohren und sprach gut auf die topische Steroidbehandlung an

Abb. 3 Nagelfalz einer Katze mit *Malassezia*-Dermatitis. Der Besitzer berichtete, dass die Katze an den Pfoten und im Nagelfalzbereich geleckt und gekaut hat. Die Läsionen bildeten sich unter topischer und systemischer antimykotischer Behandlung zurück. Die Katze litt gleichzeitig an Diabetes mellitus

allen 15 Devon-Rex-Katzen, zehn DSH-Katzen und drei Perserkatzen gefunden. Malassezien werden auch häufig in den Nagelfalzen von Sphynx-Katzen gefunden [4].

Die Gesichtsfalte von Perserkatzen wurde ebenfalls auf *Malassezia*-Dermatitis untersucht [18]. Es ist bekannt, dass diese Rasse an Gesichtsfaltendermatitis leidet, die häufig idiopathisch ist. In einer klinischen Fallserie wurden 13 Perserkatzen mit idiopathischer Gesichtsfaltendermatitis untersucht, und bei sechs von 13 Katzen wurde eine *Malassezia*-Dermatitis festgestellt. Das Ansprechen auf die Behandlung war unvollständig, was darauf schließen lässt, dass *Malassezia* eher ein komplizierender Faktor als eine Ursache war.

Prävalenzstudien zeigen einige gemeinsame Trends. Erstens können Malassezien bei gesunden Katzen gefunden werden, sie sind jedoch nicht häufig. Die Übertragung ist bei Katzenrassen mit genetisch bedingter follikulärer Dysplasie (Devon Rex, Cornish Rex und Sphynx) häufiger. Interessanterweise sind die Häufigkeit und die Population der isolierten Malassezien unterschiedlich, obwohl Cornish-Rex- und Devon-Rex-Katzen ähnliche Fellmerkmale aufweisen. Der Grad der Besiedlung könnte mit der Veranlagung der Devon-Rex-Katze zur Entwicklung einer seborrhoischen Dermatitis zusammenhängen. *Malassezia* kann von Katzen mit und ohne Otitis externa und aus den Nagelfalzen von Katzen isoliert werden, insbesondere von Katzen mit seborrhoischer oder allergischer Hauterkrankung. Schließlich ist *M. pachydermatis* das häufigste *Malassezia*-Isolat bei Katzen.

Malassezia und gleichzeitig auftretende Krankheiten

Malassezia-Überwucherung/Dermatitis ist eine häufige Komplikation von Hauterkrankungen bei anderen Tierarten, und ein ähnliches Bild zeichnet sich allmählich auch bei Katzen ab.

Hauterkrankungen durch Überempfindlichkeiten sind bei Katzen häufig, und die Rolle der *Malassezia*-Dermatitis dabei wird zunehmend erkannt (Abb. 4). In einer Studie mit 18 Katzen mit Hypersensitivitätsdermatitis wurde bei allen Katzen eine *Malassezia*-Dermatitis festgestellt [19]. Bei sechzehn Katzen ging der Juckreiz nach der Behandlung deutlich zurück. Dies deutet darauf hin, dass die Überwucherung mit *Malassezia* bei einigen Katzen mit Überempfindlichkeitsdermatitis ein mitbestimmender Faktor sein kann. Nicht alle Katzen mit Hauterkrankung durch Überempfindlichkeiten haben eine *Malassezia*-Dermatitis. In einer molekularen Studie zum Pilzmikrobiom allergischer Katzen ($n = 8$) wurden *Malassezia* in nur 21 % von 54 Proben der acht allergischen Katzen gefunden [20].

Eine Studie zur auralen Mikroflora bei gesunden Katzen ($n = 20$) im Vergleich zu allergischen Katzen ($n = 15$) und Katzen mit systemischen Erkrankungen ($n = 15$) ergab, dass eine *Malassezia*-Kolonisierung bei Katzen mit Hypersensitivitätsdermatitis und systemisch kranken Katzen häufiger vorkam als bei gesunden Katzen [21]. In einer anderen Studie wurden *Malassezia* häufiger von Retrovirus-positiven Katzen isoliert als von Retrovirus-negativen Katzen [22]. Obwohl die Katzen gesund waren, haben retrovirale Infektionen möglicherweise die angeborene Immunantwort beeinträchtigt. Beim Vergleich der Häufigkeit der Isolierung von *Malassezia* auf der Haut von Katzen mit Diabetes mellitus ($n = 16$), Hyperthyreose ($n = 20$) und Neoplasien ($n = 8$) mit normalen Katzen ($n = 10$) wurde kein Unterschied festgestellt [23].

Es gibt immer mehr Hinweise darauf, dass *Malassezia*-Dermatitis mit paraneoplastischer Alopezie einhergehen und/oder ein kutanes Zeichen einer systemischen Erkrankung sein kann. In der oben genannten Studie wurden *Malassezia* bei einer Katze mit paraneoplastischem Syndrom und Pankreas-Adenokarzinom von neun Stellen isoliert [23]. In einem anderen Fallbericht wurden bei einer Katze mit Thymom eine ausgeprägte exfoliative Dermatitis und eine Hefeüberwucherung festgestellt (Abb. 5 und 6), und interessanterweise kam es nach vollständiger chirurgi-

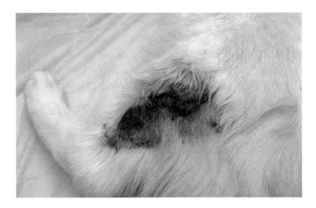

Abb. 4 Diese Katze hatte eine Überempfindlichkeitsdermatitis und wiederkehrende Bereiche mit eosinophiler Dermatitis. Die Zytologie ergab eine gleichzeitige bakterielle und *Malassezia*-Dermatitis. Die Läsionen klangen unter gleichzeitiger antibakterieller und antimykotischer Therapie ab

Abb. 5 Dies ist eine 13-jährige Katze, die sich mit einer ausgeprägten exfoliativen Dermatitis mit schwerer *Malassezia*-Dermatitis in der Zytologie vorstellte. Die Katze war systemisch krank. Die Bildgebung ergab ein Thymom

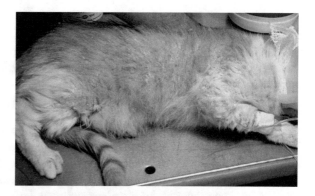

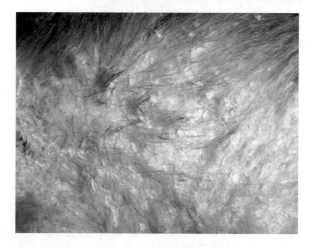

Abb. 6 Eine Nahaufnahme der ausgeprägten Exfoliation auf der Haut der Katze in Abb. 5. Man beachte das ausgeprägte Erythem und die großen Schuppen aus abgeschilferten Keratinozyten. Diese Schuppenbildung deutet stark auf eine exfoliative Dermatitis bei Katzen hin, die auf ein zugrunde liegendes medizinisches Problem zurückzuführen ist, das mit einem Thymom assoziiert sein kann oder auch nicht

scher Tumorresektion zu einer vollständigen Rückbildung der klinischen Symptome [24]. In einem Fallbericht wurde eine 13-jährige DSH-Katze beschrieben, bei der sich die paraneoplastische Alopezie zusammen mit einer *Malassezia*-Überwucherung progressiv verschlechterte. Die Obduktion ergab ein Adenokarzinom des Pankreas mit Lebermetastasen [25]. In einer retrospektiven Studie, in der Hautbiopsieproben von Katzen ausgewertet wurden, enthielten 15 Proben eine große Anzahl von *Malassezia*-Organismen in der Epidermis oder im follikulären Infundibulum [26]. Die Auswertung der klinischen Daten ergab, dass elf von 15 Katzen akut auftretende multifokale bis generalisierte Hautläsionen aufwiesen. Zehn Katzen wurden euthanasiert, und eine Katze starb zwei Monate nach Beginn der klinischen Symptome an einem metastasierenden Leberkarzinom.

Klinische Anzeichen

Es gibt keine pathognomonischen klinischen Anzeichen für *Malassezia*-Dermatitis bei Katzen. Die von den Autoren berichteten und/oder häufig beobachteten klinischen Anzeichen sind in Kasten 1 und in den Abbildungen des Kapitels zusammengefasst. Eine gleichzeitige bakterielle Überwucherung ist häufig. Schuppenbildung und ein ungepflegtes Fell (Abb. 7 und 8) sind häufig zu beobachten, und häufig werden *Malassezia* in der Zytologie gefunden. Viele Katzen mit *Malassezia*-Dermatitis, die auf schlechte Fellpflege zurückzuführen ist, sprechen allein auf Fellhygiene und topische Therapie an. Der Befall des Nagelbetts kann im klinischen Erscheinungsbild variieren, er ist in der Regel braunschwarz (Abb. 3) und kann als ausgeprägte seborrhoische Ansammlung auftreten.

Abb. 7 Katze mit *Malassezia* und bakterieller Überwucherung. Man beachte das Erythem, die Eruptionen und die Schuppung

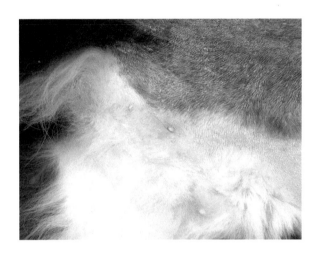

Abb. 8 *Malassezia*-Dermatitis bei einer Katze mit ungepflegtem Fell

Kasten 1 Klinische Anzeichen einer *Malassezia*-Dermatitis/Überwucherung

- Läsionen können generalisiert oder lokalisiert sein
- Juckreiz variiert von nicht vorhanden bis ausgeprägt
- Erythema
- Diffuse Seborrhoe, die trocken und/oder fettig sein kann
- Erhöhte Schuppung
- Von Schuppen und Follikelpfropfen durchsetzte Haare
- Traumatische Alopezie
- Hyperpigmentierung, gekennzeichnet durch braunes, wachsartiges Exsudat
- Verstopfte Follikel am Unterleib, insbesondere um die Brustwarzen herum
- Braune bis rötlich-braune Verfärbung der Nägel
- Wachsartige Ablagerungen unter den Nagelfalzen
- Braune wachsartige Rückstände, die an den Lippenfalten haften
- Akne am Kinn

Malassezia-Otitis

- Vermehrte Cerumenablagerungen
- Rötung des Gehörgangs
- Schwellung und Verengung des Kanals
- Juckreiz an Ohrmuschel und/oder Gehörgang

Diagnose

Die Diagnose einer *Malassezia*-Dermatitis beruht auf der Identifizierung des Organismus bei kompatibler/plausibler Anamnese und klinischen Symptomen sowie einem guten Ansprechen auf eine antimykotische Behandlung.

Zytologie

Die zytologische Untersuchung der Haut ist die beste Methode, um festzustellen, ob Malassezien vorhanden sind oder nicht. Es gibt keine zytologischen Kriterien für die Bestimmung der „normalen Anzahl" von *Malassezia*-Organismen auf der Haut von Katzen. Das Vorhandensein oder Nichtvorhandensein von Organismen kann nur im Lichte der klinischen Merkmale der Katze interpretiert werden. Die Organismen sind viel größer als Bakterien und können in der Größe von 2–4 µm × 3–7 µm variieren.

Hautzytologieproben können mit einem durchsichtigen Acetatklebeband entnommen werden, das die Entnahme an schwierigen Stellen ermöglicht, z. B. im Gesicht, in den Zehenzwischenräumen oder in Nagelfalzen. Ein durchsichtiges Stück Klebeband wird auf die Haut gepresst und dann mit hauseigenen Zytologie-Färbemitteln (z. B. Diff-Quik) angefärbt. Es ist wichtig, den Schritt der Fixierung zu vermeiden und den Klebestreifen zu färben, während er mit einer Pinzette, einer Pinzette oder dem Lieblingswerkzeug der Autoren, einer Wäscheklammer, gehalten wird. Das Anbringen von ungefärbtem Klebeband auf einen Objektträger und das anschließende Färben des Objektträgers führt zu einer schlechten Färbung und vermehrten Artefakten und sollte daher vermieden werden. Um ein geeignetes Präparat herzustellen, geben Sie einen Tropfen Immersionsöl auf einen Objektträger, kleben Sie dann ein gründlich getrocknetes, gefärbtes Stück Klebeband auf das Öl und untersuchen Sie es anschließend mikroskopisch. Bei der Ölimmersion (empfohlen) kann ein Tropfen Immersionsöl direkt auf das Klebeband gegeben werden. Für die Entnahme von Hautproben sind Objektträger aus Glas das optimale Werkzeug. Um die bestmögliche Probe zu erhalten, legen Sie den Objektträger auf die zu untersuchende Stelle, heben Sie die Haut vorsichtig an und drücken Sie sie zwischen zwei Fingern zusammen. Dadurch wird die Zellularität der Probe deutlich erhöht. Die Ohren werden am besten mit einem Wattestäbchen beprobt. Nagelbetten werden am besten beprobt, indem man mit einem Hautschabespatel (nicht mit einer Skalpellklinge) vorsichtig Ablagerungen unter der Krallenfalte abkratzt und sie dann auf einen Objektträger streicht. In jedem Fall ist es wichtig, die Objektträger *nicht* zu erhitzen, da dies zu Artefakten führt und/oder andere Zellen auf dem Objektträger beschädigt. Es hat sich gezeigt, dass eine Erhöhung der Anzahl der Tauchvorgänge in Lösung II (basophil, blau) ausreicht, um die Visualisierung von Hefeorganismen zu verbessern [27, 28]. Die Autoren untersuchen Objektträger routinemäßig bei 4-facher Vergrößerung, um einen zellulären Bereich zu finden, danach 10- und dann 100-facher Vergrößerung. *Malassezia*-Organismen sind in ihrer Größe variabel und können leicht auf dem Objektträger oder an den Keratinozyten der Haut haftend gesehen werden (Abb. 9 und 10).

Pilzkultur

In klinischen Fällen ist es selten erforderlich, diese Organismen für die Diagnose zu kultivieren. Besteht die Notwendigkeit, z. B. bei Verdacht auf Pilzresistenz, für Forschungszwecke oder zur Identifizierung der Art, sind zwei wichtige Dinge zu beachten.

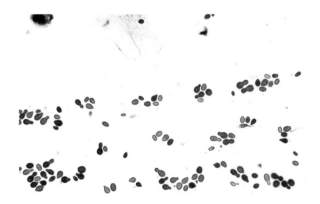

Abb. 9 Beachten Sie die große Anzahl von *Malassezia*-Organismen in dieser Ohrzytologie. Es gibt erdnuss- und eiförmige Organismen. Einige der Organismen sind nicht so tief basophil gefärbt, was bei Proben aus der Ohrenzytologie üblich ist

Abb. 10 Man beachte die große Anzahl von *Malassezia*-Organismen, die an den Hautzellen haften. Diese Probe wurde von einer Katze mit exfoliativer Dermatitis gewonnen. Beachten Sie die gleichzeitig vorhandenen Bakterien in dieser Probe

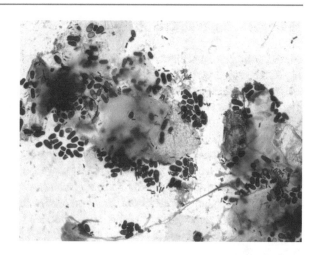

1. Bei Verwendung eines Kulturtupfers zur Anzucht einer Hautkultur muss der Tupfer mit dem Transportmedium befeuchtet werden, und der Tupfer muss aggressiv über einen großen Bereich der Haut gerieben werden, während der Kopf des Tupfers um 360° gedreht wird. Nach den Erfahrungen der Autoren sind trockene Tupferkulturen von kleinen Flächen unzureichend. Falls verfügbar, sind Kontaktplattenkulturen vorzuziehen.

2. Es ist üblich, mehrere verschiedene Spezies von Katzen zu isolieren. Es ist wichtig, das Labor darüber zu informieren, dass sowohl lipidunabhängige als auch lipidabhängige Arten von klinischem Interesse sind. *M. pachydermatis* ist insofern einzigartig, als er in Sabouraud-Dextrose-Agar bei 32–37 °C ohne Lipidzusatz gut wächst; lipidabhängige *Malassezia*-Arten wachsen jedoch nicht auf Sabouraud-Dextrose-Agar. Modifizierter Dixon-Agar und Leeming-Medium unterstützen das Wachstum aller *Malassezia*-Arten. Aufgrund des Vorhandenseins von lipidabhängigen Hefen auf der Haut von Katzen ist die Verwendung von lipidsupplementierten Medien, insbesondere des modifizierten Dixon-Mediums oder des Leeming-Mediums, erforderlich [8, 29, 30].

PCR

Die PCR wird bei der Routinediagnose der *Malassezia*-Dermatitis bei Katzen nicht eingesetzt. Kulturbasierte Methoden erlauben nicht immer eine artspezifische Identifizierung, und wenn dies erforderlich ist, ist die Polymerase-Kettenreaktion (PCR) eine praktikable Option. Bei der PCR werden Labormethoden eingesetzt, die DNA aus einer Probe, auch direkt aus der Haut oder aus einer Kultur, mit hoher Genauigkeit und Effizienz vervielfältigen [31]. Jüngste Ergebnisse zeigen, dass die Multiplex-Echtzeit-PCR bei der Identifizierung von *Malassezia*-Spezies aus tierischen und menschlichen Proben sehr wirksam ist [32].

Histopathologie und Hautbiopsie

Eine Hautbiopsie wird nicht routinemäßig zur Diagnose einer *Malassezia*-Dermatitis bei Katzen eingesetzt. Wenn die Katze ansonsten gesund ist und bei der Hautbiopsie Hefepilze festgestellt werden, ist ihr Vorhandensein höchstwahrscheinlich auf die zugrunde liegende Hauterkrankung zurückzuführen, z. B. auf eine Überempfind-lichkeitserkrankung oder eine primäre Verhornungsstörung. Wenn die Katze jedoch krank ist und ausgeprägte Hautläsionen aufweist, sollte das Vorhandensein von *Malassezia*-Organismen als Zeichen einer systemischen Erkrankung gewertet und eine gründliche medizinische Untersuchung durchgeführt werden. Histologische Schnitte, in denen *Malassezia*-Hefen nachgewiesen werden, zeigen häufig ihr Vorkommen im Stratum corneum der Epidermis oder im follikulären Infundibulum [26]. In Fällen von schwerer Exfoliation können sie in Bereichen mit leichter bis schwerer orthokeratotischer bis parakeratotischer Hyperkeratose nachgewiesen werden [26].

Behandlung

Die Behandlung der *Malassezia*-Dermatitis bei Katzen ist individuell und hängt von der Schwere der klinischen Symptome und der möglichen zugrunde liegenden Ursache ab. Wird die zugrunde liegende Ursache nicht erkannt und behandelt, wird die *Malassezia*-Dermatitis nicht abklingen. Wenn die Grunderkrankung chronisch ist, z. B. bei einer Überempfindlichkeitsdermatitis, sollte der Besitzer darauf hingewiesen werden, dass Krankheitsschübe zu Rückfällen der *Malassezia*-Dermatitis führen können.

Topische Therapie

Das Haupthindernis für eine topische Therapie der *Malassezia*-Dermatitis bei Katzen ist die Frage, was die Katze und der Besitzer tolerieren. Im Idealfall ist eine topische Therapie die Behandlung der Wahl. Bei Verfilzungen oder festsitzenden Haaren ist es wichtig, auf die Fellhygiene zu achten. Wenn die Katze das Baden toleriert, sind Miconazol/Chlorhexidin-, Ketoconazol/Chlorhexidin- oder Climbazol/Chlorhexidin-Kombinationen ein- bis zweimal wöchentlich die Shampoos der Wahl. Die Autoren haben es als sehr hilfreich empfunden, wenn die Besitzer wissen, dass die *Malassezia*-Dermatitis häufig mit einer bakteriellen Überwucherung einhergeht, sodass Kombinationsprodukte die beste Wahl sind. Wenn die Katze ansonsten gesund ist, aber generalisierte Läsionen aufweist, wird ein Ganzkörperbad empfohlen. Da dies evtl. nicht möglich ist, gibt es andere Möglichkeiten wie die Verwendung von Schaumprodukten mit den oben genannten Inhaltsstoffen. Bei fokalen Läsionen können diese Kombinationsprodukte nur auf die betroffenen Stellen aufgetragen werden. Es ist wichtig, daran zu denken, dass die Fellpflegeaktivität der Katzen ein größeres Risiko für unerwünschte Reaktionen auf topische Produkte birgt.

Systemische Antimykotika-Therapie

Eine orale antimykotische Therapie ist angezeigt, wenn die topische Therapie unpraktisch oder unwirksam ist. Das orale Antimykotikum der Wahl ist Itraconazol (Itrafungol, Elanco Animal Health). Es ist für die Anwendung bei Katzen in einer Dosierung von 5 mg/kg oral einmal täglich im Wechsel von einer Woche Gabe und einer Woche Aussetzen zur Behandlung der Dermatophytose zugelassen [33]. Itraconazol wird von Katzen im Allgemeinen gut vertragen und ist in dieser Dosierung sicher. Die am häufigsten berichteten Nebenwirkungen waren Hypersalivation, verminderter Appetit, Erbrechen und Durchfall [33]. Es ist wichtig, die Halter darauf hinzuweisen, dass zusammengesetztes Itraconazol nicht verwendet werden sollte, da es starke Hinweise darauf gibt, dass es nicht bioverfügbar ist [34].

Über die Wirksamkeit von oralem Itraconazol zur Behandlung von *Malassezia*-Dermatitis wurde in zwei Studien berichtet. In einer retrospektiven Studie erhielten 15 Katzen 5–10 mg/kg Itraconazol (Itrafungol/Janssen), das einmal täglich oral als einzige Therapie verabreicht wurde [35]. Die betroffenen Katzen hatten entweder lokalisierte ($n = 8$) oder generalisierte Läsionen ($n = 7$). Zwölf der Katzen hatten gleichzeitig eine Otitis externa. Itraconazol war bei allen Katzen wirksam, und es wurden keine Nebenwirkungen berichtet. In einer anderen Studie wurde Itraconazol als Impulstherapie (eine Woche Gabe/eine Woche Aussetzen) zur Behandlung von *Malassezia*-Dermatitis bei sechs Devon-Rex-Katzen mit gleichzeitiger seborrhoischer Dermatitis eingesetzt [36]. Es kam zu einer deutlichen Verbesserung der klinischen Symptome mit einem Rückgang der Entzündung und des Pruritus.

Hefe-Otitis

Malassezia ist eine häufige Ursache für Otitis externa bei Katzen (s. Kap. Otitis). Sie tritt am häufigsten bei Katzen mit Hypersensitivitätsdermatitis auf (Abb. 2). Die sofortige Behandlung kann systemisches Itraconazol umfassen, wenn eine große Anzahl von Hefen vorhanden ist und der Juckreiz stark ist. In den meisten Fällen kann die *Malassezia*-Otitis jedoch mit wöchentlicher Ohrreinigung und topischer Anwendung eines antimykotischen oder Glukocorticoid-Präparats behandelt werden. Eine langfristige Behandlung der *Malassezia*-Otitis externa kann mit ein- oder zweimal wöchentlicher Anwendung von Steroiden erfolgreich durchgeführt werden. Die Autoren mischen häufig gleiche Portionen injizierbarer Dexamethason-Ohrtropfen in Kochsalzlösung oder Propylenglykol, die der Besitzer selbst anwenden kann. Dadurch wird der unnötige Einsatz von antimikrobiellen Mitteln vermieden, wenn es in erster Linie nur um eine entzündungshemmende Wirkung geht.

Zoonotische Implikationen

Malassezia-Organismen kommen sowohl bei Menschen als auch bei Tieren vor. *Malassezia pachydermatis* ist kein normaler Kommensalorganismus. Da Katzen jedoch sowohl von lipidunabhängigen als auch von lipidabhängigen Organismen besiedelt werden können, ist es wichtig, dass die Mitarbeiter des Veterinärs beim Umgang mit Katzen eine gute Handhygiene praktizieren und die Besitzer daran erinnern, dies ebenfalls zu tun.

Schlussfolgerung

Die *Malassezia*-Dermatitis der Katze ist eine oberflächliche Pilzerkrankung der Haut, die sich durch ein breites Spektrum klinischer Symptome äußern kann. Die klinischen Symptome werden durch eine Überwucherung der normalen Körperflora verursacht, wobei eine gleichzeitige Überwucherung von Bakterien üblich ist. *Malassezia*-Dermatitis tritt häufig in Verbindung mit chronischen Hauterkrankungen wie Überempfindlichkeitsstörungen, Seborrhoe und zugrunde liegenden Stoffwechselerkrankungen auf, die Veränderungen im Immunsystem der Haut auslösen können. Devon-Rex-Katzen scheinen besonders anfällig für eine Besiedlung mit *Malassezia* und eine mit *M. pachydermatis* assoziierte seborrhoische Dermatitis zu sein, ohne dass es Anzeichen für eine systemische Erkrankung gibt. Die zytologische Untersuchung ist die nützlichste Technik zur Beurteilung der Dichte von *Malassezia*-Hefen auf der Hautoberfläche. Darüber hinaus bieten Pilzkulturen auf Kontaktplatten eine praktische Technik zur Isolierung und Quantifizierung von Hefekolonien. Die PCR ermöglicht eine schnelle Identifizierung und Spezifizierung der untersuchten Proben. *M. pachydermatis* ist die wichtigste bei Katzen nachgewiesene Spezies, aber auch lipidabhängige Spezies, insbesondere in den Krallenfalten, können gefunden werden. Itraconazol ist das systemische Medikament der Wahl bei gleichzeitiger topischer Therapie. Obwohl selten, sollte der Befund einer *Malassezia*-Dermatitis bei Katzen mit ausgedehnten Hautläsionen den Arzt zu der Überlegung veranlassen, ob es sich hierbei um einen frühen Marker einer systemischen Erkrankung handelt könnte.

Literatur

1. Theelen B, Cafarchia C, Gaitanis G, et al. *Malassezia* ecology, pathophysiology, and treatment. Med Mycol. 2018;56:S10–25.
2. Cabañes FJ. *Malassezia* yeasts: how many species infect humans and animals? PLoS Pathog. 2014;10:e1003892.
3. Colombo S, Nardoni S, Cornegliani L, et al. Prevalence of *Malassezia spp.* yeasts in feline nail folds: a cytological and mycological study. Vet Dermatol. 2007;18:278–83.
4. Volk AV, Belyavin CE, Varjonen K, et al. *Malassezia pachydermatis* and *M nana* predominate amongst the cutaneous mycobiota of Sphynx cats. J Feline Med Surg. 2010;12:917–22.

5. Bond R, Howell S, Haywood P, et al. Isolation of *Malassezia sympodialis* and *Malassezia globosa* from healthy pet cats. Vet Rec. 1997;141:200–1.

6. Crespo M, Abarca M, Cabanes F. Otitis externa associated with *Malassezia sympodialis* in two cats. J Clin Microbiol. 2000;38:1263–6.

7. Guillot J, Gueho E, Lesord M, et al. Identification of *Malassezia* species: a practical approach. J Mycol Med. 1996;6:103–10.

8. Böhmová E, Čonková E, Sihelská Z, et al. Diagnostics of *Malassezia* species: a review. Folia Vet. 2018;62:19–29.

9. Tai-An C, Hill PB. The biology of *Malassezia* organisms and their ability to induce immune responses and skin disease. Vet Dermatol. 2005;16:4–26.

10. Buommino E, De Filippis A, Parisi A, et al. Innate immune response in human keratinocytes infected by a feline isolate of *Malassezia pachydermatis*. Vet Microbiol. 2013;163:90–6.

11. Sparber F, LeibundGut-Landmann S. Host responses to *Malassezia spp.* in the mammalian skin. Front Immunol. 2017;8:1614.

12. Åhman SE, Bergström KE. Cutaneous carriage of *Malassezia* species in healthy and seborrhoeic Sphynx cats and a comparison to carriage in Devon Rex cats. J Feline Med Surg. 2009;11:970–6.

13. Bond R, Stevens K, Perrins N, et al. Carriage of *Malassezia spp.* yeasts in Cornish Rex, Devon Rex and Domestic short-haired cats: a cross-sectional survey. Vet Dermatol. 2008;19:299–304.

14. Nardoni S, Mancianti F, Rum A, et al. Isolation of *Malassezia* species from healthy cats and cats with otitis. J Feline Med Surg. 2005;7:141–5.

15. Crespo M, Abarca M, Cabanes F. Occurrence of *Malassezia spp.* in the external ear canals of dogs and cats with and without otitis externa. Med Mycol. 2002;40:115–21.

16. Dizotti C, Coutinho S. Isolation of *Malassezia pachydermatis* and *M. sympodialis* from the external ear canal of cats with and without otitis externa. Acta Vet Hung. 2007;55:471–7.

17. Åhman S, Perrins N, Bond R. Carriage of *Malassezia* spp. yeasts in healthy and seborrhoeic Devon Rex cats. Sabouraudia. 2007;45:449–55.

18. Bond R, Curtis C, Ferguson E, et al. An idiopathic facial dermatitis of Persian cats. Vet Dermatol. 2000;11:35–41.

19. Ordeix L, Galeotti F, Scarampella F, et al. *Malassezia spp.* overgrowth in allergic cats. Vet Dermatol. 2007;18:316–23.

20. Meason-Smith C, Diesel A, Patterson AP, et al. Characterization of the cutaneous mycobiota in healthy and allergic cats using next generation sequencing. Vet Dermatol. 2017;28:71–e17.

21. Pressanti C, Drouet C, Cadiergues M-C. Comparative study of aural microflora in healthy cats, allergic cats and cats with systemic disease. J Feline Med Surg. 2014;16:992–6.

22. Sierra P, Guillot J, Jacob H, et al. Fungal flora on cutaneous and mucosal surfaces of cats infected with feline immunodeficiency virus or feline leukemia virus. Am J Vet Res. 2000;61:158–61.

23. Perrins N, Gaudiano F, Bond R. Carriage of *Malassezia spp.* yeasts in cats with diabetes mellitus, hyperthyroidism and neoplasia. Med Mycol. 2007;45:541–6.

24. Hljfftee Ma M-V, Curtis C, White R. Resolution of exfoliative dermatitis and *Malassezia pachydermatis* overgrowth in a cat after surgical thymoma resection. J Small Anim Pract. 1997;38:451–4.

25. Godfrey D. A case of feline paraneoplastic alopecia with secondary *Malassezia* associated dermatitis. J Small Anim Pract. 1998;39:394–6.

26. Mauldin EA, Morris DO, Goldschmidt MH. Retrospective study: the presence of *Malassezia* in feline skin biopsies. A clinicopathological study. Vet Dermatol. 2002;13:7–14.

27. Toma S, Cornegliani L, Persico P, et al. Comparison of 4 fixation and staining methods for the cytologic evaluation of ear canals with clinical evidence of ceruminous otitis externa. Vet Clin Pathol. 2006;35:194–8.

28. Griffin JS, Scott D, Erb H. *Malassezia* otitis externa in the dog: the effect of heat-fixing otic exudate for cytological analysis. J Veterinary Med Ser A. 2007;54:424–7.

29. Guillot J, Bond R. *Malassezia pachydermatis*: a review. Med Mycol. 1999;37:295–306.

30. Peano A, Pasquetti M, Tizzani P, et al. Methodological issues in antifungal susceptibility testing of *Malassezia pachydermatis*. J Fungi. 2017;3:37.
31. Vuran E, Karaarslan A, Karasartova D, et al. Identification of *Malassezia* species from pityriasis versicolor lesions with a new multiplex PCR method. Mycopathologia. 2014;177:41–9.
32. Ilahi A, Hadrich I, Neji S, et al. Real-time PCR identification of six *Malassezia* species. Curr Microbiol. 2017;74:671–7.
33. Puls C, Johnson A, Young K, et al. Efficacy of itraconazole oral solution using an alternating-week pulse therapy regimen for treatment of cats with experimental *Microsporum canis* infection. J Feline Med Surg. 2018;20:869–74.
34. Mawby DI, Whittemore JC, Fowler LE, et al. Comparison of absorption characteristics of oral reference and compounded itraconazole formulations in healthy cats. J Am Vet Med Assoc. 2018;252:195–200.
35. Bensignor E. Treatment of *Malassezia* overgrowth with itraconazole in 15 cats. Vet Rec. 2010;167:1011–2.
36. Åhman S, Perrins N, Bond R. Treatment of *Malassezia pachydermatis*-associated seborrhoeic dermatitis in Devon Rex cats with itraconazole – a pilot study. Vet Dermatol. 2007;18:171–4.

Viruserkrankungen

John S. Munday und Sylvie Wilhelm

Zusammenfassung

Viren werden zunehmend als wichtige Ursache für Hauterkrankungen bei Katzen erkannt. Zu den mit Viren assoziierten Krankheiten bei Katzen gehören hyperplastische und neoplastische Hauterkrankungen, die durch Papillomaviren verursacht werden, erosive und ulzerative Hauterkrankungen, die durch Herpes- und Pockenviren verursacht werden, sowie Hautläsionen, die sich als Teil einer allgemeineren Virusinfektion entwickeln, wie z. B. bei einer Infektion mit dem Calicivirus. Hauterkrankungen können auch bei Katzen auftreten, die mit dem Felinen Leukämievirus und dem Felinen Infektiösen Peritonitisvirus infiziert sind. In diesem Kapitel werden die Ätiologie und Epidemiologie der Infektionen mit den einzelnen Viren, die Hauterkrankungen bei Katzen verursachen, sowie das klinische Krankheitsbild, die histologischen Läsionen und andere geeignete diagnostische Tests erläutert. Darüber hinaus werden der zu erwartende klinische Verlauf der Krankheiten und die derzeit empfohlenen Therapien beschrieben.

Einführung

Bisher ging man davon aus, dass Viren nur selten Hautkrankheiten bei Katzen verursachen. In den letzten 30 Jahren hat die Forschung jedoch sowohl die Zahl der Viren, die Hauterkrankungen bei Katzen verursachen, als auch die Arten der durch diese Virusinfektionen verursachten Hautläsionen erweitert. Virusinfektionen bei

J. S. Munday (✉)
Massey University, Palmerston North, Neuseeland
E-Mail: j.munday@massey.ac.nz

S. Wilhelm
Vet Dermatology GmbH, Richterswil, Schweiz

C. Noli, S. Colombo (Hrsg.), *Dermatologie der Katze*,
https://doi.org/10.1007/978-3-662-65907-6_17

Katzen lassen sich grob unterteilen in solche, die hyperplastische oder neoplastische Hauterkrankungen verursachen (Papillomaviren), solche, die eine Zelllyse und im Allgemeinen eine sich selbst auflösende entzündliche Erkrankung verursachen (Herpesviren, Pockenviren), und solche, die selten Hautläsionen als Teil einer allgemeineren Virusinfektion verursachen (Calicivirus, Katzen-Leukämievirus, infektiöses Katzen-Peritonitisvirus). Das Feline Immundefizienzvirus wird zwar kurz besprochen, aber es ist derzeit ungewiss, ob dieses Virus Hauterkrankungen bei Katzen verursacht oder nicht.

Papillomaviren

Papillomaviren (PVs) sind kleine, unbehüllte, zirkuläre Doppelstrang-DNA-Viren, die typischerweise geschichtetes Plattenepithel infizieren. Ihre DNA enthält sieben offene Leserahmen (engl. *open reading frames*, ORFs), von denen fünf für die frühen (engl. *early*, E) Proteine und zwei für die späten (engl. *late*, L) Proteine kodieren [1]. Ihr Lebenszyklus hängt von der terminalen Differenzierung, Keratinisierung und Abschuppung von Epithelzellen ab, und feline PVs verursachen Krankheiten aufgrund der Fähigkeit ihrer E7-Proteine, das normale Wachstum und die Differenzierung dieser Zellen zu verändern. Papillomaviren gelten als eine der ältesten Virusfamilien und haben sich über lange Zeit mit ihren Wirten entwickelt. Aus diesem Grund sind die meisten Papillomaviren speziesspezifisch, und die überwältigende Mehrheit der Infektionen mit Papillomaviren verläuft asymptomatisch [2].

Papillomaviren werden klassifiziert indem die Ähnlichkeiten des ORF L1 verglichen werden [3]. Derzeit sind fünf PV-Typen bekannt, die Katzen infizieren, darunter *Felis catus* Papillomavirus (FcaPV) Typ 1, das in die Gattung der *Lambdapapillomaviren* eingeordnet wird [4, 5]; FcaPV-2, das in die Gattung der *Dyothetapapillomaviren* eingeordnet wird [6], und FcaPV-3, -4 und -5, die noch nicht vollständig klassifiziert wurden, aber wahrscheinlich in einer neuen Katzen-PV-Gattung zusammengefasst werden [7–9].

Obwohl die meisten PV-Infektionen asymptomatisch verlaufen, wurden PV erstmals 1990 als Ursache von Hauterkrankungen bei Katzen vorgeschlagen, als PV-induzierte Zellveränderungen in einer kutanen Plaque beobachtet wurden [10]. Seitdem wurde die Bedeutung der PV als Ursache von Hautkrankheiten zunehmend anerkannt, und man geht heute davon aus, dass PV virale Plaques/Bowenoid-in-situ-Karzinome, einen Teil der Plattenepithelkarzinome, feline Sarkoide, einen Teil der Basalzellkarzinome und kutane virale Papillome verursachen [11].

Feline virale Plaques/Bowenoid-in-situ-Karzinom

Diese Läsionen wurden traditionell als zwei separate Hautkrankheiten bei Katzen betrachtet. Da jedoch virale Plaques und Bowenoid-in-situ-Karzinome (BISCs) viele histologische Merkmale gemeinsam haben und häufig Übergangsläsionen zwischen den beiden Läsionen sichtbar sind [12], scheint es sich bei diesen beiden Läsionen um verschiedene Schweregrade desselben Prozesses zu handeln.

Ätiologie und Epidemiologie

Es wird angenommen, dass FcaPV-2 die vorherrschende Ursache für diese Läsionen ist [13, 14]. Aktuelle Erkenntnisse deuten darauf hin, dass die meisten Jungtiere innerhalb der ersten Lebenswochen vom Muttertier infiziert werden [15]. Die Infektion mit FcaPV-2 erfolgt wahrscheinlich lebenslang und löst häufig keine Antikörperreaktion aus [16]. Da die meisten Katzen mit FcaPV-2 infiziert sind, aber nur wenige virale Plaques/BISCs entwickeln, scheinen Wirtsfaktoren eine wichtige Rolle dabei zu spielen, ob eine Katze eine klinische Erkrankung entwickelt oder nicht. Während immunsupprimierte Katzen ein erhöhtes Risiko für die Entwicklung von viralen Plaques/BISCs haben, wurde von vielen Katzen berichtet, die Läsionen ohne nachweisbare Immunsuppression entwickeln, und die Faktoren, die eine Katze für die Entwicklung von Läsionen prädisponieren, sind weitgehend unbekannt [17]. Die frühe Entwicklung und schwere Ausprägung von viralen Plaques/BISCs bei Devon-Rex- und Sphinx-Katzen lässt auf eine genetische Anfälligkeit schließen, obwohl die Grundlage dieser Anfälligkeit unbekannt ist [18]. Virale Plaques/BISCs wurden auch mit einer Infektion durch FcaPV-3 und FcaPV-5 in Verbindung gebracht. Derzeit ist wenig über die Epidemiologie dieser Viren bekannt.

Klinische Präsentation

Virale Plaques/BISCs entwickeln sich am häufigsten im Alter zwischen acht und 14 Jahren, obwohl sie schon bei Katzen im Alter von nur sieben Monaten aufgetreten sind [12, 19]. Katzen mit viralen Plaques sind tendenziell jünger als Katzen mit BISC, was die Hypothese stützt, dass einige virale Plaques zu BISCs fortschreiten. Virale Plaques treten am häufigsten an Rumpf, Kopf oder Hals auf, obwohl sich in fortgeschrittenen Fällen Läsionen überall am Körper entwickeln können. Es handelt sich häufig um multiple und kleine, im Allgemeinen weniger als 1 cm große, schuppende Papeln oder Plaques, die entweder pigmentiert oder nicht pigmentiert sein können und von dünnen Krusten bedeckt sein können (Abb. 1). BISCs können klinisch sehr ähnlich wie virale Plaques aussehen, sind aber tendenziell größer, stärker erhaben und können ulzeriert oder von einer serozellulären Kruste oder einer dicken Keratinschicht bedeckt sein (Abb. 2). Am häufigsten sind Kopf, Hals und Gliedmaßen betroffen. Virale Plaques und BISCs können sich in pigmentierter oder unpigmentierter, behaarter oder unbehaarter Haut entwickeln, und keine der Läsionen ist typischerweise schmerzhaft oder juckend [12].

Histopathologie und Diagnostik

Die Histologie einer viralen Plaque zeigt einen gut abgegrenzten Herd mit leichter epidermaler Hyperplasie. Die Zellen behalten ihre geordnete Reifung bei, und es ist keine Dysplasie sichtbar (Abb. 3). Die Histologie eines BISC zeigt einen gut abgegrenzten Herd mit ausgeprägter epidermaler Hyperplasie, die bis in die follikulären Infundibula reichen kann. Die hyperplastischen Zellen können gut abgegrenzte feste Massen basilarer Zellen bilden, die sich in die darunter liegende Dermis vor-

Abb. 1 Feline virale Plaque. Plaques treten am häufigsten als fokale, leicht erhabene Läsionen im Gesicht von Katzen auf. Feline virale Plaques und Bowenoid-in-situ-Karzinome scheinen verschiedene Schweregrade desselben Krankheitsprozesses zu sein, wobei virale Plaques die mildere Form der Krankheit darstellen. (Mit freundlicher Genehmigung von Dr. Sharon Marshall, Veterinary Associates, Hastings, Neuseeland)

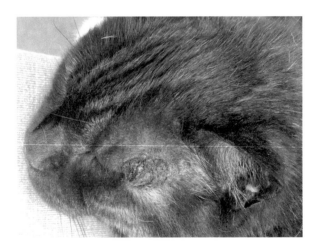

Abb. 2 Felines Bowenoid-in-situ-Karzinom. Wie virale Plaques entwickeln sich diese häufig am Kopf der Katze. Im Vergleich zu viralen Plaques sind Bowenoid-in-situ-Karzinome größer, deutlicher erhaben und mit einer größeren Menge Keratin bedeckt. Da virale Plaques und Bowenoid-in-situ-Karzinome jedoch unterschiedliche Schweregrade desselben Krankheitsprozesses darstellen, gibt es keine klare Unterscheidung zwischen den beiden Läsionen. (Mit freundlicher Genehmigung von Dr. Richard Malik, Centre for Veterinary Education, University of Sydney, Australien)

Abb. 3 Feline virale
Plaque. Plaques erscheinen
als gut abgegrenzte Herde
mit leichter bis mittlerer
epidermaler Hyperplasie.
Innerhalb der
hyperplastischen Zellen ist
nur wenig Dysplasie zu
erkennen, und die
geordnete Reifung der
Zellen ist erhalten (H&E,
200-fache Vergrößerung)

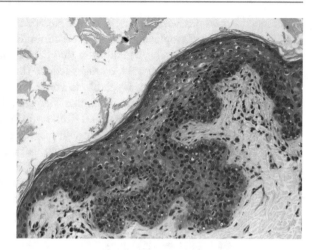

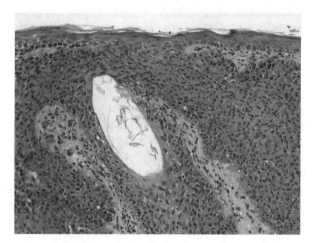

Abb. 4 Felines Bowenoid-in-situ-Karzinom. Im Vergleich zur viralen Plaque ist die Hyperplasie ausgeprägter, und die follikuläre Infundibula ist deutlich betroffen. Die Zellpopulation weist eine mäßige Atypie auf, aber keine Durchdringung der Basalmembran. Während bei dieser Läsion Papillomavirus-induzierte Zellveränderungen im Vordergrund stehen, finden sich bei fortgeschrittenen Bowenoid-in-situ-Karzinomen oft kaum histologische Hinweise auf eine Papillomavirusinfektion. (H&E, 200-fache Vergrößerung)

wölben. Die Untersuchung der tieferen Schichten des BISC zeigt eine Keratinozytendysplasie mit einer Verdichtung der Basalzellen und Zellen mit vertikal verlängerten Kernen (Windblow-Zellen) [20]. Eine Dyskeratose ist in BISCs selten sichtbar. Obwohl erhebliche Atypien vorhanden sein können, bleiben die Zellen durch die Basalmembran begrenzt (Abb. 4). Die virale Replikation kann zu auffälligen PV-induzierten Veränderungen führen. Die Keratinozytendysplasie kann jedoch die Virusreplikation verhindern, und PV-induzierte Zellveränderungen sind in größeren, weiter entwickelten BISCs selten. Zu den PV-induzierten Ver-

änderungen gehört das Vorhandensein großer Keratinozyten mit klarem oder blau-
grauem granulärem Zytoplasma und/oder geschrumpften Kernen, die von einem
klaren Halo (Koilozyten; Abb. 5) umgeben sind [17]. Es können eosinophile intranukleäre Einschlüsse sichtbar sein, es muss jedoch darauf geachtet werden, diese
von Nukleoli zu unterscheiden. Hyperplasie von Zellen in tieferen Follikeln oder
Hyperplasie von Talgdrüsen kann in viralen Plaques/BISCs, die durch FcaPV-3
oder -5 verursacht werden, sichtbar sein. Darüber hinaus enthalten diese Läsionen
auffällige basophile zytoplasmatische Einschlüsse, die oft gegen den Zellkern abgeflacht sind [8, 21]. Wenn keine PV-induzierten Veränderungen sichtbar sind, ist
eine Abgrenzung zum aktinischen In-situ-Karzinom (aktinische Keratose) erforderlich. Zu den Merkmalen, die eher für ein BISC als für eine aktinische Läsion sprechen, gehören die durchweg veränderte Kernpolarität der Basalzellen, die scharfe
Abgrenzung zwischen betroffener und normaler Epidermis und die folliculäre Beteiligung. Darüber hinaus ist bei aktinischen Läsionen häufig eine solare Elastose in
der darunter liegenden Dermis sichtbar.

Die Immunhistochemie kann in Fällen eingesetzt werden, in denen die histologische Unterscheidung zwischen einem Bowenoid und einem aktinischen In-
situ-Karzinom problematisch ist. Es können Antikörper zum Nachweis von
PV-Antigenen verwendet werden. Antigene werden jedoch nur während der Virusreplikation produziert, und es ist selten, dass ein immunhistochemischer Nachweis
einer PV-Infektion in einer Läsion erbracht wird, die keine PV-induzierten Zellveränderungen enthält [17]. Daher wird eine immunhistochemische Untersuchung des
p16-CDK2NA-Proteins (p16) empfohlen, um eine PV-Ätiologie zu untersuchen.
Der Nachweis eines deutlichen Anstiegs von p16 deutet auf eine PV-Ätiologie hin,
da PVs eine Dysregulation der Zellen durch Mechanismen verursachen, die durchweg zu einem Anstieg von p16 führen (Abb. 6). Im Gegensatz dazu wird bei aktinischen Läsionen der Verlust der Zellregulation durch Mechanismen verursacht, die
nicht zu einem Anstieg von p16 führen [22]. Bei der Durchführung der p16-Immun-
histochemie ist zu beachten, dass nur der menschliche p16-Klon G175–405 nach-

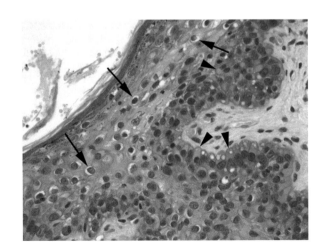

Abb. 5 Virale Plaque bei
der Katze. Papillomavirus-
induzierte
Zellveränderungen
umfassen das
Vorhandensein von
Keratinozyten mit dunklen
Kernen, die von einem
klaren Halo umgeben sind
(Koilozyten; Pfeile), sowie
das Vorhandensein von
Zellen, die vermehrt
grau-blau verschmiertes
Zytoplasma enthalten
(Pfeilspitzen; H&E,
400-fache Vergrößerung)

Abb. 6 Feline virale
Plaque. Die Verwendung
von Antikörpern gegen das
p16-CDKN2A-Protein
zeigt intensive nukleäre
und zytoplasmatische
Immunfärbung in der
gesamten hyperplastischen
Epidermis (Hämatoxylin-
Gegenfärbung, 400-fache
Vergrößerung)

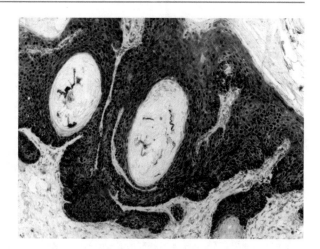

weislich mit dem felinen p16-Protein kreuzreagiert. Da eine p53-Immunfärbung
sowohl bei aktinischen Keratosen als auch bei BISCs vorhanden sein kann, ist dies
nicht hilfreich, um zwischen einem Bowenoid und einer aktinischen Läsion zu
unterscheiden [22]. Aufgrund der Häufigkeit, mit der PVs die Haut asymptomatisch
infizieren, bestätigt der Nachweis von PV-DNA in einer Läsion nicht die Diagnose
eines BISC oder schließt die Diagnose eines aktinischen In-situ-Karzinoms aus.

Behandlung

Virale Plaques und BISCs können sich spontan zurückbilden, fortbestehen, ohne
sich weiterzuentwickeln, oder langsam in Größe und Anzahl zunehmen. Darüber
hinaus sollten alle viralen Plaques/BISCs sorgfältig auf eine Progression zu einem
Plattenepithelkarzinom (engl. *squamous cell carcinoma*, SCC) überwacht werden.
Läsionen bei Devon-Rex- und Sphinx-Katzen können sich schnell zu SCC entwickeln, die ein Metastasenpotenzial haben [18, 23].

Die chirurgische Entfernung einer viralen Plaque oder eines BISC ist voraussichtlich heilend, obwohl sich in der Folge weitere Läsionen an anderen Stellen
entwickeln können. Imiquimod-Creme wurde zur Behandlung von Genitalwarzen
bei Menschen verwendet und ist als mögliche Behandlung vorgeschlagen worden.
Imiquimod stimuliert Toll-like-Rezeptoren und erhöht lokal IFNα und TNFα [24].
Es handelt sich um eine topische Therapie, die in der Regel dreimal pro Woche über
8–16 Wochen angewendet wird. In einer unkontrollierten Studie mit zwölf Katzen
mit BISC führte Imiquimod bei allen zwölf Katzen zu einer teilweisen Auflösung
mindestens eines BISC und bei fünf Katzen zu einer vollständigen Remission mindestens eines BISC [25]. Zu den Nebenwirkungen gehörten lokale Eytheme und
leichte Beschwerden bei fünf Katzen, und bei zwei Katzen wurden potenzielle Anzeichen einer systemischen Toxizität, einschließlich Neutropenie, erhöhter Leberenzymwerte, Anorexie und Gewichtsverlust, beobachtet. Obwohl es anekdotische
Hinweise gibt, die die Verwendung von Imiquimod-Creme unterstützen, sind weitere kontrollierte Studien erforderlich, um die Wirksamkeit und Sicherheit dieser

Behandlung zu bestimmen. Beim Menschen wurde Imiquimod auch zur Behandlung von Basalzellkarzinomen und aktinischen Läsionen eingesetzt, und diese Behandlung scheint keine spezifische Wirkung gegen PV-induzierte Läsionen zu haben. Imiquimod wird derzeit nicht als Erstbehandlung für präneoplastische oder neoplastische Hautläsionen beim Menschen empfohlen, kann aber wirksam sein, wenn keine besseren etablierten Therapien zur Verfügung stehen [26]. Auch in der Veterinärmedizin wurde Imiquimod zur Behandlung von viralen und nichtviralen In-situ-Karzinomen eingesetzt, wenn andere Behandlungen als nicht praktikabel galten, und die Untersuchung einer PV-Ätiologie ist vor dem Einsatz von Imiquimod möglicherweise nicht erforderlich. Die photodynamische Therapie könnte eine weitere Behandlungsoption sein, da kürzlich über ausgezeichnete Ansprechraten berichtet wurde, obwohl in dieser Studie nicht versucht wurde, zwischen PV-induzierten und aktinischen In-situ-Karzinomen zu unterscheiden [27].

Die autologe Impfung wurde bisher nicht als Methode zur Behandlung von viralen Plaques/BISCs bei Katzen untersucht. In Anbetracht der Immunreaktion auf eine PV-induzierte Läsion ist jedoch nicht zu erwarten, dass diese Behandlungsmethode funktioniert. Derzeit gibt es bei keiner Tierart Hinweise darauf, dass die Impfung mit autologen oder virusähnlichen Partikeln eine signifikante Wirksamkeit bei der Behandlung von PV-induzierten Warzen oder prä-neoplastischen Läsionen hat.

Plattenepithelkarzinome der Haut

Plattenepithelkarzinome (SCCs) gehören zu den häufigsten Hautneoplasien bei Katzen und sind eine wichtige Ursache für Morbidität und Mortalität (weitere Informationen im Kap. „Genetische Krankheiten"). Es besteht zwar kein Zweifel daran, dass Sonneneinstrahlung eine wichtige Ursache für SCCs ist, es gibt jedoch auch Hinweise darauf, dass PVs zur Entwicklung einiger Neoplasmen beitragen können. Zu den Beweisen für eine Rolle von PVs gehört, dass FcaPV-2-DNA häufiger in kutanen SCCs als in Nicht-SCC-Hautproben nachgewiesen wird [13]. Darüber hinaus ist p16-Immunfärbung in SCCs sichtbar, die PV-DNA enthalten (Abb. 7), und SCCs mit p16-Immunfärbung zeigen ein anderes biologisches Verhalten, was darauf hindeutet, dass sie möglicherweise durch unterschiedliche karzinogene Wege verursacht wurden [28, 29]. Darüber hinaus kann FcaPV-2-RNA in einem Teil der kutanen SCCs von Katzen nachgewiesen werden, und es wurde gezeigt, dass die von FcaPV-2 exprimierten Proteine in Zellkulturen transformierende Eigenschaften haben [30, 31]. Insgesamt deuten die derzeitigen Erkenntnisse darauf hin, dass eine PV-Infektion die meisten SCCs verursacht, die sich in behaarter, pigmentierter Haut entwickeln, und dass eine PV-Infektion, wahrscheinlich mit UV-Licht als Kofaktor, die Entwicklung von einem Drittel bis zur Hälfte der SCCs aus nicht behaarter, nicht pigmentierter Haut fördern könnte [29]. Da eine asymptomatische Infektion der Haut bei Katzen jedoch extrem häufig vorkommt, ist es derzeit nicht möglich, die Rolle von FcaPV-2 bei der Entwicklung von kutanen SCCs bei Katzen endgültig zu bestimmen.

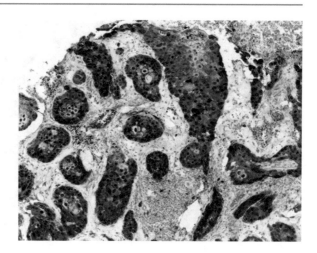

Abb. 7 Kutanes Plattenepithelkarzinom. Die Immunfärbung für das p16-CDKN2A-Protein ist im Zellkern und Zytoplasma der neoplastischen Zellen diffus vorhanden. Die Papillomavirus-DNA wurde aus diesem Neoplasma mittels PCR amplifiziert (Hämatoxylin-Gegenfärbung, 200-fache Vergrößerung)

Feline Sarkoide

Feline Sarkoide sind seltene Neoplasmen bei Katzen. Sie wurden auch als „Fibropapillome" bezeichnet; da Fibropapillome jedoch eher als hyperplastische denn als neoplastische Läsionen gelten, wird der Begriff „Sarkoid" bevorzugt.

Ätiologie und Epidemiologie

Das Bovine Papillomavirus (BPV) vom Typ 14 wurde weltweit immer wieder bei Katzensarkoiden nachgewiesen [32–34], sodass eine Infektion mit BPV-14 als Ursache für diese Krankheit gilt. BPV-14 ist ein *Deltapapillomavirus*, das am engsten mit BPV-1 und -2, den Erregern von Sarkoiden bei Pferden, verwandt ist [35]. Die bovinen Deltapapillomaviren haben die einzigartige Fähigkeit, sowohl selbst auflösende Fibropapillome bei Rindern als auch mesenchymale Neoplasien bei Nicht-Wirtsarten zu verursachen. Kühe sind in der Regel asymptomatisch mit BPV-14 infiziert [36], aber BPV-14 wurde in einer großen Anzahl von Haut- und Mundproben von Katzen nicht nachgewiesen [32]. Dies deutet darauf hin, dass Katzen wahrscheinlich Sackgassenwirte für das PV sind. Es ist derzeit nicht bekannt, wie BPV-14 von Rindern auf Katzen übertragen wird. Da diese Krankheit jedoch anscheinend am häufigsten bei Katzen auftritt, die in Milchviehställen leben, scheint ein enger Kontakt mit Rindern erforderlich zu sein. Es ist auch nicht bekannt, ob irgendwelche Kofaktoren erforderlich sind, damit BPV-14 Sarkoide verursachen kann. Hinweise bei Pferden deuten darauf hin, dass die mesenchymale Zellproliferation für die Entwicklung von Sarkoiden bei Pferden wichtig sein könnte, und es ist möglich, dass Kampfwunden bei Katzen eine wichtige Rolle bei der Einführung des PV in die Dermis und der Stimulierung der dermalen mesenchymalen Proliferation spielen könnten.

Abb. 8 Felines Sarkoid.
Die Masse ragt aus der
Nähe des Nasenphiltrums
dieser Katze heraus. (Mit
freundlicher Genehmigung
von Dr. William Miller,
Cornell University College
of Veterinary Medicine,
Ithaca, New York)

Klinische Präsentation

Feline Sarkoide wurden bisher nur bei freilaufenden Katzen in ländlicher Umgebung festgestellt und treten am häufigsten bei jüngeren Katern auf. Sie entwickeln sich als solitäre oder multiple, langsam wachsende, exophytische, nicht ulzerierte Knötchen, die sich am häufigsten im Gesicht, insbesondere am Nasenphiltrum und an der Oberlippe, bilden, obwohl auch über Sarkoide an den distalen Gliedmaßen und am Schwanz berichtet wurde (Abb. 8) [33]. Es gibt einige Hinweise darauf, dass sich Sarkoide bei Katzen auch selten in der Mundhöhle entwickeln können.

Histopathologie und Diagnostik

Ein felines Sarkoid sollte vermutet werden, wenn eine exophytische Masse um den Mund oder die Nase einer jungen Katze beobachtet wird, die Kontakt mit Rindern hat. Im Gegensatz zu typischen PV-Infektionen der Haut ist die Infektion durch PV auf die Dermis beschränkt [34]. Daher ist das vorherrschende histologische Merkmal eines Sarkoids eine Proliferation von mäßig gut differenzierten mesenchymalen Zellen in der Dermis (Abb. 9). Die proliferative dermale Masse ist von einer hyperplastischen Epidermis bedeckt, die sich durch die Bildung prominenter Rete-Zapfen in die Mesenchymzellen hinein erstreckt [33, 34]. Da das Sarkoid die Virusreplikation nicht unterstützt, enthalten Sarkoide keine PV-induzierten Zellveränderungen, und in der Immunhistochemie wird kein PV-L1-Antigen nachgewiesen [34]. Die Amplifikation von BPV-14-DNA aus der Läsion bestätigt die Diagnose eines felinen Sarkoids.

Behandlung

Obwohl es nur wenige klinische Berichte über Sarkoide bei Katzen gibt, scheinen diese Neoplasmen lokal infiltrierend zu sein, aber keine Metastasen zu bilden. Nach den Erfahrungen der Autoren ist eine vollständige chirurgische Exzision kurativ. Da sich diese Läsionen jedoch häufig im Bereich der Nase und des Mundes entwickeln, kann eine vollständige Entfernung problematisch sein, und Sarkoide bei Katzen

Abb. 9 Felines Sarkoid. Das Neoplasma besteht aus mäßig gut differenzierten Fibroblasten, die von hyperplastischer Epidermis bedeckt sind, die auffällige Retezapfen bildet (HE, 200-fache Vergrößerung)

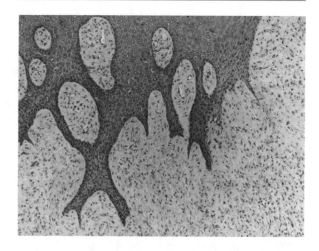

treten häufig wieder auf und weisen nach der Operation eine erhöhte Wachstumsrate auf. Eine Katze mit rezidivierenden Sarkoiden wurde mit topischem Imiquimod und intraläsionalem Cisplatin behandelt, aber keine der beiden Behandlungen schien den Krankheitsverlauf zu verändern, und die Katze wurde schließlich aufgrund der lokalen Auswirkungen des Neoplasmas eingeschläfert [35].

Basalzellkarzinome

Es handelt sich dabei um seltene Neoplasmen, und nur eine begrenzte Anzahl wurde auf eine PV-Ätiologie untersucht. Eine mögliche Rolle von PVs bei der Entwicklung von Basalzellkarzinomen (BCCs) bei Katzen wird jedoch durch die Beobachtung unterstützt, dass ein Teil davon PV-induzierte Veränderungen enthält [20, 37, 38]. Es wurde nicht berichtet, dass feline BCCs durch FcaPV-2 verursacht werden. Stattdessen wurden feline BCCs mit FcaPV-3 und einem neuen, nicht klassifizierten PV-Typ in Verbindung gebracht [37, 38].

Kutane Papillome

Bei Katzen verursacht FcaPV-1 orale Papillome, die sich typischerweise auf der ventralen Oberfläche der Zunge entwickeln [39]. Es gibt auch sporadische Berichte über kutane Viruspapillome. Ursprünglich wurde eine artenübergreifende Infektion durch ein menschliches PV vermutet [40], doch scheint dies unwahrscheinlich, und die Ausbreitung von FcaPV-1 aus dem Mund auf die Haut von Katzen scheint die wahrscheinlichere Ursache für diese seltenen Läsionen zu sein.

Herpesviren

Das feline Herpesvirus-1 ist ein doppelsträngiges *DNA-Alphaherpesvirus*, das bei jüngeren Katzen häufig zu Erkrankungen der oberen Atemwege und zu Bindehautentzündungen führt. Im Jahr 1971 wurde berichtet, dass eine Herpesvirus-Infektion auch Dermatitis bei Katzen verursachen kann [41], und die feline Herpesvirus-Dermatitis ist heute als eine eigenständige, wenn auch seltene Manifestation einer Herpesvirus-Infektion anerkannt.

Ätiologie und Epidemiologie

Die Häufigkeit der Infektion mit dem felinen Herpesvirus-1 ist schwer zu bestimmen, da viele Katzen bereits in jungen Jahren gegen dieses Virus geimpft werden. Die Infektion einer ungeimpften Katze führt in der Regel zu klinischen Anzeichen einer Erkrankung der oberen Atemwege, wie Rhinotracheitis und Konjunktivitis. Während die klinischen Symptome in der Regel innerhalb weniger Tage oder Wochen abklingen, kann die Herpesvirusinfektion latent werden, insbesondere in den Trigeminalganglien. Diese latenten Infektionen können rezidivieren, wenn die Katze immunsupprimiert wird. Es wird vermutet, dass die Rekrudeszenz früherer Herpesvirusinfektionen in den Hautnerven eine feline Herpesvirus-Dermatitis verursachen könnte [42]. Aufgrund der wahrscheinlichen Rolle der Immunsuppression bei der Krankheitsentstehung können Katzen, die Glukocorticoide erhalten, für die Entwicklung der Krankheit prädisponiert sein [42]. Katzen, die in einem Haushalt mit zahlreichen anderen Katzen leben, scheinen ebenfalls ein erhöhtes Risiko zu haben, obwohl unklar ist, ob dies darauf zurückzuführen ist, dass die Katzen aufgrund von Stress immunsupprimiert sind, oder darauf, dass die Katzen mit größerer Wahrscheinlichkeit dem Herpesvirus ausgesetzt sind [42]. Die feline Herpesvirus-Dermatitis wurde nicht mit einer Infektion mit dem Felinen Immundefizienzvirus oder dem Felinen Leukämievirus in Verbindung gebracht. Obwohl man annimmt, dass eine frühere Infektion mit dem Herpesvirus bei der Entstehung dieser Krankheit eine wichtige Rolle spielt, wurde Herpesvirus-Dermatitis auch bei Katzen mit guter Impfrate und ohne frühere Atemwegserkrankung beobachtet [43].

Klinische Präsentation

Die Herpesvirus-Dermatitis scheint bei Katzen im Alter von etwa fünf Jahren am häufigsten aufzutreten, obwohl diese Krankheit auch bei Katzen im Alter von vier Monaten bis 17 Jahren aufgetreten ist [42, 44]. Die meisten Katzen mit Herpesvirus-Dermatitis haben Läsionen fast ausschließlich im Gesicht, wobei die dorsale Schnauze bis zum Nasenrücken und die periokuläre Haut am häufigsten betroffen sind (Abb. 10). Auch die Lippen können betroffen sein, und in seltenen Fällen können sich die Läsionen innerhalb weniger Tage auf den gesamten Körper ausbreiten [42, 43, 45]. Bei den Läsionen handelt es sich typischerweise um Erosionen

Abb. 10 Feline
herpesvirale Dermatitis.
Diese Krankheit zeigt sich
typischerweise als multiple
ulzerative Läsionen im
Gesicht, insbesondere um
den Nasenrücken herum.
(Mit freundlicher
Genehmigung von Dr.
Richard Malik, Centre for
Veterinary Education,
University of Sydney,
Australien)

und Geschwüre, die von einer dicken serozellulären Kruste bedeckt sind und als „ulzerative Gesichts- und Nasendermatitis und Stomatitis-Syndrom" bezeichnet werden. Die Läsionen sind in der Regel annähernd kugelförmig und oft asymmetrisch, aber die Entwicklung symmetrischer Läsionen schließt eine herpesvirale Ätiologie nicht aus. Eine regionale Lymphadenopathie kann vorhanden sein [45]. Orale Läsionen werden bei Katzen mit Herpesvirus-Dermatitis nur selten berichtet [45], und die betroffenen Katzen können aktive oder historische Anzeichen einer Atemwegserkrankung aufweisen oder nicht. Die Hautläsionen können stark pruriginös sein und somit eine Vielzahl möglicher Differenzialdiagnosen vortäuschen, insbesondere, wenn keine respiratorischen Krankheitszeichen vorliegen. Je nach Lokalisierung der Läsionen gehören zu den Differenzialdiagnosen allergische Hauterkrankungen, Calicivirus-assoziierte Dermatitis, Autoimmunerkrankungen der Haut und Erythema multiforme.

Das exfoliative Erythema multiforme ist eine seltene Erkrankung, die nach einer Infektion mit Herpesviren auftritt. Zu den klinischen Anzeichen gehört eine ausgedehnte Schuppung (Exfoliation) in Kombination mit Alopezie. Begleitende systemische Symptome sind möglich, und die Läsionen verschwinden spontan nach Abklingen der Herpesvirusinfektion [46].

Histopathologie und Diagnostik

Die Histologie einer Läsion zeigt eine vollflächige Nekrose und den Verlust der Epidermis. Unter den Nekrosebereichen befinden sich typischerweise große Mengen von Entzündungszellen, darunter ein hoher Anteil an Eosinophilen (Abb. 11). Die Nekrose des Epithels kann sich auf die darunter liegenden follikulären Infundibula und Adnexdrüsen ausdehnen. Die an die Ulzerationen angrenzende Epidermis kann verdickt und spongiotisch sein. Die Läsionen sind von einer ausgeprägten serozellulären Kruste bedeckt, die aus entarteten Entzündungszellen und Fibrin besteht.

Abb. 11 Feline
Herpesvirus-Dermatitis.
Die Dermis enthält eine
große Anzahl von
Entzündungszellen,
darunter einen hohen
Anteil an Eosinophilen
(H&E, 200-fache
Vergrößerung)

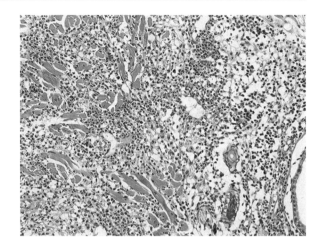

Abb. 12 Feline
Herpesvirus-Dermatitis.
Die an die Ulzerationen
angrenzende Epidermis ist
verdickt und spongiotisch,
einige Zellen enthalten
eosinophile intranukleäre
Viruseinschlüsse (Pfeile;
H&E, 400-fache
Vergrößerung)

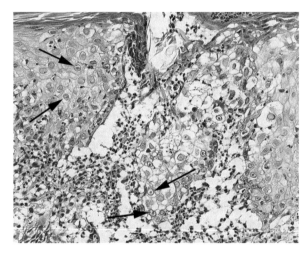

Bei sorgfältiger Untersuchung der intakten Epidermis, die an die Nekrose angrenzt, der Follikel und der Adnexdrüsen kann das seltene Vorhandensein von intranukleären Viruseinschlüssen festgestellt werden (Abb. 12). Diese sind eosinophil und von randständigem Kernmaterial umgeben. Die endgültige Diagnose sollte bei Vorhandensein von Einschlusskörpern nicht problematisch sein. In Fällen, die keine sichtbaren Einschlüsse aufweisen, können jedoch zusätzliche Techniken erforderlich sein. Der aussagekräftigste Beweis für eine Diagnose ist der Nachweis von Herpesvirus-Antigenen in den Läsionen mittels Immunhistochemie [44]. Gelingt es nicht, mittels PCR Herpesvirus-DNA aus einer Läsion zu amplifizieren, kann die Diagnose einer Herpesvirus-Dermatitis nicht gestellt werden. Da jedoch auch DNA aus latenten Herpesvirusinfektionen, nach Impfung oder aufgrund von Kontaminationen aus bei der Körperpflege infizierter Schleimhaut mittels PCR nachgewiesen werden kann, kann diese Technik nicht zur Bestätigung der Diagnose einer Herpesvirus-Dermatitis verwendet werden [47, 48]. Persico et al. empfahlen kürzlich, dass die PCR als Screening-Test für Fälle verwendet werden kann, in denen keine viralen Einschlüsse vorhanden sind, dass aber eine Immunhistochemie erforderlich ist, um die Diagnose einer Herpesvirus-Dermatitis zu bestätigen [48].

Behandlung

Die Herpesvirus-Dermatitis kann spontan abklingen, doch da in der Literatur nur wenige unbehandelte Katzen beschrieben sind, ist die Häufigkeit der Selbstheilung ungewiss. Bei einigen Katzen kann eine unterstützende Behandlung, wie z. B. die Behandlung einer bakteriellen Sekundärinfektion, zum Abklingen der klinischen Krankheitsanzeichen führen [43]. Da eine Immunsuppression zur Krankheitsentwicklung beitragen könnte, sollten alle immunsuppressiven Behandlungen abgesetzt werden. Kleine Läsionen können chirurgisch entfernt werden, obwohl nicht bekannt ist, ob die Läsionen spontan abgeklungen wären, wenn sie belassen worden wären [42]. Obwohl eine Hauterkrankung durch Herpesviren beim Menschen in der Regel spontan abklingt, wurden zahlreiche Behandlungen entwickelt, um das Abklingen der Krankheit zu beschleunigen. Einige dieser antiviralen Medikamente können auch bei Katzen von Nutzen sein, aber sie haben im Allgemeinen eine komplizierte Pharmakokinetik, die sie bei Katzen unwirksam oder toxisch machen kann, und keines hat sich durchwegs als sicher und wirksam erwiesen [49, 50]. Derzeit liegen für Famciclovir sowohl bei natürlich infizierten Katzen als auch in einer placebokontrollierten Studie mit experimentell infizierten Katzen die meisten Belege für die Wirksamkeit vor. Die verwendeten Dosierungen variieren von 40 bis 90 mg/kg ein- oder zweimal täglich bis 125 mg/kg alle acht Stunden [51, 52]. Topische „Fieberblasen"-Cremes, insbesondere solche, die Pencivovir enthalten, können ebenfalls hilfreich sein und zusammen mit einer systemischen Famciclovir-Therapie eingesetzt werden (R. Malik, pers. Mitt.). Interferone (IFN), einschließlich IFNα und rekombinantem IFNω [53], wurden ebenfalls als mögliche Behandlungsmethoden vorgeschlagen, obwohl keine kontrollierten Studien zur Bewertung ihrer Wirksamkeit durchgeführt wurden. Die Dosierung von IFNα variiert ebenfalls stark und reicht von 1 UU/m^2 dreimal wöchentlich subkutan bis zu 0,01–1 MU/kg einmal täglich für bis zu drei Wochen. Am häufigsten wurden 30 Einheiten/Tag verwendet [54]. Die Wirksamkeit einer Lysin-Supplementierung ist höchst umstritten, und ein klinischer Nutzen wurde nicht nachgewiesen [50, 55].

Pockenvirus

Pockenviren sind große umhüllte, ziegelsteinförmige oder ovale lineare DNA-Doppelstrangviren. Ihre DNA ist 130–360 kb lang und kodiert für 130–320 Proteine [56]. Die meisten Pockenviren sind in der Lage, mehrere Spezies zu infizieren, und eine Infektion verursacht in der Regel Hautläsionen aufgrund des Tropismus der Viren für epidermale Keratinozyten. Hauterkrankungen aufgrund von Pockenviren

sind bei Katzen selten. Sporadisch wurde bei Katzen über eine sich selbst zurück-
bildende proliferative Hauterkrankung infolge einer Infektion mit dem Orf-Virus
und dem Pseudokokkenvirus (beides *Parapoxviren*) berichtet [57, 58]. Die überwiegende Mehrheit der pockenbedingten Hauterkrankungen bei Katzen wird jedoch durch das Kuhpockenvirus, ein *Orthopoxvirus,* verursacht, und der Rest dieses
Abschnitts befasst sich mit Erkrankungen aufgrund einer Kuhpockenvirusinfektion.
Neben der Rolle des Kuhpockenvirus bei Erkrankungen von Katzen ist auch zu beachten, dass Katzen eine wichtige Quelle für Kuhpockeninfektionen beim Menschen sind.

Ätiologie und Epidemiologie

Kuhpockenvirus ist ein schlechter Name für dieses Virus, da die Reservoirwirte
offenbar kleine Säugetiere wie Wühlmäuse, kurzschwänzige Feldmäuse, Erdhörn-
chen und Wüstenrennmäuse sind, während Rinder, Menschen und Katzen nur selten
infiziert werden [59]. Die begrenzte geografische Verbreitung der Reservoirwirte
erklärt, warum diese Krankheit auf Westeurasien beschränkt ist, wobei die meisten
klinischen Fälle aus dem Vereinigten Königreich und Deutschland gemeldet werden
[59–61].

De Katzen von einem Reservoirwirt bei der Jagd infiziert werden, sind Kuhpocken auf Katzen beschränkt, die Zugang zu einer ländlichen Umgebung haben,
und im Herbst treten vermehrt Fälle auf, da zu dieser Zeit vermehrt gejagt wird und
es mehr Beutetiere des Reservoirwirts gibt [60, 62]. Es wird angenommen, dass die
Hauterkrankung nach dem Biss eines Reservoirwirts auftritt. Es wurde auch über
systemische Erkrankungen berichtet, wobei jedoch unklar ist, ob diese durch Einatmen des Virus oder durch systemische Ausbreitung des Virus nach einer anfänglichen Hautinfektion verursacht werden.

Während Erkrankungen durch das Kuhpockenvirus bei Katzen selten sind,
scheint die Exposition gegenüber dem Virus viel häufiger zu sein, wobei Antikörper
gegen Orthopoxviren bei 2–17 % der Katzen aus Westeuropa nachgewiesen wurden
[60, 63, 64]. Es überrascht nicht, dass die Expositionsraten in Katzenpopulationen,
die Zugang zu Außenbereichen hatten, und in Gebieten, in denen klinische Fälle
gemeldet wurden, am höchsten waren [60]. Da Verhaltensfaktoren, die für eine
Kuhpockenexposition prädisponieren, auch für eine Infektion mit dem Felinen
Immundefizienzvirus (FIV) prädisponieren, ist es möglicherweise nicht überraschend, dass Katzen mit Antikörpern gegen das Orthopoxvirus mit größerer
Wahrscheinlichkeit auch Antikörper gegen FIV aufwiesen [64].

Klinische Präsentation

Die Läsionen entwickeln sich bei jüngeren bis mittelalten Katzen, die mit einer
Reservoirwirtsart in Kontakt kommen können [65]. Da die Läsionen durch einen
Nagerbiss ausgelöst werden, beginnen sie in der Regel am Kopf oder an den

Vorderbeinen. Die Läsionen können sich anschließend auf Ohren und Pfoten ausbreiten, möglicherweise durch Kämmen, und bei einigen Katzen kann es zu ausgedehnten Läsionen kommen [62, 66].

Die erste Läsion ist in der Regel ein einzelnes kleines, erhabenes Geschwür, das
von einer serozellulären Kruste an der Stelle der Inokulation durch den Nagerbiss
bedeckt ist [62]. Eine bis drei Wochen später können sich weitere ähnliche Läsionen
entwickeln. Diese beginnen als Makulä und kleine Knötchen, die sich bis zu 1 cm
im Durchmesser vergrößern (Abb. 13). Sie werden dann ulzeriert und bilden die
typischen kraterartigen Hautläsionen. Diese verschorfen und trocknen dann
innerhalb von 4–5 Wochen allmählich aus und schälen sich ab. Der Juckreiz ist variabel [67]. Bis zu 20 % der Katzen können orale Läsionen entwickeln, die vermutlich darauf zurückzuführen sind, dass die Katze die Hautläsionen ableckt [66]. Es
wurde auch über Katzen berichtet, die größere Hautnekrosen mit ausgedehnten Erythemen, Ödemen, Abszessen und Zellulitis aufweisen (Abb. 14) [67, 68]. Ob es sich
bei diesem schwereren Verlauf um eine Infektion mit einem virulenteren Stamm
handelt, ist ungewiss. Katzen können während der virämischen Phase 1–3 Wochen
nach der Infektion vorübergehend pyrexisch und depressiv sein, aber die meisten
zeigen bei der Vorstellung keine Anzeichen einer systemischen Erkrankung [54,
66]. In seltenen Fällen können Katzen Anzeichen einer Atemwegserkrankung entwickeln, die zu einer tödlichen Lungenentzündung führen kann, obwohl Hautläsionen bei Katzen, die die respiratorische Form der Kuhpockenerkrankung entwickeln, nur sehr selten auftreten.

Juckende Läsionen müssen von allergischen Hauterkrankungen abgegrenzt werden. Weitere Differenzialdiagnosen für knotige Hauterkrankungen bei Katzen sind
Infektionen durch Pilze oder Bakterien höherer Ordnung sowie neoplastische Hauterkrankungen.

Abb. 13 Kuhpocken-
Dermatitis bei Katzen.
Diese Katze wies
zahlreiche erhabene
Knötchen an den
Vorderbeinen auf

Abb. 14 Kuhpocken-
Dermatitis bei Katzen. Die
Läsionen bei dieser Katze
entwickelten sich zu
Erythem, Ödem und
Zellulitis an der Pfote

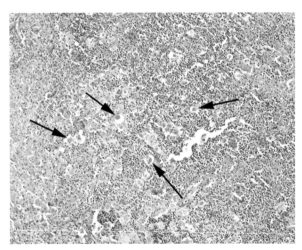

Abb. 15 Kuhpocken-Dermatitis bei der Katze. Die Untersuchung der Dermis zeigt eine Nekrose,
die von einer großen Anzahl von Neutrophilen begleitet wird. Epidermiszellen sind verstreut in der
Entzündung zu sehen. Diese Zellen zeigen Anzeichen einer ballonartigen Degeneration, und einige
weisen auffällige eosinophile intrazytoplasmatische Viruseinschlüsse auf (Pfeile; H&E, 200-fache
Vergrößerung)

Histopathologie und Diagnostik

Aufgrund des unspezifischen Charakters der beobachteten Hautläsionen sind für die
Diagnose eine Biopsie und Histologie erforderlich. Die Untersuchung einer Läsion
zeigt eine Nekrose der Epidermis mit Ulzeration. Bei der Untersuchung der angrenzenden Epidermis und des Epithels der Follikel wird in der Regel eine ausgeprägte ballonartige Degeneration festgestellt (Abb. 15). Die ballonartige Veränderung innerhalb dieser Zellen zeigt häufig das Vorhandensein von auffälligen

intrazytoplasmatischen Pockenviruseinschlüssen. Diese Einschlüsse sind eosinophil und rund bis oval. Die Läsionen sind von einer serozellulären Kruste bedeckt,
und die darunter liegende Dermis weist häufig eine erhebliche neutrophile Entzündung auf. Mit Hilfe der Serologie oder Elektronenmikroskopie kann eine Ortho-
poxvirusinfektion bestätigt werden, nicht jedoch der Typ des Orthopoxvirus. Die
Immunhistochemie kann mit monoklonalen Antikörpern durchgeführt werden, die
spezifisch für Kuhpockenviren sind [69]. Alternativ kann eine Virusisolierung aus
einer frischen Biopsie oder aus Schorfmaterial oder eine Amplifikation der viralen
DNA mittels PCR eine genaue Diagnose ermöglichen [70].

Behandlung

Die Kuhpocken-Dermatitis bei Katzen hat eine gute Prognose, die meisten Fälle
heilen spontan ab [66]. In Fällen mit ausgedehnten oder zahlreichen Läsionen kann
eine unterstützende Behandlung erforderlich sein, einschließlich der Behandlung
von bakteriellen Sekundärinfektionen. Doch selbst Katzen mit schweren Hautläsionen erholen sich in den meisten Fällen vollständig, obwohl Narbenbildung auftreten kann [67]. Der Nachweis von Serumantikörpern gegen FIV hat keinen Einfluss auf die Prognose [66].
     Warum manche Katzen eine Atemwegserkrankung entwickeln, ist unbekannt.
Eine Behandlung mit immunsuppressiven Corticosteroiden ist kontraindiziert, da
dies die Atemwegserkrankung begünstigen kann. Es wurde zwar über tödliche
Lungenentzündungen bei Katzen berichtet, die auch mit dem Felinen Leukämievirus, dem Felinen Immundefizienzvirus oder dem Felinen Panleukopenievirus
infiziert waren [66, 69], doch ist die Rolle dieser gleichzeitigen Infektionen ungewiss, und in den meisten Fällen kann keine zugrunde liegende Immunsuppression festgestellt werden [61]. Die Prognose von Katzen mit Atemwegs-
erkrankungen ist ungewiss, und es hat sich gezeigt, dass keine spezifischen
Behandlungen von Vorteil sind. Eine Behandlung mit Breitbandantibiotika zur
Verhinderung einer bakteriellen Sekundärinfektion scheint angemessen zu sein.
Zusätzlich wurden vier Katzen mit Kuhpocken der Atemwege mit rekombinantem
felinem INF-ω behandelt. Obwohl zwei der Katzen überlebten, lässt sich derzeit
nicht feststellen, ob die Interferontherapie bei der Behandlung von Kuhpocken bei
Katzen wirksam ist [61].
     Das zoonotische Potenzial der Kuhpocken ist ein wichtiger Aspekt bei der Aus-
arbeitung eines Behandlungsplans, und man geht davon aus, dass infizierte Katzen
etwa 50 % der Kuhpockeninfektionen beim Menschen verursachen [71]. Eine Kuh-
pockeninfektion beim Menschen führt in der Regel zu einer vorübergehenden fokalen, ulzerierten Läsion. Es kann jedoch zu lebensbedrohlichen systemischen Kuhpockeninfektionen kommen, insbesondere bei immunsupprimierten Personen [72],
und eine Behandlung in der Klinik kann bei Katzen im Besitz von immunsupprimierten Kunden am sinnvollsten sein.

Calicivirus

Das Feline Calicivirus ist ein unbehülltes ikosaedrisches Einzelstrang-RNA-Virus, das der Gattung der *Vesiviren* zugeordnet wird. Das Feline Calicivirus ist bekannt dafür, dass es bei Katzen Erkrankungen der oberen Atemwege und Mundgeschwüre verursacht. In seltenen Fällen kann eine Infektion mit Caliciviren auch Hautläsionen verursachen.

Ätiologie und Epidemiologie

Obwohl nur ein einziges Calicivirus Katzen infiziert, mutieren diese Viren im Allgemeinen schnell, und verschiedene Virusstämme können unterschiedliche Antigene exprimieren und deutliche Unterschiede in der Virulenz aufweisen [73]. Das Feline Calicivirus infiziert im Allgemeinen Katzen. Es wird durch direkten Kontakt mit infizierten Katzen übertragen und in Augen-, Nasen- und Mundsekreten ausgeschieden. Das Calicivirus ist weltweit einer der häufigsten viralen Krankheitserreger bei Katzen [73]. Hautläsionen können sich in Verbindung mit den typischen Infektionen der oberen Atemwege mit Calicivirus entwickeln. Generalisierte schwere Hautläsionen sind jedoch im Allgemeinen auf Katzen beschränkt, die eine virulente systemische Erkrankung entwickeln. Diese seltene Form der Calicivirus-Erkrankung entwickelt sich in der Regel als Ausbruch, vermutlich weil mehrere Katzen einem kürzlich entwickelten virulenten Calicivirus-Stamm ausgesetzt sind. Ausbrüche einer virulenten systemischen Erkrankung wurden aus Tierkliniken und Tierheimen in Nordamerika und Europa gemeldet, wobei angesichts der weiten Verbreitung dieses Virus Ausbrüche in anderen Ländern wahrscheinlich sind [74]. Calicivirus-Impfstoffe können den Schweregrad der klinischen Krankheitsanzeichen verringern, scheinen aber nicht vor Infektionen mit hochvirulenten Calicivirus-Stämmen zu schützen [75, 76].

Klinische Präsentation

Eine akute, nicht virulente Infektion mit dem Felinen Calicivirus ist in der Regel durch vorübergehende selbstlimitierende vesikulo-ulzerative Läsionen in der Mundhöhle (typischerweise an der Zunge), an den Lippen und am Nasenphiltrum gekennzeichnet. Selten können Ulzerationen an anderen Körperregionen festgestellt werden. Systemische Anzeichen wie Fieber, Depression, Niesen, Konjunktivitis, Augenausfluss und Arthropathie, die zu Lahmheit führt, die sich innerhalb weniger Tage zurückbildet (transientes febriles Hinkensyndrom), können ebenfalls beobachtet werden [73].

Virulente systemische Erkrankungen sind bei Katzen im Alter von acht Wochen bis 16 Jahren aufgetreten, wobei erwachsene Katzen möglicherweise anfälliger sind [74, 77, 78]. Katzen, die sich mit einer virulenten systemischen Erkrankung vorstellen, fühlen sich unwohl mit Fieber, Anorexie, Lethargie, Schwäche, Gelbsucht

Abb. 16 Virulente systemische Calicivirus-Infektion. Die Katze hat Geschwüre und krustige Läsionen auf der ventralen Oberfläche des Schwanzes und in der Umgebung des Anus

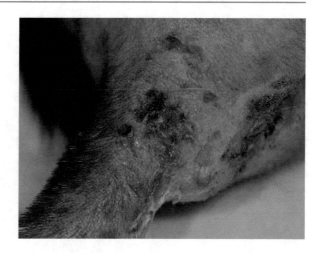

oder blutigem Durchfall. Viele Katzen weisen orale Ulzerationen auf [77]. Zu den Hautläsionen gehören Ödeme an den Gliedmaßen und im Gesicht mit Alopezie, Geschwüren und krustigen Läsionen am Kopf (insbesondere an den Lippen, der Schnauze und den Ohren) sowie an den Pfotenballen [73, 77]. Seltener werden Hautveränderungen am Bauch und um den Anus herum berichtet (Abb. 16) [76].

Bei zwei Katzen wurde kurz nach einer Ovariohysterektomie eine pustulöse Hauterkrankung aufgrund des Calicivirus festgestellt. Bei diesen Katzen waren die Läsionen auf die Haut um die Wunde herum beschränkt. Da beide Katzen auch anorektisch und depressiv waren, ist es wahrscheinlich, dass beide eine systemische virulente Erkrankung hatten. Das Vorliegen einer systemischen Erkrankung wurde durch die Beobachtung bestätigt, dass eine Katze später einen Pleuraerguss entwickelte, der die Euthanasie erforderlich machte [79].

Histopathologie und Diagnostik

Die Histologie der Hautläsionen zeigt eine ballonartige Degeneration und Nekrose sowohl des Oberflächen- als auch des Follikelepithels mit anschließender Ulzeration. Die neutrophile Entzündung ist oft ausgeprägt, und die Ulzera sind typischerweise von einer serozellulären Kruste bedeckt (Abb. 17) [77]. In Fällen, in denen die Epidermis intakt bleibt, können intraepidermale und suprabasiläre Pusteln sichtbar sein [76]. Oberflächliche Hautödeme und Vaskulitis können ebenfalls nachgewiesen werden.

Die Diagnose einer systemischen virulenten Calicivirus-Infektion kann wahrscheinlich nicht allein durch die histologische Untersuchung von Hautproben gestellt werden. Stattdessen wird die Hauthistologie zusammen mit den klinischen Anzeichen einer schweren systemischen Erkrankung interpretiert, um diese Diagnose zu stellen. Die Diagnose einer Calicivirus-Dermatitis wird durch den Nachweis von Calicivirus-Antigenen in den Läsionen mithilfe der Immunhistochemie

Abb. 17 Virulente
systemische Calicivirus-
Infektion. Die Histologie
zeigt epidermale Nekrosen
mit Ulzerationen. Die
Ulzera sind von einer
ausgeprägten
serozellulären Kruste
bedeckt (H&E, 400-fache
Vergrößerung)

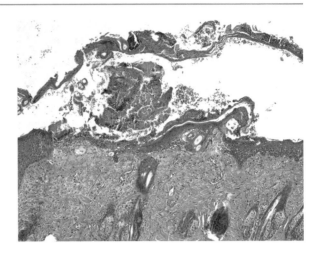

gestützt. Das Vorhandensein von viraler Nukleinsäure kann auch mittels PCR nachgewiesen werden. Da jedoch bis zu 30 % der Katzen Träger der Krankheit sind, sollte die Amplifikation viraler DNA mit Vorsicht interpretiert werden [54]. Der Nachweis von caliciviraler Nukleinsäure im Blut oder in den Läsionen einer Katze mit klinischen Symptomen, die mit dieser Krankheit übereinstimmen, ist ein guter Beweis für die Diagnose einer Calicivirus-Dermatitis [74]. Eine Virusisolierung und ein fluoreszierender Antikörpertest sind ebenfalls möglich [73].

Behandlung

Die Behandlung ist unterstützend, und handelsübliche Virostatika hemmen die Replikation von Caliciviren nicht [62]. Die Prognose für die akuten nichtvirulenten systemischen Erkrankungen ist gut. Die Kontrolle von Sekundärinfektionen, die regelmäßige Reinigung des Ausflusses und schleimlösende Medikamente (z. B. Bromhexin) oder die Vernebelung mit Kochsalzlösung sind hilfreich. Oftmals fressen Katzen aufgrund der oralen Ulzera nicht, und in schweren Fällen kann das Legen einer Ernährungssonde und eine enterale Ernährung erforderlich sein [54].

Für Katzen mit einer virulenten systemischen Calicivirus-Infektion wird eine intensive unterstützende Behandlung empfohlen, aber selbst bei einer solchen Behandlung wurden Mortalitätsraten von 30–60 % berichtet [77]. Ein Felines-Calicivirus-spezifisches antivirales Phosphorodiamidat-Morpholino-Oligomer (PMO) wurde entwickelt und zur Behandlung von Kätzchen bei drei Ausbrüchen einer schweren Calicivirus-Erkrankung eingesetzt. In diesem Versuch überlebten 47 von 59 Kätzchen, die mit dem PMO behandelt wurden, aber nur drei von 31 unbehandelten Katzen [80]. Der Erfolg dieser experimentellen zielgerichteten Therapie deutet darauf hin, dass in Zukunft möglicherweise neuere Methoden zur Behandlung von Calicivirus-Infektionen bei Katzen zur Verfügung stehen werden.

Felines Leukämievirus

Das Feline Leukämievirus (FeLV) ist ein Retrovirus, das zur Gattung der *Gammaretroviren* gehört. Die Infektion wird am häufigsten im Speichel durch gegenseitiges Putzen verbreitet, kann aber auch durch Bisse und über die Milch übertragen werden. Die Rolle von FeLV bei der Entwicklung einiger Lymphome ist gut belegt. Die Rolle dieses Virus bei der Entwicklung von Hautkrankheiten bei Katzen ist weniger klar definiert, aber es wurden vier Hautmanifestationen von FeLV vorgeschlagen.

Immunsuppression

Da FeLV eine erhebliche Immunschwäche verursachen kann [81], ist es möglich, dass die Infektion zu einer Zunahme opportunistischer Hautinfektionen führen kann. Es gibt jedoch kaum direkte Belege für eine Zunahme von Hauterkrankungen bei Katzen aufgrund einer FeLV-Infektion, und Katzen mit FeLV werden, wenn überhaupt, nur selten wegen wiederkehrender oder schwer zu behandelnder opportunistischer Hautinfektionen beim Tierarzt vorgestellt [81].

Riesenzell-Dermatose

Diese Hauterkrankung wurde erstmals 1994 bei sechs Katzen und anschließend 2005 bei einer weiteren Katze festgestellt [82, 83]. Der Nachweis, dass die Krankheit durch FeLV verursacht wurde, war der konsistente Detektion von FeLV-Antigen im Serum und das Vorhandensein von FeLV-Proteinen in den Läsionen, festgestellt durch Immunhistochemie. Interessanterweise waren vier der Katzen zuvor gegen FeLV geimpft worden, und die Autoren spekulierten, dass einige Impfstoffe infektiöse RNA enthalten könnten, die zur Entwicklung einer Riesenzelldermatose führen könnte [83]. Nach Kenntnis der Autoren wurden keine weiteren Fälle von Riesenzelldermatose bei Katzen gemeldet. Dies deutet darauf hin, dass es sich um eine seltene Manifestation der FeLV-Infektion bei Katzen handelt. Darüber hinaus ist es aufgrund der geringen Zahl der gemeldeten Fälle nicht möglich, definitiv zu bestätigen, dass FeLV eine Riesenzelldermatose bei Katzen verursacht.

Es wurde berichtet, dass betroffene Katzen unterschiedliche klinische Symptome aufweisen, darunter multiple Geschwüre am Kopf, an den Gliedmaßen und an den Pfoten [82], fleckige Alopezie und Schuppenbildung, die am Rücken beginnen kann und sich dann verallgemeinern, oder krustige Hautläsionen, die sich vorwiegend auf den Kopf und die Ohrmuscheln beschränken, aber auch an den Fußballen und um den Anus auftreten können [83]. Bei vielen Katzen war der Juckreiz stark ausgeprägt, und häufig wurde eine gleichzeitige Zahnfleischentzündung festgestellt. Die Katzen wiesen häufig Anzeichen einer systemischen Erkrankung auf, einschließlich Pyrexie und Anorexie.

Diese Krankheit kann nur durch Histologie diagnostiziert werden. Die Histologie einer Läsion zeigt eine epidermale Hyperplasie mit auffälligen vielkernigen

Keratinozyten, die bis zu 30 Kerne enthalten können. Riesenzellen können in der oberflächlichen Epidermis, in den Talgdrüsen oder in der follikulären Infundibula vorhanden sein [82, 83]. In der betroffenen Epidermis können Desorganisation und Atypien der Keratinozyten vorhanden sein. In der darunter liegenden Dermis können Entzündungen auftreten, insbesondere in Fällen, in denen eine bakterielle Sekundärinfektion vorliegt.

Gegenwärtig gibt es keine Behandlungsmöglichkeiten für diese Krankheit, und alle Katzen, bei denen diese Krankheit festgestellt wurde, starben kurz nach der Diagnose [82, 83].

Kutane Hörner der Katzenpfötchen

Betroffene Katzen entwickeln multiple hornartige Läsionen, die typischerweise mehrere Ballen an mehreren Zehen betreffen (Abb. 18). Während diese zunächst mit FeLV in Verbindung gebracht wurden [84], haben spätere Studien Katzen mit Hörnern identifiziert, die nicht mit FeLV infiziert waren [85, 86]. Ob eine FeLV-Infektion für die Entwicklung der Krankheit unbedingt erforderlich ist, ist derzeit ungewiss.

Bei den Katzen treten multiple, längliche, konische oder zylindrische Massen auf, die die Ballen mehrerer Zehen betreffen. Die Läsionen bestehen fast vollständig aus Keratin und sind daher typischerweise grau und von harter und trockener Beschaffenheit. Die Histologie zeigt eine gut abgegrenzte Säule aus dichter, blasser Orthokeratose, die eine minimal bis leicht hyperplastische Epidermis bedeckt (Abb. 19). Die Entzündung in der darunter liegenden Dermis ist in der Regel minimal. Die Behandlung besteht in der chirurgischen Entfernung, obwohl Katzenpfötchen und kutane Hörner häufig lokal rezidivieren. Wenn die Läsionen größer werden, können sie Risse bilden, die zu sekundären Entzündungen und Schmerzen führen können.

Abb. 18 Horn der Pfotenballen bei Katzen. Die Läsionen sind graue exophytische Massen, die oft mehrere Pfotenballen betreffen

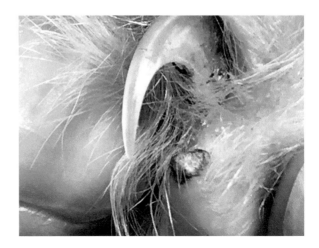

Abb. 19 Kutanes Horn der Katzenpfotenballen. Die Hörner bestehen aus einer Säule mit dichter Orthokeratose, die über einer vergleichsweise normalen Epidermis liegt (H&E, 50-fache Vergrößerung)

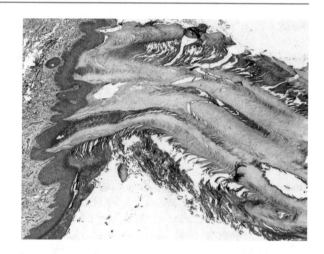

Die Lage und das Aussehen dieser Läsionen ermöglichen in der Regel eine klinische Diagnose, obwohl kutane Hörner, die sich sekundär zu Bowenoid-in-situ-Karzinomen oder Plattenepithelkarzinomen entwickelt haben, eine Differenzierung erfordern können, wenn sie sich an der Ballenhaut entwickeln.

Kutanes Lymphom

Zusammenhänge zwischen FeLV und kutanen Lymphomen bei Katzen wurden uneinheitlich festgestellt [87–89], und es scheint derzeit, dass Katzen mit FeLV-Infektion schlimmstenfalls ein nur leicht erhöhtes Risiko für kutane Lymphome haben.

Felines infektiöses Peritonitisvirus

Die durch Coronaviren verursachte Vaskulitis bei Katzen (feline infektiöse Peritonitis, FIP) betrifft selten die Haut. Es wurde jedoch vereinzelt über Katzen mit FIP und Hautläsionen berichtet [90–92]. In allen berichteten Fällen traten die Hautläsionen erst spät im klinischen Verlauf auf, und zwar bei Katzen, die auch typischere klinische Anzeichen wie Pyrexie, Lethargie, Anorexie oder Augenläsionen zeigten. Die Beteiligung mehrerer kutaner Blutgefäße führt zur Entwicklung von nicht juckenden, nicht schmerzhaften, erhabenen Papeln am Hals und an den Vorderbeinen oder allgemeiner am ganzen Körper. Die Histologie zeigt eine granulomatöse Vaskulitis, und mithilfe der Immunhistochemie kann das Vorhandensein von Coronavirus-Antigenen bestätigt werden.

Felines Immundefizienzvirus

Das Feline Immundefizienzvirus (FIV) ist ein Retrovirus aus der Gattung der *Lentiviren*. Da das Virus in der Regel durch Kämpfe verbreitet wird, ist es am häufigsten bei frei lebenden männlichen Katzen anzutreffen. Während eine experimentelle Infektion von Katzen zu einer ausgeprägten, tödlichen Immunsuppression führen kann, scheint die natürliche Infektion von Katzen weitaus weniger signifikant zu sein, und die allgemeine Lebenserwartung von FIV-infizierten Katzen scheint nicht kürzer zu sein als die von nicht infizierten Katzen [93].

Derzeit gibt es kaum Hinweise darauf, dass eine Infektion mit FIV eine Prädisposition für eine Hauterkrankung bei Katzen darstellt [94]. Zwar wurden einige erste Fälle von papillomaviralen (PV) Hauterkrankungen bei Katzen mit FIV gemeldet, doch gibt es keine direkten Vergleiche, um festzustellen, ob FIV-infizierte Katzen überproportional betroffen sind. Außerdem waren die Raten der PV-Infektion bei FIV-infizierten Katzen nicht höher als bei nicht infizierten Katzen [95].

FIV wurde mit einem leicht erhöhten Risiko für Lymphome in Verbindung gebracht, obwohl die genaue Rolle des Virus bei der Entwicklung von Neoplasmen ungewiss ist [96]. Kutane Lymphome wurden bei Katzen nicht mit FIV in Verbindung gebracht. Es wurde zwar über einen Zusammenhang zwischen kutanen SCCs und FIV-Infektionen berichtet, aber es wurde vermutet, dass es sich dabei um einen Zufall handelt, da bei Katzen, die viel Zeit im Freien verbringen, höhere Raten sowohl von SCCs als auch von FIV-Infektionen zu erwarten sind [97].

Literatur

1. Munday JS, Pasavento P. Papillomaviridae and Polyomaviridae. In: Maclachlan NJ, Dubovi EJ, Herausgeber. Fenner's veterinary virology. 5. Aufl. London: Academic Press; 2017. S. 229–43.
2. Munday JS. Bovine and human papillomaviruses: a comparative review. Vet Pathol. 2014;51:1063–75.
3. de Villiers EM, Fauquet C, Broker TR, et al. Classification of papillomaviruses. Virology. 2004;324:17–27.
4. Tachezy R, Duson G, Rector A, et al. Cloning and genomic characterization of Felis domesticus papillomavirus type 1. Virology. 2002;301:313–21.
5. Terai M, Burk RD. Felis domesticus papillomavirus, isolated from a skin lesion, is related to canine oral papillomavirus and contains a 1.3 kb non-coding region between the E2 and L2 open reading frames. J Gen Virol. 2002;83:2303–7.
6. Lange CE, Tobler K, Markau T, et al. Sequence and classification of FdPV2, a papillomavirus isolated from feline Bowenoid in situ carcinomas. Vet Microbiol. 2009;137:60–5.
7. Dunowska M, Munday JS, Laurie RE, et al. Genomic characterisation of Felis catus papillomavirus 4, a novel papillomavirus detected in the oral cavity of a domestic cat. Virus Genes. 2014;48:111–9.
8. Munday JS, Dittmer KE, Thomson NA, et al. Genomic characterisation of Felis catus papillomavirus type 5 with proposed classification within a new papillomavirus genus. Vet Microbiol. 2017;207:50–5.

9. Munday JS, Dunowska M, Hills SF, et al. Genomic characterization of Felis catus papilloma-virus-3: a novel papillomavirus detected in a feline Bowenoid in situ carcinoma. Vet Microbiol. 2013;165:319–25.

10. Carney HC, England JJ, Hodgin EC, et al. Papillomavirus infection of aged Persian cats. J Vet Diagn Investig. 1990;2:294–9.

11. Munday JS, Thomson NA, Luff JA. Papillomaviruses in dogs and cats. Vet J. 2017;225:23–31.

12. Wilhelm S, Degorce-Rubiales F, Godson D, et al. Clinical, histological and immunohistoche-mical study of feline viral plaques and bowenoid in situ carcinomas. Vet Dermatol. 2006;17:424–31.

13. Munday JS, Kiupel M, French AF, et al. Amplification of papillomaviral DNA sequences from a high proportion of feline cutaneous in situ and invasive squamous cell carcinomas using a nested polymerase chain reaction. Vet Dermatol. 2008;19:259–63.

14. Munday JS, Peters-Kennedy J. Consistent detection of Felis domesticus papillomavirus 2 DNA sequences within feline viral plaques. J Vet Diagn Investig. 2010;22:946–9.

15. Thomson NA, Dunowska M, Munday JS. The use of quantitative PCR to detect Felis catus papillomavirus type 2 DNA from a high proportion of queens and their kittens. Vet Microbiol. 2015;175:211–7.

16. Geisseler M, Lange CE, Favrot C, et al. Geno- and seroprevalence of Felis domesticus Papillomavirus type 2 (FdPV2) in dermatologically healthy cats. BMC Vet Res. 2016;12:147.

17. Munday JS. Papillomaviruses in felids. Vet J. 2014;199:340–7.

18. Ravens PA, Vogelnest LJ, Tong LJ, et al. Papillomavirus-associated multicentric squamous cell carcinoma in situ in a cat: an unusually extensive and progressive case with subsequent meta-stasis. Vet Dermatol. 2013;24(642–5):e161–642.

19. Sundberg JP, Van Ranst M, Montali R, et al. Feline papillomas and papillomaviruses. Vet Pat-hol. 2000;37:1–10.

20. Gross TL, Ihrke PJ, Walder EJ, et al. Skin diseases of the dog and cat: clinical and histopatho-logic diagnosis. 2. Aufl. Oxford: Blackwell Science; 2005.

21. Munday JS, Fairley R, Atkinson K. The detection of Felis catus papillomavirus 3 DNA in a feline bowenoid in situ carcinoma with novel histologic features and benign clinical behavior. J Vet Diagn Investig. 2016;28:612–5.

22. Munday JS, Aberdein D. Loss of retinoblastoma protein, but not p53, is associated with the presence of papillomaviral DNA in feline viral plaques, Bowenoid in situ carcinomas, and squamous cell carcinomas. Vet Pathol. 2012;49:538–45.

23. Munday JS, Benfell MW, French A, et al. Bowenoid in situ carcinomas in two Devon Rex cats: evidence of unusually aggressive neoplasm behaviour in this breed and detection of papilloma-viral gene expression in primary and metastatic lesions. Vet Dermatol. 2016;27:215–e55.

24. Miller RL, Gerster JF, Owens ML, et al. Imiquimod applied topically: a novel immune res-ponse modifier and new class of drug. Int J Immunopharmacol. 1999;21:1–14.

25. Gill VL, Bergman PJ, Baer KE, et al. Use of imiquimod 5 % cream (Aldara) in cats with mul-ticentric squamous cell carcinoma in situ: 12 cases (2002–2005). Vet Comp Oncol. 2008;6:55–64.

26. Love W, Bernhard JD, Bordeaux JS. Topical imiquimod or fluorouracil therapy for basal and squamous cell carcinoma: a systematic review. Arch Dermatol. 2009;145:1431–8.

27. Flickinger I, Gasymova E, Dietiker-Moretti S, et al. Evaluation of long-term outcome and prognostic factors of feline squamous cell carcinomas treated with photodynamic therapy using liposomal phosphorylated meta-tetra(hydroxylphenyl)chlorine. J Feline Med Surg. 2018. https://doi.org/10.1177/1098612X17752196.

28. Munday JS, French AF, Gibson IR, et al. The presence of p16 CDKN2A protein immunostai-ning within feline nasal planum squamous cell carcinomas is associated with an increased survival time and the presence of papillomaviral DNA. Vet Pathol. 2013;50:269–73.

29. Munday JS, Gibson I, French AF. Papillomaviral DNA and increased p16CDKN2A protein are frequently present within feline cutaneous squamous cell carcinomas in ultraviolet-protected skin. Vet Dermatol. 2011;22:360–6.

30. Altamura G, Corteggio A, Pacini L, et al. Transforming properties of Felis catus papilloma-virus type 2 E6 and E7 putative oncogenes in vitro and their transcriptional activity in feline squamous cell carcinoma in vivo. Virology. 2016;496:1–8.
31. Thomson NA, Munday JS, Dittmer KE. Frequent detection of transcriptionally active Felis catus papillomavirus 2 in feline cutaneous squamous cell carcinomas. J Gen Virol. 2016;97:1189–97.
32. Munday JS, Knight CG, Howe L. The same papillomavirus is present in feline sarcoids from North America and New Zealand but not in any non-sarcoid feline samples. J Vet Diagn Investig. 2010;22:97–100.
33. Schulman FY, Krafft AE, Janczewski T. Feline cutaneous fibropapillomas: clinicopathologic findings and association with papillomavirus infection. Vet Pathol. 2001;38:291–6.
34. Teifke JP, Kidney BA, Lohr CV, et al. Detection of papillomavirus-DNA in mesenchymal tumour cells and not in the hyperplastic epithelium of feline sarcoids. Vet Dermatol. 2003;14:47–56.
35. Munday JS, Thomson N, Dunowska M, et al. Genomic characterisation of the feline sarcoid-associated papillomavirus and proposed classification as Bos taurus papillomavirus type 14. Vet Microbiol. 2015;177:289–95.
36. Munday JS, Knight CG. Amplification of feline sarcoid-associated papillomavirus DNA se-quences from bovine skin. Vet Dermatol. 2010;21:341–4.
37. Munday JS, Thomson NA, Henderson G, et al. Identification of Felis catus papillomavirus 3 in skin neoplasms from four cats. J Vet Diagn Investig. 2018;30:324–8.
38. Munday JS, French A, Thomson N. Detection of DNA sequences from a novel papillomavirus in a feline basal cell carcinoma. Vet Dermatol. 2017;28:236–e60.
39. Munday JS, Fairley RA, Mills H, et al. Oral papillomas associated with Felis catus papilloma-virus type 1 in 2 domestic cats. Vet Pathol. 2015;52:1187–90.
40. Munday JS, Hanlon EM, Howe L, et al. Feline cutaneous viral papilloma associated with human papillomavirus type 9. Vet Pathol. 2007;44:924–7.
41. Johnson RP, Sabine M. The isolation of herpesviruses from skin ulcers in domestic cats. Vet Rec. 1971;89:360–2.
42. Hargis AM, Ginn PE. Feline herpesvirus 1-associated facial and nasal dermatitis and stomatitis in domestic cats. Vet Clin North Am Small Anim Pract. 1999;29:1281–90.
43. Sanchez MD, Goldschmidt MH, Mauldin EA. Herpesvirus dermatitis in two cats without fa-cial lesions. Vet Dermatol. 2012;23(171–3):e135.
44. Lee M, Bosward KL, Norris JM. Immunohistological evaluation of feline herpesvirus-1 infec-tion in feline eosinophilic dermatoses or stomatitis. J Feline Med Surg. 2010;12:72–9.
45. Suchy A, Bauder B, Gelbmann W, et al. Diagnosis of feline herpesvirus infection by immuno-histochemistry, polymerase chain reaction, and in situ hybridization. J Vet Diagn Investig. 2000;12:186–91.
46. Prost C. P34 A case of exfoliative erythema multiforme associated with herpes virus 1 infec-tion in a European cat. Vet Dermatol. 2004;15(Suppl. 1):41–69.
47. Holland JL, Outerbridge CA, Affolter VK, et al. Detection of feline herpesvirus 1 DNA in skin biopsy specimens from cats with or without dermatitis. J Am Vet Med Assoc. 2006;229:1442–6.
48. Persico P, Roccabianca P, Corona A, et al. Detection of feline herpes virus 1 via polymerase chain reaction and immunohistochemistry in cats with ulcerative facial dermatitis, eosinophilic granuloma complex reaction patterns and mosquito bite hypersensitivity. Vet Dermatol. 2011;22:521–7.
49. Lamm CG, Dean SL, Estrada MM, et al. Pathology in practice. Herpesviral dermatitis. J Am Vet Med Assoc. 2015;247:159–61.
50. Maggs DJ. Antiviral therapy for feline herpesvirus infections. Vet Clin North Am Small Anim Pract. 2010;40:1055–62.
51. Malik R, Lessels NS, Webb S, et al. Treatment of feline herpesvirus-1 associated disease in cats with famciclovir and related drugs. J Feline Med Surg. 2009;11:40–8.
52. Thomasy SM, Lim CC, Reilly CM, et al. Evaluation of orally administered famciclovir in cats experimentally infected with feline herpesvirus type-1. Am J Vet Res. 2011;72:85–95.

53. Gutzwiller MER, Brachelente C, Taglinger K, et al. Feline herpes dermatitis treated with interferon omega. Vet Dermatol. 2007;18:50–4.
54. Nagata M, Rosenkrantz W. Cutaneous viral dermatoses in dogs and cats. Compendium. 2013;35:E1.
55. Bol S, Bunnik EM. Lysine supplementation is not effective for the prevention or treatment of feline herpesvirus 1 infection in cats: a systematic review. BMC Vet Res. 2015;11:284.
56. Delhon GA. Poxviridae. In: Maclachlan NJ, Dubovi EJ, Herausgeber. Fenner's veterinary virology. 5. Aufl. London: Academic Press; 2017. S. 157–74.
57. Fairley RA, Mercer AA, Copland CI, et al. Persistent pseudocowpox virus infection of the skin of a foot in a cat. NZ Vet J. 2013;61:242–3.
58. Fairley RA, Whelan EM, Pesavento PA, et al. Recurrent localised cutaneous parapoxvirus infection in three cats. NZ Vet J. 2008;56:196–201.
59. Chantrey J, Meyer H, Baxby D, et al. Cowpox: reservoir hosts and geographic range. Epidemiol Infect. 1999;122:455–60.
60. Appl C, von Bomhard W, Hanczaruk M, et al. Feline cowpoxvirus infections in Germany: clinical and epidemiological aspects. Berl Munch Tierarztl Wochenschr. 2013;126:55–61.
61. McInerney J, Papasouliotis K, Simpson K, et al. Pulmonary cowpox in cats: five cases. J Feline Med Surg. 2016;18:518–25.
62. Mostl K, Addie D, Belak S, et al. Cowpox virus infection in cats: ABCD guidelines on prevention and management. J Feline Med Surg. 2013;15:557–9.
63. Czerny CP, Wagner K, Gessler K, et al. A monoclonal blocking-ELISA for detection of orthopoxvirus antibodies in feline sera. Vet Microbiol. 1996;52:185–200.
64. Tryland M, Sandvik T, Holtet L, et al. Antibodies to orthopoxvirus in domestic cats in Norway. Vet Rec. 1998;143:105–9.
65. Breheny CR, Fox V, Tamborini A, et al. Novel characteristics identified in two cases of feline cowpox virus infection. JFMS Open Reports. 2017;3:2055116917717191.
66. Bennett M, Gaskell CJ, Baxbyt D, et al. Feline cowpox virus infection. J Small Anim Pract. 1990;31:167–73.
67. Godfrey DR, Blundell CJ, Essbauer S, et al. Unusual presentations of cowpox infection in cats. J Small Anim Pract. 2004;45:202–5.
68. O'Halloran C, Del-Pozo J, Breheny C, et al. Unusual presentations of feline cowpox. Vet Rec. 2016;179:442–3.
69. Schaudien D, Meyer H, Grunwald D, et al. Concurrent infection of a cat with cowpox virus and feline parvovirus. J Comp Pathol. 2007;137:151–4.
70. Jungwirth N, Puff C, Köster K, et al. Atypical cowpox virus infection in a series of cats. J Comp Pathol. 2018;158:71–6.
71. Lawn R. Risk of cowpox to small animal practitioners. Vet Rec. 2010;166:631.
72. Czerny CP, Eis-Hubinger AM, Mayr A, et al. Animal poxviruses transmitted from cat to man: current event with lethal end. Zentralbl Veterinarmed B. 1991;38:421–31.
73. Radford AD, Addie D, Belák S, et al. Feline calicivirus infection: ABCD guidelines on prevention and management. J Feline Med Surg. 2009;11:556–64.
74. Deschamps J-Y, Topie E, Roux F. Nosocomial feline calicivirus-associated virulent systemic disease in a veterinary emergency and critical care unit in France. JFMS Open Reports. 2015;1:2055116915621581.
75. Pedersen NC, Elliott JB, Glasgow A, et al. An isolated epizootic of hemorrhagic-like fever in cats caused by a novel and highly virulent strain of feline calicivirus. Vet Microbiol. 2000;73:281–300.
76. Willi B, Spiri AM, Meli ML, et al. Molecular characterization and virus neutralization patterns of severe, non-epizootic forms of feline calicivirus infections resembling virulent systemic disease in cats in Switzerland and in Liechtenstein. Vet Microbiol. 2016;182:202–12.
77. Pesavento PA, Maclachlan NJ, Dillard-Telm L, et al. Pathologic, immunohistochemical, and electron microscopic findings in naturally occurring virulent systemic feline calicivirus infection in cats. Vet Pathol. 2004;41:257–63.

78. Hurley KE, Pesavento PA, Pedersen NC, et al. An outbreak of virulent systemic feline calicivirus disease. J Am Vet Med Assoc. 2004;224:241–9.
79. Declercq J. Pustular calicivirus dermatitis on the abdomen of two cats following routine ovariectomy. Vet Dermatol. 2005;16:395–400.
80. Smith AW, Iversen PL, O'Hanley PD, et al. Virus-specific antiviral treatment for controlling severe and fatal outbreaks of feline calicivirus infection. Am J Vet Res. 2008;69:23–32.
81. Hartmann K. Clinical aspects of feline retroviruses: a review. Viruses. 2012;4:2684.
82. Favrot C, Wilhelm S, Grest P, et al. Two cases of FeLV-associated dermatoses. Vet Dermatol. 2005;16:407–12.
83. Gross TL, Clark EG, Hargis AM, et al. Giant cell dermatosis in FeLV-positive cats. Vet Dermatol. 1993;4:117–22.
84. Center SA, Scott DW, Scott FW. Multiple cutaneous horns on the footpad of a cat. Feline Pract. 1982;12:26–30.
85. Komori S, Ishida T, Washizu M. Four cases of cutaneous horns in the foot pads of feline leukemia virus-negative cats. J Japan Vet Med Assoc. 1998;51:27–30.
86. Chaher E, Robertson E, Sparkes A, et al. Call for cases: cat paw hyperkeratosis. CVE Control Ther Ser. 2016;282:51–4.
87. Burr HD, Keating JH, Clifford CA, et al. Cutaneous lymphoma of the tarsus in cats: 23 cases (2000–2012). J Am Vet Med Assoc. 2014;244:1429–34.
88. Fontaine J, Heimann M, Day MJ. Cutaneous epitheliotropic T-cell lymphoma in the cat: a review of the literature and five new cases. Vet Dermatol. 2011;22:454–61.
89. Roccabianca P, Avallone G, Rodriguez A, et al. Cutaneous lymphoma at injection sites: pathological, immunophenotypical, and molecular characterization in 17 cats. Vet Pathol. 2016;53:823–32.
90. Cannon MJ, Silkstone MA, Kipar AM. Cutaneous lesions associated with coronavirus-induced vasculitis in a cat with feline infectious peritonitis and concurrent feline immunodeficiency virus infection. J Feline Med Surg. 2005;7:233–6.
91. Martha JC, Malcolm AS, Anja MK. Cutaneous lesions associated with coronavirus-induced vasculitis in a cat with feline infectious peritonitis and concurrent feline immunodeficiency virus infection. J Feline Med Surg. 2005;7:233–6.
92. Bauer BS, Kerr ME, Sandmeyer LS, et al. Positive immunostaining for feline infectious peritonitis (FIP) in a Sphinx cat with cutaneous lesions and bilateral panuveitis. Vet Ophthalmol. 2013;16(Suppl 1):160–3.
93. Murphy B. Retroviridae. In: Maclachlan NJ, Dubovi EJ, Herausgeber. Fenner's veterinary virology. 5. Aufl. London: Academic Press; 2017. S. 269–97.
94. Backel K, Cain C. Skin as a marker of general feline health: cutaneous manifestations of infectious disease. J Feline Med Surg. 2017;19:1149–65.
95. Munday JS, Witham AI. Frequent detection of papillomavirus DNA in clinically normal skin of cats infected and noninfected with feline immunodeficiency virus. Vet Dermatol. 2010;21:307–10.
96. Magden E, Quackenbush SL, VandeWoude S. FIV associated neoplasms – a mini-review. Vet Immunol Immunopathol. 2011;143:227–34.
97. Hutson CA, Rideout BA, Pedersen NC. Neoplasia associated with feline immunodeficiency virus infection in cats of southern California. J Am Vet Med Assoc. 1991;199:1357–62.

Leishmaniose

Maria Grazia Pennisi

Zusammenfassung

Zu den *Leishmania* spp., die Katzen befallen, gehören *L. infantum*, *L. mexicana*, *L. venezuelensis*, *L. amazonensis* und *L. braziliensis*. *Leishmania infantum* ist die am häufigsten bei Katzen gemeldete Spezies und verursacht die Katzen-Leishmaniose (FeL). Katzen, die *L. infantum* ausgesetzt sind, sind in der Lage, eine zellvermittelte Immunreaktion zu entwickeln, die nicht mit der Produktion von Antikörpern einhergeht. Das Blut von Katzen mit *L.-infantum*-assoziierter klinischer Erkrankung reagiert PCR-positiv und sie zeigen niedrige bis sehr hohe Antikörperspiegel. Etwa die Hälfte der klinischen Fälle von FeL wird bei Katzen mit eingeschränkter Immunkompetenz diagnostiziert. Haut- oder Schleimhautläsionen sind die häufigsten klinischen Befunde; die FeL ist jedoch eine systemische Erkrankung. Haut- oder Schleimhautläsionen und Lymphknotenvergrößerungen werden in mindestens der Hälfte der Fälle beobachtet, okuläre oder orale Läsionen und einige unspezifische Anzeichen (Gewichtsverlust, Anorexie, Lethargie) in etwa 20–30 % der Fälle, und viele andere klinische Anzeichen (z. B. respiratorische, gastrointestinale) werden sporadisch beobachtet. Ulzerative und knotige Läsionen aufgrund einer diffusen granulomatösen Dermatitis sind die häufigsten Hauterscheinungen, die hauptsächlich am Kopf oder symmetrisch an den distalen Gliedmaßen auftreten. Die Diagnose kann durch Zytologie und Histologie gestellt werden, und die Immunhistochemie ist nützlich, um die ursächliche Rolle der *Leishmania*-Infektion bei den dermopathologischen Manifestationen zu bestätigen; es können jedoch auch andere Hauterkrankungen

M. G. Pennisi (✉)
Dipartimento di Scienze Veterinarie, Università di Messina, Messina, Italien
E-Mail: mariagrazia.pennisi@unime.it

mit FeL koexistieren. Die Polymerase-Kettenreaktion wird bei suggestiven Läsionen mit fehlenden Parasiten und zur *Leishmania*-Speziation eingesetzt. Komorbiditäten, Koinfektionen und chronische Nierenerkrankungen beeinflussen die Prognose und sollten untersucht werden. Die Behandlung basiert derzeit auf denselben Arzneimitteln, die auch bei der Leishmaniose des Hundes eingesetzt werden, und im Allgemeinen wird eine klinische Heilung erreicht; ein Rückfall ist jedoch möglich.

Einführung

Leishmaniosen sind durch *Leishmania* spp. hervorgerufene Protozoen-Erkrankungen, die Menschen und Tiere befallen, wobei der Begriff Leishmaniose für Erkrankungen bei Tieren verwendet wird. Die durch *Leishmania infantum* verursachte Leishmaniose ist eine schwere zoonotische, durch Vektoren übertragene Krankheit, die in Gebieten der Alten und Neuen Welt endemisch ist, wobei Hunde das Hauptreservoir darstellen [1]. Die Mehrzahl der infizierten Hunde entwickelt keine klinischen Symptome oder klinisch-pathologischen Anomalien, ist aber chronisch infiziert und für Sandfliegenvektoren infektiös. Hunde können jedoch eine leichte bis schwere systemische Erkrankung entwickeln, mit häufigen Hautläsionen, die in der Regel mit anderen klinischen und klinisch-pathologischen Anomalien einhergehen. Daher konzentriert sich ein Großteil des Forschungsinteresses auf die Hunde-Leishmaniose (CanL), um die Infektion zu verhindern, die Pathomechanismen zu verstehen, die die Infektion zur Krankheit führen, eine frühe und genaue Diagnose zu stellen und betroffene Hunde zu behandeln. Im Gegensatz dazu galt die Katze bis vor etwa 25 Jahren als resistente Wirtsspezies für Leishmaniose-Infektionen, basierend auf sehr seltenen Fallberichten, gelegentlichen Post-mortem-Funden des Parasiten bei Katzen aus endemischen Gebieten und den Ergebnissen einer experimentellen Infektionsstudie, die begrenzte Infektionsraten zeigte [2]. In den letzten Jahrzehnten wurden immer mehr klinische Fälle gemeldet, und bei Untersuchungen mit empfindlicheren Diagnoseverfahren wurde eine variable, aber nicht zu vernachlässigende Infektionsrate bei Katzen in endemischen Gebieten festgestellt. Daher erscheint die feline Leishmaniose (FeL) heute als eine neu auftretende Krankheit, und die Rolle der Katze als Reservoirwirt wird neu bewertet. Wir wissen heute, dass die Epidemiologie der Leishmaniose komplex ist und dass an der vektoriellen Übertragung in endemischen Gebieten mehrere für Sandmücken infektiöse Wirtsarten beteiligt sind, darunter auch die Katze. Tegumentäre Leishmaniose, die durch dermotrope *Leishmania* spp. verursacht wird, wird sowohl bei Hunden als auch bei Katzen selten gemeldet. Dermotrope Arten, die Katzen infizieren, sind *Leishmania tropica* und *Leishmania major* in der Alten Welt und *Leishmania mexicana*, *Leishmania venezuelensis* und *Leishmania braziliensis* in Amerika. Hauptwirte für die dermotropen Arten sind Wildtiere, z. B. Nagetiere.

Ätiologie, Verbreitung und Übertragung

Die Gattung *Leishmania* (Kinetoplastea: Trypanosomatidae) umfasst diphasische und dixene Protozoen, die sich als Promastigoten im Darm von Sandfliegen der Unterfamilie der Phlebotominae, ihren natürlichen Vektoren, vermehren. Bei der Inokulation von Wirbeltieren durch Sandfliegenstiche wandeln sich die Promastigoten in die nicht flagellierte Amastigotenform um, die sich durch binäre Spaltung in Makrophagen vermehrt. Die bei Katzen nachgewiesenen *Leishmania* spp. können auch andere Säugetiere (einschließlich Hunde und Menschen) infizieren und gehören zur Untergattung *Leishmania* (*L. infantum, L. mexicana, L. venezuelensis, L. amazonensis*) oder *Viannia* (*L. braziliensis*).

Leishmania infantum ist die Spezies, die am häufigsten sowohl bei Hunden als auch bei Katzen in der Alten Welt und in Mittel- und Südamerika gemeldet wird. *Leishmania infantum* wurde bei Katzen in Mittelmeerländern (Italien, Spanien, Portugal, Frankreich, Griechenland, Türkei, Zypern), Iran und Brasilien nachgewiesen [3–6]. Die gemeldeten Antikörper- und Blut-PCR-Prävalenzen sind sehr unterschiedlich (von null bis > 60 %) und werden von vielen Faktoren beeinflusst, z. B. dem lokalen Endemiegrad, der Auswahl der getesteten Katzen und analytischen Unterschieden [3]. Allerdings ist die Antikörper- und Molekularprävalenz von *L. infantum* bei Katzen in der Regel niedriger als bei Hunden, und Fälle von FeL sind seltener [3, 7]. Fälle von CanL und FeL werden in nicht endemischen Gebieten bei Hunden oder Katzen diagnostiziert, die aus endemischen Gebieten stammen oder in diese reisen [1, 8–13].

Die Übertragung durch Sandfliegen ist der wichtigste Übertragungsweg von Leishmanien auf Mensch und Tier, und mehrere Studien über die Fressgewohnheiten von Sandfliegen deuten darauf hin, dass dies auch bei der Infektion von Katzen wahrscheinlich ist, aber es wurde nie untersucht [3, 14–16]. Die nicht vektorielle Übertragung (vertikal, durch Bluttransfusion, Paarung oder Bisswunden) von CanL ist gut bekannt und für autochthone Fälle in nicht endemischen Gebieten bei Hunden verantwortlich, aber wir haben keine Beweise für diese Art der Übertragung auf und in Katzen [1, 10, 17, 18]. Bluttransfusionen könnten jedoch eine Infektionsquelle für Katzen sein, wie bei Hunden und Menschen nachgewiesen wurde. Tatsächlich werden gesunde Katzen – ähnlich wie gesunde Hunde und Menschen – in endemischen Gebieten PCR-positiv getestet [4–7, 19–22].

Pathogenese

Leishmania infantum

Zahlreiche prospektive Studien zur CanL, die sowohl experimentell als auch unter Feldbedingungen durchgeführt wurden, lieferten Informationen über die Immunpathogenese der CanL, doch liegen uns keine vergleichbaren Studien für Katzen vor. Bei Hunden ist die T-Helfer-1- (Th1-)Immunantwort, die für die schützende CD4+ T-Zell-vermittelte Immunität verantwortlich ist, mit der Resistenz gegen die

Krankheit verbunden [1]. Umgekehrt sind das Fortschreiten der *L.-infant-um*-Infektion und die Entwicklung von Läsionen und klinischen Symptomen bei Hunden und Menschen mit einer vorherrschenden T-Helfer-2- (Th2-)Immunantwort und der daraus resultierenden nicht schützenden Antikörperproduktion und T-Zell-Erschöpfung verbunden [23]. Abhängig von einem variablen Gleichgewicht zwischen humoraler und zellvermittelter Immunität beim infizierten Hund ist bei CanL ein breites und dynamisches klinisches Spektrum zu beobachten, das von einer subklinischen Infektion über eine selbstlimitierende leichte Erkrankung bis hin zu einer schweren progressiven Erkrankung reicht [1, 24]. Kranke Hunde mit schwerer klinischer Erkrankung und hoher Parasitämie im Blut weisen einen hohen Antikörperspiegel und einen Mangel an spezifischer IFN-γ-Produktion auf [25]. Ähnlich wie in experimentellen Mausmodellen moduliert ein komplexer genetischer Hintergrund die Anfälligkeit oder Resistenz des Hundes gegenüber CanL [1, 24]. Bei Katzen wurde kürzlich die adaptive Immunantwort, die durch die Exposition gegenüber *L. infantum* in endemischen Gebieten ausgelöst wird, durch Messung der spezifischen Antikörper- und IFN-γ-Produktion untersucht [26]. Einige Katzen produzierten *L.-infantum*-spezifisches IFN-γ und erwiesen sich als PCR-negativ und Antikörper-negativ oder in wenigen Fällen grenzwertig positiv [26]. Dies bedeutet, dass Katzen, die *L. infantum* ausgesetzt sind, ähnlich wie andere Säugetiere in der Lage sind, eine schützende zellvermittelte Immunantwort zu entwickeln, die nicht parallel zur Antikörperproduktion verläuft. Der Zusammenhang zwischen dem immunologischen Muster und dem Schweregrad der Erkrankung ist bei Katzen noch unerforscht; wir wissen jedoch, dass Katzen mit *L.-infantum*-assoziierter klinischer Erkrankung eine hohe Parasitämie im Blut und niedrige bis sehr hohe Antikörperspiegel aufweisen [3, 27–32]. Darüber hinaus wurde in Längsschnittstudien festgestellt, dass das Fortschreiten der Infektion in Richtung Krankheit bei Katzen mit steigenden Antikörpertitern einhergeht. Andererseits ist die klinische Verbesserung, die durch eine Anti-*L.-infantum*-Therapie erreicht wird, mit einer signifikanten Senkung der Antikörperspiegel verbunden, ähnlich wie bei CanL [33–36]. Koinfektionen mit einigen vektorübertragenen Krankheitserregern (z. B. *Dirofilaria immitis*, *Ehrlichia canis*, *Hepatozoon canis*) können die Parasitenbelastung und das Fortschreiten der CanL beeinflussen [37–39]. Bei Katzen wurde der Zusammenhang zwischen retroviralen, Coronavirus-, Toxoplasma- oder vektorübertragenen Koinfektionen und Antikörper- und/oder PCR-Positivität für *L. infantum* untersucht [5, 20, 40–50]. Ein signifikanter Zusammenhang wurde nur in einigen Fällen zwischen dem felinen Immundefizienzvirus (FIV) und einer *L. infantum*-Positivität festgestellt [41, 46, 48]. Darüber hinaus wurde bei mehr als einem Drittel der Katzen mit FeL, die auf retrovirale Koinfektionen getestet wurden, ein positiver Befund für FIV festgestellt (einige wenige waren auch positiv für das Feline Leukämievirus[FeLV]) [11, 12, 27–29, 31, 51–69]. Andere FeL-Fälle, über die bei FIV- und FeLV-negativen Katzen berichtet wurde, wurden bei Tieren diagnostiziert, die an immunvermittelten Krankheiten litten (und mit immunsuppressiven Medikamenten behandelt wurden), an Neoplasien oder Diabetes mellitus, und wir können davon ausgehen, dass etwa die Hälfte der klinischen FeL-Fälle bei Katzen mit beeinträchtigter Immunkompetenz diagnostiziert wurde [12, 27–30, 34, 52, 59–61].

Obwohl Haut- oder Schleimhautläsionen die häufigsten klinischen Befunde sind, wird die FeL wie die CanL als systemische Erkrankung betrachtet. Parasiten können in verschiedenen anderen Geweben nachgewiesen werden, z. B. in Lymphknoten, Milz, Knochenmark, Augen, Nieren, Leber, Magen-Darm-Trakt und Atemwegen [8].

Amerikanische dermotrope *Leishmania* spp.

Einige spärliche Informationen über die adaptive Immunreaktion von Katzen auf amerikanische dermotrope *Leishmania* spp. lassen sich nur aus Fallberichten über *L. mexicana* und aus einer experimentellen Infektion von Katzen mit *L. braziliensis* ableiten [70–72].

Ein Hypersensitivitäts-Hauttest vom verzögerten Typ mit *L.-donovani*-Antigen wurde bei einer Katze mit rezidivierender nodulärer Dermatitis, die durch eine *L.-mexicana*-Infektion verursacht wurde, wiederholt als negativ befunden, was auf eine fehlende zellvermittelte adaptive Immunantwort bei dieser Katze schließen lässt [70]. Die Produktion von Anti-*Leishmania*-Antikörpern scheint begrenzt zu sein, denn von fünf Katzen mit tegumentärer Leishmaniose durch *L. mexicana* waren nur zwei im ELISA-Test Antikörper-positiv, obwohl der Western-Blot-Test bei vier Katzen positiv war [71]. Darüber hinaus wurde bei Katzen, die intradermal mit einem humanen Stamm von *L. braziliensis* infiziert waren, eine kurzfristige Antikörperproduktion nach der Entwicklung von Hautläsionen dokumentiert, die jedoch häufig erst nach dem Abheilen der Läsionen auftrat [72].

Klinisches Bild

Leishmania infantum

Derzeit wird die FeL in endemischen Gebieten weitaus seltener gemeldet als die CanL, aber wahrscheinlich unterschätzen wir die Krankheit, insbesondere die weniger häufigen und weniger schweren klinischen Präsentationen, wie es in der Vergangenheit bei der CanL der Fall war. Außerdem werden häufig Koinfektionen oder Komorbiditäten festgestellt, die zu einer klinischen Fehldarstellung und Fehldiagnose der FeL beitragen können [3, 22, 27–32]. In den letzten 30 Jahren wurden etwa hundert klinische Fälle – vor allem in Südeuropa – gemeldet, die derzeit die einzige Quelle des Wissens über die FeL darstellen. Wir sind uns daher bewusst, dass der Evidenzgrad (III–IV) für Aussagen und Empfehlungen zu dieser Krankheit derzeit gering ist.

Das Alter der betroffenen Katzen ist breit gefächert (2–21 Jahre); es handelt sich jedoch bei der Diagnose meist um ausgewachsene Katzen (Durchschnittsalter 7 Jahre), wobei nur sehr wenige 2–3 Jahre alt sind [3, 27, 28, 32, 51, 57, 73]. Beide

Geschlechter sind in ähnlicher Weise vertreten, und fast alle Fälle wurden bei Kurzhaar-Hauskatzen gemeldet.

Einige klinische Manifestationen sind bei der Diagnose sehr häufig – in mindestens der Hälfte der Fälle –, wie Haut- oder Schleimhautläsionen und Lymphknotenvergrößerungen. Häufige Präsentationen – bei einem Viertel bis zur Hälfte der Katzen – sind okuläre oder orale Läsionen und einige unspezifische Anzeichen (Gewichtsverlust, Anorexie, Lethargie). Schließlich gibt es viele klinische Anzeichen, die in weniger als einem Viertel der Fälle auftreten. In der Regel weisen die betroffenen Katzen mehr als ein klinisches Zeichen auf und entwickeln im Laufe der Zeit oft verschiedene Läsionen.

Haut- und Mukokutanmanifestationen

Haut- oder Schleimhautmanifestationen wurden in etwa zwei Dritteln der gemeldeten Fälle gefunden, waren aber selten die einzige festgestellte Abnormität [3, 8, 27–30, 73]. In einer Studie eines Pathologielabors aus Spanien wurde FeL bei 0,57 % aller Haut- und Augenbiopsien (n = 2632) diagnostiziert, die über einen Zeitraum von vier Jahren untersucht wurden [73].

Es wurden mehrere dermatologische Entitäten beschrieben, und die verschiedenen Erscheinungsformen traten oft nebeneinander auf oder entwickelten sich später bei derselben Katze. Die meisten Läsionen wurden am Kopf beobachtet. Über Pruritus wurde selten berichtet, und bei den meisten Katzen mit Pruritus wurde eine gleichzeitige dermatologische Erkrankung festgestellt, z. B. eine Flohallergie, ein eosinophiles Granulom, ein Pemphigus foliaceus, ein Plattenepithelkarzinom (SCC) oder eine Demodikose [12, 67, 74, 75]. In einem Fall hörte der Pruritus jedoch nach Beginn der Anti-Leishmania-Therapie auf [76].

Ulzerative Dermatitis ist die am häufigsten berichtete Hautläsion und manchmal mit einer Geschichte der Selbstheilung oder des Wiederauftretens der Läsion verbunden. Krustig-ulzerative Läsionen mit erhabenen Rändern wurden an Druckstellen (Sprunggelenk, Karpal- und Ischiasregion) beobachtet, oft symmetrisch, und waren bis zu 5 cm groß (Abb. 1) [27, 28, 54, 57, 64, 76]. Es wurde über fokale

Abb. 1 Großes Ulkus mit erhabenen Rändern an der rechten Vordergliedmaße. Eine ähnliche symmetrische Läsion war an der linken Vordergliedmaße vorhanden

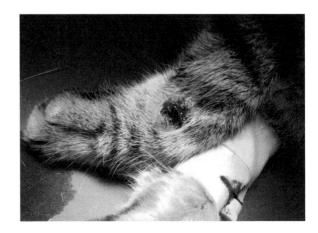

einzelne oder mehrere kleinere Geschwüre im Gesicht (Abb. 2), an den Lippen, Ohren, am Hals oder an den Gliedmaßen berichtet [27, 28, 34, 64, 65, 73, 76–78]. In einigen wenigen Fällen betraf die fokale oder diffuse ulzerative Dermatitis Gesicht, Rumpf oder Fußsohlen [27, 63, 65, 78]. Es wurde auch über Ulzerationen des *Nasenplanums* berichtet, die in einem Fall mit gleichzeitigem SCC verbunden waren [30, 54, 58, 67]. In zwei weiteren Fällen wurden *Leishmania*-Infektionen und SCC in biopsierten Geweben aus einer tiefen Ulzeration im Gesicht nachgewiesen (Abb. 3) [56, 75]. Leider wurde die Diagnose SCC in zwei Fällen bei der ersten Konsultation nicht gestellt, wenn nur eine Leishmanieninfektion zytologisch oder histologisch nachgewiesen wurde [30, 75]. Darüber hinaus wurde bei einer Katze, die an SCC an einer anderen Stelle litt, eine durch *L. infantum* verursachte multifokale ulzerative Dermatitis diagnostiziert [65]. Eine ulzerative Dermatitis wurde in Verbindung mit einem eosinophilen Granulom-Komplex festgestellt, und in einem

Abb. 2 Einzelne fokale Ulzeration im Gesicht (weißer Pfeil) und Bindehautknötchen (transparenter Pfeil) bei derselben Katze wie in Abb. 1

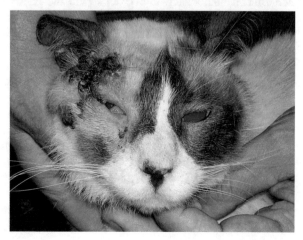

Abb. 3 Schwere Gesichtsulzeration bei einer Katze, bei der ein Plattenepithelkarzinom in Verbindung mit einer *L.-infantum*-Infektion der Haut diagnostiziert wurde

weiteren Fall wurde eine *Leishmania*-Infektion bei einer Katze mit Pemphigus foliaceus bestätigt (durch Serologie und Haut-PCR) [12, 73].

Noduläre Dermatitis ist ebenfalls eine häufige dermatologische Manifestation, und es wurden einzelne, multiple oder diffuse, feste, alopezische, nicht schmerzhafte Knötchen festgestellt. Sie sind in der Regel klein (< 1 cm), hauptsächlich auf dem Kopf und, in absteigender Reihenfolge der Häufigkeit, auf Augenlid, Ohr, Kinn, Nase, Lippen und Zunge verteilt [11, 27, 28, 31, 55, 64, 66, 73, 79–82]. Knötchen können auch an den Gliedmaßen oder selten am Rumpf oder am Anus gefunden werden [12, 55, 73]. In seltenen Fällen waren die Knötchen ulzeriert [12, 66, 83].

Anders als bei der CanL wird bei der FeL seltener über Schuppung im Gesicht oder diffuse Alopezie berichtet, und in wenigen dieser Fälle bestätigte die histopathologische Untersuchung das Vorhandensein von Amastigoten in der betroffenen Haut [29, 63, 73]. Eine digitale Hyperkeratose wurde nur in einem Fall festgestellt [27].

Eine atypische Form der FeL, über die bei der CanL nicht berichtet wird, ist die Entwicklung hämorrhagischer Bullae, die in drei Fällen am Nasenplanum, am Kopf bzw. am Rand der Ohrmuschel beobachtet wurden [34, 75]. Die Läsion am Nasenplanum wurde jedoch histologisch als Hämangiom diagnostiziert [75]. Die beiden anderen Fälle wurden zytologisch untersucht, und es wurden Amastigoten gefunden [34].

Viszerale Manifestationen

Die Lymphknotenvergrößerung ist der häufigste nichtdermatologische Befund [3]. Sie ist in der Regel multizentrisch und kann symmetrisch sein. Die Lymphknoten sind fest und nicht schmerzhaft, und die Vergrößerung kann eine Neoplasie vortäuschen. Monolaterale oder bilaterale Augenläsionen wurden in etwa einem Drittel der Fälle berichtet, aber nicht bei allen Katzen mit FeL wurde eine spezielle ophthalmologische Untersuchung durchgeführt; daher könnten einige weniger schwere Augenbefunde übersehen worden sein. Bindehautentzündung (einschließlich Bindehautknötchen) und Uveitis sind die häufigsten Augenmanifestationen [11, 27, 31, 34, 60, 62, 64, 68, 73]. Keratitis, Keratouveitis und Chorioretinitis wurden bei einigen wenigen Katzen diagnostiziert [27, 31, 34, 67, 77]. Die Panophthalmitis ist die Folge einer fortschreitenden Ausbreitung der diffusen granulomatösen Entzündung im Falle einer späten Diagnose [60, 73].

Abgesehen von einzelnen Fällen von Zahnfleischgeschwüren, knotiger Glossitis oder epulidenähnlichen Läsionen wurde bei etwa 20 % der Katzen eine chronische Stomatitis und Faucitis festgestellt, und der Parasit wurde im entzündeten Mundgewebe nachgewiesen [27, 31–34, 52, 58, 60, 62, 66, 77, 82].

Unspezifische Symptome wie Gewichtsverlust, Anorexie oder Lethargie waren nicht sehr häufig [3], und gelegentlich wurden gastrointestinale (Erbrechen, Durchfall) oder respiratorische Symptome (chronischer Nasenausfluss, Stertor, Dyspnoe, Keuchen) berichtet [3, 84]. Seltene Manifestationen waren Ikterus, Fieber, Milz- oder Lebervergrößerung und Abort [3]. Interessanterweise wurde in einigen Fällen eine chronische leishmanische Rhinitis bestätigt [58, 64, 73, 74, 84].

Amerikanische tegumentäre Leishmaniose (ATL)

Eine begrenzte Anzahl von Fällen kutaner Leishmaniose bei Katzen, die durch dermotrope *Leishmania*-Arten verursacht wurde, wurde aus Amerika berichtet [70, 71, 85–91]. Nicht immer wurde eine *Leishmania*-Spezies aus den betroffenen Katzen gewonnen, und *L. mexicana* konnte in neun Fällen [70, 71, 91], *L. braziliensis* in fünf [85–88], *L. venezuelensis* in vier [90] und *L. amazonensis* in einem Fall [89] identifiziert werden. Es handelte sich durchweg um kurzhaarige Hauskatzen, die jünger waren (Altersspanne: 8 Monate bis 11 Jahre; mittleres Alter 4 Jahre) als Katzen mit einer durch *L. infantum* verursachten Erkrankung. Die häufigste Manifestation waren solitäre oder multiple feste Knötchen, die bis zu 3 × 2 cm groß waren. Sie waren alopezisch, unterschiedlich erythematös oder ulzeriert und befanden sich hauptsächlich an den Ohrmuscheln und im Gesicht (Augenlider, *Nasenflügel*, Schnauze) und selten an den distalen Gliedmaßen oder am Schwanz. Eine größere (6 cm) interdigitale eiförmige Läsion wurde bei einer Katze mit *L.-braziliensis*-Infektion berichtet [88]. Nasen- oder Ohrulzerationen wurden bei zwei Katzen mit *L.-mexicana*-Infektion und bei zwei weiteren Katzen mit *L.-braziliensis*-Infektion beobachtet (Nasenplanum oder medialer Canthus) [71, 86, 87]. In der Nasenhöhle können sich Schleimhautknötchen entwickeln, die Niesen, Stertor und inspiratorische Dyspnoe verursachen [71, 85]. Bei Katzen mit ATL wurden keine anderen Manifestationen berichtet; allerdings traten in einigen Fällen von *L.-venezuelensis*- oder *L.-mexicana*-Infektionen im Nachhinein neue knotige Läsionen an anderen Stellen auf [70, 90].

Diagnose

Die diagnostische Untersuchung symptomatischer Katzen zielt darauf ab, eine Leishmania-Infektion zu bestätigen und einen kausalen Zusammenhang mit dem klinischen Bild herzustellen. Bei dermatologischen oder mukosalen Läsionen kann die zytologische Auswertung von Abklatschpräparaten von Erosionen und Geschwüren, von Abstrichen von Rändern tiefer Geschwüre und von Feinnadelpunktionen von Knoten ein pyogranulomatöses Muster und das Vorhandensein von Amastigoten (im Zytoplasma von Makrophagen oder extrazellulär) zeigen (Abb. 4) [3, 71]. Amastigoten haben eine elliptische Form mit spitzen Enden, messen etwa 3–4 × 2 µm und sind durch den stäbchenförmigen, basophilen Kinetoplasten gekennzeichnet, der senkrecht zum großen Kern steht. Die Morphologie der Amastigoten erlaubt keine Unterscheidung zwischen den *Leishmania*-Arten. Bei Katzen mit Leishmaniose, die durch *L. infantum* verursacht wird, können Amastigoten auch in zytologischen Proben aus vergrößerten Lymphknoten, Knochenmark, Nasenexsudat, Leber und Milz und selten in zirkulierenden Neutrophilen gefunden werden [3].

Eine Biopsie von Haut- oder Schleimhautläsionen ist erforderlich, wenn die Zytologie nicht schlüssig ist, und in jedem Fall, wenn die klinische Präsentation mit neoplastischen oder immunvermittelten Erkrankungen vereinbar ist. Amastigoten lassen sich mit der herkömmlichen histologischen Färbung nicht leicht nachweisen

Abb. 4 Zytologie der kutanen Läsion in Abb. 1. Makrophag-neutrophile Entzündung mit zahlreichen intrazellulären (Pfeile) und extrazellulären Amastigoten. In einigen extrazellulären Amastigoten ist der basophile, stäbchenförmige Kinetoplast deutlich sichtbar (Pfeilspitzen) (May-Grünwald-Giemsa-Färbung, 1000-fache Vergrößerung)

Abb. 5 Dunkelbraune Amastigoten, nachgewiesen durch Immunhistochemie. Mayer'sche Hämatoxylin-Gegenfärbung. Balken = 10 μm. (Mit freundlicher Genehmigung von R. Puleio, IZS Sicilia, Italien)

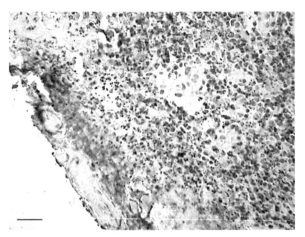

und sollten in Verdachtsfällen durch Immunhistochemie untersucht werden (Abb. 5). Die Immunhistochemie ermöglicht jedoch nicht die Spezifikation von *Leishmania*-Amastigoten, die durch Polymerase-Kettenreaktion (PCR) und Sequenzierung der Amplikons erzielt werden kann. Die PCR kann auch an zytologischen Objektträgern, formalinfixierten und in Paraffin eingebetteten Biopsien durchgeführt werden. Die quantitative Echtzeit-PCR ist sehr empfindlich und kann die Parasitenbelastung von Proben ermitteln.

Die dermopathologische Untersuchung (Abb. 6) zeigt eine dermale periadnexe bis diffuse granulomatöse Entzündung mit einer diffusen Infiltration von Makrophagen, einer mäßigen Anzahl von Amastigoten und einer variablen Anzahl von Lymphozyten und Plasmazellen [12, 73]. Die darüber liegende Epidermis ist von Hyperkeratose, Akanthose und Ulzeration betroffen [73]. In knotigen Läsionen können Riesenzellen zu sehen sein [73]. Eine geringe Anzahl von Parasiten wurde

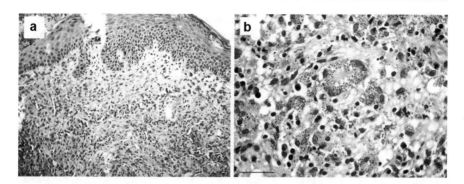

Abb. 6 Diffuse pyogranulomatöse Dermatitis (**a**) mit zahlreichen Amastigoten in Makrophagen (**b**). H&E. Balken = 10 μm. (Mit freundlicher Genehmigung von R. Puleio, IZS Sicilia, Italien)

in knotigen Läsionen, die durch perifollikuläre granulomatöse Dermatitis gekennzeichnet sind, und in einer lichenoiden Interface-Dermatitis bei einer Katze mit schuppiger Dermatitis gefunden [73]. Schleimhaut- (und mukokutane) Läsionen beherbergen eine höhere Parasitenlast, und es wird eine submuköse diffuse granulomatöse Entzündung beobachtet [62, 68, 73]. In einigen Fällen wurde eine dermale diffuse granulomatöse Entzündung in Verbindung mit Läsionen festgestellt, die für den felinen eosinophilen Granulom-Komplex charakteristisch sind [54, 73]. Ein transepidermales entzündliches Infiltrat mit parasitierten Makrophagen wurde im neoplastischen Gewebe einer Katze mit gleichzeitigem SCC diagnostiziert [56]. In einem anderen Fall wurde eine stromale Infiltration von parasitierten Makrophagen neben Inseln von SCC beobachtet [30]. Noduläre bis diffuse granulomatöse Dermatitis mit hyperkeratotischer, hyperplastischer und oft ulzerierter Epidermis wird bei ATL beschrieben [71, 85, 91].

Der Nachweis von Anti-*L.-infantum*-Antikörpern erfolgt mittels quantitativer Serologie (IFAT, ELISA oder DAT) und Western-Blot-Verfahren (WB) [3]. Der Cut-off-Wert für IFAT liegt bei einer Verdünnung von 1:80, und fast alle Katzen mit klinischer FeL, die durch *L. infantum* verursacht wird, weisen niedrige bis sehr hohe Antikörperspiegel auf [43, 92]. Umgekehrt haben kranke Katzen mit ATL möglicherweise keine nachweisbaren zirkulierenden Antikörper [71].

Die Kultivierung von infiziertem Gewebe ergab Katzenstämme, die in den meisten Fällen dieselben Zymodeme und Genotypen aufwiesen, die bei Hunden oder Menschen nachgewiesen wurden [3, 30].

Zu den klinisch-pathologischen Anomalien, die bei der Diagnose von Katzen mit FeL durch *L. infantum* häufiger berichtet wurden, gehörten eine leichte bis mittelschwere nichtregenerative Anämie, Hyperglobulinämie und Proteinurie [3]. Eine chronische Nierenerkrankung (CKD), in den meisten Fällen in einem frühen Stadium (IRIS-Stadium 1 oder 2), wird häufig durch ein Nierenprofil mit Urinanalyse und Bestimmung des Verhältnisses zwischen Urin- und Proteinkonzentration dokumentiert [32, 74].

Klinisch-pathologische Anomalien bei Katzen mit ATL wurden selten untersucht, und nur bei einer Katze mit *L.-braziliensis*-Infektion wurden Eosinophilie und Neutrophilie festgestellt [70, 85].

Behandlung und Prognose

Die Behandlung von Katzen mit klinischer FeL, die durch *L. infantum* verursacht wird, erfolgt empirisch und basiert auf dem Off-Label-Einsatz der gängigsten Medikamente, die Hunden mit CanL verschrieben werden [3]. Die langfristige orale Verabreichung von Allopurinol (10–20 mg/kg ein- oder zweimal täglich) als Monotherapie oder als Erhaltungstherapie nach einer subkutanen Injektion von Meglumin-Antimoniat (50 mg/kg einmal täglich über 30 Tage) sind die am häufigsten verwendeten Therapieschemata. In der Regel wird eine klinische Heilung erreicht, aber Wirksamkeit und Sicherheit der verwendeten Protokolle wurden nie in kontrollierten Studien untersucht; daher sollten Katzen sehr sorgfältig auf unerwünschte Wirkungen während der Behandlung (insbesondere Katzen mit Nierenerkrankungen) und auf ein mögliches klinisches Wiederauftreten nach Absetzen der Therapie überwacht werden [3, 27–32, 34, 84]. Bei einer Katze wurde wenige Tage nach Beginn der Allopurinol-Behandlung eine kutane unerwünschte Arzneimittelreaktion (Erythem an Kopf und Hals, Alopezie, Exfoliation und Krustenbildung) vermutet [74]. Die Hautreaktion klang nach Absetzen von Allopurinol rasch ab [74]. Bei einer anderen Katze wurden Erhöhungen der Leberenzymwerte beobachtet, die nach einer Dosisreduzierung auf 5 mg/kg zweimal täglich abklangen [12]. In zwei weiteren Fällen wurde wenige Wochen nach Beginn der Allopurinol-Gabe eine akute Nierenschädigung diagnostiziert [32]. Bei einer anderen Katze, die zum Zeitpunkt der FeL-Diagnose gleichzeitig eine IRIS Stufe-1-CKD aufwies, entwickelte sich eine Azotämie nach der Verabreichung von Meglumin-Antimoniat und anschließend von Miltefosin (2 mg/kg einmal täglich oral über 30 Tage). (Die letztgenannte Katze wurde anschließend mit einer Nahrungsergänzung aus Nukleotiden und aktiven hexosekorrelierten Verbindungen (engl. *active hexose correlated compounds*) behandelt, die sich kürzlich bei Hunden als wirksame Erhaltungsbehandlung für CanL erwiesen hat [74, 93]).

Domperidon (0,5 mg/kg einmal täglich oral) wurde kürzlich bei zwei Katzen in Verbindung mit Allopurinol eingesetzt, und in einem weiteren Fall wurde Miltefosin verabreicht [27, 29, 30].

Die Knoten wurden chirurgisch entfernt, traten aber in der Regel wieder auf [12, 27, 54, 80]. In einem Fall war ein integrierter Ansatz aus Operation und Chemotherapie zur Behandlung großer Ulzerationen erforderlich [28].

Ein klinisches Wiederauftreten ist mit erhöhten Antikörpertitern und einer erhöhten Parasitenbelastung verbunden [34].

Katzen mit klinischer FeL können noch mehrere Jahre nach der Diagnose leben, selbst wenn sie unbehandelt und/oder FIV-positiv sind, sofern keine Begleiterkrankungen (Neoplasie) und Komplikationen (chronische Nierenerkrankung) auftreten oder sich entwickeln [32, 68].

Über die Behandlung und Prognose der ATL liegen nur wenige Informationen vor. Einige Katzen mit *L. mexicana* ATL wurden nach chirurgischer Entfernung der Knötchen geheilt [91]. Bei einer FIV- und FeLV-negativen Katze war die radikale Pinektomie jedoch nicht wirksam, und die Läsionen traten nach etwa zwei Jahren an der Pinektomiestelle erneut auf [70]. In der Folge befielen neue Läsionen nach und nach die Schnauze und schließlich die Nasenschleimhaut, und die Katze wurde über sechs Jahre nach der ATL-Diagnose aufgrund eines mediastinalen Lymphosarkoms eingeschläfert [70].

Vorbeugung von *L.-infantum*-Infektionen

Der individuelle Schutz exponierter Katzen verringert ihr Risiko, durch Sandfliegenstiche infiziert zu werden und die klinische Krankheit zu entwickeln [3, 22]. *Phlebotomus perniciosus* und *Lutzomyia longipalpis*, nachgewiesene Vektoren von *L. infantum* in der Alten bzw. Neuen Welt, wurden nach der Mahlzeit von einer einzigen kranken Katze mit FeL infiziert [33, 94]. Dies bedeutet, dass der Schutz von Katzen auf Populationsebene zur regionalen Kontrolle der *L.-infantum*-Infektion beiträgt. Tatsächlich ist der Prozentsatz der Antikörper- und/oder PCR-positiven Katzen in endemischen Gebieten oft nicht zu vernachlässigen [3–6, 20, 21, 41, 42, 45, 47].

Pyrethroide werden bei Hunden zur Vorbeugung von Sandmückenstichen eingesetzt, die meisten von ihnen sind jedoch für Katzen giftig [3, 95]. Halsbänder, die eine Kombination aus 10 % Imidacloprid und 4,5 % Flumethrin enthalten, sind die einzige Pyrethroidformulierung, die auch für Katzen zugelassen ist, und sie war wirksam bei der Verringerung der Inzidenz von *L.-infantum*-Infektionen bei Katzen, die in endemischen Gebieten leben [22].

Nach derzeitigem Kenntnisstand ist die Untersuchung von Blutspendern durch Antikörpernachweis und Blut-PCR die einzige ratsame Maßnahme zur Verhinderung einer nicht vektoriellen Übertragung bei Katzen [19].

Literatur

1. Solano-Gallego L, Koutinas A, Miró G, Cardoso L, Pennisi MG, Ferrer L, Bourdeau P, Oliva G, Baneth G. Directions for the diagnosis, clinical staging, treatment and prevention of canine leishmaniosis. Vet Parasitol. 2009;165:1–18.
2. Kirkpatrick CE, Farrell JP, Goldschimdt MH. *Leishmania chagasi* and *L. donovani*: experimental infections in domestic cats. Exp Parasitol. 1984;58:125–31.
3. Pennisi M-G, Cardoso L, Baneth G, Bourdeau P, Koutinas A, Miró G, Oliva G, Solano-Gallego L. LeishVet update and recommendations on feline leishmaniosis. Parasit Vectors. 2015;8:302.
4. Can H, Döşkaya M, Özdemir HG, Şahar EA, Karakavuk M, Pektaş B, Karakuş M, Töz S, Caner A, Döşkaya AD, İz SG, Özbel Y, Gürüz Y. Seroprevalence of *Leishmania* infection and molecular detection of *Leishmania tropica* and *Leishmania infantum* in stray cats of İzmir. Turkey Exp Parasitol. 2016;167:109–14.
5. Attipa C, Papasouliotis K, Solano-Gallego L, Baneth G, Nachum-Biala Y, Sarvani E, Knowles TG, Mengi S, Morris D, Helps C, Tasker S. Prevalence study and risk factor analysis of selec-

ted bacterial, protozoal and viral, including vector-borne, pathogens in cats from Cyprus. Parasit Vectors. 2017;10:130.

6. Metzdorf IP, da Costa Lima MS, de Fatima Cepa Matos M, de Souza Filho AF, de Souza Tsujisaki RA, Franco KG, Shapiro JT, de Almeida Borges F. Molecular characterization of *Leishmania infantum* in domestic cats in a region of Brazil endemic for human and canine visceral leishmaniasis. Acta Trop. 2017;166:121–5.

7. Otranto D, Napoli E, Latrofa MS, Annoscia G, Tarallo VD, Greco G, Lorusso E, Gulotta L, Falsone L, Basano FS, Pennisi MG, Deuster K, Capelli G, Dantas-Torres F, Brianti E. Feline and canine leishmaniosis and other vector-borne diseases in the Aeolian Islands: pathogen and vector circulation in a confined environment. Vet Parasitol. 2017;236:144–15.

8. Pennisi MG. Leishmaniosis of companion animals in Europe: an update. Vet Parasitol. 2015;208:35–47.

9. Cleare E, Mason K, Mills J, Gabor M, Irwin PJ. Remaining vigilant for the exotic: cases of imported canine leishmaniosis in Australia 2000–2011. Aust Vet J. 2014;92:119–27.

10. Svobodova V, Svoboda M, Friedlaenderova L, Drahotsky P, Bohacova E, Baneth G. Canine leishmaniosis in three consecutive generations of dogs in Czech Republic. Vet Parasitol. 2017;237:122–4.

11. Richter M, Schaarschmidt-Kiener D, Krudewig C. Ocular signs, diagnosis and long-term treatment with allopurinol in a cat with leishmaniasis. Schweiz Arch Tierheilkd. 2014;156:289–94.

12. Rüfenacht S, Sager H, Müller N, Schaerer V, Heier A, Welle MM, Roosje PJ. Two cases of feline leishmaniosis in Switzerland. Vet Rec. 2005;156:542–5.

13. Best MP, Ash A, Bergfeld J, Barrett J. The diagnosis and management of a case of leishmaniosis in a dog imported to Australia. Vet Parasitol. 2014;202:292–5.

14. González E, Jiménez M, Hernández S, Martín-Martín I, Molina R. Phlebotomine sand fly survey in the focus of leishmaniasis in Madrid, Spain (2012–2014): seasonal dynamics, *Leishmania infantum* infection rates and blood meal preferences. Parasit Vectors. 2017;10:368.

15. Afonso MM, Duarte R, Miranda JC, Caranha L, Rangel EF. Studies on the feeding habits of *Lutzomyia* (*Lutzomyia*) *longipalpis* (Lutz & Neiva, 1912) (Diptera: Psychodidae: Phlebotominae) populations from endemic areas of American visceral leishmaniasis in Northeastern Brazil. J Trop Med. 2012;2012:1. https://doi.org/10.1155/2012/858657.

16. Baum M, Ribeiro MC, Lorosa ES, Damasio GA, Castro EA. Eclectic feeding behavior of *Lutzomyia* (*Nyssomyia*) *intermedia* (Diptera, Psychodidae, Phlebotominae) in the transmission area of American cutaneous leishmaniasis, State of Paranà. Brazil Rev Soc Bras Med Trop. 2013;46:547–54.

17. Karkamo V, Kaistinen A, Näreaho A, Dillard K, Vainio-Siukola K, Vidgrén G, Tuoresmäki N, Anttila M. The first report of autochthonous non-vector-borne transmission of canine leishmaniosis in the Nordic countries. Acta Vet Scand. 2014;56:84.

18. Naucke TJ, Amelung S, Lorentz S. First report of transmission of canine leishmaniosis through bite wounds from a naturally infected dog in Germany. Parasit Vectors. 2016;9:256.

19. Pennisi MG, Hartmann K, Addie DD, Lutz H, Gruffydd-Jones T, Boucraut-Baralon C, Egberink H, Frymus T, Horzinek MC, Hosie MJ, Lloret A, Marsilio F, Radford AD, Thiry E, Truyen U, Möstl K. European advisory board on cat diseases. Blood transfusion in cats: ABCD guidelines for minimising risks of infectious iatrogenic complications. J Feline Med Surg. 2015;17:588–93.

20. Persichetti M-F, Solano-Gallego L, Serrano L, Altet L, Reale S, Masucci M, Pennisi M-G. Detection of vector-borne pathogens in cats and their ectoparasites in southern Italy. Parasit Vectors. 2016;9:247.

21. Akhtardanesh B, Sharifi I, Mohammadi A, Mostafavi M, Hakimmipour M, Pourafshar NG. Feline visceral leishmaniasis in Kerman, southeast of Iran: serological and molecular study. J Vector Borne Dis. 2017;54:96–102.

22. Brianti E, Falsone L, Napoli E, Gaglio G, Giannetto S, Pennisi MG, Priolo V, Latrofa MS, Tarallo VD, Solari Basano F, Nazzari R, Deuster K, Pollmeier M, Gulotta L, Colella V, Dantas-Torres F, Capelli G, Otranto D. Prevention of feline leishmaniosis with an imidacloprid 10%/flumethrin 4.5% polymer matrix collar. Parasit Vectors. 2017;10:334.

23. Esch KJ, Juelsgaard R, Martinez PA, Jones DE, Petersen CA. Programmed death 1-mediated T cell exhaustion during visceral leishmaniasis impairs phagocyte function. J Immunol. 2013;191:5542–50.
24. de Vasconcelos TCB, Furtado MC, Belo VS, Morgado FN, Figueiredo FB. Canine susceptibility to visceral leishmaniasis: a systematic review upon genetic aspects, considering breed factors and immunological concepts. Infect Genet Evol. 2019;74:103293. https://doi.org/10.1016/j.meegid.2017.10.005.
25. Solano-Gallego L, Montserrrat-Sangrà S, Ordeix L, Martínez-Orellana P. *Leishmania infantum*-specific production of IFN-γ and IL-10 in stimulated blood from dogs with clinical leishmaniosis. Parasit Vectors. 2016;9:317.
26. Priolo V, Martínez Orellana P, Pennisi MG, Masucci M, Foti M, Solano-Gallego L. *Leishmania infantum* specific production of IFNγ in stimulated blood from outdoor cats in endemic areas. In: Proceedings world leish 6; 2017 May 16–20. Toledo, Spain; 2017, S. C1038.
27. Bardagi M, Lloret A, Dalmau A, Esteban D, Font A, Leiva M, Ortunez A, Pena T, Real L, Salò F, Tabar MD. Feline Leishmaniosis: 15 cases. In: Proceedings 8th world congress of veterinary dermatology; 2016 May 31–June 4. Toledo, Spain; 2016, S. 112–113.
28. Basso MA, Marques C, Santos M, Duarte A, Pissarra H, Carreira LM, Gomes L, Valério-Bolas A, Tavares L, Santos-Gomes G, Pereira da Fonseca I. Successful treatment of feline leishmaniosis using a combination of allopurinol and N-methyl-glucamine antimoniate. JFMS Open Rep. 2016;2. https://doi.org/10.1177/2055116916630002.
29. Dedola C, Ibba F, Manca T, Garia C, Abramo F. Dermatite esfoliativa associata a leishmaniosi in un gatto. In: Paper presented at 2° Congresso Nazionale SIDEV; 2015 July 17–19. Aci Castello-Catania, Italy.
30. Maia C, Sousa C, Ramos C, Cristóvão JM, Faísca P, Campino L. First case of feline leishmaniosis caused by *Leishmania infantum* genotype E in a cat with a concurrent nasal squamous cell carcinoma. JFMS Open Rep. 2015;1:205511691559396. https://doi.org/10.1177/2055116915593969.
31. Pimenta P, Alves-Pimenta S, Barros J, Barbosa P, Rodrigues A, Pereira MJ, Maltez L, Gama A, Cristóvão JM, Campino L, Maia C, Cardoso L. Feline leishmaniosis in Portugal: 3 cases (year 2014). Vet Parasitol Reg Stud Rep. 2015;1–2:65–9. https://doi.org/10.1016/j.vprsr.2016.02.003.
32. Pennisi MG, Persichetti MF, Migliazzo A, De Majo M, Iannelli NM, Vitale F. Feline leishmaniosis: clinical signs and course in 14 followed up cases. Atti LXX Convegno SISVET. 2016;70:166–7.
33. Maroli M, Pennisi MG, Di Muccio T, Khoury C, Gradoni L, Gramiccia M. Infection of sandflies by a cat naturally infected with *Leishmania infantum*. Vet Parasitol. 2007;145:357–60.
34. Pennisi MG, Venza M, Reale S, Vitale F, Lo Giudice S. Case report of leishmaniasis in four cats. Vet Res Commun. 2004;28(Suppl 1):363–6.
35. Foglia Manzillo V, Di Muccio T, Cappiello S, Scalone A, Paparcone R, Fiorentino E, Gizzarelli M, Gramiccia M, Gradoni L, Oliva G. Prospective study on the incidence and progression of clinical signs in naïve dogs naturally infected by *Leishmania infantum*. PLoS Negl Trop Dis. 2013;7:e2225.
36. Solano-Gallego L, Di Filippo L, Ordeix L, Planellas M, Roura X, Altet L, Martínez-Orellana P, Montserrat S. Early reduction of *Leishmania infantum*-specific antibodies and blood parasitemia during treatment in dogs with moderate or severe disease. Parasit Vectors. 2016;9:235.
37. De Tommasi AS, Otranto D, Dantas-Torres F, Capelli G, Breitschwerdt EB, de Caprariis D. Are vector-borne pathogen co-infections complicating the clinical presentation in dogs? Parasit Vectors. 2013;6:97.
38. Morgado FN, Cavalcanti ADS, de Miranda LH, O'Dwyer LH, Silva MRL, da Menezes RC, Andrade da Silva AV, Boité MC, Cupolillo E, Porrozzi R. Hepatozoon canis and Leishmania spp. coinfection in dogs diagnosed with visceral leishmaniasis. Braz. J Vet Parasitol. 2016;25:450–8.
39. Tabar MD, Altet L, Martínez V, Roura X. *Wolbachia,* filariae and *Leishmania* coinfection in dogs from a Mediterranean area. J Small Anim Pract. 2013;54:174–8.

40. Ayllón T, Diniz PPVP, Breitschwerdt EB, Villaescusa A, Rodríguez-Franco F, Sainz A. Vector-borne diseases in client-owned and stray cats from Madrid. Spain Vector Borne Zoonotic Dis. 2012;12:143–50.
41. Pennisi MG, Masucci M, Catarsini O. Presenza di anticorpi anti-Leishmania in gatti FIV+ che vivono in zona endemica. Atti LII Convegno SISVET. 1998;52:265–6.
42. Pennisi MG, Maxia L, Vitale F, Masucci M, Borruto G, Caracappa S. Studio sull'infezione da Leishmania mediante PCR in gatti che vivono in zona endemica. Atti LIV Convegno SIS-VET. 2000;54:215–6.
43. Pennisi MG, Lupo T, Malara D, Masucci M, Migliazzo A, Lombardo G. Serological and molecular prevalence of Leishmania infantum infection in cats from Southern Italy. J Feline Med Surg. 2012;14:656–7.
44. Persichetti MF, Pennisi MG, Vullo A, Masucci M, Migliazzo A, Solano-Gallego L. Clinical evaluation of outdoor cats exposed to ectoparasites and associated risk for vector-borne infections in southern Italy. Parasit Vectors. 2018;11:136.
45. Sherry K, Miró G, Trotta M, Miranda C, Montoya A, Espinosa C, Ribas F, Furlanello T, Solano-Gallego L. A serological and molecular study of Leishmania infantum infection in cats from the Island of Ibiza (Spain). Vector Borne Zoonotic Dis. 2011;11:239–45.
46. Sobrinho LSV, Rossi CN, Vides JP, Braga ET, Gomes AAD, de Lima VMF, Perri SHV, Generoso D, Langoni H, Leutenegger C, Biondo AW, Laurenti MD, Marcondes M. Coinfection of Leishmania chagasi with Toxoplasma gondii, Feline Immunodeficiency Virus (FIV) and Feline Leukemia Virus (FeLV) in cats from an endemic area of zoonotic visceral leishmaniasis. Vet Parasitol. 2012;187:302–6.
47. Solano-Gallego L, Rodríguez-Cortés A, Iniesta L, Quintana J, Pastor J, Espada Y, Portús M, Alberola J. Cross-sectional serosurvey of feline leishmaniasis in ecoregions around the Northwestern Mediterranean. Am J Trop Med Hyg. 2007;76:676–80.
48. Spada E, Proverbio D, Migliazzo A, Della Pepa A, Perego R, Bagnagatti De Giorgi G. Serological and molecular evaluation of Leishmania infantum infection in stray cats in a nonendemic area in Northern Italy. ISRN Parasitol. 2013;2013:1. https://doi.org/10.5402/2013/916376.
49. Spada E, Canzi I, Baggiani L, Perego R, Vitale F, Migliazzo A, Proverbio D. Prevalence of Leishmania infantum and co-infections in stray cats in northern Italy. Comp Immunol Microbiol Infect Dis. 2016;45:53–8.
50. Vita S, Santori D, Aguzzi I, Petrotta E, Luciani A. Feline leishmaniasis and ehrlichiosis: serological investigation in Abruzzo region. Vet Res Commun. 2005;29(Suppl 2):319–21.
51. Britti D, Vita S, Aste A, Williams DA, Boari A. Sindrome da malassorbimento in un gatto con leishmaniosi. Atti LIX Convegno SISVET. 2005;59:281–2.
52. Caracappa S, Migliazzo A, Lupo T, Lo Dico M, Calderone S, Reale S, Currò V, Vitale M. Analisi biomolecolari, sierologiche ed isolamento in un gatto infetto da Leishmania spp. Atti X Congresso Nazionale SIDiLV. 2008;10:134–5.
53. Coelho WMD, de Lima VMF, Amarante AFT, do Langoni H, Pereira VBR, Abdelnour A, Bresciani KDS. Occurrence of Leishmania (Leishmania) chagasi in a domestic cat (Felis catus) in Andradina, São Paulo, Brazil: case report. Rev Bras Parasitol Vet. 2010;19:256–8.
54. Dalmau A, Ossó M, Oliva A, Anglada L, Sarobé X, Vives E. Leishmaniosis felina a propósito de un caso clínico. Clínica Vet Pequeños Anim. 2008;28:233–8.
55. Fileccia I. Qual'è la vostra diagnosi? In: Paper presented at 1st Congresso Nazionale SIDEV; 2012 Sept 21–23. Montesilvano (Pescara, Italia).
56. Grevot A, Jaussaud Hugues P, Marty P, Pratlong F, Ozon C, Haas P, Breton C, Bourdoiseau G. Leishmaniosis due to Leishmania infantum in a FIV and FELV positive cat with a squamous cell carcinoma diagnosed with histological, serological and isoenzymatic methods. Parasite Paris. 2005;12:271–5.
57. Hervás J, Chacón-M De Lara F, Sánchez-Isarria MA, Pellicer S, Carrasco L, Castillo JA, Gómez-Villamandos JC. Two cases of feline visceral and cutaneous leishmaniosis in Spain. J Feline Med Surg. 1999;1:101–5.
58. Ibba F. Un caso di rinite cronica in corso di leishmaniosi felina. In: Proceedings 62nd Congresso Internazionale Multisala SCIVAC; 2009 May 29–31. Rimini, Italy; 2009, S. 568.

59. Laruelle-Magalon C, Toga I. Un cas de leishmaniose féline. Prat Méd Chir Anim Comp. 1996;31:255–61.
60. Leiva M, Lloret A, Peña T, Roura X. Therapy of ocular and visceral leishmaniasis in a cat. Vet Ophthalmol. 2005;8:71–5.
61. Marcos R, Santos M, Malhão F, Pereira R, Fernandes AC, Montenegro L, Roccabianca P. Pancytopenia in a cat with visceral leishmaniasis. Vet Clin Pathol. 2009;38:201–5.
62. Migliazzo A, Vitale F, Calderone S, Puleio R, Binanti D, Abramo F. Feline leishmaniosis: a case with a high parasitic burden. Vet Dermatol. 2015;26:69–70.
63. Ozon C, Marty P, Pratlong F, Breton C, Blein M, Lelièvre A, Haas P. Disseminated feline leishmaniosis due to *Leishmania infantum* in Southern France. Vet Parasitol. 1998;75:273–7.
64. Pennisi MG, Lupo T, Migliazzo A, Persichetti M-F, Masucci M, Vitale F. Feline leishmaniosis in Italy: restrospective evaluation of 24 clinical cases. In: Proceedings world leish 5; 2013 May 13–17. Porto de Galinhas, Pernambuco, Brazil; 2013, S. P837.
65. Pocholle E, Reyes-Gomez E, Giacomo A, Delaunay P, Hasseine L, Marty P. A case of feline leishmaniasis in the south of France. Parasite Paris Fr. 2012;19:77–80.
66. Poli A, Abramo F, Barsotti P, Leva S, Gramiccia M, Ludovisi A, Mancianti F. Feline leishmaniosis due to *Leishmania infantum* in Italy. Vet Parasitol. 2002;106:181–91.
67. Sanches A, Pereira AG, Carvalho JP. Um caso de leishmaniose felina. Vet Med. 2011;63:29–30.
68. Verneuil M. Ocular leishmaniasis in a cat: case report. J Fr Ophtalmol. 2013;36:e67–72.
69. Vides JP, Schwardt TF, Sobrinho LSV, Marinho M, Laurenti MD, Biondo AW, Leutenegger C, Marcondes M. *Leishmania chagasi* infection in cats with dermatologic lesions from an endemic area of visceral leishmaniosis in Brazil. Vet Parasitol. 2011;78:22–8.
70. Barnes JC, Stanley O, Craig TM. Diffuse cutaneous leishmaniasis in a cat. J Am Vet Med Assoc. 1993;202:416–8.
71. Rivas AK, Alcover M, Martínez-Orellana P, Montserrat-Sangrà S, Nachum-Biala Y, Bardagí M, Fisa R, Riera C, Baneth G, Solano-Gallego L. Clinical and diagnostic aspects of feline cutaneuous leishmaniosis in Venezuela. Parasit Vectors. 2018;11:141.
72. Simões-Mattos L, Mattos MRF, Teixeira MJ, Oliveira-Lima JW, Bevilacqua CML, Prata-Júnior RC, Holanda CM, Rondon FCM, Bastos KMS, Coêlho ICB, Barral A, Pompeu MML. The susceptibility of domestic cats (*Felis catus*) to experimental infection with *Leishmania braziliensis*. Vet Parasitol. 2005;127:199–208.
73. Navarro JA, Sánchez J, Peñafiel-Verdú C, Buendía AJ, Altimira J, Vilafranca M. Histopathological lesions in 15 cats with leishmaniosis. J Comp Pathol. 2010;143:297–302.
74. Leal RO, Pereira H, Cartaxeiro C, Delgado E, Peleteiro MDC, Pereira da Fonseca I. Granulomatous rhinitis secondary to feline leishmaniosis: report of an unusual presentation and therapeutic complications. JFMS Open Rep. 2018;4(2):2055116918811374.
75. Laurelle-Magalon C, Toga I. Un cas de leishmaniose féline. Prat Med Chir Anim Comp. 1996;31:255–61.
76. Monteverde V, Polizzi D, Lupo T, Fratello A, Leone C, Buffa F, Vazzana I, Pennisi MG. Descrizione di un carcinoma a cellule squamose in corso di leishmaniosi in un gatto. In: Atti Congresso Nazionale ceedings of the 7th national congress of the Italian society of veterinary laboratory diagnostics (SiDiLV); Nov 9–10. Perugia; 2006, vol. 7, S. 329–330.
77. Ennas F, Calderone S, Caprì A, Pennisi MG. Un caso di leishmaniosi felina in Sardegna. Veterinaria. 2012;26:55–9.
78. Hervás J, Chacón-Manrique de Lara F, López J, Gómez-Villamandos JC, Guerrero MJ, Moreno A. Granulomatous (pseudotumoral) iridociclitis associated with leishmaniasis in a cat. Vet Rec. 2001;149:624–5.
79. Cohelo WM, Lima VM, Amarante AF, Langoni H, Pereira VB, Abdelnour A, Bresciani KD. Occurrence of *Leishmania* (*Leishmania*) *chagasi* in a domestic act (*Felis catus*) in Andradina, São Paulo, Brazil: case report. Rev Bras Parasitol Vet. 2010;19:256–8.
80. Costa-Durão JF, Rebelo E, Peleteiro MC, Correira JJ, Simões G. Primeiro caso de leishmaniose em gato doméstico (*Felis catus domesticus*) detectado em Portugal (Concelho de Sesimbra). Nota preliminar Rev Port Cienc Vet. 1994;89:140–4.

81. Savani ES, de Oliveira Camargo MC, de Carvalho MR, Zampieri RA, dos Santos MG, D'Auria SR, Shaw JJ, Floeter-Winter LM. The first record in the Americas of an autochtonous case of *Leishmania* (*Leishmania*) *infantum chagasi* in a domestic cat (*Felix catus*) from Cotia County, São Paulo State. Brazil Vet Parasitol. 2004;120:229–33.

82. Ortuñez A, Gomez P, Verde MT, Mayans L, Villa D, Navarro L. Lesiones granulomatosas en la mucosa oral y lengua y multiples nodulos cutaneos en un gato causado por *Leishmania infantum*. In: Proceedings Southern European veterinary conference (SEVC); 2011 Sept 30–Oct 3. Barcelona, Spain.

83. Attipa C, Neofytou K, Yiapanis C, Martínez-Orellana P, Baneth G, Nachum-Biala Y, Brooks-Brownlie H, Solano-Gallego L, Tasker S. Follow-up monitoring in a cat with leishmaniosis and coinfections with *Hepatozoon felis* and "*Candidatus* Mycoplasma haemominutum". JFMS Open Rep. 2017;3:205511691774045. https://doi.org/10.1177/2055116917740454.

84. Altuzarra R, Movilla R, Roura X, Espada Y, Majo N, Novella R. Computed tomography features of destructive granulomatous rhinitis with intracranial extension secondary to leishmaniasis in a cat. Vet Radiol Ultrasound. 2018. https://doi.org/10.1111/vru.12666.

85. Schubach TM, Figueiredo FB, Pereira SA, Madeira MF, Santos IB, Andrade MV, Cuzzi T, Marzochi MC, Schubach A. American cutaneous leishmaniasis in two cats from Rio de Janeiro, Brazil: first report of natural infection with *Leishmania* (*Viannia*) *braziliensis*. Trans R Soc Trop Med Hyg. 2004;98:165–7.

86. Ruiz RM, Ramírez NN, Alegre AE, Bastiani CE, De Biasio MB. Detección de *Leishmania* (*Viannia*) *braziliensis* en gato doméstico de Corrientes, Argentina, por técnicas de biología molecular. Rev Vet. 2015;26:147–50.

87. Rougeron V, Catzeflis F, Hide M, De Meeûs T, Bañuls A-L. First clinical case of cutaneous leishmaniasis due to *Leishmania* (*Viannia*) *braziliensis* in a domestic cat from French Guiana. Vet Parasitol. 2011;181:325–8.

88. Passos VM, Lasmar EB, Gontijo CM, Fernandes O, Degrave W. Natural infection of a domestic cat (*Felis domesticus*) with *Leishmania* (*Viannia*) in the metropolitan region of Belo Horizonte, State of Minas Gerais. Brazil Mem Inst Oswaldo Cruz. 1996;91:19–20.

89. de Souza AI, Barros EM, Ishikawa E, Ilha IM, Marin GR, Nunes VL. Feline leishmaniasis due to *Leishmania* (*Leishmania*) *amazonensis* in Mato Grosso do Sul State. Brazil Vet Parasitol. 2005;128:41–5.

90. Bonfante-Garrido R, Valdivia O, Torrealba J, García MT, Garófalo MM, Urdaneta R, Alvarado J, Copulillo E, Momen H, Grimaldi G Jr. Cutaneous leishmaniasis in cats (*Felis domesticus*) caused by *Leishmania* (*Leishmania*) *venezuelensis*. Rev Cient FCV-LUZ. 1996;6:187–90.

91. Trainor KE, Porter BF, Logan KS, Hoffman RJ, Snowden KF. Eight cases of feline cutaneous leishmaniasis in Texas. Vet Pathol. 2010;47:1076–81.

92. Persichetti MF, Solano-Gallego L, Vullo A, Masucci M, Marty P, Delaunay P, Vitale F, Pennisi MG. Diagnostic performance of ELISA, IFAT and Western blot for the detection of anti-*Leishmania infantum* antibodies in cats using a Bayesian analysis without a gold standard. Parasit Vectors. 2017;10:119.

93. Segarra S, Miró G, Montoya A, Pardo-Marín L, Boqué N, Ferrer L, Cerón J. Randomized, allopurinol-controlled trial of the effects of dietary nucleotides and active hexose correlated compound in the treatment of canine leishmaniosis. Vet Parasitol. 2017;239:50–6.

94. da Silva SM, Rabelo PFB, Gontijo N, de F, Ribeiro RR, Melo MN, Ribeiro VM, Michalick MSM. First report of infection of *Lutzomyia longipalpis* by *Leishmania* (*Leishmania*) *infantum* from a naturally infected cat of Brazil. Vet Parasitol. 2010;174:150–4.

95. Brianti E, Gaglio G, Napoli E, Falsone L, Prudente C, Solari Basano F, Latrofa MS, Tarallo VD, Dantas-Torres F, Capelli G, Stanneck D, Giannetto S, Otranto D. Efficacy of a slow-release imidacloprid (10%)/flumethrin (4.5%) collar for the prevention of canine leishmaniosis. Parasit Vectors. 2014;7:327.

Ektoparasitäre Erkrankungen

Federico Leone und Hock Siew Han

Zusammenfassung

Ektoparasitäre Hauterkrankungen sind bei Katzen sehr häufig, und ihre korrekte Identifizierung ist sowohl für das Wohlbefinden der Katze als auch für das des Besitzers sehr wichtig. In diesem Kapitel werden die wichtigsten ektoparasitären Erkrankungen bei Katzen erörtert, einschließlich der morphologischen Merkmale des Parasiten, der klinischen Anzeichen, der Diagnosetechniken und der therapeutischen Möglichkeiten. Die meisten dieser Krankheiten können mit Tests diagnostiziert werden, die während der klinischen Untersuchung leicht durchgeführt werden können, wie die direkte Untersuchung mit einer Lupe und die mikroskopische Untersuchung von Proben, die mit durchsichtigem Klebeband entnommen wurden, durch oberflächliche und tiefe Hautabschabungen und das Auszupfen von Haaren sowie die mikroskopische Untersuchung von Cerumen. In einigen Fällen sind die diagnostischen Techniken nicht besonders empfindlich, und ein negatives Ergebnis erlaubt es nicht, die Krankheit auszuschließen: Ein therapeutischer Versuch ist die einzige Möglichkeit, die Krankheit zu bestätigen oder auszuschließen. Die jüngste Markteinführung neuer parasitentötender Breitbandwirkstoffe mit akarizider und insektizider Wirkung zur Vorbeugung von Floh- und Zeckenbefall wird die Bekämpfung von Ektoparasiten erheblich erleichtern. Für viele Krankheiten gibt es jedoch keine zugelassenen Produkte und standardisierten Protokolle für Katzen.

F. Leone (✉)
Clinica Veterinaria Adriatica, Senigallia (Ancona), Italien

H. S. Han
The Animal Clinic, Singapur, Singapur

435

Einführung

Ektoparasitäre Hautkrankheiten, die durch Milben und Insekten verursacht werden, sind in der Katzendermatologie sehr wichtig, da sie zu den Differenzialdiagnosen vieler juckender dermatologischer Erkrankungen gehören. Ihre Prävalenz variiert je nach geografischem Gebiet und Lebensweise der Katze. Das Leben in Kolonien von streunenden Katzen, Zuchtanlagen oder Zwingern oder der mögliche Kontakt mit streunenden Artgenossen machen die Katze anfälliger für Parasitenbefall. Einige Parasitenkrankheiten können auch den Besitzer betreffen, und obwohl dieser Befall in der Regel vorübergehend ist, da der Parasit nicht an den Menschen angepasst ist, sollten diese Zoonosen nicht unterschätzt werden.

Notoedres-Räude

Die *Notoedres*-Räude, auch als Katzenkrätze bekannt, ist eine juckende, ansteckende Hautkrankheit der Katze, die durch die Milbe *Notoedres cati* verursacht wird. Die Milbe kann auch andere Säugetiere, einschließlich des Menschen, und in Ausnahmefällen den Hund befallen [1–3]. Die Prävalenz der Krankheit ist nicht bekannt; sie gilt als selten, doch werden in einigen europäischen Ländern immer wieder Epidemien gemeldet [3, 4]. Kätzchen sind im Vergleich zu erwachsenen Katzen anfälliger für die Krankheit.

Morphologie

Notoedres cati hat einen ovalen Körper, der ventral abgeflacht und dorsal konvex ist; erwachsene Weibchen sind etwa 225 µm und Männchen 150 µm lang. Der Kopf trägt ein kurzes und quadratisches Rostrum. Die Gliedmaßen sind kurz und enden in einem saugnapfartigen Gebilde, dem Pulvillus, der nur bei den Weibchen an den beiden vorderen Gliedmaßenpaaren vorhanden ist. Die hinteren Gliedmaßen sind rudimentär, ragen nicht über den Körper der Milbe hinaus und tragen bei beiden Geschlechtern lange Setae ohne Saugnäpfe (Abb. 1). Die dorsale Kutikula weist fingerabdruckartige konzentrische Ringe, quer verlaufende abgerundete Schuppen und keine Stacheln auf. Die Analöffnung ist dorsal gelegen und die Eier sind oval [4, 5].

Lebenszyklus

Der Lebenszyklus von *Notoedres cati* findet vollständig auf dem Wirt statt (Dauerparasitismus). Nach der Paarung auf der Hautoberfläche graben die Weibchen mit einer Geschwindigkeit von 2–3 mm/Tag Tunnel in das Stratum corneum. In den Tunneln werden 2–4 Wochen lang zwei bis drei Eier pro Tag abgelegt. Aus dem Ei schlüpft die sechsbeinige Larve, die sich nach zwei Häutungen als Protonymphe

Abb. 1 *Notoedres cati,* erwachsene Milbe

und Tritonymphe zu einer erwachsenen Milbe entwickelt. Der Lebenszyklus dauert 14–21 Tage, wenn die Umweltbedingungen günstig sind. Die Milbe ernährt sich von epidermalen Ablagerungen und interstitieller Flüssigkeit.

Epidemiologie

Die *Notoedres*-Räude ist extrem ansteckend und wird durch direkten Kontakt übertragen. Aus diesem Grund sind Katzen, die in Zuchtanlagen, Zwingern oder Kolonien leben, prädisponiert. Wo Katzen in Kolonien vorkommen, kann die Krankheit fortbestehen und sich etablieren; dies geschieht häufig in städtischen oder außerstädtischen Gebieten wie Friedhöfen und Ruinen sowie in unmittelbarer Nähe von Krankenhäusern und Schulen [1].

Die Notoedres-Räude ist eine Zoonose, und der Mensch kann vorübergehend befallen werden, wobei Juckreiz, Papeln, Bläschen und Krusten vor allem an den Gliedmaßen und am Rumpf auftreten. In einer Studie wiesen 63 % der Menschen, die mit einer befallenen Katze in Kontakt kamen, klinische Anzeichen der *Nothoedres*-Räude auf. Bei 60 % der untersuchten Patienten wurden Milben durch Abschaben der Haut nachgewiesen [6]. Die Läsionen bilden sich innerhalb von drei Wochen spontan zurück, sobald der Kontakt mit der infizierten Katze beendet ist [6, 7].

Abb. 2 Verkrustung der
Ohrmuschelränder bei
einer Katze mit
Notoedres-Räude

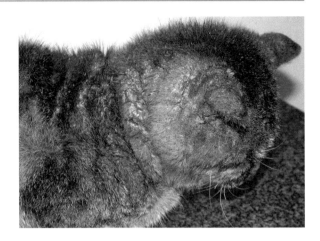

Klinische Anzeichen

Die anfänglichen Läsionen bestehen aus Papeln oder verkrusteten Papeln und
Schuppen, die sich mit dem Fortschreiten der Krankheit zu grau-gelben, dicken
Krusten entwickeln, die extrem an der Hautoberfläche haften (Abb. 2). Die Läsionen
treten zunächst an den Rändern der Ohrmuscheln auf und befallen später die
gesamte Ohrmuschel, das Gesicht und den Hals. Mit Fortschreiten der Krankheit
können die Läsionen generalisiert werden. Der Juckreiz ist in der Regel stark, und
es kommt häufig zu Selbstverletzungen, die Alopezie, Erosionen und Geschwüre
verursachen und zu sekundären bakteriellen oder Hefeinfektionen führen können
[1]. Die Fellpflege und die Gewohnheit der Katze, sich beim Schlafen zusammen-
zurollen, können zu einer Ausbreitung auf die Gliedmaßen und das Perineum führen. Wenn die Katze nicht behandelt wird, kann sie lethargisch und dehydriert werden und in seltenen Fällen sterben [1, 8, 9].

Diagnose

Die Diagnose erfordert den mikroskopischen Nachweis des Parasiten und/oder seiner Eier und/oder seines Kots (rund und braun) in Proben, die durch oberflächliches
Abschaben der Haut gewonnen wurden (Kasten 1). Die Milben sind in der Regel
zahlreich und können im Gegensatz zu *Sarcoptes scabiei* leicht gefunden werden
(Abb. 3) [1, 8]. In jüngster Zeit wurde über die Diagnose der Räude durch mikroskopische Untersuchung von Proben berichtet, die mit durchsichtigen Klebebändern
entnommen wurden und deren Empfindlichkeit mit der von Hautausschabungen
vergleichbar ist. Diese Technik ist weniger traumatisch und daher für schwierige
Körperstellen wie Lippen und periokulare Regionen geeignet [10].

Abb. 3 Oberflächlich abgeschabte Hautbestandteile: erwachsene Milben, Eier und Milbenkot sind vorhanden

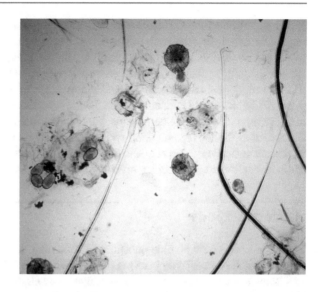

Kasten 1: Oberflächliches Abschaben der Haut: Praktische Tipps

- Wählen Sie typische Stellen aus, an denen der Parasit vorkommt (z. B. die Ränder der Ohrmuscheln bei *Notoedres*-Räude).
- Wenn ein Scheren notwendig ist, verwenden Sie eine Schere und lassen Sie ein paar Millimeter Haare stehen, um zu vermeiden, dass parasitenhaltiges Material (z. B. Krusten) entfernt wird.
- Tragen Sie paar Tropfen Mineralöl auf die Haut auf.
- Kratzen Sie einen großen Bereich der Haut oberflächlich ab, um eine Kontamination mit Blut zu vermeiden.
- Führen Sie mehrere Hautabschabungen durch.
- Wenn Sie eine große Menge an Material erhalten, verteilen Sie es auf mehrere Objektträger.
- Mischen Sie Ihre Probe auf dem Objektträger und fügen Sie gegebenenfalls ein paar Tropfen Mineralöl hinzu, um eine einzige Lage zu erhalten.
- Decken Sie die Probe mit einem Deckglas ab und beobachten Sie sie mit dem Mikroskop, indem Sie die Blende teilweise schließen und das Licht reduzieren. Dies führt zu einer besseren Sichtbarkeit der Parasiten.

Behandlung

Die *Notoedres*-Räude kann mit verschiedenen akariziden Wirkstoffen behandelt werden. Zu den zugelassenen Produkten gehören eine Spot-on-Formulierung mit Eprinomectin, Fipronil, (*S*)-Methopren und Praziquantel [11] und ein Spot-on mit Moxidectin und Imidacloprid [12], das einmal oder zweimal im Abstand von einem

Monat angewendet werden kann. Andere Protokolle mit Wirkstoffen, die nicht für die Krankheit zugelassen sind, umfassen die Verwendung von Selamectin-Spot-on (6–12 mg/kg zweimal im Abstand von 14 oder 30 Tagen) [1, 13, 14], Ivermectin (0,2–0,3 mg/kg subkutan im Abstand von 14 Tagen) [1, 7, 15] und Doramectin (0,2–0,3 mg/kg einmal subkutan) [16]. Die neue Familie der Isoxazoline als Ektoparasitizide hat sich bei anderen durch Milben verursachten Krankheiten als wirksam erwiesen. Es gibt keine spezifischen Studien über die *Notoedres*-Räude bei Katzen, aber die Isoxazoline sind wahrscheinlich wirksam. Die *Notoedres*-Räude ist extrem ansteckend, und alle Katzen, die mit ihr in Kontakt gekommen sind, müssen behandelt werden, um einen erneuten Befall zu vermeiden.

Otodectes-Räude

Die *Otodectes*-Räude ist eine parasitäre Erkrankung des äußeren Gehörgangs, die durch die Milbe *Otodectes cynotis* verursacht wird. Die Milbe ist nicht artspezifisch und kann Katzen, Hunde und andere Säugetiere befallen. 50–80 % der Fälle von Otitis externa bei Katzen werden durch *Otodectes cynotis* verursacht, die überall auf der Welt vorkommt [5, 17].

Morphologie

Otodectes cynotis hat einen ovalen Körper und ein langes, konisches Rostrum. Die Weibchen sind 345–451 µm lang, während die Männchen kleiner sind (274–362 µm). Die Gliedmaßen sind lang, mit kurzen Stielen, die in einer becherförmigen, saugnapfähnlichen Struktur enden, mit der sich der Parasit schnell im Cerumen des Ohrs bewegen kann. Die erwachsenen Milben weisen einen Geschlechtsdimorphismus auf: Männchen haben vier Paar lange Gliedmaßen, die über den Körper hinausragen, und kleinere Hinterleibslappen; bei den Weibchen ist das vierte Beinpaar atrophisch und reicht nicht über den Körper hinaus, während die Hinterleibslappen größer sind (Abb. 4). Die Eier sind oval, auf einer Seite leicht abgeflacht und 166–206 µm lang [4, 5].

Lebenszyklus

Der Lebenszyklus von *Otodectes cynotis* findet vollständig auf dem Wirt statt (Dauerparasitismus). Die Milbe lebt auf der Oberfläche der äußeren Gehörgänge und gräbt nicht. Nach der Paarung legen die weiblichen Milben Eier ab, aus denen die Larven nach 4–6 Tagen schlüpfen. Die Hexapodenlarven ernähren sich 3–10 Tage lang aktiv und häuten sich dann in Oktopoden-Protonymphen und anschließend in Deuteronymphen [4, 5]. An der Paarung, die häufig bei der mikroskopischen Untersuchung beobachtet wird, sind die männliche Milbe und die Deutonympha beteiligt: Die männliche Milbe heftet sich mit Hilfe von Paarungssaugern an die

Abb. 4 *Otodectes cynotis,*
weibliche Milbe

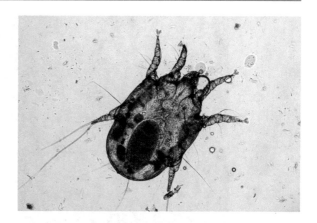

Deutonympha, und wenn sich ein Weibchen entwickelt, kommt es zur Paarung, während sich die männliche Milbe ablöst [4, 8]. Der Lebenszyklus dauert drei Wochen, und die erwachsenen Milben überleben etwa zwei Monate auf dem Wirt. Die Milben ernähren sich von Hautresten und -flüssigkeiten, die die Produktion großer Mengen von Cerumen anregen, das gelegentlich mit Blut vermischt ist [8]. Bei idealen Temperaturbedingungen können die Milben bis zu zwölf Tage ohne den Wirt überleben [18].

Epidemiologie

Die *Otodectes*-Räude ist extrem ansteckend, und die Übertragung erfolgt hauptsächlich durch direkten Kontakt mit befallenen Katzen. Häufig ist auch ein Befall des einen Ohrs vom anderen aus bei derselben Katze [19]. Die Krankheit befällt Kätzchen und erwachsene Katzen; Jungtiere sind jedoch prädisponiert [19]. Beim Menschen kann es zu einem vorübergehenden Befall mit Papeln kommen, die vor allem an den Armen und am Rumpf lokalisiert sind [20], während eine parasitäre Otitis extrem selten ist [21].

Klinische Anzeichen

Die *Otodectes*-Räude verursacht eine pruriginöse, erythematöse und ceruminöse Otitis externa, die fast immer beidseitig auftritt. Die otodektische Otitis ist durch große Mengen an braun-schwarzem, trockenem Cerumen gekennzeichnet, das an „Kaffeepulver" erinnert (Abb. 5) [8]. Bei Katzen kann es zu einer Überempfindlichkeit gegenüber Milben kommen, und die betroffenen Katzen zeigen starken Juckreiz, der nicht im Verhältnis zur Anzahl der Milben im Gehörgang steht [22]. Andererseits können manche Katzen eine große Anzahl von Milben im äußeren Gehörgang haben, ohne dass es zu Juckreiz kommt, was durch das Fehlen von Hypersensibilitätsphänomenen erklärt werden kann [4]. Katzen, die von *Otodectes*

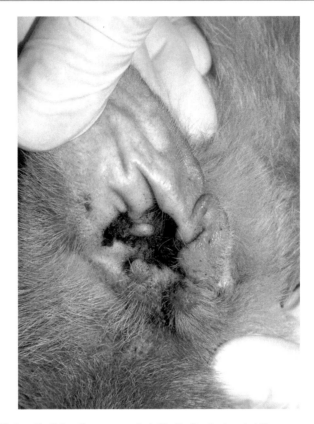

Abb. 5 Kaffeekornähnliches Cerumen, typisch für die Otoakariose bei Katzen

cynotis befallen sind, können bei intrakutanen Tests auf Hausstaubmilben wie *Dermatophagoides farinae*, *Dermatophagoides pteronyssinus* und *Acarus siro* positiv sein [23]. Sekundäre bakterielle oder Hefeinfektionen sind möglich [24]. Der Schweregrad des Pruritus ist verantwortlich für autotraumatische Läsionen wie Alopezie, Erosionen, Ulzerationen und Krustenbildung, die die präaurikulären Regionen, den Kopf, das Gesicht und den Hals betreffen, sowie für Otohämatome [17].

Ein Befall außerhalb der Ohrmuschel kann ebenfalls auftreten, da die Milbe den äußeren Gehörgang verlassen und an anderen Körperstellen Alopezie und miliare Dermatitis verursachen kann (ektopische Milben) [4, 8].

Diagnose

Die Diagnose wird durch mikroskopische Beobachtung der Milbe oder ihrer Eier gestellt (Abb. 6). Die bevorzugte Methode ist die mikroskopische Untersuchung von Cerumen, das mit einem Ohrstäbchen gewonnen wird (Kasten 2). Die Proben müssen vor der Anwendung von Cerumenolytika oder der Reinigung des Gehör-

Abb. 6 Mikroskopische Untersuchung von Cerumen: ein Ei und eine erwachsene Milbe, die sich mit einer Deutonympha paart, sind sichtbar

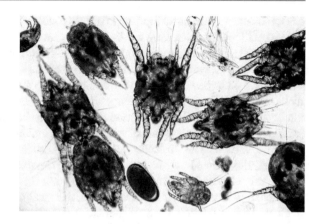

gangs entnommen werden. Um die Empfindlichkeit des Tests zu erhöhen, wird empfohlen, mehr Proben aus dem horizontalen Gehörgang zu entnehmen, indem der Tupfer durch den Otoskopkegel geführt wird. Milben können bei der otoskopischen Untersuchung als weiße, sich bewegende Punkte sichtbar gemacht werden. Oberflächliche Hautabstriche ermöglichen den Nachweis von Milben in Fällen mit extraaurikulärer Lokalisation [4].

Kasten 2: Mikroskopische Untersuchung von Cerumen: Praktische Tipps
- Entnehmen Sie Ihre Probe mit einem Tupfer aus dem Gehörgang.
- Sammeln Sie die Probe vor der Anwendung von Ceruminolytika oder der Reinigung des Gehörgangs.
- Zur Entnahme tieferer Proben verwenden Sie den Otoskopkegel zur Führung des Tupfers.
- Verdünnen Sie die Probe in Mineralöl, das zuvor auf einen Objektträger aufgetragen wurde.
- Decken Sie die Probe mit einem Deckglas ab und betrachten Sie sie unter dem Mikroskop, indem Sie die Blende teilweise schließen und das Licht reduzieren. Dies ermöglicht eine bessere Sichtbarkeit der Parasiten.

Behandlung

Zur Behandlung der *Otodectes*-Räude stehen zahlreiche topische und systemische Wirkstoffe zur Verfügung. Vor der Behandlung wird empfohlen, die Gehörgänge mit einem Cerumenolytikum zu reinigen, um die Parasiten und den von den Milben verursachten Cerumenüberschuss mechanisch zu entfernen [8]. Bei der topischen Therapie werden Akarizide wie Permethrin oder Thiabendazol direkt in die Gehörgänge appliziert. Diese aktiven Wirkstoffe haben eine begrenzte Restaktivität und müssen drei Wochen lang täglich angewendet werden, um sicherzustellen, dass alle

Larven aus den Eiern geschlüpft und dem Wirkstoff ausgesetzt sind, obwohl sie in der Regel für eine Anwendung von 7–10 Tagen zugelassen sind [17, 25]. Otologika, die keine Akarizide enthalten, sind ebenfalls wirksam, obwohl ihr Wirkmechanismus unklar ist. Es wird vermutet, dass die Milben absterben, weil sie sich aufgrund des Mittels nicht bewegen und/oder atmen können [26, 27]. Fipronil Spot-on ist nicht für die Otoakariose zugelassen; es hat sich jedoch als wirksam erwiesen, wenn ein Tropfen in jeden Gehörgang und der Rest zwischen den Schulterblättern aufgetragen wird [28]. Die systemische Therapie hat im Vergleich zur topischen Therapie viele Vorteile. Die einfache Verabreichung erhöht die Bereitschaft des Tierbesitzers, die Behandlung fortzusetzen. Die systemische Behandlung ist auch in Fällen mit ektopischer Milbenlokalisation wirksam [17]. Unter den nicht zugelassenen Wirkstoffen hat sich Ivermectin, das zweimal im Abstand von 14 Tagen in einer Dosis von 0,2–0,3 mg/kg subkutan oder einmal wöchentlich über drei Wochen oral verabreicht wird, als wirksam erwiesen [29]. Zu den zugelassenen Medikamenten gehören Selamectin und Moxidectin-Imidacloprid Spot-on, die beide zweimal im Abstand von einem Monat verabreicht werden [30, 31]. In einer 2016 veröffentlichten evidenzbasierten Übersichtsarbeit wurde die Anwendung von Selamectin oder Moxidectin-Imidacloprid Spot-on ein- oder zweimal im Abstand von 30 Tagen für die *Otodectes*-Räude bei Katzen empfohlen. Es gibt nicht genügend Nachweise, um andere Wirkstoffe zu empfehlen [17].

In letzter Zeit sind neue Wirkstoffe aus der Familie der Isoxazoline auf den Markt gekommen. Sarolaner und Selamectin als Spot-on sind zur Behandlung der *Otodectes*-Räude zugelassen und waren bei einmaliger Anwendung wirksam [32]. Ebenfalls als Einzelbehandlung erwies sich Fluralaner allein oder in Verbindung mit Moxidectin als Spot-on als wirksam [33, 34]. Afoxolaner, das nur für Hunde zugelassen ist, wurde bei Katzen erfolgreich als orale Einzelbehandlung eingesetzt [35]. Die einmalige Anwendung eines Spot-on, das Eprinomectin, Fipronil, (*S*)-Methopren und Praziquantel enthält, war wirksam, um einen Befall mit *Otodectes cynotis* bei Katzen zu verhindern [36]. Unabhängig von der gewählten Behandlung müssen alle Tiere, die mit dem Erreger in Kontakt gekommen sind, behandelt werden, da die Wahrscheinlichkeit einer Ansteckung besteht und es asymptomatische Träger gibt [29].

Cheyletiellose

Die Cheyletiellose ist eine parasitäre Hauterkrankung, die durch Milben der Gattung *Cheyletiella* verursacht wird. Die meisten Milben der Familie Cheyletiellidae sind Raubmilben, die sich von anderen Milben ernähren, während einige Arten nur ektoparasitisch sind. Die drei Arten von dermatologischem Interesse sind *Cheyletiella blakei*, *Cheyletiella yasguri* und *Cheyletiella parasitivorax* [5]. *Cheyletiella* zeigt eine Artpräferenz, wobei *Cheyletiella blakei* an die Katze, *Cheyletiella yasguri* an den Hund und *Cheyletiella parasitivorax* an das Kaninchen angepasst ist. Es gibt jedoch keine strikte Artspezifität, und ein Befall verschiedener Arten ist möglich [4, 8].

Morphologie

Die erwachsene Milbe ist groß (300–500 μm lang); der Körper ist sechseckig und ähnelt nach Meinung einiger Autoren einer Paprika oder einem Schild [4]. Die Gliedmaßen sind kurz und tragen am Ende kammartige Fortsätze. Das Rostrum ist gut entwickelt und die Palpen enden in zwei markanten, gebogenen Haken, die wie Wikingerhörner aussehen (Abb. 7). Die drei Cheyletiella-Arten lassen sich anhand der Form der sensorischen Struktur (Solenidion) unterscheiden, die sich am dritten Abschnitt des ersten Beinpaares befindet. Das Solenidion ist bei *Cheyletiella yasguri* herzförmig, bei *Cheyletiella blakei* konisch und bei *Cheyletiella parasitivorax* rund [4, 5]. Die Unterscheidung der Arten ist jedoch oft schwierig, da die Form des Solenidions individuell variiert und Artefakte durch die Fixierung für die Mikroskopie entstehen [37]. Die Eier sind 235–245 μm lang und 115–135 μm breit und elliptisch. Im Gegensatz zu Läuseeiern sind sie nicht operculiert und mit dünnen Fäden locker an den Haarschäften befestigt [4, 8].

Lebenszyklus

Der Lebenszyklus von *Cheyletiella* spp. findet vollständig auf dem Wirt statt (Dauerparasitismus). Die Milbe lebt im Stratum corneum an der Basis der Haarschäfte, bewegt sich schnell durch die Schuppen, ohne sich einzugraben, und ernährt sich von epidermalen Ablagerungen und Flüssigkeiten. Die Eier werden entlang der Haarschäfte in 2–3 mm Entfernung von der Hautoberfläche abgelegt. Die Hexapodenlarve entwickelt sich im Ei; nach dem Schlüpfen häutet sie sich zweimal im Nymphenstadium und wird schließlich zur erwachsenen Milbe. Der Lebenszyklus erstreckt sich über 14–21 Tage, wenn die Umweltbedingungen günstig sind [4, 5, 8].

Abb. 7 *Cheyletiella blakei*, erwachsene Milbe

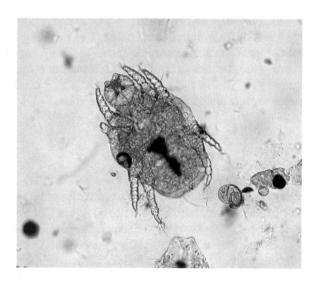

Epidemiologie

Die Cheyletiellose ist extrem ansteckend, und die Übertragung erfolgt in der Regel durch direkten Kontakt [4, 8]. Seltener erfolgt die Ansteckung indirekt, da erwachsene weibliche Milben bis zu zehn Tage in der Umwelt überleben können, während unreife Stadien und Männchen schnell absterben, wenn sie den Wirt verlassen [4, 8]. *Cheyletiella* kann auch durch Flöhe, Läuse oder Fliegen übertragen werden [4]. Die Krankheit tritt häufiger bei jungen Tieren auf, die aus Zoohandlungen stammen oder in Kolonien leben, während sie bei erwachsenen Katzen an geschwächten oder systemisch kranken Tieren diagnostiziert werden kann [5]. Die Cheyletiellose ist eine Zoonose, und der Mensch kann vorübergehend befallen werden, wobei er stark juckende Flecken und Papeln an Gliedmaßen, Rumpf und Gesäß zeigt [8, 38, 39]. Wenn das betroffene Tier mit einem Akarizid behandelt wird, bilden sich die Läsionen beim Menschen innerhalb von drei Wochen spontan zurück [8].

Klinische Anzeichen

Die klinischen Anzeichen sind von unterschiedlicher Schwere [8]. Die meisten betroffenen Katzen zeigen zunächst eine exfoliative Dermatitis im Rücken-Lenden-Bereich, bei der sich kleine, trockene weißliche Schuppen leicht von der Hautoberfläche ablösen (Abb. 8) [4, 8]. Durch das Putzverhalten der Katze können sowohl die Schuppen als auch die Milben entfernt werden, und anfangs kann die Krankheit langsam fortschreiten und unentdeckt bleiben [8]. Später kann sich die Schuppenbildung verstärken, und das Haarkleid kann „staubig" aussehen. Viele Autoren verwenden den Begriff „wandernde Schuppen", um die Milben zu beschreiben, die sich auf der Hautoberfläche bewegen. Die Milben sind weißlich gefärbt und können von Schuppen unterschieden werden, da sie sich bewegen [4, 8]. Der Juckreiz ist unterschiedlich stark ausgeprägt, von nicht vorhanden bis schwer, und steht nicht im Verhältnis zur Anzahl der Milben, was bei einigen Katzen den Verdacht auf Überempfindlichkeitsphänomene nahelegt [8, 37, 40]. Einige Tiere weisen aufgrund von starkem Juckreiz selbsttraumatische Läsionen wie Alopezie, Exkoriationen, Geschwüre und Krusten auf [8]. Es können miliare Dermatitis oder selbst verursachte Alopezie beobachtet werden [8, 29].

Diagnose

Die Diagnose der Cheyletiellose kann durch mikroskopische Beobachtung des Parasiten oder seiner Eier gestellt werden, obwohl die Größe der Milbe manchmal die direkte Beobachtung auf dem Haarkleid der Katze mit einer Vergrößerungslinse erlaubt [4, 8]. Die bevorzugte Technik ist die mikroskopische Untersuchung von Proben, die mit einem durchsichtigen Klebeband gewonnen wurden (Kasten 3). Die Proben können direkt auf dem Fell der Katze oder nach dem Kämmen des Fells mit einem Flohkamm entnommen werden. Eine weitere nützliche Methode ist das ober-

Abb. 8 Starke Schuppenentwicklung auf dem Rücken einer Katze mit Cheyletiellose

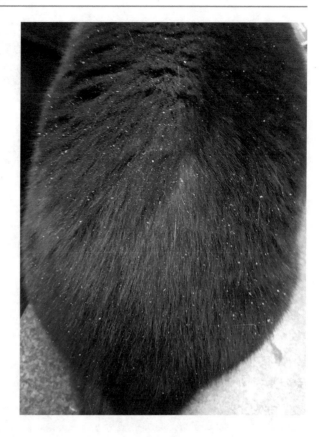

flächliche Abschaben der Haut, insbesondere, wenn nur wenige Milben vorhanden sind. Die mikroskopische Untersuchung von Haarschäften ermöglicht den Nachweis von Eiern, die an den Haarschäften haften (Abb. 9) [4, 8, 29, 40, 41]. Katzen mit Juckreiz können die Milben oder Eier durch übermäßiges Putzen aufnehmen, und ein Flotationstest im Kot kann diagnostisch sein [4, 8, 40]. Im Kot ähneln *Cheyletiella*-Eier den Eiern von *Ancylostoma*; sie sind jedoch drei- bis viermal größer (230 × 100 μm) und häufig embryoniert [4, 8]. Die Identifizierung von Milben kann schwierig sein, und in einigen Fällen wird die Diagnose durch einen Therapieversuch bestätigt [8, 40].

Kasten 3: Mikroskopische Untersuchung von Proben, die mit durchsichtigem Klebeband gesammelt wurden: Praktische Tipps
- Wählen Sie durchsichtiges Klebeband von guter Qualität.
- Sammeln Sie Ihre Probe, indem Sie das Klebeband mehrmals auf die Haut kleben (Hinweis: Es ist möglich, dass Parasiten nicht gesammelt werden, insbesondere bei langhaarigen Katzen).

Abb. 9 Am Haarschaft
befestigtes *Cheyletiella*-Ei:
das Ei ist nicht operculiert

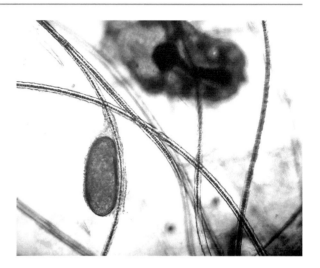

- Kämmen Sie das Haar mit einem Flohkamm oder mit den Händen, sodass die Probe auf den Tisch fällt, der vollkommen sauber sein sollte.
- Nehmen Sie die Probe mit durchsichtigem Klebeband direkt vom Tisch auf.
- Geben Sie einige Tropfen Mineralöl auf einen Objektträger und decken Sie ihn mit dem durchsichtigen Klebeband ab.
- Decken Sie die Probe mit einem Deckglas ab und betrachten Sie sie unter dem Mikroskop, indem Sie die Blende teilweise schließen und das Licht reduzieren. Dies ermöglicht eine bessere Sichtbarkeit der Parasiten.

Behandlung

Es gibt keinen zugelassenen Wirkstoff zur Behandlung der Cheyletiellose bei Katzen. Topische (Fipronil Spot-on als einmalige Behandlung) [42] oder systemische (Selamectin Spot-on, drei Anwendungen im Abstand von einem Monat [14, 40] oder Ivermectin, 0,2–0,3 mg/kg subkutan alle zwei Wochen [41]) akarizide Produkte haben sich als wirksam erwiesen.

Trombikulose

Die Trombikulose ist eine parasitäre Hauterkrankung, die durch Larven von Milben aus der Familie der Trombiculidae verursacht wird. Die Krankheit wird in Nordamerika auch „grass itch mites" oder „chiggers", in Australien „scrub itch" und in Europa „harvest mites" genannt [43]. Innerhalb der Überfamilie der Trombiculoidea umfasst die Familie der Trombiculidae etwa 1500 Arten, von denen nur etwa 50 Vögel, Säugetiere und Menschen befallen können. Die wichtigsten Arten von veterinärmedizinischem Interesse gehören zur Gattung *Trombicula*, die viele Untergattungen wie *Neotrombicula* und *Eutrombicula* umfasst. In Europa ist die am häufigsten angetroffene Art *Neotrombicula autumnalis*, während im Südosten und in der Mitte der USA *Eutrombicula alfreddugesi* am häufigsten diagnostiziert wird [5, 44]. Das Hauptmerkmal dieser Familie ist, dass nur das Larvenstadium parasitisch ist (vorübergehender Parasitismus), während die Nymphen und erwachsenen Milben frei in der Umwelt leben. Die Larven sind Zwangsparasiten, sind nicht wirtsspezifisch und können viele Arten, einschließlich des Menschen, befallen [4, 5].

Morphologie

Die Larven des Exapoden *Neotrombicula autumnalis* sind oval, 200–400 µm lang und zeichnen sich durch eine typische rot-orange Farbe aus (Abb. 10). Die Mundwerkzeuge umfassen ein gut entwickeltes Rostrum und Cheliceren mit robusten pinzettenförmigen Palpen. Der Rumpf trägt ein fünfeckiges dorsales Scutum (rechteckig bei *Eutrombicula alfreddugesi*), und der Körper ist mit langen federförmigen Seten bedeckt. Die Gliedmaßen enden in einer dreigliedrigen Kralle (gegabelte Kralle bei *Eutrombicula alfreddugesi*), mit der sie sich am Wirt festhalten [4, 5]. Die erwachsenen Milben sind nicht parasitisch, etwa 1 mm lang und ebenfalls rot-orange gefärbt [4].

Abb. 10 *Neotrombicula autumnalis* Hexapodenlarve; beachten Sie die leuchtend rot-orange Farbe

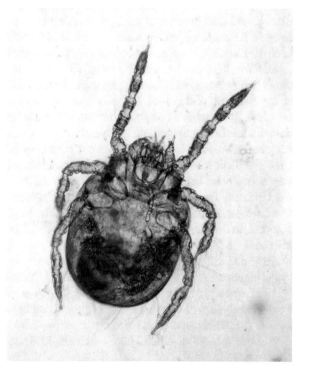

Lebenszyklus

Die weibliche Milbe legt kugelförmige Eier auf dem Boden ab. Die Larven schlüpfen innerhalb einer Woche aus den Eiern und bewegen sich aktiv auf dem Boden, klettern auf das Gras und warten auf den Wirt [5]. Die Larven benötigen eine relative Luftfeuchtigkeit von 80 % und klettern aus diesem Grund auf Pflanzen, die weniger als 30 cm hoch sind [44]. Auf dem Wirt angekommen, heften sich die Larven mit den Chelizeren an und ernähren sich durch eine besondere Struktur namens Stilosoma, die aus verfestigtem Milbenspeichel besteht. Dank dieser Struktur kann der Mundwerkzeugapparat bis zur Haut des Wirts vordringen und sich von Gewebeflüssigkeiten ernähren (extra-intestinale Verdauung) [4, 45]. Während der Zeit, die sie auf dem Wirt verbringt, wächst die Larve von 0,25 mm auf 0,75 mm, und ihre leuchtend rot-orange Farbe wird blassgelb [46]. Nachdem sie sich 3–15 Tage lang ernährt haben, lassen sich die Larven auf den Boden fallen, um ihren Lebenszyklus in der Umwelt zu vollenden. Die Nymphen- und Erwachsenenstadien sind freilebend und mobil und ernähren sich von kleinen Gliederfüßern oder deren Eiern und Pflanzenflüssigkeiten. Der Lebenszyklus erstreckt sich über 50–70 Tage und wird stark von der Jahreszeit beeinflusst [4, 5].

Epidemiologie

In Europa legen die Milbenweibchen ihre Eier in der Regel im Frühjahr und Sommer ab, und die Larven sind am Ende des Sommers und im Herbst sehr zahlreich. Je nach Klima kann jedoch mehr als ein Lebenszyklus durchlaufen werden, und auch die Larven können zu verschiedenen Jahreszeiten gefunden werden [4, 47, 48].

Die Trombikulose ist keine Zoonose, da der Mensch direkt von der Umwelt befallen wird; eine direkte Übertragung vom Tier auf den Menschen kann jedoch nicht ausgeschlossen werden [46]. Menschen, die während der Larvenzeit auf dem Land oder in Wäldern arbeiten oder sich dort aufhalten, sind prädisponiert. Man nimmt an, dass die klinischen Symptome auf die reizende Wirkung des Milbenspeichels und auf eine erworbene Überempfindlichkeit gegen Speichelantigene zurückzuführen sind. Bei nicht sensibilisierten Personen entwickeln sich pruriginöse Makulae und Papeln, während bei sensibilisierten Patienten der Juckreiz schwerwiegend ist und mit Urtikaria, Papeln, Bläschen, Fieber und vergrößerten Lymphknoten einhergeht. Die Läsionen treten meist am Handgelenk, an der Armbeuge, an der Gürtellinie, am Knöchel, in der Kniekehle und am Oberschenkel auf [46, 48, 49]. Bei Kindern wird über das „Sommerpenis-Syndrom" berichtet: eine akute Überempfindlichkeitsreaktion auf Milben mit Erythem, Ödem und Juckreiz am Penis und Dysurie aufgrund einer partiellen Phimose mit verminderter Urinausscheidung [50].

Die Larven von *Neotrombicula autumnalis* gelten als potenzielle Überträger von *Borrelia burgdorferi*, dem Erreger der Lyme-Krankheit, und *Anaplasma phagocytophilum* (früher bekannt als *Ehrlichia phagocytophila*), dem Erreger der granulozytären Anaplasmose des Menschen, durch stadienübergreifende oder transovarielle Übertragung [51–53].

Klinische Anzeichen

Die Larven klettern auf Pflanzen und warten auf den Wirt, an dem sie sich durch direkten Kontakt festsetzen. Aus diesem Grund finden sich die Parasiten bevorzugt an Körperstellen, die mit dem Boden in Berührung kommen, wie z. B. Abdomen, Interdigitalräume, Klauenfalten, Schnauze und Ohrmuscheln, insbesondere in der Falte an der Basis des Ohrmuschelrandes (Henry-Tasche). Milben können als rot-orange-farbene Aggregate sichtbar gemacht werden (Abb. 11) [5, 47]. Die Lage im Gesicht spiegelt die erste Kontaktstelle der Larven mit dem Wirt wider und steht in direktem Zusammenhang mit dem Erkundungsverhalten der Katzen, während die Lage in der Henry-Tasche durch die dünne Epidermis erklärt werden könnte, die die Bildung von Stilosomen erleichtert; außerdem schützt die Tasche die Larven [47].

Bei einigen Katzen ist der Befall völlig asymptomatisch, und die Milben können vom Besitzer zufällig bemerkt oder bei der klinischen Untersuchung für die jährliche Impfung beobachtet werden [47].

Andere Katzen zeigen einen variablen Juckreiz, der von mäßig bis schwer reicht und möglicherweise mit einer individuellen Überempfindlichkeit zusammenhängt, die nach dem Verlassen des Wirts durch die Larven fortbestehen kann [5, 47]. Einige Katzen zeigen verkrustete Papeln und selbsttraumatische Läsionen wie Alopezie, Exkoriationen, Geschwüre und Krusten, je nach Schweregrad des Pruritus. Miliare Dermatitis oder selbst herbeigeführte Alopezie können beobachtet werden [47, 54, 55].

Diagnose

Die Diagnose erfordert eine kompatible Anamnese sowie die makroskopische und mikroskopische Beobachtung der Parasiten. Bei der Untersuchung des Haarkleides mit einer Vergrößerungslinse lassen sich kleine Ansammlungen orangefarbener Larven erkennen. Die mikroskopische Untersuchung von Proben, die mit einem

Abb. 11 Orangefarbene Ansammlungen von Parasitenlarven sind mit bloßem Auge auf dem Kopf und der Ohrmuschel einer Katze zu erkennen

Abb. 12 Oberflächlich abgeschabte Haut: viele *Neotrombicula-autumnalis*-Larven

durchsichtigen Klebeband oder durch oberflächliches Abschaben der Haut gewonnen wurden, ermöglicht die Identifizierung der Parasiten (Abb. 12) [47].

Behandlung

Derzeit gibt es keine zugelassene Behandlung für Trombikulose, und es gibt nur sehr wenige Studien über die Wirksamkeit von Akariziden zur Behandlung dieser Krankheit bei Katzen. Es handelt sich um eine relativ einfach zu behandelnde Krankheit, da viele ektoparasitizide Produkte wirksam sind; bei Katzen mit freiem Zugang zu befallenen Gebieten kann es jedoch häufig zu einem erneuten Befall kommen. Fipronil-Spray [47, 56], Selamectin-Spot-on [47, 57] und Imidacloprid-Moxidectin-Spot-on [47] wurden erfolgreich mit einer einzigen Anwendung eingesetzt. Diese Wirkstoffe scheinen vor einem erneuten Befall durch die Umwelt zu schützen.

Demodikose

Die Katzendemodikose ist eine seltene bis sehr seltene parasitäre Hauterkrankung, die durch Milben der Gattung *Demodex* verursacht wird. Derzeit sind bei Katzen drei Arten mithilfe molekularer Techniken identifiziert worden: *Demodex cati*, *Demodex gatoi* und eine dritte, unbenannte Art [58, 59].

Morphologie

Demodex cati ist *Demodex canis* sehr ähnlich, mit minimalen taxonomischen Unterschieden. Der Körper ist länglich und zigarrenförmig. Ein erwachsenes Männchen ist 182 μm lang und 20 μm breit, während ein erwachsenes Weibchen 220 μm lang und 30 μm breit ist [4, 60, 61]. Das Gnathosoma, im vorderen Teil des Körpers, ist trapezförmig und trägt zwei Cheliceren und zwei Palpen. Im Podosoma, dem mittleren Teil des Körpers, befinden sich vier Paare atrophierter Gliedmaßen, die jeweils ein Paar Tarsalklauen tragen, die sich distal in eine große, nach kaudal gerichtete Afterklaue verzweigen. Der letzte Teil des Körpers ist das Opisthosoma, das zwei Drittel des Milbenkörpers ausmacht, quer gestreift ist und in einer keilförmigen Spitze endet (Abb. 13) [60]. Das weibliche Fortpflanzungssystem findet sich ventral, unterhalb des vierten Beinpaares. Bei der männlichen Milbe befindet es sich in der dorsalen Hälfte und entspricht dem zweiten Beinpaar. Die Eier sind oval und im Durchschnitt 70,5 μm lang [4, 60].

Demodex gatoi ist kleiner und gedrungener und ähnelt morphologisch *Demodex criceti*, dem Parasiten des Hamsters [8, 62]. Die Männchen sind 90 μm lang und die Weibchen 110 μm [61–63]. Das Opisthosoma macht weniger als die Hälfte der Gesamtlänge des Körpers aus, ist horizontal gestreift und kaudal abgerundet (Abb. 14) [62, 64]. Die Eier sind oval und kleiner als die Eier von *Demodex cati* [62].

Die dritte, noch unbenannte Demodex-Art ist von mittlerer Größe, mit einem Körper, der kürzer und gedrungener ist als *Demodex cati*, aber länger und spitzer als *Demodex gatoi* [61, 65, 66].

Abb. 13 *Demodex cati*:
Das Opisthosoma macht
zwei Drittel des
Parasitenkörpers aus, die
Spitze ist keilförmig
zulaufend

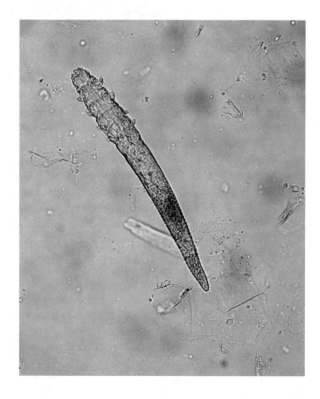

Abb. 14 *Demodex gatoi*:
Das Opisthosoma ist
weniger als halb so lang
wie der gesamte Körper
und die Spitze ist
abgerundet

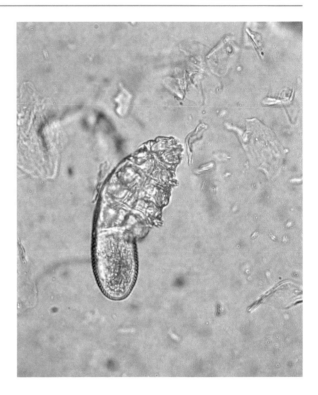

Lebenszyklus

Demodex cati lebt im Haarfollikel, oft in der Nähe des Ausgangs des Talgdrüsengangs, mit nach unten gerichtetem Kopf [60]. *Demodex gatoi* hingegen lebt im
Stratum corneum [61–63]. Die Umgebung der dritten Demodex-Art ist unbekannt,
da sie nie in histopathologischen Proben beschrieben wurde [61, 65]. Informationen
über den Lebenszyklus beziehen sich nur auf *Demodex cati* [60].

Der Lebenszyklus findet vollständig auf dem Wirt statt (Dauerparasitismus). Die
Paarung findet auf der Hautoberfläche statt; anschließend wandert das befruchtete
Weibchen in den Haarfollikel, wo es Eier ablegt. Aus den Eiern schlüpfen sechsbeinige Larven, nach zwei Nymphenstadien wandert die zweite Larve zurück auf
die Hautoberfläche und entwickelt sich zum erwachsenen Tier, und weitere Haarfollikel werden besiedelt [60].

Epidemiologie

Die Art der Übertragung von *Demodex cati* ist unbekannt. Beim Hund erfolgt die
Übertragung vom Muttertier auf die Welpen in den ersten Lebenstagen, während
der Laktation [8]. Die morphologischen und umweltbedingten Ähnlichkeiten von

Demodex canis und *Demodex cati* lassen vermuten, dass die Art der Übertragung identisch ist. Die Krankheit ist nicht ansteckend.

Die durch *Demodex gatoi* verursachte Krankheit scheint unter Katzen in der gleichen Umgebung ansteckend zu sein, wenn ein ausreichender Parasitendruck besteht [63, 65, 67]. Es ist nicht bekannt, ob die dritte Demodex-Art ansteckend ist. *Demodex* spp. sind wirtsspezifische Milben und die Krankheit ist nicht zoonotisch.

Klinische Anzeichen

Bei der *Demodex-cati*-Demodikose sind eine lokalisierte und eine generalisierte Form beschrieben worden [4, 8]. Bei der lokalisierten Form sind Kopf und Hals betroffen, insbesondere die periorbitalen und perilabialen Regionen sowie das Kinn [4, 8, 68]. Die Läsionen sind Erytheme, Alopezie, Schuppen und Krusten. Der Juckreiz ist unterschiedlich stark ausgeprägt, im Allgemeinen leicht bis gar nicht vorhanden [8, 68–70]. Wenn die Krankheit den äußeren Gehörgang befällt, verursacht sie eine bilaterale Otitis ceruminosa, die häufig bei FIV-positiven Katzen beobachtet wird [71, 72]. Eine lokalisierte Form wurde auch bei Katzen berichtet, die an Asthma leiden und chronisch mit Glukocorticoiden behandelt werden, die als Aerosol verabreicht werden [73].

Die generalisierte Form verursacht Läsionen, die denen der lokalisierten Form ähneln, aber schwerer und ausgedehnter sind und die Schnauze, den Hals, den Rumpf und die Gliedmaßen oder den ganzen Körper betreffen (Abb. 15) [8, 64, 68–70]. Die generalisierte Erkrankung ist häufig mit immunsuppressiven Therapien oder gleichzeitigen systemischen Erkrankungen wie Diabetes mellitus, Xanthomen, Toxoplasmose, systemischem Lupus erythematodes, Hypercortisolismus, retroviralen Infektionen und Bowenoid-in-situ-Karzinom verbunden [68, 70, 74–78]. In einigen Fällen kann jedoch keine Grunderkrankung festgestellt werden [79].

Abb. 15 Großer alopezischer Bereich auf dem Rücken einer Katze mit generalisierter Demodikose durch *Demodex cati*

Abb. 16 Schwere selbst
verursachte Läsionen bei
einer Katze mit
Demodex gatoi

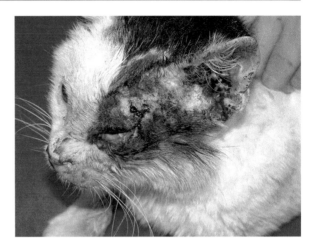

Bei einem Befall mit *Demodex gatoi ist* das häufigste klinische Symptom ein variabler Pruritus, der von abwesend bis stark ausgeprägt sein kann, und in einigen Fällen wird eine Milbenüberempfindlichkeit vermutet (Abb. 16) [8, 61, 63, 80]. Die Katzen können selbst herbeigeführte Alopezie an Rumpf, Bauch, Flanken oder Gliedmaßen oder selbsttraumatische Läsionen wie Alopezie, Exkoriationen, Geschwüre und Krusten oder papulöse und krustige Dermatitis (miliare Dermatitis) aufweisen [63, 80]. Diese Form der Demodikose ist nicht mit einer Immunsuppression verbunden [80]. Es wurde über einen Befall mit verschiedenen Demodex-Spezies bei ein und derselben Katze berichtet [61, 64].

Diagnose

Die Diagnose der Katzendemodikose wird durch mikroskopische Beobachtung der erwachsenen Milbe, ihrer unreifen Stadien oder ihrer Eier bestätigt. Je nach Milbenart und Lokalisation werden unterschiedliche Diagnosemethoden angewandt. *Demodex cati* lebt im Haarfollikel, und die bevorzugte Diagnosemethode ist das tiefe Ausschaben der Haut, gefolgt von der mikroskopischen Untersuchung von Haarproben (Kasten 4 und 5) [80]. Für *Demodex gatoi*, eine oberflächlich angesiedelte Art, werden oberflächliche Hautausschabungen oder die mikroskopische Untersuchung von Proben, die mit einem durchsichtigen Klebeband gewonnen wurden, empfohlen [80]. Diese Milben sind klein und transparent, und es wird empfohlen, die Lichtmenge, die durch das Mikroskop fällt, durch teilweises Schließen der Blende zu reduzieren, um den Kontrast zu erhöhen [63, 64]. Bei sich übermäßig putzenden Katzen kann die Beobachtung von *Demodex gatoi* schwierig sein, und einige Autoren empfehlen eine Kotuntersuchung mit Flotation [80, 81]. Darüber hinaus empfehlen einige Autoren, Katzen mit einem Akarizid zu behandeln, wenn der Verdacht auf *Demodex gatoi* besteht [63, 80].

Kasten 4: Mikroskopische Untersuchung von ausgezupften Haaren: Praktische Tipps
- Wählen Sie die zu untersuchenden Haarschäfte sorgfältig aus.
- Benutzen Sie eine Klemme oder Ihre Finger, um den Haaransatz zu fassen.
- Zupfen Sie die Haare in Wuchsrichtung.
- Richten Sie die Haarschäfte auf einem Glasobjektträger mit ein paar Tropfen Mineralöl aus.
- Decken Sie die Probe mit einem Deckglas ab und betrachten Sie sie unter dem Mikroskop, indem Sie die Blende teilweise schließen und das Licht reduzieren. Dies ermöglicht eine bessere Sichtbarkeit der Parasiten.

Kasten 5: Tiefe Hautabschabungen: Praktische Tipps
- Wählen Sie die Probenstelle so aus, dass ulzerierte oder fibrotische Bereiche vermieden werden.
- Schneiden Sie die Haare bei Bedarf.
- Tragen Sie ein paar Tropfen Mineralöl auf die Haut auf.
- Kratzen Sie die Haut, bis eine Kapillarblutung auftritt.
- Führen Sie mehrere Hautabschabungen durch.
- Wenn Sie eine große Menge an Material erhalten, verteilen Sie es auf mehrere Objektträger.
- Mischen Sie Ihre Probe auf dem Objektträger und fügen Sie gegebenenfalls einige Tropfen Mineralöl hinzu, um eine einzige Schicht zu erhalten.
- Decken Sie die Probe mit einem Deckglas ab und betrachten Sie sie unter dem Mikroskop, indem Sie die Blende teilweise schließen und das Licht reduzieren. Dies ermöglicht eine bessere Sichtbarkeit der Parasiten.

Behandlung

Es gibt kein zugelassenes Produkt für Katzen-Demodikose, und es gibt keine standardisierten Protokolle. Es wurden verschiedene Wirkstoffe verwendet, die je nach Milbenart und Dosierung unterschiedliche Ergebnisse erzielten. In einer evidenzbasierten Übersichtsarbeit wurde die Verwendung von wöchentlichen Spülungen mit 2 % Kalziumschwefel empfohlen [82]; dieses Produkt ist jedoch in vielen Ländern nicht erhältlich.

Für ein- oder zweimal wöchentlich verabreichte Amitraz-Spülungen (0,0125–0,025 %), die bei Katzen toxisch sein können, und für makrozyklische Laktone wurde eine mäßige Wirksamkeit bei beiden Demodex-Arten festgestellt [82]. Ivermectin kann sowohl oral als auch subkutan verabreicht werden und ist bei beiden Spezies wirksam; es wurde jedoch über Misserfolge bei *Demodex gatoi* berichtet [61, 63, 80]. Doramectin (600 µg/kg subkutan einmal wöchentlich über 2–3 Wochen) ist bei *Demodex cati* wirksam [82, 83]. Sowohl bei Ivermectin als auch bei Doramectin wurde eine schwere Toxizität für das zentrale Nervensystem beschrieben [61].

Milbemycinoxim hat sich in einer Dosierung von 1–1,5 mg/kg oral einmal täglich über einen Zeitraum von 2–7 Monaten als wirksam gegen *Demodex cati* erwiesen [73, 75], und die einmal wöchentliche topische Anwendung von Imidacloprid/Moxidectin über acht Anwendungen ist wirksam gegen *Demodex gatoi* [84].

Kürzlich wurde berichtet, dass eine einmalige Behandlung mit oralem Fluralaner bei beiden Demodex-Arten wirksam ist [85, 86]. *Demodex gatoi* ist ansteckend, und es wird empfohlen, alle Katzen mit Kontakt zu behandeln [8].

Pedikulose

Die Pedikulose ist ein Befall mit Läusen. Läuse sind kleine, flügellose Insekten, 0,5–8 mm lang, dorso-ventral abgeflacht, mit Beinen, die starke Krallen tragen, um sich an den Haarschäften festzuhalten [4, 87]. Die meisten Säugetiere, einschließlich des Menschen und der Vögel, mit Ausnahme der Monotremen und Fledermäuse, werden von mindestens einer Läusespezies befallen [87]. Wie bei anderen Insekten ist ihr Körper segmentiert und besteht aus Kopf, Thorax und Abdomen; sie haben drei Beinpaare und ein Paar Fühler. Sie verbringen ihr ganzes Leben auf dem Wirt und sind sehr wirtsspezifisch, und viele Arten haben bevorzugte Körperstellen. Die meisten Läuse gehören zur Unterordnung Anoplura oder Saugläuse, die nur Säugetiere mit Plazenta befallen, oder zur Unterordnung Ischnocera, früher Mallophaga genannt, die beißenden Läuse, die Säugetiere und Vögel befallen. Saugende Läuse haben einen spezialisierten Mundapparat zum Blutsaugen, während beißende Läuse sich nicht von Blut, sondern von Epidermisresten und Haaren ernähren [4, 87]. *Felicola subrostratus* ist die einzige Laus, die Katzen befällt.

Morphologie

Felicola subrostratus ist eine beißende Laus (Unterordnung Ischnocera), die 1–1,5 mm lang ist und eine beige-gelbliche Farbe mit dunklen Querbändern hat. Der Kopf ist breiter als der Brustkorb und hat eine fünfeckige, frontal zugespitzte Form. Auf der Bauchseite weist die Laus eine längliche mediane Spalte auf, die an den Haarschaft angepasst ist. Die Fühler sind bei beiden Geschlechtern ähnlich und bestehen aus drei Segmenten. Der Bukkalapparat ist gut entwickelt und hilft den Läusen, am Haarschaft zu bleiben (Abb. 17). Die Beine sind kurz und enden in einer einzigen Klaue [87].

Abb. 17 *Felicola subrostratus,* erwachsene Laus

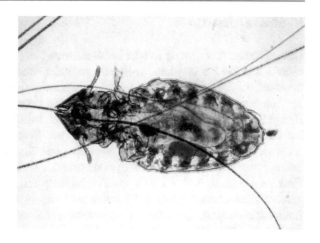

Lebenszyklus

Der Lebenszyklus findet vollständig auf dem Wirt statt (Dauerparasitismus), wo das Weibchen operculierte Eier ablegt, die fest an den Haarschäften haften. Aus dem Ei schlüpft eine Nymphe, die sich dreimal häuten muss, um erwachsen zu werden. Die Jungtiere ähneln den erwachsenen Tieren, sind jedoch kleiner und geschlechtsunreif mit unentwickelten Keimdrüsen (unvollständige Metamorphose). Der gesamte Zyklus dauert 2–3 Wochen, und ein Weibchen kann bis zu 200–300 Eier in seinem Leben legen, das etwa einen Monat dauert [87].

Im Vergleich zu anderen Insekten haben Läuse keinen hohen Reproduktionsindex; allerdings produzieren die Weibchen bei der Eiablage eine klebrige Flüssigkeit, die sich verfestigt und das Ei über seine gesamte Länge mit Ausnahme des Operculus (Atemöffnung) am Haarschaft festklebt. Dies verringert den Verlust von Eiern und die Sterblichkeit unreifer Stadien und erhöht die Läusepopulation auf dem Wirt [87].

Epidemiologie

Läuse können nicht länger als 1–2 Tage ohne ihren Wirt überleben und verbringen im Allgemeinen ihr ganzes Leben auf demselben Wirt. Die Übertragung erfolgt durch direkten Kontakt zwischen befallenen und empfänglichen Katzen, da Läuse ihren Wirt nur verlassen, um zu einem anderen zu wechseln [87]. Da die Übertragung hochgradig wirtsspezifisch ist, findet sie nur unter Katzen statt. In gemäßigten Klimazonen wird über saisonale Schwankungen mit einer Zunahme des Befalls im Winter berichtet, was möglicherweise auf die Haarkleidmerkmale des Wirts zurückzuführen ist. Langhaarige Katzen sind prädisponiert; die schwersten Fälle treten jedoch bei unterernährten Katzen oder Katzen auf, die unter schlechten hygienischen Bedingungen leben [8, 87].

Klinische Anzeichen

Läuse können den ganzen Körper befallen, wobei sie bevorzugt am Kopf, im Nacken und in der Rücken-Lenden-Region zu finden sind [87]. Die bei der Katze beobachteten Läsionen variieren in Abhängigkeit von der Anzahl der Parasiten und der Schwere des Juckreizes, der nicht vorhanden bis mäßig ausgeprägt ist [8, 87]. Einige Katzen sind asymptomatisch: Es können Läuse beobachtet werden, die sich auf den Haarschäften bewegen, und oft sind nur Eier zu sehen, die an den Haarschäften haften und makroskopisch den Schuppen ähneln. Die Eier lassen sich bei näherer Betrachtung anhand ihrer ovalen Form und weißlichen Farbe erkennen. Das Haarkleid kann stumpf, ungepflegt und schmutzig erscheinen (Abb. 18) [8]. In anderen Fällen können primäre Läsionen wie Papeln und Schuppen oder selbsttraumatische sekundäre Läsionen (Exkoriationen, Krusten), selbst verursachte Alopezie oder miliare Dermatitis auftreten [8].

Diagnose

Läuse und ihre Eier lassen sich durch genaue Beobachtung oder mit einer Lupe leicht identifizieren. Die mikroskopische Untersuchung von Haarschäften und Proben, die mit einem durchsichtigen Klebeband gesammelt wurden, bestätigt die Diagnose [8]. Ein Haarkamm ist ebenfalls nützlich, um Proben auf dem Untersuchungstisch zu sammeln. Wenn keine erwachsenen Läuse, sondern nur Eier gefunden werden, müssen diese von den Eiern von *Cheyletiella* spp. unterschieden werden, die ebenfalls an den Haarschäften hängen. Läuseeier sind viel größer als *Cheyletiella*-Eier, und der Operculus ist dorsal (Abb. 19). Außerdem sind die Läuseeier zu zwei Dritteln ihrer Länge an den Haarschäften befestigt, während die Cheyletiella-Eier nur locker durch dünne Fibrillen fixiert sind.

Abb. 18 Läusebefall bei einer Katze: das Haarkleid ist stumpf und ungepflegt und sieht schmutzig aus

Abb. 19 Fest mit dem Haarschaft verbundenes, operculiertes Läuseei

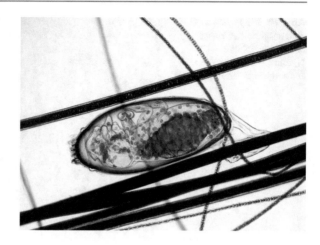

Behandlung

Läuse sind gegenüber den meisten auf dem Markt befindlichen Insektiziden empfindlich [8]. Zu den derzeit zugelassenen Wirkstoffen zur Behandlung der Pediculose bei Katzen gehören Fipronil (Spot-on und Spray) [88] und Selamectin Spot-on [89], das seit Kurzem auch in Verbindung mit Sarolaner erhältlich ist. Bei all diesen Produkten wird eine einmalige Behandlung empfohlen; allerdings sind die Eier gegen die meisten Insektizide resistent. Es ist ratsam, die Behandlung nach 14 Tagen zu wiederholen, um sicherzustellen, dass die nach der ersten Behandlung aus den Eiern schlüpfenden Läuse abgetötet werden. Die Behandlung muss auf alle Katzen ausgedehnt werden, mit denen Kontakt besteht [8, 87].

Lynxacariose

Lynxacarus radovskyi (Katzenpelzmilben) sind astigmatide Milben aus der Familie der Listrophoridae, die kleine, lange Milben umfasst, die auf das Festhalten der Haare von Säugetieren spezialisiert sind. Weitere bekannte Pelzmilben sind *Chirodiscoides caviae* und *Leporacarus gibbus*, die das Meerschweinchen bzw. das Kaninchen befallen. *Lynxacarus radovskyi* zeichnet sich durch einen seitlich zusammengedrückten Körper, kurze Vorderbeine und die charakteristische Fähigkeit aus, den Haarschaft mit einer modifizierten, spezialisierten Greifstruktur, die aus den Propodosomallappen und den Palpencoxen besteht, zu ergreifen. Die Beine enden in Ambulakralscheiben, membranartigen Strukturen, die Reste von Krallen tragen, um den maximalen Kontakt für das Greifen der Haare zu ermöglichen. Das Männchen der Art besitzt große Analsauger, mit denen es sich während der Kopulation am Weibchen festhält. Das Weibchen legt dann Eier, aus denen sechsbeinige Larven schlüpfen, die später achtbeinige Nymphen hervorbringen, welche sich schließlich in eine erwachsene Milbe häuten (Abb. 20). *Lynxacarus radovskyi* ernährt sich von ausgeschiedenen Korneozyten, Pilzsporen, Talg und auch von Pollen

Abb. 20 Ein typisches
Bild ausgerupfter Haare,
das eine weibliche
Nymphe von *Lynxacarus*
radovskyi und ein Ei zeigt

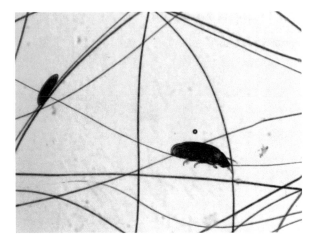

auf dem Wirts. Der genaue Lebenszyklus ist noch nicht vollständig beschrieben, und die Übertragung erfolgt durch direkten Kontakt. Die Milbe wurde aus südlichen Teilen der USA (Texas, Florida), Australien, Neuseeland, Neukaledonien, Französisch-Guayana, der Karibik, Fidschi, Malaysia, den Philippinen, Indien, Singapur und auch aus Südamerika gemeldet, aber es wird vermutet, dass ihr Vorkommen zu wenig bekannt ist. *Lynxacarus radovskyi* ist nicht zoonotisch für den Menschen oder andere Arten außer *Felis catus*.

Klinische Anzeichen

Die meisten befallenen Katzen sind asymptomatisch, aber es gibt Berichte über eine pathologische Reaktion bei empfänglichen Wirten. Bei diesen Katzen wurde eine selbst hervorgerufene, nicht entzündliche, nach kaudal gerichtete Alopezie beschrieben. Die Alopezie beginnt typischerweise am Perineum/Schwanzansatz, wo die Milben vermutlich am häufigsten isoliert werden, bevor sie sich auf die seitlichen Oberschenkel, den Bauch und die Flanken ausbreitet (Abb. 21) [90]. Befallene Katzen zeigen häufig eine erhöhte Schuppenproduktion und ein trockenes, stumpfes Fell mit leicht epilierbaren Haaren. Andere extrakutane Anzeichen wie Gingivitis, gastrointestinale Störungen (Haarballen) und reizbedingte Unruhe können ebenfalls beobachtet werden. Da die Milbe extrakutane Anzeichen hervorrufen kann, ist es wichtig, dass der behandelnde Tierarzt diesen Parasiten als mögliche Differenzialdiagnose in Betracht zieht, insbesondere, wenn diese extrakutanen Anzeichen auftreten.

Diagnose

Die Parasiten können durch mikroskopische Untersuchung von Haarproben oder durch Klebebandtechniken am Perineum, an den seitlichen Hintergliedmaßen oder

Abb. 21 Eine Katze mit Luchsakariose, die sich mit einer beidseitig symmetrischen, nicht entzündlichen, selbst hervorgerufenen Alopezie präsentiert

im Halsbereich nachgewiesen werden, wo sie leichter zu beobachten sind [90]. Milben lassen sich bei offenkundig starkem Befall leicht nachweisen, können aber bei Patienten, die sich exzessiv selbst putzen, schwer nachzuweisen sein.

Behandlung

Der Parasit ist gegenüber allen Akariziden empfindlich. Zu den veröffentlichten Wirksamkeitsberichten gehören Fipronil, Moxidectin plus Imidacloprid und Fluralaner [91, 92]. Topisches Selamectin, das alle vierzehn Tage verabreicht wird, ist ebenso wirksam.

Kutane Schraubenwurmfliegen-Myiasis bei Katzen

Myiasis ist definiert als das Eindringen von Fliegenlarven in ein lebendes Wirbeltier, das mit oder ohne Ernährung über das Wirtsgewebe verbunden sein kann [93]. Bei der obligaten Myiasis legen Fliegenarten wie die Neuwelt-Schraubenwurmfliege (NWS) *Cochliomyia hominivorax* oder die Altwelt-Schraubenwurmfliege (OWS) *Chrysomya bezziana* ihre Eier auf einem lebenden Wirt ab, unabhängig von der Art, und die von ihnen verursachte Krankheit wird als kutane Schraubenwurm-Myiasis bezeichnet. In der Vergangenheit erstreckte sich das Verbreitungsgebiet der NWS von den Südstaaten der USA über Mexiko, Mittelamerika, die Karibik und die nördlichen Länder Südamerikas bis nach Uruguay, Nordchile und Nordargentinien. Das Verbreitungsgebiet schrumpft in den Wintermonaten und dehnt sich in den Sommermonaten aus, was zu einer Saisonabhängigkeit in den Randgebieten und einem ganzjährigen Auftreten in den zentralen Gebieten führt. Mit der erfolgreichen Anwendung der sterilen Insektentechnik (SIT) konnte die NWS in den USA, Mexiko, Curacao und Puerto Rico ausgerottet werden und breitete sich auf mittelamerikanische Länder wie Guatemala, Belize, El Salvador, Honduras, Nicaragua und Panama aus. OWS ist, wie der Name schon sagt, auf die Alte Welt beschränkt, zu der ein Großteil Afrikas (von Äthiopien und den Ländern südlich der Sahara bis zum nördlichen Südafrika), die Golfregion im Nahen Osten, der indische Subkontinent und Südostasien (Malaysia, Singapur, Indonesien, die Philippinen bis Papua-Neuguinea) gehören. Kürzlich wurde über OWS in Hongkong und in der südlichen autonomen Region Guangxi in Festlandchina berichtet [94].

Klinische Anzeichen

Die Weibchen von *Cochliomyia hominivorax* und *Chrysomya bezziana* legen ihre Eier normalerweise an Wundrändern ab. Die Eier schlüpfen innerhalb von 12–24 h. Wie der Name Schraubenwurmfliege vermuten lässt, graben oder schrauben sich die geschlüpften Larven mit dem Kopf nach unten in das Wirtsgewebe und beginnen zu fressen. Dies führt zu exsudativen und ulzerativen Läsionen mit leicht sichtbaren Maden in den Läsionen, die einen charakteristischen fauligen Geruch verströmen (Abb. 22a, b). Diese faulig riechenden Wunden ziehen dann weitere Eiablagen an, was zu einem Superbefall führt, der beim unbehandelten Wirt zum Tod durch Sepsis führen kann. Nach etwa sieben Tagen fallen die Larven auf den Boden, verkriechen sich und verpuppen sich, und die erwachsenen Fliegen schlüpfen nach etwa sieben Tagen aus dem Puparium. Erwachsene, intakte männliche Kurzhaar-Hauskatzen sind prädisponiert, aufgrund von Aggressionen zwischen Katzen eine Schraubenwurmfliegen-Myiasis zu entwickeln; in einigen Regionen, in denen diese beiden Krankheiten gemeldet werden, wird gleichzeitig eine Sporotrichose diagnostiziert. Die häufigsten Stellen, an denen sich Katzen mit Schrauben-

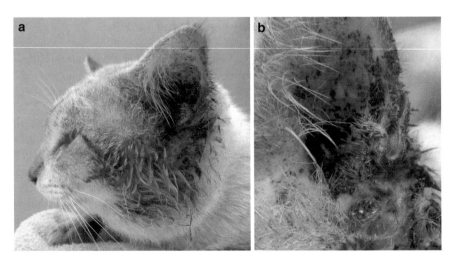

Abb. 22 (**a**) Eine Katze wurde mit einer exsudativen, ulzerativen geschwollenen und erythematösen Wunde an der Basis des linken Ohrs vorgestellt, die einen charakteristischen fauligen Geruch aufwies. (**b**) Bei näherer Betrachtung sind in diesen Läsionen deutlich Larven zu erkennen

wurmlarven infizieren, sind die Pfoten, gefolgt von Schwanz und Damm [95]. Angesichts des Ausmaßes der Gewebszerstörung könnte man annehmen, dass die Wirt-Parasiten-Beziehung durch die schnelle Entfernung der Larven durch den pflegebedürftigen Wirt unterstrichen wird. Die Fähigkeit der Larven, einen Zustand der Immunsuppression herbeizuführen, macht den Wirt jedoch äußerst tolerant gegenüber dem Befall, sodass einige Patienten erst in fortgeschrittenen Stadien des Befalls zur ärztlichen Behandlung vorgestellt werden.

Behandlung

Nitenpyram (Capstar®, Elanco, IL, USA) in der vom Hersteller empfohlenen Standarddosis (im Futter oder ohne Futter) ist in den Ländern, in denen das Medikament erhältlich ist, die häufigste Behandlungsmethode. Es wird angenommen, dass die larvizide Wirksamkeit bei Hunden, die mit Nitenpyram behandelt werden, innerhalb von 24 h zwischen 94,1 % und 100 % liegt; bei Katzen liegen nur wenige Daten vor [96–98]. Sobald die Larven abgestorben sind, werden sie manuell entfernt, die Wunde wird debridiert, und wenn sich keine Larven mehr in der Wunde befinden (Fremdkörper), heilt die Wunde in der Regel schnell ab. In Regionen, in denen Nitenpyram nicht zur Verfügung steht, werden systemisches/topisches Ivermectin (0,3–0,6 mg/kg) und/oder topische Insektizide auf Pulverbasis eingesetzt, die zur Behandlung der kutanen Myiasis bei Nutztieren vermarktet werden und aus Coumaphos, Propoxur und Sulphanilamid (Negasunt™ Dusting Powder, Bayer Pharmaceuticals, Maharashtra, Indien) bestehen. Zur Behandlung der kutanen Myiasis bei Katzen stehen den Tierärzten außer Nitenpyram nur sehr wenige Behandlungsmöglichkeiten zur Verfügung. Aufgrund dieser Einschränkung werden viele Katzen immer noch mit Ivermectin und Carbamaten behandelt, die ursprünglich für den Einsatz in der Landwirtschaft vorgesehen waren.

Literatur

1. Leone F, Albanese F, Fileccia I. Feline notoedric mange: a report of 22 cases. Prat Méd Chir Anim Comp. 2003;38:421–7.
2. Leone F. Canine notoedric mange. Vet Dermatol. 2007;18(2):127–9.
3. Foley J, Serieys LE, Stephenson N, et al. A synthetic review of notoedres species mites and mange. Parasitology. 2016;9:1–15.
4. Bowman DD, Hendrix CM, Lindsay, et al. The arthropods. In: Bowman D, Herausgeber. Feline clinical parasitology. Ames: Iowa State University Press; 2002. S. 355–455.
5. Wall R, Shearer D. Mites (Acari). In: Veterinary Ectoparasites: biology, pathology & control. 2. Aufl. Oxford: Blackwell Science; 2001. S. 23–54.
6. Chakrabarti A. Human notoedric scabies from contact with cats infested with Notoedres cati. Int J Dermatol. 1986;25(10):646–8.
7. Foley RH. A notoedric mange epizootic in an island's cat population. Feline Pract. 1991;19:8–10.
8. Miller WH, Griffin CE, Campbell KL. Parasitic skin disease. In: Muller and Kirk's small animal dermatology. 7. Aufl. St. Louis: Elsevier Mosby; 2013. S. 284–342.

9. Leone F, Albanese F, Fileccia I. Epidemiological and clinical finding of notoedric mange in 30 cats. Vet Dermatol. 2005;16(5):359.
10. Sampaio KO, de Oliveira LM, Burmann PM, et al. Acetate tape impression test for diagnosis of notoedric mange in cats. J Feline Med Surg. 2016;15:1–4.
11. Knaus M, Capári B, Visser M. Therapeutic efficacy of Broadline against notoedric mange in cats. Parasitol Res. 2014;113(11):4303–6.
12. Hellmann K, Petry G, Capari B, et al. Treatment of naturally Notoedres cati-infested cats with a combination of imidacloprid 10%/moxidectin 1% spot-on (advocate®/advantage® multi, Bayer). Parasitol Res. 2013;112(Suppl 1):57–66.
13. Itoh N, Muraoka N, Aoki M, et al. Treatment of Notoedric cati infestation in cats with selamectin. Vet Rec. 2004;154(13):409.
14. Fisher MA, Shanks DJ. A review of the off-label use of selamectin (stronghold/revolution) in dogs and cats. Acta Vet Scand. 2008;50:46.
15. Sivajothi S, Sudhakara Reddy B, et al. Notoedres cati in cats and its management. J Parasit Dis. 2015;39(2):303–5.
16. Delucchi L, Castro E. Use of doramectin for treatment of notoedric mange in five cats. J Am Vet Med Assoc. 2000;216(2):215–6.
17. Yang C, Huang HP. Evidence-based veterinary dermatology: a review of published studies of treatments for Otodectes cynotis (ear mite) infestation in cats. Vet Dermatol. 2016; 27(4):221–e56.
18. Otranto D, Milillo P, Mesto P, et al. Otodectes cynotis (Acari: Psoroptidae): examination of survival off-the-host under natural and laboratory conditions. Exp Appl Acarol. 2004;32(3):171–9.
19. Sotiraki ST, Koutinas AF, Leontides LS, et al. Factors affecting the frequency of ear canal and face infestation by Otodectes cynotis in the cat. Vet Parasitol. 2001;96(4):309–15.
20. Herwick RP. Lesions caused by canine ear mites. Arch Dermatol. 1978;114(1):130.
21. Lopez RA. Of mites and man. J Am Vet Med Assoc. 1993;203(5):606–7.
22. Powell MB et al. Reaginic hypersensitivity in Otodectes cynotis infestation of cats and mode of mite feeding. Am J Vet Res. 1980;41(6):877–82.
23. Saridomichelakis MN, Koutinas AF, Gioulekas D, et al. Sensitization to dust mites in cats with Otodectes cynotis infestation. Vet Dermatol. 1999;10(2):89–94.
24. Roy J, Bédard C, Moreau M, et al. Comparative short-term efficacy of Oridermyl(®) auricular ointment and revolution(®) selamectin spot-on against feline Otodectes cynotis and its associated secondary otitis externa. Can Vet J. 2012;53(7):762–6.
25. Ghubash R. Parasitic miticidal therapy. Clin Tech Small Anim Pract. 2006;21(3):135–44.
26. Scherk-Nixon M, Baker B, Pauling GE, et al. Treatment of feline otoacariasis with 2 otic preparations not containing miticidal active ingredients. Can Vet J. 1997;38(4):229–30.
27. Engelen MA, Anthonissens E. Efficacy of non-acaricidal containing otic preparations in the treatment of otoacariasis in dogs and cats. Vet Rec. 2000;147(20):567–9.
28. Coleman GT, Atwell RB. Use of fipronil to treat ear mites in cats. Aust Vet Pract. 1999;29(4):166–8.
29. Curtis CF. Current trends in the treatment of Sarcoptes, Cheyletiella and Otodectes mite infestations in dogs and cats. Vet Dermatol. 2004;15(2):108–14.
30. Shanks DJ, McTier TL, Rowan TG, et al. The efficacy of selamectin in the treatment of naturally acquired aural infestations of otodectes cynotis on dogs and cats. Vet Parasitol. 2000;91(3–4):283–90.
31. Fourie LJ, Kok DJ, Heine J. Evaluation of the efficacy of an imidacloprid 10%/moxidectin 1% spot-on against Otodectes cynotis in cats. Parasitol Res. 2003;90(Suppl 3):S112–3.
32. Becskei C, Reinemeyer C, King VL, et al. Efficacy of a new spot-on formulation of selamectin plus sarolaner in the treatment of Otodectes cynotis in cats. Vet Parasitol. 2017;238(Suppl 1):S27–30.
33. Taenzler J, de Vos C, Roepke RK, et al. Efficacy of fluralaner against Otodectes cynotis infestations in dogs and cats. Parasit Vectors. 2017;10(1):30.

34. Taenzler J, de Vos C, Roepke RKA, et al. Efficacy of fluralaner plus moxidectin (Bravecto® plus spot-on solution for cats) against Otodectes cynotis infestations in cats. Parasit Vectors. 2018;11(1):595.
35. Machado MA, Campos DR, Lopes NL, et al. Efficacy of afoxolaner in the treatment of otodectic mange in naturally infested cats. Vet Parasitol. 2018;256:29–31.
36. Beugnet F, Bouhsira E, Halos L, et al. Preventive efficacy of a topical combination of fipronil – (S)-methoprene – eprinomectin – praziquantel against ear mite (Otodectes cynotis) infestation of cats through a natural infestation model. Parasite. 2014;21:40.
37. Schmeitzel LP. Cheyletiellosis and scabies. Vet Clin North Am Small Anim Pract. 1988;18(5):1069–76.
38. Lee BW. Cheyletiella dermatitis: a report of fourteen cases. Cutis. 1991;47(2):111–4.
39. Wagner R, Stallmeister N. Cheyletiella dermatitis in humans, dogs and cats. Br J Dermatol. 2000;143(5):1110–2.
40. Chailleux N, Paradis M. Efficacy of selamectin in the treatment of naturally acquired cheyletiellosis in cats. Can Vet J. 2002;43(10):767–70.
41. Paradis M, Scott D, Villeneuve A. Efficacy of ivermectin against Cheyletiella blakei infestation in cats. J Am Anim Hosp Assoc. 1990;26(2):125–8.
42. Scarampella F, Pollmeier M, Visser M, et al. Efficacy of fipronil in the treatment of feline cheyletiellosis. Vet Parasitol. 2005;129(3–4):333–9.
43. Takahashi M, Misumi H, Urakami H, et al. Trombidiosis in cats caused by the bite of the larval trombiculid mite Helenicula miyagawai (Acari: Trombiculidae). Vet Rec. 2004;154(15):471.
44. McClain D, Dana AN, Goldenberg G. Mite infestations. Dermatol Ther. 2009;22(4):327–46.
45. Shatrov AB. Stylostome formation in trombiculid mites (Acariformes: Trombiculidae). Exp Appl Acarol. 2009;49(4):261–80.
46. Caputo V, Santi F, Cascio A, et al. Trombiculiasis: an underreported ectoparasitosis in Sicily. Infez Med. 2018;26(1):77–80.
47. Leone F, Di Bella A, Vercelli A, et al. Feline trombiculosis: a retrospective study in 72 cats. Vet Dermatol. 2013;24(5):535–e126.
48. Guarneri C, Chokoeva AA, Wollina U, et al. Trombiculiasis: not only a matter of animals! Wien Med Wochenschr. 2017;167(3–4):70–3.
49. Guarneri F, Pugliese A, Giudice E, et al. Trombiculiasis: clinical contribution. Eur J Dermatol. 2005;15(6):495–6.
50. Smith GA, Sharma V, Knapp JF, et al. The summer penile syndrome: seasonal acute hypersensitivity reaction caused by chigger bites on the penis. Pediatr Emerg Care. 1998;14(2):116–8.
51. Fernández-Soto P, Pérez-Sánchez R, Encinas-Grandes A. Molecular detection of Ehrlichia phagocytophila genogroup organisms in larvae of Neotrombicula autumnalis (Acari: Trombiculidae) captured in Spain. J Parasitol. 2001;87(6):1482–3.
52. Kampen H, Schöler A, Metzen M, et al. Neotrombicula autumnalis (Acari, Trombiculidae) as a vector for Borrelia burgdorferi sensu lato? Exp Appl Acarol. 2004;33(1–2):93–102.
53. Literak I, Stekolnikov AA, Sychra O, et al. Larvae of chigger mites Neotrombicula spp. (Acari: Trombiculidae) exhibited Borrelia but no Anaplasma infections: a field study including birds from the Czech Carpathians as hosts of chiggers. Exp Appl Acarol. 2008;44(4):307–14.
54. Leone F, Cornegliani L, Vercelli A. Clinical findings of trombiculiasis in 50 cats. Vet Dermatol. 2010;21(5):538.
55. Fleming EJ, Chastain CB. Miliary dermatitis associated with Eutrombicula infestation in a cat. J Am Anim Hosp Assoc. 1991;27:529–31.
56. Nuttall TJ, French AT, Cheetham HC, et al. Treatment of Trombicula autumnalis infestation in dogs and cats with a 0.25 per cent fipronil pump spray. J Small Anim Pract. 1998;39(5):237–9.
57. Leone F, Albanese F. Efficacy of selamectin spot-on formulation against Neotrombicula autumnalis in eight cats. Vet Dermatol. 2004;15(Suppl. 1):49.
58. Frank LA, Kania SA, Chung K, et al. A molecular technique for the detection and differentiation of Demodex mites on cats. Vet Dermatol. 2013;24(3):367–9. e82–e3.

59. Ferreira D, Sastre N, Ravera I, et al. Identification of a third feline Demodex species through partial sequencing of the 16S rDNA and frequency of Demodex species in 74 cats using a PCR assay. Vet Dermatol. 2015;26(4):239–e53.
60. Desch C, Nutting WB. Demodex cati Hirst 1919: a redescription. Cornell Vet. 1979;69(3):280–5.
61. Löwenstein C, Beck W, Bessmann K, et al. Feline demodicosis caused by concurrent infestation with Demodex cati and an unnamed species of mite. Vet Rec. 2005;157(10):290–2.
62. Desch CE Jr, Stewart TB. Demodex gatoi: new species of hair follicle mite (Acari: Demodecidae) from the domestic cat (Carnivora: Felidae). J Med Entomol. 1999;36(2):167–70.
63. Saari SA, Juuti KH, Palojärvi JH, et al. Demodex gatoi-associated contagious pruritic dermatosis in cats – a report from six households in Finland. Acta Vet Scand. 2009;51:40.
64. Neel JA, Tarigo J, Tater KC, et al. Deep and superficial skin scrapings from a feline immunodeficiency virus-positive cat. Vet Clin Pathol. 2007;36(1):101–4.
65. Kano R, Hyuga A, Matsumoto J, et al. Feline demodicosis caused by an unnamed species. Res Vet Sci. 2012;92(2):257–8.
66. Moriello KA, Newbury S, Steinberg H. Five observations of a third morphologically distinct feline Demodex mite. Vet Dermatol. 2013;24(4):460–2.
67. Morris DO. Contagious demodicosis in three cats residing in a common household. J Am Anim Hosp Assoc. 1996;32(4):350–2.
68. Guaguere E, Muller A, Degorce-Rubiales F. Feline demodicosis: a retrospective study of 12 cases. Vet Dermatol. 2004;15(Suppl 1):34.
69. Stogdale L, Moore DJ. Feline demodicosis. J Am Anim Hosp Assoc. 1982;18:427–32.
70. Medleau L, Brown CA, Brown SA, et al. Demodicosis in cats. J Am Anim Hosp Assoc. 1988;24:85–91.
71. Kontos V, Sotiraki S, Himonas C. Two rare disorders in the cat: Demodectic otitis externa and Sarcoptic mange. Feline Pract. 1998;26(6):18–20.
72. Van Poucke S. Ceruminous otitis externa due to Demodex cati in a cat. Vet Rec. 2001;149(21):651–2.
73. Bizikova P. Localized demodicosis due to Demodex cati on the muzzle of two cats treated with inhalant glucocorticoids. Vet Dermatol. 2014;25(3):222–5.
74. White SD, Carpenter JL, Moore FM, et al. Generalized demodicosis associated with diabetes mellitus in two cats. J Am Vet Med Assoc. 1987;191(4):448–50.
75. Vogelnest LJ. Cutaneous xanthomas with concurrent demodicosis and dermatophytosis in a cat. Aust Vet. 2001;79(7):470–5.
76. Zerbe CA, Nachreiner RF, Dunstan RW, et al. Hyperadrenocorticism in a cat. J Am Vet Med Assoc. 1987;190(5):559–63.
77. Chalmers S, Schick RO, Jeffers J. Demodicosis in two cats seropositive for feline immunodeficiency virus. J Am Vet Med Assoc. 1989;194(2):256–7.
78. Guaguère E, Olivry T, Delverdier-Poujade A, et al. *Demodex cati* infestation in association with feline cutaneous squamous cell carcinoma *in situ*: a report of five cases. Vet Dermatol. 1999;10(1):61–7.
79. Bailey RG, Thompson RC, Nickels DG. Demodectic mange in a cat. Aust Vet J. 1981;57(1):49.
80. Beale K. Feline demodicosis: a consideration in the itchy or overgrooming cat. J Feline Med Surg. 2012;14(3):209–13.
81. Silbermayr K, Joachim A, Litschauer B, et al. The first case of Demodex gatoi in Austria, detected with fecal flotation. Parasitol Res. 2013;112(8):2805–10.
82. Mueller RS. Treatment protocols for demodicosis: an evidence-based review. Vet Dermatol. 2004;15(2):75–89.
83. Johnstone IP. Doramectin as a treatment for canine and feline demodicosis. Aust Vet Pract. 2002;32(3):98–103.
84. Short J, Gram D. Successful treatment of Demodex gatoi with 10% Imidacloprid/1% Moxidectin. J Am Anim Hosp Assoc. 2016;52(1):68–72.
85. Matricoti I, Maina E. The use of oral fluralaner for the treatment of feline generalised demodicosis: a case report. J Small Anim Pract. 2017;58(8):476–9.

86. Duangkaew L, Hoffman H. Efficacy of oral fluralaner for the treatment of Demodex gatoi in two shelter cats. Vet Dermatol. 2018;29(3):262.
87. Wall R, Shearer D. Lice. In: Veterinary Ectoparasites: biology, pathology & control. 2. Aufl. Oxford: Blackwell Science; 2001. S. 162–78.
88. Pollmeier M, Pengo G, Longo M, et al. Effective treatment and control of biting lice, Felicola subrostratus (Nitzsch in Burmeister, 1838), on cats using fipronil formulations. Vet Parasitol. 2004;121(1–2):157–65.
89. Shanks DJ, Gautier P, McTier TL, et al. Efficacy of selamectin against biting lice on dogs and cats. Vet Rec. 2003;152(8):234–7.
90. Ketzis JK, Dundas J, Shell LG. *Lynxacarus radovskyi* mites in feral cats: a study of diagnostic methods, preferential body locations, co-infestations and prevalence. Vet Dermatol. 2016;27:425–e108.
91. Clare F, Mello RMLC. Use of fipronil for treatment of *Lynxacarus radovskyi* in outdoor cats in Rio de Janeiro (Brazil). Vet Dermatol. 2004;15(Suppl 1):50. (abstract).
92. Han HS, Noli C, Cena T. Efficacy and duration of action of oral fluralaner and spot-on moxidectin/imidacloprid in cats infested with *Lynxacarus radovskyi*. Vet Dermatol. 2016;27:474–e127.
93. Catts EP, Mullen G. Myiasis (*Muscoidea, Oestroidea*). In: Mullen G, Durden L, Herausgeber. Medical and veterinary entomology. Orlando: Academic Press; 2002. S. 317–343.
94. Fang F, Chang Q, Sheng Z, Yu Z, Yin Z, Guillot J. Chrysomya bezziana: a case report in a dog from Southern China and review of the Chinese literature. Parasitol Res. 2019;118:3237–40.
95. Han HS, Toh PY, Yoong HB, Loh HM, Tan LL, Ng YY. Canine and feline cutaneous screw-worm myiasis in Malaysia: clinical aspects in 76 cases. Vet Dermatol. 2018;29(5):442–e148.
96. de Souza CP, Verocai GG, Ramadinha RHR. Myiasis caused by the New World screwworm fly (Diptera: Calliphoridae) in cats from Brazil: report of five cases. J Feline Med Surg. 2010;12(2):166–8.
97. Correia TR, Scott FB, Verocai GG, Souza CP, Fernandes JI, Melo RMPS, Vieira VPC, Ribeiro FA. Larvicidal efficacy of nitenpyram on the treatment of myiasis caused by Cochliomyia hominivorax (Diptera: Calliphoridae) in dogs. Vet Parasitol. 2010;173(1–2):169–72.
98. Han HS, Chen C, Schievano C, Noli C. The comparative efficacy of afoxolaner, spinosad, milbemycin, spinosad plus milbemycin, and nitenpyram for the treatment of canine cutaneous myiasis. Vet Dermatol. 2018;29(4):312–e9.

Flohbiologie, Allergie und Bekämpfung

Chiara Noli

Zusammenfassung

Flöhe sind die am häufigsten vorkommenden Ektoparasiten, und bei Katzen kann sich eine Flohbissallergie entwickeln. Die klinischen Anzeichen sind Pruritus, Exkoriationen, selbst herbeigeführte Alopezie, Manifestationen des eosinophilen Granulom-Komplexes und miliare Dermatitis, die häufig, aber nicht ausschließlich, den kaudalen, dorsalen und ventralen Teil des Körpers betrifft. Die Diagnose wird anhand des klinischen Bildes und der Reaktion auf die Flohbekämpfung gestellt. Die Flohbekämpfung basiert auf Adultiziden, die die erwachsenen Flöhe auf der Katze abtöten, und Insektenwachstumsregulatoren (IGR), die die Entwicklung der präadulten Stadien in der Umwelt hemmen.

Einführung

Die bei Katzen am häufigsten festgestellte Flohart ist *Ctenocephalides felis* (Abb. 1). Vor Kurzem wurde ein umfassender Überblick über die Biologie und Ökologie dieser Art veröffentlicht [1]. Flöhe können Ursache und/oder Überträger einer Vielzahl von Krankheiten sein, z. B. Anämie bei stark befallenen Kätzchen, Bandwurmbefall, Borreliose, Schädlinge, Viren, Hämoparasiten, Katzenkratzkrankheit und Flohallergie [1, 2]. Das Erkennen einiger dieser Erkrankungen, wie z. B. des Bandwurms bei der Katze oder der Katzenkratzkrankheit beim Besitzer, ist ein Anzeichen für einen Flohbefall, auch wenn er beim Träger-Katzenwirt symptomlos verläuft.

C. Noli (✉)
Servizi Dermatologici Veterinari, Peveragno, Italien

Abb. 1 Mikroskopischer
Aspekt des Katzenflohs
Ctenocephalides felis
(4-fache Vergrößerung)

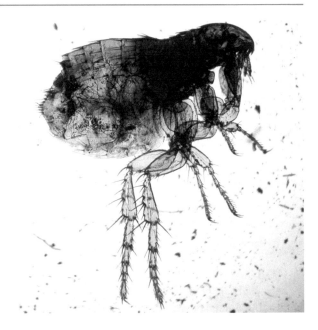

Die Flohbissallergie ist bei Weitem die häufigste durch Flöhe verursachte Erkrankung bei Katzen, und ihre Prävalenz hängt von der geografischen Region und
den örtlichen Gewohnheiten zur Parasitenbekämpfung ab. In einer kürzlich durchgeführten multizentrischen europäischen Studie wurde festgestellt, dass die Flohbissallergie für etwa ein Drittel aller Juckreiz-Fälle bei Katzen verantwortlich ist [3].

Pathogenese der Flohallergie

Katzen werden mehrmals am Tag von Flöhen gebissen [4]. Flöhe stechen mit ihren
Mundwerkzeugen durch die Epidermis in die Dermis und saugen Blut aus den Kapillaren. Bei diesem Vorgang lagern sie bis zu 15 verschiedene Speichelproteine in
der Epidermis und der oberflächlichen Dermis ab, die das Gewebe aufweichen und
die Blutgerinnung verhindern [5, 6]. Eine Überempfindlichkeit gegenüber diesen
Proteinen führt zu einem lokalen Ödem und einem zellulären Infiltrat, das die erythematöse Papel bildet, die auf den Biss folgen kann. Es gibt noch keine spezifischen
Studien, die die genauen allergenen Komponenten des Flohspeichels identifizieren,
die für natürlich sensibilisierte Katzen relevant sind. Eine Studie deutet darauf hin,
dass FSA1 (*feline salivary antigen-1*) bei experimentell sensibilisierten Laborkatzen
ein wichtiges Flohspeichelantigen sein könnte [7]. Es wird angenommen, dass nicht
allergische Tiere bei einem Flohbiss keine oder nur geringe Beschwerden haben und
dass nur Flohallergiker Juckreiz und Hautkrankheiten entwickeln.

Über die Pathogenese der Flohallergie bei Katzen ist wenig bekannt. Die meisten
flohallergischen Katzen haben sofortige positive Hauttestreaktionen auf Flohaller-
gene, aber auch verzögerte Reaktionen vom Typ 4 wurden beschrieben [8, 9]. Wie

bei Hunden kann allergenspezifisches IgE im Serum von Katzen mit Flohallergie mittels ELISA nachgewiesen werden [8, 10]. Eine IgE-vermittelte zelluläre Reaktion in der Spätphase und eine kutane basophile Hypersensitivität wurden bei Katzen noch nicht festgestellt.

Die Ergebnisse einer Studie über die frühe Sensibilisierung von zwölf Wochen alten Kätzchen, die nur leichte klinische Symptome entwickelten (10 von 18 Kätzchen), deuten darauf hin, dass Katzen, die früh in ihrem Leben Flöhen ausgesetzt waren, weniger wahrscheinlich eine Flohallergie entwickeln als Katzen, die erst in einem späteren Alter ausgesetzt waren [11]. Die Autoren vermuten, dass die frühe Aufnahme von Flöhen zu einer Toleranz führen könnte, da Katzen, die Flöhen experimentell oral ausgesetzt waren, zu minimalen klinischen Symptomen und niedrigeren In-vivo- und In-vitro-Testergebnissen neigten, obwohl sich dies statistisch nicht von den Kontrollen unterschied [11]. In der gleichen Studie entwickelten Katzen, die im Alter von 16–43 Wochen kontinuierlich Flöhen ausgesetzt waren, entweder eine sofortige oder eine späte Reaktivität auf die Herausforderung durch lebende Flöhe. Allerdings waren nicht alle diese Katzen bei intradermalen oder serologischen Tests positiv. Es wurde berichtet, dass die sofortige Testreaktivität mehr als 90 Tage nach der experimentellen Sensibilisierung anhielt [7]. In einer Studie, die speziell zur Klärung der Rolle einer intermittierenden Exposition gegenüber Flohbissen durchgeführt wurde, kam man zu dem Schluss, dass diese weder eine schützende noch eine prädisponierende Wirkung auf die Entwicklung klinischer Anzeichen einer Flohallergie hat [12].

Klinisches Erscheinungsbild

Es gibt keine alters-, rasse- oder geschlechtsspezifische Vorliebe für die Entwicklung einer Flohbiss-Überempfindlichkeit. In den meisten Fällen ist die Flohbekämpfung entweder völlig unzureichend oder unvollständig oder wird falsch durchgeführt. Die klinischen Anzeichen verschlimmern sich in der Regel in den wärmeren Monaten, insbesondere am Ende des Sommers, wenn die Flohpopulation am höchsten ist. Außerdem stellen viele Besitzer in diesem Zeitraum die Flohbekämpfung ein, weil sie meinen, sie sei nicht mehr nötig.

Die klinischen Anzeichen einer Flohallergie bei Katzen unterscheiden sich nicht von denen, die durch andere Allergien bei Katzen hervorgerufen werden, und umfassen – allein (bei 75 % der Katzen) oder in Kombination – Juckreiz, miliare Dermatitis, selbst herbeigeführte Alopezie, eosinophile Plaques und eosinophile Granulome, Lippengeschwüre und Exkoriationen an Kopf und Hals [3]. Bitte lesen Sie das Kap. „Atopisches Syndrom bei Katzen: Epidemiologie und klinische Präsentation", dort finden Sie eine ausführlichere Beschreibung dieser klinischen Erscheinungen. Alle diese Anzeichen konnten in experimentellen Sensibilisierungsstudien reproduziert werden [12]. Die Prävalenz der Läsionen bei Flohbissallergie ist in Tab. 1 aufgeführt [3]. In einer multizentrischen Studie mit 502 Katzen mit Juckreiz wurde bei Katzen mit Flohbissallergie im Vergleich zu anderen Allergien eine bevorzugte Lokalisierung von Juckreiz und Läsionen der miliaren Dermatitis auf dem

Tab. 1 Prävalenz der klinischen Anzeichen einer Allergie bei Katzen mit Flohbissüberempfindlichkeit. (Nach [3])

Klinisches Anzeichen	Prävalenz	Häufigste Verteilung
Miliare Dermatitis	35 %	Dorsal kaudal, kaudal Oberschenkel oder generalisiert
Symmetrische Alopezie	39 %	Rücken und Flanke des Schwanzes Unterleib
Juckreiz und Exkoriationen an Kopf und Hals	38 %	Kopf und Hals
Eosinophiler Granulom-Komplex (einschließlich eosinophilem Granulom, eosinophilem Plaque und Lippengeschwüren)	14 %	Granulom: Maul, Kinn, kaudale Seite der Hinterbeine Plaque: Unterleib, Leiste Lippengeschwür: Oberlippe

Abb. 2 Selbst zugefügte Läsionen auf dem Rücken einer Katze mit Flohbissallergie

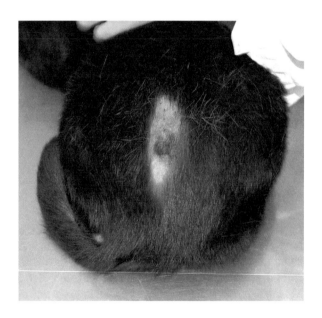

kaudalen Dorsum festgestellt (Abb. 2) [3]. In derselben Studie wurden bei 30 % der Katzen mit Flohbissallergie nicht dermatologische Symptome wie Konjunktivitis, Rhinitis, Erbrechen, Durchfall und weicher Kot beobachtet, und bei 3 % wurde eine Otitis festgestellt [3].

Differenzialdiagnosen und diagnostischer Ansatz

Bei der dermatologischen Untersuchung einer Katze sollte immer auch nach Flöhen und deren Kot gesucht werden, indem der gesamte Patient gründlich mit einem feinzahnigen Kamm durchkämmt wird (Abb. 3, 4 und 5). Flohkot besteht aus trockenem Blut und ist leicht zu erkennen, da er auf einem weißen, angefeuchteten Papiertuch einen braunen Heiligenschein hinterlässt. Flöhe oder Flohkot sind nicht

Abb. 3 Flöhe und Flohkot im Fell einer nicht allergischen Katze

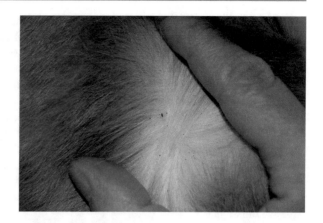

Abb. 4 Reichlich Flohkot und einige erwachsene Flöhe, die durch Auskämmen mit dem Flohkamm bei einer von Flöhen befallenen Katze gewonnen wurden

Abb. 5 Mikroskopischer Aspekt des gleichen Materials wie in Abb. 4: Flohkot erscheint als rote, gekräuselte Strukturen. Sie bestehen zu über 90 % aus dem Trockenblut der Katze. Dies ist eine wichtige elterliche Investition des Flohweibchens, da Flohkot die Hauptnahrung für die Flohlarven darstellt

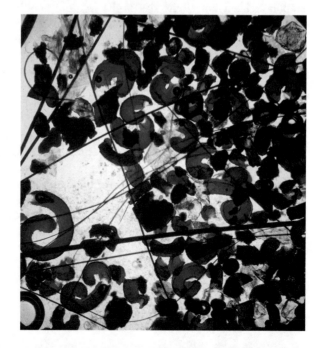

immer zu finden, da Katzen ausgezeichnete Putzer sind und alle Flöhe innerhalb weniger Stunden beseitigen können [13]. Darüber hinaus ist die Zahl der Eier, die von Floh-allergischen Katzen in die Umwelt abfallen, geringer, was zu einem weniger offensichtlichen Befall von Tier und Umwelt führt [13]. Aus diesem Grund schließt das Fehlen von Flöhen oder Flohschmutz im Fell die Diagnose einer Flohallergie nicht aus. Die wichtigsten Differenzialdiagnosen einer Flohallergie sind andere Allergien, wie z. B. unerwünschte Reaktionen auf Nahrungsmittel und umweltbedingte allergische Dermatitis, da sie alle oben genannten klinischen Manifestationen aufweisen. Andere, weniger häufige Differenzialdiagnosen sind andere parasitäre Erkrankungen (s. Kap. „Ektoparasitäre Erkrankungen"), psychogene Alopezie (s. Kap. „Psychogene Erkrankungen"), Dermatophytose (bei miliarer Dermatitis) und seltene juckende, immunvermittelte, autoimmune und neoplastische Erkrankungen.

Die Verdachtsdiagnose einer Flohallergie kann durch einen intradermalen Hauttest bestätigt werden. Das Flohallergen (0,05 ml) wird zusammen mit einer Negativ- (Kochsalzlösung) und einer Positivkontrolle (Histamin) intrakutan injiziert, und die Reaktionen werden nach 15 min und 48 h abgelesen. Die aktuell oder kürzlich erfolgte Verabreichung von Glukocorticoiden oder Antihistaminika (2 Wochen bei kurz wirksamen Glukocorticoiden und Antihistaminika, bis zu 8 Wochen bei Depot-Glukocorticoiden) kann zu falsch-negativen Ergebnissen führen. Falsch-positive Reaktionen bei normalen Katzen wurden beschrieben: In einer Studie zeigten 36 % der klinisch unauffälligen Katzen, die Flöhen ausgesetzt waren, eine positive unmittelbare Hauttestreaktion auf Flohantigene [14].

In früheren Studien wurde ein positiver prädiktiver Wert von 85–100 % angegeben [9, 12, 15], während eine neuere Studie, die mit drei verschiedenen Extrakten durchgeführt wurde, eine Sensitivität von 33 % und eine Spezifität von 78–100 % ergab [8]. In einer Studie zur experimentellen Induktion einer Flohüberempfindlichkeit korrelierte das Vorhandensein positiver sofortiger intrakutaner Testreaktionen nicht mit der Entwicklung klinischer Symptome [11]. Als Allergene wurden in älteren Studien Ganzkörperextrakte von Flöhen (1:1000 *w/v*) verwendet, während in jüngerer Zeit Flohspeichel oder gereinigte Speichelantigene für einen empfindlicheren In-vivo-Test entwickelt wurden [5]. Bei experimentell induzierten Flohbissallergien bei Katzen waren die Ergebnisse von Intrakutantests mit gereinigten Allergenen den Rohextrakten jedoch nicht überlegen, was die Korrelation mit klinischen Symptomen betrifft [11, 12]. Außerdem ist nicht bekannt, ob die verwendete Konzentration (1/1000 *w/v*), die von Hunden extrapoliert wurde, für Katzen optimal ist oder ob höhere Konzentrationen verwendet werden sollten [16].

Serologische In-vitro-Tests (ELISA) mit Ganzkörperextrakten von Flöhen oder gereinigtem Flohspeichel oder rekombinanten Flohspeichelantigenen sind für die Bestimmung von allergenspezifischem IgE im Katzenserum verfügbar. Die Leser sollten darauf hingewiesen werden, dass diese Tests nur Tiere mit IgE-vermittelten Erkrankungen identifizieren können und diejenigen, die nur eine verzögerte Reaktion zeigen, nicht diagnostizieren. Außerdem gibt es normale Katzen, die auch ohne klinische Erkrankung allergenspezifisches IgE aufweisen können [8, 11, 12]. Sensitivität und Spezifität serologischer Tests mit Flohextrakten wurden in einer Studie [8] mit 88 % bzw. 77 % und in einer anderen Studie [15] mit 77 % bzw. 72 % angegeben, wobei in der letztgenannten Studie ein niedriger positiver Vorhersagewert von 0,58 ermittelt wurde.

Flohspeichel macht nur 0,5 % der gesamten Flohextrakte aus, und In-vitro-Tests, die bei Hunden mit Flohspeichelantigenen durchgeführt wurden, ergaben viel bessere Ergebnisse als die mit ganzen Flohextrakten durchgeführten Tests [17]. In-vitro-Tests mit Speichelantigenen und der Verwendung von hochaffinen FcεR1α-Rezeptoren ergaben eine Gesamtgenauigkeit von 82 % und könnten ein zuverlässigeres Instrument für die Diagnose von Flohallergien bei Katzen darstellen [10].

In der Praxis besteht der beste Ansatz für eine korrekte Diagnose darin, eine wirksame Ektoparasitenbekämpfung zusammen mit einer guten hypoallergenen Ernährung durchzuführen bzw. diese zu ergänzen. Tritt eine Besserung ein, kann durch eine Ernährungsprobe zwischen einer Flohbissallergie und einer Nahrungsmittelüberempfindlichkeit unterschieden werden. Tritt keine Besserung ein, können eine Umweltallergie oder andere weniger häufige, Juckreiz verursachende Erkrankungen in Betracht gezogen werden (s. Kap. „Atopisches Syndrom bei Katzen: Diagnose" für eine detaillierte Beschreibung des diagnostischen Ansatzes bei der Katze mit Juckreiz).

Behandlung

Die Flohbekämpfung ist von zentraler Bedeutung für eine wirksame Behandlung der Flohbissallergie. Ausgewachsene Flöhe sind obligate Ektoparasiten [4], und eine topische oder systemische Flohbekämpfung bei der Katze ist obligatorisch. Die Entwicklung der Lebensstadien vom Ei bis zur Puppe findet jedoch in der unmittelbaren häuslichen Umgebung des befallenen Haustiers und nicht auf dem Wirt statt, was eine zusätzliche Umweltbehandlung erfordert [1, 4, 18]. Der Kontakt mit anderen Katzen ist eine weitere Infektionsquelle. Leider wurden in einer Umfrage unter Besitzern von mit Flöhen befallenen Tieren nur 71 % der Hunde und 50 % der Katzen in den letzten zwölf Monaten gegen Flöhe behandelt [19]. Eine der häufigsten Herausforderungen bei der Behandlung gegen Flöhe besteht darin, dass viele Besitzer, insbesondere wenn keine Parasiten und kein Kot auf dem Fell der Katze zu finden sind, skeptisch sind und sich beleidigt fühlen, wenn sie mit der Annahme konfrontiert werden, dass es Flöhe auf ihren Haustieren und in ihrer Wohnung geben könnte, und daher nicht bereit sind, eine gründliche Flohbekämpfung durchzuführen. Die Aufklärung darüber, dass es nicht notwendig ist, große Mengen von Flöhen zu beherbergen, um eine Allergie zu entwickeln, und dass nur eine gut durchgeführte, ganzjährige Flohbekämpfung einen Flohbefall verhindern kann, kann die Bereitschaft der Besitzer erhöhen.

Der Flohzyklus und die Ökologie

Der Tierarzt sollte sich die Zeit nehmen, gründlich zu erklären, warum und wie man eine korrekte Flohbekämpfung durchführt. Dies beginnt damit, dass der Besitzer etwas über den Flohzyklus erfährt [1, 4]. Floheier werden auf dem Wirt produziert und fallen innerhalb von 8 h nach der Produktion ab. Hohe Eizahlen wurden an Stellen gefunden, an denen das Tier schläft, frisst oder die meiste Zeit verbringt. Die Larven schlüpfen nach 1–10 Tagen (Abb. 6), sie leben frei in der Umwelt und bewegen sich aktiv unter Möbeln und Teppichen, tief in Teppichfasern oder unter organischen Abfällen (Gras, Äste, Blätter), um Licht zu vermeiden. Nach 5–11 Tagen produzieren die Larven einen seidenähnlichen Kokon, der ihnen Schutz und Tarnung bietet. Im Inneren des Kokons entwickeln sich die Larven zu Puppen und werden dann nach 5–9 Tagen zu jungen Erwachsenen. Die Flöhe sind im Kokon sehr gut vor Insektiziden und ungünstigen Umweltbedingungen geschützt und können bis zu 50 Wochen in einem ruhigen Zustand überleben. Wenn ein potenzieller Wirt vorhanden ist, verlassen die Flöhe den Kokon und springen schnell auf ihn. Ist kein Wirt vorhanden, können die frisch geschlüpften Flöhe mehrere Tage (bis zu zwei Wochen) in der Umgebung überleben. Wenn die Flöhe kein Haustier finden, beißen sie oft Menschen, bevor sie ihren bevorzugten Wirt finden. Erwachsene Flöhe sind Dauerparasiten von Tieren. Sobald sie auf einem Wirt landen, beginnen sie zu fressen. Die ersten Eier werden nach 36–48 h auf dem Wirt produziert. Ein einzelnes Weibchen ist in der Lage, bis zu 40–50 Eier pro Tag und bis zu 2000 Eier in etwa 100 Lebenstagen zu produzieren. Der gesamte Zyklus dauert mindestens 12–14 Tage, in den meisten Haushalten durchschnittlich 3–4 Wochen, auch im Winter. Die erwachsenen Flöhe machen nur 1–5 % aller Flöhe in der Umgebung der Katze aus. 95–99 % der Flöhe befinden sich im Ei-, Larven- oder Puppenstadium. Man geht sogar davon aus, dass in gemäßigten Klimazonen das Haus die Hauptquelle für den erneuten Befall von Kleintieren ist.

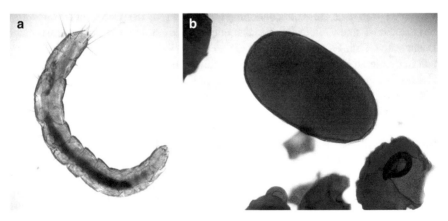

Abb. 6 (**a, b**) Larve, Ei und Flohkot, aus der Umgebung (Couch) einer von Flöhen befallenen Katze (4-fache Vergrößerung)

Flohbekämpfung

Wichtige Faktoren für eine erfolgreiche Flohbekämpfung sind die Wirksamkeit und Sicherheit des Wirkstoffs, möglichst mit langer Restaktivität. Moleküle, die gegen Flöhe wirksam sind, gehören in der Regel einer von zwei Kategorien an: Entweder sie töten erwachsene Flöhe (Adultizide), oder sie hemmen die Entwicklung vor dem Erwachsenenstadium (Insektenwachstumsregulatoren). Adultizide werden auf dem Tier benötigt, um erwachsene Flöhe auf dem Wirt abzutöten, idealerweise bevor sie beißen und die allergische Reaktion auslösen. Adultizide allein töten nur 1–5 % der Flohpopulation und verhindern nicht den Befall in der Umwelt (Haushalt), d. h. die Eier, Larven und Puppen, die 95–99 % der gesamten Flohpopulation ausmachen. Insektenwachstumsregulatoren (IGR) sind in der Lage, die Entwicklung von Eiern und Larven zu hemmen und den Flohbefall in der Umwelt zu verringern, können aber nicht verhindern, dass das allergische Tier von einem erwachsenen Floh gebissen wird, der von „außerhalb" des Hauses kommt. Daher sind für eine wirksame Flohbekämpfung, insbesondere bei Flohallergikern, beide Produktarten *zusammen* erforderlich, um den Lebenszyklus des Flohs in mindestens zwei Phasen zu unterbrechen. Eine Liste der auf dem Markt erhältlichen Antiparasitika für Katzen mit ihren Eigenschaften ist in Tab. 2 aufgeführt.

Veröffentlichte Studien über Flohbekämpfungsmaßnahmen wurden kürzlich von Rust [1] eingehend untersucht. Die beste Möglichkeit, einen Flohbefall bei einer Katze schnell und sicher zu beseitigen, ist die Verabreichung eines oralen Parasitizids. Nitenpyram ist das schnellste, da seine Wirkung bereits 15–30 min nach der Verabreichung einsetzt [20]. Nitenpyram ist daher ein hervorragendes Mittel zur Diagnose von Flöhen, wenn es gleich bei der Aufnahme der Katze in die Klinik verabreicht wird, da die Flöhe während der Konsultation auf den Tisch fallen können. Da seine Wirkungsdauer jedoch so kurz ist (48 h bei Katzen), ist es als Flohprävention nicht sehr praktisch (das Mittel sollte alle 48–72 h verabreicht werden). Andere orale Flohbekämpfungsmittel mit einem langsameren Wirkungseintritt (8–12 h), aber mit dem Vorteil einer Wirkungsdauer von einem Monat, sind Spinosad und Lotilaner [21, 22]. In einer Studie wurden orale Produkte als wirksamer eingestuft als topische Spot-ons, die vom Besitzer bei Hunden aufgetragen wurden [23], was wahrscheinlich auf die größere Zuverlässigkeit der Verabreichungsmethode zurückzuführen ist. Über Katzen liegen keine Daten vor.

Andere gängige Flohbekämpfungsmaßnahmen sind Spot-on-Formulierungen mit einem Adultizid (Imidacloprid, Fipronil, Selamectin, Metaflumizon, Dinotefuran, Indoxacarb), die alle vier Wochen zwischen den Schulterblättern verabreicht werden. Die pulizide Wirksamkeit jedes dieser Mittel hat sich in klinischen Laborversuchen bis zu vier Wochen lang als hervorragend erwiesen (mindestens 90 %) [1]. Indoxacarb ist ein Pro-Insektizid, das durch Insektenenzyme bioaktiviert werden muss, um den aktiven Metaboliten zu bilden, der Flöhe und Zecken töten kann. Bei Säugetieren wird Indoxacarb von der Leber in inaktive Moleküle umgewandelt und ist nicht toxisch, sodass es von der US-Umweltschutzbehörde als „Pestizid mit reduziertem Risiko" eingestuft wird.

Tab. 2 Zum Zeitpunkt der Erstellung dieses Berichts auf dem Markt erhältliche Antiparasitika für Katzen gegen Flöhe

Name des Originalprodukts[a]	Aktiver Inhaltsstoff	Formulierung[b]	Mindestalter bei der Behandlung	Parasiten[c]	IGR-Wirkung
Frontline	Fipronil	Spot-on	8 Wochen	Flöhe, Zecken, Läuse, *Cheyletiella*	Nein
Frontline-Kombi	Fipronil Methopren	Spot-on	8 Wochen	Flöhe, Zecken, Läuse, *Cheyletiella*	Ja
Effipro Duo	Fipronil Pyriproxyfen	Spot-on	10 Wochen	Flöhe, Zecken, Läuse, *Cheyletiella*	Ja
Broadline	Fipronil Methopren Eprinomectin Praziquantel	Spot-on	7 Wochen	Flöhe, Läuse, *Otodectes*, *Demodex*, Herzwurm, *Notoedres*, *Cheyletiella*, *Angiostrongylus*, GE-Nematoden, Bandwurm	Ja
Advantage	Imidacloprid	Spot-on	8 Wochen	Flöhe	Ja
Advocate	Imidacloprid Moxidectin	Spot-on	9 Wochen	Flöhe, Läuse, *Otodectes*, *Demodex*, Herzwürmer, *Notoedres*, *Cheyletiella*, GE-Nematoden	Ja
Stronghold/Revolution	Selamectin	Spot-on	6 Wochen	Flöhe, Läuse, *Otodectes*, *Demodex*, Herzwürmer, *Notoedres*, *Cheyletiella*, GE-Nematoden	Ja
Stronghold plus	Selamectin Sarolaner	Spot-on	8 Wochen	Flöhe, Zecken, Läuse, *Otodectes*, *Demodex*, *Cheyletiella*, *Notoedres*, Herzwürmer, Myiasis, GE-Nematoden	Ja
Comfortis	Spinosad	Tablette (mit Futter!)	14 Wochen	Flöhe, Myiasis	Nein
Activyl	Indoxacarb	Spot-on	8 Wochen	Flöhe	Nein

(Fortsetzung)

Tab. 2 (Fortsetzung)

Name des Originalprodukts[a]	Aktiver Inhaltsstoff	Formulierung[b]	Mindestalter bei der Behandlung	Parasiten[c]	IGR-Wirkung
Vectra felis	Dinotefuran Pyriproxyfen	Spot-on	7 Wochen	Flöhe	Ja
Bravecto	Fluralaner	Spot-on (12 Wochen)	8 Wochen	Flöhe, Läuse, Zecken, *Otodectes*, *Demodex*, *Notoedres*, *Cheyletiella*, Myiasis	Nein
Bravecto plus	Fluralaner Moxidectin	Spot-on (12 Wochen)	9 Wochen	Flöhe, Zecken, Läuse, *Otodectes*, *Demodex*, *Cheyletiella*, *Notoedres*, Herzwurm (8 Wochen), GE-Nematoden, Myiasis	Nein
Credelio	Lotilaner	Tablette (mit Futter!)	8 Wochen	Flöhe, Zecken, Läuse, *Otodectes*, *Demodex*, *Cheyletiella*, *Notoedres*, Myiasis	Nein
Seresto/Foresto	Imidacloprid Flumethrin	Halsband (6–8 Monate)	10 Wochen	Flöhe, Zecken, Sandmücken, Stechmücken	Ja
Capstar	Nitenpyram	Tablette (Aktivität 72 h)	4 Wochen	Flöhe, Myiasis	Nein

[a] Das ursprüngliche/erste Produkt, das mit diesem Wirkstoff vermarktet wurde, ist in der Tabelle aufgeführt. Je nach Land sind derzeit mehrere andere Produkte erhältlich, die Fipronil, Fipronil/Methopren, Fipronil/Pyriproxyfen und Imidacloprid enthalten
[b] Monatliche Verabreichung, sofern nicht anders angegeben
[c] In dieser Tabelle sind sowohl „Label"- als auch „Off-label"-Parasiten aufgeführt

Kürzlich wurde eine neue Spot-on-Formulierung für Katzen auf der Basis von Fluralaner, einem Vertreter einer neuen Klasse von Antiparasitika, den Isoxazolinen, auf den Markt gebracht, die eine Restaktivität gegen Flöhe von bis zu drei Monaten aufweist [24]. Fluralaner wird transdermal absorbiert und systemisch verteilt, sodass die Flöhe die Katze beißen müssen, um getötet zu werden. Eine dreimonatige Anwendungsdauer verbessert wahrscheinlich die Compliance der Besitzer und kann bei Allergikern bevorzugt werden.

Es gibt ein Flohhalsband, das für die Verwendung bei Katzen zugelassen ist und 10 % Imidacloprid und 4,5 % Flumethrin enthält, mit einer 6–8-monatigen Wirkung gegen Flöhe. Dieses Produkt hat den Vorteil, dass es kostengünstiger ist als Spot-ons oder Tabletten, eine höhere Compliance aufweist und gegen Flöhe, Zecken, Mücken und Sandmücken, die Überträger der Leishmaniose sind, wirksam ist [25].

Einige der oben genannten Insektizide bieten auch eine ovizide und larvizide Wirkung (z. B. Imidacloprid [26] oder Selamectin [27]), während andere in Verbindung mit einem IGR, wie Pyriproxyfen oder Methopren, formuliert sind. Insektenwachstumsregulatoren (IGR) stören die Entwicklung der präadulten Flohstadien, die den größten Teil der gesamten Flohpopulation ausmachen (bis zu 99 %). Sie haben eine sehr geringe Toxizität für Säugetiere, da sie auf sehr insektenspezifische Stoffwechselwege wirken. Die Idee hinter der Verabreichung eines Produkts mit IGR-Wirkung an das Tier besteht darin, dass die behandelten Haare, die in der Umgebung verloren werden, in der Lage sind, den Schlupf der Eier und/oder die Häutung der Larven zu verhindern. Der Einsatz eines IGR ist von grundlegender Bedeutung, um die Flohpopulation in der Umgebung und damit die Flohbelastung der Katze und die daraus resultierende klinische Symptomatik zu reduzieren. IGR-Sprays, die Methopren oder Pyriproxyfen enthalten, können auch in der Umwelt eingesetzt werden, insbesondere bei starkem oder wiederkehrendem Befall. Das wichtigste strategische Problem bei der Bekämpfung einer Hausflohpopulation ist jedoch der Umgang mit jungen erwachsenen Flöhen innerhalb der schützenden Puppenhülle [23]. Diese können noch mehrere Monate lang lebende, lebensfähige erwachsene Tiere hervorbringen, nachdem alle Eier, Larven und andere erwachsene Tiere abgetötet wurden, sodass in einigen Fällen wiederholte Umweltbehandlungen erforderlich sein können. Kürzlich konnte ein 0,4 %iges Dimeticonspray in der Umwelt das Schlüpfen junger erwachsener Flöhe aus den Kokons verhindern und erwies sich als wirksam bei der Immobilisierung von Larven und adulten Tieren in der Umwelt [28], wobei die Wirksamkeit mehr als drei Wochen lang anhielt.

Bestimmte physische Maßnahmen können bei der Flohbekämpfung helfen. Abwaschbare Oberflächen können gereinigt werden, um organisches Material und Flohkot zu entfernen, von dem sich die Larven ernähren. Durch Staubsaugen lassen sich 20 % der Larven und bis zu 60 % der Eier sowie Flohkot und organische Stoffe entfernen. Das Staubsaugen unterstützt das Eindringen des Sprays, indem es die Fasern in Teppichen anhebt. Bettzeug und andere waschbare Gegenstände sollten bei der höchstmöglichen Temperatur gewaschen werden. Teppiche und weiche Einrichtungsgegenstände sollten nicht gewaschen werden, da eine erhöhte Feuchtigkeit die Entwicklung der Larven begünstigt.

Wie man eine wirksame Flohbekämpfung durchführt und was die Ursachen für einen Misserfolg sind

Ein *Adultizid* muss *das ganze Jahr über auf alle Tiere* im Haushalt angewendet werden, und ein *IGR* muss entweder in der Umgebung oder auf alle Haustiere angewendet werden. Die Flohbekämpfung muss gründlich und kontinuierlich durchgeführt werden, um wirksam zu sein; daher ist die Einhaltung der Vorschriften durch den Kunden das wichtigste Element für eine erfolgreiche Flohbekämpfung. Das Wiederauftreten von Symptomen hängt in der Regel von einer unzureichenden Flohbekämpfung ab, die auf einen oder mehrere dieser Faktoren zurückzuführen sein kann [29]:

- Verwendung von unwirksamen Produkten
- unzureichende Dosierung oder fehlende Anwendung im gesamten Stall oder bei allen Tieren
- Verwendung von Adultiziden ohne IGR oder IGR ohne Adultizide
- zu lange Zeitspanne zwischen den Anwendungen

Wenn man den Besitzer fragt, wie er die Flohbekämpfung durchführt, wird man fast immer das Problem erkennen, und es ist unsere Aufgabe, ihn von der Bedeutung einer vollständigen Flohbekämpfung zu überzeugen.

Obwohl die Flohbekämpfung obligatorisch ist, reicht sie möglicherweise nicht in allen Fällen aus, um die Dermatose vollständig unter Kontrolle zu bringen, insbesondere, wenn ein ständiger Kontakt mit unbehandelten Tieren besteht. In solchen Fällen ist eine juckreizstillende Behandlung erforderlich. Bitte lesen Sie das Kap. „Atopisches Syndrom bei Katzen: Therapie" für eine ausführliche Erörterung der juckreizstillenden Wirkstoffe bei Katzen.

Die Möglichkeit einer Impfung, entweder gegen die immunogenen Speichelproteine des Flohs oder gegen verborgene Antigene im Flohdarm, wurde mit unterschiedlichen Ergebnissen erforscht und könnte Möglichkeiten für die künftige Behandlung von Flohallergien bieten [7, 30–32].

Schlussfolgerung

Die Flohbissüberempfindlichkeit ist eine der wichtigsten allergischen Hauterkrankungen bei Katzen, die sich mit unterschiedlichen klinischen Symptomen äußern kann und viele mögliche Differenzialdiagnosen aufweist. Intradermale und In-vitro-Allergietests sind nicht immer zuverlässige Diagnoseinstrumente, und eine rigorose Flohbekämpfung mit Adultiziden und Insektenwachstumsregulatoren ist das beste Mittel zur Diagnose und Behandlung dieser Erkrankung.

Literatur

1. Rust MK. The biology and ecology of cat fleas and advancements in their Pest management: a review. Insects. 2017;8:118.
2. Shaw SE, Birtles RJ, Day MJ. Arthropod transmitted infectious diseases of cats. J Feline Med Surg. 2001;3:193–209.
3. Hobi S, Linek M, Marignac G, et al. Clinical characteristics and causes of pruritus in cats: a multicentre study on feline hypersensitivity-associated dermatoses. Vet Dermatol. 2011;22:406–13.

4. Dryden MW, Rust MK. The cat flea: biology, ecology and control. Vet Parasitol. 1994;52:1–19.
5. Frank GR, Hunter SW, Stiegler GL, et al. Salivary allergens of *Ctenocephalides felis*: collection, purification and evaluation by intradermal skin testing in dogs. In: Kwochka KW, Willemse T, von Tscharner C, Herausgeber. Advances in veterinary dermatology, Bd. 3. Oxford: Butterworth Heinemann; 1998. S. 201–212.
6. Lee SE, Johnstone IP, Lee RP, et al. Putative salivary allergens of the cat flea, Ctenocephalides felis felis. Vet Immunol Immunopathol. 1999;69:229–37.
7. Jin J, Ding Z, Meng F, et al. An immunotherapeutic treatment against flea allergy dermatitis in cats by co-immunization of DNA and protein vaccines. Vaccine. 2010;28:1997–2004.
8. Bond R, Hutchinson MJ, Loeffler A. Serological, intradermal and live flea challenge tests in the assessment of hypersensitivity to flea antigens in cats (*Felis domesticus*). Parasitol Res. 2006;99:392–7.
9. Lewis DT, Ginn PE, Kunkle GA. Clinical and histological evaluation of immediate and delayed flea antigen intradermal skin test and flea bite sites in normal and flea allergic cats. Vet Dermatol. 1999;10:29–38.
10. McCall CA, Stedman KE, Bevier DE, Kunkle GA, Foil CS, Foil LD. Correlation of feline IgE, determined by Fce RIα-based ELISA technology, and IDST to *Ctenocephalides felis* salivary antigens in a feline model of flea bite allergic dermatitis. Compend Contin Educ Pract Vet. 1997;19(Suppl. 1):29–32.
11. Kunkle GA, McCall CA, Stedman KE, Pilny A, Nicklin C, Logas DB. Pilot study to assess the effects of early flea exposure on the development of flea hypersensitivity in cats. J Feline Med Surg. 2003;5:287–94.
12. Colombini S, Hodgin EC, Foil CS, Hosgood G, Foil LD. Induction of feline flea allergy dermatitis and the incidence and histopathological characteristics of concurrent indolent lip ulcers. Vet Dermatol. 2001;12:155–61.
13. McDonald BJ, Foil CS, Foil LD. An investigation on the influence of feline flea allergy on the fecundity of the cat flea. Vet Dermatol. 1998;9:75–9.
14. Moriello KA, McMurdy MA. The prevalence of positive intradermal skin test reactions to lea extracts in clinically normal cats. Comp Anim Pract. 1989;19:28–30.
15. Foster AP, O'Dair H. Allergy skin testing for skin disease in the cat *in vivo* vs *in vitro* tests. Vet Dermatol. 1993;4:111–5.
16. Austel M, Hensel P, Jackson D, et al. Evaluation of three different histamine concentrations in intradermal testing of normal cats and attempted determination of the irritant threshold concentrations of 48 allergens. Vet Dermatol. 2006;17:189–94.
17. Cook CA, Stedman KE, Frank GR, Wassom DL. The in vitro diagnosis of flea bite hypersensitivity: flea saliva vs. whole flea extracts. In: Proceedings of the 3rd veterinary dermatology world congress, 1996 Spet 11–14. Edinburgh; 1996. S. 170.
18. Osbrink WLA, Rust MK, Reierson DA. Distribution and control of cat fleas in homes in Southern California (Siphonaptera: Pulicidae). J Med Entomol. 1986;79:135–40.
19. Peribáñez MÁ, Calvete C, Gracia MJ. Preferences of pet owners in regard to the use of insecticides for flea control. J Med Entomol. 2018;55:1254–63.
20. Dobson P, Tinembart O, Fisch RD, Junquera P. Efficacy of nitenpyram as a systemic flea adulticide in dogs and cats. Vet Rec. 2000;147:709–13.
21. Cavalleri D, Murphy M, Seewald W, Nanchen S. A randomized, controlled field study to assess the efficacy and safety of lotilaner (Credelio™) in controlling fleas in client-owned cats in Europe. Parasit Vectors. 2018;11:410.
22. Paarlberg TE, Wiseman S, Trout CM, et al. Safety and efficacy of spinosad chewable tablets for treatment of flea infestations of cats. J Am Vet Med Assoc. 2013;242:1092–8.
23. Dryden MW, Ryan WG, Bell M, et al. Assessment of owner-administered monthly treatments with oral spinosad or topical spot-on fipronil/(S)-methoprene in controlling fleas and associated pruritus in dogs. Vet Parasitol. 2013;191:340–6.
24. Bosco A, Leone F, Vascone R, et al. Efficacy of fluralaner spot-on solution for the treatment of ctenocephalides felis and otodectes cynotis mixed infestation in naturally infested cats. BMC Vet Res. 2019;15:28.

25. Brianti E, Falsone L, Napoli E, et al. Prevention of feline leishmaniosis with an imidacloprid 10%/flumethrin 4.5% polymer matrix collar. Parasit Vectors. 2017;10:334.
26. Jacobs DE, Hutchinson MJ, Stanneck D, Mencke N. Accumulation and persistence of flea larvicidal activity in the immediate environment of cats treated with imidacloprid. Med Vet Entomol. 2001;15:342–5.
27. McTier TL, Shanks DJ, Jernigan AD, Rowan TG, Jones RL, Murphy MG, et al. Evaluation of the effects of selamectin against adult and immature stages of fleas (*Ctenocephalides felis felis*) on dogs and cats. Vet Parasitol. 2000;91:201–12.
28. Jones IM, Brunton ER, Burgess IF. 0.4% dimeticone spray, a novel physically acting household treatment for control of cat fleas. Vet Parasitol. 2014;199:99–106.
29. Halos L, Beugnet F, Cardoso L, et al. Flea control failure? Myths and realities. Trends Parasitol. 2014;30:228–33.
30. Heath AW, Arfsten A, Yamanaka M, et al. Vaccination against the cat flea *Ctenocephalides felis felis*. Parasite Immunol. 1994;16:187–91.
31. Halliwell REW. Clinical and immunological response to alum-precipitated flea antigen in immunotherapy of flea-allergic dogs: results of a double blind study. In: Ihrke PJ, Mason IS, White SD, Herausgeber. Advances in veterinary dermatology, Bd. 2. Oxford: Pergamon Press; 1993. S. 41–50.
32. Kunkle GA, Milcarsky J. Double-blind flea hyposensitization trial in cats. J Am Vet Med Assoc. 1985;186:677–80.

Atopisches Syndrom bei Katzen: Epidemiologie und klinische Präsentation

Alison Diesel

Zusammenfassung

Obwohl das atopische Syndrom bei Hunden sehr gut definiert und charakterisiert ist, ist das atopische Syndrom bei Katzen hinsichtlich der Krankheitspathogenese und des klinischen Erscheinungsbildes noch weniger gut verstanden. Trotz vieler Ähnlichkeiten bleibt die Frage offen, ob es sich bei der atopischen Dermatitis bei Hunden und Katzen um dieselbe Krankheit handelt. Die atopische Dermatitis bei der Katze wird häufig als „atopisches Syndrom" oder als „Überempfindlichkeitsdermatitis, die nicht auf Flöhe oder Nahrungsmittel zurückzuführen ist (engl. *non-flea, non-food hypersensitivity dermatitis*, NFNFHD)" bezeichnet. Obwohl das Diagnoseverfahren bei Hunden und Katzen ähnlich ist und es sich bei beiden um eine Ausschlussdiagnose handelt, ist der Nachweis einer Beteiligung von Immunglobulin-E (IgE) am atopischen Syndrom der Katze nicht eindeutig. Wie bei der atopischen Dermatitis des Hundes ist auch bei der Katze Juckreiz ein Merkmal der Erkrankung; die Verteilung der Juckreiz- und Läsionsmuster ist jedoch bei Katzenpatienten variabler. Katzen mit felinem atopischem Syndrom weisen in der Regel mindestens eines der vier üblichen Hautreaktionsmuster auf (Juckreiz an Kopf, Hals und Ohren mit Exkoriationen, selbst herbeigeführte Alopezie, miliare Dermatitis und eosinophile Hautläsionen). Zusätzlich können auch nichtkutane klinische Anzeichen beobachtet werden.

A. Diesel (✉)
College of Veterinary Medicine and Biomedical Sciences, Texas A&M University, College Station, USA
E-Mail: ADiesel@cvm.tamu.edu

© Der/die Autor(en), exklusiv lizenziert an Springer-Verlag GmbH, DE, ein Teil von Springer Nature 2023
C. Noli, S. Colombo (Hrsg.), *Dermatologie der Katze*,
https://doi.org/10.1007/978-3-662-65907-6_21

Einführung

Obwohl das atopische Syndrom bei Hunden und Menschen sehr gut definiert und charakterisiert ist, ist das atopische Syndrom bei Katzen in Hinblick auf die Krankheitspathogenese und das klinische Erscheinungsbild noch weniger gut verstanden. Obwohl viele Ähnlichkeiten bestehen, bleibt die Frage offen, ob es sich bei der atopischen Dermatitis bei Hunden und Katzen um dieselbe Krankheitseinheit handelt. Vergleicht man die allergischen Hauterkrankungen der beiden Spezies, so ist bei Katzen im Allgemeinen viel weniger bekannt bzw. dokumentiert, insbesondere in Hinblick auf die atopische Dermatitis. Während der Begriff „feline Atopie" seit 1982 in der veterinärmedizinischen Literatur zu finden ist [1], wird diese Terminologie bei der Erörterung der Krankheit bei Katzen wenig benutzt. „Atopische Dermatitis der Katze" wurde ursprünglich zur Beschreibung eines klinischen Syndroms von Katzen mit rezidivierenden juckenden Hauterkrankungen und positiven Reaktionen auf verschiedene Umweltallergene im Intrakutantest verwendet, wobei andere Ursachen für den Juckreiz (z. B. Außenparasiten, Infektionen) ausgeschlossen wurden. Da die Beteiligung von Immunglobulin-E (IgE) am Krankheitsgeschehen nicht eindeutig nachgewiesen werden konnte, bevorzugen die meisten Veterinärdermatologen den Begriff „felines atopisches Syndrom" (FAS) oder „nicht flüchtige, nicht nahrungsmittelbedingte Überempfindlichkeitsdermatitis" (engl. *non-flea, non-food hypersensitivity dermatitis*, NFNFHD), wenn sie sich auf das beziehen, was früher als feline atopische Dermatitis (AD) bezeichnet wurde [2].

Während die Erkrankung bei beiden Spezies eine Ausschlussdiagnose bleibt, stellt das atopische Syndrom bei Katzen den Tierarzt vor eine Reihe von besonderen Herausforderungen. Dazu gehören nicht nur die Schwierigkeiten bei der Interpretation der diagnostischen Tests, sondern auch die Bewertung der besonderen klinischen Syndrome, die nur bei Katzen auftreten, und die derzeit begrenzten Möglichkeiten der therapeutischen Intervention im Vergleich zu denen bei Hunden. In diesem Kapitel soll erörtert werden, was derzeit über die Pathogenese des atopischen Syndroms bei Katzen, die Epidemiologie der Krankheit und die beobachteten klinischen Symptome bekannt ist. In den nachfolgenden Kapiteln werden die diagnostische Bewertung und die derzeitige Therapie erörtert.

Pathogenese des atopischen Syndroms bei Katzen

Im Vergleich zu Hunden und Menschen, bei denen die Pathogenese der atopischen Dermatitis relativ gut beschrieben ist [3–5], gibt es in der Literatur nach wie vor nur wenige Informationen über die Entwicklung des atopischen Syndroms bei Katzen. Obwohl der Informationsstand in bestimmten Bereichen der Krankheitspathogenese bei Hunden und Menschen weiter zunimmt (insbesondere in Hinblick auf Einflüsse auf die Barrierefunktion und spezifischere immunologische Faktoren), sind viele dieser Bereiche bei allergischen Katzenpatienten noch nicht untersucht worden. Was jedoch dokumentiert wurde, kann in Hinblick auf die historische klassische Trias der Faktoren, die an der Entwicklung der atopischen Dermatitis beteiligt sind (genetischer Einfluss, Umweltfaktoren, immunologische Anomalien), und die Einflüsse der Barrierefunktion auf den Krankheitsverlauf diskutiert werden.

Genetische Faktoren

Bei Hunden und Menschen ist es relativ gut belegt, dass eine genetische Veranlagung häufig zu einem allergischen Phänotyp beiträgt, insbesondere in Bezug auf die Entwicklung einer atopischen Dermatitis. Dies wurde in mehreren Zwillingsstudien an Menschen [6] und bei der Bewertung des Einflusses der Filaggrin-Mutation als mitwirkender Faktor gezeigt [7]. Beim Hund wurden für mehrere häufig betroffene Hunderassen spezifische Phänotypen beschrieben [8]; wie beim Menschen ist jedoch klar, dass die Genetik nur ein Teil des Bildes ist. Der komplexe Genotyp der atopischen Dermatitis bei Hunden, bei dem mehrere Gene an der genetischen Komponente der Krankheitsentwicklung beteiligt sind, spricht in der Tat für die Vielschichtigkeit der Krankheit. Mit bestimmten, dokumentierten genetischen Variationen und einem verbesserten Verständnis des genetischen Einflusses bei bestimmten Patienten könnte in Zukunft eine gezielte, auf spezifische Moleküle ausgerichtete Therapie entwickelt und umgesetzt werden [9].

Bei der Katze ist der genetische Einfluss auf die Entwicklung des felinen atopischen Syndroms jedoch nur spärlich dokumentiert [10]. Es scheint zwar plausibel, dass es bei Katzen tatsächlich eine genetische Komponente der Krankheit gibt, aber in welchem Ausmaß dies der Fall ist, ist noch lange nicht bekannt.

Umweltfaktoren

Wie bei der atopischen Dermatitis bei Hunden und Menschen verschlimmert die Exposition gegenüber Umweltallergenen die klinischen Symptome bei Katzen mit atopischem Syndrom [11]. Dies ist bei der natürlich vorkommenden Krankheitspräsentation offensichtlich und wurde mit einem klinischen Modell unterstützt. In einer Studie, bei der ein modifizierter Pflastertest mit Aeroallergenen auf die Haut von gesunden und allergischen Katzen angewendet wurde, entwickelten nur Katzen mit atopischem Syndrom ein entzündliches Infiltrat, das dem in der läsionalen Haut von Katzen mit spontaner Erkrankung ähnelte [12]. Ob die Anwendung oder Exposition gegenüber Aeroallergenen in einer Laborumgebung zu generalisierten Läsionen führen würde, die mit dem atopischen Syndrom bei der Katze assoziiert sind, wie dies bei Hunden der Fall ist [13], wurde nicht untersucht.

Obwohl ein positiver „Allergietest" bei keiner bekannten Spezies eine atopische Dermatitis diagnostiziert, umfasste die historische Definition der atopischen Dermatitis bei der Katze [1] die Beschreibung von Katzen mit mehreren positiven Reaktionen auf Umweltallergene bei intradermalen Allergentests. Intrakutane Allergentests (wie auch Serumallergentests) auf Umweltallergene sind nach wie vor ein

Eckpfeiler zur Unterstützung der klinischen Diagnose des atopischen Syndroms bei Katzen (siehe weitere Erörterung im Kap. „Atopisches Syndrom bei Katzen: Diagnose"). In Verbindung mit dem günstigen Ansprechen auf eine Allergen-Immuntherapie bei vielen Katzen mit atopischem Syndrom unterstützt dies den Einfluss von Umweltfaktoren auf die Krankheitsentstehung.

Immunologische Befunde bei Katzen mit atopischem Syndrom

Die aktuelle Definition der atopischen Dermatitis bei Hunden fasst alle Aspekte der Krankheit zusammen und beschreibt „eine genetisch veranlagte, entzündliche und juckende allergische Hauterkrankung mit charakteristischen klinischen Merkmalen, die mit IgE-Antikörpern einhergeht, die meist gegen Umweltallergene gerichtet sind" [14]. Der Einfluss von IgE ist sowohl bei dieser Tierart als auch beim Menschen eindeutig nachgewiesen worden; für das atopische Syndrom bei Katzen ist dieser Zusammenhang jedoch weniger gut belegt. Die Rolle von IgE ist nach wie vor umstritten, wenn es um die immunologischen Faktoren geht, die zur Entstehung der Krankheit beitragen. Ein Teil der Argumentation rührt von der fehlenden Korrelation zwischen den Serum-IgE-Spiegeln bei Katzen und der klinischen Erkrankung her [15]; allerdings korrelieren die Konzentrationen von allergenspezifischem IgE auch nicht immer mit der klinischen Erkrankung bei atopischer Dermatitis bei Hunden [16]. Es gibt jedoch eine Reihe von Hinweisen, die den Einfluss von IgE auf die Überempfindlichkeitsdermatitis bei der Katze belegen. Passive kutane Anaphylaxie-Tests wurden bei Katzen eingesetzt, um die Übertragung einer allergenspezifischen kutanen Reaktivität von einer sensibilisierten/allergischen Katze auf eine naive Katze durch Injektion des Serums der allergischen Person nachzuweisen [17, 18]. Diese Reaktivität tritt jedoch nicht auf, wenn das Serum vor der Injektion erhitzt wird. Durch das Erhitzen wird IgE inaktiviert, nicht aber andere Antikörper, was für eine Beteiligung von IgE spricht [17, 19, 20]. Wenn Anti-IgE in die Haut normaler Katzen injiziert wird, kommt es zu sofortigen und zu verzögerten Entzündungsreaktionen [21], die viele makroskopische und mikroskopische Merkmale mit denen gemeinsam haben, die zuvor bei Katzen mit spontan auftretenden allergischen Hauterkrankungen berichtet wurden [10, 15]. Eine ähnliche Entzündungsreaktion wurde jedoch bei der Injektion von IgG in dieser Gruppe nicht beobachtet [21], was wiederum für die Beteiligung von IgE an der Überempfindlichkeitsdermatitis bei Katzen spricht. Die Rolle von IgE bei anderen allergischen Erkrankungen der Katze, vor allem bei Katzenasthma, ist gut belegt [20, 22]. Da diese Erkrankung nicht selten bei Katzen mit (vermutlich) allergischen Hauterkrankungen auftritt [23], kann die vermutete Rolle von IgE beim Phänotyp beider Erkrankungen nicht ignoriert werden.

Obwohl die Immunpathogenese des atopischen Syndroms bei Katzen noch nicht ganz geklärt ist, zeigt sich in der Haut von allergischen Katzen ein ähnliches Muster von Entzündungsinfiltraten wie bei Menschen und Hunden mit chronischer atopischer Dermatitis [24]. Bestimmte Zelltypen, die am angeborenen und adaptiven

Immunsystem beteiligt sind, finden sich in der Haut allergischer Katzen in veränderter Anzahl im Vergleich zu Katzen ohne Hypersensitivitätsdermatitis. Dendritische Zellen, einschließlich Langerhans-Zellen, sind in allergischer Katzenhaut in höherer Zahl vorhanden [24, 25]. Diese Zellen bilden eine Schnittstelle mit der Umwelt und tragen zur Entwicklung einer allergischen Entzündung bei; sie werden auch mit der Entstehung der atopischen Dermatitis bei Menschen in Verbindung gebracht [26]. Eosinophile, die häufig bei verschiedenen allergischen Erkrankungen bei unterschiedlichen Spezies auftreten, sind in der Haut von Katzen mit Allergien ebenfalls vermehrt vorhanden. Diese Zellen sind in der Tat ein auffälliges Infiltrat in entzündlichen Läsionen der allergischen Dermatitis bei Katzen, insbesondere in miliaren Dermatitisläsionen, und es wird vermutet, dass sie der spezifischere Indikator für eine Überempfindlichkeitsreaktion bei kutaner Allergie bei Katzen sind [27]. Eine Gewebeentzündung tritt sekundär durch die Freisetzung von Granulatinhalten, einschließlich des basischen Hauptproteins, sowie durch die Expression von Entzündungszytokinen auf [28]. Obwohl dies nicht spezifisch für die Hypersensitivitätsdermatitis bei der Katze ist, sind Mastzellen in der Haut von Katzen mit Allergien im Vergleich zu gesunder Katzenhaut häufig vermehrt vorhanden [27]. Wie bei Menschen mit atopischer Dermatitis [29] ist auch bei allergischer Katzenhaut eine Veränderung des Granulatgehalts der Mastzellen festzustellen. Bei Katzen mit einer allergischen Hauterkrankung wurde eine deutlich geringere Anzahl von Mastzellen beobachtet, die eine Färbung auf Tryptase im Gegensatz zu Chymase aufweisen [27]. Im Vergleich dazu sind bei gesunder Katzenhaut alle Mastzellen bei der Anfärbung auf Tryptase zu sehen und etwa 90 % bei der Anfärbung auf Chymase [30].

Es ist gut dokumentiert, dass eine verzerrte T-Zell-Reaktion zugunsten von T-Helferzellen Typ 2 (Th2) gegenüber Th1 ein Teil der immunologischen Entwicklung der atopischen Dermatitis bei Hunden und Menschen ist. Die Beteiligung von T-Zellen scheint auch bei der Immunpathogenese des atopischen Syndroms bei Katzen eine Rolle zu spielen. Dies wurde durch histopathologische Studien belegt, die eine erhöhte Population von CD4+ T-Zellen in allergischer Katzenhaut im Vergleich zu CD8+ dokumentierten; diese Zellen werden in der Regel nicht in der Haut gesunder Katzen beobachtet [31]. Darüber hinaus wurde in der Haut von allergischen Katzen eine erhöhte Anzahl IL-4 produzierender T-Zellen im Vergleich zu gesunden Kontrollkatzen gefunden, was auf ein Th2-Infiltrat hindeutet [32]. Diese verzerrte Population von T-Zellen wurde jedoch nicht im peripheren Blut von allergischen Katzen im Vergleich zu gesunden Kontrollpersonen nachgewiesen [31]. Auch das entzündliche Zytokinprofil in der Haut oder im peripheren Blut von Katzen mit felinem atopischem Syndrom ist noch nicht genau geklärt. Unterschiede in der Genexpression verschiedener entzündlicher Interleukine und anderer Zytokine konnten beim Vergleich der Haut von normaler, läsionaler und nicht läsionaler allergischer Katzenhaut nicht festgestellt werden [33]. In jüngerer Zeit wurden erhöhte zirkulierende IL-31-Konzentrationen in Seren von allergischen Katzen im Vergleich zu Katzen ohne allergische Hauterkrankung nachgewiesen [34], wie dies auch bei atopischer Dermatitis bei Hunden der Fall war. Dies deutet darauf hin, dass dieses entzündliche Zytokin an allergischen Dermatosen bei Katzen beteiligt ist; eine ursächliche Rolle muss jedoch noch ermittelt werden.

Hautbarriere und andere Faktoren

Die Rolle der Barrierefunktion der Haut von Menschen und Hunden mit atopischer Dermatitis ist zu einem zunehmend wichtigen Untersuchungsgebiet geworden. Bei Katzen mit atopischem Syndrom ist dieser Faktor jedoch noch nicht gut erforscht. In einer Studie wurden bei gesunden Katzen Unterschiede beim transepidermalen Wasserverlust (TEWL), der Hautfeuchtigkeit und dem pH-Wert an verschiedenen Körperstellen beobachtet [35]. Kürzlich wurde in einer Studie der Zusammenhang zwischen dem TEWL und dem Schweregrad der klinischen Symptome bei Katzen mit atopischem Syndrom untersucht [36]. Unter Verwendung von zwei Scoring-Systemen zur Bewertung von Hautläsionen bei allergischen Katzen (Scoring Feline Allergic Dermatitis [SCORFAD] und Feline Extent and Severity Index [FeDESI]) wurde eine positive Korrelation zwischen dem TEWL und dem Schweregrad der klinischen Läsionen an bestimmten Körperstellen festgestellt, insbesondere bei Verwendung der SCORFAD-Messungen. Mit dem FeDESI-Scoring wurde ein geringerer Zusammenhang festgestellt. Obwohl es in der Tat Unterschiede im TEWL bei allergischen Katzen im Vergleich zu gesunden Kontrolltieren geben kann, sind die Messungen möglicherweise weniger nützlich als bei Hunden und Menschen mit atopischer Dermatitis.

Bei Menschen und Hunden mit atopischer Dermatitis können bakterielle Infektionen und eine Hefeüberwucherung die klinischen Krankheitszeichen verschlimmern. Das Gleiche scheint bei einigen Katzen mit felinem atopischem Syndrom der Fall zu sein; Sekundärinfektionen mit Bakterien oder Hefepilzen treten bei allergischen Katzen jedoch seltener auf als bei allergischen Hunden oder Menschen. Obwohl die genauen Auswirkungen noch nicht geklärt sind, gibt es immer mehr Belege für Veränderungen des Mikrobioms bei atopischen Menschen. Tatsächlich wurde dies sowohl bei Menschen [37] als auch bei Hunden [38] und in jüngerer Zeit bei allergischen Katzen im Vergleich zu Gesunden [39] festgestellt. Zwar gibt es einige Gemeinsamkeiten zwischen den Arten (z. B. ist die Spezies *Staphylococcus* bei Allergikern im Vergleich zu gesunden Probanden häufiger), doch gibt es auch Unterschiede zwischen den Arten. Im Gegensatz zu allergischen Hunden und Menschen scheint bei allergischen Katzen die mikrobielle Vielfalt erhalten zu bleiben, da sich die Anzahl der Bakterienarten bei allergischen im Vergleich zu gesunden Tieren nicht signifikant unterscheidet [39]. Im Gegensatz zu Hunden und Menschen, bei denen Unterschiede in den Bakteriengemeinschaften an bestimmten Körperstellen bei einem allergischen „Schub" zu beobachten sind, wird bei allergischen Katzen der gesamte Körper von einer veränderten Bakterienpopulation besiedelt, unabhängig davon, wo die Proben entnommen werden. Es wird angenommen, dass dies auf das anspruchsvolle Pflegeverhalten von Katzen zurückzuführen ist. Diese Unterschiede könnten teilweise erklären, warum Sekundärinfektionen bei allergischen Katzen seltener auftreten als bei Hunden und Menschen. Welche Auswirkungen diese Dysbiose auf die Krankheitsentwicklung und/oder das Ansprechen auf therapeutische Maßnahmen hat, muss noch herausgefunden werden.

Epidemiologie des atopischen Syndroms bei Katzen

Die genaue Prävalenz des atopischen Syndroms bei Katzen in der Allgemeinbevölkerung ist in der veterinärmedizinischen Literatur nicht gut beschrieben. In einer retrospektiven Studie über die Population von Katzen, die in einem Lehrkrankenhaus in den Vereinigten Staaten behandelt wurden, wurde festgestellt, dass „Allergien" 32,7 % der Hauterkrankungen bei Katzen ausmachten, die in einem Zeitraum von 15 Jahren in dem Krankenhaus vorgestellt wurden. Die „atopische Dermatitis" selbst machte 10,3 % der beobachteten Katzendermatosen aus [40]. In einer ähnlichen Studie über einen Zeitraum von einem Jahr an einem Universitätskrankenhaus in Kanada wurde „atopische Dermatitis" bei sieben von 111 Fällen (6,3 %) diagnostiziert, die zur Beurteilung einer dermatologischen Erkrankung vorgestellt wurden [41]. In einer anderen Studie, die dermatologische Erkrankungen in einer Allgemeinpraxis im Vereinigten Königreich untersuchte, wurde jedoch nur bei zwei von 154 (1,3 %) Katzen eine „atopische Dermatitis" diagnostiziert. Es ist jedoch zu beachten, dass in dieser Population auch andere kutane Reaktionsmuster (z. B. miliare Dermatitis, eosinophiler Granulom-Komplex) ohne definierte Ätiologie beobachtet wurden [42]. Dieser Unterschied in der Prävalenz kann zum Teil auch durch die unterschiedlichen Diagnosen erklärt werden, die von einem Allgemeinmediziner im Vergleich zu einem Facharzt für Dermatologie gestellt werden.

Klinische Präsentation des atopischen Syndroms bei Katzen

Wie bei der atopischen Dermatitis des Hundes drehen sich die klinischen Anzeichen des atopischen Syndroms der Katze um das Vorhandensein von Juckreiz bei der Katze. Die Verteilung von Juckreiz und Läsionen ist bei Katzenpatienten jedoch vergleichsweise weniger gut definiert. Bei Hunden folgen die klinischen Anzeichen der atopischen Dermatitis typischerweise einem sehr vorhersehbaren Muster und umfassen das Gesicht, die konkaven Ohrmuscheln, die Achsel- und Leistenfalten, das Ventrum, die Dammhaut, die Beugeflächen und die Pfoten [43, 44]. Bei Katzen jedoch umfassen Juckreiz und Läsionen im Allgemeinen eines oder mehrere der allgemein anerkannten Hautreaktionsmuster, die eine Reaktion auf eine Entzündung der Katzenhaut widerspiegeln [2]. Obwohl diese Muster keine spezifische Ätiologie widerspiegeln, sind sie oft ein Hinweis auf eine zugrunde liegende allergische Hauterkrankung.

Juckreiz an Kopf, Hals und Fiedern mit Exkoriationen

Die auch als zervikofaziale pruriginöse Dermatitis bezeichneten Läsionen, die mit diesem Reaktionsmuster einhergehen, sind auf den vorderen Teil der Katze beschränkt. Vom Hals aus nach kaudal scheint die Katze im Allgemeinen normal zu sein. Im Gesicht, an den Ohren und am Hals können jedoch Exkoriationen, Krusten, Alopezie und Erytheme auftreten (Abb. 1). In einigen Fällen kann der Juckreiz so stark sein, dass eine offensichtliche Selbstverletzung erkennbar ist.

Abb. 1 Katze mit
zervikofazialem Juckreiz
als Folge des felinen
atopischen Syndroms

Abb. 2 Katze mit selbst
herbeigeführter Alopezie
als Folge des felinen
atopischen Syndroms.
Beachten Sie die barbierten
Haare über den
Vordergliedmaßen, die mit
der kontralateralen
axillären Alopezie
übereinstimmen

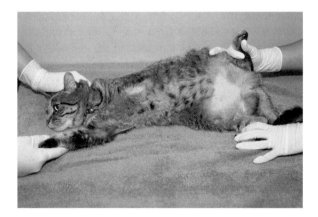

Selbst verursachte Alopezie

In der Vergangenheit wurden Katzen mit selbst herbeigeführter Alopezie (oft als „symmetrische Alopezie", „Fellmähen" oder „Barbering" bezeichnet) mit Verhaltensanomalien und psychogener Alopezie überdiagnostiziert. Bei diesem Reaktionsmuster entfernen Katzen durch übermäßiges Belecken, Kauen oder Ziehen Haare bis hin zur teilweisen oder fast vollständigen Alopezie der betroffenen Körperregion (Abb. 2). Die Haare erscheinen häufig abgebrochen und rau, wenn sie übermäßig gepflegt wurden. Gleichzeitig kann es zu erythematösen Hautveränderungen und Exkoriation kommen, muss aber nicht.

Miliare Dermatitis

Der Name leitet sich von Hirsesamen (kleinen Körnern) ab. Läsionen der miliaren Dermatitis bei der Katze lassen sich oft besser ertasten als sichtbar machen. Am

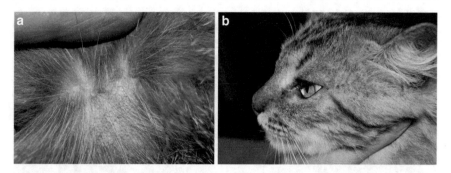

Abb. 3 (**a**) Läsionen durch miliare Dermatitis am Rücken einer Katze mit Flohallergie-Dermatitis. (**b**) Läsionen durch miliare Dermatitis am Kopf einer Katze mit felinem atopischem Syndrom

häufigsten treten die Läsionen am Hals und am Rücken auf; die spärlich behaarte Region der präaurikulären Haut kann jedoch die beste Stelle sein, um die miliare Dermatitis bei Katzenpatienten sichtbar zu machen, ohne dass das Haarkleid geschnitten werden muss (Abb. 3a, b). Wenn sie vorhanden sind, erscheinen die Läsionen als kleine, punktförmige, erythematöse, verkrustete Papeln. Beim Abtasten fühlen sich die Läsionen wie kleine Körner unter der Haut an, als würde man grobes Sandpapier streicheln.

Eosinophile Hautveränderungen

Zu dieser Gruppe von Läsionen gehören eosinophile Granulome, eosinophile Plaques und („indolente", „Nager-")Lippengeschwüre. Diese Gruppe von Läsionen wurde früher als „eosinophiler Granulom-Komplex" der Katze bezeichnet; diese Terminologie wird jedoch von vielen Dermatologen bei der Beschreibung dieser Läsionen bei der Katze aufgrund ihres unterschiedlichen klinischen und histopathologischen Erscheinungsbildes nicht mehr verwendet.

Eosinophile Granulome können an jeder beliebigen Körperoberfläche auftreten, am häufigsten jedoch am kaudalen Oberschenkel (Abb. 4a) oder an der ventralen Oberfläche des Kinns (Abb. 4b). Erstere können als lineare „Granulome" bezeichnet werden, während letztere als „Fettkinn" oder „schmollende" Katzenläsionen bezeichnet werden können. Granulome sind typischerweise halbfest, ziemlich gut umschrieben und können mit oder ohne Juckreiz auftreten. Außerdem können Granulome in der Mundhöhle als Folge des atopischen Syndroms bei Katzen auftreten (Abb. 4c). Je nach Größe der Läsion können die Katzen zunächst klinische Anzeichen wie Schluckstörungen, Sabbern, verminderten Appetit oder sogar Dyspnoe zeigen. Sie können aber auch bei der oralen Untersuchung ohne offensichtliche klinische Anomalien festgestellt werden.

(Indolente) Lippengeschwüre können auch ohne klinische Anzeichen auftreten. Diese kraterförmigen, ulzerierenden Läsionen können ein- oder beidseitig an den Oberlippen der betroffenen Katzen vorhanden sein (Abb. 5). Eine Ausdehnung entlang des Philtrums bis zum Nasenplanum ist ein recht häufiger Befund.

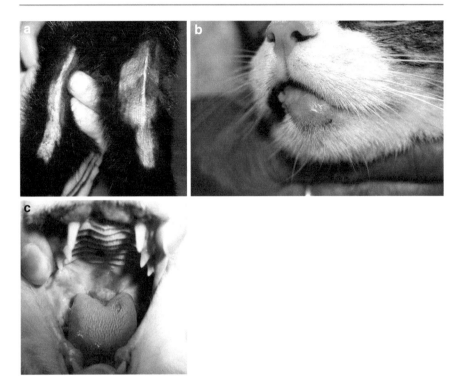

Abb. 4 (**a**) Eosinophile Läsionen durch Granulome an den kaudalen Oberschenkeln einer Katze mit felinem atopischem Syndrom. (**b**) Eosinophile Granulomläsion am Kinn einer Katze mit felinem atopischem Syndrom. (**c**) Eosinophile Granulomläsion in der kaudalen Mundhöhle einer Katze mit felinem atopischem Syndrom. Diese Katze hatte aufgrund der Größe der Läsion eine mäßige Dysphagie und Atemstridor

Abb. 5 Beidseitiges indolentes Geschwür an der Oberlippe einer Katze mit felinem atopischem Syndrom

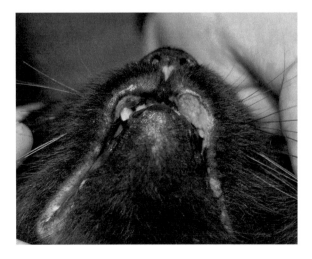

Abb. 6 Große eosinophile Plaques am Abdomen einer Katze mit felinem atopischem Syndrom. Bei näherer Betrachtung der Läsion ist zu erkennen, wo sich bei der Patientin mehrere kleinere Plaques zu der größeren Läsion zusammengeballt haben

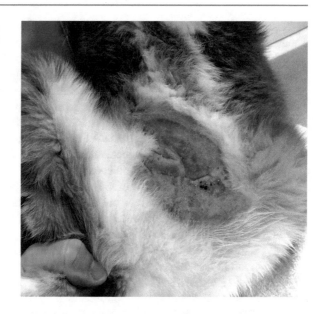

Von den drei Läsionen sind die eosinophilen Plaques in der Regel mit starkem Juckreiz und gleichzeitiger selbst verursachter Alopezie verbunden. Die Läsionen können wiederum an jeder Körperstelle auftreten und sind am häufigsten am ventralen Abdomen zu sehen. Eosinophile Plaques sind im Allgemeinen gut umschriebene, erythematöse, plaqueartige Läsionen mit einer glitzernden, feuchten Oberfläche. Die Läsionen sind oft multifokal und können zu einer größeren, einzelnen Plaque zusammenwachsen (Abb. 6).

Extrakutane klinische Anzeichen

Während die dermatologische Manifestation das Kennzeichen des atopischen Syndroms bei Katzen ist, können bei allergischen Katzen auch andere klinische Anzeichen außerhalb der Haut auftreten. Dazu können eine allergische Otitis, Sinusitis und Konjunktivitis sowie bei bestimmten Patienten auch eine Erkrankung der kleinen Atemwege („Katzenasthma") gehören. Wie häufig diese Krankheiten bzw. klinischen Manifestationen gleichzeitig auftreten, ist jedoch nicht bekannt.

Als Teil der zervikofazialen pruriginösen Dermatitis ist der pinnale Pruritus ein recht häufiger klinischer Befund bei Katzen mit atopischem Syndrom. Bei der otoskopischen Untersuchung sind die äußeren Gehörgänge selbst jedoch häufig normal ausgebildet. Dies steht im Gegensatz zu Hunden mit atopischer Dermatitis, die häufig eine erythematöse Otitis externa als Folge einer allergischen Erkrankung aufweisen [2]. Viele Katzen mit atopischem Syndrom, die häufig fälschlicherweise für einen Befall mit Ohrmilben gehalten werden, weisen eine rezidivierende Otitis externa ceruminosa auf, bei der häufig keine infektiösen Organismen wie Bakterien oder Hefepilze vorhanden sind. Dies kann zu dem beobachteten Juckreiz im Ohr beitragen.

Niesen wird bei Katzen mit felinem atopischem Syndrom häufig berichtet, es kann bei allergischen Katzen auf eine Sinusitis hinweisen. Obwohl die genaue Prävalenz nicht bekannt ist, geben einige Quellen an, dass dieser gleichzeitige klinische Befund bei Katzen mit atopischem Syndrom bei bis zu 50 % liegt [45]. In der veterinärmedizinischen Literatur gibt es zwar nur einen einzigen Bericht über allergische Rhinitis bei Katzen [46], doch ist dies möglicherweise zu wenig bekannt, da ein klinischer Verdacht in Ermangelung einer definitiven (z. B. bioptischen) Diagnose geäußert werden kann. Die genaue Prävalenz dieser Befunde bei Katzen mit atopischem Syndrom ist jedoch unbekannt, da bildgebende Studien diese gleichzeitigen Krankheitsbilder noch nicht untersucht haben.

Wie bei anderen extrakutanen Manifestationen von Allergien ist die Prävalenz von gleichzeitigem felinem Asthma bei Katzen mit atopischem Syndrom ungewiss. Die Erkrankung der kleinen Atemwege bei Katzen oder Katzenasthma ist ein komplexes Syndrom; viele Katzen haben jedoch eine allergische Pathogenese [22]. In einer Pilotstudie, in der die Prävalenz positiver Reaktionen auf inhalierte Allergene bei Katzen mit Erkrankungen der kleinen Atemwege untersucht wurde [23], war das Vorhandensein gleichzeitiger oder bereits bestehender dermatologischer Anomalien recht hoch, was die Rekrutierung von Patienten für die Studie erschwerte. Dieser Befund könnte auf einen höheren Prozentsatz von Katzen hinweisen, die sowohl an einer allergischen Atemwegserkrankung als auch am felinen atopischen Syndrom leiden. In einigen Fällen kann der Schweregrad der Atemwegsanzeichen jedoch das Vorhandensein einer gleichzeitigen Hauterkrankung überschatten, oder die Behandlung von Katzenasthma (z. B. durch Glukocorticoide) kann die Anzeichen einer Hautallergie unterdrücken und damit das wahre klinische Erscheinungsbild verschleiern. Weitere Studien sind erforderlich, um die Beziehung zwischen den beiden Krankheiten besser zu verstehen.

Schlussfolgerungen

Das atopische Syndrom der Katze weist mehrere Parallelen zur atopischen Dermatitis des Hundes auf, vor allem, was die Beteiligung von Juckreiz an dieser klinischen Diagnose betrifft. In Bezug auf die Ähnlichkeiten, die zwischen den beiden allergischen Erkrankungen hinsichtlich der klinischen Manifestationen der Krankheit und der besonderen Art der Krankheitspathogenese festgestellt werden können, besteht jedoch noch große Unsicherheit. Es gibt viele Informationen über Patienten mit atopischer Dermatitis bei Katzen, die noch fehlen. Im Vergleich zu ihrem hündischen Gegenstück fehlen in der veterinärmedizinischen Literatur Studien über allergische Katzen.

Literatur

1. Reedy LM. Results of allergy testing and hyposensitization in selected feline skin diseases. J Am Anim Hosp Assoc. 1982;18:618–23.

2. Hobi S, Linek M, Marignac G, Olivry T, Beco L, Nett C, et al. Clinical characteristics and causes of pruritus in cats: a multicentre study on feline hypersensitivity-associated dermatoses. Vet Dermatol. 2011;22:406–13.
3. Marsella R, De Benedetto A. Atopic dermatitis in animals and people: an update and comparative review. Vet Sci. 2017;4(3):37.
4. Peng W, Novak N. Pathogenesis of atopic dermatitis. Clin Exp Allergy. 2015;45(3):566–74.
5. Martel BC, Lovato P, Bäumer W, Olivry T. Translational animal models of atopic dermatitis for preclinical studies. Yale J Biol Med. 2017;90(3):389–402.
6. Elmose C, Thomsen SF. Twin studies of atopic dermatitis: interpretations and applications in the filaggrin era. J Allergy. 2015;2015:902359.
7. Amat F, Soria A, Tallon P, Bourgoin-Heck M, Lambert N, Deschildre A, Just J. New insights into the phenotypes of atopic dermatitis linked with allergies and asthma in children: an overview. Clin Exp Allergy. 2018;48(8):919–34.
8. Wilhem S, Kovalik M, Favrot C. Breed-associated phenotypes in canine atopic dermatitis. Vet Dermatol. 2010;22:143–9.
9. Nuttal T. The genomics revolution: will canine atopic dermatitis be predictable and preventable? Vet Dermatol. 2013;24(1):10–8.e.3–4.
10. Moriello KA. Feline atopy in three littermates. Vet Dermatol. 2001;12:177–81.
11. Prost C. Les dermatoses allergiques du chat. Prat Méd Chir Anim Comp. 1993;28:151–3.
12. Roosje PJ, Thepen T, Rutten VP, et al. Immunophenotyping of the cutaneous cellular infiltrate after atopy patch testing in cats with atopic dermatitis. Vet Immunol Immunopathol. 2004;101:143–51.
13. Marsella R, Girolomoni G. Canine models of atopic dermatitis: a useful tool with untapped potential. J Invest Dermatol. 2009;129(10):2351–7.
14. Halliwell R. the International Task Force on Canine Atopic Dermatitis. Revised nomenclature for veterinary allergy. Vet Immuno Immunopathol. 2006;114:207–8.
15. Taglinger K, Helps CR, Day MJ, Foster AP. Measurement of serum immunoglobulin E (IgE) specific for house dust mite antigens in normal cats and cats with allergic skin disease. Vet Immunol Immunopathol. 2005;105:85–93.
16. Lauber B, Molitor V, Meury S, Doherr MG, Favrot C, Tengval K, et al. Total IgE and allergen-specific IgE and IgG antibody levels in sera of atopic dermatitis affected and non-affected Labrador- and Golden retrievers. Vet Immunol Immunopathol. 2012;149:112–8.
17. Gilbert S, Halliwell RE. Feline immunoglobulin E: induction of antigen-specific antibody in normal cats and levels in spontaneously allergic cats. Vet Immunol Immunopathol. 1998;63:235–52.
18. Reinero CR. Feline immunoglobulin E: historical perspective, diagnostics and clinical relevance. Vet Immunol Immunopathol. 2009;132:13–20.
19. Gilbert S, Halliwell RE. Production and characterization of polyclonal antisera against feline IgE. Vet Immunol Immunopathol. 1998;63:223–33.
20. Lee-Fowler TM, Cohn LA, DeClue AE, Spinka CM, Ellebracht RD, Reinero CR. Comparison of intradermal skin testing (IDST) and serum allergen-specific IgE determination in an experimental model of feline asthma. Vet Immunol Immunopathol. 2009;132:46–52.
21. Seals SL, Kearney M, Del Piero F, Hammerberg B, Pucheu-Haston CM. A study for characterization of IgE-mediated cutaneous immediate and late-phase reactions in non-allergic domestic cats. Vet Immunol Immunopathol. 2014;159:41–9.
22. Norris Reinero CR, Decile KC, Berghaus RD, Williams KJ, Leutenegger CM, Walby WF, et al. An experimental model of allergic asthma in cats sensitized to house dust mite or Bermuda grass allergen. Int Arch Allergy Immunol. 2004;135:117–31.
23. Moriello KA, Stepien RL, Henik RA, Wenholz LJ. Pilot study: prevalence of positive aeroallergen reactions in 10 cats with small airway disease without concurrent skin disease. Vet Dermatol. 2007;18:94–100.
24. Taglinger K, Day MJ, Foster AP. Characterization of inflammatory cell infiltration in feline allergic skin disease. J Comp Pathol. 2007;137:211–23.

25. Roosje PJ, Whitaker-Menezes D, Goldschmidt MH, et al. Feline atopic dermatitis. A model for Langerhans cell participation in disease pathogenesis. Am J Pathol. 1997;151:927–32.

26. Novak N. An update on the role of human dendritic cells in patients with atopic dermatitis. J Allergy Clin Immunol. 2012;129:879–86.

27. Roosje PJ, Koeman JP, Thepen T, et al. Mast cells and eosinophils in feline allergic dermatitis: a qualitative and quantitative analysis. J Comp Pathol. 2004;131:61–9.

28. Liu FT, Goodarzi H, Chen HY. IgE, mast cells, and eosinophils in atopic dermatitis. Clin Rev Allergy Immunol. 2011;41:298–310.

29. Jarvikallio A, Naukkarinen A, Harvima IT, et al. Quantitative analysis of tryptase- and chymase-containing mast cells in atopic dermatitis and nummular eczema. Br J Dermatol. 1997;136:871–7.

30. Beadleston DL, Roosje PJ, Goldschmidt MH. Chymase and tryptase staining of normal feline skin and of feline cutaneous mast cell tumors. Vet Allergy Clin Immunol. 1997;5:54–8.

31. Roosje PJ, van Kooten PJ, Thepen T, Bihari IC, Rutten VP, Koeman JP, et al. Increased numbers of CD4+ and CD8+ T cells in lesional skin of cats with allergic dermatitis. Vet Pathol. 1998;35:268–73.

32. Roosje PJ, Dean GA, Willemse T, et al. Interleukin 4-producing CD4+ T cells in the skin of cats with allergic dermatitis. Vet Pathol. 2002;39:228–33.

33. Taglinger K, Van Nguyen N, Helps CR, et al. Quantitative real-time RT-PCR measurement of cytokine mRNA expression in the skin of normal cats and cats with allergic skin disease. Vet Immunol Immunopathol. 2008;122:216–30.

34. Dunham S, Messamore J, Bessey L, Mahabir S, Gonzales AJ. Evaluation of circulating interleukin-31 levels in cats with a presumptive diagnosis of allergic dermatitis. Vet Dermatol. 2018;29:284. [abstract].

35. Szczepanik MP, Wilkołek PM, Adamek ŁR, et al. The examination of biophysical parameters of skin (transepidermal water loss, skin hydration and pH value) in different body regions of normal cats of both sexes. J Feline Med Surg. 2011;13:224–30.

36. Szczepanik MP, Wilkołek PM, Adamek ŁR, et al. Correlation between transepidermal water loss (TEWL) and severity of clinical symptoms in cats with atopic dermatitis. Can J Vet Res. 2018;82(4):306–11.

37. Sanford JA, Gallo RL. Functions of the skin microbiota in health and disease. Semin Immunol. 2013;25(5):370–7.

38. Rodrigues Hoffmann A, Patterson AP, Diesel A, Lawhon SD, Ly HJ, Elkins Stephenson C, et al. The skin microbiome in healthy and allergic dogs. PLoS One. 2014;9(1):e83197.

39. Older CE, Diesel A, Patterson AP, Meason-Smith C, Johnson TJ, Mansell J, et al. The feline skin microbiota: the bacteria inhabiting the skin of healthy and allergic cats. PLoS One. 2017;12(6):e0178555.

40. Scott DW, Miller WH, Erb HN. Feline dermatology at Cornell University: 1407 cases (1988–2003). J Feline Med Surg. 2013;15(4):307–16.

41. Scott DW, Paradis M. A survey of canine and feline skin disorders seen in a university practice: small animal clinic, University of Montréal, Saint-Hyacinthe, Québec (1987–1988). Can Vet J. 1990;31:830–5.

42. Hill PB, Lo A, Eden CAN, Huntley S, Morey V, Ramsey S, et al. Survey of the prevalence, diagnosis and treatment of dermatological conditions in small animal general practice. Vet Rec. 2006;158:533–9.

43. Griffin CE, DeBoer DJ. The ACVD task force on canine atopic dermatitis (XIV): clinical manifestations of canine atopic dermatitis. Vet Immunol Immunopathol. 2001;81(3–4):255–69.

44. Hensel P, Santoro D, Favrot C, Hill P, Griffin C. Canine atopic dermatitis: detailed guidelines for diagnosis and allergen identification. BMC Vet Res. 2015;11:196.

45. Foster AP, Roosje PJ. Update on feline immunoglobulin E (IgE) and diagnostic recommendations for atopy. In: August JR, Herausgeber. Consultations in feline internal medicine. 5. Aufl. St. Louis: Elsevier; 2006. S. 229–38.

46. Masuda K, Kurata K, Sakaguchi M, Yamashita K, Hasegawa A, Ohno K, Tsujimoto H. Seasonal rhinitis in a cat sensitized to Japanese cedar (Cryptomeria japonica) pollen. J Vet Med Sci. 2001;63:79–81.

Atopisches Syndrom bei Katzen: Diagnose

Ralf S. Müller

Zusammenfassung

Das atopische Syndrom bei Katzen ist eine ätiologische Diagnose einer Krankheit, die durch Umwelt- oder Nahrungsmittelallergene verursacht wird. Daher gibt es derzeit keinen einzigen Test, der das atopische Syndrom bei Katzen zuverlässig von seinen Differenzialdiagnosen unterscheidet. Dieses Syndrom geht mit einer Reihe von klinischen Reaktionsmustern einher, wie z. B. miliarer Dermatitis, eosinophilem Granulom, Juckreiz, der zu nicht entzündlicher Alopezie oder ulzerativer und krustiger Dermatitis führt. Die Diagnose wird durch den Ausschluss aller Differenzialdiagnosen anhand der Anamnese und der klinischen Untersuchung bestätigt. Daher ist der diagnostische Ansatz bei den verschiedenen Reaktionsmustern unterschiedlich. Da eine unerwünschte Nahrungsmittelreaktion und eine Flohbiss-Überempfindlichkeit Differenzialdiagnosen für alle diese Reaktionsmuster sind, sind eine ausgezeichnete Ektoparasitenkontrolle und eine Eliminationsdiät Teil der empfohlenen diagnostischen Abklärung für alle Katzen mit Verdacht auf felines atopisches Syndrom. Je nach klinischem Befund können weitere diagnostische Tests wie Zytologie, Wood-Lampe, Trichogramm, Pilzkultur oder Biopsie angezeigt sein.

Einführung

Im Gegensatz zur atopischen Dermatitis bei Hunden, die eindeutige klinische Merkmale aufweist, ist das atopische Syndrom bei Katzen durch eine Reihe von Hautreaktionsmustern gekennzeichnet, die sich deutlich voneinander unterscheiden [1, 2].

R. S. Müller (✉)
Zentrum für Klinische Veterinärmedizin, München, Deutschland
E-Mail: dermatologie@medizinische-kleintierklinik.de

C. Noli, S. Colombo (Hrsg.), *Dermatologie der Katze*,
https://doi.org/10.1007/978-3-662-65907-6_22

Miliare Dermatitis, eosinophile Granulom-Komplexe oder Pruritus ohne Läsionen, die entweder zu nicht entzündlicher Alopezie oder sekundären Exkoriationen mit Ulzeration und Krustenbildung führen, können jeweils auf das atopische Syndrom der Katze zurückzuführen sein. Ähnlich wie bei der atopischen Dermatitis des Hundes beruht die Diagnose des atopischen Syndroms der Katze auf der Anamnese, den klinischen Symptomen und dem Ausschluss von Differenzialdiagnosen [3]. Für jedes der oben genannten Reaktionsmuster gibt es jedoch eine andere Liste von Differenzialdiagnosen, sodass ein etwas anderer Ansatz erforderlich ist. In diesem Kapitel werden die Differenzialdiagnosen der verschiedenen kutanen Reaktionsmuster, die häufig mit dem atopischen Syndrom bei Katzen in Verbindung gebracht werden, sowie der diagnostische Ansatz für jedes dieser Muster erörtert.

Allgemeine Grundsätze der Diagnostik

Eine gründliche Anamnese und klinische Untersuchung sind unerlässlich für die Erstellung einer Liste von Differenzialdiagnosen für jedes der Hautreaktionsmuster, die beim atopischen Syndrom der Katze regelmäßig auftreten. Wichtige Fragen, die zu stellen sind, hängen von dem jeweiligen Reaktionsmuster und den dafür möglicherweise verantwortlichen Differenzialdiagnosen ab. Flöhe, Nahrungsmittel- oder Umweltallergene können alle genannten klinischen Symptome verursachen, und daher sind Fragen zur aktuellen Ektoparasitenkontrolle, zu den Fütterungsgewohnheiten, zur Kotkonsistenz (wenn die Besitzer Zugang zum Kot haben) und zu versuchten Eliminationsdiäten für alle diese Reaktionsmuster relevant [1]. Andere Diagnosen werden nur mit ausgewählten Mustern in Verbindung gebracht. So wurde z. B. ein Befall mit *Otodectes cynotis* als Ursache für miliare Dermatitis berichtet [4], nicht jedoch bei eosinophilem Granulom, und Fragen zu früheren Ohrenerkrankungen und anderen betroffenen Tieren im Haushalt sind wichtig. Nicht entzündliche Alopezie kann durch Demodikose [4] oder selten durch endokrine Erkrankungen oder Alopecia areata verursacht werden, Krankheiten, die bei einer Katze mit miliarer Dermatitis nicht in Betracht kommen. Das Alter des Patienten und eine sorgfältige Befragung in Hinblick auf systemische Zeichen können klinische Hinweise auf eine endokrine Erkrankung liefern. Sobald die Liste der Differenzialdiagnosen und ihre Rangfolge auf der Grundlage der Anamnese und der klinischen Befunde feststeht, werden diagnostische Tests durchgeführt, um diese Diagnosen auszuschließen oder zu bestätigen. Der Aufwand, der betrieben wird, um so schnell wie möglich eine gesicherte Diagnose zu erhalten, wird natürlich auch vom Besitzer und seiner Bereitschaft, Zeit und Geld zu investieren, bestimmt. Bei einigen Patienten werden die Tests nacheinander in der Reihenfolge der Erkrankungswahrscheinlichkeit oder der Notwendigkeit des Ausschlusses durchgeführt (z. B. eine Dermatophytenkultur bei einer Perserkatze), und andere Katzenbesitzer entscheiden sich dafür, eine Reihe von Tests gleichzeitig durchzuführen, um eine Reihe von Differenzialdiagnosen relativ schnell auszuschließen. Sobald alle anderen Differenzialdiagnosen ausgeschlossen wurden, ist die Diagnose des felinen atopischen Syndroms bestätigt.

Vorgehensweise bei der Katze mit miliarer Dermatitis

Obwohl häufig angenommen wird, dass die miliare Dermatitis (Abb. 1) durch allergische Reaktionen gegen Flöhe und Umwelt- oder Nahrungsmittelallergene verursacht wird (und diese sind in der Tat bei der Mehrzahl der Katzen die Ursache), sind auch andere Ursachen möglich und müssen bei einzelnen Patienten in Betracht gezogen werden. Andere Ektoparasiten als Flöhe, insbesondere Milben wie *Cheyletiella blakei* oder *Otodectes cynotis*, können ebenfalls zu einer miliaren Dermatitis führen (Tab. 1). Infektionen mit Dermatophyten oder Bakterien können klinische Anzeichen einer miliaren Dermatitis hervorrufen oder zu diesen beitragen. In seltenen Fällen können Pemphigus foliaceus und Mastzelltumoren mit ähnlichen kleinen verkrusteten Papeln auftreten. Schließlich können einige Ernährungsmängel, wie

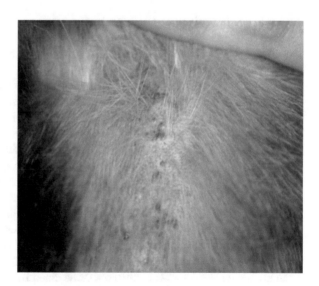

Abb. 1 Miliare Dermatitis mit kleinen Krusten bei einer Kurzhaar-Hauskatze

Tab. 1 Krankheiten, die eine miliare Dermatitis verursachen oder zu ihr beitragen

Allergien	Flohbiss-Überempfindlichkeit
	Umweltbedingtes atopisches Syndrom
	Lebensmittelinduziertes atopisches Syndrom
Ansteckende Krankheiten	Dermatophytose
	Bakterielle Infektion
	Notoedres cati
	Otodectes cynotis
	Demodex cati
Immunvermittelte Krankheiten	Pemphigus foliaceus
Neoplastische Erkrankungen	Mastzelltumor
Ernährungsbedingte Defizite	Fettsäuremangel

z. B. ein Mangel an essenziellen Fettsäuren, eine miliare Dermatitis verursachen. Unter den meisten Umständen ist dies bei der derzeitigen Fütterungspraxis unwahrscheinlich. Je nach klinischer Anamnese und körperlicher Untersuchung können Hautausschabungen, Ektoparasitenkontrolle, Hautzytologie oder -biopsie und Eliminationsdiäten angezeigt sein, um einzelne Katzen mit miliarer Dermatitis zu untersuchen. Die Hautbiopsie ist der diagnostische Test der Wahl, um eine allergische von einer immunvermittelten oder neoplastischen Hauterkrankung zu unterscheiden. Es ist jedoch weniger wahrscheinlich, dass sie in der Lage ist, zwischen ektoparasitären und allergischen Ursachen zu unterscheiden, und sie kann die Ursachen von Allergien nicht zuverlässig differenzieren.

Vorgehensweise bei der Katze mit Pruritus

Anfänglicher Juckreiz ohne Läsionen kann entweder zu nicht entzündlicher Alopezie oder zu Ulzerationen und Krustenbildung aufgrund von Selbstverletzungen führen, in der Regel im Kopf- und Halsbereich. Für diese Reaktionsmuster gibt es verschiedene mögliche Ätiologien.

Nicht entzündliche Alopezie (Abb. 2) wird am häufigsten durch Floh-, Futter- oder Umweltallergene oder eine Kombination davon verursacht [1, 2]. Eine wichtige Differenzialdiagnose für eine Katze, die unter Juckreiz mit nicht entzündlicher Alopezie leidet, ist die psychogene Alopezie [5]. Größere Veränderungen in der Umgebung, wie z. B. ein Umzug vom Land in eine Stadt, der Einzug einer neuen Katze in die Nachbarschaft, ein neues Baby oder Tier im Haushalt oder Änderungen der Arbeitszeiten der Familie, können bei manchen Katzen übermäßiges Belecken verursachen. Die Konsultation eines Verhaltenstierarztes kann in solchen Fällen hilfreich sein und wird in den Fällen empfohlen, die nicht auf eine Eliminationsdiät oder Flohbekämpfung ansprechen. In frühen Stadien der Dermatophytose kann es sein, dass eine leichte Schuppenbildung und ein feiner papulöser Ausschlag nicht vorhanden sind oder übersehen werden [6], und Pilztests wie Wood-Lampe, Trichogramme, Kulturen oder PCR können nützliche diagnostische Optionen sein. Beachten Sie jedoch die Möglichkeit falsch-positiver PCR-Reaktionen aufgrund vorübergehender Umweltkontaminationen. Sehr selten können endokrine Erkrankungen wie Hyperadrenocortizismus eine nicht juckende, nicht entzündliche Alopezie bei

Abb. 2 Nicht entzündliche Hypotrichose und Alopezie am Ventrum einer siebenjährigen kastrierten Hauskatze

der Katze verursachen, die typischerweise mit anderen systemischen Symptomen einhergeht [7–9]. Bei solchen Katzen ist eine Hormonuntersuchung erforderlich. Ungewöhnliche Alopezien wie das telogene Effluvium (bei dem ein belastendes Ereignis alle Haarfollikel eines bestimmten Bereichs in ein synchronisiertes Telogen [die Ruhephase] versetzt und Alopezie 6–12 Wochen später auftritt, wenn das neue Haar in der tiefen Dermis nachwächst) oder die Anagen-Defluxion (bei der eine schwere Stoffwechselerkrankung oder eine Chemotherapie zur Produktion geschädigter Haarschäfte führen, die innerhalb des Follikellumens abbrechen und zu Alopezie führen) können durch eine gründliche Anamnese ausgeschlossen oder vermutet werden. Ventrale abdominale Alopezie in Zusammenhang mit Demodikose wurde weltweit in begrenzten geografischen Gebieten diagnostiziert und ist mit juckender, nicht entzündlicher Alopezie verbunden (Tab. 2).

Juckreiz an Kopf und Hals, der manchmal zu ausgedehnten Krusten und Ulzerationen führt (Abb. 3), kann auf Umweltallergene zurückzuführen sein, aber auch Nah-

Tab. 2 Krankheiten, die Alopezie bei der Katze verursachen

Allergien	Flohbiss-Überempfindlichkeit
	Umweltbedingtes atopisches Syndrom
	Lebensmittelinduziertes atopisches Syndrom
Psychogen bedingte Krankheiten	Psychogen bedingte Alopezie
Ansteckende Krankheiten	Dermatophytose
Endokrine Erkrankungen	*Demodex cati*
	Hypothyreose
	Hyperadrenocortizismus
Medikamentöse Reaktion	Methimazol-induzierte Alopezie
Verschiedene Krankheiten	Telogenes Effluvium
	Defluxion der Anagen

Abb. 3 Eine große Kruste und Exkoriationen bei einer Katze mit starkem Juckreiz am Kopf. (Mit freundlicher Genehmigung von Dr. Chiara Noli)

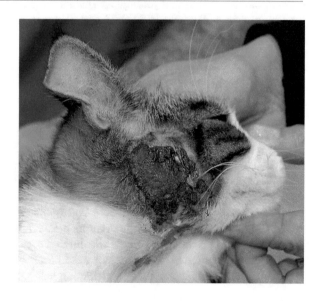

rungsmittelallergene, Flohbiss-Überempfindlichkeit und anderer Ektoparasitenbefall wie *Notoedres cati* oder *Otodectes cynotis* kommen infrage [1, 2]. Sekundärinfektionen mit Bakterien oder Hefen kommen häufig vor. Infektionen mit Dermatophytose können mit Juckreiz verbunden sein, wenn die Haut entzündet ist. Wenn in der Vorgeschichte eine Infektion der oberen Atemwege aufgetreten ist und auch die Schleimhäute betroffen sind, sollten virale Infektionen mit felinen Herpes- oder Caliciviren in Betracht gezogen werden. In seltenen Fällen können Kuhpockenvirusinfektionen auch zu einer unterschiedlich stark juckenden, ulzerativen und krustigen Hauterkrankung mit Fieber und Anorexie führen [10]. Kuhpocken werden durch die Bisswunde eines Nagetiers inokuliert, und zunächst entsteht eine solitäre Läsion. Fieber und multifokale kutane Läsionen sind die Folge einer anschließenden Virämie. Solche Katzen können hochinfektiös sein und sind Berichten zufolge an viraler Lungenentzündung gestorben. Die PCR-Untersuchung von Krusten ist das diagnostische Mittel der Wahl, denn sie ist schnell, und die Pockenviruseinschlüsse sind in der Kruste reichlich vorhanden. In der Histopathologie wird das Kuhpockenvirus durch intrazytoplasmatische eosinophile Einschlusskörper und das Herpesvirus durch eine eosinophile Dermatitis, Follikulitis und Furunkulose sowie durch sorgfältige Suche nach amphophilen intranukleären Einschlusskörpern nachgewiesen.

Pruritus kann durch Floh-, Futter- oder Umweltallergene verursacht werden, aber auch andere Krankheiten wie Medikamentenreaktionen oder, bei älteren Katzen, paraneoplastischer Pruritus können in Betracht gezogen werden. Wenn eine Katze mit Schilddrüsenüberfunktion unter Methimazol Juckreiz entwickelt, führt das Absetzen des Medikaments in der Regel zu einem schnellen Abklingen des Selbsttraumas, und es sollte eine alternative Behandlung für die Schilddrüsenüberfunktion gewählt werden. Bei älteren Katzen mit Juckreiz, insbesondere bei *Malassezia*-Infektionen an Kopf oder Hals, sollte eine paraneoplastische Hauterkrankung in Betracht gezogen werden. Je nach Anamnese und körperlicher Untersuchung können Ultraschall, Röntgenaufnahmen (und/oder CT/MRI), Lymphknotenaspirationen, vollständiges Blutbild und Serumbiochemie angezeigt sein, wenn paraneoplastischer Pruritus in Betracht gezogen wird.

Vorgehensweise bei der Katze mit Läsionen des eosinophilen Granulom-Komplexes

Läsionen des eosinophilen Granulom-Komplexes können beim felinen atopischen Syndrom beobachtet werden [1, 2]. *Indolente Lippenulzera* (Abb. 4) (oft asymmetrische Ulzera, die häufig am Schleimhautrand der Oberlippe auftreten und oft mit einem dicken, gelblichen, anhaftenden Exsudat bedeckt sind), *eosinophile Granulome* (Abb. 5) (papulöse bis lineare Läsionen, oft erodiert oder ulzeriert, häufig an den kaudalen Oberschenkeln zu finden) und (typischerweise stark juckende) *eosinophile Plaques* (Abb. 6), die am ventralen Bauch und an den Innenseiten der Oberschenkel zu finden sind, können alle durch das atopische Syndrom verursacht werden, daher gehören die Bekämpfung von Ektoparasiten und eine Eliminationsdiät zur gründlichen diagnostischen Abklärung jeder Katze mit Läsionen, die zum

Abb. 4 Indolentes
Geschwür an der Oberlippe
einer sechsjährigen
weiblichen Kurzhaar-
Hauskatze. (Mit
freundlicher Genehmigung
von Dr. Chiara Noli)

Abb. 5 Eine lineare
Läsion mit eosinophilem
Granulom am
Oberschenkel. (Mit
freundlicher Genehmigung
von Dr. Chiara Noli)

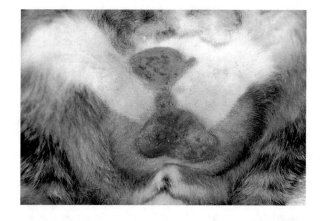

Abb. 6 Dieselbe Katze
wie in Abb. 4: eine große
eosinophile Plaque auf
dem Abdomen. (Mit
freundlicher Genehmigung
von Dr. Chiara Noli)

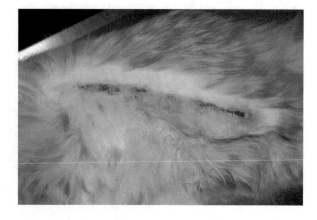

eosinophilen Granulom-Komplex gehören. Gelegentlich kann ein Plattenepithel-karzinom eine Differenzialdiagnose darstellen, insbesondere bei älteren Katzen mit Läsionen in nicht pigmentierten oder spärlich behaarten Bereichen des Kopfes. Bei diesen Katzen ist auch eine Biopsie angezeigt.

Ausschluss von Hautinfektionen

Obwohl Hautinfektionen bei Katzen seltener sind als bei Hunden, kommen sie bei Katzen vor und können erheblich zu Juckreiz und klinischen Symptomen beitragen. Sie müssen erkannt und behandelt werden, um optimale therapeutische Ergebnisse zu erzielen. Eine zytologische Auswertung eines Abstrichs ist der Test der Wahl, um bakterielle oder Hefeinfektionen zu identifizieren [11]. Wenn die Haut und die Krusten sehr trocken sind, wird häufig eine bessere Ausbeute erzielt, wenn einige Krusten entfernt und die zytologische Probe von der darunter liegenden Oberfläche der Krusten entnommen wird. Neutrophile mit intrazellulären Bakterien (Abb. 7) bestätigen zweifelsfrei eine bakterielle Hautinfektion. Das Vorhandensein von Bakterien oder Hefen muss anhand der Anzahl der Organismen, der klinischen Anzeichen und der Entnahmestelle interpretiert werden. Eine große Anzahl von Hefen der Gattung *Malassezia* spp. (Abb. 8) wurde als möglicher klinischer Hinweis auf innere bösartige Erkrankungen bei der Katze angegeben; sie können jedoch auch bei allergischen Hauterkrankungen gefunden werden. Die Untersuchung der Haut mit einer Wood-Lampe, Trichogrammen, Pilzkulturen oder PCR auf Pilzantigene kann bei Patienten mit möglicher Dermatophytose hilfreich sein.

Ausschluss von Ektoparasiten

Es ist wichtig festzustellen, welche Art der Ektoparasitenbekämpfung der Besitzer durchführt, welches genaue Produkt wie oft und an welche Tiere im Haushalt verabreicht wird. Einige der auf dem Markt befindlichen Produkte haben eine hohe

Abb. 7 Abdruckausstrich von einer Plaque: Neutrophile mit intra- und extrazytoplasmatischen Kokken und stäbchenförmigen Bakterien. Letztere stammen wahrscheinlich aus der Mundflora. (Diff-Quik, 1000-fache Vergrößerung). (Mit freundlicher Genehmigung von Dr. Chiara Noli)

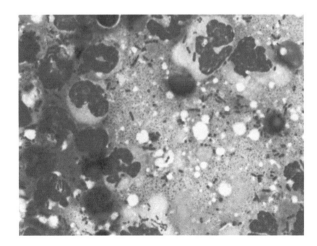

Abb. 8 Zahlreiche *Malassezia*-Hefen auf der Haut einer allergischen Katze (Diff-Quik 400-fache Vergrößerung). (Mit freundlicher Genehmigung von Dr. Chiara Noli)

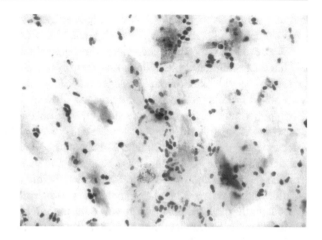

Wirksamkeit gegen Flöhe und Zecken; andere können auch zur Behandlung von Milbenbefall eingesetzt werden. Eine wirksame und vollständige Ektoparasitenbekämpfung sollte nicht nur Flöhe, sondern auch Milben beinhalten. Makrozyklische Laktone oder Isoxazoline sind Beispiele für solche Ektoparasitizide. Ob neben den regulären Adultiziden eine zusätzliche Umgebungskontrolle erforderlich ist, hängt von dem jeweiligen Patienten, der Umgebung und dem Klima ab. Die Vermehrung von Flöhen wird durch warmes und feuchtes Klima begünstigt. Bei einer großen Anzahl unreifer Flohstadien in einer günstigen Umgebung kann das Aussprühen des Hauses oder der Wohnung mit einem Insektenwachstumsregulator wie Methopren oder Pyriproxyfen die klinische Besserung bei betroffenen Katzen beschleunigen. In ähnlicher Weise kann eine solche Umgebungskontrolle in Haushalten mit mehreren Tieren und folglich einer großen Anzahl unreifer Flohstadien wie Eiern, Larven und Puppen in der Umgebung erforderlich sein.

Durchführung einer Eliminationsdiät

Zum gegenwärtigen Zeitpunkt ist eine Eliminationsdiät der einzige zuverlässige Test, um das durch Nahrungsmittelantigene verursachte atopische Syndrom bei Katzen zu identifizieren [12]. Dazu muss – theoretisch – eine Proteinquelle gefüttert werden, die das Tier noch nie erhalten hat. Bei Katzen ist diese scheinbar einfache Bedingung jedoch häufig schwer zu erreichen. Erstens erhalten viele Katzen eine weitaus abwechslungsreichere Ernährung als ihre hündischen Artgenossen, und es ist nicht ungewöhnlich, dass Katzenpatienten jeden Tag in der Woche eine andere Proteinquelle erhalten. Zweitens sind Katzen Gewohnheitstiere und weigern sich leichter als Hunde, eine neue Nahrung aufzunehmen. Darüber hinaus erhöht eine mehrtägige Nahrungsverweigerung das Risiko der Entwicklung einer hepatischen Lipidose bei der Katze, und eine Hungerkur bis zur Erreichung der Compliance ist absolut nicht zu empfehlen. Daher müssen möglicherweise mehrere verschiedene Futterquellen ausprobiert werden, bevor eine erfolgreiche Eliminationsdiät durchgeführt werden kann, und der Autor rät den Besitzern, zwei Proteinquellen zur Auswahl zu haben, falls die Katze plötzlich nicht mehr fressen will.

Die Besitzer können zwischen einer selbst gekochten Eliminationsdiät, kommerziellen ausgewählten Proteindiäten und hydrolysierten Diäten wählen. Es hat sich gezeigt, dass viele kommerzielle ausgewählte Proteindiäten mit anderen, nicht zugelassenen Proteinquellen kontaminiert sind, obwohl die klinische Relevanz dieser Kontaminationen nicht bewertet wurde. Daher bevorzugt der Autor für die Diagnose des lebensmittelbedingten atopischen Syndroms bei Katzen selbst gekochte oder extensiv hydrolysierte Diäten. Katzen sind obligate Fleischfresser, sodass sie bei der Wahl einer selbst gekochten Nahrung mit reinem Eiweiß gefüttert werden können. Eine Kohlenhydratquelle ist nicht unbedingt erforderlich und kann die Schmackhaftigkeit und die Akzeptanz bei Katzen verringern. Idealerweise ist die Proteinquelle phylogenetisch weit von dem ursprünglich gefütterten Protein entfernt. Wenn die Katze überwiegend Katzenfutter auf Hühner- und Putenbasis erhalten hat, ist die Umstellung auf Ente möglicherweise nicht so geeignet wie auf Kaninchen oder Pferd. Wurde die Katze mit Rind- oder Lammfleisch gefüttert, sind Hirsch oder Ziege möglicherweise nicht die ideale Alternative, da die Wahrscheinlichkeit einer Kreuzreaktivität zwischen diesen Allergenen voraussichtlich viel höher ist als bei der Wahl von Strauß oder Krokodil für diese spezielle Katze. Klinische Kreuzreaktionen sind jedoch bei Katzen mit Nahrungsmittelallergien bisher nicht nachgewiesen worden.

Die Diät sollte etwa acht Wochen lang ausschließlich gefüttert werden. In dieser Zeit bessert sich der Zustand bei mehr als 90 % der Katzen mit unerwünschten Nahrungsmittelreaktionen [13]. In diesen acht Wochen sollten keine anderen Proteinquellen erlaubt sein. Eine Katze, die Zugang zum Freien hat, muss während der gesamten Diät in der Wohnung gehalten werden. Wenn das nicht möglich ist und die Katze nicht darauf reagiert, kann eine unerwünschte Reaktion auf das Futter nicht zuverlässig ausgeschlossen werden. Allerdings kann dies in der Tat zu stressig für die Katze sein. Nach Meinung des Autors kann es sich dennoch lohnen, bei einigen Freigängerkatzen eine Eliminationsdiät durchzuführen, da möglicherweise schon eine Reduzierung der allergieauslösenden Eiweißmenge die Juckreizschwelle senken kann. In einem Mehrkatzenhaushalt sollten alle Katzen die Eliminationsdiät erhalten oder der Patient sollte komplett separat gefüttert werden, um die unbeabsichtigte Aufnahme einer anderen Proteinquelle zu vermeiden.

Tritt nach acht Wochen einer geeigneten Eliminationsdiät keine klinische Besserung ein, ist eine unerwünschte Lebensmittelreaktion sehr unwahrscheinlich. Tritt jedoch eine klinische Besserung ein, ist eine erneute Durchführung der vorherigen Diät unerlässlich, da diese Besserung auf die Diät, aber auch auf jahreszeitliche Veränderungen, andere oder zuverlässiger verabreichte gleichzeitige Behandlungen und andere Gründe zurückzuführen sein kann, die nicht mit der Diät zusammenhängen. Wenn die erneute Verabreichung der vorherigen Diät zu einem Wiederauftreten der klinischen Symptome führt, die bei der Verabreichung der Eliminationsdiät wieder verschwinden, wird die Diagnose einer unerwünschten Lebensmittelreaktion bestätigt. Langfristig kann das/die auslösende(n) Allergen(e) durch aufeinanderfolgende erneute Verabreichung einzelner Proteine identifiziert werden, die Katze kann mit einem kommerziellen Futter aus hydrolysierten oder ausgewählten Proteinen gefüttert werden, oder die Eliminationsdiät kann fortgesetzt werden. Entscheidet sich der Besitzer für Letzteres, empfiehlt es sich, einen tierärztlichen Ernährungsberater zu konsultieren, um die selbst zubereitete Diät ausgewogen zu gestalten und Nährstoffmängel zu vermeiden.

Schlussfolgerung

Das atopische Syndrom bei Katzen ist eine ätiologische Diagnose, die mit einer Reihe von klinischen Reaktionsmustern einhergeht, wie z. B. miliarer Dermatitis, eosinophilem Granulom, Pruritus, der zu nicht entzündlicher Alopezie oder ulzerativer und krustiger Dermatitis führt. Die Diagnose wird durch den Ausschluss aller Differenzialdiagnosen anhand der Anamnese und der klinischen Untersuchung bestätigt. Da bei all diesen Reaktionsmustern eine unerwünschte Nahrungsmittelreaktion und eine Flohbiss-Überempfindlichkeit als Differenzialdiagnose infrage kommen, gehören eine ausgezeichnete Ektoparasitenbekämpfung und eine Eliminationsdiät zur empfohlenen diagnostischen Abklärung bei allen Katzen mit Verdacht auf ein felines atopisches Syndrom. Je nach klinischem Befund können weitere diagnostische Tests wie Zytologie, Wood-Lampe, Trichogramm, Pilzkultur oder Biopsie angezeigt sein.

Literatur

1. Hobi S, Linek M, Marignac G, Olivry T, Beco L, Nett C, et al. Clinical characteristics and causes of pruritus in cats: a multicentre study on feline hypersensitivity-associated dermatoses. Vet Dermatol. 2011;22:406–13.
2. Ravens PA, Xu BJ, Vogelnest LJ. Feline atopic dermatitis: a retrospective study of 45 cases (2001–2012). Vet Dermatol. 2014;25(95–102):e27–8.
3. DeBoer DJ, Hillier A. The ACVD task force on canine atopic dermatitis (XV): fundamental concepts in clinical diagnosis. Vet Immunol Immunopathol. 2001;81:271–6.
4. Scheidt VJ. Common feline ectoparasites part 2: Notoedres cati, Demodex cati, Cheyletiella spp. and Otodectes cynotis. Feline Pract. 1987;17:13–23.
5. Waisglass SE, Landsberg GM, Yager JA, Hall JA. Underlying medical conditions in cats with presumptive psychogenic alopecia. J Am Vet Med Assoc. 2006;228:1705–9.
6. Scarampella F, Zanna G, Peano A, Fabbri E, Tosti A. Dermoscopic features in 12 cats with dermatophytosis and in 12 cats with self-induced alopecia due to other causes: an observational descriptive study. Vet Dermatol. 2015;26:282–e63.
7. Boord M, Griffin C. Progesterone secreting adrenal mass in a cat with clinical signs of hyperadrenocorticism. J Am Vet Med Assoc. 1999;214:666–9.
8. Rand JS, Levine J, Best SJ, Parker W. Spontaneous adult-onset hypothyroidism in a cat. J Vet Intern Med. 1993;7:272–6.
9. Zerbe CA, Nachreiner RF, Dunstan RW, Dalley JB. Hyperadrenocorticism in a cat. J Am Vet Med Assoc. 1987;190:559–63.
10. Appl C, von Bomhard W, Hanczaruk M, Meyer H, Bettenay S, Mueller R. Feline cowpoxvirus infections in Germany: clinical and epidemiological aspects. Berliner und Münchner Tierärztliche Wochenschrift. 2013;126:55–61.

11. Mueller RS, Bettenay SV. Skin scrapings and skin biopsies. In: Ettinger SJ, Feldman EC, Cote E, Herausgeber. Textbook of veterinary internal medicine. Philadelphia: W.B. Saunders; 2017. S. 342–5.
12. Mueller RS, Unterer S. Adverse food reactions: pathogenesis, clinical signs, diagnosis and alternatives to elimination diets. Vet J. 2018;236:89–95.
13. Olivry T, Mueller RS, Prelaud P. Critically appraised topic on adverse food reactions of companion animals (1): duration of elimination diets. BMC Vet Res. 2015;11:225.

Atopisches Syndrom bei Katzen: Therapie

Chiara Noli

Zusammenfassung

Die allergische Dermatitis der Katze ist eine chronische Erkrankung, bei der die Vermeidung von Allergenen, wenn sie möglich ist, die beste Behandlungsoption darstellt. Wenn dies nicht möglich ist, wird je nach Einzelfall eine Kombination aus ätiologischer, symptomatischer, topischer, antimikrobieller und Ernährungstherapie eingesetzt. Die ätiologische Therapie basiert auf einem Allergietest und einer Hyposensibilisierung, die nur in einer Minderheit der Fälle heilend wirkt. In allen anderen Fällen ist eine Art der symptomatischen Therapie erforderlich, wobei die langfristige Verabreichung von Glukocorticoiden vermieden werden kann. Zu den alternativen systemischen Behandlungen gehören Ciclosporin, Antihistaminika, Oclacitinib, Palmitoylethanolamid, Maropitant und PUFAs (*polyunsaturated fatty acids*): Nicht alle sind in jedem Fall wirksam und einige sind nicht für die Katze zugelassen. Topische Behandlungen sind bei Katzen nicht einfach anzuwenden, und nur wenige Studien bestätigen ihre Wirksamkeit. Die Vor- und Nachteile von Allergietests und Hyposensibilisierung sowie von topischer und/oder systemischer symptomatischer Behandlung werden in diesem Kapitel erörtert.

Einführung

Die allergische Dermatitis der Katze ist eine chronische Erkrankung. Der Arzt muss dem Tierbesitzer klarmachen, dass eine Heilung nur selten möglich ist, wenn das/die auslösende(n) Allergen(e) nicht identifiziert und beseitigt werden. Der Schlüssel zu einer erfolgreichen Behandlung der allergischen Dermatitis ist die Aufklärung des Tierhalters, die langfristige Einhaltung des Behandlungsprotokolls und eine

C. Noli (✉)
Servizi Dermatologici Veterinari, Peveragno, Italien

© Der/die Autor(en), exklusiv lizenziert an Springer-Verlag GmbH, DE, ein Teil von Springer Nature 2023
C. Noli, S. Colombo (Hrsg.), *Dermatologie der Katze*,
https://doi.org/10.1007/978-3-662-65907-6_23

Kombination aus ätiologischer, symptomatischer, topischer, antimikrobieller und Ernährungstherapie. Die Wahl des Therapieplans hängt vom Einzelfall ab, d. h. sowohl von der Katze (Schwere der Läsionen und Temperament des Patienten) als auch vom Besitzer (wirtschaftliche Möglichkeiten, Geduld, Zeit, die er der Katze widmen kann, persönliche Vorlieben). Die Vor- und Nachteile von Allergietests und Hyposensibilisierung sowie von topischer und/oder systemischer symptomatischer Behandlung sollten klar erläutert werden, einschließlich möglicher Kombinationen – und Kosten –, damit der Besitzer eine fundierte Entscheidung treffen kann. Eine praktische Anleitung für den therapeutischen Umgang mit allergischen Katzen wird in Kasten 1 gegeben.

Kasten 1: Praktischer therapeutischer Ansatz für die Katze mit Juckreiz

1. **Diagnosezeitraum (vom ersten Auftreten bis zum Ende der Eliminationsdiät)**
   - Eine orale/topische Flohbekämpfung wird in jedem Fall empfohlen.
   - Bei nicht saisonalem Juckreiz sollte die Katze eine zweimonatige Eliminationsdiät einhalten, am besten mit hydrolysiertem Futter.
   - Wenn der Juckreiz stark ist und verringert werden muss, können der Katze in der Zwischenzeit kurzwirksame orale Corticosteroide verabreicht werden, die in den ersten sechs Wochen möglichst jeden zweiten Tag gegeben werden. Als Alternative können Oclacitinib oder Maropitant in Betracht gezogen werden. In diesem Stadium sollte Ciclosporin vermieden werden, da die Verzögerungszeit sehr lang ist und es auch lange dauert, bis der Juckreiz nach dem Absetzen wiederkehrt. Dies erschwert die Beurteilung der Diät.

2. **Die ersten Monate der allergenspezifischen Immuntherapie (ASIT)**
   - Eine orale/topische Flohbekämpfung wird in jedem Fall während des gesamten ASIT-Zeitraums empfohlen.
   - Bei leichtem bis mäßigem Juckreiz sind Antihistaminika und/oder ultramikronisiertes PEA (Palmitoylethanolamid), EFAs (essenzielle Fettsäuren), dermatologische Nahrungsmittel und topisches Hydrocortison-Aceponat zu erwägen.
   - Wenn diese Mittel nicht wirken oder wenn der Juckreiz mäßig bis stark ist, sollten in den ersten Monaten der ASIT (Induktionsphase) Ciclosporin oder Oclacitinib oder Maropitant in Betracht gezogen werden. Systemische Corticosteroide können zwar zu Beginn der ASIT-Phase für einige Tage verabreicht werden (vor allem, wenn Ciclosporin als Erhaltungstherapie gewählt wird), ihre langfristige Anwendung sollte jedoch vermieden werden, da sie möglicherweise den Desensibilisierungsmechanismus der ASIT beeinträchtigen könnten. Alle 2–3 Monate könnten die juckreizstillenden Therapien abgesetzt werden, um die Wirksamkeit der ASIT besser beurteilen zu können.

3. **Langfristige symptomatische Behandlung**
   - Eine orale/topische Flohbekämpfung wird in jedem Fall empfohlen.
   - Bei leichtem bis mäßigem Juckreiz sind Antihistaminika und/oder ultramikronisiertes PEA, EFAs, dermatologische Nahrungsmittel und topisches Hydrocortison-Aceponat zusammen oder in Kombination zu erwägen.
   - Wenn diese nicht wirken oder wenn der Juckreiz mäßig bis stark ist, sollte eine langfristige Verabreichung von Ciclosporin in Betracht gezogen werden. In den ersten zwei Wochen können Corticosteroide eingesetzt werden.
   - Wenn Ciclosporin nicht infrage kommt (z. B. bei Magen-Darm-Erkrankungen), sind niedrig dosierte Corticosteroide, die jeden zweiten Tag verabreicht werden (am besten verbunden mit steroidsparenden Produkten wie Antihistaminika, EFA oder ultramikronisiertem PEA), oder Oclacitinib oder Maropitant eine Alternative.
4. **Management von Schüben**
   - Schübe lassen sich am besten mit kurzen Behandlungen (5–15 Tage) mit hochdosierten Corticosteroiden behandeln. Danach sollte, wenn möglich, eine Langzeitbehandlung (Punkt 3) eingeleitet werden.

Therapie der allergischen Dermatitis und Lebensqualität

Juckreiz und selbst verursachte Hautläsionen durch Belecken und Kratzen haben einen erheblichen negativen Einfluss auf die Lebensqualität der Katze und des Besitzers [1], und eine Therapie zur Verringerung der Beschwerden sollte bereits bei der ersten Konsultation in Betracht gezogen werden. In zwei Studien zur Behandlung von Katzenallergien war die Verringerung von Juckreiz und Läsionen jedoch immer stärker als die Verbesserung der Lebensqualität [2, 3]. Dies ist darauf zurückzuführen, dass sich die Verabreichung von Therapien und wiederholte Besuche beim Tierarzt negativ auf die Lebensqualität sowohl der Katzen als auch der Besitzer auswirken, da die Behandlung von Katzen sicherlich schwieriger ist und mehr psychischen Stress verursacht als die Behandlung von Hunden. Diese Tatsache sollte bei der Ausarbeitung eines Therapieplans für allergische Katzen berücksichtigt werden, und der Plan sollte von der Katze und dem Besitzer über einen langen Zeitraum hinweg getragen werden können. Die Art der Verabreichung (oral, topisch, injizierbar), die Formulierung (Tabletten, orale Flüssigkeit, Lotion, Spray) und die Häufigkeit der Verabreichung sollten individuell auf den Patienten und den Besitzer abgestimmt werden. Die Fütterung einer „dermatologischen" Diät und/oder essenzieller Fettsäuren (EFAs) und/oder von Palmitoylethanolamid (PEA), das mit dem Futter gemischt wird, kann eine nichttraumatische Methode sein, um Entzündungen und Juckreiz sowie den Bedarf (Dosis und Häufigkeit) an anderen juckreizstillenden Mitteln zu verringern.

Ätiologische Therapie

Identifizierung von Allergenen: Allergietests bei Katzen

Allergietests sind notwendig, um die Allergene zu identifizieren, die vermutlich für den Juckreiz und die Hautläsionen bei hypersensiblen Katzen verantwortlich sind. Sie können jedoch nicht zur Diagnose einer Allergie *an sich* verwendet werden, da einige gesunde Katzen positive und einige allergische Katzen negative Testergebnisse aufweisen [4–7]. Intrakutane Tests, wie sie bei Hunden verwendet werden, sind bei Katzen von begrenztem Wert, da die Quaddeln klein, weich und vorübergehend sind und die Tests schwer zu interpretieren sind. Die Verwendung von Fluorescein kann die Auswertbarkeit und Zuverlässigkeit von intradermalen Tests verbessern [8, 9]. Ein Problem bei Hauttests für Katzenallergien besteht darin, dass bisher bei Katzen für die Haut des Hundes standardisierte Allergenlösungen verwendet wurden, wobei das Wissen über deren Eignung begrenzt ist. Es wurden erste Untersuchungen zu Allergenschwellenkonzentrationen bei Katzen veröffentlicht, allerdings nur für Pollen und bei gesunden Tieren [10]. Ein weiteres Problem ist, dass alle Katzen narkotisiert werden müssen, da die stressbedingte Cortisolausschüttung die Quaddelbildung beeinträchtigt [11]. Um diese Probleme zu überwinden, wird derzeit die perkutane (Prick-)Testung bei Katzen untersucht, die als gute Alternative zur intradermalen Testung angesehen wird [12, 13], aber es ist noch kein Kit speziell für Katzen im Handel erhältlich. Wie bei Hunden sollten intradermale Allergietests bei Katzen, die mit Corticosteroiden behandelt werden, nicht durchgeführt werden.

Serumtests sind einfacher durchzuführen und werden von verschiedenen Laboren in der ganzen Welt angeboten. Der Serumtest hat den Vorteil, dass er einfach durchzuführen ist (nur eine Blutprobe), keine Anästhesie erfordert und bei Katzen, die mit Corticosteroiden behandelt werden, durchgeführt werden kann. In-vitro-Allergietests sind zwar nicht in der Lage, allergische von normalen Katzen zu unterscheiden [4–7], sie können jedoch bei der Auswahl der Allergene, die in die ASIT-Lösung aufgenommen werden sollen, hilfreich sein. Es gibt keine Studien, die belegen, dass eine Methode einer anderen vorzuziehen ist. Die häufig verwendete und gut untersuchte Methode, die auf der klonierten Alpha-Kette des menschlichen hochaffinen IgE-Rezeptors (FcE-RI) basiert (Allercept®; Heska AG, Freiburg, Schweiz), kann auch bei Katzen eingesetzt werden. In einer kürzlich durchgeführten Studie wurde eine starke Übereinstimmung zwischen den Ergebnissen eines schnellen Screening-Immunoassays (Allercept® E-Screen 2nd Generation; Heska AG, Freiburg, Schweiz) und dem kompletten Allercept-Panel festgestellt; der Screening-Assay kann daher für die Vorhersage der Ergebnisse des Serum-Allergen-spezifischen IgE-Assays des kompletten Panels von Nutzen sein [4].

Allergenvermeidung

Die Vermeidung von Allergenen ist sinnvoll, wenn die auslösenden Allergene korrekt identifiziert wurden. Katzen mit Innenraumallergien (z. B. gegen Hausstaubmilben wie *Dermatophagoides* spp. und Vorratsmilben wie *Tyrophagus*, *Acarus* und *Lepidoglyphus* spp.) oder Hautschuppen können mehr Zeit im Freien verbringen. Da die Hausstaubmilbenkonzentration in Schlafzimmern viel höher ist als im Rest des Hauses, kann es hilfreich sein, den Zugang der Katze zu diesen Räumen zu beschränken. Bei Allergenen in Innenräumen kann häufiges Staubsaugen mit einem HEPA-Staubsauger (*High Efficiency Particle Air Filter*) die Allergenbelastung verringern, oder es können schützende Möbelbezüge, wie sie für menschliche Asthmatiker entwickelt wurden, von Nutzen sein. Sprays oder Fogger (Geräte, die einen feinen Nebel erzeugen) mit akariziden Wirkstoffen oder Insektenwachstumsregulatoren können bei einer Hausstaub-/Vorratsmilbenallergie hilfreich sein. Die regelmäßige Anwendung von Benzoylbenzoat-Sprays auf Bettwäsche, Teppichen, Läufern, Möbeln usw. tötet nicht nur die Milben ab, sondern baut auch deren Stoffwechselprodukte (Allergene) ab. Eine Studie an Hausstaub-/Vorratsmilbenempfindlichen Hunden hat gezeigt, dass die Anwendung von Benzylbenzoatspray zu Hause zu einer 48 %igen Resolution und 36 %igen Verbesserung des Juckreizes führt [14]. Leider gibt es noch keine Studien zur Allergenvermeidung bei Katzen.

Immuntherapie

Die allergenspezifische Immuntherapie (ASIT) ist die ätiologische Behandlung der Wahl, wenn der Juckreiz länger als vier Monate pro Jahr anhält. Die Allergene werden in steigender Konzentration und Dosis und mit abnehmender Häufigkeit verabreicht, im Allgemeinen durch subkutane Injektion. Der Wirkmechanismus der Immuntherapie ist bei Katzen nicht untersucht worden. Bei Hunden und Menschen scheint eine Verschiebung von einer Th2- zu einer Th1-gerichteten Immunantwort und eine Zunahme der T-regulierenden Lymphozyten für die Entwicklung von Toleranz verantwortlich zu sein [15]. Die Protokolle variieren je nach Hersteller und Adjuvans. ASIT gilt bei Katzen als sicher und wirksam, wobei bei 50–80 % der behandelten Patienten ein gutes bis sehr gutes Ansprechen (Verbesserung um mindestens 50 %) erzielt wird [16–20]. Unerwünschte Ereignisse wie verstärkter Juckreiz oder Anaphylaxie werden als weniger häufig betrachtet als bei Hunden [17].

Wie bei Hunden sind die klinischen Ergebnisse, gemessen an der Abnahme von Juckreiz und Hautläsionen, 3–18 Monate nach Beginn der Behandlung zu beobachten. Daher kann in der Anfangsphase der Immuntherapie eine symptomatische Behandlung erforderlich sein. Wenn die Behandlung wirksam ist, wird die ASIT-Erhaltungstherapie für den Rest des Lebens des Patienten durchgeführt. Nur ein Teil der Fälle wird durch die Immuntherapie allein kontrolliert, während andere zumindest für einen Teil des Jahres eine begleitende symptomatische Therapie benötigen. In einer noch unveröffentlichten retrospektiven Studie der Autorin konnten etwa 10 % der Katzen nach 4–5 Jahren eine Remission der Allergie erreichen und ASIT ohne Rückfälle absetzen. Eine ähnliche Beobachtung wurde auch von Vidémont und Pin berichtet [21].

Eine alternative sublinguale Verabreichungsmöglichkeit ist derzeit verfügbar, mit anekdotischer Wirksamkeit ähnlich der subkutanen Verabreichung; allerdings gibt es bisher keine veröffentlichten Berichte bei Katzen. Die Rush-Immuntherapie (Verabreichung der gesamten Induktionsphase innerhalb weniger Stunden unter ärztlicher Kontrolle) wurde an einer kleinen Anzahl von Katzen untersucht und als sicher und wirksam angesehen [22].

Symptomatische Therapie

Dosierung, Verabreichung und unerwünschte Wirkungen der hier genannten Arzneimittel sind in Tab. 1 zusammengefasst.

Glukocorticoide

Glukocorticoide sind sehr wirksam bei der Unterdrückung der Anzeichen einer allergischen Dermatitis. Pharmakologische Daten über Glukocorticoide bei Katzen sind spärlich: Katzen scheinen höhere Dosen als Hunde zu benötigen, da sie eine halb so hohe Dichte an Glukocorticoidrezeptoren in Haut und Leber haben [23] und das aktive Prednisolon besser verstoffwechseln als die Vorstufe (Prodrug) Prednison [24].

Übliche Protokolle empfehlen die Verabreichung von oralem Prednisolon in einer Dosierung von 1–2 mg/kg oder oralem Methylprednisolon in einer Dosierung von 0,8–1,6 mg/kg täglich bis zum Abklingen des Juckreizes (in der Regel 3–15 Tage). Danach wird die Dosis auf jeden zweiten Tag und dann wöchentlich weiter bis auf die niedrigste Dosis reduziert, mit der die klinischen Symptome kontrolliert werden können (in der Regel 0,5–0,1 mg/kg jeden zweiten Tag). Wenn Prednisolon oder Methylprednisolon nicht wirksam zu sein scheinen, ist eine gute Alternative bei Katzen orales Dexamethason oder Triamcinolon (beide 0,1–0,2 mg/kg), das dann zur Erhaltungstherapie auf 0,02–0,05 mg/kg jeden zweiten bis dritten Tag reduziert werden sollte. Die Anwendung von Methylprednisolon und Triamcinolon in den oben genannten Dosierungen führte nicht zu einem Anstieg des Fructosamins über den Referenzbereich hinaus, während Triamcinolon im Vergleich zu Methylprednisolon einen höheren Anstieg der Amylase verursachte [25].

Die Verwendung von Repositol-Methylprednisolonacetat (in der Regel 15–20 mg/Katze, SC), dessen Wirkungsdauer zwischen drei und sechs Wochen liegt, sollte nur bei refraktären Katzen in Betracht gezogen werden, wenn eine orale Verabreichung nicht möglich ist. Wiederholte Repositolinjektionen scheinen mit der Zeit immer weniger wirksam zu sein, sodass eine größere Häufigkeit und/oder höhere Dosen erforderlich werden können, wobei das Risiko der Entwicklung unerwünschter Wirkungen steigt. In diesen Fällen sollten alternative Therapien (wie orales oder injizierbares Ciclosporin) in Betracht gezogen werden.

In der Regel wird davon ausgegangen, dass Katzen Glukocorticoide gut vertragen; es können jedoch unerwünschte Wirkungen auftreten, die schwerwiegend sein können [26]. Dazu gehören Hautatrophie mit Hautbrüchigkeit (Abb. 1), kongestive Herzinsuffizienz, erhöhte Anfälligkeit für Diabetes mellitus (insbesondere bei übergewichtigen Katzen), Polydipsie und Polyurie sowie erhöhte Anfälligkeit für Bla-

Tab. 1 Wichtigste juckreizstillende und entzündungshemmende Arzneimittel, die bei allergischer Dermatitis bei Katzen eingesetzt werden. Antihistaminika sind in Tab. 2 aufgeführt

Orales Antipruritikum	Dosis	Anzeige	Kontraindikationen	Nebenwirkungen
Glukocorticoide: Prednisolon Methylprednisolon Triamcinolon Dexamethason	Induktionsphase alle 24 h: 1–2 mg/kg 0,8–1,6 mg/kg 0,1–0,2 mg/kg 0,1–0,2 mg/kg Erhaltungsphase: 1/2 bis 1/4 der Induktionsdosis alle 48–72 h	Rascher Rückgang von Juckreiz und Entzündung, Auflösung von Läsionen des eosinophilen Granulom-Komplexes	Diabetes, Nierenerkrankung, Lebererkrankung, positiver FIV- und/oder FeLV-Status	Hautbrüchigkeitssyndrom, Diabetes mellitus, kongestive Herzinsuffizienz, Polyurie und Polydipsie, erhöhte Anfälligkeit für Blasen- und Hautinfektionen, Demodikose und Dermatophytose
Ciclosporin	7 mg/kg alle 24 h im ersten Monat, dann alle 48 h im zweiten Monat, dann zweimal wöchentlich als Erhaltungsdosis, wenn die Symptome unter Kontrolle sind	Langfristige Anwendung, um Juckreiz und Läsionen in Remission zu halten	Nierenerkrankungen, Lebererkrankungen, positiver FIV- und/oder FeLV-Status, bösartige Erkrankungen, Verzehr von rohem Fleisch, Jagd und Verzehr von Beutetieren	Vorübergehendes Erbrechen und/oder Durchfall (24 %), Gewichtsverlust, Gingivahyperplasie (2 %), hepatische Lipidose (2 %), systemische Toxoplasmose
Oclacitinib (*Off-Label-Use*)	1 mg/kg alle 12 h	Schneller Rückgang des Juckreizes ohne Einsatz von Glukocorticoiden	Keine Informationen verfügbar. Vorsichtshalber dasselbe wie bei Ciclosporin, Verdacht auf Nierenerkrankung	Begrenzte Informationen verfügbar. Erhöhung der Nierenwerte bei einigen Katzen in einer Studie, in einer anderen Studie nicht beobachtet. Eine genaue Überwachung ist erforderlich.
Palmitoylethanolamid	10–15 mg/kg alle 24 h Auch in Verbindung mit Glukocorticoiden zur Einsparung	Leichter Juckreiz und eosinophiler Granulom-Komplex	Keine	Keine
Maropitant	2 mg/kg alle 24 h	Juckreiz	Es liegen keine Informationen über eine langfristige Anwendung vor. Leber- und Herzerkrankungen	Es liegen keine Informationen über eine Anwendung von mehr als 2–4 Wochen vor.

Abb. 1 Große Ulzeration aufgrund von Hautbrüchigkeit bei einer Katze, die fünf Monate lang einmal monatlich mit 20 mg/Tier injizierbarem Methylprogesteronacetat behandelt wurde. Die Katze hat sich nach Absetzen des Medikaments vollständig erholt

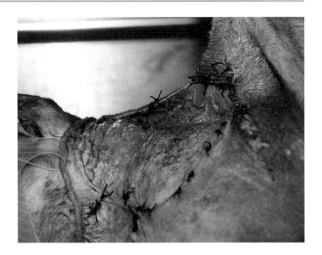

sen- und Hautinfektionen, einschließlich der Entwicklung von Dermatophytose und Demodikose. In einer neueren Studie wurden jedoch keine Hinweise auf eine Bakteriurie bei Katzen gefunden, die langfristig mit oralen oder repositolischen Glukocorticoiden behandelt wurden [27].

Hydrocortison-Aceponat-Spray ist zur Behandlung von lokalem Juckreiz und zur Verringerung des Bedarfs an systemischen Medikamenten geeignet. Dieses Produkt verursacht nachweislich eine minimale Verdünnung der Haut und eine lokale Immunsuppression und wird bei Hunden nur in sehr geringem Maße systemisch aufgenommen. In einer offenen Pilotstudie mit zehn Katzen wurde festgestellt, dass es in der Lage ist, Juckreiz und Hautläsionen bei allergischen Katzen zu verbessern und unter Kontrolle zu halten, wenn es täglich oder alle zwei Tage verabreicht wird [28].

Ciclosporin

Ciclosporin ist ein Polypeptid, das aus dem Pilz *Tolypocladium inflatum* gewonnen wird. Seine Wirkungsweise beruht auf der Hemmung von Calcineurin. Es hat eine Vielzahl immunologischer Wirkungen auf mehrere Komponenten des Immunsystems der Haut und ist in der akuten und chronischen Phase der allergischen Dermatitis wirksam. Ciclosporin ist bei der Kontrolle der klinischen Symptome der allergischen Dermatitis bei Katzen ebenso wirksam wie Prednisolon [29]. Eine signifikante Verringerung des Juckreizes ist in 75–85 % der Fälle innerhalb eines Monats nach der Behandlung zu erwarten [30]. Die orale Anfangsdosis bei Katzen beträgt 7 mg/kg/Tag [31]. Diese Dosis sollte mindestens einen Monat lang verabreicht werden, bevor sie bei guter Wirkung auf jeden zweiten Tag reduziert wird. Nach einem weiteren Monat erfolgreicher Verabreichung jeden zweiten Tag kann versucht werden, die Dosis auf zweimal wöchentlich zu reduzieren. Etwa 15 % bzw. 60 % der Katzen mit Hautallergien können mit einer Verabreichung jeden zweiten Tag bzw. zweimal wöchentlich unter Kontrolle gehalten werden [32, 33]. Nach Beginn der Ciclosporin-Behandlung kommt es zu einer Verzögerungszeit von etwa 2–3 Wochen, in der keine Reaktion zu beobachten ist, und die Besitzer sollten darauf hingewiesen werden. Bei Hunden wurde die gleichzeitige Verabreichung von Prednison oder Oclacitinib über drei Wochen mit Ciclosporin beschrieben, um den Juckreiz während der Verzögerungsphase schnell zu verringern [34, 35], aber für Katzen liegen keine entsprechenden Daten vor.

Das proprietäre Produkt für Katzen (Atopica® für Katzen, Elanco) ist eine mikroemulgierte Ciclosporin-Flüssigformulierung (100 mg/ml), die nicht mit Wasser gemischt werden kann. Um die Absorption zu maximieren, sollte Ciclosporin zwei Stunden vor einer Mahlzeit verabreicht werden; neuere Daten deuten jedoch darauf hin, dass die Verabreichung von Ciclosporin mit dem Futter die klinischen Ergebnisse nicht verändert [36]. Diese Formulierung ist nicht immer schmackhaft, wenn sie mit der Nahrung gemischt wird, und wenn sie direkt in das Maul verabreicht wird, kann sie bei einigen Patienten Hypersalivation verursachen. Um dieses Problem zu umgehen, kann nach der Verabreichung von Ciclosporin eine Spritze mit frischem Wasser verabreicht werden. Der erfolgreiche Einsatz von injizierbarem Ciclosporin (50 mg/ml) in einer Dosis von 2,5–5 mg/kg alle 24–72 h wurde kürzlich beschrieben [37] und könnte für die Behandlung refraktärer Katzen in Betracht gezogen werden.

Ciclosporin wird von Katzen in der Regel gut vertragen. Zu den gemeldeten unerwünschten Wirkungen gehören vorübergehendes Erbrechen und/oder Durchfall in bis zu einem Viertel der Fälle, sodass die Besitzer vor deren möglichem Auftreten gewarnt werden sollten [38]. Die gleichzeitige Verabreichung von Maropitant (2 mg/kg) mit Ciclosporin während der ersten 2–3 Wochen wurde anekdotisch empfohlen, um das Erbrechen zu verringern und eine rasche Linderung des Pruritus zu erreichen (siehe unten zu den juckreizstillenden Wirkungen von Maropitant). Andere beschriebene unerwünschte Wirkungen sind Gewichtsverlust (16 %) und selten Gingivahyperplasie (Abb. 2), Anorexie und hepatische Lipidose (jeweils 2 % der Fälle) [38]. Die Katzen sollten FIV/FeLV-negativ sein und wegen des Risikos der Entwicklung

Abb. 2 Gingivale Hyperplasie bei einer Katze, die drei Monate lang mit täglich 10 mg/kg Ciclosporin behandelt wurde. Die Läsionen verbesserten sich deutlich, als die Dosis auf 5 mg/kg jeden zweiten Tag reduziert wurde

einer tödlichen Toxoplasmose nicht jagen und kein rohes Fleisch fressen dürfen [39]. Die präventive oder gleichzeitige (während der Therapie) Messung von IgG- und/oder IgM-Anti-Toxoplasma-Serumtitern scheint nicht geeignet zu sein, um die Entwicklung einer Toxoplasmose vorherzusagen. Kliniker sollten alarmiert sein, wenn bei Katzen, die mit Ciclosporin behandelt werden, neurologische und/oder respiratorische Symptome oder ein signifikanter Gewichtsverlust (über 20 %) auftreten.

Antihistaminika

Antihistaminika hemmen die Wirkung von Histamin durch konkurrierende Blockade der H1-Rezeptoren. Wie bei Hunden ist das Ansprechen auf eine Antihistaminika-Therapie unterschiedlich, und es kann notwendig sein, mehrere verschiedene Wirkstoffe über einen Zeitraum von jeweils 15 Tagen auszuprobieren, um festzustellen, welcher Wirkstoff, wenn überhaupt, am wirksamsten ist. Die Wirksamkeit, d. h. der Prozentsatz der Tiere, die auf Antihistaminika ansprechen, liegt bei Katzen (in alten, unkontrollierten Studien, zusammengefasst von Scott 1999 [40]) zwischen 20 % und 73 % (Tab. 2).

Insbesondere Cetirizin war Gegenstand neuerer Untersuchungen bei Katzen. Pharmakologische Studien ergaben, dass Cetirizin bei Katzen oral gut resorbiert wird und hohe Plasmakonzentrationen für mindestens 24 h aufrechterhalten werden können [41]. In einer offenen Studie wurde durch die Gabe von 5 mg/Katze alle 24 h bei 41 % (13/32) der allergischen Katzen eine Verringerung des Juckreizes festgestellt; allerdings verbesserte sich nur bei einer Minderheit (1/13) von ihnen der Juckreiz um mehr als 50 %, während die Mehrheit (10/13) eine Verbesserung um weniger als 25 % erzielte [42]. Eine anschließende randomisierte, doppelblinde, placebokontrollierte Crossover-Studie zur Anwendung von Cetirizin 1 mg/kg alle 24 h bei 21 allergischen Katzen bestätigte, dass sich der Zustand bei 10 % der Katzen unter Cetirizin um mehr als 50 % verbesserte, während dies bei 20 % der mit Placebo behandelten Patienten der Fall war, wobei kein statistischer Unterschied zwischen den Gruppen in Bezug auf Juckreiz oder Läsionen bestand [43].

Oclacitinib

Oclacitinib (Apoquel®, Zoetis) ist ein für Hunde zugelassener JAK1-Inhibitor, der intrazelluläre Stoffwechselwege blockieren kann, die zur allergischen Aktivierung von Entzündungszellen und Keratinozyten und zur Auslösung von Juckreiz in Nervenfasern führen. Vor Kurzem wurde der Off-Label-Einsatz von Oclacitinib bei Katzen in einer Pilotstudie [44] und in einer Methylprednisolon-kontrollierten Studie [3] untersucht. Oclacitinib, das in einer Dosierung von 1 mg/kg alle 12 h verabreicht wird, ist ähnlich wirksam wie Methylprednisolon in der gleichen Dosierung, wenn auch ohne offensichtlichen Vorteil. Bei einer Verabreichung über einen Monat wurde es im Allgemeinen gut vertragen; allerdings wurde bei einigen Katzen ein leichter Anstieg der Nierenwerte beobachtet [3]. In einer anderen Studie wurden bei

Tab. 2 Orale Antihistaminika, die bei allergischen Katzen gegen Pruritus eingesetzt werden

Antihistaminikum	Dosis	Nebenwirkungen	Berichtete Wirksamkeit (% der kontrollierten Katzen)
Amitriptylin	5–10 mg/Katze alle 12–24 h		
Cetirizin	1 mg/kg oder 5 mg/Katze alle 24 h		Bis zu 41 %
Chlorpheniramin	2–4 mg/Katze alle 8–24 h	Schläfrigkeit	Bis zu 73 %
Clemastin	0,25–0,68 mg/Katze alle 12 h	Schläfrigkeit, weicher Stuhlgang	Bis zu 50 %
Cyproheptadin	2 mg/Katze alle 12 h	Schläfrigkeit, Erbrechen, Verhaltensauffälligkeiten	Bis zu 40 %
Diphenhydramin	1–2 mg/kg oder 2–4 mg/Katze alle 8–12 h		
Fexofenadin	2 mg/kg bis zu 30–60 mg/Katze alle 24 h		
Hydroxyzin	5–10 mg/Katze alle 8–12 h	Verhaltensstörungen	
Oxatomid	15–30 mg/Katze alle 12 h		Bis zu 50 %
Promethazin	5 mg/Katze alle 24 h		

Katzen, die Oclacitinib 1 oder 2 mg/kg zweimal täglich über 28 Tage erhielten, keine klinischen, hämatologischen oder biochemischen Veränderungen beobachtet [45]. Oclacitinib könnte eine nützliche Behandlungsalternative sein, wenn Glukocorticoide kontraindiziert sind und eine schnelle Linderung des Juckreizes erforderlich ist. Die Leser sollten darauf hingewiesen werden, dass Oclacitinib bei Katzen nicht zugelassen ist und dass seine langfristige Sicherheit bei dieser Tierart nicht bekannt ist. Bei langfristigen Erhaltungstherapien wird eine regelmäßige hämatologische und biochemische Überwachung empfohlen.

Palmitoylethanolamid (PEA)

Palmitoylethanolamid (PEA) ist ein natürlich vorkommendes bioaktives Lipid, das sowohl in Tieren als auch in Pflanzen vorkommt. PEA wird von verschiedenen Zelltypen als Reaktion auf Gewebeschäden produziert und wirkt, indem es die Funktionalität von Mastzellen (es hemmt die Degranulation) und anderen Entzündungszellen wie Makrophagen und Keratinozyten kontrolliert. Folglich verringert PEA die Hautentzündung und Nervensensibilisierung bei Tieren mit allergischer Dermatitis. Eine offene Pilotstudie an 17 Katzen mit eosinophilen Granulomen und eosinophilen Plaques zeigte, dass PEA (10 mg/kg alle 24 h für 30 Tage) Juckreiz, Erythem und Alopezie bei 64,3 % der Katzen verbesserte und das Ausmaß und die Schwere der eosinophilen Plaques und Granulome bei 66,7 % reduzierte [46]. Vor Kurzem wurde ein Produkt mit ultramikronisiertem PEA (PEA-um) mit verbesserter Bioverfügbarkeit und Wirksamkeit auf dem internationalen Veterinärmarkt eingeführt. In einer multizentrischen, placebokontrollierten, randomisierten Studie wurde eine Glukocorticoid sparende Wirkung von PEA-um (15 mg/kg alle 24 h) bei Katzen mit nicht saisonaler allergischer Dermatitis festgestellt [47]. In derselben Studie wurde gezeigt, dass PEA-um in der Lage ist, die Wirkung einer kurzen Verabreichung oraler Glukocorticoide zu verlängern, und zwar praktisch ohne signifikante unerwünschte Wirkungen.

Maropitant

Maropitant ist ein Neurokinin-1-Rezeptor-Antagonist, der die Interaktion von Substanz P, einem pruritogenen Neurokinin, mit seinem Rezeptor blockieren kann. In einer offenen Pilotstudie mit einer Dosis von 2 mg/kg erwies es sich bei 11/12 allergischen Katzen als wirksam gegen Juckreiz und Läsionen [48]. Maropitant wurde gut vertragen, wenn es einmal täglich über 2–4 Wochen verabreicht wurde. Über seine Sicherheit bei einer Langzeitbehandlung liegen keine Informationen vor.

Nahrungsergänzung mit Omega-3- und Omega-6-Fettsäuren

Es gibt nur wenige alte und unkontrollierte Studien, in denen die Wirksamkeit von essenziellen Fettsäuren (EFA) bei miliarer Dermatitis und Läsionen eosinophiler

Granulome bei Katzen untersucht wurde [49–52]. In diesen Veröffentlichungen wurde über eine Wirksamkeit bei 40–60 % der behandelten Tiere berichtet. Es gibt eine Verzögerungszeit von 6–12 Wochen, bevor sich ein Nutzen zeigt. Wahrscheinlich kann nur eine kleine Minderheit der Patienten mit einer Fettsäuretherapie allein kontrolliert werden. Wie bei Hunden festgestellt wurde, haben EFAs möglicherweise Glukocorticoid oder Ciclosporin sparende Wirkungen, aber es wurden keine Studien bei Katzen durchgeführt, um dies zu bestätigen. Die Fütterung einer guten dermatologischen Diät kann eine wirksame Methode zur Ergänzung von EFAs bei allergischen Katzen sein.

Literatur

1. Noli C, Borio S, Varina A, et al. Development and validation of a questionnaire to evaluate the quality of life of cats with skin disease and their owners, and its use in 185 cats with skin disease. Vet Dermatol. 2016;27:247–e58.
2. Noli C, Ortalda C, Galzerano M. L'utilizzo della ciclosporina in formulazione liquida (Atoplus gatto®) nel trattamento delle malattie allergiche feline. Veterinaria (Cremona). 2014; 28:15–22.
3. Noli C, Matricoti I, Schievano C. A double-blinded, randomized, methylprednisolone controlled study on the efficacy of oclacitinib in the management of pruritus in cats with nonflea nonfood induced hypersensitivity dermatitis. Vet Dermatol. 2019;30:110–e30.
4. Diesel A, DeBoer DJ. Serum allergen-specific immunoglobulin E in atopic and healthy cats: comparison of a rapid screening immunoassay and complete-panel analysis. Vet Dermatol. 2011;22:39–45.
5. Bexley J, Hogg JE, Hammerberg B, et al. Levels of house dust mite-specific serum immunoglobulin E (IgE) in different cat populations using a monoclonal based anti-IgE enzyme-linked immunosorbent assay. Vet Dermatol. 2009;20:562–8.
6. Gilbert S, Halliwell REW. Feline immunoglobulin E: induction of antigen-specific antibody in normal cats and levels in spontaneously allergic cats. Vet Immunol Immunopathol. 1998;63: 235–52.
7. Taglinger K, Helps CR, Day MJ, et al. Measurement of serum immunoglobulin E (IgE) specific for house dust mite antigens in normal cats and cats with allergic skin disease. Vet Immunol Immunopathol. 2005;105:85–93.
8. Kadoya-Minegishi M, Park SJ, Sekiguchi M, et al. The use of fluorescein as a contrast medium to enhance intradermal skin tests in cats. Austr Vet J. 2002;80:702–3.
9. Schleifer SG, Willemse T. Evaluation of skin test reactivity to environmental allergens in healthy cats and cats with atopic dermatitis. Am J Vet Res. 2003;64:773–8.
10. Scholz FM, Burrows AK, Griffin CE, Muse R. Determination of threshold concentrations of plant pollens in intradermal testing using fluorescein in clinically healthy nonallergic cats. Vet Dermatol. 2017;28:351–e78.
11. Willemse T, Vroom MW, Mol JA, Rijnberk A. Changes in plasma cortisol, corticotropin, and alpha-melanocyte-stimulating hormone concentrations in cats before and after physical restraint and intradermal testing. Am J Vet Res. 1993;54:69–72.
12. Rossi MA, Messinger L, Olivry T, Hoontrakoon R. A pilot study of the validation of percutaneous testing in cats. Vet Dermatol. 2013;24:488–e115.
13. Gentry CM, Messinger L. Comparison of intradermal and percutaneous testing to histamine, saline and nine allergens in healthy adult cats. Vet Dermatol. 2016;27:370–e92.
14. Swinnen C, Vroom M. The clinical effect of environmental control of house dust mites in 60 house dust mite-sensitive dogs. Vet Dermatol. 2004;15:31–6.
15. Mueller RS, Jensen-Jarolim E, Roth Walter F, et al. Allergen immunotherapy in people, dogs, cats and horses – differences, similarities and research needs. Allergy. 2018; early view online 73:1989. https://doi.org/10.1111/all.13464.

16. Carlotti D, Prost C. L'atopie féline. Le Point Vétérinaire. 1988; 20:777–84.
17. Trimmer AM, Griffin CE, Rosenkrantz WS. Feline immunotherapy. Clin Tech Small Anim Pract. 2006;21:157–61.
18. Ravens PA, Xu BJ, Vogelnest LJ. Feline atopic dermatitis: a retrospective study of 45 cases (2001–2012). Vet Dermatol. 2014;25:95–102.
19. Reedy LM. Results of allergy testing and hyposensitization in selected feline skin diseases. J Am Anim Hosp Assoc. 1982;18:618–23.
20. Löewenstein C, Mueller RS. A review of allergen-specific immunotherapy in human and veterinary medicine. Vet Dermatol. 2009;20:84–98.
21. Vidémont E, Pin D. How to treat atopy in cats? Eur J Comp An Pract. 2009;19:276–82.
22. Trimmer AM, Griffin CE, Boord MJ, et al. Rush allergen specific immunotherapy protocol in feline atopic dermatitis: a pilot study of four cats. Vet Dermatol. 2005;16:324–9.
23. Broek AHM, Stafford WL. Epidermal and hepatic glucocorticoid receptors in cats and dogs. Res Vet Sci. 1992;52:312–5.
24. Graham-Mize CA, Rosser EJ, Hauptman J. Absorption, bioavailability and activity of prednisone and prednisolone in cats. In: Hiller A, Foster AP, Kwochka KW, Herausgeber. Advances in veterinary dermatology, Bd. 5. Oxford: Blackwell; 2005. S. 152–8.
25. Ganz EC, Griffin CE, Keys DA, et al. Evaluation of methylprednisolone and triamcinolone for the induction and maintenance treatment of pruritus in allergic cats: a double-blinded, randomized, prospective study. Vet Dermatol. 2012;23:387–e72.
26. Lowe AD, Campbell KL, Graves T. Glucocorticoids in the cat. Vet Dermatol. 2008;19:340–7.
27. Lockwood SL, Schick AE, Lewis TP, Newton H. Investigation of subclinical bacteriuria in cats with dermatological disease receiving long-term glucocorticoids and/or ciclosporin. Vet Dermatol. 2018;29:25–e12.
28. Schmidt V, Buckley LM, McEwan NA, Rème CA, Nuttall TJ. Efficacy of a 0.0584 % hydrocortisone aceponate spray in presumed feline allergic dermatitis: an open label pilot study. Vet Dermatol. 2012;23(11–6):e3–4.
29. Wisselink MA, Willemse T. The efficacy of cyclosporine a in cats with presumed atopic dermatitis: a double blind, randomized prednisolone-controlled study. Vet J. 2009;180:55–9.
30. King S, Favrot C, Messinger L, et al. A randomized double-blinded placebo-controlled study to evaluate an effective ciclosporin dose for the treatment of feline hypersensitivity dermatitis. Vet Dermatol. 2012;23:440–e84.
31. Roberts ES, Speranza C, Friberg C, et al. Confirmatory field study for the evaluation of ciclosporin at a target dose of 7.0 mg/kg (3.2 mg/lb) in the control of feline hypersensitivity dermatitis. J Feline Med Surg. 2016;18:889–97.
32. Steffan J, Roberts E, Cannon A, et al. Dose tapering for ciclosporin in cats with nonflea-induced hypersensitivity dermatitis. Vet Dermatol. 2013;24:315–22.
33. Roberts ES, Tapp T, Trimmer A, et al. Clinical efficacy and safety following dose tapering of ciclosporin in cats with hypersensitivity dermatitis. J Feline Med Surg. 2016;18:898–905.
34. Panteri A, Strehlau G, Helbig R, et al. Repeated oral dose tolerance in dogs treated concomitantly with ciclosporin and oclacitinib for three weeks. Vet Dermatol. 2016;27:22–e7.
35. Dip R, Carmichael J, Letellier I, et al. Concurrent short-term use of prednisolone with cyclosporine A accelerates pruritus reduction and improvement in clinical scoring in dogs with atopic dermatitis. BMC Vet Res. 2013;3(9):173.
36. Steffan J, King S, Seewald W. Ciclosporin efficacy in the treatment of feline hypersensitivity dermatitis is not influenced by the feeding status. Vet Dermatol. 2012;23(suppl. 1):64–5. (abstract).
37. Koch SN, Torres SMF, Diaz S, et al. Subcutaneous administration of ciclosporin in 11 allergic cats – a pilot open-label uncontrolled clinical trial. Vet Dermatol. 2018;29:107–e43.
38. Heinrich NA, McKeever PJ, Eisenschenk MC. Adverse events in 50 cats with allergic dermatitis receiving ciclosporin. Vet Dermatol. 2011;22:511–20.
39. Last RD, Suzuki Y, Manning T. A case of fatal systemic toxoplasmosis in a cat being treated with cyclosporin a for feline atopy. Vet Dermatol. 2004;15:194–8.

40. Scott DW, Miller WH Jr. Antihistamines in the management of allergic pruritus in dogs and cats. J Small Anim Pract. 1999;40:359–64.
41. Papich MG, Schooley EK, Reinero CR. Pharmacokinetics of cetirizine in healthy cats. Am J Vet Res. 2008;69:670–4.
42. Griffin JS, Scott DW, Miller WH Jr, et al. An open clinical trial on the efficacy of cetirizine hydrochloride in the management of allergic pruritus in cats. Can Vet J. 2012;53:47–50.
43. Wildermuth K, Zabel S, Rosychuk RA. The efficacy of cetirizine hydrochloride on the pruritus of cats with atopic dermatitis: a randomized, double-blind, placebo-controlled, crossover study. Vet Dermatol. 2013;24(576–681):e137–8.
44. Ortalda C, Noli C, Colombo S, Borio S. Oclacitinib in feline nonflea-, nonfood-induced hypersensitivity dermatitis: results of a small prospective pilot study of client-owned cats. Vet Dermatol. 2015;26:235–e52.
45. Lopes NL, Campos DR, Machado MA, Alves MSR, de Souza MSG, da Veiga CCP, Merlo A, Scott FB, Fernandes JI. A blinded, randomized, placebo-controlled trial of the safety of oclacitinib in cats. BMC Vet Res. 2019;15(1):137.
46. Scarampella F, Abramo F, Noli C. Clinical and histological evaluation of an analogue of palmitoylethanolamide, PLR 120 (comicronized Palmidrol INN) in cats with eosinophilic granuloma and eosinophilic plaque: a pilot study. Vet Dermatol. 2001;12(1):29–39.
47. Noli C, Della Valle MF, Miolo A, Medori C, Schievano C, Skinalia Clinical Research Group. Effect of dietary supplementation with ultramicronized palmitoylethanolamide in maintaining remission in cats with nonflea hypersensitivity dermatitis: a double-blind, multicentre, randomized, placebo-controlled study. Vet Dermatol. 2019;30:387–e117.
48. Maina E, Fontaine J. Use of maropitant for the control of pruritus in non-flea, non-food-induced feline hypersensitivity dermatitis: an open label uncontrolled pilot study. J Feline Med Surg. 2019;21:967–72.
49. Harvey RG. Management of feline miliary dermatitis by supplementing the diet with essential fatty acids. Vet Rec. 1991;128:326–9.
50. Harvey RG. The effect of varying proportions of evening primrose oil and fish oil on cats with crusting dermatosis (miliary dermatitis). Vet Rec. 1993a;133:208–11.
51. Harvey RG. A comparison of evening primrose oil and sunflower oil for the management of papulocrustous dermatitis in cats. Vet Rec. 1993b;133:571–3.
52. Miller WH, Scott DW, Wellington JR. Efficacy of DVM Derm caps liquid in the management of allergic and inflammatory dermatoses of the cat. J Am Anim Hosp Assoc. 1993;29:37–40.

Überempfindlichkeit gegenüber Mückenstichen

Ken Mason

Zusammenfassung

Die Mückenstichallergie bei Katzen ist weltweit verbreitet und tritt dort auf, wo Katzen saisonal Mücken ausgesetzt sind. Die charakteristischen Hautläsionen sind punktförmige Geschwüre, Krusten und Pigmentveränderungen im Gesicht, an den Ohren und der ase. Der damit einhergehende Juckreiz führt zum Betatschen mit der Pfote im Gesicht und an der Nase, was zu Blutungen führt. Bei einigen Katzen treten Hyperkeratose der Fußballen, Krusten und Pigmentveränderungen auf. Das Einsperren der Katze in einen abgeschirmten Bereich und am späten Nachmittag verringert den Schweregrad der Symptome; intermittierendes Corticosteroid mit Einsperren hilft ebenfalls. Neuere Pyrethroide/Pyrethrine, die für Katzen unbedenklich sind, werden verfügbar und erweisen sich für betroffene Katzen als nützlich.

Einführung

Die Überempfindlichkeit gegenüber Mückenstichen bei Katzen äußert sich als eine seltene, saisonal auftretende, visuell auffällige juckende Dermatitis, die typischerweise das Gesicht, die Ohren und die Fußballen betrifft [1–4]. Die Krankheit wurde ursprünglich 1984 von Wilkinson und Bate als eine saisonale Variante des eosinophilen Granulom-Komplexes beschrieben, die sich bei Krankenhausaufenthalt besserte [5].

K. Mason (✉)
Specialist Veterinary Dermatologist, Animal Allergy & Dermatology Service,
Slacks Creek, Australien
E-Mail: ken@dermcare.com.au

Im Jahr 1991 stellten Mason und Evans die Hypothese auf, dass die Ursache eine Überempfindlichkeit gegen Mückenstiche ist, als sie feststellten, dass die Läsionen auf kurzhaarige oder nicht behaarte Bereiche wie Nase und Fußballen beschränkt waren [1]. Die Autoren wiesen nach, dass das Scheren der Haare an der Stirn zu Läsionen führte, wenn die Katze in der häuslichen Umgebung exponiert war. Nur einige Katzen in einem Mehrkatzenhaushalt entwickelten Läsionen, was für eine Überempfindlichkeit gegenüber der Umwelt spricht.

Der endgültige Beweis, dass Mückenstiche die Hautkrankheit verursacht haben, wird durch die Abfolge der Fotos in den Abb. 1, 2, 3 und 4 erbracht.

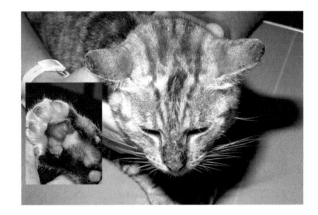

Abb. 1 Bei der Untersuchung wies die Katze verkrustete Ulzerationen an den Ohrspitzen, Erythem, Krusten und Depigmentierung des Nasenrückens und der Pfoten sowie kleine punktförmige Ulzerationen und Depigmentierung des Nasenplanums auf

Abb. 2 Nach einer Woche Krankenhausaufenthalt sind die Läsionen bei der Katze besser geworden. Das Stirnfell wurde vor der Rückkehr in die häusliche Umgebung geschoren, um zu beweisen, dass Bereiche mit kurzem Fell für Läsionen prädisponiert sind

Abb. 3 Wiederholungsuntersuchung nach einer Woche in der häuslichen Umgebung: Die beschnittenen Bereiche weisen neue Läsionen auf, und die zuvor verbesserten Läsionen sind wieder aufgeflammt. Die Katze wurde dann nach Hause zurückgebracht und in einem mit einem Moskitonetz bedeckten Käfig im Freien gehalten

Abb. 4 Als die Katze zu Hause in einem mückensicheren Netzkäfig im Freien lebte, besserten sich die Läsionen wieder. Nachdem ein Loch in das Netz geschnitten wurde, konnten die Mücken wieder eindringen und die Katze stechen

Pathogenese und Epidemiologie

Ähnlich wie bei der Flohallergie-Dermatitis (FAD) handelt es sich bei der Mückenstichallergie um eine IgE-vermittelte Überempfindlichkeitsreaktion vom Typ I (unmittelbar) [1, 2, 4]. Die Erkrankung tritt saisonal auf, im Frühjahr und den ganzen Sommer über mit Unterbrechungen, schwächt sich im Herbst ab und bleibt im Winter meist aus. In den Folgejahren können die Allergie und der Schweregrad der Läsionen je nach Wetterlage, die die Mückenbrut begünstigt oder nicht, zunehmen. Es gibt keine Alters- oder Geschlechtsprädilektion; in der Regel sind die betroffenen Katzen erwachsen und waren mehr als einer Mückensaison ausgesetzt. Die Erkrankung tritt häufiger bei Katzen auf, die sich in geografischen Regionen, in denen Stechmücken endemisch sind, ins Freie begeben. In Mehrkatzenhaushalten sind oft nur eine oder einige wenige Katzen betroffen. Die Krankheit tritt überall dort auf, wo Katzen Stechmücken ausgesetzt sind.

Klinische Anzeichen

Die auffälligen und typischen klinischen Manifestationen einer Mückenstichüberempfindlichkeit sind Erytheme, verkrustete und ulzerierte Ohrränder, Papeln bis hin zu kleinen Knötchen mit fokaler Verkrustung auf der behaarten Ohroberfläche, punktförmige Ulzerationen bis hin zu stark verkrusteten Läsionen auf dem Nasenrücken sowie Erytheme, Ulzerationen und Depigmentierung des Nasalplanums (Abb. 1 und 5). An den Fußsohlen kann es zu Hyperkeratosen kommen, die häufig die Ränder betreffen, sowie zu variablen Pigmentierungsveränderungen. Der Juckreiz kann bei aktivem Mückenbefall sehr stark sein und zu Selbstverletzungen und Blutungen führen.

Es gibt eine Vielzahl anderer, weniger typischer Läsionen, insbesondere bei Katzen, die in stark von Mücken befallenen Gebieten wie Sümpfen und Bewässerungsgebieten leben, wie z. B. eosinophile Plaques, indolente Lippengeschwüre (Abb. 6), haarlose Kinnknötchen und lineare Granulome am Körper. Gelegentlich tritt eine eosinophile Keratokonjunktivitis auf, die je nach Mückenbefall zu- und abnimmt.

Die lokalen Lymphknoten, insbesondere die submandibulären, können vergrößert sein und die Temperatur kann leicht erhöht sein.

Differenzialdiagnosen und diagnostische Tests

Die klinischen Merkmale sind ausreichend charakteristisch, um die Diagnose in typischen Fällen zu stellen; es gibt jedoch mögliche alternative Diagnosen wie Plattenepithelkarzinom und Herpesvirus- (FeHV-1-)Dermatitis, sodass Bestätigungs-

Abb. 5 Nachdem die Mücken in die Nase gestochen hatten, kam es zu einer erneuten Entzündung der Haut, und es wurden erneut Hautbiopsien entnommen; die Nähte sind sichtbar

Abb. 6 Eosinophiles Geschwür (indolentes Geschwür) an der Oberlippe aufgrund einer Überempfindlichkeit gegen Mückenstiche

tests erforderlich sein können. Eine Herpesvirus-Dermatitis kann sich mit großen Krusten auf dem Nasenrücken zeigen, und beim Plattenepithelkarzinom können sich erosive, verkrustete Läsionen an der Ohrspitze und der Nase entwickeln, insbesondere bei weißer Haut. Die Hyperkeratose der Fußballen kann ein diagnostisches Dilemma darstellen, da es schwierig ist, eine Diagnose zu stellen, wenn diskrete Fußballenkeratosen vorliegen. Bei Läsionen des eosinophilen Granulom-Komplexes sollten andere allergische Ursachen in Betracht gezogen werden.

Ein intradermaler Hauttest und ein Bluttest können hilfreich sein, wenn Mückenantigen verfügbar ist. Eine hämatologische Untersuchung des Blutes kann eine erhöhte Eosinophilenzahl ergeben. Auch die Zytologie von Läsionen und Lymphknoten kann unterstützend wirken, wenn sie von Eosinophilen dominiert wird, und kann helfen, andere Krankheiten, wie Plattenepithelkarzinome, auszuschließen.

Die Diagnose kann bestätigt werden, wenn die Isolierung in einem Krankenhaus oder in einem mückenfreien Haus oder Gehege zum Abklingen der akuten Symptome innerhalb weniger Tage führt und wenn die Rückkehr ins Freie einen Rückfall von Juckreiz und Läsionen verursacht.

Die histopathologische Untersuchung der Läsionen ist klassischerweise durch eosinophile Follikelnekrosen gekennzeichnet. Häufige Befunde sind eosinophile Follikulitis und Furunkulose, oberflächliche serozelluläre Krusten, hyperplastische spongiotische Epidermis mit eosinophiler Exozytose und Mikropusteln sowie eine diffuse dermale eosinophile Entzündung mit einigen Lymphozyten und gelegentlichen Flammenfiguren (Abb. 7).

Behandlung

Die wichtigste Behandlungsmethode besteht darin, Mücken so weit wie möglich zu meiden. Betroffene Katzen sollten in Innenräumen hinter Insektenschutzgittern gehalten werden, wo der Kontakt mit Mücken verhindert wird. Insektenschutzmittel, die für Hunde oder Menschen entwickelt wurden, sind für Katzen giftig [6]. Natürliches Pyrethrin aus Chrysanthemenblüten und das neuere synthetische Flumethrin sind jedoch

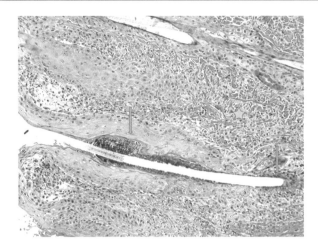

Abb. 7 Fotomikroskopischer Histopathologieschnitt mit H&E-Färbung, der eine Follikelnekrose (Pfeil) und eine Hautentzündung mit Eosinophilen und Makrophagen (Stern) zeigt

für Katzen unbedenklich und könnten zur Behandlung von Patienten mit Mückenstichallergie beitragen. Nur sehr wenige Produkte sind für diese Krankheit bei Katzen zugelassen, aber einige, wie z. B. Halsbänder, haben nachweislich eine abwehrende Wirkung gegen Sandmücken, die Vektoren der Leishmaniose sind [7–9]. Zusätzliche juckreizstillende Glukocorticoide helfen im Falle eines Krankheitsschubs.

Die Mückenbekämpfung im Garten kann hilfreich sein und ist ein wichtiger vorbeugender Faktor für die menschliche Gesundheit. Stehendes Wasser sollte entfernt werden, um die Anzahl an Brutstätten der Mücken zu verringern.

Schlussfolgerung

Das typische Erscheinungsbild einer Mückenstichallergie ist ausreichend ausgeprägt, um eine Diagnose ohne unterstützende Tests zu stellen. Die weniger typischen Formen und die Hyperkeratose der Fußballen stellen jedoch eine diagnostische Herausforderung dar, und die Ätiologie kann übersehen werden, was zu chronisch hohen Dosen von Corticosteroiden und anschließenden schwerwiegenden unerwünschten Wirkungen führt. Die Katze am späten Nachmittag und in der Nacht drinnen zu halten und Flumethrin-Halsbänder tragen zu lassen, ist wahrscheinlich von Vorteil.

Literatur

1. Mason KV, Evans AG. Mosquito bite-caused eosinophilic dermatitis in cats. J Am Vet Med Assoc. 1991;198(12):2086–8.
2. Nagata M, Ishida T. Cutaneous reactivity to mosquito bites and its antigens in cats. Vet Dermatol. 1997;8(1):19–26.

3. Johnstone AC, Graham DG, Andersen HJ. A seasonal eosinophilic dermatitis in cats. N Z Vet J. 1992;40(4):168–72.
4. Ihrke PJ, Gross TL. Conference in dermatology – no. 2 mosquito-bite hypersensitivity in a cat. Vet Dermatol. 1994;5(1):33–6.
5. Wilkinson GT, Bate MJ. A possible further clinical manifestation of the feline eosinophilic granuloma complex. J Am Anim Hosp Assoc. 1984;20:325–31.
6. Dymond NL, Swift IM. Permethrin toxicity in cats: a retrospective study of 20 cases. Aust Vet J. 2008;86(6):219–23.
7. Stanneck D, Kruedewagen EM, Fourie JJ, Horak IG, Davis W, Krieger KJ. Efficacy of an imidacloprid/flumethrin collar against fleas and ticks on cats. Parasit Vectors. 2012;5:82.
8. Stanneck D, Rass J, Radeloff I, Kruedewagen E, Le Sueur C, Hellmann K, Krieger K. Evaluation of the long-term efficacy and safety of an imidacloprid 10%/flumethrin 4.5% polymer matrix collar (Seresto (R)) in dogs and cats naturally infested with fleas and/or ticks in multicentre clinical field studies in Europe. Parasit Vectors. 2012;5:66.
9. Brianti E, Falsone L, Napoli E, et al. Prevention of feline leishmaniosis with an imidacloprid 10%/flumethrin 4.5% polymer matrix collar. Parasit Vectors. 2017;10:334.

Autoimmunerkrankungen

Petra Bizikova

Zusammenfassung

Autoimmunerkrankungen der Haut (AISD) bei Katzen sind sehr selten und machen weniger als 2 % aller Hauterkrankungen aus, bei denen Katzen von Dermatologen behandelt werden. Die häufigste AISD bei dieser Spezies ist der Pemphigus foliaceus, zu dem zahlreiche Fallberichte und Fallserien in der Literatur zu finden sind. Andere AISDs sind dagegen sehr selten und beschränken sich auf wenige Fallberichte, die in den letzten zwei Jahrzehnten in der Fachliteratur veröffentlicht wurden. Viele dieser Krankheiten sind klinisch und histologisch homolog zu den bei Menschen und Hunden beschriebenen Krankheiten, und obwohl der Pathomechanismus der Gegenstücke bei Katzen unbekannt ist, werden ähnliche Mechanismen vermutet, die zur Störung des epidermalen Zusammenhalts oder zur Zerstörung der Hautadnexe führen. An solchen Mechanismen sind Autoantikörper bei Krankheiten wie Pemphigus foliaceus, Pemphigus vulgaris, paraneoplastischem Pemphigus und autoimmunen subepidermalen Blasenbildungen beteiligt, oder autoreaktive T-Zellen bei Krankheiten wie paraneoplastischem Pemphigus, kutanem Lupus und Vitiligo. Dieses Kapitel gibt einen Überblick über den aktuellen Wissensstand über AISDs bei Katzen, der in der veröffentlichten Literatur zu finden ist.

---

[1] *Häufig gewählte nichtsteroidale Immunsuppressiva bei Katzen mit PF sind Ciclosporin (5–10 mg/kg/Tag) oder Chlorambucil (0,2 mg/kg/jeden zweiten Tag).*

P. Bizikova (✉)
Carolina State University, College of Veterinary Medicine, Raleigh, USA
E-Mail: pbiziko@ncsu.edu

© Der/die Autor(en), exklusiv lizenziert an Springer-Verlag GmbH, DE, ein Teil
von Springer Nature 2023
C. Noli, S. Colombo (Hrsg.), *Dermatologie der Katze*,
https://doi.org/10.1007/978-3-662-65907-6_25

Einführung

Ein gesundes Immunsystem schützt den Körper täglich vor einem Ansturm eindringender Krankheitserreger sowie vor seinen eigenen geschädigten oder potenziell neoplastischen Zellen. Unter bestimmten Umständen (Genetik, Umwelt, Infektion usw.) kann das gleiche Immunsystem jedoch aus dem Gleichgewicht geraten und sich gegen Selbstantigene richten. Diese Lücke der Selbsttoleranz führt zu einer Schädigung des Körpers, die um die Jahrhundertwende von Paul Ehrlich als *Horror autotoxicus* bezeichnet wurde. Ein solcher Autoimmunangriff kann durch Autoantikörper (z. B. Pemphigus) oder durch autoreaktive T-Lymphozyten (z. B. kutaner Lupus) verursacht werden. Autoimmunerkrankungen der Haut (engl. *autoimmune skin disease*, AISD) sind bei Katzen selten und machen weniger als 2 % aller Hauterkrankungen aus, wegen denen Katzen von einem Dermatologen behandelt werden [1]. Die häufigste AISD bei dieser Spezies ist der Pemphigus foliaceus, zu dem zahlreiche Fallberichte und Fallserien in der Literatur zu finden sind. Andere AISDs sind dagegen sehr selten und beschränken sich auf wenige Fallberichte, die in den letzten zwei Jahrzehnten in der Fachliteratur veröffentlicht wurden. Aufgrund der Seltenheit von AISDs bei Katzen sind Informationen über die Identität des Autoantigens und die Pathogenese der Krankheit nach wie vor unbekannt.

Autoimmunerkrankungen der Haut, die die epidermale und dermo-epidermale Adhäsion betreffen

Eine intakte Haut ist ein äußerst wichtiges Organ, das als erster Abwehrmechanismus gegen physikalische und chemische Schäden fungiert. Ihre Integrität hängt von komplexen Strukturen ab, die Zell-Zell- und Zell-Matrix-Adhäsionen aufrechterhalten [2, 3]. Bei Katzen wurden mehrere AISDs festgestellt, die diesen Zusammenhalt stören. Der Mechanismus, durch den diese Adhäsion gestört wird, variiert je nach Art der Erkrankung.

(a) *Störung der Keratinozyten-Adhäsion* – intra-epidermale Blasenbildung aufgrund von Desmosomen-Dissoziation (Pemphigus foliaceus [PF], Pemphigus vulgaris [PV], paraneoplastischer Pemphigus [PNP])

(b) *Störung der Basalmembranadhäsion* – subepidermale Blasenbildung durch dermo-epidermale Trennung (bullöses Pemphigoid [BP], Schleimhautpemphigoid [MMP])

Desmosomen-Autoimmunität

Pemphigus foliaceus (PF)

Pemphigus foliaceus ist die häufigste Autoimmunerkrankung der Haut bei Katzen und macht etwa 1 % aller Hauterkrankungen aus, mit denen Katzen von Dermatologen behandelt werden [1]. Obwohl die Pathogenese des Pemphigus foliaceus bei

Katzen noch nicht in dem Maße untersucht wurde wie bei Hunden, geht man davon aus, dass, wie bei Hunden und Menschen, Anti-Keratinozyten-IgG-Autoantikörper die desmosomale Adhäsion zwischen Keratinozyten stören und subkorneale Blasen in Form von Pusteln hervorrufen (Abb. 1a). Tatsächlich wurden gewebegebundene und zirkulierende Anti-Keratinozyten-IgG bei der Mehrheit der Katzen mit PF nachgewiesen (Abb. 2d) [4, 5]. Das Hauptziel-Autoantigen, das bei Menschen und Hunden Desmoglein-1 bzw. Desmocollin-1 ist, ist bei der Katzen-PF noch unbekannt.

Merkmale

Es wurde berichtet, dass Katzen verschiedener Rassen an PF leiden, aber eine rassespezifische Veranlagung wurde bisher nicht bestätigt. Zu den am häufigsten gemeldeten Rassen gehören Hauskatzen mit kurzen Haaren, Siamkatzen, Perserkatzen und Perserkreuzungen, Birmakatzen, Himalayakatzen und mittelhaarige Hauskatzen [6]. Pemphigus foliaceus betrifft in der Regel erwachsene Katzen (mittleres Erkrankungsalter ca. sechs Jahre), wobei die Spanne stark variiert (0,25–16 Jahre) [4, 6–9]. Eine geschlechtsspezifische Prädilektion konnte nicht bestätigt werden, aber einer aktuellen Übersichtsarbeit zufolge scheinen weibliche Tiere leicht überrepräsentiert zu sein [6]. Bei den meisten Katzen lässt sich kein spezifischer Auslöser für das Auftreten der PF feststellen. Seltene Berichte über eine medikamentös ausgelöste PF und eine PF in Verbindung mit einem Thymom sind in der Literatur zu finden [8, 10–16].

Klinische Anzeichen

Die primäre Hautläsion der felinen PF ist eine subkorneale Pustel, die aufgrund ihrer oberflächlichen Beschaffenheit rasch in eine Erosion und Kruste übergeht. Tatsächlich können die beiden letztgenannten Hautläsionen die einzigen klinischen Befunde bei der körperlichen Untersuchung darstellen. Die Läsionen sind in der Regel bilateral symmetrisch, wobei die Ohrmuscheln und die Krallenhautfalten die am häufigsten betroffenen Körperbereiche sind (Abb. 1b und c) [6]. In den Krallenfalten sammelt sich häufig ein dickes, eitriges Exsudat an, das in der Regel auf sekundäre bakterielle Infektionen zurückzuführen ist, die in dieser Körperregion häufiger als in anderen auftreten [17]. Weitere typischerweise befallene Körperregionen sind das Nasenplanum, die Augenlider, die Pfotenballen und die periareolären Bereiche (Abb. 1 d, e). Typische Läsionen an den Pfotenballen sind Schuppung, Krustenbildung und Hyperkeratose, auch wenn sie in der Regel nicht so ausgeprägt sind wie bei Hunden (Abb. 1f). Pusteln, falls vorhanden, sind an der Peripherie der Pfotenballen zu sehen, die keinen Kontakt zum Boden haben. Die meisten Katzen (81 %) weisen Läsionen an zwei oder mehr Körperregionen auf, während Läsionen, die auf einen einzigen Körperbereich beschränkt sind, seltener vorkommen (19 %). Mehr als die Hälfte der Katzen hat Juckreiz und zeigt systemische Anzeichen wie Lethargie, Fieber und/oder Anorexie.

Diagnostischer Ansatz

Der kritischste und oft schwierigste Schritt im diagnostischen Ansatz ist die Identifizierung eines subkornealen pustulösen Prozesses. Es gibt zwar mehrere erosive

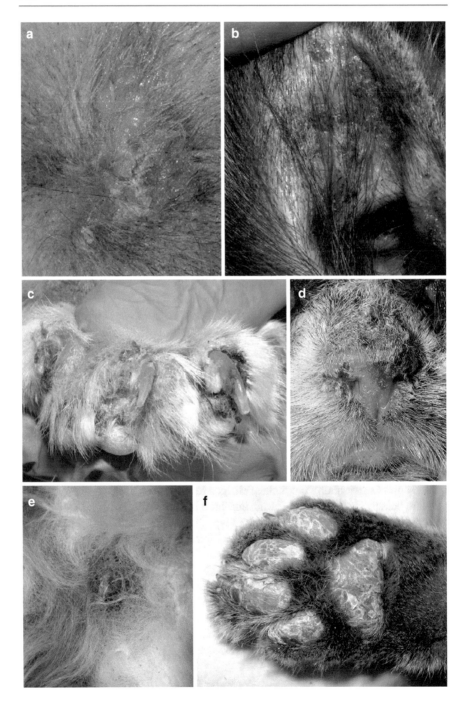

Abb. 1 Feliner Pemphigus foliaceus – klinische Läsionen: (**a**) Pustel und Schuppenkruste; (**b**) gut abgegrenzte Schuppenkruste, die auf einen pustulösen Ursprung auf der konkaven Ohrmuschel hindeutet; (**c**) Krallenhautfalte mit Erythem, oberflächlichen Erosionen, Schuppenkruste und eitrigem Exsudat; (**d**) Erosionen und Schuppenkruste auf dem Nasenplanum und der dorsalen Schnauze; (**e**) Schuppenkruste um den Warzenhof; (**f**) Erosionen und Schuppenkruste auf dem Fußballen. (Foto f mit freundlicher Genehmigung von Dr. Andrea Lamm)

Hauterkrankungen bei Katzen, doch die Liste der Erkrankungen, bei denen primäre subkorneale Pusteln mit Akantholyse auftreten, beschränkt sich auf PF und anekdotische Berichte über pustulöse Dermatophytose; bei letzterer wurde berichtet, dass sie nur minimale oder gar keine Akantholyse aufweist [18]. Bullöse Impetigo, eine subkorneale pustulöse Dermatitis mit Akantholyse unterschiedlichen Ausmaßes, die durch *Staphylococcus aureus* und *S. pseudintermedius* bei Menschen und Hunden verursacht wird, wurde bei Katzen noch nicht beschrieben [19, 20]. Zu den Läsionen, die auf eine subkorneale pustulöse Dermatitis hindeuten, gehören intakte, scharf abgegrenzte, punktförmige bis wenige Millimeter große Pusteln, oberflächliche Erosionen oder Schuppung und Krustenbildung (Abb. 1a, b). Der akantholytische Charakter der Erkrankung kann durch Zytologie aus einer intakten Pustel, von der Unterseite einer Kruste mit aktiver Erosion und Exsudation oder aus dem käsigen Eiter um die Nägel und/oder durch eine Biopsie ähnlicher Läsionen bestätigt werden. Es ist wichtig, Krusten in die Biopsieprobe einzubeziehen. Die mikroskopische Untersuchung von Biopsieproben zeigt in der Regel zahlreiche akantholytische Keratinozyten innerhalb einer neutrophilen oder gemischt neutrophilen und eosinophilen, subkornealen oder intragranulären Pustel (Abb. 2a, b). Akantholyti-

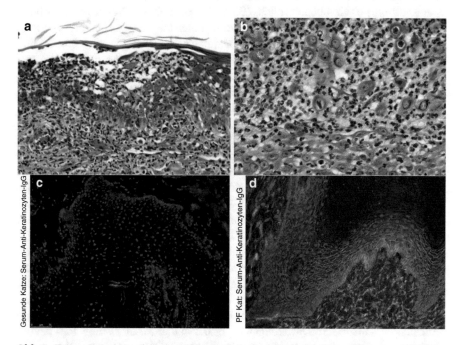

Abb. 2 Feliner Pemphigus foliaceus – Histopathologie und indirekte Immunfluoreszenz: (**a**) Subkorneale Pustel mit akantholytischen Keratinozyten; (**b**) Nahaufnahme von vereinzelten und angehäuften akantholytischen Keratinozyten (mit freundlicher Genehmigung von Dr. Keith Linder); (**c**) und (**d**) indirekte Immunfluoreszenz unter Verwendung von gesundem Katzenserum (**c**) und Serum einer Katze mit Pemphigus foliaceus (**d**). Man beachte das interzelluläre, netzartige Immunfluoreszenzmuster in der PF-befallenen Katzenprobe (**d**), das durch zirkulierende Anti-Keratinozyten-IgG-Antikörper verursacht wird

sche Geisterzellen können innerhalb der Krusten gefunden werden und sind in vielen Fällen der einzige histologische Nachweis des Krankheitsprozesses. Eine aerobe Bakterienkultur sollte in Fällen in Betracht gezogen werden, in denen eine Infektion klinisch nicht ausgeschlossen werden kann, und eine Pilzkultur und spezielle Färbungen sollten in Fällen in Betracht gezogen werden, in denen eine Dermatophytose vermutet wird, insbesondere, wenn eine pustulöse Follikulitis, eine lymphozytäre murale Follikulitis und/oder eine ausgeprägte Hyperkeratose in den Biopsieproben vorhanden ist. Ein immunologischer Test auf Anti-Keratinozyten-Autoantikörper durch direkte oder indirekte Immunfluoreszenz ist im Handel nicht erhältlich, und die Sensitivität und insbesondere die Spezifität solcher Tests ist nicht bekannt. Daher basiert die derzeitige Diagnose von PF auf der Kombination von (i) Charakter und Verteilung der Hautläsion, (ii) Ausschluss einer Infektion und (iii) unterstützender Zytologie und/oder Histopathologie, die eine akantholytische pustulöse Dermatitis bestätigen [21].

Behandlung

Katzen mit PF sprechen in der Regel positiv auf die Behandlung an, und bei den meisten von ihnen (93 %) wird innerhalb weniger Wochen (im Median drei Wochen) eine Kontrolle der Krankheit erreicht (Einstellung der aktiven Läsionen und Abheilung der ursprünglichen Läsionen) [6]. Bei den meisten Katzen kann die Kontrolle durch eine Glukocorticoid-Monotherapie erzielt werden (z. B. Prednisolon, 2–4 mg/kg/Tag; Triamcinolon-Aceponat, 0,2–0,6 mg/kg/Tag; Dexamethason, 0,1–0,2 mg/kg/Tag, siehe auch Kasten 1). Eine Dosisreduzierung wird erst dann empfohlen, wenn die Krankheit seit mindestens zwei Wochen inaktiv ist und die meisten ursprünglichen Hautläsionen abgeheilt sind (Dosisreduzierung um 20–25 % alle 2–4 Wochen, wobei eine schnellere Reduzierung möglich ist). Die Verwendung nichtsteroidaler Wirkstoffe wird bei Katzen eingesetzt: (i) wenn die Krankheit nicht innerhalb von vier Wochen mit einer angemessenen Glukocorticoid-Dosierung unter Kontrolle gebracht werden kann, (ii) wenn schwere unerwünschte Wirkungen im Zusammenhang mit Glukocorticoiden auftreten oder (iii) wenn die Dosierung des Glukocorticoids nicht deutlich reduziert werden kann. Zu den nichtsteroidalen Medikamenten, die Berichten zufolge die Krankheit bei Katzen unter Kontrolle bringen, gehören Ciclosporin (5–10 mg/kg/Tag), Chlorambucil (0,1–0,3 mg/kg/Tag), Azathioprin (1,1 mg/kg jeden zweiten Tag) [7] und Aurothioglucose (0,5 mg/kg/Woche). Die beiden letztgenannten werden entweder wegen des hohen Risikos einer Knochenmarksuppression (Azathioprin) oder wegen ihrer Nichtverfügbarkeit auf dem Markt (Aurothioglukose) nicht häufig eingesetzt. Das Risiko von Nebenwirkungen bei mit Azathioprin behandelten Katzen ist dosisabhängig, und anekdotisch wurde berichtet, dass niedrigere Dosierungen (z. B. 0,3 mg/kg jeden zweiten Tag) bei der Behandlung anderer immunvermittelter Krankheiten erfolgreich waren [22].

Der Literaturübersicht zufolge scheint nur eine Minderheit von Katzen (15 %) eine langfristige Remission der Krankheit ohne Medikamente zu erreichen [6]. Die meisten Katzen benötigen eine langfristige medikamentöse Behandlung mit Glukocorticoiden oder nichtsteroidalen Medikamenten wie Ciclosporin oder Chlorambucil. Die mittleren Erhaltungsdosen sind in der Regel niedriger als die, die für die Induktion der Krankheitskontrolle erforderlich sind (z. B. Prednisolon, 0,5 mg/kg/Tag; Dexamethason, 0,03 mg/kg/Tag; oder Ciclosporin, 5 mg/kg/Tag). Eine Kombination aus Doxycyclin und Niacinamid hat sich ebenfalls als wirksame Erhaltungstherapie bei Katzen mit PF erwiesen [17]. In refraktären Fällen könnten andere Immunsuppressiva (z. B. Mycophenolat, Leflunomid) in Betracht gezogen werden, obwohl die Wirksamkeit dieser Medikamente bei Katzen mit PF derzeit nicht belegt ist.

Kasten 1: Schema der Behandlung von PF bei Katzen nach ähnlichen Prinzipien wie bei humanem Pemphigus [23]

(I) Rasches Erreichen einer Krankheitskontrolle (d. h. *Zeit, in der sich keine neuen Läsionen mehr bilden und alte Läsionen abheilen*)

Erstlinientherapie: Prednisolon oder Methylprednisolon 2–4 mg/kg/Tag (oder ein Äquivalent, z. B. Triamcinolonaceponat, Dexamethason), bis die Krankheit unter Kontrolle ist.

(II) Beginnen Sie mit einer schrittweisen Reduzierung der Glukocorticoiddosis (25 % alle zwei Wochen), sobald das Ende der Konsolidierungsphase erreicht ist (d. h. der *Zeitpunkt, an dem seit mindestens zwei Wochen keine neuen Läsionen mehr aufgetreten sind und etwa 80 % der ursprünglichen Läsionen abgeheilt sind*). Es sollte auch erwogen werden, vor einer Verringerung der Tagesdosis auf eine Verabreichung jeden zweiten Tag umzustellen.

(III) Fahren Sie mit der schrittweisen Reduzierung der Glukocorticoiddosis fort, bis die niedrigste wirksame Dosis gefunden ist oder die Katze in der Lage ist, ohne Medikamente in Remission zu bleiben (über eine langfristige Remission ohne Medikamente wurde bei etwa 15 % der Katzen berichtet).

IIIa Erwägen Sie topische Glukocorticoide (z. B. Hydrocortison-Aceponat) oder Tacrolimus, um kleinere, lokalisierte Schübe zu kontrollieren.

IIIb Bei einem schwereren Schub ist die Glukocorticoiddosis wieder auf die vorletzte wirksame Dosis zu erhöhen. Wenn der Schub nicht innerhalb von zwei Wochen unter Kontrolle gebracht werden kann, ist die Glukocorticoiddosis wieder auf die ursprüngliche immunsuppressive Dosis zu erhöhen.

(IV) Nichtsteroidale Immunsuppressiva hinzufügen* wenn:

IVa Die Glukocorticoiddosis kann nicht so weit reduziert werden, dass das Risiko von Nebenwirkungen, die mit einer Langzeitbehandlung mit Glukocorticoiden verbunden sind, begrenzt wird.

IVb Der Patient leidet unter unerträglichen Nebenwirkungen, die durch Glukocorticoide verursacht werden.

IVc Die Krankheit kann mit einer Glukocorticoid-Monotherapie innerhalb von 4–6 Wochen nicht unter Kontrolle gebracht werden.

(V) Erhaltungsbehandlung:
  Va Aufrechterhaltung der Krankheit mit der niedrigstmöglichen Dosierung von Medikamenten; Versuch, die Dosierung von Glukocorticoiden so weit wie möglich zu reduzieren oder sie vollständig durch ein nichtsteroidales Immunsuppressivum zu ersetzen.
  Vb Überwachung auf Nebenwirkungen (in der Regel vollständiges Blutbild, chemisches Panel, Urinanalyse und Urinkultur alle 6–12 Monate, wobei die Häufigkeit und Art der Tests von dem/den verwendeten Medikament(en), dem Alter der Katze und ihrem allgemeinen Gesundheitszustand abhängt).
  Vc Vermeiden Sie mögliche Auslöser für ein Wiederaufflammen (z. B. UV-Licht usw.).[1]

Pemphigus vulgaris (PV)

Im Gegensatz zum Menschen gilt es bei Tieren, einschließlich der Katze, zu prüfen, ob die PV Autoimmundermatosen auslöst [4]. Aufgrund der geringen Anzahl beschriebener Fälle können Rasse-, Alters- und Geschlechtspräferenzen bei Katzen nicht zuverlässig abgeschätzt werden. Die klinische und histologische Homologie zwischen Katzen-, Hunde- und menschlicher PV lässt auf einen ähnlichen Pathomechanismus schließen. Während jedoch Desmoglein-3 als Hauptzielantigen bei menschlicher und hündischer PV bestätigt wurde, ist das Hauptzielantigen bei katzenartiger PV nach wie vor unbekannt.

Klinische Anzeichen

Ähnlich wie beim Menschen ist die primäre Läsion der tierischen PV ein schlaffes Bläschen, das sich rasch zu einer tiefen Erosion entwickelt (Abb. 3a–c). Erosionen werden aufgrund der Zerbrechlichkeit der Bläschen häufiger beobachtet, und weitere Epithelspaltungen, die über die bereits bestehende Erosion hinausgehen und sich sogar über eine große Entfernung erstrecken (marginale Nikolsky-Zeichen), können durch Ziehen an den Blasenresten hervorgerufen werden. Über den Läsionen an den mukokutanen Übergängen oder der behaarten Haut können sich Krusten bilden. Das derzeitige Wissen über die Verteilung der Läsionen bei Katzen stammt aus weniger als einer Handvoll beschriebener Fälle in der Literatur und aus anekdotischen Berichten [4, 24]. Wie bei Menschen und Hunden sind die Läsionen häufig in der Mundhöhle zu finden, insbesondere am Zahnfleisch und am harten Gaumen, an den Lippen, am Nasenplanum und am Philtrum (Abb. 3a, b). Eine Beteiligung der behaarten Haut, wie sie bei Menschen, Hunden und Pferden beschrieben wurde [20, 25], und eine Beteiligung der Pfotenballen (Abb. 3c) wurden ebenfalls beobachtet. Sialorrhoe, Mundgeruch, Dysphagie, Lethargie und vergrößerte submandibuläre Lymphknoten sind häufig.

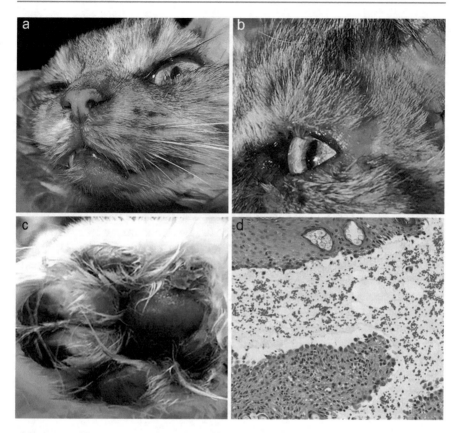

Abb. 3 Pemphigus vulgaris: Katzen mit Pemphigus vulgaris mit tiefen Erosionen, die (**a**) die Mundhöhle, die Lippen und das Nasenphiltrum, (**b**) die periokulare Region und (**c**) die Pfotenballen betreffen. Die Histopathologie des felinen Pemphigus vulgaris zeigt die klassische suprabasiläre Akantholyse (**d**). (Mit freundlicher Genehmigung von Dr. Karen Trainor)

Diagnostischer Ansatz

Da intakte Bläschen nur selten gefunden werden, stellen primäre erosive Erkrankungen, insbesondere solche, die die Mundhöhle und die mukokutanen Verbindungen betreffen, die wichtigsten Differenzialdiagnosen für PV bei Katzen dar. Dazu gehören häufige Krankheiten wie virale Stomatitis, die durch Herpesviren oder Caliciviren verursacht wird, und chronische ulzerative Stomatitis oder seltene Krankheiten wie autoimmune subepidermale Hauterkrankungen mit Blasenbildung. Die Diagnose der PV wird durch eine Biopsie bestätigt, die eine suprabasilare Akantholyse mit Basalzellen zeigt, die an der Basalmembran haften bleiben (Abb. 3d). Proben für die Histopathologie sollten vom Rand der Blase oder Erosion entnommen werden und sowohl betroffenes als auch intaktes Gewebe neben der Blase oder Erosion umfassen. Der diagnostische Wert der direkten und indirekten Immunfluoreszenz für Anti-Keratinozyten-Autoantikörper wurde bei Katzen noch nicht untersucht, und bisher wurden bei Katzen mit PV nur gewebegebundene, aber keine zirkulierenden Anti-Keratinozyten-Antikörper nachgewiesen [4, 24].

Behandlung

Die Informationen über die Behandlung und das Ergebnis der PV bei Katzen sind sehr begrenzt. Orale Glukocorticoide (Prednisolon 4–6 mg/kg/Tag) führen Berichten zufolge zu einer relativ schnellen Kontrolle der Krankheit. Bei Katzen, bei denen eine Prednisolon-Monotherapie die Krankheit nicht kontrollieren kann, sollten steroidsparende Medikamente in Betracht gezogen werden [24].

Paraneoplastischer Pemphigus (PNP)

In der Literatur findet sich ein einziger Fall von PNP bei Katzen in Verbindung mit einem Thymom [26]. Die Katze wies eine fortschreitende, stark erosive Dermatitis auf, die konkave Ohrmuscheln, ventralen Bauch und Brustkorb, Perineum und Axillen betraf [26]. Im Gegensatz zur PNP beim Menschen und beim Hund waren bei dieser Katze die Schleimhäute nicht betroffen. Die Histopathologie bestätigte Veränderungen, die mit Pemphigus vulgaris und Erythema multiforme übereinstimmen, einschließlich suprabasilarer Akantholyse mit lymphozytärer Interface-Dermatitis und Keratinozytenapoptose in mehreren Schichten der Epidermis. Durch direkte Immunfluoreszenz wurden Anti-Keratinozyten-IgG-Antikörper in der Haut des Patienten nachgewiesen, und durch indirekte Immunfluoreszenz wurden zirkulierende Anti-Keratinozyten-IgG-Autoantikörper festgestellt, die an die Mundschleimhaut sowie an Blasenepithelzellen banden. Die letztgenannte Beobachtung deutete auf eine zusätzliche Plakin-Autoreaktivität hin, ein Merkmal, das bei Menschen und Hunden mit PNP beobachtet wurde [20, 27]. Eine Entfernung der Neoplasie mit oder ohne vorübergehende Immunsuppression sollte in Fällen mit PNP kurativ sein, aber ein schlechtes Ansprechen auf die Behandlung sollte erwartet werden, wenn die Neoplasie nicht erfolgreich behandelt werden kann (Abb. 4).

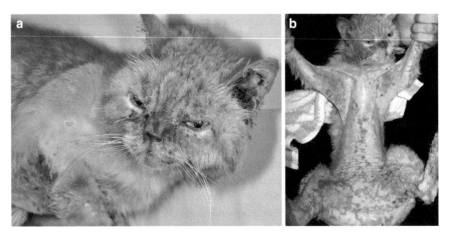

Abb. 4 Paraneoplastischer Pemphigus: Katze mit paraneoplastischem Pemphigus aufgrund eines Thymoms. Tiefe Erosionen an den konkaven Ohrmuscheln und möglicherweise am Philtrum (**a**) sowie am kaudalen Abdomen, den medialen Oberschenkeln, dem Perineum, der ventralen Brust und den Axillen (**b**). (Mit freundlicher Genehmigung von Dr. Peter Hill)

Autoimmunität der Basalmembranen

Schleimhautpemphigoid (MMP)

Das Schleimhautpemphigoid ist eine seltene Autoimmunerkrankung mit subepidermaler Blasenbildung, die bevorzugt Schleimhäute und mukokutane Verbindungsstellen bei Menschen, Hunden und Katzen betrifft. Das Schleimhautpemphigoid ist immunologisch heterogen, wobei die Autoantikörper auf Komponenten der Basalmembranzone wie Kollagen XVII, Laminin-332, BP230 oder Integrine abzielen [28–30].

Eine natürlich auftretende MMP wurde bei zwei erwachsenen Katzen beschrieben, von denen eine ursprünglich unter der Diagnose eines bullösen Pemphigoids veröffentlicht wurde [30, 31]. Bei diesen Katzen wurden Autoantikörper gegen Kollagen XVII (eine Katze) und Laminin-332 (eine weitere Katze) nachgewiesen. Bei beiden Katzen trat die Krankheit erst im Erwachsenenalter auf, wobei aufgrund der geringen Anzahl der beschriebenen Fälle eine Prädisposition für Alter, Geschlecht oder Rasse nicht festgestellt werden kann.

Klinische Anzeichen

Beide Katzen wiesen Bläschen und/oder tiefe Erosionen und Geschwüre an den Schleimhäuten und mukokutanen Verbindungen der Augenlider, Lippen und des weichen Gaumens sowie an den konkaven Ohrmuscheln auf.

Diagnostischer Ansatz

Da intakte Bläschen nur selten gefunden werden, stellen primäre erosive Erkrankungen, insbesondere solche, die die Mundhöhle und die mukokutanen Übergänge betreffen, die wichtigsten Differenzialdiagnosen für MMP bei Katzen dar. Dazu gehören häufige Erkrankungen wie die durch Herpesviren oder Caliciviren verursachte virale Stomatitis und die chronische ulzerative Stomatitis oder seltene Erkrankungen wie Pemphigus vulgaris. Zur Bestätigung der dermo-epidermalen Trennung ist eine histopathologische Untersuchung erforderlich. In den beiden beschriebenen Fällen ging die dermo-epidermale Separation mit keiner oder minimaler dermaler Entzündung einher, die aus dendritischen/histiozytären Zellen und gelegentlich Neutrophilen und Eosinophilen bestand [30, 31]. Fortgeschrittene immunologische Tests sind für Tierärzte nicht erhältlich; da MMP jedoch ohnehin immunologisch heterogen ist, umfassen die diagnostischen Kriterien eine bei erwachsenen Tieren auftretende blasenbildende Erkrankung mit einem Phänotyp, bei dem die Schleimhäute und die mukokutane Verbindung dominieren (Abb. 5a–c), eine histologische Bestätigung der dermo-epidermalen Separation (Abb. 5d) und idealerweise den Nachweis von Anti-Basalmembranzonen-IgG.

Behandlung

Informationen über die Behandlung und das Ergebnis liegen nur für eine der beiden Katzen vor. Bei dieser Katze führte orales Prednison (4 mg/kg/Tag) zu einer schnellen Kontrolle der Krankheit innerhalb eines Monats, und die Prednisondosis wurde in den folgenden sechs Monaten schrittweise reduziert. Die Katze blieb in einer

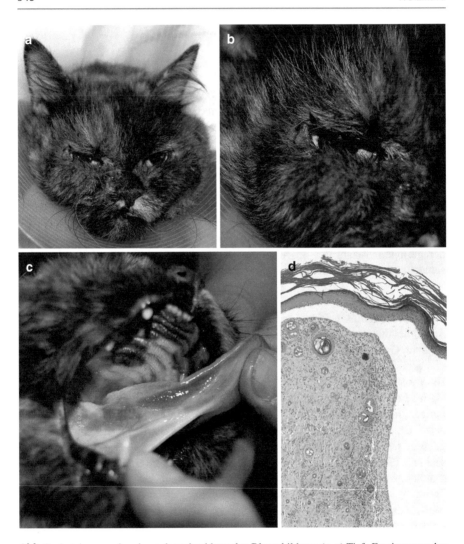

Abb. 5 Autoimmunerkrankung der subepidermalen Blasenbildung: (**a–c**) Tiefe Erosionen an den Augenlidern und der Zunge (mit freundlicher Genehmigung von Dr. Chiara Noli); (**d**) histologische Bestätigung einer dermo-epidermalen Trennung. (Mit freundlicher Genehmigung von Dr. Deborah Simpson/Judith Nimmo)

langfristigen Remission ohne Medikamente [31]. Im Allgemeinen können bei der Behandlung dieser seltenen Autoimmunerkrankung der Haut die im Abschnitt über Pemphigus foliaceus beschriebenen Behandlungsprinzipien berücksichtigt werden.

Bullöses Pemphigoid (BP)

Im Gegensatz zu Menschen, bei denen die BP die häufigste autoimmune subepidermale blasenbildende Hauterkrankung ist, ist die BP bei Tieren eine seltene Diagnose. In der Literatur findet sich eine einzige Beschreibung einer immunologisch bestätigten BP bei einer Katze (Katze #2; Katze #1 erfüllt die diagnostischen Kriterien von MMP [Olivry, persönliche Mitteilung]) [31]. Wie bei Menschen und Hunden produzierte die an BP erkrankte Katze IgG gegen die NC16A-Domäne von Kollagen XVII [31].

Klinische Anzeichen

Die Läsionen der BP scheinen von geringem Schweregrad zu sein, wobei Bläschenbildung und Erosionen vorwiegend an den Ohren, dem Rumpf und den Extremitäten auftreten. Eine Beteiligung der Schleimhäute kann beobachtet werden, scheint aber gering zu sein.

Diagnostischer Ansatz

Da intakte Bläschen nur selten gefunden werden, stellen andere primäre erosive Erkrankungen der Schleimhäute und der behaarten Haut die wichtigsten Differenzialdiagnosen für BP bei Katzen dar. Dazu gehören Herpesvirus-Stomatitis und -Dermatitis, andere autoimmune subepidermale blasenbildende Hauterkrankungen mit Beteiligung der behaarten Haut, Pemphigus vulgaris, paraneoplastischer Pemphigus und Erythema multiforme. Die Histopathologie ist erforderlich, um die dermoepidermale Trennung zu bestätigen, die von einer oberflächlichen dermalen Entzündung begleitet sein kann, die aus Mastzellen, Lymphozyten und gelegentlich Eosinophilen und Neutrophilen besteht. Die Histopathologie ist nicht in der Lage, die einzelnen autoimmunen subepidermalen Blasenbildungen voneinander abzugrenzen, und antigenspezifische immunologische Tests sind für Tierärzte nicht im Handel erhältlich. Die Diagnosekriterien beschränken sich daher auf eine bei erwachsenen Tieren auftretende blasenbildende Erkrankung mit einem haarhautdominanten Phänotyp, eine histologische Bestätigung der dermo-epidermalen Separation und idealerweise den Nachweis von Anti-Basalmembranzonen-IgG. Die Tiefe der Spaltung kann durch eine Kollagen-IV-Färbung der Hautprobe des Patienten beurteilt werden, was bei der Unterscheidung der BP von autoimmunen subepidermalen Blasenbildungserkrankungen mit Kollagen-VII-Autoimmunität hilfreich sein könnte [32].

Behandlung

Informationen über die Behandlung und das Ergebnis liegen nur für eine Katze vor. Bei dieser Katze führten orales Prednison und Doxycyclin zu einer unvollständigen und vorübergehenden Kontrolle der Krankheit [31]. Im Allgemeinen können bei der Behandlung dieser seltenen Autoimmunerkrankung der Haut die im Abschnitt Pemphigus foliaceus beschriebenen Behandlungsprinzipien berücksichtigt werden.

Autoimmunerkrankungen der Haut, die eine Verletzung der Keratinozyten verursachen

Lupus erythematodes (LE)

Kutaner und systemischer Lupus erythematodes sind sehr seltene und schlecht definierte Erkrankungen bei Katzen. In den letzten drei Jahrzehnten wurde nur eine begrenzte Anzahl von Fällen veröffentlicht [33, 34]. Betroffene Katzen sind in der

Regel erwachsen (> 5 Jahre), und Siamkatzen scheinen unter den Katzen mit systemischem Lupus erythematodes (SLE) häufiger zu sein, insbesondere im Vergleich zur Krankenhauspopulation. Über Katzen, bei denen der Verdacht auf kutanen Lupus erythematodes (CLE) bestand, wurde unter der Diagnose diskoider Lupus erythematodes (DLE) veröffentlicht; ihre klinischen Symptome waren jedoch nicht immer mit denen vereinbar, die beim DLE des Menschen und des Hundes beschrieben wurden [33, 35, 36]. Unter den veröffentlichten Berichten zu Katzen mit systemischem Lupus erythematodes wies nur ein einziger Fall, der die Kriterien der American Rheumatism Association erfüllte, gleichzeitig Lupus-erythematodesspezifische Hautläsionen auf [37].

Bei Katzen umfassen Hautläsionen, die mit CLE vereinbar sind, Erytheme, Alopezie, Schuppung, Erosionen und Krusten mit oder ohne Dyspigmentierung. In Fällen mit kompatiblen klinischen Läsionen wurde über eine Beteiligung von Nasenplanum, Gesicht und Rumpf berichtet [34, 37]. Lupus-erythematodes-spezifische Hautläsionen sind histologisch durch eine lymphozytäre Interface-Dermatitis mit hydropischer Degeneration basaler Keratinozyten und deren gelegentlicher einzelliger Nekrose gekennzeichnet. Lymphozytäre Interface-Follikulitis und Haarfollikelatrophie können ebenfalls beobachtet werden [37]. Eine verdickte Basalmembranzone kann ebenfalls beobachtet werden, und bei einer Katze wurde eine IgM-Ablagerung an der Basalmembranzone festgestellt [34]. Niedrige Titer antinukleärer Antikörper (ANA) wurden bei einer Minderheit dieser Katzen festgestellt, obwohl der diagnostische Wert solcher Befunde unbekannt ist, da 30 % der gesunden Katzen im Kundenbesitz ebenfalls niedrige bis hohe ANA-Titer aufwiesen [38]. Über die Behandlung von CLE bei Katzen ist wenig bekannt. Der Fall mit lokalisierten Läsionen im Nasenplanum wurde erfolgreich mit topischen Steroiden und Sonnenvermeidung behandelt [34], während der generalisiertere Fall mit zusätzlichen nichtdermatologischen Problemen mit einer immunsuppressiven Prednisondosis (4 mg/kg/Tag zu Beginn, 2 mg/kg jeden zweiten Tag) behandelt wurde [37].

Autoimmunerkrankungen der Haut, die Melanozyten der Haut betreffen

Vitiligo

Vitiligo ist eine seltene Erkrankung, die bei Katzen beschrieben wurde. Diese Erkrankung ist durch einen fortschreitenden Verlust von Melanozyten in der Haut gekennzeichnet. Die Ätiologie ist selbst beim Menschen nicht vollständig geklärt, und in der Vergangenheit wurden mehrere Theorien vorgeschlagen. In letzter Zeit hat sich jedoch die Konvergenztheorie durchgesetzt, die die bestehenden Theorien zu einer einzigen zusammenfasst [39]. Viel Aufmerksamkeit wurde den T-Zellen und dem Entzündungsmilieu in der Vitiligo-Haut gewidmet, die nachweislich zytotoxische Eigenschaften gegen Melanozyten besitzen und am Fortschreiten der Krankheit beteiligt sind. Es überrascht nicht, dass Behandlungen, die auf Lymphozyten abzielen (Glucocorticoide, Calcineurin-Inhibitoren, JAK-Inhibitoren) und die Toleranz fördern, vielversprechende Ergebnisse bei der Behandlung dieser

Abb. 6 Vitiligo, gekennzeichnet durch eine Depigmentierung der Nase und der Pfotenballen. (Mit freundlicher Genehmigung von Dr. Silvia Colombo)

Krankheit beim Menschen gezeigt haben. Unser Wissen über Vitiligo bei Katzen ist begrenzt [40, 41]. Über Siamesische Katzen wurde häufiger berichtet [40, 42]. Das charakteristische klinische Merkmal ist eine Leukodermie, die häufig das Planum nasi, die Lippen und die Augenlider betrifft, aber auch eine Depigmentierung der Fußballen sowie eine fleckige bis generalisierte Leukodermie und Leukotrichie können beobachtet werden (Abb. 6). Eine sichtbare Hautentzündung ist oft nicht vorhanden. Die Histologie zeigt eine Verringerung oder einen vollständigen Verlust der Melanozyten in der Epidermis und den Haarfollikeln. Es können Lymphozyten zu sehen sein, die in die untere Epidermis einwandern. Vitiligo wird bei Katzen als kosmetische Erkrankung angesehen, und eine erfolgreiche Behandlung ist noch nicht veröffentlicht worden.

Literatur

1. Scott DW, Miller WH, Erb HN. Feline dermatology at Cornell University: 1407 Cases (1988–2003). J Feline Med Surg. 2013;15:307–16.
2. LeBleu VS, Macdonald B, Kalluri R. Structure and function of basement membranes. Exp Biol Med (Maywood). 2007;232:1121–9.
3. Delva E, Tucker DK, Kowalczyk AP. The desmosome. Cold Spring Harb Perspect Biol. 2009;1:a002543.
4. Scott DW, Walton DL, Slater MR. Immune-mediated dermatoses in domestic animals: ten years after – part I. Comp Cont Educ Pract. 1987;9:424–35.
5. Levy B, Mamo LB, Bizikova P. Circulating antikeratinocyte autoantibodies in cats with pemphigus foliaceus (Abstract). Austin: North America Veterinary Dermatology Forum; 2019.
6. Bizikova P, Burrows M. Feline pemphigus foliaceus: original case series and a comprehensive literature review. BMC Vet Res. 2019;15:1–15.
7. Caciolo PL, Nesbitt GH, Hurvitz AI. Pemphigus foliaceus in eight cats and results of induction therapy using azathioprine. J Amer An Hosp Assoc. 1984;20:571–7.
8. Preziosi DE, Goldschmidt MH, Greek JS, et al. Feline pemphigus foliaceus: a retrospective analysis of 57 cases. Vet Dermatol. 2003;14:313–21.
9. Irwin KE, Beale KM, Fadok VA. Use of modified ciclosporin in the management of feline pemphigus foliaceus: a retrospective analysis. Vet Dermatol. 2012;23:403–9.

10. McEwan NA, McNeil PE, Kirkham D, Sullivan M. Drug eruption in a cat resembling pemphigus foliaceus. J Small Anim Pract. 1987;28:713–20.
11. Prelaud P, Mialot M, Kupfer B. Accident Cutane Medicamenteux Evoquant Un Pemphigus Foliace Chez Un Chat. Point Vet. 1991;23:313–8.
12. Affolter VK, Tscharner CV. Cutaneous drug reactions: a retrospective study of histopathological changes and their correlation with the clinical disease. Vet Dermatol. 1993;4:79–86.
13. Barrs VR, Beatty JA, Kipar A. What is your diagnosis? J Small Anim Pract. 2003;44(251):286–7.
14. Salzo P, Daniel A, Silva P. Probable pemphigus foliaceus-like rug reaction in a cat (Abstract). Vet Dermatol. 2014;25:392.
15. Biaggi AF, Erika U, Biaggi CP, Taboada P, Santos R. Pemphigus foliaceus in cat: two cases report. 34th World Small Animal Veterinary Association Congress. Brazil: São Paulo, 21–24 July 2009.
16. Coyner KS. Dermatology how would You handle this case? Vet Med. 2011;106:280–3.
17. Simpson DL, Burton GG. Use of prednisolone as monotherapy in the treatment of feline pemphigus foliaceus: a retrospective study of 37 cats. Vet Dermatol. 2013;24:598–601.
18. Gross TL, Ihrke PJ, Walder EJ, Affolter VK. Pustular diseases of the epidermis (Superficial pustular dermatophytosis). In: Skin diseases of the dog and cat. 2. Aufl. Oxford: Blackwell Science Ltd; 2005. S. 11–3.
19. Gross TL, Ihrke PJ, Walder EJ, Affolter VK. Pustular diseases of the epidermis (Impetigo). In: Skin diseases of the dog and cat. 2. Aufl. Oxford: Blackwell Science Ltd; 2005. S. 4–6.
20. Olivry T, Linder KE. Dermatoses affecting desmosomes in animals: a mechanistic review of acantholytic blistering skin diseases. Vet Dermatol. 2009;20:313–26.
21. Olivry T. A review of autoimmune skin diseases in domestic animals: I – superficial pemphigus. Vet Dermatol. 2006;17:291–305.
22. Willard MD. Feline inflammatory bowel disease: a review. J Feline Med Surg. 1999;1:155–64.
23. Murrell DF, Pena S, Joly P, et al. Diagnosis and management of pemphigus: Recommendations by an international panel of experts. J Am Acad Dermatol. 2018 Feb 10. pii: S0190-9622(18)30207-X. https://doi.org/10.1016/j.jaad.2018.02.021. [Epub ahead of print].
24. Manning TO, Scott DW, Smith CA, Lewis RM. Pemphigus diseases in the feline: seven case reports and discussion. JAAHA. 1982;18:433–43.
25. Winfield LD, White SD, Affolter VK, et al. Pemphigus vulgaris in a welsh pony stallion: case report and demonstration of antidesmoglein autoantibodies. Vet Dermatol. 2013;24:269–e60.
26. Hill PB, Brain P, Collins D, Fearnside S, Olivry T. Putative paraneoplastic pemphigus and myasthenia gravis in a cat with a lymphocytic thymoma. Vet Dermatol. 2013;24(646–9):e163–4.
27. Kartan S, Shi VY, Clark AK, Chan LS. Paraneoplastic pemphigus and autoimmune blistering diseases associated with neoplasm: characteristics, diagnosis, associated neoplasms, proposed pathogenesis, treatment. Am J Clin Dermatol. 2017;18:105–26.
28. Xu HH, Werth VP, Parisi E, Sollecito TP. Mucous membrane pemphigoid. Dent Clin N Am. 2013;57:611–30.
29. Olivry T, Chan LS. Spontaneous canine model of mucous membrane pemphigoid. In: Chan LS, Herausgeber. Animal models of human inflammatory skin diseases. 1. Aufl. Boca Raton: CRC Press; 2004. S. 241–249.
30. Olivry T, Dunston SM, Zhang G, Ghohestani RF. Laminin-5 is targeted by autoantibodies in feline mucous membrane (cicatricial) pemphigoid. Vet Immunol Immunopathol. 2002;88:123–9.
31. Olivry T, Chan LS, Xu L, et al. Novel feline autoimmune blistering disease resembling bullous pemphigoid in humans: igg autoantibodies target the NC16A ectodomain of type XVII collagen (BP180/BPAG2). Vet Pathol. 1999;36:328–35.
32. Olivry T, Dunston SM. Usefulness of collagen IV immunostaining for diagnosis of canine epidermolysis bullosa acquisita. Vet Pathol. 2010;47:565–8.
33. Willemse T, Koeman JP. Discoid lupus erythematosus in cats. Vet Dermatol. 1990;1:19–24.
34. Kalaher K, Scott D. Discoid lupus erythematosus in a cat. Feline Pract. 1991;17:7–11.
35. Kuhn A, Landmann A. The classification and diagnosis of cutaneous lupus erythematosus. J Autoimmun. 2014;48–49:14–9.

36. Olivry T, Linder KE, Banovic F. Cutaneous lupus erythematosus in dogs: a comprehensive review. BMC Vet Res. 2018;14:132–018-1446-8.
37. Vitale C, Ihrke P, Gross TL, Werner L. Systemic lupus erythematosus in a cat: fulfillment of the American Rheumatism Association Criteria with Supportive Skin Histopathology. Vet Dermatol. 1997;8:133–8.
38. Abrams-Ogg ACG, Lim S, Kocmarek H, et al. Prevalence of antinuclear and anti-erythrocyte antibodies in healthy cats. Vet Clin Pathol. 2018;47:51–5.
39. Kundu RV, Mhlaba JM, Rangel SM, Le Poole IC. The convergence theory for vitiligo: a reappraisal. Exp Dermatol. 2019;28:647–55.
40. López R, Ginel PJ, Molleda JM, et al. A clinical, pathological and immunopathological study of vitiligo in a Siamese cat. Vet Dermatol. 1994;5:27–32.
41. Alhaidari Z. Cat Vitiligo. Ann Dermatol Venereol. 2000;127:413.
42. Alhaidari, Olivry, Ortonne, et al. Melanocytogenesis and melanogenesis: genetic regulation and comparative clinical diseases. Vet Dermatol. 1999;10:3–16.

Immunvermittelte Erkrankungen

Frane Banovic

Zusammenfassung

Da sich das Spektrum der immunvermittelten Hauterkrankungen bei Katzen in den letzten zwei Jahrzehnten deutlich erweitert hat, sollten Tierärzte mit den charakteristischen klinischen Merkmalen verschiedener immunvermittelter Hauterkrankungen vertraut sein, um eine frühzeitige Diagnose und angemessene Behandlung zu ermöglichen. In diesem Artikel werden die Merkmale, klinischen Anzeichen, Labor- und histopathologischen Befunde sowie die Behandlungsergebnisse bei verschiedenen immunvermittelten Hauterkrankungen bei Katzen beschrieben.

Erythema multiforme, Stevens-Johnson-Syndrom und toxische epidermale Nekrolyse

Das erstmals 1860 von von Hebra beschriebene Erythema multiforme (EM) wurde lange Zeit als Teil eines Krankheitsspektrums betrachtet, zu dem auch das Stevens-Johnson-Syndrom (SJS) und die toxische epidermale Nekrolyse (TEN) gehören [1]. Die gegenwärtig akzeptierte klinische Klassifizierung bei Menschen [2], Hunden [3] und Katzen definiert SJS und TEN als Varianten desselben Krankheitsspektrums, die sich in Bezug auf das charakteristische klinische Erscheinungsbild und die Kausalität von Untergruppen der EM unterscheiden. Es wird angenommen, dass die meisten Fälle von SJS/TEN durch Medikamente ausgelöst werden, was bedeutet, dass der Entzug von Medikamenten eine entscheidende Voraussetzung für die Behandlung und Prognose von SJS/TEN ist [2, 3], während bei EM infektiöse Auslöser überwiegen.

F. Banovic (✉)
University of Georgia, College of Veterinary Medicine, Department of Small Animal Medicine and Surgery, Athens, USA
E-Mail: fbanovic@uga.edu

C. Noli, S. Colombo (Hrsg.), *Dermatologie der Katze*,
https://doi.org/10.1007/978-3-662-65907-6_26

555

Erythema multiforme

Erythema multiforme ist eine akute immunvermittelte Erkrankung, die die Haut und/ oder Schleimhäute, einschließlich der Mundhöhle, befällt [4]. Beim Menschen ist das typische EM eine blasenbildende und ulzerierende Hauterkrankung, die durch symmetrisch an den Extremitäten verteilte sogenannte Schießscheiben- oder Irisläsionen (d. h. drei verschiedene Farbzonen) gekennzeichnet ist [2, 4, 5]. Atypische EM zeichnen sich durch ausgedehnte, große, runde, bullöse Läsionen (d. h. atypische Targets mit zwei verschiedenen Farbzonen) aus, die den Rumpf betreffen. Das Erythema multiforme wird aufgrund der Schleimhautbeteiligung und der systemischen Krankheitszeichen in eine leichte (EMm) und eine schwere Form (EMM) unterteilt [2, 4, 5]. Die Läsionen bei typischer und atypischer EM können konfluierend sein, führen aber nicht zu großflächigen epidermalen Ablösungen wie bei SJS/ TEN. In Fällen von EM ist die Hautablösung bei EMm auf 1–3 % der Körperoberfläche beschränkt (d. h. mit akraler Verteilung), kann aber bei atypischer EMM mit einer breiten Verteilung auf bis zu 10 % der Körperoberfläche ausgedehnt sein [2, 4, 5].

In der veterinärmedizinischen Literatur finden sich nur wenige Fälle von EM bei Katzen [6–12]. Lokalisierte multifokale makulopapulöse und zielgerichtete Läsionen, die den ventralen Körper betreffen, wurden in drei der acht berichteten Fälle beschrieben, und ausgedehnte Krusten und/oder Ulzerationen mit oder ohne Beteiligung der Schleimhäute oder der Wangenschleimhaut wurden bei drei weiteren Katzen beschrieben (Abb. 1a, b). Interessanterweise wurden in einem Fall schwere Ulzerationen mit Krusten beschrieben, die mehr als 50 % der Körperoberfläche, einschließlich der Fußsohlen und Nagelbetten, betrafen [10]. Ähnlich wie bei der EM bei Hunden [3] könnte es sich bei den EM-Läsionen bei Katzen, die als erythematöse Flecken mit ausgedehnten Ablagerungen/Ulzerationen und sekundärer Krustenbildung beschrieben wurden, um SJS handeln, die als Fälle von EMM veröffentlicht wurden.

Der vorgeschlagene Pathomechanismus der EM umfasst die Generierung autoreaktiver T-Zellen und deren Aktivierung durch antigenbeladene (virale, bakterielle, medikamentöse) Epithelzellen, was zu einer Schädigung der Epidermis durch Lyse der umgebenden Keratinozyten führt [13]. Bei sieben EM-Katzenpatienten wurde eine medikamentöse Kausalität vermutet; in drei Fällen wurde jedoch eine vorangegangene Laryngotracheitis unbekannter Herkunft oder eine Impfung mit dem felinen Rhinotracheitis-Calicivirus-Panleukopenie-Virusimpfstoff berichtet. Ähnlich wie bei EM-Patienten beim Menschen und beim Hund bestehen in mehreren Berichten über arzneimittelinduzierte EM [10] Zweifel an der Genauigkeit der EM-Diagnose bei Katzen, da einige dieser Fälle möglicherweise SJS oder SJS/TEN-Überschneidungen aufwiesen.

Interessanterweise wurde die Vermutung geäußert, dass es sich um eine feline Herpes-assoziierte EM handelt, und zwar in einem einzigen Fall, bei dem DNA des Felinen Herpesvirus 1 (FHV1) aus Hautbiopsien einer Katze isoliert wurde, die eine ausgedehnte exfoliative Dermatitis und Schuppung aufwies und bei der zwei Wochen zuvor eine Infektion der oberen Atemwege festgestellt worden war [12]. Die Läsionen bei Herpes-simplex-Virus- (HSV-)induzierter EM sind virusfrei (d. h. es

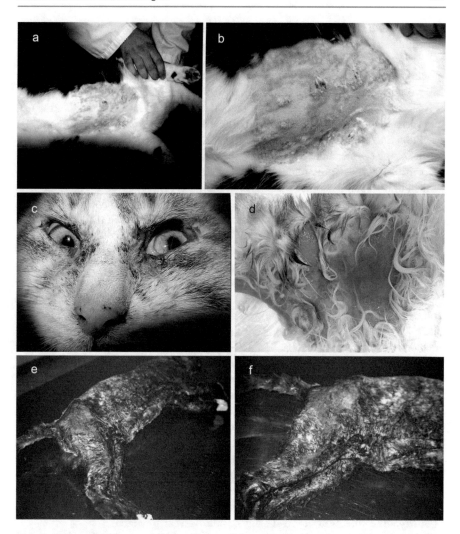

Abb. 1 Felines Erythema multiforme, Stevens-Johnson-Syndrom und toxische epidermale Nekrolyse. (**a, b**) Multifokale makulopapulöse und zielgerichtete Läsionen, die den ventralen Körper einer Katze mit Erythema multiforme betreffen. **c** Schwere bilaterale periokuläre erythematöse Erosionen mit Ablösung der Epidermis am medialen und lateralen Canthus. (**d, e, f**) Erythematöse Erosionen mit abgelöster oder leicht ablösbarer Epidermis am ventralen Abdomen und in der Leistengegend. (Mit freundlicher Genehmigung von Dr. Chiara Noli und Silvia Colombo)

liegen keine viralen zytopathischen Veränderungen vor), enthalten jedoch HSV-DNA-Fragmente, die meist Sequenzen umfassen, die das Polymerase-Gen *Pol* exprimieren [13]. Die Expression von Virusproteinen in der Haut (vor allem Pol, selten Thymidinkinase) initiiert die Entwicklung der Läsion durch die Rekrutierung einer Vβ-begrenzten Population von virusspezifischen CD4-Helfer-T-Zellen Typ 1, die Interferon- (IFN-)γ produzieren. Auf diese frühe virusspezifische Reaktion folgt eine verstärkte Entzündungskaskade, die durch eine erhöhte Zytokinproduktion und die Anhäufung von T-Zellen gekennzeichnet ist, die auf Autoantigene reagieren, welche wahrscheinlich von lysierten oder apoptotischen virusinfizierten Zellen freigesetzt werden [13]. Obwohl sie als Analogon der humanen Herpes-assoziierten EM vorgeschlagen wurde, müssen die vorgeschlagenen Fälle von feliner Herpes-assoziierter EM besser charakterisiert und im Hinblick auf die Virusreplikation und das Vorhandensein von Einschlusskörpern beschrieben werden, um zwischen einer Infektion und einem echten EM-ähnlichen Muster unterscheiden zu können.

Histologisch gesehen ist die EM die prototypische zytotoxische Interface-Dermatitis mit transepidermaler Keratinozytenapoptose mit hydropischen Veränderungen und Dyskeratose der basalen Keratinozyten [13]. Wichtig ist, dass die Diagnose von EM hauptsächlich auf der Anamnese und der klinischen Präsentation beruht, da histopathologische Merkmale nicht pathognomonisch für die Krankheit sind [13]. Abhängig von der Biopsiestelle und dem Stadium der klinischen Erkrankung kann bei einer Biopsie aus dem Zentrum einer Zielläsion eine Nekrose in der gesamten Dicke die vorherrschende Läsion sein, wohingegen am Rande („zonale Veränderungen") eine Grenzflächendermatitis mit vakuolären Veränderungen zu sehen sein kann [13]. Ähnlich wie bei Menschen und Hunden [2, 3] ist die Diagnose von EM bei Katzen klinisch-pathologisch. Das Erythema multiforme kann histologisch schwer von anderen zytotoxischen Interface-Dermatosen bei Katzen zu unterscheiden sein, insbesondere von SJS/TEN, Thymom-assoziierter paraneoplastischer exfoliativer Dermatose, nicht Thymom-assoziierter exfoliativer Dermatitis und möglicherweise einigen Varianten des kutanen Lupus erythematodes (CLE).

Die Behandlung von EM variiert je nach Schweregrad und Ursache der Erkrankung; der klinische Verlauf von EM bei Katzen, die mit Herpes assoziiert sind, ist in der Regel selbstlimitierend und klingt innerhalb weniger Wochen ohne signifikante Folgen ab [12]. Jedes Medikament, das im Verdacht steht, EM ausgelöst zu haben, sollte umgehend abgesetzt werden. Bei der schweren Form von EM werden je nach Ätiologie systemische Glukocorticoide in Verbindung mit einer antiviralen Therapie (z. B. Famciclovir) empfohlen. Einige Katzen mit der persistierenden Form von EM können auf orale Immunsuppressiva wie Ciclosporin (5–7 mg/kg alle 24 h) oder Mycophenolatmofetil (10–12 mg/kg alle 12 h) ansprechen.

Stevens-Johnson-Syndrom/Spektrum der toxischen epidermalen Nekrolyse

Das Stevens-Johnson-Syndrom und die TEN sind seltene, vorwiegend medikamenteninduzierte, schwere kutane T-Zell-vermittelte Immunreaktionen, die durch eine ausgedehnte Ablösung der Epidermis und des Schleimhautepithels gekennzeichnet sind [2, 3]. Die beiden Begriffe beschreiben Varianten desselben Krankheitsspektrums, wobei SJS die weniger ausgedehnte (weniger als 10 % der Körperoberfläche sind betroffen) und TEN die weiter verbreitete Form ist (mehr als 30 % der Körperoberfläche sind betroffen) [2, 3].

Die klinischen Anzeichen des SJS/TEN-Krankheitsspektrums bei Menschen, Hunden und Katzen sind homolog [2, 3, 14, 15]: Die Patienten weisen schmerzhafte, unregelmäßige und flache erythematöse/purpuröse Makel und Flecken auf, die sich zu konfluierenden und größeren Bereichen mit Epidermisablösung aufblähen (Abb. 1c, d, e, f). In der veterinärmedizinischen Literatur finden sich jedoch nur sehr wenige ausführlich charakterisierte Fälle von SJS/TEN bei Katzen [14, 16–18]. Läsionen können die Haut diffus am ganzen Körper betreffen; häufig sind mukokutane Übergänge, Schleimhäute (z. B. oral, rektal, konjunktival) und Fußballen betroffen. Aus der zerstörten Dermis tritt Serum aus, und die Läsionen können sich sekundär infizieren, wobei sich eine Kruste bildet und eine Sepsis auftreten kann. In schweren Fällen geht die Nekrolyse des respiratorischen und gastrointestinalen Epithels mit bronchialer Obstruktion, starkem Durchfall und einer Reihe von systemischen Komplikationen, einschließlich Multiorganversagen, einher.

Das wichtigste klinische Zeichen, das die TEN von der SJS unterscheidet, ist der Anteil der Körperoberfläche mit epidermaler Ablösung, der als nekrotische Haut definiert ist, die sich bereits abgelöst hat (z. B. Blasen, Erosionen) oder die im schlimmsten Stadium der Erkrankung ablösbar ist (d. h. Bereiche mit einem positiven Pseudo-Nikolsky-Zeichen) [2, 3]. Einige Katzen mit TEN weisen anfänglich eine epidermale Ablösung auf weniger als 10 % ihrer Körperoberfläche auf, ein für SJS typisches Ausmaß, aber der Schweregrad schreitet innerhalb weniger Tage auf 30 % der Körperoberfläche fort, was eher typisch für TEN ist [14]. Trotz des auffälligen klinischen Erscheinungsbildes von SJS/TEN kann eine Reihe von Erkrankungen bei Katzen mit einem makulösen Ausschlag und Blasenbildung auf der Haut und den Schleimhäuten auftreten. Zu den klinischen Differenzialdiagnosen gehören Erythema multiforme major, thermische Verbrennungen, Vaskulitis, exfoliative Dermatitis als Folge eines Thymoms und exfoliative Dermatitis ohne Thymom.

Als Hauptursache für SJS/TEN werden Medikamente genannt, wobei sich das Risiko einer Überempfindlichkeitsreaktion in den ersten Wochen nach der Einnahme von Medikamenten entwickelt [19].

Ein neuer krankheitsspezifischer Algorithmus, der ALDEN-Algorithmus (*Assessment of Drug Causality in Epidermal Necrolysis*), wurde vor Kurzem für menschliche Patienten mit SJS/TEN validiert, und er erweist sich gegenüber früheren Algorithmen als überlegen [19]; in einem kürzlich erschienenen Fallbericht über SJS/TEN bei Katzen wurde ebenfalls ALDEN für die Bewertung der Arzneimittelkausalität verwendet [14]. Bei Hunden besteht ein starker Zusammenhang zwischen SJS/TEN und verschiedenen Arzneimitteln, wie z. B. Beta-Laktam- und Trimethoprim-verstärkte Sulfonamid-Antibiotika, Phenobarbital und Carprofen [3, 15]. Bei Katzen wurde ein starker kausaler Zusammenhang mit Beta-Laktam-Antibiotika, Organophosphat-Insektiziden und D-Limonen festgestellt [14, 16–18]. Derzeit sind die genauen molekularen und pathogenen zellulären Mechanismen, die zur Entwicklung von SJS/TEN führen, nur teilweise bekannt. Die Läsionen von SJS/TEN sind durch eine weit verbreitete Apoptose und Nekrose epithelialer Keratinozyten gekennzeichnet, ein Prozess, der durch arzneimittel- oder arzneimittel-/peptidspezifische zytotoxische T-Lymphozyten (CTL) und/oder natürliche Killerzellen (NK) ausgelöst wird [20]. Arzneimittel können das Immunsystem durch direkte Bindung an den Haupthistokompatibilitätskomplex der Klasse I stimulieren, was zur klonalen Expansion einer spezifischen Population von CTLs führt, die die Haut infiltrieren und lösliche proapoptotische Faktoren wie Granulysin, Fas-Ligand, Perforin und Granzyme absondern [20].

Auch wenn die Anamnese und die klinischen Symptome die Diagnose SJS/TEN nahelegen, ist eine Hautbiopsie erforderlich, um die klinische Beurteilung zu untermauern und andere blasenbildende Dermatosen auszuschließen. Bei der histopathologischen Untersuchung zeigt sich eine lymphozytäre Interface-Dermatitis mit Apoptose auf mehreren epidermalen Ebenen, einer Progression zur epidermalen Koagulationsnekrose und einer epidermalen Ablösung mit Ulzerationen (Abb. 2) [14]. Ähnlich wie bei SJS/TEN beim Menschen und beim Hund gibt es eine potenzielle histologische Überschneidung zwischen EM bei Katzen und SJS/TEN [14]. Daher sollte sich die mikroskopische Interpretation durch den Pathologen auf die Gesamtdiagnose einer epidermalen nekrotisierenden EM-TEN-Erkrankung beschränken, und die weitere Subklassifizierung der verschiedenen Entitäten sollte

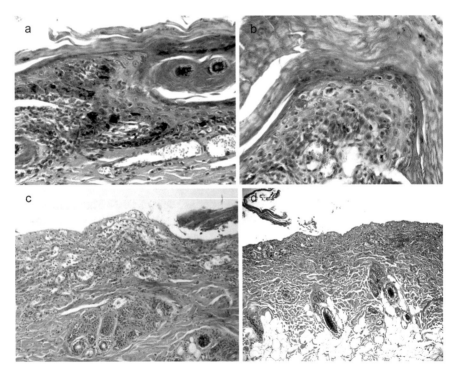

Abb. 2 Histopathologie der toxischen epidermalen Nekrolyse. (**a, b**) Lymphozytäre Interface-Dermatitis mit Extravasation von Lymphozyten in die Epidermis, lymphozytärer Satellitose apoptotischer Keratinozyten und oberflächlicher epidermaler hydropischer Degeneration ist das vorherrschende Entzündungsmuster bei TEN. (**c, d**) Werden bei TEN ulzerierte Bereiche biopsiert, werden häufig eine vollständige Ulzeration und ein Verlust des Epithels beobachtet, was nicht diagnostisch ist. (Mit freundlicher Genehmigung von Dr. Chiara Noli und Silvia Colombo)

von der Krankengeschichte, den klinischen Symptomen und dem Ausmaß der Haut-läsionen abhängen [15]. Bei Verdacht auf SJS/TEN bei Katzen sollten Kliniker dazu angehalten werden, mehrere Biopsien zu entnehmen, da einige Hautbiopsien bei diesen Patienten möglicherweise kein Epithel aufweisen und für die Diagnose nicht geeignet sind (Abb. 2c, d). Dermale Nekrosen sind in Hautbiopsien von Katzen mit TEN nicht vorhanden, obwohl sich in einigen Fällen große Ulzera und eine bakteri-elle Besiedlung entwickelt haben [15]. Dies ist wichtig, weil die genaue Tiefe der Hautnekrose, wenn sie oberflächlich ist, klinisch schwer zu bestimmen sein kann und die histologische Untersuchung die Klassifizierung der Krankheit erleichtert.

Obwohl selten, ist SJS/TEN eine verheerende Krankheit; die Sterblichkeitsrate bei SJS liegt bei < 10 %, während sie bei TEN beim Menschen auf 40 % ansteigt [19]. Die TEN bei Katzen ist mit einer erheblichen Sterblichkeit verbunden, was bestätigt, dass die TEN eine der wenigen dermatologischen Erkrankungen ist, die einen echten medizinischen Notfall darstellen [14, 16–18]. Eine frühzeitige Erken-nung und eine schnelle und angemessene Behandlung sind notwendig und können lebensrettend sein. Das sofortige Absetzen von verdächtigen Medikamenten (am häufigsten Beta-Laktame, Sulfonamide, NSAIDs) und die Überweisung an ein Not-fallzentrum sind entscheidende Voraussetzungen für die Verbesserung der SJS/TEN-Prognose. Ein umfangreicher Epidermisverlust führt zu einem massiven Flüs-sigkeits-, Elektrolyt- und Plasmaproteinverlust. Eine unterstützende Behandlung ähnlich wie bei Verbrennungspatienten (aggressiver Flüssigkeitsersatz, antimikro-bielle Therapie, Wundversorgung, Analgesie und Ernährungsunterstützung) ist er-forderlich. Der Einsatz von Immunsuppressiva (z. B. Glukocorticoide, Ciclosporin, Mycophenolat) ist umstritten, aber neuere Erkenntnisse zeigen, dass Ciclosporin beim Menschen während der frühen Krankheitsentwicklung möglicherweise eine günstige Rolle spielt [21].

Pseudopelade

Pseudopelade ist eine seltene, vermutlich immunvermittelte Haarerkrankung bei Katzen, die durch nicht juckende, permanente Alopezie gekennzeichnet ist, die im Großen und Ganzen nicht entzündlich ist [22–24].

Pathogenese

Die Pathogenese der Pseudopelade beim Menschen ist nicht vollständig geklärt. Zu den vermuteten Faktoren gehören erworbene Autoimmunität, Borrelieninfektion und Seneszenz des follikulären Stammzellreservoirs; Fallserien von familiärer Pseudopelade deuten jedoch darauf hin, dass genetisch bedingte familiäre Faktoren eine Rolle spielen könnten [22].

Ein Hauptmerkmal ist ein perifollikuläres lymphozytäres Infiltrat, das auf den Mittelisthmus des Haarfollikels abzielt und die Stammzellen des Follikelwulstes schädigt, was zu dauerhaftem narbigem Haarausfall führt [22–24]. Immunologische

Studien, die an Hautbiopsien einer einzelnen Katze mit Pseudopelade durchgeführt wurden, ergaben eine Dominanz zytotoxischer CD8+-Lymphozyten im Epithel des Haarfollikel-Isthmus, während die perifollikuläre Dermis reich an CD4+- und CD8+-Lymphozyten sowie an CD1+-dendritischen Antigen präsentierenden Zellen war [24]. Bei der Katze wurden zirkulierende Autoantikörper (Klasse IgG) gegen mehrere Haarfollikelproteine (einschließlich Haarkeratine) und Trichohyalin nachgewiesen. Es wird jedoch angenommen, dass die humorale Immunantwort nach der Exposition kryptischer Follikelepitope infolge der Follikeldestruktion auftritt [24].

Klinische Anzeichen

Die Läsionen sind durch eine mehr oder weniger symmetrische, nicht entzündliche, fleckige bis diffuse Alopezie gekennzeichnet, die im Gesicht beginnen und sich dann auf das Ventrum, die Beine und die Pfoten ausbreiten kann (Abb. 3a) [24]. Der Juckreiz ist nicht vorhanden und abgebrochene Haarschäfte werden nicht beobachtet. Interessanterweise kann an einigen Krallen eine Onychorrhexis vorhanden sein.

Diagnose

Zu den möglichen Differenzialdiagnosen gehören fast alle Hauterkrankungen, die durch eine verhältnismäßig nichtentzündliche, asymptomatische (nicht juckende) Alopezie gekennzeichnet sind, wie Alopecia areata, follikuläre Dysplasie, psychogene Alopezie, Endokrinopathien und Dermatophytose [23, 24]. Die endgültige Diagnose basiert auf einer Hautbiopsie, und es sollten mehrere Proben aus Regionen mit maximaler Alopezie, an den Rändern gesunder behaarter Bereiche sowie aus gesunder behaarter Haut entnommen werden. Zu den charakteristischen frühen histopathologischen Befunden gehört eine unterschiedlich starke Anhäufung von Entzündungszellen, einschließlich Lymphozyten, Histiozyten und wenigen Plasmazellen, vorwiegend am Follikel-Isthmus (Abb. 3b, c). Bei späten Läsionen ist die Entzündung mild, und die Haarfollikel verkümmern und werden durch fibrosierende Bahnen ersetzt [23, 24].

Klinisches Management

Es gibt keine eindeutige Behandlung, um das Fortschreiten der Pseudopelade beim Menschen zu stoppen, vermutlich aufgrund der Zerstörung der Stammzellen des Follikelwulstes. Diese Erkrankung hat beim Menschen nicht auf topische und systemische Glukocorticoide angesprochen [22]. Ein vorübergehendes Nachwachsen der Haare nach oraler Verabreichung von Ciclosporin (5 mg/kg alle 12 h) wurde bei einer einzelnen Katze beobachtet (Abb. 4) [24].

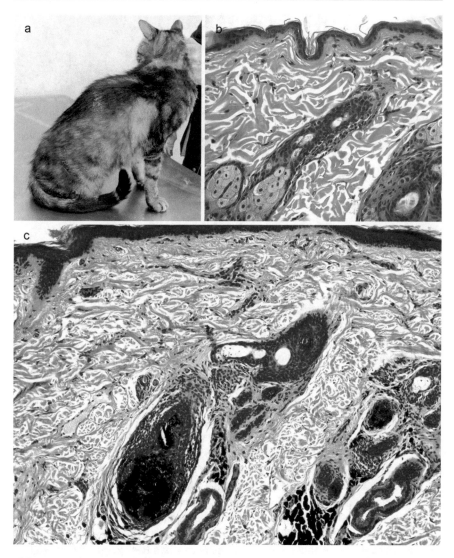

Abb. 3 Feline Pseudopelade. (**a**) Generalisierte, nicht juckende, nicht entzündliche Alopezie an den Flanken, am Hals und am Abdomen. (**b, c**) Die Histopathologie zeigt eine mäßige Follikelentzündung in und um den Isthmus; Haarzwiebel und Adnexe bleiben unbeeinträchtigt. (Mit freundlicher Genehmigung von Dr. Chiara Noli)

Chondritis der Ohrmuscheln

Die Ohrmuschelchondritis ist eine seltene Erkrankung der Katze, die durch eine Entzündung und Zerstörung des Ohrmuschelknorpels gekennzeichnet ist [25–32].

Abb. 4 Pseudopelade bei einer Katze vor (**a**) und nach der Behandlung (**b**) mit oralem Ciclosporin in einer Dosierung von 5 mg/kg zweimal täglich über 30 Tage. (Mit freundlicher Genehmigung von Dr. Chiara Noli)

Pathogenese

Beim Menschen ist die rezidivierende Polychondritis (RPC) eine entzündliche, immunvermittelte Bindegewebserkrankung. Sie ist durch wiederkehrende Episoden von Entzündung und Zerstörung gekennzeichnet, die sowohl artikuläre als auch nichtartikuläre Knorpelstrukturen betreffen und zu einer fortschreitenden anatomischen Deformation und funktionellen Beeinträchtigung der betroffenen Strukturen führen [33, 34]. Die genaue Pathogenese der RPC ist noch nicht eindeutig geklärt; es wird angenommen, dass die zellvermittelte Zerstörung des Knorpels, der Chondrozytenepitope enthält, zu einer Zytokinfreisetzung und lokalen Entzündung mit anschließender Autoantikörperproduktion (zirkulierende Antikörper gegen Kollagen II und Matrilin-1) in einem von Natur aus anfälligen Wirt führt [33, 34].

Bei Katzen wurde eine ähnliche seltene Erkrankung erkannt und in 14 Fällen berichtet [25–32]. Bei elf Katzen war jedoch nur der Ohrknorpel betroffen, ohne den klassischen rezidivierenden Charakter, der bei Menschen mit RPC beobachtet wird. Daher ist die Bezeichnung rezidivierende Polychondritis bei Katzen möglicherweise unangemessen, und die Bezeichnung Ohrmuschelchondritis sollte für Fälle reserviert werden, die nur durch Entzündung und Zerstörung des Ohrmuschelknorpels gekennzeichnet sind. Ähnlich wie bei der menschlichen RPC zeigte die histopathologische Untersuchung der betroffenen Knorpel bei Katzen ein entzündliches Infiltrat, das sich aus verschiedenen Anteilen von T-Lymphozyten, Neutrophilen, Makrophagen und Plasmazellen zusammensetzte, in einem frühen Stadium auf das Perichondrium beschränkt war und später auf den Knorpel übergriff [25–32].

Klinische Anzeichen

Überwiegend sind junge bis mittelalte Katzen betroffen; das Alter des Auftretens liegt zwischen 1,5 und 14,5 Jahren (Median: 3 Jahre). Es wird keine Präferenz für Geschlecht oder Rasse berichtet. Betroffene Katzen stellen sich mit einer geschwollenen, erythematösen bis violetten und oft schmerzhaften Ohrmuschel vor; bei Chronifizierung entwickeln sich die Läsionen zu eingerollten und deformierten Ohrmuscheln (Abb. 5a, b, c, d) [25–32]. Die Krankheit kann einseitig beginnen und

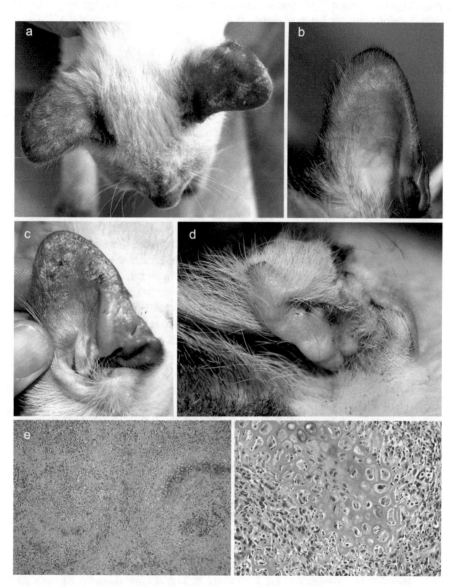

Abb. 5 Feline Ohrmuschelchondritis. (**a–d**) Starke Rötung, Verdickung, Verkrustung und Schwellung der Ohrmuscheln mit fortschreitender Gewebefibrose und Verformung. (**e, f**) Degenerierter Knorpel mit perichondrialer Mischentzündung, bestehend aus Lymphozyten, Makrophagen und Neutrophilen; mäßige Fibrose umgibt die Knorpel. Lymphozyten dringen an mehreren Stellen in das Knorpelgewebe ein und führen zu Knorpelverlust. (Mit freundlicher Genehmigung von Dr. Chiara Noli)

sich auf beide Seiten ausbreiten, oder sie kann beidseitig beginnen, wobei der Schweregrad auf beiden Seiten unterschiedlich ist. Abgesehen von den aurikulären Anzeichen sind die Katzen in der Regel systemisch gesund. Einige Katzen können jedoch pyrexisch sein oder zusätzliche Anzeichen einer RPC-Beteiligung wie Uveitis, Chondritis anderer Knorpel, Arthritis und Herzerkrankungen aufweisen [25–32].

Diagnose

Beim Menschen ist die Diagnose der RPC eine echte Herausforderung für Kliniker und basiert immer noch auf klinischen Begründungen [33]. Die Diagnosekriterien für die RPC beim Menschen umfassen mindestens ein McAdam-Kriterium (d. h. bilaterale Chondritis der Ohrmuscheln, nicht erosive, seronegative entzündliche Polyarthritis, nasale Chondritis, Augenentzündung, Chondritis der Atemwege und audiovestibuläre Schäden) und eine positive histologische Bestätigung oder zwei McAdam-Kriterien und eine positive Reaktion auf die Verabreichung von Glukocorticoiden oder Dapson [33]. Nach den Kriterien für den Menschen erfüllte nur ein gemeldeter Fall bei Katzen die diagnostischen Kriterien der menschlichen RPC mit einer chondralen lymphozytären Entzündung in den Ohrmuscheln, Rippen, Kehlkopf, Luftröhre und Gliedmaßen [32]. In Fällen bei Katzen, bei denen nur der Ohrknorpel betroffen ist, zeigen Hautbiopsien degenerierten Knorpel mit lymphozytärer Invasion, perichondrialer lymphozytärer Infiltration und Fibrose (Abb. 5e, f) [25–32]. Die Dermis zeigt meist eine moderate perivaskuläre Entzündung mit Infiltration von Lymphozyten und Neutrophilen. Eine direkte Immunfluoreszenzfärbung für Immunkomplexe war bei zwei Katzen negativ [26].

Klinisches Management

Das Ziel der Therapie der menschlichen RPC ist die Kontrolle der Entzündungskrise und die langfristige Unterdrückung der immunvermittelten pathogenetischen Mechanismen [33]. Obwohl eine Vielzahl von Medikamenten, darunter Glukocorticoide, nichtsteroidale Entzündungshemmer sowie immunsuppressive und zytotoxische Medikamente, zur Behandlung eingesetzt werden, gibt es keine evidenzbasierten Leitlinien für die Behandlung der RPC [33]. Die orale Gabe von Ciclosporin (5–7,5 mg/kg einmal täglich) und Dapson (1 mg/kg einmal täglich) über einen Zeitraum von vier Monaten führte in einem einzigen Fall von RPC bei Katzen nicht zu einer Kontrolle der klinischen Symptome [32]. Bei einigen Katzen mit ausschließlich aurikulären Chondritis-Symptomen tritt im Laufe der Zeit ohne Behandlung eine spontane Besserung ein [30]. Dapson (1 mg/kg alle 24 h) schien zu einer gewissen klinischen Verbesserung zu führen, wohingegen orale Glukocorticoide (Prednisolon 1 mg/kg alle 24 h) für zwei bis drei Wochen bei Katzen mit Ohrmuschelchondritis ziemlich unwirksam waren [30]. Eine chirurgische Pinektomie führte in einem Fall zur Heilung [30].

Plasmazell-Pododermatitis

Die Plasmazell-Pododermatitis ist eine seltene, ausschließlich bei Katzen beschriebene dermatologische Erkrankung, die durch Schwellungen und Erweichungen der Fußballen mit gelegentlichen Ulzerationen gekennzeichnet ist [25, 35–44].

Ursache und Pathogenese

Die Ursache und Pathogenese dieser Erkrankung sind unbekannt. Aufgrund der Gewebeplasmozytose, der konsistenten Hypergammaglobulinämie, der negativen Gewebekulturen und Spezialfärbungen für mikrobielle Erreger sowie des guten Ansprechens auf immunmodulierende Mittel wird eine immunologische Reaktion auf einen infektiösen Erreger oder ein abgeleitetes Restantigen vermutet. Obwohl bei vielen Katzen (44–62 %) eine gleichzeitige Infektion mit dem Felinen Immundefizienz-Virus (FIV) beobachtet wurde, ist nicht bekannt, ob das FIV eine wichtige Rolle bei der Pathogenese der felinen Plasmazell-Pododermatitis spielt [38, 41, 42].

Klinische Merkmale

Es wurden keine Alters-, Rasse- oder Geschlechtspräferenzen berichtet; die betroffenen Katzen waren typischerweise zwischen sechs Monate und zwölf Jahre alt [35–44]. Zu den ersten klinischen Anzeichen gehören asymptomatische Schwellungen und Erweichungen von meist mehreren Fußballen; selten ist ein einzelner Fußballen betroffen. In erster Linie sind die zentralen Metacarpal- oder Metarsalballen betroffen. Gelegentlich können jedoch auch digitale Ballen Anzeichen aufweisen, die jedoch in der Regel nicht so schwerwiegend sind (Abb. 6a, b). Bei der Vorstellung sind die betroffenen Ballen geschwollen und fühlen sich breiig oder schlaff an, und ihre Oberfläche erscheint weiß und schuppig und kreuzschraffiert mit silbrigen Striemen. Die Ballen können ulzerieren und Schmerzen und Lahmheit verursachen. Wiederkehrende Blutungen aus ulzerierten oder knotigen Bereichen einer Binde können ebenso auftreten wie eine bakterielle Sekundärinfektion. Bei einigen betroffenen Katzen können Pyrexie, Anorexie, Lethargie und Lymphadenopathie beobachtet werden. Gelegentlich zeigt eine Minderheit von Katzen mit Plasmazell-Pododermatitis Anzeichen von Plasmazell-Dermatitis an der Nase oder Stomatitis mit proliferativer, ulzerativer Pharyngitis und vegetativen Plaques an den Gaumenbögen [44]. Gelegentlich kommt es bei der Katze auch zu einer immunvermittelten Glomerulonephritis oder Nierenamyloidose [36].

Diagnose

Die Anamnese und die klinische Präsentation sind im Allgemeinen sehr auffällig und werden durch eine Feinnadelaspiration (FNA) unterstützt, bei der Plasmazellen

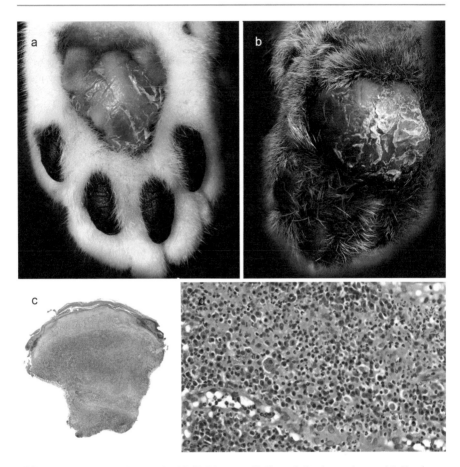

Abb. 6 (**a, b**) Geschwollene und schlaffe Metacarpalballen mit Depigmentierung (**a**), Erosionen und Schuppung. (**c, d**) Die Dermis und oft auch das darunterliegende Fettgewebe der Pfotenballen sind diffus mit vorwiegend Plasmazellen, einigen neutrophilen Granulozyten und Lymphozyten infiltriert, wodurch die normale Architektur verdeckt wird. Auch Russellkörper-haltige Plasmazellen (Mott-Zellen) werden beobachtet

nachgewiesen werden. Die endgültige Diagnose wird durch die Histopathologie bestätigt, die ein diffuses Infiltrat mit Plasmazellen, Neutrophilen und Lymphozyten zeigt [38, 41, 42]. Bei der „klassischen" Falldarstellung mit Läsionen, die mehrere Ballen umfassen, und einer Aspirationszytologie, die überwiegend Plasmazellen zeigt, ist eine Hautbiopsie möglicherweise nicht erforderlich. Die Hauptdifferenzialdiagnose ist das eosinophile Granulom der Fußballen, das typischerweise mit gleichzeitigen Hautläsionen entweder interdigital oder an anderen Körperstellen einhergehen kann und keine diffuse Ballenschwellung verursacht oder mehrere Pfoten betrifft. Ist nur eine einzige Binde betroffen, sollte eine Neoplasie in Betracht gezogen werden. Infektiöse Erreger und Fremdkörper wären ebenfalls Differenzialdiagnosen [38, 41, 42]. Wenn Hautbiopsien entnommen werden, zeigt die histopathologische Untersuchung eine oberflächliche und tiefe perivaskuläre Plasmazelldermatitis mit häufiger diffuser dermaler und sogar benachbarter Fettzellinfiltration; typischerweise sind Russell-Körperchen (Mott-Zellen) zu sehen (Abb. 6c, d). Bei chronischen Läsionen kann eine Fibrose auftreten.

Klinisches Management

Die Prognose der felinen Plasmazell-Pododermatitis ist unterschiedlich, da bei einigen Patienten die klinischen Symptome spontan abklingen können, während bei anderen immunmodulierende Mittel und eine lebenslange Therapie erforderlich sein können [35–44].

Die erste Therapie der Wahl ist Doxycyclin, ein kostengünstiges Antibiotikum mit immunmodulatorischen Eigenschaften, das zur Klasse der Tetrazykline gehört [42, 43]. Es wurde berichtet, dass Doxycyclin in mehr als der Hälfte der Fälle von Plasmazell-Pododermatitis bei Katzen eine teilweise oder vollständige klinische Remission bewirkt. Obwohl in ersten Berichten 25 mg/Katze verwendet wurden, sollte Doxycyclin in einer Dosierung von 10 mg/kg einmal täglich oder in einer Dosierung von 5 mg/kg alle 12 h verabreicht werden. Aufgrund der verzögerten Transitzeit von Kapseln und Tabletten in der Speiseröhre besteht bei Katzen die Gefahr einer arzneimittelinduzierten Ösophagitis und daraus resultierender Ösophagusstrikturen während der Einnahme von Tabletten oder Kapseln [45–47]. Das Hyclat-Salz von Doxycyclin (Doxycyclinhydrochlorid) wurde in erster Linie mit Ösophagitis und Ösophagusstrikturen bei Katzen in Verbindung gebracht [47, 48]. Um den Transport von Tabletten und Kapseln zu erleichtern und die Bildung von Strikturen zu vermeiden, sollte nach der Verabreichung von Doxycyclin bei Katzen immer eine Spülung mit 6 ml Wasser oder Gabe einer kleinen Menge Futter erfolgen. Die Verwendung von zusammengesetzten Doxycyclin-Suspensionen sollte vermieden werden, da das Inverkehrbringen solcher Formulierungen in einigen Ländern, einschließlich der USA, gegen die Vorschriften verstößt. Die Behandlung mit Doxycyclin wird so lange fortgesetzt, bis die Fußballen ein normales makroskopisches Erscheinungsbild aufweisen, was bis zu zwölf Wochen dauern kann (Abb. 7); nach Erreichen einer vollständigen Remission wird die Verabreichungshäufigkeit von Doxycyclin langsam reduziert und nach Möglichkeit abgesetzt [42, 43].

Bei Patienten mit schlechtem Ansprechen auf die Doxycyclin-Behandlung und aktiven schweren klinischen Symptomen kann eine kurze systemische Glukocorticoidtherapie in Verbindung mit oralem Ciclosporin (5–7,5 mg/kg alle 24 h) angezeigt sein. Orales Prednisolon wird in der Regel in einer Dosierung von 2–4 mg/kg einmal täglich verabreicht und nach einem günstigen Ansprechen reduziert. In Fällen, die auf Prednisolon nicht ansprechen, haben sich auch orales Triamcinolonacetonid in einer Dosierung von 0,4–0,6 mg/kg einmal täglich oder Dexamethason 0,5 mg einmal täglich bewährt. Sobald die Krankheit vollständig unter Kontrolle ist, wird das orale Ciclosporin langsam abgesetzt.

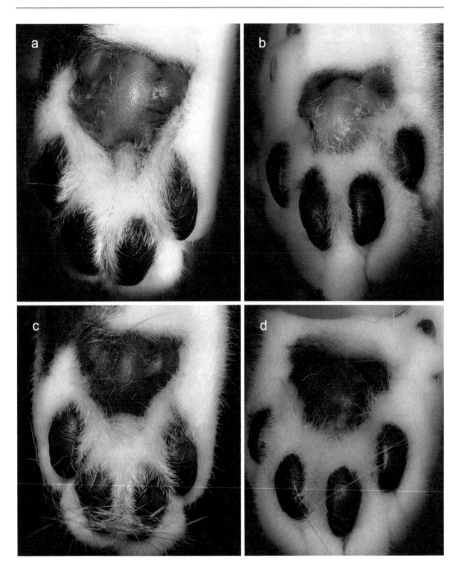

Abb. 7 Plasmazell-Pododermatitis bei einer Katze, die mit einer nachlassenden Dosis Prednisolon (0,5 mg/kg alle 24 h über zwei Wochen) und Langzeit-Doxycyclin (5 mg/kg alle 24 h) behandelt wurde. Innerhalb von fünf Wochen der Behandlung bildete sich die anfängliche Schwellung
und Depigmentierung der Metacarpalballen (**a, b**) fast vollständig zurück (**c, d**)

Die chirurgische Entfernung des Fettpolsters wurde ebenfalls als vorteilhaft beschrieben und ist eine Option für Fälle, die nicht auf eine medikamentöse Therapie
ansprechen. Bei den chirurgisch behandelten Ballen wurde in Nachbeobachtungs-
zeiträumen von zwei Jahren kein Wiederauftreten der Krankheit berichtet [37–39].

Proliferative und nekrotisierende Otitis externa bei Katzen

Die proliferative und nekrotisierende Otitis externa (PNOE) der Katze ist eine sehr seltene Hauterkrankung, die nur in wenigen Berichten beschrieben wurde [48–52].

Ursache und Pathogenese

Die Pathogenese der felinen PNOE ist derzeit noch unbekannt. Die Analyse mit Polymerase-Kettenreaktion auf das feline Herpesvirus 1 unter Verwendung von Primern für Thymidinkinase und Polymerase-Glykoprotein war bei fünf Katzen negativ [48], während immunhistochemische Färbungen eine aktive Infektion durch Herpesviren, Caliciviren oder Papillomaviren ausschlossen [49]. Die erste histopathologische Beschreibung der PNOE-Läsionen deutete auf dyskeratotische Keratinozyten als Hauptmerkmal der Krankheit hin. Videmont et al. [50] wiesen jedoch in den PNOE-Läsionen eine Keratinozyten-Apoptose (positiv für gespaltene Caspase 3) nach, die durch das Eindringen von CD3-positiven T-Zellen in die Epidermis ausgelöst wurde. Zusammenfassend lässt sich sagen, dass PNOE bei Katzen ähnliche Merkmale wie Erythema multiforme aufweist und eine T-Zell-vermittelte Pathogenese gegen Keratinozyten beinhaltet.

Klinische Merkmale

Die ersten Beschreibungen der PNOE betrafen Kätzchen im Alter von 2–6 Monaten, aber inzwischen ist anerkannt, dass PNOE Katzen im Alter von bis zu fünf Jahren betreffen kann [48–52]. Die Krankheit ist durch gut abgegrenzte erythematöse Plaques mit anhaftenden, dicken, manchmal dunkelbraunen keratinösen Ablagerungen gekennzeichnet (Abb. 8a, b). Die Hautläsionen sind häufig beidseitig symmetrisch, wobei die mediale Seite der Ohrmuschel und der Eingang zum Gehörgang am häufigsten betroffen sind. Wenn die Läsionen fortschreiten, kommt es zu Erosionen und Ulzerationen. Bei einigen Katzen betreffen die Läsionen gelegentlich die präaurikuläre Region und reichen oft bis in den Gehörgang, wo sekundäre bakterielle oder *Malassezia*-Infektionen häufig sind [48–52].

Diagnose

Die Anamnese und die klinische Präsentation sind im Allgemeinen sehr auffällig, und die endgültige Diagnose wird durch die Histopathologie bestätigt, die eine starke Hyperplasie der Epidermis (Abb. 8c, d) und der äußeren Wurzelscheide der Haarfollikel mit verstreuten geschrumpften hypereosinophilen Keratinozyten mit pyknotischen Kernen (apoptotische Zellen) zeigt (Abb. 8e, f). Die Dermis enthält gemischte entzündliche Infiltrate (plasmatisch, neutrophil oder eosinophil und mastozytär), die von Fall zu Fall variieren.

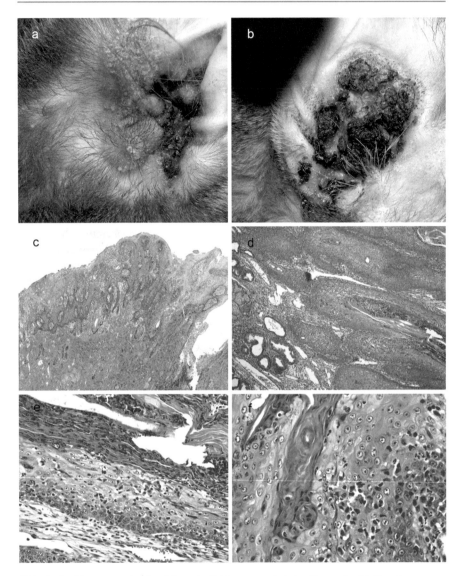

Abb. 8 Proliferative und nekrotisierende Otitis externa bei der Katze. (**a, b**) Gut abgegrenzte erythematöse Plaques mit anhaftenden, dicken dunklen bis braunen keratinösen Ablagerungen im medialen Bereich der Ohrmuschel, am Eingang zum Gehörgang und im präaurikulären Bereich des Gesichts. (**c, d**) Schwere Epidermishyperplasie und intensive oberflächliche Dermatitis mit auffälligen parakeratotischen Hyperkeratosen, die mit Neutrophilen durchsetzt sind, reichen bis in das Haarfollikel-Infundibulum. (**e, f**) In der stark hyperplastischen Epidermis und dem oberfläch-lichen Follikelepithel finden sich verstreute apoptotisch aussehende Keratinozyten, die in einigen Bereichen von Lymphozyten umgeben sind

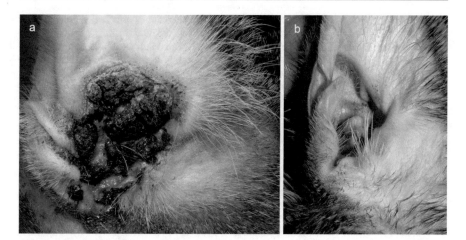

Abb. 9 Proliferative und nekrotisierende Otitis externa bei Katzen vor (**a**) und nach der Behandlung (**b**) mit topischem Tacrolimus zweimal täglich über 30 Tage

Klinisches Management

Die berichteten Behandlungsmöglichkeiten für PNOE sind begrenzt; ursprünglich wurde bei einigen Jungtieren eine spontane Rückbildung nach 12–24 Monaten berichtet [48], während andere Berichte darauf hindeuten, dass eine spontane Rückbildung nicht in allen Fällen auftritt [49]. Topische und systemische Glukocorticoide zeigen ein unterschiedliches Ansprechen von teilweiser Besserung bis hin zur vollständigen Remission dieser Krankheit. Dieses unterschiedliche Ansprechen kann eine Folge der verschiedenen Arten der systemischen Glukocorticoidverabreichung sowie der Stärke der gewählten topischen Steroidtherapie sein [49, 52]. In drei Berichten wurde topische 0,1 %ige Tacrolimus-Salbe, die zweimal täglich auf die PNOE-Hautläsionen aufgetragen wurde, zur Erreichung einer vollständigen Remission bevorzugt (Abb. 9) [49–51].

Literatur

1. von Hebra F. Acute exantheme und hautkrankheiten, Handbuch der Speciellen Pathologie und Therapie. Erlangen: Verlag von Ferdinand von Enke; 1860. S. 198–200.
2. Bastuji-Garin S, Rzany B, Stern RS, et al. Clinical classification of cases of toxic epidermal necrolysis, Stevens-Johnson syndrome and erythema multiforme. Arch Dermatol. 1993;129:92–6.
3. Hinn AC, Olivry T, Luther PB, et al. Erythema multiforme, Stevens-Johnson syndrome and toxic epidermal necrolysis in the dog: clinical classification, drug exposure and histopathological correlations. J Vet Allergy Clin Immunol. 1998;6:13–20.
4. Sokumbi O, Wetter DA. Clinical features, diagnosis, and treatment of erythema multiforme: a review for the practicing dermatologist. Int J Dermatol. 2012;51:889–902.
5. Kempton J, Wright JM, Kerins C, et al. Misdiagnosis of erythema multiforme: a literature review and case report. Pediatr Dent. 2012;34:337–42.

6. Scott DW, Walton DK, Slater MR, et al. Immune-mediated dermatoses in domestic animals: ten years after – Part II. Compend Contin Educ Pract Vet. 1987;9:539–51.
7. Olivry T, Guaguere E, Atlee B, et al. Generalized erythema multiforme with systemic involvement in two cats. Proceeding of the 7th annual meeting of the ESVD. Stockholm, Sweden; 1990.
8. Affolter VK, von Tscharner C. Cutaneous drug reactions: a retrospective study of histopathological changes and their correlation with the clinical disease. Vet Dermatol. 1993;4:79–86.
9. Noli C, Koeman JP, Willemse T. A retrospective evaluation of adverse reactions to trimethoprim-sulfonamide combinations in dogs and cats. Vet Q. 1995;17:123–8.
10. Scott DW, Miller WH. Erythema multiforme in dogs and cats: literature review and case material from the Cornell University College of veterinary medicine (1988–1996). Vet Dermatol. 1999;10:297–309.
11. Byrne KP, Giger U. Use of human immunoglobulin for treatment of severe erythema multiforme in a cat. J Am Vet Med Assoc. 2002;220:197–201.
12. Prost C. A case of exfoliative erythema multiforme associated with herpes virus 1 infection in a European cat. Vet Dermatol. 2004;15(Suppl. 1):51.
13. Aurelian L, Ono F, Burnett J. Herpes simplex virus (HSV)-associated erythema multiforme (HAEM): a viral disease with an autoimmune component. Dermatol Online J. 2003;9:1.
14. Sartori R, Colombo S. Stevens-Johnson syndrome/toxic epidermal necrolysis caused by cefadroxil in a cat. JFMS Open Rep. 2016;6:1–6.
15. Banovic F, Olivry T, Bazzle L, et al. Clinical and microscopic characteristics of canine toxic epidermal necrolysis. Vet Pathol. 2015;52:321–30.
16. Lee JA, Budgin JB, Mauldin EA. Acute necrotizing dermatitis and septicemia after application of a d-limonene based insecticidal shampoo in a cat. J Am Vet Med Assoc. 2002;221:258–62.
17. Scott DW, Halliwell REW, Goldschmidt MH, et al. Toxic epidermal necrolysis in two dogs and a cat. J Am Anim Hosp Assoc. 1979;15:271–9.
18. Scott DW, Miller WH. Idiosyncratic cutaneous adverse reactions in the cat: literature review and report of 14 cases (1990–1996). Feline Pract. 1998;26:10–5.
19. Sassolas B, Haddad C, Mockenhaupt M, et al. ALDEN, an algorithm for assessment of drug causality in Stevens-Johnson syndrome and toxic epidermal necrolysis: comparison with case-control analysis. Clin Pharmacol Ther. 2010;88:60–8.
20. Chung WH, Hung SI, Yang JY, et al. Granulysin is a key mediator for disseminated keratinocyte death in Stevens-Johnson syndrome and toxic epidermal necrolysis. Nat Med. 2008;14:1343–50.
21. Ng QX, De Deyn MLZQ, Venkatanarayanan N, Ho CYX, Yeo WS. A meta-analysis of cyclosporine treatment for Stevens-Johnson syndrome/toxic epidermal necrolysis. J Inflamm Res. 2018;11:135–42.
22. Alzolibani AA, Kang H, Otberg N, Shapiro J. Pseudopelade of Brocq. Dermatol Ther. 2008;21(4):257–63.
23. Gross TL et al. Mural diseases of the hair follicle. In: Skin diseases of the dog and cat, clinical and histopathologic diagnosis. Ames: Blackwell Science; 2005a. S. 460–79.
24. Olivry T, Power HT, Woo JC, et al. Anti-isthmus autoimmunity in a novel feline acquired alopecia resembling pseudopelade of humans. Vet Dermatol. 2000;11:261–70.
25. Scott DW. Feline dermatology 1979–1982: introspective retrospections. J Am Anim Hosp Assoc. 1984;20:537.
26. Bunge M et al. Relapsing polychondritis in a cat. J Am Anim Hosp Assoc. 1992;28:203.
27. Lemmens P, Schrauwen E. Feline relapsing polychondritis: a case report. Vlaams Diergeneeskd Tijdschr. 1993;62:183.
28. Boord MJ, Griffin CE. Aural chondritis or polychondritis dessicans in a dog. Proc Acad Vet Dermatol Am Coll Vet Dermatol. 1998;14:65.
29. Delmage D, Kelly D. Auricular chondritis in a cat. J Small Anim Pract. 2001;42(10):499–501.
30. Gerber B, Crottaz M, von Tscharner C, et al. Feline relapsing polychondritis: two cases and a review of the literature. J Feline Med Surg. 2002;4(4):189–94.

31. Griffin C, Trimmer A. Two unusual cases of auricular cartilage disease. Proceedings of the North American veterinary dermatology forum. Palm Springs; 2006.
32. Baba T, Shimizu A, Ohmuro T, Uchida N, Shibata K, Nagata M, Shirota K. Auricular chondritis associated with systemic joint and cartilage inflammation in a cat. J Vet Med Sci. 2009;71:79–82.
33. Kingdon J, Roscamp J, Sangle S, D'Cruz D. Relapsing polychondritis: a clinical review for rheumatologists. Rheumatology (Oxford). 2018;57:1525–32.
34. Stabler T, Piette J-C, Chevalier X, et al. Serum cytokine profiles in relapsing polychondritis suggest monocyte/macrophage activation. Arthritis Rheum. 2004;50:3663–7.
35. Gruffydd-Jones TJ, Orr CM, Lucke VM. Foot pad swelling and ulceration in cats: a report of five cases. J Small Anim Pract. 1980;21:381–9.
36. Scott DW. Feline dermatology 1983–1985: "the secret sits". J Am Anim Hosp Assoc. 1987;23:255.
37. Taylor JE, Schmeitzel LP. Plasma cell pododermatitis with chronic footpad hemorrhage in two cats. J Am Vet Med Assoc. 1990;197:375–7.
38. Guaguere E, Hubert B, Delabre C. Feline pododermatitis. Vet Dermatol. 1992;3:1–12.
39. Yamamura Y. A surgically treated case of feline plasma cell pododermatitis. J Jpn Vet Med Assoc. 1998;51:669–71.
40. Dias Pereira P, Faustino AM. Feline plasma cell pododermatitis: a study of 8 cases. Vet Dermatol. 2003;14:333–7.
41. Guaguere E et al. Feline plasma cell pododermatitis: a retrospective study of 26 cases. Vet Dermatol. 2004;15:27.
42. Scarampella F, Ordeix L. Doxycycline therapy in 10 cases of feline plasma cell pododermatitis: clinical, haematological and serological evaluations. Vet Dermatol. 2004;15:27.
43. Bettenay SV, Mueller RS, Dow K, et al. Prospective study of the treatment of feline plasmacytic pododermatitis with doxycycline. Vet Rec. 2003;152:564–6.
44. De Man M. What is your diagnosis? Plasma cell pododermatitis and plasma cell dermatitis of the nose apex in cat. J Feline Med Surg. 2003;5:245–7.
45. Westfall DS, Twedt DC, Steyn PF, et al. Evaluation of esophageal transit of tablets and capsules in 30 cats. J Vet Intern Med. 2001;15:467–70.
46. Melendez LD, Twedt DC, Wright M. Suspected doxycycline-induced esophagitis and esophageal stricture formation in three cats. Feline Pract. 2000;28:10–2.
47. German AJ, Cannon MJ, Dye C. Oesophageal strictures in cats associated with doxycycline therapy. J Feline Med Surg. 2005;7:33–41.
48. Gross TL, et al. Necrotizing diseases of the epidermis. In: Skin diseases of the dog and cat, clinical and histopathologic diagnosis. Ames: Blackwell Science; 2005b. S. 75–104.
49. Mauldin EA, Ness TA, Goldschmidt MH. Proliferative and necrotizing otitis externa in four cats. Vet Dermatol. 2007;18(5):370–7.
50. Videmont E, Pin D. Proliferative and necrotising otitis in a kitten: first demonstration of T-cell-mediated apoptosis. J Small Anim Pract. 2010;51(11):599–603.
51. Borio S, Massari F, Abramo F, Colombo S. Proliferative and necrotizing otitis externa in a cat without pinnal involvement: video-otoscopic features. J Feline Med Surg. 2013;15:353–6.
52. Momota Y, Yasuda J, Ikezawa M, Sasaki J, Katayama M, Tani K, Miyabe M, Onozawa E, et al. Proliferative and necrotizing otitis externa in a kitten: successful treatment with intralesional and topical corticosteroid therapy. J Vet Med Sci. 2017;10:1883–5.

Hormonelle und Stoffwechselerkrankungen

Vet Dominique Heripreta und Hans S. Kooistra

Zusammenfassung

Endokrine und metabolische Störungen können zu Veränderungen der Haut und des Haarkleides führen. Bei den Schilddrüsenerkrankungen ist die Hyperthyreose die häufigste Endokrinopathie bei Katzen, während die Hypothyreose bei dieser Tierart selten ist. Diabetes mellitus ist ebenfalls eine häufige Endokrinopathie bei Katzen. Störungen der Nebennierenrinde, die mit Veränderungen der Haut und des Haarkleides einhergehen, kommen bei Katzen ebenfalls vor und beschränken sich nicht nur auf die Hypersekretion von Cortisol, sondern umfassen auch die Hypersekretion von Sexualsteroiden. Neben den bei diesen endokrinen Störungen beobachteten dermatologischen Veränderungen werden auch die mit Stoffwechselstörungen verbundenen dermatologischen Veränderungen, d. h. oberflächliche nekrolytische Dermatitis, Xanthomatose und erworbenes kutanes Fragilitätssyndrom, vorgestellt.

Einführung

Die Haut und die Adnexe werden von einer Reihe von Hormonen beeinflusst. Daher können Veränderungen der Haut und des Haarkleides Ausdruck von endokrinen und metabolischen Störungen sein. Hormonelle und metabolische Dermatosen treten

V. D. Heripreta (✉)
CHV Fregis, Arcueil, Frankreich

CHV Pommery, Reims, Frankreich
E-Mail: dheripret@fregis.com

H. S. Kooistra
Department of Clinical Sciences of Companion Animals, Faculty of Veterinary Medicine, Utrecht University, Utrecht, Niederlande
E-Mail: H.S.Kooistra@uu.nl

bei Katzen nicht so häufig auf wie bei Hunden, was sich dadurch erklären lässt, dass endokrine Störungen, die häufig mit Haut- und Fellveränderungen einhergehen, bei dieser Tierart weniger häufig auftreten. Die beiden häufigsten endokrinen Erkrankungen bei Katzen sind Hyperthyreose und Diabetes mellitus, aber die dermatologischen Veränderungen, die bei diesen Erkrankungen beobachtet werden können, sind eher unspezifisch.

Schilddrüse

Juvenile Hypothyreose

Eine angeborene Hypothyreose ist bei Katzen recht selten, aber es wurden bereits einige Fallberichte veröffentlicht [1–3]. Eine angeborene Hypothyreose kann durch eine Schilddrüsen-Dysgenese oder einen Defekt in der Synthese der Schilddrüsenhormone verursacht werden. In Bezug auf Letzteres wurde bisher nur von Katzen mit einem sogenannten Jodinierungsdefekt berichtet, d. h. einem Problem bei der Synthese von Schilddrüsenhormonen, z. B. aufgrund einer gestörten Aktivität der Schilddrüsen-Peroxidase [4]. Die klinischen Merkmale einer Hypothyreose aufgrund eines Jodinierungsdefekts unterscheiden sich nicht von denen einer Schilddrüsenfehlentwicklung. Betroffene Jungtiere zeigen einen unverhältnismäßigen Zwergwuchs, wenig körperliche Aktivität und ein trockenes und stumpfes Haarkleid ohne offenkundige Alopezie [5]. Die geistige Entwicklung scheint verzögert zu sein. Die Milchzähne bleiben bis ins Erwachsenenalter erhalten, fallen aber aus, wenn eine Behandlung mit Schilddrüsenhormonen erfolgt [2, 6]. Bei Katzen mit Hypothyreose aufgrund eines Jodinierungsdefekts kann die Palpation des Halses hyperplastische Schilddrüsen (Kropf) aufzeigen.

Andere, sehr seltene Ursachen für eine erworbene juvenile Hypothyreose sind lymphozytäre Thyreoiditis und Jodmangel (siehe unten). Lymphozytäre Thyreoiditis wurde bei einer Zuchtlinie in einer geschlossenen Katzenkolonie festgestellt, wobei Symptome wie Lethargie und stumpfes Haarkleid bereits im Alter von sieben Wochen auftraten [7].

Erworbene Hypothyreose im Erwachsenenalter

Jodmangel ist die klassische Ursache einer erworbenen Hypothyreose. Er entstand in Zeiten, in denen die Besitzer die Vorstellung, dass Katzen Fleischfresser sind, zu wörtlich nahmen. Eine Ernährung, die nur aus Fleisch besteht, ist in vielerlei Hinsicht mangelhaft, vor allem aber in Bezug auf Jod. Der Mangel an diesem wesentlichen Bestandteil der Schilddrüsenhormone kann zu einer TSH-induzierten Schilddrüsenüberfunktion führen. Tiere mit schwerem Jodmangel zeigen eine Kombination aus Kropf und Anzeichen von Hypothyreose wie Lethargie. In Ländern, in denen die Fütterung mit jodhaltigen Fertigfuttermitteln üblich ist, wird diese Form des Mangels nicht mehr beobachtet.

Abb. 1 Erworbene
Hypothyreose bei einer
Katze: ungepflegtes
Haarkleid und trockene
Seborrhö. (Mit
freundlicher Genehmigung
von Dr. G. Zanna)

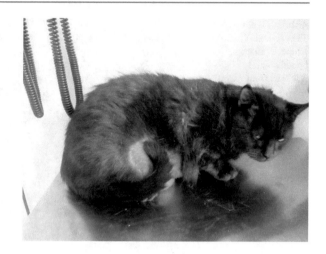

Spontan auftretende Hypothyreose bei erwachsenen Katzen ist eher selten, aber eine neuere Studie deutet darauf hin, dass die Prävalenz höher sein könnte als bisher angenommen [8]. Fellveränderungen, Lethargie und Fettleibigkeit sind häufige klinische Anzeichen bei Katzen mit spontan auftretender Hypothyreose. Interessanterweise entwickelten mehrere der Katzen mit erworbener Hypothyreose eine goitrotische Form der Hypothyreose, die mit einer Schilddrüsenhyperplasie einherging.

Eine erworbene Hypothyreose kann auch iatrogen bedingt sein, insbesondere bei Katzen, die wegen einer Hyperthyreose behandelt werden, die bei dieser Tierart häufig auftritt. Iatrogene Hypothyreose kann eine unerwünschte Wirkung der Radiojodtherapie [9], einer bilateralen chirurgischen Thyreoidektomie oder einer Überdosierung von Schilddrüsenhemmern sein. Die dermatologischen Anzeichen sind recht unspezifisch und umfassen eine verringerte Fellpflege, Verfilzungen auf dem Rücken und einen schlechten Zustand des Haarkleides (Abb. 1).

Katzen mit Hypothyreose haben eine erhöhte Konzentration an zirkulierendem TSH. Die klinischen Symptome sprechen rasch auf eine L-Thyroxin-Ersatztherapie an.

Hyperthyreose

Die Schilddrüsenüberfunktion bei Katzen ist eine relativ häufige Erkrankung von Katzen mittleren und höheren Alters, mit einem Durchschnittsalter von 12–13 Jahren. Der Überschuss an Schilddrüsenhormon wird durch eine adenomatöse Hyperplasie oder ein Adenom der Schilddrüse verursacht, wobei ein oder häufiger beide Schilddrüsenlappen betroffen sind [10]. Die wichtigsten klinischen Anzeichen sind mit einer Beschleunigung des Stoffwechsels verbunden (Gewichtsverlust, Polyphagie, Polyurie und gastrointestinale Probleme). Dermatologische Anzeichen treten in etwa 30 % der Fälle auf und sind eher unspezifisch [11]. Zu den berichteten dermatologischen Anzeichen gehören übermäßiger Fellwechsel, Schuppenbildung,

fokale Alopezie aufgrund von übermäßiger Fellpflege, Verfilzung und übermäßigem Krallenwachstum (Abb. 2). In sehr chronischen Fällen wurde eine vollständige Alopezie am Rumpf beschrieben. Die Diagnose basiert auf der Anamnese, der körperlichen Untersuchung und der Messung von Thyroxin (T_4). Die Behandlung umfasst Operationen, Schilddrüsenmedikamente, Radiojodtherapie oder eine jodarme Ernährung.

Diabetes mellitus

Hautläsionen in Zusammenhang mit Diabetes mellitus bei Katzen sind selten beschrieben worden, und einige Läsionen, die zunächst mit Diabetes in Verbindung gebracht werden, wie z. B. Hautatrophie, können in Wirklichkeit auf ein zugrunde liegendes Cushing-Syndrom zurückzuführen sein. Trockene Seborrhö mit Verfilzung der Haare und diffuse Alopezie können aufgrund eines schlechten Allgemeinzustands und verminderter Pflege zum Zeitpunkt der Diagnose auftreten und auf einen anormalen Lipid- und Proteinstoffwechsel zurückzuführen sein. Vaskuläre Anomalien sind bei Katzen selten, aber einer der Autoren sah eine Katze mit einer nekrotisierenden Reaktion auf ein geringfügiges Hauttrauma (Katheter für die Flüssigkeitstherapie und Fixierungsstelle einer nasalen Ernährungssonde) (Abb. 3). Die Xanthomatose kann mit Diabetes mellitus assoziiert sein (siehe unten) (Abb. 4).

Nebennierendrüsen

Die Nebennieren bestehen aus zwei funktionell unterschiedlichen endokrinen Drüsen, der Rinde und dem Mark. Das Mark sezerniert Adrenalin und Noradrenalin, die Rinde sezerniert Mineralocorticoide, Glukocorticoide und Sexualhormone. Die wichtigsten Nebennierenerkrankungen bei Katzen sind primärer Hyperaldosteronismus und Hypercortisolismus. Nur letztere ist mit dermatologischen Veränderungen

Abb. 3 Diabetes mellitus: Nekrose der Haut nach Legen eines Infusionskatheters

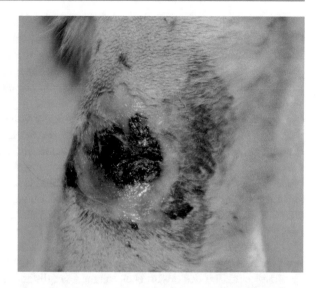

Abb. 4 Xanthom in Verbindung mit Diabetes mellitus. (Mit freundlicher Genehmigung von Dr. Guaguère)

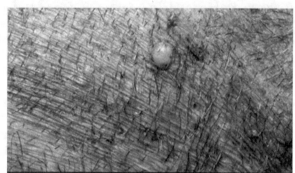

verbunden. Eine Hypersekretion von Sexualhormonen der Nebenniere kann ebenfalls zu Veränderungen der Haut und des Haarkleides führen (siehe weiter unten).

Cortisol ist das wichtigste Glukocorticoid, das von den Nebennieren der Katze freigesetzt wird, was darauf hindeutet, dass ein spontaner Glukocorticoidüberschuss im Wesentlichen ein Hypercortisolismus ist. Eine längere Exposition gegenüber unangemessen erhöhten Cortisolkonzentrationen im Plasma führt zu Symptomen, die häufig als Cushing-Syndrom bezeichnet werden, nach Harvey Cushing, der dieses Syndrom 1932 erstmals beim Menschen beschrieb. Die gleichen Symptome werden durch exogene Glukocorticoide in Langzeittherapie hervorgerufen, d. h. iatrogener Hypercortizismus.

Spontaner Hypercortisolismus

Spontaner Hypercortisolismus bei Katzen ist eine Erkrankung von Tieren mittleren und höheren Alters. Es gibt keine ausgeprägte Geschlechtsprädilektion, obwohl in gemeldeten Fällen weibliche Katzen leicht überrepräsentiert sind [12–14]. Bei 80–90 % der Katzen mit spontanem Hypercortisolismus ist die Erkrankung die Folge einer übermäßigen ACTH-Sekretion durch ein Hypophysenadenom. In den übrigen Fällen ist die Erkrankung ACTH-unabhängig und beruht auf einer autonomen Hypersekretion von Cortisol durch einen Nebennierenrindentumor, entweder ein Adenom oder – häufiger – ein Karzinom.

Viele der Anzeichen lassen sich auf die Wirkung von Glukocorticoiden zurückführen, nämlich auf eine erhöhte Glukoneogenese und Lipogenese auf Kosten von Proteinen. Die wichtigsten körperlichen Merkmale sind zentrale Fettleibigkeit und Atrophie von Muskeln und Haut. Die Hauterscheinungen bei Katzen mit spontanem Hypercortisolismus können zunächst den Eindruck erwecken, weniger ausgeprägt zu sein als bei Hunden. Bei langfristiger Exposition gegenüber einem Glukocorticoidüberschuss kommt es jedoch zu dermatologischen Anzeichen wie dünner Haut, Alopezie und stumpfer oder seborrhöischer Haut (Abb. 5). In einigen Fällen wird die Haut so brüchig, dass sie bei routinemäßiger Handhabung einreißt und die Katze mit einem Hautdefekt über die gesamte Dicke zurückbleibt (Abb. 6) [15]. Diese Hautrisse sind Teil des erworbenen kutanen Fragilitätssyndroms (siehe unten). Infektionen der Haut und der Nagelbetten sowie des Harn-, Atmungs- und Magen-Darm-Trakts, die auf eine cortisolinduzierte Immunsuppression zurückzuführen sind, sind ebenfalls häufig [12]. Ein Glukocorticoidüberschuss führt bei Katzen viel seltener als bei Hunden zu Polyurie/Polydipsie und kann sich erst bei der Entwicklung eines Diabetes mellitus bemerkbar machen. Katzen sind anfälliger für die diabetogenen Wirkungen von Glukocorticoiden als Hunde, und in den meisten der gemeldeten Fälle von Hypercortisolismus bei Katzen lag ein Diabetes mellitus vor. Der Verdacht auf Hypercortisolismus ergibt sich häufig speziell aus der Insulinresistenz, die bei der Behandlung von Diabetes mellitus auftritt. Von der Hyperglykämie abgesehen, sind klinisch-pathologischen Parameter meist unauffällig. Eine Erhöhung der Aktivität der alkalischen Phosphatase (AP) im Plasma ist bei Hunden mit

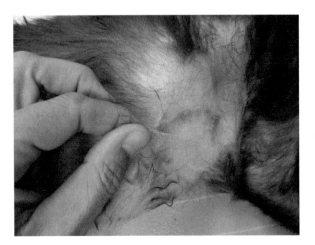

Abb. 5 Hypophysenabhängiger Hypercortisolismus bei einer Katze: Die Haut ist sehr dünn

Abb. 6 Dieselbe Katze
wie in Abb. 5:
Hautverletzungen

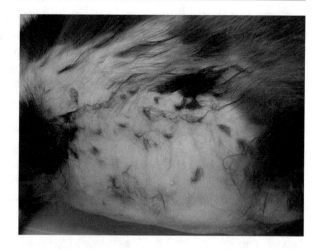

Hypercortisolismus ein konsistenter Befund. Bei Hunden ist dies hauptsächlich auf die Induktion eines Isoenzyms zurückzuführen, das bei 65 °C stabiler ist als andere AP-Isoenzyme. Bei Katzen wird dieses Isoenzym durch Glukocorticoide nicht induziert. Darüber hinaus hat AP bei Katzen eine sehr kurze Halbwertszeit.

Zu den endokrinen Tests, die zur Diagnose von Hypercortisolismus bei Katzen eingesetzt werden, gehören der ACTH-Stimulationstest, der niedrig dosierte Dexamethason-Suppressionstest (engl. *low-dose dexamethasone suppression test*, LDDST) und die Bestimmung des Corticoid-Kreatinin-Verhältnisses im Urin (engl. *urinary corticoid-to-creatinine ratio*, UCCR). Aufgrund seiner geringen Sensitivität wird der ACTH-Stimulationstest nicht als erster diagnostischer Test bei Katzen mit Verdacht auf spontanen Hypercortisolismus empfohlen. Der mit Hypercortisolismus bei Katzen verbundene Diabetes mellitus kann zu falsch-positiven UCCR-Werten führen, sodass die Hauptindikation für den UCCR-Test bei dieser Tierart darin besteht, Hypercortisolismus auszuschließen. Der LDDST ist der Test mit der höchsten diagnostischen Genauigkeit für das Screening auf spontanen Hypercortisolismus bei Katzen. Bei Katzen wird der LDDST in der Regel mit 0,1 mg/kg Dexamethason (i.v.) durchgeführt, anders als bei Hunden, da mehr als 20 % der gesunden Katzen mit der bei Hunden verwendeten Dosis von 0,01 mg/kg keine Suppression erreichen [16]. Im Gegensatz dazu reagieren einige Katzen mit hypophysenabhängigem Hypercortisolismus sehr empfindlich auf die Dexamethason-Suppression, was zu falsch-negativen Ergebnissen führen kann [17].

Wenn die klinischen Anzeichen und der LDDST auf einen Hypercortisolismus hinweisen, besteht der nächste diagnostische Schritt darin, zwischen einem hypophysenabhängigen Hypercortisolismus und einem Cortisol sezernierenden Nebennierentumor zu unterscheiden. Eine Suppression der zirkulierenden Cortisolkonzentration im LDDST von mehr als 50 % weist auf einen hypophysenabhängigen Hypercortisolismus hin. Hypercortisolismus aufgrund eines Nebennierenrindentumors kann durch Messung der Plasma-ACTH-Konzentration von nicht supprimierbaren Formen des hypophysenabhängigen Hypercortisolismus unterschieden werden. Darüber hinaus lässt sich ein Nebennierenrindentumors oft leicht durch

Ultraschall erkennen. Die bevorzugten Verfahren zur Visualisierung der Nebennieren und der Hypophyse sind die Magnetresonanztomografie (MRT) und die Computertomografie (CT). Da die Ultraschalluntersuchung kostengünstiger ist, weniger Zeit in Anspruch nimmt und keine Narkose erfordert, wird sie häufig zuerst eingesetzt, obwohl sie schwieriger durchzuführen und zu interpretieren ist als CT oder MRT. Sie liefert eine gute Einschätzung der Größe des Tumors und kann Aufschluss über seine Ausdehnung geben.

Die Ziele der Behandlung des Hypercortisolismus bestehen im Optimalfall darin, die Quelle des ACTH- oder autonomen Cortisolüberschusses zu beseitigen, einen Normocortisolismus zu erreichen, die klinischen Symptome zu beseitigen, langfristige Komplikationen und die Sterblichkeit zu verringern und die Lebensqualität zu verbessern. Die Strahlentherapie [18] und die chirurgische Entfernung des ursächlichen Tumors, entweder die Hypophysektomie [19, 20] oder die Adrenalektomie, sind derzeit die einzigen Behandlungsmöglichkeiten, die das Potenzial haben, die Quelle des ACTH- oder autonomen Cortisolüberschusses zu beseitigen.

Die Pharmakotherapie ist eine häufig angewandte Behandlung bei Hypercortisolismus bei Katzen, die darauf abzielt, die klinischen Anzeichen der Erkrankung zu beseitigen. Das am häufigsten eingesetzte Medikament ist Trilostan. Obwohl Trilostan auf der Grundlage retrospektiver Studien die medizinische Behandlung der Wahl ist, fehlen Untersuchungen zur Pharmakokinetik dieses Medikaments bei Katzen [12, 14, 21]. Trilostan ist ein synthetisches Steroidanalogon, das das steroidogene Enzym 3β-Hydroxysteroid-Dehydrogenase, das für die Produktion aller Klassen von Nebennierenrindenhormonen erforderlich ist, kompetitiv hemmt. Trilostan hemmt daher sowohl die Produktion von Cortisol als auch von Aldosteron. Da die Verabreichung mit der Nahrung die Geschwindigkeit und das Ausmaß der Resorption deutlich erhöht, sollte Trilostan immer mit der Nahrung gegeben werden. Wenn die optimale Trilostan-Dosis verabreicht wird, geht die Polyurie/Polydipsie innerhalb weniger Wochen zurück, und die dermatologischen Veränderungen verschwinden nach zwei Wochen bis drei Monaten [12]. Bei einigen Katzen kann der Diabetes mellitus in Remission gehen [22].

Die optimale Trilostan-Dosis variiert stark, und die derzeitige Empfehlung lautet, mit wesentlich niedrigeren Dosierungen als den ursprünglich vom Hersteller empfohlenen zu beginnen, die ebenso wirksam sein können, aber weniger unerwünschte Wirkungen hervorrufen als höhere Dosierungen. Da die Dauer der Cortisolsuppression weniger als zwölf Stunden beträgt, kann die zweimal tägliche Verabreichung von Trilostan das klinische Ansprechen verbessern, während die tägliche Gesamtdosis relativ niedrig gehalten und die unerwünschten Wirkungen deutlich reduziert werden. Derzeit wird empfohlen, mit einer Anfangsdosis von 1–2 mg/kg ein- oder zweimal täglich zu beginnen. Trilostan wird in der Regel gut vertragen, aber die wichtigste unerwünschte Wirkung, die auftreten kann, ist ein vorübergehender Hypocortisolismus, möglicherweise in Kombination mit oder gefolgt von einem vollständigen Hypoadrenocortiszismus.

Für eine erfolgreiche Behandlung des Hypercortisolismus mit Trilostan ist eine häufige Überwachung unerlässlich. In den letzten zehn Jahren wurden Anstrengungen unternommen, um die beste Methode zur Überwachung der Trilostan-Therapie zu ermitteln. Bei allen Methoden steht die Bewertung der klinischen Zeichen an erster Stelle. Die bevorzugte Überwachungsmethode ist der ACTH-Stimulationstest, mit dem die Reservekapazität der Nebennieren zur Cortisolsekretion überwacht wird. Der Zeitpunkt des ACTH-Stimulationstests ist von entscheidender Bedeutung, da er die Ergebnisse beeinflusst, und es wird empfohlen, den Test mit der maximalen Trilostan-Wirkung zusammenfallen zu lassen (2–3 h nach Trilostan-Verabreichung). Trotz seiner weiten Verbreitung wurde der ACTH-Stimulationstest noch nie als Überwachungsinstrument für die Trilostan-Therapie validiert, und es bestehen einige Bedenken hinsichtlich der Schwankungen der Ergebnisse in Abhängigkeit vom Zeitpunkt des Tests und der Frage, ob dies die klinische Kontrolle widerspiegelt. Außerdem ist synthetisches ACTH nicht in allen Ländern leicht erhältlich. Eine kürzlich vorgeschlagene alternative Methode besteht darin, die Cortisolkonzentration vor der Einnahme der Pille zu messen und mit den von den Besitzern gemeldeten klinischen Symptomen zu vergleichen.

Iatrogener Hypercortizismus und iatrogener sekundärer Hypocortisolismus

Wie bei spontanem Hypercortisolismus hängt die Entwicklung von Anzeichen eines Glukocorticoidüberschusses infolge der Verabreichung von Glukocorticoiden oder Gestagenen von der Schwere und Dauer der Exposition ab. Die Auswirkungen sind bei den einzelnen Tieren unterschiedlich und scheinen bei Katzen zunächst weniger ausgeprägt zu sein. Nach einer mehrwöchigen Glukocorticoidtherapie können sich die klassischen körperlichen Veränderungen wie zentripetale Adipositas, Muskelschwäche und Hautatrophie entwickeln. In einer Studie an zwölf Katzen mit iatrogenem Hypercortizismus [23] lag in 100 % der Fälle eine Hypotrichose (lokalisiert oder generalisiert) vor (Abb. 7) und in 16 % der Fälle kam es zu Hautrissen (Abb. 8). Die durchschnittliche Zeit bis zur klinischen Besserung der Hautläsionen betrug 4,5 Monate (1–12 Monate) nach Absetzen der Corticosteroide.

Sowohl systemisch als auch topisch angewendete Corticosteroide bewirken eine sofortige und anhaltende Unterdrückung der Hypothalamus-Hypophysen-Nebennierenrinden-Achse. Je nach Dosis, Kontinuität, Dauer und Präparat oder Formulierung kann diese Unterdrückung noch Wochen oder Monate nach Beendigung der Corticosteroidverabreichung anhalten. Die Affinität des Glukocorticoidrezeptors für Gestagene kann bei Katzen eine ähnliche lang anhaltende Suppression des Hypophysen-Nebennierenrinden-Systems verursachen [24]. Ein Absetzen der Corticosteroidtherapie kann daher zu Anzeichen eines Corticosteroid-Entzugssyndroms führen, d. h. die Katze kann eine sekundäre Nebennierenrindeninsuffizienz entwickeln. Die Hauptmerkmale des Corticosteroid-Entzugssyndroms sind Anorexie, Lethargie und Gewichtsverlust. Die Dosis sollte daher schrittweise reduziert werden, wie beim Übergang von spontanem Hypercortisolismus zu Normocortizismus, bei dem anfangs mindestens das Doppelte der Erhaltungsdosis gegeben wird.

Abb. 7 Iatrogener
Hypercortizismus bei einer
Katze: das Haarkleid
ist dünner

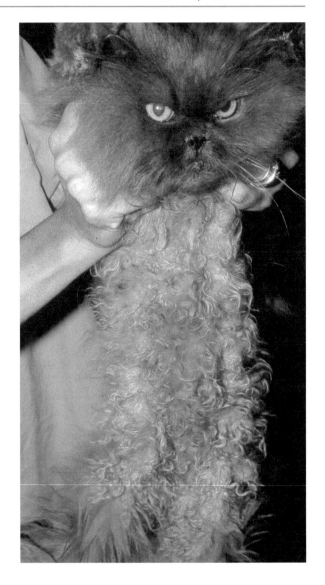

Sexualhormone

Dermatologische Anzeichen, die mit einer spontanen Hoden- oder Eierstock-Sexualhormonstörung in Verbindung gebracht werden, wurden bei Katzen noch nie beschrieben, weder bei männlichen noch bei weiblichen Tieren.

Die Verabreichung von Gestagenen, die zur Östrusprophylaxe, aber auch zur Behandlung verschiedener dermatologischer und Verhaltensstörungen eingesetzt werden, kann zu Veränderungen der Haut und des Haarkleides von Katzen führen. Nach Verabreichung von Medroxyprogesteronacetat wurde fokale Alopezie an der Injek-

Abb. 8 Große Hautrisse
aufgrund des felinen
Fragilitätssyndroms

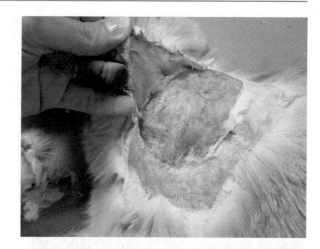

Abb. 9 Alopezie nach
subkutaner Injektion von
Medroxyprogesteronacetat

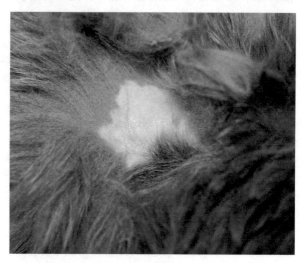

tionsstelle beschrieben (Abb. 9), und die orale Verabreichung von Medroxyproges-
teronacetat oder Megestrolacetat kann zu Hautatrophie oder Hypomelanose führen.
Diese Veränderungen sind höchstwahrscheinlich auf die intrinsische Glukocorticoid-
Aktivität der Gestagene zurückzuführen [24, 25].

Es wurde über eine Überproduktion von Sexualhormonen in Verbindung mit einem Nebennierenrindentumor berichtet [26–29], wobei die klinischen Anzeichen
denen des Hypercortisolismus ähneln, wie z. B. eine schlechte Einstellung des Diabetes mellitus, dünne und hypotone Haut und Hautbrüchigkeit. Bei kastrierten Katzen mit neu aufgetretenen körperlichen und verhaltensbedingten sexuellen Veränderungen wie Urinspritzen und Aggression bei kastrierten Katern sollte ein
Nebennierenrindentumor in Betracht gezogen werden, der Sexualhormone abgibt.
Der kastrierte Kater entwickelt Stacheln am Penis, während die kastrierte Katze eine
Hyperplasie der Vulva entwickeln kann. Bei endokrinen Untersuchungen können
erhöhte Plasmakonzentrationen von Androstendion, Testosteron, Östradiol, 17-Hy-

droxyprogesteron und/oder Progesteron festgestellt werden, und diese Werte können nach Stimulation mit ACTH ansteigen. Informationen über die Größe des Tumors, seine Ausdehnung und das Vorhandensein von Metastasen können durch Ultraschall, CT oder MRT gewonnen werden. Die Adrenalektomie ist die Behandlung der Wahl und führt in der Regel zum Verschwinden der klinischen Manifestationen.

Katzen-Schwanzdrüsenhyperplasie oder „Deckschwanz" ist bei intakten Katern beschrieben worden und wurde früher mit Hyperandrogenismus in Verbindung gebracht; eine Kastration behebt den Zustand jedoch nicht, und Katzen-Schwanzdrüsenhyperplasie wird auch bei kastrierten Katern und Katzen berichtet.

Metabolische Störungen

Oberflächliche nekrolytische Dermatitis (s. Kap. „Paraneoplastische Erkrankungen")

Diese Krankheit wird auch als hepatokutanes Syndrom oder metabolische epidermale Nekrose oder nekrolytisches migratorisches Erythem bezeichnet. Nur wenige Fälle sind bei Katzen beschrieben worden, die entweder eine Hepatopathie [30] oder einen Glukagon produzierenden Tumor [31] haben. Dermatologische Anzeichen sind durch Alopezie, Entzyme, Erosionen und Krusten gekennzeichnet. Es wurde über Juckreiz [30] sowie über Schmerzen aufgrund von Läsionen der Pfotenballen berichtet [31]. Bei der histopathologischen Untersuchung kann bei Katzen mit diesem Syndrom auch das klassische Erscheinungsbild der Epidermis als „französische Flagge" (blaue Hyperplasie der Basalschichten, weiße Blässe der Stachelschicht und rote Parakeratose der Hornschicht) festgestellt werden.

Kutanes Xanthom (Xanthomatose)

Xanthome sind kutane oder subkutane gelbliche papulöse Läsionen, die mit einer Akkumulation von Lipiden und einer granulomatösen Reaktion einhergehen (Abb. 4). Bei der Katze kann die Xanthomatose mit einer familiären Hyperlipoproteinämie und Diabetes mellitus in Verbindung gebracht werden oder idiopathisch sein [32]. Ein Fall wurde ohne Lipämieanomalie beschrieben [33]. Die dermatologischen Symptome sind durch graue bis gelbe Papeln, Plaques oder Knötchen gekennzeichnet, die an Kerzenwachs erinnern. Die umgebende Haut kann erythematös sein, und die Läsionen können juckend oder nicht juckend und manchmal schmerzhaft sein. Häufig sind die distalen Extremitäten betroffen, aber Läsionen können sich überall am Körper entwickeln.

Die Diagnose basiert auf dem Auftreten von Läsionen und deren histopathologischer Untersuchung, die durch schaumige Histiozyten und vielkernige Riesenzellen (Touton-Zellen) gekennzeichnet sind. Wird eine zugrunde liegende Ursache erkannt, verschwinden die Läsionen durch die Behandlung dieser Grunderkrankung. In idiopathischen Fällen kann eine fettarme Ernährung zu einer Remission der Läsionen führen [33].

Erworbenes kutanes Fragilitätssyndrom (ACFS)

ACFS ist eine seltene dermatologische Erkrankung, die durch Hautverdünnung, die zu Hautbrüchigkeit und spontanem, nicht hämorrhagischem und nicht schmerzhaftem Einreißen führt, gekennzeichnet ist. Zu den zugrunde liegenden Ursachen gehören, wie bereits erwähnt, spontaner und iatrogener Hypercortizismus, aber auch hepatische Lipidose und Neoplasie, während einige Fälle idiopathisch bleiben. Wenn die Pathogenese nicht bekannt ist, wird vermutet, dass eine schwere Stoffwechselstörung den Kollagenstoffwechsel negativ beeinflussen kann.

Dem Vernehmen nach gibt es zwei klinische Varianten: eine mit sehr dünner Epidermis (wie bei hepatischer Lipidose) und eine mit vollständiger Hautatrophie (wie beim Cushing-Syndrom); weitere Untersuchungen sind jedoch erforderlich, um diese Unterscheidung zu belegen. Die klinischen Anzeichen sind gekennzeichnet durch eine Verdünnung der Haut, gefolgt von spontanem Einreißen bei geringem Trauma (Festhalten, Kratzen, Injektionen usw.). Hautrisse können sich dramatisch ausweiten (Abb. 10). Die Prognose ist sehr verhalten und hängt von der zugrunde liegenden Ursache und der mühsamen Wundheilung ab (Abb. 11); ein stufenweiser Wundverschluss mit einer Kombination aus täglicher Wundreinigung und Debridement sowie Spannungs- und Appositionsnähten kann erforderlich sein [34].

Abb. 10 ACFS bei einer Katze mit multiplen Risswunden. Diese Katze wurde aufgrund einer schweren Stomatitis drei Jahre lang mit monatlichen Injektionen von 20 mg Methylprednisolonacetat behandelt. (Mit freundlicher Genehmigung von Dr. Chiara Noli)

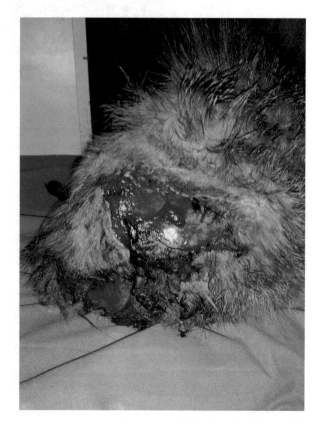

Abb. 11 Dieselbe Katze
wie in Abb. 10 nach zwei
Wochen Wundbehandlung,
mit sichtbaren
Verbesserungen

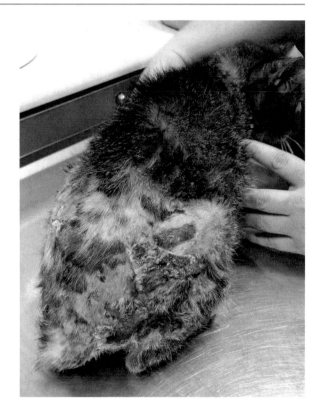

Literatur

1. Diehm M, Dening R, Dziallas P, Wohlsein P, Schmicke M, Mischke R. Bilateral femoral capital physeal fractures in an adult cat with suspected congenital primary hypothyroidism. Tierarztl Prax Ausg K Kleintiere Heimtiere. 2019;47:48–54.
2. Jacobson T, Rochette J. Congenital feline hypothyroidism with partially erupted adult dentition in a 10-month-old male neutered domestic shorthair cat: a case report. J Vet Dent. 2018;35:178–86.
3. Lim CK, Rosa CT, de Witt Y, Schoeman JP. Congenital hypothyroidism and concurrent renal insufficiency in a kitten. J S Afr Vet Assoc. 2014;85:1144.
4. Jones BR, Gruffydd-Jones TJ, Sparkes AH, Lucke VM. Preliminary studies on congenital hypothyroidism in a family of Abyssinian cats. Vet Rec. 1992;131:145–8.
5. Bojanick K, Acke E, Jones BR. Congenital hypothyroidism of dogs and cats: a review. N Z Vet J. 2011;59:115–22.
6. Crowe A. Congenital hypothyroidism in a cat. Can Vet J. 2004;45:168–70.
7. Schumm-Draeger PM, Länger F, Caspar G, Rippegather K, Hermann G, Fortmeyer HP, Usadel KH, Hübner K. Spontane Hashimoto-artige Thyreoiditis im Modell der Katze (Spontaneous Hashimoto-like thyroiditis in cats). Verh Dtsch Ges Pathol. 1996;80:297–301.
8. Peterson ME, Carothers MA, Gamble DA, Rishniw M. Spontaneous primary hypothyroidism in 7 adult cats. J Vet Intern Med. 2018;32:1864–73.
9. Peterson ME, Nichols R, Rishnow M. Serum thyroxine and thyroid-stimulating hormone concentration in hyperthyroid cats that develop azotaemia after radioiodine therapy. J Small Anim Pract. 2017;58:519–30.

10. Peterson ME. Animal models of disease: feline hyperthyroidism: an animal model for toxic nodular goiter. J Endocrinol. 2014;223:97–114.
11. Thoday KL, Mooney CT. Historical, clinical and laboratory features of 126 hyperthyroid cats. Vet Rec. 1992;131:257–64.
12. Boland LA, Barrs VR. Peculiarities of feline hyperadrenocorticism: update on diagnosis and treatment. J Feline Med Surg. 2017;19:933–47.
13. Chiaramonte D, Greco DS. Feline adrenal disorders. Clin Tech Small Anim Pract. 2007;22:26–31.
14. Valentin SY, Cortright CC, Nelson RW, et al. Clinical findings, diagnostic test results, and treatment outcome in cats with spontaneous hyperadrenocorticism: 30 cases. J Vet Intern Med. 2014;28:481–7.
15. Daley CA, Zerbe CA, Schick RO, Powers RD. Use of metyrapone to treat pituitary-dependent hyperadrenocorticism in a cat with large cutaneous wounds. J Am Vet Med Assoc. 1993;202:956–60.
16. Peterson ME, Graves TK. Effects of low dosages of intravenous dexamethasone on serum cortisol concentrations in the normal cats. Res Vet Sci. 1988;44:38–40.
17. Meij BP, Voorhout G, Van Den Ingh TS, Rijnberk A. Transsphenoidal hypophysectomy for treatment of pituitary-dependent hyperadrenocorticism in 7 cats. Vet Surg. 2001;30:72–86.
18. Mayer MN, Greco DS, LaRue SM. Outcomes of pituitary irradiation in cats. J Vet Intern Med. 2006;20:1151–4.
19. Meij BP. Hypophysectomy as a treatment for canine and feline Cushing's disease. Vet Clin North Am Small Anim Pract. 2001;31:1015–41.
20. Meij B, Voorhout G, Rijnberk A. Progress in transsphenoidal hypophysectomy for treatment of pituitary-dependent hyperadrenocorticism in dogs and cats. Mol Cell Endocrinol. 2002;197:89–96.
21. Mellet-Keith AM, Bruyette D, Stanley S. Trilostane therapy for treatment of spontaneous hyperadrenocorticism in cats: 15 cases (2004–2012). J Vet Intern Med. 2013;27:1471–7.
22. Muschner AC, Varela FV, Hazuchova K, Niessen SJ, Pöppl ÁG. Diabetes mellitus remission in a cat with pituitary-dependent hyperadrenocorticism after trilostane treatment. JFMS Open Rep. 2018;4:205511691876770. https://doi.org/10.1177/2055116918767708.
23. Lien YH, Huang HP, Chang PH. Iatrogenic hyperadrenocorticism in 12 cats. J Am Anim Hosp Assoc. 2006;42:414–23.
24. Middleton DJ, Watson ADJ, Howe CJ, Caterson ID. Suppression of cortisol responses to exogenous adrenocorticotrophic hormone, and the occurrence of side effects attributable to glucocorticoid excess, in cats during therapy with megestrol acetate and prednisolone. Can J Vet Res. 1987;51:60–5.
25. Selman PJ, Wolfswinkel J, Mol JA. Binding specificity of medroxyprogesterone acetate and proligestone for the progesterone and glucocorticoid receptor in the dog. Steroids. 1996;61:133–7.
26. Boag AK, Neiger R, Church DB. Trilostane treatment of bilateral adrenal enlargement and excessive sex steroid hormone production in a cat. J Small Anim Pract. 2004;45:263–6.
27. Boord M, Griffin C. Progesterone secreting adrenal mass in a cat with clinical signs of hyperadrenocorticism. J Am Vet Med Assoc. 1999;214:666–9.
28. Quante S, Sieber-Ruckstuhl N, Wilhelm S, Favrot C, Dennler M, Reusch C. Hyperprogesteronism due to bilateral adrenal carcinomas in a cat with diabetes mellitus. Schweiz Arch TierheilkdSchweiz Arch Tierheilkd. 2009;151:437–42.
29. Rossmeisi JH, Scott-Montcrieff JC, Siems J, et al. Hyperadrenocorticism and hyperprogesteronemia in a cat with an adrenocortical adenocarcinoma. J Am Anim Hosp Assoc. 2000;36:512–7.
30. Kimmel SE, Christiansen W, Byrne KP. Clinicopathological, ultrasonographic, and histopathological findings of superficial necrolytic dermatitis with hepatopathy in a cat. J Am Anim Hosp Assoc. 2003;39:23–7.
31. Asakawa MG, Cullen JM, Linder KE. Necrolytic migratory erythema associated with a glucagon-producing primary hepatic neuroendocrine carcinoma in a cat. Vet Dermatol. 2013;24:466–9.

32. Grieshaber TL. Spontaneous cutaneous (eruptive) xanthomatosis in two cats. J Am Anim Hosp Assoc. 1991;27:509.
33. Ravens PA, Vogelnest LJ, Piripi SA. Unique presentation of normolipæmic cutaneous xanthoma in a cat. Aust Vet J. 2013;91:460–3.
34. McKnight CN, Lewis LJ, Gamble DA. Management and closure of multiple large cutaneous lesions in a juvenile cat with severe acquired skin fragility syndrome secondary to iatrogenic hyperadrenocorticism. J Am Vet Med Assoc. 2018;252:210–4.

Genetische Krankheiten

Catherine Outerbridge

Zusammenfassung

Rassebedingte Prädispositionen sind für eine Reihe von Hautkrankheiten bei Katzen dokumentiert, und es gibt verschiedene Berichte über neuartige Hautkrankheiten, bei denen die betroffenen Tiere innerhalb eines Wurfes ähnliche angeborene Hautveränderungen aufwiesen. Beide Präsentationen lassen den Verdacht auf eine mögliche erbliche Komponente der Hauterkrankung aufkommen. Bei den anerkannten felinen Genodermatosen handelt es sich um vererbte Hauterkrankungen, die auf einem einzigen Gen beruhen (Leeb et al., Vet Dermatol 28:4–9. https://doi.org/10.1016/j.mcp.2012.04.004, 2017). Diese Erkrankungen treten selten auf, aber die Zahl der identifizierten Erkrankungen könnte zunehmen, da die verfügbaren Diagnoseinstrumente zur Bewertung genetischer Erkrankungen verbessert wurden und die Kartierung von Einzelnukleotid-Polymorphismen (SNP) des Katzengenoms verbessert wurde (Lyons, Mol Cell Probes. 26:224–30. https://doi.org/10.1016/j.mcp.2012.04.004, 2012; Mullikin et al., BMC Genomics. 11:406. http://www.biomedcentral.com/1471-2164/11/406, 2010). In diesem Kapitel werden einige Beispiele für feline Genodermatosen besprochen, die die Epidermis, die dermoepidermale Verbindung, die Haarfollikel oder Haarschäfte, die Dermis und die Pigmentierung betreffen können. Die Genetik der Fellfarbe und der Felllänge bei Katzen wird im Kap. „Genetik der Fellfarbe" erörtert.

C. Outerbridge (✉)
University of California, Davis, Davis, USA
E-Mail: caouterbridge@vmth.ucdavis.edu

Genetische Verhornungs- oder Keratinisierungsstörungen

Idiopathische Gesichtsdermatitis bei Perserkatzen und Himalayakatzen

Die fortschreitende idiopathische Gesichtsdermatitis ist vermutlich erblich bedingt, da sie bekanntermaßen bei jungen Perserkatzen und Himalayakatzen auftritt [4, 5]. Die Ätiologie ist nach wie vor unbekannt, und die betroffenen Katzen entwickeln mäßig bis stark ausgeprägte, anhaftende, sehr dunkle und fettige Ablagerungen, von denen man annimmt, dass sie talgartigen Ursprungs sind und das Haarkleid in den betroffenen Bereichen verfilzen. Diese anhaftenden Ablagerungen haben zu dem beschreibenden englischen Begriff *dirty face disease* geführt. Am häufigsten sind die periokulären Regionen, Nasen-/Gesichtsfalten, die periorale Region, das Kinn und die Schnauze betroffen (Abb. 1). Betroffene Katzen können auch eine bilaterale Otitis externa ceruminosa aufweisen [4]. Bei einigen Katzen treten ähnliche Läsionen auch in anderen Körperregionen auf, z. B. in der perivulvären Region bei einem weiblichen Tier. Die Haut unter dem anhaftenden Material ist typischerweise entzündet. Die Katzen haben unterschiedlich starken Juckreiz und können sich selbst traumatisieren, was zu Erosionen und Geschwüren führt. Bakterielle Sekundärinfektionen und/oder *Malassezia*-Dermatitis treten häufig auf und sind bei einigen Katzen wahrscheinlich eine der Hauptursachen für den Juckreiz. Die Läsionen beginnen häufig innerhalb des ersten Lebensjahres, obwohl einige Katzen erst im höheren Alter tierärztlich versorgt werden. Die Läsionen sind progressiv, und bei Chronifizierung kann sich der Juckreiz verstärken.

Hautbiopsien sollten, wenn sie durchgeführt werden, aus nicht traumatisierten Regionen entnommen werden, und alle anhaftenden Ablagerungen sollten vor der Biopsie nicht entfernt werden. Die Hautläsionen zeigen histologisch eine starke Akanthose der Epidermis und des follikulären Infundibulums mit unterschiedlicher Spongiosa. Es kann eine leichte bis ausgeprägte neutrophile und eosinophile Ent-

Abb. 1 Ein dreijähriger kastrierter Perserkater bei der Erstvorstellung mit idiopathischer Gesichtsdermatitis der Rasse und bakterieller Sekundärinfektion. (Mit freundlicher Genehmigung des Dermatologischen Dienstes der UC Davis)

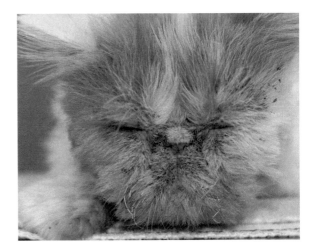

zündung vorliegen, die epidermale Pusteln bilden kann. In einigen Biopsien sind auch luminale Follikulitis und vereinzelte Basalzellapoptose oder Vakuolisierung zu erkennen. Häufig wird eine milde bis mäßige parakeratotische Hyperkeratose mit variabler neutrophiler Krustenbildung beschrieben. Es gibt einige Überschneidungen zwischen den histologischen Veränderungen, die bei dieser Krankheit auftreten, und den Veränderungen, die bei spongiotischen allergischen Reaktionen beobachtet werden [6].

Die Behandlung von Katzen mit dieser Störung ist oft frustrierend. Die Behandlung umfasst die Erkennung und angemessene Behandlung von Sekundärinfektionen mit systemischen Antibiotika und Antimykotika sowie einer topischen antimikrobiellen Therapie. Eine topische antiseborrhoische Therapie kann hilfreich sein, um das klinische Erscheinungsbild bei Katzen zu verbessern, die eine topische Therapie vertragen. Eine systemische entzündungshemmende Therapie kann gerechtfertigt sein, entweder durch den gezielten Einsatz von Glukocorticoiden oder durch die orale Verabreichung von Cyclosporin in einer Dosierung von 5–7 mg/kg. Topisches 0,1 %iges Tacrolimus ist erfolgreich eingesetzt worden (Abb. 2) [7]. Wenn die Therapie nicht konsequent durchgeführt wird oder wenn sekundäre Haut- und/oder Ohrinfektionen nicht erkannt und behandelt werden, kommt es bei der Katze zu einem Rückfall, was die Schwere der Läsionen und den Grad des Juckreizes betrifft. Wenn also eine betroffene Katze mit idiopathischer Gesichtsdermatitis andere klinische Anzeichen einer allergischen Dermatitis aufweist, muss die Möglichkeit in Betracht gezogen werden, dass diese Diagnose als Begleiterkrankung mitwirkt, und es muss ein entsprechendes Management erfolgen.

Primäre Seborrhö bei Katzen

Primäre Seborrhö ist bei Katzen sehr selten, wurde aber bei Perserkatzen, Himalayakatzen und exotischen Kurzhaarkatzen beschrieben [8, 9]. Bei Perserkatzen wurde ein autosomal rezessiver Vererbungsmodus festgestellt [8]. Die primäre Seborrhoe

Abb. 2 Dieselbe Katze fünf Monate später, nachdem sie einen Monat lang Prednisolon, Antibiotika und eine topische Anwendung von 0,1 % Tacrolimus erhalten hatte und eine neue Proteindiät bekam. (Mit freundlicher Genehmigung des Dermatologischen Dienstes der UC Davis)

kann von der idiopathischen Gesichtsdermatitis unterschieden werden, die heute bei
der Rasse anerkannt ist, da primär seborrhoische Katzen klinische Anzeichen in einem jüngeren Alter zeigen, oft in den ersten Lebenswochen, und mehr generalisierte Läsionen aufweisen. Es gibt keine Berichte über eine wirksame Behandlung
für schwer betroffene Kätzchen, und diese Fälle wurden häufig eingeschläfert. Der
Schweregrad der klinischen Anzeichen variiert, und leicht betroffene Katzen müssen geschoren werden, um das Kurzhaarfell zu erhalten, und benötigen eine topische antiseborrhoische Therapie, um ihre klinischen Anzeichen zu kontrollieren.

Ulzerative Nasendermatitis bei Bengalkatzen

Diese seltene Erkrankung betrifft das Planum nasale bei jungen Bengalkatzen. Obwohl eine zugrunde liegende Ätiologie nicht identifiziert wurde, wird eine erbliche
Komponente vermutet, da die Katzen jung sind und alle Berichte von einer Rasse
stammen. Die ersten Berichte beschrieben die Läsionen bei jungen Katzen in
Schweden [10], Italien und dem Vereinigten Königreich [11], aber auch in Nordamerika wurden betroffene Katzen beobachtet (Abb. 3). In einer Studie wurde eine
signifikante Verringerung der Dicke des Stratum corneum im Vergleich zu normalen
Katzenkontrollen festgestellt [11]. Die Läsionen entwickeln sich innerhalb des ersten Lebensjahres und bestehen zunächst aus einer leichten Schuppung des Nasenplanums. Allmählich schreiten die Läsionen fort, und auf dem Nasenplanum können sich dicke, anhaftende Krusten mit Hyperkeratose bilden, die rissig werden
können oder, wenn die Kruste verloren geht, eine erosive Oberfläche ergeben. Katzen scheinen die Läsion nicht als pruriginös oder schmerzhaft zu empfinden.

Bei einer Gruppe von Katzen bildeten sich die Läsionen spontan zurück [11],
was bei der Beurteilung des klinischen Ansprechens auf therapeutische Maßnahmen berücksichtigt werden sollte. Zu den versuchten Behandlungen gehören orales
Prednisolon, topische Salicylsäure, topisches Hydrocortison, topische Weichma-

Abb. 3 Bengalkatze mit
anhaftender
Schuppenkruste, die
typisch für die Läsionen
ist, die bei der ulzerativen
Nasendermatitis dieser
Rasse auftreten. (Mit
freundlicher Genehmigung
des Dermatologischen
Dienstes der UC Davis)

cher und topische Antibiotika mit unterschiedlichem Ansprechen. Die topische Tacrolimus-Salbe erwies sich als die wirksamste Therapie und führte bei vier Katzen zu einer deutlichen Verbesserung der Läsionen am Nasenplanum [10].

Genetische Krankheiten, die die dermo-epidermale Schnittstelle betreffen

Epidermolysis bullosa

Epidermolysis bullosa (EB) ist eine Gruppe seltener genetisch bedingter, blasenbildender Hautkrankheiten, die nachweislich beim Menschen und einer Reihe von Haustieren, einschließlich der Katze, auftreten. Kennzeichnend für die Krankheit ist eine extrem empfindliche Haut und Schleimhaut, die als Reaktion auf ein Reibungstrauma Blasen bildet, die sich zu Erosionen und Geschwüren entwickeln [12]. Die Läsionen entwickeln sich in Bereichen des Körpers, die Reibungsdruckkräften ausgesetzt sind, wie die Mundhöhle und die distalen Gliedmaßen. Epidermolysis bullosa entsteht durch genetische Mutationen, die Proteine verändern, welche für die Aufrechterhaltung der strukturellen Integrität der dermo-epidermalen Grenzfläche entscheidend sind [12]. Es gibt drei Hauptkategorien von EB beim Menschen und zwei, die auch bei Katzen auftreten [12].

Feline Epidermolysis bullosa junctionalis
Die Epidermolysis bullosa junctionalis (engl. *junctional epidermolysis bullosa*, JEB) wurde bei Kurzhaar- und Siamkatzen beschrieben [13, 14]. Die Jungtiere entwickelten die Läsionen in den ersten Lebensmonaten und zeigten intraorale und labiale Ulzerationen, Erosionen der Ohren, Onychomadesis und Ulzerationen der Fußballen (Abb. 4). Die histologische Auswertung der läsionalen Hautbiopsien do-

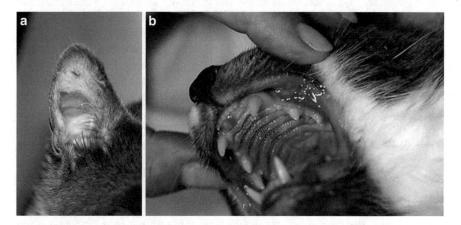

Abb. 4 (a) JEB, oberflächliches Geschwür an der Vorderseite der linken Ohrmuschel bei der Erstvorstellung. (b) Dieselbe Katze mit schwerer Stomatitis im Alter von sechs Monaten. (Wiedergabe aus Ref. [14], mit Genehmigung)

kumentierte einen subepidermalen Spalt, bei dem die Periodsäure-Schiff-Färbung (PAS) bestätigte, dass die Lamina densa an der Basis des Spalts befestigt war, was die Diagnose einer junktionalen EB stützte [14]. Eine reduzierte Färbung der γ-2-Kette von Laminin 5, jetzt Laminin 332 genannt, wurde durch indirekte Immunfluoreszenzstudien nachgewiesen [14]. Ein autosomal rezessiver Vererbungsmodus wurde als wahrscheinlich angesehen, da das Muttertier und die Geschwister der betroffenen Katzen keine Läsionen aufwiesen [14].

Feline Epidermolysis bullosa dystrophica

Diese Form der EB wurde bei einer Kurzhaar-Hauskatze und einer Perserkatze beschrieben [15, 16]. Die betroffenen Katzen entwickelten bereits in jungen Jahren intraorale Ulzerationen an Zunge, Gaumen und Gingiva. Onychomadesis aller Zehen mit Paronychie, Fußballengeschwüre und, im Falle der Perserkatze, Geschwüre entlang des Rückens [16] waren weitere klinische Läsionen. Die histologische Untersuchung von Hautbiopsien zeigte in beiden gemeldeten Fällen eine dermoepidermale Spaltung, und immunhistochemische Untersuchungen bestätigten, dass die Spaltung unterhalb von Kollagen IV, einer Komponente der Lamina densa, auftrat [15, 16]. Weitere Untersuchungen an einer Katze bestätigten, dass die Anzahl der Verankerungsfibrillen reduziert war, und auch Kollagen VII, das ein Hauptbestandteil der Verankerungsfibrillen ist, war reduziert [16]. Es wurde vorgeschlagen, dass eine Mutation im Kollagen-VII-Gen *COL7A1* für diese Form der erblichen EB bei der Katze verantwortlich ist [16].

Genetische Krankheiten, die das Haarkleid betreffen

Angeborene Hypotrichose

Die angeborene Hypotrichose ist selten und durch das Fehlen des Haarkleides bei der Geburt oder den Verlust des Haarkleides im ersten Lebensmonat gekennzeichnet. Die Hypotrichose kann lokalisiert oder generalisiert auftreten. In einigen Fällen treten andere Defekte wie Anomalien der Krallen, des Gebisses oder der Tränendrüsen auf, die für ektodermale Dysplasie charakteristisch sind. Bei der Hautbiopsie können die Haarfollikel deutlich reduziert und klein oder gar nicht vorhanden sein. In der veterinärmedizinischen Literatur gibt es vereinzelte Berichte über kongenitale Hypotrichose bei den Rassen Birma [17], Siam [18], Burma [19] und Devon Rex [20]. Diesen Berichten nach wurden die betroffenen Jungtiere haarlos geboren (Abb. 5) oder hatten ein feines flaumiges Fell, das in den ersten Lebenswochen verloren ging. Bei der Siamkatze wurde berichtet, dass die Vererbbarkeit autosomal rezessiv ist. Für einige dieser Katzenrassen gibt es keine weiteren Berichte. Für die Birmakatze sind der Vererbungsmodus, die genetische Mutation und die damit verbundenen syndromalen klinischen Anzeichen inzwischen gut charakterisiert [21]. Angeborene Alopezie tritt auf, wenn entweder die Quantität oder die Qualität der Haarfollikel und/oder die Unversehrtheit der von ihnen produzierten Haarschäfte verändert ist [22].

Abb. 5 Ein Wurf von vier neugeborenen norwegischen Kätzchen, von denen zwei eine starke Alopezie aufweisen und zwei normal aussehen. (Mit freundlicher Genehmigung von Dr. Barbara Petrini)

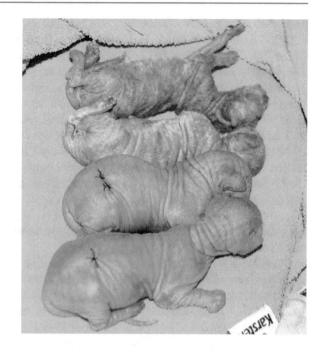

Angeborene Hypotrichose oder Haarkleidveränderungen als rassespezifische Merkmale (s. Kap. „Genetik der Fellfarbe")

Es gibt Katzenrassen, die sich durch ihre angeborene Hypotrichose auszeichnen. Dazu gehören die Sphynx-, Peterbald-, Donskoy- und Kohana-Katzen [23]. Sphynx-Katzen sind homozygot für ein autosomal rezessives haarloses Allel (*hr*), das aus einer Mutation im Gen *Keratin* 71 (*KRT71*) resultiert [23]. Keratin 71 findet sich in der inneren Wurzelscheide von Mäusen und Menschen [23]. Histologische Studien an der Haut von Sphynx-Katzen beschreiben eine schlecht definierte und anormale innere Wurzelscheide und eine normale Follikeldichte mit kleinen, gekrümmten und geknickten Haarfollikeln und missgestalteten Haarschäften mit geringem Durchmesser [24]. Sowohl Donskoy als auch Peterbald sind autosomal dominante haarlose Rassen, die aus Russland stammen [23]. Die Peterbald ist das Ergebnis der Kreuzung einer Donskoy mit einer orientalischen Rasse. Die genetische Mutation und die daraus resultierende Ätiologie für ihre Hypotrichose sind nicht bekannt. Betroffene Katzen sind entweder haarlos oder haben ein dünnes, kurzes, feines Fell. Die Kohana ist eine autosomal dominant vererbte haarlose Rasse, die aus Hawaii stammt und der ebenfalls die Vibrissen fehlen [23]. Es gibt noch weitere „Rassen", die aus Kreuzungen zwischen einer der haarlosen Rassen und anderen Katzenrassen entstanden sind.

Das lockige Fell der Devon Rex entsteht ebenfalls durch eine Mutation im *KRT71*-Gen und ist allelisch und rezessiv zum haarlosen (*hr*) Allel der Sphynx-Katze [23]. Die Sphynx-*KRT71*-Mutation, die den charakteristischen haarlosen Fellphänotyp hervorruft, ist rezessiv zu einem normalen Haarkleid bei einer Katze. Der Phänotyp des wolligen Haars beim Menschen wird ebenfalls durch eine Mutation von *KRT71* verursacht [25]. Das lockige Fell der Cornish Rex ist das Ergebnis eines rezessiven Merkmals, das auf ein festgelegtes Allel innerhalb der Rasse zurückzuführen ist [25]. Eine Mutation im Gen für den *Lysophosphatidsäurerezeptor 6 (LPAR6)* ist die Ursache für das lockige Fell der Cornish Rex [25]. Dieses Gen kodiert für einen Rezeptor, der Oleoyl-L-alpha-Lysophosphatidsäure (LPA) bindet, die für das Haarwachstum und die Aufrechterhaltung der Integrität des Haarschafts und der normalen Textur wichtig ist [25].

Angeborene Hypotrichose und kurze Lebenserwartung (CHSLE) bei der Birmakatze

Kongenitale Hypotrichose und kurze Lebenserwartung (engl. *congenital hypotrichosis and short life expectancy*, CHSLE) ist ein autosomal rezessives Merkmal bei der Birmakatzenrasse. Diese Erkrankung gilt als das erste Nicht-Nager-Modell eines „Nackt"/SCID-Syndroms (schwere kombinierte Immunschwäche, engl. *severe combined immunodeficiency*) [21]. Die ersten Berichte über dieses Syndrom stammen aus den 1980er-Jahren und beschreiben betroffene Kätzchen, die haarlos geboren wurden und innerhalb der ersten acht Lebensmonate an Infektionen der Atemwege oder des Magen-Darm-Trakts starben [26]. In ähnlicher Weise wurde bei der Sektion betroffener Kätzchen in der Schweiz das Fehlen von Thymusgewebe und eine Verarmung an Lymphozyten in verschiedenen lymphoretischen Geweben (Milz, Peyer'sche Flecken und Lymphknoten) festgestellt [19]. Es ist inzwischen anerkannt, dass diese Genodermatose der phänotypische Ausdruck einer Mutation in *FOXN1 (Forkhead Box N1)* ist, die zu einem verkürzten Protein führt [21]. Forkhead-Box-Proteine sind wichtige Transkriptionsfaktoren, und FOXN1 wird sowohl in Epithelzellen im Thymus als auch in der Epidermis des Haarbulbus exprimiert [21]. Das normal funktionierende Protein ist ein wichtiger Transkriptionsfaktor für die reguläre Entwicklung des Thymus- und Haarfollikelepithels [21]. Folglich führt diese Mutation zu einem nicht funktionsfähigen Protein und dem haarlosen Phänotyp von CHSLE bei betroffenen Kätzchen.

Betroffene Kätzchen sind haarlos oder können ein spärliches, verkürztes, brüchiges Haarkleid entwickeln (Abb. 6). Die haarlose Haut entwickelt übermäßige Hautfalten und eine fettige Keratinisierungsstörung [21]. Abgesehen von dem veränderten Erscheinungsbild ihrer Haut sind betroffene Kätzchen in der frühen Neugeborenenperiode normal in ihrem Verhalten und Wachstum [21]. Aufgrund ihrer Immunschwäche erliegen sie schließlich innerhalb der ersten Lebensmonate Infektionen der Atemwege oder des Magen-Darm-Trakts. Über AnimaLabs© (Marke von InovaGen Ltd., Kroatien) ist ein Gentest erhältlich, mit dem Zuchttiere auf Träger der *FOXN1*-Mutation untersucht werden können, um Würfe mit möglicherweise betroffenen Jungtieren zu vermeiden.

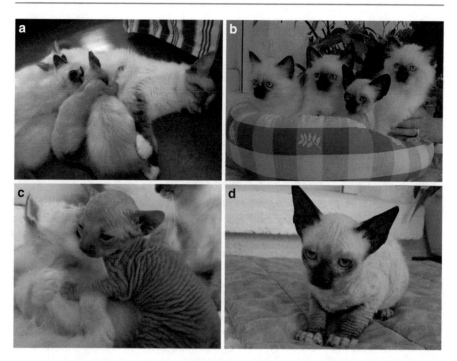

Abb. 6 Hypotrichose-Phänotyp bei Birmakätzchen. Haarlose Kätzchen unter normalen Wurfgeschwistern, geboren von langhaarigen Colourpoint-Eltern (**a, b**). (**c**) Ein haarloses drei Wochen altes Kätzchen mit faltiger Haut. (**d**) Ein zwölf Wochen altes haarloses Kätzchen mit spärlichem kurzem Fell und verkürzten Schnurrhaaren. Die Bilder (**a**) und (**c**) zeigen denselben Probanden-Kater, geboren im Jahr 2013. Die Bilder (**b**) und (**d**) zeigen ein zwölf Wochen altes weibliches Kätzchen, das 2004 geboren wurde und mit dem Probanden verwandt ist. (Wiedergabe aus Ref. [21])

Talgdrüsen-Dysplasie

Progressive Alopezie in Verbindung mit anormaler Talgdrüsendifferenzierung wurde bei zehn nicht verwandten Kätzchen aus Nordamerika und Europa beschrieben [27]. Die Kätzchen wurden untersucht und wiesen eine variable Schuppung, Krustenbildung und fortschreitende Alopezie auf, die im Alter zwischen vier und zwölf Wochen begann. Die Läsionen begannen am Kopf und breiteten sich dann auf den größten Teil des Körpers aus, wobei der Schwanz bei zwei der Kätzchen verschont blieb. Die generalisierte Schuppung war unterschiedlich stark ausgeprägt und wies einen deutlichen Follikelabdruck auf. Einige Kätzchen hatten schwere periokulare, periorale, Ohrmuschel- und Ohrkanalverkrustungen. Die histologische Auswertung von Hautbiopsien zeigte eine anormale Talgdrüsenmorphologie mit verminderter Größe und unregelmäßiger Anordnung der anormalen Talgdrüsenzellen [27]. Aufgrund des jungen Alters der betroffenen Kätzchen wurde ein möglicher genetischer Defekt, der die Entwicklung der Talgdrüsen und Follikel beeinflusst, vorgeschlagen und mit einem ähnlichen Phänotyp bei Mäusen verglichen [27].

Vererbte strukturelle Haarschaftdefekte

Pili torti – gedrehte Haare

Diese Strukturanomalie des Haarschafts ist durch eine Abflachung und Verdrehung des Haarschafts um 180 Grad um seine Längsachse gekennzeichnet (Abb. 7) [28]. Sie ist in der Humandermatologie sowohl als erworbene als auch als angeborene Erkrankung bekannt, die unabhängig oder mit einer Reihe verschiedener angeborener Defekte und Syndrome mit systemischen Anzeichen verbunden sein kann [28]. Anomalien im Keratin des Haarschafts sind nicht identifiziert worden, und es wird angenommen, dass Anomalien in der inneren Wurzelscheide zu einer anormalen Formung des Haarschafts führen [28]. Pili torti bei Katzen führt zu Alopezie, da die Abflachung und Verdrehung des Haarschafts wahrscheinlich zum Bruch des Schafts führt [29]. Ein Wurf betroffener Kätzchen entwickelte generalisierte Alopezie. Die Kätzchen starben entweder oder wurden in den ersten Wochen ihres Lebens eingeschläfert [30]. Bei der histologischen Untersuchung von Hautbiopsien wurden die Haarfollikel als der Länge nach gekrümmt mit Hyperkeratose beschrieben [30]. Symmetrische, nicht entzündete Alopezie der Ohrmuscheln, der dorsalen Kopf- und Jochbeinregion, der medialen Carpi und Tarsen, der Axillen und der Schwanzspitze wurde bei einer einjährigen Hauskatze beschrieben, die keine Anzeichen einer systemischen Erkrankung aufwies (Abb. 8) [29]. Die Haarschäfte der betroffenen Katze wiesen die für Pili torti typische Abflachung und Verdrehung auf (Abb. 7), und einige Haarschaftswurzeln hatten ein engeres, gewundenes Aussehen [29]. Die histopathologische Untersuchung von Haarfollikeln im Längsschnitt zeigte, dass einige Haarschäfte eine anormale Form aufwiesen [29]. Trichogramme, mit denen die Haarschäfte auf diese charakteristische Veränderung untersucht werden, können zu einer schnellen Diagnose führen.

Haarschaftanomalie bei Abessinierkatzen

Es gibt einen Bericht über drei Katzen mit einer einzigartigen anormalen Veränderung der Schnurrhaare und der primären Haarschäfte [31]. Betroffene Haare weisen eine Schwellung an der Spitze des Haarschafts oder manchmal entlang des Haar-

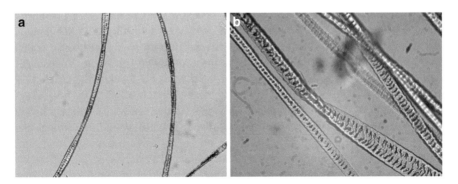

Abb. 7 Mikroskopischer Aspekt der Pili torti: Die Haare sind abgeflacht und entlang der Längsachse verdreht. (Mit freundlicher Genehmigung von Dr. Silvia Colombo)

Abb. 8 Dieselbe Katze
wie in Abb. 7: breite
Bereiche mit Hypotrichose
im Gesicht

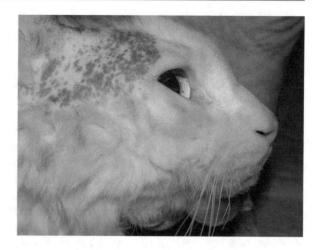

schafts auf, die als zwiebelförmig beschrieben wurde. Wenn primäre Haarschäfte betroffen sind, erscheint das Haarkleid borstig und fühlt sich rau an. Bei der Auswertung von Hautbiopsien wurden keine Follikelanomalien festgestellt. Ein Trichogramm, in dem die charakteristischen Schwellungen an den Haarschäften oder Schnurrhaaren zu erkennen sind, wäre bei der Untersuchung einer verdächtigen Katze diagnostisch wertvoll.

Genetische Krankheiten, die das Kollagen betreffen

Das Ehlers-Danlos-Syndrom beim Menschen ist eine vielfältige Gruppe genetischer Erkrankungen, die je nach Defekt das Bindegewebe der Haut und das Gefäßsystem betreffen. Diese Krankheiten wurden im Laufe der Zeit neu klassifiziert, da immer mehr über den zugrunde liegenden molekularen Defekt und die Mutation, die ihn verursacht, bekannt ist. Die Begriffe kutane Asthenie und Dermatosparaxis sind beides beschreibende Bezeichnungen für diese Krankheit, da sich beide auf die ausgeprägte Brüchigkeit der Haut beziehen.

Kutane Asthenie bei Katzen

Diese Störung des Kollagens bei Katzen ist seit mehreren Jahrzehnten bekannt, und es wurde eine Reihe von Einzelfallberichten veröffentlicht, die im Lehrbuch *Muller and Kirk's Small Animal Dermatology* (Dermatologie der Kleintiere) zitiert werden [32]. Als Rassen wurden Himalayakatzen und Hauskatzen genannt, und bei der Himalayakatze ist ein autosomal rezessiver Vererbungsmodus für kutane Asthenie dokumentiert. Der molekulare Defekt ist nicht eindeutig bekannt, aber biochemische Untersuchungen ergaben einen Defekt in der Prokollagenverarbeitung aufgrund einer verminderten Prokollagenpeptidase- und einer erhöhten Kollagenase-Aktivität [33]. Bei der kutanen Asthenie der Katze liegt wahrscheinlich mehr als eine Mutation vor, da sie bei einigen Katzen auch autosomal dominant vererbt werden kann. Die autosomal dominante Veranlagung kann im homozygoten Zustand tödlich sein [34, 35]. Sie geht mit einer anormalen Packung von Kollagen in Fibrillen und Fasern einher, möglicherweise aufgrund von Mutationen in Strukturproteinen [32].

Betroffene Katzen haben eine Haut mit unterschiedlich stark erhöhter Dehnbarkeit (Abb. 9) und verminderter Zugfestigkeit, wobei letztere zu Rissen führt (Abb. 10). Das Einreißen der Haut kann schon bei minimalem Trauma auftreten und große, klaffende Wunden verursachen, die schnell abheilen und Narben hinterlassen, die sehr dünn sind und denen es an Zugfestigkeit mangelt, sodass sich in den vernarbten Bereichen wiederum neue Wunden bilden können. Die Überdehnbarkeit ist durch eine lockere Befestigung der Haut am darunter liegenden Gewebe gekennzeichnet, wobei die Haut vor allem an den Beinen lose herunterhängt [36]. Der Index der erhöhten Dehnbarkeit ist eine Berechnung der vertikalen Höhe der Haut über der dorsolumbalen Region geteilt durch die Länge der Katze und multipliziert mit 100 [36]. Es wurde berichtet, dass bei Katzen mit kutaner Asthenie die Dehnbarkeit mehr als 19 % beträgt [37]. Diese Berechnung kann hilfreich sein, um den Grad der Dehnbar-

Abb. 9 Kongenitale kutane Asthenie und Hyperelastose bei einer Katze: Die Haut ist stark dehnbar, viel mehr als bei einer gesunden Katze. (Mit freundlicher Genehmigung von Dr. Chiara Noli)

Abb. 10 Dieselbe Katze wie in Abb. 9: Ein erster Versuch, die ausgedehnten Wunden zu nähen, war erfolglos und führte zu neuen Rissen. (Mit freundlicher Genehmigung von Dr. Chiara Noli)

keit zu quantifizieren, ist jedoch nicht immer zuverlässig und wird von einer Reihe von Faktoren beeinflusst, darunter Alter, Hydratationsstatus und Ausmaß der abdominalen Distension. Die mikroskopische Auswertung von Hautbiopsien zeigt desorganisierte und abgeschwächte Kollagenfasern, die kürzer und fragmentiert sind [38]. Burma-Katzen mit kutaner Asthenie haben in Verbindung mit der Kollagenerkrankung Schorf und nekrotische Bereiche mit Blutungen unterhalb der Läsionen. Die ulzerativen Läsionen entwickeln sich sekundär zu Nekrosen aufgrund von Gefäßschädigungen und nicht aufgrund von Rissen in der fragilen Haut. Der vorgeschlagene Mechanismus für die Gefäßgefährdung ist ein Dehnungstrauma der Hautgefäße aufgrund der überdehnbaren Haut und der potenziellen Zerbrechlichkeit der Gefäßwände [36]. Es gibt keine Heilung für die Krankheit, und die betroffenen Katzen sollten so behandelt werden, dass das Trauma minimiert wird. Ein Gentest für kutane Asthenie bei der Birma-Katze soll in naher Zukunft zur Verfügung stehen [36]. Die Diagnose basiert auf einer gründlichen Anamnese, einem körperlichen Untersuchungsbefund und einer Hautbiopsie zur Beurteilung des Kollagens.

Genetische Pigmentanomalien

Die normale Farbe der Haut und des Haarkleides hängt von der Anzahl der Melanozyten in der Epidermis oder der Haarzwiebel und ihrer Funktionsfähigkeit ab. Melanoblasten entwickeln sich aus Zellen der Neuralleiste und müssen in die Haut, die Augen, das Innenohr und die Leptomeningen wandern, wo sie sich zu Melanozyten differenzieren [39]. Der Melanozyt muss Organellen, die sogenannten Melanosomen, synthetisieren, die Strukturproteine und melanogene Enzyme benötigen, um Melanin erfolgreich synthetisieren zu können. Veränderungen der Pigmentierung, ob Hypopigmentierung mit verminderter Pigmentierung, die zu Leukoderma oder Leukotrichie führt, oder Hyperpigmentierung mit erhöhter Pigmentierung in der Epidermis, können entweder genetisch oder erworben sein [39].

Genetische Krankheiten, die Hypopigmentierung (Hypomelanose) verursachen

Erbliche Ursachen für eine Hypopigmentierung können Krankheiten sein, die zu einer verminderten Anzahl von Melanozyten führen (melanozytopenisch), oder eine Mutation, die letztlich dazu führt, dass anormales Melanin oder eine verminderte Menge Melanin produziert wird (melanopenisch) (Abb. 11) [39].

Chediak-Higashi-Syndrom

Das Chediak-Higashi-Syndrom tritt beim Menschen und anderen Säugetierarten auf: Mäuse, Ratten, Füchse, Rinder, Aleuten-Nerze, amerikanische Bisons, Killerwale und Hauskatzen [40]. Bei der Katze handelt es sich um eine seltene, autosomal rezessiv vererbte Störung bei Perserkatzen mit blauer Rauchfärbung und gelber Iris. Bei Menschen, Nerzen und Mäusen wurde eine Mutation im *LYST*-Gen identifiziert. Es kodiert für ein Protein, das für den Vesikeltransport verantwortlich ist, welcher für die Entwicklung einiger Zellorganellen und die Lysosomenfusion entscheidend

Abb. 11 Waardenburg-
Syndrom bei einer Katze
mit Taubheit, weißem Fell
und heterochromer Iris.
(Wiedergabe aus [39], mit
Genehmigung)

ist [40, 41]. Diese Mutation wirkt sich auf Organellen in mehreren Zellen aus. Die
Folgen dieser Mutation erklären die Makromelanosomen, die in den Haarschäften
zu sehen sind, und die großen eosinophilen Lysosomen, die charakteristisch für die
peripheren Makrophagen und Neutrophilen der betroffenen Personen sind. Die Makromelanosomen sind für die atypische Fellfarbe verantwortlich, und die Anomalien in den weißen Blutkörperchen führen zu einer erhöhten Anfälligkeit für Infektionen. Betroffene Katzen neigen aufgrund der Thrombozytenfunktionsstörung
auch zu Blutungen und sind aufgrund des partiellen okulokutanen Albinismus pho-
tophob. Menschen mit dieser Krankheit erhalten eine allogene hämatopoetische
Zelltransplantation, um die hämatologischen und immunologischen Anomalien zu
behandeln [41]. Die Diagnose bei Katzen basiert auf phänotypischen Merkmalen,
klinischen Anzeichen und der Identifizierung charakteristischer Veränderungen in
einem peripheren Blutausstrich. Es gibt keine spezifische Behandlung für Katzen,
und die Tiere sollten auf Sekundärinfektionen und Blutungsneigung überwacht
werden. Sie sollten niemals für die Zucht verwendet werden.

Waardenburg-Syndrom bei Katzen

Beim Menschen ist das Waardenburg-Syndrom das Ergebnis einer melanozytopeni-
schen Hypomelanose, die auf eine Reihe verschiedener Mutationen zurückzuführen
ist, die die Migration und Differenzierung von Melanozyten beeinträchtigen [39].
Bei Haustieren, einschließlich der Katze, ist dieses Syndrom mit weißem Haarkleid,
blauer oder heterochromer Iris und Taubheit verbunden (Abb. 11). Der Pigmentmangel, der zu weißem Fell und blasser Augenfarbe führt, ist ein autosomal dominantes Merkmal, das eine unvollständige Penetranz für Taubheit und Augenfarbe
aufweist [39]. Weiße Katzen sind nicht immer blauäugig oder taub, und die variable
Penetranz von Taubheit und blauer Augenfarbe bei weißem Fell spiegelt wider, welche Gene beteiligt sind, die die Melanozyten beeinflussen. Die mit diesem Syndrom
verbundene Taubheit tritt auf, weil die Melanozyten, die normalerweise im
Gefäßepithel des Innenohrs, der Stria vascularis, zu finden sind, für den Aufbau des
endocochlearen Potenzials benötigt werden, indem sie große Mengen an Kalium in
die Endolymphe absondern, sodass ohne diese Melanozyten Taubheit entsteht [42].
Melanozyten reagieren unterschiedlich auf die Signalgebung durch das *KIT*-Gen;

Melanozyten der Haut werden stark von *KIT* beeinflusst, während Melanozyten, die sich letztlich im Innenohr oder in der Iris befinden, auf Endothelin 3 (EDN3) oder den Hepatozyten-Wachstumsfaktor (HGF) reagieren [42].

Albinismus

Albinismus ist eine angeborene Störung, die durch Mutationen im Gen für das Enzym Tyrosinase hervorgerufen wird und zu Pigmentmangel in Haut, Haar und Augen der betroffenen Personen führt. Bei Katzen mit komplettem Albinismus ist das Haarkleid weiß und die Augen sind blau, wobei das Pigment im Tapetum reduziert ist, sodass die Augen einen rötlichen Tapetalreflex aufweisen können (Abb. 12). Dieser Albino-Phänotyp bei Katzen wird mit mehr als einer Mutation im Tyrosinase-Gen (*TYR*) in Verbindung gebracht [43, 44]. Albinokatzen weisen in den histologischen Proben der Hautbiopsie keine Pigmentierung auf, haben aber eine normale Epidermis mit Melanozyten, die klar erscheinen, da ihnen die Fähigkeit zur Melaninbildung fehlt (Abb. 12).

Es gibt zwei ursächliche Mutationen für den temperaturabhängigen Albinismus, der bei den Rassen Siam und Burma auftritt. Die daraus resultierenden Allele sind die temperatursensitiven Allele der Siam-Katzen und der Burmesen, die sich auf das *TYR*-Gen auswirken. Dies führt zur Entwicklung dunklerer Pigmente in den Regionen der Katze, die kühler sind: Ohren, Pfoten und Gesichtsmaske. Alle Katzen, die Bereiche entwickeln, die für die Siam-Rasse oder die Burma-Fellfarbe typisch sind, sind homozygot für ihr mutiertes Allel.

Genetische Krankheiten, die Hyperpigmentierung verursachen

Hyperpigmentierung entsteht, wenn das Melanin in der Epidermis oder im Stratum corneum zunimmt. Die Hyperpigmentierung ist eher eine erworbene als eine genetisch bedingte Veränderung der Haut. Katzen haben eine genetisch bedingte Hyperpigmentierung der Makula.

Abb. 12 Tyrosinase-negativer Albinismus bei der Katze. (Reproduktion aus [39], mit Genehmigung)

Lentigo Simplex bei orangefarbenen Katzen

Dies ist eine kosmetische Hyperpigmentierung, die bei orangefarbenen Katzen auftritt. Diese Katzen entwickeln gut abgegrenzte, hyperpigmentierte Makulae entlang der Augenlider, des Nasenbodens, der Lippenränder und des Zahnfleisches (Abb. 13). Diese charakteristische Makula-Melanose beginnt, wenn die Katze jung ist, und der Grad der Pigmentierung kann im Laufe der Zeit zunehmen. Die histopathologische Untersuchung einer Läsion würde eine Erhöhung des Melaninspiegels in den Keratinozyten in einer betroffenen Makulaläsion bestätigen.

Feline makulopapulöse kutane Mastozytose

Es handelt sich nicht um eine primäre Störung der Pigmentierung, die Läsionen können jedoch hyperpigmentiert sein. Ursprünglich wurde über die feline makulopapulöse kutane Mastozytose bei drei verwandten Sphynx-Katzen berichtet, die als feline Urtikaria pigmentosa bezeichnet wurde [45], und zwar vorwiegend bei den Rassen Sphynx und Devon Rex. Diese Rassen sind genetisch verwandt und weisen beide Mutationen im *KRT71*-Gen auf. Bei den betroffenen Katzen wurde ein juckender, makulopapulöser Hautausschlag beschrieben, der unterschiedlich pigmentiert war, mit verkrusteten Läsionen, die symmetrisch an Kopf, Hals, Rumpf und Gliedmaßen auftraten (Abb. 14) [45]. Die Histopathologie von Hautbiopsien ergab eine perivaskuläre bis diffuse dermale Infiltration von gut differenzierten Mastzellen und einer geringen Anzahl von Eosinophilen [45]. Ähnliche klinische Erscheinungen wurden bei fünf nicht verwandten Devon-Rex-Katzen beschrieben, obwohl einige Katzen eine weniger generalisierte Verteilung der Läsionen mit diffusen Läsionen nur über dem ventralen Thorax aufwiesen [46]. Juckreiz und hyperpigmentierte Läsionen wurden nur bei Katzen mit bestätigten Sekundärinfektionen dokumentiert, und bei der histopathologischen Auswertung der Hautbiopsie wurden

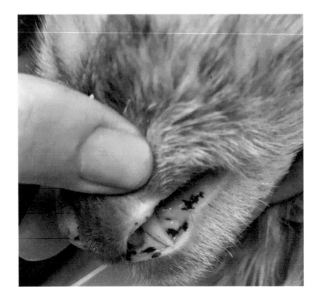

Abb. 13 Orange gestromte Katze mit hyperpigmentierten Flecken auf den Lippen und dem Nasalplanum, charakteristisch für Lentigo simplex bei orangefarbenen Katzen

Abb. 14 Erythematöse Papeln und kleine Krusten in einem linearen Muster auf dem ventralen Rumpf einer Devon-Rex-Katze mit Urtikaria-pigmentosa-ähnlicher Erkrankung. (Mit freundlicher Genehmigung von Dr. Chiara Noli)

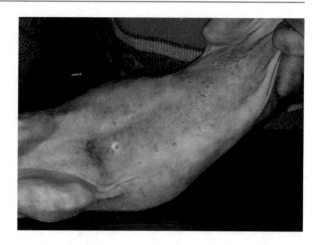

mehr Eosinophile festgestellt als im ursprünglichen Bericht über diese Krankheit [46]. Es wurde die Möglichkeit vorgeschlagen, dass es sich bei diesen klinischen Erscheinungen um ein kutanes Reaktionsmuster handeln könnte [46].

Beim Menschen kann die Mastozytose kutan sein, wenn nur die Haut betroffen ist, oder systemisch, wenn die mastozytären Infiltrate die Haut und andere Organe, z. B. den Gastrointestinaltrakt oder das Knochenmark, betreffen. Die systemische Mastozytose bei Katzen ist eine bösartige Erkrankung neoplastischer Mastzellen, die vom hämatopoetischen System ausgeht [47]. Es gibt einen Bericht über eine systemische Mastozytose bei einer Katze, die durch eine Dissemination von kutanen Mastzelltumoren in innere Organe verursacht wurde [48]. Bislang hat keiner der gemeldeten Fälle von kutaner Mastozytose bei Katzen einen Übergang zu einer systemischen Form gezeigt.

In einer kürzlich erschienenen Fallserie von 13 Katzen, bei denen diese Krankheit anhand der klinischen Läsionen, der betroffenen Rasse und des Ausschlusses anderer möglicher Differenzialdiagnosen (Überempfindlichkeiten, Ektoparasiten und Dermatophyten) diagnostiziert wurde, wurden die klinischen Informationen überprüft und eine neue Klassifizierung für diese Krankheit vorgeschlagen [49]. Alle Katzen waren Sphynx, Devon-Rex oder Devon-Rex-Kreuzungen und hatten die Hautläsionen als junge Katzen entwickelt. Das Durchschnittsalter bei der Präsentation lag bei 15 Monaten, aber die Katzen hatten die Krankheit im Durchschnitt bereits acht Monate vor der Präsentation [49]. Die vorgeschlagene Klassifizierung auf der Grundlage von drei verschiedenen klinischen Präsentationen wurde mit dem Klassifizierungssystem verglichen, das für die kutane Mastozytose des Menschen verwendet wird. Die drei Unterformen unterschieden sich in der Art der Läsionen, der Verteilung, dem Schweregrad des Juckreizes und der Wahrscheinlichkeit einer spontanen Rückbildung [49]. Bei einer Form, die als polymorphe makulopapulöse kutane „Mastozytose" bezeichnet wird, waren die Läsionen große Quaddeln oder Papeln, die im kranialen Bereich des Körpers (Kopf, Nacken und Schultern der Katzen) lokalisiert waren und mäßigen Juckreiz, aber keine Hyperpigmentierung zeigten [49]. Katzen mit mäßigem Juckreiz und generalisierten Läsionen mit Erythem und kleinen Papeln, die zusammenwuchsen, sowie Läsionen durch Selbstverletzungen wurden als „monomorphe" Form bezeichnet [49]. Für die dritte Form wurde die Bezeichnung „pigmentierte makulopapulöse kutane Mastozytose" vorgeschlagen; es handelte sich um eine eher chronische Form, die mit starkem Juckreiz und generalisierten Läsionen mit Hyperpigmentierung und Lichenifikation zusätzlich zu zusammenwachsenden Papeln und Läsionen der Selbstverletzung einherging [49]. Die erste Form hatte die beste Prognose, und die meisten Katzen konnten die Therapie schließlich absetzen; Katzen mit den beiden anderen Formen benötigten eine kontinuierliche Therapie mit Corticosteroiden, Antihistaminika oder Cyclosporin [49].

Die Diagnose der kutanen Mastozytose bei Katzen setzt die korrekten Merkmale voraus, eine junge Katze der typischen Rasse, ein kompatibles klinisches Bild in Bezug auf die Art der Läsionen und die Verteilung sowie eine systematische diagnostische Bewertung zum Ausschluss möglicher Ursachen für Juckreiz und makulopapulöse Dermatitis. Dies würde auch die Untersuchung auf Ektoparasiten, allergische Dermatitis und Sekundärinfektionen umfassen. Wie wichtig dies ist, zeigt eine Fallserie von drei Devon-Rex-Katzen mit papulöser eosinophiler/mastozytärer Dermatitis, die zunächst auf eine Urtikaria-pigmentosa-ähnliche Dermatitis hindeutete, in Wirklichkeit aber eine Dermatophytose war [50]. Nach einer antimykotischen Behandlung bildeten sich alle Läsionen zurück.

Krankheiten, die die Lymphgefäße betreffen

Primäre Lymphödeme

Ein primäres Lymphödem ist eine Schwellung eines Körperbereichs aufgrund eines angeborenen Defekts im Lymphsystem, das Flüssigkeiten aus der Peripherie nicht ableitet (Abb. 15). Die Haut zeigt ein kaltes, löchriges Ödem, häufiger an den Extremitäten. Die Diagnose kann mit dem Blauviolett-Patenttest gestellt werden: eine

Abb. 15 Primäres Lymphödem bei einer Katze. (Mit freundlicher Genehmigung von Dr. Chiara Noli)

sterile 5 %ige Farbstofflösung wird SC in die Haut injiziert [51]. Eine diffuse Verteilung des Farbstoffs beweist das Fehlen eines intakten Lymphtransports. Für diesen Zustand gibt es außer palliativen Diuretika keine Behandlung.

Literatur

1. Leeb T, Muller EJ, Roosje P, Welle M. Genetic testing in veterinary dermatology. Vet Dermatol. 2017;28:4–9. https://doi.org/10.1111/vde.12309.
2. Lyons LA. Genetic testing in cats. Mol Cell Probes. 2012;26:224–30. https://doi.org/10.1016/j.mcp.2012.04.004.
3. Mullikin JC, Hansen NF, Shen L, Ewbling H, Donahue WF, Tao W, et al. Light whole genome sequence for SNP discovery across domestic cat breeds. BMC Genomics. 2010;11:406. http://www.biomedcentral.com/1471-2164/11/406.
4. Bond R, Curtis CF, Ferguson EA, Mason IS, Rest J. Idiopathic facial dermatitis of Persian cats. Vet Dermatol. 2000;11:35–41.
5. Powers HT. Newly recognized feline skin disease. Proceedings of the 14th AAVD/ACVD meeting. San Antonio; 1998. S. 17–20.
6. Gross TL, Ihrke PJ, Walder EJ, Affolter VK. Skin diseases of the dog and cat. 2. Aufl. Oxford: Blackwell Science Ltd; 2005. S. 114.
7. Chung TH, Ryu MH, Kim DY, Yoon HY, Hwang CY. Topical tacrolimus (FK506) for the treatment of feline idiopathic facial dermatitis. Aust Vet J. 2009;87:417–20. https://doi.org/10.1111/j.1751-0813.2009.00488.
8. Paradis M, Scott DW. Hereditary primary seborrhea oleosa in Persian cats. Feline Pract. 1990;18:17–20.
9. Miller WH, Griffen CE, Canmbell KL. Muller and Kirk's small animal dermatology. 7. Aufl. St. Louis: Elsevier Mosby; 2013. S. 576.
10. Bergval K. FC-25: a novel ulcerative nasal dermatitis of Bengal cats. Vet Dermatol. 2004;15(Supp 1):28.
11. St A, Abramo F, Ficker C, McNabb S. P-36 Juvenile idiopathic nasal scaling in three Bengal cats. Vet Dermatol. 2004;15(Supp 1):52.
12. Medeiros GX, Riet-Correa F. Epidermolysis bullosa in animals: a review. Vet Dermatol. 2015;26:3–e2. https://doi.org/10.1111/vde.12176.
13. Johnstone I, Mason K, Sutton R. A hereditary junctional mechanobullous disease in the cat. Proceedings of the second world congress of veterinary dermatology association. Montreal; 1992. S. 111–12.
14. Alhaidari Z, Olivry T, Spadafora A, Thomas RC, Perrin C, Meneguzzi G, et al. Junctional epidermolysis bullosa in two domestic shorthair kittens. Vet Dermatol. 2006;16:69–73.
15. White SD, Dunstan SM, Olivry T, Naydan DK, Richter K. Dystrophic (dermolytic) epidermolysis bullosa in a cat. Vet Dermatol. 1993;4:91–5.
16. Olivry T, Dunstan SM, Marinkovitch MP. Reduced anchoring fibril formation and collagen VII immunoreactivity in feline dystrophic epidermolysis bullosa. Vet Pathol. 1999;36:616–8.
17. Casal ML, Straumann U, Sigg C, Arnold S, Rusch P. Congenital hypotrichosis with thymic aplasia in nine Birman kittens. J Am Anim Hosp Assoc. 1994;30:600–2.
18. Scott DW. Feline dermatology 1900–1978: a monograph. J Am Anim Hosp Assoc. 1980;16:313.
19. Bourdeau P, Leonetti D, Maroille JM, Mialot M. Alopécie héréditaire généralisée féline. Rec Med Vet. 1988;164:17–24.
20. Thoday K. Skin diseases in the cat. In Pract. 1981;3:22–35.
21. Abitbol M, Bossé P, Thomas A, Tiret L. A deletion in *FOXN1* is associated with a syndrome characterized by congenital hypotrichosis and short life expectancy in Birman cats. PLoS One. 2015;10:e0120668. https://doi.org/10.1371/journal.pone.0120668.
22. Meclenberg L. An overview of congenital alopecia in domestic animals. Vet Dermatol. 2006;17:393–410.

23. Gandolfi B, Outerbridge CA, Beresford LG, Myers JA, Pimental M, Alhaddad H, et al. The naked truth: Sphynx and Devon Rex cat breed mutations in *KRT71*. Mamm Genome. 2010;21:509–15. https://doi.org/10.1007/s00335-010-9290-6.

24. Genovese DW, Johnson T, Lam KE, Gram WD. Histological and dermatoscopic description of sphinx cat skin. Vet Dermatol. 2014;26:523–e90. https://doi.org/10.1111/vde.12162.

25. Gandolfi B, Alhaddad H, Affolter VK, Brockman J, Haggstrom J, Joslin SE, et al. To the root of the curl: a signature of a recent selective sweep identifies a mutation that defines the Cornish Rex cat breed. In: Palsson A, Herausgeber. PLoS One. 2013; 8:e67105. https://doi.org/10.1371/journal.pone.0067105.

26. Hendy-Ibbs PM. Hairless cats in Great Britain. J Hered. 1984;75:506–7.

27. Yager JA, Tl G, Shearer D, Rothstein E, Power H, Sinke JD, et al. Abnormal sebaceous gland differentiation in 10 kittens ('sebaceous gland dysplasia') associated with hypotrichosis and scaling. Vet Dermatol. 2014;23:136–e30. https://doi.org/10.1111/j.1365-3164.2011.01029.x.

28. Mirmirani P, Samimi SS, Mostow E. Pili torti: clinical findings, associated disorders, and new insights into mechanisms of hair twisting. Cutis. 2009;84:143–7.

29. Maina E, Colombo S, Pasquinelli AF. A case of pili torti in a young adult domestic short-haired cat. Vet Dermatol. 2012;24:289–e68. https://doi.org/10.1111/vde.12004.

30. Geary MR, Baker KP. The occurrence of pili torti in a litter of kittens in England. J Sm Anim Pract. 1986;27:85–8.

31. Wilkinson JT, Kristensen TS. A hair abnormality in Abyssinian cats. J Small Anim Pract. 1989;30:27–8.

32. Miller WH, Griffen CE, Canmbell KL. Muller and Kirk's small animal dermatology. 7. Aufl. St. Louis: Elsevier Mosby; 2013. S. 603.

33. Counts DF, Byer PH, Holbrook KA, Hegreberg GA. Dermatosparaxis in a Himalayan cat: I – biochemical studies of dermal collagen. J Investig Dermatol. 1980;74(2):96–9. https://doi.org/10.1111/1523-1747.ep12519991.

34. Scott DW. Feline dermatology; introspective retrospections. J An Am Hosp Assoc. 1984;20:537.

35. Minor RR. Animal models of heritable diseases of the skin. In: Goldsmith EL, Herausgeber. Biochemistry and physiology of skin. New York: Oxford University Press; 1982.

36. Hansen N, Foster SF, Burrows AK, Mackie J, Malik R. Cutaneous asthenia (Ehlers-Danlos-like syndrome) of Burmese cats. J Feline Med Surg. 2015;17:945–63. https://doi.org/10.1177/1098612X15610683.

37. Freeman LJ, Hegreberg G, Robinette JD. Ehlers-Danlos syndrome in dogs and cats. Semin Vet Med Surg. 1987;2(3):221–7.

38. Sequeira JL, Rocha NS, Bandarra EP, Figueiredo LM, Eugenio FR. Collagen dysplasia (cutaneous asthenia) in a cat. Vet Pathol. 1199;36:603–6.

39. Alhaidari Z, Olivry T, Ortonne JP. Melanocytogenesis and melanogenesis: genetic regulation and comparative clinical diseases. Vet Dermatol. 1999;10:3–16.

40. Reissman M, Ludwig A. Pleiotropic effects of coat colour-associated mutations in humans, mice and other mammals. Semin Cell Dev Biol. 2013;24:576–87.

41. Kaplan J, De Domenico I, McVey WD. Chediak-Higashi syndrome. Curr Opin Hematol. 2008;15:22–9. https://doi.org/10.1097/MOH.0b013e3282f2bcce.

42. Ryugo DK, Menotti-Raymond M. Feline deafness. Vet Clin North Am Small Anim Pract. 2012;42:1179–207.

43. Imes DL, Geary A, Grahn A, Lyons A. Albinism in the domestic cat (*Felis Catus*) is associated with a *tyrosinase (TYR)* mutation. Anim Genet. 2006;37:175–8. https://doi.org/10.1111/j.1365-2052.2005.01409.x.

44. Abitbol A, Boss P, Grimard B, Martignat L, Tiret L. Allelic heterogeneity of albinism in the domestic cat. Stichting International Foundation for Anim Genet. 2016;48:121–8. https://doi.org/10.1111/age.12503.

45. Vitale CB, Ihrke PJ, Olivry T, Stannard T. Feline urticarial pigmentosa in three related sphynx. Vet Dermatol. 1996;7:227–33.

46. Noli C, Colombo S, Abramo F, Scarampella F. Papular eosinophilic/mastocytic dermatitis (feline urticarial pigmentosa) in Devon Rex cats: a distinct disease entity or a histopathological reaction pattern. Vet Dermatol. 2004;15:253–9.

47. Woldenmeskel M, Merrill A, Brown C. Significance of cytological smear evaluation in diagnosis of splenic mast cell tumor-associated systemic mastocytosis in a cat (*Felis catus*). Can Vet J. 2017;58:293–5.
48. Lamm CC, Stern AW, Smith AJ. Disseminated cutaneous mast cell tumors with epitheliotropism and systemic mastocytosis in a domestic cat. J Vet Diagn Investig. 2009;21:710–5.
49. Ngo J, Morren MA, Bodemer C, Heimann M, Fontaine J. Feline maculopapular cutaneous mastocytosis: a retrospective study of 13 cases and proposal for a new classification. J Feline Med Surg. 2018;21:394. https://doi.org/10.1177/1098612X18776141.
50. Colombo S, Scarampella F, Ordeix L, Roccoblanca P. Dermatophytosis and papular eosinophilic/mastocytic dermatitis (urticarial pigmentosa-like dermatitis) in three Devon Rex cats. J Feline Med Surg. 2012;14:498–502.
51. Jacobsen JO, Eggers C. Primary lymphoedema in a kitten. J Small Anim Pract. 1997;38:18–20.

Psychogene Erkrankungen

C. Siracusa und Gary Landsberg

Zusammenfassung

Die Fellpflege ist wichtig, um Haut und Fell der Katze gesund zu erhalten, und Katzen verbringen einen großen Teil ihres Tages mit der Fellpflege. Normales Fellpflegeverhalten ist ein Zeichen für eine gute körperliche und geistige Gesundheit der Katze. Veränderungen im Fellpflegeverhalten können durch medizinische Probleme, entweder dermatologischer oder systemischer Art, verursacht werden. „Krankheitsverhalten", das eine verringerte Fellpflege beinhaltet, kann ein frühes Anzeichen für zugrunde liegende medizinische Probleme sein, aber auch vermehrte Fellpflege kann auf medizinische Ursachen zurückzuführen sein (Fatjo und Bowen, Medical and metabolic influences on behavioural disorders. In: Horwitz DF, Mills DS, editors. BSAVA manual of canine and feline behavioural medicine. 2nd ed. Gloucester: BSAVA; S. 1–9, 2009; Rochlitz, Basic requirements for good behavioural health and welfare in cats. In: Horwitz DF, Mills DS, editors. BSAVA manual of canine and feline behavioural medicine. 2nd ed. Gloucester: BSAVA; S. 35–48, 2009). Das Fellpflegeverhalten kann sich in Zeiten von Stress oder Konflikten ebenfalls erheblich verändern. Als Reaktion auf Stress überpflegen sich manche Katzen, lecken, beißen, kauen, saugen oder frisieren ihr Fell, was zu Alopezie (psychogene Alopezie) führt, während andere aufhören, ihr Fell angemessen zu pflegen. Insbesondere kann Overgrooming ein Verdrängungsverhalten sein, das durch Konflikte oder Stress entsteht, oder eine

C. Siracusa (✉)
Department of Clinical Sciences and Advanced Medicine, School of Veterinary Medicine, University of Pennsylvania, Philadelphia, USA
E-Mail: siracusa@vet.upenn.edu

G. Landsberg
CanCog Technologies, Fergus, Kanada
E-Mail: garyl@cancog.com

C. Noli, S. Colombo (Hrsg.), *Dermatologie der Katze*,
https://doi.org/10.1007/978-3-662-65907-6_29

zwanghafte Störung (ähnlich wie zwanghaftes Waschen oder Trichotillomanie beim Menschen) (Landsberg et al., Behavior problems of the dog and cat. 3rd ed. Philadelphia: Elsevier Saunders, 2013).

Viele Verhaltensänderungen sind auf eine kombinierte Wirkung von Stress und Gesundheitsproblemen zurückzuführen. So können beispielsweise Schmerzen der ursprüngliche Auslöser für das übermäßige Putzen eines bestimmten Gelenks sein. Sobald das Verhalten auftritt, kann es sich aufgrund der medizinischen Folgen von Exkoriation, Infektion oder Juckreiz sowie der zunehmenden Angst und des Stresses, die sowohl durch interne Faktoren als auch durch die Reaktion des Besitzers entstehen, verschlimmern. Daher muss eine wirksame Behandlung psychogener Hautkrankheiten sowohl die zugrunde liegende psychologische Störung als auch die mögliche medizinische Komponente berücksichtigen (Fatjo und Bowen, Medical and metabolic influences on behavioural disorders. In: Horwitz DF, Mills DS, editors. BSAVA manual of canine and feline behavioural medicine. 2nd ed. Gloucester: BSAVA; S. 1–9, 2009; Rochlitz, Basic requirements for good behavioural health and welfare in cats. In: Horwitz DF, Mills DS, editors. BSAVA manual of canine and feline behavioural medicine. 2nd ed. Gloucester: BSAVA; S. 35–48, 2009; Landsberg et al., Behavior problems of the dog and cat. 3rd ed. Philadelphia: Elsevier Saunders, 2013).

Zu den in diesem Kapitel behandelten psychogenen Hauterkrankungen gehören psychogene Alopezie, übermäßiges Putzen und Schwanzbeißen, Hyperästhesie und übermäßiges Kratzen.

Anormales Körperpflegeverhalten und die Rolle von Stress

Katzen verbringen einen großen Teil ihres Tages mit der Fellpflege. Die Umgebung, in der Katzen leben, beeinflusst die Zeit, die sie mit der Fellpflege verbringen. Während Bauernhofkatzen etwa 15 % ihrer Zeit mit der Fellpflege verbringen, verbringen Laborkatzen, die in Gruppen gehalten werden, 30 % ihrer Zeit mit Wohlfühlverhalten einschließlich Fellpflege [4]. Die Fellpflege von Katzen erfüllt mehrere Zwecke. Sie hält die Haut und das Fell sauber und trägt so zur Gesundheit der Katze bei. Die Fellpflege trägt dazu bei, den „Koloniegeruch" aufrechtzuerhalten, der die sozialen Bindungen zwischen den Tieren einer Gruppe stärkt. Zu diesem Zweck putzen sich Katzen gegenseitig und zeigen dabei ein äußerst kooperatives Verhalten, das als „Allogrooming" bezeichnet wird (Abb. 1) [5]. Die große Anzahl von langsam adaptierenden (engl. *slowly adapting*, SA) Rezeptoren des Typs 1 (Merkel'sche Scheiben) und des Typs 2 (Ruffini-Körperchen) in der Haut von Katzen erklärt, warum Katzen so empfindlich auf Streicheleinheiten und Berührungen reagieren. Diese Empfindlichkeit kann auch bei Hyperästhesie und streichelinduzierter Aggression eine Rolle spielen. SA-Rezeptoren sind zusammen mit schnell adaptierenden (engl. *rapidly adapting*, RA) Rezeptoren an der Basis der Vibrissen, im Gesicht, an den Lippen und im Maul vorhanden; dies könnte den „leisen Biss" erklären, den Katzen einem anderen Individuum oder sich selbst zufügen können, wenn ihre taktilen Rezeptoren überstimuliert sind [6, 7]. Eine Untergruppe der serotonergen Neu-

Abb. 1 Allogrooming bei Katzen: Eine Katze leckt eine andere Katze. (Mit freundlicher Genehmigung von C. Siracusa)

ronen des dorsalen Raphe-Kerns wird bei Katzen in Verbindung mit oral-bukkalen Bewegungen wie Kauen, Lecken und Putzen stark aktiviert. Die Neuronen werden auch durch somatosensorische Reize aktiviert, die auf Kopf, Hals und Gesicht einwirken [8]. Grooming wird auch von Katzen, die unter Stress stehen, z. B. im Falle eines emotionalen Konflikts, einer Frustration oder einer wahrgenommenen Bedrohung, als Verdrängungsverhalten gezeigt, das dazu dient, die erhöhte emotionale Erregung umzulenken [5]. Hält der Stress an, können die Häufigkeit und Intensität der Fellpflege dramatisch zunehmen und sich auf andere Kontexte als den ursprünglichen Auslöser ausdehnen und zu einem zwanghaften Verhalten werden [3].

Verdrängungsverhalten (Zappeln) ist eine der vier möglichen Bewältigungsstrategien, die Tiere (und Menschen) zeigen, wenn die Stressreaktion aktiviert wird, d. h. wenn ein Tier seine körperliche oder emotionale Homöostase bedroht oder infrage gestellt sieht. Die anderen möglichen Reaktionen sind antagonistisches Verhalten, einschließlich Aggression (Kampf), Flucht (Fliehen) und tonische Unbeweglichkeit (Einfrieren) [6]. Wenn der Beobachter mit allen Arten von Stressreaktionen vertraut ist, kann er stressbedingtes Verhalten in Verbindung mit Overgrooming erkennen, da das Tier von einem stressbedingten Verhalten zu einem anderen wechseln kann und das Overgrooming für den Beobachter möglicherweise nicht sofort sichtbar ist. So kann der Besitzer beispielsweise eine Zunahme antagonistischer Verhaltensweisen (Fauchen, Schlagen usw.) bei Hauskatzen oder eine verstärkte Tendenz zum Verstecken bei einer Katze beobachten, aber kein übermäßiges Putzen. Die Besitzer können die anfängliche Zunahme der Zeit und Häufigkeit, die ihre Katze mit der Fellpflege verbringt, übersehen, und das Problem kann sich erst dann manifestieren, wenn die daraus resultierenden Haut- und/oder Fellverletzungen auftreten. Dies kann auf die hemmende Wirkung zurückzuführen sein, die die Anwesenheit von Menschen auf das Pflegeverhalten haben kann (Einfrieren); oder umgekehrt sind manche Katzen vielleicht stimulierter, wenn ihre Besitzer in der Nähe sind, und daher weniger motiviert, sich zu pflegen. In anderen Fällen können Bestrafungen, die die Besitzer ihren Katzen auferlegen, wenn sie sich übermäßig putzen (z. B. verbale Bestrafung oder Besprühen mit einer Wasserflasche), dazu führen, dass sich die Katzen in ihrer Gegenwart nicht putzen. Daher kann die Fähigkeit, zu erkennen, dass erhöhte Aggression und Angst sowie verringerte Aktivität Anzeichen von Stress sind, dazu beitragen, zwanghaftes Overgrooming zu verhindern, indem die Stressquelle identifiziert und beseitigt wird (z. B. Konflikte mit anderen Hauskatzen oder dem Familienhund, Veränderungen in der Umgebung oder die Ankunft eines Babys) [3].

Zwanghaftes Verhalten wurde definiert als eine Reihe von Bewegungen, die in der Regel aus dem normalen Pflegeverhalten abgeleitet sind, einschließlich der Fellpflege, und die außerhalb des Kontextes in einer sich wiederholenden, übertriebenen, ritualisierten und anhaltenden Weise ausgeführt werden [9]. Katzen, die unter Stress und erhöhter emotionaler Erregung stehen, können die Fellpflege als Verdrängungsverhalten zeigen, aber nicht alle Katzen, die unter chronischem Stress leiden, entwickeln zwanghaftes Fellpflegeverhalten. Wenn die übermäßige Fellpflege von einem Verdrängungsverhalten zu einem zwanghaften Verhalten übergeht, wird sie nicht nach einem bestimmten Auslöser gezeigt (sie ist emanzipiert), sie ist sehr intensiv und übertrieben, und es kann schwierig sein, sie zu unterbrechen. Übermäßiges Putzen ist das am häufigsten berichtete zwanghafte Verhalten bei Katzen [10]. Die Genetik und die frühen Erfahrungen einer Katze bestimmen die individuelle Bewältigungsstrategie und beeinflussen die Entwicklung eines zwanghaften Verhaltens, wenn die Katze chronischem Stress ausgesetzt ist. Obwohl die Pathophysiologie der zwanghaften Fellpflege nicht genau bekannt ist, wurde eine anormale Serotoninübertragung als primärer Mechanismus vorgeschlagen, und auch Opioide und Dopamin könnten an der Modulation beteiligt sein [8, 11, 12]. Anhand der Anzeichen bei der Vorstellung kann zwanghaftes Verhalten mit Overgrooming unterschieden werden in:

- psychogen bedingte Alopezie,
- Schwanzkauen, Beißen und Selbstverstümmelung und
- übermäßiges Kratzen.

Wenn das repetitive Verhalten Teil einer Reihe verwandter, unspezifischer Anzeichen ist, die gleichzeitig auftreten, aber unterschiedliche Ursachen haben können, definieren wir das Erscheinungsbild als „Syndrom". Hyperästhesie bei Katzen ist ein Syndrom, das unter anderem repetitive Verhaltensweisen wie übermäßiges Putzen umfasst.

  Eine ausführliche Anamnese ist für die Formulierung der Differenzialdiagnosen von grundlegender Bedeutung. Im Gegensatz zu vielen körperlichen Krankheitsanzeichen können Verhaltensanzeichen oft nicht während des Tierarztbesuchs beobachtet werden. Darüber hinaus spielen Umweltstressoren eine wichtige Rolle bei der Pathogenese und der Behandlung zwanghafter Verhaltensweisen; daher sollte der Tierarzt den Besitzer aktiv nach möglichen Stressoren fragen. Die Bitte an den Tierhalter, Fotos und Videos von der Umgebung zu machen, in der unser Patient lebt (Haus, Hof, Bereiche um das Haus herum), und von den Interaktionen der Katze mit den Familienmitgliedern und Haustieren, ist eine unschätzbare Hilfe bei der Erstellung der Diagnose und der Entwicklung eines Behandlungsplans. Es sollten auch Fragen zu Muster, Häufigkeit, Dauer und Lokalisierung des Overgrooming (oder anderer anormaler Verhaltensweisen) sowie zur Reaktion des Besitzers auf dieses

Verhalten gestellt werden. Schließlich sollten wir herausfinden, welche Maßnahmen bereits ergriffen wurden, um das Verhalten zu behandeln, und welche Ergebnisse erzielt wurden [3, 7, 9, 13]. Eine Liste der zu stellenden Fragen findet sich in Tab. 1.

Tab. 1 Verhaltensanamnese zur Differenzialdiagnose von psychogenen Hauterkrankungen

Frage	Relevante Information
Anormales Körperpflegeverhalten (APV)	
Welches APV hat der Besitzer beobachtet (Lecken, Beißen, Kauen, usw.)?	Stellen Sie fest, ob das sich wiederholende Verhalten zwanghaft ist und von einem bestimmten Auslöser abhängt. Bestimmen Sie, ob das Ausmaß und die Verteilung des
An welchen Stellen des Körpers zeigt die Katze die APV?	Verhaltens die beobachteten Läsionen rechtfertigen. Bestimmen Sie die Chronizität des Verhaltens, die seine
Wie häufig zeigt die Katze das APV (Episoden/Tag)?	Prognose beeinflussen kann. Feststellung des Vorliegens von Schmerzen oder einer
Wie lange dauert die jeweilige Episode?	neurosensorischen Störung
Wann hat der Eigentümer das APV zum ersten Mal bemerkt?	
Kann der Eigentümer einen bestimmten Auslöser für das APV nennen?	
Ist der Eigentümer in der Lage, das APV leicht zu unterbrechen?	
Kehrt die Katze schnell zum APV-Verhalten zurück?	
Ist das Verhalten mit Kräuseln der Haut, Lautäußerungen, Weglaufen oder Verstecken verbunden?	
Umwelt	
Wie ist die Zusammensetzung des Haushalts (einschließlich anderer Haustiere)?	Ermitteln Sie die Quellen von Stress, Angst oder Unruhe für die Katze (andere Haustiere, Kinder, Geräusche usw.). Gestresste Katzen können eine erhöhte Erregung (Unruhe,
Beschreiben Sie die Interaktionen zwischen allen Menschen/Haustieren in der Familie und der Katze mit APV.	Angst, Furcht, Aggression) oder ein verringertes Aktivitätsniveau (Verstecken, Sitzen auf erhöhten Plätzen) zeigen. Stellen Sie fest, ob die Katze ein angemessenes Maß an
Gibt es drinnen oder draußen Reize (z. B. Geräusche, Tiere im Freien), die Angst, Unruhe, Aggression oder übermäßige Erregung auslösen?	Umweltstimulation und -anreicherung hat. Katzen, die häufig angefasst, von ihren Ruheplätzen vertrieben und beim Schlafen gestört werden, können einer übermäßigen Stimulation ausgesetzt sein. Katzen, die nicht genügend Spiel-/Jagdmöglichkeiten haben, sind möglicherweise
Wie sieht der Tagesablauf der Katze aus (Fressen, Ruhen/Schlafen, Spielen, Training, Bewegung)?	einem unzureichenden Maß an Stimulation ausgesetzt. Stellen Sie fest, ob die Katze sichere Bereiche hat, in denen sie sich bequem verstecken und ausruhen kann, wenn sie
Hat die Katze bevorzugte Plätze/Bereiche und Verstecke im Haus?	gestresst ist.

(Fortsetzung)

Tab. 1 (Fortsetzung)

Frage	Relevante Information
Management des anormalen Pflegeverhaltens (APV)	
Wie reagiert der Besitzer auf das APV?	Stellen Sie fest, ob der Besitzer Strafen einsetzt, die vermieden werden sollten.
Wie reagiert die Katze auf den Eingriff des Besitzers?	Ermittlung von Strategien, die helfen können, das Verhalten der Katze zu unterbrechen und umzulenken, z. B.
Hat der Besitzer einen Behandlungsversuch unternommen?	konditionierte Geräusche und mit Futter angereichertes Spielzeug
Was hat von den versuchten Maßnahmen/Behandlungen am besten funktioniert?	Informationen sammeln, um die medikamentöse Behandlung der Wahl zu ermitteln

Die Überschneidung von Verhaltens- und medizinischen Krankheiten: die Immunreaktion

Bisher haben wir unsere Aufmerksamkeit auf emotionale Dysregulation als Ursache für Overgrooming und zwanghaftes Grooming gerichtet. Es wurden jedoch mehrere medizinische Ursachen festgestellt, die als Differenzialdiagnosen in Betracht gezogen werden sollten: Krankheiten, die zu Schmerzen oder Juckreiz führen (z. B. unerwünschte Nahrungsmittelreaktionen, atopische Erkrankungen, Parasitenüberempfindlichkeit), Parasiten wie Flöhe, Milben und Läuse, Pilzinfektionen wie *Malassezia* und Dermatophytose, Endokrinopathien wie Hyperadrenocortizismus, systemische Erkrankungen wie das hepatokutane Syndrom und Hyperthyreose sowie lokale Schmerzen oder Juckreiz wie Neuropathien, Analsakkulitis oder Zystitis [3, 9, 11, 14, 15]. Das Vorhandensein von primären Läsionen und/oder Kratzen kann unsere Diagnosen in Richtung einer primären medizinischen Ursache lenken, aber das Fehlen von Läsionen schließt eine medizinische Ursache nicht aus.

Die Grenzen zwischen medizinischen und verhaltensbedingten Krankheiten sind nicht immer klar, und die Frage „Ist es medizinisch oder verhaltensbedingt?" ist nicht immer einfach zu beantworten. Der wechselseitige Zusammenhang zwischen Verhalten und Entzündungs- und Immunreaktionen ist in der wissenschaftlichen Literatur ausführlich dokumentiert. Darüber hinaus wird diese Beziehung auch von unserem Wirtsmikrobiom, d. h. dem Mikrobiom der Haut und des Darms, beeinflusst [16–18]. Die Aktivierung proinflammatorischer Zytokine führt zu einem depressiven Zustand (Krankheit), der dem Individuum hilft, mit der Krankheit (z. B. einer Infektion durch exogene Krankheitserreger) fertig zu werden, die die Entzündungsreaktion ausgelöst hat. Die zirkulierenden proinflammatorischen Zytokine können ins Gehirn gelangen, wo sie eine direkte entzündliche Wirkung haben und die Produktion anderer proinflammatorischer Zytokine und Prostaglandine anregen. Obwohl diese Entzündungsreaktion keine Gewebeschäden hervorruft, führt sie zu einer negativen Veränderung des Verhaltens. Zirkulierende proinflammatorische Zellen üben ihre Wirkung auf das Gehirn auch indirekt über neuronale Bahnen aus, indem sie zum Beispiel eine vagale Reaktion aktivieren [16]. Die endogenen Mikroorganismen, die das intestinale Mikrobiom bilden, können das Verhalten ihrer tierischen Wirte durch eine ähnliche Wirkung beeinflussen. Die Mikrobiota sind in der Lage, die Stressreaktion über die HPA-Achse oder direkt durch vagale neuronale Stimulation und Zytokinwirkung zu modulieren [17]. Chronische Magen-Darm-Bedingungen, die die Mikrobiota verändern, könnten daher das Verhalten eines Tieres über die mit Unwohlsein und Ernährungsproblemen verbundenen Veränderungen hinaus beeinflussen. Der Zusammenhang zwischen dem Hautmikrobiom und der Entzündungs- und Immunreaktion wurde bereits dokumentiert [19–21], aber der direkte Einfluss auf das Verhalten wurde noch nicht ermittelt.

Auch wenn der Ausschluss medizinischer Ursachen der erste notwendige Schritt ist, wenn eine Katze wegen „Overgrooming" behandelt werden muss, ist die andere unmittelbare Überlegung die Bewältigung des zugrunde liegenden Stresses, der sowohl bei der medizinischen als auch bei der Verhaltenskomponente des Selbsttraumas eine Rolle spielen könnte. Akuter Stress führt zu einer Immunreaktion, die die Abwehrmechanismen verstärken soll, aber chronische Stressoren können die Immunfunktion verändern, was zu entzündlichen Dermatosen, Magen-Darm-Erkrankungen, dermatologischen Erkrankungen, Atemwegs- und Harnwegserkrankungen und einer Vielzahl von Verhaltensstörungen führt [3]. Beim Menschen kann Stress eine Rolle bei der Pathogenese von Dermatosen wie atopischer Dermatitis spielen, indem er die Spiegel an IgE, Eosinophilen und vasoaktiven Peptiden erhöht, ein überreaktives sympathisch-adrenales Medullärsystem hervorruft und die hypothalamisch-hypophysäre Nebennierenrindenreaktion verringert [22–24]. Opioidpeptide, die bei Stress freigesetzt werden, können den Juckreiz weiter verstärken [25]. Beim Menschen wurde auch ein Zusammenhang zwischen Stress und erhöhter epidermaler Permeabilität festgestellt [26]. Eine erhöhte epidermale Permeabilität bei Haustieren könnte die atopische Erkrankung bei genetisch prädisponierten Personen verschlimmern.

Psychogene Hautkrankheiten

Psychogene Alopezie

Selbst herbeigeführte Alopezie, die auf eine zugrunde liegende Verhaltensursache zurückzuführen ist, wird häufig als psychogene Alopezie bei Katzen bezeichnet [3]. Das damit verbundene Verhaltenssymptom ist in der Regel eine übermäßige Körperpflege, die sich durch zwanghaftes Lecken, Kauen, Saugen, Beißen und Ausreißen der Haare und – in alopezischen Bereichen – der Haut äußert. Die zwanghafte Fellpflege kann sich auf jeden Bereich des Körpers richten, den das Tier erreichen kann, aber der Thorax, die Leistengegend, das Ventrum, die medialen oder kaudalen Oberschenkel, die Flanken und die Vorderbeine wurden als häufige Ziele genannt (Abb. 2, 3 und 4) [13, 14]. Es wurden auch Fälle beschrieben, bei denen Kopf und Hals betroffen waren [15]. Das repetitive Verhalten kann fokale oder diffuse Enthaarung, Exkoriationen, Krusten und nicht heilende Geschwüre mit symmetrischen

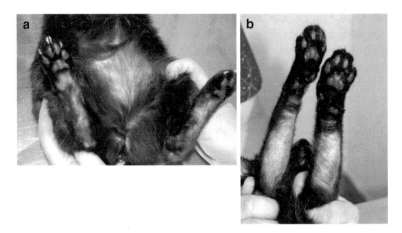

Abb. 2 Alopezie am Bauch (**a**) und an den Vorderbeinen (**b**) bei der gleichen Katze. (Mit freundlicher Genehmigung von Dr. Chiara Noli)

Abb. 3 Flankenalopezie.
(Mit freundlicher
Genehmigung von
G. Landsberg)

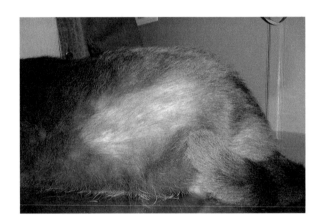

Abb. 4 Alopezie am
Bauch (**a**) und an den
Hinterbeinen (**b**) bei
derselben Katze. (Mit
freundlicher Genehmigung
von Dr. Chiara Noli)

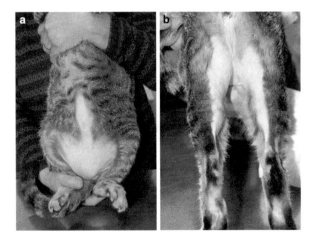

oder asymmetrischen Läsionen und peripherer Lymphadenomegalie aufgrund von Entzündungen und/oder Sekundärinfektionen verursachen [14, 15]. Für seltene Fälle mit nicht heilenden Geschwüren an Kopf und Hals wurde im Englischen der diagnostische Begriff *feline behavioral ulcerative dermatitis* vorgeschlagen [15]. Das oben erwähnte Vorhandensein von taktilen Rezeptoren im oralen und perioralen Bereich könnte erklären, warum sich die zwanghafte Fellpflege nicht auf exzessives Lecken beschränkt, sondern auch andere orale Verhaltensweisen wie Kauen, Saugen und Beißen umfasst. Es können Katzen jeden Alters, Geschlechts und jeder Rasse betroffen sein. Bei der Diagnose handelt es sich um eine Ausschlussdiagnose, wobei primäre dermatologische Erkrankungen, schmerzauslösende Zustände (orthopädische Erkrankungen, Erkrankungen der unteren Harnwege, Bauchschmerzen usw.), psychomotorische Anfälle und Hyperästhesie/Parästhesie ausgeschlossen werden sollten [3, 13].

In einer klinischen Studie, die in einer Facharztpraxis für Dermatologie und Verhaltensmedizin durchgeführt wurde, wurden 21 Katzen untersucht, die wegen selbst verursachter Alopezie überwiesen wurden [11]. Es wurde festgestellt, dass von den 21 beschriebenen Fällen 16 (76,2 %) eine medizinische Ätiologie hatten, zwei (9,5 %) eine psychogene Alopezie und drei (14,3 %) eine Kombination aus medizinischen und verhaltensbedingten Ursachen. Bei den medizinischen Problemen war eine Kombination aus Atopie und unerwünschten Nahrungsmittelreaktionen am häufigsten (12 Katzen), gefolgt von unerwünschten Nahrungsmittelreaktionen, atopischer Dermatitis und parasitärer Überempfindlichkeit. Bei 52 % der Patienten lag mehr als eine Ursache vor. Von 20 der 21 Katzen wurden Hautbiopsieproben entnommen, und 14 (70 %) wiesen entzündliche Hautläsionen auf. Alle Katzen mit histologischem Nachweis einer Entzündung hatten eine medizinische Grunderkrankung. Bei sechs Katzen, von denen zwei an einer Zwangsstörung und vier an einer Umweltüberempfindlichkeit, einer unerwünschten Nahrungsmittelreaktion oder beidem litten, wurden keine histologischen Anomalien festgestellt. Obwohl die Biopsie also dazu beitrug, eine medizinische Ursache zu bestätigen, gab es auch Katzen mit histologisch normaler Haut, bei denen eine medizinische Ursache vorlag.

Die Diagnostik der psychogenen Alopezie umfasst eine gründliche körperliche Untersuchung mit einer neurologischen und orthopädischen Beurteilung sowie eine vollständige dermatologische Untersuchung mit Parasitenbehandlung, Hautausschabung, Dermatophytenkultur, Trichogramm, Dermatoskopie [27], Hautbiopsie, Allergietests, Blutbild, Serumchemie und Urinanalyse. Weitere diagnostische Maßnahmen sollten in Betracht gezogen werden, wenn sie nach den Ergebnissen der vorangegangenen Untersuchung gerechtfertigt sind, z. B. abdominale Ultraschalluntersuchungen, Röntgenaufnahmen und endokrine Tests [3, 11, 13].

Übermäßiges Putzen und Beißen in den Schwanz

Overgrooming kann sich auch auf den Schwanz beziehen, in der Regel auf dessen distalen Teil. Dieses Verhalten kann auch, vor allem in fortgeschrittenen Stadien, durch energisches Kauen und Beißen gekennzeichnet sein, was zu Selbstverstüm-

melung führen kann [3, 7]. Dieses Erscheinungsbild kann eine primäre verhaltensbedingte Ursache haben, doch müssen zunächst zahlreiche medizinische Differenzialdiagnosen ausgeschlossen werden. Die Schwanzverstümmelung kann als
Spielverhalten oder als konfliktinduziertes Verhalten beginnen, bei dem die Katze
ihren Schwanz umkreist und jagt. Hautkrankheiten, Traumata, Schmerzen in der
Wirbelsäule und andere Neuropathien können das Verhalten auslösen oder als sekundärer Faktor dazu beitragen. Daher sind bei Katzen, die ihren Schwanz angreifen, erweiterte bildgebende Verfahren erforderlich, um neurologische oder orthopädische Erkrankungen auszuschließen. Sollte die Katze ihren Schwanz beißen oder
verletzen, könnten die daraus resultierenden Schmerzen, Infektionen und möglichen Neuropathien zu weiterem Kauen und Beißen verleiten [3, 13].

Hyperästhesie

Die vielen Bezeichnungen, die für dieses Syndrom verwendet wurden, wie „Rolling-
Skin-Syndrom", „zuckende Katzenkrankheit", „Neuritis" oder „atypische Neuro-
dermitis", spiegeln die komplizierte Natur dieses Syndroms wider. Hyperästhesie
bei Katzen kann auf ein breites Spektrum medizinischer und verhaltensbezogener
Probleme zurückgeführt werden, darunter dermatologische (Schmerzen, Juckreiz,
Infektionen), neurologische (partielle Anfälle, Wirbelsäulenerkrankungen und Neuropathien), muskuloskelettale (Einschlusskörpermyopathie, FeLV-induzierte Mye-
lopathie) oder verhaltensbezogene (Verdrängungsverhalten in Konfliktsituationen
oder bei hoher Erregung, Zwangsstörungen) [28–31]. Während Kräuseln, Zucken
und Spasmen der epaxialen Muskeln die charakteristischen Anzeichen sind, können
auch estrusartiges Rollen, Schwanzzucken, Muskelkrämpfe am Rücken und an den
Flanken, Mydriasis, selbstverletzendes Verhalten, umgelenkte Aggression, Vokali-
sation und Laufen, exzessives Belecken, Selbstverstümmelung und fehlende Stu-
benreinheit (die sich als Defäkation beim Laufen äußern kann) mit Hyperästhesie-
Ereignissen in Verbindung gebracht werden [3, 7]. Das klinische Bild variiert von
Katze zu Katze, sodass einzelne Tiere alle oder nur einige der beschriebenen Anzeichen aufweisen können. Das Verhalten lässt sich oft nur schwer oder gar nicht unterbrechen und kann durch einfaches Reiben des Katzenrückens ausgelöst werden,
obwohl die Episoden meist ohne offensichtlichen Umweltreiz beginnen. Manche
Katzen rollen die Haut ein und lecken an den Hohlstellen, wenn der dorsale Lenden-
bereich berührt wird. Es wurde sogar vermutet, dass in einigen Fällen die Schmerz-
bahnen übermäßig empfindlich auf relativ harmlose Berührungen reagieren [32].
Wie bei der psychogenen Alopezie würde sich eine diagnostische Untersuchung auf
den Ausschluss dermatologischer, schmerzhafter und systemischer Ursachen für die
Anzeichen sowie neurologischer Ursachen konzentrieren. Die Behandlung sollte
sowohl die stressbedingte Komponente als auch die medizinische Komponente berücksichtigen. In einer kürzlich durchgeführten retrospektiven Studie an sieben
Katzen mit Hyperästhesie mit Schwanz-Selbstverletzung lag das Durchschnittsalter
bei einem Jahr, und sechs der Katzen waren männlich. Trotz einer umfassenden

Untersuchung, die unter anderem eine hämatologische, blutchemische und serologische Untersuchung sowie eine MRT des Gehirns, des Rückenmarks und der Cauda equina und eine Liquoranalyse umfasste, konnte bei keiner der Katzen eine Diagnose gestellt werden, obwohl bei zwei von ihnen der Verdacht auf eine Überempfindlichkeitsdermatitis bestand. Diese Studie zeigt, wie schwierig die Diagnose ist und wie wichtig ein multidisziplinärer Ansatz ist [33].

Übermäßiges Kratzen

Overgrooming kann auch durch übermäßiges Kratzen gekennzeichnet sein, insbesondere im Bereich des Kopfes, des Gesichts und des Mundes. In diesem Fall sollte eine medizinische Komponente stark vermutet und daher untersucht werden. Bei Katzen kann eine Neuropathie das Kratzen an Kopf, Schnauze oder Hals verursachen. Das orofaziale Schmerzsyndrom der Katze (Trigeminusneuralgie) kann auch mit Anzeichen von oralen Beschwerden und Zungenverstümmelung einhergehen. Das Syndrom kann während des Zahnens (6 Monate) auftreten, und es kann in Zusammenhang mit Zahnerkrankungen, Mittelohrentzündungen oder Stress immer wieder auftauchen. Es geht häufig mit Schmerzen und Unwohlsein beim Fressen, Trinken und bei der Körperpflege einher. Es wurde über eine Rassedisposition bei Burma-Katzen berichtet [34]. Zahnerkrankungen, Hautkrankheiten, Trigeminusneuropathie und Verhaltensfaktoren sollten in Betracht gezogen werden. In den meisten Fällen muss sich die Behandlung auf die Reduzierung der neuropathischen Schmerzen mit Medikamenten wie Gabapentin und dem NMDA-Antagonisten Amantadin konzentrieren, zusammen mit gleichzeitigen entzündungshemmenden, schmerzstillenden und verhaltenstherapeutischen Medikamenten gegen Angst und Stress. Die Behandlung mit Methimazol kann bei Katzen auch zu Juckreiz führen [3].

Behandlung

Als erster Schritt der Behandlung sollten die diagnostizierten medizinischen Probleme, die dem repetitiven Verhalten (und anderen damit verbundenen anormalen Verhaltensweisen) zugrunde liegen, behandelt werden. Aufgrund der Wechselwirkung zwischen der medizinischen und der Verhaltenskomponente der psychogenen dermatologischen Erkrankung sollte die Verhaltensbehandlung auch dann nicht vernachlässigt werden, wenn eine medizinische Komponente festgestellt und behandelt wurde.

Die Behandlung umfasst:

- Veränderungen in der Umwelt
- Verhaltensänderung
- pharmakologische Behandlung

Veränderung von Umwelt und Verhalten

Alle identifizierten Stressoren sollten beseitigt oder minimiert werden. Eine vorhersehbare und stabile Umgebung, in der erwünschte Verhaltensweisen konsequent gefördert und belohnt werden, ist von grundlegender Bedeutung, um die Kontrolle über die Umgebung zu erhöhen und Frustration und Stress zu verringern. Ein Mangel an bereichernder Umgebung ist eine häufige Stressquelle für Katzen. Ein katzenfreundliches Haus sollte viele sichere Plätze bieten, damit die Katze ihre Umgebung als sicher empfindet: Verstecke, Sitzstangen und Kratzbäume als erhöhte Aussichtspunkte sowie bequeme Einstreu. Außerdem sollte es genügend Möglichkeiten für alle Verhaltensbedürfnisse der Katze geben: mit Futter gefüllte Spielzeuge und mehrere kleine Mahlzeiten für ein artgerechtes Fütterungsmuster, Geruchsstimulation (Katzenminze, Silberrebe, Baldrian, synthetische Pheromone), Kratzbäume zum Markieren und beuteähnliche Spielzeuge zur Förderung eines artgerechten Spielverhaltens [13, 35–37]. Die Spielsitzungen können kurz (5–10 min) [38], aber häufig (2–3 Mal täglich) sein und sollten mit einer Belohnungsphase (ein paar Leckerlis) enden.

Soziale Konflikte können eine große Stressquelle für Katzen sein, insbesondere in Haushalten mit mehreren Katzen, Hunden oder kleinen Kindern. Es ist wichtig zu bedenken, dass Katzen, die einen sozialen Konflikt erleben, möglicherweise keine offensichtlichen Anzeichen von Angst oder Aggression zeigen, sondern stattdessen ihr Aktivitätsniveau verringern und sich isolieren, um die Wahrscheinlichkeit einer antagonistischen Interaktion zu verringern. Jeder Katze sollte ein Kernbereich zur Verfügung gestellt werden, in dem sie Zugang zu allen benötigten Ressourcen (Futter und Wasser, Ruhe-/Schlaf- und Versteckplätze, Katzenklo, Spielzeug) hat, ohne dass sie mit anderen Individuen interagieren muss. Katzen verbringen die meiste Zeit ohne soziale Interaktionen, selbst wenn sie mit einem bevorzugten Partner zusammenleben (d. h. einem Individuum, bei dem sie sich in unmittelbarer Nähe aufhalten können und dem gegenüber sie affiliative Verhaltensweisen wie aneinander Reiben und Allogrooming zeigen). Zeigen zwei Individuen offenkundig antagonistische Interaktionen (Zischen, Schlagen, Anpirschen, Springen, Beißen usw.), sollten sie durch eine physische Barriere getrennt werden [37].

E-Halsbänder, Bandagen, Hemden und Mäntel hindern das Tier daran, die betroffene Körperstelle zu erreichen, und können dazu beitragen, das Overgrooming vorübergehend zu verringern. Diese Barrieren verhindern übermäßiges Belecken und bieten eine vorübergehende Erleichterung für die Heilung von Läsionen und Entzündungen; Katzen mit neuropathischen Schmerzen oder Parästhesien können auch durch die Kompression, die Bandagen, Hemden und Mäntel auf die betroffene Stelle ausüben, Linderung erfahren. Diese Barrieren können jedoch zu weiteren Ängsten führen, bis das Tier positiv konditioniert ist, und sie sollten mit Vorsicht eingesetzt werden [3].

Reaktionen des Besitzers, die das Verhalten unbeabsichtigt verstärken oder die Angst des Tieres noch vergrößern, müssen unterbleiben. Bestrafung, auch verbaler Art (z. B. „Nein" schreien), muss vermieden werden, da sie zu noch mehr Stress führen kann und die Ursache nicht beseitigt. Jegliches Training muss auf Belohnungen basieren (um das Tier zu trainieren und es zu alternativen, wünschenswerten Verhaltensweisen zu motivieren), und Stressquellen müssen identifiziert und beseitigt werden. Die Besitzer sollten der Katze konstruktive Aktivitäten (z. B. Futtermanipulationsspielzeug, neue Erkundungsobjekte) zur Verfügung stellen, um sie zu beschäftigen, wenn sie nicht aktiv mit Menschen zu tun hat, sowie bequeme Ruheplätze, die erhöht und sicher sind, um stressfreies Ruhen und Schlafen zu fördern. Positive soziale Interaktionen sollten gefördert werden, einschließlich Spielen mit beuteähnlichem Spielzeug, belohnungsbasiertem Training, Clickertraining und kurzen Streicheleinheiten im Kopf- und Halsbereich. Letzteres sollte jedoch unterlassen werden, wenn es die Selbstpflege auslöst. Unangenehme Interaktionen sollten vermieden werden, z. B. erzwungenes Anfassen und Zurückhalten sowie erzwungener und längerer Umgang mit Besuchern, Kindern und anderen Tieren. Katzen, die sich übermäßig putzen, sollten aktiv beaufsichtigt werden, und ihr unerwünschtes Verhalten sollte durch eine alternative, angenehme Beschäftigung beendet werden. Zur Bewältigung von Situationen, in denen Probleme auftreten, sollten dem Tier Stichworte für alternative erwünschte Verhaltensweisen beigebracht werden (Matte, Baum, kommen/berühren, spielen/holen). Wenn ein unerwünschtes Verhalten auftritt, kann der Besitzer das Tier zu einem erwünschten Alternativverhalten locken oder es ignorieren und weggehen (wenn das Verhalten dadurch beendet wird) [3, 37].

Pharmakologische Behandlung

Die Dosierungen für alle in diesem Abschnitt genannten Medikamente sind in Tab. 2 aufgeführt. Serotonerge Medikamente sind wirksam bei der Behandlung von stress- und angstbedingten Problemen und zwanghaftem Verhalten. Eine Behandlung mit

Tab. 2 Häufig verwendete Arzneimittel zur Behandlung psychogener Hauterkrankungen

	Medikamentenklasse	Dosisbereich	Häufigkeit	Zeit bis zur Wirkung
Fluoxetin	SSRI	0,25–1,0 mg/kg	Alle 24 h	Langsam
Paroxetin	SSRI	0,25–1,0 mg/kg	Alle 24 h	Langsam
Clomipramin	TCA	0,25–1,0 mg/kg	Alle 24 h	Langsam
Amitriptylin	TCA	0,5–1,0 mg/kg	Alle 12–24 h	Langsam
Buspiron	Azapiron	0,5–1,0 mg/kg	Alle 12–24 h	Langsam
Trazodon	SARI	25–100 mg/Katze	PRN oder alle 12–24 h	Schnell
Alprazolam	BZD	0,02–0,1 mg/kg	PRN oder alle 8–24 h	Schnell
Oxazepam	BZD	0,2–0,5 mg/kg	PRN oder alle 12–24 h	Schnell
Clonazepam	BZD	0,05–0,25 mg/kg	PRN oder alle 8–24 h	Schnell
Lorazepam	BZD	0,05 mg/kg	PRN oder alle 12–24 h	Schnell
Gabapentin	Antiepileptika	2,5–10 mg/kg	Alle 8–24 h	Schnell

SSRI Selektiver Serotonin-Wiederaufnahmehemmer, *TCA* Trizyklische Antidepressiva, *SARI* Serotonin-Antagonist und Wiederaufnahmehemmer, *BZD* Benzodiazepin, *PRN* nach Bedarf („pro re nata"). Alle Medikamente werden PO verabreicht. Zeit bis zur Wirkung:, langsam – zwischen 1 und 4 Wochen; schnell – zwischen 45 und 90 min [3, 40]

einem selektiven Serotonin-Wiederaufnahmehemmer (engl. *selective serotonin reuptake inhibitor*, SSRI; Fluoxetin oder Paroxetin) oder dem trizyklischen Antidepressivum (engl. *tricyclic antidepressant*, TCA) Clomipramin sollte innerhalb von 4–6 Wochen zu einer deutlichen Verbesserung führen [10, 39]. Diese Medikamente sollten täglich verabreicht werden, unabhängig von der Exposition gegenüber den auslösenden Reizen. Zu den Nebenwirkungen serotonerger Medikamente gehören Lethargie, Appetitveränderungen, Magen-Darm-Beschwerden und paradoxe Reaktionen mit erhöhter Angst. Besondere Vorsicht ist bei anticholinergen Nebenwirkungen geboten, insbesondere bei Paroxetin und Clomipramin, die zu einer Harn- oder Stuhlretention und einer weniger häufigen Ausscheidung beitragen können. Nach 4–6 Wochen kann bei unzureichendem Ansprechen eine Dosisanpassung erforderlich sein. Trazodon, ein Serotoninantagonist und Wiederaufnahmehemmer, oder Buspiron, ein partieller Serotoninantagonist, können ebenfalls eingesetzt werden. Sedierung, Magen-Darm-Beschwerden und paradoxe Zunahme von Angstzuständen sind mögliche Nebenwirkungen von Trazodon. Erhöhte Agitation und Aggression sollten bei Verwendung von Buspiron überwacht werden. Bei der Verabreichung von serotonergen Arzneimitteln ist wegen des Risikos eines Serotoninsyndroms Vorsicht geboten, und die Kombination von zwei serotonergen Arzneimitteln sollte bei Katzen vermieden werden. Anxiolytika wie Benzodiazepine (Alprazolam, Oxazepam, Clonazepam oder Lorazepam) können in Kombination mit serotonergen Medikamenten (SSRIs, TCAs, Trazodon und Buspiron) verwendet werden. Zu den Nebenwirkungen von Benzodiazepinen gehören Sedierung, gesteigerter Appetit, paradoxe Unruhe und Aggression. Längerer Gebrauch kann zu körperlicher Abhängigkeit und Entzugserscheinungen führen. Diazepam PO sollte wegen des Risikos einer fulminanten Lebernekrose nicht an Katzen verabreicht werden. Trazodon und Benzodiazepine können je nach Bedarf eingesetzt werden, wenn die Exposition gegenüber intensiven Stressoren erwartet wird, oder täglich. Bei chronischen Schmerzen, neuropathischen Schmerzen und Para-/Hyperästhesie ist der Einsatz von Clomipramin und Gabapentin, beides Schmerzmodulatoren, zu erwägen. Clomipramin und andere TCAs, wie Amitriptylin und Doxepin, haben auch eine juckreizstillende Wirkung. Die Verwendung von NSAIDs und Tramadol kann zur Schmerzbehandlung in Betracht gezogen werden, wenn der Verdacht besteht, dass dies eine Rolle beim Overgrooming spielt [3, 13, 40].

Von den 21 Katzen, die wegen selbst verursachter Alopezie überwiesen und in die oben genannte Studie [11] aufgenommen wurden, verbesserte sich die Alopezie bei den beiden primär verhaltensbedingten Fällen dramatisch durch eine Kombination aus Verhaltensmanagement (einschließlich eines vorhersehbareren Tagesablaufs, verstärkter Bereicherung durch soziale Spielstunden und Einführung neuer Spielzeuge sowie Einstellung der Bestrafung) und täglichem Clomipramin. Von den drei Katzen mit teilweiser Verhaltensursache sprach eine auf das Verhaltensmanagement an, eine Katze wurde nicht weiter verfolgt und eine wurde nicht behandelt.

In einer anderen Studie [14] sprachen von elf Katzen, bei denen psychogene Alopezie diagnostiziert wurde, alle fünf mit Clomipramin, zwei von drei mit Amitriptylin und eine von vier mit Buspiron behandelten Katzen positiv an. Bei sechs Katzen, die mit Medikamenten, Umgebungsänderungen oder beidem behandelt wurden, verschwanden die Symptome vollständig. Zwei der elf Katzen sprachen nicht auf die Behandlung an.

In einer Studie mit sieben Katzen, die wegen Hyperästhesie mit Schwanzselbstverletzung vorgestellt wurden, wurde bei fünf Katzen eine Remission mit Gabapentin allein (zwei Katzen) oder mit Gabapentin in Kombination mit Cyclosporin und Amitriptylin (eine Katze), Prednisolon und Phenobarbital (eine Katze) sowie Topiramat und Meloxicam (eine Katze) erreicht. Dies unterstreicht die Schwierigkeit, Hyperästhesien zu diagnostizieren und wirksam zu kontrollieren [33].

Wenn Overgrooming mit Angst, Konflikten oder zugrunde liegendem Stress zusammenhängt, können auch Nahrungsergänzungsmittel eingesetzt werden. Dazu gehören natürliche Produkte wie synthetische Gesichts- und Beschwichtigungspheromone, die zur Verringerung von Stress und sozialen Konflikten beitragen (Feliway und Feliway Multicat, CEVA), L-Theanin (auch in Kombination mit *Magnolia officinalis* und *Phellodendron amurense* und Molkeproteinkonzentrat in Solliquin, Nutramax), Alpha-Casozepin (Zylkene, Vetoquinol) und medikamentöse Futtermittel wie Royal Canin Feline Calm oder Hills' Multicat c/d feline stress [3].

Prognose

Die Prognose psychogener Hauterkrankungen ist sehr unterschiedlich und hängt von den zugrunde liegenden Ursachen und Komplikationsfaktoren ab. Wenn eine spezifische Ursache identifiziert und beseitigt werden kann, z. B. die physische Trennung zweier Katzen bei sozialen Konflikten, kann die Krankheit vollständig geheilt werden. Die meisten Fälle können jedoch frustrierend sein und erfordern eine langfristige Behandlung. Eine genaue Diagnose erleichtert den Behandlungserfolg. Mit einer Kombination aus Verhaltenstherapie und dem umsichtigen Einsatz geeigneter Medikamente lässt sich das Overgroomingverhalten von Katzen häufig kontrollieren.

Literatur

1. Fatjo J, Bowen J. Medical and metabolic influences on behavioural disorders. In: Horwitz DF, Mills DS, Herausgeber. BSAVA manual of canine and feline behavioural medicine. 2. Aufl. Gloucester: BSAVA; 2009. S. 1–9.
2. Rochlitz I. Basic requirements for good behavioural health and welfare in cats. In: Horwitz DF, Mills DS, Herausgeber. BSAVA manual of canine and feline behavioural medicine. 2. Aufl. Gloucester: BSAVA; 2009. S. 35–48.
3. Landsberg G, Hunthausen W, Ackeman L. Behavior problems of the dog and cat. 3. Aufl. Philadelphia: Elsevier Saunders; 2013.
4. Houpt KA. Domestic animal behavior for veterinarians and animal scientists. 6. Aufl. Ames: Wiley-Blackwell; 2018.
5. Crowell-Davis SL, Curtis TM, Knowles RJ. Social organization in the cat: a modern understanding. J Feline Med Surg. 2004;6:19–28.
6. Carlson NR. Physiology of behavior. 12. Aufl. Upper Saddle River: Pearson; 2017.
7. Overall K. Manual of clinical behavior medicine for dogs and cats. St. Louis: Elsevier Mosby; 2013.

8. Fornal CA, Metzler CW, Marrosu F, Ribiero-do-Valle LE, Jacobs BL. A subgroup of dorsal raphe serotonergic neurons in the cat is strongly activated during oral-buccal movements. Brain Res. 1996;716:123–33.
9. Bain M. Compulsive and repetitive behavior disorders: canine and feline overview. In: Horwitz D, Herausgeber. Blackwell's five-minute veterinary consult clinical companion: canine and feline behavior. 2. Aufl. Hoboken: Wiley; 2018. S. 391–403.
10. Overall KL, Dunham AE. Clinical features and outcome in dogs and cats with obsessive-compulsive disorder: 126 cases (1989–2000). J Am Vet Med Assoc. 2002;221:1445–52.
11. Waisglass SE, Landsberg GM, Yager JA, Hall JA. Underlying medical conditions in cats with presumptive psychogenic alopecia. J Am Vet Med Assoc. 2006;228:1705–9.
12. Willemse T, Mudde M, Josephy M, Spruijt BM. The effect of haloperidol and naloxone on excessive grooming behavior in cats. Eur Neuropsychopharmacol. 1994;4:39–45.
13. Bain M. Psychogenic alopecia/overgrooming: feline. In: Horwitz D, Herausgeber. Blackwell's five-minute veterinary consult clinical companion: canine and feline behavior. 2. Aufl. Hoboken: Wiley; 2018. S. 447–455.
14. Sawyer LS, Moon-Fanelli AA, Dodman NH. Psychogenic alopecia in cats: 11 cases (1993–1996). J Am Vet Med Assoc. 1999;214:71–4.
15. Titeux E, Gilbert C, Briand A, Cochet-Faivre N. From feline idiopathic ulcerative dermatitis to feline behavioral ulcerative dermatitis: grooming repetitive behaviors indicators of poor welfare in cats. Front Vet Sci. 2018. https://doi.org/10.3389/fvets.2018.00081.
16. Dantzer D, O'Connor JC, Freund GC, Johnson RW, Kelley KW. From inflammation to sickness and depression: when the immune system subjugates the brain. Nat Rev Neurosci. 2008;9:46–56.
17. Foster JA, McVey NK. Gut – brain axis: how the microbiome influences anxiety and depression. Trends Neurosci. 2013;36:305–12.
18. Siracusa C. Treatments affecting dog behavior: something to be aware of. Vet Rec. 2016;179:460–1.
19. Iwase T, Uehara Y, Shinji H, Tajima A, Seo H, Takada K, et al. Staphylococcus epidermidis Esp inhibits Staphylococcus aureus biofilm formation and nasal colonization. Nature. 2010;465:346–9.
20. Siegel R, Ma J, Zou Z, Jemal A. Cancer statistics. CA Cancer J Clin. 2014;64:9–29.
21. Tlaskalová-Hogenová H, Štepánková R, Hudcovic T, Tucková L, Cukrowska B, Lodinová-Zádníková R, et al. Commensal bacteria (normal microflora), mucosal immunity and chronic inflammatory and autoimmune diseases. Immunol Lett. 2004;93:97–108.
22. Buske-Kirschbaum A, Gieben A, Hollig H, Hellhammer DH. Stress-induced immunomodulation in patients with atopic dermatitis. J Neuroimmunol. 2002;129:161–7.
23. Mitschenko AV, An L, Kupfer J, Niemeier V, Gieler U. Atopic dermatitis and stress? How do emotions come into skin? Hautarzt. 2008;59:314–8.
24. Pasaoglu G, Bavbek S, Tugcu H, Abadoglu O, Misirligil Z. Psychological status of patients with chronic urticaria. J Dermatol. 2006;22:765–71.
25. Panconesi E, Hautman G. Psychophysiology of stress in dermatology. Dermatol Clinic. 1996;14:399–422.
26. Garg A, Chren MM, Sands LP, Matsui MS, Marenus KD, Feingold KR, et al. Psychological stress perturbs epidermal permeability barrier homeostasis: implications for the pathogenesis of stress associated skin disorders. Arch Dermatol. 2001;137:78–82.
27. Scarampella F, Zanna G, Peano A, Fabbri E, Tosti A. Dermoscopic features in 12 cats with dermatophytosis and in 12 cats with self-induced alopecia due to other causes: an observational descriptive study. Vet Dermatol. 2015;26:282–e63.
28. Carmichael KP, Bienzle D, McDonnell JJ. Feline leukemia virus-associated myelopathy in cats. Vet Pathol. 2002;39:536–45.
29. Ciribassi J. Understanding behavior: feline hyperesthesia syndrome. Compend Contin Educ Vet. 2009;31:E10.
30. Coates JR, Dewey CW. Cervical spinal hyperesthesia as a clinical sign of intracranial disease. Compend Contin Educ Vet. 1998;20:1025–37.

31. March P, Fischer JR, Potthoff A. Electromyographic and histological abnormalities in epaxial muscles of cats with feline hyperesthesia syndrome. J Vet Int Med. 1999;13:238.
32. Drew LJ, MacDermott AB. Neuroscience: unbearable lightness of touch. Nature. 2009;462:580–1.
33. Batle PA, Rusbridge C, Nuttall T, Heath S, Marioni-Henry K. Feline hyperesthesia syndrome with self-trauma to the tail; retrospective study of seven cases and proposal for integrated multidisciplinary approach. J Fel Med Surg. 2018. https://doi.org/10.1177/1098612X18764246.
34. Rusbridge C, Heath S, Gunn-Moore KSP, Johnston N, AK MF. Feline orofacial pain syndrome (FOPS); a retrospective study of 113 cases. J Fel Med Surg. 2010;12:498–508.
35. Ellis JJ, Stryhn H, Spears J, Cockram MS. Environmental enrichment choices of shelter cats. Behav Process. 2017;141:291–6.
36. Herron MH, Buffington CAT. Environmental enrichment for indoor cats: implementing enrichment. Compend Contin Educ Vet. 2012;34:E3.
37. Siracusa C. Creating harmony in multiple cat households. In: Little, Herausgeber. August's consultations in feline internal medicine, Bd. 7. Philadelphia: Elsevier; 2016. S. 931–940.
38. Strickler BL, Shull EA. An owner survey of toys, activities, and behavior problems in indoor cats. J Vet Behav. 2014;9:207–14.
39. Seksel K, Lindeman MJ. Use of clomipramine in the treatment of anxiety-related and obsessive-compulsive disorders in cats. Aust Vet J. 1998;76:317–21.
40. Siracusa C, Horwitz D. Psychopharmacology. In: Horwitz D, Herausgeber. Blackwell's five-minute veterinary consult clinical companion: canine and feline behavior. 2. Aufl. Hoboken: Wiley; 2018. S. 961–974.

Neoplastische Erkrankungen

David J. Argyle und Špela Bavčar

Zusammenfassung

Hauttumoren bei Katzen sind die zweithäufigste Tumorart und machen etwa 25 % aller gemeldeten Neoplasien aus (Argyle, Decision making in small animal oncology. Oxford: Blackwell/Wiley, 2008). Im Vergleich zu Hunden (die deutlich häufiger gutartige Hautgeschwülste aufweisen) sind etwa 65–70 % der Hautgeschwülste bei Katzen bösartig. Gelegentlich handelt es sich bei Hauttumoren auch um metastatische Läsionen. Das beste Beispiel hierfür ist das Syndrom der digitalen und kutanen Metastasen in Zusammenhang mit Lungenkrebs bei Katzen (bei Hunden seltener anzutreffen), das weiter unten ausführlicher beschrieben wird (Goldfinch und Argyle, J Feline Med Surg 14:202–8, 2012).

Viele Jahre lang wurde die Krebsmedizin der Katze von virusbedingten Lymphomen dominiert. Während Lymphome bei Katzen immer noch ein großes Problem darstellen, hat die zunehmende Impfung die Häufigkeit dieser Krankheit verringert und anderen Tumoren den Vorrang eingeräumt, insbesondere dem Plattenepithelkarzinom (SCC), der Mastzellerkrankung und den impfstoffassoziierten Sarkomen. Dieses Kapitel soll dem Leser ein umfassendes Verständnis für die Klassifizierung und den Umgang mit Krebserkrankungen bei Katzen vermitteln und einen Überblick über die wichtigsten Tumorarten geben.

D. J. Argyle (✉) · Š. Bavčar
The Royal (Dick) School of Veterinary Studies, University of Edinburgh, Easter Bush, Midlothian, Großbritannien
E-Mail: david.argyle@roslin.ed.ac.uk; david.argyle@ed.ac.uk

C. Noli, S. Colombo (Hrsg.), *Dermatologie der Katze*,
https://doi.org/10.1007/978-3-662-65907-6_30

Einführung

Hauttumoren bei Katzen sind die zweithäufigste Tumorart und machen etwa 25 % aller gemeldeten Neoplasien aus [1]. Im Vergleich zu Hunden (die deutlich häufiger gutartige Hautgeschwülste aufweisen) sind etwa 65–70 % der Hautgeschwülste bei Katzen bösartig. Gelegentlich handelt es sich bei Hauttumoren tatsächlich um eine Ausbreitung des Krebses von anderen Stellen aus. Ein Beispiel hierfür sind Katzen mit primären Lungentumoren, bei denen metastatische Läsionen in der Haut oder in den Zehen gefunden werden können (was bei Lungentumoren bei Hunden ungewöhnlich ist). Dies wird weiter unten näher beschrieben [2].

Viele Jahre lang wurde die Krebsmedizin für Katzen von virusbedingten Lymphomen dominiert. Lymphome sind zwar nach wie vor ein großes Problem bei Katzen, doch die zunehmende Impfung hat die Häufigkeit dieser Krankheit verringert und anderen Tumoren, insbesondere dem Plattenepithelkarzinom (SCC), der Mastzellerkrankung und den impfstoffassoziierten Sarkomen, zu einer größeren Bedeutung verholfen. Dieses Kapitel soll dem Leser ein umfassendes Verständnis der Klassifizierung und der Vorgehensweise bei Krebserkrankungen bei Katzen (Kasten 1) sowie einen Überblick über die wichtigsten Tumorarten vermitteln.

Kasten 1: Wichtige Punkte zu Hauttumoren bei Katzen

- Katzen sollten nicht als „kleine Hunde" betrachtet werden, da ihre Tumoren eine andere Biologie und einen anderen natürlichen Verlauf aufweisen.
- Jeder Knoten bei einer Katze sollte angesichts des hohen Anteils bösartiger Läsionen bei dieser Tierart mit Misstrauen behandelt werden. Jede Katze mit einer Geschwulst sollte untersucht werden. Dies gilt auch für verdächtige, nicht heilende ulzerierte Läsionen.
- Hauttumoren können Metastasen anderer, „Nicht-Haut"-Tumoren darstellen.
- Bösartige Tumoren können ein schnelles Wachstum aufweisen und mit den darunter liegenden Strukturen verwachsen sein.
- Sowohl bösartige als auch gutartige Tumoren können ulzeriert sein.
- Das Erscheinungsbild des Wachstums variiert je nach Tumortyp und -ort.
- Die Ursachen für Hautkrebs sind denen anderer Arten sehr ähnlich und umfassen physikalische Faktoren, Immunfunktionen und auch virale Ursachen. Das zugrunde liegende Merkmal ist jedoch häufig eine chronische Entzündung.
- Zu den physikalischen Faktoren gehören ionisierende Strahlung und ultraviolette Strahlung. Der Zusammenhang zwischen der Entwicklung von SCC und der Sonnenexposition der Haut bei weißen Katzen wurde epidemiologisch nachgewiesen. Bei weißen Katzen in Kalifornien wurde ein 13-fach erhöhtes Risiko für die Entwicklung von SCC festgestellt [3].
- Die Fähigkeit von Papillomaviren, bei Säugetieren durch Schleimhautinfektionen eine neoplastische Transformation zu induzieren, ist gut belegt.

Die Infektion von Keratinozyten kann eine verstärkte Proliferation und terminale Differenzierung auslösen. Die neoplastische Transformation entsteht durch die Interaktion von Papillomavirusproteinen mit zellulären Proteinen (Spaltung von p53 durch das Virusprotein E6 und Hemmung von pRB durch das Virusprotein E7) [4]. Bei Katzen werden Papillomaviren mit viralen Plaques und felinen Fibropapillomen (manchmal auch als *feline Sarkoide* bezeichnet) in Verbindung gebracht. Ein neues felines Papillomavirus wurde aus drei felinen Bowen-in-situ-Läsionen sequenziert [5–7].

- Es gibt viele Belege für die Rolle der Immunüberwachung bei der Krebsbekämpfung. Der erfolgreiche Einsatz von Immunstimulanzien bei frühen Krebsläsionen, wie z. B. Imiquimod bei Carcinoma in situ, spricht ebenfalls für die Rolle des Immunsystems bei der Kontrolle von Hautkrebs. Eine Immunsuppression durch eine FIV-Infektion prädisponiert Katzen wahrscheinlich für die Entstehung von Krebs.

Klassifizierung von Hauttumoren bei Katzen

Hauttumoren bei Katzen werden in der Regel anhand der folgenden Kriterien klassifiziert:

- Ursprungsgewebe (mesenchymal, epithelial, melanotisch oder rundzellig)
- Ursprungszelle, falls zutreffend (z. B. Mastzelltumor)
- Grad der Bösartigkeit

Auf der Grundlage der berichteten epidemiologischen Studien (die zahlenmäßig begrenzt sind) sind die vier häufigsten Hauttumoren bei Katzen Basalzelltumoren, Plattenepithelkarzinome, Mastzelltumoren und Weichteilsarkome (hauptsächlich Fibrosarkome). Diese vier Tumorarten machen etwa 70 % aller gemeldeten Hauttumoren bei Katzen aus (Tab. 1) [3].

Umgang mit krebskranken Katzen

Eine detaillierte Beschreibung der Vorgehensweise (Biopsietechniken) würde den Rahmen dieses Kapitels sprengen, der Leser wird auf andere Texte verwiesen [1]. Das generelle Vorgehen ist jedoch allgemein üblich.

- Eine ausführliche Anamnese und körperliche Untersuchung sind unerlässlich. Die Dauer der Erkrankung, die Wachstumsrate und alle klinischen Anzeichen, die mit dem Tumor in Verbindung stehen, können bei der Unterscheidung zwischen gutartigen und bösartigen Tumoren hilfreich sein.

Tab. 1 Klassifizierung von Hautneoplasmen bei Haustieren

Epitheliale Tumoren	
Basalzellkarzinom	
Plattenepithelkarzinom	
Papilloma	
Tumoren der Adnexe	
Melanozytäre Tumoren	
Gutartiges Melanom	
Malignes Melanom	
Mesenchymale Tumoren (Weichteilsarkome)	
Faseriges Gewebe	*Fibrom*
	Fibrosarkom
Nervöses Gewebe	*Periphere Nervenscheidentumoren*
Fettes Gewebe	*Neurofibrosarkom*
	Lipom
	Liposarkom
Glatter Muskel	*Leiomyom*
	Leiomyosarkom
Myxomatöses Gewebe	*Myxom*
	Myxosarkom
Mastzelltumoren	
Viszeral	
Kutan (atypisch und mastozytär)	
Vaskuläre Tumoren	
Hämangiom	
Hämangiosarkom	
Lymphome	
Dermatroph	
Epitheliotroph	
Histiozytäre Erkrankungen	
Feline progressive Histiozytose	
Feline pulmonale Langerhans-Zell-Histiozytose	
Felines histiozytisches Sarkom (solitär und disseminiert)	
Hämophagozytisches histiozytisches Sarkom der Katze	
Mastzelltumoren, kutane Lymphome, kutane Plasmazelltumoren, Histiozytome und neuroendokrine (Merkel-Zell-)Tumoren werden zusammen als *Rundzelltumoren* bezeichnet.	

- Die Vermessung des Tumors, die Fotografie und die Aufzeichnung der genauen Lage des Tumors auf einer schematischen Körperkarte sind von größter Bedeutung.
- Die lokalen Lymphknoten sollten untersucht, vermessen und wenn möglich zytologisch untersucht werden.
- Die zytologische und histopathologische Untersuchung der Masse oder Läsion ist entscheidend. Die Art der Biopsie richtet sich in der Regel nach der Lokalisation. Ist eine breite chirurgische Entfernung ohne übermäßige Morbidität möglich, kann die Biopsie mit einem therapeutischen Verfahren kombiniert werden.

In den meisten Fällen ist die Biopsie jedoch ein diagnostischer Test und kann in verschiedenen Formen durchgeführt werden:

- Eine Feinnadelaspiration der Masse zur Zytologie sollte immer durchgeführt werden.
- Eine Exzisions- oder Inzisionsbiopsie der Läsion zur histopathologischen Beurteilung kann angezeigt sein. In der Regel wird eine Stanzbiopsie der Haut bevorzugt. Dies ergibt in der Regel ein ausreichend großes Gewebestück für eine genaue Diagnose, die Einstufung des Tumors und möglicherweise fortgeschrittene histopathologische Techniken wie Immunhistochemie (IHC).
- Je nach Pathologie der Läsion und/oder Einschätzung des Patienten können zusätzliche diagnostische Tests erforderlich sein (z. B. Thoraxröntgen, abdominale Ultraschalluntersuchung).
- Beurteilung von Begleiterkrankungen, einschließlich klinischer Pathologie (Hämatologie und Biochemie).

Ermittlung des Stadiums

Der oben beschriebene Umgang mit dem Patienten beantwortet zwei grundlegende Fragen:

- Was ist die Art der Läsion?
- Wie weit hat sie sich lokal oder in entfernte Gebiete ausgebreitet?

Dieser Ansatz ermöglicht es uns, eine Einteilung des Patienten vorzunehmen. Die TNM-Klassifizierung basiert auf der Größe und/oder Ausdehnung des Primärtumors (T), darauf, ob sich die Krebszellen auf nahe gelegene (regionale) Lymphknoten (N) ausgebreitet haben, und ob Metastasen (M) oder die Ausbreitung des Krebses auf entfernte Stellen im Körper aufgetreten sind.
Die Klassifizierung für Hauttumoren bei Katzen ist in Tab. 2 dargestellt.

Behandlungsmöglichkeiten

Die Therapiemöglichkeiten für Krebserkrankungen bei Katzen werden in den folgenden Abschnitten ausführlicher beschrieben. Im Allgemeinen umfassen sie jedoch die Folgenden:

- chirurgische Exzision mit vollständigen Rändern (Standardbehandlung)
- zytoreduktive Chirurgie zur Linderung von großen Tumoren
- Amputation bei großen Tumoren an den Extremitäten
- Strahlentherapie bei Tumoren mit unvollständiger Exzision (als Ergänzung zur zytoreduktiven Chirurgie)
- zusätzliche therapeutische Optionen wie photodynamische Therapie, Kryochirurgie, Laserablation und Hyperthermie
- Chemotherapie bei Lymphomen oder gestreuten Tumorarten

Tab. 2 Stadieneinteilung bei epidermalen und dermalen Tumoren bei Katzen (außer Mastzell-tumoren und Lymphomen)

T	*Primärtumor*
T_{is}	Präinvasives Karzinom (Karzinom in situ)
T_0	Kein Nachweis eines Tumors
T_1	Oberflächlicher Tumor < 2 cm maximaler Durchmesser
T_2	Tumor mit einem maximalen Durchmesser von 2–5 cm oder mit minimaler Invasion (unabhängig von der Größe)
T_3	Tumor > 5 cm maximaler Durchmesser oder mit Invasion der Unterhaut (unabhängig von der Größe)
T_4	Tumor, der in andere Strukturen wie Faszien, Knochen, Muskeln und Knorpel eindringt. Wenn mehrere Tumorne gleichzeitig auftreten, sollten diese kartiert und erfasst werden. Der Tumor mit dem höchsten T-Wert wird erfasst und die Anzahl der Tumoren in Klammern angegeben (z. B. T4(6)). Aufeinanderfolgende Tumoren werden unabhängig voneinander klassifiziert.
N	*Regionaler Lymphknoten*
N_0	Kein Nachweis von Lymphknotenmetastasen
N_1	Bewegliche ipsilaterale Knoten N_{1a} Knoten, bei denen kein Wachstum angenommen wird N_{1b} Knoten, bei denen von Wachstum ausgegangen wird
N_2	Bewegliche kontralaterale Knoten oder bilaterale Knoten N_{2a} Knoten, bei denen kein Wachstum angenommen wird N_{2b} Knoten, bei denen von Wachstum ausgegangen wird
N_3	Fixierte Lymphknoten
M	*Fernmetastasierung*
M_0	Kein Nachweis von Fernmetastasen
M_1	Entfernte Metastasen entdeckt

Spezifische Tumorarten 1: Epitheliale Tumoren

Papillom [4–7]

Papillome sind gutartige proliferative Läsionen der Epidermis, die häufig mit einer Infektion durch Papillomaviren einhergehen. Papillome haben typischerweise ein exophytisches Wachstumsmuster. Die chirurgische Entfernung kann kurativ sein, und einige dieser Läsionen bilden sich spontan zurück. Bei Katzen wird eine besondere Art von Papillom, das Fibropapillom, beobachtet. Diese Tumoren weisen eine Proliferation von Mesenchymzellen auf, die von hyperplastischem Epithel bedeckt sind, und ähneln den Sarkoiden der Pferde. Die Untersuchung auf Papillomaviren zeigte eine offensichtlich nichtproduktive Infektion der Mesenchymzellen.

Basalzellkarzinom (BCC) [8, 9]

Die Inzidenz von BCCs (engl. *basal cell carcinoma*) bei Katzen wurde in der Vergangenheit überschätzt, da auch andere Tumorarten einbezogen wurden, von denen heute bekannt ist, dass es sich nicht um echte BCCs handelt, wie z. B. das apokrine duktuläre Adenom (ca. 60 %) und das Trichoblastom (ca. 40 %). Zytologisch gesehen enthalten BCCs Entzündungszellen, Plattenepithelzellen, Talgdrüsenepithelzellen, Melanin und Melanophagen, und die Zellen können die Kriterien für Malignität aufweisen. Klinisch gesehen verhält sich die Mehrzahl der als BCC eingestuften Tumoren gutartig (etwa 10 % verhalten sich aufgrund von Invasion und zellulärem Pleomorphismus eher bösartig). Die Behandlung von BCCs besteht in einer großflächigen chirurgischen Exzision, die häufig zu einer langfristigen Kontrolle führt. Bei bösartigeren Varianten, bei denen eine lokale chirurgische Kontrolle nicht möglich ist, kann eine ergänzende Bestrahlung in Betracht gezogen werden.

Aktinische Keratose [10, 11]

Dies wird oft als „präkanzeröse" Läsion bezeichnet, die durch Sonneneinstrahlung ausgelöst wird. Klinisch (und manchmal auch pathologisch) ist es oft schwierig, sie von einem Bowenoid-Karzinom oder einem ausgewachsenen SCC zu unterscheiden. Aktinische Keratose kann sich zu SCC entwickeln (siehe unten).

- Bei den Läsionen handelt es sich in der Regel um alopezische, erythematöse Plaques, oft mit Erosionen. Läsionen an den Ohrmuscheln können bei weißen Katzen symmetrisch erscheinen (Abb. 1).
- Zur endgültigen Diagnose ist eine Hautbiopsie erforderlich, die eine epidermale Hyperplasie, Dysplasie und Hyperkeratose zeigt. Die Veränderungen beschränken sich auf die Epidermis.
- Besteht der Verdacht auf eine prämaligne Veränderung, ist die chirurgische Entfernung der betroffenen Haut die Behandlung der Wahl. Wenn die Läsionen die Ohrmuscheln der Katze betreffen, ist eine radikale Entfernung der Ohrmuscheln angezeigt, um das Risiko einer Progression zu neoplastischen Läsionen zu verringern, und führt häufig zu einem kosmetisch akzeptablen Aussehen. Nach der

Abb. 1 Aktinische Keratose an den Ohrmuscheln einer weißen Katze: Erythem, Alopezie und Exfoliation sind an beiden Ohren erkennbar. An der linken Ohrmuschel finden sich außerdem kleine Erosionen und eine Kruste. (Mit freundlicher Genehmigung von Dr. Chiara Noli)

Entfernung der Läsionen sollte eine weitere Sonnenexposition vermieden werden, um die Entstehung neuer Läsionen zu verhindern. Eine medikamentöse Therapie ist bei Katzen nur selten angezeigt. Topisches 5-Fluoruracil wird beim Menschen häufig eingesetzt, ist aber bei der Katze hochgradig neurotoxisch.

Kutanes Plattenepithelkarzinom der Katze [1, 12–16]

Das Plattenepithelkarzinom (SCC) ist ein bösartiger Tumor, der vom Plattenepithel ausgeht. Es macht 15 % aller kutanen Tumoren und die überwiegende Mehrheit der oralen bösartigen Tumoren bei Katzen aus. Diese Erkrankung wird in der Regel vor allem bei älteren Katzen beobachtet, wobei das Durchschnittsalter bei der Vorstellung bei 10–12 Jahren liegt. Das Verhalten und die Ursache von SCC sind variabel und hängen von der Stelle ab, an der sich der Tumor befindet.

Katzen weisen fortschreitende klinische Symptome auf, die häufig krustige und erythematöse Läsionen, oberflächliche Erosionen und Ulzerationen (Carcinoma in situ oder frühes SCC) zeigen. SCC geht von der verhornten äußeren Hautoberfläche aus, und die Läsionen sind oft tief invasiv und erosiv. Zu den wichtigsten Lokalisationen bei Katzen gehören das Nasenplanum, Kopf und Hals (insbesondere Ohrmuschel und Augenlider) (> 80 %), wobei in 30 % der Fälle multiple Läsionen auftreten.

SCC in sonnenexponierten Gebieten
- Es tritt vor allem in den Bereichen mit verminderter Pigmentierung auf, die der Sonne ausgesetzt sind. SCC wird mit ultravioletter Strahlung (UVA und UVB) aus dem Sonnenlicht in Verbindung gebracht.
- Bei Katzen tritt SCC am häufigsten auf dem Nasenplanum, den Augenlidern und den Ohrmuscheln auf (Abb. 2a-c).
- Weißhaarige Katzen haben ein 13,4-mal höheres Risiko, an SCC zu erkranken, als Katzen mit anderen Fellfarben.
- Nicht weißhaarige Katzen entwickeln SCC in Bereichen mit schlechter Pigmentierung und schlecht behaarten Bereichen. Melanin schützt die Haut vor Sonnenenergie.

Abb. 2 Sonneninduziertes Plattenepithelkarzinom: Erosive, ulzerative, verkrustete Läsionen sind auf nicht pigmentierter Haut an Nase (**a**), Bindehaut (**b**) und Ohrmuschel (**c**) zu sehen. (Mit freundlicher Genehmigung von Dr. Chiara Noli)

- Die Tumoren sind lokal invasiv, metastasieren aber nur langsam.
- Das Erscheinungsbild des Tumors kann unterschiedlich sein. „Produktive" Formen mit papillären Wucherungen ähneln blumenkohlartigen Läsionen, während sich „erosive" Formen als ulzerative Läsionen mit erhabenen Rändern zeigen. In beiden Fällen ist der Tumor häufig ulzeriert und es kommt zu einer Sekundärinfektion. Es ist nicht ungewöhnlich, dass diese Tumoren anfangs mit entzündlichen oder infektiösen Läsionen verwechselt werden.
- Katzen, bei denen ein erhöhtes Risiko für die Entwicklung von Hautkrebs besteht, sollten den Aufenthalt in der Sonne vermeiden, vor allem während der Sonnenhöhepunkte. Es gibt verschiedene Möglichkeiten, die UV-Belastung in Innenräumen zu reduzieren, wie z. B. UV-Blockerfolien, die an den Fenstern angebracht werden können. Die Ohren von Katzen, die ins Freie gehen, können mit Sunblocker behandelt werden. Das Verschlucken von Sonnenschutzmitteln sollte nach Möglichkeit vermieden werden; daher wird das Auftragen auf die Nasenschleimhaut nicht empfohlen.

Bowenoides In-situ-Karzinom (in nicht sonnenexponierten Gebieten auftretend)

Es wurde über multifokal verteilte oberflächliche Läsionen in den behaarten, pigmentierten Bereichen der Haut berichtet, die nicht mit einer Sonnenexposition zusammenhängen (Abb. 3a, b). Dieser Zustand wird als „multizentrischer SCC in situ" oder Morbus Bowen bezeichnet. Die Läsionen sind krustig, leicht epilierbar, schmerzhaft und hämorrhagisch. Diese Läsionen sind histologisch auf die oberflächlichen Hautschichten beschränkt und durchbrechen die Basalmembran nicht (Abb. 4a). Eine mögliche Ursache für die Entwicklung der Bowen-Krankheit ist das Papillomavirus, dessen Antigen immunhistochemisch in 45 % der kutanen Läsionen bei Katzen nachgewiesen wurde (Abb. 4b). Die vollständige Entfernung dieser Läsionen ist kurativ, und ein Rezidiv ist selten; allerdings treten De-novo-Läsionen häufig in anderen Hautbereichen auf. Auch eine chirurgische Laserbehandlung wurde bei dieser Krankheit angewandt, doch liegen keine groß angelegten klinischen Studien vor.

Abb. 3 Bowenoides In-situ-SCC bei einer Katze: multizentrische krustige und ulzerative Läsionen an Kopf (**a**) und Hals (**b**). (Mit freundlicher Genehmigung von Dr. Chiara Noli)

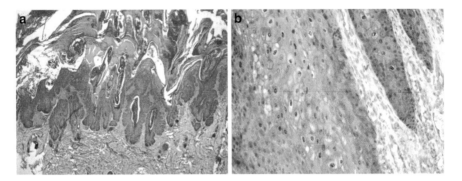

Abb. 4 Histologischer Aspekt der Läsionen bei der Katze in Abb. 3. (**a**) Starke epidermale Proliferation und Dysplasie, die die Basalmembran nicht durchbrechen (H&E, 10-fache Vergrößerung). (Mit freundlicher Genehmigung von Dr. Chiara Noli); (**b**) Die immunhistochemische Färbung auf das Papillomavirus-Antigen p16 ist in den Epithelzellen der Epidermis deutlich positiv (braun gefärbt). (20-fache Vergrößerung, mit freundlicher Genehmigung von Prof. Francesca Abramo)

Behandlungsmöglichkeiten für SCC bei Katzen

Chirurgie
- Bei Tumoren der Ohrmuscheln bietet die chirurgische Entfernung (Pinnektomie) eine langfristige lokale Tumorkontrolle (> 18 Monate).
- Bei Tumoren des Nasenbodens und der unteren Augenlider kann eine Operation eine gute lokale Kontrolle bieten, aber es wird empfohlen, diese Fälle an einen Facharzt für Chirurgie zu überweisen, um optimale Ergebnisse zu erzielen.

Kältetherapie
- Eine aggressive Behandlung mit Kryotherapie kann bei Tumoren der Augenlider und Ohrmuscheln gute Ergebnisse erzielen, während das Ansprechen auf diese Behandlungsform bei Tumoren des Nasenplanums weniger günstig ist.

Strahlentherapie
- Die Strahlentherapie mit einer externen Strahlenquelle hat eine gute lokale Kontrolle von Tumoren in niedrigen Stadien ermöglicht.
- Tumoren im Stadium T_1 sprechen besser an als solche im Stadium T_3 oder T_4.
- Fünfundachtzig Prozent der felinen Patienten mit einem niedrigen Krankheitsstadium (T_1) waren zwölf Monate nach der Behandlung mit Orthovoltage-Strahlentherapie noch am Leben, verglichen mit 45,5 % der Patienten mit T_3-Tumoren.
- Sie ist kosmetisch weniger anspruchsvoll als ein chirurgischer Eingriff, erfordert jedoch zahlreiche Anästhesien, und die Rezidivrate ist höher als bei Patienten, die sich einer Operation unterziehen.
- Die Strontium-90-Plesiotherapie hat sich bei Patienten mit oberflächlichen Tumoren als wirksam erwiesen. Diese Form der Betastrahlung wird bei Läsionen mit einer Tiefe von 3 mm oder weniger eingesetzt. Sie ermöglicht die Schonung

des lokalen Normalgewebes und ist zudem wiederholbar. Ein ophthalmischer Applikator mit einem Durchmesser von 8 mm, der mit Strontium-90 imprägniert ist, kommt mit der Haut in Kontakt, um die vorgeschriebene Strahlendosis über eine bestimmte Zeit abzugeben. In zwei Studien erreichten 13 von 15 Katzen und 43 von 49 Katzen eine vollständige Remission für einen Median von 692 Tagen bzw. 1071 Tagen.

Chemotherapie (und Elektrochemotherapie)

- Bei Katzen mit Nasenplanumtumoren hat sich die intratumorale Verabreichung einer Chemotherapie mit Carboplatin in einer Sesamölsuspension als sicher, praktisch und wirksam erwiesen.
- In einer Studie wurde bei 73 % der Katzenpatienten ein vollständiges Ansprechen und bei 55 % der Patienten ein progressionsfreies Intervall von zwölf Monaten dokumentiert.
- Nach intravenöser Verabreichung von Mitoxantron zeigten vier von 32 behandelten Katzen ein Ansprechen auf die Behandlung.
- Die Elektrochemotherapie, bei der Bleomycin intraläsional verabreicht wird, führte bei 7 von 9 Patienten zu einem positiven Ansprechen auf die Behandlung.

Imiquimod-Creme

- Imiquimod (ein Immunaktivator, der über Toll-like-Rezeptoren Signale initiiert) kann als 5 %ige Creme bei multiplen Läsionen von Bowenoidem multizentrischem In-situ-SCC eingesetzt werden.
- Imiquimod ist ein Immunmodulator mit antitumoraler und antiviraler Wirkung und ist für die Behandlung von aktinischer Keratose, Basalzellkarzinom und Genitalwarzen bei Menschen zugelassen.
- Besitzer sollten beim Auftragen dieser Creme Handschuhe tragen und verhindern, dass die Katze das Produkt schluckt.
- In einer Studie mit zwölf Katzen mit multizentrischem SCC in situ sprachen alle Katzen auf die Behandlung an, wobei neun Katzen neue Läsionen entwickelten, die ebenfalls auf die Behandlung ansprachen.

Photodynamische Therapie

- Nur oberflächliche Tumoren in niedrigen Stadien sprechen positiv an.
- Eine komplette Remission wurde bei 85 % der Patienten beobachtet; ein Wiederauftreten der Krankheit wurde jedoch bei 51 % nach einer durchschnittlichen Zeit von 157 Tagen festgestellt.
- Der Einsatz von intravenösen Photosensibilisatoren zeigte eine anfängliche Ansprechrate von 49 % bzw. 100 %, wobei in 61 % bzw. 75 % der Fälle eine „Gesamttumorkontrolle" von einem Jahr erreicht wurde.
- Menschen haben über Schmerzen während der Behandlung berichtet, und bei Katzen wurde in einer Studie ein Anstieg der Herzfrequenz festgestellt, obwohl die Behandlung unter Narkose und Analgesie erfolgte.

Spezifische Tumorarten 2: Injektionssarkom der Katze [17–21]

Die erste Beschreibung dieser Krankheit stammt von Hendrick und Goldschmidt aus dem Jahr 1991 und wurde ursprünglich als *impfstoffassoziiertes Sarkom* bezeichnet, da die ursprünglichen epidemiologischen Daten aus den USA auf einen engen Zusammenhang zwischen der Krankheit und der Impfung mit Tollwut- oder Katzenleukämievirus-Impfstoffen (FeLV) hindeuteten. Seitdem haben Studien zur Pathophysiologie dieser Krankheit gezeigt, dass jedes Fremdmaterial, das Katzen injiziert wird und eine lokale und intensive Entzündungsreaktion hervorrufen kann, zu dieser Krankheit führen kann. Daher wird diese Krankheit jetzt als *felines Injektionssarkom (FISS)* bezeichnet.

Die Krankheit wurde in der ganzen Welt mit unterschiedlicher Häufigkeit gemeldet. Die Hauptmerkmale dieser Krankheit bleiben jedoch konstant.

- Es handelt sich um eine Erkrankung mit geringem Metastasierungspotenzial, die jedoch stark lokal invasiv ist.
- Zwischen der Injektion und der letztendlichen Entwicklung eines Tumors liegt oft eine erhebliche Zeitspanne.
- Sobald sich der Tumor entwickelt, ist häufig eine Phase schnellen Wachstums zu beobachten.
- Eine alleinige Therapie ist nur selten heilend, und es sind hochentwickelte bildgebende Verfahren erforderlich, um das Ausmaß der Krankheit vor der Behandlung zu bestimmen.
- Die Pathogenese dieser Krankheit ist nach wie vor nur unzureichend erforscht, hat jedoch zu einer Reihe von Empfehlungen hinsichtlich der Impfstrategien und des Umgangs mit Knötchen nach der Impfung geführt.
- Die Pathologie dieses Tumors ist die eines mesenchymalen (Weichteil-)Tumors mit unterschiedlichen Aspekten. Am häufigsten wird histologisch ein Fibrosarkom diagnostiziert, aber auch ein malignes fibröses Histiozytom, Osteosarkom, Chondrosarkom, Rhabdomyosarkom und undifferenziertes Sarkom wurden berichtet.
- Die Metastasierungsrate wird mit etwa 20 % angegeben.
- Die Prävalenz von FISS-Fällen variiert von Land zu Land; insgesamt ist die Zahl der Fälle in den letzten zehn Jahren jedoch gestiegen. Die tatsächliche Inzidenz von FISS ist umstritten, wobei die Daten darauf hindeuten, dass die Häufigkeit zwischen 1 von 1000 und 1 von 10.000 liegt. Möglicherweise ist es aufgrund der variablen Latenzzeit dieses Tumors (zwei Monate bis mehrere Jahre) schwierig, die tatsächliche Inzidenz dieser Krankheit zu ermitteln.
- Aus mehreren Studien haben sich eine Reihe von Impfempfehlungen ergeben (Kasten 2), die darauf abzielen, die Entzündung an der betroffenen Stelle zu verringern und für die Operation besser zugängliche Stellen als den Interskapularraum zu nutzen.
- Jede Injektion, die eine lokale Entzündung hervorruft, kann letztlich zur Entwicklung dieser Krankheit führen.

Kasten 2: Die wichtigsten Punkte der Impfstoffempfehlungen
- In den Interskapularraum sollte kein Impfstoff verabreicht werden.
- Die Tollwutimpfung sollte in die rechte Hintergliedmaße, unterhalb des Knies, verabreicht werden.
- Der FeLV-Impfstoff kann in die linke Hintergliedmaße, unterhalb des Knies, verabreicht werden.
- Alle anderen Impfstoffe sollten in die rechte Schulter unterhalb des Schulterblatts verabreicht werden.
- Die Injektion sollte eher subkutan als intramuskulär erfolgen, da so ein Tumor früher erkannt werden kann.
- Notieren Sie Impfstoff- und Chargennummern sorgfältig.
- Bevorzugt werden Impfstoffe bei Zimmertemperatur zubereitet.
- Vermeiden Sie polyvalente Impfstoffe.

Es ist wichtig, sich bewusst zu machen, dass es sich bei diesen Empfehlungen nur um Leitlinien handelt, da ein genauer ursächlicher Zusammenhang zwischen den einzelnen Impfstofftypen/-marken nicht eindeutig nachgewiesen werden konnte.

Knötchen nach der Impfung

Die Inzidenz von Knötchen an der Injektionsstelle kann bei Katzen recht hoch sein. Da dies zur Entwicklung von FISS führen kann, sollte ein Tierarzt die Identifizierung einer solchen Läsion sehr ernst nehmen. Die meisten Knötchen an der Injektionsstelle bilden sich innerhalb von 2–3 Monaten zurück, aber jedes Knötchen, das sich nicht zurückbildet oder an Größe zunimmt, sollte als verdächtig angesehen werden. Diese Überwachung ist von entscheidender Bedeutung, denn wenn sich ein Tumor entwickelt, kann die Behandlung sehr schwierig sein. Es wird daher empfohlen, dass jede Masse, die

- mehr als drei Monate nach der Injektion bestehen bleibt und/oder
- größer als 2 cm wird und/oder
- einen Monat nach der Injektion an Größe zunimmt,

biopsiert werden sollte. Dies wird als die 3–2–1-Regel bezeichnet.

Klinische Präsentation

FISS zeigt sich häufig als schmerzloser, schnell wachsender, subkutaner, fester Knoten/Masse, der kurz nach einer kürzlich erfolgten Injektion an einer bekannten Injektionsstelle entdeckt wird (Abb. 5). Es wurden jedoch auch Fälle mit einem

Abb. 5 Ein Fibrosarkom
an der Injektionsstelle ist
als großes Knötchen im
Interskapularraum
erkennbar. (Mit
freundlicher Genehmigung
von Dr. Chiara Noli)

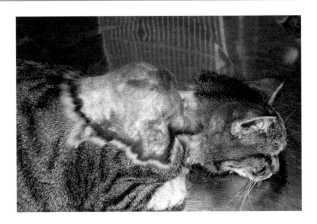

langsameren Wachstumsmuster und einem größeren Zeitintervall zwischen In-
jektion und Auftreten oder Unbehagen registriert. Bei Katzen, die intramuskuläre
Injektionen erhalten, können sich Tumoren an tiefer gelegenen Stellen entwickeln.
Letztendlich kann ein Tumor ulzeriert und infiziert werden. Selten kann ein Fall mit
Anzeichen für eine metastasierende Lungenerkrankung auftreten, es sei denn, die
Katze wurde von ihrem Besitzer völlig vernachlässigt.

Diagnose und Stadieneinteilung

Das Auftreten dieser Krankheit in Verbindung mit einer Injektions- oder Impfvor-
geschichte sollte den Arzt sehr schnell auf die mögliche Diagnose von FISS aufmerksam machen. Eine diagnostische Datenbasis sollte Folgendes enthalten:

- Es sollte die vollständige Vorgeschichte mit Angaben zu Impfungen und In-
  jektionen erhoben werden.
- Eine vollständige klinische Untersuchung ist obligatorisch.
- Der Tumor sollte vermessen werden und ein formeller Vermerk in der Patienten-
  akte erfolgen.
- Hämatologie, Serumchemie und Urinanalyse sollten routinemäßig durchgeführt
  werden, um eventuelle Begleiterkrankungen aufzudecken.
- Es sollte eine histologische oder zytologische Diagnose gestellt werden (Abb. 6).
  Obwohl eine Feinnadelaspirat- (FNA-)Zytologie den Kliniker auf einen mög-
  lichen mesenchymalen Tumor aufmerksam machen kann, ist die FNA nur in
  etwa 50 % der Fälle diagnostisch.
- Nach den Erfahrungen der Autoren ist eine Inzisionsbiopsie für die histologische
  Diagnose am wertvollsten. Die heterogene Beschaffenheit des Tumors kann
  zu einer falschen Diagnose mit „Tru-Cut"-Techniken führen, da diese eher
  Granulationsgewebe als einen Tumor anzeigen können.

Abb. 6 Zytologischer Aspekt des Fibrosarkoms: spindelförmige Mesenchymzellen sind von Matrixsubstanz umgeben (Diff Quik, 100-fache Vergrößerung). (Mit freundlicher Genehmigung von Dr. Chiara Noli)

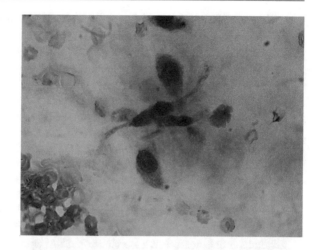

Abb. 7 CT-Erscheinung eines felinen Injektionssarkoms

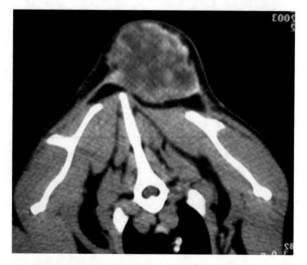

- Wenn eine Inzisionsbiopsie durchgeführt wird, muss der Arzt daran denken, dass die Biopsiestelle ebenfalls entfernt werden muss, wenn eine endgültige Operation versucht wird.
- FISS ist lokal invasiv, und in etwa 20 % der Fälle werden Metastasen festgestellt. Die Bildgebung ist ein wesentlicher Bestandteil der Stadieneinteilung dieser Krankheit. Die Autoren führen Thoraxaufnahmen zumindest in drei Ansichten durch (rechts und links lateral und dorsoventral), um die potenzielle Metastasierung in die Lunge zu untersuchen. Die wichtigsten bildgebenden Verfahren bei der FISS-Diagnose für die Behandlungsplanung sind jedoch moderne Techniken wie CT und MRT (Abb. 7). Mit diesen Verfahren lässt sich der Grad der Invasion des Tumors in tiefere Strukturen beurteilen, was bei Tumoren im Interskapularraum von entscheidender Bedeutung ist (weniger bei Tumoren an den Gliedmaßen). Die Rezidivrate nach der Operation liegt Berichten zufolge bei etwa

45 % und könnte durch eine genauere Stadieneinteilung und Behandlungsplanung vor der Operation zweifelsohne gesenkt werden. CT und MRT sind
heute in viel größerem Umfang verfügbar, und die Autoren würden empfehlen,
dass dies ein wesentliches Instrument für die Planung der Vorbehandlung aller
FISS ist, die den Interskapularraum betreffen.

- Eine abdominale Ultraschalluntersuchung kann zum Zwecke der Stadieneinteilung durchgeführt werden. Nach den Erfahrungen der Autoren sollte dies jedoch auf Fälle beschränkt werden, in denen der Arzt nach einer gründlichen klinischen Untersuchung den Verdacht auf eine abdominale Läsion hat.
- Obwohl ein auf der Pathologie des Tumors basierendes Klassifizierungssystem
vorgeschlagen wurde, scheint dieses bei dieser Krankheit nur von begrenztem
klinischem Nutzen zu sein. In den meisten Fällen handelt es sich bei der Pathologie um ein Fibrosarkom, aber nicht selten liegt auch eine gemischte Pathologie
mit Pleomorphismus, Riesenzellen und mitotischen Figuren vor. Periphere Entzündungen und nekrotische Bereiche sind fast immer vorhanden (Abb. 8) und
gelten als diagnostisches Kriterium, was die immunologische Natur der Krankheit und ihre schnelle Wachstumsrate widerspiegelt. Das Vorhandensein von
„Substanzen, die mit Adjuvans-Material übereinstimmen" (bläuliche, refraktile
Einschlüsse) ist ebenfalls durchweg hilfreich. Es gibt jedoch kein einziges diagnostisches Kriterium, das als pathognomonisch angesehen werden kann.

Behandlung

FISS ist eine komplexe Erkrankung, bei der eine Heilung mit einer einzigen Behandlungsmethode nur schwer zu erreichen und unwahrscheinlich ist. Dennoch gilt
die breite chirurgische Exzision des Primärtumors (mit einem Rand von 3–5 cm
makroskopisch gesundem Gewebe und mindestens einer Faszienebene unterhalb
des Tumors) als Hauptstütze der Behandlung. Bei Läsionen, die die Gliedmaßen

Abb. 8 Histologisches
Erscheinungsbild des
felinen Injektionssarkoms.
An der Peripherie des
Tumors ist ein
lymphozytäres Infiltrat
(links) und in der Mitte
eine Nekrose (rechts) zu
erkennen (H&E, 10-fache
Vergrößerung). (Mit
freundlicher Genehmigung
von Dr. Chiara Noli)

oder den Schwanz befallen, gilt die chirurgische Amputation als Technik der Wahl. Bei Läsionen, die den Interskapularraum betreffen, kann eine radikale Exzision mit Amputation des Dornfortsatzes oder eine teilweise oder vollständige Skapulektomie erforderlich sein. Im Allgemeinen ergibt die Anwendung dieser Kriterien auf klinische Fälle ein krankheitsfreies Intervall (DFI) von etwa zehn Monaten. Es hat sich jedoch gezeigt, dass das krankheitsfreie Intervall deutlich länger ist (16 Monate), wenn die Operation von einem erfahrenen Chirurgen mit Facharztqualifikation durchgeführt wird.

Chirurgische Exzision

- Ein aggressiver chirurgischer Eingriff mit kurativer Absicht ist nicht angezeigt, wenn zu Beginn der Behandlung Metastasen nachweisbar sind.
- Es sollten 3–5 cm breite Ränder und eine Faszienebene mit entfernt werden.
- Die Erholungszeit kann etwa 4–6 Wochen betragen.
- Bei der großflächigen chirurgischen Exzision liegt die Rezidivrate bei 30–70 %.
- Für die radikale Erstexzision wurde eine mittlere Überlebenszeit (MST) von etwa 325 Tagen berichtet, verglichen mit 79 Tagen für die marginale Exzision. Für alle behandelten Fälle wurde eine 2-Jahres-Überlebensrate von 13,8 % gemeldet.
- Die Amputation des Hinterbeins hat die höchste Heilungsrate.
- Eine vollständige Resektion kann zu einem tumorfreien Überleben von mehr als 16 Monaten führen, verglichen mit 4–9 Monaten bei unvollständigen Resektionen.
- Die chirurgischen Ränder sollten sorgfältig untersucht werden. Die am stärksten besorgniserregenden Ränder können durch Markierung oder Einfärbung identifiziert werden, was dem Pathologen helfen wird.
- Die Rate der Lokalrezidive kann *trotz der gemeldeten sauberen histologischen Ränder* bis zu 42 % betragen. Nach der Operation ist Wachsamkeit geboten.
- Die Behandlung in einem Referenzkrankenhaus hat die günstigsten klinischen Ergebnisse gezeigt, da die Wahrscheinlichkeit einer radikalen Operation höher ist.

Strahlentherapie

- Die Strahlentherapie wird in der spezialisierten onkologischen Praxis seit vielen Jahren eingesetzt, und sie wird immer häufiger angeboten. In den USA gibt es seit 1994 eine anerkannte tierärztliche Fachrichtung, und die Behandlung mit Strahlentherapie wird in den USA viel häufiger eingesetzt. Die Strahlentherapie kann bei FISS vor oder nach der Operation durchgeführt werden.
- *Eine Strahlentherapie nach einer Operation* soll die Wahrscheinlichkeit eines erneuten Tumorwachstums verringern und ist in der Regel bei unvollständigen Operationsrändern angezeigt. Bei dieser Form der Behandlung wird die Möglichkeit einer metastasierenden Erkrankung nicht berücksichtigt.
- *Eine Bestrahlung vor der Operation* erfolgt in der Absicht, die Größe und biologische Aktivität des Tumors zu verringern, um eine erfolgreichere chirurgische

Resektion zu ermöglichen. Einige Zentren befürworten eine Strahlentherapie sowohl vor als auch nach der Operation, obwohl dieser Ansatz in Europa derzeit nicht üblich ist.

Chemotherapie

- Die Rolle der Chemotherapie bei FISS ist umstritten. Es gibt zwei Gründe für den Einsatz einer Chemotherapie. Die Chemotherapie kann in der Palliativmedizin eingesetzt werden, um die Lebensqualität zu verbessern, wenn die makroskopische Krankheitslast nicht durch Operation oder Bestrahlung behandelt werden kann. Die Chemotherapie kann auch als Teil der definitiven Therapie eingesetzt werden, um das Auftreten von Metastasen nach angemessener lokaler Krankheitskontrolle zu reduzieren (adjuvante Therapie). Darüber hinaus kann eine Chemotherapie vor einer Operation (neoadjuvante Therapie) die Größe des Tumors verringern, bevor eine chirurgische Resektion versucht wird. In der Literatur wird dies als Methode zur „Verkleinerung" eines Tumors beschrieben. Nach den Erfahrungen der Autoren ist jedoch eine signifikante Schrumpfung bei den verträglichen Dosen der Chemotherapie (1 mg/kg Doxorubicin) unwahrscheinlich.

Spezifische Tumorarten 3: Mastzelltumor [22–24]

Mastzelltumoren (MCT) machen etwa 20 % aller Hauttumoren bei Katzen aus und sind damit die zweithäufigste Hautneoplasie bei dieser Spezies. Bei Katzen werden zwei verschiedene Formen unterschieden (Abb. 9): die mastozytäre Form, die dem MCT bei Hunden ähnelt, und die atypische Form, die seltener vorkommt und früher als „histiozytäre" Form bezeichnet wurde. Die mastozytäre MCT tritt am häufigsten bei Katzen mit einem Durchschnittsalter von zehn Jahren auf, und es wurde keine Geschlechtsprädisposition beschrieben. Die atypische Form hingegen wurde hauptsächlich bei jungen (< 4 Jahre alt) Siam-Katzen dokumentiert. Diese Rasse ist ebenfalls prädisponiert für die Entwicklung der mastozytären Form. Die Ätiologie der MCT bei Katzen ist nicht bekannt; die Rasse Siam scheint jedoch eine genetische Prädisposition zu haben.

Klinische Präsentation

Meistens treten kutane MCT bei Katzen als solitäre, feste, gut umschriebene, alopezische Hautknötchen auf. Ungefähr 25 % der MCT sind oberflächlich ulzeriert. Andere mögliche Erscheinungsformen sind diskrete subkutane Knötchen oder flache, juckende, plaqueartige Läsionen, die einem eosinophilen Granulom ähneln. Rötungen und Juckreiz sind nicht ungewöhnlich, und es wurde das Darier-Zeichen beobachtet. Bei etwa 20 % der Patienten wurden multiple MCTs beobachtet (Abb. 10). Kutane Läsionen treten am häufigsten an Kopf und Hals auf. Das Metastasierungspotenzial kutaner MCT bei Katzen ist variabel und wurde in bis zu 22 % der Fälle berichtet. Die viszerale Form von MCT tritt bei Katzen häufiger auf als bei Hunden

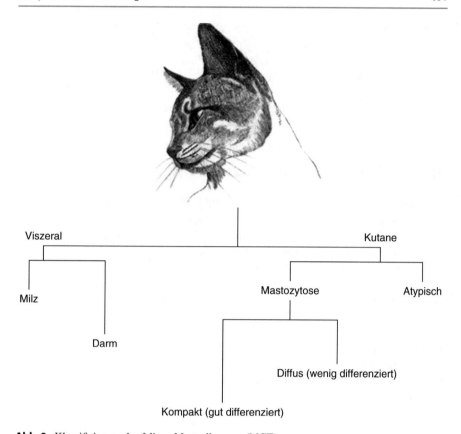

Abb. 9 Klassifizierung des felinen Mastzelltumors (MCT)

Abb. 10 Eine Katze mit multiplen Mastzelltumoren. (Mit freundlicher Genehmigung von Dr. Chiara Noli)

und bis zu 50 % der Katzen weisen die viszerale (Milz, Darm) Form dieser Krankheit auf. In diesen Fällen können Symptome wie Durchfall bei der intestinalen Form bereits mehrere Monate vor der Diagnose auftreten, und eine systemische Ausbreitung ist häufig. Ein Mastzelltumor wurde auch im kranialen Mediastinum einer Katze festgestellt (EBM IV). Bei der viszeralen oder disseminierten Form von MCT können Anzeichen beobachtet werden, die auf eine Mastzelldegranulation zurückzuführen sind.

Klinische Bewertung, Biopsie und Klassifizierung

Das klinische Vorgehen bei Katzen mit MCT ist ähnlich wie bei Hundepatienten. Die Diagnose lässt sich leicht durch Feinnadelaspirationszytologie stellen (Abb. 11).

Ein komplettes Staging, einschließlich der Beurteilung lokoregionaler Lymphknoten und Feinnadelaspiration, Ultraschall des Abdomens mit Zytologie der viszeralen Organe, Thoraxröntgen, Knochenmarkaspiration/Leukozytenfilmausstrich, sollte bei katzenartigen Patienten in Betracht gezogen werden, die eines der folgenden Symptome aufweisen:

- multiple kutane MCT
- Abdominalmasse/Organomegalie
- diffuser Tumor in der Histologie
- MCT der Milz, des Darms oder des kranialen Mediastinums

Prognose

Die Klassifizierungssysteme, die bei MCT bei Hunden verwendet werden, können nicht auf Katzen übertragen werden; allerdings korreliert die histologische Präsen-

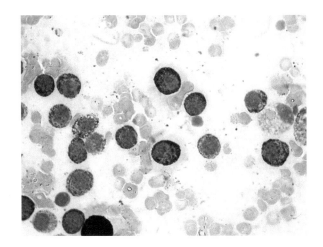

Abb. 11 Zytologisches Erscheinungsbild eines Mastzelltumors: zahlreiche runde Zellen mit metachromatischen Granula (MGG, 40-fache Vergrößerung)

tation von MCT mit dem Ergebnis. Die mastozytäre Form, die früher in kompakt und diffus unterteilt wurde, wird jetzt in die gut differenzierte (historisch als kompakt bezeichnet) und die pleomorphe Form (historisch als diffus bezeichnet) unterteilt. Die gut differenzierte Form macht 50–90 % aller kutanen MCTs aus und hat einen eher gutartigen klinischen Verlauf. Die pleomorphe Form der mastozytären MCT ist histologisch anaplastischer, hat ein bösartigeres biologisches Verhalten und ist daher mit einer schlechteren Prognose verbunden. Die Prognose von Solitärtumoren ist im Allgemeinen besser als die von multiplen Tumoren. Andere prognostische Faktoren, wie Proliferationsmarker, wurden nicht umfassend untersucht; ein hoher Mitoseindex wurde jedoch mit einem bösartigeren Verhalten in Verbindung gebracht.

Behandlung

Chirurgie

Bei Katzen mit solitären kutanen MCTs des Kopfes oder des Halses ist eine Operation die beste Behandlungsoption; allerdings hat sich gezeigt, dass diese im Vergleich zu Hunden in weniger Fällen heilend wirkt. Eine Exzision mit breiten chirurgischen Rändern ist oft nicht möglich; eine unvollständige Exzision, insbesondere bei histologisch gut differenzierten (kompakten) MCTs, ist jedoch nicht mit einer schlechteren Prognose verbunden. Die Rezidivrate nach der Operation schwankt zwischen 0 % und 24 %. Bei aggressiveren (pleomorphen oder diffusen) MCTs, die bei der präoperativen Biopsie festgestellt wurden, sollte ein aggressiveres chirurgisches Vorgehen mit versuchter Exzision mit breiten Rändern in Betracht gezogen werden. Prognostische Faktoren, die bei der Identifizierung potenziell aggressiver kutaner MCTs bei Katzen hilfreich sein könnten, sind die Anzahl der Läsionen (solitär oder multipel), der histologische Befund (Pleomorphismus), der KIT-Immunreaktivitätswert, der Mitoseindex und der Ki67-Wert. Bei einigen atypischen (histiozytären) MCTs ist eine spontane Rückbildung beschrieben worden. Zu den Behandlungsmöglichkeiten gehören die Randexzision und eine regelmäßige Überwachung.

Unterstützende Behandlung

Ähnlich wie bei Hundepatienten mit MCT kann die perioperative Gabe von H1- und H2-Blockern dazu beitragen, die Degranulation von Mastzellen zu verhindern.

Strahlentherapie

Über eine Strahlentherapie wird bei der Behandlung von Katzen mit kutanem MCT nur selten berichtet, da die meisten Patienten zum Zeitpunkt der Diagnose entweder mehrere MCTs oder Anzeichen für eine Fernausbreitung haben. Es wurden externe Strahlen- und Strontium-90-Behandlungen beschrieben, wobei die Strontium-90-Strahlentherapie bei solitären/lokalisierten Tumoren bei 98 % der Patienten zu einer lokalen Kontrolle führte.

Chemotherapie

Die Rolle der Behandlung mit Chemotherapeutika als eine Form der palliativen oder adjuvanten Therapie bei Katzen mit kutanem MCT ist nicht eindeutig geklärt. Eine systemische Behandlung wird im Allgemeinen bei Patienten mit histologisch aggressiven (pleomorphen/diffusen) oder lokal invasiven Tumoren oder bei MCT mit nachgewiesener Ausbreitung in Betracht gezogen. Zu den Chemotherapeutika, die bei der Behandlung von kutanem MCT bei Katzen eingesetzt werden, gehören Vinblastin, Chlorambucil und Lomustin. In einer Studie, in der die Behandlung grober MCT mit Lomustin untersucht wurde, wurden eine Ansprechrate von 50 % und eine Ansprechdauer von 168 Tagen beschrieben. Es gibt keine Belege für den Einsatz von Glukocorticoiden bei der Behandlung von MCT bei Katzen.

Tyrosinkinase-Inhibitoren

Bis zu 67 % der kutanen MCT bei Katzen weisen Mutationen des c-KIT-Proto-Onkogens auf. Es gibt hauptsächlich anekdotische Daten über den Einsatz von Tyrosinkinase-Inhibitoren, die auf KIT abzielen, bei Katzen, und das Nebenwirkungsprofil dieser Medikamente wurde nicht gründlich untersucht. In einer aktuellen Studie wurde die Toxizität im Zusammenhang mit der Behandlung mit Masitinib bei einer Gesamtdosis von 50 mg pro Katze alle 24–48 h untersucht. Zu den gemeldeten unerwünschten Ereignissen gehörten Proteinurie bei 10 % der Patienten, die täglich behandelt wurden, und Neutropenie in 15 % der Fälle, zusammen mit einigen gastrointestinalen Nebenwirkungen.

Spezifische Tumortypen 4: Epitheliotropes T-Zell-Lymphom der Katze [1, 25]

Diese Krankheit wird bei der Katze sehr selten beobachtet und ist weitgehend durch eine kutane Infiltration neoplastischer T-Lymphozyten mit einem spezifischen Tropismus für die Epidermis gekennzeichnet. Das epitheliotrope T-Zell-Lymphom der Katze (CETL) betrifft in der Regel ältere Katzen ohne Prädisposition für Geschlecht oder Rasse. Die Läsionen werden als nicht juckende erythematöse Plaques oder Flecken, schuppende alopezische Flecken und nicht heilende Geschwüre oder Knötchen (ähnlich den eosinophilen Plaques) beschrieben (Abb. 12a, b). Die Diagnose basiert auf der histopathologischen Untersuchung von Hautbiopsien. Histologisch ähneln die Läsionen denen des Hundes, aber die neoplastischen T-Zellen sind im Allgemeinen klein bis mittelgroß. Die immunphänotypischen Merkmale von CETL bei Katzen sind positiv für CD3+ und doppelt negativ für CD4− und CD8−. Dies unterscheidet sich von Hunden, bei denen CETL tendenziell CD8+ sind. Die Überlebenszeit von Katzen mit CETL scheint variabler zu sein als die von betroffenen Hunden, und angesichts der geringen Erfahrung mit dieser Krankheit bei dieser Tierart sind Behandlungsempfehlungen schwierig. Wie bei Hunden scheint jedoch der Einsatz von Einzelwirkstoff Lomustin +/− Glukocorticoide ein naheliegender Ausgangspunkt zu sein.

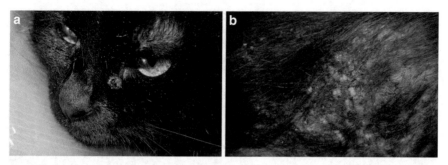

Abb. 12 Kutanes T-Zell-Lymphom bei einer Katze: Im Gesicht (**a**) und am Rumpf (**b**) sind ulzerierte Knötchen zu sehen. (Mit freundlicher Genehmigung von Dr. Chiara Noli)

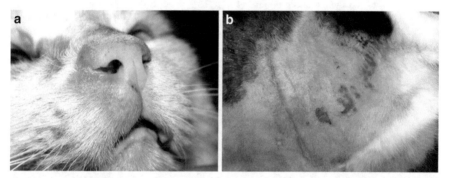

Abb. 13 Klinische Präsentation der Lymphozytose bei Katzen. (**a**) Einzelner Bereich der Alopezie mit Erythem. (Mit freundlicher Genehmigung von S. Colombo). (**b**) Alopezie und multiple ulzerierte Läsionen ähnlich einer eosinophilen Plaque. (Mit freundlicher Genehmigung von A. Corona)

Kutane Lymphozytose [26, 27]

Die kutane Lymphozytose ist eine seltene Erkrankung der Katze, die durch eine Proliferation von T- und B-Zellen in der Dermis gekennzeichnet ist. Die Autoren halten dies nicht für eine neoplastische Erkrankung, sie sollte jedoch vom kutanen Lymphom (siehe oben) unterschieden werden, da die Behandlung unterschiedlich ist. Das durchschnittliche Erkrankungsalter wurde mit 12–13 Jahren angegeben, wobei eine leichte Präferenz für weibliche Tiere besteht. Die Läsionen beginnen in der Regel akut mit einem progressiven Krankheitsverlauf und können einzelne oder diffuse Bereiche mit Alopezie, Erythem, Schuppen, Ulzerationen und Krusten sein (Abb. 13), die manchmal eosinophile Plaques imitieren. In der Histopathologie bestehen die Läsionen aus perivaskulären bis diffusen Infiltraten kleiner Lymphozyten, die sich schließlich bis in die tiefe Dermis ausbreiten (Abb. 14a, b). Die Lymphozyten sind eine Mischung aus CD3+ T-Zellen und CD79a+ B-Zellen (Abb. 15a, b). Es gibt kaum Anzeichen für mitotische Figuren, und die Pathologie unterscheidet sich vom klassischen CETL dadurch, dass die Lymphozyten klein sind, keine Malignitätskriterien aufweisen und in der Regel nicht in die Epidermis und die infundibulären Wände eindringen. Epitheliotropie wird in etwa der Hälfte der Fälle

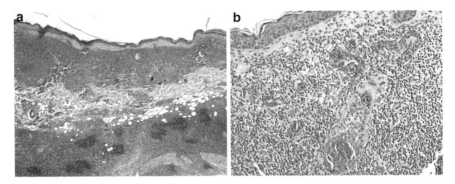

Abb. 14 Histologisches Erscheinungsbild der Lymphozytose bei Katzen. (**a**) Perivaskuläres bis diffuses Infiltrat von Lymphozyten in der Dermis (H&E, 4-fache Vergrößerung). (Aus: Colombo et al. [28], mit Genehmigung). (**b**) Infiltrierende Zellen sind kleine Lymphozyten ohne Malignitätsmerkmale, die in der Regel die Follikelwände verschonen (H&E, 10-fache Vergrößerung). (Aus: Colombo et al. [28], mit Genehmigung)

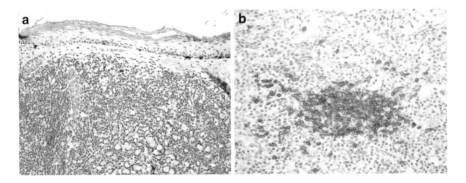

Abb. 15 Immunhistochemische Färbung der gleichen histologischen Proben wie in Abb. 14a. (**a**) Diffuses Infiltrat von CD3-positiven T-Lymphozyten (10-fache Vergrößerung) (aus: Colombo et al. [28], mit Genehmigung); zusammen mit fokalen Aggregaten von CD79a-positiven B-Lymphozyten (**b**) (40-fache Vergrößerung). (Mit freundlicher Genehmigung von Dr. Chiara Noli)

beobachtet. Einzelne Läsionen können chirurgisch entfernt werden. Die medikamentöse Behandlung kann Glukocorticoide (+/− Chlorambucil) umfassen, aber die Reaktionen sind unterschiedlich, und mit der Zeit können sich die Läsionen in einigen Fällen in ein malignes Lymphom umwandeln.

Spezifische Tumorarten 5: Feline Progressive Histiozytose [29, 30]

Histiozytäre proliferative Erkrankungen bei Katzen sind unglaublich selten (in der Literatur sind nur sehr wenige Fälle beschrieben) und stellen eine diagnostische und therapeutische Herausforderung dar. Abgesehen von einigen wenigen Fallberichten sind histiozytäre Proliferationen bei Katzen nicht charakterisiert worden (Abb. 16). Eine der besten Studien fasste die klinischen, morphologischen und immunphänotypischen Merkmale der felinen progressiven Histiozytose (FPH) bei 30 Katzen zusammen, die überwiegend die Haut betrafen [29]. Einzelne oder multiple, nicht juckende, feste Papeln, Knötchen und Plaques traten mit Vorliebe an Füßen, Beinen und im Gesicht auf (Abb. 17a, b). Die Läsionen bestanden aus schlecht um-

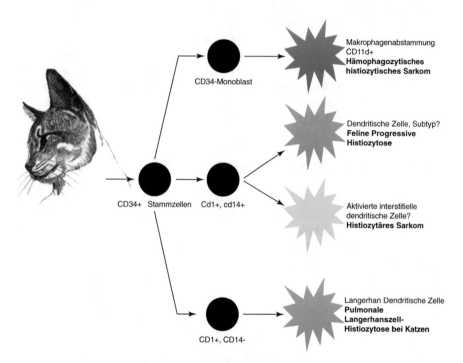

Abb. 16 Klassifizierung der histiozytären Erkrankungen bei Katzen

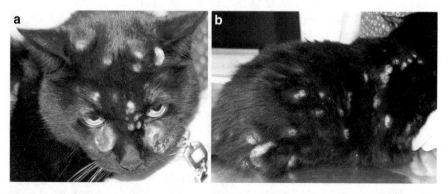

Abb. 17 Feline progressive Histiozytose bei einer Katze: Im Gesicht (**a**) und am Rumpf (**b**) sind multiple feste, teilweise ulzerierte Knötchen und Plaques zu sehen. (Mit freundlicher Genehmigung von Dr. Chiara Noli)

schriebenen epitheliotropen und nicht epitheliotropen histiozytären Infiltraten in der oberflächlichen und tiefen Dermis mit unterschiedlicher Ausdehnung in die Subkutis. Die histiozytäre Population war zu Beginn des klinischen Verlaufs relativ monomorph. Mit dem Fortschreiten der Krankheit trat häufiger zellulärer Pleomorphismus auf. Die Histiozyten exprimierten CD1a, CD1c, CD18 und Moleküle der Klasse II des Haupthistokompatibilitätskomplexes. Dieser Immunphänotyp deutet auf einen dendritischen Zellursprung dieser Läsionen hin. Die FPH hat einen progressiven klinischen Verlauf; die Läsionen sind jedoch über einen längeren Zeitraum auf die Haut beschränkt. In einigen Fällen wurde eine terminale Beteiligung innerer Organe dokumentiert. Die Behandlung mit Chemotherapeutika oder immunsuppressiven und immunmodulatorischen Medikamenten war nicht erfolgreich. Die Ätiologie der FPH ist nach wie vor unbekannt. FPH wird am ehesten als zunächst indolentes kutanes Neoplasma betrachtet, das langsam fortschreitet und sich im Endstadium über die Haut hinaus ausbreiten kann.

Spezifische Tumorarten 6: Felines Lunge-Zehen-Syndrom [2]

Der Begriff „felines Lunge-Zehen-Syndrom" (engl. *lung-digit syndrome*) beschreibt ein bestimmtes Ausbreitungsmuster, das bei verschiedenen Arten von primären Lungentumoren bei Katzen dokumentiert wurde, insbesondere bei bronchialen und bronchio-alveolären Karzinomen. Primäre Lungentumoren bei Katzen sind selten und neigen dazu, bösartig zu sein und einen ungünstigen Verlauf zu nehmen. Anzeichen für eine Ausbreitung finden sich an zahlreichen ungewöhnlichen Stellen, vor allem an den distalen Phalangen der Gliedmaßen. Der Grund für die häufige Metastasierung von Lungentumoren bei Katzen in die Gliedmaßen im Vergleich zu anderen Orten und anderen Spezies liegt in den angioinvasiven Eigenschaften dieser Tumoren und ihrer anschließenden hämatogenen Ausbreitung. Die Histopathologie hat in der Regel eine Invasion von Krebszellen in die Arterien der Lunge und der Zehen ergeben. Es wurde auch gezeigt, dass Katzen einen hohen Blutfluss in den Zehen haben, der ihnen hilft, die Körpertemperatur zu regulieren und den Wärmeverlust zu ermöglichen. Es wird daher vermutet, dass dies die Ausbreitung von Lungentumoren auf die Zehen begünstigt. Andere Faktoren wie Zellmarker und die Freisetzung chemischer Mediatoren könnten ebenfalls eine wichtige Rolle in der Pathophysiologie des Lungen-Digit-Syndroms spielen.

Primäre pulmonale Neoplasien bei Katzen werden häufig nicht anhand der klinischen Symptome der Lungenerkrankung diagnostiziert, sondern aufgrund der klinischen Manifestation der Metastasierung. Jüngste Fallstudien bei Katzen zeigten, dass eine von sechs untersuchten amputierten Zehen ein Adenokarzinom enthielt, bei dem der Verdacht bestand, dass es sich um eine Fernausbreitung eines primären Lungentumors handelte. Eine metastatische Ausbreitung von einer primären pulmonalen Neoplasie muss als Differenzialdiagnose aller Zehen-Läsionen bei Katzen mittleren Alters und älteren Katzen in Betracht gezogen werden.

Klinische Präsentation

- Bei älteren Katzen, die im Durchschnitt zwölf Jahre alt sind, tritt das Lunge-Zehen-Syndrom häufiger auf; es wurde jedoch auch bei deutlich jüngeren Patienten (zwischen 4 und 20 Jahren) beschrieben. Es wurde keine Vorliebe für das Geschlecht oder die Rasse festgestellt, und das Syndrom wurde bei Rassekatzen und Mischlingen dokumentiert.
- Katzen mit Tumorausbreitung auf den/die Zehen können verschiedene klinische Anzeichen aufweisen; am häufigsten wurden jedoch Lahmheit und Schmerzen beschrieben. In einigen Fällen wurden nur minimale klinische Symptome, wie z. B. Nagelverbiegung oder Onychomadesis, berichtet. Zu den klinischen Symptomen zum Zeitpunkt der Präsentation gehören Schwellungen des Zehs oder der distalen Gliedmaßen, Ulzerationen der Haut oder des Nagelbetts, eitriger Ausfluss, Infektionen, Nagelverkrümmung oder Onychomadesis.
- Mehrere Zehen an verschiedenen Extremitäten können gleichzeitig betroffen sein (Abb. 18a, b).
- Jeder Zeh kann betroffen sein, mit Ausnahme der Afterkrallen, bei denen dieses Symptom noch nicht erkannt wurde.
- Am häufigsten sind die Zehen betroffen, die das Gewicht tragen.
- Klinische Symptome einer systemischen Erkrankung, wie Unwohlsein, Appetitlosigkeit, Gewichtsverlust oder Fieber, sind ebenfalls selten.

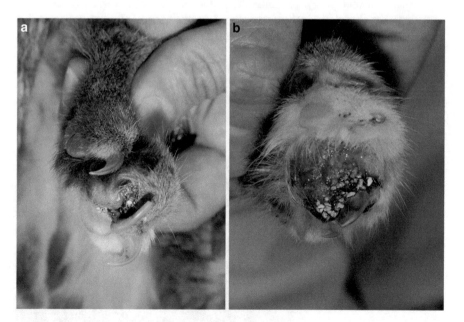

Abb. 18 **(a, b)** Knötchen und Ulzerationen an mehreren Zehen verschiedener Pfoten bei einer Katze mit Lunge-Zehen-Syndrom (digitale Metastasierung eines Lungenkarzinoms). (Mit freundlicher Genehmigung von Dr. Chiara Noli)

Diagnose

- *Vollständiges Blutbild und Serumbiochemie.*
- *Die Röntgenaufnahme der Zehen* zeigt ein typisches Bild der Knochenlyse des zweiten und/oder dritten Zehenglieds mit möglicher Invasion in den Gelenkraum (P2–P3). Das Gegenteil wird bei Individuen mit Metastasen an den Zehen beobachtet, bei denen eine Ausbreitung auf die benachbarten Phalangen oder eine Gelenkinvasion nicht zu sehen ist. In einigen Fällen wurde eine Periostreaktion an allen Phalangen der betroffenen Extremität festgestellt.
- *Thorax-Röntgen/CT:* Vor der Operation/Zehenamputation sollte eine Bildgebung des Thorax durchgeführt werden. In den meisten Fällen wird dabei eine primäre Lungenläsion festgestellt (Abb. 19). Als Differenzialdiagnose muss eine pyogranulomatöse Entzündung in Betracht gezogen werden, die auf atypische Erreger wie Pilze, Mykobakterien oder *Nocardia*-Arten zurückzuführen ist.
- *Biopsieproben – Zehen:* Für die Entnahme einer Probe aus dem betroffenen Zeh gibt es vier Möglichkeiten:
  - Feinnadelaspiration – ein einfaches Verfahren, allerdings ist die Zellzahl oft zu gering, um eine definitive Diagnose zu stellen;
  - Inzisions- oder Stanzbiopsie von anormalem Gewebe;
  - ein abgerissener Nagel – beide Verfahren können zu einer endgültigen Diagnose beitragen, allerdings muss man sich der relativ hohen Inzidenz nichtdiagnostischer Proben bewusst sein;
  - eine vollständige Fingeramputation, der Goldstandard für die histopathologische Diagnose, insbesondere bei Längsschnitten [8], allerdings mit den Nachteilen eines chirurgischen Eingriffs in einem Fall mit einer insgesamt schlechten Prognose.

  Aufgrund der hohen Rate an Sekundärinfektionen sollten aerobe und anaerobe Bakterien- und Pilzkulturen aus der biopsierten Probe durchgeführt werden. Eine zytologische Analyse kann gelegentlich saprophytische Erreger aufdecken.

Abb. 19 Thoraxröntgenbild der Katze in Abb. 18. Ein pulmonales Neoplasma ist erkennbar. (Mit freundlicher Genehmigung von Dr. Chiara Noli)

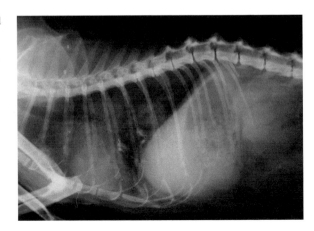

- *Biopsieproben – Thorax:* Die Diagnose eines primären Lungentumors kann durch eine Thorakozentese des Pleuraergusses, sofern vorhanden, oder durch eine zytologische Analyse von Feinnadelaspiraten der Lungenläsion, Trachealspülungen oder bronchoskopischen Proben gestellt werden. Für eine endgültige Diagnose werden, ähnlich wie bei der Biopsie des Zehs, Proben mit erhaltener Gewebearchitektur benötigt; dies ist nur bei der Resektion des Lungenlappens oder bei einer postmortalen Untersuchung möglich.

Histopathologie

Gemeinsame histopathologische Befunde bei diesen Tumoren zeigen große mononukleäre Zellen mit der Morphologie von Epithelgewebe, die Aggregate, Stränge oder Schnüre bilden (Abb. 20). Das Vorhandensein von säulenförmigen, kelchartigen Zellen und Flimmerepithel ist ein häufiges Merkmal. Zytoplasmatische Vakuolen werden häufig beobachtet und sind ein Hinweis auf eine sekretorische Neoplasie (Adenokarzinom). Ein entzündliches Infiltrat mit degenerativen neutrophilen Granulozyten ist häufig, was auf eine Entzündung aufgrund von Nekrose hinweist. Bei metastatischen Läsionen liegt eine erhebliche Fibrose vor. Innerhalb der be-

Abb. 20 Histologisches Erscheinungsbild der Läsionen in Abb. 18. Metastasierende Lungenkarzinomzellen sind in der Dermis der Zehen zu sehen (H&E, 4-fache Vergrößerung). (Mit freundlicher Genehmigung von Dr. Chiara Noli)

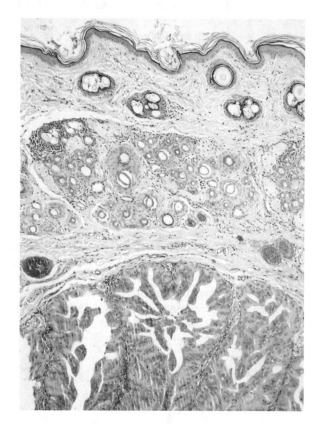

troffenen Zehen finden sich Infiltrate von Krebszellen am häufigsten in der Dermis, auf der dorsalen Seite des Zehs oder ventral des Fußballen. Um die Metastasierung eines primären Lungentumors in den Zeh zu bestätigen, können die Beobachtung zellulärer Merkmale des Lungengewebes (Flimmerepithel, Becherzellen, PAS-positives sekretorisches Material) und spezielle Färbungen für zelluläre Marker (CAM-5.2-Antikörper gegen Keratin) hilfreich sein.

Behandlung und Prognose

Leider haben Katzen mit Lunge-Zehen-Syndrom eine sehr schlechte Prognose. In einer Fallstudie wurde eine mittlere Überlebenszeit von 67 Tagen (Mittelwert 58 Tage, Spanne 12–122) ermittelt, und die meisten Patienten wurden aufgrund anhaltender klinischer Symptome wie Lahmheit, Anorexie oder Lethargie eingeschläfert. Eine wirksame Behandlung des Lunge-Zehen-Syndroms bei Katzen ist noch nicht beschrieben worden; eine Amputation der Zehen bietet nur eine kurzfristige Linderung, da es schnell zu einer weiteren Ausbreitung kommt.

Spezifische Tumorarten 8: Felines Melanom [31]

Gutartige und bösartige Melanome treten bei Katzen auf und können okulär, oral oder dermal sein. Augenmelanome sind häufiger als orale und dermale Melanome. Augen- und orale Melanome sind bösartiger als dermale Melanome und weisen eine höhere Sterblichkeits- und Metastasierungsrate auf. Dermale Melanome sind in der Regel gutartig und können bei Bedarf durch chirurgische Exzision behandelt werden.

Spezifische Tumortypen 9: Gehörgangstumoren [32] (s. Kap. „Otitis")

- Diese Tumoren sind nicht selten und stehen vermutlich in Zusammenhang mit einer Entzündung des äußeren Gehörgangs.
- Zu den aktuellen Symptomen gehören chronische Reizung, das Vorhandensein einer Masse, Ausfluss aus dem Ohr, Unbehagen und Geruch. Anzeichen einer vestibulären Erkrankung oder eines Horner-Syndroms können in Fällen mit Mittel- oder Innenohrbeteiligung auftreten.
- Zu den gutartigen Tumoren des Gehörgangs gehören:
  - entzündete Polypen
  - ceruminöse Adenome
  - Papillome
  - Basalzelltumoren

- Zu den bösartigen Tumoren des Gehörgangs gehören:
  - Adenokarzinome der Zirbeldrüse
  - Plattenepithelkarzinome

Behandlung

- Bei nicht bösartigen Läsionen hat die nichtinvasive chirurgische Entfernung eine günstige Prognose.
- Bei bösartigen Tumoren ist ein radikaler Ansatz mit totaler Gehörgangsablation und lateraler Bulla-Osteotomie die empfohlene Behandlung. Der Kliniker sollte jedoch Folgendes beachten:
  - Katzen haben eine schlechtere Prognose als Hunde.
  - In Fällen, in denen die Operation zu einer unvollständigen Exzision geführt hat, kann eine weitere lokale Behandlung mit Strahlentherapie in Betracht gezogen werden.

Spezifische Tumorarten 10: Abdominales Lymphangiosarkom der Katze [33]

Das kutane Lymphangiosarkom der Katze befindet sich typischerweise in der Dermis und Subkutis der kaudoventralen Bauchwand. Die Läsion ist in der Regel nicht gut umschrieben, ödematös, erythematös (Abb. 21) und lässt eine seröse Flüssigkeit abfließen. Histologisch ist der Tumor durch eine diffuse Proliferation in der Dermis und Subkutis von leeren Gefäßen gekennzeichnet, die von mäßig pleomorphen Epithelzellen ausgekleidet sind (Abb. 22). Die Prognose ist schlecht. In einer Studie [33] verstarben alle Katzen innerhalb von sechs Monaten nach der Operation aufgrund schlechter Wundheilung, lokaler Rezidive oder Fernmetastasen oder wurden eingeschläfert.

Abb. 21 Kutanes Lymphangiosarkom der Katze. Eine diffuse, ödematöse, erythematöse Läsion mit fokaler Ulzeration ist am Abdomen zu erkennen. (Mit freundlicher Genehmigung von Dr. Chiara Noli)

Abb. 22 Histologische
Merkmale der Läsion in
Abb. 21. In der Dermis ist
eine diffuse
lymphovaskuläre
Proliferation zu
beobachten (H&E,
10-fache Vergrößerung).
(Mit freundlicher
Genehmigung von Dr.
Chiara Noli)

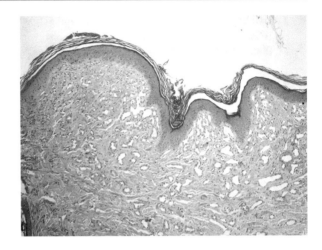

Literatur

1. Argyle DJ. Decision making in small animal oncology. Oxford: Blackwell/Wiley; 2008.
2. Goldfinch N, Argyle DJ. Feline lung-digit syndrome: unusual metastatic patterns of primary lung tumours in cats. J Feline Med Surg. 2012;14:202–8.
3. Sharif M. Epidemiology of skin tumor entities according to the new WHO classification in dogs and cats. Giessen: VVB Laufersweiler; 2006.
4. Argyle DJ, Blacking TM. From viruses to cancer stem cells: dissecting the pathways to malignancy. Vet J. 2008;177:311–23.
5. Sunberg JP, Van Ranst M, Montali R, et al. Feline papillomas and papillomaviruses. Vet Pathol. 2000;37:1–10.
6. Hanna PE, Dunn D. Cutaneous fibropapilloma in a cat (feline sarcoid). Can Vet J. 2003;44:601–2.
7. Backel K, Cain C. Skin as a marker of general feline health: cutaneous manifestations of infectious disease. J Feline Med Surg. 2017;19:1149–65.
8. Diters RW, Walsh KM. Feline basal cell tumors: a review of 124 cases. Vet Pathol. 1984;21:51–6.
9. Murphy S. Skin neoplasia in small animals 2. Common feline tumours. In Pract. 2006;28:320–5.
10. Peters-Kennedy J, Scott DW, Miller WH. Apparent clinical resolution of pinnal actinic keratoses and squamous cell carcinoma in a cat using topical imiquimod 5 % cream. J Feline Med Surg. 2008;10:593–9.
11. Almeida EM, Caraca RA, Adam RL, et al. Photodamage in feline skin: clinical and histomorphometric analysis. Vet Pathol. 2008;45:327–35.
12. Murphy S. Cutaneous squamous cell carcinoma in the cat: current understanding and treatment approaches. J Feline Med Surg. 2013;15:401–7.
13. Cunha SC, Carvalho LA, Canary PC, et al. Radiation therapy for feline cutaneous squamous cell carcinoma using a hypofractionated protocol. J Feline Med Surg. 2010;12:306–13.
14. Tozon N, Pavlin D, Sersa G, et al. Electrochemotherapy with intravenous bleomycin injection: an observational study in superficial squamous cell carcinoma in cats. J Feline Med Surg. 2014;16:291–9.
15. Goodfellow M, Hayes A, Murphy S, Brearley M. A retrospective study of (90) Strontium plesiotherapy for feline squamous cell carcinoma of the nasal planum. J Feline Med Surg. 2006;8(3):169–76. https://doi.org/10.1016/j.jfms.2005.12.003.
16. Hammond GM, Gordon IK, Theon AP, Kent MS. Evaluation of strontium Sr 90 for the treatment of superficial squamous cell carcinoma of the nasal planum in cats: 49 cases (1990–2006). J Am Vet Med Assoc. 2007;231(5):736–41. https://doi.org/10.2460/javma.231.5.736.

17. Hartmann K, Day M, Thiry E, et al. Feline injection-site sarcoma: ABCD guidelines on prevention and management. J Feline Med Surg. 2015;17:606–13.
18. Rossi F, Marconato L, Sabattini S, et al. Comparison of definitive-intent finely fractionated and palliative-intent coarsely fractionated radiotherapy as adjuvant treatment of feline microscopic injection-site sarcoma. J Feline Med Surg. 2019;21:65–72.
19. Woods S, de Castro AI, Renwick MG, et al. Nanocrystalline silver dressing and subatmospheric pressure therapy following neoadjuvant radiation therapy and surgical excision of a feline injection site sarcoma. J Feline Med Surg. 2012;14:214–8.
20. Müller N, Kessler M. Curative-intent radical en bloc resection using a minimum of a 3 cm margin in feline injection-site sarcomas: a retrospective analysis of 131 cases. J Feline Med Surg. 2018;20:509–19.
21. Ladlow J. Injection site-associated sarcoma in the cat: treatment recommendations and results to date. J Feline Med Surg. 2013;15:409–18.
22. Litster AL, Sorenmo KU. Characterisation of the signalment, clinical and survival characteristics of 41 cats with mast cell neoplasia. J Feline Med Surg. 2006;8:177–83.
23. Henry C, Herrera C. Mast cell tumors in cats: clinical update and possible new treatment avenues. J Feline Med Surg. 2013;15:41–7.
24. Blackwood L, Murphy S, Buracco P, et al. European consensus document on the management of canine and feline mast cell disease. Vet Comp Oncol. 2012;10:e1–e29.
25. Fontaine J, Heimann M, Day MJ. Cutaneous epitheliotropic T-cell lymphoma in the cat: a review of the literature and five new cases. Vet Dermatol. 2011;22:454–61.
26. Gilbert S, Affolter VK, Gross TL, et al. Clinical, morphological and immunohistochemical characterization of cutaneous lymphocytosis in 23 cats. Vet Dermatol. 2004;15:3–12.
27. Pariser MS, Gram DW. Feline cutaneous lymphocytosis: case report and summary of the literature. J Feline Med Surg. 2014;16(9):758–63.
28. Colombo S, Fabbrini F, Corona A, et al. Linfocitosi cutanea felina: descrizione di tre casi clinici. Veterinaria (Cremona). 2011;25:25–31.
29. Affolter VK, Moore PF. Feline progressive histiocytosis. Vet Pathol. 2006;43:646–55.
30. Miller W, Griffin C, Campbell K. Muller & Kirk's small animal dermatology. 7. Aufl. Missouri: Elsevier Health Sciences; 2013.
31. Chamel G, Abadie J, Albaric O, et al. Non-ocular melanomas in cats: a retrospective study of 30 cases. J Feline Med Surg. 2017;19:351–7.
32. London CA, Dubilzeig RR, Vail DM, et al. Evaluation of dogs and cats with tumors of the ear canal: 145 cases (1978–1992). J Am Vet Med Assoc. 1996;208:1413–8.
33. Hinrichs U, Puhl S, Rutteman GR, et al. Lymphangiosarcoma in cats: a retrospective study of 13 cases. Vet Pathol. 1999;36:164–7.

Paraneoplastische Erkrankungen

Sonya V. Bettenay

Zusammenfassung

Paraneoplastische Dermatosen bei Katzen sind seltene, nicht neoplastische Hautveränderungen, die mit einem zugrunde liegenden Tumor einhergehen. Die Kenntnis ihres klinischen Erscheinungsbildes kann zu einer frühzeitigen Erkennung des Tumors führen und bietet das bestmögliche Ergebnis und den Behandlungsplan für den Patienten. Eine gesicherte Diagnose setzt voraus, dass die Hauterkrankung parallel zur Entwicklung eines internen Malignoms auftritt. Bei paraneoplastischen Syndromen führt die Entfernung des Tumors zum Verschwinden der Dermatose. Die beiden am häufigsten berichteten kutanen paraneoplastischen Syndrome bei Katzen sind eine schuppende, glänzende Alopezie (paraneoplastische Alopezie, die mit einer Vielzahl von abdominalen Neoplasmen assoziiert ist) und eine exfoliative Dermatitis (häufig mit Thymomen assoziiert). Es gibt einen einzigen Fallbericht über einen „mutmaßlichen paraneoplastischen Pemphigus" bei einer Katze. Die klinischen Anzeichen der oben genannten Syndrome und ihre Differenzialdiagnosen werden besprochen. Die empfohlene diagnostische Vorgehensweise umfasst den Ausschluss relevanter dermatologischer Differenzialdiagnosen, die Durchführung einer Hautbiopsie und eine anschließende gezielte Suche nach dem zugrunde liegenden Neoplasma. Es werden die besten Stellen für die Biopsieentnahme und die wichtigsten diagnostischen histopathologischen Veränderungen besprochen. Wenn das Neoplasma identifiziert und entfernt werden kann, klingen die Hauterscheinungen ohne zusätzliche Therapie ab. Wenn das Neoplasma nicht entfernt werden kann, kann eine symptomatische Behandlung eingeleitet werden, doch sollte eine vorsichtige Prognose gegeben werden.

S. V. Bettenay (✉)
Tierdermatologie Deisenhofen, Deisenhofen, Deutschland

Einführung

Paraneoplastische Syndrome sind definiert als Erkrankungen, die auf einen Tumor zurückzuführen sind, aber nicht durch eine direkte tumorbedingte Wirkung hervorgerufen werden. Paraneoplastische Dermatosen bei Katzen sind selten, die Kenntnis ihres klinischen Erscheinungsbildes kann jedoch zu einer frühzeitigen Erkennung des zugrunde liegenden Tumors führen und somit lebensrettend sein. Die Größe, die Lage oder sogar die Metastasierung des Tumors sind für die tatsächliche Entwicklung des Syndroms nicht relevant [1]. Eine gesicherte Diagnose kann nur gestellt werden, wenn die Hauterkrankung parallel zur Entwicklung eines internen Malignoms auftritt. Bei paraneoplastischen Syndromen führt die Entfernung des Tumors zum Verschwinden der Dermatose.

Klinisch gesehen kann das Auftreten paraneoplastischer Zeichen der Entdeckung des entsprechenden Neoplasmas vorausgehen, folgen oder mit ihr zusammenfallen. Wenn die charakteristischen dermatologischen Veränderungen, die mit paraneoplastischen Dermatosen assoziiert sind, der Entdeckung eines Tumors vorausgehen, sollte ihre korrekte Identifizierung den Kliniker darauf aufmerksam machen, eine „Tumorsuche" durchzuführen. Eine frühzeitige Tumorsuche hat zwei wesentliche Konsequenzen. Die erste besteht darin, dass trotz der Screening-Tests keine Anomalie festgestellt wird. In diesem Fall kann eine Ultraschalluntersuchung oder eine andere Bildgebung nach ein bis zwei Monaten (und erneut, falls immer noch negativ, nach sechs Monaten) angezeigt sein. Bei vielen Katzen können diese Neoplasmen jedoch nicht entfernt werden, und eine symptomatische Behandlung ist die einzige therapeutische Option.

Die beiden am häufigsten berichteten kutanen paraneoplastischen Syndrome bei Katzen sind eine schuppende, glänzende Alopezie (paraneoplastische Alopezie, die mit einer Vielzahl von abdominalen Neoplasmen assoziiert ist) und eine exfoliative Dermatitis (häufig in Verbindung mit Thymomen). Ein Fall von oberflächlicher nekrolytischer Dermatitis (SND) wurde bei einer Katze im Zusammenhang mit einem Pankreaskarzinom gemeldet [2]. Ein zweiter Fall von SND bei einer Katze wurde mit einem Glukagon produzierenden primären hepatischen neuroendokrinen Karzinom in Verbindung gebracht [3]. Ein einziger Fall von muraler lymphozytärer Follikulitis wurde in Verbindung mit einem Pankreaskarzinom berichtet [4]. Ob dies auf eine Autoantikörperreaktion zurückzuführen ist, kann nur spekuliert werden, da die murale lymphozytäre Follikulitis als unspezifische histopathologische Veränderung bei der Katze nicht ungewöhnlich ist. Es gibt einen einzigen Fallbericht über einen „mutmaßlichen paraneoplastischen Pemphigus" und Myasthenia gravis bei einer Katze mit einem lymphozytären Thymom, der nach der Tumorexzision abklang [5].

Im Gegensatz zu spezifischen inneren Erkrankungen wie Lipidanomalien (Xanthom) oder Störungen des Aminosäurestoffwechsels (SND) bleibt der genaue pathophysiologische Mechanismus der meisten paraneoplastischen Syndrome unklar. Es wird vermutet, dass sie mit der Freisetzung von Wachstumsfaktoren oder Zytokinen durch den Tumor und/oder mit der Induktion von Autoantikörpern zusammenhängen könnten. Hautveränderungen, die als unmittelbare Folge eines Tumors auftreten, wie z. B. Alopezie, die den Haarzyklus unterbricht, Calcinosis cutis und Hautverdünnung, die bei Hyperadrenocortizismus beobachtet werden, werden eigentlich nicht als *paraneoplastisch* eingestuft.

Paraneoplastische Alopezie

Klinische Anzeichen

Die betroffene Katze ist in der Regel älter. Die Alopezie beginnt am Bauch und die Haare lassen sich leicht epilieren. Die alopezische Haut ist in der Regel nicht entzündet und hat ein sehr charakteristisches Aussehen, das am treffendsten als glänzend oder glitzernd beschrieben wird. Obwohl die Haut aufgrund des Fehlens von Anhangsgebilden in der Dermis dünn ist, ist eine normale Menge an Hautkollagen vorhanden, und die Haut ist nicht brüchig. Die Alopezie breitet sich typischerweise dorsal auf den seitlichen Rumpf aus, und mit der Zeit werden auch das Gesicht, die Achselhöhlen und die Pfoten betroffen (Abb. 1 und 2). Die paraneoplastische Alopezie ist in der Regel nicht juckend, es sei denn, es liegt eine Hefeüberwucherung vor. In vielen Fällen wird eine begleitende Überwucherung mit *Malassezia* sp. beobachtet, mit Hefen in großer Zahl und einem begleitenden braunen seborrhoischen Exsudat (Abb. 3). Die Hefeüberwucherung kann mit Juckreiz und Belecken oder

Abb. 1 Paraneoplastische Alopezie bei der Katze. (**a**) Ventral ausgerichtete Alopezie mit multifokaler brauner Seborrhöe. Man beachte das „glänzende" Aussehen der Haut, insbesondere am ventralen Thorax. (**b**) Dieselbe Katze wie (**a**). Ausgedehnte Alopezie am Hals und an den Vorderbeinen. (Mit freundlicher Genehmigung von Dr. Chiara Noli)

Abb. 2 Paraneoplastische Alopezie bei der Katze. Dieselbe Katze wie in Abb. 1: periokulare, nicht entzündliche Alopezie, die nicht die Vibrissen betrifft. Beachten Sie auch das Vorhandensein von übermäßigem Cerumen-Exsudat und das Fehlen von Schleimhautveränderungen. (Mit freundlicher Genehmigung von Dr. Chiara Noli)

Abb. 3 Katzenpfote.
Paraneoplastische Alopezie
der Katze. Alopezie,
leichtes Erythem und
Hypotrichose mit
ausgeprägter brauner
Seborrhoe an den Zehen
und Carpi. Die
Krallenfalten sind deutlich
mit seborrhoischen
Ablagerungen vergrößert,
weisen aber keine
ausgeprägte Paronychie auf

sogar Schmerzen einhergehen, die bei Katzen häufig als „Pfotenschütteln" beobachtet werden. Gewichtsverlust, Depression und Anorexie sind häufig, und je nach Lage des Tumors können auch akute gastrointestinale Symptome beobachtet werden.

Diagnose

Das klinische Erscheinungsbild der alopezierenden, nicht entzündeten und glänzenden Haut bei einer älteren Katze ist höchst verdächtig für paraneoplastische Alopezie. Zu den anfänglichen Differenzialdiagnosen der ventral orientierten Alopezie gehören die selbst verursachte Alopezie aufgrund von Allergien (gegen Umwelt- und/oder Nahrungsmittelallergene und Flohbissüberempfindlichkeit), die psychogene Alopezie und selten die Demodikose oder Dermatophytose. In sehr frühen

Abb. 4 Trichogramm.
Paraneoplastische Alopezie
bei der Katze. Mehrere
Haarschäfte im
Telogenstadium. Die
Wurzeln zeigen das
klassische „keulen- oder
speerförmige" Aussehen

Fällen, in denen weit verbreitete Veränderungen der Alopezie mit der klassischen glänzenden Haut noch nicht so offensichtlich sind, können Trichogramme hilfreich sein, um nach *Demodex*-Milben und mit Dermatophyten infizierten Haarschäften zu suchen. Dieser Test kann auch auf eine Telogenisierung der Haarfollikel hinweisen, wenn sich mehr als 50 % der Haarwurzeln im Telogen befinden (Abb. 4). Sobald jedoch die glänzende Haut sichtbar ist, werden diese Differenzialdiagnosen sehr viel unwahrscheinlicher.

Eine histopathologische Untersuchung der Haut kann diagnostisch sein, doch muss sie ein erfahrener Dermatopathologe durchführen. Da sich die anfängliche Alopezie häufig auf dem Bauch befindet und normale Bauchhaut kleinere und spärlicher verteilte Haarfollikel aufweist, kann die Diagnose in frühen Stadien schwierig sein. Es sollten mehrere Proben entnommen werden, und zwar sowohl von den dorsalen Rändern der Alopezie (um nach Infektionserregern zu suchen) als auch aus dem Zentrum der am stärksten alopezierten Bereiche. Zu den typischen Veränderungen gehört eine leicht hyperplastische Epidermis mit anormaler Verhornung (die subtil sein kann). Atrophische Haarfollikel und eine gemischte zelluläre Entzündung der Haut können vorhanden sein, müssen es aber nicht. Follikel werden häufig als „telogenisiert" bezeichnet, was sich auf das Fehlen von Haarschäften, das häufige Fehlen von Talgdrüsen und das Vorhandensein kleiner telogener Bulben bezieht (Abb. 5 und 6). Wichtig ist, dass bei der paraneoplastischen Alopezie bei Katzen keine anagenen Bulben in Verbindung mit den atrophischen Haarfollikeleinheiten in der oberen Dermis vorhanden sind. In einem Bericht waren gleichzeitig intrakorneale Milben vorhanden [8], was vermutlich auf den schlechten allgemeinen Gesundheitszustand der Katzen zurückzuführen war. Das übermäßige Vorkommen von Hefen im Stratum corneum kann bei der Verarbeitung verloren gehen und in den „glänzenden" Bereichen nicht vorhanden sein. Wenn sie vorhanden sind, können die Hefen den Pathologen auf eine innere Erkrankung hinweisen [9].

Viele dieser Katzen haben zum Zeitpunkt der Vorstellung der Hauterkrankung ein unentdecktes internes Neoplasma, und häufig entwickeln sie nach dem Auftreten der Alopezie systemische Symptome. Es wurde über ein Pankreaskarzinom, ein

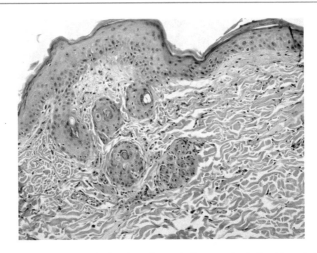

Abb. 5 Hautbiopsie (H&E, 200-fache Vergrößerung). Paraneoplastische Alopezie bei der Katze. Die Epidermis ist hyperplastisch; die Follikel befinden sich im Telogen (einige im behaarten Telogen) mit mehreren telogenen Bulben in der oberflächlichen Mitteldermis. Talgdrüsen sind nicht vorhanden und eine leichte interstitielle Dermatitis ist ebenfalls vorhanden

Abb. 6 Hautbiopsie (H&E, 50-fache Vergrößerung). Feline paraneoplastische Alopezie. Atrophische, leicht hyperplastische Dermatitis. Man beachte das Vorhandensein kleiner Talgdrüsen und fokaler follikulärer Muzine

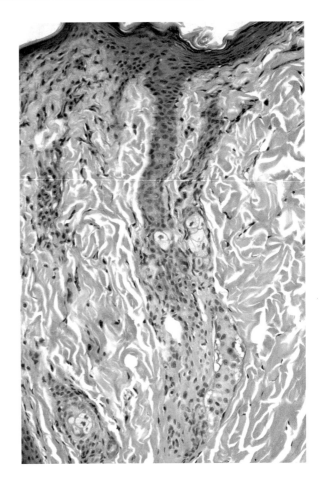

Cholangiokarzinom [1], ein hepatozelluläres Karzinom [6], ein metastasierendes Darmkarzinom [7], eine neuroendokrine Pankreasneoplasie und einen hepatosplenischen Plasmazelltumor [8] berichtet. Diese Tumoren gehen häufig *nicht* mit messbaren Veränderungen des Blutbildes oder der biochemischen Serumwerte einher. Zur Identifizierung des Tumors sind ein abdominaler Ultraschall, Röntgenaufnahmen oder weitere bildgebende Verfahren wie eine Computertomografie erforderlich, und in diesem Fall spielen die Hautveränderungen eine untergeordnete Rolle.

Management und Prognose

Die Identifizierung des internen Neoplasmas und seine Entfernung bieten eine mögliche Heilung bei diesem tatsächlich paraneoplastischen Prozess und wurden auch bei einer Katze berichtet [10]. In vielen Fällen ist die Katze jedoch alt, und das Neoplasma betrifft die Bauchspeicheldrüse oder die Leber und ist chirurgisch schlecht zugänglich. Daher werden viele dieser Katzen euthanasiert, wenn ihre systemischen Symptome schwerwiegend werden. In einer umfassenden Untersuchung starben zwölf der 14 Katzen, über die damals berichtet wurde, innerhalb von acht Wochen nach Auftreten der ersten klinischen Symptome oder wurden eingeschläfert [1]. Die Alopezie ist kosmetisch und erfordert in der Regel keine Behandlung. Die seborrhoische *Malassezia*-Überwucherung kann jedoch klinisch sehr belastend sein. In diesem Fall ist die topische Clotrimazol-Creme oder -Emulsion die erste Wahl der Autorin zur Behandlung der Hefepilze, da Katzen im Allgemeinen nicht gerne baden und die Haut zwar nicht brüchig, aber empfindlich ist. Ein Miconazol/Chlorhexidin-Shampoo wird häufig bei einer *Malassezia*-Überwucherung empfohlen, kann aber austrocknend und reizend wirken. Die austrocknende Wirkung kann verringert werden, wenn nach dem Shampoo eine Feuchtigkeitscreme aufgetragen wird (z. B. ein unparfümiertes Baby-Badeöl auf Mandelölbasis). Systemische Antimykotika können erforderlich sein, werden aber von systemisch kranken Katzen möglicherweise weniger gut vertragen. Itraconazol wäre das systemische Medikament der Wahl. Eine unterstützende Palliativpflege mit schmackhafter, hochwertiger, proteinreicher Nahrung, die reich an essenziellen Fettsäuren ist, sollte empfohlen werden.

Die Prognose ist zurückhaltend, da die innere Neoplasie zum Zeitpunkt der Diagnose oft schon fortgeschritten ist. Bis zur Euthanasie sind möglicherweise nur noch einige Wochen oder Monate zu erwarten.

Exfoliative Dermatitis

Bei mehreren Katzen mit Thymom wurde über eine exfoliative Dermatitis berichtet [11]. Es wurde auch über eine Remission nach chirurgischer Entfernung des Neoplasmas berichtet, was darauf schließen lässt, dass es sich um ein echtes paraneoplastisches Syndrom handelt [12]. Bei einigen Katzen mit klinisch und histopathologisch identischer exfoliativer Dermatitis konnte jedoch keine zugrunde liegende Ätiologie identifiziert werden, und Blutbild, Röntgenuntersuchung und

Ultraschall waren normal [13]. Selbst bei einer langfristigen Nachbeobachtung gab
es bei einer Reihe dieser Katzen keinen Hinweis auf einen sich entwickelnden Tumor. Das Vorhandensein dieser schweren und klinisch auffälligen exfoliativen Dermatitis deutet also auf eine paraneoplastische Erkrankung hin, ist aber nicht pathognomonisch.

Klinische Anzeichen

Bei Katzen mittleren bis höheren Alters treten Eritheme und Schuppung an Kopf
(Abb. 7), Hals und Ohrmuscheln auf, häufig ohne Juckreiz. Es bilden sich dicke
Schichten von abgeschältem Stratum corneum, die oft im Haarkleid stecken bleiben
(Abb. 8). Mit der Zeit zeigen die Katzen Alopezie in den betroffenen Bereichen
(Abb. 9). Mit dem Fortschreiten der Krankheit nehmen auch der Schweregrad und

Abb. 7 Katzenkopf.
Flächige Alopezie und
Hypotrichose mit dicken,
anhaftenden Schuppen und
Krusten an beiden
Ohrmuscheln, am
Rückenkopf und am Hals.
(Mit freundlicher
Genehmigung von Prof.
R. Mueller, Kleintierklinik,
München)

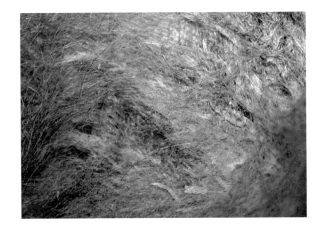

Abb. 8 Katzenrumpf.
Trockene große Schuppen,
die im Fell einer Katze mit
Thymom-assoziierter
feliner exfoliativer
Dermatitis gefangen sind.
(Mit freundlicher
Genehmigung von Dr.
Silvia Colombo)

Abb. 9 Diffuse Hypotrichose und Schuppung am Rumpf einer Katze mit Thymom-assoziierter feliner exfoliativer Dermatitis. (Mit freundlicher Genehmigung von Dr. Chiara Noli)

Abb. 10 Schwere Hyperkeratose und Erosion am Rumpf bei einer Katze mit Thymom-assoziierter exfoliativer Dermatitis. (Mit freundlicher Genehmigung von Dr. Castiglioni)

die anatomische Ausdehnung der Läsionen zu. Schwere Hyperkeratosen, Erytheme und Erosionen entwickeln sich und breiten sich auf den Rumpf aus (Abb. 10 und 11). Husten und Dyspnoe können in Verbindung mit den thymischen Veränderungen auftreten. Betroffene Katzen können pruriginös sein oder auch nicht. Juckreiz ist meist mit Sekundärinfektionen (Staphylokokken und/oder Malassezien) verbunden. Ausgiebiges Belecken kann auch mit leichten Schmerzen verbunden sein.

Diagnose

Im Frühstadium der Schuppung und Hypotrichose von Kopf und Ohrmuscheln kann das klinische Bild auf eine Dermatophytose oder Ektoparasiten hindeuten. Oberflächliche Hautabschabungen, Trichogramme und Zytologie sind angezeigt. Katzen

Abb. 11 Katzenbauch. Schwerwiegende Erytheme, multifokale Ulzerationen, Alopezie und Hypotrichose mit dicken, anhaftenden Schuppen und Krusten, die sich entlang des ventralen Abdomens und der Hinterbeine erstrecken. Beachten Sie, dass die Läsionen in den Abnutzungsbereichen stärker ausgeprägt sind. (Mit freundlicher Genehmigung von Prof. R. Mueller, Kleintierklinik, München)

mit Juckreiz, leichter Schuppung und einer bakteriellen oder hefebedingten Überwucherung sind möglicherweise schwer von allergischen Katzen zu unterscheiden. Das späte Alter des Ausbruchs und die Entwicklung der Dermatitis an der Oberseite des Kopfes und der konvexen Oberfläche der Ohrmuschel sind jedoch weniger typisch für Atopie oder Nahrungsmittelallergie. Allergische Katzen entwickeln häufiger eine Dermatitis im präaurikulären Bereich, an den Wangen und der inneren Ohrmuschel. Wenn bei einer älteren Katze in der Zytologie eine große Anzahl von Hefepilzen festgestellt wird, sollte eine systemische Erkrankung in Betracht gezogen werden. In einer Studie, in der Hautbiopsien von Katzen ausgewertet wurden, wies die Mehrzahl der Katzen mit *Malassezia*-Organismen im Stratum corneum Veränderungen auf, die auf eine exfoliative Dermatitis hinwiesen, und tatsächlich wurden die meisten dieser Katzen kurz nach der Biopsie eingeschläfert [9]. Die Diagnose der exfoliativen Dermatitis wird durch die Histopathologie bestätigt, bei der die charakteristischen Veränderungen eine schwere, orthokeratotische Hyperkeratose mit zytotoxischer Dermatitis (Grenzflächenveränderungen mit Einzelzellnekrosen auf allen Ebenen der lebenden Epidermis) umfassen (Abb. 12, 13 und 14). Nach dieser histopathologischen Diagnose ist immer eine Thorax-Röntgenaufnahme (Suche nach mediastinalen Veränderungen, Abb. 15) angezeigt.

Abb. 12 Hautbiopsie (H&E, 50-fache Vergrößerung). Feline exfoliative Dermatitis. Zu den Merkmalen bei geringer Vergrößerung gehören eine ausgeprägte Hyperkeratose, eine Epidermis mit lymphozytärer Exozytose, eine oberflächlich orientierte interstitielle Dermatitis und ein Verlust der Talgdrüsen

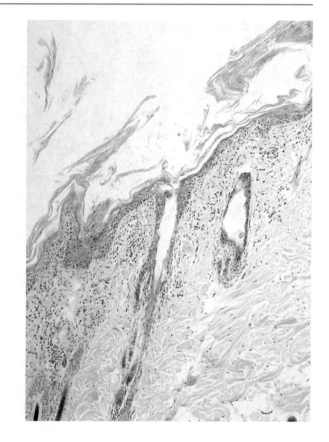

Abb. 13 Hautbiopsie (H&E, 400-fache Vergrößerung). Feline exfoliative Dermatitis. Einzelne Zellnekrosen

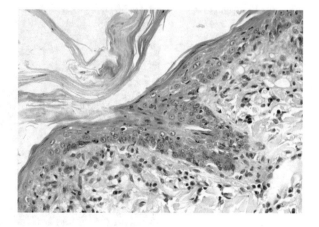

Abb. 14 Hautbiopsie (H&E, 400-fache Vergrößerung). Feline exfoliative Dermatitis. Epidermale Hyperkeratose, Exozytose und leichte Spongiosa

Abb. 15 Röntgenbild des Brustkorbs der Katze in Abb. 9. In mediastinaler Position ist ein nicht anatomischer röntgenopaker Bereich zu erkennen, der mit einem Thymom vereinbar ist

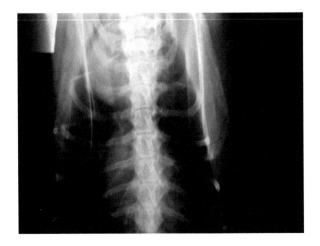

Management und Prognose

Wenn ein Mediastinaltumor festgestellt wird und ein chirurgischer Eingriff möglich ist, wurde berichtet, dass die erfolgreiche Entfernung des Neoplasmas zu einer Heilung führt [14]. Ist der Tumor inoperabel oder entscheiden sich die Besitzer für eine symptomatische/palliative Behandlung, sollte sich das Management auf die Behandlung einer identifizierten Oberflächeninfektion und auf die Korrektur der Barrierefunktion konzentrieren. Eine topische Therapie wird bevorzugt, aber wenn die Haut schmerzhaft ist oder die Katze nicht baden will, sind systemische antimikrobielle Mittel angezeigt, wenn die Zytologie auf eine Infektion hinweist. Die Therapie ist die gleiche, wie im Abschnitt über paraneoplastische Alopezie beschrieben. Die Behandlung der anormalen Hautbarriere kann eine gewisse Linderung der Beschwerden bewirken und zielt auch darauf ab, Rückfälle von Infektionen zu verhindern. Die Autorin bevorzugt ein topisches, unparfümiertes Baby-Badeöl, aber je nach Land gibt es verschiedene topische erweichende Produkte für die Tiermedizin. Systemisches Prednisolon hat sich bei diesen Katzen nicht als wirksam erwiesen. Der Pathomechanismus beinhaltet eine lymphozytäre, epidermale zytotoxische Dermatitis, bei der Cyclosporin wirksam sein kann und sicherlich einen Therapieversuch wert ist. In Fällen mit stark erodierter Haut kann es zu Schmerzen kommen, und palliative Analgetika können eine nützliche Zusatztherapie darstellen. Die Prognose ist in den Fällen, in denen ein inoperabler Mediastinaltumor festgestellt wird, mit einer erwarteten maximalen Zeitspanne bis zur Euthanasie von sechs Monaten verhalten. Wenn kein Tumor festgestellt wird, sollte eine radiologische Nachuntersuchung und/oder eine CT-Untersuchung in ein bis zwei Monaten oder alle sechs Monate empfohlen werden, je nachdem, ob systemische Begleitsymptome vorhanden sind oder nicht. Bei einigen Katzen, bei denen kein Thymom festgestellt wurde, ist eine Spontanremission beobachtet worden.

Oberflächliche nekrolytische Dermatitis

Ein Fall von oberflächlicher nekrolytischer Dermatitis (SND) in Verbindung mit einem Pankreaskarzinom berichtet wurde bei einer Katze berichtet [2]. Ein zweiter Fall von SND bei einer Katze wurde mit einem Glukagon produzierenden primären hepatischen neuroendokrinen Karzinom in Verbindung gebracht [3]. Bei Menschen mit Glukagonom und SND wurde über die Abnahme einer Reihe von Aminosäuren berichtet. Die Hautveränderungen bilden sich bei chirurgischer Resektion des Tumors zurück, aber es ist unklar, ob die dermatologischen Veränderungen paraneoplastisch oder auf eine Hypoaminoazidämie zurückzuführen sind. Bei vielen Hunden mit klassischer SND, die sowohl auffällige als auch einzigartige Haut- und Leberveränderungen aufweisen, ist keine Malignität nachgewiesen, und sie sprechen häufig auf intravenöse Aminosäureinfusionen an. Daher wird das Syndrom bei Hunden häufig als hepatokutanes Syndrom bezeichnet, ohne eindeutige paraneoplastische Merkmale. Über eine Katze mit klassischen SND-Leber- und Hautveränderungen, aber ohne erkennbare Malignität, wurde ebenfalls berichtet [15].

Klinische Anzeichen

Schwere Hyperkeratose der mukokutanen behaarten Haut und insbesondere der Pfotenballen geht mit Bakterien- und/oder Hefepilzbefall, Schmerzen, Depression und Lethargie einher.

Diagnose

Eine Oberflächenzytologie der Haut ist unerlässlich, da ein Großteil der Schmerzen und Depressionen durch Sekundärinfektionen verursacht wird. Als erster Schritt wird eine Ultraschalluntersuchung der Leber und der Bauchspeicheldrüse empfohlen, da dies der am wenigsten invasive Test ist. Bei einer Hautbiopsie können die klassischen Veränderungen festgestellt werden, aber eine ausgedehnte Parakeratose ohne die klassische Blässe der mittleren Haut ist möglicherweise die einzige festgestellte Veränderung. Es werden daher mehrere Biopsieproben empfohlen. Es ist wichtig zu wissen, dass die Leberenzymwerte normal sein können, da die Leberveränderungen eher strukturell/degenerativ als zytotoxisch sind.

Management und Prognose

Die Prognose ist zurückhaltend. Wenn ein Bauchspeicheldrüsentumor vorhanden und chirurgisch entfernbar ist, kann die Prognose gut sein, obwohl dies bei der Katze noch nicht berichtet wurde. Hunde mit ausschließlich Leberveränderungen können symptomatisch mit wöchentlichen bis monatlichen intravenösen Aminosäureinfusionen behandelt werden, die über einen Zeitraum von acht Stunden verabreicht werden, um die Auslösung von Krampfanfällen zu vermeiden. Doch selbst bei anfänglich guter klinischer Besserung der Symptome sterben die meisten Hunde an Leberversagen oder werden aufgrund eines Rückfalls der schmerzhaften Hauterkrankung eingeschläfert. Bei den beiden gemeldeten Fällen bei Katzen wurde keine klinische Behandlung durchgeführt.

Paraneoplastischer Pemphigus

Paraneoplastischer Pemphigus (PNP) ist eine seltene Autoimmunerkrankung mit Blasenbildung bei Menschen und Hunden, und es wurde ein mutmaßlicher Fall bei einer Katze gemeldet [5]. Eine achtjährige Himalayakatze entwickelte vier Wochen nach der chirurgischen Resektion eines lymphozytären Mediastinalthymoms einen makulopapulösen Ausschlag, der sich zu einer erosiven und ulzerativen Hauterkrankung entwickelte. Nach zwei weiteren Wochen entwickelte die Katze eine vorübergehende Thymom-assoziierte Myasthenia gravis. Es traten keine oralen Läsionen auf. Die Hauterkrankung wurde durch Histopathologie diagnostiziert, wobei zwei spezifische pathologische Muster festgestellt wurden. Ein Muster war mit Pemphigus vulgaris und das andere mit Erythema multiforme vereinbar. Die Kombination dieser beiden Muster deutet stark auf ein paraneoplastisches Syndrom hin. Es wurde auch eine direkte und indirekte IgG-Immunfluoreszenz (ein nicht kommerzieller Test) durchgeführt, und die Autoren kamen zu dem Schluss, dass die Ergebnisse für eine PNP sprechen.

Die Katze wurde symptomatisch mit Prednisolon und Chlorambucil behandelt und sprach gut darauf an. Die Medikamente wurden langsam reduziert und dann abgesetzt, ohne dass es zu einem Rückfall kam.

Literatur

1. Turek MM. Cutaneous paraneoplastic syndromes in dogs and cats: a review of the literature. Vet Dermatol. 2003;14(6):279–96.

2. Patel A, Whitbread TJ, McNeil PE. A case of metabolic epidermal necrosis in a cat. Vet Dermatol. 1996;7(4):221–6.

3. Asakawa MG, Cullen JM, Linder KE. Necrolytic migratory erythema associated with a glucagon-producing primary hepatic neuroendocrine carcinoma in a cat. Vet Dermatol. 2013; 24(4):466–9. e109–10.

4. Lobetti R. Lymphocytic mural folliculitis and pancreatic carcinoma in a cat. J Feline Med Surg. 2015;17(6):548–50.

5. Hill PB, Brain P, Collins D, Fearnside S, Olivry T. Putative paraneoplastic pemphigus and myasthenia gravis in a cat with a lymphocytic thymoma. Vet Dermatol. 2013; 24(6):646–9. e163–4.

6. Marconato L, Albanese F, Viacava P, Marchetti V, Abramo F. Paraneoplastic alopecia associated with hepatocellular carcinoma in a cat. Vet Dermatol. 2007;18(4):267–71.

7. Grandt LM, Roethig A, Schroeder S, Koehler K, Langenstein J, Thom N, et al. Feline paraneoplastic alopecia associated with metastasising intestinal carcinoma. JFMS Open Rep. 2015;1(2):2055116915621582.

8. Caporali C, Albanese F, Binanti D, Abramo F. Two cases of feline paraneoplastic alopecia associated with a neuroendocrine pancreatic neoplasia and a hepatosplenic plasma cell tumour. Vet Dermatol. 2016;27(6):508–e137.

9. Mauldin EA, Morris DO, Goldschmidt MH. Retrospective study: the presence of Malassezia in feline skin biopsies. A clinicopathological study. Vet Dermatol. 2002;13(1):7–13.

10. Tasker S, Griffon DJ, Nuttall TJ, Hill PB. Resolution of paraneoplastic alopecia following surgical removal of a pancreatic carcinoma in a cat. J Small Anim Pract. 1999;40(1):16–9.

11. Rottenberg S, von Tscharner C, Roosje PJ. Thymoma-associated exfoliative dermatitis in cats. Vet Pathol. 2004;41(4):429–33.

12. Forster-Van Hijfte MA, Curtis CF, White RN. Resolution of exfoliative dermatitis and Malassezia pachydermatis overgrowth in a cat after surgical thymoma resection. J Small Anim Pract. 1997;38(10):451–4.

13. Linek M, Rufenacht S, Brachelente C, von Tscharner C, Favrot C, Wilhelm S, et al. Nonthymoma-associated exfoliative dermatitis in 18 cats. Vet Dermatol. 2015;26(1): 40–5. e12–3.

14. Singh A, Boston SE, Poma R. Thymoma-associated exfoliative dermatitis with postthymectomy myasthenia gravis in a cat. Can Vet J. 2010;51(7):757–60.

15. Kimmel SE, Christiansen W, Byrne KP. Clinicopathological, ultrasonographic, and histopathological findings of superficial necrolytic dermatitis with hepatopathy in a cat. J Am Anim Hosp Assoc. 2003;39(1):23–7.

Verschiedene idiopathische Krankheiten

Linda Jean Vogelnest und Philippa Ann Ravens

Zusammenfassung

Das letzte Kapitel dieses Buches über Katzendermatologie beschreibt eine Reihe von Hautkrankheiten, die in den vorangegangenen Kapiteln nicht behandelt wurden. Es umfasst einige gut bekannte Erkrankungen wie Kinnakne, Dermatitis solaris und Verbrennungen. Außerdem wird eine Reihe einzigartiger Katzenkrankheiten unbekannter Ätiologie vorgestellt, darunter die idiopathische ulzerative Dermatitis und die murale Follikulitis, die zunehmend als Reaktionsmuster mit mehreren potenziellen Ursachen und nicht als eigenständige Krankheiten erkannt werden. Das hypereosinophile Syndrom ist eine weitere idiopathische, ausschließlich bei Katzen auftretende Erkrankung, die ebenso wie die Talgdrüsenadenitis und die sterile Pannikulitis, die bei Katzen nur selten vorkommen, behandelt wird.

Einführung

Die in diesem Kapitel behandelten verschiedenen Krankheiten wurden in lokalisierte Dermatosen (die bestimmte anatomische Körperregionen betreffen), umweltbedingte und physiologische Dermatosen (durch äußere Einflüsse auf die Haut oder den Haarzyklus) und idiopathische sterile entzündliche Krankheiten unterteilt. Einige sind relativ häufig und in der Allgemeinpraxis gut bekannt, andere sind selten und unvollständig beschrieben.

L. J. Vogelnest (✉)
Small Animal Specialist Hospital, North Ryde, Australien

University of Sydney, Sydney, Australien

P. A. Ravens
Small Animal Specialist Hospital, North Ryde, Australien

683

Lokalisierte Dermatosen

Einige Dermatosen betreffen bestimmte Körperregionen, und obwohl die Beschränkung auf die betroffenen Regionen ihre Erkennung erleichtert, haben die meisten eine ungewisse oder multifaktorielle Ätiologie und eine Vielzahl von unvollständig bewerteten Behandlungsmöglichkeiten.

Kinnakne

Man geht davon aus, dass es sich bei der Katzenakne um eine lokalisierte Störung der follikulären Keratinisierung handelt, die durch Komedonenbildung gekennzeichnet ist und zu der mehrere Faktoren beitragen können, darunter unzureichende lokale Pflege, anormale Talgproduktion, Anomalien im Haarzyklus und Überempfindlichkeiten (atopische Dermatitis, Kontakt- und/oder Nahrungsmittelreaktionen) [1–3]. Gelegentliche Krankheitsausbrüche wurden in Katzenpensionen und Mehrkatzenhaushalten gemeldet; eine mögliche Rolle von Stress, Virusinfektionen (Calicivirus, Herpesvirus), Demodikose oder Dermatophytose bleibt jedoch unbestätigt [2, 3]. Viele betroffene Katzen scheinen ansonsten gesund zu sein und weisen keine offensichtlichen systemischen Erkrankungen auf. Gleichzeitige Dermatosen, insbesondere Überempfindlichkeiten und andere Störungen durch bakterielle Sekundärinfektionen, sind jedoch keine Seltenheit [1].

Obwohl bekannt ist, dass die Katzenakne weltweit bei Haus- und Freigängerkatzen auftritt [1–3], und man davon ausgeht, dass sie in der Allgemeinpraxis häufig vorkommt [3], gibt es nur wenige Daten zur Prävalenz. Katzenakne gehörte zu den zehn häufigsten Dermatosen, mit denen eine Universitätsklinik für Dermatologie in den USA konfrontiert wurde. Sie machte 3,9 % aller Katzendermatosen aus und betraf 0,33 % aller Katzen, die in einem Zeitraum von 15 Jahren an der Universitätsklinik untersucht wurden [1, 4]. Es wurde vermutet, dass die tatsächliche Krankheitsprävalenz höher ist, da leichte Erkrankungen in Verbindung mit anderen Problemen wahrscheinlich zu wenig gemeldet werden. Es gibt keine bestätigte Alters-, Geschlechts- oder Rassenprädilektion [1], obwohl in einer Studie mit 22 Katzen häufiger Kater betroffen waren (73 %) [3]. Sekundäre tiefe bakterielle Infektionen verkomplizieren häufig den Krankheitsverlauf; sie wurden bei 42–45 % der betroffenen Katzen festgestellt [1, 3] (s. Kap. „Bakterielle Erkrankungen"). Gelegentlich wird über Fälle berichtet, in denen Hefepilze auftreten, die mit *Malassezia* spp. übereinstimmen und in der Oberflächenzytologie oder Histopathologie nachgewiesen wurden [2, 3] oder mit *M. pachydermatis*, das in Kulturen isoliert wurde [3]; eine Rolle von *Malassezia* spp. in der Pathogenese der Krankheit ist jedoch nicht erwiesen.

Klinische Präsentation

Feline Akne ist meist auf das Kinn beschränkt, während die Unter- und/oder Oberlippen und die Lippenwinkel nur selten betroffen sind. Die am häufigsten berichteten Läsionen sind braune bis schwarze Komedonen und feine Krusten/Haarabdrücke (60–73 %; Abb. 1), Alopezie (68 %), Papeln (45 %) und Erytheme (41 %) [1, 2]. Bei tiefer bakterieller Follikulitis und Furunkulose kommt es zu knotigen Schwellungen,

Abb. 1 Typische feine
schwarze Verkrustungen
und Haarabdrücke am
Kinn einer Katze mit
Katzenakne

Drainagekanälen und diffusen Schwellungen, die bei schwerem Verlauf zu akuter Pyrexie und Unwohlsein und/oder chronisch narbiger Vernarbung führen können [1]. Die Läsionen sind in der Regel nicht juckend und nicht schmerzhaft [1], obwohl manchmal über Juckreiz berichtet wird, der sich auf den betroffenen Bereich beschränkt, insbesondere in Verbindung mit einer bakteriellen Sekundärinfektion [2, 3].

Diagnose

Die Diagnose ist in der Regel einfach und basiert auf klassischen Läsionen, die auf das Kinn oder die angrenzende periorale Region beschränkt sind, wobei die Zytologie für den Nachweis einer bakteriellen Sekundärinfektion (und möglicherweise einer Hefeinfektion) wichtig ist. Klebebandabdrücke sind für die Entnahme von Proben aus dieser begrenzten Region nützlich, nachdem die Pusteln zuvor mit einer sterilen Nadel aufgerissen wurden. Eine Feinnadelaspiration ist bei knotigen oder diffus geschwollenen Läsionen angezeigt. (s. Kap. „Bakterielle Erkrankungen") Ein Screening auf Demodikose oder Dermatophytose kann angezeigt sein, wenn andere historische Faktoren oder klinische Läsionen darauf hindeuten.

Die Histopathologie kann bei atypischen Fällen oder zur Bestätigung einer tiefen bakteriellen Infektion und/oder zystischer Adnexveränderungen wichtig sein. Eine Reihe histopathologischer Befunde spiegelt das Spektrum der klinischen Präsentationen wider [2, 3], wobei in einer Studie mit 22 Fällen follikuläre und/oder glanduläre Anomalien dominierten, einschließlich lymphoplasmazytischer periduktaler Entzündung (86 %), Talgdrüsengangdilatation (73 %), follikulärer Keratose mit Verstopfung und Dilatation (59 %), Epitrichialdrüsenverschluss und -dilatation (32 %), Follikulitis (27 %), Furunkulose (23 %) und pyogranulomatöser Talgdrüsenadenitis (23 %) [2].

Behandlung

Die Behandlungsvorschläge sind weitgehend anekdotisch. Eine unkontrollierte Studie, in der die Anwendung topischer 2 %iger Mupirocinsalbe bei 25 Katzen untersucht wurde, berichtete typischerweise ausgezeichnetes (n = 15) bis gutes (n = 9) Ansprechen innerhalb von drei Wochen, mit einer möglichen Kontaktreaktion bei einer Katze [3]. Es wurde eine Vielzahl anderer topischer Behandlungen vorgeschlagen, die auf die Verringerung der Komedonenbildung und Sekundärinfektionen abzielen, darunter Antiseptika (Chlorhexidin, Benzoylperoxid) und Keratolytika (Tretinoin, Salicylsäure, Schwefel) in einer Vielzahl von Formulierungen (Shampoos, Gele, Salben) (s. Kasten 1) [1].

Milde, nicht progrediente, komedonale Präsentationen erfordern möglicherweise keine Behandlung [1]. Topische Antiseptika (2–4 %ige Chlorhexidinlösung) sind heute den topischen Antibiotika vorzuziehen, wenn eine oberflächliche bakterielle Sekundärinfektion bestätigt wird (s. Kap. „Bakterielle Erkrankungen"). Systemische Antibiotika sind wichtig bei tiefen bakteriellen Infektionen, wobei Amoxicillin-Clavulanat oder Cephalexin in vielen geografischen Regionen als empirische Mittel der ersten Wahl empfohlen werden, sofern bakterielle Kokken in der Zytologie nachgewiesen werden. Systemische Antibiotika werden in der Regel 4–6 Wochen lang oder bis mindestens zwei Wochen nach Abklingen der Knötchen und Drainagekanäle eingesetzt. Eine Bakterienkultur aus Gewebebiopsien oder intakten Pusteln ist wichtig bei intrazellulären bakteriellen Stäbchen in der Zytologie, schlechtem Ansprechen auf eine empirische Therapie und/oder in geografischen Regionen mit hoher Rate an methicillinresistenten Staphylokokkeninfektionen (s. Kap. „Bakterielle Erkrankungen").

Bei Fällen ohne bakterielle Sekundärinfektionen oder nach wirksamer Behandlung von Sekundärinfektionen werden topische Reinigungsmittel und/oder Keratolytika für die Erstbehandlung und mit reduzierter Häufigkeit empfohlen, um Rezidive zu begrenzen. Zu den Optionen gehören:

- Reinigungsmittel/Antiseptika:
  - Physikalische Entfernung übermäßiger Krusten, z. B. durch feines Kämmen, sanftes Reiben, wöchentlich oder nach Bedarf; Shampoos können wirksam sein, werden aber von vielen Katzen weniger gut vertragen
  - Chlorhexidin 2–4 %ige Lösung, einmal täglich bei Infektionen/Erkrankungen; 2–3 mal wöchentlich bei wiederkehrenden Infektionen
  - Benzoylperoxid 0,05–0,1 % Gel, anfangs einmal täglich bis jeden zweiten Tag; kann austrocknend und reizend sein; bei guter Wirkung ein- bis zweimal wöchentlich fortsetzen
- Topische Retinoide: einmal täglich angewendet bis zum klinischen Ansprechen (6–8 Wochen) und dann ausschleichend; phototoxisches Potenzial (Sonnenexposition vermeiden):
  - Tretinoin 0,01–0,05 % Gel, Creme oder Lotion (kann wirksamer sein, ist aber reizender)
  - Adapalen 0,1 % Gel (weniger reizend als Tretinoin)

- Topische Steroide:
  - Mometason 1 % Creme einmal täglich für bis zu drei Wochen und danach zweimal wöchentlich
- Systemische Retinoide: Isotretinoin 2 mg/kg einmal täglich (kann in schweren Fällen nützlich sein) [1]

Kasten 1: Behandlungsrichtlinien für Katzenakne

1. Behandeln Sie sekundäre bakterielle und/oder Hefeinfektionen, wenn diese durch die Zytologie nachgewiesen wurden:
   (a) Oberflächliche Infektion: 2–4 %ige Chlorhexidinlösung einmal täglich für 2–3 Wochen (von der Verwendung von Mupirocin oder Fusidinsäure sollte abgeraten werden) (s. Kap. „Bakterielle Erkrankungen")
   (b) Tiefe Infektionen: Amoxicillin-Clavulanat oder Cephalexin als Erstbehandlung oder auf der Grundlage von Kultur- und Empfindlichkeitstests (aus Gewebebiopsie oder Pustelinhalt), zweimal täglich für 4–6 Wochen oder bis zwei Wochen nach Abklingen der Knötchen/Ablaufkanäle
2. Reinigung mit für den Besitzer und den Patienten geeigneten Mitteln (anfangs täglich, dann weniger):
   (a) Feinzahniges Kämmen oder sanftes Reiben, um übermäßige Krustenansammlungen zu entfernen
   (b) Benzoylperoxid-Gel (sparsam; kann bei zu häufiger Anwendung austrocknend/reizend wirken)
   (c) Shampoos: Benzoylperoxid und Chlorhexidin 4 % (1–2 mal wöchentlich, wenn vertragen)
3. Keratolytische Mittel, wenn die Reinigung nicht ausreicht und/oder bei schweren Fällen:
   (a) Topische Retinoide: 0,05 % Tretinoin
   (b) Shampoos: Salicylsäure und Schwefel
   (c) Systemische Retinoide: Isotretinoin 2 mg/kg einmal täglich

Idiopathische ulzerative Dermatitis am Nacken

Historische Berichte über eine idiopathische ulzerative Dermatitis bei Katzen, die durch verkrustete, nicht heilende Ulzerationen gekennzeichnet ist (Abb. 2), die typischerweise am dorsalen Nacken oder zwischen den Schulterblättern auftreten, lassen vermuten, dass es sich um eine einzelne Erkrankung mit unbekannter Ätiopathogenese handeln könnte [5, 6]. Obwohl in frühen Berichten kein offensichtlicher Zusammenhang mit Pruritus festgestellt wurde [5], ist starkes Kratzen an den läsionalen Stellen typisch, und anhaltende schwere Selbstverletzungen sind häufig mit schlechter Heilung oder einem Rückfall nach der Heilung verbunden [6]. Mehrere Ursachen für schweren Juckreiz werden inzwischen als möglich angesehen [6].

Abb. 2 Idiopathische
Halsläsion bei der Katze:
ein großer Bereich mit
Ulzerationen an Kinn und
Hals, der von einem dicken
Schorf bedeckt ist. (Mit
freundlicher Genehmigung
von Dr. Chiara Noli)

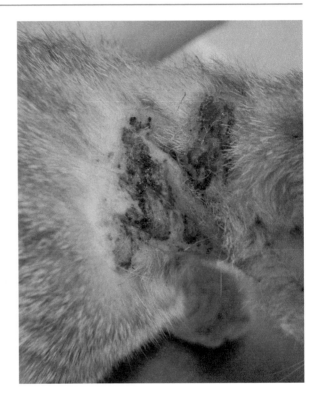

Neuropathischer Juckreiz wurde als eine mögliche Ursache vorgeschlagen [7], bleibt jedoch unbestätigt. Bei einigen Katzen wird über eine anhaltende Besserung nach einer Glukocorticoidtherapie oder einer chirurgischen Resektion berichtet [5], was auf vorübergehende Ursachen schließen lässt. Eine zugrunde liegende allergische Dermatitis scheint nach den Erfahrungen der Autoren häufig zu sein, wobei einige Läsionen mit einer sekundären bakteriellen Infektion einhergehen und einige betroffene Katzen andere allergische Symptome aufweisen. Es ist bekannt, dass ähnliche nicht heilende Ulzerationen in anderen Körperregionen (z. B. präaurikulär, ventraler Hals) in Verbindung mit starkem Kratzen an den Hintergliedmaßen bei allergischen Katzen mit Juckreiz auftreten. Oclacitinib (1–1,5 mg/kg einmal täglich über 4–6 Wochen) führte bei einer Katze, die zuvor nicht auf Ciclosporin, Anafranil, Chlorambucil oder Amitriptylin angesprochen hatte, zu einem Abklingen der chronischen ulzerativen Läsion in der dorsalen Skapulierregion [7]. In einigen Fällen wurde eine verhaltensbedingte Ätiologie vorgeschlagen, wobei sich die Läsionen bei zehn Katzen innerhalb von 15–90 Tagen nach verbesserten Haltungsbedingungen (einschließlich freiem Zugang zu Futter, Wasser und Verstecken, mehrfach wechselndem Spielzeug, Trennung von nicht verträglichen Katzen und reduziertem vom Menschen gewollten Kontakt) zurückbildeten [8].

Diagnose

Bei der Diagnose dieses Krankheitsbildes müssen mehrere potenzielle Ursachen für den starken Juckreiz, insbesondere Überempfindlichkeiten, und möglicherweise einige Ektoparasiten (*Demodex gatoi, Otodectes cynotis*) berücksichtigt werden. Die Zytologie mittels Klebestreifen- oder Objektträgerabdrücken ist wichtig, um eine bakterielle Sekundärinfektion und möglicherweise eine *Malassezia*-Infektion festzustellen. Oberflächliche Hautabschabungen können zum Nachweis von *Demodex*- oder *Otodectes*-Milben angezeigt sein. Die gemeldeten histopathologischen Befunde spiegeln die chronische Reaktion auf eine anhaltende Ulzeration mit variabler dermaler Nekrose und Fibrose wider. Es wird von linearen subepidermalen Fibrosebändern berichtet, die sich peripher vom Ulkus ausbreiten [5, 6], aber die Abgrenzung zu anderen Ursachen chronischer traumatischer Hautschäden ist ebenfalls nicht gesichert.

Behandlung

Die Behandlungsempfehlungen sind nur spärlich dokumentiert. Die Läsionen sind häufig refraktär gegenüber den üblichen symptomatischen Behandlungen, einschließlich systemischer Glukocorticoide und/oder Antibiotika. Topiramat, ein Antiepileptikum mit potenziell antinozizeptiver Wirkung, wurde bei einer Katze mit scheinbarem Erfolg eingesetzt, wobei nach wiederholten Versuchen, die Therapie abzusetzen, innerhalb von 24 h ein Rückfall gemeldet wurde [9]. Über die Pharmakokinetik und Sicherheit dieses Medikaments bei Katzen liegen jedoch keine Berichte vor.

Nach den Erfahrungen der Autoren hat sich in vielen Fällen eine anfängliche Kombination von Maßnahmen bewährt, um die fortgesetzte Selbstverletzung einzuschränken, etwaige bakterielle Sekundärinfektionen zu behandeln und die Heilung zu fördern. Halsbandagen und/oder Bodysuits, manchmal mit gleichzeitiger Bandagierung der Hinterfüße, sind oft hilfreich. Topische antibiotische Salben (Mupirocin 2 %, Natriumfusidat 2 %) scheinen bei Läsionen mit bestätigter Infektion nützlich zu sein oder topisches Silbersulfadiazin (1 %ige Creme) unter nicht haftenden Verbänden (s. Kap. „Bakterielle Erkrankungen"). Chlorhexidinlösung ist für ulzerierte Läsionen weniger geeignet, da wirksamere antimikrobielle Konzentrationen die ulzerierten Bereiche reizen können (maximal 0,05 %ige Lösung). Die Verwendung von Vet-Wrap-Kohäsivverbänden erleichtert das tägliche Abnehmen zur Reinigung und topischen Behandlung.

Die Identifizierung und Behandlung der zugrunde liegenden Krankheit ist wichtig, um ein erneutes Auftreten zu verhindern, und in Fällen ohne andere bestätigte Ursachen ist eine weitere Untersuchung auf eine zugrunde liegende Hypersensibilität wichtig (s. auch Kap. „Ektoparasitäre Erkrankungen", „Flohbiologie, Allergie und Bekämpfung", „Atopisches Syndrom bei Katzen: Epidemiologie und klinische Präsentation", „Atopisches Syndrom bei Katzen: Diagnose" und „Atopisches Syndrom bei Katzen: Therapie").

Ulzerative Dermatitis am Fußgelenk/Metatarsus

Eine nicht dokumentierte Form der nicht heilenden Ulzeration, die sich auf die plantare Seite der Mittelfußregion und/oder des Sprunggelenks beschränkt, wird bei Katzen selten erkannt. Es ist derzeit nicht bekannt, ob es sich dabei um eine einzige Erkrankung handelt oder ob es mehrere mögliche Ursachen gibt. Kontaktreaktionen scheinen bei einigen Präsentationen unwahrscheinlich, da die Läsionen trotz Bandagierung fortbestehen, obwohl sie Teil einer multifaktoriellen Ätiologie sein könnten.

Die Läsionen beginnen oft einseitig und entwickeln sich bilateral und einigermaßen symmetrisch. Sie sind oft mit Lecken verbunden, das nicht exzessiv erscheint. In den Fällen, die die Autoren gesehen haben, fehlen primäre Läsionen, und diskrete Regionen mit nicht heilenden Erosionen bis hin zu Ulzerationen mit benachbarter Alopezie und Erythem sind typisch (Abb. 3). Andere allergische oder kutane Anzeichen sind nicht vorhanden.

Die histopathologischen Befunde umfassen eine eosinophile und/oder neutrophile Dermatitis mit Hautnekrose und Fibrose, ohne erkennbare Ursache für die Ulzeration und verzögerte Heilung. Die Läsionen reagieren sehr langsam und oft unvollständig auf das Verhindern von Belecken, Verbände und Wundpflege. Bakterielle Sekundärinfektionen können in der Oberflächenzytologie und/oder der Histopathologie nachgewiesen werden, doch ist das Ansprechen trotz Abklingen dieser Komponente oft gering. Trotz chirurgischer Resektion und anfänglicher Heilung der Operationsstellen kommt es zu Rückfällen.

Die optimale Behandlungsform ist nicht bekannt. Wichtig sind die Beurteilung der Rolle von Sekundärinfektionen und gute Grundlagen der Wundpflege. Hautbiopsien für die Histopathologie können hilfreich sein, um bestimmte Ursachen auszuschließen und Behandlungsoptionen festzulegen.

Hyperplasie der Schwanzdrüse

Die supracaudale Drüse oder Schwanzdrüse der Katze ist eine Ansammlung großer Talgdrüsen, die sich in einem bestimmten Bereich am dorsalen proximalen Schwanz befinden. Bei einigen Katzen werden diese Drüsen hyperplastisch und bilden eine

Abb. 3 Langsam heilende diskrete plantare Metatarsalerosionen bis hin zur Ulzeration unbekannter Ätiologie bei einer Katze

Abb. 4 Eine Katze mit Schwanzdrüsenhyperplasie, die ein fettiges Exsudat mit braunen Schuppen dorsal an der Schwanzbasis aufweist. (Mit freundlicher Genehmigung von Dr. Silvia Colombo)

örtlich begrenzte Dermatose, die oft als „Katerschwanz" bezeichnet wird. Dieser Zustand tritt hauptsächlich bei intakten Katern auf, gelegentlich aber auch bei weiblichen und kastrierten Katern. Es wird vermutet, dass die Hyperplasie der Drüsen und die übermäßige Talgsekretion als Reaktion auf männliche Geschlechtshormone auftreten [10].

Die Läsionen variieren in ihrem Schweregrad von fettigem Exsudat mit variabler Schuppung (Abb. 4) über partielle Alopezie und Verfilzung der Haare bis hin zu vollständiger Alopezie mit Hyperpigmentierung und Komedonen. Eine bakterielle Sekundärinfektion kann zu lokalen Schwellungen, Erythemen, Schmerzen und/ oder Juckreiz führen [10].

Behandlung
Die Behandlung umfasst die Entfernung von überschüssigem Talg, die Verringerung der Komedonenbildung und die Vorbeugung von bakteriellen Sekundärinfektionen. Leichte Läsionen können mit keratolytischen Shampoos (z. B. schwefel-, salicylsäurehaltig) behandelt werden, um das fettige Exsudat zu entfernen und die Entleerung der verstopften Follikel und Talgdrüsen zu unterstützen. Manche Katzen profi-

tieren von einer feuchtigkeitsspendenden Spülung nach der Fellwäsche. Vitamin A und seine Derivate wirken komedolytisch und reduzieren die Talgdrüsenaktivität, und eine Behandlung mit Retinoiden wie bei der Kinnakne bei Katzen kann in Betracht gezogen werden. Eine doppelblinde, placebokontrollierte Studie berichtet über eine signifikante Verringerung der klinischen Werte nach der Behandlung mit einer 0,1 %igen Retinsäurecreme, die viermal täglich über 28 Tage großzügig aufgetragen wurde [10]. Für ein anhaltendes Ansprechen ist wahrscheinlich eine vorbeugende Behandlung erforderlich, möglicherweise einmal wöchentlich oder nach Bedarf mit topischem Tretinoin, um das Abklingen der Symptome aufrechtzuerhalten.

Schmerzhafte, erythematöse oder geschwollene Läsionen sollten mittels Oberflächenzytologie und/oder Feinnadelaspiration oder Biopsie bei schweren Läsionen auf eine bakterielle Sekundärinfektion untersucht werden und, falls vorhanden, den Schwerpunkt der Behandlung bilden. Die klinischen Anzeichen bei intakten Katern können sich nach einer Kastration verbessern, obwohl eine schwere Drüsenhyperplasie nicht ohne Weiteres rückgängig gemacht werden kann.

Umweltbedingte und physiologische Dermatosen

(Aktinische) Dermatitis solaris

Sonnen- oder aktinische Dermatitis tritt häufig bei Katzen auf, die viel Zeit im Freien verbringen und sich der Sonne aussetzen, insbesondere bei Katzen, die in Ländern mit hohen UV-Indizes leben [11–15]. Sie ist auf eine kumulative Exposition gegenüber ultraviolettem (UV) Licht zurückzuführen – vor allem kurzwelligem UVB, aber auch langwelligem UVA, das tiefer in die Haut eindringt –, das direkte Keratinozytenschäden verursacht. Das Auftreten ist stark von der Hautfarbe und der Felldichte abhängig, wobei nicht pigmentierte, spärliche oder nicht behaarte Bereiche betroffen sind, insbesondere die Ohrmuscheln, die Ohrränder, das Nasenplanum sowie die periokulären, perioralen und präaurikulären Bereiche. Auch Wohnungskatzen können betroffen sein. Obwohl Fensterglas UVB-Strahlen wirksam blockiert, können UVA-Strahlen dennoch eindringen. Die Dermatitis solaris entwickelt sich häufig zu solarer Keratose und Plattenepithelkarzinom [11] (s. Kap. „Neoplastische Erkrankungen").

Klinische Präsentation

In einer Studie mit 32 Katzen lag das Durchschnittsalter der betroffenen Katzen bei knapp über drei Jahren, mit einer Spanne von 1–14 Jahren [12]. Erste Läsionen wurden bereits im Alter von drei Monaten berichtet [13]. Die betroffene Haut zeigt zunächst ein Erythem, das sich über Monate oder Jahre langsam zu Schuppenbildung, Alopezie und leichter Krustenbildung entwickeln kann. Frühe Läsionen können unauffällig sein und von den Besitzern unbemerkt bleiben. Die Ränder der Ohren können sich einrollen (Abb. 5a). Ulzerationen (Abb. 5b), starke Krustenbildung und proliferative Läsionen deuten eher auf eine Progression zum Plattenepithelkarzinom hin [11–13].

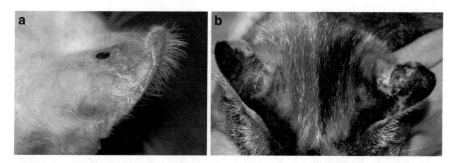

Abb. 5 Solare Dermatitis bei Katzen: (**a**) Erythem, Schwellung, Faltenbildung des Knorpels und eine kleine Ulzeration aufgrund von Sonnenbrand an den Ohrmuscheln einer weißen Katze. (Mit freundlicher Genehmigung von Dr. Chiara Noli). (**b**) Ulzeration nur auf der hellen Haut der Ohrmuscheln, die anfälliger für Schäden durch Sonneneinstrahlung ist. (Mit freundlicher Genehmigung von Dr. Chiara Noli)

Diagnose

Die Diagnose wird anhand von gleichmäßigen Läsionen auf wenig behaarter, nicht pigmentierter Haut gestellt und durch Biopsie und Histopathologie bestätigt. Andere Differenzialdiagnosen für frühe Läsionen sind Dermatophytose und, in kalten Klimazonen, Kryoglobulinämie oder Erfrierungen [11]. Histologisch ist die Epidermis typischerweise akanthotisch und kann vakuolisierte (Sonnenbrand-)Zellen und apoptotische Zellen aufweisen. Subepidermale Ödeme und Sklerose sowie kollagene Verdickungen sind häufig zusammen mit einem leichten perivaskulären entzündlichen Infiltrat vorhanden. Chronische Fälle sind oft schlecht vaskularisiert, obwohl in einigen Fällen Teleangiektasien auftreten. Die solare Elastose ist bei Katzen mit Dermatitis solaris oft minimal, im Gegensatz zum Menschen, der deutlich mehr Elastin in der normalen oberflächlichen Dermis aufweist [12, 14, 15].

Behandlung

Die Vermeidung von UV-Strahlung ist wichtig, um eine weitere Schädigung der Keratinozyten zu minimieren. Betroffene Katzen sollten idealerweise tagsüber keinen Zugang zum Freien haben, insbesondere in der Mitte des Tages ($\approx$ 9–15 Uhr), wenn die Sonnenintensität am höchsten ist [11, 15]. Die tägliche wiederholte Anwendung von Sonnenschutzmitteln mit hohem Lichtschutzfaktor (LSF), z. B. LSF > 30, wird für Katzen empfohlen, die nicht im Haus gehalten werden können [11]; die wiederholte Anwendung von Sonnenschutzmitteln wird jedoch häufig schlecht vertragen und ist für eine langfristige Anwendung unpraktisch.

Verbrennungen

Verbrennungsverletzungen können durch übermäßige Hitze, elektrischen Strom, Chemikalien oder Strahlung verursacht werden und lassen sich nach der betroffenen Körperoberfläche und der Tiefe der Verbrennung unterteilen. Großflächige schwere Verbrennungen sind leicht erkennbar, sie sind lebensbedrohlich und werden am besten von Experten für Notfallmedizin und Intensivpflege behandelt, da es schnell zu erheblichen Stoffwechselstörungen kommt. Lokale Verbrennungen bezeichnen < 20 % der gesamten Körperoberfläche, führen selten zu systemischen Erkrankungen und reichen von oberflächlichen oder Verbrennungen ersten Grades (die nur die Epidermis betreffen) über Verbrennungen zweiten Grades (die die Epidermis und einen Teil der Dermis betreffen) bis hin zu Verbrennungen dritten Grades (die die Epidermis, Dermis und die darunter liegenden subkutanen Schichten betreffen) [16–18].

Thermische Verbrennungen

Thermische Verbrennungen sind die häufigste Verbrennungsverletzung bei Tierpatienten und treten klassischerweise bei versehentlicher Exposition gegenüber extremen Hitzequellen (z. B. offene Flammen, verbrühende Flüssigkeiten, Herdplatten, Autoauspuffanlagen oder Heizkörper, intensive Sonneneinstrahlung bei dunkelhaarigen Tieren) (Abb. 6a) oder übermäßig heißer künstlicher Heizung (z. B. Haartrockner, elektrische Heizkissen, Wärmflaschen) auf. Übermäßig heiße Heizkissen (Abb. 6b) und unsachgemäß geerdete Elektrokauter sind bekannte Ursachen für unbeabsichtigte thermische Verbrennungen in Tierkliniken [16, 17]. Oberflächliche Verbrennungen zeigen sich oft akut mit Erythem und Schuppung, die trocken oder feucht sein können und ohne bekannte Wärmeexposition in der Vorgeschichte oft nicht ohne Weiteres als Verbrennungen erkannt werden. Bei tieferen Läsionen dauert es oft 1–2 Tage und gelegentlich bis zu 7–10 Tage, bis sie sichtbar werden, insbesondere in vollständig behaarten Regionen, obwohl die betroffenen Regionen oft akut schmerzhaft sind. Ein verzögertes Auftreten ist typisch für Verbrennungen durch Heizkissen. Die Haare lassen sich bei vollflächigen Verbrennungen leicht epilieren. Oft entwickelt sich eine charakteristische dicke, ledrige Oberfläche aus abgestorbener Haut (Schorf) mit darunter liegenden, zunehmend feuchten Ulzerationen, die leicht zu einer bakteriellen Sekundärinfektion führen können [16, 17].

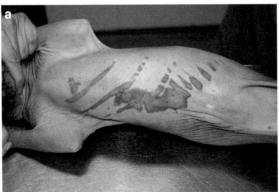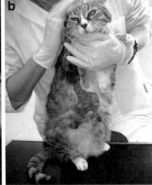

Abb. 6 Thermische Verbrennungen bei Katzen: (**a**) eine Sphynx-Katze, die auf einem heißen Herd lag. (Mit freundlicher Genehmigung von Dr. Chiara Noli). (**b**) Verbrennung durch ein chirurgisches Wärmekissen. (Mit freundlicher Genehmigung von Dr. Chiara Noli)

Chronische Strahlungshitze-Dermatitis

Eine längere Exposition gegenüber mäßiger Hitze (nicht hoch genug, um eine thermische Verbrennung zu verursachen) kann zu einer einzigartigen, weniger offensichtlichen Art von thermischer Verletzung führen, die als chronische Strahlungshitze-Dermatitis, mäßige Hitzedermatitis oder *Erythema ab igne* bezeichnet wird. Läsionen können bei Katzen auftreten, die chronisch Wärmequellen ausgesetzt sind, während sie in Seiten- oder Brustbeinlage liegen, einschließlich elektrischer Heizkissen oder -decken, Kaminen, Holzöfen, heißen Kohlen und möglicherweise Wärmelampen oder von der Sonne beheizten Zufahrten. Die Dauer der Exposition in den gemeldeten Fällen reicht von 1–9 Monaten. Die Hautläsionen sind durch Alopezie, Erythem und Narbenbildung gekennzeichnet, die in unregelmäßigen linearen Konfigurationen auftreten können, manchmal mit Hyperpigmentierung und/oder Krustenbildung [19].

Strahlenverbrennungen

Strahlenverbrennungen können bei Tierpatienten auftreten, die ionisierenden Strahlen aus der Strahlentherapie ausgesetzt sind, obwohl sie bei Katzen im Allgemeinen selten sind. Die Strahlentherapie ist eine wichtige Behandlungsoption für einige Krebsarten und wird in der Tiermedizin immer häufiger eingesetzt. Zu den Läsionen gehören akute Epilation, Erythem, Depigmentierung (Sommersprossen und diffuse Farbveränderungen) und Schuppung (trocken oder feucht), die auf die bestrahlten Regionen beschränkt sind. Juckreiz und Schmerzen sind unterschiedlich stark ausgeprägt. Verbrennungen durch Strahlentherapie sind in der Regel mild und selbstlimitierend, können aber gelegentlich auch schwerwiegend sein. Es wird auch über chronische, nicht heilende Strahlendermatitis berichtet, die mehrere Monate bis Jahre nach Abschluss der Strahlentherapie auftreten kann.

Chemische oder elektrische Verbrennungen

Chemische oder elektrische Verbrennungen können durch Ablecken oder Verschlucken von ätzenden oder korrosiven Substanzen entstehen. Selten können Katzen auch elektrische Kabel durchkauen, was zu elektrischen Verbrennungen in der Mundhöhle führen kann.

Diagnose

Die Diagnose von Verbrennungen ist bei bekannter Exposition leicht zu stellen, kann aber bei subtileren oder chronischen Läsionen schwierig sein. Bei allen unerklärlichen lokalen Hautläsionen mit Ulzerationen, Schorf oder unregelmäßiger Narbenbildung ist eine Anamnese über eine mögliche Exposition gegenüber relevanten Verbrennungsmitteln in den letzten Wochen sinnvoll.

Die Histopathologie tiefer Verbrennungen zeigt in der Regel eine charakteristische, sich allmählich verjüngende koagulative Nekrose der Epidermis und Dermis, obwohl akute schwere Gefäßverletzungen (z. B. Scherverletzungen, siehe unten), toxische Epidermolysen oder schwere Erythema multiforme ähnliche Veränderungen hervorrufen können [18, 20]. Die koagulative Nekrose des Follikelepithels, bei der das umgebende Kollagen verschont bleibt, ist Berichten zufolge ein einzigartiges Merkmal von thermischen Verbrennungen [18].

Zu den histopathologischen Merkmalen der chronischen Strahlungsdermatitis gehören Keratinozytenveränderungen (Zellvakuolation, Apoptose, leichte Atypien einschließlich Karyomegalie), Hautveränderungen, die ischämischen Dermatopathien ähneln (blasses Hautkollagen, leichte endotheliale Degeneration, Follikel- und Talgdrüsenatrophie), und wellige eosinophile elastische Fasern. Insbesondere die Karyomegalie (große Keratinozytenkerne) und die Veränderungen der elastischen Fasern wurden in einer kleinen Fallserie als pathognomonisch angesehen [19].

Behandlung

Die Tiefe und Größe der Verbrennungen sind wichtige Faktoren, die das Ergebnis beeinflussen. Oberflächliche Verbrennungen heilen in der Regel ohne Narbenbildung in 3–5 Tagen ab. Verbrennungen von geringer Dicke heilen in der Regel gut, über 2–3 Wochen, mit geringer oder gar keiner Narbenbildung aufgrund der Reepithelisierung von Resthaarfollikeln in der tiefen Dermis. Verbrennungen ganzer Dicke erfordern häufiger eine chirurgische Korrektur, insbesondere bei größeren Läsionen, da die Heilung von einer Kontraktion abhängt, die zu einer hypertrophen Narbenbildung führt [16, 17].

Verbrennungen, die mehr als 20 % der Körperoberfläche betreffen, erfordern eine dringende Notfallversorgung und werden am besten in spezialisierten Notfalleinrichtungen behandelt. Wenn die Patienten innerhalb von zwei Stunden nach dem Verbrennungsereignis zur Behandlung vorgestellt werden, umfasst die erste Hilfe ein sanftes Abschneiden der Haare und eine Reinigung, um alle Oberflächenreste oder ätzenden Materialien zu entfernen, gefolgt von einer Kühlung mit gekühlter Kochsalzlösung (3–17 °C) für mindestens 30 min, was die Schwere der Zellschädigung begrenzen kann [17]. Verbrennungen, die mehr als zwei Stunden nach dem Verbrennungsereignis vorgestellt werden, sollten sanft mit Leitungswasser oder 0,9 %iger Natriumchloridlösung gereinigt werden, angrenzende Bereiche sollten zur Erleichterung der laufenden Pflege sanft beschnitten werden, und nekrotische Bereiche sollten bei der Vorstellung und bei Bedarf in den nächsten 1–2 Wochen schrittweise debridiert werden [17]. Akute Verbrennungswunden sind in der Regel schmerzhaft, und Analgetika wie nichtsteroidale Antirheumatika, Opiate oder Gabapentin sind häufig angezeigt. Nicht haftende Verbände ermöglichen die Aufrechterhaltung eines feuchten Milieus, um die Reepithelisierung zu erleichtern (die Migration von Keratinozyten wird auf feuchten Wundoberflächen gefördert) und die Narbenbildung zu verringern; die Verbände sollten täglich gewechselt werden, solange die Wunden exsudieren. Silbersulfadiazin hat ein breites antimikrobielles Wirkungsspektrum und gilt seit Langem als Mittel zur Unterstützung der Wundheilung und als topisches Antiseptikum, das die Infektion von Verbrennungswunden begrenzt [17, 21]. Jüngste Studien an experimentellen Wunden bestätigen jedoch eine gewisse Verzögerung der Wundheilung, obwohl anerkannt ist, dass eine bakterielle Infektion größere Auswirkungen auf die Heilung von Verbrennungen hat [21]. Medizinischer Honig, insbesondere Manuka-Honig, der gründlicher untersucht wurde, ist eine alternative antimikrobielle Option mit breitem Wirkungsspektrum, die als topische Behandlung von Wunden in Betracht gezogen werden kann. Obwohl niedrige Konzentrationen (0,1 % v/v) nachweislich den Wundverschluss fördern, sind für eine antimikrobielle Wirkung höhere Konzentrationen erforderlich (6–25 % v/v als minimale wirksame Konzentrationen; > 33 % für die Zerstörung von Biofilmen), wobei Konzentrationen ≥ 5 % v/v zytotoxisch sind. Es wurde vorgeschlagen, dass hohe Konzentrationen zunächst für kontaminierte oder infizierte Wunden geeignet sind, gefolgt von niedrigen Konzentrationen zur Förderung der Heilung, wenn die Infektionen unter Kontrolle sind. Das direkte Auftragen von medizinischem Honig auf Wunden unter einem Verband führt zu hohen Oberflächenkonzentrationen; Vorlagen mit langsamer Freisetzung werden derzeit entwickelt [22].

Posttraumatische ischämische Alopezie

Dieses Syndrom ist durch großflächige akute Alopezie (Abb. 7a) gekennzeichnet, die sich 1–4 Wochen nach einem Trauma durch stumpfe Gewalteinwirkung am unteren Rücken entwickelt, am häufigsten bei Katzen mit Beckenfrakturen nach einem Autounfall, aber auch nach Stürzen aus großer Höhe. Es wird angenommen, dass die mit dem Trauma verbundenen Scherkräfte zu einer teilweisen Ablösung der Haut vom darunterliegenden Gewebe führen, wodurch die Gefäßversorgung geschädigt und eine Ischämie verursacht wird. Wenn sich die Läsionen zum ersten Mal entwickeln, lassen sich die Haare an der betroffenen Stelle 7–10 Tage lang leicht epilieren, was zu konfluierenden Alopeziebereichen mit einem glatten, glänzenden Hautbild führt. An einigen Läsionen treten fokale Krusten und Erosionen auf, und obwohl ein leichtes Belecken zu beobachten ist, scheinen die Läsionen nicht sonderlich schmerzhaft oder juckend zu sein [23].

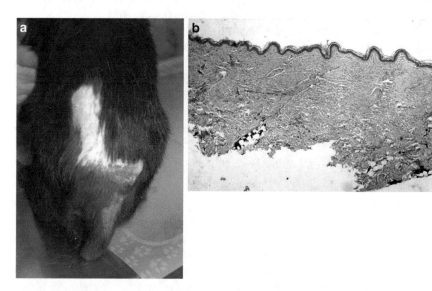

Abb. 7 Posttraumatische Alopezie bei Katzen: (**a**) Bereiche von Alopezie und Hautdepigmentierung im Lumbosakralbereich bei einer Katze, die von einem Auto angefahren wurde und sich das Kreuzbein brach. (Mit freundlicher Genehmigung von Dr. Chiara Noli). (**b**) Histologischer Aspekt der Läsionen derselben Katze: keine Haarfollikel sind sichtbar; es gibt einige „verwaiste" apokrine Drüsen (H&E, 40-fache Vergrößerung). (Mit freundlicher Genehmigung von Dr. Chiara Noli)

Die histopathologischen Befunde stehen im Einklang mit einer Ischämie und umfassen follikuläre und adnexale Atrophie (Abb. 7b), dermale Fibroplasie, fokale Basalzellvakuolation und subepidermale Spaltbildung. Das Stratum corneum kann fehlen oder von der unteren Epidermis entfernt sein, ein Befund, der das glänzende Hautbild erklärt, aber bei anderen Ursachen der Ischämie nicht berichtet wird. Die Alopezie ist häufig dauerhaft [23].

Anagenes und telogenes Effluvium

Der Begriff Effluvium (auch Defluxion genannt) bezieht sich auf den vermehrten Ausfall von Haaren, der zu Alopezie führt.

Anagenes Effluvium entsteht durch antimitotische Einwirkungen auf wachsende Anagenhaare, die zu einer anormalen Schwäche und zum Bruch der Haarschäfte führen, was in der Regel innerhalb weniger Tage nach der Beeinträchtigung zu Alopezie führt. Es kann in Zusammenhang mit der Verabreichung von antimitotisch wirkenden Arzneimitteln auftreten, insbesondere mit einigen Chemotherapeutika, darunter Doxorubicin, und seltener mit Infektionen, Toxinen, Strahlentherapie oder Autoimmunerkrankungen. Telogenes Effluvium entsteht durch eine abrupte vorzeitige Beendigung des anagenen Haarwachstums, was zu einer Synchronisierung des Haarfollikelzyklus in die katagene und dann telogene Phase führt. Ein bis drei Monate nach dem Insult beginnt eine neue Welle der Follikelaktivität mit neuen anagenen Follikeln, was zum Ausfallen aller telogenen Haare und zu vorübergehender Alopezie führt. Sie kann mit Schwangerschaft, Stillzeit, schweren systemischen Erkrankungen, Fieber, Anästhesie oder Operationen einhergehen.

Obwohl Fälle von Alopezie aufgrund von anagenem und telogenem Effluvium bei Katzen als selten betrachtet werden, gibt es spärliche anekdotische Beschreibungen, einschließlich trächtigkeitsbedingtem telogenem Effluvium bei zwei verwandten Burmakätzinnen [24]. Beide Fälle führten zu vorübergehender Alopezie, die innerhalb von drei Monaten nach Beseitigung der auslösenden Ursache verschwand.

Sterile entzündliche Dermatosen

Sebadenitis

Über Talgdrüsenadenitis wurde gelegentlich bei Katzen berichtet [25–27], darunter zwei von ≈ 1400 Katzen, die sich über einen Zeitraum von acht Jahren an der Cornell University vorstellten (≈ 0,14 %) [28]. Obwohl die wichtigste pathologische Veränderung eine lymphozytäre Entzündung ist, die auf die Talgdrüsen abzielt, wobei die Talgdrüsen schließlich vollständig oder fast vollständig fehlen [25], ist nicht bekannt, ob sie ein Gegenstück zur Erkrankung des Hundes darstellt, da häufig gleichzeitig eine lymphozytäre murale Follikulitis auftritt [25, 26, 29, 30], die kein Merkmal der Erkrankung des Hundes ist. Eine Talgdrüsenadenitis und/oder das Fehlen von Talgdrüsen wird auch bei einigen anderen Krankheiten von Katzen häufig festgestellt, darunter die Thymom-assoziierte und die nicht Thymom-assoziierte exfoliative Dermatitis; beide Krankheiten sind durch eine epidermale und follikuläre Schnittstellenpathologie zusätzlich zu den Talgdrüsenveränderungen gekennzeichnet [31] (s. Kap. „Paraneoplastische Erkrankungen").

Klinische Präsentation

Bei den Katzen, bei denen eine Talgdrüsenadenitis beschrieben wurde, handelt es sich überwiegend um Hauskatzenmischlinge sowie eine Norwegische Waldkatze [25–27, 29, 30]. Die charakteristischen Läsionen sind fortschreitende Alopezie und Schuppung mit oder ohne Follikelbildung, die typischerweise im Gesicht und am Hals beginnen und dann generalisiert auftreten (Abb. 8) [25–27, 30, 32]. Anhaftende braun-schwarze Schuppen bis hin zu leichter Krustenbildung treten häufig im periokularen Bereich und seltener in den Nasenfalten, der perioralen Region und der perivulvären Region auf [25–27, 30]. Bei einigen Katzen kann eine sekundäre bakterielle Pyodermie [25] oder Otitis externa [27] auftreten. Juckreiz wird meist als nicht vorhanden beschrieben [26, 28]; in einem Fall ohne bakterielle Pyodermie wurde jedoch mäßiger bis intensiver Juckreiz festgestellt [27]. Im Gegensatz dazu wird bei Katzen mit Thymom und exfoliativer Dermatitis ohne Thymom von sehr starker Schuppung, fehlenden follikulären Abdrücken und weniger Alopezie berichtet [31] (s. Kap. „Paraneoplastische Erkrankungen").

Diagnose

Für die Diagnose ist eine histopathologische Untersuchung erforderlich. Typischerweise fehlen die Talgdrüsen, wobei die frühen Läsionen ein noduläres lymphozytäres bis histiozytäres Infiltrat mit einem einseitigen perifollikulären Muster in der Region aufweisen, in der sich die Talgdrüsen befinden sollten, und gelegentlich Talgdrüsenreste umgeben. Eine gleichzeitige laminierte orthokeratotische Hyperke-

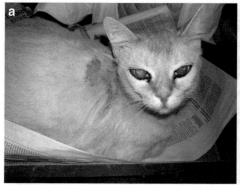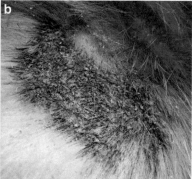

Abb. 8 Katze mit Talgdrüsenadenitis: (**a**) Beachten Sie das schwarze seborrhoische Material, das sich um die Augen angesammelt hat, und die hypotrichotischen Flecken an den Schultern. (Mit freundlicher Genehmigung von Dr. Chiara Noli). (**b**) Nahaufnahme des hypotrichotischen Flecks in (**a**): Es sind dicke Schuppen (Follikelkatzen) zu sehen, die an der Basis der Haare und an der Haut haften. (Mit freundlicher Genehmigung von Dr. Chiara Noli)

ratose und ein gewisser Grad an follikulärer infundibulärer Orthokeratose sind häufig. Eine lymphozytäre murale Follikulitis, die sich möglicherweise auf den Eingang des Talgdrüsengangs konzentriert, wird in vielen Fällen im Isthmus und in den infundibulären Regionen beobachtet [25, 26, 29, 30].

Behandlung

Ciclosporin (5 mg/kg einmal täglich) führte bei einer Katze nach dreimonatiger Therapie zu einem vollständigen Verschwinden der Symptome, gefolgt von einem erneuten Auftreten der Symptome nach allmählichem Absetzen und einem erneuten Ansprechen mit erhöhter Dosis in Verbindung mit einem zweiwöchigen Nachlassen von Prednisolon [26]. Ciclosporin bei gleichzeitiger Anwendung von Shampoos mit Aufweichungsmitteln und topischen Fettsäuren/Ceramiden (Dosierung und Produkte nicht spezifiziert) erwies sich bei einer anderen Katze innerhalb eines Monats nach Beginn der Therapie als wirksam [27]. Auch Ciclosporin hat sich in einigen Fällen von nicht Thymom-assoziierter exfoliativer Dermatitis als wirksam erwiesen [31]. In einem Fallbericht wird ein anhaltend gutes klinisches Ansprechen beschrieben, obwohl die Symptome nur unvollständig abklangen, wenn ein topisches Fettsäure-Spot-on verwendet wurde, das ätherische Öle, Glättungsmittel und Vitamin E enthält [25].

Sterile Pannikulitis

Sterile Pannikulitis ist ein weit gefasster Begriff, der eine Reihe von nichtinfektiösen Krankheitsprozessen umfasst, die zu einer Entzündung des Unterhautfetts führen. Lipozyten sind anfällig für Traumata, Ischämie und die Ausweitung benachbarter Entzündungen, und die Freisetzung freier Fettsäuren fördert weitere Entzündungen [33].

Pansteatitis

Pansteatitis ist eine Ernährungsstörung, die bei Katzen aufgrund einer unzureichenden Vitamin-E-Aufnahme auftritt. Sie entsteht meist durch den Verzehr von Futtermitteln, die übermäßig viele ungesättigte Fettsäuren enthalten, deren Oxidation im Stoffwechsel zu einer Verarmung an Vitamin E führt, und/oder durch Futtermittel mit unzureichendem Vitamin-E-Gehalt. Klassischerweise wird sie mit einer Ernährung in Verbindung gebracht, die überwiegend aus Fisch besteht, insbesondere aus fettem Fisch wie Thunfisch, Sardinen, Hering und Kabeljau. In der Vergangenheit wurde die Krankheit mit rotem Thunfisch aus der Dose in Verbindung gebracht, aber es wird auch von Kombinationen aus Sardinen, Sardellen und Makrelen berichtet und seltener von einer Reihe anderer unausgewogener Ernährungsweisen, darunter vor allem Leber, Fisch mit qualitativ hochwertigem kommerziellen Futter, überwiegend Fleisch mit einmal wöchentlichem Fisch aus der Dose, kommerzielles Katzenfutter (mit unzureichendem Vitamin E) und Schweinehirn (reich an Fetten) [34, 35].

Fettgewebsnekrose

Eine Fettgewebsnekrose kann zu einer sterilen Pannikulitis führen. Sie kann durch eine Reihe von Prozessen entstehen, darunter:

- Physikalische Faktoren: lokale stumpfe Traumata, Bisswunden, Fremdkörperreaktionen oder Kälte.
- Bauchspeicheldrüsentumoren oder Pankreatitis, die eine systemische Lipodystrophie auslösen: Bei einer Katze mit einem Adenokarzinom der Bauchspeicheldrüse wurden innerhalb von drei Monaten multiple Hautknötchen (dorsaler und ventraler Bauch, Gliedmaßen) festgestellt [36]. Eine andere Katze mit histologisch bestätigter Pankreatitis hatte multiple Hautknötchen (ventraler Bauch und Hintergliedmaßen) von unbekannter Dauer [37].
- Tollwutimpfung: Bei acht Katzen wurden lokalisierte Läsionen mit zentraler Fettgewebsnekrose an den Stellen der Tollwutimpfung festgestellt, die zwei Wochen bis zwei Monate vor der Knötchenbildung auftraten [38].
- Nierenerkrankung: Bei zwei verwandten jungen Katzen (acht Monate und ein Jahr) wurde über eine Nierenerkrankung und kutane Knötchen mit Fettnekrose und zentraler Verkalkung berichtet [39].

Idiopathische sterile noduläre Pannikulitis

Idiopathische sterile noduläre Pannikulitis wird häufiger bei Hunden und seltener bei Katzen festgestellt [33]. Der Ausschluss infektiöser Ursachen, einschließlich Mykobakterien, ist unerlässlich. Der Ausschluss eines früheren Traumas kann schwierig sein.

Klinische Präsentation

Katzen mit Pannikulitis weisen in der Regel ähnliche Läsionen auf, unabhängig von infektiösen oder sterilen Ursachen. Die Läsionen bestehen aus subkutanen Knötchen mit unterschiedlicher Ulzeration und Ausfluss (Abb. 9). Einzelne Knötchen traten in

Abb. 9 Sterile Pannikulitis: Aus einem fistulierten fluktuierenden subkutanen Knötchen tritt ein hämatisches schmieriges Exsudat aus. (Mit freundlicher Genehmigung von Dr. Chiara Noli)

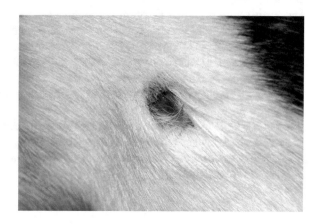

einer retrospektiven Studie bei 95 % von 21 Katzen auf, am häufigsten auf dem ventrolateralen Thorax und dem ventralen Abdomen. Systemische Krankheitsanzeichen sind bei idiopathischen und lokalisierten Präsentationen selten [33]. Im Gegensatz dazu zeigt die Pansteatitis neben subkutanen Knötchen typischerweise Fieber, Lethargie, Anorexie, Schmerzen bei Berührung und Bewegungsunlust [34, 35].

Diagnose

Obwohl das klinische Erscheinungsbild auf eine Pannikulitis hindeuten kann, hängt die Diagnose einer sterilen Erkrankung von der Histopathologie und dem Ausschluss infektiöser Ursachen mittels spezieller Färbungen ab, die manchmal durch eine Gewebekultur ergänzt werden. Eine Ernährungsanamnese ist wichtig, um auf Pansteatitis zu untersuchen; handelsübliches Katzenfutter enthält inzwischen Antioxidanzien, sodass eine selbst zubereitete Ernährung Verdacht erregen kann. Serumbiochemie und abdominale Bildgebung sind in der Regel angezeigt, um eine Erkrankung der Bauchspeicheldrüse auszuschließen.

Die Zytologie mittels Feinnadelaspiration aus intakten Knötchen sollte Adipozyten mit Neutrophilen und/oder Makrophagen (oft groß und schaumig) ohne Infektionserreger zeigen. In Abklatschpräparaten von abfließendem Exsudat können kontaminierte Bakterien nachgewiesen werden, was jedoch nicht als Beweis für eine Infektion gilt.

Die histopathologischen Befunde können ein lobäres, diffuses oder septales pannikuläres Infiltrat umfassen, bei dem typischerweise Neutrophile und Makrophagen dominieren und Eosinophile, Lymphozyten und/oder Plasmazellen variieren [33]. Bei der Pansteatitis ist das Fettgewebe dunkelgelb oder orange-braun gefärbt, und die Fettgewebsnekrose mit septaler pyogranulomatöser Pannikulitis dominiert die Histopathologie, mit auffälligem Ceroid-Pigment in Fettvakuolen und Makrophagen. Der Tocopherolspiegel im Plasma ist erhöht (> 3000 ug/L) [34]. Tiefe Gewebekulturen können zum Ausschluss infektiöser Ursachen angezeigt sein.

Behandlung

Pansteatitis wird mit einer Ernährungskorrektur behandelt. Eine Ernährung, die zu viele Fettsäuren enthält, muss korrigiert werden. Eine anfängliche Ergänzung mit oralem Vitamin E in Höhe von 400 IE alle zwölf Stunden, mindestens zwei Stunden vor oder nach einer Mahlzeit verabreicht, kann hilfreich sein. Innerhalb von einer Woche nach der Ernährungsumstellung wurde über eine deutliche Verbesserung des Verhaltens berichtet, obwohl eine fischfreie Ernährung für einige Katzen, die an Fisch gewöhnt sind, anfänglich eine Herausforderung darstellen kann [34]. Katzen mit multiplen Läsionen einer sterilen Pannikulitis, die ausgewogen ernährt werden ohne Anzeichen einer Bauchspeicheldrüsenerkrankung, können auf orales Prednisolon ansprechen. Die chirurgische Entfernung einzelner Läsionen ist Berichten zufolge häufig kurativ [33].

Steriles Pyogranulom/Granulom-Syndrom

Eine idiopathische sterile knotige Präsentation, die durch eine diskrete pyogranulomatöse bis granulomatöse Entzündung gekennzeichnet ist, wurde bei einer kleinen Anzahl von Katzen dokumentiert [40–42]. Das Erscheinungsbild variiert, wobei Knötchen als dermal [40, 42], ausschließlich subkutan oder lymphatisch [41] beschrieben werden. In einem Fall war ein knotiges perifollikuläres Muster mit Alopezie verbunden (Abb. 10a) [26].

Klinische Präsentation
Die Läsionen reichen von erythematösen bis violetten Plaques bis hin zu Papeln [40, 41] oder diskreten subkutanen Knötchen [42]. Am häufigsten ist der Kopf betroffen, wobei über Läsionen im Gesicht, in der präaurikulären Region und an den Ohrmuscheln berichtet wird [40–42] und bei einer Katze zusätzlich Läsionen am Perineum und an den Füßen auftreten [39]. In einem Fall wurde über den Befall eines intraabdominalen Lymphknotens berichtet [41].

Diagnose
Die Diagnose hängt vom Ausschluss potenzieller infektiöser Ursachen, einschließlich Bakterien, Mykobakterien, Protozoen und Pilzen, ab, wobei die Histopathologie entscheidend ist. Das Syndrom ist durch eine knotige pyogranulomatöse oder granulomatöse Dermatitis bis hin zur Zellulitis in der Histopathologie gekennzeichnet, mit variablen perifollikulären (Abb. 10b) oder diffusen Mustern und variablen vielkernigen Riesenzellen. In speziellen Färbungen lassen sich keine Infektionserreger nachweisen [40, 41], und bei PCR-Tests wurden keine Mykobakterien gefunden [41].

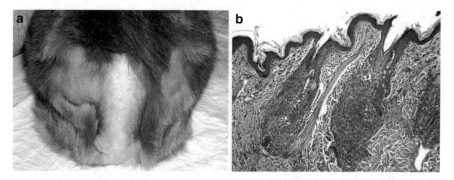

Abb. 10 Pyogranulom-Syndrom, pyogranulomatöse Furunkulose: (**a**) Flecken von Alopezie auf dem Rücken. (Mit freundlicher Genehmigung von Dr. Chiara Noli). (**b**) Noduläre pyogranulomatöse Entzündung, die sich auf die Haarfollikel konzentriert. (Mit freundlicher Genehmigung von Dr. Chiara Noli) (H&E, 40-fache Vergrößerung)

Behandlung

Eine Behandlung ist nur unzureichend beschrieben. Bei einigen Katzen wurde über ein teilweises oder gar kein Ansprechen auf Prednisolon in Dosen von 1–2 mg/kg einmal täglich berichtet [40, 41]. Bei einer Katze wurde über eine anhaltende Besserung bei einer Dosis von 3 mg/kg Prednisolon einmal täglich für zwei Wochen berichtet, gefolgt von 2 mg/kg einmal täglich für vier Wochen und einer schrittweisen Reduzierung bis zur Beendigung der Behandlung über weitere acht Wochen [41].

Perforierende Dermatitis

Perforierende Dermatitis ist eine seltene Erkrankung der Katze, die analog zu idiopathischen perforierenden Dermatosen beim Menschen betrachtet wird. Es treten vererbte oder erworbene kollagenolytische exophytische Hautläsionen in Verbindung mit einem minimalen Hauttrauma auf [43].

Klinische Präsentation

Das Alter der gemeldeten Katzen reichte von 8,5 Monaten bis zu sieben Jahren. Charakteristische Läsionen sind visuell auffällige nabelartige Papeln bis hin zu Knötchen mit zentral anhaftenden keratotischen Pfropfen, die typischerweise multipel sind (Abb. 11a). Sie können an verschiedenen Körperregionen wie Gesicht, Gliedmaßen, Hals, Achselhöhlen und Rumpf lokalisiert sein oder multifokal auftreten [43–46]. Juckreiz wird bei vielen Katzen berichtet [43, 45, 47], kann aber auch fehlen [43, 44]. Läsionen können progressiv an Stellen von Selbstverletzungen und/oder Biopsiestellen auftreten [43, 45, 47].

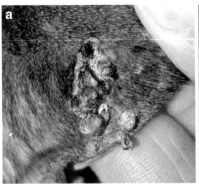

Abb. 11 Perforierende Dermatitis bei Katzen: (**a**) große Keratinpfropfen, Geschwüre und Krusten auf den Ohrmuscheln einer Katze (mit freundlicher Genehmigung von Dr. Chiara Noli). (**b**) Histologischer Aspekt der gleichen Läsion: großer Schorf mit Keratin, eosinophilen Granulozyten und Kollagenfasern bedeckt eine große Ulzeration; in der Dermis befindet sich ein dichtes eosinophiles Infiltrat. (Mit freundlicher Genehmigung von Dr. Chiara Noli) (H&E, 40-fache Vergrößerung)

Diagnose

Die klinischen und histopathologischen Ergebnisse sind eindeutig und leicht zu diagnostizieren. Histologisch zeigt sich eine Eliminierung von nekrotischem Kollagen in fokale epidermale Vertiefungen (Abb. 11b), häufig mit einem umgebenden eosinophilen Infiltrat und weniger Mastzellen und/oder Lymphozyten [43–45]. Histopathologische Befunde können auf eosinophile Granulomläsionen hindeuten; die klinischen Läsionen unterscheiden sich jedoch von anderen eosinophilen Dermatosen bei Katzen [45]. Die Zytologie zeigt häufig zahlreiche Eosinophile und einen Hintergrund aus eosinophilen Trümmern [43].

Behandlung

In den berichteten Fällen wurde eine Vielzahl von Behandlungen eingesetzt, wobei topische Glukocorticoide oder Kollageninhibitoren am wirksamsten zu sein scheinen. Topisches Mometason in Kombination mit oralem Dexamethason, nicht aber Dexamethason allein, führte bei einer Katze zum Abklingen der Läsionen [46]. Bei einer anderen Katze, die auf vorherige systemische Behandlungen mit oralem Vitamin C (100–250 mg zweimal täglich über 50 Tage) und anschließendem Prednisolon (2 mg/kg zweimal täglich über 15 Tage und dann 1 mg/kg einmal täglich über 15 Tage) nicht ansprach, waren topisches Betamethason oder Halofuginon (Kollagen-Typ-1-Hemmer) gleichermaßen wirksam (wobei das Betamethason mit einer Atrophie der Haut einherging) [47, 48]. Methylprednisolonacetat-Injektionen, mit oder ohne orales Vitamin C, führten bei zwei Katzen zu einer anhaltenden Rückbildung oder guten Kontrolle der Läsionen [43], und Vitamin C allein (100 mg zweimal täglich) führte bei einer Katze zu einer wiederholten Rückbildung der Läsionen innerhalb von vier Wochen nach der Therapie, gefolgt von einer anhaltenden Kontrolle [44]. Die chirurgische Entfernung von einzelnen Läsionen war bei einigen Katzen heilend, bei anderen jedoch mit der Entwicklung neuer Läsionen an den Biopsiestellen verbunden [45]. Die Behandlung der zugrunde liegenden Ursachen des Juckreizes ist anerkanntermaßen wichtig, um ein erneutes Auftreten zu verhindern [43, 45, 47, 48].

Hypereosinophiles Syndrom

Das hypereosinophile Syndrom der Katze (HES) ist eine seltene Erkrankung, die durch eine anhaltende ausgeprägte Eosinophilie des peripheren Blutes in Verbindung mit einer Eosinophilie des Gewebes gekennzeichnet ist, ohne dass eine erkennbare Ursache vorliegt. Typischerweise sind mehrere Organe mit Eosinophilen infiltriert, darunter das Knochenmark, der Darmtrakt, die Lymphknoten, die Leber und die Milz [49–52]. Es wird über kardiale Anzeichen berichtet, und bei einer Katze wurde eine restriktive Kardiomyopathie dokumentiert [53]. Die Haut ist weniger häufig betroffen [49, 50, 54, 55]. Eine klare Abgrenzung zur eosinophilen Leukämie ist nicht einfach, aber das Fehlen von unreifen und dysplastischen zirkulierenden Eosinophilen und dysplastischen Knochenmarkvorläufern wird im Allgemeinen als konsistent mit HES angesehen [51, 52, 56]. In jüngerer Zeit wurde HES beim Menschen in eine Reihe von Varianten unterteilt, wobei eine myeloproliferative Variante die chronische eosinophile Leukämie als Subtyp einschließt. Eine lymphozytäre Variante, die mit einer übermäßigen Sekretion eosinophilopoetischer Zytokine durch T-Lymphozyten und häufig mit einer atopischen Dermatitis in der Vorgeschichte einhergeht, zeigt häufig erste Hauterscheinungen [55, 57]. Gelegentlich sind betroffene Katzen auch FeLV-positiv [49].

Klinische Präsentation

Viele Katzen, über die mit HES berichtet wurde, waren mittleren Alters, mit einem Mittelwert von sieben Jahren [49], aber einer großen Altersspanne von acht Monaten bis zehn Jahren [49–52]. Die Katzen präsentieren sich typischerweise mit Anorexie, Gewichtsverlust, Erbrechen, Durchfall, Hämatochezie und Pyrexie [49–52]. Einige Katzen zeigen jedoch Hautläsionen und/oder Pruritus als erste Anzeichen und sind typischerweise jünger (erste Anzeichen zwischen zwei und 17 Monaten) [49, 50, 55]. Frühe Anzeichen bei diesen Katzen stehen im Einklang mit Allergien, einschließlich atopischer Dermatitis, und das genaue Alter des Auftretens von HES in dieser Untergruppe sowie das Vorhandensein von vorbestehenden Allergien sind unklar. Bei einer zehnjährigen Katze wurde bei der Vorstellung ebenfalls Juckreiz festgestellt, bei gleichzeitigem Gewichtsverlust, gastrointestinalen Symptomen und Husten [54].

Die zum Zeitpunkt der Diagnose von HES berichteten Hautveränderungen sind unterschiedlich. Am typischsten sind ausgedehnte Bereiche mit Alopezie und Erythem, die sich zu multifokalen verkrusteten Erosionen und Ulzerationen entwickeln [49, 50, 55]. Serpiginöse erythematöse Quaddeln auf normal behaarten Flanken traten zusätzlich bei einer stark juckenden Katze auf [49]. Die Läsionen sind typischerweise großflächig und betreffen Kopf, Hals und Rumpf (ventral und/oder dorsal), es wird jedoch auch über eine Beschränkung auf die Sprunggelenke berichtet [54]. Bei einer Katze wurden auch multiple erodierte Plaques, Knötchen und Geschwüre an den Gliedmaßen, dem harten Gaumen und den Lippen berichtet [55].

Diagnose

Die Bestätigung einer HES erfordert den Nachweis einer peripheren Eosinophilie, einer gleichzeitigen Gewebsinvasion und den Ausschluss anderer Ursachen für die Eosinophilie, einschließlich Allergien, Ektoparasiten, einiger Autoimmunerkrankungen (z. B. Pemphigus-Gruppe) und einiger neoplastischer Erkrankungen (z. B. intestinales T-Zell-Lymphom) [50, 51]. Die zirkulierenden Eosinophilen sind reif und weisen eine normale Morphologie auf, und eine Anzahl von 20×10^9/L bis $> 50 \times 10^9$/L ist typisch [49–54, 57], obwohl in einigen Fällen, einschließlich solcher mit Hautläsionen, eine niedrigere Eosinophilenzahl ($2,7–5,5 \times 10^9$/L) festgestellt wurde [52, 55].

Die Histopathologie von Fällen mit Hautläsionen hat ein ausgedehntes oberflächliches bis tiefes interstitielles bis perivaskuläres dermales Infiltrat von Eosinophilen mit weniger Mastzellen und/oder Lymphozyten gezeigt [49, 50, 55], das sich nicht ohne Weiteres von einer allergischen Erkrankung unterscheiden lässt. Die Zytologie von Hautläsionen und die FNA (ultraschallgesteuert) von inneren Organen haben eine eosinophile Entzündung ergeben [55].

Behandlung

Die Prognose für HES bei Katzen ist schlecht, und die meisten Katzen sterben oder werden eingeschläfert. Eine Glukocorticoidtherapie (Methylprednisolonacetat-Injektionen, orales Prednisolon oder Dexamethason) ist oft wenig wirksam [49–55], obwohl höhere Dosen (Prednisolon 3 mg/kg zweimal täglich) wirksamer sein können [52]. Ciclosporin (5 mg/kg zweimal täglich, gemischt) bei gleichzeitiger Gabe von Prednisolon (2 mg/kg zweimal täglich, verjüngt) führte bei einer sechsjährigen Katze zu einer gewissen Kontrolle über acht Monate [58].

Chemotherapeutika werden bei Erkrankungen eingesetzt, die beim Menschen schlecht auf Glukocorticoide ansprechen. Hydroxyharnstoff (Hydroxycarbamid) wurde bei einigen Katzen eingesetzt (15–30 mg/kg einmal bis zweimal täglich), mit oder ohne Prednisolon (1–3 mg/kg zweimal täglich), wobei das Ansprechen gering war [50, 59]. Imatinib (Tyrosinkinase-Inhibitor) ist bei menschlicher HES, einschließlich chronischer eosinophiler Leukämie, wirksam und führte bei drei Katzen mit kutanen HES-Präsentationen nach vierwöchiger Behandlung zu einer dramatischen Verbesserung (1,25–2 mg/kg einmal täglich; 5 mg/Katze), wobei die Läsionen nach acht Wochen verschwunden waren. Eine Katze mit langfristiger Nachbeobachtung erlitt nach Absetzen der Behandlung einen Rückfall, sprach jedoch wiederholt auf eine erneute Behandlung an und blieb schließlich fünf Jahre lang unter Imatinib 5 mg jeden zweiten Tag und Methylprednisolon 1 mg jeden zweiten Tag in Remission [55].

Die optimale Behandlung von HES bei Katzen erfordert wahrscheinlich ein gemeinsames Management durch Teams der inneren Medizin, Onkologie und Dermatologie.

Reaktionsmuster

Murale Follikulitis

Murale Follikulitis ist ein histologisches Reaktionsmuster, das bei einer Reihe von entzündlichen Hauterkrankungen bei Katzen auftreten kann, darunter Infektionen (Demodikose, Dermatophytose), Überempfindlichkeiten (atopische Dermatitis, Flohallergie, Nahrungsmittelallergie), lokale Hauterkrankungen (Pseudopelade, Talgdrüsenadenitis) und systemische Ursachen (unerwünschte Arzneimittelwirkungen, Thymoma-assoziierte exfoliative Dermatitis). Entzündungszellen greifen das Epithel der äußeren Wurzelscheide des Haarfollikels an, am häufigsten in den infundibulären Teilen des Haarfollikels und seltener im Isthmus oder in den bulbären Regionen (Abb. 12a). Der vorherrschende Entzündungszelltyp kann je nach dem zugrunde liegenden Krankheitsprozess variieren [60].

Die lymphozytäre murale Follikulitis ist die häufigste Form und wurde in einer retrospektiven Studie an 354 Katzen mit entzündlichen Hauterkrankungen bei 70 % der histopathologisch untersuchten Dermatosen festgestellt. In dieser Studie war die lymphozytäre murale Follikulitis statistisch gesehen häufiger bei Hypersensibilitäten (in 67 % der Fälle) als bei nichtallergischen Dermatosen (33 % der Fälle). Intra-

Abb. 12 Feline murale Follikulitis: (**a**) Histologischer Aspekt der felinen muralen Follikulitis, Lymphozyten dringen in die Haarfollikelwand ein. (Mit freundlicher Genehmigung von Dr. Chiara Noli) (H&E, 400-fache Vergrößerung). (**b**) Deutliche Hypotrichose. (Mit freundlicher Genehmigung von Dr. Chiara Noli). (**c**) Deutliche Hautfalten im Gesicht, bedingt durch die Verdickung der Haut. (Mit freundlicher Genehmigung von Dr. Chiara Noli)

murale Lymphozyten wurden bei sechs untersuchten Katzen als CD3+ T-Zellen bestätigt [60]. Lymphozytäre murale Follikulitis (infundibulär und Isthmus) wird auch selten in Verbindung mit Talgdrüsenadenitis (mit ausgeprägter Alopezie) [25] und bei mutmaßlichem kutanem Lupus erythematodes (mit gleichzeitiger Interface-Dermatitis bei zwei Katzen mit exfoliativer Dermatitis) berichtet [61]. Obwohl sie bei 40 normalen Katzen nicht spezifizierter Rassen [60, 62] nicht berichtet wurde, zeigte sich eine lymphozytäre murale Follikulitis bei sieben normalen Lykoi-Katzen, die in Japan untersucht wurden und charakteristischerweise eine „normale" partielle Alopezie im Gesicht und an den Gliedmaßen aufweisen [62].

Lymphozytäre und histiozytäre murale Follikulitis und Perifollikulitis wurden bei einer Katze mit progredienter, nicht juckreizbedingter Alopezie (vollständig am ventralen Abdomen und teilweise an den Gliedmaßen, in der Leiste, am Damm und am Kopf), Polyphagie und Gewichtsverlust berichtet, bei der 16 Monate später ein Pankreaskarzinom diagnostiziert wurde; die anfängliche Alopezie sprach teilweise auf eine Kurzzeittherapie mit Ciclosporin und Prednisolon an [63].

Über eine pyogranulomatöse murale Follikulitis wurde bei einer Katze mit Hyperthyreose berichtet, die sich mit akutem Beginn einer ausgedehnten Alopezie am dorsalen Hals und Thorax vorstellte, die offenbar mit der Methimazoltherapie zusammenhing und nach Absetzen des Medikaments wieder verschwand [64]. Pyogranulomatöse murale Follikulitis (vorwiegend im Bereich des Isthmus) wird auch in Verbindung mit ausgeprägter follikulärer Muzinose bei Katzen berichtet, die sich mit generalisierter Alopezie (Abb. 12b) präsentieren (bei einigen Katzen am stärksten im Gesicht, am Kopf, im Nacken und an den Schultern), mit gleichzeitig verdickter und geschwollener Gesichtshaut (Abb. 12c) und variabler Schuppung, Krustenbildung und Hyperpigmentation. Bei einigen Katzen wurde ein Fortschreiten zu einem epitheliotropen Lymphom berichtet, das der menschlichen follikulären Muzinose ähnelt, bei anderen Katzen jedoch trotz gleichzeitiger Lethargie nicht auftrat [65]. Eine gleichzeitige FIV-Infektion wurde bei einigen Katzen bestätigt [66]. Es wird berichtet, dass die idiopathische follikuläre Muzinose schlecht auf eine Glukocorticoidtherapie anspricht, wobei die fortschreitende Hauterkrankung und Lethargie häufig zur Euthanasie führen [64, 65].

Diagnose

Ein Bericht über eine murale Follikulitis wirft die Frage auf, ob mehrere Ursachen zugrunde liegen. Eine Untersuchung auf infektiöse Erreger (insbesondere Dermatophyten oder *Demodex*-Milben), Überempfindlichkeiten (insbesondere bei Juckreiz) oder systemische Erkrankungen ist häufig angezeigt (s. Kasten 2). Bei Formen mit ausgeprägter follikulärer Muzinose ist ein Screening auf die Entwicklung eines epitheliotropen Lymphoms wichtig.

Behandlung

Nach Ausschluss anderer kutaner Ursachen und systemischer Erkrankungen kommen sterile Formen wie die Pseudopelade (s. Kap. „Immunvermittelte Erkrankungen") oder die Talgdrüsenadenitis (siehe oben) in Betracht.

Kasten 2: Wichtige Differenzialdiagnosen für die prominente murale Follikulitis bei der Katze

1. Infektionen
   - Dermatophytose (Kap. „Dermatophytose")
   - Demodikose (Kap. „Ektoparasitäre Erkrankungen")
2. Überempfindlichkeiten
   - Atopische Dermatitis (Kap. „Atopisches Syndrom bei Katzen: Epidemiologie und klinische Darstellung", „Atopisches Syndrom bei Katzen: Diagnose" und „Atopisches Syndrom bei Katzen: Therapie")
   - Nahrungsmittelallergie (Kap. „Atopisches Syndrom bei Katzen: Epidemiologie und klinische Darstellung")
   - Flohallergie (Kap. „Flohbiologie, Allergie und Bekämpfung")
3. Lokalisierte entzündliche Erkrankung der Haut
   - Pseudopelade (Kap. „Immunvermittelte Erkrankungen")
   - Talgdrüsenadenitis (Kap. „Verschiedene idiopathische Krankheiten")
   - Nicht-Thymom-assoziierte exfoliative Dermatitis (Kap. „Paraneoplastische Erkrankungen".)
4. Systemische Erkrankungen/aktuelle systemische Anzeichen
   - Muzinotische murale Follikulitis (+/− FIV)
   - Unerwünschte Arzneimittelwirkungen (Methimazol)
   - Thymom-assoziierte exfoliative Dermatitis (Kap. „Paraneoplastische Erkrankungen")
   - Paraneoplastische Alopezie (Kap. „Paraneoplastische Erkrankungen"); dies ist eine atrophische Alopezie; ich würde sie nicht der muralen Follikulitis zuordnen

Schlussfolgerung

Obwohl einige der in diesem Kapitel beschriebenen Krankheiten anatomische Zusammenhänge oder bestimmte umweltbedingte Ursachen haben, sind viele von ihnen idiopathisch. Einige vermeintlich katzenspezifische Krankheiten, wie die idiopathische ulzerative Dermatitis und die murale Follikulitis, sind eher als Reaktionsmuster mit mehreren möglichen Ursachen zu betrachten. Bei idiopathischen Erkrankungen sollte neben der Routine-Histopathologie eine Reihe von diagnostischen Maßnahmen ergriffen werden, um bei den betroffenen Patienten gleichzeitig nach möglichen Ursachen zu suchen und ein besseres Verständnis für unvollständig beschriebene oder seltene Erscheinungsformen zu erlangen. Behandlungen werden häufig nur unzureichend evaluiert, und die derzeitigen Empfehlungen beruhen in der Regel auf anekdotischen Erfahrungen aus früheren Fällen oder anderen Tierarten.

Literatur

1. Scott DW, Miller WH. Feline acne: a retrospective study of 74 cases (1988–2003). Jpn J Vet Dermatol. 2010;16:203–9.
2. Jazic E, Coyney KS, Loeffler DG, Lewis TP. An evaluation of the clinical, cytological, infectious and histopathological features of feline acne. Vet Dermatol. 2006;17:134–40.
3. White SD, Bordeau PB, Blumstein P, Ibisch C, Guaguere E, Denerolle P, et al. Feline acne and results of treatment with mupirocin in an open clinical trial: 25 cases (1994–96). Vet Dermatol. 1997;8:157–64.
4. Scott DW, Miller WH, Erb HN. Feline dermatology at Cornell University: 1407 cases (1988–2003). J Feline Med Surg. 2013;15:307–16.
5. Scott DW. An unusual ulcerative dermatitis associated with linear subepidermal fibrosis in eight cats. Feline Pract. 1990;18:8–11.
6. Spaterna A, Mechelli L, Rueca F, Cerquetella M, Brachelente C, Antognoni MT, et al. Feline idiopathic ulcerative dermatosis: three cases. Vet Res Commun. 2003;27(Suppl 1):795–8.
7. Loft K, Simon B. Feline idiopathic ulcerative dermatosis treated successfully with Oclacitinib. Vet Dermatol. 2015;26:134–5.
8. Titeux E, Gilbert C, Briand A, Cochet-Faivre N. From feline idiopathic ulcerative dermatitis to feline behavioral ulcerative dermatitis: grooming repetitive behaviors indicators of poor welfare in cats. Front Vet Sci. 2018;5:81. https://doi.org/10.3389/fvets.2018.00081.
9. Grant D, Rusbridge C. Topiramate in the management of feline iodiopathic ulcerative dermatitis in a two-year-old cat. Vet Dermatol. 2014;25:226–8.
10. Ural K, Acar A, Guzel M, Karakurum MC, Cingi CC. Topical retinoic acid in the treatment of feline tail gland hyperplasia (stud tail): a prospective clinical trial. B Vet I Pulawy. 2008;52:457–9.
11. Scarff D. Solar (actinic) dermatoses in the dog and cat. Companion Anim. 2017;22:188–96.
12. Almeida AM, Caraca RA, Adam RL, Souza EM, Metze K, Cintra ML. Photodamage in feline skin: clinical and histomorphometric analysis. Vet Pathol. 2008;45:327–35.
13. Sousa CA. Exudative, crusting, and scaling dermatoses. Vet Clin North Am Small Anim Pract. 1995;25:813–31.
14. Vogel JW, Scott DW, Erb HN. Frequency of apoptotic keratinocytes in the feline epidermis: a retrospective light-microscopic study of skin-biopsy specimens from 327 cats with normal skin or inflammatory dermatoses. J Feline Med Surg. 2009;11:963–9.
15. Ghibaudo G. Canine and feline solar dermatitis. Summa, Animali da Compagnia. 2016; 33:29–33.
16. Vaughn L, Beckel N. Severe burn injury, burn shock, and smoke inhalation injury in small animals. Part 1: burn classification and pathophysiology. J Vet Emerg Crit Care. 2012;22:179–86.

17. Pavletic MM, Trout NJ. Bullet, bite, and burn wounds in dogs and cats. Vet Clin North Am Small Anim Pract. 2006;36:873–93.

18. Quist EM, Tanabe M, Mansell JE, Edwards JL. A case series of thermal scald injuries in dogs exposed to hot water from garden hoses (garden hose scaling syndrome). Vet Dermatol. 2012;23:162–6.

19. Walder EJ, Hargis AM. Chronic moderate heat dermatitis (erythema ab igne) in five dogs, three cats and one silvered langur. Vet Dermatol. 2002;13:283–92.

20. Nishiyama M, Iyori K, Sekiguchi M, Iwasaki T, Nishifuji K. Two canine and one feline cases suspected of having thermal burn from histopathological findings. Jpn J Vet Dermatol. 2015;21:77–80.

21. Qian L, Fourcaudot AB, Leung KP. Silver sulfadiazine retards wound healing and increases scarring in a rabbit ear excisional wound model. J Burn Care Res. 2017;38:418–22.

22. Minden-Birkenmaier BA, Bowlin GL. Honey-based templates in wound healing and tissue engineering. Bioengineering. 2018;5:46. https://doi.org/10.3390/bioengineering5020046.

23. Declercq J. Alopecia and dermatopathy of the lower back following pelvic fractures in three cats. Vet Dermatol. 2004;15:42–5.

24. O'Dair HA, Foster AP. Focal and generalized alopecia. Vet Clin North Am Small Anim Pract. 1995;25:851–70.

25. Glos K, von Bomhard W, Bettenay S, Mueller RS. Sebaceous adenitis and mural folliculitis in a cat responsive to topical fatty acid supplementation. Vet Dermatol. 2016;27:57–60.

26. Noli C, Toma S. Three cases of immune-mediated adnexal skin disease treated with cyclosporine. Vet Dermatol. 2006;17:85–92.

27. Possebom J, Farias MR, de Assuncao DL, de Werner J. Sebaceous adenitis in a cat. Acta Sci Vet. 2015;43(Suppl 1):71.

28. Scott DW. Sterile granulomatous sebaceous adenitis in dogs and cats. Vet Annu. 1993;33:236–43.

29. Bonino A, Vercelli A, Abramo F. Sebaceous adenitis in a cat. Veterinaria-Cremona. 2006;20:19–2.

30. Inukai H, Isomura H. A cat histologically showed inflammation at the sebaceous gland. Jpn J Vet Dermatol. 2007;13:13–5.

31. Linek M, Rufenacht S, Brachelente C, von Tscharner C, Favrot C, Wilhelm S, et al. Nonthymoma-associated exfoliative dermatitis in 18 cats. Vet Dermatol. 2015;26:40–5.

32. Wendlberger U. Sebaceous adenitis in a cat. Kleintierpraxis. 1999;44:293–8.

33. Scott DW, Anderson W. Panniculitis in dogs and cats: a retrospective analysis of 78 cases. J Am Anim Hosp Assoc. 1988;24:551–9.

34. Koutinas AF, Miller WH Jr, Kritsepi M, Lekkas S. Pansteatitis (steatitis, "yellow fat disease") in a cat: a review article and report of four spontaneous cases. Vet Dermatol. 1993;3:101–6.

35. Niza MM, Vilela CL, Ferrerira LM. Feline pansteatitis revisited: hazard of unbalanced homemade diets. J Feline Med Surg. 2003;5:271–7.

36. Fabbrini F, Anfray P, Viacava P, Gregori M, Abramo F. Feline cutaneous and visceral necrotizing panniculitis and steatitis associated with a pancreatic tumour. Vet Dermatol. 2005;16:413–9.

37. Ryan CP, Howard EB. Weber-Christian syndrome – systemic lipodystrophy associated with pancreatitis in a cat. Feline Pract. 1981;11:31–4.

38. Hendrick MJ, Dunagan CA. Focal necrotizing granulomatous panniculitis associated with subcutaneous injection of rabies vaccine in cats and dogs: 10 cases (1988–1989). J Am Vet Med Assoc. 1991;198:304–5.

39. Alcigir ME, Kutlu T, Alcigir G. Pathomorphological and immunohistochemical findings of subacute lobullary calcifying panniculitis in two cats. Kafkas Univ Vet Fak Derg. 2018;24:311–4. https://doi.org/10.9775/kvfd.2017.18745.

40. Scott DW, Buerger RG, Miller WH. Idiopathic sterile granulomatous and pyogranulomatous dermatitis in cats. Vet Dermatol. 1990;1:129–37.

41. Giuliano A, Watson P, Owen L, Skelly B, Davison L, Dobson J, et al. Idiopathic sterile pyogranuloma in three domestic cats. J Small Anim Pract. 2018. https://doi.org/10.1111/jsap.12853.

42. Petroneto BS, Calegari BF, da Silva SE, de Almeida TO, da Silva MA. Sterile pyogranulomatous syndrome idiopathic in domestic cat (*Felis catus*): case report. Acta Veterinaria Brasilica. 2016;10:70–3.

43. Albanese F, Tieghi C, De Rosa L, Colombo S, Abramo F. Feline perforating dermatitis resembling human reactive perforating collagenosis: clinicopathological findings and outcome in four cases. Vet Dermatol. 2009;20:273–80.
44. Scott DW, Miller WH Jr. An unusual perforating dermatitis in a Siamese cat. Vet Dermatol. 1991;23:8–12.
45. Haugh PG, Swendrowski MA. Perforating dermatitis exacerbated by pruritus. Feline Pract. 1995;23:8–12.
46. Jongmans N, Vandenabeele S, Declercq J. Perforating dermatitis in a cat. Vlaams Diergen Tijds. 2013;82:345–9.
47. Beco L, Olivry T. Letter to the editor. Is feline acquired reactive perforating collagenosis a wound healing defect? Treatment with topical betamethasone and halofluginone appears beneficial. Vet Dermatol. 2010;21:434–6.
48. Beco L, Heimann M, Olivry T. Comparison of three topical medications (halofuginone, betamethasone and fusidic acid) for treatment of reactive perforating collagenosis in a cat. Vet Dermatol. 2003;13:210.
49. Harvey RG. Feline hyper-eosinophilia with cutaneous lesions. J Small Anim Pract. 1990;31:453–6.
50. Scott DW, Randolph JF, Walsh KM. Hypereosinophilic syndrome in a cat. Feline Pract. 1985;15:22–30.
51. McEwen SA, Valli VE, Hulland TJ. Hypereosinophilic syndrome in cats: a report of three cases. Can J Comp Med. 1985;49:248–53.
52. Hendrick M. A spectrum of hypereosinophilic syndromes exemplified by six cats with eosinophilic enteritis. Vet Pathol. 1981;18:188–200.
53. Saxon B, Hendrick M, Waddle JR. Restrictive cardiomyopathy in a cat with hypereosinophilic syndrome. Can Vet J. 1991;32:367–9.
54. Muir P, Gruffydd-Jones TJ, Brown PJ. Hypereosinophilic syndrome in a cat. Vet Rec. 1993;132:358–9.
55. Faivre NC, Prelaud P, Bensignor E, Declercq J, Defalque V. Three cases of feline hypereosinophilic syndrome treated with imatinib mesylate. Can Vet J. 2014;49:139–44.
56. Huibregtse BA, Turner JL. Hypereosinophilic syndrome and eosinophilic leukemia: a comparison of 22 hypereosinophilic cats. J Am Anim Hosp Assoc. 1994;30:591–9.
57. Takeuchi Y, Takahashi M, Tsuboi M, Fujino Y, Uchida K, Ohno K, et al. Intestinal T-cell lymphoma with severe hypereosinophilic syndrome in a cat. J Vet Med Sci. 2012;74:1057–62.
58. Haynes SM, Hodge PJ, Lording P, Martig S, Abraham LA. Use of prednisolone and cyclosporin to manage idiopathic hypereosinophilic syndrome in a cat. Aust Vet Pract. 2011;41:76–81.
59. Takeuchi Y, Matsuura S, Fujino Y, Nakajima M, Takahashi M, Nakashima K, et al. Hypereosinophilic syndrome in two cats. J Vet Med Sci. 2008;70:1085–9.
60. Rosenberg AS, Scott DW, Hollis NE, McDonough SP. Infiltrative lymphocytic mural folliculitis: a histopathological reaction pattern in skin-biopsy specimens from cats with allergic skin disease. J Feline Med Surg. 2010;12:80–5.
61. Wilhelm S, Grest P, Favrot C. Two cases of feline exfoliative dermatitis and folliculitis with histological features of cutaneous lupus erythematosus. Tierarztl Prax. 2005;33:364–9.
62. LeRoy ML, Senter DA, Kim DY, Gandolfi B, Middleton JR, Trainor KE, et al. Clinical and histologic description of Lykoi cat hair coat and skin. Jpn J Vet Dermatol. 2016;22:179–91.
63. Lobetti R. Lymphocytic mural folliculitis and pancreatic carcinoma in a cat. J Feline Med Surg. 2015;17:548–50.
64. Lopez CL, Lloret A, Ravera I, Nadal A, Ferrer L, Bardagi M. Pyogranulomatous mural folliculitis in a cat treated with methimazole. J Feline Med Surg. 2014;16:527–31.
65. Tl G, Olivry T, Vitale CB, Power HT. Degenerative mucinotic mural folliculitis in cats. Vet Dermatol. 2001;12:279–83.
66. Filho R, Rolim V, Sampaio K, Driemeier D, Mori da Cunha MG, Amorim da Costa FV. First case of degenerative mucinotic mural folliculitis in Brazil. J Vet Sci. 2016;2:1–3. https://doi.org/10.15226/2381-2907/2/2/00118.

Printed in the United States
by Baker & Taylor Publisher Services